国外电子与通信教材系列

Digital Communications, Fifth Edition

数字通信（第五版）

【美】 John G. Proakis
Masoud Salehi 著

张力军 张宗橙 宋荣方 曹士坷 等译

電子工業出版社
Publishing House of Electronics Industry
北京•BEIJING

内 容 简 介

本书是数字通信领域的一本优秀教材，既论述了数字通信的基本理论，又对数字通信的新技术进行了比较深入的分析。本书采用信号空间、随机过程的级数展开和等效低通等分析方法，根据最佳接收准则，先后讨论并分析了在加性高斯白噪声（AWGN）信道、带限信道（有符号间干扰和加性噪声）和多径衰落信道三种基本的典型信道条件下的数字信号可靠高效传输及最佳接收问题；从信号传输角度介绍了通信信号、数字调制、自适应均衡、多天线系统和最佳接收等内容；从信息传输角度介绍了信息论基础、信道容量和信道编码等内容。

本书取材新颖，讨论问题系统全面、逐步深入、概念清晰，理论分析严谨、逻辑性强，习题和参考资料丰富，适合作为信息和通信专业的研究生教材。对于相关专业的教师、学生以及科技工作者来说，本书也是一本很好的参考书。

图书在版编目（CIP）数据

数字通信：第五版/（美）普罗科斯（John G. Proakis），（美）萨利希（Masoud Salehi）著；张力军等译.
—北京：电子工业出版社，2019.1
书名原文：Digital Communications, Fifth Edition
国外电子与通信教材系列
ISBN 978-7-121-35579-0

Ⅰ. ①数…　Ⅱ. ①普…　②萨…　③张…　Ⅲ. ①数字通信－高等学校－教材　Ⅳ. ①TN914.3

中国版本图书馆 CIP 数据核字（2018）第 265199 号

责任编辑：田宏峰
印　　刷：三河市华成印务有限公司
装　　订：三河市华成印务有限公司
出版发行：电子工业出版社
　　　　　北京市海淀区万寿路 173 信箱　邮编　100036
开　　本：787×1 092　1/16　印张：53.25　字数：1363 千字
版　　次：2001 年 4 月第 1 版（原书第 3 版）
　　　　　2019 年 1 月第 3 版（原书第 5 版）
印　　次：2022 年 12 月第 5 次印刷
定　　价：168.00 元

凡所购买电子工业出版社图书有缺损问题，请向购买书店调换。若书店售缺，请与本社发行部联系，联系及邮购电话：（010）88254888，88258888。

质量投诉请发邮件至 zlts@phei.com.cn，盗版侵权举报请发邮件至 dbqq@phei.com.cn。

本书咨询联系方式：tianhf@phei.com.cn。

译 者 序

人类社会发展到现在，信息技术得到了迅猛的发展并在社会各个领域和部门得到越来越广泛的应用，成为21世纪国际社会和世界经济发展的新的强大动力。信息技术快速发展的动因和显著的特点之一是计算机技术和数字通信技术（特别是宽带移动无线通信技术）的快速发展，计算机网络与通信网（包括移动无线网络）的相互融合使互联网迅速发展，遍布世界各国，延伸到了各个角落，并从有线扩展到了无线，延伸到了个人，各种类型的数字通信网成为互联网的载体。数字通信主要是从网络的物理层上研究数字信号传输机理及其可靠性和有效性，从而为建立可靠和高效的互联网提供坚实的物理基础。

我们翻译的 John G. Proakis 和 Masoud Salehi 著的《数字通信》（第五版）一书是著者多年教学和科研的总结。该书全面系统地论述了数字通信的基本理论，涉及确定性与随机信号分析、数字调制、AWGN 信道的最佳接收、载波和符号同步、信息论基础、线性分组码、基于网格和图的编码、带限信道的数字通信、自适应均衡、多信道和多载波系统、数字通信中的扩频信号、衰落信道的特征与信号传输、衰落信道的容量与编码、多天线系统、多用户通信等方面的内容。

本书从第一版（1983 年）、第二版（1989 年）、第三版（1995 年）到第四版（2001 年），陆续增添了不少新的内容，及时反映了数字通信技术发展的新成果。针对近些年来无线通信出现的大量新成果，本书在第四版的基础上，对内容进行了较大的修订，并对结构做了重新调整和组织。一是将第四版的信源编码（第 3 章）、信道容量和信道编码（第 7 章）以及分组码和卷积码（第 8 章）三章内容在第五版中修订调整为第 6 章、第 7 章和第 8 章三章内容，精简了信源编码的内容，加强了信息论基础知识，充实了信道编码的新的研究成果，如 Turbo 码、低密度校验码、带限信道网格码和基于格的编码，以及译码算法。二是将第四版中多径衰落信道中的数字通信（第 14 章）的内容在第五版中分解为三个专题分别重点论述，即第 13 章、第 14 章和第 15 章，充实了多径衰落信道的容量和编码内容，尤其是单独设立一章专门论述多天线系统，包括 MIMO 信道的模型、容量、检测算法和空时编码等内容，从基本理论上比较系统深入地论述了近几年无线通信中多天线系统的新的研究成果。

本书既论述了数字通信的基本理论问题，又对数字通信新技术进行了比较深入的分析。本书采用信号空间、随机过程的级数展开和等效低通等分析方法，根据最佳接收准则，先后讨论并分析在加性高斯白噪声（AWGN）信道、带限信道（有符号间干扰和加性噪声），以及多径衰落信道三种基本的典型信道条件下的数字信号可靠高效传输及其最佳接收问题。

本书系统全面、内容逐步深入、概念清晰，理论分析严谨、逻辑性强，习题和参考资料丰富，是一本比较全面、系统、深入论述数字通信理论的经典著作，在学术界有很大的影响，被许多学术论文所引用。同时，本书也是一本优秀的研究生教材，多年来被国内外许多高等院校普遍选为信息和通信专业的研究生教材。对相关专业的教师、学生以及科技工作者来说，本书也是一本很好的参考书。

自从 1986 年以来，本书一直作为南京邮电大学研究生“数字通信”课程的教材，从教学实践中，我们感到本书作为教材理论性比较强，其性质相当于“高等通信原理”，也就是说，要求学习本课程的学生应当具备良好的本科“通信原理”基础。通过本书的学习，读者可在通信理论方面打下比较好的基础，为以后的深入研究创造良好的条件。

本书的前言、第 1～5、9、10、13、14 章由张力军翻译，第 6～8 章由张宗橙翻译，第 11 和 12 章由曹士坷翻译，第 15 和 16 章由宋荣方翻译。我们对麦格劳-希尔出版公司及电子工业出版社为本书的出版和提高出版质量的努力表示诚挚的谢意。

限于水平，译文倘有疏漏和不当之处，敬请读者不吝指出。

译　者
于南京邮电大学

前　言

很高兴地欢迎 Masoud Salehi 教授作为《数字通信》（第五版）的合作著者。这一新版本进行了较大的修订并重新组织了论题，特别是在信道编码和译码方面，同时还增加了一章关于多天线系统的内容。

本书适合作为电子工程系一年级研究生相关课程的教材，也适合作为从事数字通信系统设计工程师的自学课本和参考书。为了更好地阅读本书，读者应具备基本的微积分、线性系统理论，以及概率论和随机过程等背景知识。

第 1 章是本书的导引，包括回顾与展望、信道特征的描述和信道模型。

第 2 章是对确定信号和随机信号分析内容的复习，包括带通信号和低通信号的表示、随机变量尾部概率边界、总和随机变量中心极限定理，以及随机过程。

第 3 章论述数字调制技术和数字调制信号的功率谱。

第 4 章重点分析加性高斯白噪声（AWGN）信道的最佳接收机及其差错概率性能。本章还包括格的入门知识和基于格的信号星座图，以及有线和无线通信系统链路预算分析。

第 5 章专门论述了基于最大似然准则的载波相位估计和定时同步的方法，描述了面向判决和非面向判决两种方法。

第 6 章是信息论基础，包括无损信源编码、有损数据压缩、不同信道模型的信道容量，以及信道可靠性函数。

第 7 章论述线性分组码及其特性，包括循环码、BCH 码、RS 码和级联码，描述了软判决和硬判决两种译码方法，及其在 AWGN 信道中的性能评估。

第 8 章论述基于网格和图形的编码，包括卷积码、Turbo 码、低密度校验码、带限信道网格码和基于格的编码，同时也论述了译码算法，包括维特比算法及其在 AWGN 信道上的性能、Turbo 码的迭代译码 BCJR 算法，以及和-积算法。

第 9 章重点论述带限信道的数字通信，包括带限信道的特征和信号设计，有符号间干扰和 AWGN 信道的最佳接收机，准最佳均衡方法（包括线性均衡、判决反馈均衡和 Turbo 均衡）。

第 10 章论述自适应信道均衡，描述了 LMS 和递归最小二乘算法及其性能特征，还论述了盲均衡算法。

第 11 章论述多信道和多载波调制，包括多信道二进制和 M 元正交信号在 AWGN 信道中的差错概率性能，有 AWGN 非理想线性滤波器信道的容量，OFDM 调制/解调，在 OFDM 系统中的比特和功率分配，降低 OFDM 中峰均功率比的方法。

第 12 章着重论述扩频信号与系统，重点是直接序列和跳频扩频系统及其性能。本章强调在扩频信号设计中编码的获益。

第 13 章论述衰落信道上的数字通信，包括衰落信道的特征，以及多径扩展和多普勒扩展等重要的关键参数，介绍了几种信道衰落的统计模型，重点是瑞利（Rayleigh）衰落、赖斯（Rice）衰落和 Nakagami 衰落，分析了 OFDM 系统中多普勒扩展引起的性能减损，并描述了降低这种性能减损的方法。

第 14 章着重论述衰落信道的容量和编码设计，在介绍了遍历容量和中断容量之后，研究了衰落信道的编码，对带宽高效的编码和比特交织编码调制进行了分析，推导了在瑞利衰落和赖斯衰落中编码系统的性能。

第 15 章论述多天线系统，通常称为多输入多输出（MIMO）系统，用来实现空间分集和空间复用，包括 MIMO 信道检测算法，在有 AWGN、有或无信号衰落情况下 MIMO 信道的容量，以及空时编码等。

第 16 章论述了多用户通信问题，包括多址接入方法的容量，CDMA 系统上行链路的多用户检测方法，减少多用户广播信道干扰的方法，以及随机接入方法，如 ALOHA 和载波侦听多址（CSMA）。

使用本书授课的教师可以将这 16 章和相关内容灵活地设计成一学期或者两学期的课程。例如，可以将第 3～5 章（提供关于数字调制/解调和检测方法的基本论述），以及第 7～9 章（论述信道编码和译码可与调制/解调）一起作为一学期课程的内容，或者用第 9～12 章取代信道编码和译码；两学期课程内容可以包括衰落信道、多天线系统和多用户通信等。

著者和麦格劳-希尔教育出版公司感谢以下评阅人对第五版手稿有关章节提出了宝贵建议：

印第安那大学（Indiana University）、普渡大学（Purdue University）的 Paul Salama，多伦多大学（University of Toronto）的 Dimitrios Hatzinakos 和加利福尼亚大学欧文分校（University of California，Irvine）的 Ender Ayanoglu。

最后，第一著者感谢 Gloria Doukakis 打印了部分手稿，同时也感谢 Patrick Amihood 准备了第 15 章和第 16 章的一些插图，以及 Apostolos Rizos 和 Kostas Stamatiou 准备了部分习题解答。

目　　录

第 1 章

绪论

本书将介绍作为数字通信系统分析和设计基础的基本原理。数字通信的研究内容包括数字形式的信息从产生该信息的信源到一个或多个目的地的传输问题。在通信系统分析和设计中，特别重要的是信息传输所通过的物理信道的特征，信道的特征一般会影响通信系统基本组成部分的设计。下面将阐述通信系统的基本组成部分及其功能。

1.1 数字通信系统的基本组成部分

图 1-1-1 示出了一个数字通信系统的功能性框图和基本组成部分。信源输出可以是模拟信号（如音频或视频信号）或者数字信号（如计算机的输出，该信号在时间上是离散的并且具有有限个输出字符）。在数字通信系统中，由信源产生的消息将变换成二进制数字序列。理论上讲，应当用尽可能少的二进制数字表示信源输出（消息）。换句话说，就是要寻求一种信源输出的有效表示方法，使其很少产生或不产生冗余。通常将模拟信源或数字信源的输出有效地变换成二进制数字序列的处理过程称为信源编码或数据压缩。

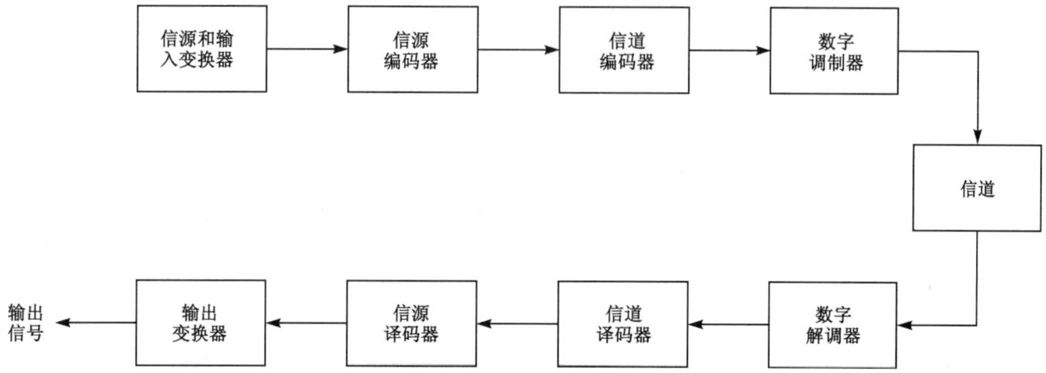

图 1-1-1　数字通信系统的功能性框图和基本组成部分

由信源编码器输出的二进制数字序列称为信息序列，它被传输到信道编码器。信道编码器的目的是在二进制信息（数字）序列中以受控的方式引入一些冗余，以便在接收机中用来克服信号在信道中传输时所遭受的噪声和干扰的影响。所增加的冗余是用来提高接收数据的可靠性以及改善接收信号的逼真度的。实际上，二进制信息序列中的冗余有助于接收机译出期望的信息序列。例如，二进制信息序列的一种（普通的）形式的编码就是将每个二进制数字简单地重复 m 次，这里的 m 为一个正整数。更复杂的（不平凡的）编码涉及一次取 k 个比特序列并将每个 k 比特序列映射成唯一的 n 比特序列，该序列称为码字。以这种方式对数据编码所引入的冗余度的大小是由比率 n/k 来度量的，该比率的倒数（k/n）称为码的速率，简称码率。

信道编码器输出的二进制信息序列被送至数字调制器，它是通信信道的接口。因为在实际中所遇到的几乎所有的通信信道都能够传输电信号（波形），所以数字调制器的主要目的是将二进制信息序列映射成信号波形。为了详细地说明这一点，假定已编码的信息序列以某个均匀速率 R 比特/秒一次传输 1 个信息比特，数字调制器可以简单地将二进制数字“0”映射成波形 $s_0(t)$，将二进制数字“1”映射成波形 $s_1(t)$。在这种方式中，信道编码器输出的每个比特都是分别传输的，我们把它称为二进制调制。另一种方式为，数字调制器在一次可以传输 b 个已编码的信息比特，其方法是采用 $M(M=2^b)$ 个不同的波形 $s_i(t)$，$i=0, 1, 2, \cdots, M$，每一个波形用来传输 2^b 个可能的 b 比特序列中的一个序列，这种方式称为 M 元调制（$M>2$）。注意，每 b/R 秒就有一个新的 b 比特序列进入数字调制器。因此，当信道比特率 R 固定时，与每 b 比特序列相应的 M 个波形中的一波形的传输时间是二进制调制系统时间的 b 倍。

信道是用来传输发送机的信号到接收机的物理媒质。在无线传输中，信道可以是大气（自由空间）。信道通常使用各种各样的物理媒质，包括有线线路、光缆和无线（微波）等。无论用什么物理媒质来传输信息，其基本特点都是发送信号会随机地受到各种可能噪声的影响而恶化，如由电子元器件产生的加性热噪声、人为噪声（如汽车点火噪声）及大气噪声（如在雷暴雨时的闪电）。

在数字通信系统的接收端，数字解调器对受到信道噪声影响而恶化的发送信号波形进行处理，并将该波形还原成一个数字序列。该序列表示发送数据符号的估计值（二进制或 M 元）。这个数字序列被送至信道译码器，它试图根据信道编码器所用的关于码的知识及接收数据所含的冗余度来重构初始的信息序列。

度量数字解调器和数字译码器工作性能好坏的一个指标是译码序列中发生差错的频度。更为准确地说，在数字译码器输出端，平均比特差错概率是数字解调器-数字译码器组合性能的一个度量。一般地，差错概率是下列各种因素的函数：码特征、用来在信道上传输信息的波形类型、发送功率、信道的特征（噪声的大小、干扰的性质等），以及解调和译码的方法。后续的各章将详细讨论这些因素对通信性能的影响。

作为通信系统的最后一步，当需要模拟输出时，信源译码器从信道译码器接收其输出序列，并根据所采用的信源编码方法重构由信源发出的原始信号。由于信道译码的差错和信源编码器可能引入的失真，在信源译码器输出端的信号只是原始信源输出的一个近似。在原始信号与重构信号之间的信号差或信号差函数是数字通信系统引入失真的一种度量。

1.2 通信信道及其特征

正如在前面指出的，通信信道在发送机与接收机之间提供了连接。通信信道可以是携带电信号的一对明线、在已调光波束上携带信息的光纤、水下海洋信道（其中信息以声波形式传输）或者自由空间（携带信息的信号通过天线在空间辐射传输），也可以是表征为通信信道的数据存储媒质，如磁带、磁盘和光盘。

信号通过任何通信信道（简信道）传输中的一个共同的问题是加性噪声。一般地，加性噪声是由通信系统内部元器件引起的，如电阻和固态器件，有时将这种噪声称为热噪声。其他噪声和干扰源也许是由系统外面引起的，如来自信道上其他用户的干扰。当这样的噪声和干扰与期望信号占有同样频带时，可通过对发送信号和接收机中解调器的适当设计使它们的影响最小化。信号在信道上传输时可能会遇到的其他类型损耗，包括信号衰减、幅度和相位失真、多径失真等。

可以通过增加发送信号功率的方法来降低噪声的影响。然而，设备和其他实际因素会限制发送信号的功率。另一种基本的限制是可用的信道带宽。带宽的限制通常是由于媒质，以及发送机和接收机的组成部件的物理限制产生的。这两种限制因素限制了在任何通信信道上能可靠传输的数据量，我们将在以后各章中讲述这种情况。下面将描述几种常见通信信道的重要特征。

1. 有线信道

电话网络扩大了有线线路的应用，如语音信号传输，以及数据和视频传输。双绞线和同轴电缆是基本的导向电磁信道，能提供合适的带宽。通常，用来连接用户和中心机房电话线的带宽为几百千赫（kHz），同轴电缆的可用带宽是几兆赫（MHz）。图 1-2-1 示出了导向电磁信道的频率范围，其中包含波导和光纤。

信号在这样信道上传输时，其幅度和相位都会发生失真，还会受到加性噪声的影响而恶化。双绞线信道容易受到来自物理邻近信道的串音干扰。因为有线信道上的通信在日常通信中占有相当大的比例。因此，人们对其传输特性的表征，以及对信号传输时的幅度和相位失真的缓减方法做了大量的研究。第 9 章将阐述最佳传输信号及其解调的设计方法。第 10 章将研究信道均衡器的设计，这是用来补偿信道的幅度和相位失真的。

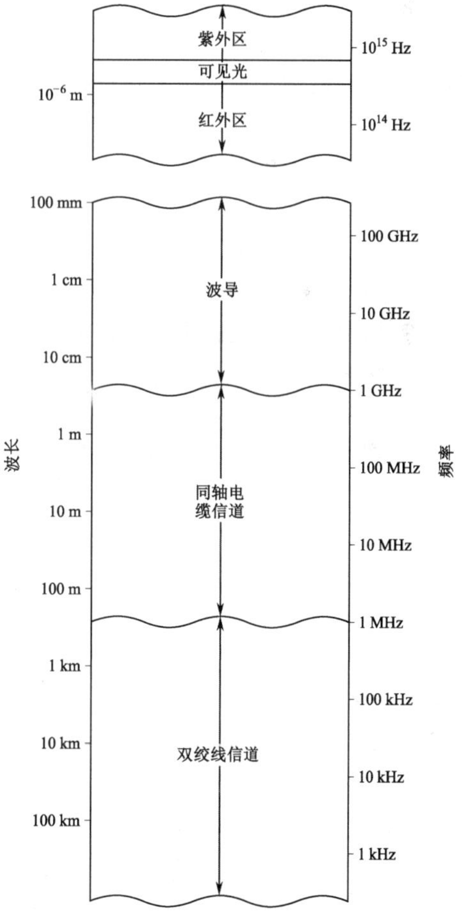

图 1-2-1 导向电磁信道的频率范围

2. 光纤信道

光纤提供的信道带宽比同轴电缆信道大几个数量级。在过去的 20 年中，已经研发出具有较低信号衰减的光缆，以及用于信号和信号检测的高可靠性光子器件。这些技术上的发展导致了光纤信道应用的快速发展，不仅应用于一个国家或区域内的通信系统中，而且也应用于洲际通信中。

由于光纤信道具有较大的可用带宽，因此可以为用户提供一个宽范围的电信业务，包括语音、数据、传真和视频等。

在光纤通信系统中，发送机或调制器是一个光源，可以是发光二极管（LED）或者激光，系统是通过消息信号改变（调制）光源的强度来发送信息的。光以光波的形式通过光纤传播，并沿着传输路径被周期性地放大以补偿信号衰减（在数字传输情况中，光由中继器检测和再生）。在接收机中，光的强度由光电二极管检测，输出电信号的变化直接与照射到光电二极管上的光功率成正比。光纤信道中的噪声源主要是光电二极管和电子放大器。

3. 无线电磁信道

在无线通信系统中，电磁能量是通过作为辐射器的天线耦合到传播媒质的。天线的物理尺寸和配置主要决定于运行的频率。为了获得有效电磁能量的辐射，天线的物理尺寸必须大于波长的 1/10。因此，在调幅（AM）频段发射的无线电台，比如在 $f_c = 1\,\text{MHz}$（相当于波长 $\lambda = C/f_c = 300\,\text{m}$），要求天线的物理尺寸至少为 30 m。天线的其他重要特征和属性将在第 4 章阐述。

图 1-2-2 示出了不同频段的电磁频谱。在大气和在自由空间中，电磁波传播的模式可分为三种类型：地波传播、天波传播和视线传播（LOS）。在甚低频（VLF）段和音频段，波长超过 10 km，地球和电离层对电磁波传播的作用如同波导。在这些频段，通信信号实际上是环绕地球传播的。由于这个原因，这些频段主要用来在世界范围内提供从海岸到船舶的导航帮助。在此频段中可用的带宽较小（通常是中心频率的 1%～10%），因此通过这些信道传输的信息速率较低，且一般限于数字传输。在这些频率上，最主要的噪声是由地球上雷暴活动产生的，特别是在热带地区。这些频段用户的主要干扰就是雷暴。

如图 1-2-3 所示，地波传播是中频（MF）频段（0.3～3 MHz）最主要的传播模式。该频段主要用于 AM 广播和海岸无线电广播。在 AM 广播中，甚至大功率的地波传播范围限于 150 km 左右。在 MF 频段中，大气噪声、人为噪声和接收机的电子元器件的热噪声是对信号传输的最主要的干扰。

如图 1-2-4 所示，天波传播是通过电离层对发送信号的反射（如弯曲或折射）进行的，电离层是由位于地球表面之上高度为 50～400 km 的几层带电粒子组成的。在白昼，太阳使较低大气层加热，形成高度在 120 km 以下的电离层。这些较低的层，特别是 D 层，吸收 2 MHz 以下的频率，因此严重限制了 AM 无线电广播的天波传播。然而，在夜晚，较低层的电离层中，电子密度急剧下降，而且白天所发生的频率吸收现象明显减少。因此，功率强大的 AM 无线电广播电台能够通过天波经电离层的 F 层传播很远的距离，F 层位于地球表面之上 140～400 km 范围之内。

在高频（HF）频段范围内，电磁波经由天波传播时经常发生的问题是信号多径。信号多径是指发送信号经由多条传播路径以不同的延时到达接收机，一般会引起数字通信系统中的符号间干扰，而且经由不同传播路径到达的各信号分量也会相互削弱，导致信号衰落的现象，许多人在夜晚收听远地无线电台广播时会对此有体验。在夜晚，天波是主要的传播模式。HF 频段的加性噪声是大气噪声和热噪声的组合。

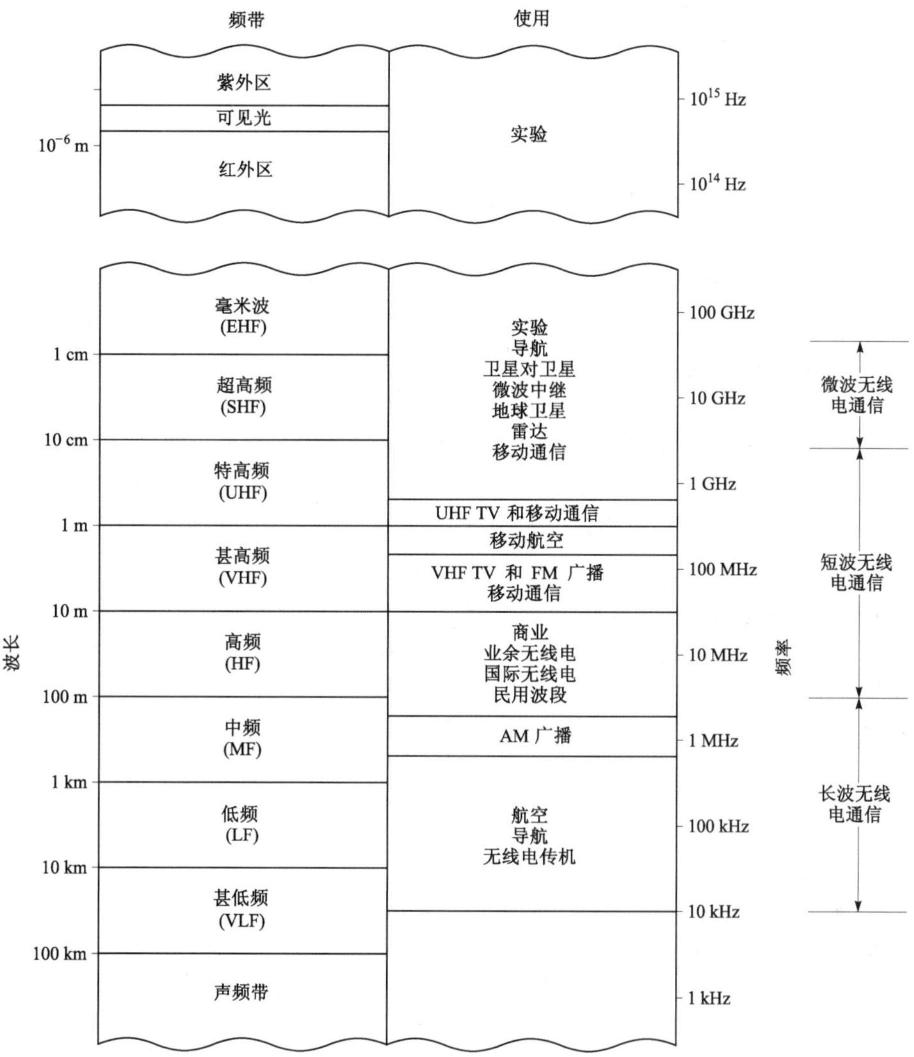

图 1-2-2　无线电磁信道的频率范围

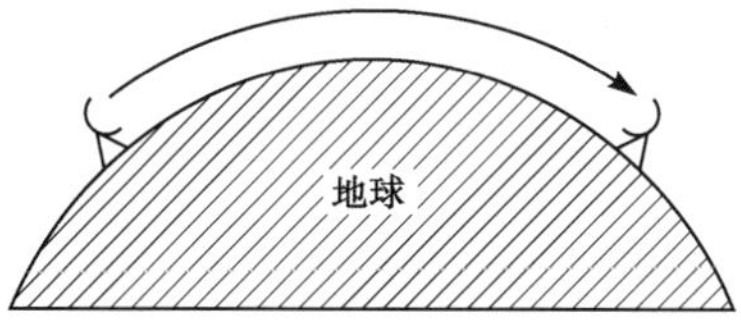

图 1-2-3　地波传播示意图

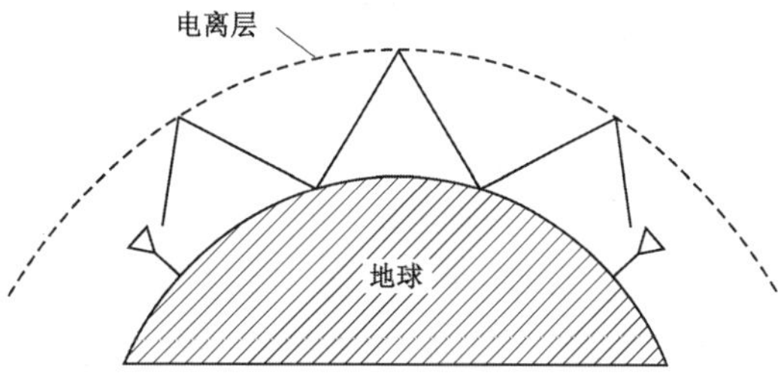

图 1-2-4　天波传播示意图

在 30 MHz 之上的频率，即 HF 频段的边缘，就不存在电离层天波传播了。然而，在 30～60 MHz 频段，有可能进行电离层散射传播，这是由较低电离层的信号散射引起的。也可利用在 40～300 MHz 频率范围内的对流层散射在几百英里（1 英里≈1609 米）的距离通信。流层散射是由在 10 英里或更低高度上大气层中的粒子引起的信号散射所造成的。一般地，电离层散射和对流层散射具有大的信号传播损耗，要求发射机功率比较大和天线比较长。

在 30 MHz 以上的频率通过电离层传播具有较小的损耗，这使得卫星通信和超陆地通信（Extraterrestrial Communication）成为可能。因此，在甚高频（VHF）频段和更高的频率，电磁传播的最主要模式是 LOS 传播。对于陆地通信系统，这意味着发送机和接收机的天线必须直达 LOS，不能有障碍。由于这个原因，在 VHF 和 UHF 频段发射的电视台天线要安装在高塔上，以达到更大的覆盖区域。

一般地，LOS 传播所能覆盖的区域会受到地球曲度的限制。如果发射天线安装在地表面之上 h 米的高度，并假定没有物理障碍（如山），那么到无线地平线的距离 $d \approx \sqrt{15h}$ km。例如，电视天线安装在 300 m 高的塔上，其覆盖范围大约为 67 km。另如，工作频率在 1 GHz 以上，用来延伸电话和视频传输的微波中继系统将天线安装在高塔上或高的建筑物顶部。

对于工作在 VHF 和 UHF 频段的通信系统，限制性能的最主要的噪声是接收机前端所产生的热噪声和天线接收到的宇宙噪声。在 10 GHz 以上的超高频（SHF）频段，大气层环境是信号传播中主要的影响因素。例如，在 10 GHz 频率，衰减范围为小雨时的 0.003 dB/km 左右到大雨时的 0.3 dB/km 左右；在 100 GHz 时，衰减范围为小雨时的 0.1 dB/km 左右到大雨时的 6 dB/km 左右。因此，在这个频率范围中，大雨会引起很大的传播损耗，可能会导致业务中断（通信系统完全中断）。

在极高频（EHF）频段以上的频率是电磁频谱的红外区和可见光区，它们可用来提供自由空间的 LOS 光通信。到目前为止，这些频段已经用于实验通信系统，如卫星到卫星的通信链路。

4. 水声信道

在过去的几十年中，海洋探险活动一直在不断增多。与这种增多相关的是对传输数据的需求，数据是由位于水下的传感器传输到海洋表面的，再经由卫星转发给数据采集中心。

除了极低频率，电磁波在水下不能长距离传播。然而，在低频率信号的传输也会受到限制，因为它需功率大的发送机。电磁波在水下的衰减可以用表面深度来表示，是信号衰减为 $1/e$ 时的距离。对于海水，表面深度 $\delta = 250/\sqrt{f}$ 。其中 f 以 Hz 为单位，δ 以 m 为单位。例如，在 10 kHz 上，表面深度是 2.5 m。对比起来，声信号能在几十甚至几百千米距离上传播。

水声信道可以表征为多径信道，这是由于海洋表面和底部对信号反射的缘故。由于波的运动，信号多径分量的传播延时是时变的，这就导致了信号的衰落。此外，还存在与频率相关的衰减，它与信号频率的平方近似成正比例。声音速度通常大约为 1500 m/s，实际值将在正常值上下变化，这取决于信号传播的深度。

海洋背景噪声是由虾、鱼和各种哺乳动物所引起的。在靠近港口处，除了海洋背景噪声，还有人为噪声。尽管有这些不利的环境，但还是可以设计并实现有效的且高可靠性的水声通信系统，以长距离地传输数字信号。

5. 存储信道

信息存储和恢复系统构成了日常数据处理工作的非常重要的部分。磁带（包括数字的声带和录像带）、用来存储大量计算机数据的磁盘、用作计算机数据存储器的光盘，以及只读光盘等都是数据存储系统的例子。它们也可以表征为通信信道。在磁带、磁盘或光盘上存储数据的过程，等效于在电话或在无线信道上发送数据。回读过程和在存储系统中恢复所存储数据的信号处理，等效于在电话和无线通信系统中恢复发送信号。

由电子元器件产生的加性噪声和来自邻近轨道的干扰一般会呈现在存储系统的回读信号中，正如电话或无线通信系统中的情况。

所能存储的数据量一般受到磁盘或磁带尺寸及密度（每平方英寸存储的比特数）的限制。该密度是由读写电系统和读写头所确定的。例如，在磁盘存储系统中，封装密度可达每平方英寸 10^9 bit（1 in≈2.54 cm）。磁盘或磁带上的数据读写速度也受到组成信息存储系统的机械和电子子系统的限制。

信道编码和调制是设计良好的数字磁或光存储系统的最重要的组成部分。在回读过程中，信号被解调。由信道编码器引入的附加冗余度被用来纠正回读信号中的差错。

1.3 通信信道的数学模型

在通过物理信道传输信息的通信系统设计中，我们发现，建立一个能反映传输媒质最重要特征的数学模型是很方便的。通信信道的数学模型可用于发送机中的信道编码器和调制器，以及接收机中的解调器和信道译码器的设计。下面，我们将简要地描述通信信道的模型，它们常用来表征实际的物理信道。

1. 加性噪声信道

通信信道最简单的数学模型是加性噪声信道，如图 1-3-1 所示。在这个模型中，发送信号 $s(t)$ 被加性随机噪声过程 $n(t)$ 恶化。在物理上，加性噪声是由通信系统接收机中电子元器件和放大器所引起的，或者由传输中的干扰所引起的（正如在无线电信号传输情况中那样）。

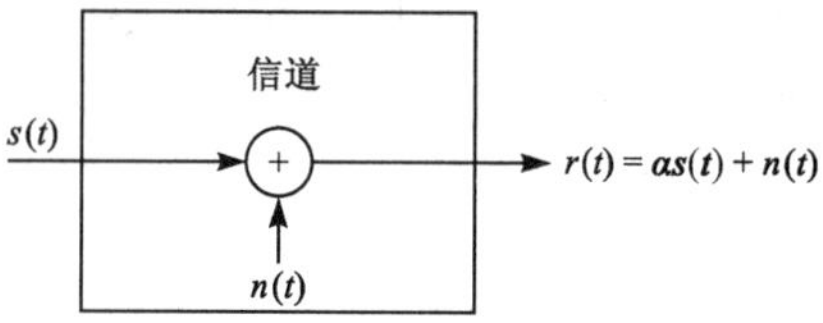

图 1-3-1 加性噪声信道

如果噪声主要是由接收机中的元器件和放大器所引起的，那么，它可以表征为热噪声。这种模型的噪声统计地表征为高斯噪声过程，因此，该信道的数学模型通常称为加性高斯噪声信道。因为这个信道模型适用于很多的通信信道，并且因为它在数学上易于处理，所以该模型是在通信系统分析和设计中所用的最主要的信道模型。信道的衰减很容易加入该模型中。信号通过信道传输而受到衰减时，接收信号为

$$r(t) = \alpha s(t) + n(t) \tag{1-3-1}$$

式中，α是衰减因子。

2. 线性滤波器信道

在某些物理信道中，如有线电话信道，采用滤波器来保证传输信号不超过规定的带宽限制，从而不会引起相互干扰。这样的信道通常在数学上可表征为带有加性噪声的线性滤波器，如图 1-3-2 所示。因此，如果信道输入信号 $s(t)$，那么信道输出信号为

$$
\begin{aligned}
r(t) &= s(t) * c(t) + n(t) \\
&= \int_{-\infty}^{\infty} c(\tau) s(t-\tau)\,\mathrm{d}\tau + n(t)
\end{aligned} \tag{1-3-2}
$$

式中，$c(t)$ 是线性滤波器的冲激响应；$*$表示卷积。

3. 线性时变滤波器信道

像水声信道和电离层无线电信道这样的物理信道，它们会导致发送信号的时变多径传播。这类物理信道在数学上可以表征为时变线性滤波器。该线性滤波器可以表征为时变信道冲激响应 $c(\tau;t)$，这里 $c(\tau;t)$ 是信道在 $t-\tau$ 时刻加入冲激而在 t 时刻的响应。因此，τ 表示历时（经历时间）变量。带有加性噪声的线性时变滤波器信道如图 1-3-3 所示。

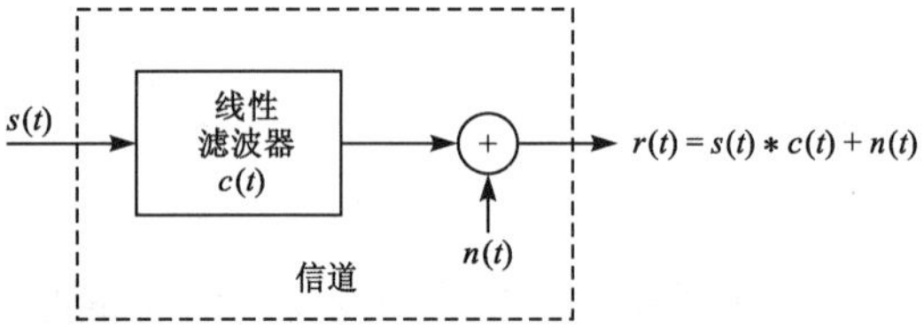

图 1-3-2　带有加性噪声的线性滤波器信道

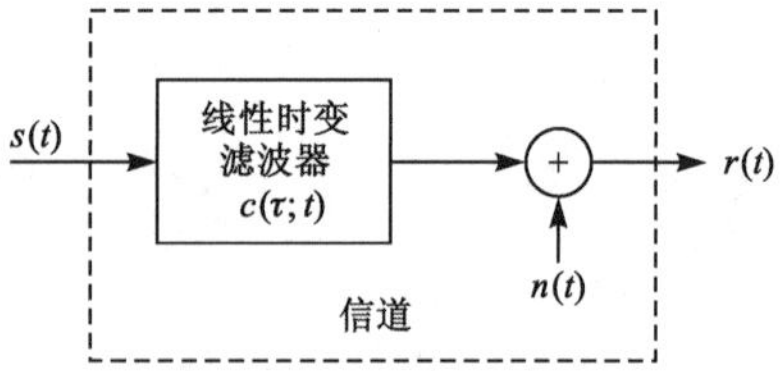

图 1-3-3　带有加性噪声的线性时变滤波器信道

对于输入信号 $s(t)$，信道输出信号为

$$
\begin{aligned}
r(t) &= s(t) * c(\tau;t) + n(t) \\
&= \int_{-\infty}^{\infty} c(\tau;t) s(t-\tau)\,\mathrm{d}\tau + n(t)
\end{aligned} \tag{1-3-3}
$$

用来表征通过物理信道的多径信号传播的一个好的模型是式（1-3-3）的一个特例，这样的物理信道如电离层（在 30 MHz 以下的频率）和移动蜂窝无线电信道，在该特例中，时变冲激响应的形式为

$$
c(\tau;t) = \sum_{k=1}^{L} a_k(t)\delta(\tau-\tau_k) \tag{1-3-4}
$$

式中，$\{a_k\}$表示 L 条传播路径上可能的时变衰减因子；$\{\tau_k\}$是相应的延时。如果将式（1-3-4）代入式（1-3-3），那么接收信号为

$$
r(t) = \sum_{k=1}^{L} a_k(t)s(t-\tau_k) + n(t) \tag{1-3-5}
$$

因此，接收信号由 L 个路径分量组成，其中每一分量的衰减为$\{a_k\}$，且延时为$\{\tau_k\}$。

上面所描述的三种数学模型适当地表征了实际中的绝大多数物理信道。本书将这三种模型用于通信系统的分析和设计。

1.4　数字通信发展的回顾与展望

值得注意的是，最早的电通信形式，即电报，是一个数字通信系统。电报是由 S.莫尔斯（Samuel Morse）研制并在 1837 年进行演示试验的。莫尔斯设计出一种可变长度的二进制码，其中英文字母用点画线的序列（码字）来表示。在这种码中，较频繁发生的字母用短码字表示，不常发生的字母则用较长的码字来表示。因此，莫尔斯码是第 6 章中所述的可变长度信源编码方法的先驱。

差不多在 40 年之后，E.博多（Emile Baudot）于 1875 年设计出了一种电报码，其中每一个字母编成一个固定长度为 5 的二进制码字。在博多码中，二进制码的元素是等长度的，且指定为传号和空号。

虽然莫尔斯在研制第一个电的数字通信系统（电报）中起了重要的作用，但是现在我们所说的现代数字通信系统起源于奈奎斯特（Nyquist）的研究。奈奎斯特研究了在给定带宽的电报信道上无符号间干扰的最大信号传输速率，他用数学公式表达了一个电报系统的模型，其中发送信号的一般形式为

$$s(t) = \sum_n a_n g(t - nT) \tag{1-4-1}$$

式中，$g(t)$表示基本的脉冲形状；$\{a_n\}$是以速率 $1/T$ bit/s 发送的 $\{\pm 1\}$ 二进制数据序列。奈奎斯特提出了带宽限于 W Hz 的最佳脉冲形状并且在脉冲抽样时刻 kT[①]（$k = 0, \pm 1, \pm 2 \cdots$）无符号间干扰条件下的最大比特率。他得出结论：最大脉冲速率是 $2W$ 脉冲/秒。现在把这个速率称为奈奎斯特速率。通过采用脉冲 $g(t) = (\sin 2\pi W t)/2\pi W t$ 可以达到此脉冲速率，这个脉冲形状也允许在抽样时刻，对无符号间干扰的数据进行恢复。奈奎斯特的研究成果等价于带限信号抽样定理的一种形式，后来香农（Shannon）于 1948 年准确地阐述了该定理。抽样定理指出：带宽为 W 的信号可以由它以奈奎斯特速率 $2W$ 样值/秒抽样的样值通过下列插值公式来重构：

$$s(t) = \sum_n s\left(\frac{n}{2W}\right) \frac{\sin[2\pi W(t - n/2W)]}{2\pi W(t - n/2W)} \tag{1-4-2}$$

鉴于奈奎斯特的研究工作，哈特利（Hartley）于 1928 年研究了当采用多幅度电平时在带限信道上能可靠地传输数据的问题。哈特利假定接收机能以某个准确度上（如 A_δ）可靠地估计接收信号幅度。这个研究使得哈特利得出这样的结论：当最大的信号幅度限于 $A_{\max}$（固定功率限制）且幅度分辨率为 A_δ 时，存在一个能在带限信道可靠通信的最大数据速率。

在通信的发展中，另一个有重大意义的进展是柯尔莫哥洛夫（Kolmogorov，1939）和维纳（Wiener，1942）的研究，他们研究了存在加性噪声 $n(t)$的情况下，根据对接收信号 $r(t)=s(t)+n(t)$的观测来估计期望的信号波形 $s(t)$的问题，这个问题出现在信号调制中。维纳得出一个线性滤波器，其输出是对期望信号 $s(t)$最好的均方近似。这个滤波器称为最佳线性（柯尔莫哥洛夫-维纳）滤波器。

哈特利和奈奎斯特的关于数字信息最大传输速率的研究成果是香农（Shannon，1948）研究工作的先导，香农奠定了信息传输的数学基础，并推导出了对数字通信系统的基本限制。香农在他的开拓性的研究中采用了信息源和通信信道的概率模型，以统计方法将可靠的信息传输基本问题表示成公式。根据这些统计的公式表示，他对信源的信息含量采用了对数的度量，他也证明了发送机的功率限制、带宽限制、加性噪声的影响可以和信道联系起来，合并成一个单一的参数，即信道容量。例如，在加性高斯白（平坦频谱）噪声干扰的情况下，一个带宽为 W 的理想带限信道的容量为

① 译注：原文误写成 k/T。

$$C = W \log_2\left(1 + \frac{P}{WN_0}\right) \text{ bit/s} \tag{1-4-3}$$

式中，P 是平均发送功率；N_0 是加性噪声的功率谱密度。信道容量的意义如下：如果信源的信息速率 $R<C$，那么采用适当的编码在信道上实现可靠（无差错）的传输在理论上是可能的；反之，如果 $R>C$，不管在发送机和接收机中采用多少信号处理，都不可能实现可靠的传输。因此，香农建立了对信息通信的基本限制，并开创了一个新的领域，现在我们将其称为信息论。

在数字通信领域做出重要贡献的另一位科学家是科捷利尼科夫（Kotelnikov，1947），他提出了用几何方法对各种各样数字通信系统的相干分析。科捷利尼科夫的方法后来由沃曾克拉夫特和雅各布斯（Wozencraft & Jacobs，1965）进一步推广。

在香农的研究成果公布之后，汉明（Hamming，1950）进行了纠错和纠错码的经典研究工作，用来克服信道噪声的不利影响。在随后的多年中，汉明的研究成果激发了许多研究者，发明了多种新的功能强的码，其中许多码仍用于现代通信系统中。

在过去的三四十年中，对数据传输需求的增长，以及更复杂的集成电路的发展，导致了非常有效的且更可靠的数字通信系统的发展。在这个发展过程中，香农关于信道最大传输极限、所达到的性能界限的最初结论及其推广已作为通信系统设计的基准。由香农和其他研究人员推导出的理论极限对信息论的发展做出了贡献，并成为设计和开发更有效的数字通信系统不断努力的最终目标。

在香农、科捷利尼科夫和汉明等人早期研究工作之后，数字通信领域又有了许多新的进展。一些最著名的进展如下：

- 穆勒（Muller，1954）、里德（Reed，1954）、里德和所罗门（Reed 和 Solomon，1960）、鲍斯和雷-乔德赫里（Bose & Ray-Chaudhuri，1960），以及歌帕（Goppa，1970，1971）等人发展了新的分组码。
- 福尼（Forney，1966）发展了级联码。
- 鲍斯-查德胡里-霍克奎恩海姆（Bose-Chaudhuri-Hocquenghem，BCH）码的有效计算译码的发展，例如，伯尔坎姆-马西（Berlekamp-Massey）算法（Chien，1964；Berlekamp，1968）。
- 对卷积码和译码算法发展做出贡献的有沃曾克拉夫特和瑞峰（Wozencraft & Reiffen，1961）、法诺（Fano，1963）、齐岗吉诺夫（Zigangirov，1966）、杰利内克（Jelinek，1969）、福尼（Forney，1970，1972），以及维特比（Viterbi，1967，1971）。
- 翁格伯克（Ungerboeck，1982）、福尼等（Forney 等，1984）、魏（Wei，1987），以及其他人发展了网格编码调制。
- 用于数据压缩高效的信源编码算法的发展，如由齐夫和兰培尔（Ziv & Lempel，1977，1978），以及林德等（Linde 等，1980）所设计的算法。
- 加拉杰（Gallager，1963）提出的 LDPC 编码与和-积译码的发展。
- 伯罗（Berrou，1993）等人的 Turbo 码和迭代译码的发展。

1.5 本书概貌

第 2 章简要介绍确定和随机信号分析，主要复习概率论和随机变量的基本概念，并建立必要的符号表示法。

第 3～5 章论述各种数字调制信号的几何表示、解调、在加性高斯白噪声（AWGN）信道中差错概率性能，以及接收机同步接收信号波形的方法。

第 6～8 章论述信源编码、信道编码和译码、信道容量的基本理论限制、信源信息速率，以及信道编码速率。

第 9～10 章论述对有失真线性滤波器信道的高效调制器和解调器，阐述减轻信道失真影响的信道均衡方法。

第 11 章重点论述多信道和多载波通信系统及其有效的实现方法，以及在 AWGN 信道中的性能。

第 12 章介绍直接序列、跳频扩展频谱信号和系统，以及在最坏情况干扰条件下的系统性能评估。

第 13～14 章重点论述衰落多径信道上数字通信的信号设计和编码技术，这部分内容与无线通信系统的研发有密切关系。

第 15 章论述应用多发射和多接收天线，通过信号分集和借助空分复用提高数据速率，来改善无线天线系统的性能。

第 16 章介绍多用户通信系统和多址方法，研究上行链路传输的检测算法及其性能评估，以及多个用户发送数据给同一个接收机（基站），还将介绍广播通信系统中抑制多址干扰的算法，该系统发射机使用多天线同时发送不同数据序列给不同的用户。

1.6 文献注释与参考资料

在 20 世纪，有几篇关于无线电和电信方面发展的论述可以从以下学者的著作中找到：麦克马洪（McMahon，1984）、米尔曼（Millman，1984）、赖德和芬克（Ryder & Fink，1984）。我们已经列举了奈奎斯特（Nyquist，1924）、哈特利（Hartley，1928）、科捷利尼科夫（Kotelnikov，1947）、香农（Shannon，1948）和汉明（Hamming，1950）等经典著作，以及自 1950 年以来在数字通信领域中较重要的进展。在 IEEE 出版社出版了由斯隆和怀纳（Sloane & Wyner，1993）编著的一本书以及早先俄罗斯的多布鲁辛和卢潘诺夫（Dobrushin & Lupanov）编著的一本书中，发表了香农的论文集。读者可能感兴趣的 IEEE 出版社的出版物还有：由伯尔坎姆（Berlekamp，1974）编著的 *Key Paper in the Development of Coding Theory*（编码理论发展中的重要论文集），以及由斯莱皮恩（Slepian，1974）编著的 *Key Papers in the Development of Information Theory*（信息论发展中的重要论文）。

第 2 章

确定信号与随机信号分析

本章将介绍后续各章所需的背景知识，主要是确定信号和随机信号的分析，研究它们的不同表示方法。此外，还介绍并研究在数字通信系统分析中常用的一些随机变量的主要性质，讲述随机过程、低通和带通随机过程，以及随机过程的级数展开。

我们假定读者已熟悉表 2-0-1 所总结的傅里叶变换的性质，以及表 2-0-2 所列举的傅里叶变换对。在这些表中，使用以下信号的定义。

$$\Pi(t)=\begin{cases}1, & |t|<\dfrac{1}{2}\\ \dfrac{1}{2}, & t=\pm\dfrac{1}{2}\\ 0, & \text{其他}\end{cases} \qquad \operatorname{sinc}(t)=\begin{cases}\dfrac{\sin(\pi t)}{\pi t}, & t\neq 0\\ 1, & t=0\end{cases}$$

和

$$\operatorname{sgn}(t)=\begin{cases}1, & t>0\\ -1, & t<0\\ 0, & t=0\end{cases} \qquad \Lambda(t)=\Pi(t)*\Pi(t)=\begin{cases}t+1, & -1\leqslant t<0\\ -t+1, & 0\leqslant t<1\\ 0, & \text{其他}\end{cases}$$

单位阶跃信号 $u_{-1}(t)$ 定义为

$$u_{-1}(t)=\begin{cases}1, & t>0\\ \dfrac{1}{2}, & t=0\\ 0, & t<0\end{cases}$$

同时也假定读者也已熟习概率、随机变量和随机过程的基本知识，这些知识在一些标准的教科书中都有论述，如 Papoulis 和 Pillai（2002）、Leon-Gracia（1994），以及 Stark 和 Woods（2002 年）等著作。

表 2-0-1　傅里叶变换的性质

性　质	信　号	傅里叶变换
线性	$\alpha x_1(t)+\beta x_2(t)$	$\alpha X_1(f)+\beta X_2(f)$
对偶性	$X(t)$	$x(-f)$
共轭性	$x^*(t)$	$X^*(-f)$
标度变换 $(a\neq 0)$	$x(at)$	$\frac{1}{\lvert a\rvert}X\left(\frac{f}{a}\right)$
时移性	$x(t-t_0)$	$e^{-j2\pi f t_0}X(f)$
调制	$e^{j2\pi f_0 t}x(t)$	$X(f-f_0)$
卷积	$x(t)\star y(t)$	$X(f)Y(f)$
乘积	$x(t)y(t)$	$X(f)\star Y(f)$

续表

性　质	信　号	傅里叶变换
微分	$\frac{d^n}{dt^n}x(t)$	$(j2\pi f)^n X(f)$
频域微分	$t^n x(t)$	$\left(\frac{j}{2\pi}\right)^n \frac{d^n}{df^n}X(f)$
积分	$\int_{-\infty}^{t} x(\tau)\,d\tau$	$\frac{X(f)}{j2\pi f}+\frac{1}{2}X(0)\delta(f)$
帕塞瓦尔定理	$\int_{-\infty}^{\infty} x(t)y^*(t)\,dt=\int_{-\infty}^{\infty} X(f)Y^*(f)\,df$	
瑞利能量定理	$\int_{-\infty}^{\infty} \lvert x(t)\rvert^2\,dt=\int_{-\infty}^{\infty} \lvert X(f)\rvert^2\,df$	

表 2-0-2　傅里叶变换对

时　域	频　域	时　域	频　域
$\delta(t)$	1	$te^{-\alpha t}u_{-1}(t)(\alpha>0)$	$\frac{1}{(\alpha+j2\pi f)^2}$
1	$\delta(f)$	$e^{-\alpha\lvert t\rvert}(\alpha>0)$	$\frac{2\alpha}{\alpha^2+(2\pi f)^2}$
$\delta(t-t_0)$	$e^{-j2\pi f t_0}$	$e^{-\pi t^2}$	$e^{-\pi f^2}$
$e^{j2\pi f_0 t}$	$\delta(f-f_0)$	$\mathrm{sgn}(t)$	$\frac{1}{j\pi f}$
$\cos(2\pi f_0 t)$	$\frac{1}{2}\delta(f-f_0)+\frac{1}{2}\delta(f+f_0)$	$u_{-1}(t)$	$\frac{1}{2}\delta(f)+\frac{1}{j2\pi f}$
$\sin(2\pi f_0 t)$	$\frac{1}{2j}\delta(f-f_0)-\frac{1}{2j}\delta(f+f_0)$	$\frac{1}{2}\delta(t)+j\frac{1}{2\pi t}$	$u_{-1}(f)$
$\Pi(t)$	$\mathrm{sinc}(f)$	$\delta'(t)$	$j2\pi f$
$\mathrm{sinc}(t)$	$\Pi(f)$	$\delta^{(n)}(t)$	$(j2\pi f)^n$
$\Lambda(t)$	$\mathrm{sinc}^2(f)$	$\frac{1}{t}$	$-j\pi\,\mathrm{sgn}(f)$
$\mathrm{sinc}^2(t)$	$\Lambda(f)$	$\sum_{n=-\infty}^{\infty}\delta(t-nT_0)$	$\frac{1}{T_0}\sum_{n=-\infty}^{\infty}\delta\left(f-\frac{n}{T_0}\right)$
$e^{-\alpha t}u_{-1}(t)(\alpha>0)$	$\frac{1}{\alpha+j2\pi f}$		

2.1 带通信号与低通信号的表示

如第 1 章所述，通信的过程包括信源的输出，以及在通信信道上的传输。在绝大多数的情况下，信息序列的谱特性并不直接与通信信道的谱特性相匹配，因此信息序列不能直接在信道上传输。在很多情况下，信息信号是低频（基带）信号，而通信信道可用的频谱在较高的频段，所以，在发送机中，信息信号必须转换成高频信号以匹配通信信道的特性，这就是将基带信号转换成带通已调信号的调制过程。本节将研究基带信号和带通信号的主要性质。

2.1.1 带通信号与低通信号

本节将证明，带通信号的实窄带高频信号可以用原带通信号等效低通的复低频信号来表示，这使得采用处理等效低通信号的方式替代直接处理带通信号成为可能，从而大大简化了带通信号的处理，这是因为处理低通信号的算法要容易得多，它要求较低的抽样速率及其相应的抽样数据。

信号的傅里叶变换提供了其频率域的信息。实信号 $x(t)$的傅里叶变换具有厄米特对称性（Hermitian Symmetry），即 $X(-f)=X^*(f)$，从而$|X(-f)|=|X(f)|$以及$\angle X^*(f)=-\angle X(f)$。换言之，对于实信号 $x(t)$，$X(f)$是幅度偶对称且相位奇对称的。由于该对称性，有关信号的全部信息都包含在正（或负）频域中，由 $X(f)(f\geqslant 0)$可以完整地重构 $x(t)$。基于此观察，实信号 $x(t)$的带宽定义为最小的正频率范围，当$|f|$超出该范围时，$X(f)=0$。显然，实信号的带宽是其频率支持集的一半。

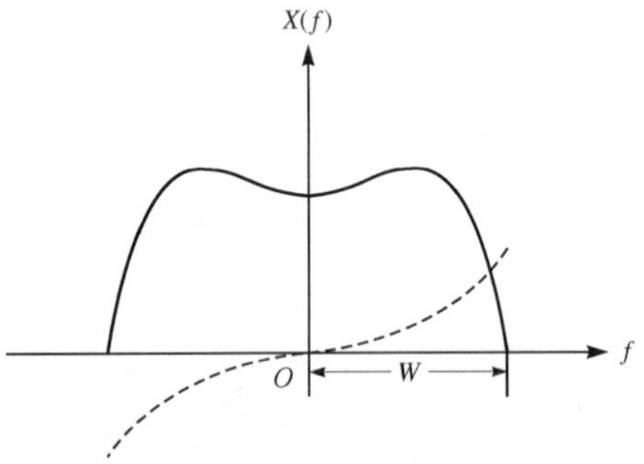

图 2-1-1　实低通（基带）信号的谱

低通信号或基带信号是指频谱位于零频附近的信号，例如，虽然语音、音乐和视频信号具有不同的频谱特性和带宽，但它们都是低通信号。通常，低通信号是低频信号，即在时间域它们是缓慢变化的信号，没有跳变或突变。实低通信号的带宽是最小的正频率 W，在$[-W,+W]$之外 $X(f)=0$。对这样的信号，频率支持，即 $X(f)\neq 0$ 的频率范围是$[-W,+W]$。图 2-1-1 所示为一实低通信号的谱的例子，实线表示幅度谱$|X(f)|$，虚线表示相位谱$\angle X(f)$。

也可定义一个信号的正频谱和负频谱为

$$X_+(f)=\begin{cases}X(f), & f>0\\ X(0)/2, & f=0\\ 0, & f<0\end{cases}\qquad X_-(f)=\begin{cases}X(f), & f<0\\ X(0)/2, & f=0\\ 0, & f>0\end{cases}\tag{2-1-1}$$

显然，$X_+(f)=X(f)u_{-1}(f)$、$X_-(f)=X(f)u_{-1}(-f)$ 和 $X(f)=X_+(f)+X_-(f)$。对于实信号 $x(t)$，$X(f)$是厄米特的，则 $X_-(f)=X_+^*(f)$。

对于复信号 $x(t)$，谱 $X(f)$是不对称的，因此该信号不能仅由正频率的信息来重构。对于复信号，带宽定义为频谱为非零值的全部频率范围的一半，即该信号频率支持的一半。该定义与实信号的带宽定义是一致的。根据该定义，一般可以认为，对于所有信号（实或复的），带宽定义为频率支持的一半。

在实际中，消息信号的谱特性与通信信道并不总是匹配的，这就要求采用不同调制方法来调制消息信号，使其谱特性和信道的谱特性匹配。在调制的过程中，低通消息信号的谱转换为高频，已调信号为带通信号。

带通信号是一种实信号，其频率内容（或谱）位于远离零的某频率$\pm f_0$ 附近。可以更正式地将带通信号定义为在正 f_0 和 W 处存在的实信号，即仅在$[f_0-W/2, f_0+W/2]$区间的 $X(f)$正频谱，即 $X_+(f)$为非零值，其中 $W/2<f_0$（实际中通常 $W\ll f_0$），频率 f_0 称为中心频率。显然，$x(t)$的带宽最多等于 W。带通信号通常是用时域快速变化来表征的高频信号。

图 2-1-2 所示为实带通信号谱的一个例子。注意，因为信号 $x(t)$是实的，其幅度谱是偶对称的，相位谱是奇对称的。同时，中心频率 f_0 不必是带通信号频段的中间。由于谱的对称性，$X_+(f)$包含了重构 $X(f)$所必要的全部信息。事实上，

$$X(f)=X_+(f)+X_-(f)=X_+(f)+X_+^*(-f)\tag{2-1-2}$$

该式表明 $X_+(f)$的信息对重构 $X(f)$是充分的。

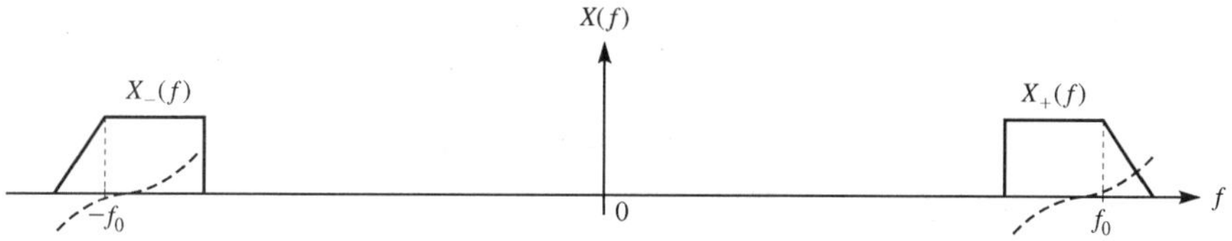

图 2-1-2　实带通信号的谱

2.1.2　带通信号的等效低通

首先定义对应 $x(t)$的解析信号（或预包络）为信号 $x_+(t)$，其傅里叶变换为 $X_+(f)$。该信号仅包含正频率分量，其谱不是厄米特的，所以 $x_+(t)$一般是复信号，有

$$\begin{aligned} x_+(t) &= \mathscr{F}^{-1}[X_+(f)] \\ &= \mathscr{F}^{-1}[X(f)u_{-1}(f)] \\ &= x(t) * \left(\frac{1}{2}\delta(t) + \mathrm{j}\frac{1}{2\pi t}\right) \\ &= \frac{1}{2}x(t) + \frac{\mathrm{j}}{2}\hat{x}(t) \end{aligned} \tag{2-1-3}$$

式中，$\hat{x}(t) = \dfrac{1}{\pi t} * x(t)$ 是 $x(t)$的希尔伯特变换。通过 $x(t)$的正频率分量引入 $-\dfrac{\pi}{2}$ 相移，而负频率分量引入 $\dfrac{\pi}{2}$ 相移，可得到 $x(t)$的希尔伯特变换。在频率域，有

$$\mathscr{F}\left[\hat{x}(t)\right] = -\mathbf{j}\mathrm{sgn}(f)X(f) \tag{2-1-4}$$

希尔伯特变换的一些性质将包含在本章末尾的习题中。

现在，定义 $x(t)$的等效低通（或复包络）$x_l(t)$为频谱由 $2X_+(f+f_0)$确定的信号，即

$$X_l(f) = 2X_+(f + f_0) = 2X(f + f_0)u_{-1}(f + f_0) \tag{2-1-5}$$

显然，$x_l(t)$的谱位于零频附近，所以一般为复低通信号，该信号称为 $x(t)$的等效低通或复包络。图 2-1-3 所示为图 2-1-2 中信号的等效低通的谱。

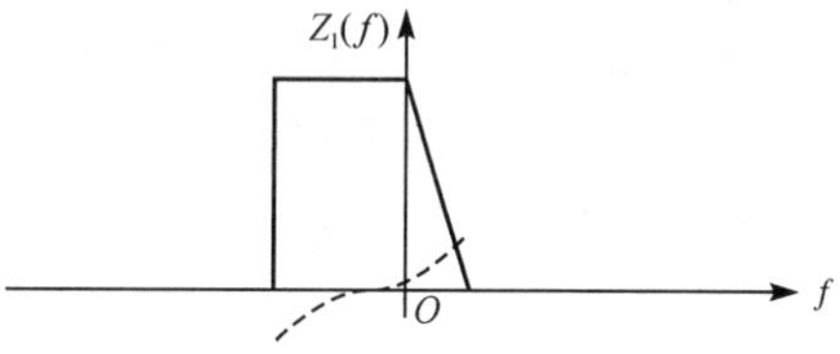

$X_l(f)=2X_+(f+f_0)$

图 2-1-3　图 2-1-2 中信号的等效低通的谱

应用傅里叶包含的调制理论，可得

$$\begin{aligned} x_l(t) &= \mathscr{F}^{-1}[X_l(f)] \\ &= 2x_+(t)\mathrm{e}^{-\mathrm{j}2\pi f_0 t} = (x(t) + \mathrm{j}\,\hat{x}(t))\mathrm{e}^{-\mathrm{j}2\pi f_0 t} \end{aligned} \tag{2-1-6}$$

$$x_l(t) = (x(t)\cos 2\pi f_0 t + \hat{x}(t)\sin 2\pi f_0 t) + j(\hat{x}(t)\cos 2\pi f_0 t - x(t)\sin 2\pi f_0 t) \tag{2-1-7}$$

由式（2-1-6）可得

$$x(t) = \mathrm{Re}\left[x_l(t)\mathrm{e}^{\mathrm{j}2\pi f_0 t}\right] \tag{2-1-8}$$

该式表示任何带通信号均可以用其等效低通来表示。利用式（2-1-2）和式（2-1-5），可得

$$X(f) = \tfrac{1}{2}\left[X_l(f - f_0) + X_l^*(-f - f_0)\right] \tag{2-1-9}$$

式（2-1-8）、式（2-1-9）、式（2-1-5）和式（2-1-7）是在时间域和频率域相互表示的 $x(t)$和 $x_l(t)$。

$x_l(t)$的实部和虚部分别称为 $x(t)$的同相分量和正交分量，记为 $x_i(t)$和 $x_q(t)$，两者都是实低通信号，则有

$$x_l(t) = x_i(t) + \mathrm{j}\,x_q(t) \tag{2-1-10}$$

比较式（2-1-10）和式（2-1-7）可得

$$\begin{aligned} x_i(t) &= x(t)\cos 2\pi f_0 t + \hat{x}(t)\sin 2\pi f_0 t \\ x_q(t) &= \hat{x}(t)\cos 2\pi f_0 t - x(t)\sin 2\pi f_0 t \end{aligned} \tag{2-1-11}$$

用式（2-1-11）求解 $x(t)$和 $\hat{x}(t)$，可得

$$\begin{aligned} x(t) &= x_i(t)\cos 2\pi f_0 t - x_q(t)\sin 2\pi f_0 t \\ \hat{x}(t) &= x_q(t)\cos 2\pi f_0 t + x_i(t)\sin 2\pi f_0 t \end{aligned} \tag{2-1-12}$$

式（2-1-12）表明，任何带通信号 $x(t)$都可以用两个低通信号来表示，即其同相分量和正交分量。式（2-1-10）表明 $x_l(t)$可用其实部和复部来表示。$x(t)$也可以在极坐标中用其幅度和相位来表示。如果，定义 $x(t)$的包络和相位［记为 $r_x(t)$和 $\theta_x(t)$］分别为

$$r_x(t) = \sqrt{x_i^2(t) + x_q^2(t)} \tag{2-1-13}$$

$$\theta_x(t) = \arctan \frac{x_q(t)}{x_i(t)} \tag{2-1-14}$$

则有

$$x_l(t) = r_x(t)\mathrm{e}^{\mathrm{j}\theta_x(t)} \tag{2-1-15}$$

将该结果代入式（2-1-8），可得

$$x(t) = \mathrm{Re}\left[r_x(t)\mathrm{e}^{\mathrm{j}(2\pi f_0 t + \theta_x(t))}\right] \tag{2-1-16}$$

从而可得

$$x(t) = r_x(t)\cos\left[2\pi f_0 t + \theta_x(t)\right] \tag{2-1-17}$$

图 2-1-4 所示为带通信号及其包络。应当注意，$x_l(t)$、$x_i(t)$、$x_q(t)$、$r_x(t)$和 $\theta_x(t)$取决于中心频率 f_0 的选择。对一个给定的带通信号 $x(t)$，只要在$[f_0-W/2, f_0+W/2]$区间内，$X_+(f)\neq 0$，f_0 的不同值就会产生不同的低通信号 $x_l(t)$，所以相对于特定的中心频率 f_0 定义带通信号的等效低通更有意义。因为在大多数情况下，f_0 的选择是明确的，所以通常不做这样的区分。

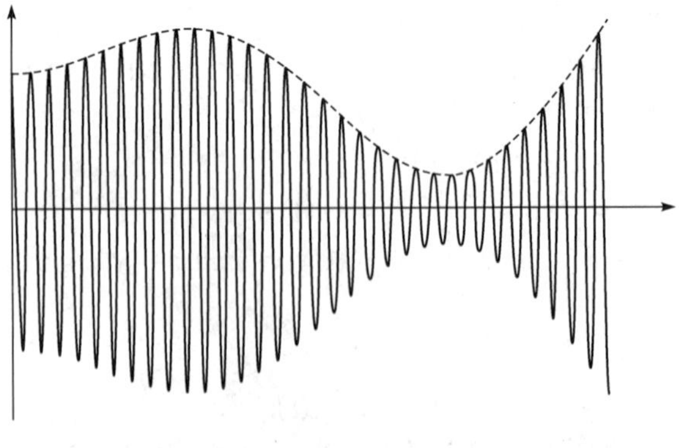

图 2-1-4　带通信号及其包络（虚曲线表示包络）

式（2-1-12）和式（2-1-17）给出了用两个低通信号表示带通信号的两种方法，一种是用同相分量和正交分量表示的，另一种是用包络和相位表示的。式（2-1-8）和式（2-1-12）以

低通信号定义的调制过程（即低通变为带通的处理过程）来表示带通信号，完成这种处理操作的系统称为调制器，图 2-1-5（a）和图 2-1-5（b）所示为实现式（2-1-8）和式（2-1-12）的一般调制器的结构，图中双线条和双线框表示复值和操作。

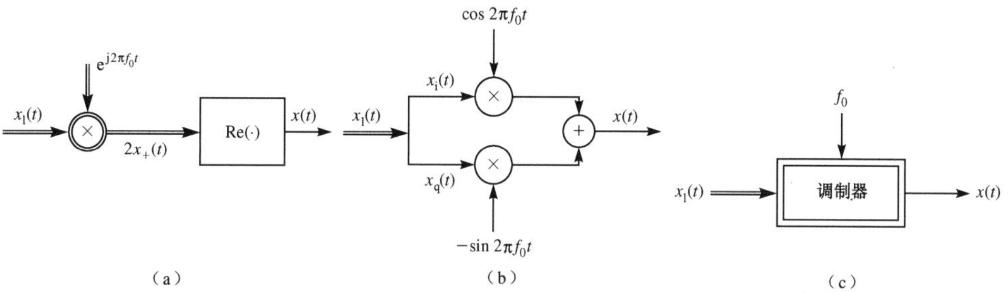

图 2-1-5　复（a）和实（b）调制器，（c）是调制器的一般表示法

类似地，式（2-1-7）和式（2-1-11）表示如何由带通信号 $x(t)$得到 $x_l(t)$或 $x_i(t)$、$x_q(t)$。这种处理过程，即从带通信号中提取低通信号，称为解调过程，如图 2-1-6（a）和图 2-1-6（b）所示。在方框图中，$\mathscr{H}$表示希尔伯特变换，即一个冲激响应为 $h(t)=\dfrac{1}{\pi t}$ 和转移函数为 $H(f)=-\mathrm{j}\,\mathrm{sgn}(f)$的 LTI 系统。

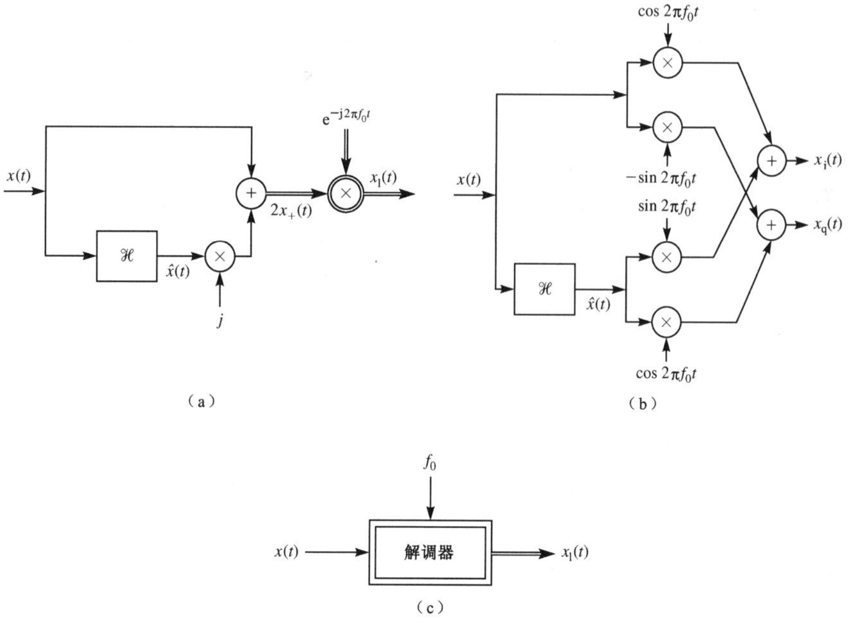

图 2-1-6　复（a）和实（b）解调器，（c）是解调器的一般表示法

2.1.3　能量考虑

本节将研究前面介绍的各种信号能量之间的关系。信号 $x(t)$的能量定义为

$$\mathcal{E}_x = \int_{-\infty}^{\infty} |x(t)|^2 \, \mathrm{d}t \tag{2-1-18}$$

并且，由表 2-0-1 中的瑞利能量定理，可得

$$\mathcal{E}_x = \int_{-\infty}^{\infty} |x(t)|^2 \, \mathrm{d}t = \int_{-\infty}^{\infty} |X(f)|^2 \, \mathrm{d}t \tag{2-1-19}$$

因为 $X_+(f)$ 与 $X_-(f)$之间不重叠，$X_+(f)X_-(f) = 0$，因此

$$\begin{aligned}\mathcal{E}_x &= \int_{-\infty}^{\infty} |X_+(f) + X_-(f)|^2 \, \mathrm{d}f \\ &= \int_{-\infty}^{\infty} |X_+(f)|^2 \, \mathrm{d}f + \int_{-\infty}^{\infty} |X_-(f)|^2 \, \mathrm{d}f \\ &= 2\int_{-\infty}^{\infty} |X_+(f)|^2 \, \mathrm{d}f \\ &= 2\mathcal{E}_{x_+}\end{aligned} \tag{2-1-20}$$

另一方面，

$$\begin{aligned}\mathcal{E}_x &= 2\int_{-\infty}^{\infty} |X_+(f)|^2 \, \mathrm{d}f \\ &= 2\int_{-\infty}^{\infty} \left|\frac{X_1(f)}{2}\right|^2 \, \mathrm{d}f \\ &= \frac{1}{2}\mathcal{E}_{x_1}\end{aligned} \tag{2-1-21}$$

该式表明，等效低通信号的能量是带通信号能量的 2 倍。

信号 $x(t)$和 $y(t)$的内积定义为

$$\langle x(t), y(t)\rangle = \int_{-\infty}^{\infty} x(t)y^*(t) \, \mathrm{d}t = \int_{-\infty}^{\infty} X(f)Y^*(f) \, \mathrm{d}f \tag{2-1-22}$$

式中应用了表 2-0-1 中的帕塞瓦尔定理。显然

$$\mathcal{E}_x = \langle x(t), x(t)\rangle \tag{2-1-23}$$

习题 2-2 证明，如果 $x(t)$和 $y(t)$是两个带通信号，具有相对同样 f_0 的等效低通 $x_1(t)$和 $y_1(t)$，那么

$$\langle x(t), y(t)\rangle = \frac{1}{2}\mathrm{Re}\,[\langle x_1(t), y_1(t)\rangle] \tag{2-1-24}$$

$x(t)$和 $y(t)$的互相关系数 $\rho_{x,y}$（实数量[①]）定义为

$$\rho_{x,y} = \frac{\langle x(t), y(t)\rangle}{\sqrt{\mathcal{E}_x \mathcal{E}_y}} \tag{2-1-25}$$

它表示两个信号之间的归一化内积。由$\mathcal{E}_{x_1}=2\mathcal{E}_x$和式（2-1-24）可得出结论：如果 $x(t)$和 $y(t)$是具有同样 f_0 的带通信号，则

$$\rho_{x,y} = \mathrm{Re}\,(\rho_{x_1,y_1}) \tag{2-1-26}$$

如果两个信号的内积（即它们的 ρ）为 0，则它们是正交的。注意，如果 $\rho_{x_1,y_1} = 0$，那么利用式（2-1-26）得到 $\rho_{x,y} = 0$，但反过来则不一定成立。换言之，基带的正交性蕴含带通的正交性，但反之则不亦然。

① 译注：原文误为"复数量"（Complex Quantity）。

例 2-2-1　假设 $m(t)$是带宽为 W 的实带通信号，定义两个信号 $x(t) = m(t)\cos 2\pi f_0 t$ 和 $y(t) = m(t)\sin 2\pi f_0 t$，其中 $f_0 > W$。

利用式（2-1-12）比较这些关系，可得

$$x_i(t) = m(t), \qquad x_q(t) = 0$$
$$y_i(t) = 0, \qquad y_q(t) = -m(t)$$

或等价为

$$x_l(t) = m(t), \qquad y_l(t) = -\mathrm{j}m(t)$$

这里注意

$$\rho_{x_l,y_l} = \mathrm{j}\int_{-\infty}^{\infty} m^2(t)\mathrm{d}t = \mathrm{j}\mathcal{E}_m$$

因此，

$$\rho_{x,y} = \mathrm{Re}(\rho_{x_l,y_l}) = \mathrm{Re}(\mathrm{j}\mathcal{E}_m) = 0$$

这意味着 $x(t)$和 $y(t)$是正交的，但它们的等效低通并不正交。

2.1.4　带通系统的等效低通

带通系统是指其传递函数位于频率 f_0（及其镜像$-f_0$）附近的系统。更正式的带通系统定义是系统冲激响应 $h(t)$为带通信号的系统。因为 $h(t)$是带通的，其等效低通记为 $h_l(t)$，其中

$$h(t) = \mathrm{Re}\left[h_l(t)\mathrm{e}^{\mathrm{j}2\pi f_0 t}\right] \tag{2-1-27}$$

如果带通信号 $x(t)$通过冲激响应为 $h(t)$的带通系统，显然其输出是带通信号 $y(t)$。输入与输出的谱关系为

$$Y(f) = X(f)H(f) \tag{2-1-28}$$

利用式（2-1-5），可得

$$\begin{aligned} Y_l(f) &= 2Y(f+f_0)u_{-1}(f+f_0) \\ &= 2X(f+f_0)H(f+f_0)u_{-1}(f+f_0) \\ &= \frac{1}{2}[2X(f+f_0)u_{-1}(f+f_0)][2H(f+f_0)u_{-1}(f+f_0)] \\ &= \frac{1}{2}X_l(f)H_l(f) \end{aligned} \tag{2-1-29}$$

式中，利用了这样的事实：对 $f>-f_0$ 所关心的频率范围，$u_{-1}^2(f+f_0) = u_{-1}(f+f_0) = 1$。在时间域，有

$$y_l(t) = \frac{1}{2}x_l(t) * h_l(t) \tag{2-1-30}$$

式（2-1-29）和式（2-1-30）表明，当带通信号通过带通系统时，等效低通的输入与输出之间的关系与该两个带通信号之间的关系很相似，唯一的差别是对等效低通引入了 1/2 因子。

2.2　波形的信号空间表示

在数字已调信号分析中，信号的信号空间（或矢量）表示法是一种很有效和有用的工具。

本节将讨论这一重要的分析方法，并证明任何信号集均可等效为一个矢量集，证明信号具有矢量的基本性质，研究求一个信号集的等效矢量集的方法，并介绍一个波形集的信号空间表示法（或信号星座图）的概念。

2.2.1 矢量空间概念

在 n 维空间中，矢量 $\boldsymbol{v}$ 可用它的 n 个分量 $v_1, v_2, \cdots, v_n$ 表征。令 $\boldsymbol{v}$ 表示一个列矢量，即 $\boldsymbol{v}=[v_1\ v_2, \cdots, v_n]^{\mathrm{t}}$，$\boldsymbol{A}^{\mathrm{t}}$ 表示矩阵 $\boldsymbol{A}$ 的转置。两个 n 维矢量 $\boldsymbol{v}_1=[v_{11}, v_{12}, \cdots, v_{1n}]^{\mathrm{t}}$ 和 $\boldsymbol{v}_2=[v_{21}, v_{22}, \cdots, v_{2n}]^{\mathrm{t}}$ 的内积定义为

$$\langle \boldsymbol{v}_1, \boldsymbol{v}_2\rangle = \boldsymbol{v}_1 \cdot \boldsymbol{v}_2 = \sum_{i=1}^{n} v_{1i} v_{2i}^{*} = \boldsymbol{v}_2^{\mathrm{H}} \boldsymbol{v}_1 \tag{2-2-1}$$

$\boldsymbol{A}^{\mathrm{H}}$ 表示矩阵 $\boldsymbol{A}$ 的厄米特转置，即先对矩阵转置再共轭其元素。由两个矢量的内积的定义，可得

$$\langle \boldsymbol{v}_1, \boldsymbol{v}_2\rangle = \langle \boldsymbol{v}_2, \boldsymbol{v}_1\rangle^{*} \tag{2-2-2}$$

因此，

$$\langle \boldsymbol{v}_1, \boldsymbol{v}_2\rangle + \langle \boldsymbol{v}_2, \boldsymbol{v}_1\rangle = 2\,\mathrm{Re}\,[\langle \boldsymbol{v}_1, \boldsymbol{v}_2\rangle] \tag{2-2-3}$$

矢量也可以表示成正交单位矢量或标准正交基 $\boldsymbol{e}_i$（$1\leqslant i\leqslant n$）的线性组合，即

$$\boldsymbol{v}=\sum_{i=1}^{n} v_i \boldsymbol{e}_i \tag{2-2-4}$$

式中，按照定义，单位矢量的长度为 1，而 v_i 是矢量 $\boldsymbol{v}$ 在单位矢量 $\boldsymbol{e}_i$ 上的投影，即 $v_i=\langle \boldsymbol{v}, \boldsymbol{e}_i\rangle$。如果〈$\boldsymbol{v}_1, \boldsymbol{v}_2$〉=0，则矢量 $\boldsymbol{v}_1$ 与 $\boldsymbol{v}_2$ 相互正交。更为一般的情况是，一组 m 个矢量集 $\boldsymbol{v}_k$（$1\leqslant k\leqslant m$），如果对于所有 $1\leqslant i, j\leqslant m$ 且 $i\neq j$，有〈$\boldsymbol{v}_i, \boldsymbol{v}_j$〉=0，则这组矢量是相互正交的。

矢量 $\boldsymbol{v}$ 的范数记为 $\|\boldsymbol{v}\|$，其定义为

$$\|\boldsymbol{v}\| = (\langle \boldsymbol{v}, \boldsymbol{v}\rangle)^{1/2} = \sqrt{\sum_{i=1}^{n} |v_i|^2} \tag{2-2-5}$$

这在 n 维空间中就是矢量的长度。如果一组 m 个矢量相互正交且每个矢量具有单位范数，则称这组矢量为标准（归一化）正交的。如果一组 m 个矢量中没有一个矢量能用其他矢量的线性组合来表示，则称这组矢量是线性独立的。任何两个 n 维矢量 $\boldsymbol{v}_1$ 和 $\boldsymbol{v}_2$ 满足三角不等式

$$\|\boldsymbol{v}_1 + \boldsymbol{v}_2\| \leqslant \|\boldsymbol{v}_1\| + \|\boldsymbol{v}_2\| \tag{2-2-6}$$

如果 $\boldsymbol{v}_1$ 和 $\boldsymbol{v}_2$ 方向相同，即 $\boldsymbol{v}_1=a\boldsymbol{v}_2$，其中 a 为正的实标量，则式（2-2-6）为等式。柯西-施瓦茨（Cauchy-Schwartz）不等式为

$$|\langle \boldsymbol{v}_1, \boldsymbol{v}_2\rangle| \leqslant \|\boldsymbol{v}_1\| \cdot \|\boldsymbol{v}_2\| \tag{2-2-7}$$

如果对复标量 a，有 $\boldsymbol{v}_1=a\boldsymbol{v}_2$，则式（2-2-7）为等式。两个矢量之和的范数平方可表示为

$$\|\boldsymbol{v}_1 + \boldsymbol{v}_2\|^2 = \|\boldsymbol{v}_1\|^2 + \|\boldsymbol{v}_2\|^2 + 2\,\mathrm{Re}\,[\langle \boldsymbol{v}_1, \boldsymbol{v}_2\rangle] \tag{2-2-8}$$

如果 $\boldsymbol{v}_1$ 与 $\boldsymbol{v}_2$ 是相互正交的，则〈$\boldsymbol{v}_1, \boldsymbol{v}_2$〉=0，因此

$$\|\boldsymbol{v}_1 + \boldsymbol{v}_2\|^2 = \|\boldsymbol{v}_1\|^2 + \|\boldsymbol{v}_2\|^2 \tag{2-2-9}$$

这是两个正交 n 维矢量的勾股定理关系式。由矩阵代数可知，在 n 维矢量空间中线性变换是矩阵变换，其形式为 $\boldsymbol{v}'=\boldsymbol{A}\boldsymbol{v}$，式中矩阵 $\boldsymbol{A}$ 将矢量 $\boldsymbol{v}$ 变换成某矢量 $\boldsymbol{v}'$。在 $\boldsymbol{v}'=\lambda\boldsymbol{v}$ 的特定情况

下，即

$$\boldsymbol{A}\boldsymbol{v} = \lambda\boldsymbol{v}$$

式中，λ是某标量；矢量 $\boldsymbol{v}$ 称为该变换的特征矢量；λ是相应的特征值。

最后，我们回顾格拉姆-施密特（Gram-Schmidt）正交化过程，它将一组 n 维矢量 $\boldsymbol{v}_i$（$1\leqslant i\leqslant m$）构成一组标准正交矢量。第一步，从这组矢量中任意选择一个矢量，如 $\boldsymbol{v}_1$，对它的长度进行归一化，可得到第一个矢量，即

$$\boldsymbol{u}_1 = \frac{\boldsymbol{v}_1}{\|\boldsymbol{v}_1\|} \tag{2-2-10}$$

第二步，选择 $\boldsymbol{v}_2$，先减去 $\boldsymbol{v}_2$ 在 $\boldsymbol{u}_1$ 上的投影，可得

$$\boldsymbol{u}_2' = \boldsymbol{v}_2 - (\langle \boldsymbol{v}_2, \boldsymbol{u}_1\rangle)\boldsymbol{u}_1 \tag{2-2-11}$$

再将矢量 $\boldsymbol{u}_2'$ 归一化成单位长度，可得

$$\boldsymbol{u}_2 = \frac{\boldsymbol{u}_2'}{\|\boldsymbol{u}_2'\|} \tag{2-2-12}$$

继续这个过程，再选择 $\boldsymbol{v}_3$ 并减去 $\boldsymbol{v}_3$ 在 $\boldsymbol{u}_1$ 和 $\boldsymbol{u}_2$ 上的投影，从而可得

$$\boldsymbol{u}_3' = \boldsymbol{v}_3 - (\langle \boldsymbol{v}_3, \boldsymbol{u}_1\rangle)\boldsymbol{u}_1 - (\langle \boldsymbol{v}_3, \boldsymbol{u}_2\rangle)\boldsymbol{u}_2 \tag{2-2-13}$$

标准正交矢量 $\boldsymbol{u}_3$ 为

$$\boldsymbol{u}_3 = \frac{\boldsymbol{u}_3'}{\|\boldsymbol{u}_3'\|} \tag{2-2-14}$$

这一过程继续下去，可构成一组 N 个标准正交矢量，其中 $N\leqslant\min(m, n)$。

2.2.2　信号空间概念

正如矢量的情况，也可导出一个类似的方法来处理一组信号。两个一般的复信号 $x_1(t)$和 $x_2(t)$的内积记为$<x_1(t), x_2(t)>$且定义为

$$\langle x_1(t), x_2(t)\rangle = \int_{-\infty}^{\infty} x_1(t)x_2^*(t)\,\mathrm{d}t \tag{2-2-15}$$

该式类似于式（2-1-22），如果它们的内积为 0，则这两个信号是正交的。信号的范数定义为

$$\|x(t)\| = \left(\int_{-\infty}^{\infty} |x(t)|^2\,\mathrm{d}t\right)^{1/2} = \sqrt{\mathcal{E}_x} \tag{2-2-16}$$

式中，$\mathcal{E}_x$ 为 $x(t)$的能量。一个有 m 个信号的信号集，如果它们是相互正交的且其范数均为 1，则该信号集是标准正交的。如果没有一个信号能表示成其余信号的线性组合，则该信号集是线性独立的。两个信号的三角不等式是

$$\|x_1(t) + x_2(t)\| \leqslant \|x_1(t)\| + \|x_2(t)\| \tag{2-2-17}$$

其柯西-施瓦茨（Cauchy-Schwarz）不等式为

$$|\langle x_1(t), x_2(t)\rangle| \leqslant \|x_1(t)\|\cdot\|x_2(t)\| = \sqrt{\mathcal{E}_{x_1}\mathcal{E}_{x_2}} \tag{2-2-18}$$

可等效为

$$\left|\int_{-\infty}^{\infty} x_1(t)x_2^*(t)\,\mathrm{d}t\right| \leqslant \left|\int_{-\infty}^{\infty} |x_1(t)|^2\,\mathrm{d}t\right|^{1/2} \left|\int_{-\infty}^{\infty} |x_2(t)|^2\,\mathrm{d}t\right|^{1/2} \tag{2-2-19}$$

当 $x_2(t)=a_1x_1(t)$，a_1 为任意复数时，式（2-2-19）为等式。

2.2.3 信号的正交展开

本节将推导一个信号波形的矢量表示法，并证明信号波形与它的矢量表示之间的等价性。

假定 $s(t)$是一个确定性的实信号，且具有有限能量，即

$$\mathcal{E}_s = \int_{-\infty}^{\infty} |s(t)|^2 \, dt \tag{2-2-20}$$

并且假定存在一个标准正交函数集$\{\phi_n(t), n=1,2,\cdots, K\}$

$$\langle \phi_n(t), \phi_m(t) \rangle = \int_{-\infty}^{\infty} \phi_n(t)\phi_m^*(t) \, dt = \begin{cases} 1, & m = n \\ 0, & m \neq n \end{cases} \tag{2-2-21}$$

可以用这些函数的加权线性组合来近似信号 $s(t)$，即

$$\hat{s}(t) = \sum_{k=1}^{K} s_k \phi_k(t) \tag{2-2-22}$$

式中，$\{s_k, 1 \leqslant k \leqslant K\}$是 $s(t)$近似式中的系数，引起的近似误差为

$$e(t) = s(t) - \hat{s}(t)$$

选择系数$\{s_k\}$以使近似误差的能量$\mathcal{E}_e$最小化，因此

$$\mathcal{E}_e = \int_{-\infty}^{\infty} |s(t) - \hat{s}(t)|^2 \, dt \tag{2-2-23}$$

$$= \int_{-\infty}^{\infty} \left| s(t) - \sum_{k=1}^{K} s_k \phi_k(t) \right|^2 dt \tag{2-2-24}$$

$s(t)$的级数展开式中最佳系数可以通过式（2-2-24）对每一个系数$\{s_k\}$进行微分，并令一阶导数为零的方法求得。另一种方法是利用估计理论中众所周知的基于均方误差准则的结论，简单地说，当误差正交于级数展开式中的每一个函数时，可以获得相对于$\{s_k\}$的$\mathcal{E}_e$的最小值，因此

$$\int_{-\infty}^{\infty} \left[s(t) - \sum_{k=1}^{K} s_k \phi_k(t) \right] \phi_n^*(t) \, dt = 0, \qquad n = 1, 2, \cdots, K \tag{2-2-25}$$

由于函数$\{\phi_n(t)\}$是标准正交的，式（2-2-25）可简化为

$$s_n = \langle s(t), \phi_n(t) \rangle = \int_{-\infty}^{\infty} s(t)\phi_n^*(t) \, dt, \qquad n = 1, 2, \cdots, K \tag{2-2-26}$$

因此，用信号 $s(t)$投影到$\{\phi_n(t)\}$的每个函数上的方法可得到系数。结果为：$\hat{s}(t)$是 $s(t)$在函数$\{\phi_n(t)\}$所架构的 K 维信号空间上的投影，所以它正交于误差信号 $e(t) = s(t) - \hat{s}(t)$，即 $\langle e(t), \hat{s}(t) \rangle = 0$。最小均方近似误差为

$$\mathcal{E}_{\min} = \int_{-\infty}^{\infty} e(t)s^*(t) \, dt \tag{2-2-27}$$

$$= \int_{-\infty}^{\infty} |s(t)|^2 \, dt - \int_{-\infty}^{\infty} \sum_{k=1}^{K} s_k \phi_k(t) s^*(t) dt \tag{2-2-28}$$

$$= \mathcal{E}_s - \sum_{k=1}^{K} |s_k|^2 \tag{2-2-29}$$

由定义可知它是非负的。当最小均方近似误差$\mathcal{E}_{\min}=0$ 时，

$$\mathcal{E}_{\mathrm{s}}=\sum_{k=1}^{K}|s_k|^2=\int_{-\infty}^{\infty}|s(t)|^2\,\mathrm{d}t \tag{2-2-30}$$

在$\mathcal{E}_{\min}=0$ 条件下，可以将 $s(t)$表示为

$$s(t)=\sum_{k=1}^{K}s_k\phi_k(t) \tag{2-2-31}$$

式中，$s(t)$与其级数展开式的相等性，在近似误差具有零能量时才成立。

当每一个有限能量信号用式（2-2-31）的级数展开且$\mathcal{E}_{\min}=0$ 时，标准正交函数集$\{\phi_n(t)\}$称为完备的。

例 2-2-1　三角傅里叶级数：一有限能量信号 $s(t)$在区间 $0\leqslant t\leqslant T$ 外处处为零且在区间内具有有限个不连续点，其周期展开式可以用傅里叶级数表示为

$$s(t)=\sum_{k=0}^{\infty}\left(a_k\cos\frac{2\pi kt}{T}+b_k\sin\frac{2\pi kt}{T}\right) \tag{2-2-32}$$

式中，使均方误差最小化的系数$\{a_k, b_k\}$为

$$\begin{aligned}
a_0&=\frac{1}{T}\int_0^T s(t)\,\mathrm{d}t\\
a_k&=\frac{2}{T}\int_0^T s(t)\cos\frac{2\pi kt}{T}\,\mathrm{d}t,\qquad k=1,2,3\cdots\\
b_k&=\frac{2}{T}\int_0^T s(t)\sin\frac{2\pi kt}{T}\,\mathrm{d}t,\qquad k=1,2,3\cdots
\end{aligned} \tag{2-2-33}$$

对于周期信号在区间[0, T]上的展开式，函数集$\{\sqrt{1/T}, \sqrt{2/T}\cos 2\pi kt/T, \sqrt{2/T}\sin 2\pi kt/T\}$是完备的，因此该级数展开式导致零均方误差。

例 2-2-2　指数傅里叶级数：一般有限能量信号 $s(t)$（实或复的）在区间 $0\leqslant t\leqslant T$ 外处处为零且在区间内具有有限个不连续点，其周期展开式可以用指数傅里叶级数表示为

$$s(t)=\sum_{n=-\infty}^{\infty}x_n\,\mathrm{e}^{\mathrm{j}2\pi\frac{n}{T}t} \tag{2-2-34}$$

式中，使均方误差最小化的系数$\{x_n\}$为

$$x_n=\frac{1}{T}\int_{-\infty}^{\infty}x(t)\mathrm{e}^{-\mathrm{j}2\pi\frac{n}{T}t}\,\mathrm{d}t \tag{2-2-35}$$

对于周期信号在区间[0, T]上的展开式，函数集$\{\sqrt{1/T}\mathrm{e}^{\mathrm{j}2\pi\frac{n}{T}t}\}$是完备的，因此该级数展开式导致零均方误差。

2.2.4　格拉姆-施密特（Gram-Schmidt）过程

假设有一个能量有限的信号波形集$\{s_m(t), m=1,2,\cdots,M\}$，希望构建一个标准正交波形集。格拉姆-施密特正交化过程允许构架这样一个集，该过程如 2.2.1 节所述，从第一个信号波形 $s_1(t)$开始，假定它具有能量$\mathcal{E}_1$。构建的第一个标准正交波形为

$$\phi_1(t)=\frac{s_1(t)}{\sqrt{\mathcal{E}_1}} \tag{2-2-36}$$

因此，$\phi_1(t)$ 就是归一化成单位能量的 $s_1(t)$。第二个波形可以由 $s_2(t)$来构建，首先计算 $s_2(t)$ 在 $\phi_1(t)$ 上的投影，即

$$c_{21} = \langle s_2(t), \phi_1(t) \rangle = \int_{-\infty}^{\infty} s_2(t)\phi_1^*(t)\,\mathrm{d}t \tag{2-2-37}$$

然后，从 $s_2(t)$中减去 $c_{21}\phi_1(t)$，可得

$$\gamma_2(t) = s_2(t) - c_{21}\phi_1(t) \tag{2-2-38}$$

这个波形正交于 $\phi_1(t)$，但它并不具有单位能量。若以$\mathcal{E}_2$ 表示 $\gamma_2(t)$ 的能量，即

$$\mathcal{E}_2 = \int_{-\infty}^{\infty} \gamma_2^2(t)\,\mathrm{d}t$$

则正交于 $\phi_1(t)$ 的归一化波形为

$$\phi_2(t) = \frac{\gamma_2(t)}{\sqrt{\mathcal{E}_2}} \tag{2-2-39}$$

一般情况下，第 k 个函数的正交化波形为

$$\phi_k(t) = \frac{\gamma_k(t)}{\sqrt{\mathcal{E}_k}} \tag{2-2-40}$$

式中

$$\gamma_k(t) = s_k(t) - \sum_{i=1}^{k-1} c_{ki}\phi_i(t) \tag{2-2-41}$$

$$c_{ki} = \langle s_k(t), \phi_i(t) \rangle = \int_{-\infty}^{\infty} s_k(t)\phi_i^*(t)\,\mathrm{d}t, \qquad i = 1, 2, \cdots, k-1 \tag{2-2-42}$$

$$\mathcal{E}_k = \int_{-\infty}^{\infty} \gamma_k^2(t)\,\mathrm{d}t \tag{2-2-43}$$

因此，正交化过程继续进行下去，直到所有 M 个信号波形$\{s_i(t)\}$处理完毕，且 $N \leqslant M$ 个标准正交波形构建完成。如果所有信号波形是线性独立的，即没有一个信号波形是其他信号波形的线性组合，那么信号空间维数 N 等于 M。

例 2-2-3 将格拉姆-施密特过程应用于图 2-2-1（a）中的 4 个波形集。波形 $s_1(t)$的能量$\mathcal{E}_1=2$，所以

$$\phi_1(t) = \sqrt{\frac{1}{2}}\, s_1(t)$$

观察到 $c_{12}=0$，因此 $s_2(t)$和 $\phi_1(t)$ 是正交的，$\phi_2(t) = s_2(t)/\sqrt{\mathcal{E}_2} = \sqrt{\frac{1}{2}}\, s_2(t)$。为了得到 $\phi_3(t)$，计算 c_{31} 和 c_{32}，其中 $c_{31}=\sqrt{2}$ 而 $c_{32}=0$。因此

$$\gamma_3(t) = s_3(t) - \sqrt{2}\phi_1(t) = \begin{cases} -1, & 2 \leqslant t \leqslant 3 \\ 0, & \text{其他} \end{cases}$$

由于 $\gamma_3(t)$具有单位能量，因此 $\phi_3(t) = \gamma_3(t)$。在求解 $\phi_4(t)$ 时，得到 $c_{41}=-\sqrt{2}$、$c_{42}=0$ 及 $c_{43}=1$，因此

$$\gamma_4(t) = s_4(t) + \sqrt{2}\phi_1(t) - \phi_3(t) = 0$$

$s_4(t)$是$\phi_1(t)$和$\phi_3(t)$的线性组合，因此$\phi_4(t)=0$。图 2-2-1（b）说明了这三个标准正交函数。

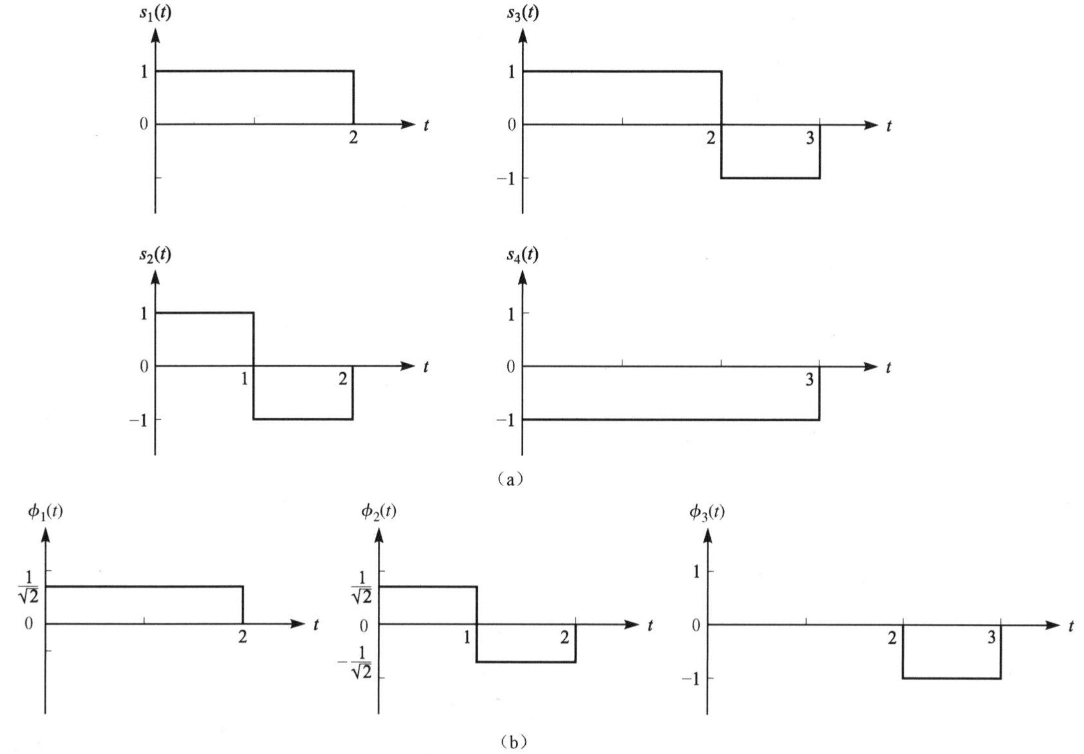

图 2-2-1 信号$\{s_m(t), m=1,2,3,4\}$的格拉姆-施密特正交化及相应的标准正交基

一旦构建好标准正交波形集$\{\phi_n(t)\}$，就能将 M 个信号$\{s_m(t)\}$表示成$\{\phi_n(t)\}$的线性组合，可写为

$$s_m(t)=\sum_{n=1}^{N}s_{mn}\phi_n(t), \qquad m=1,2,\cdots,M \tag{2-2-44}$$

基于式（2-2-44），每一个信号可以表示成矢量

$$\boldsymbol{s}_m=[s_{m1}\,s_{m2}\,\cdots\,s_{mN}]^{\mathrm{t}} \tag{2-2-45}$$

或者等效地表示成 N 维（一般为复数）信号空间的一个点，其坐标为$\{s_{mn}, n=1,2,\cdots,N\}$。因此，一组 M 个信号集$\{s_m(t)\}_{m=1}^{M}$可用 N（$N\leqslant M$）维信号空间的一组 M 个矢量来表示，相应的矢量集称为$\{s_m(t)\}_{m=1}^{M}$的信号空间表示或星座图。如果原信号是实的，则矢量空间表示是在$\mathbb{R}^N$中；如果原信号是复的，则矢量空间表示是在$\mathbb{C}^N$中。图 2-2-2 说明了由信号得到等效矢量的过程（信号映射成矢量）及其逆过程（矢量映射成信号）。

由基$\{\phi_n(t)\}$的正交性得到

$$\mathcal{E}_m=\int_{-\infty}^{\infty}|s_m(t)|^2\,\mathrm{d}t=\sum_{n=1}^{N}|s_{mn}|^2=\|\boldsymbol{s}_m\|^2 \tag{2-2-46}$$

第 k 个信号的能量也就是矢量长度的平方，或等价于 N 维空间中原点到信号点 $\mathbf{s}_m$ 的欧氏距离的平方，因此，任何信号都可以用几何方式表示成由标准正交函数$\{\phi_n(t)\}$构建的信号空间中的一个点。由基的正交性还得到

$$\langle s_k(t), s_l(t)\rangle = \langle \mathbf{s}_k, \mathbf{s}_l\rangle \tag{2-2-47}$$

这表明两个信号的内积等于其相应矢量的内积。

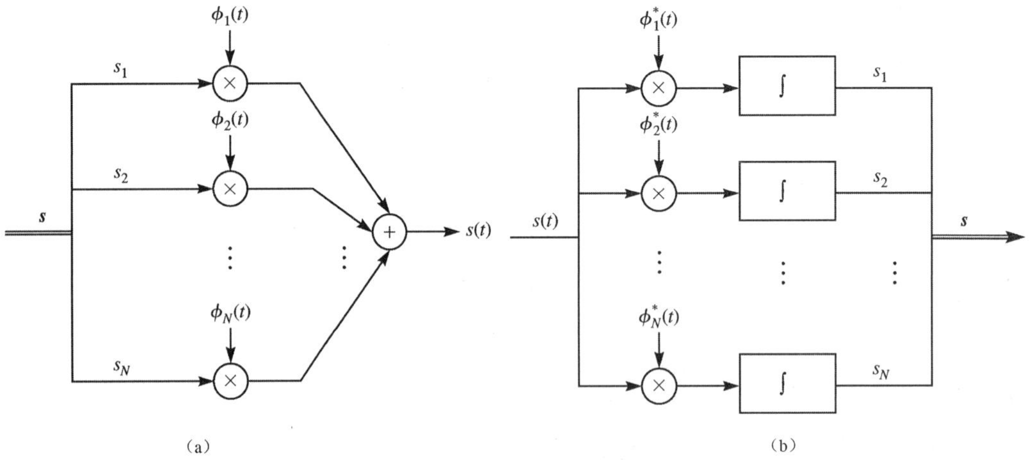

图 2-2-2　矢量映射成信号（a）和信号映射成矢量（b）

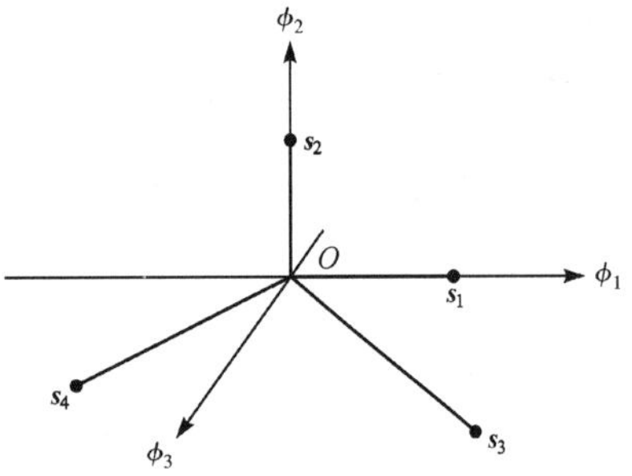

图 2-2-3　在三维空间中 4 个信号矢量表示成点

例 2-2-4　利用图 2-2-1（b）中的标准正交函数集来获得图 2-2-1（a）中所示的 4 个信号的矢量表示。由于信号空间的维数 N=3，因此每个信号可由 3 个分量描述。信号 $s_1(t)$由矢量 $\mathbf{s}_1=(\sqrt{2},0,0)^{\mathrm{t}}$表征。类似地，信号 $s_2(t)$、$s_3(t)$和 $s_4(t)$可分别由 $\mathbf{s}_2=(0,\sqrt{2},0)^{\mathrm{t}}$、$\mathbf{s}_3=(\sqrt{2},0,1)^{\mathrm{t}}$及 $\mathbf{s}_4=(-\sqrt{2},0,1)^{\mathrm{t}}$来表征，如图 2-2-3 所示。其长度为 $\|\mathbf{s}_1\|=\sqrt{2}$、$\|\mathbf{s}_2\|=\sqrt{2}$、$\|\mathbf{s}_3\|=\sqrt{3}$、$\|\mathbf{s}_4\|=\sqrt{3}$，相应的信号能量为$\mathcal{E}_k=\|\mathbf{s}_k\|^2$，$k$=1, 2, 3, 4。

我们已经证明了 M 个有限能量信号波形集$\{s_m(t)\}$可以表示成维数 $N\leqslant M$ 的标准正交函数的加权线性组合。通过对$\{s_m(t)\}$应用格拉姆-施密特正交化过程可获得函数$\{\phi_n(t)\}$。然而，应该强调的是，由格拉姆-施密特正交化过程获得的函数$\{\phi_n(t)\}$不是唯一的。如果我们改变信号$\{s_m(t)\}$的正交化处理的顺序，标准正交波形将不同，并且相应的信号$\{s_m(t)\}$的矢量表示将取决于标准正交函数$\{\phi_n(t)\}$的选择。然而，矢量$\{\mathbf{s}_m\}$仍保持它们的几何形状并且它们的长度和内积不随标准正交函数$\{\phi_n(t)\}$的选择而变化。

例 2-2-5　对图 2-2-1（a）中的 4 个信号可选用的另一种标准正交函数集，如图 2-2-4（a）所示。利用这些函数展开$\{s_n(t)\}$，可得到相应的矢量 $\mathbf{s}_1=(1,1,0)^{\mathrm{t}}$、$\mathbf{s}_2=(1,-1,0)^{\mathrm{t}}$、$\mathbf{s}_3=(1,1,-1)^{\mathrm{t}}$ 及 $\mathbf{s}_4=(-1,-1,-1)^{\mathrm{t}}$，如图 2-2-4（b）所示。注意，矢量的长度与由标准正交函数$\{\phi_n(t)\}$得到的长度是相同的。

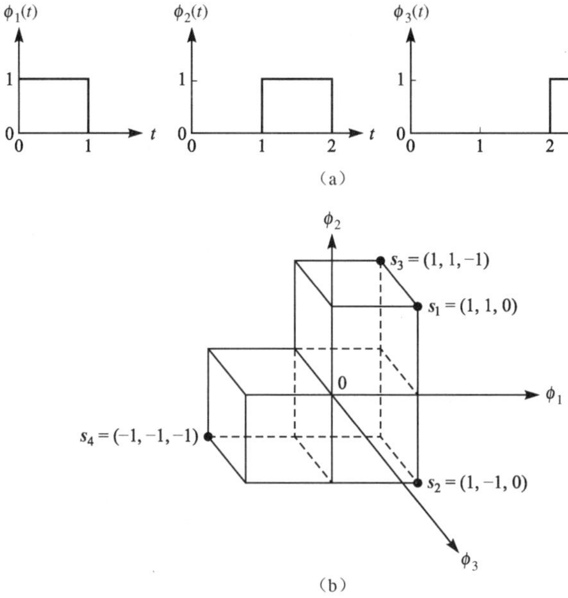

图 2-2-4　对图 2-2-1（a）中的四个信号可选用的另一种标准正交函数集及其相应的信号点

带通和低通标准正交基

上述的正交展开式是根据实信号波形推导出的，对复信号波形的推广作为练习留给读者。

考虑以下情况，即信号波形是带通型的且为

$$s_m(t)=\mathrm{Re}\left[s_{ml}(t)\mathrm{e}^{\mathrm{j}2\pi f_0 t}\right],\qquad m=1,2,\cdots,M \tag{2-2-48}$$

式中，$\{s_{ml}(t)\}$表示等效低通信号。由 2.1.1 节可知，如果两个等效低通信号是正交的，则相应的带通信号也是正交的。因此，如果$\{\phi_{nl}(t),n=1,\cdots,N\}$构成低通信号集$\{s_m(t),m=1,\cdots,M\}$的标准正交基，则集$\{\phi_n(t),n=1,\cdots,N\}$是标准信号集，其中

$$\phi_n(t)=\sqrt{2}\,\mathrm{Re}\left[\phi_{nl}(t)\mathrm{e}^{\mathrm{j}2\pi f_0 t}\right] \tag{2-2-49}$$

式中，$\sqrt{2}$ 为使每个 $\phi_n(t)$ 具有单位能量的归一化因子。然而，该标准信号集对展开式$\{s_m(t),m=1,\cdots,M\}$而言并不是必要的标准正交基。也就是说，不能保证该标准信号集对信号集$\{s_m(t),m=1,\cdots,M\}$的展开式是完备的基。本节的目的是理解如何由表示带通信号等效低通的标准正交基获得表示带通信号的标准正交基。

因为有

$$s_{ml}(t)=\sum_{n=1}^{N}s_{mln}\phi_{nl}(t),\qquad m=1,\cdots,M \tag{2-2-50}$$

式中，

$$s_{mln}=\langle s_{ml}(t),\phi_{nl}(t)\rangle,\qquad m=1,\cdots,M;\ n=1,\cdots,N \tag{2-2-51}$$

由式（2-2-48）和式（2-2-50）可得

$$s_m(t)=\mathrm{Re}\left[\left(\sum_{n=1}^{N}s_{mln}\phi_{nl}(t)\right)\mathrm{e}^{\mathrm{j}2\pi f_0 t}\right],\qquad m=1,\cdots,M \tag{2-2-52}$$

或

$$s_m(t)=\mathrm{Re}\left[\sum_{n=1}^{N}s_{ml n}\phi_{nl}(t)\right]\cos 2\pi f_0 t-\mathrm{Im}\left[\sum_{n=1}^{N}s_{ml n}\phi_{nl}(t)\right]\sin 2\pi f_0 t \qquad (2\text{-}2\text{-}53)$$

由习题 2-6 可以看到，当标准信号集 $\{\phi_{nl}(t), n=1,\cdots,N\}$ 构成表示 $\{s_m(t), m=1,\cdots,M\}$ 的 N 维复基时，则集 $\{\phi_n(t),\tilde{\phi}_n(t),n=1,\cdots,N\}$ 中的

$$\begin{aligned}\phi_n(t)&=\sqrt{2}\,\mathrm{Re}\left[\phi_{nl}(t)\mathrm{e}^{\mathrm{j}2\pi f_0 t}\right]=\sqrt{2}\phi_{ni}(t)\cos 2\pi f_0 t-\sqrt{2}\phi_{nq}(t)\sin 2\pi f_0 t\\ \tilde{\phi}_n(t)&=-\sqrt{2}\,\mathrm{Im}\left[\phi_{nl}(t)\mathrm{e}^{\mathrm{j}2\pi f_0 t}\right]=-\sqrt{2}\phi_{ni}(t)\sin 2\pi f_0 t-\sqrt{2}\phi_{nq}(t)\cos 2\pi f_0 t\end{aligned} \qquad (2\text{-}2\text{-}54)$$

构成表示 M 个带通信号

$$s_m(t)=\mathrm{Re}\left[s_{ml}(t)\mathrm{e}^{\mathrm{j}2\pi f_0 t}\right],\qquad m=1,\cdots,M \qquad (2\text{-}2\text{-}55)$$

的 $2N$ 维充分的标准正交基。

有些情况下，在由式（2-2-54）确定的基集中，并不是所有的基函数都是必需的，只要其中的子集就可以展开成带通信号。习题 2-7 将进一步证明

$$\tilde{\phi}(t)=-\hat{\phi}(t) \qquad (2\text{-}2\text{-}56)$$

式中，$\hat{\phi}(t)$ 表示 $\phi(t)$ 的希尔伯特变换。

由式（2-2-52）可得

$$\begin{aligned}s_m(t)&=\mathrm{Re}\left[\left(\sum_{n=1}^{N}s_{mln}\phi_{nl}(t)\right)\mathrm{e}^{\mathrm{j}2\pi f_0 t}\right]\\&=\sum_{n=1}^{N}\mathrm{Re}\left[(s_{mln}\phi_{nl}(t))\,\mathrm{e}^{\mathrm{j}2\pi f_0 t}\right]\\&=\sum_{n=1}^{N}\left[\frac{s_{mln}^{(\mathrm{r})}}{\sqrt{2}}\phi_n(t)+\frac{s_{mln}^{(\mathrm{i})}}{\sqrt{2}}\tilde{\phi}_n(t)\right]\end{aligned} \qquad (2\text{-}2\text{-}57)$$

式中，假定 $s_{mln}=s_{mln}^{(\mathrm{r})}+\mathrm{j}s_{mln}^{(\mathrm{i})}$。式（2-2-54）和式（2-2-57）表明带通信号是如何用其等效低通展开式的基来展开的。一般，低通信号可以用 N 维复矢量表示，其相应的带通信号可以用 $2N$ 维实矢量表示。如果复矢量

$$\boldsymbol{s}_{ml}=(s_{ml1},s_{ml2},\ldots,s_{mlN})^{\mathrm{t}}$$

是用低通基 $\{\phi_{nl}(t),n=1,\cdots,N\}$ 表示低通信号 $s_{ml}(t)$的矢量，矢量

$$\boldsymbol{s}_m=\left(\frac{s_{ml1}^{(\mathrm{r})}}{\sqrt{2}},\frac{s_{ml2}^{(\mathrm{r})}}{\sqrt{2}},\cdots,\frac{s_{mlN}^{(\mathrm{r})}}{\sqrt{2}},\frac{s_{ml1}^{(\mathrm{i})}}{\sqrt{2}},\frac{s_{ml2}^{(\mathrm{i})}}{\sqrt{2}},\cdots,\frac{s_{mlN}^{(\mathrm{i})}}{\sqrt{2}}\right)^{\mathrm{t}} \qquad (2\text{-}2\text{-}58)$$

是表示带通信号

$$s_m(t)=\mathrm{Re}\left[s_{ml}(t)\mathrm{e}^{\mathrm{j}2\pi f_0 t}\right]$$

的矢量。其中，带通基 $\{\phi_n(t),\tilde{\phi}_n(t),n=1,\cdots,N\}$ 由式（2-2-54）和式（2-2-57）确定。

例 2-2-6 假设 M 个带通信号定义为

$$s_m(t)=\mathrm{Re}\left[A_m g(t)\mathrm{e}^{\mathrm{j}2\pi f_0 t}\right] \qquad (2\text{-}2\text{-}59)$$

式中，A_m 是任意复数；$g(t)$能量为$\mathcal{E}_g$ 的实低通信号，等效低通信号 $s_{ml}(t)=A_m g(t)$。因此，由

$\phi(t)=\dfrac{g(t)}{\sqrt{\mathcal{E}_{\mathrm{g}}}}$ 定义的单位能量信号 $\phi(t)$ 对展开所有 $s_{ml}(t)$ 是充分的，有 $s_{ml}(t)=A_m\sqrt{\mathcal{E}_{\mathrm{g}}}\,\phi(t)$ 。因此，对应每个 $s_{ml}(t)$ 都有一个复标度 $A_m\sqrt{\mathcal{E}_{\mathrm{g}}}=(A_m^{(\mathrm{r})}+\mathrm{j}A_m^{(\mathrm{i})})\sqrt{\mathcal{E}_{\mathrm{g}}}$ ，即低通信号构成复维度（或等效两个实维度）。由式（2-2-54）可得

$$\phi(t)=\sqrt{\frac{2}{\mathcal{E}_{\mathrm{g}}}}\,g(t)\cos 2\pi f_0 t\,,\qquad \tilde{\phi}(t)=-\sqrt{\frac{2}{\mathcal{E}_{\mathrm{g}}}}\,g(t)\sin 2\pi f_0 t$$

可用于带通信号展开式的基。用该基和式（2-2-57）可得

$$\begin{aligned}s_m(t)&=A_m^{(\mathrm{r})}\sqrt{\frac{\mathcal{E}_{\mathrm{g}}}{2}}\,\phi(t)+A_m^{(\mathrm{i})}\sqrt{\frac{\mathcal{E}_{\mathrm{g}}}{2}}\,\tilde{\phi}(t)\\&=A_m^{(r)}g(t)\cos 2\pi f_0 t-A_m^{(i)}g(t)\sin 2\pi f_0 t\end{aligned}$$

该式与式（2-2-59）的直接展开式是一致的。注意，在所有 A_m 是实的特殊情况下，用 $\phi(t)$ 表示带通信号足够了，不必用 $\tilde{\phi}(t)$ 。

2.3 常用的随机变量

后面各章将会遇到几种不同类型的随机变量，本节将列出这些常用的随机变量及其概率密度函数（Probability Density Function，PDF）、累计分布函数（Cumulative Distribution Function，CDF）和矩，重点是高斯随机变量及其导出的多个随机变量。

1. 贝努利随机变量

贝努利（Bernoulli）随机变量是取值为 1 和 0、概率分别为 p 和 $1-p$ 的离散二进制值随机变量，因此，该随机变量的概率质量函数（Probability Mass Function，PMF）为

$$P[X=1]=p\,,\qquad P[X=0]=1-p \tag{2-3-1}$$

该随机变量的均值和方差为

$$E[X]=p,\qquad \mathrm{VAR}[X]=p(1-p) \tag{2-3-2}$$

2. 二项式随机变量

二项式随机变量（也称为二项分布随机变量）是对 n 个具有共同参数 p 的独立贝努利随机变量的总和建模，该随机变量的 PMF 为

$$P[X=k]=\binom{n}{k}p^k(1-p)^{n-k},\qquad k=0,1,\cdots,n \tag{2-3-3}$$

由此随机变量可得

$$E[X]=np,\qquad \mathrm{VAR}[X]=np(1-p) \tag{2-3-4}$$

例如，该随机变量可对 n 个比特在通信信道上传输而每个比特的差错概率为 p 时的错误数进行建模。

3．均匀分布随机变量

均匀分布随机变量是连续随机变量，其 PDF 为

$$p(x)=\begin{cases}\frac{1}{b-a}, & a\leqslant x\leqslant b\\ 0\ , & \text{其他}\end{cases}\tag{2-3-5}$$

式中，$b > a$，区间$[a, b]$是随机变量的取值范围，有

$$E[X]=\frac{b-a}{2}\tag{2-3-6}$$

$$\mathrm{VAR}[X]=\frac{(b-a)^2}{12}\tag{2-3-7}$$

4．高斯（正态）随机变量

高斯随机变量（也称为高斯分布随机变量）由 PDF

$$p(x)=\frac{1}{\sqrt{2\pi\sigma^2}}\mathrm{e}^{-\frac{(x-m)^2}{2\sigma^2}}\tag{2-3-8}$$

及其两个参数 $m\in\mathbb{R}$和 $\sigma>0$ 描述。通常用简洁形式$\mathcal{N}(m, \sigma^2)$表示高斯矢量变量的 PDF，并记为 $X\sim\mathcal{N}(m, \sigma^2)$。该随机变量的

$$E[X]=m,\quad \mathrm{VAR}[X]=\sigma^2\tag{2-3-9}$$

$m=0$ 且 $\sigma=1$ 的高斯随机变量称为标准正态变量。与高斯随机变量密切相关的一个函数是 Q 函数，定义为

$$Q(x)=P[\mathcal{N}(0,1)>x]=\frac{1}{\sqrt{2\pi}}\int_x^{\infty}\mathrm{e}^{-\frac{t^2}{2}}\,\mathrm{d}t\tag{2-3-10}$$

高斯随机变量的 CDF 为

$$\begin{aligned}F(x)&=\int_{-\infty}^{x}\frac{1}{\sqrt{2\pi\sigma^2}}\mathrm{e}^{-\frac{(t-m)^2}{2\sigma^2}}\,\mathrm{d}t=1-\int_x^{\infty}\frac{1}{\sqrt{2\pi\sigma^2}}\mathrm{e}^{-\frac{(t-m)^2}{2\sigma^2}}\,\mathrm{d}t\\&=1-\int_{\frac{x-m}{\sigma}}^{\infty}\frac{1}{\sqrt{2\pi}}\mathrm{e}^{-\frac{u^2}{2}}\,\mathrm{d}u=1-Q\left(\frac{x-m}{\sigma}\right)\end{aligned}\tag{2-3-11}$$

式中，引入了 $u=(t-m)/\sigma$。图 2-3-1 所示为高斯随机变量的 PDF 和 CDF。

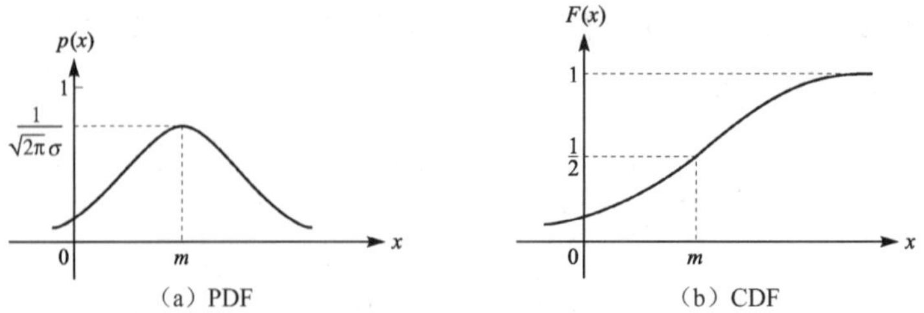

图 2-3-1　高斯随机变量的 PDF 和 CDF

一般，如果 $X\sim\mathcal{N}(m, \sigma^2)$，则

$$P[X>\alpha]=Q\left(\frac{\alpha-m}{\sigma}\right),\qquad P[X<\alpha]=Q\left(\frac{m-\alpha}{\sigma}\right) \tag{2-3-12}$$

下面是 Q 函数的一些重要性质：

$$Q(0)=\frac{1}{2},\qquad Q(\infty)=0 \tag{2-3-13}$$

$$Q(-\infty)=1,\qquad Q(-x)=1-Q(x) \tag{2-3-14}$$

当 $x>0$ 时，Q 函数的一些有用的边界是

$$Q(x)\leqslant\frac{1}{2}\mathrm{e}^{-\frac{x^2}{2}},\qquad Q(x)<\frac{1}{x\sqrt{2\pi}}\mathrm{e}^{-\frac{x^2}{2}},\qquad Q(x)>\frac{x}{(1+x^2)\sqrt{2\pi}}\mathrm{e}^{-\frac{x^2}{2}} \tag{2-3-15}$$

由最后两个边界得出结论是：对较大的 x，有

$$Q(x)\approx\frac{1}{x\sqrt{2\pi}}\mathrm{e}^{-\frac{x^2}{2}} \tag{2-3-16}$$

图 2-3-2 绘出了 Q 函数边界的曲线，表 2-3-1 和表 2-3-2 列出了 Q 函数的值和选择 Q 函数的值。

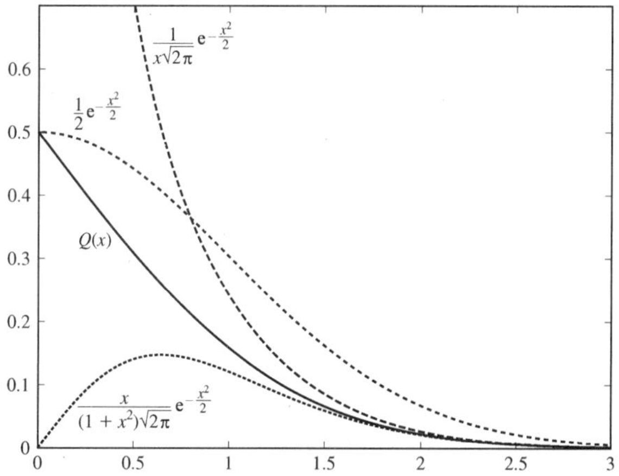

图 2-3-2　Q 函数边界的曲线

表 2-3-1　Q 函数的值

x	$Q(x)$	x	$Q(x)$	x	$Q(x)$	x	$Q(x)$
0	0.500000	1.8	0.035930	3.6	0.000159	5.4	3.3320×10^{-8}
0.1	0.460170	1.9	0.028717	3.7	0.000108	5.5	1.8990×10^{-8}
0.2	0.420740	2	0.022750	3.8	7.2348×10^{-5}	5.6	1.0718×10^{-8}
0.3	0.382090	2.1	0.017864	3.9	4.8096×10^{-5}	5.7	5.9904×10^{-9}
0.4	0.344580	2.2	0.013903	4	3.1671×10^{-5}	5.8	3.3157×10^{-9}
0.5	0.308540	2.3	0.010724	4.1	2.0658×10^{-5}	5.9	1.8175×10^{-9}
0.6	0.274250	2.4	0.008198	4.2	1.3346×10^{-5}	6	9.8659×10^{-10}
0.7	0.241960	2.5	0.006210	4.3	8.5399×10^{-6}	6.1	5.3034×10^{-10}
0.8	0.211860	2.6	0.004661	4.4	5.4125×10^{-6}	6.2	2.8232×10^{-10}
0.9	0.184060	2.7	0.003467	4.5	3.3977×10^{-6}	6.3	1.4882×10^{-10}
1	0.158660	2.8	0.002555	4.6	2.1125×10^{-6}	6.4	7.7689×10^{-11}
1.1	0.135670	2.9	0.001866	4.7	1.3008×10^{-6}	6.5	4.0160×10^{-11}
1.2	0.115070	3	0.001350	4.8	7.9333×10^{-7}	6.6	2.0558×10^{-11}
1.3	0.096800	3.1	0.000968	4.9	4.7918×10^{-7}	6.7	1.0421×10^{-11}
1.4	0.080757	3.2	0.000687	5	2.8665×10^{-7}	6.8	5.2309×10^{-12}
1.5	0.066807	3.3	0.000483	5.1	1.6983×10^{-7}	6.9	2.6001×10^{-12}
1.6	0.054799	3.4	0.000337	5.2	9.9644×10^{-8}	7	1.2799×10^{-12}
1.7	0.044565	3.5	0.000233	5.3	5.7901×10^{-8}	7.1	6.2378×10^{-13}

表 2-3-2　选择 Q 函数的值

$Q(x)$	x	$Q(x)$	x
10^{-1}	1.2816	10^{-6}	4.7534
10^{-2}	2.3263	10^{-7}	5.1993
10^{-3}	3.0902	0.5×10^{-5}	4.4172
10^{-4}	3.7190	0.25×10^{-5}	4.5648
10^{-5}	4.2649	0.667×10^{-5}	4.3545

另一个与 Q 函数密切相关的函数是互补误差函数，其定义为

$$\operatorname{erfc}(x)=\frac{2}{\sqrt{\pi}}\int_x^{\infty}\mathrm{e}^{-t^2}\,\mathrm{d}t \tag{2-3-17}$$

互补误差函数与 Q 函数的关系为

$$Q(x)=\frac{1}{2}\operatorname{erfc}\left(\frac{x}{\sqrt{2}}\right),\qquad \operatorname{erfc}(x)=2Q(\sqrt{2}x) \tag{2-3-18}$$

高斯变量的特征函数为①

$$\Phi_X(\omega)=\mathrm{e}^{\mathrm{j}\omega m-\frac{1}{2}\omega^2\sigma^2} \tag{2-3-19}$$

习题 2-21 证明了，对于一个$\mathcal{N}(m,\sigma^2)$随机变量，有

$$E\left[(X-m)^n\right]=\begin{cases}1\times3\times5\times\cdots\times(2k-1)\sigma^{2k}=\dfrac{(2k)!\sigma^{2k}}{2^k k!}, & n=2k\\ 0, & n=2k+1\end{cases} \tag{2-3-20}$$

由式（2-3-20）可得到高斯随机变量的矩。

N 个独立的高斯随机变量的总和也是一个高斯随机变量，其均值与方差分别为所有随机变量均值的总和与方差的总和。

5. χ^2随机变量

如果$\{X_i,\ i=1,\cdots,n\}$是独立同分布（Independent Identically Distributed，IID）的零均值且具有共同方差 σ^2 的高斯随机变量，定义

$$X=\sum_{i=1}^{n}X_i^2$$

则 X 为具有 n 个自由度的χ^2随机变量，其 PDF 为

$$p(x)=\begin{cases}\dfrac{1}{2^{n/2}\Gamma\left(\frac{n}{2}\right)\sigma^n}\,x^{\frac{n}{2}-1}\mathrm{e}^{-\frac{x}{2\sigma^2}}, & x>0\\ 0, & 其他\end{cases} \tag{2-3-21}$$

式中，$\Gamma(x)$是伽玛函数，定义为

$$\Gamma(x)=\int_0^{\infty}t^{x-1}\mathrm{e}^{-t}\mathrm{d}t \tag{2-3-22}$$

伽玛函数在 $x=0,-1,-2,-3$ 处有单极点并具有下列性质，伽玛函数可理解为一般的阶乘概念。

① 我们知道，对任何随机变量 X，特征函数定义为 $\Phi_X(\omega)=E[\mathrm{e}^{\mathrm{j}\omega X}]$，矩生成函数（MGF）定义为 $\Theta_X(t)=E[\mathrm{e}^{tX}]$。显然 $\Theta_X(t)=\Phi(-\mathrm{j}t)$ 和 $\Phi(\omega)=\Theta(\mathrm{j}\omega)$。

$$\Gamma(x+1)=x\Gamma(x),\qquad \Gamma(1)=1,\qquad \Gamma(1/2)=\sqrt{\pi}$$

$$\Gamma\left(\frac{n}{2}+1\right)=\begin{cases}\left(\frac{n}{2}\right)!, & n\text{为正偶数}\\ \sqrt{\pi}\ \dfrac{n(n-2)(n-4)\cdots 3\times 1}{2^{\frac{n+1}{2}}}, & n\text{为正奇数}\end{cases} \tag{2-3-23}$$

当 n 为偶数时，即 $n=2m$，具有 n 个自由度的 χ^2 随机变量的 CDF 的闭式为

$$F(x)=\begin{cases}1-\mathrm{e}^{-\frac{x}{2\sigma^2}}\sum\limits_{k=0}^{m-1}\dfrac{1}{k!}\left(\dfrac{x}{2\sigma^2}\right)^k, & x>0\\ 0, & \text{其他}\end{cases} \tag{2-3-24}$$

具有 n 个自由度的 χ^2 随机变量的均值和方差为

$$E[X]=n\sigma^2,\qquad \mathrm{VAR}[X]=2n\sigma^4 \tag{2-3-25}$$

具有 n 个自由度的 χ^2 随机变量的特征函数为

$$\Phi(\omega)=\left(\frac{1}{1-2\mathrm{j}\omega\sigma^2}\right)^{\frac{n}{2}} \tag{2-3-26}$$

具有 2 个自由度的 χ^2 随机变量的特殊情况是特别有趣的，在这种情况下，其 PDF 为

$$p(x)=\begin{cases}\dfrac{1}{2\sigma^2}\mathrm{e}^{-\frac{x}{2\sigma^2}}, & x>0\\ 0, & \text{其他}\end{cases} \tag{2-3-27}$$

这是一个指数随机变量的 PDF，其均值为 $2\sigma^2$。

χ^2 随机变量是伽玛随机变量的特殊情况，伽玛随机变量由式（2-3-28）所示的 PDF 定义。

$$p(x)=\begin{cases}\dfrac{\lambda(\lambda x)^{\alpha-1}\mathrm{e}^{-\lambda x}}{\Gamma(\alpha)}, & x\geqslant 0\\ 0, & \text{其他}\end{cases} \tag{2-3-28}$$

式中，λ、α 均大于 0。χ^2 随机变量是 $\lambda=\dfrac{1}{2\sigma^2}$ 和 $\alpha=\dfrac{n}{2}$ 的伽玛随机变量。

图 2-3-3 所示为具有 n 个自由度的 χ^2 随机变量当 n 取不同值时的 PDF 曲线。

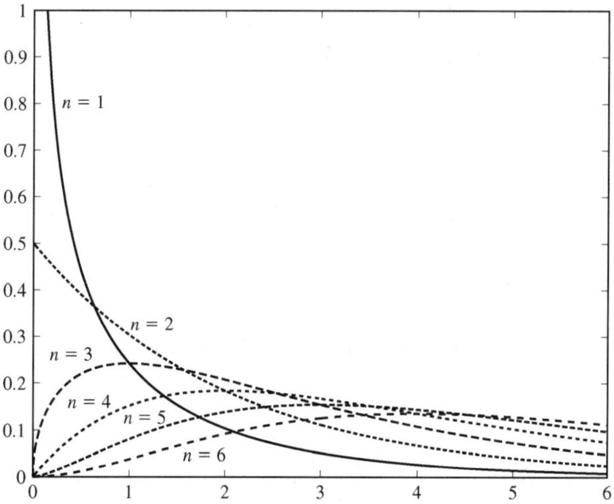

图 2-3-3　具有几个自由度的 χ^2 随机变量在 n 取不同值时的 PDF 曲线（$\sigma=1$）

6. 非中心 χ^2 随机变量

具有 n 个自由度的非中心 χ^2 随机变量的定义类似于 χ^2 随机变量，其中 X_i 是具有共同方差 σ^2、不同均值（记为 m_i）的独立高斯变量。该随机变量的 PDF 为

$$p(x)=\begin{cases}\frac{1}{2\sigma^2}\left(\frac{x}{s^2}\right)^{\frac{n-2}{4}}\mathrm{e}^{-\frac{s^2+x}{2\sigma^2}}I_{\frac{n}{2}-1}\left(\frac{s}{\sigma^2}\sqrt{x}\right), & x>0\\ 0, & \text{其他}\end{cases} \tag{2-3-29}$$

式中，s 定义为

$$s=\sqrt{\sum_{i=1}^{n}m_i^2} \tag{2-3-30}$$

$I_\alpha(x)$是第一类 α 阶修正贝塞尔函数，即

$$I_\alpha(x)=\sum_{k=0}^{\infty}\frac{(x/2)^{\alpha+2k}}{k!\,\Gamma(\alpha+k+1)},\qquad x\geqslant 0 \tag{2-3-31}$$

式中，$\Gamma(x)$由式（2-3-22）定义。函数 $I_0(x)$可写为

$$I_0(x)=\sum_{k=0}^{\infty}\left(\frac{x^k}{2^k\,k!}\right)^2 \tag{2-3-32}$$

且当 $x>1$ 时

$$I_0(x)\approx\frac{\mathrm{e}^x}{\sqrt{2\pi x}} \tag{2-3-33}$$

常用到的其他两个 $I_0(x)$表达式为

$$I_0(x)=\frac{1}{\pi}\int_0^{\pi}\mathrm{e}^{\pm x\cos\phi}\,\mathrm{d}\phi,\qquad I_0(x)=\frac{1}{2\pi}\int_0^{2\pi}\mathrm{e}^{x\cos\phi}\,\mathrm{d}\phi \tag{2-3-34}$$

当 $n=2m$ 时，该随机变量的 CDF 为

$$F(x)=\begin{cases}1-Q_m\left(\frac{s}{\sigma},\frac{\sqrt{x}}{\sigma}\right), & x>0\\ 0, & \text{其他}\end{cases} \tag{2-3-35}$$

式中，$Q_m(a,b)$是广义马库姆（Marcum）Q 函数，其定义为

$$\begin{aligned}Q_m(a,b)&=\int_b^{\infty}x\left(\frac{x}{a}\right)^{m-1}\mathrm{e}^{-(x^2+a^2)/2}I_{m-1}(ax)\,\mathrm{d}x\\ &=Q_1(a,b)+\mathrm{e}^{-(a^2+b^2)/2}\sum_{k=1}^{m-1}\left(\frac{b}{a}\right)^k I_k(ab)\end{aligned} \tag{2-3-36}$$

式中，$Q_1(a,b)$是马库姆 Q 函数，定义为

$$Q_1(a,b)=\int_b^{\infty}x\mathrm{e}^{-\frac{a^2+x^2}{2}}I_0(ax)\,\mathrm{d}x \tag{2-3-37}$$

或

$$Q_1(a,b)=\mathrm{e}^{-\frac{a^2+b^2}{2}}\sum_{k=0}^{\infty}\left(\frac{a}{b}\right)^k I_k(ab),\qquad b\geqslant a>0 \tag{2-3-38}$$

该函数具有下列性质：

$$Q_1(x,0)=1,\qquad Q_1(0,x)=\mathrm{e}^{-\frac{x^2}{2}}$$
$$Q_1(a,b)\approx Q(b-a),\qquad b\gg 1\text{且}b\gg b-a \tag{2-3-39}$$

非中心 χ^2 随机变量的均值和方差为

$$E[X]=n\sigma^2+s^2,\qquad \mathrm{VAR}[X]=2n\sigma^4+4\sigma^2 s^2 \tag{2-3-40}$$

其特征函数为

$$\Phi(\omega)=\left(\frac{1}{1-2\mathrm{j}\omega\sigma^2}\right)^{\frac{n}{2}}\mathrm{e}^{\frac{\mathrm{j}\omega s^2}{1-2\mathrm{j}\omega\sigma^2}} \tag{2-3-41}$$

7. 瑞利（Rayleigh）随机变量

如果 X_1 和 X_2 是两个 IID 高斯随机变量，且每个变量服从$\mathcal{N}(0,\sigma^2)$分布，那么

$$X=\sqrt{X_1^2+X_2^2} \tag{2-3-42}$$

是瑞利随机变量。由 χ^2 随机变量的讨论可知，瑞利随机变量是具有 2 个自由度 χ^2 随机变量的平方根，也可以说，瑞利随机变量是由式（2-3-27）确定的指数随机变量的平方根。瑞利随机变量的 PDF 为

$$p(x)=\begin{cases}\dfrac{x}{\sigma^2}\mathrm{e}^{-\frac{x^2}{2\sigma^2}}, & x>0\\ 0, & \text{其他}\end{cases} \tag{2-3-43}$$

其均值和方差为

$$E[X]=\sigma\sqrt{\frac{\pi}{2}},\qquad \mathrm{VAR}[X]=\left(2-\frac{\pi}{2}\right)\sigma^2 \tag{2-3-44}$$

一般，瑞利随机变量的 n 阶矩为

$$E\left[X^k\right]=(2\sigma^2)^{k/2}\Gamma\left(\frac{k}{2}+1\right) \tag{2-3-45}$$

其特征函数为

$$\Phi_X(\omega)={}_1F_1\left(1,\frac{1}{2};-\frac{1}{2}\omega^2\sigma^2\right)+\mathrm{j}\sqrt{\frac{\pi}{2}}\omega\sigma\,\mathrm{e}^{-\frac{\omega^2\sigma^2}{2}} \tag{2-3-46}$$

式中，${}_1F_1(a,b;x)$是合流超几何函数，其定义为

$${}_1F_1(a,b;x)=\sum_{k=0}^{\infty}\frac{\Gamma(a+k)\Gamma(b)x^k}{\Gamma(a)\Gamma(b+k)k!},\qquad b\neq 0,-1,-2\cdots \tag{2-3-47}$$

函数 ${}_1F_1(a,b;x)$可以写成积分形式，即

$${}_1F_1(a,b;x)=\frac{\Gamma(b)}{\Gamma(b-a)\Gamma(a)}\int_0^1\mathrm{e}^{xt}t^{a-1}(1-t)^{b-a-1}\,\mathrm{d}t \tag{2-3-48}$$

波列（Beaulieu，1990）已证明

$${}_1F_1\left(1,\frac{1}{2};-x\right)=-\mathrm{e}^{-x}\sum_{k=0}^{\infty}\frac{x^k}{(2k-1)k!} \tag{2-3-49}$$

对 PDF 积分容易求得瑞利随机变量的 CDF 为

$$F(x)=\begin{cases}1-\mathrm{e}^{-\frac{x^2}{2\sigma^2}}, & x>0\\ 0, & \text{其他}\end{cases} \tag{2-3-50}$$

图 2-3-4 所示为瑞利随机变量在 3 个不同σ值时的 PDF 曲线。

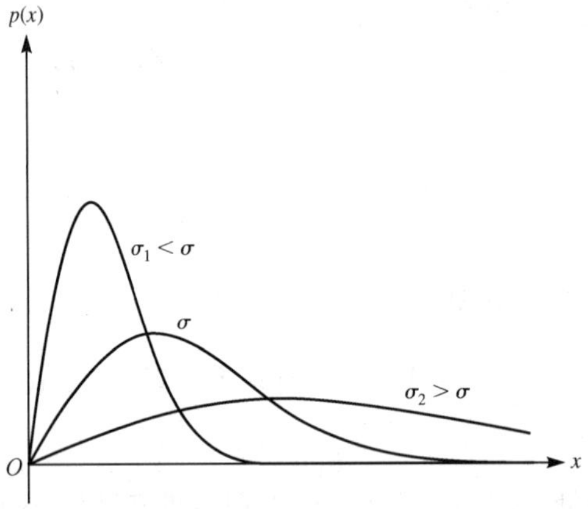

图 2-3-4　瑞利随机变量在 3 个不同 σ 值时的 PDF 曲线

当有 n 个 IID 零均值高斯随机变量$\{X_i, 1\leqslant i\leqslant n\}$，其中每个 X_i 都服从$\mathcal{N}(0, \sigma^2)$分布时，可以得到广义瑞利随机变量，在这种情况下，

$$X=\sqrt{\sum_{i=1}^{n}X_i^2} \tag{2-3-51}$$

具有广义瑞利分布。该随机变量的 PDF 为

$$p(x)=\begin{cases}\dfrac{x^{n-1}}{2^{\frac{n-2}{2}}\sigma^n\Gamma\left(\frac{n}{2}\right)}\mathrm{e}^{-\frac{x^2}{2\sigma^2}}, & x\geqslant 0\\ 0, & \text{其他}\end{cases} \tag{2-3-52}$$

对于广义瑞利，当 $n = 2m$ 时，CDF 为

$$F(x)=\begin{cases}1-\mathrm{e}^{-\frac{x^2}{2\sigma^2}}\displaystyle\sum_{k=0}^{m-1}\frac{1}{k!}\left(\frac{x^2}{2\sigma^2}\right)^k, & x\geqslant 0\\ 0, & \text{其他}\end{cases} \tag{2-3-53}$$

当 n 为任何整数（偶数或奇数）时，广义瑞利的 k 阶矩为

$$E\left[X^k\right]=(2\sigma^2)^{\frac{k}{2}}\frac{\Gamma\left(\frac{n+k}{2}\right)}{\Gamma\left(\frac{n}{2}\right)} \tag{2-3-54}$$

8．赖斯（Rice）随机变量

如果 X_1 和 X_2 是两个独立的高斯随机变量，分别服从$\mathcal{N}(m_1, \sigma^2)$和$\mathcal{N}(m_2, \sigma^2)$分布（即方差相等而均值可以不同），那么

$$X=\sqrt{X_1^2+X_2^2} \tag{2-3-55}$$

是赖斯随机变量，其 PDF 为

$$p(x)=\begin{cases}\dfrac{x}{\sigma^2}I_0\left(\dfrac{sx}{\sigma^2}\right)\mathrm{e}^{-\frac{x^2+s^2}{2\sigma^2}}, & x>0\\ 0, & \text{其他}\end{cases}\tag{2-3-56}$$

式中，$s=\sqrt{m_1^2+m_2^2}$，$I_0(x)$由式（2-3-32）确定。显然，赖斯随机变量是具有 2 个自由度的非中心 χ^2 随机变量。

可以看出，当 s=0 时，赖斯随机变量退化为瑞利随机变量；当 s 较大时，赖斯随机变量可近似为高斯随机变量。

赖斯随机变量的 CDF 为

$$F(x)=\begin{cases}1-Q_1\left(\dfrac{s}{\sigma},\dfrac{x}{\sigma}\right), & x>0\\ 0, & \text{其他}\end{cases}\tag{2-3-57}$$

式中，$Q_1(a, b)$由式（2-3-37）和式（2-3-38）确定。

赖斯随机变量的前两个矩为

$$\begin{aligned}E[X]&=\sigma\sqrt{\frac{\pi}{2}}\,{}_1F_1\left(-\frac{1}{2},1,-\frac{s^2}{2\sigma^2}\right)\\&=\sigma\sqrt{\frac{\pi}{2}}\,\mathrm{e}^{-\frac{K}{2}}\left[(1+K)I_0\left(\frac{K}{2}\right)+KI_1\left(\frac{K}{2}\right)\right]\\E[X^2]&=2\sigma^2+s^2\end{aligned}\tag{2-3-58}$$

式中，K 是由式（2-3-60）定义的赖斯因子。

一般，该随机变量的 k 阶矩为

$$E[X^k]=(2\sigma^2)^{\frac{k}{2}}\Gamma\left(1+\frac{k}{2}\right){}_1F_1\left(-\frac{k}{2},1;-\frac{s^2}{2\sigma^2}\right)\tag{2-3-59}$$

由定义赖斯因子 K

$$K=\frac{s^2}{2\sigma^2}\tag{2-3-60}$$

可得到另一种形式的赖斯密度函数。

如果定义 $A=s^2+2\sigma^2$，则赖斯随机变量的 PDF 为

$$p(x)=\begin{cases}\frac{2(K+1)}{A}x\mathrm{e}^{-\frac{K+1}{A}\left(x^2+\frac{AK}{K+1}\right)}I_0\left(2x\sqrt{\frac{K(K+1)}{A}}\right), & x\geqslant 0\\ 0, & \text{其他}\end{cases}\tag{2-3-61}$$

在归一化情况下，当 $A=1$（或 $E[X^2]=s^2+2\sigma^2=1$）时，PDF 可简化为

$$p(x)=\begin{cases}2(K+1)x\mathrm{e}^{-(K+1)\left(x^2+\frac{K}{K+1}\right)}I_0\left(2x\sqrt{K(K+1)}\right), & x\geqslant 0\\ 0, & \text{其他}\end{cases}\tag{2-3-62}$$

图 2-3-5 所示为不同 K 值时的赖斯随机变量的 PDF 曲线，对小 K 值该随机变量退化为瑞利随机变量，对大 K 值则近似为高斯随机变量。

类似于瑞利随机变量，广义赖斯随机变量定义为

$$X=\sqrt{\sum_{i=1}^{n}X_i^2}\tag{2-3-63}$$

式中，X_i是独立高斯变量，具有均值 m_i 和共同方差 σ^2。在这种情况下，PDF 为

$$p(x)=\begin{cases}\dfrac{x^{\frac{n}{2}}}{\sigma^2 s^{\frac{n-2}{2}}}\,\mathrm{e}^{-\frac{x^2+s^2}{2\sigma^2}}\,I_{\frac{n}{2}-1}\left(\dfrac{xs}{\sigma^2}\right), & x\geqslant 0\\ 0, & \text{其他}\end{cases} \tag{2-3-64}$$

且 CDF 为

$$F(x)=\begin{cases}1-Q_m\left(\dfrac{s}{\sigma},\dfrac{x}{\sigma}\right), & x\geqslant 0\\ 0, & \text{其他}\end{cases} \tag{2-3-65}$$

式中

$$s=\sqrt{\sum_{i=1}^{n} m_i^2}$$

广义赖斯的 k 阶矩为

$$E\left[X^k\right]=(2\sigma^2)^{\frac{k}{2}}\mathrm{e}^{-\frac{s^2}{2\sigma^2}}\,\frac{\Gamma\left(\frac{n+k}{2}\right)}{\Gamma\left(\frac{n}{2}\right)}\,{}_1F_1\left(\frac{n+k}{2},\frac{n}{2}\,\frac{s^2}{2\sigma^2}\right) \tag{2-3-66}$$

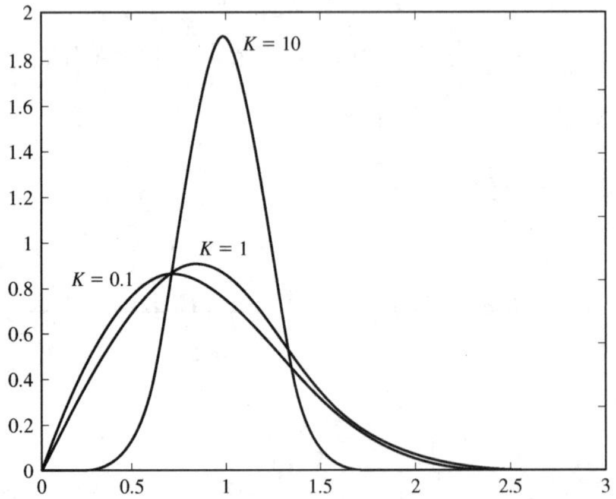

图 2-3-5 不同 K 值时的赖斯随机变量的 PDF 曲线

9. Nakagami 随机变量

瑞利分布与赖斯分布常用来描述从多径衰落信道接收的信号的统计特性（起伏性），第 13 章和第 14 章将研究这些信道的模型。另一种常用来表征通过多径信道传输的信号的统计特性的分布是 Nakagami-m 分布。Nakagami（1960）给出了该分布的 PDF，即

$$p(x)=\begin{cases}\dfrac{2}{\Gamma(m)}\left(\dfrac{m}{\Omega}\right)^m x^{2m-1}\,\mathrm{e}^{-mx^2/\Omega}, & x>0\\ 0, & \text{其他}\end{cases} \tag{2-3-67}$$

式中，Ω 定义为

$$\Omega=E\left[X^2\right] \tag{2-3-68}$$

且参数 m 定义为矩的比值，称为衰落指数，即

$$m=\frac{\Omega^2}{E\left[\left(X^2-\Omega\right)^2\right]},\qquad m\geqslant\frac{1}{2} \tag{2-3-69}$$

通过定义另一个随机变量 $X=R/\sqrt{\Omega}$ 的方法，可以得出式（2-3-67）的归一化形式（参见习题 2-42）。X 的 n 阶矩是

$$E\left[X^n\right]=\frac{\Gamma\left(m+\frac{n}{2}\right)}{\Gamma(m)}\left(\frac{\Omega}{m}\right)^{n/2} \tag{2-3-70}$$

该随机变量的均值和方差为

$$\begin{aligned} E[X] &= \frac{\Gamma\left(m+\frac{1}{2}\right)}{\Gamma(m)}\left(\frac{\Omega}{m}\right)^{1/2} \\ \mathrm{VAR}[X] &= \Omega\left[1-\frac{1}{m}\left(\frac{\Gamma\left(m+\frac{1}{2}\right)}{\Gamma(m)}\right)^2\right] \end{aligned} \tag{2-3-71}$$

通过设置 m=1，式（2-3-67）可简化成瑞利随机变量 PDF 当 $1/2\leqslant m\leqslant 1$ 时，则得到的 PDF 曲线比瑞利分布随机变量的 PDF 曲线具有更大的拖尾；当 m>1 时，PDF 曲线拖尾比瑞利分布随机变量的 PDF 曲线拖尾衰减得快。图 2-3-6 所示为Ω=1 时的 Nakagami-m 分布的 PDF 曲线，m 取不同的值。

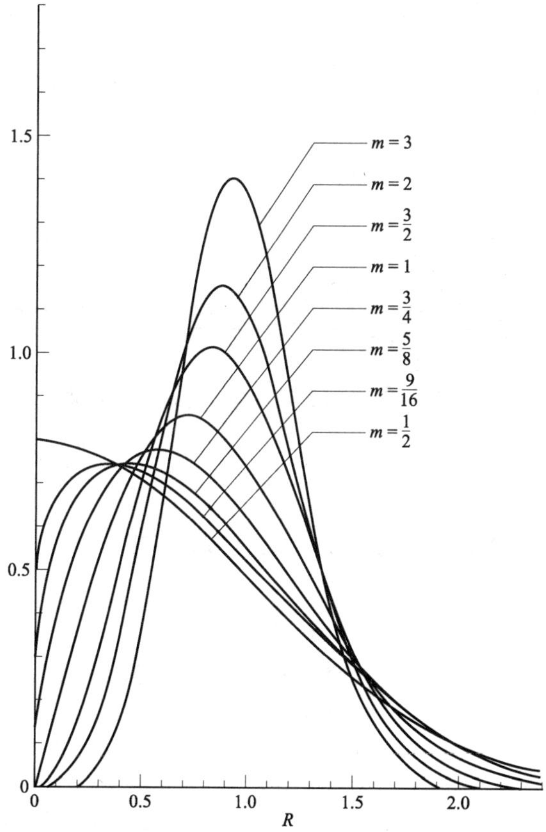

图 2-3-6　Ω=1 时的 Nakagami-m 分布的 PDF（m 是衰落指数）

10. 对数正态随机变量

假设随机变量 Y 服从正态分布，其均值为 m 且方差为 σ^2。通过变换 $Y=\ln X$（或 $X=e^Y$）

定义一个与 Y 有关的新随机变量 X，则 X 是对数正态随机变量。其 PDF 为

$$p(x)=\begin{cases}\dfrac{1}{\sqrt{2\pi\sigma^2}\,x}\,\mathrm{e}^{-(\ln x-m)^2/2\sigma^2}, & x\geqslant 0\\ 0, & \text{其他}\end{cases} \tag{2-3-72}$$

该随机变量的

$$\begin{aligned}E[X]&=\mathrm{e}^{m+\frac{\sigma^2}{2}}\\ \mathrm{VAR}[X]&=\mathrm{e}^{2m+\sigma^2}\left(\mathrm{e}^{\sigma^2}-1\right)\end{aligned} \tag{2-3-73}$$

对数正态分布变量适合用于对移动无线通信中信号阴影效应建模，阴影效应是由大量障碍物（如高层建筑）引起的，图 2-3-7 所示为不同 m 值的对数正态分布变量的 PDF 曲线（σ=1）。

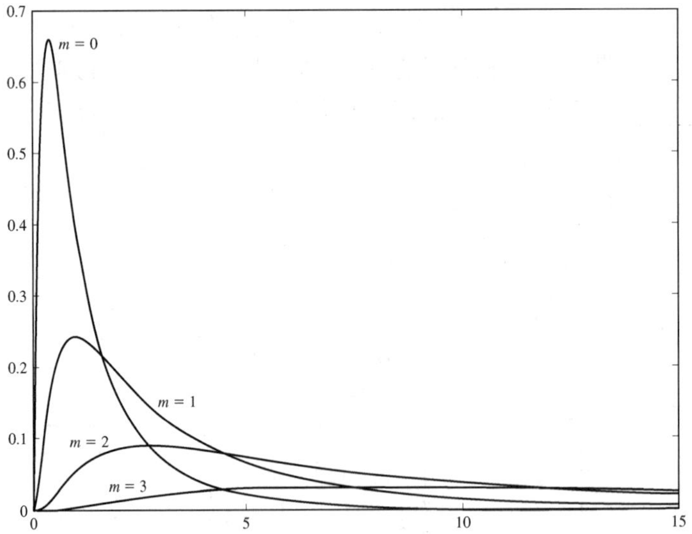

图 2-3-7　不同 m 值的对数正态分布变量的 PDF 曲线(σ =1)

11．联合高斯随机变量

一个 $n\times1$ 列随机矢量 $\boldsymbol{X}$ 的分量$\{X_i, 1\leqslant i\leqslant n\}_i$ 的联合 PDF 为

$$p(x)=\frac{1}{(2\pi)^{n/2}(\det\boldsymbol{C})^{1/2}}\mathrm{e}^{-\frac{1}{2}(x-m)^t\boldsymbol{C}^{-1}(x-m)} \tag{2-3-74}$$

则其分量称为联合高斯随机变量（或多变量高斯随机变量），该随机矢量称为高斯矢量。式中，$\boldsymbol{m}$ 和 $\boldsymbol{C}$ 分别为 $\boldsymbol{X}$ 的均值和协方差矩阵，即

$$\boldsymbol{m}=E[\boldsymbol{X}],\qquad \boldsymbol{C}=E\left[(\boldsymbol{X}-\boldsymbol{m})(\boldsymbol{X}-\boldsymbol{m})^{\mathrm{t}}\right] \tag{2-3-75}$$

由该定义式，显然

$$C_{ij}=\mathrm{COV}\left[X_i,X_j\right] \tag{2-3-76}$$

因此，$\boldsymbol{C}$ 是对称矩阵。由概率论的知识可知，$\boldsymbol{C}$ 是非负定的。

在 $n=2$ 的特殊情况下，有

$$\boldsymbol{m}=\begin{bmatrix}m_1\\m_2\end{bmatrix},\qquad \boldsymbol{C}=\begin{bmatrix}\sigma_1^2 & \rho\sigma_1\sigma_2\\ \rho\sigma_1\sigma_2 & \sigma_2^2\end{bmatrix} \tag{2-3-77}$$

式中

$$\rho=\frac{\mathrm{COV}\,[X_1,X_2]}{\sigma_1\sigma_2}$$

是两个随机变量的相关系数，在这种情况下，PDF 简化为

$$p(x_1,x_2)=\frac{1}{2\pi\sigma_1\sigma_2\sqrt{1-\rho^2}}\,\mathrm{e}^{-\frac{\left(\frac{x_1-m_1}{\sigma_1}\right)^2+\left(\frac{x_2-m_2}{\sigma_2}\right)^2-2\rho\left(\frac{x_1-m_1}{\sigma_1}\right)\left(\frac{x_2-m_2}{\sigma_2}\right)}{2(1-\rho^2)}} \tag{2-3-78}$$

式中，m_1、m_2 和 σ_1^2、σ_2^2 是两个随机变量的均值和方差；ρ 是它们的相关系数。注意，在特殊情况下，当 $\rho=0$ 时，即两个随机变量不相关时，有

$$p(x_1,x_2)=\mathcal{N}\left(m_1,\sigma_1^2\right)\times\mathcal{N}\left(m_2,\sigma_2^2\right)$$

这意味着两个随机变量是独立的，因此对于这种情况而言，独立与不相关是等价的。这个性质对一般联合高斯随机变量都成立。

联合高斯随机变量另一个重要性质是，联合高斯随机变量的线性组合也是联合高斯的。换言之，如果 $\boldsymbol{X}$ 是高斯矢量，随机矢量 $\boldsymbol{Y}=\boldsymbol{AX}$（其中可逆矩阵 $\boldsymbol{A}$ 表示线性变换）也是高斯矢量，其矩阵和协方差矩阵为

$$\boldsymbol{m}_Y=\boldsymbol{A}\boldsymbol{m}_X,\qquad \boldsymbol{C}_Y=\boldsymbol{A}\boldsymbol{C}_X\boldsymbol{A}^{\mathrm{t}} \tag{2-3-79}$$

该性质在习题 2-23 中研究。

总之，联合高斯随机变量具有下列重要性质：

① 对于联合高斯随机变量，不相关等价于独立。

② 联合高斯随机变量的线性组合也是联合高斯的。

③ 联合高斯随机变量任何子集中的随机变量是联合高斯的，以任何其他子集中随机变量为条件的随机变量的任何子集也是联合高斯的，即所有联合子集和所有条件子集都是联合高斯的。

需要注意的是，任何独立高斯随机变量的集合都是联合高斯的，但这对相关的高斯随机变量不一定成立。

表 2-3-3 总结了常见随机变量的一些性质。

2.4 尾部概率的边界

通信系统的性能分析要求计算系统的差错概率。正如在以后各章将看到的，在很多情况下，通信系统的差错概率是以一个随机变量超过某值的概率表示的，即 $P[X>\alpha]$。遗憾的是，在许多情况下这些概率不能以闭式表示，在这样的情况下，我们希望求得这些尾部概率的上边界，其形式为 $P[X>\alpha]\leqslant\beta$。本节将描述提供并紧密这些边界的不同方法。

表 2-3-3　常见随机变量的一些性质

随机变量(参数)	PDF或PMF	$E[X]$	VAR[X]	$\Phi_X(\omega)=E\left[e^{j\omega X}\right]$
贝努利试验 (p)	$P(X=1)=1-P(X=0)=p$ $0\leqslant p\leqslant 1$	p	$p(1-p)$	$pe^{j\omega}+(1-p)$
二项分布 (n, p)	$P(X=k)=\binom{n}{k}p^k(1-p)^{n-k}$ $0\leqslant k\leqslant n,\ 0\leqslant p\leqslant 1$	np	$np(1-p)$	$\left(pe^{j\omega}+(1-p)\right)^n$
均匀分布 (a, b)	$\frac{1}{b-a},\ a\leqslant x\leqslant b$	$\frac{a+b}{2}$	$\frac{(b-a)^2}{12}$	$\frac{e^{j\omega b}-e^{j\omega a}}{j\omega(b-a)}$
指数分布 (λ)	$\lambda e^{-\lambda x},\ \lambda>0,\ x\geqslant 0$	$\frac{1}{\lambda}$	$\frac{1}{\lambda^2}$	$\frac{\lambda}{\lambda-j\omega}$
高斯(m, σ^2)	$\frac{1}{\sqrt{2\pi\sigma^2}}e^{-\frac{(x-m)^2}{2\sigma^2}}$ $\sigma>0$	m	σ^2	$e^{j\omega m-\frac{\omega^2\sigma^2}{2}}$
Γ分布(λ, α)	$\frac{\lambda(\lambda x)^{\alpha-1}e^{-\lambda x}}{\Gamma(\alpha)}$ $x\geqslant 0,\ \lambda,\alpha>0$	$\frac{\alpha}{\lambda}$	$\frac{\alpha}{\lambda^2}$	$\left(\frac{\lambda}{\lambda-j\omega}\right)^\alpha$
$\chi^2(n, \sigma^2)$	$\frac{1}{2^{n/2}\Gamma(\frac{n}{2})\sigma^n}x^{\frac{n}{2}-1}e^{-\frac{x}{2\sigma^2}}$ $x,\sigma>0,\ n=1,2,3\cdots\cdots$	$n\sigma^2$	$2n\sigma^4$	$\left(\frac{1}{1-2j\omega\sigma^2}\right)^{n/2}$
非中心 $\chi^2(n, s, \sigma^2)$	$\frac{1}{2\sigma^2}\left(\frac{x}{s^2}\right)^{\frac{n-2}{4}}e^{-\frac{s^2+x}{2\sigma^2}}I_{\frac{n}{2}-1}\left(\frac{s}{\sigma^2}\sqrt{x}\right)$ $x,s,\sigma>0,\ n=1,2,3\cdots\cdots$	$n\sigma^2+s^2$	$2n\sigma^4+4\sigma^2s^2$	$\left(\frac{1}{1-2j\omega\sigma^2}\right)^{n/2}e^{\frac{j\omega s^2}{1-2j\omega\sigma^2}}$
瑞利(σ^2)	$\frac{x}{\sigma^2}e^{-x^2/2\sigma^2}$ $x,\sigma>0$	$\sigma\sqrt{\frac{\pi}{2}}$	$\left(2-\frac{\pi}{2}\right)\sigma^2$	${}_1F_1\left(1,\frac{1}{2};-\frac{\omega^2\sigma^2}{2}\right)+j\sqrt{\frac{\pi}{2}}\omega\sigma e^{-\frac{\omega^2\sigma^2}{2}}$
赖斯(σ^2, s)	$\frac{x}{\sigma^2}I_0\left(\frac{xs}{\sigma^2}\right)e^{-\frac{x^2+s^2}{2\sigma^2}}$ $x,s,\sigma>0$	$\sigma\sqrt{\frac{\pi}{2}}\,{}_1F_1\left(-\frac{1}{2},1,-\frac{s^2}{2\sigma^2}\right)$	$2\sigma^2+s^2-(E[X])^2$	—
联合高斯 ($\boldsymbol{m}, \boldsymbol{C}$)	$\frac{1}{(2\pi)^{n/2}\det(\boldsymbol{C})}e^{-\frac{1}{2}[(\boldsymbol{x}-\boldsymbol{m})^t\boldsymbol{C}^{-1}(\boldsymbol{x}-\boldsymbol{m})]}$ $\boldsymbol{C}$是对称且正定矩阵	$\boldsymbol{m}$	$\boldsymbol{C}$ 协方差矩阵	$e^{j\boldsymbol{m}^t\boldsymbol{\omega}-\frac{1}{2}\boldsymbol{\omega}^t\boldsymbol{C}\boldsymbol{\omega}}$

1. 马尔可夫不等式

马尔可夫（Markov）不等式给出了非负随机变量尾部概率的上边界。假设 X 为非负随机变量，即对于 $x<0$ 的所有值 $p(x)=0$，并假设 $\alpha>0$ 是任意正实数。马尔可夫不等式表明

$$P[X \geqslant \alpha] \leqslant \frac{E[X]}{\alpha} \tag{2-4-1}$$

为了理解式（2-4-1），观察

$$E[X]=\int_0^{\infty} xp(x)\,\mathrm{d}x \geqslant \int_{\alpha}^{\infty} xp(x)\,\mathrm{d}x \geqslant \alpha\int_{\alpha}^{\infty} xp(x)\,\mathrm{d}x=\alpha P[X\geqslant\alpha] \tag{2-4-2}$$

用 α 除两边可得期望的不等式。

2. 契尔诺夫边界

契尔诺夫（Chernov）边界是很紧密和有用的边界，它可从马尔可夫不等式求得。不像马尔可夫不等式那样只能应用于非负随机变量，契尔诺夫边界能应用于所有随机变量。

令 X 为任意随机变量，δ 和 ν 为任意实数（$\nu\neq 0$），定义随机变量 $Y=\mathrm{e}^{\nu X}$ 和常数 $\alpha=\mathrm{e}^{\nu\delta}$。显然，$Y$ 是非负随机变量，α 是正实数。对 Y 和 α 应用马尔可夫不等式，得

$$P\left[\mathrm{e}^{\nu X} \geqslant \mathrm{e}^{\nu\delta}\right] \leqslant \frac{E\left[\mathrm{e}^{\nu X}\right]}{\mathrm{e}^{\nu\delta}} = E\left[\mathrm{e}^{\nu(X-\delta)}\right] \tag{2-4-3}$$

事件 $\{\mathrm{e}^{\nu X}\geqslant \mathrm{e}^{\nu\delta}\}$ 等价于事件 $\{\nu X\geqslant\nu\delta\}$，对于正或负的 ν 值，它分别等价于 $\{X\geqslant\delta\}$ 或 $\{X\leqslant\delta\}$，因此有

$$P[X\geqslant\delta]\leqslant E\left[\mathrm{e}^{\nu(X-\delta)}\right],\qquad \nu>0 \tag{2-4-4}$$

$$P[X\leqslant\delta]\leqslant E\left[\mathrm{e}^{\nu(X-\delta)}\right],\qquad \nu<0 \tag{2-4-5}$$

因为两个不等式对于所有正的和负的 ν 值都是有效的，求解最紧密的可能边界是有意义的。为此，将不等式的右边对 ν 微分并求其根；给出最紧密边界的 ν 值。基于此，我们将研究第一个不等式，并扩展到第二个不等式。

定义函数 $g(\nu)$表示不等式的右边，即

$$g(\nu)=E\left[\mathrm{e}^{\nu(X-\delta)}\right]$$

对 $g(\nu)$微分，可得

$$g'(\nu)=E\left[(X-\delta)\mathrm{e}^{\nu(X-\delta)}\right] \tag{2-4-6}$$

$g(\nu)$的二阶导数为

$$g''(\nu)=E\left[(X-\delta)^2\,\mathrm{e}^{\nu(X-\delta)}\right]$$

容易看出，对于所有 ν，有 $g''(\nu)>0$，因此 $g(\nu)$是凸的且 $g'(\nu)$ 是增函数，所以只能有一个根。此外，因为 $g(\nu)$是凸的，该单根使 $g(\nu)$最小化，所以导致最紧密边界。令 $g'(\nu)=0$，解方程

$$E\left[X\mathrm{e}^{\nu X}\right]=\delta E\left[\mathrm{e}^{\nu X}\right] \tag{2-4-7}$$

可求得根。式（2-4-7）有单根 ν^*，并由该单根给出最紧密边界。剩下的唯一工作是核对该 ν^* 是否满足 $\nu^*>0$ 条件。因为 $g'(\nu)$ 是增函数，如果 $g'(\nu)<0$，则其唯一的根是正的。由式（2-4-6）可知

$$g'(0)=E[X]-\delta$$

所以，当且仅当 $\delta > E[X]$时，$v^*>0$。

由式（2-4–4）和式（2-4–5），总结如下：

$$P[X\geqslant\delta]\leqslant \mathrm{e}^{-\nu^*\delta}\ E\left[\mathrm{e}^{\nu^* X}\right],\qquad \delta > E[X] \tag{2-4-8}$$

$$P[X\leqslant\delta]\leqslant \mathrm{e}^{-\nu^*\delta}\ E\left[\mathrm{e}^{\nu^* X}\right],\qquad \delta < E[X] \tag{2-4-9}$$

式中，v^*为式（2-4-7）的解。式（2-4-8）和式（2-4-9）称为契尔诺夫边界。契尔诺夫边界也可用矩生成函数（Moment Generating Function，MGF）$\Theta_X(v)=E[\mathrm{e}^{vX}]$表示为

$$P[X\geqslant\delta]\leqslant \mathrm{e}^{-\nu^*\delta}\Theta_X(\nu^*),\qquad \delta > E[X] \tag{2-4-10}$$

$$P[X\leqslant\delta]\leqslant \mathrm{e}^{-\nu^*\delta}\Theta_X(\nu^*),\qquad \delta < E[X] \tag{2-4-11}$$

例 2-4-1 研究拉普拉斯（Laplace）PDF，即

$$p(x)=\frac{1}{2}\mathrm{e}^{-|x|} \tag{2-4-12}$$

根据契尔诺夫边界评估上尾部概率，并与准确的尾部概率进行比较，后者为

$$P[X\geqslant\delta]=\int_\delta^\infty \frac{1}{2}\mathrm{e}^{-x}\,\mathrm{d}x=\frac{1}{2}\mathrm{e}^{-\delta} \tag{2-4-13}$$

注意，$E[X]=0$，所以在契尔诺夫边界中用上尾部概率所需的条件 $\delta > E[X]$是满足的。为了对式（2-4-7）求解 v^*，必须求$E[X\mathrm{e}^{vX}]$和$E[\mathrm{e}^{vX}]$。对于式（2-4-12）表示的 PDF，我们发现，$E[X\mathrm{e}^{vX}]$和$E[\mathrm{e}^{vX}]$仅当$-1<v<1$时收敛，在此范围内的 v 值，有

$$E\left[X\mathrm{e}^{\nu X}\right]=\frac{2\nu}{(\nu+1)^2(\nu-1)^2},\qquad E\left[\mathrm{e}^{\nu X}\right]=\frac{1}{(1+\nu)(1-\nu)} \tag{2-4-14}$$

将这些值代入式（2-4-7），可得到二次方程

$$\nu^2\delta+2\nu-\delta=0$$

其解为

$$\nu^*=\frac{-1\pm\sqrt{1+\delta^2}}{\delta} \tag{2-4-15}$$

因为$E[X\mathrm{e}^{vX}]$和$E[\mathrm{e}^{vX}]$收敛，v^*必须在（−1,+1）区间内，唯一可取的解为

$$\nu^*=\frac{-1+\sqrt{1+\delta^2}}{\delta} \tag{2-4-16}$$

最后，将由式（2-4-16）确定的 v^*代入式（2-4-8），结果是

$$P[X\geqslant\delta]\leqslant\frac{\delta^2}{2(-1+\sqrt{1+\delta^2})}\mathrm{e}^{1-\sqrt{1+\delta^2}} \tag{2-4-17}$$

当 $\delta\gg1$ 时，式（2-4–17）可简化为

$$P(X\geqslant\delta)\leqslant\frac{\delta}{2}\mathrm{e}^{-\delta} \tag{2-4-18}$$

注意，契尔诺夫边界随 δ 增加而呈指数形式减少，因此它非常近似于由式（2-4-13）确定的准确的尾部概率。

例 2-4-2 在通信系统衰落信道上性能分析中，遇到随机变量

$$X = d^2R^2 + 2RdN \tag{2-4-19}$$

式中，d 是常数；R 是赖斯随机变量，其参数 s 和 σ 表示因衰落引起的信道衰减；N 是零均值、方差为 $N_0/2$ 的高斯随机变量，用于表示信道噪声。假设 R 与 N 是独立的随机变量，我们的兴趣在于应用契尔诺夫边界方法求上边界 $P[X<0]$。根据式（2-4-5）确定的契尔诺夫边界，有

$$P[X \leqslant 0] \leqslant E\left[\mathrm{e}^{\nu X}\right], \qquad \nu < 0 \tag{2-4-20}$$

为了求 $E[\mathrm{e}^{\nu X}]$，采用概率论中的关系式

$$E[Y] = E[E[Y|X]] \tag{2-4-21}$$

注意，X 是以 R 为条件的高斯随机变量，其均值为 d^2R^2，方差为 $2R^2d^2N_0$。利用该关系式求表 2-3-3 所示的高斯随机变量的矩生成函数，得

$$E\left[\mathrm{e}^{\nu X}|R\right] = \mathrm{e}^{\nu d^2R^2+\nu^2d^2N_0R^2} = \mathrm{e}^{\nu d^2(1+N_0\nu)R^2} \tag{2-4-22}$$

注意，R^2 是具有 2 个自由度的非中心 χ^2 随机变量，由表 2-3-3 所示的该随机变量的特征函数，可得

$$\begin{aligned} E\left[\mathrm{e}^{\nu X}\right] &= E\left[E\left[\mathrm{e}^{\nu X}|R\right]\right] = E\left[\mathrm{e}^{\nu d^2(1+N_0\nu)R^2}\right] \\ &= \frac{1}{1-2\nu d^2(1+N_0\nu)\sigma^2}\,\mathrm{e}^{\frac{\nu d^2(1+N_0\nu)s^2}{1-2\nu d^2(1+N_0\nu)\sigma^2}} \end{aligned} \tag{2-4-23}$$

式中应用了式（2-4-21）。由式（2-4-20）和式（2-4-23）可得

$$P[X \leqslant 0] \leqslant \min_{\nu<0} \frac{1}{1-2\nu d^2(1+N_0\nu)\sigma^2}\,\mathrm{e}^{\frac{\nu d^2(1+N_0\nu)s^2}{1-2\nu d^2(1+N_0\nu)\sigma^2}} \tag{2-4-24}$$

通过微分不难证明，在关注的范围内（$\nu<0$），右边是 $\lambda = \nu d^2(1+N_0\nu)$的增函数，因此当 λ 为最小时可得到最小值。通过简单的微分，可以证明当 $\nu = -(1/2N_0)$ 时 λ 最小，结果为

$$P[X \leqslant 0] \leqslant \frac{1}{1+\frac{d^2}{2N_0}\sigma^2}\,\mathrm{e}^{-\frac{\frac{d^2}{4N_0}s^2}{1+\frac{d^2}{2N_0}\sigma^2}} \tag{2-4-25}$$

如果利用式（2-3-61）或式（2-3-62）表示的赖斯随机变量，可得到如下边界

$$P[X \leqslant 0] \leqslant \frac{K+1}{K+1+\frac{A^2d^2}{4N_0}}\,\mathrm{e}^{-\frac{\frac{A^2Kd^2}{4N_0}}{K+1+\frac{d^2A^2}{4N_0}}} \tag{2-4-26}$$

和

$$P[X \leqslant 0] \leqslant \frac{K+1}{K+1+\frac{d^2}{4N_0}}\,\mathrm{e}^{-\frac{\frac{Kd^2}{4N_0}}{K+1+\frac{d^2}{4N_0}}} \tag{2-4-27}$$

对于瑞利衰落信道，其中 $s=0$，这些关系式简化为

$$P[X \leqslant 0] \leqslant \frac{1}{1+\frac{d^2}{2N_0}\sigma^2} \tag{2-4-28}$$

3．随机变量总和的契尔诺夫边界

令$\{X_i\}$（$1 \leqslant i \leqslant n$）表示 IID 随机变量的序列，定义

$$Y=\frac{1}{n}\sum_{i=1}^{n}X_i \tag{2-4-29}$$

求 $P[Y>\delta]$的边界，其中 $\delta>E[X]$。应用契尔诺夫边界，有

$$\begin{aligned}P[Y>\delta]&=P\left[\sum_{i=1}^{n}X_i>n\delta\right]\leqslant E\left[\mathrm{e}^{\nu\left(\sum_{i=1}^{n}X_i-n\delta\right)}\right]\\&=\left\{E\left[\mathrm{e}^{\nu(X-\delta)}\right]\right\}^n,\qquad \nu>0\end{aligned} \tag{2-4-30}$$

令右边的导数等于零，求 ν 的最佳选择，即

$$\frac{\mathrm{d}}{\mathrm{d}\nu}\left\{E\left[\mathrm{e}^{\nu(X-\delta)}\right]\right\}^n=n\left\{E\left[\mathrm{e}^{\nu(X-\delta)}\right]\right\}^{n-1}E\left[(X-\delta)\mathrm{e}^{\nu(X-\delta)}\right]=0 \tag{2-4-31}$$

该方程的单根可通过求解

$$E\left[X\mathrm{e}^{\nu X}\right]=\delta E\left[\mathrm{e}^{\nu X}\right] \tag{2-4-32}$$

得到，式（2-4-32）和式（2-4-7）相同，所以为了求得 IID 随机变量的总和，可以求式（2-4-7）的解 ν^*，应用

$$P[Y>\delta]\leqslant\left\{E\left[\mathrm{e}^{\nu^*(X-\delta)}\right]\right\}^n=\mathrm{e}^{-n\nu^*\delta}\left\{E\left[\mathrm{e}^{\nu^*X}\right]\right\}^n \tag{2-4-33}$$

例 2-4-3 X_i 是二进制随机变量，其 $P[X=1]=1-P[X=-1]=p$，其中 $p<1/2$。下面求

$$P\left[\sum_{i=1}^{n}X_i>0\right]$$

的边界。有 $E[X]=p-(1-p)=2p-1<0$。假设 $\delta=0$，满足条件 $\delta>E[X]$，前述的推导可应用于该例，有

$$E\left[X\mathrm{e}^{\nu X}\right]=p\mathrm{e}^{\nu}-(1-p)\mathrm{e}^{-\nu} \tag{2-4-34}$$

式（2-4-7）变为

$$p\mathrm{e}^{\nu}-(1-p)\mathrm{e}^{-\nu}=0 \tag{2-4-35}$$

其唯一解为

$$\nu^*=\frac{1}{2}\ln\frac{1-p}{p} \tag{2-4-36}$$

利用该值，可得

$$E\left[\mathrm{e}^{\nu^*X}\right]=p\sqrt{\frac{1-p}{p}}+(1-p)\sqrt{\frac{p}{1-p}}=2\sqrt{p(1-p)} \tag{2-4-37}$$

将此结果代入式（2-4-33），结果为

$$P\left[\sum_{i=1}^{n}X_i>0\right]\leqslant[4p(1-p)]^{\frac{n}{2}} \tag{2-4-38}$$

对于 $p<\dfrac{1}{2}$，有 $4p(1-p)<1$，因此由式（2-4-38）确定的边界按指数率趋于零。

2.5　随机变量和的极限定理

如果$\{X_i, i=1,2,3\cdots\}$表示一个 IID 随机变量序列，那么很显然该序列的平均运算，即

$$Y_n=\frac{1}{n}\sum_{i=1}^{n}X_i \tag{2-5-1}$$

在某种意义上收敛于随机变量的平均值。大数定律（Law of Large Number，LLN）和中心极限定理（Central Limit Theorem，CLT）准确地阐述了当 n 趋于很大时随机变量平均运算的表现。

（强）大数定理表明，如果$\{X_i, i=1, 2, 3, \cdots\}$是一个具有 $E[X_1]<\infty$的 IID 随机变量序列，则

$$\frac{1}{n}\sum_{i=1}^{n}X_i \to E[X_1] \tag{2-5-2}$$

式中，其收敛的类型是几乎处处（Almost Everywhere，AE）收敛或几乎肯定（Almost Surely，AS）收敛，意思是左边不收敛于右边的概率空间的点集具有零概率。

中心极限定理表明，如果$\{X_i, i=1, 2, 3\cdots\}$是一个具有 $E[X_1]<\infty$且 $\sigma^2=\mathrm{VAR}[X_1]<\infty$的 IID 随机变量序列，则有

$$\frac{\frac{1}{n}\sum\limits_{i=1}^{n}X_i-m}{\sigma/\sqrt{n}} \longrightarrow \mathcal{N}(0,1) \tag{2-5-3}$$

CLT 中的收敛类型是分布收敛，意思是左边的 CDF 当 n 增加时收敛于$\mathcal{N}(0, 1)$的 CDF。

2.6　复随机变量

复随机变量 $Z=X+\mathrm{j}Y$ 可以认为一对实随机变量 X 和 Y，所以可将复随机变量处理为一个具有分量为 X 和 Y 的二维随机矢量。复随机变量的 PDF 定义为其实部和虚部的联合 PDF。如果 X 和 Y 是联合高斯随机变量，则 Z 是复高斯随机变量。具有 IID 实部和虚部的零均值复高斯随机变量 Z 的 PDF 为

$$p(z)=\frac{1}{2\pi\sigma^2}\mathrm{e}^{-\frac{x^2+y^2}{2\sigma^2}} \tag{2-6-1}$$

$$p(z)=\frac{1}{2\pi\sigma^2}\mathrm{e}^{-\frac{|z|^2}{2\sigma^2}} \tag{2-6-2}$$

复高斯随机变量 Z 的均值和方差定义为

$$E[Z]=E[X]+\mathrm{j}E[Y] \tag{2-6-3}$$

$$\mathrm{VAR}[Z]=E\left[|Z|^2\right]-|E[Z]|^2=\mathrm{VAR}[X]+\mathrm{VAR}[Y] \tag{2-6-4}$$

复随机矢量定义为 $\boldsymbol{Z}=\boldsymbol{X}+\mathrm{j}\boldsymbol{Y}$，其中 $\boldsymbol{X}$ 和 $\boldsymbol{Y}$ 是大小为 n 的实随机矢量，定义复随机矢量 $\boldsymbol{Z}$ 的实值矩阵为

$$\boldsymbol{C}_X=E\left[(\boldsymbol{X}-E[\boldsymbol{X}])(\boldsymbol{X}-E[\boldsymbol{X}])^{\mathrm{t}}\right] \tag{2-6-5}$$

$$\boldsymbol{C}_Y=E\left[(\boldsymbol{Y}-E[\boldsymbol{Y}])(\boldsymbol{Y}-E[\boldsymbol{Y}])^{\mathrm{t}}\right] \tag{2-6-6}$$

$$\boldsymbol{C}_{XY} = E\left[(\boldsymbol{X} - E[\boldsymbol{X}])(\boldsymbol{Y} - E[\boldsymbol{Y}])^{\mathrm{t}}\right] \tag{2-6-7}$$

$$\boldsymbol{C}_{YX} = E\left[(\boldsymbol{Y} - E[\boldsymbol{Y}])(\boldsymbol{X} - E[\boldsymbol{X}])^{\mathrm{t}}\right] \tag{2-6-8}$$

式中，矩阵 $\boldsymbol{C}_X$ 和 $\boldsymbol{C}_Y$ 分别是实随机矢量 $\boldsymbol{X}$ 和 $\boldsymbol{Y}$ 的协方差矩阵，它们是对称和非负定的，显然有 $\boldsymbol{C}_{YX} = \boldsymbol{C}_{XY}^{\mathrm{t}}$。

$\boldsymbol{Z}$ 的 PDF 是其实部和虚部的联合 PDF。如果定义 $2n$ 维实矢量

$$\tilde{\boldsymbol{Z}} = \begin{bmatrix} \boldsymbol{X} \\ \boldsymbol{Y} \end{bmatrix} \tag{2-6-9}$$

则复矢量 $\boldsymbol{Z}$ 的 PDF 是实矢量 $\tilde{\boldsymbol{Z}}$ 的 PDF。显然，$\tilde{\boldsymbol{Z}}$ 的协方差 $\boldsymbol{C}_{\tilde{Z}}$ 可写成

$$\boldsymbol{C}_{\tilde{Z}} = \begin{bmatrix} \boldsymbol{C}_X & \boldsymbol{C}_{XY} \\ \boldsymbol{C}_{YX} & \boldsymbol{C}_Y \end{bmatrix} \tag{2-6-10}$$

再定义下面两个一般复值矩阵

$$\boldsymbol{C}_Z = E\left[(\boldsymbol{Z} - E[\boldsymbol{Z}])(\boldsymbol{Z} - E[\boldsymbol{Z}])^{\mathrm{H}}\right] \tag{2-6-11}$$

$$\tilde{\boldsymbol{C}}_Z = E\left[(\boldsymbol{Z} - E[\boldsymbol{Z}])(\boldsymbol{Z} - E[\boldsymbol{Z}])^{\mathrm{t}}\right] \tag{2-6-12}$$

式中，$\boldsymbol{A}^{\mathrm{t}}$ 表示转置；$\boldsymbol{A}^{\mathrm{H}}$ 表示 $\boldsymbol{A}$ 的厄米特转置（$\boldsymbol{A}$ 转置并共轭其每个元素）；$\boldsymbol{C}_Z$ 和 $\tilde{\boldsymbol{C}}_Z$ 分别称为复随机矢量的协方差和伪协方差。不难证明，对任何 $\boldsymbol{Z}$，协方差矩阵是厄米特的[①]且非负定的，伪协方差是斜厄米特的。

由这些定义，容易证明下列关系式：

$$\boldsymbol{C}_Z = \boldsymbol{C}_X + \boldsymbol{C}_Y + \mathrm{j}(\boldsymbol{C}_{YX} - \boldsymbol{C}_{XY}) \tag{2-6-13}$$

$$\tilde{\boldsymbol{C}}_Z = \boldsymbol{C}_X - \boldsymbol{C}_Y + \mathrm{j}(\boldsymbol{C}_{XY} + \boldsymbol{C}_{YX}) \tag{2-6-14}$$

$$\boldsymbol{C}_X = \frac{1}{2}\mathrm{Re}[\boldsymbol{C}_Z + \tilde{\boldsymbol{C}}_Z] \tag{2-6-15}$$

$$\boldsymbol{C}_Y = \frac{1}{2}\mathrm{Re}[\boldsymbol{C}_Z - \tilde{\boldsymbol{C}}_Z] \tag{2-6-16}$$

$$\boldsymbol{C}_{YX} = \frac{1}{2}\mathrm{Im}[\boldsymbol{C}_Z + \tilde{\boldsymbol{C}}_Z] \tag{2-6-17}$$

$$\boldsymbol{C}_{XY} = \frac{1}{2}\mathrm{Im}[\tilde{\boldsymbol{C}}_Z - \boldsymbol{C}_Z] \tag{2-6-18}$$

本征与环对称随机矢量

如果复随机矢量 $\boldsymbol{Z}$ 的伪协方差为零（即 $\tilde{\boldsymbol{C}}_Z=0$），则称它是本征的。由式（2-6-14），显然对本征随机矢量有

$$\boldsymbol{C}_X = \boldsymbol{C}_Y \tag{2-6-19}$$

$$\boldsymbol{C}_{XY} = -\boldsymbol{C}_{YX} \tag{2-6-20}$$

将该结果代入式（2-6-13）～式（2-6-18）和式（2-6-10），可得

$$\boldsymbol{C}_Z = 2\boldsymbol{C}_X + 2\mathrm{j}\boldsymbol{C}_{YX} \tag{2-6-21}$$

$$\boldsymbol{C}_X = \boldsymbol{C}_Y = \frac{1}{2}\mathrm{Re}[\boldsymbol{C}_Z] \tag{2-6-22}$$

---

① 如果 $\boldsymbol{A} = \boldsymbol{A}^{\mathrm{H}}$，矩阵 A 是厄米特的；如果 $\boldsymbol{A}^{\mathrm{H}} = -\boldsymbol{A}$，它是斜厄米特的。

$$\boldsymbol{C}_{YX}=-\boldsymbol{C}_{XY}=\frac{1}{2}\mathrm{Im}[\boldsymbol{C}_Z] \tag{2-6-23}$$

$$\boldsymbol{C}_{\tilde{Z}}=\begin{bmatrix}\boldsymbol{C}_X & \boldsymbol{C}_{XY}\\ -\boldsymbol{C}_{XY} & \boldsymbol{C}_X\end{bmatrix} \tag{2-6-24}$$

在 $n=1$ 时，当处理一个复随机变量 $Z=X+\mathrm{j}Y$ 时，本征的条件为

$$\mathrm{VAR}[X]=\mathrm{VAR}[Y] \tag{2-6-25}$$

$$\mathrm{COV}[X,Y]=-\mathrm{COV}[Y,X] \tag{2-6-26}$$

上式表明，如果 X 和 Y 的方差相等且不相关，则 Z 是本征的。在这种情况下，$\mathrm{VAR}[Z]=2\mathrm{VAR}[X]$。因为在联合高斯随机变量情况下不相关等价于独立，得出的结论是对于复高斯随机变量 Z，当且仅当其实部和复（虚）部是独立的且方差相等时，该变量是本征的。对零均值本征复高斯随机变量，PDF 由式（2-6-2）确定。

如果复随机矢量 $\boldsymbol{Z}=\boldsymbol{X}+\mathrm{j}\boldsymbol{Y}$ 是高斯的，即 $\boldsymbol{X}$ 和 $\boldsymbol{Y}$ 是联合高斯的，则

$$p(z)=p(\tilde{z})=\frac{1}{(2\pi)^n(\det\boldsymbol{C}_{\tilde{Z}})^{1/2}}\mathrm{e}^{-\frac{1}{2}(\tilde{z}-\tilde{\boldsymbol{m}})^t\boldsymbol{C}_{\tilde{Z}}^{-1}(\tilde{z}-\tilde{\boldsymbol{m}})} \tag{2-6-27}$$

式中

$$\tilde{\boldsymbol{m}}=E\left[\tilde{\boldsymbol{Z}}\right] \tag{2-6-28}$$

可见，在 $\boldsymbol{Z}$ 是具有均值 $\boldsymbol{m}=E[\boldsymbol{Z}]$和非奇异协方差矩阵 $\boldsymbol{C}_Z$ 的本征 n 维复高斯随机矢量的特殊情况下，其 PDF 可写为

$$p(z)=\frac{1}{\pi^n\det\boldsymbol{C}_Z}\mathrm{e}^{-\frac{1}{2}(z-\boldsymbol{m})^\dagger\boldsymbol{C}_Z^{-1}(z-\boldsymbol{m})} \tag{2-6-29}$$

当复随机矢量 $\boldsymbol{Z}$ 旋转任意角度时，其 PDF 不变，则称 $\boldsymbol{Z}$ 是环对称的或环的。换言之，当 $\boldsymbol{Z}$ 和 $\mathrm{e}^{\mathrm{j}\theta}\boldsymbol{Z}$ 对所有 θ 都有相同 PDF 时，复随机矢量 $\boldsymbol{Z}$ 为环对称的。在习题 2-34 中将看到，如果 $\boldsymbol{Z}$ 是环的，则其是零均值和本征的，即 $E[\boldsymbol{Z}]=0$ 和 $E[\boldsymbol{Z}\boldsymbol{Z}^t]=0$。习题 2-35 证明如果 $\boldsymbol{Z}$ 是零均值本征高斯复矢量，则 $\boldsymbol{Z}$ 是环的。换言之，**对于复高斯随机矢量，零均值且本征等价于环的。**

习题 2-36 证明，如果 $\boldsymbol{Z}$ 是本征复矢量，则其任何仿射变换（Affine Transformation），即形式为 $\boldsymbol{W}=\boldsymbol{A}\boldsymbol{Z}+\boldsymbol{b}$ 的任何变换也是本征复矢量。因为我们知道，若 $\boldsymbol{Z}$ 是高斯的，则 $\boldsymbol{W}$ 也是高斯的，所以若 $\boldsymbol{Z}$ 是本征高斯矢量，则 $\boldsymbol{W}$ 也是本征高斯矢量。关于本征和环随机变量，以及随机矢量特性的细节，可参考 Neeser & Massey（1993），以及 Eriksson & Koivunen（2006）的著作。

2.7 随机过程

随机过程（Random Processes，Stochastic Processes）或随机信号（Random Signals）是研究通信系统的基础。信源和通信信道的建模要求对随机过程及其相关技术有深入的理解。本书假设读者已具备随机过程的基本概念，如均值、相关、互相关、平稳和遍历的定义，这些概念在相关教科书中都有论述，如 Leon-Garcia（1994 年）、Papoulis & Pillai（2002），以及 Stark & Woods（2002）等人的著作。本节将对随机过程的最重要的性质进行简要的论述。

随机过程 $X(t)$的均值 $m_X(t)$和**自相关函数**定义为

$$m_X(t)=E[X(t)] \tag{2-7-1}$$
$$R_X(t_1,t_2)=E\left[X(t_1)X^*(t_2)\right] \tag{2-7-2}$$

两个随机过程 $X(t)$和 $Y(t)$的**互相关函数**定义为

$$R_{XY}(t_1,t_2)=E\left[X(t_1)Y^*(t_2)\right] \tag{2-7-3}$$

注意，$R_X(t_2,t_1)=R_X^*(t_1,t_2)$，则 $R_X(t_1,t_2)$ 是厄米特的；对于互相关函数，则有 $R_{YX}(t_2,t_1)=R_{XY}^*(t_1,t_2)$。

2.7.1 广义平稳随机过程

若随机过程 $X(t)$的均值为常数且 $R_X(t_1,t_2)=R_X(\tau)$，其中 $\tau=t_1-t_2$，则它是**广义平稳**（Wide-Sense Stationary，WSS）。对于 WSS 过程，有 $R_X(-\tau)=R_X^*(\tau)$。如果两个过程 $X(t)$和 $Y(t)$是 WSS 且 $R_{XY}(t_1,t_2)=R_{XY}(\tau)$，则两过程是**联合广义平稳**的。对于联合 WSS 过程，有 $R_{YX}(-\tau)=R_{XY}^*(\tau)$。如果复过程的实部和虚部是联合 WSS 的，则该复过程是 WSS 的。

WSS 随机过程 $X(t)$的**功率谱密度**（Power Spectral Density，PSD）是描述功率分布函数的频率函数 $S_X(f)$，其单位是 W/Hz。**维纳-辛钦定理**（Wiener-Khinchin Theorem）阐明了 WSS 过程的功率谱是自相关函数 $R_X(\tau)$的傅里叶变换，即

$$\mathcal{S}_X(f)=\mathscr{F}[R_X(\tau)] \tag{2-7-4}$$

类似地，两个联合 WSS 过程的互谱密度（Cross Spectral Density，CSD）定义为它们互相关函数的傅里叶变换，即

$$\mathcal{S}_{XY}(f)=\mathscr{F}[R_{XY}(\tau)] \tag{2-7-5}$$

互谱密度满足下列对称性：

$$\mathcal{S}_{XY}(f)=\mathcal{S}_{YX}^*(f) \tag{2-7-6}$$

由自相关函数的性质不难证明，任何实 WSS 过程 $X(t)$的功率谱密度是实、非负和 f 的偶函数；复 WSS 过程的功率谱是实、非负而不一定是偶函数。互谱密度可能是复函数，当 $X(t)$和 $Y(t)$是实 WSS 过程时为偶函数。

如果 $X(t)$和 $Y(t)$是联合 WSS 随机过程，则 $Z(t)=aX(t)+bY(t)$也是 WSS 随机过程，其自相关函数和功率谱密度为

$$R_Z(\tau)=|a|^2R_X(\tau)+|b|^2R_Y(\tau)+abR_{XY}(\tau)+baR_{YX}(\tau) \tag{2-7-7}$$
$$\mathcal{S}_Z(f)=|a|^2\mathcal{S}_X(f)+|b|^2\mathcal{S}_Y(f)+2\,\mathrm{Re}\,[ab\mathcal{S}_{XY}(f)] \tag{2-7-8}$$

在 $a=b=1$ 的特殊情况下，有 $Z(t)=X(t)+Y(t)$，其相关函数和功率谱密度为

$$R_Z(\tau)=R_X(\tau)+R_Y(\tau)+R_{XY}(\tau)+R_{YX}(\tau) \tag{2-7-9}$$
$$\mathcal{S}_Z(f)=\mathcal{S}_X(f)+\mathcal{S}_Y(f)+2\,\mathrm{Re}\,[\mathcal{S}_{XY}(f)] \tag{2-7-10}$$

而当 $a=1$ 且 $b=\mathrm{j}$ 时，有 $Z(t)=X(t)+\mathrm{j}Y(t)$，其相关函数和功率谱密度为

$$R_Z(\tau)=R_X(\tau)+R_Y(\tau)+\mathrm{j}\,[R_{YX}(\tau)+R_{XY}(\tau)] \tag{2-7-11}$$
$$\mathcal{S}_Z(f)=\mathcal{S}_X(f)+\mathcal{S}_Y(f)+2\,\mathrm{Im}\,[\mathcal{S}_{XY}(f)] \tag{2-7-12}$$

当一个 WSS 过程 $X(t)$通过一个冲激响应为 $h(t)$和传输函数为 $H(f)=F[h(t)]$的 LTI 系统时，输出过程 $Y(t)$与 $X(t)$是联合 WSS 的，且下列关系式成立：

$$m_Y=m_X\int_{-\infty}^{\infty}h(t)\,\mathrm{d}t \tag{2-7-13}$$

$$R_{XY}(\tau)=R_X(\tau)*h^*(-\tau) \tag{2-7-14}$$

$$R_Y(\tau)=R_X(\tau)*h(\tau)*h^*(-\tau) \tag{2-7-15}$$

$$m_Y=m_X H(0) \tag{2-7-16}$$

$$\mathcal{S}_{XY}(f)=\mathcal{S}_X(f)H^*(f) \tag{2-7-17}$$

$$\mathcal{S}_Y(f)=\mathcal{S}_X(f)|H(f)|^2 \tag{2-7-18}$$

在 WSS 过程中的功率是所有频率功率的总和，所以它是功率谱在所有频率上的积分，可表示为

$$P_X=E\left[|X(t)|^2\right]=R_X(0)=\int_{-\infty}^{\infty}\mathcal{S}_X(f)\,\mathrm{d}f \tag{2-7-19}$$

1. 高斯随机过程

如果对所有正整数 n 和所有$(t_1, t_2,\cdots, t_n)$，随机矢量$[X(t_1), X(t_2), \cdots, X(t_n)]^{\mathrm{t}}$是高斯随机矢量，即随机变量$\{X(t_i)\}_{i=1}^{n}$是联合高斯随机变量，则实随机过程 $X(t)$是高斯的。类似于联合高斯随机变量，高斯随机过程的线性滤波（甚至滤波是时变的）结果是高斯随机过程。

如果对所有正整数 n 和 m，以及所有$(t_1, t_2,\cdots, t_n)$和$(t_1', t_2', \cdots, t_m')$两个实随机变量 $X(t)$和 $Y(t)$是联合高斯的，则随机矢量

$$[X(t_1), X(t_2), \cdots, X(t_n), Y(t_1'), Y(t_2'), \cdots, Y(t_m')]^{\mathrm{t}}$$

也是高斯矢量。对于两个不相关的联合高斯随机过程 $X(t)$和 $Y(t)$，有

$$R_{XY}(t+\tau,t)=E[X(t+\tau)]\,E[Y(t)],\qquad \forall\, t,\tau \tag{2-7-20}$$

即不相关等价于独立。

如果 $X(t)$和 $Y(t)$是联合高斯过程，则复过程 $Z(t)=X(t)+\mathrm{j}Y(t)$也是高斯的。

2. 白过程

如果一个过程的功率谱对所有频率是常数时，则称该过程为**白过程**（White Process），该常数值通常记为 $N_0/2$。

$$\mathcal{S}_X(f)=N_0/2 \tag{2-7-21}$$

利用式（2-7-19）可看出，白过程的功率是无限的，这表明白过程并不能作为一个实际的物理过程而存在。虽然白过程不是物理可实现的过程，它们是很有用的，可用来准确建模一些重要的物理现象（包括**热噪声**）。

热噪声是由电子元器件中电子热扰动产生的，热噪声可以准确地建模为一个具有下列性质的随机过程 $N(t)$：

（1）$N(t)$是平稳过程。

（2）$N(t)$是零均值过程。

（3）$N(t)$是高斯过程。

（4）$N(t)$是白过程，其功率谱密度为

$$\mathcal{S}_N(f)=N_0/2=kT/2 \tag{2-7-22}$$

式中，T 是环境温度（K 氏，绝对温度）；k 是玻耳兹曼（Boltzmann）常数，约为 1.38×10^{-23} J/K。

3. 离散时间随机过程

离散时间随机过程的性质类似于连续时间随机过程。特别是，WSS 离散时间随机过程的 PSD 定义为其自相关函数的傅里叶变换

$$\mathcal{S}_X(f)=\sum_{m=-\infty}^{\infty}R_X(m)\mathrm{e}^{-\mathrm{j}2\pi fm} \tag{2-7-23}$$

自相关函数可以由功率谱密度的傅里叶逆变换得到

$$R_X(m)=\int_{-1/2}^{1/2}\mathcal{S}_X(f)\mathrm{e}^{\mathrm{j}2\pi fm}\mathrm{d}f \tag{2-7-24}$$

离散时间随机过程的功率为

$$P=E\left[|X(n)|^2\right]=R_X(0)=\int_{-1/2}^{1/2}\mathcal{S}_X(f)\,\mathrm{d}f \tag{2-7-25}$$

2.7.2 循环平稳随机过程

如果随机过程 $X(t)$的均值和自相关函数都是以 T_0 为周期的周期函数，则该随机过程是**循环平稳**（Cyclostationary）的。对于循环平稳随机过程，有

$$m_X(t+T_0)=m_X(t) \tag{2-7-26}$$

$$R_X(t_1+T_0,t_2+T_0)=R_X(t_1,t_2) \tag{2-7-27}$$

循环平稳随机过程在通信系统的研究中会经常用到，因为许多已调制过程可以建模为循环平稳随机过程。对于循环平稳随机过程，平均自相关函数定义为在一个周期上的平均，即

$$\overline{R_X(\tau)}=\frac{1}{T_0}\int_0^{T_0}R_X(t+\tau,t)\,\mathrm{d}t \tag{2-7-28}$$

循环平稳随机过程的平均功率谱密度定义为平均自相关函数的傅里叶变换，即

$$\mathcal{S}_X(f)=\mathscr{F}\left[\overline{R_X(\tau)}\right] \tag{2-7-29}$$

例 2-7-1 令$\{a_n\}$表示离散时间 WSS 随机过程，其均值为 $m_{\mathrm{a}}(n)=E[a_n]=m_{\mathrm{a}}$，自相关函数为 $R_{\mathrm{a}}(m)=E[a_{n+m}a_n^*]$。对任意确定函数 $g(t)$，定义随机过程

$$X(t)=\sum_{n=-\infty}^{\infty}a_n g(t-nT) \tag{2-7-30}$$

则

$$m_X(t)=E[X(t)]=m_{\mathrm{a}}\sum_{n=-\infty}^{\infty}g(t-nT) \tag{2-7-31}$$

显然，该函数是以 T 为周期的周期函数。$X(t)$的自相关函数为

$$R_X(t+\tau,t)=\sum_{n=-\infty}^{\infty}\sum_{m=-\infty}^{\infty}E\left[a_n a_m^*\right]g(t+\tau-nT)g^*(t-mT) \tag{2-7-32}$$

$$=\sum_{n=-\infty}^{\infty}\sum_{m=-\infty}^{\infty}R_{\mathrm{a}}(n-m)g(t+\tau-nT)g^*(t-mT) \tag{2-7-33}$$

不难证明

$$R_X(t+\tau+T, t+T) = R_X(t+\tau, t) \tag{2-7-34}$$

式（2-7-31）和式（2-7-34）表明 $X(t)$是循环平稳随机过程。

2.7.3　本征与环随机过程

类似于复随机矢量的情况，定义复随机过程 $Z(t) = X(t) + \mathrm{j}Y(t)$的协方差和伪协方差为

$$C_Z(t+\tau, t) = E[Z(t+\tau)Z^*(t)] \tag{2-7-35}$$

$$\widetilde{C}_Z(t+\tau, t) = E[Z(t+\tau)Z(t)] \tag{2-7-36}$$

不难证明，类似于式（2-6-13）和式（2-6-14），有

$$C_Z(t+\tau, t) = C_X(t+\tau, t) + C_Y(t+\tau, t) + \mathrm{j}\,[C_{YX}(t+\tau, t) - C_{XT}(t+\tau, t)] \tag{2-7-37}$$

$$\widetilde{C}_Z(t+\tau, t) = C_X(t+\tau, t) - C_Y(t+\tau, t) + \mathrm{j}\,[C_{YX}(t+\tau, t) + C_{XY}(t+\tau, t)] \tag{2-7-38}$$

如果其伪协方差为零，即 $\tilde{C}_Z(t+\tau,t) = 0$，则复随机过程 $Z(t)$是**本征的**（Proper）。对于本征随机过程，有

$$C_X(t+\tau, t) = C_Y(t+\tau, t) \tag{2-7-39}$$

$$C_{YX}(t+\tau, t) = -C_{XY}(t+\tau, t) \tag{2-7-40}$$

和

$$C_Z(t+\tau, t) = 2C_X(t+\tau, t) + \mathrm{j}\,2C_{YX}(t+\tau, t) \tag{2-7-41}$$

如果 $Z(t)$是零均值随机过程，则式（2-7-35）至式（2-7-41）中所有的协方差都可以用自相关函数和互相关函数来替代。当 $Z(t)$是 WSS 过程时，所有自相关函数和互相关函数都仅是 τ 的函数。本征高斯随机过程是指其复随机矢量$[Z(t_1), Z(t_2), \cdots, Z(t_n)]^{\mathrm{t}}$对所有 n 和所有$(t_1, t_2, \cdots, t_n)$都为本征高斯矢量的随机过程。

当 $Z(t)$和 $\mathrm{e}^{\mathrm{j}\theta}Z(t)$对所有 θ 都有相同的统计特性时，复随机过程 $Z(t)$是环的。类似复矢量的情况，可以证明如果 $Z(t)$是环的，则它也是本征且零均值的。对于高斯随机过程，本征和零均值等价于环。同样也适用于复矢量的情况，环高斯随机过程通过线性（不一定是时不变的）系统的输出为环高斯随机过程。

2.7.4　马尔可夫链

马尔可夫链（Markov Chain）是指具有离散时间离散值的随机过程，其当前值仅通过最近的值取决于全部过去值。在 j 阶马尔可夫链中，当前值通过最近的 j 个值取决于过去值，即

$$\begin{aligned} &P[X_n = x_n \,|\, X_{n-1} = x_{n-1}, X_{n-2} = x_{n-2}, \cdots] \\ &\quad = P[X_n = x_n \,|\, X_{n-1} = x_{n-1}, X_{n-2} = x_{n-2}, \cdots, X_{n-j} = x_{n-j}] \end{aligned} \tag{2-7-42}$$

出于方便，可将最近的 j 个值集合看成马尔可夫链的状态。由以此可定义，马尔可夫链的当前状态，即 $S_n = (X_n, X_{n-1}, \cdots, X_{n-j+1})$仅取决于最近的状态 $S_{n-1} = (X_{n-1}, X_{n-2}, \cdots, X_{n-j})$，即

$$P[S_n = s_n \,|\, S_{n-1} = s_{n-1}, S_{n-2} = s_{n-2}, \ldots] = P[S_n = s_n \,|\, S_{n-1} = s_{n-1}] \tag{2-7-43}$$

式（2-7-43）以状态变量 S_n 表示一阶马尔可夫链。注意这种概念，即 X_n 是状态 S_n 的确定性函数，可以将此概念推广这样的情况：状态按式（2-7-43）演变，但输出（或随机过程的值）通过条件概率质量函数

$$P[X_n = x_n \,|\, S_n = s_n] \tag{2-7-44}$$

取决于 S_n。

据此，我们定义马尔可夫链[①]为有限状态机，在 n 时刻的状态记为 S_n，在集合$\{1, 2,\cdots, S\}$中取值，这样式（2-7-43）成立并且随机过程在 n 时刻的值（记为 X_n，取离散集合中的值）通过条件概率质量函数 $P[X_n = x_n | S_n = s_n]$ 统计地取决于状态。

随机过程的内部演变取决于状态集和控制状态之间转移的概率统计规律，如果 $P[S_n | S_{n-1}]$ 独立于 n（时间），则称马尔可夫链是**齐次的**（Homogeneous）。在这种情况下，从状态 i 到状态 j（$1\leqslant i, j\leqslant S$）的转移概率与 n 无关，记为 P_{ij}

$$P_{ij} = P[S_n = j | S_{n-1} = i] \tag{2-7-45}$$

在齐次马尔可夫链中，定义**状态转移矩阵**（State Transition Matrix）或**一步转移矩阵**（One-Step Transition Matrix）$\boldsymbol{P}$，其元素为 P_{ij} 其中第 i 行第 j 列的元素表示由状态 i 直接转移到状态 j 的概率。$\boldsymbol{P}$ 为具有非负元素的矩阵，其每一行的总和均为 1。n 步转移矩阵确定由状态 i 经过 n 步移动到状态 j 的概率。对于离散时间齐次马尔可夫链，n 步转移矩阵等于 $\boldsymbol{P}_n$。本节假定研究的马尔可夫链都是齐次的。

行矢量 $\boldsymbol{p}(n) = [p_1(n)\ p_2(n)\ \cdots\ p_S(n)]$是马尔可夫链在 n 时刻的**状态概率矢量**（State Probability Vector），其中 $p_i(n)$表示在 n 时刻处于状态 i 的概率。根据该定义，显然有

$$\boldsymbol{p}(n) = \boldsymbol{p}(n-1)\boldsymbol{P} \tag{2-7-46}$$

和

$$\boldsymbol{p}(n) = \boldsymbol{p}(0)\boldsymbol{P}^n \tag{2-7-47}$$

如果 $\lim\limits_{x\to\infty} \boldsymbol{P}^n$ 存在且其所有行都相等，将该极限的每一行记为 $\boldsymbol{p}$，即

$$\lim_{n\to\infty} \boldsymbol{P}^n = \begin{bmatrix} \boldsymbol{p} \\ \boldsymbol{p} \\ \vdots \\ \boldsymbol{p} \end{bmatrix} \tag{2-7-48}$$

在这种情况下，

$$\lim_{n\to\infty} \boldsymbol{p}(n) = \lim_{n\to\infty} \boldsymbol{p}(0)\boldsymbol{P}^n = \boldsymbol{p}(0)\begin{bmatrix} \boldsymbol{p} \\ \boldsymbol{p} \\ \vdots \\ \boldsymbol{p} \end{bmatrix} = \boldsymbol{p} \tag{2-7-49}$$

这意味着，从任何初始概率矢量 $\boldsymbol{p}(0)$开始，马尔可夫链将以 $\boldsymbol{p}$ 确定的状态概率矢量稳定下来，这称为马尔可夫链的**稳态**、**平衡状态**（Steady-State，Equilibrium-State）或**平稳状态**（Stationary-State）概率分布。在达到稳态概率分布之后，这些概率并不改变，因此 $\boldsymbol{p}$ 可由下列方程的解得到。

$$\boldsymbol{p}\boldsymbol{P} = \boldsymbol{p} \tag{2-7-50}$$

该方程满足条件 $p_i\geqslant 0$ 和 $\sum\limits_i p_i = 1$，即它是概率矢量。如果马尔可夫链由状态 $\boldsymbol{p}$ 开始，那么它总保持在该状态，因为 $\boldsymbol{pP} = \boldsymbol{p}$。一些基本的问题如下：$\boldsymbol{pP} = \boldsymbol{p}$ 总有一个概率矢量的解吗？

① 严格地说，这是有限状态马尔可夫链（FSMC）的定义，它是本书研究的唯一的马尔可夫链的类型。

如果有，在什么条件下该解是唯一的？ $\lim_{n\to\infty}\boldsymbol{P}^n$ 在什么条件下存在？如果极限存在，该极限有相等的行吗？如果马尔可夫链从任何状态经过有限步数转移到其他任何状态都是可能的，则该马尔可夫链称为**不可约的**（Irreducible）。马尔可夫链状态 i 的周期是所有 n 的最大公约数（Greatest Common Divisor，GCD），则有 $P_{ii}(n)>0$。如果状态 i 周期为 1，则它是**非周期的**（Aperiodic）。如果有限状态马尔可夫链是不可约的且其状态是非周期的，其称为**遍历的**（Ergodic）或各态历经的。

可以证明，在遍历马尔可夫链中，$\lim_{n\to\infty}\boldsymbol{P}^n$ 总是存在的，并且该极限的所有行相等，即式（2-7-48）成立。在这种情况下，唯一的平稳（稳态）状态概率分布存在从任何初始状态概率矢量开始且马尔可夫链结束于稳态状态概率矢量 $\boldsymbol{p}$。

例 2-7-2　图 2-7-1 所示的 FSMC 状态转移图描述了 4 状态马尔可夫链。对于该马尔可夫链，有

$$\boldsymbol{P}=\begin{bmatrix}\frac{1}{2} & \frac{1}{3} & 0 & \frac{1}{6}\\ \frac{1}{2} & 0 & \frac{1}{2} & 0\\ 0 & \frac{1}{4} & 0 & \frac{3}{4}\\ \frac{5}{6} & 0 & \frac{1}{6} & 0\end{bmatrix} \tag{2-7-51}$$

不难证明，该马尔可夫链是不可约的和非周期的，从而是遍历的。为了求得稳态概率分布，可以求 $\boldsymbol{P}^n$ 在 $n\to\infty$ 时的极限或者求解式（2-7-50），其结果为

$$\boldsymbol{p}\approx[0.49541\quad 0.19725\quad 0.12844\quad 0.17889] \tag{2-7-52}$$

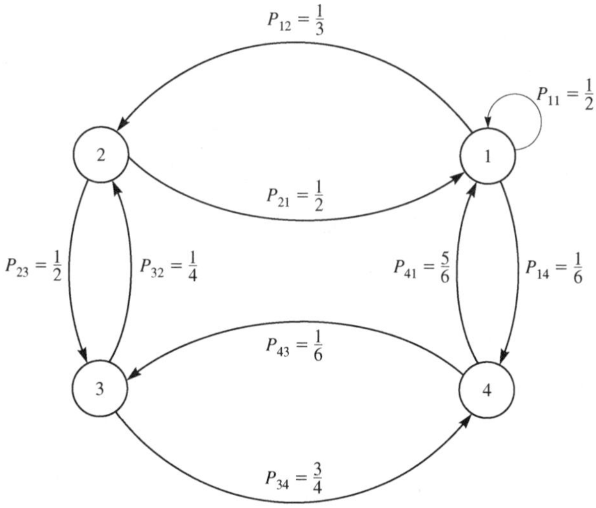

图 2-7-1　FSMC 状态转移图

2.8　随机过程的级数展开

随机过程的级数展开的结果是以一个随机变量序列作为正交或标准正交基函数的系数表

示的随机过程。这种形式的展开将随机过程的处理简化为随机变量的处理。下面将描述两种形式的随机过程的级数展开式，首先描述带限随机过程的抽样定理，其次描述随机过程的 K-L（Karhunen-Loève）展开式，这是更一般的展开式。

2.8.1 带限随机过程的抽样定理

对于确定的实信号 $x(t)$，当$|f| > W$［W 为 $x(t)$的最高频率］时，$x(t)$的傅里叶变换 $X(f) = 0$，则称该信号是带限的。这样的信号可以用以速率 $f_s \geqslant 2W$（样值/秒）抽样的样值唯一表示，最小速率 $f_N = 2W$（样值/秒）称为**奈奎斯特**（Nyquist）**速率**。对于复信号，W 是该信号频率支持的 1/2，即如果 W_1 和 W_2 分别是该信号的最低频率和最高频率时，那么 $2W = W_2 - W_1$。当抽样速率至少等于 $2W$ 时，由信号抽样的样值可以完全重构该信号。然而，差别是在这种情况下样值是复值，对每一个特定的样值要求两个实数。这意味着，一个实信号可以用每秒 $2W$ 个实数完全描述，或者它有每秒 $2W$ 个自由度（或实维度）。对于复信号，自由度数为每秒 $4W$，其等价于每秒 $2W$ 个**复维度**（或 $4W$ 个实维度）。低于奈奎斯特速率的抽样会导致频率的混叠。以奈奎斯特速率抽样的带限信号可以由其样值利用插值公式

$$x(t) = \sum_{n=-\infty}^{\infty} x\left(\frac{n}{2W}\right) \operatorname{sinc}\left[2W\left(t - \frac{n}{2W}\right)\right] \tag{2-8-1}$$

重构。式中，$\{x(n/2W)\}$为 $x(t)$在 $t = n/2W$（$n = 0,\pm1,\pm2\cdots$）时的样值。也就是说，$x(t)$可以用将其样值通过一个冲激响应为 $h(t) = \operatorname{sinc}(2Wt)$的理想低通滤波器来重构。图 2-8-1 所示为基于理想插值的信号重构过程。注意，式（2-8-1）确定的 $x(t)$展开式是一个正交展开式，并不是标准正交展开式，因为

$$\int_{-\infty}^{\infty} \operatorname{sinc}\left[2W\left(t - \frac{n}{2W}\right)\right] \operatorname{sinc}\left[2W\left(t - \frac{m}{2W}\right)\right] \mathrm{d}t = \begin{cases} 1/2W, & n = m \\ 0, & n \neq m \end{cases} \tag{2-8-2}$$

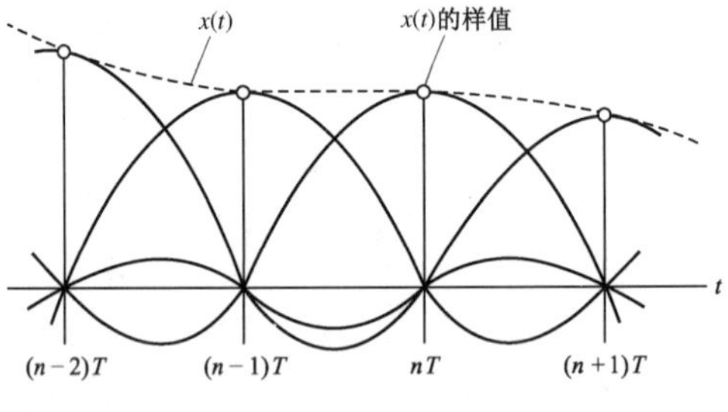

图 2-8-1 基于理想插值的信号重构过程

如果一个平稳随机过程 $X(t)$在 $|f| > W$ 时的功率谱密度 $S_X(f) = 0$，则称该随机过程是带限的。因为 $S_X(f)$是自相关函数 $R_X(\tau)$的傅里叶变换，因此 $R_X(\tau)$可以表示为

$$R_X(\tau) = \sum_{n=-\infty}^{\infty} R_X\left(\frac{n}{2W}\right) \operatorname{sinc}\left[2W\left(\tau - \frac{n}{2W}\right)\right] \tag{2-8-3}$$

式中，$R_X(n/2W)$为 $R_X(\tau)$在 $\tau = n/2W$（$n = 0,\pm1,\pm2\cdots$）时的样值。如果 $X(t)$是带限平稳随机过程，则 $X(t)$可以表示为

$$X(t)=\sum_{n=-\infty}^{\infty}X\left(\frac{n}{2W}\right)\operatorname{sinc}\left[2W\left(t-\frac{n}{2W}\right)\right] \tag{2-8-4}$$

式中，$X(n/2W)$为$X(t)$在 $t=n/2W$（$n=0,\pm1,\pm2\cdots$）时的样值。这是平稳随机过程的抽样表示，样值是随机变量，可以用适当的联合概率密度函数统计描述。如果$X(t)$是一个 WSS 过程，那么随机变量$X(n/2W)$表示一个 WSS 离散时间随机过程。抽样随机变量的自相关函数为

$$\begin{aligned}E\left[X\left(\frac{n}{2W}\right)X^*\left(\frac{m}{2W}\right)\right]&=R_X\left(\frac{n-m}{2W}\right)\\&=\int_{-W}^{W}\mathcal{S}_X(f)\mathrm{e}^{\mathrm{j}2\pi f\frac{n-m}{2W}}\,\mathrm{d}f\end{aligned} \tag{2-8-5}$$

如果一个随机过程 $X(t)$是过滤的高斯白噪声，那么它是零均值的并且其功率谱密度在$[-W,W]$内是平坦的。在这种情况下，样值是不相关的，因为它是高斯的，从而也是独立的。

式（2-8-4）所示的信号表达式可以通过证明（习题 2-44）

$$E\left[\left|X(t)-\sum_{n=-\infty}^{\infty}X\left(\frac{n}{2W}\right)\operatorname{sinc}\left[2W\left(t-\frac{n}{2W}\right)\right]\right|^2\right]=0 \tag{2-8-6}$$

建立。

因此，抽样表达式与随机过程$X(t)$之间的等同性在均方误差为零的意义上是成立的。

2.8.2　K-L（Karhunen-Loève）展开式

2.8.1 节介绍的抽样定理给出了带限随机过程正交展开式的一种直截了当的方法，本节将阐述 K-L 展开式，它是应用于很多类型的随机过程的标准正交展开式，展开式的系数是不相关的随机变量。本节仅阐述 K-L 展开式的结论，细节可参考 Van Trees（1968）或 Loève（1955）的著作。

有许多方法可将随机过程用随机变量序列$\{X_n\}$和标准正交基$\{\phi_n(t)\}$展开。但如果要求随机变量X_n是互不相关的，那么标准正交基必须是由积分方程确定的特征函数问题的解，该积分方程的核心是该随机过程的自协方差函数。求解这个积分方程得到标准正交基$\{\phi_n(t)\}$后，将随机过程投影到该标准正交基上就可以得到不相关的随机变量序列$\{X_n\}$。

K-L 展开式阐述：在宽松的条件下，具有自协方差函数

$$C_X(t_1,t_2)=R_X(t_1,t_2)-m_X(t_1)m_X^*(t_2) \tag{2-8-7}$$

的随机过程$X(t)$可以在$[a,b]$上用标准正交基$\{\phi_n(t)\}_{n=1}^{\infty}$展开，且展开式的系数是不相关的。标准正交基$\phi_n(t)$是积分方程

$$\int_a^b C_X(t_1,t_2)\phi_n(t_2)\,\mathrm{d}t_2=\lambda_n\phi_n(t_1),\qquad a<t_1<b \tag{2-8-8}$$

的解（特征函数），通过适当的归一化可得到

$$\int_a^b|\phi_n(t)|^2\,\mathrm{d}t=1 \tag{2-8-9}$$

K-L 展开式为

$$\hat{X}(t)=\sum_{n=1}^{\infty}X_n\phi_n(t),\qquad a<t<b$$

K-L 展开式具有下列性质：

（1）表示展开式系数的随机变量 X_n 是随机过程 $X(t)$在基函数上的投影，即

$$X_n = \langle X(t), \phi_n(t)\rangle = \int_a^b X(t)\,\phi_n^*(t)\,\mathrm{d}t \tag{2-8-10}$$

（2）随机变量 X_n 是互不相关的，而且 X_n 的方差是 λ_n。

$$\mathrm{COV}[X_n, X_m] = \begin{cases} \lambda_n, & n = m \\ 0, & n \neq m \end{cases} \tag{2-8-11}$$

（3）有 $$E[\hat{X}(t)] = E[X(t)] = m_{\mathrm{X}}(t), \qquad a < t < b \tag{2-8-12}$$

（4）在均方意义上 $\hat{X}(t)$ 等于 $X(t)$，即

$$E[|X(t) - \hat{X}(t)|^2] = 0, \qquad a < t < b \tag{2-8-13}$$

（5）协方差 $C_X(t_1,\ t_2)$可以用基和特征值展开，如式（2-8-14），该式称为默瑟（Mercer）定理，即

$$C_X(t_1, t_2) = \sum_{n=1}^{\infty} \lambda_n \phi_n(t_1)\phi_n(t_2), \qquad a < t_1, t_2 < b \tag{2-8-14}$$

（6）标准正交基 $\{\phi_n(t)\}_{n=1}^{\infty}$ 对所有信号 $g(t)$展开式形成一个完备基，如果该信号在$[a,b]$上的能量有限，即

$$\int_a^b |g(t)|^2\,\mathrm{d}t < \infty$$

那么，可以用 $\{\phi_n(t)\}$ 将它展开，即

$$g(t) = \sum_{n=1}^{\infty} g_n \phi_n(t), \qquad a < t < b \tag{2-8-15}$$

式中

$$g_n = \langle g(t), \phi_n(t)\rangle = \int_a^b g(t)\phi_n^*(t)\,\mathrm{d}t \tag{2-8-16}$$

K-L 展开式见式（2-8-13），通常写成

$$X(t) = \sum_{n=1}^{\infty} X_n\,\phi_n(t), \qquad a < t < b \tag{2-8-17}$$

可将该式理解为均方意义上的等同性。求解式（2-8-8）并将解归一化可得到$\{\phi_n(t)\}$，利用式（2-8-10）可得到系数$\{X_n\}$。

值得注意的是，K-L 展开式可应用于 WSS 过程和非平稳过程两种情况。在随机过程是零均值的特殊情况下，自协方差函数 $C_{\mathrm{X}}(t_1,\ t_2)$可用自相关函数 $R_{\mathrm{X}}(t_1,\ t_2)$替代。如果 $X(t)$是高斯过程，则$\{X_n\}$是独立高斯随机变量。

例 2-8-1 假设 $X(t)$为零均值白过程，其功率谱密度为 $N_0/2$。推导该过程在任意$[a, b]$上的 K-L 展开式，必须求解积分方程

$$\int_a^b \frac{N_0}{2}\delta(t_1 - t_2)\phi_n(t_2)\,\mathrm{d}t_2 = \lambda_n\phi_n(t_1), \qquad a < t_1 < b \tag{2-8-18}$$

式中，$\frac{N_0}{2}\delta(t_1-t_2)$是白过程的自相关函数。利用冲激函数的位移性质，可得到

$$\frac{N_0}{2}\phi_n(t_1)=\lambda_n\phi_n(t_1),\qquad a<t_1<b \tag{2-8-19}$$

由式（2-8-19）可见，$\phi_n(t)$可以是任意函数。因此，任意标准正交基都可用于白过程的展开，展开式的所有系数 X_n 都有相同的方差 $N_0/2$。

2.9 带通和低通随机过程

一般，带通和低通随机过程可定义为 WSS 过程 $X(t)$，其自相关函数 $R_X(\tau)$是带通或低通信号。注意，自相关函数是普通的确定性函数，其傅里叶变换表示随机过程 $X(t)$的功率谱。因此，带通过程的功率谱位于$\pm f_0$频率附近，低通过程的功率谱位于零频附近。

更为具体地说，定义一个带通（或窄带）过程为零均值实 WSS 过程，其自相关函数为带通信号。根据式（2-1-11），定义带通随机过程 $X(t)$的**同相分量**和**正交分量**分别为

$$\begin{aligned}X_{\mathrm{i}}(t)&=X(t)\cos 2\pi f_0t+\widehat{X}(t)\sin 2\pi f_0t\\X_{\mathrm{q}}(t)&=\widehat{X}(t)\cos 2\pi f_0t-X(t)\sin 2\pi f_0t\end{aligned} \tag{2-9-1}$$

下面将证明：

（1）$X_{\mathrm{i}}(t)$和 $X_{\mathrm{q}}(t)$是零均值联合 WSS 过程。

（2）$X_{\mathrm{i}}(t)$和 $X_{\mathrm{q}}(t)$具有相同的功率谱密度。

（3）$X_{\mathrm{i}}(t)$和 $X_{\mathrm{q}}(t)$都是低通随机过程，即它们的功率谱密度位于$f=0$附近。

还可以定义**等效低通过程** $X_{\mathrm{l}}(t)$为

$$X_{\mathrm{l}}(t)=X_{\mathrm{i}}(t)+\mathrm{j}X_{\mathrm{q}}(t) \tag{2-9-2}$$

下面将推导低通随机过程的自相关函数和功率谱密度的表达式。此外，还将看到 $X_{\mathrm{l}}(t)$是本征随机过程。

因为假设 $X(t)$的均值为 0，所以其希尔伯特变换 $\hat{X}(t)$也一样，这是很明显的，因为希尔伯特变换只是一种滤波运算。因此，$X_{\mathrm{i}}(t)$和 $X_{\mathrm{q}}(t)$都是零均值过程。

推导 $X_{\mathrm{i}}(t)$的自相关函数，可得

$$\begin{aligned}R_{X_{\mathrm{i}}}(t+\tau,t)&=E[X_{\mathrm{i}}(t+\tau)X_{\mathrm{i}}(t)]\\&=E[(X(t+\tau)\cos 2\pi f_0(t+\tau)+\widehat{X}(t+\tau)\sin 2\pi f_0(t+\tau))\times\\&\qquad(X(t)\cos 2\pi f_0t+\widehat{X}(t)\sin 2\pi f_0t)]\end{aligned} \tag{(2-9-3}$$

展开该关系式，可得

$$\begin{aligned}R_{X_{\mathrm{i}}}(t+\tau,t)=&R_X(\tau)\cos 2\pi f_0(t+\tau)\cos 2\pi f_0t+R_{X\hat{X}}(t+\tau,t)\cos 2\pi f_0(t+\tau)\sin 2\pi f_0t+\\&R_{\hat{X}X}(t+\tau,t)\sin 2\pi f_0(t+\tau)\cos 2\pi f_0t+R_{\hat{X}\hat{X}}(t+\tau,t)\sin 2\pi f_0(t+\tau)\sin 2\pi f_0t\end{aligned} \tag{2-9-4}$$

因为希尔伯特变换是随机过程通过 LTI 系统的结果，从而推断 $X(t)$和 $\hat{X}(t)$是联合 WSS 过程，所以式（2-9-4）中的所有自相关和互相关仅仅是 τ 的函数。利用式（2-7-17）和式（2-7-18）不难证明（习题 2-56）

$$R_{X\hat{X}}(\tau)=-\widehat{R}_X(\tau),\qquad R_{\hat{X}X}(\tau)=\widehat{R}_X(\tau),\qquad R_{\hat{X}\hat{X}}(\tau)=R_X(\tau) \tag{2-9-5}$$

将这些结果代入式（2-9-4），并利用标准三角恒等式可得到

$$R_{X_i}(\tau)=R_X(\tau)\cos(2\pi f_0\tau)+\widehat{R}_X(\tau)\sin(2\pi f_0\tau) \tag{2-9-6}$$

类似地，可以证明

$$R_{X_q}(\tau)=R_{X_i}(\tau)=R_X(\tau)\cos(2\pi f_0\tau)+\widehat{R}_X(\tau)\sin(2\pi f_0\tau) \tag{2-9-7}$$

$$R_{X_iX_q}(\tau)=-R_{X_qX_i}(\tau)=R_X(\tau)\sin(2\pi f_0\tau)-\widehat{R}_X(\tau)\cos(2\pi f_0\tau) \tag{2-9-8}$$

这些关系式表明，$X_i(t)$和 $X_q(t)$是零均值联合 WSS 过程，具有相等的自相关函数以及相等的功率谱密度。

为了推导 $X_i(t)$和 $X_q(t)$的共同的功率谱密度及其互谱密度，下面推导式（2-9-7）和式（2-9-8）的傅里叶变换，这需要利用傅里叶变换的调制性质，以及 $\hat{R}_X(\tau)$ 的傅里叶变换等于 $-\mathrm{j}\operatorname{sgn}(f)S_X(f)$。据此，可直截了当地推导

$$S_{X_i}(f)=S_{X_q}(f)=\begin{cases}S_X(f+f_0)+S_X(f-f_0), & |f|<f_0\\ 0, & \text{其他}\end{cases} \tag{2-9-9}$$

$$S_{X_iX_q}(f)=-S_{X_qX_i}(f)=\begin{cases}\mathrm{j}[S_X(f+f_0)-S_X(f-f_0)], & |f|<f_0\\ 0, & \text{其他}\end{cases} \tag{2-9-10}$$

式（2-9-9）表明，将 $X(t)$的功率谱密度左/右位移 f_0 再相加，然后去除$[-f_0, f_0]$之外的分量，就可得到 $X(t)$同相分量和正交分量的共同功率谱密度。该结果也表明 $X_i(t)$和 $X_q(t)$都是低通过程。由式（2-9-10）可见，如果当$|f|<f_0$时，$S_X(f+f_0)=S_X(f-f_0)$，那么 $S_{X_iX_q}(f)=0$，从而 $R_{X_iX_q}(\tau)=0$。因为 $X_i(t)$和 $X_q(t)$是零均值过程，由 $R_{X_iX_q}(\tau)=0$ 可以断定在这种条件下，$X_i(t)$和 $X_q(t)$是不相关的。当$|f|<f_0$时，$S_X(f+f_0)=S_X(f-f_0)$发生在 $S_X(f)$围绕 f_0 对称时，在这样的情况下，同相分量和正交分量是不相关的过程。

将复过程 $X_l(t)=X_i(t)+\mathrm{j}X_q(t)$定义为 $X(t)$的等效低通。将式（2-9-7）、式（2-9-8）与式（2-7-39）比较，可以推断 $X_l(t)$是本征随机过程，因此由式（2-7-41）得到

$$R_{X_l}(\tau)=2R_{X_i}(\tau)+2\mathrm{j}R_{X_qX_i}(\tau) \tag{2-9-11}$$

$$=2[R_X(\tau)+\mathrm{j}\widehat{R}_X(\tau)]\mathrm{e}^{-\mathrm{j}2\pi f_0 t} \tag{2-9-12}$$

式（2-9-12）利用了式（2-9-7）和式（2-9-8）。比较式（2-9-12）和式（2-1-6）可以看出，$R_{X_l}(\tau)$是 $R_X(\tau)$的 2 倍。换言之，**等效低通过程 $X_l(t)$的自相关函数是带通过程 $X(t)$自相关函数的等效低通的 2 倍。**

对式（2-9-12）两边进行傅里叶变换，可得到

$$S_{X_l}(f)=\begin{cases}4S_X(f+f_0), & |f|<f_0\\ 0, & \text{其他}\end{cases} \tag{2-9-13}$$

从而

$$S_X(f)=\frac{1}{4}[S_{X_l}(f-f_0)+S_{X_l}(-f-f_0)] \tag{2-9-14}$$

也可看到，如果 $X(t)$是高斯的，那么 $X_i(t)$、$X_q(t)$和 $X_l(t)$是联合高斯过程；因为 $X_l(t)$是高斯、零均值和本征的，所以可推断 $X_l(t)$是环过程。在这种情况下，当$|f|<f_0$时，如果 $S_X(f+f_0)=S_X(f-f_0)$，那么 $X_i(t)$和 $X_q(t)$是独立过程。

例 2-9-1 功率谱密度为 $N_0/2$ 的高斯白噪声通过转移函数为

$$H(f)=\begin{cases}1, & |f-f_0|<W\\ 0, & \text{其他}\end{cases}$$

的理想带通滤波器。式中，$W<f_0$。输出 $X(t)$称为过滤白噪声，该过程功率谱密度为

$$S_X(f)=\begin{cases}N_0/2, & |f-f_0|<W\\ 0, & \text{其他}\end{cases}$$

当$|f|<f_0$时，因为 $S_X(f+f_0)=S_X(f-f_0)$，故该过程是高斯的，$X_i(t)$和 $X_q(t)$是独立低通过程。利用式（2-9-9）可得到

$$S_{X_i}(f)=S_{X_q}(f)=\begin{cases}N_0, & |f|<W\\ 0, & \text{其他}\end{cases}$$

由式（2-9-13）可得到

$$S_{X_l}(f)=\begin{cases}2N_0, & |f|<W\\ 0, & \text{其他}\end{cases}$$

2.10 文献注释与参考资料

本章综述了信号分析、概率论和随机过程的基本概念和定义。Franks（1969）的著作深入地论述了更多的信号分析内容。达文波特与鲁特（Davenport & Root，1958），达文波特（Davenport，1970），帕波利斯和皮尔莱（Papoulis & Pillai，2002），皮伯尔斯（Peebles，1987），海尔斯特朗姆（Helstrom，1991），斯达克和沃兹（Stark & Woods，2002），以及列昂-加西亚（Leon-Garcia，1994）的教科书提供了面向工程专业的概率论和随机过程的论述。关于概率论的更数学性的论述可以在罗伊夫（Loève，1955 年）的教科书中找到。最后，本章引用了密勒（Miller，1964）的著作关于多维高斯分布的论述。

习题

2-1 试证明希尔伯特变换的以下性质：

（a）若 $x(t)=x(-t)$，则 $\hat{x}(t)=-\hat{x}(-t)$；

（b）若 $x(t)=-x(-t)$，则 $\hat{x}(t)=-\hat{x}(-t)$；

（c）若 $x(t)=\cos\omega_0 t$，则 $\hat{x}(t)=\sin\omega_0 t$；

（d）若 $x(t)=\sin\omega_0 t$，则 $\hat{x}(t)=-\cos\omega_0 t$；

（e）$\hat{\hat{x}}(t)=-x(t)$；

（f）$\int_{-\infty}^{\infty}x^2(t)\mathrm{d}t=\int_{-\infty}^{\infty}\hat{x}^2(t)\mathrm{d}t$；

（g）$\int_{-\infty}^{\infty}x(t)\hat{x}(t)\mathrm{d}t=0$。

2-2 假设 $x(t)$和 $y(t)$为两带通信号，$x_l(t)$和 $y_l(t)$为它们相对于某频率 f_0 的等效低通，一般 $x_l(t)$和 $y_l(t)$为复信号。

（a）证明

$$\int_{-\infty}^{\infty} x(t)y(t)\,\mathrm{d}t = \frac{1}{2}\mathrm{Re}\left[\int_{-\infty}^{\infty} x_1(t)y_1^*(t)\,\mathrm{d}t\right]$$

（b）由此推断$\mathcal{E}_x = \mathcal{E}_{x_1}/2$，即带通信号的能量是其等效低通能量的一半。

2-3 假设 $s(t)$是实或复值信号，且可以表示为标准正交基$\{f_n(t)\}$的线性组合，即

$$\hat{s}(t) = \sum_{k=1}^{K} s_k f_k(t)$$

式中

$$\int_{-\infty}^{\infty} f_n(t) f_m^*(t)\,\mathrm{d}t = \begin{cases} 1, & m = n \\ 0, & m \neq n \end{cases}$$

若要求$\hat{s}(t)$使能量

$$\mathcal{E}_{\mathrm{e}} = \int_{-\infty}^{\infty} |s(t) - \hat{s}(t)|^2\,\mathrm{d}t$$

最小，试求$\hat{s}(t)$展开式中系数$\{s_k\}$，以及相应残余误差$\mathcal{E}_{\mathrm{e}}$的表达式。

2-4 设$\{s_{ml}(t)\}$为 M 个复值波形集，试推导格拉姆-施密特（Gram-Schmidt）过程的方程，以得到$N \leqslant M$个标准正交信号的波形。

2-5 试对图 2-2-1（a）中的信号按 $s_4(t)$、$s_3(t)$、$s_1(t)$的次序进行格拉姆-施密特（Gram-Schmidt）正交化，并得到标准正交函数集$\{f_m(t)\}$。试利用标准正交函数$\{f_m(t)\}$将信号$\{s_n(t)\}$表示为向量形式，并求各信号的能量。

2-6 假设信号集$\{\phi_{nl}(t), n=1,\cdots,N\}$是表示$\{s_{ml}(t), m=1,\cdots,M\}$的标准正交基，试证明式（2-2-54）确定的函数集可构成 $2N$ 个标准正交基，该基对式（2-2-55）确定的带通信号的表示是充分的。

2-7 试证明

$$\tilde{\phi}(t) = -\hat{\phi}(t)$$

式中，$\hat{\phi}(t)$表示希尔伯特变换，ϕ和$\tilde{\phi}$由式（2-2-54）确定。

2-8 试求图 2-2-1 所示的 4 个信号波形$\{s_i(t)\}$之间的相关系数ρ_{km}，以及相应的欧氏（Euclidean）距离。

2-9 假定 $s(t)$为实值带通信号，试证明 $s_l(t)$一般为复值信号，并求 $s_l(t)$为实信号的条件。

2-10 考察图 P2-10 所示的三个波形$f_n(t)$。

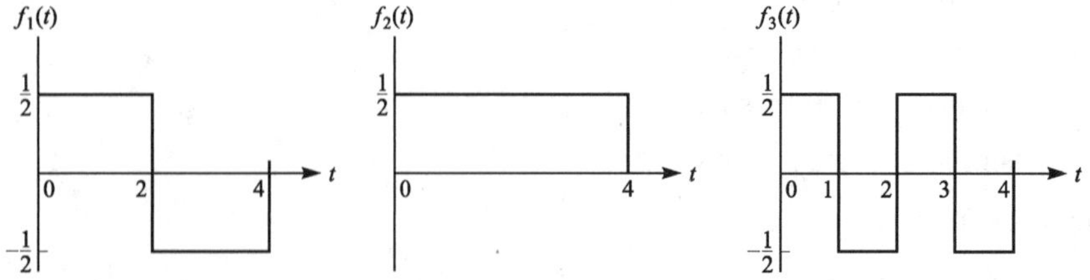

图 P2-10

（a）试证这些波形是标准正交的。

（b）如果

$$x(t)=\begin{cases}-1, & 0\leqslant t<1\\ 1, & 1\leqslant t<3\\ -1, & 3\leqslant t<4\end{cases}$$

试将 $x(t)$表示为$f_n(t)$的线性组合（n=1,2,3），并求加权系数。

2-11　考察图 P2-11 所示的 4 个波形。

（a）确定波形的维数及基函数集。

（b）利用基函数来表示这 4 个波形，该波形由矢量 $\boldsymbol{s}_1$、$\boldsymbol{s}_2$、$\boldsymbol{s}_3$ 和 $\boldsymbol{s}_4$ 来标记。

（c）试求任意两向量之间的最小距离。

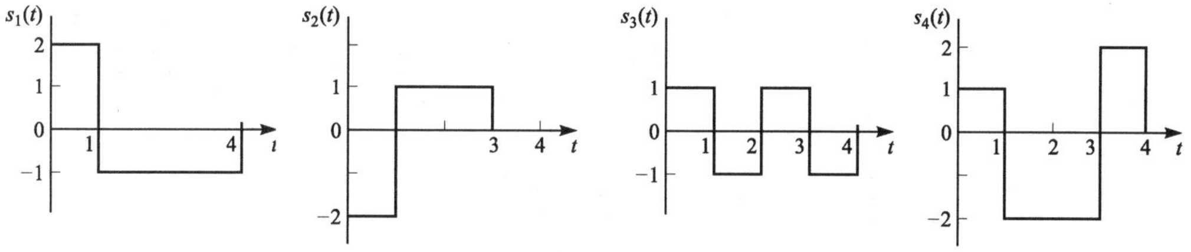

图 P2-11

2-12　试对图 P2-12 所示的 4 个信号求标准正交函数集。

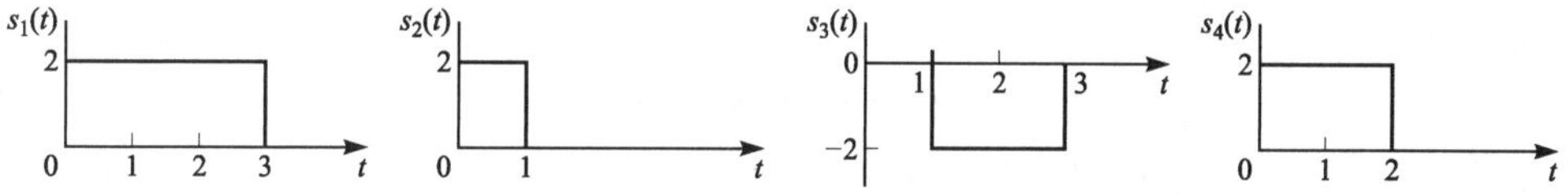

图 P2-12

2-13　一随机试验是由缸中取出一个球构成，该缸中有编号为 1、2、3、4 的 4 个红色球和编号为 1、2、3 的 3 个黑色球。定义下列事件：

（a）E_1=球的编号为偶数。

（b）E_2=球的颜色为红色，且其编号大于 1。

（c）E_3=球的编号小于 3。

（d）$E_4=E_1\cup E_3$。

（e）$E_5=E_1\cup(E_2\cap E_3)$。

回答下列问题：

（a）$P(E_2)$是多少？

（b）$P(E_3|E_2)$是多少？

（c）$P(E_2|E_4\,E_3)$是多少？

（d）E_3 与 E_5 独立吗？

2-14　某城市三种品牌 A、B、C 汽车占市场的份额分别为 20%、30%和 50%。这三种品牌汽车在购买后第一年期间需要大修的概率分别为 5%、10%和 15%。试问：

（a）该城市中一辆汽车在购买后第一年期间需要大修的概率是多少？

（b）如果该城市中一辆汽车在购买后第一年期间需要大修，它是品牌 A 的概率是多少？

2-15　随机变量 X_i（i=1, 2,⋯, n）具有联合 PDF $p(x_1, x_2,\cdots, x_n)$，试证明

$$p(x_1, x_2, x_3, \cdots, x_n) = p(x_n|x_{n-1}, \cdots, x_1)p(x_{n-1}|x_{n-2}, \cdots, x_1)\cdots p(x_3|x_2, x_1)p(x_2|x_1)p(x_1)$$

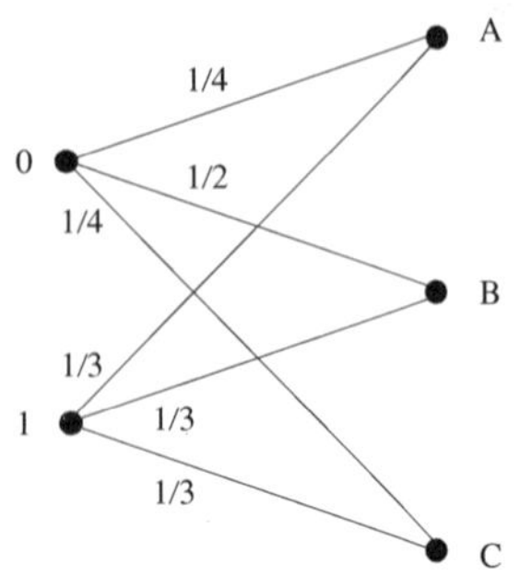

图 P2-16

2-16 图 P2-16 所示为一具有输入二进制字符和输出三进制字符的信道，输入为 0 的概率是 0.4，转移概率如图 P2-16 所示。

（a）如果信道输出为 A，那么对信道输入最好的判决（使差错概率最小）是什么？重复进行信道输出为 B 和 C 的情况。

（b）如果发送 0 并在接收机中采用最佳判决方案（问题（a）导出的方案），试问差错概率是多少？

（c）如果在接收机中采用最佳判决方案，试问该信道的全部差错概率是多少？

2-17 随机变量 X 的概率密度函数为 $p(x)$，随机变量 Y 定义为

$$Y = aX + b$$

其中，$a<0$。试根据 X 的 PDF 求 Y 的 PDF。

2-18 假设 X 是零均值、单位方差的高斯随机变量，令

$$Y = aX^3 + b, \qquad a > 0$$

试求 Y 的 PDF 并绘图。

2-19 电子电路中的噪声电压可以建模为高斯变量，其均值为 0，方差等于 10^{-8}。试问：

（a）噪声值超过 10^{-4} 的概率是多少？超过 4×10^{-4} 的概率是多少？噪声值在 -2×10^{-4} 与 10^{-4} 之间的概率是多少？

（b）在噪声值为正的情况下，它超过 10^{-4} 的概率是多少？

2-20 X 是服从 $\mathcal{N}(0, \sigma^2)$ 分布的随机变量，该随机变量通过一系统，其输入与输出的关系由 $y=g(x)$ 确定。试求在下列每一种情况下输出随机变量 Y 的 PDF 或 PMF。

（a）平方律器件，$g(x)=ax^2$。

（b）限幅器，即

$$g(x) = \begin{cases} -b, & x \leqslant -b \\ b, & x \geqslant b \\ x, & |x| < b \end{cases}$$

（c）硬限幅器，即

$$g(x) = \begin{cases} a, & x > 0 \\ 0, & x = 0 \\ b, & x < 0 \end{cases}$$

（4）量化器，即 $g(x)=x_n$（$a_n \leqslant x \leqslant a_{n+1}, 1 \leqslant n \leqslant N$），式中 x_n 位于区间 $[a_n, a_{n+1}]$，序列 $\{a_1, a_2, \cdots, a_{N+1}\}$ 满足条件 $a_1=-\infty$，$a_{N+1}=\infty$，且 $i>j$ 时 $a_i > a_j$。

2-21 试证明对一个 $\mathcal{N}(m, \sigma^2)$ 随机变量，有

$$E[(X-m)^n] = \begin{cases} 1\times3\times5\times\cdots\times(2k-1)\sigma^{2k} = \dfrac{(2k)!\sigma^{2k}}{2^k k!}, & n = 2k \\ 0, & n = 2k+1 \end{cases}$$

2-22 （a）设 X_{r} 和 X_{i} 是统计独立、零均值且方差相同的高斯随机变量。进行如下（旋转）变换：

$$Y_{\mathrm{r}} + \mathrm{j}Y_{\mathrm{i}} = (X_{\mathrm{r}} + \mathrm{j}X_{\mathrm{i}})\mathrm{e}^{\mathrm{j}\phi}$$

试证明高斯随机变量对(Y_r,Y_i)和(X_r,X_i)具有同样的联合 PDF。

（b）注意到有

$$\begin{bmatrix} Y_r \\ Y_i \end{bmatrix} = \boldsymbol{A} \begin{bmatrix} X_r \\ X_i \end{bmatrix}$$

式中，$\boldsymbol{A}$ 是 2×2 矩阵。作为（a）中的高斯随机变量二维变换的一般化推广，如果 $\boldsymbol{X}$ 和 $\boldsymbol{Y}$ 的 PDF 相同，这里 $\boldsymbol{Y}=\boldsymbol{AX}$，$\boldsymbol{X}=(X_1X_2\cdots X_n)$而 $\boldsymbol{Y}=(Y_1Y_2\cdots Y_n)$，试问线性变换 $\boldsymbol{A}$ 必须满足什么性质？

2-23　如果 $\boldsymbol{X}$ 是高斯随机矢量，试证明随机矢量 $\boldsymbol{Y}=\boldsymbol{AX}$（其中可逆矩阵 $\boldsymbol{A}$ 表示线性变换）也是高斯矢量，其均值和方差为

$$\boldsymbol{m}_Y = \boldsymbol{A}\boldsymbol{m}_X, \qquad \boldsymbol{C}_Y = \boldsymbol{A}\boldsymbol{C}_X\boldsymbol{A}^{\mathrm{t}}$$

2-24　随机变量 Y 定义为

$$Y = \sum_{i=1}^{n} X_i$$

式中，X_i（i=1, 2, …, n）为统计独立的随机变量，且

$$X_i = \begin{cases} 1, & \text{概率为 } p \\ 0, & \text{概率为 } 1-p \end{cases}$$

（a）试求 Y 的特征函数。

（b）根据特征函数求矩 $E(Y)$和 $E(Y^2)$。

2-25　本题提供 $Q(x)$的一些有用的边界。

（a）将 $\mathrm{e}^{-\frac{u^2+v^2}{2}}$ 在$\mathbb{R}^2$ 中的 $u>x$ 和 $v>x$（其中 $x>0$）的区间积分，然后变换到极坐标并在第一象限取积分区间的上限为 $r>\sqrt{2}x$，试证明：对所有 $x\geqslant0$，$Q(x)\leqslant\frac{1}{2}\mathrm{e}^{-\frac{x^2}{2}}$。

（b）对 $\int_x^{\infty}\mathrm{e}^{-\frac{y^2}{2}}\frac{\mathrm{d}y}{y^2}$ 进行部分积分并证明：对所有 $x>0$

$$\frac{x}{\sqrt{2\pi}(1+x^2)}\mathrm{e}^{-\frac{x^2}{2}} < Q(x) < \frac{1}{\sqrt{2\pi}x}\mathrm{e}^{-\frac{x^2}{2}}$$

（c）根据（b）的结果，试证明：对于较大的 x

$$Q(x) \approx \frac{1}{x\sqrt{2\pi}}\mathrm{e}^{-\frac{x^2}{2}}$$

2-26　随机变量 $X_1, X_2, X_3\cdots$表示 IID 随机变量，每个变量在$[0, A]$上均匀分布，其中 $A>0$。令 $Y_n=\min\{X_1, X_2,\cdots, X_n\}$。

（a）Y_n 的 PDF 是什么？

（b）试证明：如果 A 和 n 趋向无穷大以致 $n/A=\lambda$（其中 $\lambda>0$ 是常数），Y_n 的密度函数趋于一个指数密度函数，试表示出该密度函数。

2-27　4 个随机变量 X_1、X_2、X_3、X_4 均是零均值、联合高斯随机变量，具有协方差 $C_{ij}=E(X_iX_j)$及特征函数 $\Phi_X(\omega_1,\omega_2,\omega_3,\omega_4)$。试证明：

$$E(X_1X_2X_3X_4) = C_{12}C_{34} + C_{13}C_{24} + C_{14}C_{23}$$

2-28　令 $\Theta_X(t)=E\left[\mathrm{e}^{tX}\right]$ 表示随机变量 X 的矩生成函数。

（a）利用契尔诺夫边界证明$\ln P[X\geqslant\alpha]\leqslant-\max\limits_{t\geqslant0}[\alpha t-\ln\Theta_X(t)]$。

（b）定义$I(\alpha)=\max\limits_{t\geqslant 0}[\alpha t-\ln\Theta_X(t)]$为随机变量 X 的大偏差率函数（Large-Deviation Rate Function）。设 $X_1, X_2,\cdots, X_n$ 是 IID 随机变量，定义 $S_n=(X_1+X_2+\cdots+X_n)/n$。试证明：对于 $\alpha\geqslant E[x]$

$$\frac{1}{n}\ln P[S_n\geqslant\alpha]\leqslant -I(\alpha)$$

或等价地

$$P[S_n\geqslant\alpha]\leqslant \mathrm{e}^{-nI(\alpha)}$$

注：可以证明：对于 $\alpha\geqslant E[x]$，有 $P[S_n\geqslant\alpha]=\mathrm{e}^{-nI(\alpha)+0(n)}$，其中当 $n\to\infty$ 时 $0(n)\to 0$。该结论称为大偏差定理。

假设 X_i 的（PDF）是指数的，即

$$p_{\mathrm{X}}(x)=\begin{cases}\mathrm{e}^{-x}, & x\geqslant 0\\ 0, & \text{其他}\end{cases}$$

利用大偏差结果，试证明：对于 $\alpha\geqslant 1$

$$P[S_n\geqslant\alpha]=\alpha^n\,\mathrm{e}^{-n(\alpha-1)+\mathrm{o}(n)}$$

2-29 根据表 2-3-3 中的中心 χ^2 和非中心 χ^2 随机变量的特征函数，试求它们相应的一阶矩和二阶矩。

2-30 柯西（Cauchy）分布随机变量 X 的 PDF 为

$$p(x)=\frac{a/\pi}{x^2+a^2},\qquad -\infty<x<\infty$$

（a）试求 X 的均值和方差。

（b）试求 X 的特征函数。

2-31 设 R_0 表示瑞利随机变量，其 PDF 为

$$f_{R_0}(r_0)=\begin{cases}\dfrac{r_0}{\sigma^2}\,\mathrm{e}^{-\frac{r_0^2}{2\sigma^2}}, & r_0\geqslant 0\\ 0, & \text{其他}\end{cases}$$

R_1 为赖斯变量，其 PDF 为

$$f_{R_1}(r_1)=\begin{cases}\dfrac{r_1}{\sigma^2}\,I_0\left(\dfrac{\mu r_1}{\sigma^2}\right)\,\mathrm{e}^{-\frac{r_1^2+\mu^2}{2\sigma^2}}, & r_1\geqslant 0\\ 0, & \text{其他}\end{cases}$$

而且，假设 R_0 和 R_1 是独立的，试证明

$$P(R_0>R_1)=\frac{1}{2}\mathrm{e}^{-\frac{\mu^2}{4\sigma^2}}$$

2-32 假设复高斯变量 $Z=X+\mathrm{j}Y$，其中(X, Y)是统计独立的变量，具有零均值和方差 $E[X^2]=E[Y^2]=\sigma^2$。令 $R=Z+m$，其中 $m=m_{\mathrm{r}}+\mathrm{j}m_{\mathrm{i}}$ 且定义 R 为 $R=A+\mathrm{j}B$。显然，$A=X+m_{\mathrm{r}}$ 和 $B=Y+m_{\mathrm{i}}$。试求下列概率密度函数：

（a）$p_{A,B}(a, b)$。

（b）$p_{U,\Phi}(u,\phi)$，其中 $U=\sqrt{A^2+B^2}$ 及 $\Phi=\arctan(B/A)$。

（c）$p_U(u)$。

注：在问题（b）中，出于方便，定义 $\theta=\arctan(m_{\mathrm{i}}/m_{\mathrm{r}})$，结果

$$m_{\mathrm{r}}=\sqrt{m_{\mathrm{r}}^2+m_{\mathrm{i}}^2}\cos\theta,\qquad m_{\mathrm{i}}=\sqrt{m_{\mathrm{r}}^2+m_{\mathrm{i}}^2}\sin\theta$$

而且，必须利用式（2-3-34），定义 $I_0(\cdot)$ 为零阶修正贝塞尔函数。

2-33　随机变量 Y 定义为

$$Y=\frac{1}{n}\sum_{i=1}^{n}X_i$$

式中，$X_i(i=1,2,\cdots,n)$为统计独立同分布随机变量，且具有习题 2-30 中的柯西 PDF。

（a）试求 Y 的特征函数。

（b）试求 Y 的 PDF。

（c）考察当 $n\to\infty$ 时，Y 的 PDF 的极限。试问中心极限还有效吗？试解释之。

2-34　试证明：如果 $\boldsymbol{Z}$ 是环的，那么它是零均值和本征的，即 $E[\boldsymbol{Z}]=\boldsymbol{0}$ 和 $E[\boldsymbol{Z}\boldsymbol{Z}^{\mathrm{t}}]=\boldsymbol{0}$。

2-35　试证明：如果 $\boldsymbol{Z}$ 是零均值本征高斯复矢量，那么 $\boldsymbol{Z}$ 是环的。

2-36　试证明：如果 $\boldsymbol{Z}$ 是本征复矢量，那么任何形式为 $\boldsymbol{W}=\boldsymbol{A}\boldsymbol{Z}+\boldsymbol{b}$ 的变量也是本征复矢量。

2-37　假设随机过程 $X(t)$和 $Y(t)$既独自平稳也联合平稳。

（a）试求 $Z(t)=X(t)+Y(t)$的自相关函数。

（b）当 $X(t)$和 $Y(t)$不相关时，试求 $Z(t)$的自相关函数。

（c）当 $X(t)$和 $Y(t)$不相关且有零均值时，试求 $Z(t)$的自相关函数。

2-38　如果随机过程 $X(t)$的自相关函数为

$$R_{\mathrm{X}}(\tau)=\frac{1}{2}N_0\delta(\tau)$$

则称该过程为**白噪声**。假设 $x(t)$输入到理想带通滤波器，该滤波器具有图 P2-38 所示的频率响应特性。试求该滤波器输出端的总噪声功率。

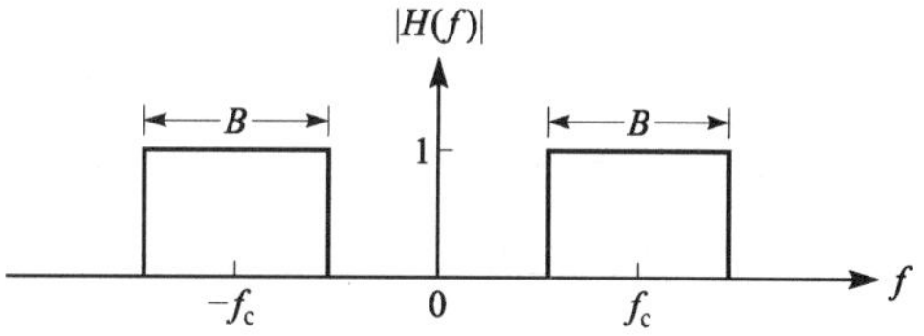

图 P2-38

2-39　低通高斯随机过程 $X(t)$的功率谱密度为

$$S(f)=\begin{cases}N_0, & |f|<B\\ 0, & 其他\end{cases}$$

试求 $Y(t)=X^2(t)$的功率谱密度和自相关函数。

2-40　三个随机变量 X_1、X_2 和 X_3 的协方差矩阵为

$$\begin{bmatrix}C_{11} & 0 & C_{13}\\ 0 & C_{22} & 0\\ C_{31} & 0 & C_{33}\end{bmatrix}$$

进行线性变换 $\boldsymbol{Y}=\boldsymbol{A}\boldsymbol{X}$，其中

$$\boldsymbol{A}=\begin{bmatrix}1 & 0 & 0\\ 0 & 2 & 0\\ 1 & 0 & 1\end{bmatrix}$$

试求 $\boldsymbol{Y}$ 的协方差。

2-41　设 $X(t)$是一个零均值为 0 的平稳实正态过程。新的随机过程 $Y(t)$定义为

$$Y(t)=X^2(t)$$

试用 $X(t)$的自相关函数来表示 $Y(t)$的自相关函数。

提示：利用习题 2-27 中导出的高斯变量的结果。

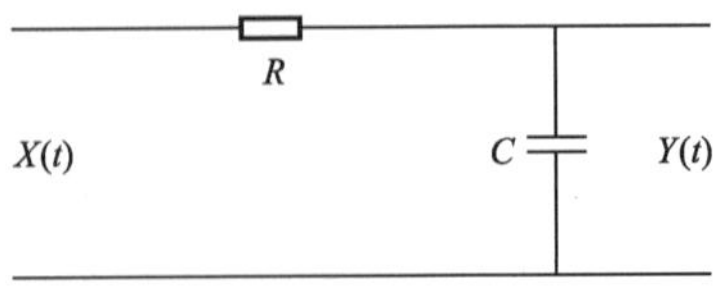

图 P2-43

2-42 对式（2-3-67）给出 Nakagami PDF，定义归一化随机变量 $X=R/\sqrt{\Omega}$。试求 X 的 PDF。

2-43 图 P2-43 中的电路输入为随机过程 $X(t)$，且 $E[X(t)]=0$，$R_X(\tau)=\sigma^2\delta(\tau)$，即 $X(t)$为白噪声过程。

（a）试求谱密度 $S_Y(f)$。

（b）试求 $R_Y(\tau)$和 $E[Y^2(t)]$。

2-44 试证明式（2-8-6）成立。

2-45 试利用契尔诺夫（Chernoff）边界证明 $Q(x)\leqslant e^{-x^2/2}$。

2-46 系统单位样值响应为

$$h(n)=\begin{cases}1, & n=0\\ -2, & n=1\\ 1, & n=2\\ 0, & \text{其他}\end{cases}$$

当输入 $x(n)$是方差为σ_x^2 的白噪声过程时，试求系统输出的均值、自相关序列和功率密度谱。

2-47 一离散时间随机过程的自相关序列函数是 $R(k)=(1/2)^{|k|}$，试求其功率密度谱。

2-48 对连续时间零均值平稳过程 $X(t)$进行周期抽样，得到离散时间随机过程 $X(n)\equiv X(nT)$，其中，T 是抽样间隔，即 $f_s=1/T$ 是抽样速率。

（a）试求 $X(t)$的自相关函数与 $X(n)$的自相关序列之间的关系。

（b）试用过程 $X(t)$的功率密度谱来表示 $X(n)$的功率密度谱。

（c）若要求 $X(n)$和 $X(t)$的功率密度谱相等，应满足什么条件？

2-49 随机过程 $V(t)$定义为

$$V(t)=X\cos 2\pi f_c t-Y\sin 2\pi f_c t$$

式中，X 和 Y 是随机变量。试证明：当且仅当 $E(X)=E(Y)=0$、$E(X^2)=E(Y^2)$和 $E(XY)=0$ 时，$V(t)$是广义平稳的。

2-50 有一带限零均值平稳随机过程 $X(t)$，其功率密度谱为

$$S_X(f)=\begin{cases}1, & |f|\leqslant W\\ 0, & \text{其他}\end{cases}$$

$X(t)$以速率 $f_s=1/T$ 抽样可得离散时间过程 $X(n)\equiv X(nT)$。

（a）试求 $X(n)$的自相关序列表达式。

（b）为了得到一个白色（谱平坦）序列，试求 T 的最小值。

（c）如果 $X(t)$的功率谱密度为

$$S_X(f)=\begin{cases}1-|f|/W, & |f|\leqslant W\\ 0, & \text{其他}\end{cases}$$

试重复（b）。

2-51 试证明函数

$$f_k(t)=\operatorname{sinc}\left[2W\left(t-\frac{k}{2W}\right)\right],\qquad k=0,\pm1,\pm2\cdots$$

在区间$[-\infty, \infty]$上是正交的，即

$$\int_{-\infty}^{\infty} f_k(t) f_j(t)\,\mathrm{d}t = \begin{cases} W/2, & k = j \\ 0, & \text{其他} \end{cases}$$

所以，抽样定理的重建公式可以看成带限信号 $s(t)$的级数展开式，其中权值为 $s(t)$的样值，且$\{f_k(t)\}$是级数展开式中的正交函数集。

2-52　系统的噪声等效带宽定义为

$$B_{\mathrm{eq}} = \frac{1}{G}\int_0^{\infty} |H(f)|^2\,\mathrm{d}f$$

式中，$G=\max|H(f)|^2$。利用该定义，试确定图 P2-38 中理想带通滤波器和图 P2-43 中的低通系统的噪声等效带宽。

2-53　假设 $N(t)$是零均值平稳窄带过程，等效低通过程 $Z(t) = X(t) + \mathrm{j}Y(t)$的自相关函数定义为

$$R_Z(\tau) = E\left[Z^*(t)Z(t+\tau)\right]$$

（a）试证明

$$E[Z(t)Z(t+\tau)] = 0$$

（b）假设 $R_Z(\tau) = N_0\delta(\tau)$，且令

$$V = \int_0^T Z(t)\,\mathrm{d}t$$

试求 $E[V^2]$和 $E[|V|^2]$。

2-54　试求随机过程 $X(t) = A\sin(2\pi f_c t + \Theta)$ 的自相关函数，其中，f_c是常数，Θ 是均匀分布的相位，即 $p(\theta) = 1/2\pi$, $0 \leqslant \theta \leqslant 2\pi$ 。

2-55　令 $Z(t) = X(t) + \mathrm{j}Y(t)$是复随机过程，其中 $X(t)$和 $Y(t)$是实值独立零均值联合平稳高斯随机过程。假设 $X(t)$和 $Y(t)$都是带限过程，其带宽为 W 且在带宽内具有平坦谱密度，即

$$\mathcal{S}_X(f) = \mathcal{S}_Y(f) = \begin{cases} N_0, & |f| \leqslant W \\ 0, & \text{其他} \end{cases}$$

（a）试求 $E[Z(t)]$和 $R_Z(t+\tau, t)$，并证明 $Z(t)$是 WSS 过程。

（b）试求 $Z(t)$的功率谱密度。

（c）假设 $\phi_1(t), \phi_2(t), \cdots, \phi_n(t)$ 是标准正交的，即

$$\int_{-\infty}^{\infty} \phi_j(t)\phi_k^*(t)\,\mathrm{d}t = \begin{cases} 1, & j = k \\ 0, & \text{其他} \end{cases}$$

且所有 $\phi_j(t)$ 带宽限制在$[-W, W]$。定义随机变量 Z_j为 $Z(t)$在 $\phi_j(t)$ 上的投影，即

$$Z_j = \int_{-\infty}^{\infty} Z(t)\phi_j^*(t)\,\mathrm{d}t, \qquad j = 1, 2, \cdots, n$$

试求 $E[Z_j]$和 $E[Z_j Z_k^*]$并推断 Z_j是 IID 零均值高斯随机变量。试求它们的共同方差。

（d）令 $Z_j = Z_{jr} + jZ_{ji}$，其中 Z_{jr}和 Z_{ji}分别表示 Z_j的实部和虚部。试对 $2n$ 维随机变量

$$(Z_{1\mathrm{r}}, Z_{1\mathrm{i}}, Z_{2\mathrm{r}}, Z_{2\mathrm{i}}, \cdots, Z_{n\mathrm{r}}, Z_{n\mathrm{i}})$$

的联合概率分布做出评述。

（e）定义

$$\hat{Z}(t) = Z(t) - \sum_{j=1}^{n} Z_j\phi_j(t)$$

为 $Z(t)$作为$\phi_j(t)$线性组合展开式中的误差。试证明$E[\hat{Z}(t)Z_k^*]=0$（对所有 k=1,2,⋯,n）。换言之，证明误差$\hat{Z}(t)$与所有 Z_k是不相关的。试问$\hat{Z}(t)$与 Z_k是独立的吗？

2-56 令 $X(t)$表示一个（实、零均值、WSS）带通过程，其自相关函数为 $R_X(\tau)$且功率谱密度为 $S_X(f)$，其中 $S_X(0)=0$，并且令$\hat{X}(t)$表示 $X(t)$的希尔伯特变换。那么$\hat{X}(t)$可以看成一个滤波器的输出，该滤波器的冲激响应为 $1/(\pi t)$且转移函数为$-\mathrm{j}\,\mathrm{sgn}(f)$，其输入为 $X(t)$。注意，当 $X(t)$通过转移函数为 $H(f)$的系统时，输出为 $Y(t)$，有 $S_Y(f)=S_X(f)|H(f)|^2$ 及 $S_{XY}(f)=S_X(f)H(f)$。

（a）试证明$R_{\hat{X}}(\tau)=R_X(\tau)$。

（b）试证明$R_{X\hat{X}}(\tau)=-\hat{R}_X(\tau)$。

（c）如果$Z(t)=X(t)+\mathrm{j}\hat{X}(t)$时，试求 $S_Z(f)$。

（d）定义$X_1(t)=Z(t)\mathrm{e}^{-\mathrm{j}2\pi f_0 t}$，试证明 $X_1(t)$是低通 WSS 过程，求$S_{X_1}(f)$，并由$S_{X_1}(f)$表达式推导$R_{X_1}(\tau)$的表达式。

第3章

数字调制方法

数字数据通常采用二进制数据流的形式，即“0”和“1”的序列。不论这些数据本来是数字的（例如，计算机生成的 ASCII 码输出），还是模拟信源通过模/数转换的结果（例如，数字音频和视频），目的都是采用给定的通信信道将这些数据可靠地传输到目的地。信道的自然属性会给传输的数据带来一种或多种信道损伤，包括噪声、衰减、失真、衰落和干扰。为了在通信信道上传输二进制数据流，需要生成一种能表示二进制数据流并且与信道特征相匹配的信号。这种信号应当能表示二进制数据，即从该信号能恢复二进制数据流；同时，该信号应当匹配信道的特征，即信号的带宽应当与信道的带宽相匹配，并且能够抗信道的损伤。不同的信道会引起不同类型的损伤，针对这些信道而设计的信号有巨大的差别。将数字序列映射成信号并在通信信道上传输的过程称为**数字调制**或**数字信号传输**。在调制过程中，发送信号是带通信号，其带宽与信道所提供的传输带宽相匹配。本章将研究最常用的调制方式及其特性。

3.1 数字调制信号的表示

在数字序列（假定是二进制序列）与信道上传输的信号序列之间的映射可以是**无记忆的**或**有记忆的**，从而有无记忆调制方式和有记忆调制方式。在无记忆调制方式中，二进制序列分成每段长度为 k 的序列，再将每段序列映射成 $s_m(t)$（$1\leqslant m\leqslant 2^k$），而不管先前发送的信号如何。该调制方式等价于将 $M=2^k$ 个消息映射成 M 个信号，如图 3-1-1 所示。

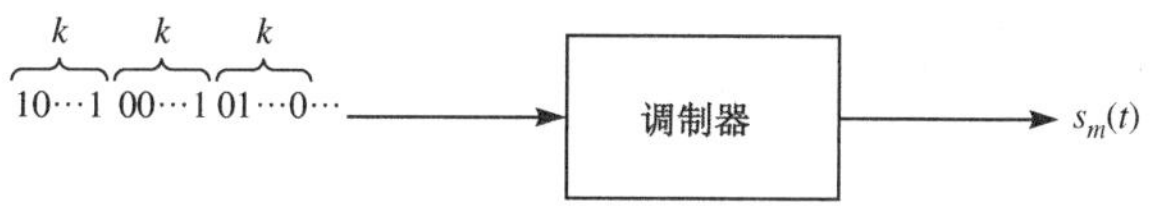

图 3-1-1　无记忆调制方式的方框图

在有记忆调制方式中，映射是由当前 k 个比特和过去$(L-1)k$ 个比特的集合映射成可能的 $M=2^k$ 个消息的集合。在这种情况下，发送信号取决于当前 k 个比特以及$(L-1)$个 k 比特分组。这定义了具有 $2^{(L-1)k}$ 状态的有限状态机。定义这种调制方式的映射可以看成由调制器的当前状态和当前输入，映射成导致调制器的一个新状态的输出信号的集合。如果在 $l-1$ 时刻调制器处于状态 $S_{l-1}\in\{1,2,\cdots,2^{(L-1)k}\}$，输入序列是 $I_l\in\{1,2,\cdots,2^k\}$，那么调制器将按照下面的映射关系发送输出信号 $s_{m_l}(t)$ 并转移到一个新状态 S_l。

$$m_l = f_m(S_{l-1}, I_l) \tag{3-1-1}$$

$$S_l = f_s(S_{l-1}, I_l) \tag{3-1-2}$$

参数 k 和 L，以及函数 $f_m(\cdot,\cdot)$和 $f_s(\cdot,\cdot)$完整地描述了有记忆调制方式。当 L=1 时相当于无记忆调制方式。

一方面要注意式（3-1-1）与式（3-1-2）的相似性，另一方面也要注意式（2-7-43）与式（2-7-44）的相似性。式（3-1-2）表示马尔可夫链的内部状态的动态变化，其中未来状态取决于当前状态和输入 I_l（它是随机变量），而式（3-1-1）表明输出 m_l 取决于由随机变量 I_l 确定的状态。所以可以断言，用马尔可夫链能有效地表示有记忆调制系统。

除了可以把调制器划分为无记忆的或有记忆的，也可以把它划分为**线性的或非线性的**。调制方式的线性特性要求在数字序列到连续波形的映射中适用叠加原理。在非线性调制中，在连续时间间隔的发送信号中不再适用叠加原理。下面首先介绍无记忆调制方式。

如上所述，在数字通信系统中调制器将 k 个比特符号（在等概率符号条件下，其携带 k 比特信息）映射成相应的信号波形集 $s_m(t)$（$1 \leqslant m \leqslant M$，其中 $M = 2^k$）。假设每 T_s 秒发送这些信号，其中 T_s 称为**信号传输间隔**（Signaling Interval），即每秒发送

$$R_s = \frac{1}{T_s} \tag{3-1-3}$$

个符号。参数 R_s 称为**信号速率**（Signal Rate）或**符号速率**（Symbol Rate）。因为每一个信号携带 k 个比特信息，比特间隔（Bit Interval）T_b（即传输 1 比特信息的间隔）为

$$T_b = \frac{T_s}{k} = \frac{T}{\log_2 M} \tag{3-1-4}$$

比特率（Bit Rate）为

$$R = kR_s = R_s \log_2 M \tag{3-1-5}$$

若 $s_m(t)$ 的能量记为$\mathcal{E}_m$，则**平均信号能量**（Average Signal Energy）为

$$\mathcal{E}_{avg} = \sum_{m=1}^{M} p_m \mathcal{E}_m \tag{3-1-6}$$

式中，p_m 表示第 m 个信号的概率（消息概率）。在消息等概率情况下，$p_m = 1/M$，因此，

$$\mathcal{E}_{avg} = \frac{1}{M}\sum_{m=1}^{M} \mathcal{E}_m \tag{3-1-7}$$

显然，如果所有信号具有相同能量，即$\mathcal{E}_m = \mathcal{E}$且$\mathcal{E}_{avg} = \mathcal{E}$，则当信号等概率时，传输 1 比特信息的平均能量或**平均比特能量**（Average Energy per Bit）为

$$\mathcal{E}_{bavg} = \frac{\mathcal{E}_{avg}}{k} = \frac{\mathcal{E}_{avg}}{\log_2 M} \tag{3-1-8}$$

如果所有信号具有等能量$\mathcal{E}$，则

$$\mathcal{E}_b = \frac{\mathcal{E}}{k} = \frac{\mathcal{E}}{\log_2 M} \tag{3-1-9}$$

如果通信系统在发送平均比特能量$\mathcal{E}_{bavg}$时需 T_b 秒来发送该平均能量，那么发送机发送的平均功率为

$$P_{avg} = \frac{\mathcal{E}_{bavg}}{T_b} = R\mathcal{E}_{bavg} \tag{3-1-10}$$

该式在等能量信号的情况下变为

$$P = R\mathcal{E}_{\mathrm{b}} \tag{3-1-11}$$

3.2　无记忆调制方法

一般来讲，用来在通信信道上传输信息的波形 $s_m(t)$可以是任何形式，这些波形的差别通常表现在幅度、相位或频率等参数，或者是两个或多个参数的组合。我们分别考察这些信号类型中的每一个参数，首先从数字**脉冲幅度调制**（Pulse Amplitude Modulation，PAM）开始，假定在调制器输入端的二进制数字序列的速率均为 R bit/s。

3.2.1　脉冲幅度调制（PAM）

在数字 PAM 中，信号波形可以表示为

$$s_m(t) = A_m p(t), \qquad 1 \leqslant m \leqslant M \tag{3-2-1}$$

式中，$p(t)$是持续时间为 T 的脉冲，$\{A_m, 1\leqslant m\leqslant M\}$表示 M 个可能的幅度集合，它相应于 $M=2^k$ 个可能的比特组的符号。通常，信号幅度 A_m 取离散值

$$A_m = 2m - 1 - M, \qquad m = 1, 2, \cdots, M \tag{3-2-2}$$

即幅度是±1, ±3, ±5,⋯, ±(M −1)。波形 $p(t)$是实信号脉冲，其形状会影响发送信号的谱，这在后面将看到。

信号 $s_m(t)$的能量为

$$\mathcal{E}_m = \int_{-\infty}^{\infty} A_m^2 p^2(t)\,\mathrm{d}t \tag{3-2-3}$$

$$= A_m^2 \mathcal{E}_{\mathrm{p}} \tag{3-2-4}$$

式中，$\mathcal{E}_{\mathrm{p}}$ 是 $p(t)$的能量。由此可知

$$\begin{aligned}\mathcal{E}_{\mathrm{avg}} &= \frac{\mathcal{E}_{\mathrm{p}}}{M}\sum_{m=1}^{M} A_m^2 \\ &= \frac{2\mathcal{E}_{\mathrm{p}}}{M}\left[1^2 + 3^2 + 5^2 + \cdots + (M-1)^2\right] \\ &= \frac{2\mathcal{E}_{\mathrm{p}}}{M} \times \frac{M(M^2-1)}{6} = \frac{(M^2-1)\mathcal{E}_{\mathrm{p}}}{3}\end{aligned} \tag{3-2-5}$$

和

$$\mathcal{E}_{\mathrm{bavg}} = \frac{(M^2-1)\mathcal{E}_{\mathrm{p}}}{3\log_2 M} \tag{3-2-6}$$

上面描述的是基带 PAM，其中没有载波调制。在许多情况下，PAM 信号被载波调制成带通信号，其等效低通形式为 $A_m g(t)$，其中 A_m 和 $g(t)$是实的。在这种情况下

$$s_m(t) = \mathrm{Re}\left[s_{ml}(t)\mathrm{e}^{\mathrm{j}2\pi f_c t}\right] \tag{3-2-7}$$

$$= \mathrm{Re}\left[A_m g(t)\mathrm{e}^{\mathrm{j}2\pi f_c t}\right] = A_m g(t)\cos(2\pi f_c t) \tag{3-2-8}$$

式中，f_c 为载波频率。通过比较式（3-2-1）和式（3-2-8）可知，如果在 PAM 信号的一般形式中代入

$$p(t) = g(t)\cos(2\pi f_c t) \tag{3-2-9}$$

则可得到带通 PAM。利用式（2-1–21），对于带通 PAM，有

$$\mathcal{E}_m = \frac{A_m^2}{2}\mathcal{E}_g \tag{3-2-10}$$

由式（3-2-5）和式（3-2-6）可得出

$$\mathcal{E}_{avg} = \frac{(M^2-1)\mathcal{E}_g}{6} \tag{3-2-11}$$

和

$$\mathcal{E}_{bavg} = \frac{(M^2-1)\mathcal{E}_g}{6\log_2 M} \tag{3-2-12}$$

显然，PAM 信号是一维的（N=1），因为所有的信号都是同一基本信号的多重波形。利用例 2-2-6 的结果，可得到

$$\phi(t) = \frac{p(t)}{\sqrt{\mathcal{E}_p}} \tag{3-2-13}$$

作为一般 PAM 信号 $s_m(t) = A_m\, p(t)$的基（Basis），以及

$$\phi(t) = \sqrt{\frac{2}{\mathcal{E}_g}}\, g(t)\cos 2\pi f_c t \tag{3-2-14}$$

作为式（3-2-8）确定的带通 PAM 信号的基。利用这些基信号，则有

$$\begin{aligned} s_m(t) &= A_m\sqrt{\mathcal{E}_p}\,\phi(t) \qquad \text{（基带PAM）} \\ s_m(t) &= A_m\sqrt{\frac{\mathcal{E}_g}{2}}\,\phi(t) \qquad \text{（带通PAM）} \end{aligned} \tag{3-2-15}$$

由上述可见，这些信号的一维矢量表示形式为

$$s_m = A_m\sqrt{\mathcal{E}_p}, \qquad A_m = \pm 1, \pm 3, \cdots, \pm(M-1) \tag{3-2-16}$$

$$s_m = A_m\sqrt{\frac{\mathcal{E}_g}{2}}, \qquad A_m = \pm 1, \pm 3, \cdots, \pm(M-1) \tag{3-2-17}$$

图 3-2-1 所示为 $M=2$、$M=4$ 和 $M=8$ 时 PAM 信号的星座图。

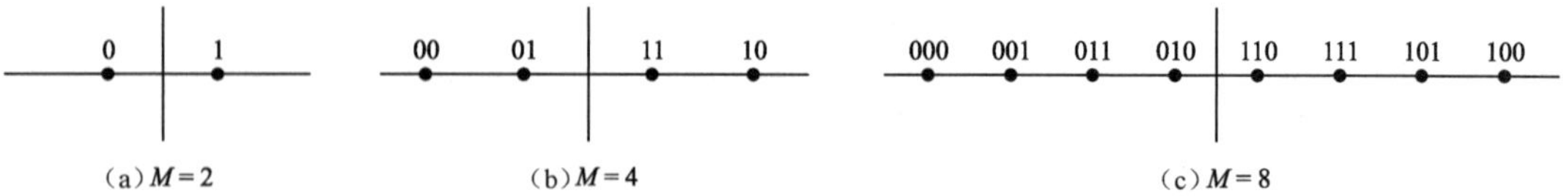

图 3-2-1　PAM 信号星座图

带通数字 PAM 也称为**幅移键控**（Amplitude-Shift Keying，ASK）。可以采用多种方法实现 k 个信息比特到 $M = 2^k$ 个可能信号幅度的映射或分配，优选的分配方法是相邻信号的幅度相差一个二进制数字，如图 3-2-1 中的二进制数字所示，这种映射称为格雷编码(Gray Coding)，它在信号的解调中很重要，因为噪声最可能引起的差错就是错选相邻幅度作为发送信号幅度。在这种情况下，k 比特序列仅发生 1 个比特差错。

注意，任何一对信号点之间的欧氏距离是

$$d_{mn} = \sqrt{\|\boldsymbol{s}_m - \boldsymbol{s}_n\|^2} \tag{3-2-18}$$

$$= |A_m - A_n|\sqrt{\mathcal{E}_p} \tag{3-2-19}$$

$$= |A_m - A_n|\sqrt{\mathcal{E}_g/2} \tag{3-2-20}$$

式中，最后的关系式相应于带通 PAM。相邻信号点$|A_m - A_n|=2$，因此该星座的最小距离为

$$d_{\min} = 2\sqrt{\mathcal{E}_p} = \sqrt{2\mathcal{E}_g} \tag{3-2-21}$$

M 元 PAM 系统的最小距离也可以用其能量$\mathcal{E}_{\text{bavg}}$表示，分别求解式（3-2-6）和式（3-2-12）可得到$\mathcal{E}_p$和$\mathcal{E}_g$，再代入式（3-2-21），其结果表达式为

$$d_{\min} = \sqrt{\frac{12\log_2 M}{M^2-1}\mathcal{E}_{\text{bavg}}} \tag{3-2-22}$$

式（3-2-8）表示的载波调制 PAM 信号是双边带（Double-Side Band，DSB）信号，传输信号时要求两倍的等效低通信号带宽。也可以使用单边带（Single-Side Band，SSB）PAM 信号，其表达式（下边带或上边带）为

$$s_m(t) = \text{Re}\left[A_m\left(g(t) \pm \text{j}\hat{g}(t)\right)\text{e}^{\text{j}2\pi f_c t}\right], \qquad m = 1, 2, \cdots, M \tag{3-2-23}$$

式中，$\hat{g}(t)$ 是 $g(t)$的希尔伯特变换。因此，SSB 信号的带宽是 DSB 信号的一半。

图 3-2-2（a）所示为 4 幅度电平基带 PAM 信号，图 3-2-2（b）所示为带通 PAM 信号。

在 $M = 2$（或二进制信号）时，PAM 信号具有特殊的性质，即 $s_1(t) = -s_2(t)$，这两个信号具有相等的能量且互相关系数为−1，这样的信号称为**双极性**（Antipodal）信号，这种情况有时也称为二进制双极性信号。

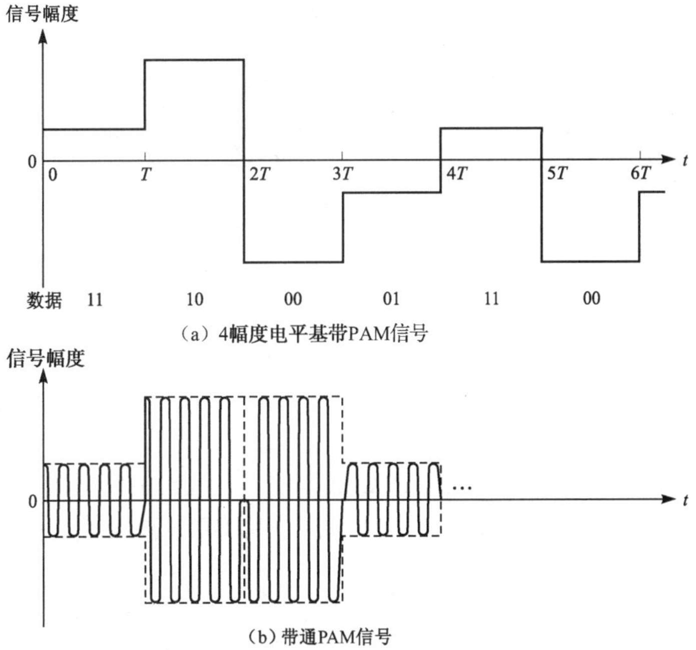

图 3-2-2　基带与载波调制 PAM 信号的例子

3.2.2 相位调制

在数字相位调制中，M 个信号波形可表示为

$$
\begin{aligned}
s_m(t) &= \mathrm{Re}\left[g(t)\mathrm{e}^{\mathrm{j}\frac{2\pi(m-1)}{M}}\mathrm{e}^{\mathrm{j}2\pi f_c t}\right], \quad m=1,2,\cdots,M \\
&= g(t)\cos\left[2\pi f_c t + \frac{2\pi}{M}(m-1)\right] \\
&= g(t)\cos\left[\frac{2\pi}{M}(m-1)\right]\cos 2\pi f_c t - g(t)\sin\left[\frac{2\pi}{M}(m-1)\right]\sin 2\pi f_c t
\end{aligned}
\tag{3-2-24}
$$

式中，$g(t)$是信号脉冲形状，$\theta_m=2\pi(m-1)/M$（$m=1, 2, \cdots, M$）是载波的 M 个可能的相位，用于传输要发送的信息。数字相位调制通常称为**相移键控**（Phase-Shift Keying，PSK）。注意，这些信号波形具有相等的能量。由式（2-1-21）可知

$$
\mathcal{E}_{\mathrm{avg}} = \mathcal{E}_m = \frac{1}{2}\mathcal{E}_{\mathrm{g}} \tag{3-2-25}
$$

所以

$$
\mathcal{E}_{\mathrm{bavg}} = \frac{\mathcal{E}_{\mathrm{g}}}{2\log_2 M} \tag{3-2-26}
$$

对于这种情况，可使用$\mathcal{E}$和$\mathcal{E}_{\mathrm{b}}$替代$\mathcal{E}_{\mathrm{avg}}$和$\mathcal{E}_{\mathrm{bavg}}$。

利用例 2-1-1，注意 $g(t)\cos 2\pi f_c T$ 和 $g(t)\sin 2\pi f_c t$ 是正交的，因此，由

$$
\phi_1(t) = \sqrt{\frac{2}{\mathcal{E}_{\mathrm{g}}}}g(t)\cos 2\pi f_c t \tag{3-2-27}
$$

$$
\phi_2(t) = -\sqrt{\frac{2}{\mathcal{E}_{\mathrm{g}}}}g(t)\sin 2\pi f_c t \tag{3-2-28}
$$

确定的 $\phi_1(t)$ 和 $\phi_2(t)$ 可用于 $s_m(t)$（$1\leqslant m\leqslant M$）的展开式，即

$$
s_m(t) = \sqrt{\frac{\mathcal{E}_{\mathrm{g}}}{2}}\cos\left[\frac{2\pi}{M}(m-1)\right]\phi_1(t) + \sqrt{\frac{\mathcal{E}_{\mathrm{g}}}{2}}\sin\left[\frac{2\pi}{M}(m-1)\right]\phi_2(t) \tag{3-2-29}
$$

因此，信号空间的维度 $N=2$，结果矢量表达式为

$$
\boldsymbol{s}_m = \left[\sqrt{\frac{\mathcal{E}_{\mathrm{g}}}{2}}\cos\left(\frac{2\pi}{M}(m-1)\right), \sqrt{\frac{\mathcal{E}_{\mathrm{g}}}{2}}\sin\left(\frac{2\pi}{M}(m-1)\right)\right], \quad m=1,2,\cdots,M \tag{3-2-30}
$$

图 3-2-3 所示为 BPSK（二进制 PSK，M=2）、QPSK（4 元 PSK，M=4）和 8-PSK 的信号空间图。注意，BPSK 相当于一维信号，与二进制 PAM 信号相同。这种信号传输方式是前面讨论的二进制双极性信号传输的特例。

与 PAM 的情况一样，k 个信息比特到 $M=2^k$ 个可能的相位的映射或分配可以用多种方法来实现，优选的分配方法是格雷编码，因此由噪声引起的最大可能的差错是 k 比特符号中单个比特差错。

在信号点之间的欧氏距离是

$$
d_{mn} = \sqrt{\|\boldsymbol{s}_m - \boldsymbol{s}_n\|^2} = \sqrt{\mathcal{E}_{\mathrm{g}}\left[1-\cos\left(\frac{2\pi}{M}(m-n)\right)\right]} \tag{3-2-31}
$$

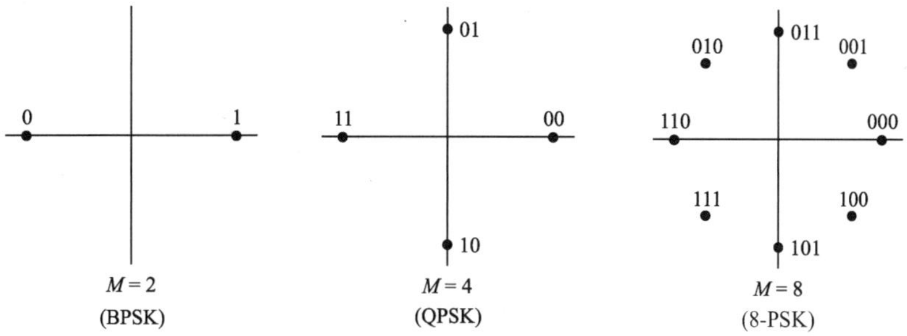

图 3-2-3　BPSK、QPSK 和 8-PSK 的信号空间图

最小距离为$|m-n|=1$，即

$$d_{\min}=\sqrt{\mathcal{E}_{\mathrm{g}}\left(1-\cos\frac{2\pi}{M}\right)}=\sqrt{2\mathcal{E}_{\mathrm{g}}\sin^2\frac{\pi}{M}} \tag{3-2-32}$$

求解式（3-2-26）可得$\mathcal{E}_{\mathrm{g}}$，代入式（3-2-32）可得

$$d_{\min}=2\sqrt{\left(\log_2 M\times\sin^2\frac{\pi}{M}\right)\mathcal{E}_{\mathrm{b}}} \tag{3-2-33}$$

当 M 值很大时，$\sin\frac{\pi}{M}\approx\frac{\pi}{M}$，$d_{\min}$近似为

$$d_{\min}\approx 2\sqrt{\frac{\pi^2\log_2 M}{M^2}\mathcal{E}_{\mathrm{b}}} \tag{3-2-34}$$

π/4-QPSK 是 4-PSK（QPSK）的一个变型，是通过在每一个符号间隔的载波相位中引入附加的 π/4 相移而得到的，该相移可使符号同步变得容易些。

3.2.3　正交幅度调制

PAM/SSB 的带宽效率也可以这样来求得：由信息序列$\{a_n\}$形成的两个分离的 k 比特符号同时加在两个正交载波 $\cos2\pi f_{\mathrm{c}}t$ 和 $\sin2\pi f_{\mathrm{c}}t$ 上。该调制技术称为正交 PAM 或 QAM，相应的信号波形可以表示成

$$\begin{aligned}s_m(t)&=\mathrm{Re}\left[(A_{m\mathrm{i}}+\mathrm{j}A_{m\mathrm{q}})g(t)\mathrm{e}^{\mathrm{j}2\pi f_{\mathrm{c}}t}\right]\\&=A_{m\mathrm{i}}g(t)\cos2\pi f_{\mathrm{c}}t-A_{m\mathrm{q}}g(t)\sin2\pi f_{\mathrm{c}}t,\quad m=1,2,\cdots,M\end{aligned} \tag{3-2-35}$$

式中，$A_{m\mathrm{i}}$ 和 $A_{m\mathrm{q}}$ 是承载信息的正交载波的信号幅度，$g(t)$是信号脉冲。

用另一种方法可将 QAM 信号波形表示为

$$s_m(t)=\mathrm{Re}\left[r_m\mathrm{e}^{\mathrm{j}\theta_m}\mathrm{e}^{\mathrm{j}2\pi f_{\mathrm{c}}t}\right]=r_m\cos(2\pi f_{\mathrm{c}}t+\theta_m) \tag{3-2-36}$$

式中，$r_m=\sqrt{A_{m\mathrm{i}}^2+A_{m\mathrm{q}}^2}$，$\theta_m=\arctan(A_{m\mathrm{q}}/A_{m\mathrm{i}})$。该表达式表明，QAM 信号波形可以看成组合幅度（r_m）和相位（θ_m）调制。事实上，可以选择 M_1 个电平 PAM 和 M_2 个相位 PSK 的任意组合来构成一个 $M=M_1M_2$ 的组合 PAM-PSK 信号星座图。如果 $M_1=2^n$ 及 $M_2=2^m$，则组合 PAM-PSK 信号星座图产生这样的结果：以符号速率 $R/(m+n)$同步传输每个符号所包含的 $m+n=\log_2M_1M_2$ 个二进制数字。

由式（3-2-35）可以看出，类似于 PSK 的情况，由式（3-2-27）和式（3-2-28）确定的$\phi_1(t)$和$\phi_2(t)$可作为 QAM 信号展开式的标准正交基。QAM 信号空间的维度 N=2，利用该基可得

$$s_m(t) = A_{mi}\sqrt{\mathcal{E}_g/2}\ \phi_1(t) + A_{mq}\sqrt{\mathcal{E}_g/2}\ \phi_2(t) \tag{3-2-37}$$

由此得到的矢量表达式为

$$\boldsymbol{s}_m = (s_{m1}, s_{m2}) = \left(A_{mi}\sqrt{\mathcal{E}_g/2}\,, A_{mq}\sqrt{\mathcal{E}_g/2}\right) \tag{3-2-38}$$

和

$$\mathcal{E}_m = \|\boldsymbol{s}_m\|^2 = \frac{\mathcal{E}_g}{2}\left(A_{mi}^2 + A_{mq}^2\right) \tag{3-2-39}$$

组合 PAM-PSK 信号空间图的例子如图 3-2-4 所示，其中 M=8 及 M=16。

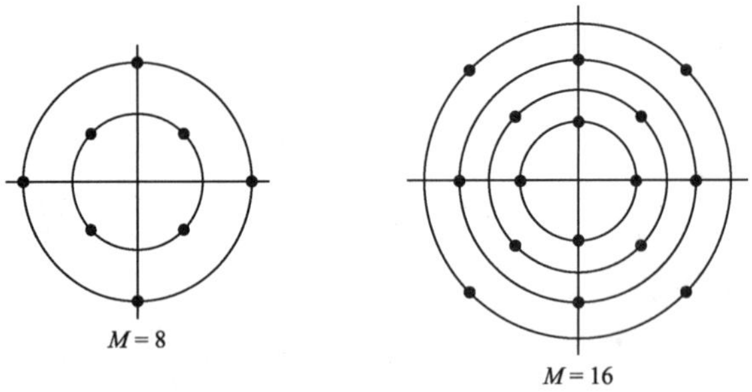

图 3-2-4　组合 PAM-PSK 星座图的例子

任意一对信号矢量之间的欧氏距离是

$$d_{mn} = \sqrt{\|\boldsymbol{s}_m - \boldsymbol{s}_n\|^2} = \sqrt{\frac{\mathcal{E}_g}{2}\left[(A_{mi} - A_{ni})^2 + (A_{mq} - A_{nq})^2\right]} \tag{3-2-40}$$

在特殊情况下，即信号幅度取一组离散值{(2m–1–M), m=1, 2,⋯, M}，信号空间图是矩形的，如图 3-2-5 所示，在这种情况下，相邻两点的欧氏距离即最小距离，即

$$d_{\min} = \sqrt{2\mathcal{E}_g} \tag{3-2-41}$$

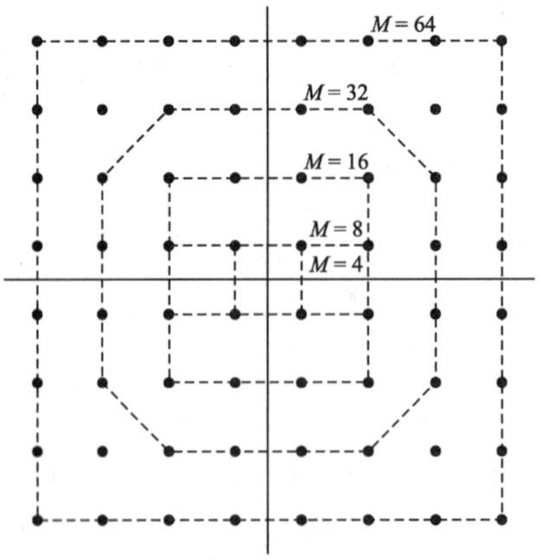

图 3-2-5　矩形信号空间图

这与 PAM 的结果相同。在 $M = 2^{2k_1}$ 的矩形星座特殊条件下，即 M = 4, 16, 64, 256⋯且在两个方向上的幅度为$\pm1, \pm3, \cdots, \pm(\sqrt{M}-1)$，由式（3-2-39）可得

$$\mathcal{E}_{\text{avg}} = \frac{1}{M}\frac{\mathcal{E}_{\text{g}}}{2}\sum_{m=1}^{\sqrt{M}}\sum_{n=1}^{\sqrt{M}}\left(A_m^2 + A_n^2\right) = \frac{\mathcal{E}_{\text{g}}}{2M}\times\frac{2M(M-1)}{3} = \frac{M-1}{3}\mathcal{E}_{\text{g}} \tag{3-2-42}$$

由此可得到

$$\mathcal{E}_{\text{bavg}} = \frac{M-1}{3\log_2 M}\mathcal{E}_{\text{g}} \tag{3-2-43}$$

利用式（3-2-41）可得到

$$d_{\min} = \sqrt{\frac{6\log_2 M}{M-1}\mathcal{E}_{\text{bavg}}} \tag{3-2-44}$$

表 3-2-1 总结了上述调制方式的一些基本特性，表中假定 PAM 和 QAM 信号传输的幅度为±1, ±3,⋯, ±(M−1)，QAM 信号传输具有矩形 $\sqrt{M}\times\sqrt{M}$ 星座。

表 3-2-1　PAM、PSK 和 QAM 的一些基本特性

信号传输方式	$s_m(t)$	s_m	E_{avg}	E_{bavg}	$d_{\min}$
基带PAM	$A_m p(t)$	$A_m\sqrt{\mathcal{E}_{\text{p}}}$	$\frac{2(M^2-1)}{3}\mathcal{E}_{\text{p}}$	$\frac{2(M^2-1)}{3\log_2 M}\mathcal{E}_{\text{p}}$	$\sqrt{\frac{6\log_2 M}{M^2-1}\mathcal{E}_{\text{bavg}}}$
带通PAM	$A_m g(t)\cos 2\pi f_c t$	$A_m\sqrt{\frac{\mathcal{E}_{\text{g}}}{2}}$	$\frac{M^2-1}{3}\mathcal{E}_{\text{g}}$	$\frac{M^2-1}{3\log_2 M}\mathcal{E}_{\text{g}}$	$\sqrt{\frac{6\log_2 M}{M^2-1}\mathcal{E}_{\text{bavg}}}$
PSK	$g(t)\cos\left[2\pi f_c t + \frac{2\pi}{M}(m-1)\right]$	$\sqrt{\frac{\mathcal{E}_{\text{g}}}{2}}\left(\cos\frac{2\pi}{M}(m-1), \sin\frac{2\pi}{M}(m-1)\right)$	$\frac{1}{2}\mathcal{E}_{\text{g}}$	$\frac{1}{2\log_2 M}\mathcal{E}_{\text{g}}$	$2\sqrt{\log_2 M\ \sin^2\left(\frac{\pi}{M}\right)\mathcal{E}_{\text{bavg}}}$
QAM	$A_{mi}g(t)\cos 2\pi f_c t - A_{mq}g(t)\sin 2\pi f_c t$	$\sqrt{\frac{\mathcal{E}_{\text{g}}}{2}}(A_{mi}, A_{mq})$	$\frac{M-1}{3}\mathcal{E}_{\text{g}}$	$\frac{M-1}{3\log_2 M}\mathcal{E}_{\text{g}}$	$\sqrt{\frac{6\log_2 M}{M-1}\mathcal{E}_{\text{bavg}}}$

由 PAM、PSK 和 QAM 的讨论可知，所有这些信号传输方式的通用形式为

$$s_m(t) = \text{Re}\left[A_m g(t)\text{e}^{\text{j}2\pi f_c t}\right], \qquad m = 1, 2, \cdots, M \tag{3-2-45}$$

式中，A_m 由信号传输方式确定，PAM 的 A_m 是实数，一般等于±1, ±3,⋯, ±(M − 1)；M 元 PSK 的 A_m 是复数且等于 $\text{e}^{\text{j}\frac{2\pi}{M}(m-1)}$；QAM 的 A_m 也是复数，$A_m = A_{mi} + \text{j}A_{mq}$。从这个意义上讲，可认为这三种信号传输方式属于同一种类型，PAM 和 PSK 可认为 QAM 的特例。在 QAM 信号传输方式中，幅度和相位都携带消息，而 PAM 和 PSK 只是幅度或相位携带信息。还注意到，在这些方式中信号空间的维度是相当低的（PAM 为一维，PSK 和 QAM 为二维），并且与星座的大小 M 无关。图 3-2-6 所示为这种一般类型信号传输方式调制器的结构，其中 $\phi_1(t)$ 和 $\phi_2(t)$ 由式（3-2-27）确定。注意，调制器包含一个矢量映射器（它将 M 个消息映射到 M 星座上），其后是一个二维（或 PAM 情况下为一维）矢量到信号的映射器（见图 2-2-2）。

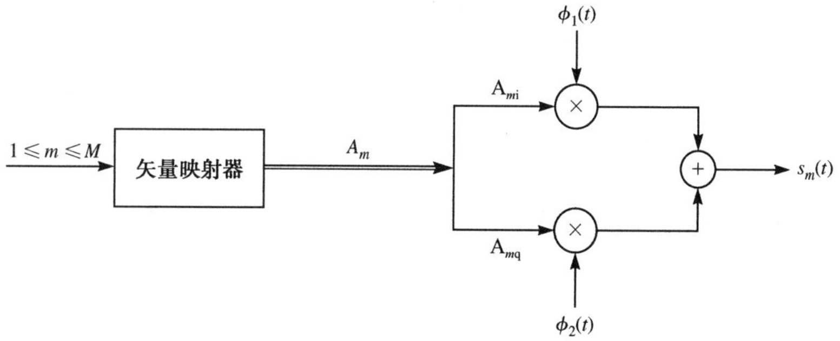

图 3-2-6　一般 QAM 调制器

3.2.4 多维信号传输

由上面的讨论可知，载波幅度和载波相位的数字调制允许构成对应于二维矢量与信号空间图的信号波形。如果希望构成对应于较高维矢量的信号波形，则可使用时域或频域，或者同时使用时域和频域以增加维数。假定有 N 维信号矢量，对于任意 N，可以将长度为 $T_1=NT$ 的时间间隔分割为 N 个长度为 $T=T_1/N$ 的子间隔。在每个长度为 T 的子间隔中，使用二进制 PAM（一维信号）来发送 N 维信号矢量的一个元素。因此，N 个时隙被用来发送 N 维信号矢量。如果 N 为偶数，长度为 T 的时隙可以用来同时发送 N 维信号矢量的两个分量，其方法是用对应的分量独立地调制两个正交载波的幅度。在这种方式下，N 维信号矢量在 $NT/2$ 秒（$N/2$ 时隙）内发送。另一种方法是将宽度为 $N\Delta f$ 的频段分割成 N 个频隙，每一个宽度为 Δf。N 维信号矢量同时调制 N 个载波的幅度（每个频隙一个载波）在信道上传输。必须注意，在连续的载波之间要提供足够的频率间隔，使 N 个载波上的信号不存在串话干扰。如果在每个频隙中使用正交载波，则 N 维信号矢量（N 偶数）可以在 $N/2$ 频隙中传输，从而使信道的带宽减少一半。更为一般的方法是将时域和频域联合起来发送 N 维信号矢量，如图 3-2-7 中将时间和频率轴分割为 12 个间隙。因此，可用 PAM 发送 N=12 维信号矢量，或者在每个间隙用两个正交载波（QAM）发送 N=24 维信号矢量。

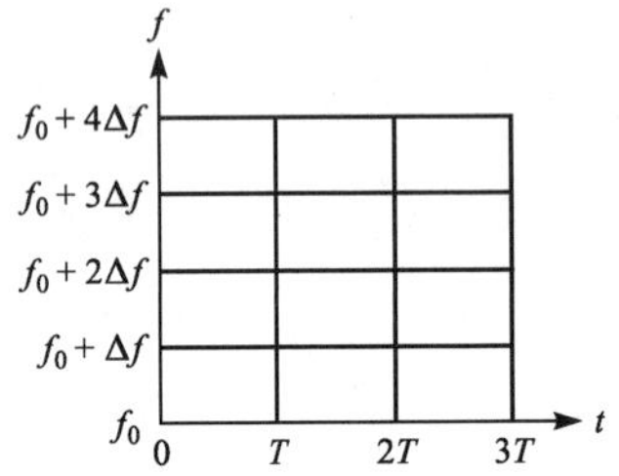

图 3-2-7 时间和频率轴分割成不同的间隙

1. 正交信号传输

正交信号定义为一个等能量的信号集 $s_m(t)$（$1\leqslant m\leqslant M$），即

$$\langle s_m(t), s_n(t)\rangle = 0,\qquad m\neq n \text{ 且 } 1\leqslant m,n\leqslant M \tag{3-2-46}$$

由此定义可知

$$\langle s_m(t), s_n(t)\rangle = \begin{cases}\mathcal{E}, & m=n\\ 0, & m\neq n\end{cases},\quad 1\leqslant m,n\leqslant M \tag{3-2-47}$$

显然，信号是线性独立的，因此 $n=m$。由

$$\phi_j(t)=\frac{s_j(t)}{\sqrt{\mathcal{E}}},\quad 1\leqslant j\leqslant N \tag{3-2-48}$$

确定的标准正交集$\{\phi_j(t), 1\leqslant i\leqslant N\}$可作为$\{s_m(t), 1\leqslant m\leqslant M\}$的正交基。信号的矢量表达式为

$$s_1=(\sqrt{\mathcal{E}},0,0,\cdots,0),\ s_2=(0,\sqrt{\mathcal{E}},0,\cdots,0),\ \cdots,\ s_M=(0,0,\cdots,0,\sqrt{\mathcal{E}}) \tag{3-2-49}$$

从式（3-2-49）可以看出，当 $m\neq n$ 时，有

$$d_{mn}=\sqrt{2\mathcal{E}} \tag{3-2-50}$$

因此，在所有的信号传输方式中，有

$$d_{\min}=\sqrt{2\mathcal{E}} \tag{3-2-51}$$

利用关系式

$$\mathcal{E}_{\mathrm{b}}=\mathcal{E}/\log_2 M \tag{3-2-52}$$

最后可得到

$$d_{\min} = \sqrt{2\mathcal{E}_b \log_2 M} \tag{3-2-53}$$

2. 频移键控（FSK）

作为正交信号构成的一个特殊情况，考虑频率不同的正交信号波形，它们可以表示为

$$\begin{aligned} s_m(t) &= \mathrm{Re}\left[s_{ml}(t)\mathrm{e}^{\mathrm{j}2\pi f_c t}\right], \quad 1 \leqslant m \leqslant M, \quad 0 \leqslant t \leqslant T \\ &= \sqrt{2\mathcal{E}/T}\ \cos(2\pi f_c t + 2\pi m\,\Delta f\,t) \end{aligned} \tag{3-2-54}$$

式中，

$$s_{ml}(t) = \sqrt{2\mathcal{E}/T}\ \mathrm{e}^{\mathrm{j}2\pi m \Delta f t}, \quad 1 \leqslant m \leqslant M, \quad 0 \leqslant t \leqslant T \tag{3-2-55}$$

引入系数 $\sqrt{2\mathcal{E}/T}$ 以保证每个信号的能量等于$\mathcal{E}$。

这种形式的信号传输是将消息通过不同频率来传输的，称为**频移键控**（Frequency-Shift Keying，FSK）。注意 FSK 与 QAM 之间的主要差别（ASK 和 PSK 可认为 QAM 的特殊情况）。在 QAM 信号传输中，等效低通信号的形式为 $A_m g(t)$，其中 A_m 是复数。因此，相应于两个不同信号的两个等效低通信号之和是 QAM 信号的等效低通信号的一般形式。在这个意义上，两个 QAM 信号之和是另一个 QAM 信号，因此有时称 ASK、PSK 和 QAM 为**线性调制方式**。

另一方面，FSK 信号传输方式不满足这种性质，所以它属于**非线性调制方式**（Nonlinear Modulation Scheme）类型。

利用式（2-1-26），对所有 $m \neq n$，正交信号集必须满足

$$\mathrm{Re}\left[\int_0^T s_{ml}(t) s_{nl}(t)\,\mathrm{d}t\right] = 0 \tag{3-2-56}$$

但

$$\begin{aligned} \langle s_{ml}(t), s_{nl}(t)\rangle &= \frac{2\mathcal{E}}{T}\int_0^T \mathrm{e}^{\mathrm{j}2\pi(m-n)\Delta f t}\,\mathrm{d}t \\ &= \frac{2\mathcal{E}\sin[\pi T(m-n)\Delta f]}{\pi T(m-n)\Delta f}\,\mathrm{e}^{\mathrm{j}\pi T(m-n)\Delta f} \end{aligned} \tag{3-2-57}$$

和

$$\begin{aligned} \mathrm{Re}\left[\langle s_{ml}(t), s_{nl}(t)\rangle\right] &= \frac{2\mathcal{E}\sin[\pi T(m-n)\Delta f]}{\pi T(m-n)\Delta f}\cos[\pi T(m-n)\Delta f] \\ &= \frac{2\mathcal{E}\sin[2\pi T(m-n)\Delta f]}{2\pi T(m-n)\Delta f} = 2\mathcal{E}\mathrm{sinc}[2T(m-n)\Delta f] \end{aligned} \tag{3-2-58}$$

由式（3-2-58）可见，对所有 $m \neq n$，当且仅当 $\mathrm{sinc}\,[2T(m-n)\Delta f] = 0$ 时，$s_m(t)$与 $s_n(t)$是正交的。这就是当$f = k/2T$（对某些正整数 k）的情况，保证正交性的最小频率间隔 $\Delta f = 1/2T$。注意，$\Delta f = 1/2T$ 是保证$\langle s_{ml}(t), s_{nl}(t)\rangle = 0$ 的最小频率间隔，从而保证基带以及带通（频率调制）信号的正交性。

3. Hadamard 信号

Hadamard 信号是由 Hadamard 矩阵构成的正交信号。Hadamard 矩阵 $\boldsymbol{H}_n$ 是 $2^n \times 2^n$ 矩阵（$n = 1, 2\cdots$），它由下列递推关系式定义：

$$\boldsymbol{H}_0 = [1],\ \cdots,\ \boldsymbol{H}_{n+1} = \begin{bmatrix} \boldsymbol{H}_n & \boldsymbol{H}_n \\ \boldsymbol{H}_n & -\boldsymbol{H}_n \end{bmatrix} \tag{3-2-59}$$

由此定义可得

$$\boldsymbol{H}_1 = \begin{bmatrix} 1 & 1 \\ 1 & -1 \end{bmatrix}$$

$$\boldsymbol{H}_2 = \begin{bmatrix} 1 & 1 & 1 & 1 \\ 1 & -1 & 1 & -1 \\ 1 & 1 & -1 & -1 \\ 1 & -1 & -1 & 1 \end{bmatrix}$$

$$\boldsymbol{H}_3 = \begin{bmatrix} 1 & 1 & 1 & 1 & 1 & 1 & 1 & 1 \\ 1 & -1 & 1 & -1 & 1 & -1 & 1 & -1 \\ 1 & 1 & -1 & -1 & 1 & 1 & -1 & -1 \\ 1 & -1 & -1 & 1 & 1 & -1 & -1 & 1 \\ 1 & 1 & 1 & 1 & -1 & -1 & -1 & -1 \\ 1 & -1 & 1 & -1 & -1 & 1 & -1 & 1 \\ 1 & 1 & -1 & -1 & -1 & -1 & 1 & 1 \\ 1 & -1 & -1 & 1 & -1 & 1 & 1 & -1 \end{bmatrix} \tag{3-2-60}$$

Hadamard 矩阵是对称矩阵，其行是正交的（由于对称性，列也是正交的）。利用这些矩阵可以生成正交信号。例如，$\boldsymbol{H}_2$产生信号集

$$\begin{aligned} \boldsymbol{s}_1 &= [\sqrt{\mathcal{E}} \quad \sqrt{\mathcal{E}} \quad \sqrt{\mathcal{E}} \quad \sqrt{\mathcal{E}}] \\ \boldsymbol{s}_2 &= [\sqrt{\mathcal{E}} \quad -\sqrt{\mathcal{E}} \quad \sqrt{\mathcal{E}} \quad -\sqrt{\mathcal{E}}] \\ \boldsymbol{s}_3 &= [\sqrt{\mathcal{E}} \quad \sqrt{\mathcal{E}} \quad -\sqrt{\mathcal{E}} \quad -\sqrt{\mathcal{E}}] \\ \boldsymbol{s}_4 &= [\sqrt{\mathcal{E}} \quad -\sqrt{\mathcal{E}} \quad -\sqrt{\mathcal{E}} \quad \sqrt{\mathcal{E}}] \end{aligned} \tag{3-2-61}$$

利用该信号集可以调制任何 4 维标准正交基$\{\phi_j(t)\}_{j=1}^4$生成信号

$$s_m(t) = \sum_{j=1}^{4} s_{mj}\phi_j(t), \qquad 1 \leqslant m \leqslant 4 \tag{3-2-62}$$

注意，每个信号的能量是 $4\mathcal{E}$，每个信号携带 2 比特信息，因此$\mathcal{E}_b=2\mathcal{E}$。

4. 双正交信号传输

一组 M 个信号集可以由 $M/2$ 个正交信号与其负的正交信号来构成，因此要求用 $N=M/2$ 维来构成一个 M 双正交信号集。图 3-2-8 说明了 $M=4$ 和 $M=6$ 的双正交信号的信号空间。注意，任何一对波形之间的相关系数$\rho=-1$ 或 0，相应的距离 $d=2\sqrt{\mathcal{E}}$ 或$\sqrt{2\mathcal{E}}$，且后者为最小距离。

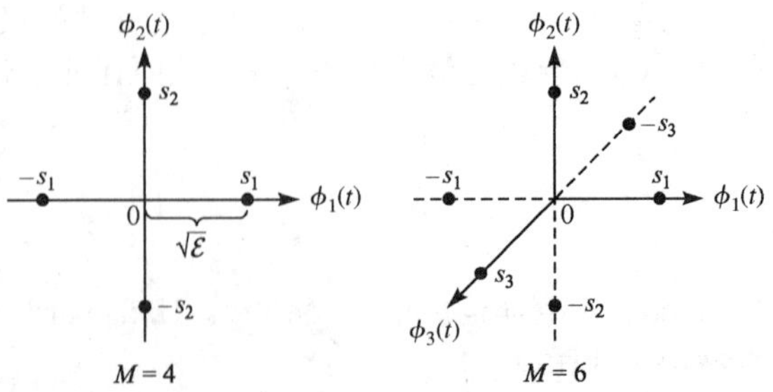

图 3-2-8　$M=4$ 和 $M=6$ 的双正交信号的信号空间

5．单纯信号传输

假定有一个 M 正交信号波形集$\{s_m(t)\}$，其等效的矢量表示为$\{\boldsymbol{s}_m\}$，均值是

$$\bar{\boldsymbol{s}} = \frac{1}{M}\sum_{m=1}^{M}\boldsymbol{s}_m \tag{3-2-63}$$

通过从每一个 M 正交信号中减去均值可构成另一个 M 信号集，即

$$\boldsymbol{s}'_m = \boldsymbol{s}_m - \bar{\boldsymbol{s}}, \qquad m = 1, 2, \cdots, M \tag{3-2-64}$$

减去均值的目的是将正交信号的原点转移到$\bar{\boldsymbol{s}}$ 点。

结果形成的信号波形称为**单纯信号**（Simplex Signal，也称为单工信号），它具有下列性质。首先，每个波形的能量是

$$\|\boldsymbol{s}'_m\|^2 = \|\boldsymbol{s}_m - \bar{\boldsymbol{s}}\|^2 = \mathcal{E} - \frac{2}{M}\mathcal{E} + \frac{1}{M}\mathcal{E} = \mathcal{E}\left(1 - \frac{1}{M}\right) \tag{3-2-65}$$

其次，任何一对信号的互相关为

$$\mathrm{Re}\,[\rho_{mn}] = \frac{\boldsymbol{s}'_m \cdot \boldsymbol{s}'_n}{\|\boldsymbol{s}'_m\|\|\boldsymbol{s}'_n\|} = \frac{-1/M}{1 - 1/M} = -\frac{1}{M-1} \tag{3-2-66}$$

因此，单纯波形集是**等相关**（Equally Correlated）的，而且需要的能量比正交波形集小，减少因子为 $1-1/M$。由于仅仅是原点转移，所以在任意一对信号点之间的距离仍维持在 $d = 2\sqrt{\mathcal{E}}$，这与任意一对正交信号之间的距离相同。图 3-2-9 说明了 M 元单纯信号的信号空间。注意，信号的维数 $N=M-1$。

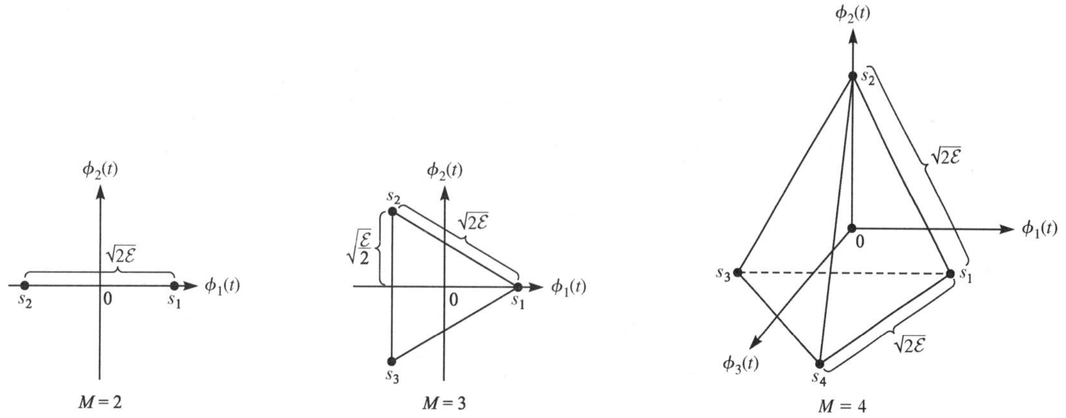

图 3-2-9　M 元单纯信号的信号空间

注意，这类正交、双正交和单纯信号具有许多共同的性质。这类信号的信号空间维度高度依赖于星座的大小，这与 PAM、PSK 和 QAM 系统正好相反。同时，对固定的$\mathcal{E}_b$，这些系统的最小距离 $d_{\min}$ 随 M 的增大而减小，这与 PAM、PSK 和 QAM 信号传输形成强烈的对比。在第 4 章将可以看到，这两类信号传输方式之间在功率和带宽效率方面存在类似的对比。

6．由二进制码生成的信号波形

一个 M 信号波形集可以由形式为

$$\boldsymbol{c}_m = [c_{m1}\, c_{m2} \cdots c_{mN}], \qquad m = 1, 2, \cdots, M \tag{3-2-67}$$

的 M 个二进制码字集来生成，式中，对所有 m 和 j 均有 c_{mj}=0 或 1。码字集的每一个分量都可映射成基本的二进制 PSK 波形，即

$$\begin{aligned} c_{mj} = 1 &\Longrightarrow \sqrt{2\mathcal{E}_c/T_c}\ \cos 2\pi f_c t, \qquad 0 \leqslant t \leqslant T_c \\ c_{mj} = 0 &\Longrightarrow -\sqrt{2\mathcal{E}_c/T_c}\ \cos 2\pi f_c t, \qquad 0 \leqslant t \leqslant T_c \end{aligned} \tag{3-2-68}$$

式中，$T_c=T/N$ 且 $\mathcal{E}_c=\mathcal{E}/N$。因此，$M$ 个码字集$\{\boldsymbol{c}_m\}$可映射成一个 M 个波形集$\{s_m(t)\}$，该波形可以表示成矢量形式，即

$$\boldsymbol{s}_m = [s_{m1}\, s_{m2} \cdots s_{mN}], \qquad m = 1, 2, \cdots, M \tag{3-2-69}$$

式中，对于所有 m 和 j，有 $s_{mj} = \pm\sqrt{\mathcal{E}/N}$，$N$ 称为码分组长度，并且是 M 个波形的维数。

我们注意到，有 2^N 个可能的波形存在，它们可由 2^N 个可能的二进制码字生成。可以选择 $M<2^N$ 个信号波形子集来传输信息，2^N 个可能的信号点对应于以原点为中心的超立方体（Hyper Cube）的顶点。图 3-2-10 所示为由二进制码生成的信号的信号空间。每一个 M 个波形都具有能量$\mathcal{E}$，在任意一对波形之间的互相关取决于如何从 2^N 个可能的波形中选择 M 个波形，这个问题将在第 7 章中讨论。显然，任意相邻信号点具有的互相关系数为

$$\rho = \frac{\mathcal{E}(1-2/N)}{\mathcal{E}} = \frac{N-2}{N} \tag{3-2-70}$$

以及相应的距离为

$$d_{\min} = \sqrt{2\mathcal{E}(1-\rho)} = \sqrt{4\mathcal{E}/N} \tag{3-2-71}$$

前述的 Hadamard 信号是基于码的特殊情况。

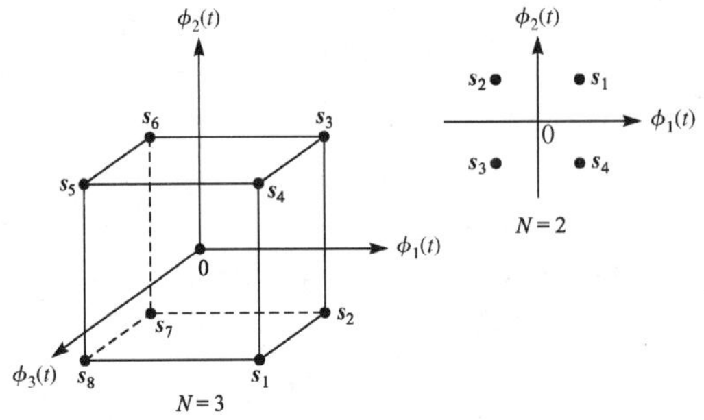

图 3-2-10　由二进制码生成的信号的信号空间图

3.3　有记忆信号传输方式

前面已看到，有记忆信号传输方式可以用马尔可夫链和有限状态机进行最好的解释。马尔可夫链的状态转移和输出由

$$m_l = f_m(S_{l-1}, I_l), \qquad S_l = f_s(S_{l-1}, I_l) \tag{3-3-1}$$

控制。式中，I_l表示信息序列，m_l是发送信号 $s_{m_l}(t)$ 的指数（Index）。

图 3-3-1 说明了三种不同的基带信号及相应的数据序列。第一种信号是 NRZ（非归零），是最简单的。二进制信息数字 1 由极性为 A 的矩形脉冲来表示，而二进制数字 0 由极性为$-A$

的矩形脉冲来表示。NRZ 调制是无记忆的，等价于载波调制系统中的二进制 PAM 或二进制 PSK 信号。NRZI（非归零，反转）信号与 NRZ 信号不同，当脉冲从一个电平变到另一个电平时发送 1，当电平保持不变时发送 0。这种类型的信号编码称为**差分编码**（Differential Encoding），其编码运算可用关系式

$$b_k = a_k \oplus b_{k-1} \tag{3-3-2}$$

来数学描述，式中$\{a_k\}$是输入编码器的二进制信息序列，$\{b_k\}$是编码器输出的序列，$\oplus$ 表示模 2 加。当 b_k=1 时，发送波形是幅度为 A 的矩形脉冲；当 b_k=0 时，发送波形是幅度为$-A$ 的矩形脉冲。编码器输出采用与 NRZ 信号完全相同的方式映射成两个波形之一，换言之，NRZI 信号传输方式可看成差分编码器和 NRZ 信号传输方式的组合。

差分编码器在 NRZI 信号传输方式中引入了记忆，对比式（3-3-2）和式（3-3-1）可知，b_k 可以看成马尔可夫链的状态。假定信息序列是二进制的，马尔可夫链有两个状态，图 3-3-2 所示为马尔可夫链的状态转移图，状态之间的转移概率由信源产生的 0 和 1 的概率确定，如果信源是等概率的，则所有转移概率等于 1/2，且

$$\boldsymbol{P} = \begin{bmatrix} \frac{1}{2} & \frac{1}{2} \\ \frac{1}{2} & \frac{1}{2} \end{bmatrix} \tag{3-3-3}$$

利用 $\boldsymbol{P}$，可以得到稳态概率分布

$$p=[1/2 \quad 1/2] \tag{3-3-4}$$

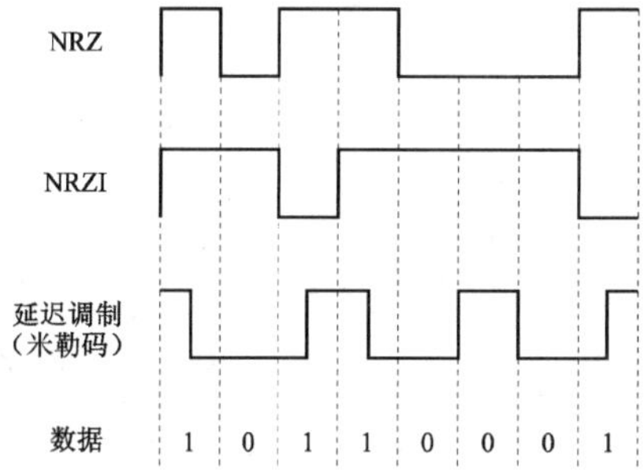

图 3-3-1　三种不同的基带信号的例子及相应的数据序列

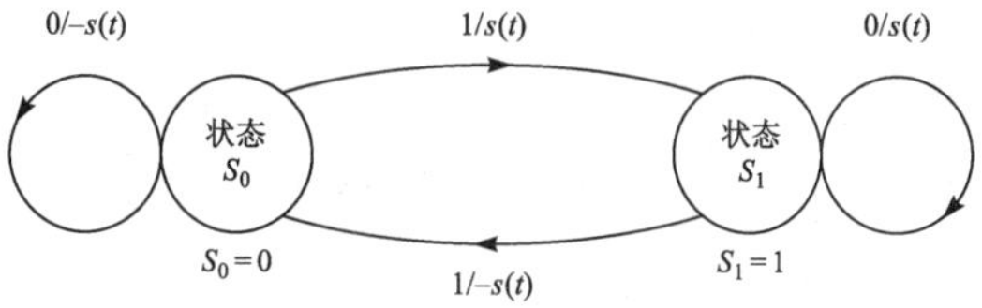

图 3-3-2　马尔可夫链的状态转移图

本章后面将利用稳态概率来确定有记忆调制方式的功率谱密度。一般，如果 $P[a_k=1] = 1-P[a_k=0] = p$，则有

$$\boldsymbol{P} = \begin{bmatrix} 1-p & p \\ p & 1-p \end{bmatrix} \tag{3-3-5}$$

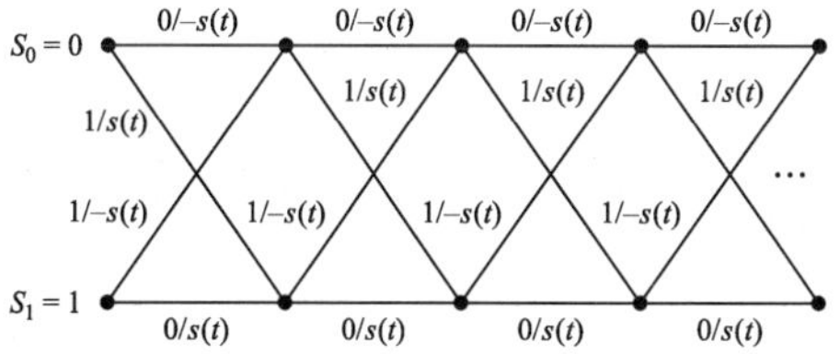

图 3-3-3　NRZI 信号的网格图

这种情况下的稳态概率分布可由式（3-3-4）给出。

预编码运算引入记忆的另一种方法是用网格图的方法。图 3-3-3 说明了 NRZI 信号的网格图，网格图提供了与状态图完全相同的关于信号相关性的信息，同时也描述了状态转移的时间演进过程。

3.3.1 连续相位频移键控（CPFSK）

本节将研究 CPFSK 数字调制方式，在这种调制中，信号相位限定是连续的。这个约束条件导致有记忆的相位或频率调制器。

由式（3-2-54）可见，常规 FSK 信号是由载波频移产生的，频移量 $m\Delta f$（$1\leqslant m\leqslant M$）反映所要发送的数字信息。这种类型的 FSK 信号已在 3.2.4 节介绍过，它是无记忆的。从一个频率到另一个频率的切换的实现方法是使用 $M=2^k$ 个调谐到期望频率的振荡器，再从 M 个频率中选择一个频率，选择的依据是在信号间隔时间 $T=k/R$ 秒内要发送的特定的 k 比特符号。然而，在连续的信号传输时间间隔中，这种从一个振荡器输出到另一个的突发式切换，会造成在信号主要频段之外有比较大的谱旁瓣（Side Lobe），因此，用这种方式传输信号需要较宽的频带。为了避免使用具有较大的谱旁瓣的信号，携带信息的信号频率调制通常采用单一的载波，其频率是连续变化的，所得到的频率调制信号是相位连续的，因此称为**连续相位** FSK（Continuous-Phase Frequency-Shift Keying，CPFSK）。这种类型的 FSK 是有记忆的，因为载波相位是连续的。为了表示 CPFSK 信号，我们从 PAM 信号

$$d(t)=\sum_n I_n g(t-nT) \tag{3-3-6}$$

开始，式中$\{I_n\}$表示幅度序列，它是由信息序列$\{a_n\}$中的 k 比特二进制数字组映射到幅度电平$\pm1,\pm3,\cdots,\pm(M-1)$得到的。而 $g(t)$是一个幅度为 $1/2T$ 且持续时间为 T 秒的矩形脉冲。信号 $d(t)$用来对载波进行频率调制，从而等效低通波形 $v(t)$可表示为

$$v(t)=\sqrt{2\mathcal{E}/T}\ \mathrm{e}^{\mathrm{j}\left[4\pi T f_{\mathrm{d}}\int_{-\infty}^{t}d(\tau)\,\mathrm{d}\tau+\phi_0\right]} \tag{3-3-7}$$

式中，f_{d}是**峰值频率偏移**（Peak Frequency Deviation），ϕ_0是载波的初始相位。对应于式（3-3-7）的载波调制信号可以表示为

$$s(t)=\sqrt{2\mathcal{E}/T}\ \cos\left[2\pi f_{\mathrm{c}}t+\phi(t;\boldsymbol{I})+\phi_0\right] \tag{3-3-8}$$

式中，$\phi(t;\boldsymbol{I})$表示载波的时变相位，定义为

$$\phi(t;\boldsymbol{I})=4\pi T f_{\mathrm{d}}\int_{-\infty}^{t}d(\tau)\,\mathrm{d}\tau=4\pi T f_{\mathrm{d}}\int_{-\infty}^{t}\left[\sum_n I_n g(\tau-nT)\right]\mathrm{d}\tau \tag{3-3-9}$$

注意，虽然 $d(t)$不具有连续性，但 $d(t)$的积分是连续的，因此，可得到一个连续相位信号。在 $nT\leqslant t\leqslant(n+1)T$ 间隔内的载波相位由式（3-3-9）的积分确定。因此，

$$\phi(t;\boldsymbol{I})=2\pi f_{\mathrm{d}}T\sum_{k=-\infty}^{n-1}I_k+2\pi f_{\mathrm{d}}q(t-nT)I_n=\theta_n+2\pi h I_n q(t-nT) \tag{3-3-10}$$

式中，h、θ_n及 $g(t)$的定义为

$$h=2f_{\mathrm{d}}T \tag{3-3-11}$$

$$\theta_n=\pi h\sum_{k=-\infty}^{n-1}I_k \tag{3-3-12}$$

$$q(t)=\begin{cases}0\,, & t<0\\ t/2T, & 0\leqslant t\leqslant T\\ 1/2, & t>T\end{cases} \tag{3-3-13}$$

可以看到，θ_n 表示直到$(n-1)T$ 时的所有符号的累积（记忆）值，参数 h 称为**调制指数**（Modulation Index）。

3.3.2 连续相位调制（CPM）

当采用式（3-3-10）的形式表示时，CPFSK 变成一般类型连续相位调制（CPM）信号的一个特例，CPM 的载波相位是

$$\phi(t;\boldsymbol{I})=2\pi\sum_{k=-\infty}^{n}I_k h_k q(t-kT),\qquad nT\leqslant t\leqslant(n+1)T \tag{3-3-14}$$

式中，$\{I_k\}$是由符号表$\pm1,\pm3,\cdots,\pm(M-1)$中选出的 M 元信息符号序列，$\{h_k\}$是调制指数序列，$q(t)$是某个归一化波形。当对于所有的 k 都有 $h_k=h$ 时，调制指数对所有符号都是固定的。当调制指数随着从一个符号到另一个符号而变化时，该信号称为**多重 h CPM**。在这种情况下，$\{h_k\}$以循环方式在调制指数集中变化。波形 $q(t)$一般可以表示成某个脉冲 $g(t)$的积分，即

$$q(t)=\int_0^t g(\tau)\,\mathrm{d}\tau \tag{3-3-15}$$

如果对于 $t>T$ 有 $g(t)=0$，则 CPM 信号称为**全响应 CPM**（Full-Response CPM）。如果对于 $t>0$ 有 $g(t)\neq0$，则已调信号称为**部分响应 CPM**（Partial-Response CPM）。图 3-3-4 说明了 $g(t)$的几种脉冲形状及其相应的 $q(t)$。显而易见，通过选择不同的脉冲形状 $g(t)$以及改变调制指数和符号数目 M，就可以产生无穷多种 CPM 信号。注意，CPM 信号的记忆性是通过相位的连续性引入的。

表 3-3-1 列出了三种常用的 CPM 脉冲形状。LREC 表示持续时间为 LT 的矩形脉冲，这里 L 为整数，图 3-3-4（a）所示为 $L=1$ 的 CPFSK 脉冲，图 3-3-4（c）所示为 $L=2$ 的 LREC 脉冲，LRC 表示持续时间为 LT 的升余弦脉冲，图 3-3-4（b）和图 3-3-4（d）分别为 $L=1$ 和 $L=2$ 的 LRC 脉冲。

表 3-3-1 中的第 3 种脉冲称为具有带宽参数 B 的**高斯最小移频键控**（Gaussian Minimum-Shift Keying，GMSK）脉冲，B 表示高斯脉冲的−3 dB 带宽。图 3-3-4（e）所示为时间-带宽乘积 BT 范围为 0.1 到 1 的一组 GMSK 脉冲。可以看出，当脉冲带宽减小时脉冲持续时间增加。在实际应用中，通常将脉冲持续时间截短到某特定的固定长度。欧洲数字蜂窝通信系统中采用了 $BT=0.3$ 的 GMSK，称为 GSM。从图 3-3-4（e）我们可以看到，当 $BT=0.3$ 时，GMSK 脉冲可在$|t|=1.5T$ 处截短，而使 $t>1.5T$ 的误差比较小。

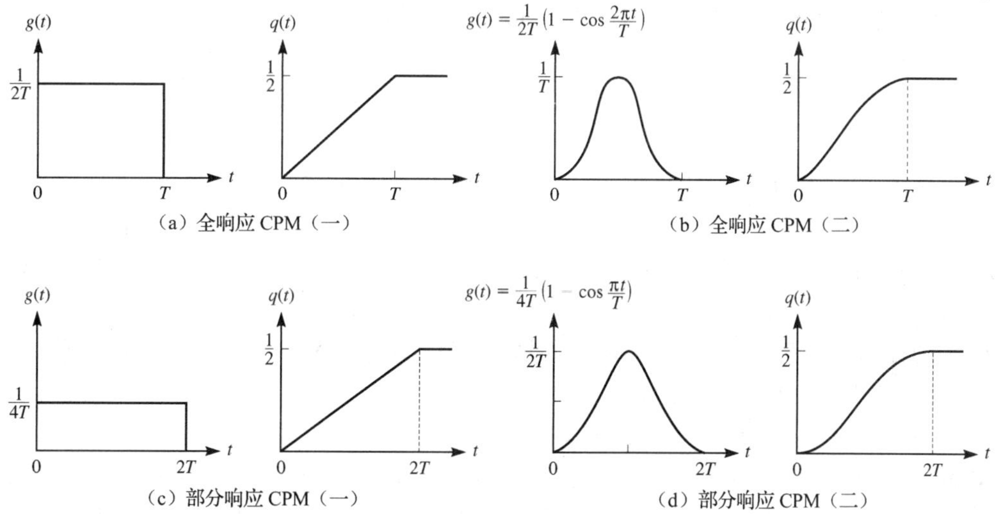

（a）全响应 CPM（一）　（b）全响应 CPM（二）

（c）部分响应 CPM（一）　（d）部分响应 CPM（二）

图 3-3-4　$g(t)$的几种脉冲形状及其相应的 $g(t)$

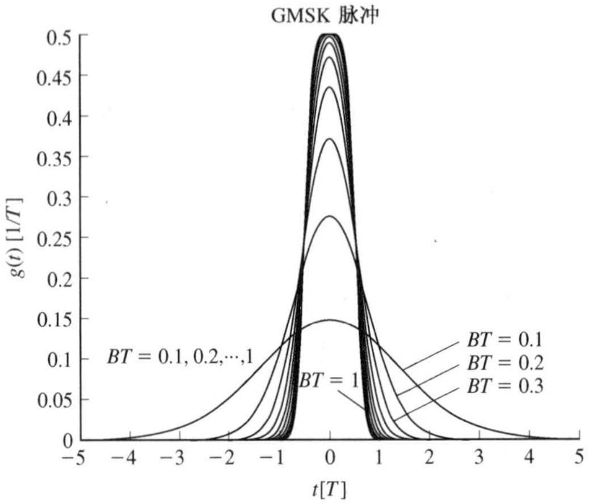

（e）GMSK

图 3-3-4　$g(t)$的几种脉冲形状及其相应的 $g(t)$（续）

表 3-3-1　三种常用的 CPM 脉冲形状

LREC	$g(t)=\begin{cases}\frac{1}{2LT}, & 0\leqslant t\leqslant LT\\ 0, & \text{其他}\end{cases}$
LRC	$g(t)=\begin{cases}\frac{1}{2LT}\left(1-\cos\frac{2\pi t}{LT}\right), & 0\leqslant t\leqslant LT\\ 0, & \text{其他}\end{cases}$
GMSK	$g(t)=\frac{Q\left[2\pi B\left(t-\frac{T}{2}\right)\right]-Q\left[2\pi B\left(t+\frac{T}{2}\right)\right]}{\sqrt{\ln 2}}$

画出由信息序列$\{I_n\}$所有可能值所生成的一组相位轨迹$\phi(t;I)$是很有用的，例如，在具有二进制符号 $I_n=\pm1$ 的 CPFSK 情况下，在 $t=0$ 起始的一组相位轨迹如图 3-3-5 所示。作为比较，图 3-3-6 画出了 4 元 CPFSK 的相位轨迹。

这些相位图称为**相位树**（Phase Tree），可以看到，CPFSK 的相位树是分段线性的，这是因为脉冲 $g(t)$是矩形的。较平滑的相位轨迹和相位树可以通过使用不包含跃变的脉冲来获得，例如，使用升余弦脉冲。图 3-3-7 所示为使用长度为 $3T$ 升余弦脉冲的部分响应 CPM 的相位轨迹，是由序列（1, −1, −1, −1, 1, 1, −1, 1）产生的。为了便于比较，图 3-3-7 也示出了二进制 CPFSK 的相位轨迹。

在这些图中，相位树随时间而增长，但载波相位仅仅在 0～2π（或等价于−π～π）范围内是唯一的。当相位轨迹以模 2π画出时，即在（−π,π）范围内，则相位树折叠到一个称为**相位网格**（Phase Trellis）的结构中。为了全面地考察相位网格图，画出了两个正交分量 $x_i(t;\boldsymbol{I})=\cos\phi(t;\boldsymbol{I})$和 $x_q(t;\boldsymbol{I})=\sin\phi(t;\boldsymbol{I})$作为时间的函数，从而做出一条三维曲线，该曲线的两正交分量 x_i 和 x_q 出现在单位半径的圆柱面上。例如，图 3-3-8 所示为相位网格或相位圆柱，它是由二进制调制、调制指数 $h=1/2$ 以及长度为 $3T$ 的升余弦脉冲得到的。

较简单的相位轨迹表示法可以通过仅显示在 $t=nT$ 时刻的信号相位终值来获得。在这种情况下，限制 CPM 信号的调制指数为有理数。特别地，假定 $h=m/p$，其中 m 与 p 是互素整数，从而在 $t=nT$ 时刻且 m 为偶数时的全响应 CPM 信号具有终值相位状态（Terminal Phase State）。

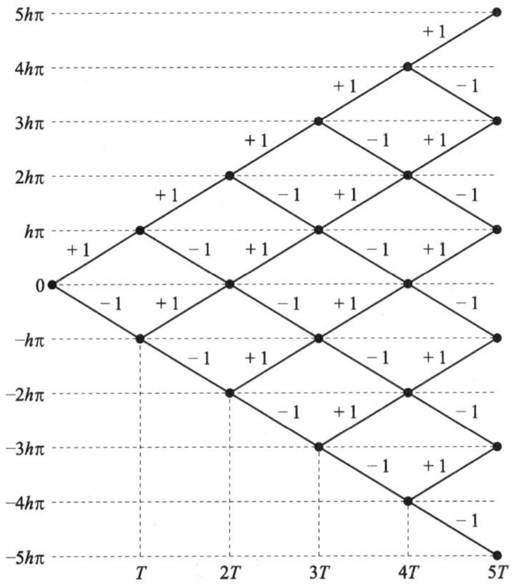

图 3-3-5　二进制 CPFSK 的相位轨迹

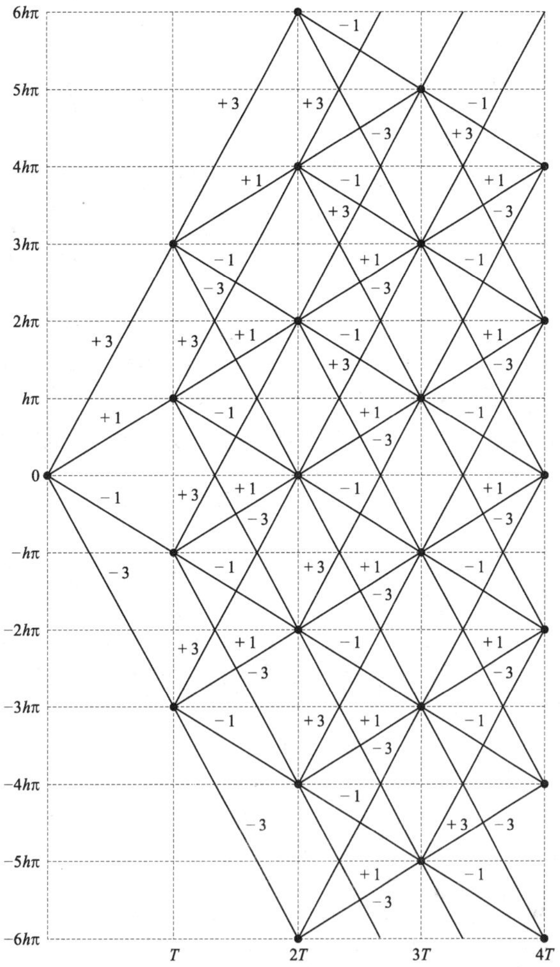

图 3-3-6　4 元 CPFSK 相位轨迹

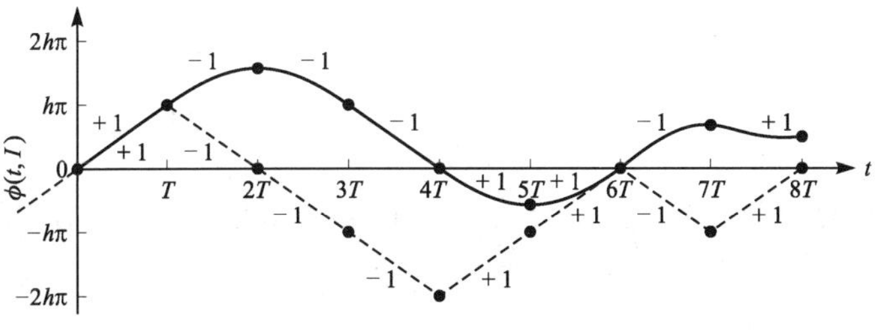

图 3-3-7　二进制 CPFSK 的相位轨迹（虚线）和使用长度为 3T 升余弦脉冲的二进制部分响应 CPM 的相位轨迹（实线）

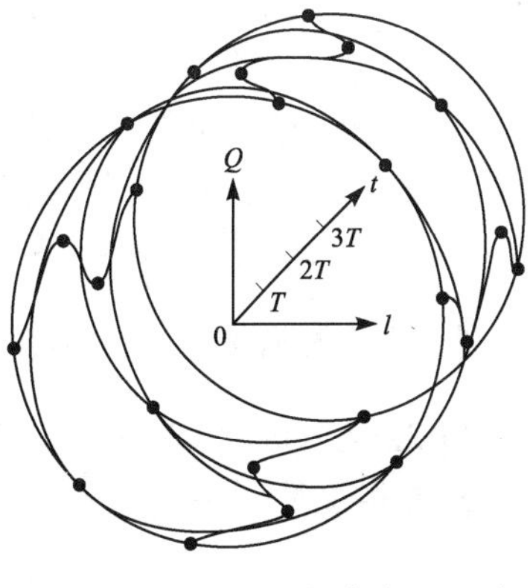

图 3-3-8　具有 h=1/2 及长度为 3T 升余弦脉冲的二进制 CPM 的相位圆柱

$$\Theta_s = \left\{0, \frac{\pi m}{p}, \frac{2\pi m}{p}, \cdots, \frac{(p-1)\pi m}{p}\right\} \tag{3-3-16}$$

当 m 为奇数时，

$$\Theta_s = \left\{0, \frac{\pi m}{p}, \frac{2\pi m}{p}, \cdots, \frac{(2p-1)\pi m}{p}\right\} \tag{3-3-17}$$

因此，当 m 为偶数时，有 p 个终值相位状态；当 m 为奇数时有 $2p$ 个终值相位状态。另一方面，当脉冲形状延伸 L 个符号间隔（部分响应 CPM）时，终值相位状态数可增至最大值 S_t，这里

$$S_t = \begin{cases} pM^{L-1}, & m\text{为偶数} \\ 2pM^{L-1}, & m\text{为奇数} \end{cases} \tag{3-3-18}$$

式中，M 为符号表大小。例如，具有 h=1/2 的二进制 CPFSK 信号（全响应、矩形脉冲）具有 S_t=4 个终值相位状态。图 3-3-9 说明了该信号的**状态网格**（State Trellis）。应强调指出：从一个状态到另一个状态的相位转移并不是真正的相位轨迹，它们表示在 t=nT 时刻终值相位状态的相位转移。

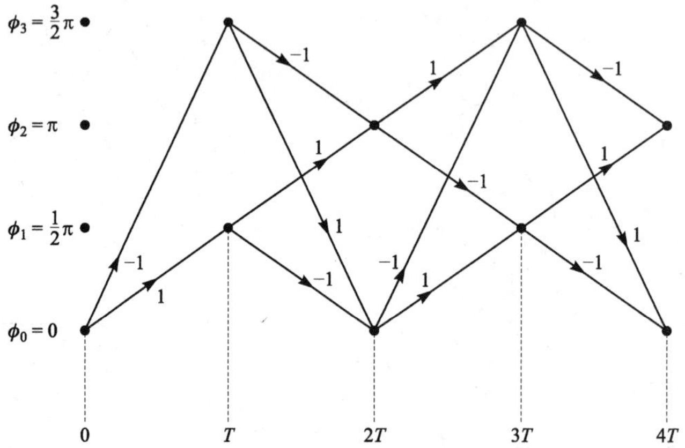

图 3-3-9　具有 h=1/2 的二进制 CPFSK 的状态网格

状态网格的另一种表示法是状态图（State Diagram），它也说明了在 t=nT 时刻的状态转移。这是 CPM 信号特征一种更紧凑、简洁的表示法，这种状态图仅显示可能的终值相位状态及其相位转移，时间并没有作为变量直接出现。例如，具有 h=1/2 的 CPFSK 信号的状态图如图 3-3-10 所示。

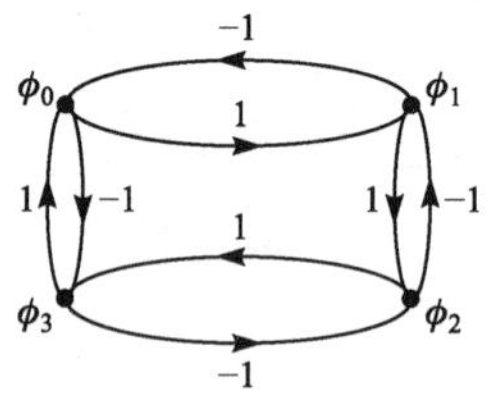

图 3-3-10　具有 h=1/2 的 CPFSK 的状态图

1．最小移频键控（MSK）

MSK 是二进制 CPFSK 和 CPM 的一个特例，其调制指数 h=1/2。在 $nT \leqslant t \leqslant (n+1)T$ 间隔中的载波相位是

$$\begin{aligned}\phi(t;\boldsymbol{I}) &= \frac{1}{2}\pi \sum_{k=-\infty}^{n-1} I_k + \pi I_n q(t-nT) \\ &= \theta_n + \frac{1}{2}\pi I_n \left(\frac{t-nT}{T}\right), \qquad nT \leqslant t \leqslant (n+1)T\end{aligned} \tag{3-3-19}$$

已调载波信号是

$$
\begin{aligned}
s(t) &= A\cos\left[2\pi f_c t + \theta_n + \frac{1}{2}\pi I_n\left(\frac{t-nT}{T}\right)\right] \\
&= A\cos\left[2\pi\left(f_c + \frac{1}{4T}I_n\right)t - \frac{1}{2}n\pi I_n + \theta_n\right], \qquad nT \leqslant t \leqslant (n+1)T
\end{aligned} \tag{3-3-20}
$$

式（3-3-20）表明：二进制 CPFSK 信号可以表示成在 $nT \leqslant t \leqslant (n+1)T$ 间隔中具有两个频率之一的正弦波。如果定义这些频率为

$$
f_1 = f_c - \frac{1}{4T}, \qquad f_2 = f_c + \frac{1}{4T} \tag{3-3-21}
$$

那么由式（3-3-20）确定的二进制 CPFSK 信号可以写成

$$
s_i(t) = A\cos\left[2\pi f_i t + \theta_n + \frac{1}{2}n\pi(-1)^{i-1}\right], \qquad i = 1, 2 \tag{3-3-22}
$$

它表示频率间隔为 $\Delta f = f_2 - f_1 = 1/2T$ 的 FSK 信号。为了确保在长度为 T 的信号传输间隔上信号 $s_1(t)$ 和 $s_2(t)$ 的正交性，最小频率间隔 $\Delta f = 1/2T$ 是必要的。这就解释了为什么具有 $h=1/2$ 的二进制 CPFSK 称为最小移频键控（MSK）。在第 n 个信号传输间隔中的相位是导致在相邻间隔之间相位连续性的信号相位状态。

2. 偏移 QPSK（OQPSK）

考察一个具有图 3-3-11 所示星座的 QPSK 系统。在该系统中，每 2 个信息比特映射为一个星座点。图 3-3-11 表示该星座以及长度为 2 的比特序列的一种可能的映射方式。

假定发送二进制序列 11000111，为此可将该序列分割为二进制序列 11、00、01 和 11，并发送其相应的星座点。每一个二进制序列的第 1 个比特确定基带信号的同相分量，持续时间为 $2T_b$；第 2 个比特确定基带信号的正交分量，持续时间仍为 $2T_b$。该比特序列的同相和正交分量如图 3-3-12 所示。注意，仅在偶数倍 T_b 时会发生变化，同相分量和正交分量同时发生变化时将导致相位变化 180°，例如图 3-3-12 中 $t = 2T_b$ 时刻。QPSK 信号可能的相位转移仅在 nT_b（n 为偶数）时刻发生，如图 3-3-13 所示。

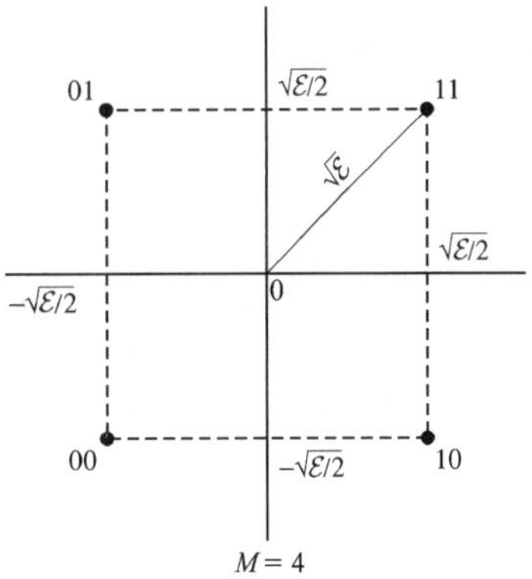

图 3-3-11　QPSK 信号的一种可能映射方式

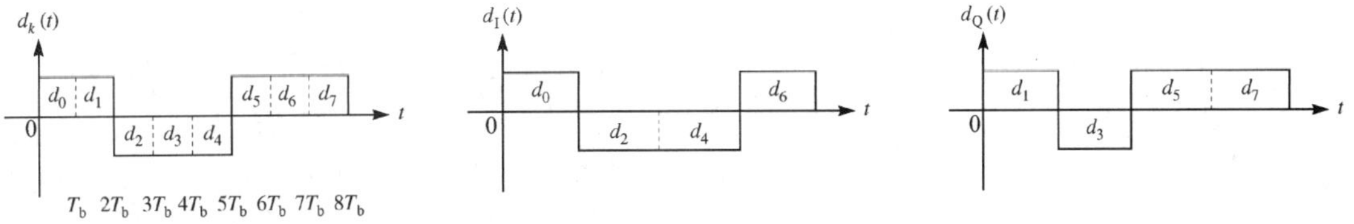

图 3-3-12　QPSK 比特序列的同相分量和正交分量

为了防止在该信号中出现 180° 相位变化而导致大的谱旁瓣，本节介绍一种称为**偏移**

QPSK（OQPSK）或交错 QPSK（SQPSK）的 QPSK。在 OQPSK 中，标准 QPSK 的同相分量与正交分量错位 T_b。序列 11000111 的同相分量和正交分量如图 3-3-14 所示。同相分量与正交分量的错位防止了两个分量同时变化，从而可以防止 180°的相位变化，这减少了已调信号中的突然跳变。然而，180° 的相位变化的消除被更频繁的±90°的相位变化所抵消，整个效果（后面将会看到）是标准 QPSK 与 OQPSK 具有相同的功率谱密度。图 3-3-15 所示为 OQPSK 的相位转移图。

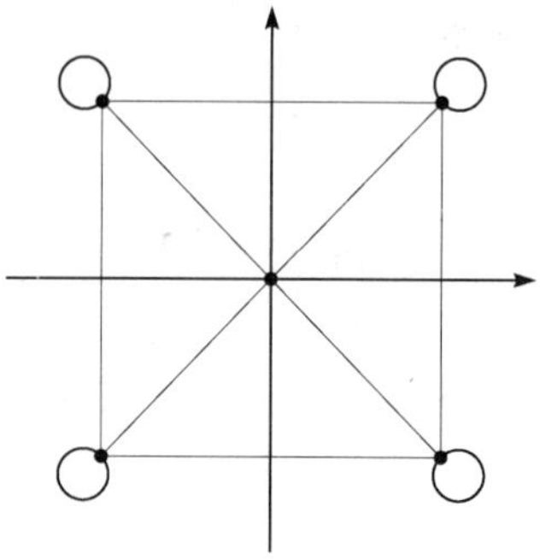

图 3-3-13　在 QPSK 信号传输中可能的相位转移

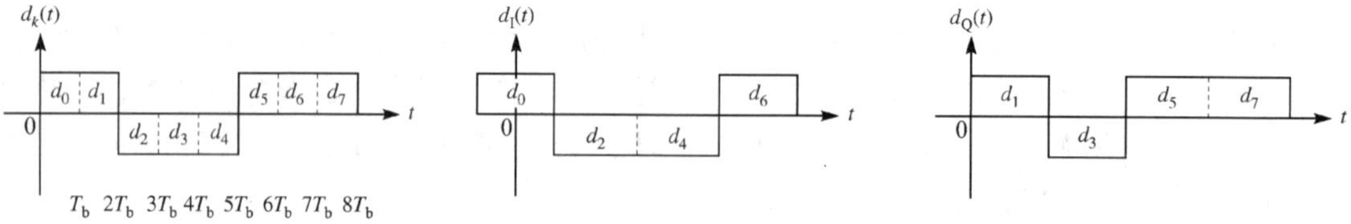

图 3-3-14　序列 11000111 的同相分量和正交分量

OQPSK 信号可写为

$$s(t)=A\left[\left(\sum_{n=-\infty}^{\infty} I_{2n}g(t-2nT)\right)\cos 2\pi f_c t+\left(\sum_{n=-\infty}^{\infty} I_{2n+1}g(t-2nT-T)\right)\sin 2\pi f_c t\right] \quad (3\text{-}3\text{-}23)$$

其等效低通为

$$s_l(t)=A\left[\sum_{n=-\infty}^{\infty} I_{2n}g(t-2nT)\right]-\mathrm{j}\left[\sum_{n=-\infty}^{\infty} I_{2n+1}g(t-2nT-T)\right] \quad (3\text{-}3\text{-}24)$$

MSK 也可以表示为 OQPSK 的形式，特别是可以用

$$g(t)=\begin{cases}\sin(\pi t/2T), & 0\leqslant t\leqslant 2T\\ 0, & \text{其他}\end{cases} \quad (3\text{-}3\text{-}25)$$

表示式（3-3-24）中的等效低通数字调制 MSK 信号（见习题 3-26 和例 3-3-1）。

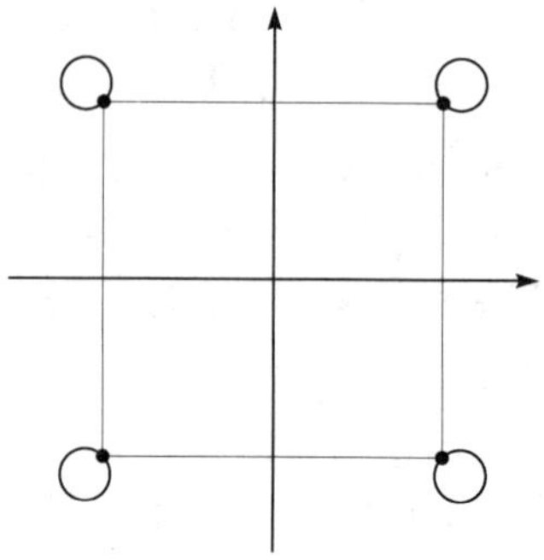

图 3-3-15　在 QPSK 的相位转移

图 3-3-16 说明了 MSK 信号作为两个交错正交调制二进制 PSK 信号的表示法，相应的两个正交信号之和是一个幅度、频率恒定的调制信号。

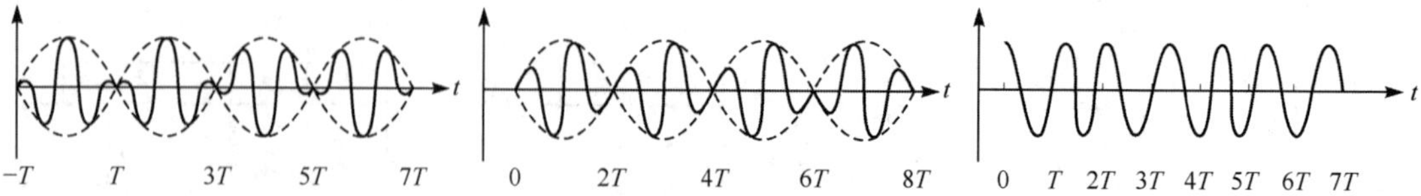

（a）同相信号分量　（b）正交信号分量　（c）MSK信号[（a）和（b）之和]

图 3-3-16　两个 MSK 信号作为两个交错正交调制二进制 PSK 信号的表示法

同样有趣的是，将 MSK 波形与具有矩形脉冲 $g(t)(0\leqslant t\leqslant 2T)$ 的偏移 QPSK，以及具有矩

形脉冲 $g(t)(0\leqslant t\leqslant 2T)$的常规正交四相 PSK（QPSK）进行比较。显然，这三种调制方式的数据速率相同。MSK 具有连续相位；具有矩形脉冲的偏移 QPSK 信号在本质上是两个相位偏移在时间上交错 T 秒的二进制 PSK，因此，该信号包含±90° 的相位变化，它会在每 T 秒发生。另外，具有恒定幅度的常规正交四相PSK将在每$2T$秒包含±180° 或±90° 的相位变化。图 3-3-17 说明了这三种类型的信号的相位偏移（相移）。

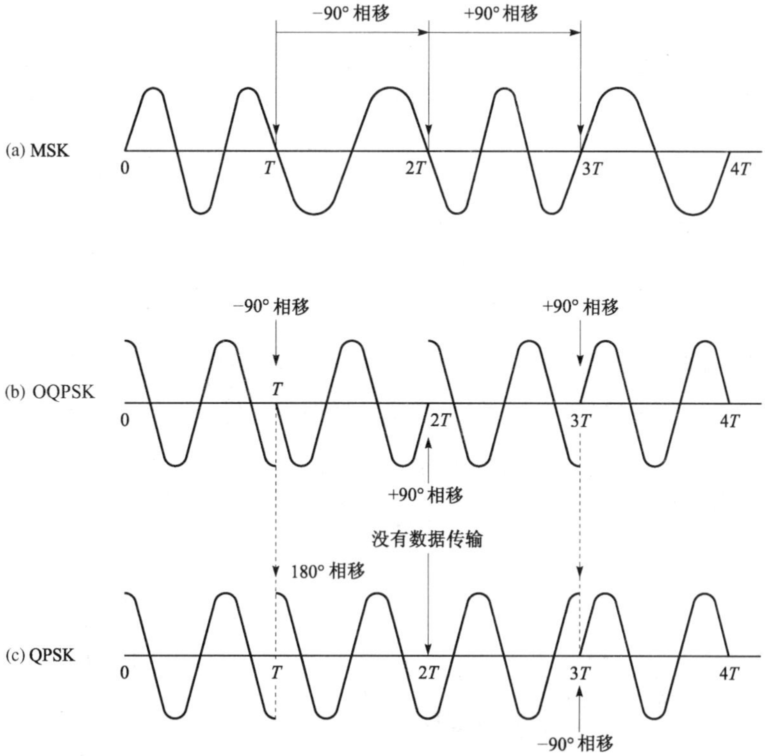

图 3-3-17 MSK、OQPSK 和 QPSK 信号的相位偏移

采用矩形脉冲的 QPSK 信号是恒包络的，但实际应用更多的是像升余弦信号这样的滤波脉冲波形（Filtered Pulse Shape）。当采用滤波脉冲波形时，QPSK 信号不是恒包络调制方式，180° 相移引起包络通过零点。非恒包络信号不是所期望的，特别是当采用如 C 类放大器或行波管（TWT）这样的非线性器件时。在这样的情况下，OQPSK 是 QPSK 的一种有用的替代方式。

作为 CPFSK 的一个特例，MSK 的相位是连续的，但其频率有跳变。如果平滑这些跳变，则频谱将更紧凑。本章前面讨论并总结在表 3-3-1 中的 GMSK 信号传输方式就是论及这个问题的信号传输方式，它对施加于 MSK 调制器之前的低通二进制信号成形，从而导致信号传输间隔之间有较平滑的频率转移，以及更紧凑的谱特性。GMSK 中基带信号被成形，但由于成形是在调制之前，所以已调信号是恒包络的。

3. CPM 的线性表示法

如上所述，CPM 是一种有记忆的非线性调制技术，但 CPM 也可以表示为信号波形的线性叠加。这样的表示法为发送机产生已调信号以及（或者）为接收机解调该信号提供了一种可选用的方法。依照劳伦特（Laurent，1986）最初的研究证明：若脉冲 $g(t)$ 具有有限持续时间 LT（T 为比特间隔），那么二进制 CPM 可用有限数量的调幅脉冲线性叠加来表示。我们首先给出 CPM 的等效低通表达式，即

$$v(t)=\sqrt{2\mathcal{E}/T}\,\mathrm{e}^{\mathrm{j}\phi(t;\boldsymbol{I})},\qquad nT\leqslant t\leqslant(n+1)T \tag{3-3-26}$$

式中，

$$\begin{aligned}\phi(t;\boldsymbol{I})&=2\pi h\sum_{k=-\infty}^{n}I_k q(t-kT),\qquad nT\leqslant t\leqslant(n+1)T\\&=\pi h\sum_{k=-\infty}^{n-L}I_k+2\pi h\sum_{k=n-L+1}^{n}I_k q(t-kT)\end{aligned} \tag{3-3-27}$$

而 $q(t)$ 是脉冲 $g(t)$ 的积分，如式（3-3-15）所定义。指数项 $\exp[\mathrm{j}\phi(t;\boldsymbol{I})]$ 可以表示为

$$\exp[\mathrm{j}\phi(t;\boldsymbol{I})]=\exp\left(\mathrm{j}\pi h\sum_{k=-\infty}^{n-L}I_k\right)\prod_{k=0}^{L-1}\exp\{\mathrm{j}2\pi hI_{n-k}q[t-(n-k)T]\} \tag{3-3-28}$$

注意，式（3-3-28）的右边第一项表示到信息符号 I_{n-L} 时的相位累积值，而第二项由 L 个相位项的乘积组成。假定调制指数 h 不是整数且数据符号是二进制的，即 $I_k=\pm1$，则第 k 个相位项可以表示为

$$\begin{aligned}\exp\{\mathrm{j}2\pi hI_{n-k}q[t-(n-k)T]\}&=\frac{\sin\pi h}{\sin\pi h}\exp\{\mathrm{j}2\pi hI_{n-k}q[t-(n-k)T]\}\\&=\frac{\sin\{\pi h-2\pi hq[t-(n-k)]T\}}{\sin\pi h}+\\&\qquad\exp(\mathrm{j}\pi hI_{n-k})\frac{\sin\{2\pi hq[t-(n-k)T]\}}{\sin\pi h}\end{aligned} \tag{3-3-29}$$

为了方便，定义信号脉冲 $s_0(t)$ 为

$$s_0(t)=\begin{cases}\dfrac{\sin 2\pi hq(t)}{\sin\pi h}, & 0\leqslant t\leqslant LT\\ \dfrac{\sin[\pi h-2\pi hq(t-LT)]}{\sin\pi h}, & LT\leqslant t\leqslant 2LT\\ 0, & \text{其他}\end{cases} \tag{3-3-30}$$

那么，

$$\begin{aligned}\exp[\mathrm{j}\phi(t;\boldsymbol{I})]=\exp\left(\mathrm{j}\pi h\sum_{k=-\infty}^{n-L}I_k\right)\prod_{k=0}^{L-1}\{s_0[t+(k+L-n)T]+\\ \exp(\mathrm{j}\pi hI_{n-k})s_0[t-(k-n)T]\}\end{aligned} \tag{3-3-31}$$

通过该乘积中 L 项的乘法运算，可以得到 2^L 项之和，其中 2^{L-1} 项是各自相异的，而其余 2^{L-1} 项是各自相异项的时移形式。最终的结果可以表示为

$$\exp[\mathrm{j}\phi(t;\boldsymbol{I})]=\sum_n\sum_{k=0}^{2^{L-1}-1}\mathrm{e}^{\mathrm{j}\pi hA_{k,n}}c_k(t-nT) \tag{3-3-32}$$

式中，当 $0\leqslant k\leqslant 2^{L-1}-1$ 时脉冲 $c_k(t)$ 定义为

$$c_k(t)=s_0(t)\prod_{n=1}^{L-1}s_0[t+(n+La_{k,n})T],\qquad 0\leqslant t\leqslant T\times\min_n[L(2-a_{k,n})-n] \tag{3-3-33}$$

且每一个脉冲用一个复系数 $\exp(\mathrm{j}\pi hA_{k,n})$ 加权，其中

$$A_{k,n} = \sum_{m=-\infty}^{n} I_m - \sum_{m=1}^{L-1} I_{n-m} a_{k,m} \tag{3-3-34}$$

且$\{a_{k,m}=0 或 1\}$是指数 k 的二进制表达式中的系数，即

$$k = \sum_{m=1}^{L-1} 2^{m-1} a_{k,m}, \qquad k=0,1,\cdots,2^{L-1}-1 \tag{3-3-35}$$

因此，二进制 CPM 信号可表示为2^{L-1}个实值脉冲$\{c_k(t)\}$的加权和。

在这种 CPM 作为调幅脉冲叠加的表示方法中，脉冲$c_0(t)$是最重要的分量，因为它的持续时间最长且包含了该信号的大部分能量。因此，CPM 信号的一种简单的近似表示方法就是以$c_0(t)$作为基本脉冲形状的部分响应 PAM 信号。

上面研究的重点是二进制 CPM。M 元 CPM 作为 PAM 波形的叠加表示方法已由孟加利和摩尔利（Mengali & Morelli，1995）给出。

例 3-3-1 作为一个特例，我们研究 MSK 信号，其$h=1/2$且$g(t)$是持续时间为T的矩形脉冲。在这种情况中，

$$\begin{aligned}\phi(t;\boldsymbol{I}) &= \frac{\pi}{2}\sum_{k=-\infty}^{n-1} I_k + \pi I_n q(t-nT) \\ &= \theta_n + \frac{\pi}{2} I_n \left(\frac{t-nT}{T}\right), \qquad nT \leqslant t \leqslant (n+1)T\end{aligned}$$

且

$$\exp[\,\mathrm{j}\phi(t;\boldsymbol{I})] = \sum_n b_n c_0(t-nT)$$

式中

$$c_0(t) = \begin{cases}\sin(\pi t/2T), & 0 \leqslant t \leqslant 2T \\ 0, & 其他\end{cases}$$

且

$$b_n = \mathrm{e}^{\mathrm{j}\pi A_{0,n}/2} = \mathrm{e}^{\mathrm{j}\pi(\theta_n + I_n)/2}$$

复值数据序列$\{b_n\}$可表示为递推形式

$$b_n = \mathrm{j} b_{n-1} I_n$$

因此，b_n交替取实数值和虚数值。通过将实数和虚数分量分离，就可得到式（3-3-24）和式（3-3-25）给出的等效低通信号表达式。

3.4 数字调制信号的功率谱

本节研究数字调制信号的功率谱。有关功率谱的信息可以帮助我们确定这些调制方式所需要的传输带宽及其带宽效率。首先研究一般的有记忆调制方式，其中，当前发送信号取于信息序列的全部历史；然后详述几种情况的一般化公式，具有有限记忆调制系统情况、线性调制情况以及已调信号由有限状态马尔可夫链确定的情况；最后给出了 CPM 信号和 CPFSK 信号的功率谱特性。

3.4.1 有记忆数字调制信号的功率谱密度

这里假定带通调制信号为 $v(t)$，其等效低通信号为

$$v_l(t)=\sum_{n=-\infty}^{\infty}s_l(t-nT;\boldsymbol{I}_n) \tag{3-4-1}$$

式中，$s_l(t;\boldsymbol{I}_n)\in\{s_{1l}(t), s_{2l}(t),\cdots, s_{Ml}(t)\}$是到 n 时刻信息序列确定的 M 个可能的等效低通信号之一，$\boldsymbol{I}_n=(\cdots, I_{n-2}, I_{n-1}, I_n)$。假定 I_n 是平稳过程，这里我们的目的是求 $v(t)$的功率谱密度，首先推导 $v_l(t)$的功率谱密度，再用式（2-9-14）得到 $v(t)$的功率谱密度。

首先，求 $v_l(t)$的自相关函数

$$\begin{aligned}R_{vl}(t+\tau,t)&=E\left[v_l(t+\tau)v_l^*(t)\right]\\&=\sum_{n=-\infty}^{\infty}\sum_{m=-\infty}^{\infty}E\left[s_l(t+\tau-nT;\boldsymbol{I}_n)s_l^*(t-mT;\boldsymbol{I}_m)\right]\end{aligned} \tag{3-4-2}$$

将 t 改变为 $t+T$ 并不会改变 $v_l(t)$的均值和自相关函数，因此 $v_l(t)$是循环平稳过程；为了求其功率谱，必须将 $R_{vl}(t+\tau, t)$ 在周期 T 上求平均（以变量 $k=n-m$ 置换），可得到

$$\begin{aligned}\bar{R}_{vl}(\tau)&=\frac{1}{T}\sum_{k=-\infty}^{\infty}\sum_{m=-\infty}^{\infty}\int_0^T E\left[s_l(t+\tau-mT-kT;\boldsymbol{I}_{m+k})s_l^*(t-mT;\boldsymbol{I}_m)\right]\mathrm{d}t\\&\overset{(a)}{=}\frac{1}{T}\sum_{k=-\infty}^{\infty}\sum_{m=-\infty}^{\infty}\int_{-mT}^{-(m-1)T}E\left[s_l(u+\tau-kT;\boldsymbol{I}_k)s_l^*(u;\boldsymbol{I}_0)\right]\mathrm{d}u\\&=\frac{1}{T}\sum_{k=-\infty}^{\infty}\int_{-\infty}^{\infty}E\left[s_l(u+\tau-kT;\boldsymbol{I}_k)s_l^*(u;\boldsymbol{I}_0)\right]\mathrm{d}u\end{aligned} \tag{3-4-3}$$

式中，在（a）处引入了变量 $u=t-mT$，马尔可夫链是稳态的且输入过程$\{I_n\}$是平稳的。定义

$$g_k(\tau)=\int_{-\infty}^{\infty}E\left[s_l(t+\tau;\boldsymbol{I}_k)s_l^*(t;\boldsymbol{I}_0)\right]\mathrm{d}t \tag{3-4-4}$$

式（3-4-3）可写为

$$\bar{R}_{vl}(\tau)=\frac{1}{T}\sum_{k=-\infty}^{\infty}g_k(\tau-kT) \tag{3-4-5}$$

$v_l(t)$的功率谱密度是 $\bar{R}_{vl}(\tau)$ 的傅里叶变换，因此

$$S_{vl}(f)=\frac{1}{T}\mathscr{F}\left[\sum_k g_k(\tau-kT)\right]=\frac{1}{T}\sum_{k=-\infty}^{\infty}G_k(f)\mathrm{e}^{-\mathrm{j}2\pi kfT} \tag{3-4-6}$$

式中，$G_k(f)$表示 $g_k(\tau)$的傅里叶变换，也可将 $G_k(f)$表示为

$$\begin{aligned}G_k(f)&=\mathscr{F}\left[\int_{-\infty}^{\infty}E\left[s_l(t+\tau;\boldsymbol{I}_k)s_l^*(t;\boldsymbol{I}_0)\right]\mathrm{d}t\right]\\&=\int_{-\infty}^{\infty}\int_{-\infty}^{\infty}E\left[s_l(t+\tau;\boldsymbol{I}_k)s_l^*(t;\boldsymbol{I}_0)\right]\mathrm{e}^{-\mathrm{j}2\pi f\tau}\mathrm{d}t\,\mathrm{d}\tau\\&=E\left[\int_{-\infty}^{\infty}\int_{-\infty}^{\infty}s_l(t+\tau;\boldsymbol{I}_k)\mathrm{e}^{-\mathrm{j}2\pi f(t+\tau)}s_l^*(t;\boldsymbol{I}_0)\mathrm{e}^{\mathrm{j}2\pi ft}\mathrm{d}t\,\mathrm{d}\tau\right]\\&=E\left[S_l(f;\boldsymbol{I}_k)S_l^*(f;\boldsymbol{I}_0)\right]\end{aligned} \tag{3-4-7}$$

式中，$S_l(f;\boldsymbol{I}_k)$和 $S_l(f;\boldsymbol{I}_0)$分别是 $s_l(t;\boldsymbol{I}_k)$和 $s_l(t;\boldsymbol{I}_0)$的傅里叶变换。

由式（3-4-7）得到的 $G_0(f)=E[|S_l(f;\boldsymbol{I}_0)|^2]$是实的，且 $G_{-k}(f)=G_k^*(f)$，$k\geqslant 1$。如果定义

$$G'_k(f) = G_k(f) - G_0(f) \tag{3-4-8}$$

可以看到

$$G'_{-k}(f) = G'^{*}_k(f), \qquad G'_0(f) = 0 \tag{3-4-9}$$

式（3-4-6）可写为

$$\begin{aligned} S_{vl}(f) &= \frac{1}{T}\sum_{k=-\infty}^{\infty}[G_k(f) - G_0(f)]\,\mathrm{e}^{-\mathrm{j}2\pi kfT} + \frac{1}{T}\sum_{k=-\infty}^{\infty} G_0(f)\mathrm{e}^{-\mathrm{j}2\pi kfT} \\ &= \frac{1}{T}\sum_{k=-\infty}^{\infty} G'_k(f)\mathrm{e}^{-\mathrm{j}2\pi kfT} + \frac{1}{T^2}\sum_{k=-\infty}^{\infty} G_0(f)\,\delta\left(f - \frac{k}{T}\right) \\ &= \frac{2}{T}\mathrm{Re}\left[\sum_{k=1}^{\infty} G'_k(f)\mathrm{e}^{-\mathrm{j}2\pi kfT}\right] + \frac{1}{T^2}\sum_{k=-\infty}^{\infty} G_0\left(\frac{k}{T}\right)\delta\left(f - \frac{k}{T}\right) \\ &= S_{vl}^{(\mathrm{c})}(f) + S_{vl}^{(\mathrm{d})}(f) \end{aligned} \tag{3-4-10}$$

式中，利用了式（3-4-9）和众所周知的关系式

$$\sum_{k=-\infty}^{\infty} \mathrm{e}^{\mathrm{j}2\pi kfT} = \frac{1}{T}\sum_{k=-\infty}^{\infty}\delta\left(f - \frac{k}{T}\right) \tag{3-4-11}$$

$S_{v_l}^{(\mathrm{c})}(f)$ 和 $S_{v_l}^{(\mathrm{d})}(f)$ 可定义为

$$\begin{aligned} S_{vl}^{(\mathrm{c})}(f) &= \frac{2}{T}\mathrm{Re}\left[\sum_{k=1}^{\infty} G'_k(f)\mathrm{e}^{-\mathrm{j}2\pi kfT}\right] \\ S_{vl}^{(\mathrm{d})}(f) &= \frac{1}{T^2}\sum_{k=-\infty}^{\infty} G_0\left(\frac{k}{T}\right)\delta\left(f - \frac{k}{T}\right) \end{aligned} \tag{3-4-12}$$

分别表示 $v_l(t)$ 的功率谱密度的**连续**分量和**离散**分量。

3.4.2 线性调制信号的功率谱密度

在线性调制信号中（包括作为特例的 ASK、PSK 和 QAM），已调信号的等效低通为

$$v_l(t) = \sum_{n=-\infty}^{\infty} I_n g(t - nT) \tag{3-4-13}$$

式中，$\{I_n\}$为平稳信息序列，$g(t)$为基本的调制脉冲。比较式（3-4-13）和式（3-4-1），有

$$s_l(t, \boldsymbol{I}_n) = I_n g(t) \tag{3-4-14}$$

由此可得，

$$G_k(f) = E\left[S_l(f;\boldsymbol{I}_k)S_l^*(f;\boldsymbol{I}_0)\right] = E\left[I_k I_0^*|G(f)|^2\right] = R_\mathrm{I}(k)|G(f)|^2 \tag{3-4-15}$$

式中，$R_\mathrm{I}(k)$表示信息序列$\{I_n\}$的自相关函数，$G(f)$为 $g(t)$的傅里叶变换。在式（3-4-6）中利用式（3-4-15）可得到

$$S_{vl}(f) = \frac{1}{T}|G(f)|^2\sum_{k=-\infty}^{\infty} R_\mathrm{I}(k)\mathrm{e}^{-\mathrm{j}2\pi kfT} = \frac{1}{T}|G(f)|^2 S_\mathrm{I}(f) \tag{3-4-16}$$

式中，

$$S_\mathrm{I}(f) = \sum_{k=-\infty}^{\infty} R_\mathrm{I}(k)\mathrm{e}^{-\mathrm{j}2\pi kfT} \tag{3-4-17}$$

表示离散时间随机过程的功率谱密度。

注意，有两个因素决定式（3-4-16）的功率谱密度的形状。第一个因素是调制用的基本脉

冲形状，显然，该脉冲的形状对已调信号功率谱的形状有重要的影响，较平滑的脉冲导致更紧凑的功率谱密度。另一个因素是信息序列$\{I_n\}$的功率谱密度，其取决于信息序列的相关特性。控制已调信号功率谱密度的一种方法是通过控制信息序列的相关特性，其做法是将信息序列通过一个可逆滤波器，该滤波器控制已调信号的相关特性，因为它是可逆的，所以原始信息序列可由此恢复。这种技术称为**预编码谱成形**（Spectral Shaping by Precoding）。

例如，使用的预编码为$J_n = I_n + \alpha I_{n-1}$，通过改变$\alpha$的值就能控制已调信号的功率谱密度。一般，引入一个长度为L的记忆，预编码的形式为

$$J_n = \sum_{k=0}^{L} \alpha_k I_{n-k} \tag{3-4-18}$$

产生的已调波形为

$$v_{\text{l}}(t) = \sum_{k=-\infty}^{\infty} J_k\, g(t - kT) \tag{3-4-19}$$

因为预编码运算是线性运算，其功率谱密度为

$$S_{v\text{l}}(f) = \frac{1}{T}|G(f)|^2 \left|\sum_{k=0}^{L} \alpha_k \mathrm{e}^{-\mathrm{j}2\pi kfT}\right|^2 S_{\text{I}}(f) \tag{3-4-20}$$

因此，改变α_k的值可以控制功率谱密度。

例 3-4-1 在二进制通信系统中，$I_n = \pm 1$（等概率地取值+1 或−1），并且I_n是独立的，该信息流线性调制一个基本脉冲

$$g(t) = \Pi\left(\frac{t}{T}\right)$$

产生

$$v(t) = \sum_{k=-\infty}^{\infty} I_k g(t - kT)$$

已调信号的功率谱密度为

$$S_v(f) = \frac{1}{T}|T\operatorname{sinc}(Tf)|^2 S_{\text{I}}(f)$$

为了求$S_{\text{I}}(f)$，需要计算$R_{\text{I}}(k) = E[\,I_{n+k} I_n^*\,]$。由于$\{I_n\}$序列是独立的，有

$$R_{\text{I}}(k) = \begin{cases} E\left[|I|^2\right] = 1, & k = 0 \\ E[I_{n+k}]\,E\left[I_n^*\right] = 0, & k \neq 0 \end{cases}$$

因此

$$S_{\text{I}}(f) = \sum_{k=-\infty}^{\infty} R_{\text{I}}(k)\mathrm{e}^{-\mathrm{j}2\pi kfT} = 1$$

这样

$$S_v(f) = T\operatorname{sinc}^2(\tau f)$$

预编码的形式为

$$J_n = I_n + \alpha I_{n-1}$$

式中，α是实数，结果的功率谱密度为

$$S_v(f) = T\operatorname{sinc}^2(Tf)\left|1 + \alpha \mathrm{e}^{-\mathrm{j}2\pi fT}\right|^2$$

或

$$S_v(f) = T\operatorname{sinc}^2(Tf)\,[1 + \alpha^2 + 2\alpha\cos(2\pi fT)]$$

选择$\alpha=1$时，将导致功率谱密度在频率$f=1/2T$处有一个零点。

注意，该功率谱的零点与基本脉冲$g(t)$的形状无关。也就是说，具有形式为$J_n = I_n + I_{n-1}$的预编码的任何其他$g(t)$都将导致频率$f=1/2T$处功率谱有一个零点。

3.4.3 有限记忆数字调制信号的功率谱密度

现在重点研究一种特殊情况：当$|k|>K$时，数据序列$\{I_n\}$中I_n与I_{n+k}是独立的，K是表示信息序列中记忆的正整数。假设当$|k|>K$时，$S_1(f;\boldsymbol{I}_k)$与$S_1^*(f;\boldsymbol{I}_0)$是独立的，并且由于平稳性而具有相等的期望值。因此，

$$G_k(f)=|E[S_1(f;\boldsymbol{I}_0)]|^2=G_{K+1}(f),\quad |k|>K \tag{3-4-21}$$

显然，$G_{K+1}(f)$是实数。定义

$$G_k''(f)=G_k(f)-G_{K+1}(f)=G_k(f)-|E[S_1(f;\boldsymbol{I}_0)]|^2 \tag{3-4-22}$$

当$|k|>K$时，$G_k(f)=0$，且$G_{-k}''(f)=G_k''^*(f)$。同时注意

$$G_0''(f)=G_0(f)-G_{K+1}(f)=E\left[|S_1(f;\boldsymbol{I}_0)|^2\right]-|E[S_1(f;\boldsymbol{I}_0)]|^2=\mathrm{VAR}[S_1(f;\boldsymbol{I}_0)] \tag{3-4-23}$$

在这种情况下，式（3-4-6）可写成

$$\begin{aligned}S_{v1}(f)&=\frac{1}{T}\sum_{k=-\infty}^{\infty}[G_k(f)-G_{K+1}(f)]\mathrm{e}^{-\mathrm{j}2\pi kfT}+\frac{1}{T}\sum_{k=-\infty}^{\infty}G_{K+1}(f)\mathrm{e}^{-\mathrm{j}2\pi kfT}\\&=\frac{1}{T}\sum_{k=-K}^{K}G_k''(f)\mathrm{e}^{-\mathrm{j}2\pi kfT}+\frac{1}{T^2}\sum_{k=-\infty}^{\infty}G_{K+1}(f)\delta\left(f-\frac{k}{T}\right)\\&=\frac{1}{T}\mathrm{VAR}[S_1(f;\boldsymbol{I}_0)]+\frac{2}{T}\mathrm{Re}\left[\sum_{k=1}^{K}G_k''(f)\mathrm{e}^{-\mathrm{j}2\pi kfT}\right]+\\&\quad\frac{1}{T^2}\sum_{k=-\infty}^{\infty}G_{K+1}\left(\frac{k}{T}\right)\delta\left(f-\frac{k}{T}\right)\\&=S_{v1}^{(c)}(f)+S_{v1}^{(d)}(f)\end{aligned} \tag{3-4-24}$$

在这种情况下，功率谱密度的连续分量和离散分量可以表示为

$$\begin{aligned}S_{v1}^{(c)}(f)&=\frac{1}{T}\mathrm{VAR}[S_1(f;\boldsymbol{I}_0)]+\frac{2}{T}\mathrm{Re}\left[\sum_{k=1}^{K}G_k''(f)\mathrm{e}^{-\mathrm{j}2\pi kfT}\right]\\S_{v1}^{(d)}(f)&=\frac{1}{T^2}\sum_{k=-\infty}^{\infty}G_{K+1}\left(\frac{k}{T}\right)\delta\left(f-\frac{k}{T}\right)\end{aligned} \tag{3-4-25}$$

注意，如果$G_{K+1}(k/T)=0$（$k=0,\pm1,\pm2,\cdots$），则功率谱的离散分量消失。因为$G_{K+1}(f)=|E[S_1(f;\boldsymbol{I}_0)]|^2$，具有$E[s_1(t;\boldsymbol{I}_0)]=0$，确保了一个无离散分量的连续功率谱密度。

3.4.4 马尔可夫结构调制方式的功率谱密度

式（3-4-6）、式（3-4-7）和式（3-4-10）导出了有记忆调制方式的功率谱密度，这些结果可以推广到以马尔可夫链描述的一般类型的调制系统。定义

$$\boldsymbol{I}_n=(S_{n-1},I_n) \tag{3-4-26}$$

式中，$S_{n-1}\in$（1, 2,⋯, K），表示调制器在（$n-1$）时刻的状态，I_n是信息序列的第n个输出。以此假设，马尔可夫链是齐次的，信源是平稳的，马尔可夫链已经达到其稳态概率，应用3.4.1节的结果，可以推导出功率谱密度。

在特定的情况下，调制器产生的信号是由马尔可夫链的状态确定的，推导比较简单。假设确定信号产生的马尔可夫链的概率转移矩阵（Probability Transition Matrix）为 $\boldsymbol{P}$，再进一步假设其状态数为 K，当调制器在状态 i（$1\leqslant i\leqslant K$）时产生的信号记为 $s_{il}(t)$，马尔可夫链状态的稳态概率为 p_i（$1\leqslant i\leqslant K$），矩阵 $\boldsymbol{P}$ 的元素为 P_{ij}（$1\leqslant i,\ j\leqslant K$）。以此为假设，可以应用 3.4.1 节的结果，功率谱密度可以表示为一般形式（参见 Tausworth 和 Welch，1961 年）

$$\begin{aligned}S_v(f)=&\frac{1}{T^2}\sum_{n=-\infty}^{\infty}\left|\sum_{i=1}^{K}p_iS_{i1}\left(\frac{n}{T}\right)\right|^2\delta\left(f-\frac{n}{T}\right)+\frac{1}{T}\sum_{i=1}^{K}p_i|S'_{i1}(f)|^2+\\&\frac{2}{T}\operatorname{Re}\left[\sum_{i=1}^{K}\sum_{j=1}^{K}p_iS'^{*}_{i1}(f)S'_{j1}(f)P_{ij}(f)\right]\end{aligned}\tag{3-4-27}$$

式中，$S_{i1}(f)$是信号波形 $s_{i1}(t)$的傅里叶变换，并且

$$s'_{i1}(t)=s_{i1}(t)-\sum_{k=1}^{K}p_ks_{k1}(t)\tag{3-4-28}$$

$P_{ij}(f)$是第 n 步状态转移概率 $P_{ij}(n)$的傅里叶变换, 其定义为

$$P_{ij}(f)=\sum_{n=1}^{\infty}P_{ij}(n)\mathrm{e}^{-\mathrm{j}2\pi nfT}\tag{3-4-29}$$

且 K 是调制器的状态数。$P_{ij}(n)$表示在发送信号 $s_i(t)$的 n 个信号间隔之后发送信号 $s_j(t)$的概率。因此，$\{P_{ij}(n)\}$为概率转移矩阵 $\boldsymbol{P}^n$ 中的转移概率。注意 $P_{ij}(1)=P_{ij}$，为 $\boldsymbol{P}$ 中的第(i,j)个条目。

当调制方式中无记忆时，在每一个信号传输间隔发送的信号波形与先前信号传输间隔发送的波形无关。如果概率转移矩阵由

$$\boldsymbol{P}=\begin{bmatrix}p_1&p_2&\cdots&p_K\\p_1&p_2&\cdots&p_K\\\vdots&\vdots&\ddots&\vdots\\p_1&p_2&\cdots&p_K\end{bmatrix}\tag{3-4-30}$$

代替，加上 $\boldsymbol{P}^n=\boldsymbol{P}$（对所有 $n\geqslant1$）的条件时，结果产生的信号功率密度谱仍然可以表示成式(3-4-27)的形式。在这些条件下，功率密度谱表达式变成仅仅是稳态概率$\{p_i\}$的函数，因此可以简化为

$$\begin{aligned}S_{v1}(f)=&\frac{1}{T^2}\sum_{n=-\infty}^{\infty}\left|\sum_{i=1}^{K}p_iS_{i1}\left(\frac{n}{T}\right)\right|^2\delta\left(f-\frac{n}{T}\right)+\\&\frac{1}{T}\sum_{i=1}^{K}p_i(1-p_i)|S_{i1}(f)|^2-\frac{2}{T}\sum_{i=1}^{K}\sum_{\substack{j=1\\i<j}}^{K}p_ip_j\operatorname{Re}\left[S_{i1}(f)S^{*}_{j1}(f)\right]\end{aligned}\tag{3-4-31}$$

可以看到，当

$$\sum_{i=1}^{K}p_iS_{i1}\left(\frac{n}{T}\right)=0\tag{3-4-32}$$

时，式（3-4-31）中的功率谱密度的离散分量消失。在数字通信系统的设计中，通常要加入这个条件，通过选择适当的信号传输波形，可以很容易满足这个条件（见习题 3-34）。

例 3-4-2 试求 3.3 节所述的基带调制 NRZ 信号的功率密度谱。NRZ 信号可由两个波形 $s_1(t)=g(t)$和 $s_2(t)=-g(t)$表示，其中 $g(t)$是幅度为 A 的矩形脉冲。对于 K=2，式（3-4-31）可简

化为

$$S_v(f)=\frac{(2p-1)^2}{T^2}\sum_{n=-\infty}^{\infty}\left|G\left(\frac{n}{T}\right)\right|^2\delta\left(f-\frac{n}{T}\right)+\frac{4p(1-p)}{T}|G(f)|^2 \qquad (3\text{-}4\text{-}33)$$

式中，

$$|G(f)|^2=(AT)^2\mathrm{sinc}^2(fT)$$

可以看到，当 $p=1/2$ 时，线谱（Line Spectrum）消失且 $S_v(f)$可简化为

$$S_v(f)=\frac{1}{T}|G(f)|^2 \qquad (3\text{-}4\text{-}34)$$

例 3-4-3 NRZI 信号可由概率转移矩阵 $\boldsymbol{P}=\begin{bmatrix}1/2 & 1/2\\ 1/2 & 1/2\end{bmatrix}$表示。注意，在这种情况下，对于所有的 $n\geqslant 1$，有 $\boldsymbol{P}^n=\boldsymbol{P}$。式（3-4-33）给出的功率密度谱也适用于这种调制方式，因而 NRZI 信号的功率密度谱与 NRZ 信号相同。

3.4.5 CPFSK 和 CPM 信号的功率谱密度

本节将推导 3.3.1 节和 3.3.2 节描述的恒定幅度 CPM 信号的功率密度谱。正如在线性调制信号情况下所做的，首先计算自相关函数及其傅里叶变换。

恒定幅度 CPM 信号可以表示为

$$s(t;\boldsymbol{I})=A\cos[2\pi f_c t+\phi(t;\boldsymbol{I})] \qquad (3\text{-}4\text{-}35)$$

式中

$$\phi(t;\boldsymbol{I})=2\pi h\sum_{k=-\infty}^{\infty}I_k q(t-kT) \qquad (3\text{-}4\text{-}36)$$

序列$\{I_n\}$中每一个符号取 M 个电平值$\{\pm1,\pm3,\cdots,\pm(M-1)\}$之一。这些符号是统计独立和同分布的，且具有先验概率

$$P_n=P(I_k=n),\qquad n=\pm1,\pm3,\cdots,\pm(M-1) \qquad (3\text{-}4\text{-}37)$$

式中，$\sum_n P_n=1$。脉冲 $g(t)=q'(t)$在$[0,LT]$区间之外为 0，当 $t<0$ 时 $q(t)=0$；当 $t>LT$ 时 $q(t)=1/2$。

等效低通信号

$$v_l(t)=\mathrm{e}^{\mathrm{j}\phi(t;\boldsymbol{I})} \qquad (3\text{-}4\text{-}38)$$

的自相关函数是

$$R_{vl}(t+\tau;t)=E\left[\exp\left(\mathrm{j}2\pi h\sum_{k=-\infty}^{\infty}I_k[q(t+\tau-kT)-q(t-kT)]\right)\right] \qquad (3\text{-}4\text{-}39)$$

首先，将指数中的和式表示为指数的乘积，结果是

$$R_{vl}(t+\tau;t)=E\left[\prod_{k=-\infty}^{\infty}\exp\{\mathrm{j}2\pi hI_k[q(t+\tau-kT)-q(t-kT)]\}\right] \qquad (3\text{-}4\text{-}40)$$

其次，对数据符号$\{I_n\}$求数学期望。由于这些符号是统计独立的，可得

$$R_{vl}(t+\tau;t)=\prod_{k=-\infty}^{\infty}\left(\sum_{\substack{n=-(M-1)\\ n\text{ 为奇数}}}^{M-1}P_n\exp\{\mathrm{j}2\pi hn[q(t+\tau-kT)-q(t-kT)]\}\right) \qquad (3\text{-}4\text{-}41)$$

最后求到的平均自相关函数为

$$\bar{R}_{vl}(\tau)=\frac{1}{T}\int_0^{T_0}R_{vl}(t+\tau;t)\,\mathrm{d}t \qquad (3\text{-}4\text{-}42)$$

虽然式（3-4-41）的乘积中含有无穷多个因式，但当 $t<0$ 和 $t>LT$ 时的脉冲 $g(t)=q'(t)=0$，并且 $t<0$ 时 $q(t)=0$。因此，在乘积中只有有限项具有非零指数，式（3-4-32）可以大大简化。此外，如果令 $\tau=\xi+mT$，式中 $0\leqslant\xi<T$ 且 $m=0,1,\cdots$，式（3-4-42）中的平均自相关函数可简化为

$$\overline{R}_{vl}(\xi+mT)=\frac{1}{T}\int_0^T\prod_{k=1-L}^{m+1}\left(\sum_{\substack{n=-(M-1)\\ n\text{为奇数}}}^{M-1}P_n\mathrm{e}^{\mathrm{j}2\pi hn[q(t+\xi-(k-m)T)-q(t-kT)]}\right)\mathrm{d}t \quad (3\text{-}4\text{-}43)$$

重点考虑 $\xi+mT\geqslant LT$ 时 $\overline{R}_{vl}(\xi+mT)$ 的情况。在这种情况下，式（3-4-43）可以表示为

$$\overline{R}_{vl}(\xi+mT)=[\varPhi_{\mathrm{I}}(h)]^{m-L}\lambda(\xi),\qquad m\geqslant L;\ 0\leqslant\xi<T \quad (3\text{-}4\text{-}44)$$

式中，$\varPhi_{\mathrm{I}}(h)$ 是随机序列 $\{I_n\}$ 的特征函数，其定义为

$$\varPhi_{\mathrm{I}}(h)=E[\mathrm{e}^{\mathrm{j}\pi hI_n}]=\sum_{\substack{n=-(M-1)\\ n\text{为奇数}}}^{M-1}P_n\mathrm{e}^{\mathrm{j}\pi hn} \quad (3\text{-}4\text{-}45)$$

而 $\lambda(\xi)$ 是平均自相关函数的剩余部分，可表示为

$$\lambda(\xi)=\frac{1}{T}\int_0^T\prod_{k=1-L}^{0}\left(\sum_{\substack{n=-(M-1)\\ n\text{为奇数}}}^{M-1}P_n\exp\left\{\mathrm{j}2\pi hn\left[\frac{1}{2}-q(t-kT)\right]\right\}\right)\times$$
$$\prod_{k=m-L}^{m+1}\left(\sum_{\substack{n=-(M-1)\\ n\text{为奇数}}}^{M-1}P_n\exp[\mathrm{j}2\pi hnq(t+\xi-kT)]\right)\mathrm{d}t,\qquad m\geqslant L \quad (3\text{-}4\text{-}46)$$

因此，$\overline{R}_{vl}(\tau)$ 可以分解成 $\lambda(\xi)$ 与 $\varPhi_{\mathrm{I}}(h)$ 的乘积，正如式（3-4-44）中当 $\tau=\xi+mT\geqslant LT$ 及 $0\leqslant\xi<T$ 时的情况那样。这个性质将在下面用到。

由 $\overline{R}_{vl}(\tau)$ 的傅里叶变换导出的平均功率谱密度为

$$S_{vl}(f)=\int_{-\infty}^{\infty}\overline{R}_{vl}(\tau)\mathrm{e}^{-\mathrm{j}2\pi f\tau}\,\mathrm{d}t=2\,\mathrm{Re}\left[\int_0^{\infty}\overline{R}_{vl}(\tau)\mathrm{e}^{-\mathrm{j}2\pi f\tau}\,\mathrm{d}\tau\right] \quad (3\text{-}4\text{-}47)$$

而

$$\int_0^{\infty}\overline{R}_{vl}(\tau)\mathrm{e}^{-\mathrm{j}2\pi f\tau}\,\mathrm{d}\tau=\int_0^{LT}\overline{R}_{vl}(\tau)\mathrm{e}^{-\mathrm{j}2\pi f\tau}\,\mathrm{d}\tau+\int_{LT}^{\infty}\overline{R}_{vl}(\tau)\mathrm{e}^{-\mathrm{j}2\pi f\tau}\,\mathrm{d}\tau \quad (3\text{-}4\text{-}48)$$

借助式（3-4-44），在 $LT\leqslant\tau<\infty$ 范围内的积分可以表示为

$$\int_{LT}^{\infty}\overline{R}_{vl}(\tau)\mathrm{e}^{-\mathrm{j}2\pi f\tau}\,\mathrm{d}\tau=\sum_{m=L}^{\infty}\int_{mT}^{(m+1)T}\overline{R}_{vl}(\tau)\mathrm{e}^{-\mathrm{j}2\pi f\tau}\,\mathrm{d}\tau \quad (3\text{-}4\text{-}49)$$

令 $\tau=\xi+mT$，那么式（3-4-49）变成

$$\begin{aligned}\int_{LT}^{\infty}\overline{R}_{vl}(\tau)\mathrm{e}^{-\mathrm{j}2\pi f\tau}\,\mathrm{d}t&=\sum_{m=L}^{\infty}\int_0^T\overline{R}_{vl}(\xi+mT)\mathrm{e}^{-\mathrm{j}2\pi f(\xi+mT)}\,\mathrm{d}\xi\\&=\sum_{m=L}^{\infty}\int_0^T\lambda(\xi)[\varPhi_{\mathrm{I}}(h)]^{m-L}\mathrm{e}^{-\mathrm{j}2\pi f(\xi+mT)}\,\mathrm{d}\xi\\&=\sum_{n=0}^{\infty}\varPhi_{\mathrm{I}}^{n}(h)\mathrm{e}^{-\mathrm{j}2\pi fnT}\int_0^T\lambda(\xi)\mathrm{e}^{-\mathrm{j}2\pi f(\xi+LT)}\mathrm{d}\xi\end{aligned} \quad (3\text{-}4\text{-}50)$$

特征函数（Characteristic Function）的一个性质是 $|\varPhi_{\mathrm{I}}(h)|\leqslant 1$。对 $|\varPhi_{\mathrm{I}}(h)|<1$ 的 h 值，式（3-4-50）中的和式收敛为

$$\sum_{n=0}^{\infty}\varPhi_{\mathrm{I}}^{n}(h)\mathrm{e}^{-\mathrm{j}2\pi fnT}=\frac{1}{1-\varPhi_{\mathrm{I}}(h)\mathrm{e}^{-\mathrm{j}2\pi fT}} \tag{3-4-51}$$

在这种情况下，式（3-4-50）可简化为

$$\int_{LT}^{\infty}\bar{R}_{v1}(\tau)\mathrm{e}^{-\mathrm{j}2\pi f\tau}\,\mathrm{d}t=\frac{1}{1-\varPhi_{\mathrm{I}}(h)\mathrm{e}^{-\mathrm{j}2\pi fT}}\int_{0}^{T}\bar{R}_{v1}(\xi+LT)\mathrm{e}^{-\mathrm{j}2\pi f(\xi+LT)}\,\mathrm{d}\xi \tag{3-4-52}$$

通过合并式（3-4-47）、式（3-4-48）和式（3-4-52），可得到 CPM 信号的功率谱密度为

$$S_{v1}(f)=2\,\mathrm{Re}\left[\int_{0}^{LT}\bar{R}_{v1}(\tau)\mathrm{e}^{-\mathrm{j}2\pi f\tau}\,\mathrm{d}\tau+\frac{1}{1-\varPhi_{I}(h)\mathrm{e}^{-\mathrm{j}2\pi fT}}\int_{LT}^{(L+1)T}\bar{R}_{v1}(\tau)\mathrm{e}^{-\mathrm{j}2\pi f\tau}\,\mathrm{d}\tau\right] \tag{3-4-53}$$

这就是$|\varPhi_{\mathrm{I}}(h)|<1$时期望的结果。通常，功率谱密度可以通过式（3-4-53）求得。对 $0\leqslant\tau\leqslant(L+1)T$ 范围的平均自相关函数 $\bar{R}_{v1}(\tau)$ 也可以由式（3-4-43）求得。

对于$|\varPhi_{\mathrm{I}}(h)|=1$的 h 值，例如 $h=K$（K 是整数），令

$$\varPhi_{\mathrm{I}}(h)=\mathrm{e}^{\mathrm{j}2\pi\nu},\qquad 0\leqslant\nu<1 \tag{3-4-54}$$

那么，式（3-4-50）中的和式变成

$$\sum_{n=0}^{\infty}\mathrm{e}^{-\mathrm{j}2\pi T(f-\nu/T)n}=\frac{1}{2}+\frac{1}{2T}\sum_{n=-\infty}^{\infty}\delta\left(f-\frac{\nu}{T}-\frac{n}{T}\right)-\mathrm{j}\frac{1}{2}\cot\pi T\left(f-\frac{\nu}{T}\right) \tag{3-4-55}$$

因此，功率谱密度包含冲激脉冲的频率为

$$f_n=\frac{n+\nu}{T},\qquad 0\leqslant\nu<1;\ n=0,1,2\cdots \tag{3-4-56}$$

将式（3-4-55）的结果与式（3-4-50）和式（3-4-48）合并，可得到完整的功率谱密度，包括连续谱分量和离散谱分量。

回到$|\varPhi_{\mathrm{I}}(h)|<1$的情况，当符号是等概率时，即

$$P_n=\frac{1}{M},\quad \forall\, n \tag{3-4-57}$$

特征函数可简化为

$$\varPhi_{\mathrm{I}}(h)=\frac{1}{M}\sum_{\substack{n=-(M-1)\\ n\text{为奇数}}}^{M-1}\mathrm{e}^{\mathrm{j}\pi hn}=\frac{1}{M}\frac{\sin M\pi h}{\sin\pi h} \tag{3-4-58}$$

注意，在这种情况下$\varPhi_{\mathrm{I}}(h)$是实数，而且式（3-4-43）中的平均自相关函数可以简化成

$$\bar{R}_{v1}(\tau)=\frac{1}{2T}\int_{0}^{T}\prod_{k=1-L}^{[\tau/T]}\frac{1}{M}\frac{\sin 2\pi hM[q(t+\tau-kT)-q(t-kT)]}{\sin 2\pi h[q(t+\tau-kT)-q(t-kT)]}\mathrm{d}t \tag{3-4-59}$$

相应的功率谱密度可简化为

$$\begin{aligned}S_{v1}(f)=2\Bigg[&\int_{0}^{LT}\bar{R}_{v1}(\tau)\cos 2\pi f\tau\,\mathrm{d}\tau\\&+\frac{1-\varPhi_{\mathrm{I}}(h)\cos 2\pi fT}{1+\varPhi_{\mathrm{I}}^{2}(h)-2\varPhi_{\mathrm{I}}(h)\cos 2\pi fT}\int_{LT}^{(L+1)T}\bar{R}_{v1}(\tau)\cos 2\pi f\tau\,\mathrm{d}\tau\\&-\frac{\varPhi_{\mathrm{I}}(h)\sin 2\pi fT}{1+\varPhi_{\mathrm{I}}^{2}(h)-2\varPhi_{\mathrm{I}}(h)\cos 2\pi fT}\int_{LT}^{(L+1)T}\bar{R}_{v1}(\tau)\sin 2\pi f\tau\,\mathrm{d}\tau\Bigg]\end{aligned} \tag{3-4-60}$$

1. CPFSK 的功率谱密度

当 $g(t)$脉冲形状是矩形且在$[0,T]$区间之外为 0 时，由式（3-4-60）可以得到功率谱密度的封闭形式表达式。在这种情况下，对于 $0\leqslant t\leqslant T$，$q(t)$是线性的，所得到的功率谱可表示为

$$S_v(f) = T\left[\frac{1}{M}\sum_{n=1}^{M} A_n^2(f) + \frac{2}{M^2}\sum_{n=1}^{M}\sum_{m=1}^{M} B_{nm}(f)A_n(f)A_m(f)\right] \tag{3-4-61}$$

式中

$$\begin{aligned} A_n(f) &= \frac{\sin\pi[fT - \frac{1}{2}(2n-1-M)h]}{\pi[fT - \frac{1}{2}(2n-1-M)h]} \\ B_{nm}(f) &= \frac{\cos(2\pi fT - \alpha_{nm}) - \Phi\cos\alpha_{nm}}{1+\Phi^2 - 2\Phi\cos 2\pi fT} \\ \alpha_{nm} &= \pi h(m+n-1-M) \\ \Phi \equiv \Phi(h) &= \frac{\sin M\pi h}{M\sin\pi h} \end{aligned} \tag{3-4-62}$$

图 3-4-1 至图 3-4-3 中画出了 M=2、4 和 8 时 CPFSK 的功率谱密度，它是归一化频率 fT 的函数，并且以调制指数 $h=2f_dT$ 为参数。注意，在这些图中只给出了一半的占用带宽。原点相当于载波 f_c。这些图说明了当 $h<1$ 时 CPFSK 的功率谱相对比较平滑且受到适当的限制；当 h 趋近于 1 时，功率谱出现尖峰形，而且当 $|\Phi|=1$、h=1 时，在 M 个频率处出现冲激脉冲；当 $h>1$ 时，谱变得更宽。在使用 CPFSK 的通信系统中，为了节省带宽，通常设计调制指数 $h<1$。

具有 $h=1/2$（或 $f_d=1/4T$）及 $\Phi=0$ 的二进制 CPFSK 的特例相当于 MSK，在这种情况下，信号的功率谱密度为

$$S_v(f) = \frac{16A^2T}{\pi^2}\left(\frac{\cos 2\pi fT}{1-16f^2T^2}\right)^2 \tag{3-4-63}$$

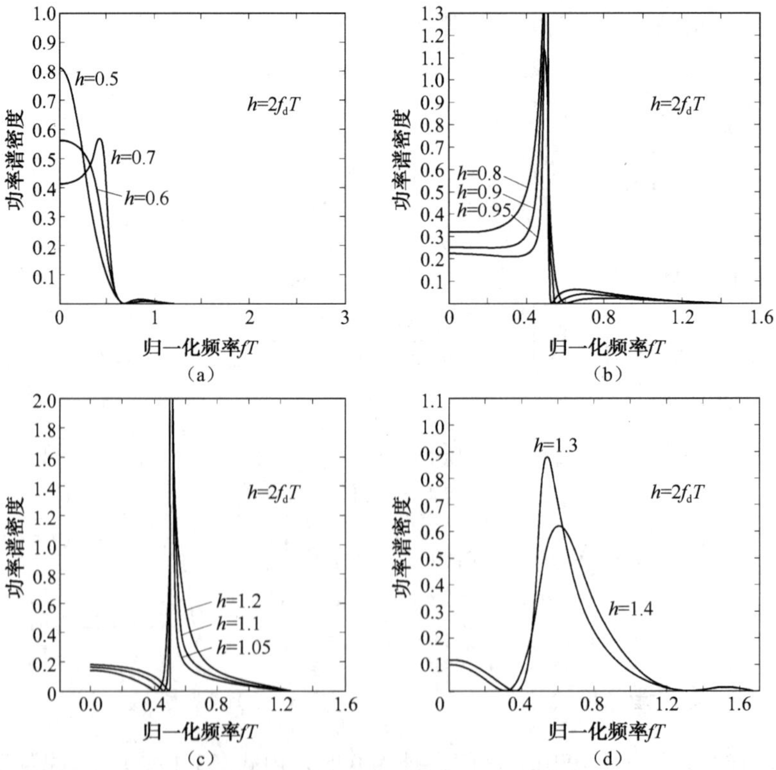

图 3-4-1　二进制 CPFSK 的功率密度谱

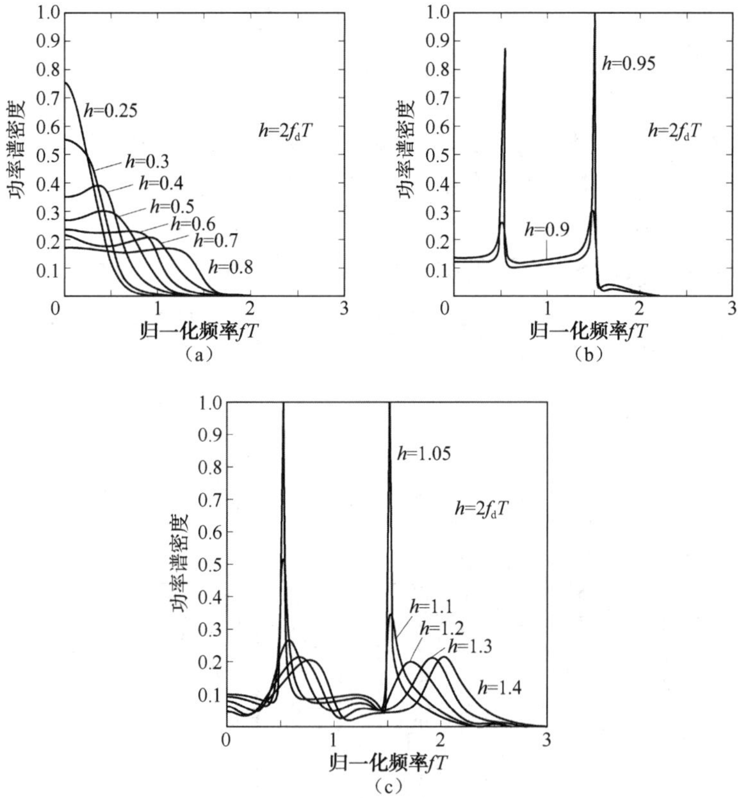

图 3-4-2 四进制 CPFSK 的功率密度谱

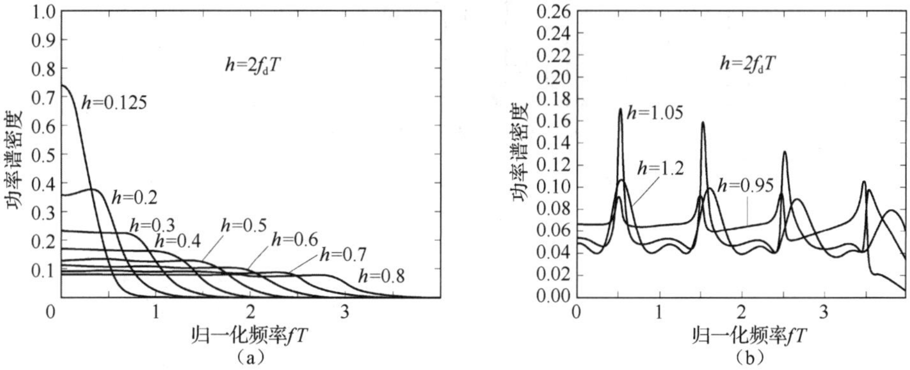

图 3-4-3 八进制 CPFSK 的功率密度谱

这里，式（3-4-62）中的信号幅度 A=1。比较起来，具有持续时间为 T 的矩形脉冲 $g(t)$的四相偏移（正交）PSK（OQPSK）的谱为

$$S_v(f) = A^2 T \left(\frac{\sin \pi f T}{\pi f T} \right)^2 \qquad (3\text{-}4\text{-}64)$$

如果要比较这些频谱特性，应当用比特率或比特间隔 T_b 将频率变量归一化。由于 MSK 是二进制 FSK，因此式（3-4-63）中 $T=T_b$。另一方面，在 OQPSK 中 $T=2T_b$，所以式（3-4-64）变成

$$S_v(f)=2A^2T_b\left(\frac{\sin 2\pi fT_b}{2\pi fT_b}\right)^2 \tag{3-4-65}$$

图 3-4-4 说明了 MSK 和 OQPSK 的功率谱。注意，MSK 的主瓣比 OQPSK 宽 50%，而且 MSK 的旁瓣下降得相当快。例如，比较含有总功率 99%的带宽 W，会发现 MSK 的 W=1.2/T 而 OQPSK 的 $W\approx 8/T_b$。因此，按照 fT_b=1 以上的部分带外功率观点来看，MSK 占用较窄的频谱。OQPSK 和 MSK 的部分带外功率的图形如图 3-4-5 所示，MSK 比 QPSK 更具有显著的带宽有效性，这种有效性是 MSK 在许多数字通信系统中流行的重要原因。

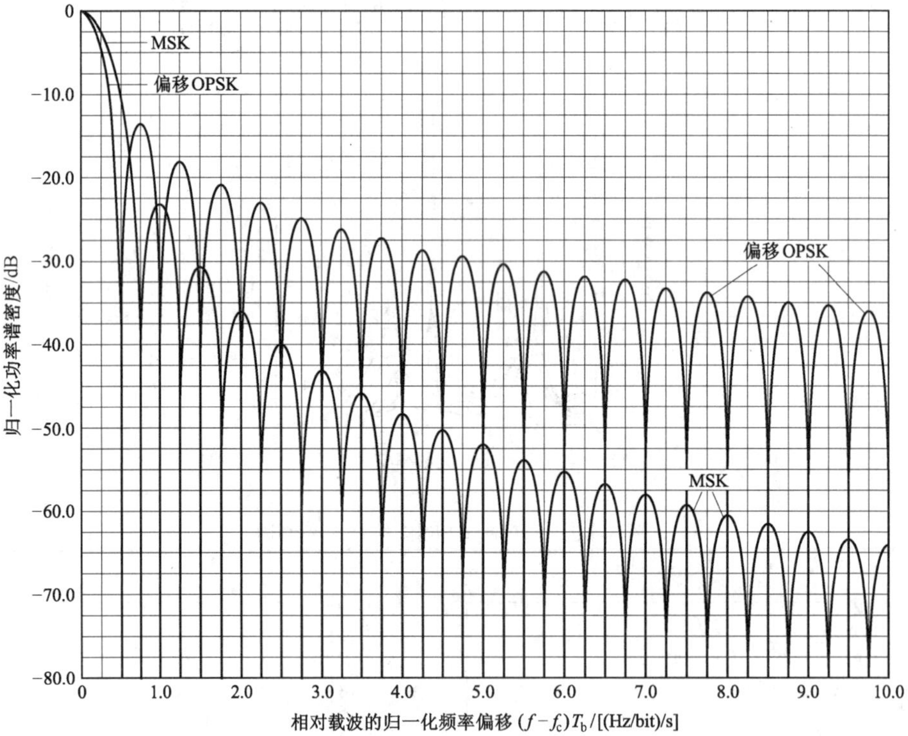

图 3-4-4　MSK 和 OQPSK 的功率谱密度

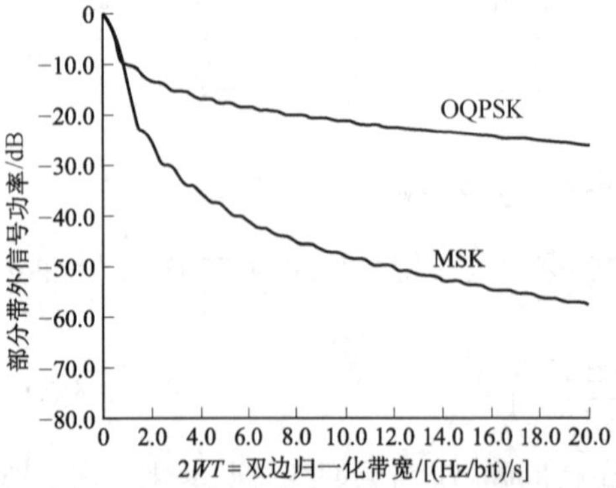

图 3-4-5　OQPSK 和 MSK 的部分带外功率

（归一化双边带宽=$2WT$）

通过减小调制指数可达到比 MSK 更高的带宽效率，但 FSK 信号不再具有正交性，而且差错概率将会增加。

2. CPM 的频谱特性

一般 CPM 占用的带宽取决于调制指数 h、脉冲形状 $g(t)$和信号的数目 M。正如对 CPFSK 所观察的，小的 h 值将导致 CPM 信号占用的带宽较小，而大的 h 值将导致信号占用的带宽较大。

采用平滑的脉冲，例如升余弦脉冲，其形式为

$$g(t)=\begin{cases}\frac{1}{2LT}\left(1-\cos\frac{2\pi t}{LT}\right), & 0\leqslant t\leqslant LT\\ 0, & \text{其他}\end{cases} \tag{3-4-66}$$

式中，对于全响应有 L=1，而对于部分响应则有 L>1，这导致较小的带宽占用，以及比采用矩形脉冲得到更大的带宽效率。例如，图 3-4-6 说明了当 h=1/2 时具有不同部分响应升余弦（LRC）脉冲的二进制 CPM 功率谱密度。为比较起见，图中示出了二进制 CPFSK 的谱。注意，当 L 增加时，脉冲 $g(t)$变得更平滑而相应的信号频谱占用将减少。

图 3-4-7 说明了改变 CPM 信号的调制指数的影响，图中例子是 M=4 及由式（3-4-66）给出的升余弦脉冲且 L=3 的情况下画出的。注意，这些频谱特性与前面所说明的 CPFSK 相似，但由于采用了更平滑的脉冲形状，这些频谱将变窄。

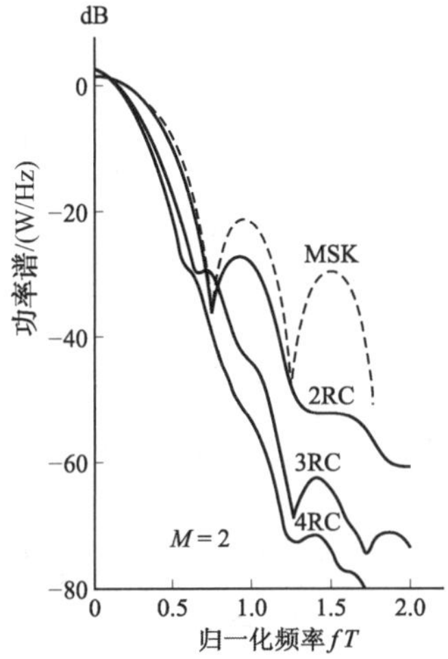

图 3-4-6 当 h=1/2 时具有不同部分响应升余弦脉冲的二进制 CPM 功率谱密度［源自 Aulin 等（1981）©IEEE］

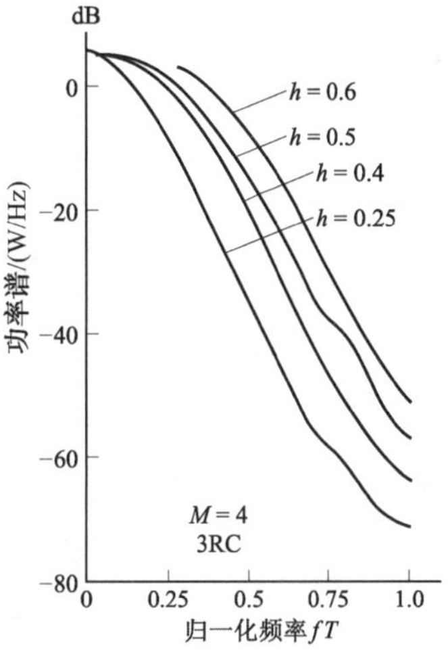

图 3-4-7 改变 h 时对 CPM 的功率谱密度的影响［源自 Aulin 等（1981）©IEEE］

3.5 文献注释与参考资料

本章介绍的数字调制方法在数字通信系统中有着广泛的应用，第 4 章是关于这些信号的最佳解调技术及其在加性高斯白噪声信道中的性能。关于信号的表示，可参考弗兰克斯（Franks，1969 年）的著作。

在数字通信系统设计中，特别重要的是数字调制信号的谱特性，本章对此进行了深入的阐述。CPM 是这些调制技术中最重要的一种，这是由于它对带宽的有效利用造成的。由于这个原因，许多研究人员对它进行了广泛的研究，并发表了大量的论文。对 CPM 最全面的综合论述，包括它的性能和谱特性，可以在安德森（Anderson，1986）等人的著作中找到，除这本书之外，松德贝里（Sundberg，1986）也阐述了基本概念，并综述了各种 CPM 技术的性能特性。

劳伦特（Laurent，1986）研究了二进制 CPM 调制的线性表示法；蒙加利和摩尔利（Mengali & Morelli，1995）将此扩展到 M 元 CPM 信号；里莫迪（Rimoldi，1988）证明了 CPM 系统可以分解成连续相位无记忆调制器。

有大量的参考文献论述了 CPFSK 和 CPM 的频谱特性。MSK 是由多尔兹和希尔德（Doelz & Heald）在 1961 年提出的；关于 CPFSK 和 CPM 功率密度谱的早期研究工作是由贝内特和赖斯（Bennett & Rice，1963）、安德森和扎尔茨（Anderson & Salz，1965）以及贝内特和戴维（Bennett & Davey，1965）完成的；勒基（Lucky，1968）等人的著作也包含 CPFSK 频谱特性的论述；在松德贝里（Sundberg，1986）的论文的参考文献中列出了许多最近的研究成果；由 IEEE 通信汇刊（*IEEE Transactions on Communications*）出版的高效带宽调制及编码专刊（1981，03）中，有论述 CPM 频谱特性和性能的论文；韦伯（Weber，1978）等人研究了 MSK 推广到多幅度的一般化问题；马利根（Mulligan，1988）提出多幅度与一般 CPM 相结合的建议，研究了它的谱特性以及在高斯噪声有无编码情况下的差错概率性能。

习题

3-1 利用恒等式

$$\sum_{i=1}^{n} i^2 = \frac{n(n+1)(2n+1)}{6}$$

证明

$$1^2 + 3^2 + 5^2 + \cdots + (M-1)^2 = \frac{M(M^2-1)}{6}$$

并推导式（3-2-5）。

3-2 如图 P3-2 所示，$\phi_1(t)$ 和 $\phi_2(t)$ 是标准正交函数集，试求 4 个信号 $s_k(t)$（$k = 1, 2, 3, 4$）信号空间表示形式，画出信号空间图，并证明这种信号集等价于四相 PSK 信号集。

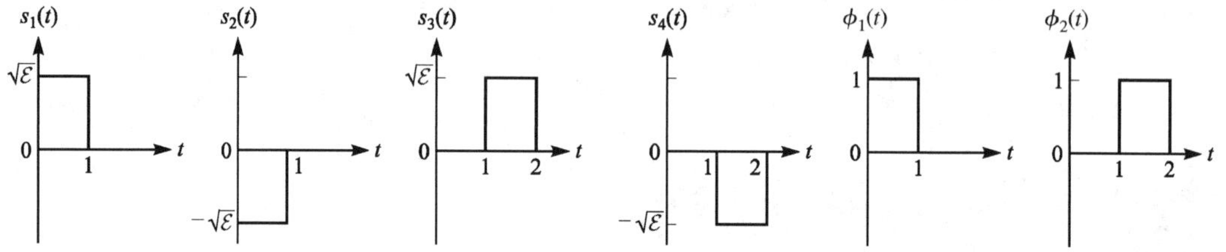

图 P3-2

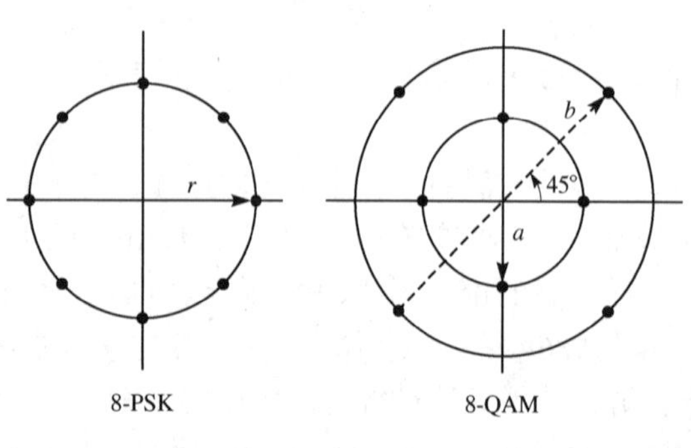

图 P3-4

3-3 π/4-QPSK 可以看成偏移 π/4 的两个 QPSK 系统。

（a）画出 π/4-QPSK 信号的信号空间图。

（b）以相应的格雷编码数据比特表示各信号点。

3-4 图 P3-4 所示为 8 个信号点的星座图。

（a）设 8-QAM 星座图上最近两个信号点的间距为 A，试求内圆半径 a 和外圆半径 b。

（b）8-PSK 星座图中的相邻信号点的间距为 A，试求圆半径 r。

（c）试求这两个信号星座图的各自发送机的平均功率，并比较这两个功率。试问在功率上两个星座图有多大的相对优势（假定所有信号点都是等概的）？

3-5　设 8-QAM 星座图如图 P3-4 所示。

（a）试问能否给星座图上每点分配 3 个比特，使得最接近（相邻）点只相差 1 个比特？

（b）如果要求比特率为 90 Mbit/s，试求符号速率。

3-6　图 P3-6 所示为两个 8-QAM 星座图，相邻点的最短距离为 $2A$。假设各信号点是等概的，试求各星座的平均发送功率。哪个星座的平均发送功率更有效率？

3-7　试对图 P3-7 所示的 16-QAM 信号星座图进行格雷（Gray）编码。

3-8　MSK 信号的初始相位状态是 0 或 π。试针对以下 4 对数据输入，求终值相位状态：（a）00；（b）01；（c）10；（d）11。

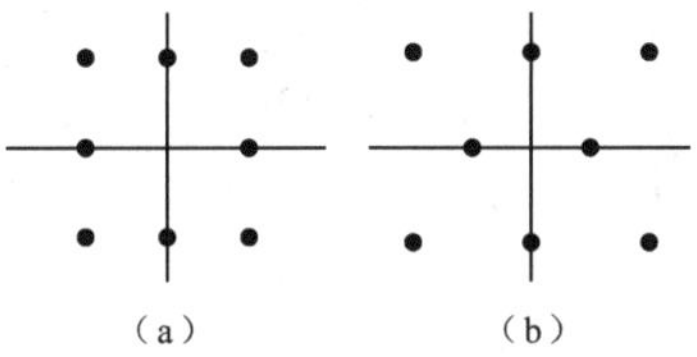

图 P3-6

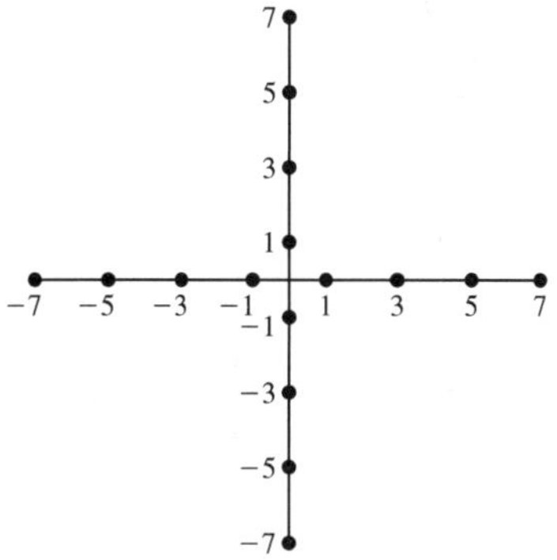

图 P3-7

3-9　在下列情况下，试求状态网格图中终值相位的状态数目。

（a）全响应二进制 CPFSK，且 h=2/3 或 3/4。

（b）部分响应（L=3）二进制 CPFSK，且 h=2/3 或 3/4。

3-10　语音信号以 8 kHz 的速率抽样，按对数律压缩，再将每个样值编为 8 比特的 PCM 格式，该数据以 M 电平 PAM 在 AWGN 基带信道上传输。试求当 M=4、8 或 16 时传输所需的带宽。

3-11　计算周期平稳随机过程

$$v(t)=\sum_{n=-\infty}^{\infty} I_n g(t-nT)$$

的功率谱密度的一种方法是在周期 T 上对自相关函数 $R_v(t+\tau, t)$求平均，再对平均自相关函数进行傅里叶变换。另一种方法是添加一个在(0,T)上均匀分布的随机变量 Δ，将周期平稳过程 $v(t)$变为平稳过程 $v_\Delta(t)$：

$$v_\Delta(t)=\sum_{n=-\infty}^{\infty} I_n g(t-nT-\Delta)$$

再把 $v(t)$的功率谱密度定义为平稳过程 $v_\Delta(t)$ 的自相关函数的傅里叶变换。试通过求 $v_\Delta(t)$ 自相关函数及其傅里叶变换，导出式（3-4-16）中的结果。

3-12　试证明 16-QAM 可以表示为两个四相恒包络信号的叠加，并在相加前对每一分量放大，即

$$s(t)=G(A_n\cos 2\pi f_c t+B_n\sin 2\pi f_c t)+(C_n\cos 2\pi f_c t+D_n\sin 2\pi f_c t)$$

式中，A_n、B_n、C_n和D_n为统计独立的二进制序列，其元素取值为±1；G为放大器的增益。试进一步证明该信号等价于

$$s(t)=I_n\cos 2\pi f_c t+Q_n\sin 2\pi f_c t$$

并用A_n、B_n、C_n和D_n来确定I_n和Q_n。

3-13　考虑一 4-PSK 信号，它可表示为等效低通信号

$$u(t)=\sum_n I_n g(t-nT)$$

式中，I_n取自具有相等概率的 4 个可能值$\sqrt{1/2}\,(\pm1\pm \mathrm{j})$之一，信息符号序列$\{I_n\}$是统计独立的。

（a）当

$$g(t)=\begin{cases}A, & 0\leqslant t\leqslant T\\ 0, & \text{其他}\end{cases}$$

时，试求$u(t)$的功率谱密度并画图。

（b）当

$$g(t)=\begin{cases}A\sin(\pi t/T), & 0\leqslant t\leqslant T\\ 0, & \text{其他}\end{cases}$$

时，重做（a）题。

（c）以 3 dB 带宽和第一功率谱零点的带宽比较由（a）和（b）得到的功率谱。

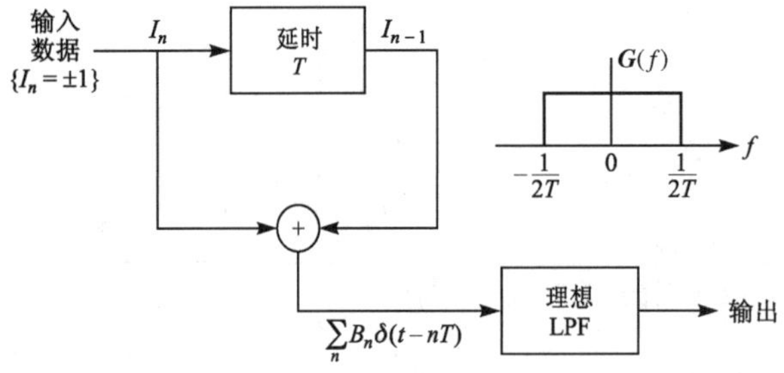

图 P3-14

3-14　如图 P3-14 所示，一个 PAM 部分响应信号（PRS）是由序列

$$B_n=I_n+I_{n-1}$$

激励一个带宽为 W 理想低通滤波器产生的，序列速率为 $1/T=2W$ 符号/秒。序列 I_n 由独立并等概取值为±1 的二进制数字组成，则已滤波的信号为

$$v(t)=\sum_{n=-\infty}^{\infty}B_n g(t-nT),\qquad T=\frac{1}{2W}$$

（a）试画出$v(t)$的信号空间图，并求每个符号出现的概率。

（b）试求三电平序列B_n的自相关和功率谱密度。

（c）序列B_n的信号点构成一个马尔可夫链，试画出该马尔可夫链，并标明各状态间的转移概率。

3-15　PAM 信号的等效低通表达式为

$$u(t)=\sum_n I_n g(t-nT)$$

设$g(t)$为矩形脉冲，且

$$I_n=a_n-a_{n-2}$$

式中，a_n是等概出现的不相关二进制（取值为±1）随机变量。

（a）试求序列I_n的自相关函数。

（b）试求$u(t)$的功率密度谱。

（c）如果a_n的可能取值为 0 或 1，试重做（b）题。

3-16　二进制 FSK 信号的波形为

$$s_i(t)=\sin\omega_i t,\qquad i=1,2;\ 0\leqslant t\leqslant T$$

式中，$\omega_1=n\pi/T$，$\omega_2=m\pi/T$，$n\neq m$，m 和 n 都是任意正整数。试利用 3.4.4 节的结果求二进制 FSK 信号的功率谱密度。假设 $p_1=p_2=1/2$，试画出该功率谱，并将其与 MSK 信号的功率谱进行比较。

3-17 试利用 3.4.4 节的结果求多音 FSK（MFSK）信号的功率谱密度，该信号波形为

$$s_n(t)=\sin\frac{2\pi nt}{T},\qquad n=1,2,\cdots,M;\ 0\leqslant t\leqslant T$$

假设对于所有 n，概率 $p_n=1/M$。试画出功率谱密度。

3-18 部分响应正交信号（QPRS）可由如习题 3-14 所描述的两路部分响应信号以相位正交组合而成，所以 QPRS 信号可表示为

$$s(t)=\mathrm{Re}\left[v(t)\mathrm{e}^{\mathrm{j}2\pi f_c t}\right]$$

式中

$$v(t)=v_c(t)+\mathrm{j}v_s(t)=\sum_n B_n g(t-nT)+\mathrm{j}\sum_n C_n g(t-nT)$$

而 $B_n=I_n+I_{n-1}$，$C_n=J_n+J_{n-1}$。序列 B_n 和 C_n 是独立的，$I_n=\pm1$，$J_n=\pm1$，且是等概的。

（a）试画出 QPRS 的信号空间图，并求每种符号出现的概率。

（b）试求 $v_c(t)$、$v_s(t)$和 $v(t)$的自相关函数和功率谱密度。

（c）试画出马尔可夫链模型，且标出 QPRS 的转移概率。

3-19 信息序列 $\{a_n\}_{n=-\infty}^{\infty}$ 是一个统计独立同分布（IID）随机变量序列，每一个随机变量以等概率取值+1 和−1。该序列采用二相编码方案在基带上传输

$$s(t)=\sum_{n=-\infty}^{\infty}a_n g(t-nT)$$

式中，$g(t)$如图 P3-19 所示。

（a）试求 $s(t)$的功率谱密度。

（b）假定要在 $f=1/T$ 处引入一个功率谱零点，为此采用一种预编码方案 $b_n=a_n+ka_{n-1}$，其中 k 是某个常数；然后利用同样的 $g(t)$发送$\{b_n\}$序列。问能否通过选择 k 来在 $f=1/T$ 处引入功率谱零点？如果可以，取哪些值及结果的功率谱密度怎样？

（c）现在假定要在 $f_0=1/4T$ 的整数倍处引入零点，问能否通过恰当地选取在前一部分中的 k 来实现？如果不能，那么应采用什么形式的预编码来实现所期望的零点？

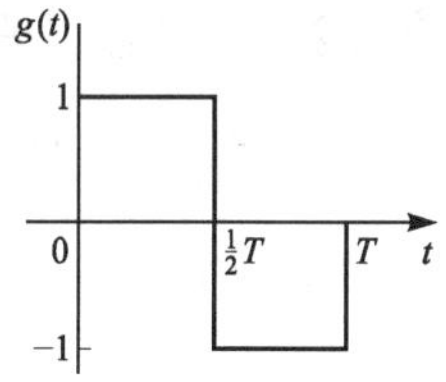

图 P3-19

3-20 相位不连续的二进制 FSK 的两个信号波形为

$$s_0(t)=\sqrt{\frac{2E_b}{T_b}}\cos\left[2\pi\left(f_c-\frac{\Delta f}{2}\right)t+\theta_0\right],\qquad 0\leqslant t\leqslant T$$

$$s_1(t)=\sqrt{\frac{2E_b}{T_b}}\cos\left[2\pi\left(f_c+\frac{\Delta f}{2}\right)t+\theta_1\right],\qquad 0\leqslant t\leqslant T$$

式中，$\Delta f=1/T\ll f_c$，而θ_0 和θ_1 为在（0,2π）区间上均匀分布的随机变量，且信号 $s_0(t)$和 $s_1(t)$是等概的。

（a）试求 FSK 信号的功率谱密度。

（b）试证明当 $f\gg f_c$时，功率谱密度以 $1/f^2$ 的形式衰减。

3-21 序列$\{I_n\}_{n=-\infty}^{\infty}$的元素是等概率取值±1 且独立的二进制随机变量，试用该序列调制图 P3-21（a）所示的基本脉冲 $u(t)$。已调信号为

$$X(t)=\sum_{n=-\infty}^{+\infty} I_n u(t-nT)$$

（a）试求 $X(t)$的功率谱密度。

（b）如果用图 P3-21（b）所示的 $u_1(t)$取代 $u(t)$，试问 $X(t)$的功率谱密度将如何变化？

（c）在（b）题中假定要在 $f=1/3T$ 处有一个功率谱零点，由预编码 $b_n = I_n + \alpha I_{n-1}$ 来实现，试求提供该期望零点的 α 值。

（d）试问：使用预编码 $b_n = a_n + \sum_{i=1}^{N}\alpha_i I_{n-i}$，当 N 为某些有限值时，能否使最终的功率谱在 $1/3T \leqslant |f| \leqslant 1/2T$ 区间内为零？如果能，如何做到？如果不能，为什么？

提示：利用解析函数的性质。

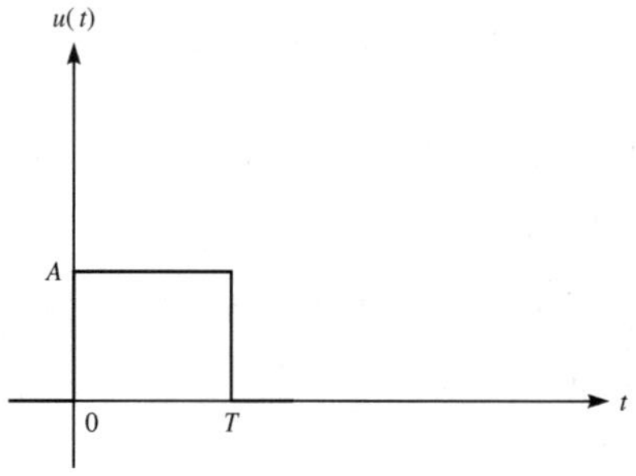

图 P3-21（a）

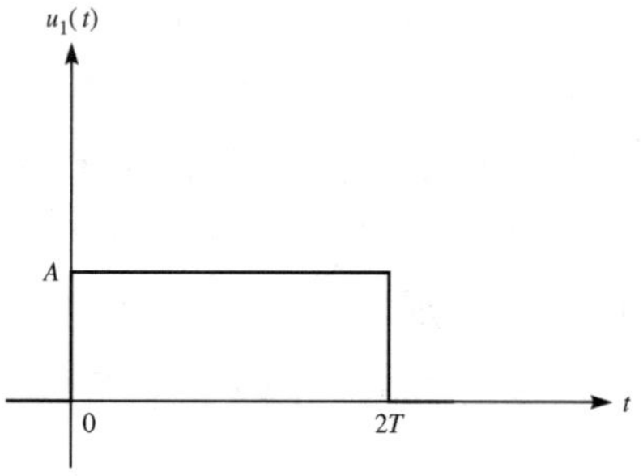

图 P3-21（b）

3-22 一种数字信号传输方式定义为

$$X(t)=\sum_{n=-\infty}^{\infty}[a_n u(t-nT)\cos(2\pi f_c t)-b_n u(t-nT)\sin(2\pi f_c t)]$$

式中，$u(t)=\Lambda(t/2T)$，每一对(a_n, b_n)均与其他对独立，且等概率地取三个值(0, 1)、$(\sqrt{3}/2, -1/2)$和 $(-\sqrt{3}/2, -1/2)$中的任何一个。

（a）试求等效低通已调信号、同相分量和正交分量。

（b）试求等效低通信号的功率谱密度，并由此求已调信号的功率谱密度。

（c）采用预编码方式：

$$\Lambda(t)=\begin{cases} t+1, & -1\leqslant t\leqslant 0 \\ -t+1, & 0\leqslant t\leqslant 1 \\ 0, & 其他 \end{cases}$$

式中，α 是一般的复数，发送信号为

$$\begin{cases} c_n = a_n + \alpha a_{n-1} \\ d_n = b_n + \alpha b_{n-1} \end{cases}$$

要使低通信号无直流分量，试问通过适当选择 α 值能实现这个目的吗？如果能，试求该值。

3-23 二进制无记忆信源产生等概率取值{0, 1}的输出$\{a_k\}_{k=-\infty}^{\infty}$。对信源的调制方法是：将信源每一长度为 3 的序列映射为 8 个可能的对$\{\alpha_i,\theta_i\}_{i=1}^{8}$并产生调制序列

$$s(t)=\sum_{n=-\infty}^{\infty}\alpha_n g(t-nT)\cos(2\pi f_0 t+\theta_n)$$

式中，

$$g(t)=\begin{cases}2t/T, & 0\leqslant t\leqslant T/2\\ 2-2t/T, & T/2\leqslant t\leqslant T\\ 0, & \text{其他}\end{cases}$$

（a）试求 $s(t)$的功率谱密度，其中以 $\alpha^2=\sum_{i=1}^{8}|\alpha_i|^2$ 和 $\beta=\sum_{i=1}^{8}\alpha_i e^{j\theta_i}$ 表示。

（b）在 $\alpha_{odd}=a$、$\alpha_{even}=b$ 和 $\theta_i=(i-1)\pi/4$ 的特殊情况下，试求 $s(t)$的功率谱密度。

（c）试证明当 $a=b$ 时，（b）题可简化为标准 8PSK 信号传输方式，试求这种情况下的功率谱密度。

（d）如果在调制之前对信源输出采用预编码 $b_n=a_n\oplus a_{n-1}$（其中 $\oplus$ 表示二进制加法，异或），试问（a）题、（b）题和（c）题中的结果将如何变化？

3-24 信息序列产生三进制序列 $\{I_n\}_{n=-\infty}^{\infty}$。每一个 I_n 均以概率 1/4、1/2 和 1/4 分别取三个可能的值 2、0 和−2。假定信源输出是独立的，信源输出用来产生低通信号

$$v(t)=\sum_{n=-\infty}^{\infty}I_n g(t-nT)$$

（a）试求过程 $v(t)$的功率谱密度，假定 $g(t)$ 是图 P3-24 所示的信号。

（b）试求

$$w(t)=\sum_{n=-\infty}^{\infty}J_n g(t-nT)$$

的功率谱密度，式中，$J_n=I_{n-1}+I_n+I_{n+1}$。

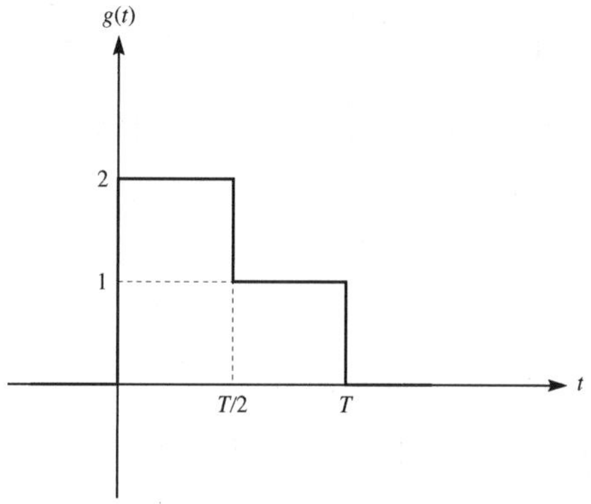

图 P3-24

3-25 序列 $\{a_n\}$ 是一个以概率 1/4、1/4 和 1/2 取值−1、2 和 0 的 IID 序列，该序列用来产生基带信号

$$v(t)=\sum_{n=-\infty}^{\infty}a_n\,\mathrm{sinc}\left(\frac{t-nT}{T}\right)$$

（a）试求 $v(t)$的功率谱密度。

（b）定义序列 $\{b_n\}$ 为 $b_n=a_n+a_{n-1}-a_{n-2}$ 并产生基带信号

$$u(t)=\sum_{n=-\infty}^{\infty}b_n\,\mathrm{sinc}\left(\frac{t-nT}{T}\right)$$

试求 $u(t)$的功率谱密度，序列 $\{b_n\}$ 的可能取值是什么？

（c）假设 $w(t)$的定义为

$$w(t)=\sum_{n=-\infty}^{\infty}c_n\,\mathrm{sinc}\left(\frac{t-nT}{T}\right)$$

式中，$c_n=a_n+\mathrm{j}a_{n-1}$。试求 $w(t)$的功率谱密度。

提示：可以利用关系式 $\sum_{m=\infty}^{\infty} \mathrm{e}^{-\mathrm{j}2\pi fmT} = \frac{1}{T}\sum_{m=-\infty}^{\infty}\delta(f-m/T)$。

3-26 令 $\{a_n\}_{n=-\infty}^{\infty}$ 表示等概率取值±1 的独立随机变量的序列。QPSK 信号产生的方法是：利用偶指数和奇指数的 a_n 调制一持续时间为 T 的矩形脉冲，得到该已调信号的同相分量和正交分量。换言之，有

$$g_{2T}(t) = \begin{cases} 1, & 0 \leqslant t \leqslant 2T \\ 0, & \text{其他} \end{cases}$$

且按照下式产生同相分量和正交分量。

$$x_{\mathrm{i}}(t) = \sum_{n=-\infty}^{\infty} a_{2n} g_{2T}(t-2nT), \qquad x_{\mathrm{q}}(t) = \sum_{n=-\infty}^{\infty} a_{2n+1} g_{2T}(t-2nT)$$

那么，$x_{\mathrm{l}}(t)=x_{\mathrm{i}}(t)+\mathrm{j}x_{\mathrm{q}}(t)$且 $x(t)=\mathrm{Re}[x_{\mathrm{l}}(t)\mathrm{e}^{\mathrm{j}2\pi f_0 t}]$。

（a）试求 $x_{\mathrm{l}}(t)$的功率谱密度。

（b）令 $x_{\mathrm{q}}(t)=\sum_{n=-\infty}^{\infty} a_{n+1} g_{2T}[t-(2n+1)/T]$，也就是说，令正交分量与同相分量错位 T，从而得到 OQAM 系统。试求这种情况下的 $x_{\mathrm{l}}(t)$的功率谱密度，并与（a）题的结果比较。

（c）如果在（b）题中用下面的正弦信号替代 $g_{2T}(t)$：

$$g_1(t) = \begin{cases} \sin(\pi t/2T), & 0 \leqslant t < 2T \\ 0, & \text{其他} \end{cases}$$

得到的已调信号为 MSK 信号。试求这种情况下的 $x_{\mathrm{l}}(t)$的功率谱密度。

（d）试证明：当已调信号为 MSK 时，即使基本脉冲 $g_1(t)$并不是恒定幅度，但整个信号是恒包络的。

3-27 $\{a_n\}_{n=-\infty}^{\infty}$ 表示等概率取值 0 或 1 的 IDD 随机变量的序列。

（a）序列 b_n 定义为 $b_n = a_{n-1} \oplus a_n$，其中 $\oplus$ 表示二进制加法（异或）。试求序列 b_n 的自相关函数以及 PAM 信号

$$v(t) = \sum_{n=-\infty}^{\infty} b_n g(t-nT)$$

的功率谱密度。式中，

$$g(t) = \begin{cases} 1, & 0 \leqslant t < T \\ 0, & \text{其他} \end{cases}$$

（b）将（a）题的结果与当 $b_n = a_{n-1} \oplus a_n$ 时的结果进行比较。

3-28 如图 P3-28 所示的信号星座图，假设等效低通方式信号为

$$s(t) = \sum_{n=-\infty}^{\infty} a_n g(t-nT)$$

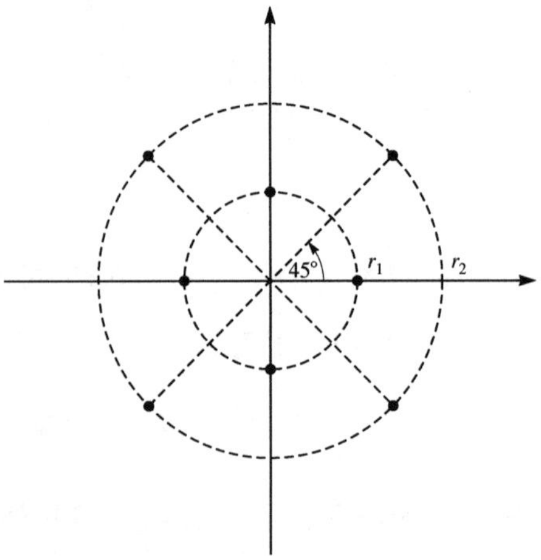

图 P3-28

式中，$g(t)$为矩形脉冲，定义为

$$g(t)=\begin{cases}1, & 0\leqslant t<T\\ 0, & \text{其他}\end{cases}$$

a_n是独立同分布（IID）随机变量，假定星座图中的点是等概的。

（a）试求信号 $s(t)$的功率谱密度。

（b）试求发送信号 $s(t)$的功率谱密度，假定载波频率为 $f_0\,(f_0\gg 1/T)$。

（c）试求：当 $r_1=r_2$ 时信号 $s(t)$的功率谱密度并画出曲线（将 PSD 作为 fT 的函数）。

3-29　试求 MSK 和偏移 QPSK 已调信号的自相关函数，假定每种已调信号的信息序列都是不相关且零均值的。

3-30　有一部分响应 CPM，$h=1/2$ 且

$$g(t)=\begin{cases}1/4T, & 0\leqslant t\leqslant 2T\\ 0, & \text{其他}\end{cases}$$

试画出其相位树图、状态网格图和状态图。

3-31　针对以下两种情况，试求状态网格图中终值相位状态的个数。

（a）全响应二进制 CPFSK，$h=2/3$或$3/4$。

（b）部分响应（L=3）二进制 CPFSK，$h=2/3$或$3/4$。

3-32　在 CPM 的线性表示法中，试证明 2^{L-1} 个脉冲$\{c_k(t)\}$的持续时间如下：

$$\begin{aligned}
c_0(t)&=0, && t<0 \text{ 且 } t>(L+1)T\\
c_1(t)&=0, && t<0 \text{ 且 } t>(L-1)T\\
c_2(t)=c_3(t)&=0, && t<0 \text{ 且 } t>(L-2)T\\
c_4(t)=c_5(t)=c_6(t)=c_7(t)&=0, && t<0 \text{ 且 } t>(L-3)T\\
&\vdots\\
c_{2^{L-2}}(t)=\cdots=c_{2^{L-1}}(t)&=0, && t<0 \text{ 且 } t>T
\end{aligned}$$

3-33　式（3-4-16）给出了无记忆线性调制的功率密度谱的表达式，试利用式（3-4-31）推导该表达式，条件是

$$s_k(t)=I_k s(t),\qquad k=1,2,\cdots,K$$

式中，I_k是 K 个可能的等概发生的发送符号之一。

3-34　试证明式（3-4-31）中没有线谱（Line Spectrum）分量的充分条件为

$$\sum_{i=1}^{K}p_i s_i(t)=0$$

试问该条件是否为必要的？说明之。

第 4 章

AWGN 信道的最佳接收机

第 3 章介绍了各种类型的调制方法，这些调制方法可以用于通过通信信道传输的数字信息。发送端调制器的功能是将数字序列映射成信号波形，这些信号在信道中传输并受到恶化，被接收机所接收。

第 1 章已介绍了导致差错的各种信道损耗，这些损耗包括噪声、衰减、衰落和干扰等。通信信道的特征决定了特定的信道有哪些损耗以及信道性能中的关键因素。所有通信信道都有噪声，噪声是许多通信系统的主要损耗。本章将研究噪声对第 3 章介绍的调制系统可靠性的影响，特别是深入研究了各种调制方法的发送信号受到加性高斯白噪声恶化时，最佳接收机的设计和性能特征。

4.1 波形与矢量信道的模型

加性高斯白噪声（Additive White Gaussian Noise，AWGN）信道模型表征信道对发送信号的唯一的影响是高斯白噪声过程，该信道的数学描述是

$$r(t)=s_m(t)+n(t) \tag{4-1-1}$$

式中，$s_m(t)$是发送信号，它是 M 个可能信号之一（第 3 章已述）；$n(t)$高斯白噪声过程的样本波形，其均值为 0 且功率谱密度为 $N_0/2$；$r(t)$是接收信号。图 4-1-1 示出了该信道模型。

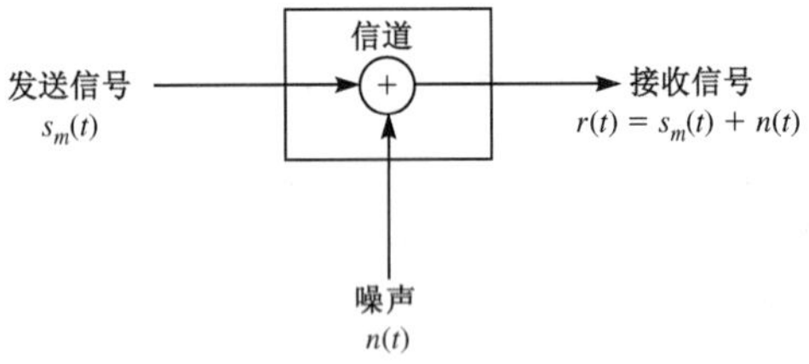

图 4-1-1　AWGN 信道模型

接收机对接收信号 $r(t)$进行观察，并据此做出关于哪一个消息 m（$1\leqslant m\leqslant M$）被发送的最佳判决。最佳判决是指导致最小差错概率的判决规则，即由

$$P_e=P[\hat{m}\neq m] \tag{4-1-2}$$

确定的发送消息 m 与检测消息 $\hat{m}$ 之间的不一致的概率最小化的判决规则。

虽然 AWGN 信道模型似乎很有限，但从两个观点来看对其进行研究是很有益的。首先，噪声是许多信道都具有的主要损耗，因此将它与其他损耗分离出来单独研究其影响，可以更好地理解它对所有通信系统的影响；其次，AWGN 信道虽然很简单，但它是研究深空通信信道的一种好的模型，历史上它曾是通信工程师最早遇到的挑战之一。

在第 3 章已看到，利用标准正交基$\{\phi_j(t),1\leqslant j\leqslant N\}$，每一个信号 $s_m(t)$可以用矢量 $\boldsymbol{s}\in\mathbb{R}^N$ 表

示。例 2-8-1 证明了任何标准正交基都可以用于零均值白高斯过程的展开式，展开式的系数是 IID 均值为 0、方差为 $N_0/2$ 的高斯随机变量。因此，适当扩展的 $\{\phi_j(t)$，$1\leqslant j\leqslant N\}$ 可用于噪声过程 $n(t)$的展开式，可将波形信道 $r(t)=s_m(t)+n(t)$看成矢量形式 $\boldsymbol{r}=\boldsymbol{s}_m+\boldsymbol{n}$，其中所有的矢量是 N 维的，$\boldsymbol{n}$ 的各分量是 IID 均值为 0、方差为 $N_0/2$ 的高斯随机变量（4.2 节将给出关于这种等效性的严格证明），下面继续分析研究上述的矢量信道。

一般矢量信道的最佳检测

AWGN 矢量信道的数学模型为

$$\boldsymbol{r}=\boldsymbol{s}_m+\boldsymbol{n} \tag{4-1-3}$$

式中，所有矢量都是 N 维实矢量。消息 m 是从可能的消息集$\{1, 2,\cdots, M\}$中按概率 P_m 选取的，噪声分量 n_j（$1\leqslant j\leqslant N$）是 IID 零均值高斯随机变量且服从$\mathcal{N}(0, N_0/2)$分布，因此，噪声矢量 $\boldsymbol{n}$ 的 PDF 为

$$p(\boldsymbol{n})=\left(\frac{1}{\sqrt{\pi N_0}}\right)^N \mathrm{e}^{-\frac{\sum_{j=1}^{N} n_j^2}{2\sigma^2}}=\left(\frac{1}{\sqrt{\pi N_0}}\right)^N \mathrm{e}^{-\frac{\|\boldsymbol{n}\|^2}{N_0}} \tag{4-1-4}$$

本节将研究更为一般的矢量信道，不局限于 AWGN 信道模型（4.2 节中该模型专指 AWGN 信道模型）。在模型中，$\boldsymbol{s}_m$ 是从可能的信号集$\{\boldsymbol{s}_m$，$1\leqslant m\leqslant M\}$中按先验概率 P_m 选取的，并在信道上传输。接收矢量 $\boldsymbol{r}$ 通过条件概率密度函数 $p(\boldsymbol{r}|\boldsymbol{s}_m)$统计地取决于发送矢量，一般矢量信道模型如图 4-1-2 所示。

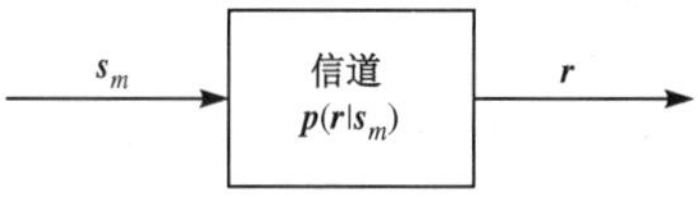

图 4-1-2　一般矢量信道模型

接收机观察 $\boldsymbol{r}$ 并据此观察判决哪个消息被发送。接收机使用的判决函数为 $g(\boldsymbol{r})$，它是由 $\mathbb{R}^N$ 映射到消息集$\{1, 2,\cdots, M\}$的函数。如果 $g(\boldsymbol{r})=\hat{m}$，即接收机判决 $\hat{m}$ 被发送，那么正确判决 $\hat{m}$ 的概率就是实际发送消息的概率。换言之，在给定接收 $\boldsymbol{r}$ 条件下的正确判决的概率为

$$P[\text{correct decision}\,|\boldsymbol{r}]=P[\hat{m}\text{ sent}\,|\boldsymbol{r}] \tag{4-1-5}$$

因此，正确判决（correct decision）的概率为

$$\begin{aligned} P[\text{correct decision}] &= \int P[\text{correct decision}\,|\boldsymbol{r}]p(\boldsymbol{r})\,\mathrm{d}\boldsymbol{r} \\ &= \int P[\hat{m}\text{ sent}\,|\boldsymbol{r}]p(\boldsymbol{r})\,\mathrm{d}\boldsymbol{r} \end{aligned} \tag{4-1-6}$$

我们的目标是设计一个最佳检测器，使差错概率最小或等价使正确判决的概率最大。因为 $p(\boldsymbol{r})$是非负的，如果对每一个 $\boldsymbol{r}$ 最大化 $P[\hat{m}|\boldsymbol{r}]$，则式（4-1-6）的右边最大。这意味着最佳检测规则是：根据对 $\boldsymbol{r}$ 的观察选取使 $P[m|\boldsymbol{r}]$ 最大的消息 m 判决。换言之，

$$\hat{m}=g_{\text{opt}}(\boldsymbol{r})=\underset{1\leqslant m\leqslant M}{\arg\max}\, P[m\,|\boldsymbol{r}] \tag{4-1-7}$$

式(4-1-7)描述的最佳检测方式可直观地理解为在所有 $P[m|\boldsymbol{r}]$（$1\leqslant m\leqslant M$）中选取使 $P[m|\boldsymbol{r}]$ 最大的 m。注意，因为发送消息 m 等价于发送 $\boldsymbol{s}_m$，最佳判决规则可表示为

$$\hat{m}=g_{\text{opt}}(\boldsymbol{r})=\underset{1\leqslant m\leqslant M}{\arg\max}\, P[\boldsymbol{s}_m\,|\boldsymbol{r}] \tag{4-1-8}$$

1．MAP 和 ML 接收机

式（4-1-7）和式（4-1-8）确定的判决规则称为最大后验概率规则或 MAP 规则。注意，

MAP 接收机可以简化为

$$\hat{m} = \underset{1 \leqslant m \leqslant M}{\arg\max} \frac{P_m p(\boldsymbol{r}|\boldsymbol{s}_m)}{p(\boldsymbol{r})} \tag{4-1-9}$$

因为$p(\boldsymbol{r})$独立于 m 并对所有 m 都一样，该式等价于

$$\hat{m} = \underset{1 \leqslant m \leqslant M}{\arg\max}\, P_m p(\boldsymbol{r}|\boldsymbol{s}_m) \tag{4-1-10}$$

使用式（4-1-10）比式（4-1-7）容易，因为它是由先验概率 P_m 和信道的概率描述 $p(\boldsymbol{r}|\boldsymbol{s}_m)$ 确定的，两者是已知的。

在消息是先验等概率情况下，即当 $P_m = \frac{1}{M}$（$1 \leqslant m \leqslant M$）时，最佳判决规则可简化为

$$\hat{m} = \underset{1 \leqslant m \leqslant M}{\arg\max}\, p(\boldsymbol{r}|\boldsymbol{s}_m) \tag{4-1-11}$$

式中，$p(\boldsymbol{r}|\boldsymbol{s}_m)$项称为消息 m 的似然函数，式（4-1-11）确定的接收机称为最大似然接收机或 ML 接收机。必须强调，如果消息不是等概的，ML 检测器则不是最佳检测器。然而，ML 检测器是很流行的检测器，因为在大多数情况下准确地获取消息的概率是很困难的。

2．判决域

任何检测器（包括 MAP 和 ML 检测器）将示出空间（Output Space）$\mathbb{R}^N$ 划分为 M 个域，记为 $D_1, D_2, \cdots, D_M$，如果 $\boldsymbol{r} \in D_m$ 则 $\hat{m} = g(r) = m$，即检测器的判决为 m。域 D_m（$1 \leqslant m \leqslant M$）称为消息 m 的判决域，它是被检测器映射为消息 m 的所有信道输出的集合。如果使用 MAP 检测器，那么最佳判决域 D_m 将导致最小差错概率。对 MAP 检测器，有

$$D_m = \{\boldsymbol{r} \in \mathbb{R}^N : P[m|\boldsymbol{r}] > P[m'|\boldsymbol{r}], 1 \leqslant m' \leqslant M \text{ 且 } m' \neq m\} \tag{4-1-12}$$

注意，如果对某给定的 $\boldsymbol{r}$，两个或多个消息达到最大后验概率，我们可将 $\boldsymbol{r}$ 任意分配到其中一个相应的判决域。

3．差错概率

要计算一种检测方式的差错概率，应注意当发送 $\boldsymbol{s}_m$ 而接收 $\boldsymbol{r}$ 不在 D_m 时将发生差错，因此，具有判决域$\{D_m, 1 \leqslant m \leqslant M\}$的接收机的符号差错概率为

$$P_\mathrm{e} = \sum_{m=1}^{M} P_m P[\boldsymbol{r} \notin D_m | \boldsymbol{s}_m \text{ sent}] = \sum_{m=1}^{M} P_m P_{\mathrm{e}|m} \tag{4-1-13}$$

式中，$P_{\mathrm{e}|m}$ 表示发送消息 m 时的差错概率，即

$$P_{\mathrm{e}|m} = \int_{D_m^\mathrm{c}} p(\boldsymbol{r}|\boldsymbol{s}_m)\,\mathrm{d}\boldsymbol{r} = \sum_{\substack{1 \leqslant m' \leqslant M \\ m' \neq m}} \int_{D_{m'}} p(\boldsymbol{r}|\boldsymbol{s}_m)\,\mathrm{d}\boldsymbol{r} \tag{4-1-14}$$

在式（4-1-13）中利用式（4-1-14），得到

$$P_\mathrm{e} = \sum_{m=1}^{M} P_m \sum_{\substack{1 \leqslant m' \leqslant M \\ m' \neq m}} \int_{D_{m'}} p(\boldsymbol{r}|\boldsymbol{s}_m)\,\mathrm{d}\boldsymbol{r} \tag{4-1-15}$$

式（4-1-15）表示符号（或消息）传输时发生差错的概率，称为**符号差错概率**（Symbol Error Probability）或**消息差错概率**（Message Error Probability）。另一种形式的差错概率是**比特差错概率**（Bit Error Probability），记为 P_b，它是单个比特传输时的差错概率。一般，比特差错概率（也称为比特错误概率）的求解要求知道不同比特序列是如何映射成信号点的。所以，如

果星座图有确定的对称特性将容易推导比特差错概率，但一般情况下求解比特差错概率并不容易。在本章后面将看到，正交信号传输展示了计算比特差错概率所要求的对称性。在其他情况下，可以确定比特差错概率的边界，其方法是：当一个比特出错时就发生一个符号差错，符号差错事件是表示该符号的 $k=\log_2 M$ 个比特中差错事件的组合。因此，得出

$$P_{\mathrm{b}} \leqslant P_{\mathrm{e}} \leqslant k P_{\mathrm{b}} \tag{4-1-16}$$

或

$$\frac{P_{\mathrm{e}}}{\log_2 M} \leqslant P_{\mathrm{b}} \leqslant P_{\mathrm{e}} \tag{4-1-17}$$

例 4-1-1　考虑两个等概率消息信号 $\boldsymbol{s}_1=(0, 0)$和 $\boldsymbol{s}_2=(1, 1)$，该发送矢量与信道 IID 的噪声分量 n_1 和 n_2 相加，每一噪声分量具有指数 PDF

$$p(n)=\begin{cases}\mathrm{e}^{-n}, & n \geqslant 0 \\ 0, & n<0\end{cases}$$

因为消息是等概的，所以 MAP 检测器等价于 ML 检测器，判决域 D_1 为

$$D_1=\left\{\boldsymbol{r} \in \mathbb{R}^2: p(\boldsymbol{r} | \boldsymbol{s}_1)>p(\boldsymbol{r} | \boldsymbol{s}_2)\right\}$$

注意，$p(\boldsymbol{r}|\boldsymbol{s}=(s_1, s_2))=p(\boldsymbol{n}=\boldsymbol{r}-\boldsymbol{s})$，则有

$$D_1=\left\{\boldsymbol{r} \in \mathbb{R}^2: p_n(r_1, r_2)>p_n(r_1-1, r_2-1)\right\}$$

式中，

$$p_n(n_1, n_2)=\begin{cases}\mathrm{e}^{-n_1-n_2}, & n_1, n_2>0 \\ 0, & \text{其他}\end{cases}$$

由该式可以推断，如果 r_1 或 r_2 小于 1，则 $\boldsymbol{r}$ 属于 D_1；如果 r_1 和 r_2 两者都大于 1，$\mathrm{e}^{-r_1-r_2}<\mathrm{e}^{-(r_1-1)-(r_2-1)}$，则 $\boldsymbol{r}$ 属于 D_2。

注意，在该信道中 r_1 或 r_2 都是非负的，因为信号和噪声总是非负的。因此，

$$D_2=\left\{\boldsymbol{r} \in \mathbb{R}^2: r_1 \geqslant 1, r_2 \geqslant 1\right\}$$

和

$$D_1=\left\{\boldsymbol{r} \in \mathbb{R}^2: r_1, r_2 \geqslant 0, \quad 0 \leqslant r_1<1 \text{ 或 } 0 \leqslant r_2<1\right\}$$

判决域如图 4-1-3 所示。对于该信道，当发送 $\boldsymbol{s}_2$ 时，不管噪声分量的值为多少，$\boldsymbol{r}$ 总是落在 D_2 中，无差错发生。

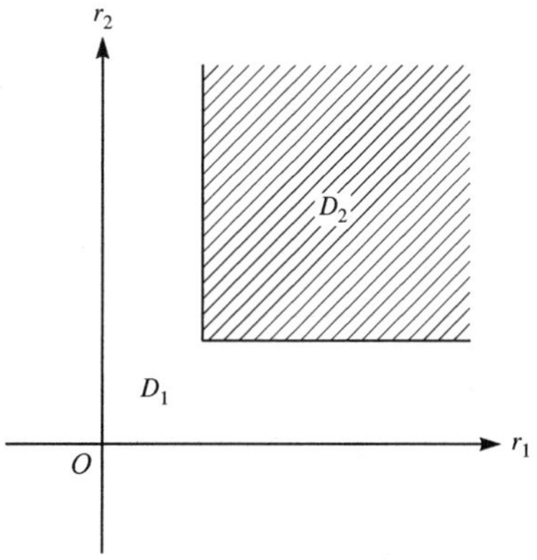

图 4-1-3　判决域 D_1 和 D_2

当发送 $\boldsymbol{s}_1=(0,0)$时，接收矢量 $\boldsymbol{r}$ 属于 D_2，即两个分量总是超过 1 时发生差错，因此，差错概率为

$$P_{\mathrm{e}}=\frac{1}{2}P[\boldsymbol{r}\in D_2\,|\,s_1=(0,0)\ \text{sent}]=\frac{1}{2}\int_1^{\infty}\mathrm{e}^{-n_1}\,\mathrm{d}n_1\int_1^{\infty}\mathrm{e}^{-n_2}\,\mathrm{d}n_2=\frac{1}{2}\mathrm{e}^{-2}\approx 0.0068$$

4．充分统计量

假设接收机的矢量 $\boldsymbol{r}$ 以两个矢量 $\boldsymbol{r}_1$ 和 $\boldsymbol{r}_2$ 表示，即 $\boldsymbol{r}=(\boldsymbol{r}_1,\boldsymbol{r}_2)$。进一步假设 $\boldsymbol{s}_m$、$\boldsymbol{r}_1$ 和 $\boldsymbol{r}_2$ 按给定的顺序组成一个马尔可夫链，即

$$p(\boldsymbol{r}_1,\boldsymbol{r}_2|\boldsymbol{s}_m)=p(\boldsymbol{r}_1|\boldsymbol{s}_m)p(\boldsymbol{r}_2|\boldsymbol{r}_1) \tag{4-1-18}$$

在这些假设情况下，在 $\boldsymbol{s}_m$ 的检测中可不管 $\boldsymbol{r}_2$，仅根据 $\boldsymbol{r}_1$ 检测。其原因是：由式（4-1-10）

$$\begin{aligned}\hat{m}&=\mathop{\arg\max}_{1\leqslant m\leqslant M}P_m\,p(\boldsymbol{r}|\boldsymbol{s}_m)=\mathop{\arg\max}_{1\leqslant m\leqslant M}P_m\,p(\boldsymbol{r}_1,\boldsymbol{r}_2|\boldsymbol{s}_m)\\&=\mathop{\arg\max}_{1\leqslant m\leqslant M}P_m\,p(\boldsymbol{r}_1|\boldsymbol{s}_m)p(\boldsymbol{r}_2|\boldsymbol{r}_1)=\mathop{\arg\max}_{1\leqslant m\leqslant M}P_m\,p(\boldsymbol{r}_1|\boldsymbol{s}_m)\end{aligned} \tag{4-1-19}$$

式中最后一步忽略了正因子 $p(\boldsymbol{r}_2|\boldsymbol{r}_1)$，因为它并不取决于 m。这就表明检测器可以只根据 $\boldsymbol{r}_1$ 进行检测。

当式（4-1-18）确定的 $\boldsymbol{s}_m$、$\boldsymbol{r}_1$ 和 $\boldsymbol{r}_2$ 之间满足马尔可夫链关系式时，称 $\boldsymbol{r}_1$ 是检测 $\boldsymbol{s}_m$ 的充分统计量（Sufficient Statistic）。在这种情况下，当可以忽略 $\boldsymbol{r}_2$ 而不会牺牲接收机的最佳性能时，称 $\boldsymbol{r}_2$ 为无关数据（Irrelevant Data）或无关信息（Irrelevant Information）。可见，在接收机中充分统计量可通过忽略大量的、通常是无关的数据来降低检测过程的复杂性。

例 4-1-2 假设例 4-1-1 中除 $\boldsymbol{r}$ 外，接收机也观察到了 n_1，所以，假定接收机可得到 $\boldsymbol{r}=(\boldsymbol{r}_1,\boldsymbol{r}_2)$，其中 $\boldsymbol{r}_1=(r_1,n_1)$且 $\boldsymbol{r}_2=r_2$。为了设计最佳检测器，注意接收机可利用 r_1 和 n_1 唯一地确定 s_{m1}，因为 $s_{11}=0$ 和 $s_{21}=1$，这就唯一地确定了消息 m，因此使得 $\boldsymbol{r}_2=r_2$ 无关。在这种情况下，最佳判决规则变为

$$\hat{m}=\begin{cases}1, & r_1-n_1=0\\ 2, & r_1-n_1=1\end{cases} \tag{4-1-20}$$

结果差错概率为 0。

5．接收机的预处理

假设接收机将可逆运算 $\boldsymbol{G}$ 应用于接收矢量 $\boldsymbol{r}$。换言之，接收机不是将 $\boldsymbol{r}$ 直接送给检测器，而是将 $\boldsymbol{r}$ 通过 $\boldsymbol{G}$ 再送给具有 $\boldsymbol{\rho}=\boldsymbol{G}(\boldsymbol{r})$的检测器。接收机的预处理如图 4-1-4 所示。

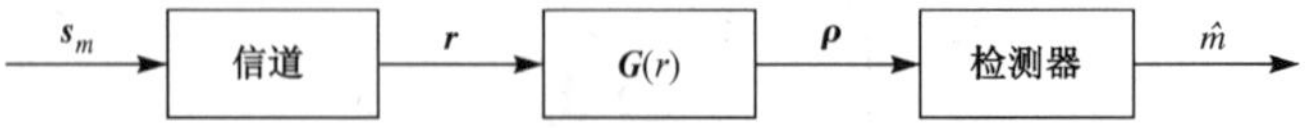

图 4-1-4　接收机的预处理

因为 $\boldsymbol{G}$ 是可逆的且检测器可以获得 $\boldsymbol{\rho}$，它可以应用 $\boldsymbol{G}^{-1}$ 得到 $\boldsymbol{G}^{-1}(\boldsymbol{\rho})=\boldsymbol{G}^{-1}(\boldsymbol{G}(\boldsymbol{r}))=\boldsymbol{r}$。于是检测器可以应用 $\boldsymbol{\rho}$ 和 $\boldsymbol{r}$，因此最佳检测规则为

$$\hat{m}=\mathop{\arg\max}_{1\leqslant m\leqslant M}P_m\,p(\boldsymbol{r},\boldsymbol{\rho}|\boldsymbol{s}_m)=\mathop{\arg\max}_{1\leqslant m\leqslant M}P_m\,p(\boldsymbol{r}|\boldsymbol{s}_m)p(\boldsymbol{\rho}|\boldsymbol{r})=\mathop{\arg\max}_{1\leqslant m\leqslant M}P_m\,p(\boldsymbol{r}|\boldsymbol{s}_m) \tag{4-1-21}$$

式中，应用了这样的事实：$\boldsymbol{\rho}$ 是 $\boldsymbol{r}$ 的函数，因此当 $\boldsymbol{r}$ 给定时 $\boldsymbol{\rho}$ 并不取决于 $\boldsymbol{s}_m$。由式（4-1-21）

显然可见，基于 $\boldsymbol{\rho}$ 观察的最佳检测器的判决与基于 $\boldsymbol{r}$ 观察的最佳检测器相同。换言之，接收信息的可逆预处理并不改变接收机的最佳性。

例 4-4-3　假设接收矢量为

$$\boldsymbol{r} = \boldsymbol{s}_m + \boldsymbol{n}$$

式中，$\boldsymbol{n}$ 是非白（有色）噪声。进一步假设存在一个可逆白化运算子（记为矩阵 $\boldsymbol{W}$），于是 $\boldsymbol{v} = \boldsymbol{W}\boldsymbol{n}$ 是白矢量，则得到

$$\boldsymbol{\rho} = \boldsymbol{W}\boldsymbol{r} = \boldsymbol{W}\boldsymbol{s}_m + \boldsymbol{v}$$

该式等价于白噪声信道的检测而没有性能损失，线性运算 $\boldsymbol{W}$ 称为白化滤波器（Whitening Filter）。

4.2　波形与矢量 AWGN 信道

波形 AWGN 信道由输入与输出的关系式描述：

$$r(t) = s_m(t) + n(t) \tag{4-2-1}$$

式中，$s_m(t)$ 是 M 个可能信号 $\{s_1(t), s_2(t), \cdots, s_M(t)\}$ 之一，所选的每一个信号基于先验概率 P_m，$n(t)$是零均值高斯白噪声，其功率谱密度为 $N_0/2$。假设利用施密特正交化方法导出标准正交基 $\{\phi_j(t), 1 \leqslant j \leqslant N\}$ 来表示信号，利用标准正交基得到信号的矢量表达形式为$\{\boldsymbol{s}_m, 1 \leqslant m \leqslant M\}$。噪声过程不能以基 $\{\phi_j(t)\}_{j=1}^N$ 全部展开，我们将噪声过程 $n(t)$分解为两个分量：一个分量（记为 $n_1(t)$）是噪声中以 $\{\phi_j(t)\}_{j=1}^N$ 展开的部分，即噪声在这些基函数构建的空间中的投影；另一个分量（记为 $n_2(t)$）是噪声中不能以基函数表示的部分。按上面的定义，可得

$$n_1(t) = \sum_{j=1}^{N} n_j \phi_j(t), \qquad n_j = \langle n(t), \phi_j(t) \rangle \tag{4-2-2}$$

和

$$n_2(t) = n(t) - n_1(t) \tag{4-2-3}$$

注意

$$s_m(t) = \sum_{j=1}^{N} s_{mj} \phi_j(t), \qquad s_{mj} = \langle s_m(t), \phi_j(t) \rangle \tag{4-2-4}$$

利用式（4-2-2）和式（4-2-3），式（4-2-1）可表示为

$$r(t) = \sum_{j=1}^{N} (s_{mj} + n_j) \phi_j(t) + n_2(t) \tag{4-2-5}$$

由定义

$$r_j = s_{mj} + n_j \tag{4-2-6}$$

式中

$$r_j = \langle s_m(t), \phi_j(t) \rangle + \langle n(t), \phi_j(t) \rangle = \langle s_m(t) + n(t), \phi_j(t) \rangle = \langle r(t), \phi_j(t) \rangle \tag{4-2-7}$$

得到

$$r(t) = \sum_{j=1}^{N} r_j \phi_j(t) + n_2(t), \qquad r_j = \langle r(t), \phi_j(t) \rangle \tag{4-2-8}$$

由例 2-8-1 可知，n_j是 IID 均值为 0、方差为$N_0/2$的高斯随机变量，该结果也可以直接证明如下：注意，n_j定义为

$$n_j = \int_{-\infty}^{\infty} n(t)\phi_j(t)\,\mathrm{d}t \tag{4-2-9}$$

它是高斯随机过程 $n(t)$的线性组合，因此也是高斯的，其均值为

$$E[n_j] = E\left[\int_{-\infty}^{\infty} n(t)\phi_j(t)\,\mathrm{d}t\right] = \int_{-\infty}^{\infty} E[n(t)]\,\phi_j(t)\,\mathrm{d}t = 0 \tag{4-2-10}$$

式中，因为 $n(t)$是零均值的，最后的等式成立，即 $E[n(t)] = 0$。

也可以求得 n_i 与 n_j 的协方差为

$$\begin{aligned}
\mathrm{COV}[n_i n_j] &= E[n_i n_j] - E[n_i]E[n_j] = E\left[\int_{-\infty}^{\infty} n(t)\phi_i(t)\,\mathrm{d}t \int_{-\infty}^{\infty} n(s)\phi_j(s)\,\mathrm{d}s\right] \\
&= \int_{-\infty}^{\infty}\int_{-\infty}^{\infty} E[n(t)n(s)]\,\phi_i(t)\phi_j(s)\,\mathrm{d}t\,\mathrm{d}s = \frac{N_0}{2}\int_{-\infty}^{\infty}\left[\int_{-\infty}^{\infty}\delta(t-s)\phi_i(t)\,\mathrm{d}t\right]\phi_j(s)\,\mathrm{d}s \\
&= \frac{N_0}{2}\int_{-\infty}^{\infty}\phi_i(s)\phi_j(s)\,\mathrm{d}s = \begin{cases} N_0/2, & i = j \\ 0, & i \neq j \end{cases}
\end{aligned} \tag{4-2-11}$$

式中，利用了这样的事实：n_i 和 n_j 是零均值的，因为 $n(t)$是白的，其自相关函数为$\frac{N_0}{2}\delta(\tau)$。最后一步应用了$\{\phi_j(t)\}$的标准正交性。式（4-2-11）表明，对于$i \neq j$，$n_i$与$n_j$是不相关的，因为它们是高斯的，故也是独立的。这也表明每一个 n_j 的方差均为 $N_0/2$。

再研究 $n_2(t)$的性质。首先，n_j是联合高斯随机变量，$n_1(t)$是高斯过程，因此 $n_2(t) = n(t) - n_1(t)$是两个联合高斯过程的线性组合，从而也是高斯过程。在任何给定 t 时刻，有

$$\begin{aligned}
\mathrm{COV}[n_j n_2(t)] &= E[n_j n_2(t)] = E[n_j n(t)] - E[n_j n_1(t)] \\
&= E\left[n(t)\int_{-\infty}^{\infty} n(s)\phi_j(s)\,\mathrm{d}s\right] - E\left[n_j \sum_{i=1}^{N} n_i\phi_i(t)\right] \\
&= \frac{N_0}{2}\int_{-\infty}^{\infty}\delta(t-s)\phi_j(s)\,\mathrm{d}s - \frac{N_0}{2}\phi_j(t) = \frac{N_0}{2}\phi_j(t) - \frac{N_0}{2}\phi_j(t) = 0
\end{aligned} \tag{4-2-12}$$

式中，利用这样的事实：$E[n_j n_i] = 0$（除 $i = j$ 外）；当 $i = j$ 时，$E[n_j n_i] = N_0/2$。

式（4-2-12）表明，$n_2(t)$与所有的 n_j 都不相关，因为它们是联合高斯的，$n_2(t)$与所有的 n_j 都独立，因此它与 $n_1(t)$独立。

因为 $n_2(t)$独立于 $s_m(t)$和 $n_1(t)$，可以推断式（4-2-8）中 $r(t)$的两个分量，即$\sum_j r_j\phi_j(t)$和 $n_2(t)$是独立的。因为第一个分量是携带发送信号的唯一分量，第二个分量独立于第一个分量，第二个分量不能提供有关发送信号的任何信息，因此对检测过程没有影响，从而可以忽略，并不损失检测器的最佳性。换言之，$n_2(t)$对最佳检测而言是无关的信息。

由上述讨论可见，对最佳检测器的设计，波形 AWGN 信道为

$$r(t) = s_m(t) + n(t), \qquad 1 \leqslant m \leqslant M \tag{4-2-13}$$

等效于 N 维矢量信道

$$\boldsymbol{r} = \boldsymbol{s}_m + \boldsymbol{n}, \qquad 1 \leqslant m \leqslant M \tag{4-2-14}$$

4.2.1　矢量 AWGN 信道的最佳检测

矢量AWGN 信道是对波形 AWGN 信道的等效矢量信道，它由式（4-2-14）描述，式中噪声矢量的各分量是 IID 均值为 0、方差为 $N_0/2$ 的高斯随机变量。噪声矢量的联合 PDF 由式（4-1-4）确定。该信道的 MAP 检测器为

$$\begin{aligned}
\hat{m} &= \arg\max_{1\leqslant m\leqslant M}\left[P_m p(\boldsymbol{r}|\boldsymbol{s}_m)\right] = \arg\max_{1\leqslant m\leqslant M} P_m\left[p_{\boldsymbol{n}}(\boldsymbol{r}-\boldsymbol{s}_m)\right]\\
&= \arg\max_{1\leqslant m\leqslant M}\left[P_m\left(\frac{1}{\sqrt{\pi N_0}}\right)^N \mathrm{e}^{-\frac{\|\boldsymbol{r}-\boldsymbol{s}_m\|^2}{N_0}}\right] \overset{\text{(a)}}{=} \arg\max_{1\leqslant m\leqslant M}\left[P_m\,\mathrm{e}^{-\frac{\|\boldsymbol{r}-\boldsymbol{s}_m\|^2}{N_0}}\right]\\
&\overset{\text{(b)}}{=} \arg\max_{1\leqslant m\leqslant M}\left[\ln P_m - \frac{\|\boldsymbol{r}-\boldsymbol{s}_m\|^2}{N_0}\right] \overset{\text{(c)}}{=} \arg\max_{1\leqslant m\leqslant M}\left[\frac{N_0}{2}\ln P_m - \frac{1}{2}\|\boldsymbol{r}-\boldsymbol{s}_m\|^2\right]\\
&= \arg\max_{1\leqslant m\leqslant M}\left[\frac{N_0}{2}\ln P_m - \frac{1}{2}\left(\|\boldsymbol{r}\|^2+\|\boldsymbol{s}_m\|^2-2\boldsymbol{r}\cdot\boldsymbol{s}_m\right)\right]\\
&\overset{\text{(d)}}{=} \arg\max_{1\leqslant m\leqslant M}\left[\frac{N_0}{2}\ln P_m - \frac{1}{2}\mathcal{E}_m + \boldsymbol{r}\cdot\boldsymbol{s}_m\right] \overset{\text{(e)}}{=} \arg\max_{1\leqslant m\leqslant M}\left[\eta_m + \boldsymbol{r}\cdot\boldsymbol{s}_m\right]
\end{aligned} \tag{4-2-15}$$

式中应用的简化公式如下：

（a）：$1/\sqrt{\pi N_0}$ 是正常数，可以舍去。

（b）：$\ln(\cdot)$ 是增函数。

（c）：$N_0/2$ 是正的，且与正数相乘并不影响 arg max 的结果。

（d）：$\|\boldsymbol{r}\|^2$ 可以舍去，因为它与 m 和 $\|\boldsymbol{s}_m\|^2=\mathcal{E}_m$ 无关。

（e）：已定义

$$\eta_m = \frac{N_0}{2}\ln P_m - \frac{1}{2}\mathcal{E}_m \tag{4-2-16}$$

为偏差项。

由式（4-2-15）可见，矢量 AWGN 信道的最佳（MAP）判决规则为

$$\hat{m} = \arg\max_{1\leqslant m\leqslant M}\left[\eta_m + \boldsymbol{r}\cdot\boldsymbol{s}_m\right], \qquad \eta_m = \frac{N_0}{2}\ln P_m - \frac{1}{2}\mathcal{E}_m \tag{4-2-17}$$

在信号等概的特殊情况下，即 $P_m = 1/M$（所有 m），该关系式可以简化。在这种情况下，式（4-2-15）中的步骤（c）可写为

$$\begin{aligned}
\hat{m} &= \arg\max_{1\leqslant m\leqslant M}\left[\frac{N_0}{2}\ln P_m - \frac{1}{2}\|\boldsymbol{r}-\boldsymbol{s}_m\|^2\right]\\
&= \arg\max_{1\leqslant m\leqslant M}\left[-\|\boldsymbol{r}-\boldsymbol{s}_m\|^2\right] = \arg\min_{1\leqslant m\leqslant M}\|\boldsymbol{r}-\boldsymbol{s}_m\|
\end{aligned} \tag{4-2-18}$$

式中，$-\|\boldsymbol{r}-\boldsymbol{s}_m\|^2$ 的最大化等价于其负值（即 $\|\boldsymbol{r}-\boldsymbol{s}_m\|^2$）的最小化，也就等价于其平方根 $\|\boldsymbol{r}-\boldsymbol{s}_m\|$ 的最小化。

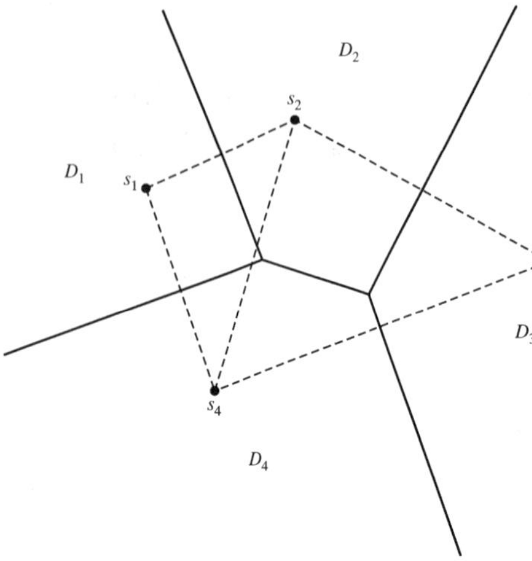

图 4-2-1　4 个信号点的二维星座的判决域

式（4-2-18）的几何解释特别方便。接收机接收 $\boldsymbol{r}$ 并以标准欧氏距离在所有 $\boldsymbol{s}_m$ 中寻找与 $\boldsymbol{r}$ 最近者，这样的检测器被称为最近邻（Nearest-Neighbor）或最小距离（Minimum-Distance）检测器。这也说明在这种情况下，由于信号是等概的，MAP 和 ML 检测器是一致的，两者都等价于最小距离检测器。在这种情况下，判决 D_m 和 $D_{m'}$ 的边界是与 $\boldsymbol{s}_m$ 和 $\boldsymbol{s}_{m'}$ 等距离的点的集合，就是这两个信号点连线的垂直平分线。一般来讲该边界是一个超平面。当 N=2 时该边界是一条直线，当 N=3 时为平面。这些超平面完全确定了判决域。图 4-2-1 所示的例子为一个具有 4 个信号点的二维（N=2）星座，实线表示判决域的边界，它是连接各信号点虚线的垂直平分线。

当信号等概且等能量时，偏差项 $\eta_m = N_0 \ln P_m/2 - \mathcal{E}_m/2$ 独立于 m，可以从式（4-2-17）中舍去。在这种情况下，最佳判决规则可简化为

$$\hat{m} = \arg\max_{1\leqslant m\leqslant M} \boldsymbol{r}\cdot\boldsymbol{s}_m \tag{4-2-19}$$

一般判决域 D_m 为

$$D_m = \left\{\boldsymbol{r}\in\mathbb{R}^N : \boldsymbol{r}\cdot\boldsymbol{s}_m + \eta_m > \boldsymbol{r}\cdot\boldsymbol{s}_{m'} + \eta_{m'}, 1\leqslant m'\leqslant M \text{ 且 } m'\neq m\right\} \tag{4-2-20}$$

注意，判决域至多用 M–1 个不等式描述，在某些情况下，其中一些不等式可被其他不等式表示，因而这些不等式是多余的。同时也注意每一个边界的一般形式为

$$\boldsymbol{r}\cdot(\boldsymbol{s}_m - \boldsymbol{s}_{m'}) > \eta_{m'} - \eta_m \tag{4-2-21}$$

该式为超平面方程，因此，各判决域的边界一般为超平面。

由式（2-2-47）可知

$$\boldsymbol{r}\cdot\boldsymbol{s}_m = \int_{-\infty}^{\infty} r(t)s_m(t)\,\mathrm{d}t \tag{4-2-22}$$

和

$$\mathcal{E}_m = \|\boldsymbol{s}\|^2 = \int_{-\infty}^{\infty} s_m^2(t)\,\mathrm{d}t \tag{4-2-23}$$

因此，AWGN 信道的最佳 MAP 检测规则可表示为

$$\hat{m} = \arg\max_{1\leqslant m\leqslant M}\left[\frac{N_0}{2}\ln P_m + \int_{-\infty}^{\infty} r(t)s_m(t)\,\mathrm{d}t - \frac{1}{2}\int_{-\infty}^{\infty} s_m^2(t)\,\mathrm{d}t\right] \tag{4-2-24}$$

以及 ML 检测器的形式为

$$\hat{m} = \arg\max_{1\leqslant m\leqslant M}\left[\int_{-\infty}^{\infty} r(t)s_m(t)\,\mathrm{d}t - \frac{1}{2}\int_{-\infty}^{\infty} s_m^2(t)\,\mathrm{d}t\right] \tag{4-2-25}$$

在这点上引入三种度量是很方便的，后面将经常用到。定义距离度量（Distance Metric）为

$$D(\boldsymbol{r},\boldsymbol{s}_m) = \|\boldsymbol{r}-\boldsymbol{s}_m\|^2 = \int_{-\infty}^{\infty}[r(t)-s_m(t)]^2\,\mathrm{d}t \tag{4-2-26}$$

它表示 $\boldsymbol{r}$ 和 $\boldsymbol{s}_m$ 之间欧氏距离的平方。变型距离度量（Modified Distance Metric）定义为

$$D'(\boldsymbol{r}, \boldsymbol{s}_m) = -2\boldsymbol{r} \cdot \boldsymbol{s}_m + \|\boldsymbol{s}_m\|^2 \tag{4-2-27}$$

当$\|\boldsymbol{r}\|^2$与 m 无关而被舍去后，它等于距离度量。相关度量（Correlation Metric）定义为变型距离度量的负值，即

$$C(\boldsymbol{r}, \boldsymbol{s}_m) = 2\boldsymbol{r} \cdot \boldsymbol{s}_m - \|\boldsymbol{s}_m\|^2 = 2\int_{-\infty}^{\infty} r(t)s_m(t)\,\mathrm{d}t - \int_{-\infty}^{\infty} s_m^2(t)\,\mathrm{d}t \tag{4-2-28}$$

尤其要注意，使用术语“度量”只是为了方便。一般，这些量都不是数学意义上的度量。根据这些定义，最佳检测规则（MAP 规则）一般可表示为

$$\hat{m} = \underset{1\leqslant m\leqslant M}{\arg\max}\,[N_0 \ln P_m - D(\boldsymbol{r}, \boldsymbol{s}_m)] = \underset{1\leqslant m\leqslant M}{\arg\max}\,[N_0 \ln P_m + C(\boldsymbol{r}, \boldsymbol{s}_m)] \tag{4-2-29}$$

且 ML 检测规则可表示为

$$\hat{m} = \underset{1\leqslant m\leqslant M}{\arg\max}\, C(\boldsymbol{r}, \boldsymbol{s}_m) \tag{4-2-30}$$

1．双极性二进制信号传输的最佳检测

在双极性二进制信号传输方式中，$s_1(t)= s(t)$和 $s_2(t) =-s(t)$。消息 1 和消息 2 的概率分别为 p 和 $1-p$。显然，这是 $N=1$ 的情况，两个信号的矢量表示（Vector Representation）只是标量 $s_1 = \sqrt{\mathcal{E}_s}$和 $s_2 = -\sqrt{\mathcal{E}_s}$，其中$\mathcal{E}_s$是每个信号的能量且等于$\mathcal{E}_b$。按照式（4-2-20），判决域 D_1 为

$$\begin{aligned} D_1 &= \left\{r : r\sqrt{\mathcal{E}_b} + \frac{N_0}{2}\ln p - \frac{1}{2}\mathcal{E}_b > -r\sqrt{\mathcal{E}_b} + \frac{N_0}{2}\ln(1-p) - \frac{1}{2}\mathcal{E}_b\right\} \\ &= \left\{r : r > \frac{N_0}{4\sqrt{\mathcal{E}_b}}\ln\frac{1-p}{p}\right\} = \{r : r > r_{\text{th}}\} \end{aligned} \tag{4-2-31}$$

式中，门限 r_{th} 的定义为

$$r_{\text{th}} = \frac{N_0}{4\sqrt{\mathcal{E}_b}}\ln\frac{1-p}{p} \tag{4-2-32}$$

星座和判决域如图 4-2-2 所示。

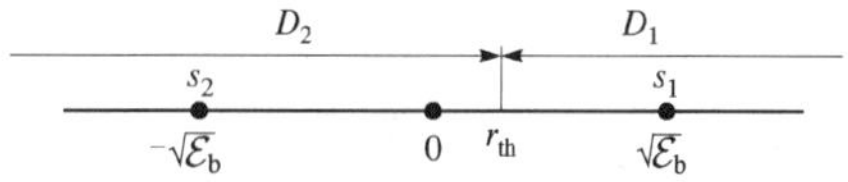

图 4-2-2 双极性二进制信号的星座和判决域

注意，当 $p \to 0$ 时 $r_{\text{th}} \to \infty$，全部直线变为 D_2；当 $p \to 1$ 时，全部直线变为 D_1，这在预料之中。同时可见，当 $p = 1/2$ 时（即消息等概时）$r_{\text{th}}=0$，判决规则可简化为最小距离规则。为了推导该系统的差错概率，利用式（4-1-15）可得

$$\begin{aligned} P_e &= \sum_{m=1}^{2} P_m \sum_{\substack{1\leqslant m'\leqslant 2 \\ m'\neq m}} \int_{D_{m'}} p(\boldsymbol{r}\,|\boldsymbol{s}_m)\,\mathrm{d}\boldsymbol{r} \\ &= p\int_{D_2} p\left(r\,\middle|\, s = \sqrt{\mathcal{E}_b}\right)\mathrm{d}r + (1-p)\int_{D_1} p\left(r\,\middle|\, s = -\sqrt{\mathcal{E}_b}\right)\mathrm{d}r \\ &= p\int_{-\infty}^{r_{\text{th}}} p\left(r\,\middle|\, s = \sqrt{\mathcal{E}_b}\right)\mathrm{d}r + (1-p)\int_{r_{\text{th}}}^{\infty} p\left(r\,\middle|\, s = -\sqrt{\mathcal{E}_b}\right)\mathrm{d}r \\ &= pP\left[\mathcal{N}\left(\sqrt{\mathcal{E}_b}, N_0/2\right) < r_{\text{th}}\right] + (1-p)P\left[\mathcal{N}\left(-\sqrt{\mathcal{E}_b}, N_0/2\right) > r_{\text{th}}\right] \\ &= pQ\left(\frac{\sqrt{\mathcal{E}_b} - r_{\text{th}}}{\sqrt{N_0/2}}\right) + (1-p)Q\left(\frac{r_{\text{th}} + \sqrt{\mathcal{E}_b}}{\sqrt{N_0/2}}\right) \end{aligned} \tag{4-2-33}$$

式中最后一步利用了式（2-3-12）。在 $p = 1/2$ 的特殊情况下 $r_{\text{th}}=0$，差错概率可简化为

$$P_e = Q\left(\sqrt{2\mathcal{E}_b/N_0}\right) \tag{4-2-34}$$

同时可见，由于该系统是二进制的，每一个消息的差错概率等于比特差错概率，即 $P_b=P_e$。

2. 等概二进制信号传输方式的差错概率

在这种情况下，发送机将两个等概的信号 $s_1(t)$和 $s_2(t)$在 AWGN 信道上传输。因为信号是等概的，这两个判决域由 $\boldsymbol{s}_1$ 与 $\boldsymbol{s}_2$ 连线的垂直平分线来划分。由于对称性，发送 $\boldsymbol{s}_1$ 或 $\boldsymbol{s}_2$ 的差错概率相等，因此 $P_b = P[\text{error}\,|\boldsymbol{s}_1\,\text{sent}]$。图 4-2-3 示出了判决域和 $\boldsymbol{s}_1$ 与 $\boldsymbol{s}_2$ 连线的垂直平分线。

当发送 $\boldsymbol{s}_1$ 时，如果 $\boldsymbol{r}$ 位于 D_2 内则发生差错，这意味着 $\boldsymbol{r}-\boldsymbol{s}_1$ 在 $\boldsymbol{s}_2-\boldsymbol{s}_1$ 上的投影（即 A 点）与 $\boldsymbol{s}_1$ 之间的距离大于 $d_{12}/2$，其中 $d_{12}=\|\boldsymbol{s}_2-\boldsymbol{s}_1\|$。注意，因为发送 $\boldsymbol{s}_1$，$\boldsymbol{n}=\boldsymbol{r}-\boldsymbol{s}_1$，$\boldsymbol{r}-\boldsymbol{s}_1$ 在 $\boldsymbol{s}_2-\boldsymbol{s}_1$ 上的投影变为等于 $\boldsymbol{n}(\boldsymbol{s}_2-\boldsymbol{s}_1)/d_{12}$，所以差错概率为

$$P_b = P\left[\frac{\boldsymbol{n}\cdot(\boldsymbol{s}_2-\boldsymbol{s}_1)}{d_{12}} > \frac{d_{12}}{2}\right] \tag{4-2-35}$$

或

$$P_b = P\left[\boldsymbol{n}\cdot(\boldsymbol{s}_2-\boldsymbol{s}_1) > \frac{d_{12}^2}{2}\right] \tag{4-2-36}$$

注意，$\boldsymbol{n}\cdot(\boldsymbol{s}_2-\boldsymbol{s}_1)$是零均值高斯随机变量，其方差为 $d_{12}^2 N_0/2$。因此利用式（2-3-12）可得

$$P_b = Q\left(\frac{d_{12}^2/2}{d_{12}\sqrt{\frac{N_0}{2}}}\right) = Q\left(\sqrt{d_{12}^2/2N_0}\right) \tag{4-2-37}$$

式（4-2-37）具有通用性，它适用于所有等概二进制信号传输系统，而不管信号的形状如何。因为 $Q(\cdot)$是减函数（Decreasing Function），为了使差错概率最小，必须使信号之间的距离最大。距离 d_{12} 为

$$d_{12}^2 = \int_{-\infty}^{\infty} [s_1(t)-s_2(t)]^2\,\mathrm{d}t \tag{4-2-38}$$

在等概二进制信号且等能量（即$\mathcal{E}_1=\mathcal{E}_2$）的特殊情况下，展开式（4-2-38）后可得

$$d_{12}^2 = \mathcal{E}_{s_1} + \mathcal{E}_{s_2} - 2\langle s_1(t), s_2(t)\rangle = 2\mathcal{E}(1-\rho) \tag{4-2-39}$$

式中，ρ 是 $s_1(t)$与 $s_2(t)$之间的互相关系数，由式（2-1-25）定义。由于$-1\leqslant\rho\leqslant 1$，由式（4-2-39）可见，当 $\rho=-1$（即双极性信号）时二进制信号的距离最大，在这种情况下系统的差错概率最小。

3. 正交二进制信号传输的最佳检测

对于正交二进制信号，有

$$\int_{-\infty}^{\infty} s_i(t)s_j(t)\,\mathrm{d}t = \begin{cases} \mathcal{E}, & i=j \\ 0, & i\neq j \end{cases} \qquad 1\leqslant i,j\leqslant 2 \tag{4-2-40}$$

注意，因为系统是二进制的，$\mathcal{E}_b=\mathcal{E}$。这里选择 $\phi_j(t)=s_j(t)/\sqrt{\mathcal{E}_b}$（$j=1,2$），信号集的矢量表示形式为

$$\boldsymbol{s}_1 = \left(\sqrt{\mathcal{E}_b}, 0\right), \qquad \boldsymbol{s}_2 = \left(0, \sqrt{\mathcal{E}_b}\right) \tag{4-2-41}$$

在信号等概的情况下，星座图和最佳判决域如图 4-2-4 所示。

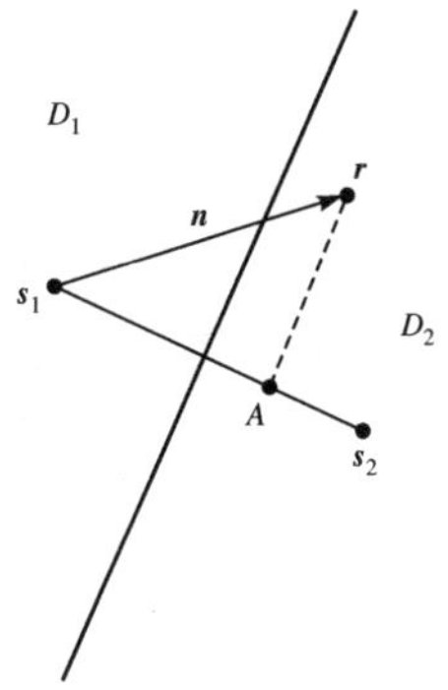

图 4-2-3　等概二进制信号的判决域

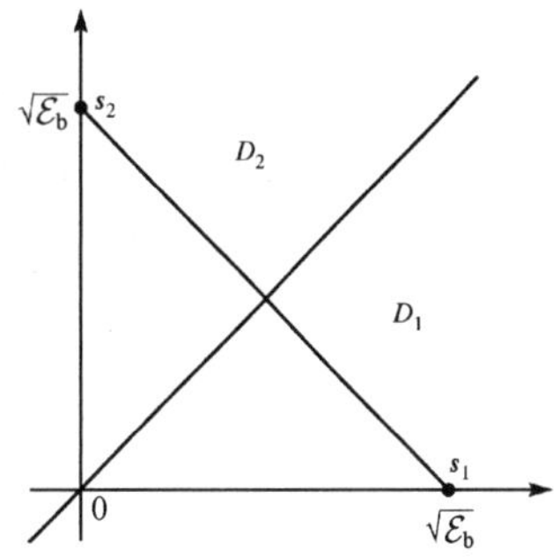

图 4-2-4　正交二进制信号在等概时的星座图和判决域

显然，这种信号传输方式的 $d=\sqrt{2\mathcal{E}_b}$ 且

$$P_b = Q\left(\sqrt{\frac{d^2}{2N_0}}\right) = Q\left(\sqrt{\frac{\mathcal{E}_b}{N_0}}\right) \tag{4-2-42}$$

将此结果与式（4-2-34）确定的双极性二进制信号传输的差错概率进行比较，由图 4-2-5 可以看出，在提供同样差错概率的条件下，正交二进制信号传输的比特能量是双极性二进制信号传输系统的 2 倍。因此，正交二进制信号传输的功率效率是双极性二进制信号传输的 1/2，即差 3 dB。

在许多信号传输系统的差错概率表达式中出现的比值

$$\gamma_b = \frac{\mathcal{E}_b}{N_0} \tag{4-2-43}$$

称为通信系统的每比特信号噪声比或比特信噪比，简称为信噪比（SNR）。图 4-2-5 所示为双极性二进制和正交二进制信号传输的差错概率曲线，它是 SNR 的函数，该图表明正交二进制信号的曲线是双极性二进制信号曲线平移 3 dB 的结果。

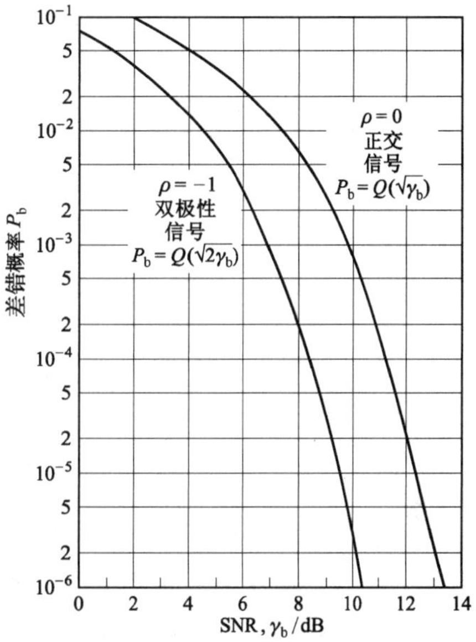

图 4-2-5　双极性二进制与正交二进制信号传输的差错概率

4.2.2　AWGN 信道最佳接收机的实现

本节将阐述 AWGN 信道最佳（MAP）接收机的不同实现方法，所有这些结构在性能上都是等价的，实现的基本关系式是式（4-2-17），该式描述 AWGN 信道的 MAP 接收机。

1. 相关接收机

AWGN 信道最佳接收机采用由式（4-2-44）确定的 MAP 判决规则。

$$\hat{m} = \underset{1\leqslant m\leqslant M}{\arg\max}\,[\eta_m + \boldsymbol{r}\cdot\boldsymbol{s}_m], \qquad \eta_m = \frac{N_0}{2}\ln P_m - \frac{1}{2}\mathcal{E}_m \tag{4-2-44}$$

然而，接收机的输入为 $r(t)$，而不是矢量 $\boldsymbol{r}$。在接收机中实现式（4-2-44）的第一步是由

接收信号 $r(t)$导出 $\boldsymbol{r}$。利用关系式

$$r_j = \int_{-\infty}^{\infty} r(t)\phi_j(t)\,\mathrm{d}t \tag{4-2-45}$$

接收机用每一个基函数 $\phi_j(t)$ 乘 $r(t)$再积分可得到 $\boldsymbol{r}$ 的全部分量，然后求 $\boldsymbol{r}$ 与每一个 $\boldsymbol{s}_m$（$1\leqslant m\leqslant M$）的内积，最后加上偏差项 η_m，比较该结果并选择最大结果的 m。因为接收信号与每一个 $\phi_j(t)$ 相关，这种最佳接收机的实现方法称为相关接收机（Correlation Receiver）。

具有 N 个相关器（Correlator）的相关接收机的结构如图 4-2-6 所示。

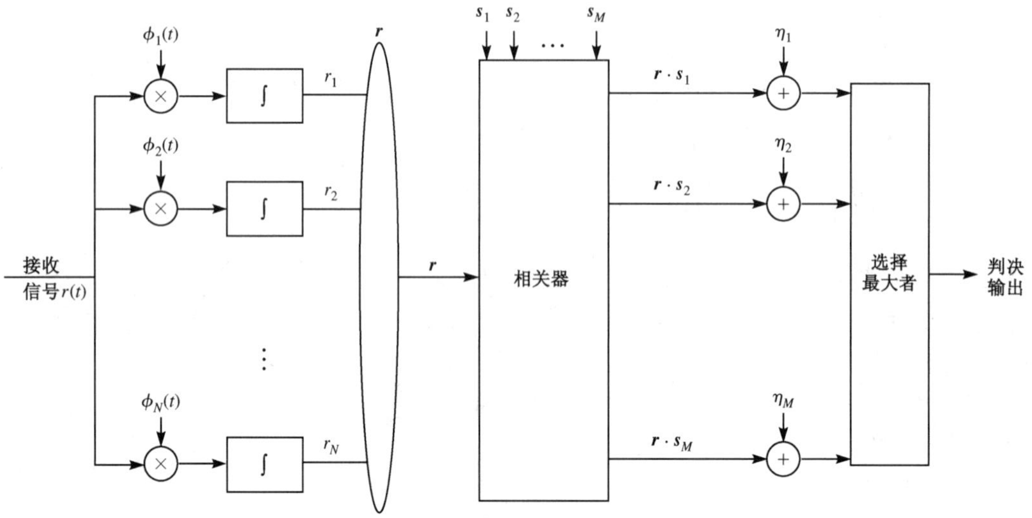

图 4-2-6　具有 N 个相关器的相关接收机的结构

注意，η_m 和 $\boldsymbol{s}_m$ 独立于接收信号 $r(t)$，因此它们可以每计算一次并存储在存储器中，便于后面的读取。图中需恒定不变计算的部分是计算 $\boldsymbol{r}\cdot\boldsymbol{s}_m$（$1\leqslant m\leqslant M$）的相关器。

最佳检测器的另一种实现方法是可能的，注意由式（4-2-44）确定的最佳检测规则等价于

$$\hat{m} = \underset{1\leqslant m\leqslant M}{\arg\max}\left[\eta_m + \int_{-\infty}^{\infty} r(t)s_m(t)\,\mathrm{d}t\right],\qquad \eta_m = \frac{N_0}{2}\ln P_m - \frac{1}{2}\mathcal{E}_m \tag{4-2-46}$$

因此，$\boldsymbol{r}\cdot\boldsymbol{s}_m$ 可以直接由 $r(t)$与 $s_m(t)$相关求得。图 4-2-7 示出了该实现方法，它是相关接收机的第二种形式。

注意，虽然图 4-2-7 的结构看上去比图 4-2-6 的结构简单，但因为大多数情况下 $N< M$（实际上 $N\ll M$），图 4-2-6 所示的相关接收机通常是优选的实现方法。

相关接收机需要 N 或 M 个相关器（即乘法器+积分器）。下面将阐述最佳接收机的另一种实现，称为匹配滤波器接收机。

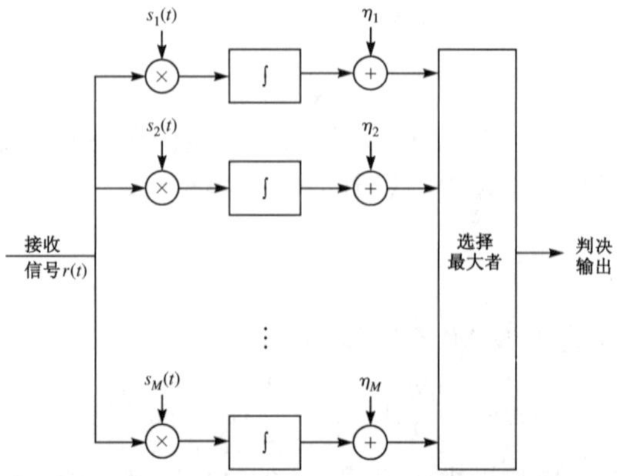

图 4-2-7　具有 M 个相关器的相关接收机结构

2．匹配滤波器接收机（Matched Filter Receiver）

在两种相关接收机的实现方法中，计算

$$r_x = \int_{-\infty}^{\infty} r(t)x(t)\,\mathrm{d}t \tag{4-2-47}$$

式中，$x(t)$是$\phi_j(t)$或$s_m(t)$。如果定义$h(t)=x(T-t)$，其中T为任意值，具有冲激响应$h(t)$的滤波器称为匹配于$x(t)$的滤波器或匹配滤波器。如果该滤波器的输入为$r(t)$，则其输出$y(t)$为$r(t)$与$h(t)$的卷积，即

$$y(t) = r(t) * h(t) = \int_{-\infty}^{\infty} r(\tau)h(t-\tau)\,\mathrm{d}\tau = \int_{-\infty}^{\infty} r(\tau)x(T-t+\tau)\,\mathrm{d}\tau \tag{4-2-48}$$

式（4-2-48）表明

$$r_x = y(T) = \int_{-\infty}^{\infty} r(\tau)x(\tau)\,\mathrm{d}\tau \tag{4-2-49}$$

换言之，相关器的输出r_x可以通过匹配滤波器在$t=T$时刻抽样得到。注意，抽样时刻必须准确地设置为$t=T$，其中T在匹配滤波器的设计中取任意值。只要满足这个条件，T的选择是不相关的；然而从实际的情况来看，T的选择原则是必须使滤波器符合因果关系，即当$t<0$时$h(t)=0$，这就要对T的可能取值加以限制。最佳接收机的匹配滤波器的实现如图 4-2-8 所示。

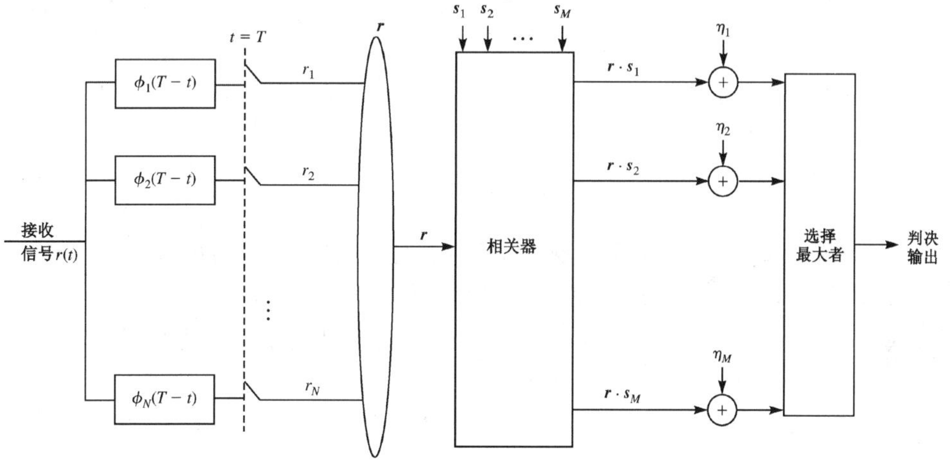

图 4-2-8　最佳接收机的匹配滤波器的实现（具有 N 个相关器）

另一种具有 M 个匹配于$\{s_m(t),\ 1\leqslant m\leqslant M\}$的匹配滤波器的实现方法是可能的，它类似于图 4-2-7 所示的相关接收机。

3．匹配滤波器的频域解释

匹配于任何信号$s(t)$的匹配滤波器可作频域解释。因为$h(t)=s(T-t)$，采用基本的傅里叶变换性质，可得到该关系式的傅里叶变换，即

$$H(f) = S^*(f)\mathrm{e}^{-\mathrm{j}2\pi fT} \tag{4-2-50}$$

可以看出，匹配滤波器的频率响应是发送信号谱的共轭乘以相位因子$\mathrm{e}^{-\mathrm{j}2\pi fT}$，该相位因子表示抽样延时$T$。换言之，$|H(f)|=|S(f)|$，匹配滤波器的幅度响应与发送信号谱相同。另一方

面，$H(f)$是 $S(f)$相移$-2\pi fT$的结果。

匹配滤波器的另一个有趣的性质是信噪比最大性质。假设 $r(t) = s(t) + n(t)$通过一个冲激响应为 $h(t)$、频率响应为 $H(f)$的滤波器，输出 $y(t) = y_s(t) + v(t)$在 T 时刻抽样，输出由信号部分 $y_s(t)$和噪声部分 $v(t)$组成，前者的傅里叶变换为 $H(f)\,S(f)$，后者的功率谱密度为 $\frac{N_0}{2}|H(f)|^2$。在 T 时刻对这些分量进行抽样可得

$$y_s(T) = \int_{-\infty}^{\infty} H(f)S(f)\mathrm{e}^{\mathrm{j}2\pi ft}\,\mathrm{d}t \tag{4-2-51}$$

零均值高斯分量 $v(T)$的方差为

$$\mathrm{VAR}\,[\nu(T)] = \frac{N_0}{2}\int_{-\infty}^{\infty}|H(f)|^2\,\mathrm{d}f = \frac{N_0}{2}\mathcal{E}_\mathrm{h} \tag{4-2-52}$$

式中，$\mathcal{E}_\mathrm{h}$为 $h(t)$的能量。定义滤波器 $H(f)$的输出端的信噪比为

$$\mathrm{SNR}_\mathrm{o} = \frac{y_s^2(T)}{\mathrm{VAR}\,[\nu(T)]} \tag{4-2-53}$$

由式（2-2-19）确定的柯西-施瓦兹（Cauchy-Schwartz）不等式，有

$$\begin{aligned} y_s(T) &= \int_{-\infty}^{\infty} H(f)S(f)\mathrm{e}^{\mathrm{j}2\pi ft}\,\mathrm{d}t \\ &\leqslant \int_{-\infty}^{\infty}|H(f)|^2\,\mathrm{d}f\cdot\int_{-\infty}^{\infty}|S(f)\mathrm{e}^{\mathrm{j}2\pi fT}|^2\,\mathrm{d}f \\ &= \mathcal{E}_\mathrm{h}\,\mathcal{E}_\mathrm{s} \end{aligned} \tag{4-2-54}$$

当且仅当某些复常数 α 使 $H(f) = aS^*(f)\mathrm{e}^{-\mathrm{j}2\pi fT}$时，不等式变为等式。在式（4-2-53）中利用式（4-2-54），可得

$$\mathrm{SNR}_\mathrm{o} \leqslant \frac{\mathcal{E}_\mathrm{s}\mathcal{E}_\mathrm{h}}{\frac{N_0}{2}\mathcal{E}_\mathrm{h}} = \frac{2\mathcal{E}_\mathrm{s}}{N_0} \tag{4-2-55}$$

这表明要使滤波器 $H(f)$的输出信噪比最大化，必须满足关系式 $H(f) = S^*(f)\mathrm{e}^{-\mathrm{j}2\pi fT}$，即它是一个匹配滤波器；同时也表明，最大可能输出信噪比为 $2\mathcal{E}_\mathrm{s}/N_0$。

例 4-2-1 图 4-2-9（a）所示的 M=4 双正交信号是由两个正交信号构成的，该信号用来在 AWGN 信道上传输信息。假定噪声是零均值且功率谱密度为 $N_0/2$。求该信号集的基函数、匹配滤波器解调器的冲激响应，以及当发送信号为 $s_1(t)$时匹配滤波器解调器的输出波形。

$M = 4$ 双正交信号的维数 $N = 2$，因此需用两个基函数来表示信号，如图 4-2-9（a）所示，选择 $\phi_1(t)$和 $\phi_2(t)$为

$$\begin{aligned} \phi_1(t) &= \begin{cases} \sqrt{2/T}, & 0\leqslant t\leqslant T/2 \\ 0, & \text{其他} \end{cases} \\ \phi_2(t) &= \begin{cases} \sqrt{2/T}, & T/2\leqslant t\leqslant T \\ 0, & \text{其他} \end{cases} \end{aligned} \tag{4-2-56}$$

两个匹配滤波器的冲激响应是

$$\begin{aligned} h_1(t) = \phi_1(T-t) &= \begin{cases} \sqrt{2/T}, & T/2\leqslant t\leqslant T \\ 0, & \text{其他} \end{cases} \\ h_2(t) = \phi_2(T-t) &= \begin{cases} \sqrt{2/T}, & 0\leqslant t\leqslant T/2 \\ 0, & \text{其他} \end{cases} \end{aligned} \tag{4-2-57}$$

如图 4-2-9（b）所示。

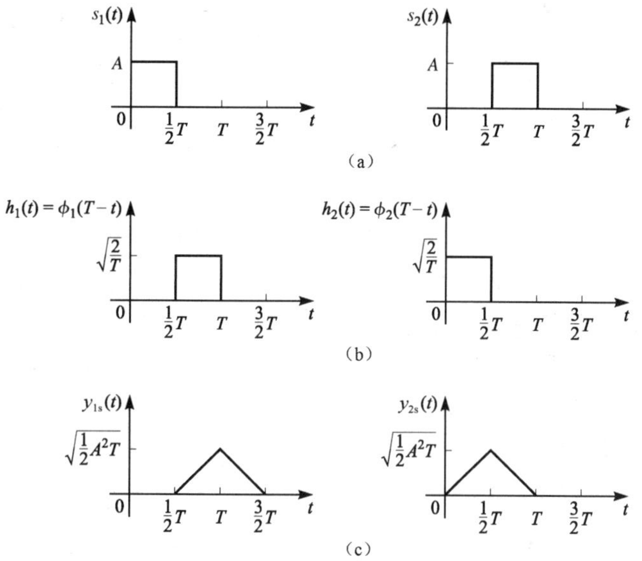

图 4-2-9 例 4-2-1 基函数和匹配滤波器响应

如果发送 $s_1(t)$，两个匹配滤波器的（无噪声）响应如图 4-2-9（c）所示，因为 $y_1(t)$和 $y_2(t)$在 t=T 时被抽样，可观测到 $y_{1s}(T)=\sqrt{A^2T/2}$ 和 $y_{2s}(T)$=0。注意，$A^2T/2$=$\mathcal{E}$，即信号的能量。因此，在 t=T 时刻，由两个匹配滤波器输出形成的接收向量（也称为矢量）是

$$\boldsymbol{r}=(r_1,r_2)=(\sqrt{\mathcal{E}}+n_1,n_2) \tag{4-2-58}$$

式中，n_1=$y_{1n}(T)$及 n_2=$y_{2n}(T)$是匹配滤波器输出端的噪声分量，且由下式确定

$$y_{kn}(T)=\int_0^T n(t)\phi_k(t)\,\mathrm{d}t,\qquad k=1,2 \tag{4-2-59}$$

显然，$E(n_k)$=$E[y_{kn}(T)]$=0。它们的方差是

$$\mathrm{VAR}\,[n_k]=\frac{N_0}{2}\mathcal{E}_{\phi_k}=\frac{N_0}{2} \tag{4-2-60}$$

第一个匹配滤波器输出端的 SNR 是

$$\mathrm{SNR_o}=\frac{(\sqrt{\mathcal{E}})^2}{N_0/2}=\frac{2\mathcal{E}}{N_0} \tag{4-2-61}$$

这与前面分析的结果一致。

4.2.3 最大似然检测差错概率的一致边界

通常，为了求信号传输方式的差错概率，需要利用式（4-1-13）。在消息等概（P_m=1/M）的情况下，最大似然检测是最佳的，这时差错概率为

$$P_\mathrm{e}=\frac{1}{M}\sum_{m=1}^{M}P_{\mathrm{e}|m}=\frac{1}{M}\sum_{m=1}^{M}\sum_{\substack{1\leqslant m'\leqslant M\\ m'\neq m}}\int_{D_{m'}}p(\boldsymbol{r}|s_m)\,\mathrm{d}\boldsymbol{r} \tag{4-2-62}$$

对于 AWGN 信道，判决域由式（4-2-20）确定。因此对于 AWGN 信道，有

$$
\begin{aligned}
P_{\mathrm{e}|m} &= \sum_{\substack{1\leqslant m'\leqslant M\\ m'\neq m}} \int_{D_{m'}} p(\boldsymbol{r}|\boldsymbol{s}_m)\,\mathrm{d}\boldsymbol{r} = \sum_{\substack{1\leqslant m'\leqslant M\\ m'\neq m}} \int_{D_{m'}} p_{\boldsymbol{n}}(\boldsymbol{r}-\boldsymbol{s}_m)\,\mathrm{d}\boldsymbol{r} \\
&= \left(\frac{1}{\sqrt{\pi N_0}}\right)^N \sum_{\substack{1\leqslant m'\leqslant M\\ m'\neq m}} \int_{D_{m'}} \mathrm{e}^{-\frac{\|\boldsymbol{r}-\boldsymbol{s}_m\|^2}{N_0}}\,\mathrm{d}\boldsymbol{r}
\end{aligned}
\tag{4-2-63}
$$

很少有星座的判决域 $D_{m'}$ 是足够规则的，足够规则的话可以使式（4-2-63）或式（4-2-62）的最后一行的积分进行闭式计算。对于大多数星座（如图 4-2-1 所示的星座），这些积分并不能进行闭式计算。在这种情况下比较方便的做法是求得差错概率的上边界。在最大似然检测中存在许多差错概率的边界。一致边界是最简单、应用最广泛的边界，在高信噪比时十分紧密。首先推导一般通信信道的一致边界，然后研究 AWGN 信道的特例。应当注意，在 ML 检测中一般判决域 $D_{m'}$ 可表示为

$$
D_{m'} = \left\{\boldsymbol{r} \in \mathbb{R}^N : p(\boldsymbol{r}|\boldsymbol{s}_{m'}) > p(\boldsymbol{r}|\boldsymbol{s}_k),\quad 1\leqslant k\leqslant M \text{ 且 } k\neq m'\right\} \tag{4-2-64}
$$

定义 $D_{mm'}$ 为

$$
D_{mm'} = \{p(\boldsymbol{r}|\boldsymbol{s}_{m'}) > p(\boldsymbol{r}|\boldsymbol{s}_m)\} \tag{4-2-65}
$$

注意，$D_{mm'}$ 是有两个信号 $\boldsymbol{s}_m$ 和 $\boldsymbol{s}_{m'}$ 的等概二进制系统中 m 的判决域。比较 $D_{m'}$ 和 $D_{mm'}$ 的定义，显然有

$$
D_{m'} \subseteq D_{mm'} \tag{4-2-66}
$$

因此，

$$
\int_{D_{m'}} p(\boldsymbol{r}|\boldsymbol{s}_m)\,\mathrm{d}\boldsymbol{r} \leqslant \int_{D_{mm'}} p(\boldsymbol{r}|\boldsymbol{s}_m)\,\mathrm{d}\boldsymbol{r} \tag{4-2-67}
$$

注意，该式的右边是具有信号 $\boldsymbol{s}_m$ 和 $\boldsymbol{s}_{m'}$ 的等概二进制系统在发送 $\boldsymbol{s}_m$ 时的差错概率。定义成对差错概率（Pairwise Error Probability）$P_{m\to m'}$ 为

$$
P_{m\to m'} = \int_{D_{mm'}} p(\boldsymbol{r}|\boldsymbol{s}_m)\,\mathrm{d}\boldsymbol{r} \tag{4-2-68}
$$

由式（4-2-63）和式（4-2-67），有

$$
P_{\mathrm{e}|m} \leqslant \sum_{1\leqslant m'\leqslant M} \int_{D_{mm'}} p(\boldsymbol{r}|\boldsymbol{s}_m)\,\mathrm{d}\boldsymbol{r} = \sum_{\substack{1\leqslant m'\leqslant M\\ m'\neq m}} P_{m\to m'} \tag{4-2-69}
$$

由式（4-2-62）得到结果为

$$
P_{\mathrm{e}} \leqslant \frac{1}{M}\sum_{m=1}^{M} \sum_{\substack{1\leqslant m'\leqslant M\\ m'\neq m}} \int_{D_{mm'}} p(\boldsymbol{r}|\boldsymbol{s}_m)\,\mathrm{d}\boldsymbol{r} = \frac{1}{M}\sum_{m=1}^{M} \sum_{\substack{1\leqslant m'\leqslant M\\ m'\neq m}} P_{m\to m'} \tag{4-2-70}
$$

式（4-2-70）为一般通信信道的一致边界。

在 AWGN 信道的特殊情况下，由式（4-2-37）可知成对差错概率为

$$
P_{m\to m'} = P_{\mathrm{b}} = Q\left(\sqrt{\frac{d_{mm'}^2}{2N_0}}\right) \tag{4-2-71}
$$

利用该结果，式（4-2-70）变为

$$P_e \leqslant \frac{1}{M}\sum_{m=1}^{M}\sum_{\substack{1\leqslant m'\leqslant M\\ m'\neq m}} Q\left(\sqrt{\frac{d_{mm'}^2}{2N_0}}\right) \leqslant \frac{1}{2M}\sum_{m=1}^{M}\sum_{\substack{1\leqslant m'\leqslant M\\ m'\neq m}} \mathrm{e}^{-\frac{d_{mm'}^2}{4N_0}} \tag{4-2-72}$$

式中，最后一步利用了式（2-3-15）确定的 Q 函数的上边界：

$$Q(x) \leqslant \frac{1}{2}\mathrm{e}^{-\frac{x^2}{2}} \tag{4-2-73}$$

式（4-2-71）为 AWGN 信道一致边界的一般形式。如果知道星座图的距离结构，则可进一步简化该边界。

定义星座图的距离枚举函数 $T(X)$为

$$T(X) = \sum_{\substack{d_{mm'}=\|\boldsymbol{s}_m-\boldsymbol{s}_{m'}\|\\ 1\leqslant m,m'\leqslant M\\ m\neq m'}} X^{d_{mm'}^2} = \sum_{\text{不同的}d} a_d X^{d^2} \tag{4-2-74}$$

式中，a_d 表示有序对 (m,m') 的数目，$m \neq m'$ 且 $\|\boldsymbol{s}_m - \boldsymbol{s}_{m'}\| = d$ 。利用该函数，式（4-2-72）可写为

$$P_e \leqslant \frac{1}{2M} T(X)\Big|_{X=\mathrm{e}^{-\frac{1}{4N_0}}} \tag{4-2-75}$$

定义星座图的最小距离 $d_{\min}$ 为

$$d_{\min} = \min_{\substack{1\leqslant m,m'\leqslant M\\ m\neq m'}} \|\boldsymbol{s}_m - \boldsymbol{s}_{m'}\| \tag{4-2-76}$$

因为 Q 函数是减函数，有

$$Q\left(\sqrt{\frac{d_{mm'}^2}{2N_0}}\right) \leqslant Q\left(\sqrt{\frac{d_{\min}^2}{2N_0}}\right) \tag{4-2-77}$$

代入式（4-2-71）可得

$$P_e \leqslant (M-1)Q\left(\sqrt{\frac{d_{\min}^2}{2N_0}}\right) \tag{4-2-78}$$

式（4-2-78）是以 Q 函数和 $d_{\min}$ 表示一致边界（Union Bound）的较稀疏的形式，它有一个很简单的形式，利用 Q 函数的指数的边界可得到一致边界的简单形式：

$$P_e \leqslant \frac{M-1}{2}\mathrm{e}^{-\frac{d_{\min}^2}{4N_0}} \tag{4-2-79}$$

显然，一致边界表明星座图的最小距离对通信系统的性能有重要的影响。一个好的星座图应当这样设计：在功率和带宽约束范围内，它能提供最大可能的最小距离，即星座图上的分离最大。

例 4-2-2 研究图 4-2-10 所示的 16-QAM 星座图，假定星座图上任意两个相邻点之间的距离为 $d_{\min}$。由式（3-2-44）可知

$$d_{\min} = \sqrt{\frac{6\log_2 M}{M-1}\mathcal{E}_{\text{bavg}}} = \sqrt{\frac{8}{5}\mathcal{E}_{\text{bavg}}} \tag{4-2-80}$$

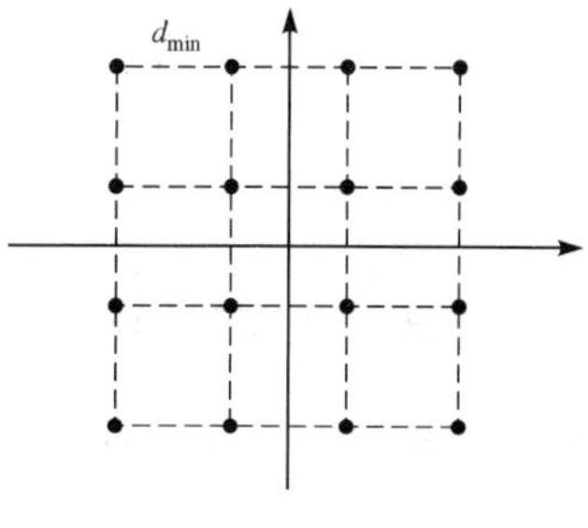

图 4-2-10　16-QAM 星座图

仔细观察该星座图，可发现在该星座图中任何两点之间总共有 16 × 15 = 240 个可能的距离，48 个为 $d_{\min}$，36 个为 $\sqrt{2}d_{\min}$，32 个为 $2d_{\min}$，48 个为 $\sqrt{5}d_{\min}$，16 个为 $\sqrt{8}d_{\min}$，16 个为 3 $d_{\min}$，24 为 $\sqrt{10}d_{\min}$，16 个为 $\sqrt{13}d_{\min}$，最后 4 个为 $\sqrt{18}d_{\min}$。注意，连接

星座图中任意两点的每一条线被计数两次。该星座图的距离计数器函数为

$$T(X)=48X^{d^2}+36X^{2d^2}+32X^{4d^2}+48X^{5d^2}+16X^{8d^2}+16X^{9d^2}+24X^{10d^2}+16X^{13d^2}+4X^{18d^2} \tag{4-2-81}$$

式中，为了符号表示简便，用 d 替代 $d_{\min}$。一致边界变为

$$P_e \leqslant \frac{1}{32}T\left(e^{-\frac{1}{4N_0}}\right) \tag{4-2-82}$$

一致边界的一种较稀疏的但较简单的形式可以用 $d_{\min}$ 表示为

$$P_e \leqslant \frac{M-1}{2}e^{-\frac{d_{\min}^2}{4N_0}}=\frac{15}{2}e^{-\frac{2\mathcal{E}_{\text{bavg}}}{5N_0}} \tag{4-2-83}$$

式中，最后一步利用了式（4-2-80）。

当 $d_{\min}^2$ 比 N_0 大时，即 SNR 较大时，有

$$P_e \leqslant \frac{48}{32}e^{-\frac{d_{\min}^2}{4N_0}}=\frac{3}{2}e^{-\frac{2\mathcal{E}_{\text{bavg}}}{5N_0}} \tag{4-2-84}$$

对于该星座图，推导差错概率的精确表达式是可能的（参见例 4-3-1），即

$$P_e = 3Q\left(\sqrt{\frac{4\mathcal{E}_{\text{bavg}}}{5N_0}}\right)-\frac{9}{4}\left[Q\left(\sqrt{\frac{4\mathcal{E}_{\text{bavg}}}{5N_0}}\right)\right]^2 \tag{4-2-85}$$

图 4-2-11 所示为 16-QAM 精确差错概率以及由式（4-2-83）和式（4-2-84）确定的上边界的曲线。

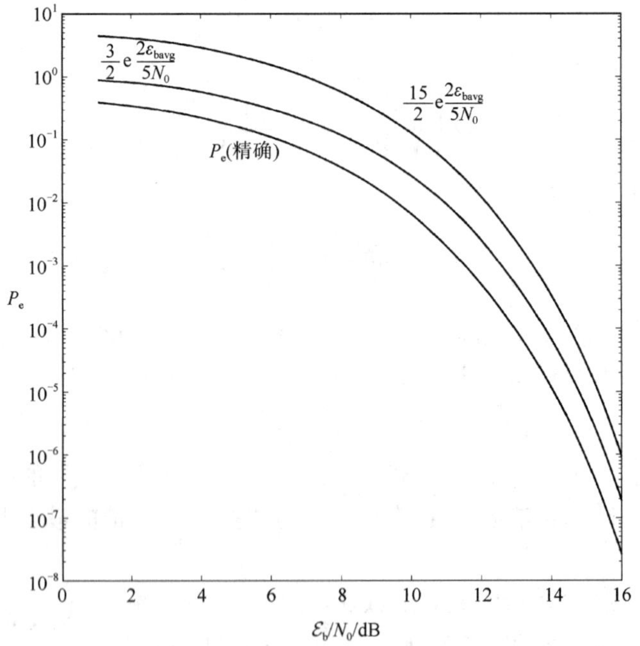

图 4-2-11　16-QAM 精确差错概率与两种上边界曲线

差错概率的下边界

等概 M 进制信号传输方式的差错概率为

$$P_{\mathrm{e}}=\frac{1}{M}\sum_{m=1}^{M}P[\text{error}\,|m\text{ sent}]=\frac{1}{M}\sum_{m=1}^{M}\int_{D_m^{\mathrm{c}}}p(\boldsymbol{r}|\boldsymbol{s}_m)\,\mathrm{d}\boldsymbol{r} \tag{4-2-86}$$

由式（4-2-66），有 $D_{m'm}^{\mathrm{c}}\subseteq D_m^{\mathrm{c}}$，因此

$$P_{\mathrm{e}}\geqslant\frac{1}{M}\sum_{m=1}^{M}\int_{D_{m'm}^{\mathrm{c}}}p(\boldsymbol{r}|\boldsymbol{s}_m)\,\mathrm{d}\boldsymbol{r}=\frac{1}{M}\sum_{m=1}^{M}\int_{D_{mm'}}p(\boldsymbol{r}|\boldsymbol{s}_m)\,\mathrm{d}\boldsymbol{r}=\frac{1}{M}\sum_{m=1}^{M}Q\left(\frac{d_{mm'}}{\sqrt{2N_0}}\right) \tag{4-2-87}$$

式（4-2-87）对于所有的 $m'\neq m$ 都有效。为了推导最紧密的下边界，将右边最大化，可得

$$P_{\mathrm{e}}\geqslant\frac{1}{M}\sum_{m=1}^{M}\max_{m'\neq m}Q\left(\frac{d_{mm'}}{\sqrt{2N_0}}\right) \tag{4-2-88}$$

由于 Q 函数是减函数，选择使 $Q\left(d_{mm'}/\sqrt{2N_0}\right)$ 最大的 m' 等效于求使 $d_{mm'}$ 最小的 m'，因此

$$P_{\mathrm{e}}\geqslant\frac{1}{M}\sum_{m=1}^{M}Q\left(\frac{d_{\min}^{m}}{\sqrt{2N_0}}\right) \tag{4-2-89}$$

式中，$d_{\min}^{m}$ 表示星座图上 m 与其最相邻点的距离，显然 $d_{\min}^{m}\geqslant d_{\min}$。所以，

$$Q\left(\frac{d_{\min}^{m}}{\sqrt{2N_0}}\right)\geqslant\begin{cases}Q\left(\frac{d_{\min}}{\sqrt{2N_0}}\right), & \text{如果至少有一个信号与}\boldsymbol{s}_m\text{距离为}d_{\min}\\ 0, & \text{其他}\end{cases} \tag{4-2-90}$$

利用式（4-2-90），式（4-2-89）可变为

$$P_{\mathrm{e}}\geqslant\frac{1}{M}\sum_{\substack{1\leqslant m\leqslant M\\ \exists m'\neq m:\|\boldsymbol{s}_m-\boldsymbol{s}_{m'}\|=d_{\min}}}Q\left(\frac{d_{\min}}{\sqrt{2N_0}}\right) \tag{4-2-91}$$

用 $N_{\min}$ 表示星座图上与至少一个其他点相距 $d_{\min}$ 的点数，得到

$$P_{\mathrm{e}}\geqslant\frac{N_{\min}}{M}Q\left(\frac{d_{\min}}{\sqrt{2N_0}}\right) \tag{4-2-92}$$

由式（4-2-92）和式（4-2-78）可得

$$\frac{N_{\min}}{M}Q\left(\frac{d_{\min}}{\sqrt{2N_0}}\right)\leqslant P_{\mathrm{e}}\leqslant(M-1)Q\left(\frac{d_{\min}}{\sqrt{2N_0}}\right) \tag{4-2-93}$$

4.3　带限信号的最佳检测和差错概率

本节将研究以低带宽需求为主要特征的信号传输方式，这些信号传输方式具有低维度，且与发送信号的数目无关，其功率效率随消息数的增加而减少。这一类信号传输方式包括 ASK、PSK 和 QAM。

4.3.1　ASK 或 PAM 信号的最佳检测和差错概率

图 4-3-1 所示为 ASK 信号的星座图。在该星座图中，任意两点之间的最小距离为 $d_{\min}$，它由式（3-2-22）确定：

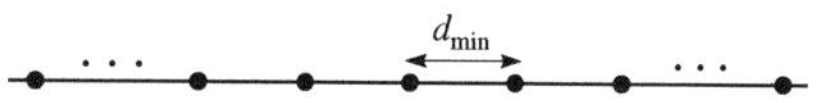

图 4-3-1　ASK 信号的星座图

$$d_{\min} = \sqrt{\frac{12\log_2 M}{M^2-1}\mathcal{E}_{\text{bavg}}} \tag{4-3-1}$$

星座点位于$\left\{\pm\frac{1}{2}d_{\min},\pm\frac{3}{2}d_{\min},\cdots,\pm\frac{M-1}{2}d_{\min}\right\}$。

注意，ASK 信号的星座图中有两种类型的点：$M-2$ 个内点和 2 个外点。如果一个内点被发送，当$|n|>d_{\min}/2$时就发生检测错误。外点的差错概率是内点差错概率的一半，这是由于噪声仅在一个方向引起的。将内点和外点的差错概率分别记为 P_{ei} 和 P_{eo}，因为 n 是均值为 0、方差为 $N_0/2$ 的高斯随机变量，对于内点，有

$$P_{\text{ei}} = P\left[|n| > \frac{1}{2}d_{\min}\right] = 2Q\left(\frac{d_{\min}}{\sqrt{2N_0}}\right) \tag{4-3-2}$$

对于外点，有

$$P_{\text{eo}} = \frac{1}{2}P_{\text{ei}} = Q\left(\frac{d_{\min}}{\sqrt{2N_0}}\right) \tag{4-3-3}$$

符号差错概率为

$$\begin{aligned} P_{\text{e}} &= \frac{1}{M}\sum_{m=1}^{M} \text{P}\,[\text{error}\,|m\text{ sent}] \\ &= \frac{1}{M}\left[2(M-2)Q\left(\frac{d_{\min}}{\sqrt{2N_0}}\right)+2Q\left(\frac{d_{\min}}{\sqrt{2N_0}}\right)\right] = \frac{2(M-1)}{M}Q\left(\frac{d_{\min}}{\sqrt{2N_0}}\right) \end{aligned} \tag{4-3-4}$$

将式（4-3-1）的 $d_{\min}$ 代入，得到

$$P_{\text{e}} = 2\left(1-\frac{1}{M}\right)Q\left(\sqrt{\frac{6\log_2 M}{M^2-1}\frac{\mathcal{E}_{\text{bavg}}}{N_0}}\right) \approx 2Q\left(\sqrt{\frac{6\log_2 M}{M^2-1}\frac{\mathcal{E}_{\text{bavg}}}{N_0}}\right)，M\text{较大时} \tag{4-3-5}$$

注意，SNR $(\mathcal{E}_{\text{bavg}}/N_0)$ 用 $6\log_2 M/(M^2-1)$ 标度，它随 M 增加而趋于 0，这意味着当 M 增加时，要保持符号差错概率不变，就必须提高比特 SNR。对于较大的 M，M 加倍（等效于每次传输速率增加 1 比特），要保持性能不变，大约需要将比特信噪比提高到 4 倍，即增加 6 dB。换言之，根据经验，传输速率增加 1 bit/s 需要功率增加 6 dB。

图 4-3-2 所示为基带 PAM 和 ASK 信号在不同 M 值时的符号差错概率曲线，它是平均比特 SNR 的函数。显然可见，增大 M 会使性能恶化，当 M 较大时，相应于 M 与 $2M$ 的曲线之间相差约为 6 dB。

4.3.2 PSK 信号的最佳检测和差错概率

图 4-3-3 所示为 M 进制 PSK 信号星座图，其中 D_1 为判决域。注意，由于假定消息是等概的，因此判决域是基于最小距离检测规则的。由于星座图的对称性，该系统的差错概率等于发送 $\boldsymbol{s}_1=(\sqrt{\mathcal{E}},0)$ 时的差错概率。接收矢量 $\boldsymbol{r}$ 为

$$\boldsymbol{r} = (r_1, r_2) = (\sqrt{\mathcal{E}}+n_1, n_2) \tag{4-3-6}$$

可以看到，r_1 和 r_2 是方差 $\sigma^2=N_0/2$、均值分别为$\sqrt{\mathcal{E}}$和 0 的独立高斯随机变量。因此

$$p(r_1, r_2) = \frac{1}{\pi N_0}\mathrm{e}^{-\frac{(r_1-\sqrt{\mathcal{E}})^2+r_2^2}{N_0}} \tag{4-3-7}$$

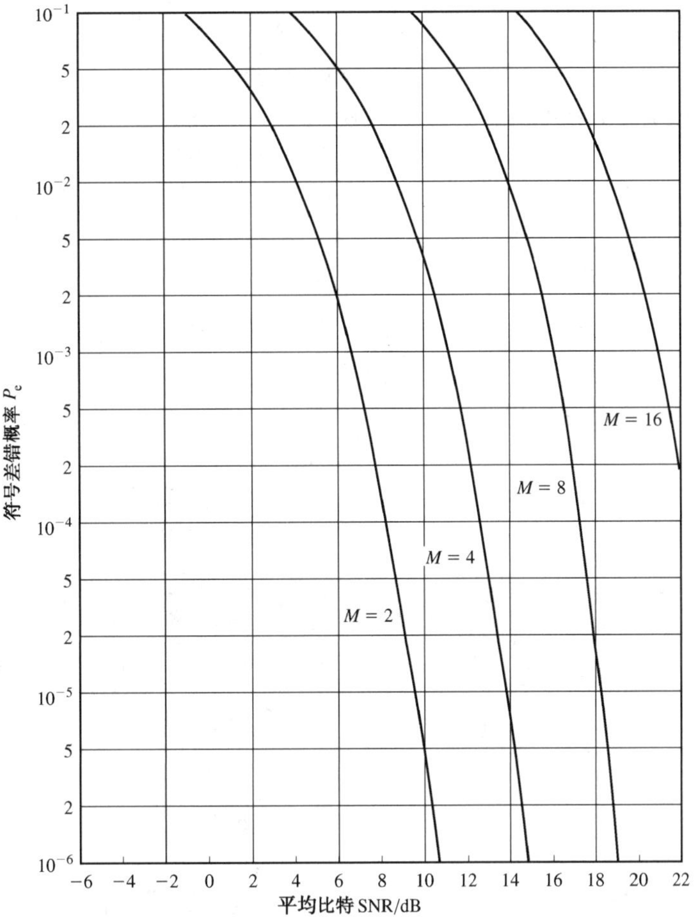

图 4-3-2　基带 PAM 和 ASK 信号在不同 M 值时的符号差错概率曲线

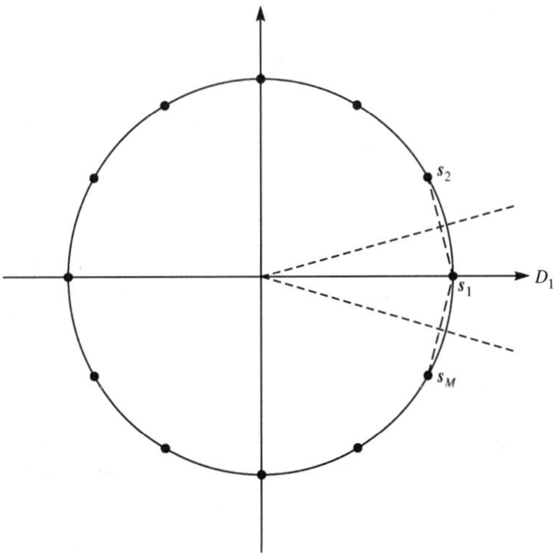

图 4-3-3　M 进制 PSK 信号星座图

由于采用极坐标描述判决域 D_1 更为方便，引入(r_1, r_2)后极坐标变换为

$$v = \sqrt{r_1^2 + r_2^2}, \qquad \Theta = \arctan(r_2/r_1) \tag{4-3-8}$$

据此，可导出 v 和Θ的联合 PDF 为

$$p_{v,\Theta}(v,\theta) = \frac{v}{\pi N_0} e^{-\frac{v^2+\mathcal{E}-2\sqrt{\mathcal{E}}v\cos\theta}{N_0}} \tag{4-3-9}$$

对 v 积分，导出Θ的边际 PDF 为

$$\begin{aligned} p_\Theta(\theta) &= \int_0^\infty p_{v,\Theta}(v,\theta)\,dv \\ &= \frac{1}{2\pi} e^{-\gamma_s \sin^2\theta} \int_0^\infty v\, e^{-\frac{\left(v-\sqrt{2\gamma_s}\cos\theta\right)^2}{2}}\,dv \end{aligned} \tag{4-3-10}$$

式中，符号 SNR（或每符号 SNR）定义为

$$\gamma_s = \mathcal{E}/N_0 \tag{4-3-11}$$

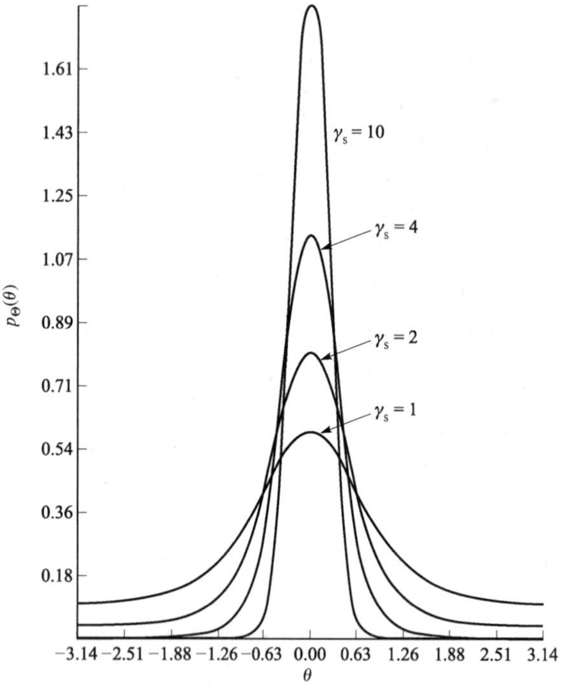

图 4-3-4 γ_s不同取值时的 $p_\Theta(\theta)$

图 4-3-4 示出了 γ_s 取几个不同值时的 $p_\Theta(\theta)$。注意，当 γ_s 增大时，$p_\Theta(\theta)$ 在 $\theta=0$ 附近变得更窄、更尖。

判决域 D_1 可描述为 $D_1 = \{\theta: -\pi/M < \theta \leqslant \pi/M\}$，所以消息差错概率为

$$P_e = 1 - \int_{-\pi/M}^{\pi/M} p_\Theta(\theta)\,d\theta \tag{4-3-12}$$

一般情况下，$p_\Theta(\theta)$ 的积分不能简化成简单的形式，除 $M=2$ 和 $M=4$ 外，必须采用数值计算。

对于二进制相位调制，$s_1(t)$和 $s_2(t)$是双极性信号，因此差错概率为

$$P_b = Q\left(\sqrt{\frac{2\mathcal{E}_b}{N_0}}\right) \tag{4-3-13}$$

当 $M = 4$ 时，这实际上是两个相位正交的二进制相位调制。因为在两个正交载波之间没有串扰（Crosstalk），所以比特差错概率与式（4-3-13）相同。另一方面，M=4 的符号差错概率可通过 2 比特符号的正确判决概率 P_c 来确定。

$$P_c = (1-P_b)^2 = \left[1 - Q\left(\sqrt{\frac{2\mathcal{E}_b}{N_0}}\right)\right]^2 \tag{4-3-14}$$

式（4-3-14）是根据在正交载波上噪声的统计独立特性得到的。因此，$M=4$ 的符号差错概率是

$$P_e = 1 - P_c = 2Q\left(\sqrt{\frac{2\mathcal{E}_b}{N_0}}\right)\left[1 - \frac{1}{2}Q\left(\sqrt{\frac{2\mathcal{E}_b}{N_0}}\right)\right] \tag{4-3-15}$$

对于 $M>4$，通过对式（4-3-12）数值积分可得到符号差错概率 P_e。图 4-3-5 示出了当 $M=2$、4、8、16 和 32 时 PSK 信号的符号差错概率，可见当 M 增加超过 $M=4$ 时，比特 SNR 付出的代价。例如，当 $P_e=10^{-5}$ 时，$M=4$ 与 $M=8$ 之间的差别约为 4 dB，而在 $M=8$ 与 $M=16$ 之间的差别约为 5 dB。对于较大的 M 值，当相位数目成倍增加时，若要达到同样的性能，则要求附加 6 dB/bit。该性能类似于 4.3.1 节讨论的 ASK 信号传输方式的性能。

在 M 值和 SNR 值较大的情况下，差错概率主要是利用 $p_\Theta(\theta)$ 的近似表达式求得的。对于 $\mathcal{E}_s/N_0 \gg 1$ 且 $|\theta| \leqslant \pi/2$，$p_\Theta(\theta)$ 可近似为

$$p_\Theta(\theta) \approx \sqrt{\frac{\gamma_s}{\pi}} \cos\theta\, e^{-\gamma_s \sin^2\theta} \qquad (4\text{-}3\text{-}16)$$

通过替代式（4-3-12）中的 $p_\Theta(\theta)$，并且将变量 θ 变换为 $u=\sqrt{\gamma_s}\sin\theta$，可求得

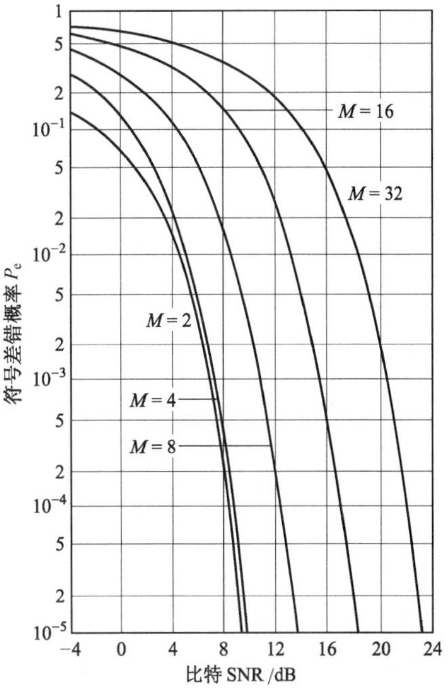

图 4-3-5　不同 M 值时 PSK 信号的符号差错概率

$$\begin{aligned} P_e &\approx 1-\int_{-\pi/M}^{\pi/M}\sqrt{\frac{\gamma_s}{\pi}}\cos\theta\, e^{-\gamma_s\sin^2\theta}\,d\theta \\ &\approx \frac{2}{\sqrt{\pi}}\int_{\sqrt{2\gamma_s}\sin(\pi/M)}^{\infty} e^{-u^2}\,du \\ &= 2Q\left[\sqrt{2\gamma_s}\sin\left(\frac{\pi}{M}\right)\right] \\ &= 2Q\left[\sqrt{(2\log_2 M)\sin^2\left(\frac{\pi}{M}\right)\frac{\mathcal{E}_b}{N_0}}\right] \end{aligned} \qquad (4\text{-}3\text{-}17)$$

式中，利用比特 SNR 的定义

$$\frac{\mathcal{E}_b}{N_0}=\frac{\mathcal{E}}{N_0\log_2 M}=\frac{\gamma_s}{\log_2 M} \qquad (4\text{-}3\text{-}18)$$

注意，该式对差错概率的近似程度[①]对所有 M 值都是比较好的。例如，当 $M=2$ 和 $M=4$ 时，有 $P_e=2Q(\sqrt{2\gamma_b})$，可将该式与式（4-3-13）和式（4-3-15）给出的精确概率进行比较。

对于 M 值较大的情况，利用近似式 $\sin\frac{\pi}{M}\approx\frac{\pi}{M}$ 可求得 P_e 的另外一种近似式，即

$$P_e \approx 2Q\left(\sqrt{\frac{2\pi^2\log_2 M}{M^2}\frac{\mathcal{E}_b}{N_0}}\right) \qquad M\text{较大时} \qquad (4\text{-}3\text{-}19)$$

式（4-3-19）清楚地表明，M 加倍使有效的比特 SNR 减少了 6 dB。

推导 M 进制 PSK 等价的比特差错概率是相当冗长乏味的，这是由于这种推导与 k 比特符号映射到相应信号相位有关。当在映射中采用格雷（Gray）码时，相应于邻近相位的两个 k

① 卢（Lu）等人（1999）的论文给出了在低 SNR 情况下差错概率的更好的近似式。

比特符号仅相差 1 比特。由于噪声引起的大多数可能的差错情况是错误地选择了与正确相位相邻的相位，所以 k 比特符号差错仅包含单个比特差错。因此，M 进制 PSK 的等价比特差错概率可地近似为

$$P_b \approx \frac{1}{k} P_e \tag{4-3-20}$$

差分编码 PSK 信号传输方式

在对 PSK 信号解调的讨论中，假定解调器具有对载波相位的完善估计。但实际中的载波相位是从接收信号通过某些非线性运算提取的，这会引入相位模糊（Phase Ambiguity）。例如，在二进制 PSK 中，为了除去调制分量常常对信号进行平方运算，再将所产生的倍频分量滤除，然后通过二分频提取载波频率和相位 ϕ 的估值，这些运算会在载波相位中产生 180° 的相位模糊。与此类似，在四相 PSK 中，为了除去数字调制分量须将接收信号进行 4 次方运算，再将所产生的载波频率的 4 次谐波分量滤除，然后通过四分频提取载波分量，这些运算可产生一个包含载波相位 ϕ 估值的载波频率分量，但在相位估值中存在着±90° 和 180° 的相位模糊。因此，我们不能获得确定无疑的载波相位估值来用于解调。

载波相位 ϕ 估计中的相位模糊问题可以用下述方法克服：以连续信号传输间的相位差的信息进行编码，这与绝对相位编码情况不同。例如，在二进制 PSK 中，信息比特 1 是通过载波相位相对前一载波相位 180° 相移来发送的，而信息比特 0 则是通过相对前一信号传输间隔中相位的零相移来发送的。在四相 PSK 中，在连续间隔（Successive Interval）之间的相对相移是 0、90°、180° 和−90°，分别相应于信息比特 00、01、11 和 10。这可以直接推广到 M>4 的多相 PSK 中。由该编码处理产生的 PSK 信号称为差分编码（Differentially Encoded）PSK 信号，这种编码可由调制器之前相对简单的逻辑电路实现。

差分编码 PSK 的解调方法如上所述，不用处理相位模糊的问题。因此，在每个信号传输间隔中接收信号被解调并检测成 M 个可能发送相位中的一个。在检测器之后是一个比较简单的相位比较器，它比较在两个连续间隔上已调信号的相位，以便提取信息。

差分编码 PSK 的相干解调的差错概率比绝对相位编码的差错概率高。在任何给定间隔中，信号解调相位差错通常会导致两个连续间隔上的译码差错，特别是在差错概率低于 0.1 的情况下。因此，差分编码 M 进制 PSK 的差错概率近似为绝对相位编码 M 进制 PSK 的差错概率的 2 倍。然而，差错概率增加 1 倍折算成 SNR 的损失比较小。

4.3.3 QAM 信号的最佳检测和差错概率

在 QAM 信号的最佳检测中，需要两个匹配滤波器：

$$\phi_1(t) = \sqrt{\frac{2}{E_g}}\, g(t)\cos 2\pi f_c t, \qquad \phi_2(t) = -\sqrt{\frac{2}{E_g}}\, g(t)\sin 2\pi f_c t \tag{4-3-21}$$

匹配滤波器的输出 $\boldsymbol{r} = (r_1, r_2)$用来计算 $C(\boldsymbol{r}, \boldsymbol{s}_m) = 2\boldsymbol{r}\cdot\boldsymbol{s}_m - \mathcal{E}_m$，并选择最大值。判决域取决于星座图的形状，一般差错概率没有闭式（Closed Form）。

为了求 QAM 的差错概率，必须详细说明信号的星座图。首先看 $M = 4$ 个点的 QAM 信号集。图 4-3-6 所示为两种 4 个点信号星座图：第一种是一个四相调制信号，第二种是具有 2 个幅度电平（标记为 A_1 和 A_2）和 4 个相位的 QAM 信号。因为差错概率主要取决于信号点之间的最小距离，对这两种信号星座图施加条件 $d_{\min}=2A$，并根据所有信号点是等概的这个前提条件来计算平均发送功率。对于四相调制信号，有

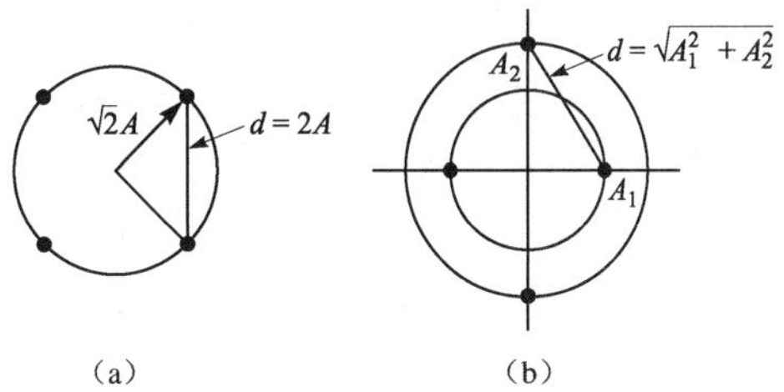

图 4-3-6　两种 4 个点信号星座图

$$\mathcal{E}_{\text{avg}} = 2A^2 \tag{4-3-22}$$

对于 2 个幅度电平、4 个相位的 QAM 信号，将信号点置于半径为 A 和 $\sqrt{3}A$ 的圆周上，因此 $d_{\min} = 2A$，且

$$\mathcal{E}_{\text{avg}} = \frac{1}{4}\left[2(3A^2) + 2A^2\right] = 2A^2 \tag{4-3-23}$$

这与 $M=4$ 相位信号星座图具有相同的平均功率，因此，这两个信号集的差错概率性能是相同的。换言之，具有 2 个幅度电平的 QAM 信号相对于 $M = 4$ 的相位调制没有优越性。

下面接着研究 $M=8$ 的 QAM 情况。在这种情况下，有许多种可能的信号星座图，这里研究 4 个信号星座图，如图 4-3-7 所示，图中的所有星座图都由 2 个幅度电平组成且信号点之间的最小距离均为 $2A$，每个信号点的坐标 (A_{mc}, A_{ms}) 已由 A 归一化。假设信号点是等概的，平均发送信号能量是

$$\mathcal{E}_{\text{avg}} = \frac{1}{M}\sum_{m=1}^{M}\left(A_{mc}^2 + A_{ms}^2\right) = \frac{A^2}{M}\sum_{m=1}^{M}\left(a_{mc}^2 + a_{ms}^2\right) \tag{4-3-24}$$

式中，(a_{mc}, a_{ms}) 是由 A 归一化的信号点坐标。

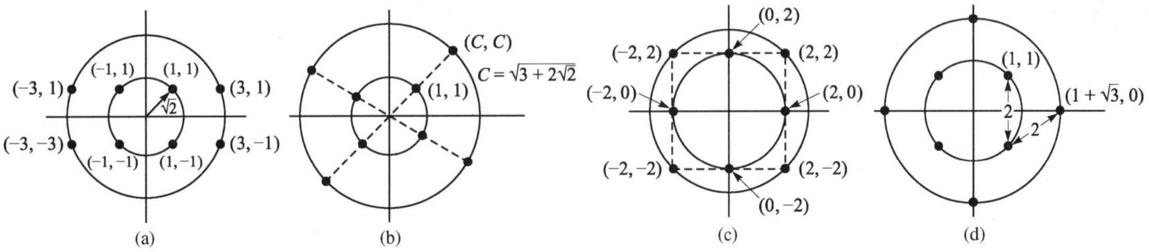

图 4-3-7　4 个 $M=8$ 的 QAM 信号星座图

图 4-3-7（a）和图 4-3-7（c）中的信号点落在一个矩形的格栅上且 $\varepsilon_{\text{avg}} = 6A^2$，图 4-3-7（b）要求平均发送能量 $\varepsilon_{\text{avg}} = 6.83A^2$，而图 4-3-7（d）要求 $\varepsilon_{\text{avg}} = 4.73A^2$，因此为达到相同的差错概率，图 4-3-7（d）要求的功率比图 4-3-7（a）和图 4-3-7（b）大约小 1 dB，而比图 4-3-7（c）小 1.6 dB，图 4-3-7（d）被称为最佳 $M=8$ 的 QAM（8-QAM）信号星座图，因为它对给定的信号点之间最小距离所要求的功率最小。

对于 $M \geqslant 16$，在二维空间中选择 QAM 信号点的可能性更大。例如，可对 $M = 16$ 选择圆形多幅度星座图，如图 3-2-4 所示。在这种情况下，在给定幅度电平上的信号点相对邻近幅度

电平上信号点相位旋转π/4。16-QAM 信号星座图是最佳 8-QAM 信号星座图的推广。然而，对 AWGN 信道，圆周形的 16-QAM 信号星座图不是最佳 16-QAM 信号星座图。

矩形 QAM 信号星座具有容易产生的独特优点，即通过两个相位正交载波上施加两个 PAM 信号来产生；此外，它们也容易解调。虽然对于 $M \geqslant 16$ 来说，该星座图并不是最佳 M-QAM 信号星座图，但是对于要达到给定最小距离的要求来说，该星座图所需要的平均发送功率仅稍大于最佳 M-QAM 信号星座图所需的平均功率。由于这些原因，矩形 M-QAM 信号在实际中应用得最多。

在 k 为偶数、方形星座图特殊情况下，可以导出差错概率的精确表达式，3.2.3 节中的式（3.2.42）至式（3.2.44）研究了这个特殊情况，该星座的最小距离为

$$d_{\min} = \sqrt{\frac{6\log_2 M}{M-1}\mathcal{E}_{\text{bavg}}} \tag{4-3-25}$$

注意，该星座图可看成两个在同相和正交方向上的 $\sqrt{M}$ -PAM 星座图。如果在两个 PAM 信号之一中 n_1 或 n_2 足够大，则差错发生。因此，该 QAM 星座图的正确检测概率是构成 PAM 系统正确检测概率的乘积，即

$$P_{\text{c},M\text{-QAM}} = P^2_{\text{c},\sqrt{M}\text{-PAM}} = \left(1 - P_{\text{e},\sqrt{M}\text{-PAM}}\right)^2 \tag{4-3-26}$$

结果为

$$P_{\text{e},M\text{-QAM}} = 1 - \left(1 - P_{\text{e},\sqrt{M}\text{-PAM}}\right)^2 = 2P_{\text{e},\sqrt{M}\text{-PAM}}\left(1 - \frac{1}{2}P_{\text{e},\sqrt{M}\text{-PAM}}\right) \tag{4-3-27}$$

由式（4-3-4）可得

$$P_{\text{e},\sqrt{M}\text{-PAM}} = 2\left(1 - \frac{1}{\sqrt{M}}\right) Q\left(\frac{d_{\min}}{\sqrt{2N_0}}\right) \tag{4-3-28}$$

再代入式（4-3-25）的 $d_{\min}$，可得

$$P_{\text{e},\sqrt{M}\text{-PAM}} = 2\left(1 - \frac{1}{\sqrt{M}}\right) Q\left(\sqrt{\frac{3\log_2 M}{M-1}\frac{\mathcal{E}_{\text{bavg}}}{N_0}}\right) \tag{4-3-29}$$

将式（4-3-29）代入式（4-3-27），可得

$$\begin{aligned} P_{\text{e},M\text{-QAM}} &= 4\left(1 - \frac{1}{\sqrt{M}}\right) Q\left(\sqrt{\frac{3\log_2 M}{M-1}\frac{\mathcal{E}_{\text{bavg}}}{N_0}}\right)\times \\ &\quad \left[1 - \left(1 - \frac{1}{\sqrt{M}}\right) Q\left(\sqrt{\frac{3\log_2 M}{M-1}\frac{\mathcal{E}_{\text{bavg}}}{N_0}}\right)\right] \\ &\leqslant 4Q\left(\sqrt{\frac{3\log_2 M}{M-1}\frac{\mathcal{E}_{\text{bavg}}}{N_0}}\right) \end{aligned} \tag{4-3-30}$$

对于大 M 值和适当高的比特 SNR，式（4-3-30）确定的上边界是相当紧密的。图 4-3-8 画出了 M-QAM 的符号差错概率的曲线，它是比特 SNR 的函数。虽然式（4-3-30）是由方形星座图求得的，但它是具有 $M = 2^k$ 个点的一般 QAM 星座图在大 M 时的良好近似，该一般 QAM 星座图形状是方形（当 k 为偶数）或十字形的（当 k 为奇数），如图 3-2-5 所示。

通过 M-QAM 与式（4-3-5）和式（4-3-19）分别确定的 ASK 和 MPSK 的性能比较可以看出，不像 PAM 和 PSK 信号传输方式增加速率的代价是 6 dB/bit，QAM 的代价为 3 dB/bit。这表明 QAM 的功率效率比 PAM 和 PSK 高，但 PSK 的优点是其恒包络特性。

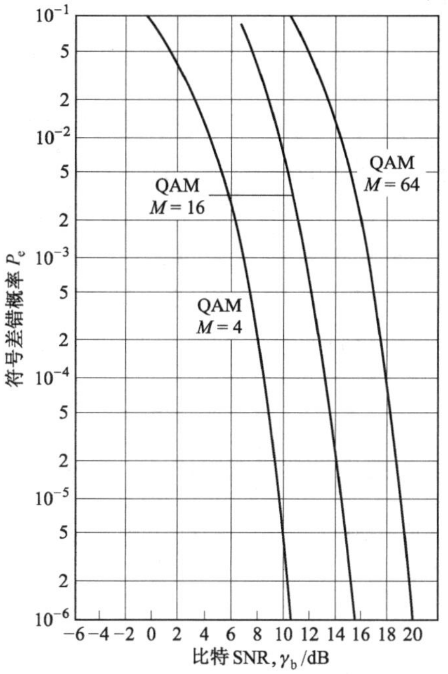

图 4-3-8　QAM 符号差错概率

例 4-3-1　QPSK 可看成具有方形（Square）星座图的 4-QAM。利用式（4-3-30），当 $M=4$ 时可得到

$$P_4 = 2Q\left(\sqrt{\frac{2\mathcal{E}_b}{N_0}}\right)\left[1-\frac{1}{2}Q\left(\sqrt{\frac{2\mathcal{E}_b}{N_0}}\right)\right] \leqslant 2Q\left(\sqrt{\frac{2\mathcal{E}_b}{N_0}}\right) \tag{4-3-31}$$

该式与式（4-3-15）一致。对于具有矩形（Rectangular）星座图的 16-QAM，有

$$P_{16} = 3Q\left(\sqrt{\frac{4}{5}\frac{\mathcal{E}_{bavg}}{N_0}}\right)\left[1-\frac{3}{4}Q\left(\sqrt{\frac{4}{5}\frac{\mathcal{E}_{bavg}}{N_0}}\right)\right] \leqslant 3Q\left(\sqrt{\frac{4}{5}\frac{\mathcal{E}_{bavg}}{N_0}}\right) \tag{4-3-32}$$

对于非矩形 QAM 信号星座图，可利用一致边界作为差错概率的上边界。

$$P_M \leqslant (M-1)Q\left(\sqrt{d_{min}^2/2N_0}\right) \tag{4-3-33}$$

式中，d_{min} 是星座图的最小欧氏距离。当 M 值较大时，该边界也许是比较稀疏的。在这样的情况下，可以用 N_{min} 取代 $M-1$ 的办法来近似 P_M，这里 N_{min} 是与任何星座点距离为 d_{min} 的最多相邻点的数目。4.7 节将深入讨论一般 QAM 信号传输方式的性能。

将 QAM 的性能与 PSK 的性能在给定信号数目 M 条件下比较，因为这两种类型的信号都是二维的，式（4-3-17）确定的 M 元 PSK 的符号差错概率可近似为

$$P_M \approx 2Q\left(\sqrt{(2\log_2 M)\sin^2\left(\frac{\pi}{M}\right)\frac{\mathcal{E}_b}{N_0}}\right) \tag{4-3-34}$$

对于 M-QAM，可以用式（4-3-30）表式，因为差错概率是受 Q 函数的自变量支配的，所以可简单地比较两种信号格式 Q 函数的自变量。因此，这两个自变量的比值为

$$\mathcal{R}_M = \frac{\frac{3}{M-1}}{2\sin^2\left(\frac{\pi}{M}\right)} \tag{4-3-35}$$

例如，当 $M=4$ 时，$\mathcal{R}_M=1$。因此，4-PSK 与 4-QAM 在同样的符号 SNR 时具有类似的性能，这在例 4-3-1 中已提到。另一方面，当 $M>4$ 时，有 $\mathcal{R}_M>1$，所以 M-QAM 的性能比 M-PSK 好。表 4-3-1 说明了在几种 M 值时，M-QAM 相对 M-PSK 的 SNR 改善量。例如，32-QAM 相对 32-PSK 有 7 dB 左右的改善量。

表 4-3-1　M-QAM 相对 M-PSK 的 SNR 改善量

M	$10\log\mathcal{R}_M$
8	1.65
16	4.20
32	7.02
64	9.95

4.3.4　解调与检测

ASK、PSK 和 QAM 的星座图是一维或二维的，PSK 和 QAM 星座图的正交基为

$$\phi_1(t) = \sqrt{\frac{2}{\mathcal{E}_g}}g(t)\cos 2\pi f_c t, \qquad \phi_2(t) = -\sqrt{\frac{2}{\mathcal{E}_g}}g(t)\sin 2\pi f_c t \tag{4-3-36}$$

对于 ASK，则为

$$\phi_1(t) = \sqrt{\frac{2}{\mathcal{E}_g}}g(t)\cos 2\pi f_c t \tag{4-3-37}$$

这些系统的最佳检测器要求匹配滤波器匹配于 $\phi_1(t)$ 和 $\phi_2(t)$。由于接收信号和基函数都是高频带通信号，如果以软件实现滤波处理则需要较高的抽样速率。为了降低这个要求，可先将接收信号解调为等效低通信号，然后检测该信号。解调过程如 2.1.2 节所述，解调器的方框图再重复画在图 4-3-9 中。

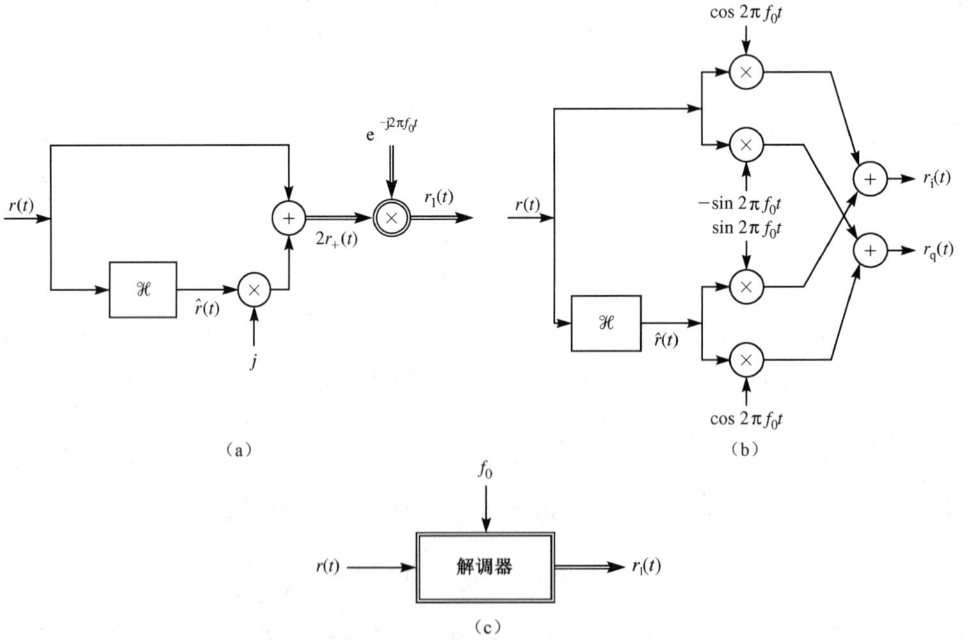

图 4-3-9　复（a）和实（b）解调器，（c）是解调器的一般表示

应当注意，解调过程是不可逆过程，如 4.1.1 节所述，不可逆的预处理并不影响接收机的

最佳性，所以，为解调信号设计的最佳检测器的性能与为带通信号设计的最佳检测器一样。解调器-检测器实现方式的优点在于：此结构中检测的信号处理是对已解调的低通信号进行的，因此降低了接收机的复杂性。

回顾式（2-1-21）和式（2-1-24），$\mathcal{E}_x=\frac{1}{2}\mathcal{E}_{x1}$，$\langle x(t),y(t)\rangle=\frac{1}{2}\mathrm{Re}[x_1(t),y_1(t)]$，由这些关系式可知最佳判决规则为

$$\hat{m}=\underset{1\leqslant m\leqslant M}{\arg\max}\left(\boldsymbol{r}\cdot\boldsymbol{s}_m+\frac{N_0}{2}\ln P_m-\frac{1}{2}\mathcal{E}_m\right) \tag{4-3-38}$$

也可以写成等效低通形式，即

$$\hat{m}=\underset{1\leqslant m\leqslant M}{\arg\max}\left(\mathrm{Re}\left[\boldsymbol{r}_1\cdot\boldsymbol{s}_{m1}\right]+N_0\ln P_m-\frac{1}{2}\mathcal{E}_{m1}\right) \tag{4-3-39}$$

等价为

$$\hat{m}=\underset{1\leqslant m\leqslant M}{\arg\max}\left(\mathrm{Re}\left[\int_{-\infty}^{\infty}r_1(t)s_{m1}^*(t)\,\mathrm{d}t\right]+N_0\ln P_m-\frac{1}{2}\int_{-\infty}^{\infty}|s_{m1}(t)|^2\,\mathrm{d}t\right) \tag{4-3-40}$$

显然，ML 检测规则为

$$\hat{m}=\underset{1\leqslant m\leqslant M}{\arg\max}\left(\mathrm{Re}\left[\int_{-\infty}^{\infty}r_1(t)s_{m1}^*(t)\,\mathrm{d}t\right]-\frac{1}{2}\int_{-\infty}^{\infty}|s_{m1}(t)|^2\,\mathrm{d}t\right) \tag{4-3-41}$$

式（4-3-39）至式（4-3-41）是解调之后的基带检测规则。

式（4-3-39）至式（4-3-41）的实现可以采用相关接收机或者匹配滤波器，匹配滤波器的形式为$s_{m1}^*(T-t)$或$\phi_{j1}^*(T-t)$。图 4-3-10 所示为复匹配滤波器的示意图，图 4-3-11 以同相分量和正交分量方式说明了复匹配滤波器结构的细节。

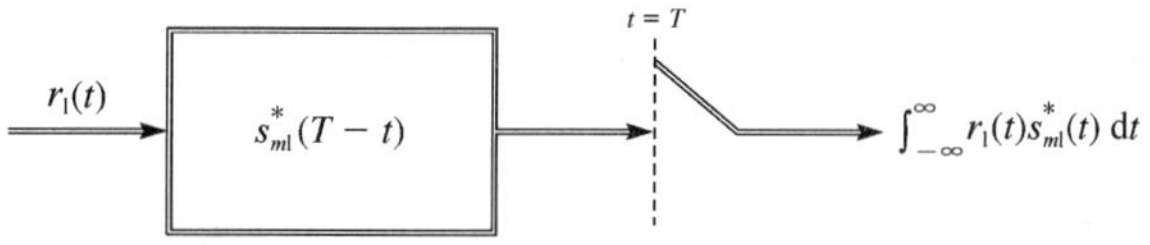

图 4-3-10　复匹配滤波器的示意图

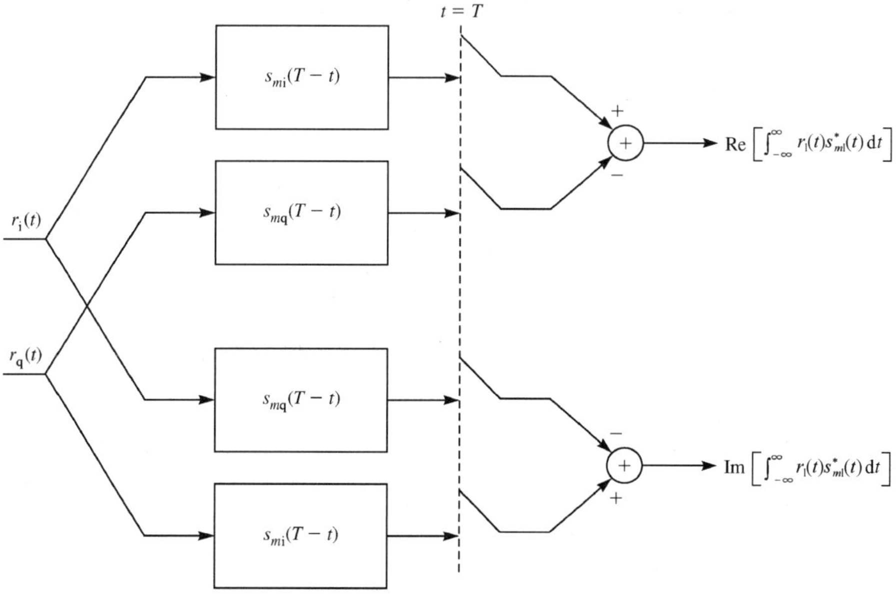

图 4-3-11　以同相分量和正交分量说明复匹配滤波器结构的细节

注意，对于 ASK、PSK 和 QAM，$s_{ml}(t) = A_m g(t)$，其中 A_m 一般为复数（ASK 为实数）。所以，$\phi_1(t) = g(t)/\sqrt{\mathcal{E}_g}$ 作为基函数，信号点由形式为 $A_m\sqrt{\mathcal{E}_g}$ 的复数表示。对于 PSK 检测，式（4-3-41）中的最后一项可以舍去。

上述讨论中已假定接收机具有载波频率和相位的完备信息，这要求发送机与接收机之间完全同步。4.5 节将研究接收机生成的载波与发送机载波不相干的情况。

4.4 功阻信号的最佳检测和差错概率

正交、双正交和单纯信号可由高维星座图表征，在本节将看到，这些信号的传输方式比 ASK、PSK 和 QAM 信号功率效率高而带宽效率低。首先研究正交信号的传输，然后扩展到双正交和单纯信号的传输。

4.4.1 正交信号的最佳检测和差错概率

在等能量的正交信号传输方式中，$N = M$，该信号的矢量表示为

$$\begin{aligned} \boldsymbol{s}_1 &= (\sqrt{\mathcal{E}}, 0, \cdots, 0) \\ \boldsymbol{s}_2 &= (0, \sqrt{\mathcal{E}}, \cdots\ 0) \\ &\ \ \vdots \\ \boldsymbol{s}_M &= (0, \cdots, 0, \sqrt{\mathcal{E}}) \end{aligned} \tag{4-4-1}$$

对于等概、等能量的正交信号，最佳检测器根据接收矢量 $\boldsymbol{r}$ 与 M 个可能发送信号矢量$\{\boldsymbol{s}_m\}$之间的最大互相关（Largest Cross-Correlation）来选择信号，即

$$\hat{m} = \underset{1\leqslant m\leqslant M}{\arg\max}\ \boldsymbol{r}\cdot\boldsymbol{s}_m \tag{4-4-2}$$

由于星座图的对称性，其中任意两个信号点之间的距离等于$\sqrt{2\mathcal{E}}$，故差错概率与发送信号无关。所以，可假设发送信号 $\boldsymbol{s}_1$ 来计算差错概率，此时接收信号为

$$\boldsymbol{r} = \left(\sqrt{\mathcal{E}} + n_1, n_2, n_3, \cdots, n_M\right) \tag{4-4-3}$$

式中，$\sqrt{\mathcal{E}}$ 表示符号能量，$n_1, n_2, \cdots, n_M$ 是均值为 0、方差 $\sigma_n^2 = \frac{1}{2}N_0$ 相互统计独立的高斯随机变量。定义随机变量 R_m（$1\leqslant m\leqslant M$）为

$$R_m = \boldsymbol{r}\cdot\boldsymbol{s}_m \tag{4-4-4}$$

由此定义、式（4-4-3）和式（4-4-1），可知

$$\begin{aligned} R_1 &= \mathcal{E} + \sqrt{\mathcal{E}}\, n_1 \\ R_m &= \sqrt{\mathcal{E}}\, n_m, \qquad 2\leqslant m\leqslant M \end{aligned} \tag{4-4-5}$$

由于假定发送 $\boldsymbol{s}_1$，当 $R_1 > R_m$（$m = 2, 3, \cdots, M$）时，检测器判决正确，正确判决的概率为

$$\begin{aligned} P_c &= P[R_1 > R_2, R_1 > R_3, \cdots, R_1 > R_M \,|\, \boldsymbol{s}_1 \text{ sent}] \\ &= P\left[\sqrt{\mathcal{E}} + n_1 > n_2, \sqrt{\mathcal{E}} + n_1 > n_3, \cdots, \sqrt{\mathcal{E}} + n_1 > n_M \middle| \boldsymbol{s}_1 \text{ sent}\right] \end{aligned} \tag{4-4-6}$$

事件$\sqrt{\mathcal{E}} + n_1 > n_2$，$\sqrt{\mathcal{E}} + n_1 > n_3$，…，$\sqrt{\mathcal{E}} + n_1 > n_M$ 不是独立的，这是由于其中都有随机变量 n_1，但特定条件的 n_1 能使这些事件独立，所以

$$
\begin{aligned}
P_{\mathrm{c}} &= \int_{-\infty}^{\infty} P\left[n_2 < n+\sqrt{\mathcal{E}}, n_3 < n+\sqrt{\mathcal{E}}, \cdots, n_M < n+\sqrt{\mathcal{E}} \middle| s_1 \text{ sent}, n_1 = n\right] p_{n_1}(n)\,\mathrm{d}n \\
&= \int_{-\infty}^{\infty} \left(P\left[n_2 < n+\sqrt{\mathcal{E}} \middle| s_1 \text{ sent}, n_1 = n\right]\right)^{M-1} p_{n_1}(n)\,\mathrm{d}n
\end{aligned}
\tag{4-4-7}
$$

式中，最后一步利用了 n_m（$m=2, 3,\cdots, M$）是 IID 随机变量的条件，于是

$$
P\left[n_2 < n+\sqrt{\mathcal{E}} \middle| s_1 \text{ sent}, n_1 = n\right] = 1 - Q\left(\frac{n+\sqrt{\mathcal{E}}}{N_0/2}\right) \tag{4-4-8}
$$

因此，

$$
P_{\mathrm{c}} = \int_{-\infty}^{\infty} \frac{1}{\sqrt{\pi N_0}} \left[1 - Q\left(\frac{n+\sqrt{\varepsilon}}{N_0/2}\right)\right]^{M-1} \mathrm{e}^{-\frac{n^2}{N_0}}\,\mathrm{d}n \tag{4-4-9}
$$

及

$$
P_{\mathrm{e}} = 1 - P_{\mathrm{c}} = \frac{1}{\sqrt{2\pi}} \int_{-\infty}^{\infty} \left\{1 - [1 - Q(x)]^{M-1}\right\} \mathrm{e}^{-\frac{\left(x-\sqrt{2\mathcal{E}/N_0}\right)^2}{2}}\,\mathrm{d}x \tag{4-4-10}
$$

式中引入了一个新变量 $x=(n+\sqrt{\mathcal{E}})/\sqrt{N_0/2}$。一般地，式（4-4-10）不能化简，差错概率可通过不同的 SNR 计算得到。

在正交信号传输中，由于星座图的对称性，当发送 $\boldsymbol{s}_1$ 时，接收任何消息 $m = 2, 3,\cdots, M$ 的概率都是相等的，所以，对任何 $2\leqslant m\leqslant M$，均有

$$
P[\boldsymbol{s}_m \text{ received} \,|\, \boldsymbol{s}_1 \text{ sent}] = \frac{P_{\mathrm{e}}}{M-1} = \frac{P_{\mathrm{e}}}{2^k-1} \tag{4-4-11}
$$

假设 $\boldsymbol{s}_1$ 对应于长度为 k 且第一分量为 0 的数据序列，该分量的差错概率就是第一分量为 1 的序列对应的 $\boldsymbol{s}_m$ 的检测概率。因为有 2^k-1 个这样的序列，故

$$
P_{\mathrm{b}} = 2^{k-1}\frac{P_{\mathrm{e}}}{2^k-1} = \frac{2^{k-1}}{2^k-1}P_{\mathrm{e}} \approx \frac{1}{2}P_{\mathrm{e}} \tag{4-4-12}
$$

式中，当 $k \gg 1$ 时，最后一步近似成立。

图 4-4-1 所示为当 M=2、4、8、16、32 和 64 时正交二进制信号比特差错概率的曲线，它们是比特 SNR（$\mathcal{E}_{\mathrm{b}}/N_0$）的函数。该图表明，为获得给定的比特差错概率，增加波形数 M 可降低对比特 SNR 的要求。例如，要达到 $P_{\mathrm{b}}=10^{-5}$，对 M=2 则要求比特 SNR 略高于 12 dB，而当 M 增加到 64 时（每符号 6 比特），则要求比特 SNR 近似为 6 dB。因此，为获得 $P_{\mathrm{b}}=10^{-5}$，将 M 从 2 增加到 64，可节省发送功率（或能量）超过 6 dB（减少 4 倍）。这个性质可直接与 ASK、PSK 和 QAM 信号传输的性能特征比较，后者为达到给定的差错概率，提高 M 则要求增加功率。

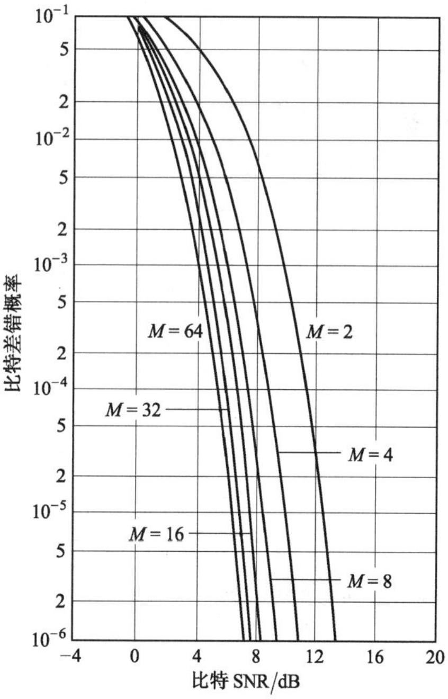

图 4-4-1　正交二进制信号的比特差错概率曲线

1. FSK 信号传输的差错概率

由式（3-2-58）及其讨论可以看到，FSK 信号变为正交信号后传输的一个特例时的频率间隔 Δf 为

$$\Delta f = \frac{l}{2T} \tag{4-4-13}$$

式中，l 为正整数。对该频率间隔值，M-FSK 的差错概率由式（4-4-10）确定。

注意，在二进制 FSK 信号传输中，保证正交性的频率间隔并不能使差错概率最小。习题 4-18 证明二进制 FSK 在差错概率最小时的频率间隔为

$$\Delta f = 0.715/T \tag{4-4-14}$$

2. 正交信号传输差错概率的一致边界

4.2.3 节导出的一致边界为

$$P_{\mathrm{e}} \leqslant \frac{M-1}{2}\mathrm{e}^{-\frac{d_{\min}^2}{4N_0}} \tag{4-4-15}$$

正交信号传输的 $d_{\min} = \sqrt{2\mathcal{E}}$，所以

$$P_{\mathrm{e}} \leqslant \frac{M-1}{2}\mathrm{e}^{-\frac{\mathcal{E}}{2N_0}} < M\mathrm{e}^{-\frac{\mathcal{E}}{2N_0}} \tag{4-4-16}$$

利用 $M = 2^k$ 和$\mathcal{E}_{\mathrm{b}} = \mathcal{E}/k$ 可得

$$P_{\mathrm{e}} < 2^k \mathrm{e}^{-\frac{k\mathcal{E}_{\mathrm{b}}}{2N_0}} = \mathrm{e}^{-\frac{k}{2}\left(\frac{\mathcal{E}_{\mathrm{b}}}{N_0} - 2\ln 2\right)} \tag{4-4-17}$$

式（4-4-17）表明，如果

$$2\ln 2 = 1.39\ \mathrm{dB} < \frac{\mathcal{E}_{\mathrm{b}}}{N_0} < 1.42\ \mathrm{dB} \tag{4-4-18}$$

则当 $k \to \infty$ 时 $P_{\mathrm{e}} \to 0$[①]。换言之，如果比特 SNR 超过 1.42 dB 时，那么可靠通信[②]是可能的。

人们会问，对于可靠通信而言，比特 SNR > 1.42 dB 的条件是否必要和充分的条件。第 6 章将看到该条件不是必要的，证明可靠通信的必要且充分条件为

$$\ln 2 = 0.693\ \mathrm{dB} < \mathcal{E}_{\mathrm{b}}/N_0 < -1.6\ \mathrm{dB} \tag{4-4-19}$$

因此，当比特 SNR 低于−1.6 dB 时通信是不可靠的。式（4-4-17）不能导致更紧密边界的原因是一致边界在低比特 SNR 时不够紧密。为了得到−1.6 dB 的边界，要求更精密的边界。利用这些边界可以证明

$$P_{\mathrm{e}} \leqslant \begin{cases} \mathrm{e}^{-\frac{k}{2}\left(\frac{\mathcal{E}_{\mathrm{b}}}{N_0} - 2\ln 2\right)}, & \mathcal{E}_{\mathrm{b}}/N_0 > 4\ln 2 \\ 2\mathrm{e}^{-k\left(\sqrt{\frac{\mathcal{E}_{\mathrm{b}}}{N_0}} - \sqrt{\ln 2}\right)^2}, & \ln 2 \leqslant \mathcal{E}_{\mathrm{b}}/N_0 \leqslant 4\ln 2 \end{cases} \tag{4-4-20}$$

可靠通信必需的比特 SNR 最小值（即−1.6 dB）称为香农极限。第 6 章将更深入地讨论该课题和信道容量的概念。

① 原文误写为∞。

② 如果差错概率像所期望的一样小，则称可靠通信是可能的。

4.4.2　双正交信号的最佳检测和差错概率

正如 3.2.4 节所述，$M=2^k$ 双正交信号是由 $M/2$ 个正交信号及其负值构成的。因此，双正交信号解调器的复杂性比正交信号解调器低，因为前者是由 $M/2$ 个互相关器或匹配滤波器实现的，而后者则需要 M 个匹配滤波器或互相关器。在双正交信号中，$N=M/2$，信号的矢量可表示为

$$
\begin{aligned}
\boldsymbol{s}_1 &= -\boldsymbol{s}_{N+1} = (\sqrt{\mathcal{E}}, 0, \cdots, 0)\\
\boldsymbol{s}_2 &= -\boldsymbol{s}_{N+2} = (0, \sqrt{\mathcal{E}}, \cdots, 0)\\
&\cdots\\
\boldsymbol{s}_N &= -\boldsymbol{s}_{2N} = (0, \cdots, 0, \sqrt{\mathcal{E}})
\end{aligned} \tag{4-4-21}
$$

为了计算最佳检测器的差错概率，假定发送信号 $s_1(t)$，相应的矢量 $\boldsymbol{s}_1=\left(\sqrt{\mathcal{E}},0,\cdots,0\right)$，接收信号矢量为

$$\boldsymbol{r} = (\sqrt{\mathcal{E}}+n_1, n_2, \cdots, n_N) \tag{4-4-22}$$

式中，$\{n_m\}$（$m=1,2,\cdots,N$）是均值为 0、方差 $\sigma_n^2=N_0/2$ 相互统计独立同分布的高斯随机变量。由于所有信号是等概且等能量的，因此最佳检测器决定了互相关器信号响应的最大的幅度为

$$C(\boldsymbol{r}, \boldsymbol{s}_m) = \boldsymbol{r}\cdot\boldsymbol{s}_m, \qquad 1\leqslant m\leqslant M/2 \tag{4-4-23}$$

该信号的最大值用来确定发送信号是 $s_m(t)$ 或 $-s_m(t)$。根据这个判决规则，正确判决的概率等于 $r_1>0$ 以及 r_1 超过 $|r_m|=|n_m|$ 的概率（$m=2,3,\cdots,M/2$），即

$$P[|n_m|<r_1|r_1>0] = \frac{1}{\sqrt{\pi N_0}}\int_{-r_1}^{r_1}\mathrm{e}^{-x^2/N_0}\,\mathrm{d}x = \frac{1}{\sqrt{2\pi}}\int_{-\frac{r_1}{\sqrt{N_0/2}}}^{\frac{r_1}{\sqrt{N_0/2}}}\mathrm{e}^{-\frac{x^2}{2}}\,\mathrm{d}x \tag{4-4-24}$$

那么，正确判决的概率为

$$P_\mathrm{c} = \int_0^\infty\left(\frac{1}{\sqrt{2\pi}}\int_{-\frac{r_1}{\sqrt{N_0/2}}}^{\frac{r_1}{\sqrt{N_0/2}}}\mathrm{e}^{-\frac{x^2}{2}}\,\mathrm{d}x\right)^{M/2-1} p(r_1)\,\mathrm{d}r_1 \tag{4-4-25}$$

再将 $p(r_1)$ 代入，可得

$$P_\mathrm{c} = \frac{1}{\sqrt{2\pi}}\int_{-\sqrt{2\mathcal{E}/N_0}}^{\infty}\left(\frac{1}{\sqrt{2\pi}}\int_{-(v+\sqrt{2\mathcal{E}/N_0})}^{v+\sqrt{2\mathcal{E}/N_0}}\mathrm{e}^{-\frac{x^2}{2}}\,\mathrm{d}x\right)^{M/2-1}\mathrm{e}^{-\frac{v^2}{2}}\,\mathrm{d}v \tag{4-4-26}$$

式中，使用了均值为$\sqrt{\mathcal{E}}$、方差为 $N_0/2$ 的高斯随机变量 r_1 的 PDF。最后，符号差错概率 $P_\mathrm{e}=1-P_\mathrm{c}$。对于式（4-4-26）中不同 M 值，可以通过计算来评估 P_c 和 P_e。图 4-4-2 所示为双正交信号的符号差错概率，P_e（M=2、4、8、16、32）是$\mathcal{E}_\mathrm{b}/N_0$ 的函数，其中$\mathcal{E}=k\mathcal{E}_\mathrm{b}$。该图类似于正交信号的情况（见图 4-4-1）。在这种情况下，M=4 的差错概率大于 $M=2$ 的。在图 4-4-2 中已经画出了符号差错概率 P_e，如果画出等价的比特差错概率，可以看到 $M=2$ 与 $M=4$ 的两条曲线相重合。正如正交信号的情况，当 $M\to\infty$（或 $k\to\infty$）时，达到任意小的差错概率所需要的最小$\mathcal{E}_\mathrm{b}/N_0$ 为−1.6 dB，即香农极限（Shannon Limit）。

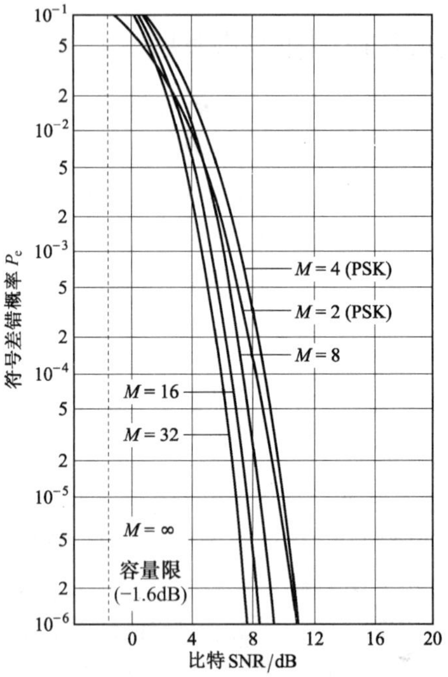

图 4-4-2　双正交信号的符号差错概率

4.4.3　单纯信号的最佳检测和差错概率

由 3.2.4 节可知，单纯信号（Simplex Signal）是通过将正交信号集中的每一个信号位移该正交信号集的均值而得到的。由于正交信号中的信号可通过简单地位移一个常矢量得到单纯信号，单纯信号的几何特性，即信号之间的距离和信号连线之间的角度与原始正交信号完全相同，所以单纯信号的差错概率的表达式与正交信号导出的表达式相同。然而，正如式（3-2-65）指出的，单纯信号的能量较低，差错概率表达式中的能量应当成相应的标度变换，所以单纯信号传输的差错概率表达式为

$$P_e = 1 - P_c = \frac{1}{\sqrt{2\pi}} \int_{-\infty}^{\infty} \{1 - [1 - Q(x)]^{M-1}\} \, e^{-\frac{\left(x-\sqrt{\frac{M}{M-1}\frac{2\mathcal{E}}{N_0}}\right)^2}{2}} \, dx \tag{4-4-27}$$

该式表明正交信号传输的相对增益为$10\log[M/(M-1)]$。当 $M = 2$ 时该增益为 3 dB，当 $M = 10$ 时下降到 0.46 dB，当 M 变得更大时则可忽略不计，正交信号与单纯信号的性能类似。显然，与正交信号和双正交信号类似，当 M 增加时单纯信号的差错概率将减小。

4.5　不确定情况下的最佳检测：非相干检测

至今所研究的检测方式中都隐含地假设接收机可获得信号$\{s_m(t), 1 \leqslant m \leqslant M\}$，该假设利用了信号本身的形式或利用标准正交基$\{\phi_j(t), 1 \leqslant j \leqslant N\}$的形式。虽然在许多通信系统中该假设是有效的，但也有许多情况不能做这样的假设。

这样的假设无效的情况之一是信道传输信号引入了随机变化，如随机衰减或随机相移（第 13 章将对这些情况进行深入研究），另一种情况是接收机不知道信号的细节，这种情况出现

在接收机与发送机同步不理想时，在这种情况下，虽然接收机知道$\{s_m(t)\}$的一般形状，由于其与发送机同步不理想，只能利用$\{s_m(t-t_d)\}$的形式，其中 t_d 表示发送机与接收机时钟之间的时移，这种时移可建模为随机变量。

为了研究这种类型的随机参数对最佳接收机设计和性能的影响，考虑在 AWGN 信道上传输的信号集具有随机参数，记为随机矢量 $\boldsymbol{\theta}$。假定发送信号为$\{s_m(t)，1\leqslant m\leqslant M\}$，接收信号可表示为

$$r(t)=s_m(t;\boldsymbol{\theta})+n(t) \tag{4-5-1}$$

式中，$\boldsymbol{\theta}$ 为随机矢量。利用 2.8.2 节的 K-L（Karhunen-Loève）展开式定理，可求得随机过程 $s_m(t;\boldsymbol{\theta})$展开式的标准正交基，再根据例 2-8-1，将同样的标准正交基用于高斯白噪声过程的展开式。利用该基，式（4-5-1）求得的波形信道可变为矢量信道

$$\boldsymbol{r}=\boldsymbol{s}_{m,\theta}+\boldsymbol{n} \tag{4-5-2}$$

最佳接收规则为

$$\hat{m}=\underset{1\leqslant m\leqslant M}{\arg\max}\ P_m p(\boldsymbol{r}|m)=\underset{1\leqslant m\leqslant M}{\arg\max}\ P_m\int p(\boldsymbol{r}|m,\boldsymbol{\theta})p(\boldsymbol{\theta})\,\mathrm{d}\boldsymbol{\theta}=\underset{1\leqslant m\leqslant M}{\arg\max}\ P_m\int p_{\boldsymbol{n}}(\boldsymbol{r}-\boldsymbol{s}_{m,\boldsymbol{\theta}})p(\boldsymbol{\theta})\,\mathrm{d}\boldsymbol{\theta} \tag{4-5-3}$$

式（4-5-3）表示最佳判决规则及其判决域。根据式（4-5-3）确定的最佳判决规则，得到的最小差错概率为

$$P_e=\sum_{m=1}^{M}P_m\int_{D_m^c}\left(\int p(\boldsymbol{r}|m,\boldsymbol{\theta})p(\boldsymbol{\theta})\,\mathrm{d}\boldsymbol{\theta}\right)\mathrm{d}\boldsymbol{r}=\sum_{m=1}^{M}P_m\sum_{\substack{m'=1\\ m'\neq m}}^{M}\int_{D_{m'}}\left(\int p_{\boldsymbol{n}}(\boldsymbol{r}-\boldsymbol{s}_{m,\boldsymbol{\theta}})p(\boldsymbol{\theta})\,\mathrm{d}\boldsymbol{\theta}\right)\mathrm{d}\boldsymbol{r} \tag{4-5-4}$$

式（4-5-3）和式（4-5-4）是一般化的形式，可以用于所有类型的信道参数不确定性。

例 4-5-1 双极性二进制信号传输系统的信号 $s_1(t)=s(t)$与 $s_2(t)=-s(t)$等概率，AWGN 信道的噪声功率谱密度为 $N_0/2$，该信道引入非负值的随机增益 A。换言之，该信道不能改变信号的极性，该信道可建模为

$$r(t)=A\,s_m(t)+n(t) \tag{4-5-5}$$

式中，A 是 PDF 为 $p(A)$的随机增益，当 $A<0$ 时 $p(A)=0$。利用式（4-5-3）并注意 $p(\boldsymbol{r}|m,A)=p_n(r-As_m)$，$s_1(t)$的最佳判决域为

$$D_1=\left\{r:\int_0^{\infty}\mathrm{e}^{-\frac{(r-A\sqrt{\mathcal{E}_b})^2}{N_0}}p(A)\,\mathrm{d}A>\int_0^{\infty}\mathrm{e}^{-\frac{(r+A\sqrt{\mathcal{E}_b})^2}{N_0}}p(A)\,\mathrm{d}A\right\} \tag{4-5-6}$$

可简化为

$$D_1=\left\{r:\int_0^{\infty}\mathrm{e}^{-\frac{A^2\mathcal{E}_b}{N_0}}\left(\mathrm{e}^{\frac{2rA\sqrt{\mathcal{E}_b}}{N_0}}-\mathrm{e}^{-\frac{2rA\sqrt{\mathcal{E}_b}}{N_0}}\right)p(A)\,\mathrm{d}A>0\right\} \tag{4-5-7}$$

由于 A 只能取正值，当且仅当 $r>0$ 时括号内的表达式为正值，所以

$$D_1=\{r:r>0\} \tag{4-5-8}$$

计算差错概率，可得

$$\begin{aligned}P_b&=\int_0^{\infty}\left(\int_0^{\infty}\frac{1}{\sqrt{\pi N_0}}\mathrm{e}^{-\frac{(r+A\sqrt{\mathcal{E}_b})^2}{N_0}}\mathrm{d}r\right)p(A)\,\mathrm{d}A\\&=\int_0^{\infty}Q\left(A\sqrt{\frac{2\mathcal{E}_b}{N_0}}\right)p(A)\,\mathrm{d}A=E\left[Q\left(A\sqrt{\frac{2\mathcal{E}_b}{N_0}}\right)\right]\end{aligned} \tag{4-5-9}$$

式中，对 A 求数学期望。例如，A 以等概率取值 1/2 和 1，则

$$P_b = \frac{1}{2}Q\left(\sqrt{\frac{2\mathcal{E}_b}{N_0}}\right) + \frac{1}{2}Q\left(\sqrt{\frac{\mathcal{E}_b}{2N_0}}\right)$$

要注意，此例中平均比特能量 $\mathcal{E}_{bavg}=\frac{1}{2}\mathcal{E}_b+\frac{1}{2}\left(\frac{1}{4}\right)\mathcal{E}_b=\frac{5}{8}\mathcal{E}_b$。习题 6-29 将证明 $P_b \geqslant Q\left(\sqrt{2\mathcal{E}_{bavg}/N_0}\right)$。

4.5.1 载波调制信号的非相干检测

载波调制信号 $\{s_m(t), 1\leqslant m\leqslant M\}$ 是带通信号，其等效低通为 $\{s_{ml}(t), 1\leqslant m\leqslant M\}$，这里

$$s_m(t) = \mathrm{Re}\left[s_{ml}(t)\mathrm{e}^{\mathrm{j}2\pi f_c t}\right] \tag{4-5-10}$$

AWGN 信道模型一般为

$$r(t) = s_m(t - t_d) + n(t) \tag{4-5-11}$$

式中，t_d 表示发送机与接收机时钟之间的随机时间不同步。显然可见，接收随机过程 $r(t)$ 是三个随机现象的函数：消息 m（以概率 P_m 选择）、随机变量 t_d 以及随机过程 $n(t)$。

由式（4-5-10）和式（4-5-11），可得

$$r(t) = \mathrm{Re}\left[s_{ml}(t - t_d)\mathrm{e}^{\mathrm{j}2\pi f_c(t-t_d)}\right] + n(t) = \mathrm{Re}\left[s_{ml}(t - t_d)\mathrm{e}^{-\mathrm{j}2\pi f_c t_d}\mathrm{e}^{\mathrm{j}2\pi f_c t}\right] + n(t) \tag{4-5-12}$$

所以，$s_m(t-t_d)$ 的等效低通等于 $s_{ml}(t-t_d)\mathrm{e}^{-\mathrm{j}2\pi f_c t_d}$。实际上，$t_d \ll T_s$，其中 T_s 为符号持续时间。这意味着时移 t_d 对 $s_{ml}(t)$ 的影响可以忽略不计。然而，$\mathrm{e}^{-\mathrm{j}2\pi f_c t_d}$ 项可引入大的相移 $\phi=-2\pi f_c t_d$，因为即使很小的 t_d 值乘以一个大的载波频率 f_c，也会导致可观的相移。由于 t_d 是随机的，而且即使很小 t_d 值也能引起大相移（以 2π 为模折叠），可将 ϕ 建模为在 0 和 2π 之间均匀分布的随机变量。在这种假设条件下的信道模型和信号检测称为非相干检测（Noncoherent Detection）。

由上述讨论可断定，在非相干情况下，

$$\mathrm{Re}\left[r_l(t)\mathrm{e}^{\mathrm{j}2\pi f_c t}\right] = \mathrm{Re}\left\{\left[\mathrm{e}^{\mathrm{j}\phi}s_{ml}(t) + n_l(t)\right]\mathrm{e}^{\mathrm{j}2\pi f_c t}\right\} \tag{4-5-13}$$

基带形式为

$$r_l(t) = \mathrm{e}^{\mathrm{j}\phi}s_{ml}(t) + n_l(t) \tag{4-5-14}$$

注意，由式（2-9-14）之后的讨论，低通噪声过程 $n_l(t)$ 是环的（Circular），且其统计特性与任何旋转（Rotation）无关，因此可以不用考虑相位旋转对噪声分量的影响。在相位相干情况下，接收机知道 ϕ 并对其进行补偿，等效低通信道具有如下形式

$$r_l(t) = s_{ml}(t) + n_l(t) \tag{4-5-15}$$

在非相干的情况下，式（4-5-15）的等效矢量形式为

$$\boldsymbol{r}_l = \mathrm{e}^{\mathrm{j}\phi}\boldsymbol{s}_{ml} + \boldsymbol{n}_l \tag{4-5-16}$$

为了设计式（4-5-16）表示的基带矢量信道的最佳检测器，采用式（4-5-3）确定的最佳检测器的一般公式为

$$\hat{m} = \underset{1\leqslant m\leqslant M}{\arg\max}\ \frac{P_m}{2\pi}\int_0^{2\pi} p_{\boldsymbol{n}_l}(\boldsymbol{r}_l - \mathrm{e}^{\mathrm{j}\phi}\boldsymbol{s}_{ml})\,\mathrm{d}\phi \tag{4-5-17}$$

由例 2-9-1 可见，$n_l(t)$ 为复基带随机过程，其功率谱密度在 $[-W, W]$ 频段上为 $2N_0$。该过程在标准正交基上的投影是复 IID、均值为 0、方差为 $2N_0$ 的高斯分量（实分量和虚分量的方差

为 N_0），可得

$$\hat{m} = \underset{1\leqslant m\leqslant M}{\arg\max}\ \frac{P_m}{2\pi}\frac{1}{(4\pi N_0)^N}\int_0^{2\pi} \mathrm{e}^{-\frac{\|\boldsymbol{r}_1-\mathrm{e}^{\mathrm{j}\phi}\boldsymbol{s}_{m1}\|^2}{4N_0}}\,\mathrm{d}\phi \tag{4-5-18}$$

展开指数，舍去与 m 无关的项，并注意 $\|\boldsymbol{s}_{ml}\|^2 = 2\mathcal{E}$，则得到

$$\begin{aligned}\hat{m} &= \underset{1\leqslant m\leqslant M}{\arg\max}\ \frac{P_m}{2\pi}\mathrm{e}^{-\frac{\mathcal{E}_m}{2N_0}}\int_0^{2\pi} \mathrm{e}^{\frac{1}{2N_0}\mathrm{Re}\left[\boldsymbol{r}_1\cdot\mathrm{e}^{\mathrm{j}\phi}\boldsymbol{s}_{m1}\right]}\,\mathrm{d}\phi = \underset{1\leqslant m\leqslant M}{\arg\max}\ \frac{P_m}{2\pi}\mathrm{e}^{-\frac{\mathcal{E}_m}{2N_0}}\int_0^{2\pi} \mathrm{e}^{\frac{1}{2N_0}\mathrm{Re}\left[(\boldsymbol{r}_1\cdot\boldsymbol{s}_{m1})\mathrm{e}^{-\mathrm{j}\phi}\right]}\,\mathrm{d}\phi\\ &= \underset{1\leqslant m\leqslant M}{\arg\max}\ \frac{P_m}{2\pi}\mathrm{e}^{-\frac{\mathcal{E}_m}{2N_0}}\int_0^{2\pi} \mathrm{e}^{\frac{1}{2N_0}\mathrm{Re}\left[|\boldsymbol{r}_1\cdot\boldsymbol{s}_{m1}|\mathrm{e}^{-\mathrm{j}(\phi-\theta)}\right]}\,\mathrm{d}\phi = \underset{1\leqslant m\leqslant M}{\arg\max}\ \frac{P_m}{2\pi}\mathrm{e}^{-\frac{\mathcal{E}_m}{2N_0}}\int_0^{2\pi} \mathrm{e}^{\frac{1}{2N_0}|\boldsymbol{r}_1\cdot\boldsymbol{s}_{m1}|\cos(\phi-\theta)}\,\mathrm{d}\phi\end{aligned} \tag{4-5-19}$$

式中，θ 表示 $\boldsymbol{r}_1\cdot\boldsymbol{s}_{m1}$ 的相位。注意，式（4-5-19）中的被积函数是以 2π 为周期的 ϕ 的周期函数，在一个完整的周期上积分，所以 θ 对该间隔没有影响。利用该关系式可得

$$I_0(x) = \frac{1}{2\pi}\int_0^{2\pi} \mathrm{e}^{x\cos\phi}\,\mathrm{d}\phi \tag{4-5-20}$$

式中，$\boldsymbol{I}_0(x)$为第一类零阶修正贝塞尔（Bessel）函数，得到

$$\hat{m} = \underset{1\leqslant m\leqslant M}{\arg\max}\ P_m\,\mathrm{e}^{-\frac{\mathcal{E}_m}{2N_0}}\boldsymbol{I}_0\left(\frac{|\boldsymbol{r}_1\cdot\boldsymbol{s}_{m1}|}{2N_0}\right) \tag{4-5-21}$$

一般，式（4-5-21）确定的判决规则无法更简化。然而，在等概和等能量的情况下，可以不考虑 P_m 和$\mathcal{E}_m$ 的影响，最佳检测规则可变为

$$\hat{m} = \underset{1\leqslant m\leqslant M}{\arg\max}\ I_0\left(\frac{|\boldsymbol{r}_1\cdot\boldsymbol{s}_{m1}|}{2N_0}\right) \tag{4-5-22}$$

由于当 $x > 0$ 时，$\boldsymbol{I}_0(x)$是 x 的增函数，在这种情况下判决规则可简化为

$$\hat{m} = \underset{1\leqslant m\leqslant M}{\arg\max}\ |\boldsymbol{r}_1\cdot\boldsymbol{s}_{m1}| \tag{4-5-23}$$

由式（4-5-23）可见，最佳非相干解调器首先利用其非同步的本地振荡器解调接收信号，得到等效低通接收信号 $r_1(t)$，然后将 $r_1(t)$与所有 $s_{m1}(t)$进行相关运算，最后选择绝对值（或包络）最大者。该检测器称为包络检测器。注意，式（4-5-23）也可以表示为

$$\hat{m} = \underset{1\leqslant m\leqslant M}{\arg\max}\ \left|\int_{-\infty}^{\infty} r_1(t)s_{m1}^*(t)\,\mathrm{d}t\right| \tag{4-5-24}$$

图 4-5-1 所示为包络检测器的方框图，图中的解调器和复匹配滤波器的方框图的细节分别如图 4-3-9 和图 4-3-11 所示。

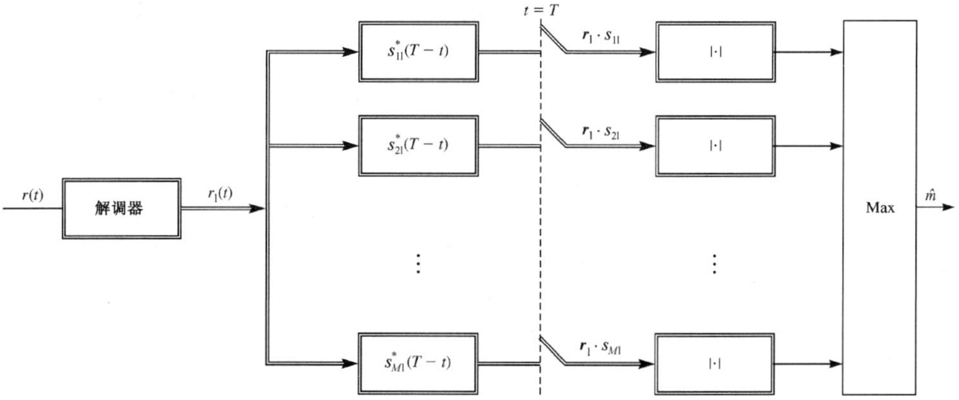

图 4-5-1　包络检测器的方框图

4.5.2 FSK 调制信号的最佳非相干检测

对于等概的 FSK 信号传输，当信号是等能量时，最佳规则可由式（4-5-23）确定。假设信号之间的频率间隔为Δf，FSK 信号的一般形式为

$$s_m(t) = g(t)\cos\left[2\pi f_c t + 2\pi(m-1)\Delta f t\right] = \mathrm{Re}\left[g(t)\mathrm{e}^{\mathrm{j}2\pi(m-1)\Delta f t}\mathrm{e}^{\mathrm{j}2\pi f_c t}\right], \qquad 1 \leqslant m \leqslant M \tag{4-5-25}$$

因此，

$$s_{ml}(t) = g(t)\mathrm{e}^{\mathrm{j}2\pi(m-1)\Delta f t} \tag{4-5-26}$$

式中，$g(t)$是持续时间为 T_s 的矩形脉冲，$\mathcal{E}_g=2\mathcal{E}_s$，其中$\mathcal{E}_s$表示发送符号能量。在接收机中，最佳非相干检测器将 $r_l(t)$与 $s_{m'l}(t)$对所有$1 \leqslant m' \leqslant M$进行相关运算。假设发送 $s_m(t)$，由式（4-5-24）可知

$$\begin{aligned}\left|\int_{-\infty}^{\infty} r_l(t)s_{m'l}^*(t)\,\mathrm{d}t\right| &= \left|\int_{-\infty}^{\infty}\left[s_{ml}(t)+n_l(t)\right]s_{m'l}^*(t)\,\mathrm{d}t\right| \\ &= \left|\int_{-\infty}^{\infty} s_{ml}(t)s_{m'l}^*(t)\,\mathrm{d}t + \int_{-\infty}^{\infty} n_l(t)s_{m'l}^*(t)\,\mathrm{d}t\right|\end{aligned} \tag{4-5-27}$$

但

$$\begin{aligned}\int_{-\infty}^{\infty} s_{ml}(t)s_{m'l}^*(t)\,\mathrm{d}t &= \frac{2\mathcal{E}_s}{T_s}\int_0^{T_s}\mathrm{e}^{\mathrm{j}2\pi(m-1)\Delta f t}\mathrm{e}^{-\mathrm{j}2\pi(m'-1)\Delta f t} = \frac{2\mathcal{E}_s}{T_s}\int_0^{T_s}\mathrm{e}^{\mathrm{j}2\pi(m-m')\Delta f t}\,\mathrm{d}t \\ &= \frac{2\mathcal{E}_s}{T_s}\frac{1}{\mathrm{j}2\pi(m-m')\Delta f}\left[\mathrm{e}^{\mathrm{j}2\pi(m-m')\Delta f T_s}-1\right] = 2\mathcal{E}_s\,\mathrm{e}^{\mathrm{j}\pi(m-m')\Delta f T_s}\mathrm{sinc}\left[(m-m')\Delta f T_s\right]\end{aligned} \tag{4-5-28}$$

由式(4-5-28)可见，当且仅当$\Delta f = k/T_s$（k 为整数）时，$\langle s_{ml}(t), s_{m'l}(t)\rangle = 0$（对所有$m' \neq m$），这是在非相干检测情况下的 FSK 正交性导致的。然而，对于相干检测，检测器利用式(4-3-41)，正交性必须满足$\mathrm{Re}\left[\langle s_{ml}(t), s_{m'l}(t)\rangle\right]=0$。但由式（3-2-58）可知

$$\begin{aligned}\mathrm{Re}\left[\int_{-\infty}^{\infty} s_{ml}(t)s_{m'l}^*(t)\,\mathrm{d}t\right] &= 2\mathcal{E}_s\cos\left[\pi(m-m')\Delta f T_s\right]\mathrm{sinc}\left[(m-m')\Delta f T_s\right] \\ &= 2\mathcal{E}_s\,\mathrm{sinc}\left[2(m-m')\Delta f T_s\right]\end{aligned} \tag{4-5-29}$$

显然，在这种情况下正交性的条件为$\Delta f = k/2T_s$。上述讨论表明，非相干检测下的正交性保证了相干检测下的正交性，但是反之则不成立。

FSK 信号的最佳非相干检测规则遵循一般等概等能量信号的非相干检测规则，可用包络检测器（Envelope Detector）或平方律检测器（Square-Law Detector）实现。

4.5.3 正交信号非相干检测的差错概率

假设 M 个等概等能量载波调制的正交信号在 AWGN 信道上传输，在接收机中这些信号被非相干解调和最佳检测。例如，在正交 FSK 信号的相干检测中就遇到与此相似的情况，其等效低通信号可以表示为 M 个 N 维矢量（$N=M$）。

$$\begin{aligned} \boldsymbol{s}_{11} &= \left(\sqrt{2\mathcal{E}_s}, 0, 0, \cdots, 0\right) \\ \boldsymbol{s}_{21} &= \left(0, \sqrt{2\mathcal{E}_s}, 0, \cdots, 0\right) \\ &\vdots \\ \boldsymbol{s}_{M1} &= \left(0, 0, \cdots, 0, \sqrt{2\mathcal{E}_s}\right) \end{aligned} \tag{4-5-30}$$

因为星座图的对称性，不失一般性地可以假设发送 $\boldsymbol{s}_{11}$，所以接收矢量为

$$\boldsymbol{r}_1 = \mathrm{e}^{\mathrm{j}\phi}\boldsymbol{s}_{11} + \boldsymbol{n}_1 \tag{4-5-31}$$

式中，$\boldsymbol{n}_1$ 是复环零均值高斯随机矢量（Complex Circular Zero-Mean Gaussian Random Vector），其每一复分量的方差均等于 $2N_0$（由例 2-9-1 的结果可得出）。最佳接收机计算和比较$|\boldsymbol{r}_1 \cdot \boldsymbol{s}_{m1}|$（对所有 $1 \leqslant m \leqslant M$），可得到

$$\begin{aligned} |\boldsymbol{r}_1 \cdot \boldsymbol{s}_{11}| &= |2\mathcal{E}_s \mathrm{e}^{\mathrm{j}\phi} + \boldsymbol{n}_1 \cdot \boldsymbol{s}_{11}| \\ |\boldsymbol{r}_1 \cdot \boldsymbol{s}_{m1}| &= |\boldsymbol{n}_1 \cdot \boldsymbol{s}_{m1}|, \qquad 2 \leqslant m \leqslant M \end{aligned} \tag{4-5-32}$$

对于 $1 \leqslant m \leqslant M$，$\boldsymbol{n}_1 \cdot \boldsymbol{s}_{m1}$ 是复环零均值高斯随机矢量，其方差为 $4\mathcal{E}_s N_0$（每个实部和虚部为 $2\mathcal{E}_s N_0$）。由式（4-5-32）可见，

$$\begin{aligned} \mathrm{Re}[\boldsymbol{r}_1 \cdot \boldsymbol{s}_{11}] &\sim \mathcal{N}(2\mathcal{E}_s \cos\phi, 2\mathcal{E}_s N_0) \\ \mathrm{Im}[\boldsymbol{r}_1 \cdot \boldsymbol{s}_{11}] &\sim \mathcal{N}(2\mathcal{E}_s \sin\phi, 2\mathcal{E}_s N_0) \\ \mathrm{Re}[\boldsymbol{r}_1 \cdot \boldsymbol{s}_{m1}] &\sim \mathcal{N}(0, 2\mathcal{E}_s N_0), \qquad 2 \leqslant m \leqslant M \\ \mathrm{Im}[\boldsymbol{r}_1 \cdot \boldsymbol{s}_{m1}] &\sim \mathcal{N}(0, 2\mathcal{E}_s N_0), \qquad 2 \leqslant m \leqslant M \end{aligned} \tag{4-5-33}$$

根据式（2-3-42）和式（2-3-55）确定的瑞利（Rayleigh）随机变量和赖斯（Ricean）随机变量的定义，可以断定如下定义的随机变量 R_m（$1 \leqslant m \leqslant M$）

$$R_m = |\boldsymbol{r}_1 \cdot \boldsymbol{s}_{m1}|, \qquad 1 \leqslant m \leqslant M \tag{4-5-34}$$

是独立的随机变量。R_1 服从赖斯分布，其参数 $s = 2\mathcal{E}_s$、$\sigma^2 = 2\mathcal{E}_s N_0$，$R_m$（$2 \leqslant m \leqslant M$）是参数 $\sigma^2 = 2\mathcal{E}_s N_0$ 的瑞利随机变量①。换言之，

$$p_{R_1}(\boldsymbol{r}_1) = \begin{cases} \dfrac{\boldsymbol{r}_1}{\sigma^2} I_0\left(s\boldsymbol{r}_1/\sigma^2\right) \mathrm{e}^{-\frac{r_1^2+s^2}{2\sigma^2}}, & r_1 > 0 \\ 0, & \text{其他} \end{cases} \tag{4-5-35}$$

和

$$p_{R_m}(\boldsymbol{r}_m) = \begin{cases} \dfrac{\boldsymbol{r}_m}{\sigma^2} \mathrm{e}^{-\frac{r_m^2}{2\sigma^2}}, & r_m > 0 \\ 0, & \text{其他} \end{cases} \tag{4-5-36}$$

式中，$2 \leqslant m \leqslant M$。因为假设发送 $\boldsymbol{s}_{11}$，如果 $R_1 > R_m$（$2 \leqslant m \leqslant M$）则接收机判决正确。虽然随机变量 R_m（$1 \leqslant m \leqslant M$）是统计独立的，但事件 $R_1 > R_2$，$R_1 > R_3$，…，$R_1 > R_M$ 并不是独立的，这是因为有共同的 R_1 存在。为了使它们独立，需要在 $R_1 = \boldsymbol{r}_1$ 条件下对所有 $\boldsymbol{r}_1$ 值求平均，所以

$$\begin{aligned} P_c &= P[R_2 < R_1, R_3 < R_1, \cdots, R_M < R_1] \\ &= \int_0^{\infty} P[R_2 < \boldsymbol{r}_1, R_3 < \boldsymbol{r}_1, \cdots, R_M < \boldsymbol{r}_1 \,|R_1 = \boldsymbol{r}_1] p_{R_1}(\boldsymbol{r}_1)\,\mathrm{d}\boldsymbol{r}_1 \\ &= \int_0^{\infty} (P[R_2 < \boldsymbol{r}_1])^{M-1} p_{R_1}(\boldsymbol{r}_1)\,\mathrm{d}\boldsymbol{r}_1 \end{aligned} \tag{4-5-37}$$

① 确切地说，必须注意 ϕ 本身是均匀分布随机变量，所以为了得到 R_m 的 PDF，先要在 ϕ 条件下对均匀分布求平均，但这并不改变上述最终结果。

但

$$P[R_2 < r_1] = \int_0^{r_1} p_{R_2}(r_2)\,\mathrm{d}r_2 = 1 - \mathrm{e}^{-\frac{r_1^2}{2\sigma^2}} \tag{4-5-38}$$

利用二项式展开式，可得到

$$\left(1 - \mathrm{e}^{-\frac{r_1^2}{2\sigma^2}}\right)^{M-1} = \sum_{n=0}^{M-1}(-1)^n \binom{M-1}{n} \mathrm{e}^{-\frac{nr_1^2}{2\sigma^2}} \tag{4-5-39}$$

代入到式（4-5-37），可得到

$$\begin{aligned} P_{\mathrm{c}} &= \sum_{n=0}^{M-1}(-1)^n \binom{M-1}{n} \int_0^{\infty} \mathrm{e}^{-\frac{nr_1^2}{2\sigma^2}} \frac{r_1}{\sigma^2} I_0\left(\frac{sr_1}{\sigma^2}\right) \mathrm{e}^{-\frac{r_1^2+s^2}{2\sigma^2}}\,\mathrm{d}r_1 \\ &= \sum_{n=0}^{M-1}(-1)^n \binom{M-1}{n} \int_0^{\infty} \frac{r_1}{\sigma^2} I_0\left(\frac{sr_1}{\sigma^2}\right) \mathrm{e}^{-\frac{(n+1)r_1^2+s^2}{2\sigma^2}}\,\mathrm{d}r_1 \\ &= \sum_{n=0}^{M-1}(-1)^n \binom{M-1}{n} \mathrm{e}^{-\frac{ns^2}{2(n+1)\sigma^2}} \int_0^{\infty} \frac{r_1}{\sigma^2} I_0\left(\frac{sr_1}{\sigma^2}\right) \mathrm{e}^{-\frac{(n+1)r_1^2+\frac{s^2}{n+1}}{2\sigma^2}}\,\mathrm{d}r_1 \end{aligned} \tag{4-5-40}$$

引入变量置换

$$s' = \frac{s}{\sqrt{n+1}}, \qquad r' = r_1\sqrt{n+1} \tag{4-5-41}$$

式（4-5-40）的积分为

$$\begin{aligned} \int_0^{\infty} \frac{r_1}{\sigma^2} I_0\left(\frac{sr_1}{\sigma^2}\right) \mathrm{e}^{-\frac{(n+1)r_1^2+\frac{s^2}{n+1}}{2\sigma^2}}\,\mathrm{d}r_1 &= \frac{1}{n+1}\int_0^{\infty} \frac{r'}{\sigma^2} I_0\left(\frac{r's'}{\sigma^2}\right) \mathrm{e}^{-\frac{s'^2+r'^2}{2\sigma^2}}\,\mathrm{d}r' \\ &= \frac{1}{n+1} \end{aligned} \tag{4-5-42}$$

式中，第一步利用了在赖斯 PDF 下的面积等于 1 的性质。将式（4-5-42）代入式（4-5-40），并注意 $\frac{s^2}{2\sigma^2} = \frac{4\mathcal{E}_{\mathrm{s}}^2}{4\mathcal{E}_{\mathrm{s}}N_0} = \frac{\mathcal{E}_{\mathrm{s}}}{N_0}$，得到

$$P_{\mathrm{c}} = \sum_{n=0}^{M-1} \frac{(-1)^n}{n+1} \binom{M-1}{n} \mathrm{e}^{-\frac{n}{n+1}\frac{\mathcal{E}_{\mathrm{s}}}{N_0}} \tag{4-5-43}$$

那么，符号差错概率为

$$P_{\mathrm{e}} = \sum_{n=1}^{M-1} \frac{(-1)^{n+1}}{n+1} \binom{M-1}{n} \mathrm{e}^{-\frac{n\log_2 M}{n+1}\frac{\mathcal{E}_{\mathrm{b}}}{N_0}} \tag{4-5-44}$$

对于正交二进制信号传输，包括非相干检测正交二进制 FSK，式（4-5-44）可简化为

$$P_{\mathrm{b}} = \frac{1}{2}\mathrm{e}^{-\frac{\mathcal{E}_{\mathrm{b}}}{2N_0}} \tag{4-5-45}$$

将此结果与正交二进制信号相干检测的差错概率

$$P_{\mathrm{b}} = Q\left(\sqrt{\frac{\mathcal{E}_{\mathrm{b}}}{N_0}}\right) \tag{4-5-46}$$

进行比较，并利用不等式 $Q(x) \leqslant \frac{1}{2}\mathrm{e}^{-x^2/2}$，可知 $P_{\mathrm{b,noncoh}} \geqslant P_{\mathrm{b,coh}}$，如所预期。当差错概率低于 10^{-4} 时，正交二进制信号的相干与非相干检测性能差别小于 0.8 dB。

当 $M>2$ 时，利用关系式

$$P_b=\frac{2^{k-1}}{2^k-1}P_e \tag{4-5-47}$$

可计算比特差错概率，该式已在 4.4.1 节中建立。图 4-5-2 展示了当 M = 2、4、8、16 和 32 时正交信号非相干检测的比特差错概率，它是比特 SNR 的函数。正如 M 元正交信号相干检测的情况那样（参见图 4-4-1），对于任何给定的比特差错概率，比特 SNR 随 M 增大而减少。第 6 章将证明，在 $M\to\infty$（或 $k=\log_2 M\to\infty$）的极限情况下，若比特 SNR 大于香农极限，即−1.6 dB，可以得到任意小的比特差错概率 P_b。增大 M 的代价是传输信号所要求的带宽。对于 M-FSK，为了保证信号的正交性，相邻频率之间的间隔 $\Delta f=1/T_s$，M 元信号要求的带宽 $W=M\Delta f=M/T_s$。

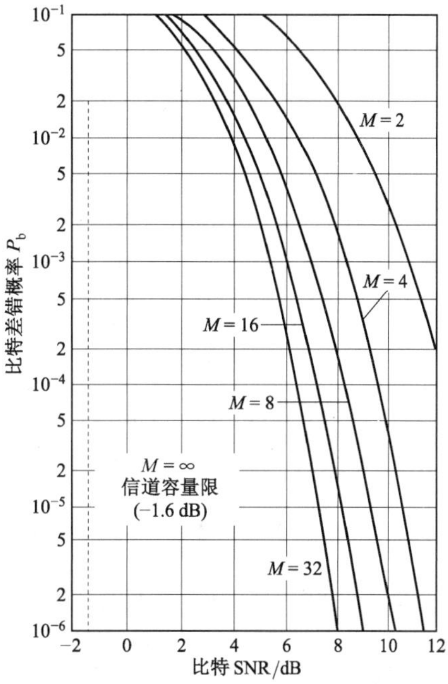

图 4-5-2 正交信号非相干检测的比特差错概率

4.5.4 相关二进制信号包络检测的差错概率

本节将研究二进制等概等能量相关信号的包络检测器的性能。当两个信号相关时，有

$$\boldsymbol{s}_{m1}\cdot\boldsymbol{s}_{m'1}=\begin{cases}2\mathcal{E}_s, & m=m'\\ 2\mathcal{E}_s\rho, & m\neq m'\end{cases}\qquad m,m'=1,2 \tag{4-5-48}$$

式中，ρ 是低通信号之间的复相关。检测器根据包络$|\boldsymbol{r}_1\cdot\boldsymbol{s}_{11}|$和$|\boldsymbol{r}_1\cdot\boldsymbol{s}_{21}|$做出判决，两个包络是相关的（统计相关）。假设发送 $s_1(t)$，包络为

$$R_1=|\boldsymbol{r}_1\cdot\boldsymbol{s}_{11}|=|2\mathcal{E}_s e^{j\phi}+\boldsymbol{n}_1\cdot\boldsymbol{s}_{11}|,\qquad R_2=|\boldsymbol{r}_1\cdot\boldsymbol{s}_{21}|=|2\mathcal{E}_s\rho e^{j\phi}+\boldsymbol{n}_1\cdot\boldsymbol{s}_{21}| \tag{4-5-49}$$

注意，由于只关心 $2\mathcal{E}_s e^{j\phi}+\boldsymbol{n}_1\cdot\boldsymbol{s}_{11}$ 和 $2\mathcal{E}_s\rho e^{j\phi}+\boldsymbol{n}_1\cdot\boldsymbol{s}_{21}$ 的幅度，$e^{j\phi}$ 的影响可以归并到环噪声分量中，这样的相位旋转不影响其统计特性。由上可见，R_1 是参数 $s_1=2\mathcal{E}_s$ 和 $\sigma^2=2\mathcal{E}_s N_0$ 的赖斯随机变量，R_2 是参数 $s_2=2\mathcal{E}_s|\rho|$ 和 $\sigma_2=2\mathcal{E}_s N_0$ 的赖斯随机变量。这两个随机变量是相关的，因为信号不是正交的，因此噪声投影是统计相关的。

因为 R_1 与 R_2 是统计相关的，所以可通过计算下列二重积分可求得差错概率。

$$P_b=P(R_2>R_1)=\int_0^{\infty}\int_{x_1}^{\infty}p(x_1,x_2)\,dx_1\,dx_2 \tag{4-5-50}$$

式中，$p(x_1,x_2)$是包络 R_1 与 R_2 的联合 PDF。这种分析方法首先由海尔斯特朗姆（Helstrom，1955）使用，他求出了 R_1 与 R_2 的联合 PDF，并且计算了式（4-5-50）所示的二重积分。

另一种分析方法如下：差错概率可表示为

$$P_b=P(R_2>R_1)=P(R_2^2>R_1^2)=P(R_2^2-R_1^2>0) \tag{4-5-51}$$

但是 $R_2^2-R_1^2$ 是复高斯随机变量一般二次式的特例（这将在附录 B 处理），对于所研究的特例，推导其差错概率的形式为

$$P_b = Q_1(a,b) - \frac{1}{2}e^{-\frac{a^2+b^2}{2}}I_0(ab) \tag{4-5-52}$$

式中

$$a = \sqrt{\frac{\mathcal{E}_b}{2N_0}\left(1-\sqrt{1-|\rho|^2}\right)}, \qquad b = \sqrt{\frac{\mathcal{E}_b}{2N_0}\left(1+\sqrt{1-|\rho|^2}\right)} \tag{4-5-53}$$

$Q_1(a, b)$是式（2-3-37）和式（2-3-38）定义的马库姆（Marcum）Q 函数，$I_0(x)$是零阶修正贝塞尔函数。将式（4-5-53）代入式（4-5-52）可得到

$$P_b = Q_1(a,b) - \frac{1}{2}e^{-\frac{\mathcal{E}_b}{2N_0}}I_0\left(\frac{\mathcal{E}_b}{2N_0}|\rho|\right) \tag{4-5-54}$$

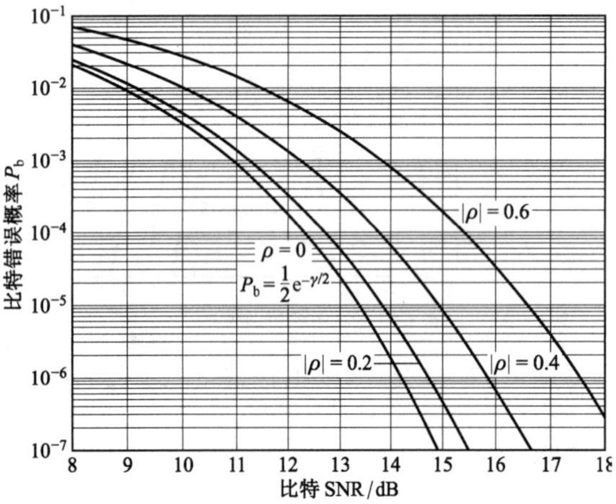

图 4-5-3　二进制 FSK 非相干检测的差错概率

图 4-5-3 示出了不同$|\rho|$值时二进制 FSK 非相干检测的差错概率 P_b。当 $\rho = 0$，即当信号正交时，P_b 最小。这种情况下，$a=0$，$b=\sqrt{\mathcal{E}_b/N_0}$ 且式（4-5-54）可简化为

$$P_b = Q_1\left(0, \sqrt{\frac{\mathcal{E}_b}{N_0}}\right) - \frac{1}{2}e^{-\mathcal{E}_b/2N_0} \tag{4-5-55}$$

由式（2-3-39）的 $Q_1(a, b)$性质，可得到

$$Q_1\left(0, \sqrt{\frac{\mathcal{E}_b}{N_0}}\right) = e^{-\frac{\mathcal{E}_b}{2N_0}} \tag{4-5-56}$$

将此关系式代入式（4-5-54），可得到前面式（4-5-45）给出的期望结果。另一方面，当$|\rho|=1$时，$a=b=\sqrt{\mathcal{E}_b/2N_0}$，式（4-5-52）的差错概率 $P_b=1/2$，这正如所预料的。

4.5.5　差分 PSK（DPSK）

由 4.3.2 节可知，为了补偿由锁相环（Phase-Locked Loop，PLL）载波跟踪造成的$2\pi/M$ 相位模糊，采用了差分编码 PSK。在差分编码 PSK 中，信息序列确定相邻符号间隔之间的相对相位或相位转移。由于在差分 PSK 中，信息是在相位转移之中而不是在绝对相位之中，所以在相邻间隔之间由 PLL 引起的相位模糊消失对系统的性能没有影响。系统的性能只是轻微下降，这是由于差错成对发生较多的缘故，总的差错概率是 PSK 系统差错概率的 2 倍。差分编码相位调制信号也可以用另一种形式解调，不需要估计载波的相位。所以，这种形式的差分编码 PSK 解调/检测归类为非相干检测。因为信息是在相位转移之中，所以必须在两个符号间隔时间上进行检测。在两个符号间隔时间上的第 m 个等效低通信号的矢量表示为

$$\boldsymbol{s}_{m1} = \left(\sqrt{2\mathcal{E}_s} \quad \sqrt{2\mathcal{E}_s}e^{j\theta_m}\right), \qquad 1 \leqslant m \leqslant M \tag{4-5-57}$$

式中，$\theta_m = 2\pi(m-1)/M$ 是对应于第 m 个消息的相位转移。当发送 $\boldsymbol{s}_{m1}$时，在相应两个符号间隔时间上的等效低通接收信号的矢量可表示为

$$\boldsymbol{r}_1 = (r_1 \quad r_2) = \left(\sqrt{2\mathcal{E}_s} \quad \sqrt{2\mathcal{E}_s}e^{j\theta_m}\right)e^{j\phi} + (n_{11} \quad n_{21}), \qquad 1 \leqslant m \leqslant M \tag{4-5-58}$$

式中，n_{11}和 n_{21}是两个均值为 0、方差为 $2N_0$（实部分量和虚部分量的方差均为 N_0）的复环高斯变量，由于非相干检测ϕ为随机变量，在该调制-检测方式中的关键假设是相位偏移ϕ在相邻的信号传输间隔时间上保持不变。最佳非相干接收机使用式（4-5-22）进行最佳检测，得到

$$
\begin{aligned}
\hat{m} &= \arg\max_{1\leqslant m\leqslant M} |\boldsymbol{r}_1 \cdot \boldsymbol{s}_{m1}| \\
&= \arg\max_{1\leqslant m\leqslant M} \sqrt{2\mathcal{E}_s}\left|r_1 + r_2 e^{-j\theta_m}\right| = \arg\max_{1\leqslant m\leqslant M} \left|r_1 + r_2 e^{-j\theta_m}\right|^2 \\
&= \arg\max_{1\leqslant m\leqslant M} \left(|r_1|^2 + |r_2|^2 + 2\,\mathrm{Re}\left[r_1^* r_2 e^{-j\theta_m}\right]\right) = \arg\max_{1\leqslant m\leqslant M} \mathrm{Re}\left[r_1^* r_2 e^{-j\theta_m}\right] \\
&= \arg\max_{1\leqslant m\leqslant M} |r_1 r_2| \cos(\angle r_2 - \angle r_1 - \theta_m) \\
&= \arg\max_{1\leqslant m\leqslant M} \cos(\angle r_2 - \angle r_1 - \theta_m) = \arg\min_{1\leqslant m\leqslant M} |\angle r_2 - \angle r_1 - \theta_m|
\end{aligned}
\tag{4-5-59}
$$

注意，$\alpha = \angle r_2 - \angle r_1$ 是两个相邻间隔中接收信号的相位差。接收机计算该相位差并与 $\theta_m = 2\pi(m-1)/M$（对所有 $1\leqslant m\leqslant M$）进行比较，选择 m 使 θ_m 最接近 α，因此使 $\cos(\alpha - \theta_m)$ 最大。采用这种方法解调检测的差分编码 PSK 称为差分 PSK（DPSK）。与 PSK 信号相干检测相比，这种检测方法的复杂性较低，在两个符号间隔时间上 ϕ 保持不变的假设成立时，可应用这种方法。下面将介绍使用这种检测方法将付出性能的代价。

图 4-5-4 所示为 DPSK 接收机的方框图。在该方框图中，$g(t)$表示用来相位调制的基带脉冲，T_s 为符号间隔，带有∠符号的方框是相位检测器，具有 T_s 的方框引入的延时等于符号间隔 T_s。

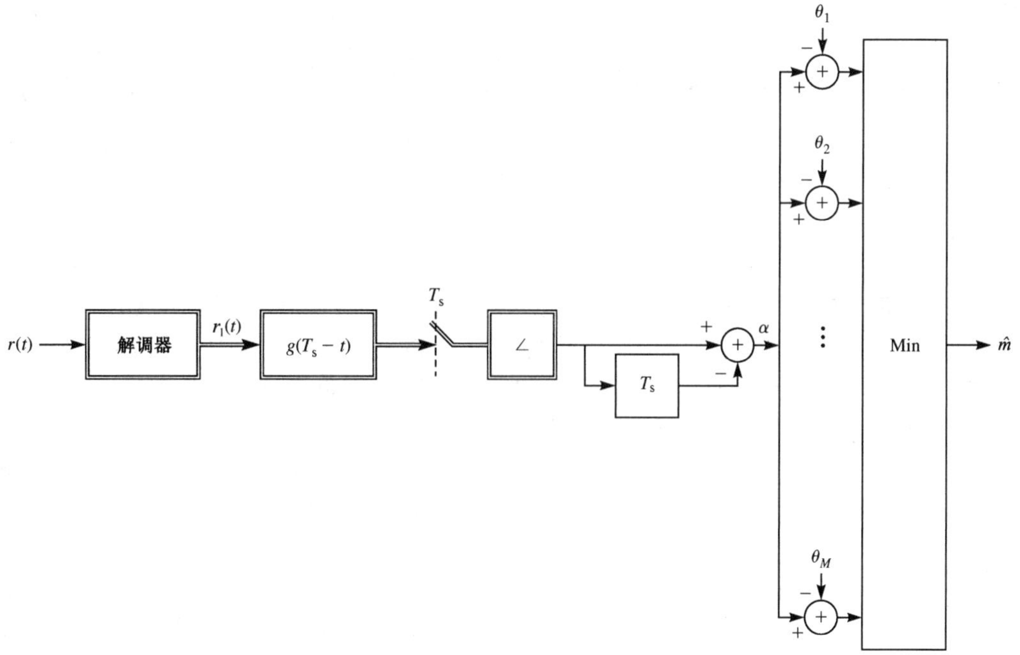

图 4-5-4 DPSK 接收机的方框图

1. 二进制 DPSK 的性能

在二进制 DPSK 中，两个相邻符号之间的相位差是 0 或 π，相应于 0 或 1。两个等效低通信号为

$$
\boldsymbol{s}_{11} = \left(\sqrt{2\mathcal{E}_s} \quad \sqrt{2\mathcal{E}_s}\right), \qquad \boldsymbol{s}_{21} = \left(\sqrt{2\mathcal{E}_s} \quad -\sqrt{2\mathcal{E}_s}\right) \tag{4-5-60}
$$

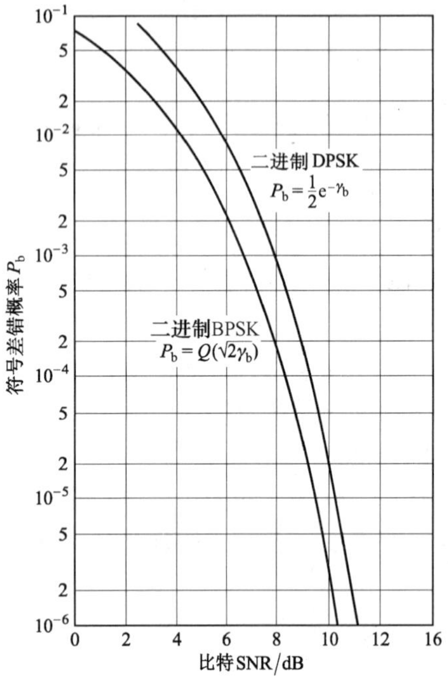

图 4-5-5　相干检测 BPSK 和 DPSK 的符号差错概率

采用一般的最佳非相干检测方法对这两个信号进行非相干解调和检测，显然，在长度为 $2T_s$ 的间隔上这两个信号是正交的，所以差错概率可由式（4-5-45）确定的正交二进制信号的差错概率表达式得到，差别是信号 $s_1(t)$和 $s_2(t)$的能量均为 $2\mathcal{E}_s$。由式（4-5-60）显而易见，等效低通的能量是 $4\mathcal{E}_s$，所以

$$P_b = \frac{1}{2}e^{-\frac{2\mathcal{E}_s}{2N_0}} = \frac{1}{2}e^{-\frac{\mathcal{E}_b}{N_0}} \qquad (4\text{-}5\text{-}61)$$

这就是二进制 DPSK 的比特差错概率。将该结果与 BPSK 的相干检测的差错概率

$$P_b = Q\left(\sqrt{\frac{2\mathcal{E}_b}{N_0}}\right) \qquad (4\text{-}5\text{-}62)$$

进行比较，利用不等式 $Q(x) \leqslant \frac{1}{2}e^{-x^2/2}$ 可得到

$$P_{b,coh} \leqslant P_{b,noncoh} \qquad (4\text{-}5\text{-}63)$$

这正如所预料的，类似于正交二进制 FSK 相干和非相干检测的结果。再有，BPSK 相干检测与二进制 DPSK 在高 SNR 时的性能差小于 0.8 dB。图 4-5-5 所示为相干检测 BPSK 与 DPSK 的差错概率。

2．DQPSK 的性能

差分 QPSK 类似于二进制 DPSK，不同的是：相邻符号间隔之间的相位差取决于两个信息比特（$k = 2$），当采用格雷编码时，信息比特为 00、01、11 和 10 时相位差分别等于 0、$\pi/2$、π和$3\pi/2$。假设发送二进制序列为 00，两相邻符号间隔之间相位差为 0，在两个符号间隔上非相干解调的等效低通接收信号为

$$\boldsymbol{r}_1 = (r_1 \quad r_2) = \left(\sqrt{2\mathcal{E}_s} \quad \sqrt{2\mathcal{E}_s}\right)e^{j\phi} + (n_1 \quad n_2) \qquad (4\text{-}5\text{-}64)$$

式中，n_1 和 n_2是均值为 0、方差为 $2N_0$（实部分量和虚部分量方差各为 N_0）的复环高斯随机变量。

对 00 的最佳判决域，可由式（4-5-59）确定为

$$D_{00} = \left\{\boldsymbol{r}_1 : \mathrm{Re}\left[\boldsymbol{r}_1^*\boldsymbol{r}_2\right] > \mathrm{Re}\left[\boldsymbol{r}_1^*\boldsymbol{r}_2 e^{-j\frac{m\pi}{2}}\right], m = 1, 2, 3\right\} \qquad (4\text{-}5\text{-}65)$$

式中，$\boldsymbol{r}_1 = \sqrt{2\mathcal{E}_s}e^{j\phi} + n_1$ 和 $\boldsymbol{r}_2 = \sqrt{2\mathcal{E}_s}e^{j\phi} + n_2$。注意，$\boldsymbol{r}_1^*\boldsymbol{r}_2$ 不取决于 ϕ。差错概率为接收矢量不属于 D_{00} 的概率，由式（4-5-65）可见，该概率取决于两个复高斯变量 $\boldsymbol{r}_1^*$ 与 $\boldsymbol{r}_2$ 的乘积。附录 B 给出了该问题的一般形式，其中考虑到了一般二次型的复高斯随机变量。利用附录 B 的结果可以证明，当采用格雷编码时 DQPSK 的比特差错概率为

$$P_b = Q_1(a, b) - \frac{1}{2}I_0(ab)e^{-\frac{a^2+b^2}{2}} \qquad (4\text{-}5\text{-}66)$$

式中，$Q_1(a, b)$是式（2-3-37）和式（2-3-38）定义的马库姆（Marcum）Q 函数，$\boldsymbol{I}_0(x)$是式（2-3-32）至式（2-3-34）定义的零阶修正贝塞尔函数，参数 a 和 b 定义为

$$a=\sqrt{\frac{2\mathcal{E}_b}{N_0}\left(1-\sqrt{\frac{1}{2}}\right)},\qquad b=\sqrt{\frac{2\mathcal{E}_b}{N_0}\left(1+\sqrt{\frac{1}{2}}\right)} \tag{4-5-67}$$

图 4-5-6 所示为二相/四相 DPSK 和 PSK 信号的比特差错概率，这是由本节导出的公式计算得到的。因为在大 SNR 时二相 DPSK 只是略低于二相 PSK，而且 DPSK 并不要求复杂的估计载波相位的方法，所以它常用于数字通信系统中。另外，四相 DPSK 的性能在大 SNR 时与四相 PSK 近似差 2.3 dB，因此，这两种四相系统之间的选择不是很明确的，必须在 2.3 dB 性能损失与降低实现复杂性之间进行权衡。

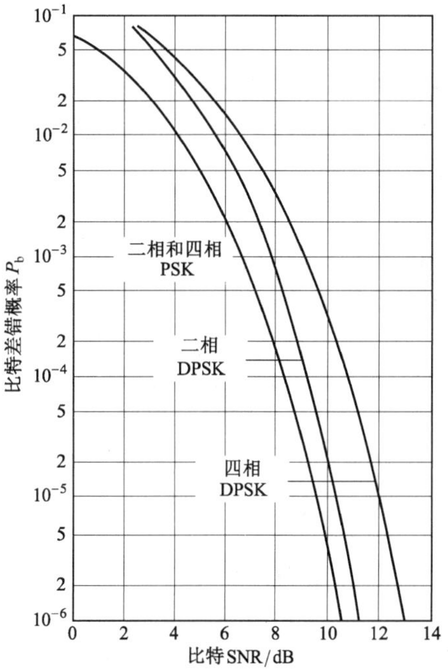

图 4-5-6　二相/四相 DPSK 和 PSK 信号的比特差错概率

4.6　数字信号调制方法的比较

前面各节所述的数字调制方法的比较有多种方式，例如，一种方式是根据要达到的差错概率比较所需的 SNR，但这种比较不具有意义，除非它基于某些限制条件，如基于一个固定的数据传输速率（或等价为基于一个固定的带宽）。在 4.3 节和 4.4 节分别研究了两种主要类型的信号，即带宽效率和功率效率的信号。

信号功率效率的准则是该方式达到某差错概率所需的比特 SNR，通常用来比较各种信号的差错概率是 $P_e=10^{-5}$，达到差错概率 10^{-5} 所需的 $\gamma_b=\mathcal{E}_b/N_0$ 是该传输方式的功率效率的准则。达到这个差错概率所需的 γ_b 较低则系统功率效率高。

为了测量带宽效率，定义参数 r 为信号传输方式的比特率与其带宽之比，称为谱比特率（Spectral Bit Rate）或带宽效率（Bandwidth Efficiency），即

$$r = \frac{R}{W} \quad \text{b/s/Hz} \tag{4-6-1}$$

r 大的系统是带宽效率高的系统，因为它能在每赫带宽中实现更高的比特率。上面定义的参数 r 和 γ_b 是用来比较不同调制方式的功率效率和带宽效率的两个准则。显然，一个好的系统就是指对于给定的 γ_b 能提供最高 r 的系统，或者对于给定的 r 要求最小 γ_b 的系统。

前面各节深入讨论了各系统不同信号的 γ_b 与差错概率之间的关系，由本章前面导出的各种信号的差错概率表达式，容易求出达到差错概率 10^{-5} 所需的 γ_b。本节将讨论带宽效率与给定信号主要参数之间的关系。

带宽与维度

抽样定理阐明，要重构带宽为 W 的信号，该信号的抽样速率必须至少为每秒 $2W$ 样值。换言之，该信号具有每秒 $2W$ 自由度（维度）。所以，带宽为 W 且持续时间为 T 的信号的维度是 $N = 2WT$。虽然这个直观推导对研究来说是足够的，但该表述并不严谨。

众所周知，根据整函数（Entire Function）理论，只有时间和带宽两者都受限的信号是平凡信号（Trivial Signal）$x(t)= 0$，其他信号具有无限带宽和/或无限持续时间。尽管如此，所有实际的信号都近似是时间和带宽受限的。一个实信号 $x(t)$的能量$\mathcal{E}_x$ 为

$$\mathcal{E}_x = \int_{-\infty}^{\infty} x^2(t)\,\mathrm{d}t = \int_{-\infty}^{\infty} |X(f)|^2\,\mathrm{d}f \tag{4-6-2}$$

这里的重点在于时限信号，其带宽几乎受限。假设 $x(t)$为非零值的区间为$[-T/2,\ T/2]$，同时假设 $x(t)$是 η-带限 W，即假设 $x(t)$ 的能量至多一小部分 η 落在频带$[-W,\ W]$之外。换言之，

$$\frac{1}{\mathcal{E}_x}\int_{-W}^{W} |X(f)|^2\,\mathrm{d}f \geqslant 1-\eta \tag{4-6-3}$$

下面阐述的维度定理（Dimensionality Theorem）给出了这样的信号 $x(t)$空间维数的精确计算。

维度定理：考虑全部信号的集合 $x(t)$，其具有 η-带限 W 的区间$[-T/2,\ T/2]$，则存在一个区间为$[-T/2,\ T/2]$的标准正交信号集[①] $\{\phi_j(t), 1 \leqslant j \leqslant N\}$，使得 $x(t)$可以用该标准正交信号集近似表示，即

$$\frac{1}{\mathcal{E}_x}\int_{-\infty}^{\infty}\left[x(t) - \sum_{j=1}^{N}\langle x(t), \phi_j(t)\rangle \phi_j(t)\right]^2 \mathrm{d}t < \epsilon \tag{4-6-4}$$

式中，$\epsilon = 12\eta$，$N = \lfloor 2WT + 1 \rfloor$。

由维度定理可以看出关系式

$$N \approx 2WT \tag{4-6-5}$$

对时限大约为 T、带限为 W 的函数空间的维度而言是一个良好的近似。

维度定理有助于推导信号的带宽与维度之间的关系。如果一个信号的信号集由 M 个信号组成，其每个信号的持续时间为 T_s（信号传输间隔），该信号集的带宽可近似为 W，则该信号空间的维度 $N = 2WT_s$。

利用关系式 R_s=1/T_s，得到

① 信号 $\phi_j(t)$ 可以用长球波函数（Prolate Spheroidal Wave Function）表示。

$$W=\frac{R_s N}{2} \tag{4-6-6}$$

由于 $R=R_s \log_2 M$，结果为

$$W=\frac{RN}{2\log_2 M} \tag{4-6-7}$$

且

$$r=\frac{R}{W}=\frac{2\log_2 M}{N} \tag{4-6-8}$$

该关系式以星座图的大小和星座图的维度表示信号的带宽效率。

在一维调制方式中（ASK 和 PAM），$N=1$ 且 $r=2\log_2 M$，因此 PAM 和 ASK 可以作为单边带信号（SSB）发送。

对二维信号传输方式，如 QAM 和 M-PSK，有 $N=2$ 且 $r=\log_2 M$。由上述的讨论显然可见，M-ASK、M-PSK 和 M-QAM 信号的带宽效率随 M 增大而增加。如前所述，所有这些系统的功率效率随 M 增大而下降。所以，这些系统星座图的大小在功率效率与带宽效率之间折中确定。这些系统适合于带宽受限且要求比特率与带宽的比值 $r>1$，并且有足够高的 SNR，支持增大 M 的场合。电话信道和数字微波信道就属于这种带限信道的例子。

对于 M 元正交信号传输，$N=M$，因此式（4-6-8）的结果为

$$r=\frac{2\log_2 M}{M} \tag{4-6-9}$$

显然在这种情况下，带宽效率随 M 增大而下降，系统在大 M 时带宽效率很低。如前所述，在正交信号中增大 M 可改善系统的功率效率，实际上当 M 增大时该系统能够达到香农极限。这里再次在带宽效率与功率效率之间折中是完全可行的。因此，M 元正交信号适合于功率受限信道，该信道具有充分大的带宽容纳大量信号。这样信道的一个例子是深空通信信道。

在许多通信场合中都会遇到带宽效率与功率效率之间的折中问题，第 7 章和第 8 章论述的编码技术将研究该折中的各种实际方法。

第 6 章将证明，在带宽效率与功率效率之间存在一个基本折中，r 和$\mathcal{E}_b/N_0$之间的这种折中当 P_e 趋于 0 时始终保持为

$$\frac{\mathcal{E}_b}{N_0}>\frac{2^r-1}{r} \tag{4-6-10}$$

式（4-6-10）给出了可靠通信可行的条件，该关系式对任何通信系统都成立。当 r 趋于 0 时（带宽变为无穷大），可得到通信系统所需$\mathcal{E}_b/N_0$的基本限制，该限制是前述的−1.6 dB，即香农极限。

图 4-6-1 示出了 PAM、QAM、PSK 和正交信号在差错概率为 $P_e=10^{-5}$ 情况下的 $r=R/W$ 与比特 SNR 的关系曲线，图中也画出了式（4-6-10）确定的香农极限。至少在理论上，在该曲线以下的任何点通信是可能的，而在其以上的点通信是不可能的。

4.7 格和基于格的星座图

在带限信道中，当 SNR 较大时，大的 QAM 星座图是获得高带宽效率所期望的。图 3-2-4 和图 3-2-5 已示出了 QAM 星座图的例子。特别有趣的是，图 3-2-5 在二维空间中的格栅形重复图样（Grid-Shaped Repetitive Pattern）是有用的。利用这样的重复图样来设计星座图是一件

普通事情，在这种星座图的设计方法中，要对重复无限的格栅点和边界做出选择，星座图定义为在所选择边界内的重复格栅点的集合。格（Lattice）是数学结构，它定义了星座图设计中重复格栅的主要性质。本节将研究格的性质、边界和基于格的星座图。

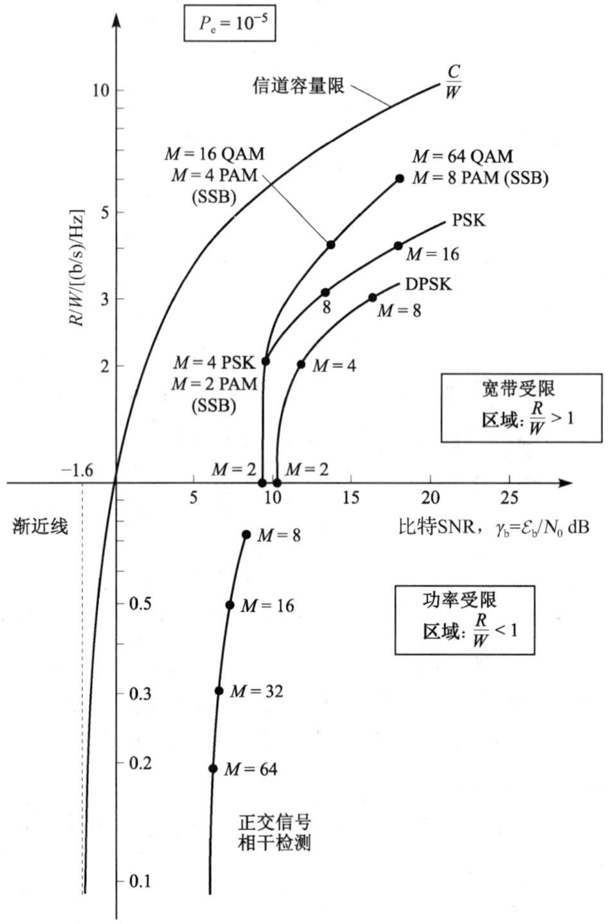

图 4-6-1 当差错概率 $P_e = 10^{-5}$ 时几种调制方式的 r 和比特 SNR 的关系曲线

4.7.1 格的介绍

n 维格定义为一离散子集 $\mathbb{R}^n$，它具有普通矢量加法条件下的群结构。由于具有群结构，任何两个格点可以相加而得到另一个格点。在格中存在一个点（标记为 0），当被加到任一格点 $\boldsymbol{x}$ 时，其结果就是 $\boldsymbol{x}$ 本身。对任何 $\boldsymbol{x}$，在格中存在另一个点（标记为$-\boldsymbol{x}$），与 $\boldsymbol{x}$ 相加的结果为 0。

根据上述格的定义，显然整数集是一维格，而且对任何 $\alpha > 0$，集 $\boldsymbol{\Lambda} = \alpha$ 是一维格。在平面中，$\mathbb{Z}^2$ 是二维格，它是具有整数坐标的所有点的集合。二维格的另一个例子是图 4-7-1 中所有点的集合，称为六角形格（Hexagonal Lattice），这些点可写为 $a(1,0) + b(1/2, \sqrt{3}/2)$，式中 a 和 b 为整数，六角形格通常记为 $\boldsymbol{A}_2$。

一般地，n 维格可以用 n 个基矢量 $\boldsymbol{g}_i \in \mathbb{R}^n$（$1 \leqslant i \leqslant n$）来定义，这样任何一个格点都可写

为带有整数系数 $\boldsymbol{g}_i$ 的线性组合。换言之，对任何 $\boldsymbol{x}\in \boldsymbol{\Lambda}$，

$$\boldsymbol{x}=\sum_{i=1}^{n} a_i \boldsymbol{g}_i \tag{4-7-1}$$

式中，$a_i \in \mathbb{Z}$（$1\leqslant i\leqslant n$）。也可用 $n\times n$ 生成矩阵定义 $\boldsymbol{\Lambda}$，记为 $\boldsymbol{G}$，其行是$\{g_i，1\leqslant i\leqslant n\}$。因为可选择不同的基矢量，所以格的生成矩阵不是唯一的。根据此定义，对任何 $\boldsymbol{x}\in \boldsymbol{\Lambda}$，

$$\boldsymbol{x}=\boldsymbol{aG} \tag{4-7-2}$$

式中，$\boldsymbol{a}\in \mathbb{Z}^n$ 是具有整数分量的 n 维矢量。式（4-7-2）表明，任何 n 维格 $\boldsymbol{\Lambda}$ 可以看成 $\mathbb{Z}^n$ 的线性变换，其中变换矩阵用 $\boldsymbol{G}$ 表示。特别是，所有一维格可以表示为 $\alpha\mathbb{Z}$（对某些 $\alpha>0$）。

$\mathbb{Z}^2$ 的生成矩阵为 $\boldsymbol{I}_2$，它是 2×2 的单位矩阵。$\mathbb{Z}^n$ 的生成矩阵为 $\boldsymbol{I}_n$，六角形格的生成矩阵为

$$\boldsymbol{G}=\begin{bmatrix} 1 & 0 \\ 1/2 & \sqrt{3}/2 \end{bmatrix} \tag{4-7-3}$$

如果一格可由另一格通过旋转、反射、缩放或这些运算的组合而得到，则称这两个格等效。旋转和反射运算由正交矩阵表示，如果 $\boldsymbol{A}$ 是正交矩阵，那么 $\boldsymbol{AA}^{\mathrm{t}}=\boldsymbol{A}^{\mathrm{t}}\boldsymbol{A}=\boldsymbol{I}$。一般地，以形式 $\alpha\boldsymbol{G}$ 对格的任何运算的结果均为等效格，其中 $\alpha>0$ 且 $\boldsymbol{G}$ 是正交的。例如，具有生成矩阵

$$\boldsymbol{G}=\begin{bmatrix} \sqrt{2}/2 & \sqrt{2}/2 \\ -\sqrt{2}/2 & \sqrt{2}/2 \end{bmatrix} \tag{4-7-4}$$

的格是由 $\mathbb{Z}^2$ 旋转 45° 得到的，因此它等效于 $\mathbb{Z}^2$。注意，$\boldsymbol{GG}^{\mathrm{t}}=\boldsymbol{I}$。如果旋转后的格用 $\sqrt{2}$ 标度，则整个生成矩阵为

$$\boldsymbol{G}=\begin{bmatrix} 1 & 1 \\ -1 & 1 \end{bmatrix} \tag{4-7-5}$$

该格是 $\mathbb{Z}^2$ 中点的集合，其两坐标的总和为偶数，该格也等效于 $\mathbb{Z}^2$。式（4-7-5）所示的矩阵 $\boldsymbol{G}$ 通常记为 $\boldsymbol{R}$，它表示旋转 45° 并用 $\sqrt{2}$ 标度。所以，$\boldsymbol{R}\mathbb{Z}^2$ 表示平面上坐标总和为偶数的所有整数坐标点的格。容易证明，$\boldsymbol{R}^2\mathbb{Z}^2=2\mathbb{Z}^2$。

用矢量 $\boldsymbol{c}$ 转移（平移）一个格（记为 $\boldsymbol{\Lambda}+\boldsymbol{c}$），结果一般不是格，因为在一般转移条件下不能保证 $\boldsymbol{0}$ 是已转移格的一个成员。然而，如果转移矢量是一个格点，即如果 $\boldsymbol{c}\in\boldsymbol{\Lambda}$，则转移的结果是原始格。由此可推断：格中任何格点都类似于任何其他格点，这是建立在所有格点在给定距离上都有相同数量格点的意义上的。虽然格的转移结果一般不是格，但它与原始格具有相同的几何性质。格的转移常用于生成能量高效的星座图。注意，图 4-7-2 所示的 QAM 星座图是由转移形式为 $\mathbb{Z}^2$ 的点组成的，其中，平移矢量为(1/2,1/2)，即星座点是 $\mathbb{Z}^2$+(1/2,1/2) 的子集。

除格的旋转、反射、缩放和转移之外，再引入格 $\boldsymbol{\Lambda}$ 的 M 重笛卡儿积（M-Fold Cartesian Product）的概念。$\boldsymbol{\Lambda}$ 的 M 重笛卡儿积是另一格，记为 $\boldsymbol{\Lambda}^M$，其元素是 Mn 维矢量 $(\boldsymbol{\lambda}_1, \boldsymbol{\lambda}_2,\cdots, \boldsymbol{\lambda}_M)$，其中每一 $\boldsymbol{\lambda}_j$ 都在 $\boldsymbol{\Lambda}$ 中。可见，$\mathbb{Z}^n$ 是 $\mathbb{Z}$ 的 n 重笛卡儿积。

格的最小距离 $d_{\min}(\boldsymbol{\Lambda})$是两个格点之间的最小欧氏距离；吻合数（Kissing Number）或阶（Multiplicity）记为 $N_{\min}(\boldsymbol{\Lambda})$，它是格中与给定格点最小距离的点数。如果 n 维球以格点为中心、半径为 $d_{\min}(\boldsymbol{\Lambda})/2$，吻合数就是与这些球之一相切的球的数目。对于六角形格 $d_{\min}(\boldsymbol{A}_2)=1$，$N_{\min}(\boldsymbol{A}_2)=6$。对于 $\mathbb{Z}^n$，有 $d_{\min}(\mathbb{Z}^n)=1$ 和 $N_{\min}(\mathbb{Z}^n)=2n$。在此格中，0 的最邻近的点具有

$n-1$ 个零坐标和一个坐标等于±1。

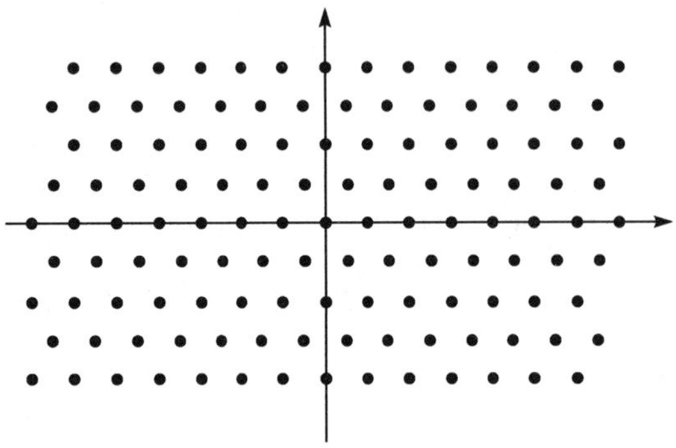

图 4-7-1　二维六角形格

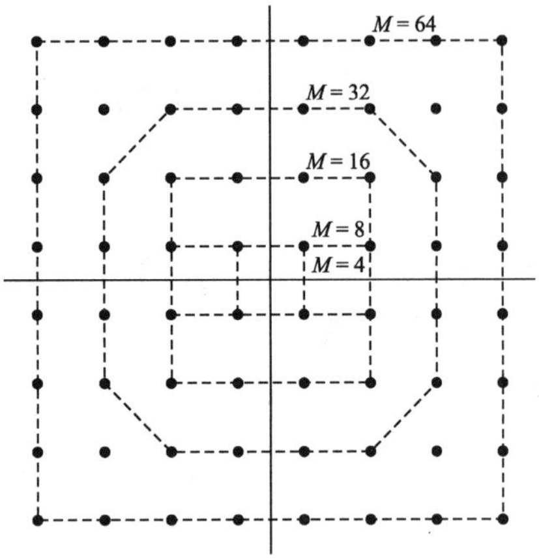

图 4-7-2　QAM 星座图

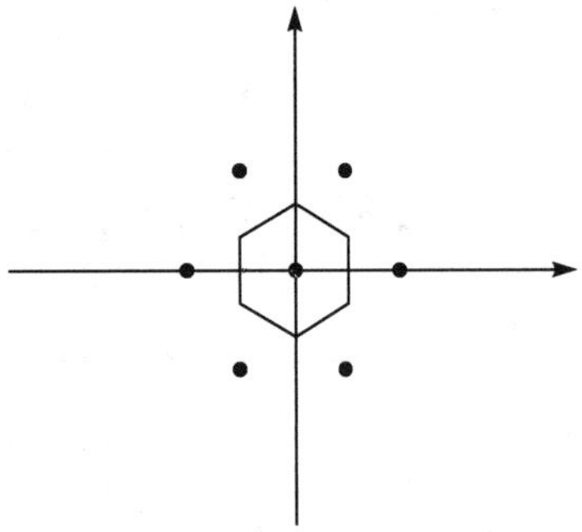

图 4-7-3　六角形格 0 点的 Voronoi 域

格点 x 的维诺域（Voronoi Region）是 $\mathbb{R}^n$ 的所有点的集合，这些点更接近于 x 而不是任何其他格点。格点的 Voronoi 域的边界由 x 与最邻近格点连接线段的中垂线超平面组成，所以 Voronoi 域的边界是 $N_{\min}(\boldsymbol{\Lambda})$个超平面构成的多面体。图 4-7-3 示出了六角形格中零点的 Voronoi 域是六角形，因为该格的所有点与其他格点的距离相似，所有格点的 Voronoi 域都相同。此外 Voronoi 域是不相交的且覆盖 $\mathbb{R}^n$，因此格的 Voronoi 域导致 $\mathbb{R}^n$ 的划分。

格的基本容积（Fundamental Volume）定义为格的 Voronoi 域的容积，记为 $V(\boldsymbol{\Lambda})$。由于每个基本容积存在一个格点，所以基本容积可定义为单位容积的格点数的倒数。可以证明（参见著作 Conway & Sloane，1999），对任何格

$$V(\Lambda) = |\det(\boldsymbol{G})| \tag{4-7-6}$$

注意，$V(\mathbb{Z}^n)=1$，$V(\boldsymbol{A}_2)=\sqrt{3}/2$。

旋转、反射和转移并不会改变格的基本容积、最小距离或格的吻合数。用 $\alpha>0$ 标度具有生成矩阵 $\boldsymbol{G}$ 的格 $\boldsymbol{\Lambda}$，导致格 $\alpha\boldsymbol{\Lambda}$ 及其生成矩阵 $\alpha\boldsymbol{G}$，因此

$$V(\alpha\boldsymbol{\Lambda}) = |\det(\alpha\boldsymbol{G})| = \alpha^n V(\boldsymbol{\Lambda}) \tag{4-7-7}$$

显然已标度格的最小距离由 α 标度，已标度矩阵的吻合数等于原始格的吻合数。

格的厄米特（Hermite）参数记为 $\gamma_c(\Lambda)$，定义为

$$\gamma_c(\Lambda) = \frac{d_{\min}^2(\Lambda)}{[V(\Lambda)]^{\frac{2}{n}}} \tag{4-7-8}$$

该参数在定义格的编码增益中具有重要作用。显然，$\gamma_c(\mathbb{Z}^n)=1$ 和 $\gamma_c(\boldsymbol{A}_2)=2/\sqrt{3}\approx 1.1547$。

由于 $1/V(\Lambda)$表示单位容积的格点数目，可以推断：在具有给定最小距离的格中，具有较高厄米特参数的格更为稠密（Denser），其意义在于其单位容积有更多的点。换言之，对给定

的 $d_{\min}$，具有高 γ_c 的格单位容积可封装更多的点。这准确地表达了星座图的设计要求，因为 $d_{\min}$ 确定差错概率，单位容积具有更多点可以改善效率。上述清楚地表明，$\boldsymbol{A}_2$ 提供的编码增益比整数格 $\mathbb{Z}^2$ 高出 15%。

下面列举 $\gamma_c(\Lambda)$的一些性质，有兴趣的读者可参考 Forney（1988）以了解更深入的内容。

- $\gamma_c(\Lambda)$是无维参数；
- $\gamma_c(\Lambda)$对标度和正交变换（旋转与反射）是不变的；
- 对于所有 M，$\gamma_c(\Lambda)$对格的 M 重笛卡儿积扩展是不变的，即 $\gamma_c(\Lambda^M)=\gamma_c(\Lambda)$。

1. 多维格

前面所述的格都是一维或二维的，上面也介绍了 n 维格 $\mathbb{Z}^n$，它是 $\mathbb{Z}$ 的 n 重笛卡儿积。在设计高效的多维星座图中，有时必须使用不同于 $\mathbb{Z}^n$ 的格。本节介绍一些普通的多维格。

已经介绍了二维旋转和标度矩阵 $\boldsymbol{R}$ 为

$$\boldsymbol{R}=\begin{bmatrix}1 & 1\\ -1 & 1\end{bmatrix} \tag{4-7-9}$$

这个概念可以推广到四维：

$$\boldsymbol{R}=\begin{bmatrix}1 & 1 & 0 & 0\\ -1 & 1 & 0 & 0\\ 0 & 0 & 1 & 1\\ 0 & 0 & -1 & 1\end{bmatrix} \tag{4-7-10}$$

可见，$\boldsymbol{R}^2=2\boldsymbol{I}_4$，可以将这个概念从四维直接扩展到 $2n$ 维。结果是，对于任何 $2n$ 维格 Λ 有 $\boldsymbol{R}^2\Lambda=2\Lambda$，尤其是 $\boldsymbol{R}^2\mathbb{Z}^4=2\mathbb{Z}^4$。注意，$\boldsymbol{R}\mathbb{Z}^4$ 是一个格，其成员是 4 元整型数组，其中前两个坐标之和与后两个坐标之和为偶数，所以，$R\mathbb{Z}^4$ 是$\mathbb{Z}^4$ 的子格。一般地，Λ 的子格（标记为Λ'）是 Λ 中点的一个子集，这些点本身构建了一个格。用代数的术语表示，子格就是原始格的子群。

已知 $V(\mathbb{Z}^2)=1$，由式（4-7-6）可知 $V(\boldsymbol{R}\mathbb{Z}^4)=|\det(\boldsymbol{R})|=4$。显然可见，$\mathbb{Z}^4$ 中四分之一的点属于 $\boldsymbol{R}\mathbb{Z}^4$。这也可以根据以下的事实看出：$\mathbb{Z}^n$ 中四分之一的点的总和的前两个分量和后两个分量都是偶数，所以 $\mathbb{Z}^4$ 可划分为 4 个与 $\boldsymbol{R}\mathbb{Z}^4$ 相吻合的子集。在第 8 章的陪集码讨论中，将讨论格的划分和格的陪集分解的概念。

多维格的另一个例子是四维 Schläfli 格（记为 $\boldsymbol{D}_4$），该格的一个生成矩阵为

$$\boldsymbol{G}=\begin{bmatrix}2 & 0 & 0 & 0\\ 1 & 0 & 0 & 1\\ 0 & 1 & 0 & 1\\ 0 & 0 & 1 & 1\end{bmatrix} \tag{4-7-11}$$

该格表示所有具有整数坐标的 4 元组，其中 4 个坐标的总和为偶数，类似于平面上的 $\boldsymbol{R}\mathbb{Z}^2$。对于此格，$V(\boldsymbol{D}_4)=|\det(\boldsymbol{G})|=2$，最小距离是点(0, 0, 0, 0)与点(1, 1, 0, 0)之间的距离，因此 $d_{\min}(\boldsymbol{D}_4)=\sqrt{2}$。容易看出，该格的吻合数 $N_{\min}(\boldsymbol{D}_4)=24$ 以及

$$\gamma_c(\boldsymbol{D}_4)=\frac{d_{\min}^2(\boldsymbol{D}_4)}{[V(\boldsymbol{D}_4)]^{\frac{2}{n}}}=\frac{2}{2^{2/4}}=\sqrt{2}\approx 1.414 \tag{4-7-12}$$

这表明 $\boldsymbol{D}_4$ 比 $\mathbb{Z}^4$ 稠密约 41%。

2．球封装和格密度

对于任何 n 维格 $\boldsymbol{\Lambda}$，以所有格点为中心、半径为 $d_{\min}(\boldsymbol{\Lambda})/2$ 的 n 维球的集合构成非重叠球的集合，其覆盖部分为 n 维空间。格的稠密性度量是这些球覆盖的 n 维空间的粒度。对于 n 维球封装空间的问题，就是以最高的粒度覆盖空间，或等价为在给定的空间容积中封装尽可能多的球，这称为球封装问题。

在一维空间中，所有格等价于 $\mathbb{Z}$，球封装问题变得无关紧要。在该空间中，球就是以格点为中心、长度为 1 的间隔。这些球覆盖了全部长度，因此由这些球覆盖的空间的粒度为 1。

习题 4-56 证明，半径为 R 的 n 维球的容积为 $V_n(R)=B_n R^n$，式中

$$B_n=\frac{\pi^{n/2}}{\Gamma(n/2+1)} \tag{4-7-13}$$

伽马函数由式（2-3-22）定义。尤其要注意，由式（2-3-22）可得出

$$\Gamma\left(\frac{n}{2}+1\right)=\begin{cases}(n/2)!, & n\text{ 为正偶数}\\ \sqrt{\pi}\,\dfrac{n(n-2)(n-4)\cdots 3\times 1}{2^{\frac{n+1}{2}}}, & n\text{ 为正奇数}\end{cases} \tag{4-7-14}$$

将式（4-7-14）代入式（4-7-13），可得

$$B_n=\begin{cases}\dfrac{\pi^{\frac{n}{2}}}{(n/2)!}, & n\text{为偶数}\\ \dfrac{2^n\pi^{\frac{n-1}{2}}\left(\frac{n-1}{2}\right)!}{n!}, & n\text{为奇数}\end{cases} \tag{4-7-15}$$

所以

$$V_n(R)=\begin{cases}\dfrac{\pi^{\frac{n}{2}}}{(n/2)!}R^n, & n\text{ 为偶数}\\ \dfrac{2^n\pi^{\frac{n-1}{2}}\left(\frac{n-1}{2}\right)!}{n!}R^n, & n\text{ 为奇数}\end{cases} \tag{4-7-16}$$

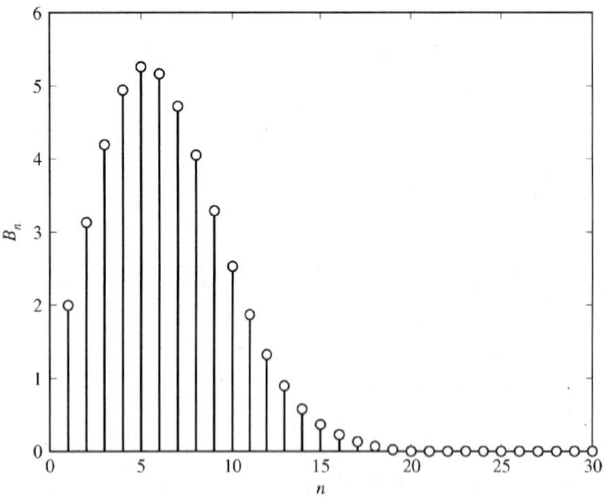

图 4-7-4　半径为 1 的 n 维球的容积

显然，B_n 表示半径为 1 的 n 维球的容积。图 4-7-4 所示为 n 取不同值时的 B_n 曲线。注意，当 n 值较大时，B_n 趋于 0，当 $n=5$ 时 B_n 取最大值。

相应于每一格点的空间容积为 $V(\boldsymbol{\Lambda})$，即格的基本容积。定义格 $\boldsymbol{\Lambda}$ 的密度［记为$\Delta(\boldsymbol{\Lambda})$］为半径为 $d_{\min}(\boldsymbol{\Lambda})/2$ 球的容积与格的基本容积之比。该比值是以格点为中心、半径为 $d_{\min}(\boldsymbol{\Lambda})/2$ 球覆盖的空间粒度。由此定义可得到

$$\Delta(\boldsymbol{\Lambda})=\frac{V_n\left[d_{\min}(\boldsymbol{\Lambda})/2\right]}{V(\boldsymbol{\Lambda})}=\frac{B_n}{V(\boldsymbol{\Lambda})}\left[\frac{d_{\min}(\boldsymbol{\Lambda})}{2}\right]^n=\frac{B_n}{2^n}\left[\frac{d_{\min}^2(\boldsymbol{\Lambda})}{V^{\frac{2}{n}}(\boldsymbol{\Lambda})}\right]^{\frac{n}{2}}=\frac{B_n}{2^n}\gamma_c^{\frac{n}{2}}(\boldsymbol{\Lambda}) \tag{4-7-17}$$

式中，利用了式（4-7-8）确定 $\gamma_c(\boldsymbol{\Lambda})$。

例 4-7-1　求 $\mathbb{Z}^2$ 的密度，注意对于此格，有 $n=2$，$d_{\min}=1$，且 $V(\mathbb{Z}^2)=1$，代入式（4-7-17）

可得

$$\Delta(\mathbb{Z}^n)=\frac{B_n}{V(\boldsymbol{\Lambda})}\left[\frac{d_{\min}(\boldsymbol{\Lambda})}{2}\right]^n=\pi\left(\frac{1}{2}\right)^2=\frac{\pi}{4}=0.7854 \tag{4-7-18}$$

对于 $\boldsymbol{A}_2$，有 $n=2$，$d_{\min}=1$，且 $V(\boldsymbol{A}_2)=\sqrt{3}/2$，所以

$$\Delta(\boldsymbol{A}_2)=\frac{B_n}{V(\boldsymbol{\Lambda})}\left[\frac{d_{\min}(\boldsymbol{\Lambda})}{2}\right]^n=\frac{\pi}{\sqrt{3}/2}\left(\frac{1}{2}\right)^2=\frac{\pi}{2\sqrt{3}}=0.9069 \tag{4-7-19}$$

这表明 $\boldsymbol{A}_2$ 比 $\mathbb{Z}^2$ 稠密。

可以证明，在所有二维格中，$\boldsymbol{A}_2$ 具有最高的密度，所以六角形格提供了平面上最好的球封装。

例 4-7-2　对于 $\boldsymbol{D}_4$（Schläfli 格）有 $n=4$，$d_{\min}(\boldsymbol{D}_4)=\sqrt{2}$ 和 $V(\boldsymbol{D}_4)=2$，所以

$$\Delta(\boldsymbol{A}_2)=\frac{B_n}{V(\boldsymbol{\Lambda})}\left[\frac{d_{\min}(\boldsymbol{\Lambda})}{2}\right]^n=\frac{\pi^2}{16}=0.6169 \tag{4-7-20}$$

4.7.2　基于格的信号星座图

信号星座图 $\mathcal{C}$ 可以由格通过选择格点或平移格在某区域 $\mathcal{R}$ 中构建而成，所以信号点是格点（或格的平移形式）与区域 $\mathcal{R}$ 的相交部分，即 $\mathcal{C}(\boldsymbol{\Lambda},\mathcal{R})=(\boldsymbol{\Lambda}+a)\cap\mathcal{R}$，其中 a 表示格点可能的平移。例如，图 4-7-2 中星座点属于 $\mathbb{Z}^2+(1/2,1/2)$，区域 $\mathcal{R}$ 是方形还是十字形区域取决于星座图的大小。当 $M=4$、16、64 时 $\mathcal{R}$ 为方形，当 $M=8$、32 时 $\mathcal{R}$ 为十字形。星座图的大小 M 是格（或平移格）点在边界内的数目。因为 $V(\boldsymbol{\Lambda})$ 是单位容积格点数的倒数，所以可断定：如果区域 $\mathcal{R}$ 的容积［记为 $V(\mathcal{R})$］比 $V(\boldsymbol{\Lambda})$ 大得多，那么

$$M\approx\frac{V(\mathcal{R})}{V(\boldsymbol{\Lambda})} \tag{4-7-21}$$

具有等概消息的星座图的平均能量为

$$\mathcal{E}_{\text{avg}}=\frac{1}{M}\sum_{m=1}^{M}\|\boldsymbol{x}_m\|^2 \tag{4-7-22}$$

对于大星座图可使用连续近似，其方法是通过假设概率在区域 $\mathcal{R}$ 上均匀分布以及求区域的二阶矩，即

$$\mathcal{E}(\mathcal{R})=\frac{1}{V(\mathcal{R})}\int_{\mathcal{R}}\|\boldsymbol{x}\|^2\,\mathrm{d}\boldsymbol{x} \tag{4-7-23}$$

对于大 M 值，$\mathcal{E}(\mathcal{R})$ 十分接近于 $\mathcal{E}_{\text{avg}}$。表 4-7-1 列出了方形星座图在 $M=16$、64、256 时的 $\mathcal{E}(\mathcal{R})$ 和 $\mathcal{E}_{\text{avg}}$ 值，该表的最后一列给出了以连续近似替代平均能量的相对误差。

表 4-7-1　方形星座图的 $\mathcal{E}_{\text{avg}}$ 和 $\mathcal{E}(\mathcal{R})$

M	$\mathcal{E}_{\text{avg}}$	$\mathcal{E}(\mathcal{R})$	$\frac{\mathcal{E}(\mathcal{R})-\mathcal{E}_{\text{avg}}}{\mathcal{E}(\mathcal{R})}$
16	$\frac{5}{2}$	$\frac{8}{3}$	0.06
64	$\frac{21}{2}$	$\frac{32}{3}$	0.015
256	$\frac{85}{2}$	$\frac{128}{3}$	0.004

为了能将 n 维星座图 $\mathcal{C}$ 与 QAM 进行比较，定义二维平均能量为

$$\mathcal{E}_{\text{avg/2D}}(\mathcal{C})=\frac{2}{n}\mathcal{E}_{\text{avg}}=\frac{2}{nM}\sum_{m\in\mathcal{C}}\|\boldsymbol{x}_m\|^2 \tag{4-7-24}$$

利用连续近似，二维平均能量可以较好地近似为

$$\mathcal{E}_{\text{avg/2D}}\approx\frac{2}{nV(\mathcal{R})}\int_{\mathcal{R}}\|\boldsymbol{x}\|^2\,\mathrm{d}\boldsymbol{x} \tag{4-7-25}$$

1．差错概率和星座图性能指数

在格基星座图（Lattice-Based Constellation）中，每一个信号点均具有 $N_{\min}$ 个最邻近的点，所以当 SNR 较大时，有

$$P_{\mathrm{e}}\approx N_{\min}Q\left(\sqrt{d_{\min}^2/2N_0}\right) \tag{4-7-26}$$

高效的星座图能在给定的平均能量条件下提供大的 $d_{\min}$。为了研究和比较不同星座图的效率，将差错概率表示为

$$P_{\mathrm{e}}\approx N_{\min}Q\left(\sqrt{\frac{d_{\min}^2}{2\mathcal{E}_{\text{avg/2D}}}\cdot\frac{\mathcal{E}_{\text{avg/2D}}}{N_0}}\right) \tag{4-7-27}$$

式中，$\mathcal{E}_{\text{avg/2D}}/N_0$ 项表示二维平均 SNR，记为 $\text{SNR}_{\text{avg/2D}}$。$\text{SNR}_{\text{avg/2D}}$ 的分子为二维平均能量，分母为二维噪声功率。如果定义星座图性能指数（Constellation Figure of Merit，CFM）为

$$\text{CFM}(\mathcal{C})=\frac{d_{\min}^2(\mathcal{C})}{\mathcal{E}_{\text{avg/2D}}(\mathcal{C})} \tag{4-7-28}$$

式中，$\mathcal{E}_{\text{avg/2D}}(\mathcal{C})$由式（4-7-24）确定，则式（4-7-27）表示的差错概率为

$$P_{\mathrm{e}}\approx N_{\min}Q\left(\sqrt{\frac{\text{CFM}(\mathcal{C})}{2}\cdot\frac{\mathcal{E}_{\text{avg/2D}}}{N_0}}\right)=N_{\min}Q\left(\sqrt{\frac{\text{CFM}(\mathcal{C})}{2}\cdot\text{SNR}_{\text{avg/2D}}}\right) \tag{4-7-29}$$

显然，星座图性能指数可在差错概率表达式中用于标度$\mathcal{E}_{\text{avg/2D}}(\mathcal{C})$的系数。

对于由式（3-2-41）确定的方形 QAM 星座图，有

$$d_{\min}^2=\frac{6\mathcal{E}_{\text{avg}}}{M-1} \tag{4-7-30}$$

所以

$$\text{CFM}=\frac{6}{M-1} \tag{4-7-31}$$

注意，由式（4-3-30）可得出

$$P_{\mathrm{e}}\approx 4Q\left(\sqrt{\frac{3}{M-1}\frac{\mathcal{E}_{\text{avg}}}{N_0}}\right)=4Q\left(\sqrt{\frac{\text{CFM}}{2}\frac{\mathcal{E}_{\text{avg}}}{N_0}}\right) \tag{4-7-32}$$

该式与式（4-7-29）是一致的。注意，当方形 QAM 星座图中的 M 较大时，有

$$\text{CFM}\approx\frac{6}{M}=\frac{6}{2^k} \tag{4-7-33}$$

式中，k 表示每二维比特数。

2．编码和成形增益

习题 4-57 研究一个基于平移格 $\mathbb{Z}^n+\left(\frac{1}{2},\frac{1}{2},\cdots,\frac{1}{2}\right)$ 与边界区域$\mathcal{R}$的交叉星座图$\mathcal{C}$，$\mathcal{R}$定义为以原点为中心、边长为 L 的 n 维超立方体。该习题证明，当 n 为偶数时，$L=2^{\ell}$ 是 2 的幂，每

二维比特数（记为β）等于 $2\ell+2$，CFM($\mathcal{C}$)近似为

$$\mathrm{CFM}(\mathcal{C}) \approx \frac{6}{2^{\beta}} \tag{4-7-34}$$

该式等于方形 QAM 的结果。因为具有立方边界的$\mathbb{Z}^n$可能是最简单的 n 维星座图，其 CFM 可作为比较其他星座图 CFM 的基准 CFM。该基准星座图的性能指数（Base-Line Constellation Figure of Merit）记为 CFM_0。注意，在大小为 M 的 n 维星座图中，每二维比特数是

$$\beta = \frac{2}{n}\log_2 M \tag{4-7-35}$$

因此

$$2^{\beta} = M^{\frac{2}{n}} \tag{4-7-36}$$

由该式和式（4-7-21）可得到

$$2^{\beta} \approx \left[\frac{V(\mathcal{R})}{V(\boldsymbol{\Lambda})}\right]^{\frac{2}{n}} \tag{4-7-37}$$

利用式（4-7-34）的结果得到的基准星座图的性能指数为

$$\mathrm{CFM}_0 = \frac{6}{2^{\beta}} \approx 6\left[\frac{V(\boldsymbol{\Lambda})}{V(\mathcal{R})}\right]^{\frac{2}{n}} \tag{4-7-38}$$

由式（4-7-28）和式（4-7-38）可得到

$$\frac{\mathrm{CFM}(\mathcal{C})}{\mathrm{CFM}_0} \approx \frac{d_{\min}^2}{[V(\boldsymbol{\Lambda})]^{\frac{2}{n}}} \times \frac{[V(\mathcal{R})]^{\frac{2}{n}}}{6\mathcal{E}_{\mathrm{avg/2D}}} \tag{4-7-39}$$

现在定义区域$\mathcal{R}$的成形增益（Shaping Gain）为

$$\gamma_{\mathrm{s}}(\mathcal{R}) = \frac{[V(\mathcal{R})]^{\frac{2}{n}}}{6\mathcal{E}_{\mathrm{avg/2D}}} \approx \frac{n[V(\mathcal{R})]^{1+\frac{2}{n}}}{12\int_{\mathcal{R}}\|\boldsymbol{x}\|^2\,\mathrm{d}\boldsymbol{x}} \tag{4-7-40}$$

式中，最后一步利用了式（4-7-25）。这表明成形增益与区域$\mathcal{R}$的标度和正交变换无关，也证明了 $\gamma_{\mathrm{s}}(\mathcal{R}^M)=\gamma_{\mathrm{s}}(\mathcal{R})$，其中 $\mathcal{R}^M$ 表示边界区域$\mathcal{R}$的 M 重笛卡儿积。由此以及 $\gamma_{\mathrm{c}}(\boldsymbol{\Lambda})$的性质表明，$\boldsymbol{\Lambda}$ 和$\mathcal{R}$的标度、正交变换和笛卡儿积对基于 $\boldsymbol{\Lambda}$ 和$\mathcal{R}$的星座图的性能指数没有影响。

由式（4-7-39）可得到

$$\mathrm{CFM}(\mathcal{C}) \approx \mathrm{CFM}_0 \cdot \gamma_{\mathrm{c}}(\boldsymbol{\Lambda}) \cdot \gamma_{\mathrm{s}}(\mathcal{R}) \tag{4-7-41}$$

该关系式表明，给定星座图对基准星座图的相对增益可看成两个独立项的乘积，即由式（4-7-8）确定的格的基本编码增益 $\gamma_{\mathrm{c}}(\boldsymbol{\Lambda})$和由式（4-7-40）确定的区域$\mathcal{R}$的成形增益 $\gamma_{\mathrm{s}}(\mathcal{R})$。基本编码增益（Fundamental Coding Gain）取决于格的选择，选择具有高编码增益的稠密格，单位容积提供的最小距离较大，或等价地对给定最小距离要求的容积较小，这是非常期望的并改进了性能。类似地，成形增益只取决于星座图的边界选择，选择具有高成形增益的区域$\mathcal{R}$可改进星座图的功率效率，结果也改进了系统的性能。

习题 4-57 证明了如果$\mathcal{R}$是以原点为中心的 n 维超立方体，则 $\gamma_{\mathrm{s}}(\mathcal{R})=1$。

例 4-7-3　对于半径为 r 的圆，有 $V(\mathcal{R})=\pi r^2$，且

$$\iint_{x^2+y^2\leqslant r^2}(x^2+y^2)\,\mathrm{d}x\,\mathrm{d}y = \int_0^{2\pi}\int_0^{r} z^2 z\,\mathrm{d}z\,\mathrm{d}\theta = \frac{\pi}{2}r^4 \tag{4-7-42}$$

所以

$$\gamma_s(\mathcal{R})=\frac{n\,[V(\mathcal{R})]^{1+\frac{2}{n}}}{12\displaystyle\int_{\mathcal{R}}\|\boldsymbol{x}\|^2\,\mathrm{d}\boldsymbol{x}}=\frac{2(\pi r^2)^2}{6\pi r^4}=\frac{\pi}{3}\approx 1.0472\sim 0.2\ \mathrm{dB} \tag{4-7-43}$$

记得 $\gamma_c(\boldsymbol{A}_2)\approx 1.1547\sim 0.62$ dB，所以具有圆形边界的六角形星座图相对基准星座图能提供的渐进总增益为 0.82 dB。

例 4-7-4 作为例 4-7-3 的推广，研究这样的情况：$\mathcal{R}$是以原点为中心、半径为 R 的 n 维球。在这种情况下，

$$\begin{aligned}\int_{\mathcal{R}}\|\boldsymbol{x}\|^2\,\mathrm{d}\boldsymbol{x}&=\int_0^R r^2\,\mathrm{d}V_n(r)=\int_0^R r^2\,\mathrm{d}(B_n r^n)=B_n\int_0^R n r^{n+1}\,\mathrm{d}r\\&=\frac{nB_n}{n+2}R^{n+2}=\frac{n}{n+2}R^2V_n(R)\end{aligned} \tag{4-7-44}$$

将该结果代入式（4-7-40），得到

$$\gamma_s(\mathcal{R})=\frac{n+2}{12}\left[\frac{V_n^{\frac{1}{n}}(R)}{R}\right]^2 \tag{4-7-45}$$

注意，$V_n^{\frac{1}{n}}(R)$ 是 n 维立方体的边长，其容积等于半径为 R 的 n 维球。将式（4-7-16）确定的 $V_n(R)$代入，结果为

$$\gamma_s(\mathcal{R})=\frac{(n+2)\pi}{12\left[\Gamma\left(\frac{n}{2}+1\right)\right]^{\frac{2}{n}}} \tag{4-7-46}$$

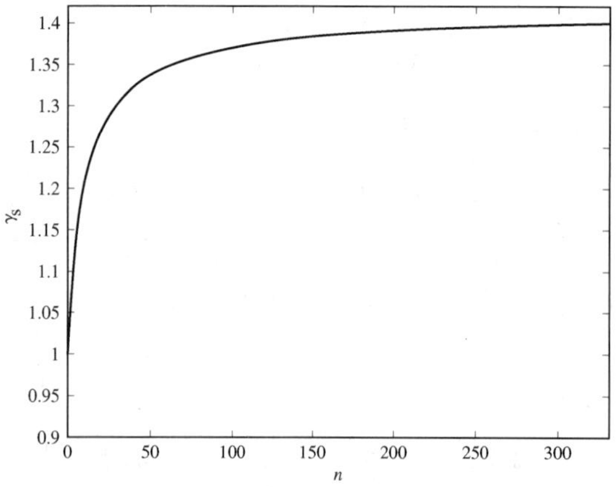

图 4-7-5　n 维球的成形增益 $\gamma_s(\mathcal{R})$

图 4-7-5 示出了 n 维球的 $\gamma_s(\mathcal{R})$曲线，它是 n 的函数。

可以证明，在 n 维空间所有可能的边界中，球形边界是最高效的。当空间的维度增加时，球形边界能提供的渐进成形增益为 $\dfrac{\pi e}{6}$，近似为 1.423，等价于 1.533 dB，所以 1.533 dB 是能够提供的最大成形增益，要接近该边界需要高维星座图。例如，将空间的维度增加到 100，提供的成形增益大约为 1.37 dB，当维度增加到 1000 时，提供的成形增益为 1.5066 dB。

不像成形增益，利用高维稠密格可以使编码增益无限地增加。然而，这样的格具有很大的吻合数。大吻合数的作用是显著地抵消了增加编码增益的效果，整个系统的性能将维持在香农预测的边界内，这将在第 6 章讨论。

4.8　有记忆信号的检测

当信号无记忆时，前几节所述的逐个符号检测器在最小差错概率意义上是最佳的。另一方面，当发送信号有记忆时，即在连续的符号间隔内发送信号是相互关联的，则最佳检测器根据

在连续的信号间隔内接收信号序列的观测值来判决。本节将描述最大似然序列检测算法，该算法通过表征发送信号中记忆的网格来搜索最小欧氏距离路径。另一种可能的方法是最大后验概率算法，该算法以逐个符号为基础做出判决，而每个符号的判决基于接收信号矢量序列的观测值。该方法类似于 Turbo 码译码所用的最大后验检测规则，这是将在第 8 章讨论的 BCJR 算法。

最大似然序列检测器

有记忆调制系统可以建模为用网格表示的有限状态机，发送信号序列相应于通过网格的路径。假设发送信号的持续时间为 K 个符号间隔，如果分析在 K 个符号间隔上传输，将通过网格每一条长度 K 的路径作为消息信号，那么问题就可简化为本章前面讨论的最佳检测问题。在这种情况下，消息的数目等于通过网格的路径数，最大似然序列检测（MLSD）算法在 K 个信号传输间隔上选择相应于接收信号 $r(t)$的最可能路径（序列）。如前所述，ML 检测器相当于选择通过网格的 K 个信号的路径，该路径与 $r(t)$之间的欧氏距离最小。注意，因为

$$\int_0^{KT_s} |r(t)-s(t)|^2\,\mathrm{d}t=\sum_{k=1}^{K}\int_{(k-1)T_s}^{kT_s}|r(t)-s(t)|^2\,\mathrm{d}t \tag{4-8-1}$$

故最佳检测规则为

$$\begin{aligned}\left(\hat{\boldsymbol{s}}^{(1)},\hat{\boldsymbol{s}}^{(2)},\cdots,\hat{\boldsymbol{s}}^{(K)}\right)&=\underset{\left(\boldsymbol{s}^{(1)},\boldsymbol{s}^{(2)},\cdots,\boldsymbol{s}^{(K)}\right)\in\gamma}{\arg\min}\sum_{k=1}^{K}\|\boldsymbol{r}^{(k)}-\boldsymbol{s}^{(k)}\|^2\\&=\underset{\left(\boldsymbol{s}^{(1)},\boldsymbol{s}^{(2)},\cdots,\boldsymbol{s}^{(K)}\right)\in\gamma}{\arg\min}\sum_{k=1}^{K}D\left(\boldsymbol{r}^{(k)},\boldsymbol{s}^{(k)}\right)\end{aligned} \tag{4-8-2}$$

式中，γ表示网格。上述讨论适用于所有的有记忆调制系统。

为了研究最大似然序列检测算法，作为例子，考察 3.3 节中所述的 NRZI 信号，它的记忆由图 3-3-3 所示的网格表征，每个信号间隔内的发送信号是二进制 PAM。因此，有两个可能的发送信号，相应的信号点是 $s_1=-s_2=\sqrt{\mathcal{E}_b}$，其中$\mathcal{E}_b$是每比特能量。

在通过网格图搜索最可能的序列中，必须对每个可能的序列计算欧氏距离。对于 NRZI，它使用二进制调制，序列的总数是 2^K，其中 K 是从解调器得到的输出数目。然而，情况并不是这样的。可以在网格搜索中减少序列的数目，其方法是当解调器接收到新的数据时，使用维特比算法（Viterbi Algorithm）消去一些序列。

维特比算法是一种顺序网格搜索算法，用来执行 ML 序列检测，第 8 章把该算法描述成卷积码的译码算法。下面在 NRZI 信号检测范围内描述该算法，假定搜索过程从状态 S_0开始。图 4-8-1 示出了相应的网格。

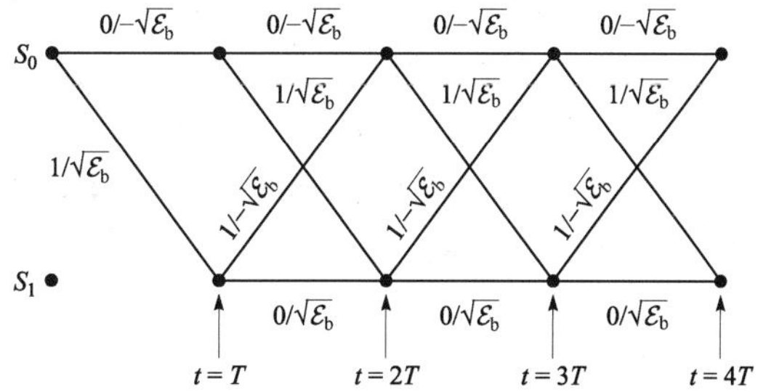

图 4-8-1　NRZI 信号的网格图

在 $t=T$ 时刻，从解调器收到 $r_1=s_1^{(m)}+n_1$，而在 $t=2T$ 时收到 $r_2=s_2^{(m)}+n_2$。因为信号记忆是 1 比特，以 $L=1$ 表示，观测到两次转移后网格达到规则（稳态）形式。因此，根据在 $t=2T$（及其后续）时刻 r_2 的接收，我们看到有两条信号路径进入每一个节点，并有两条信号路径离开每个节点。在 $t=2T$ 时刻进入节点 S_0 的两条路径相应于信息比特(0,0)和(1,1)，或者分别等价于信号点 $(-\sqrt{\mathcal{E}_b},-\sqrt{\mathcal{E}_b})$ 和 $(\sqrt{\mathcal{E}_b},-\sqrt{\mathcal{E}_b})$。在 $t=2T$ 时刻进入节点 S_1 的两条路径相应于信息比特(0,1)和(1,0)，或者分别等价于信号点 $(-\sqrt{\mathcal{E}_b},\sqrt{\mathcal{E}_b})$ 和 $(\sqrt{\mathcal{E}_b},\sqrt{\mathcal{E}_b})$。

对于进入节点 S_0 的两条路径，用解调器的输出 r_1 和 r_2 来计算两个欧氏距离度量

$$\begin{aligned}D_0(0,0)&=(r_1+\sqrt{\mathcal{E}_b})^2+(r_2+\sqrt{\mathcal{E}_b})^2\\D_0(1,1)&=(r_1-\sqrt{\mathcal{E}_b})^2+(r_2+\sqrt{\mathcal{E}_b})^2\end{aligned}\tag{4-8-3}$$

维特比算法比较这两个度量并舍弃较大(较大距离)度量①，存储较小度量的路径称为 $t=2T$ 时刻的幸存路径（Survivor）。在两条路径中舍弃一条的做法不会损失网格搜索的最佳性，因为在 $t=2T$ 之后较大距离的路径延伸将总是比沿着同样路径延伸的幸存路径具有更大的度量。

同样地，在 $t=2T$ 时刻对进入节点 S_1 的两条路径用解调器的输出 r_1 和 r_2 来计算其欧氏距离度量，即

$$\begin{aligned}D_1(0,1)&=(r_1+\sqrt{\mathcal{E}_b})^2+(r_2-\sqrt{\mathcal{E}_b})^2\\D_1(1,0)&=(r_1-\sqrt{\mathcal{E}_b})^2+(r_2-\sqrt{\mathcal{E}_b})^2\end{aligned}\tag{4-8-4}$$

比较这两个度量并舍弃较大度量的路径。因此，留下两条幸存路径以及它们相应的度量，一条在节点 S_0，另一条在节点 S_1。然后，在节点 S_0 和 S_1 的两条路径将沿着两条幸存路径延伸。

在 $t=3T$ 时刻根据 r_3 的接收，计算进入状态 S_0 的两条路径的度量。假设在 $t=2T$ 时刻的幸存路径是在 S_0 的路径(0,0)和在 S_1 的路径(0,1)，那么在 $t=3T$ 时刻进入 S_0 的两条路径的度量是

$$\begin{aligned}D_0(0,0,0)&=D_0(0,0)+(r_3+\sqrt{\mathcal{E}_b})^2\\D_0(0,1,1)&=D_1(0,1)+(r_3+\sqrt{\mathcal{E}_b})^2\end{aligned}\tag{4-8-5}$$

比较这两个度量，并舍弃较大（较大距离）度量的路径。同样地，在 $t=3T$ 时刻进入 S_1 的两条路径度量是

$$\begin{aligned}D_1(0,0,1)&=D_0(0,0)+(r_3-\sqrt{\mathcal{E}_b})^2\\D_1(0,1,0)&=D_1(0,1)+(r_3-\sqrt{\mathcal{E}_b})^2\end{aligned}\tag{4-8-6}$$

比较这两个度量，并舍弃较大（较大距离）度量的路径。

当从解调器收到每一个新的信号样值时，这个过程继续进行。因此，在网格搜索的每一级，维特比算法都要计算进入一个节点的两个信号路径的度量，并在每个节点舍弃两条路径中的一条路径，然后将两条幸存路径延伸到下一状态。因此，在网格中搜索路径的数量在每一级减少一半。

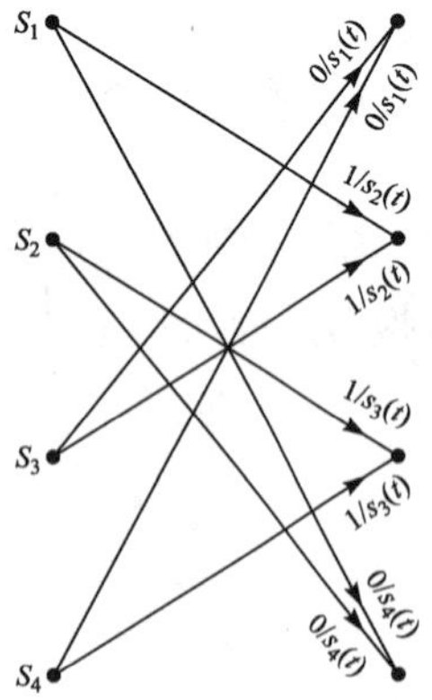

图 4-8-2　延时调制的四状态网格

将维特比算法执行的网格搜索推广到 M 元调制是比较容易的。例如，延时调制使用了 M=4 的信号，并可用图 4-8-2 所示的四状态网格表征。每一个状态都有两条信号路径进入和两条

① 注意，对于 NRZI，由解调器得到 r_2 的接收既不增加也不减少两个度量 $D_0(0,0)$ 与 $D_0(1,1)$ 之间的相对差值。在这点上，应当考虑该观察结果的内在含义。在任何情况下，都遵照基于维特比算法的 ML 序列检测器的说明。

信号路径离开每一个节点，信号的记忆是 $L=1$，因此，维特比算法在每一级有 4 条幸存路径及其相应的度量。在每一个节点，计算两条进入路径的度量，并在网格的每一个状态舍弃进入节点两条信号路径中的一条。因此，维特比算法将 ML 序列检测器所执行的网格路径搜索的数量减到了最小。

由上面对维特比算法的描述，我们还不清楚在给定幸存路径下如何对各个受检测的信息符号做出判决。如果已经延伸到某一级，比如 K，在网格中 $K>>L$，比较幸存路径，我们将发现在比特（或符号）位置 $K-5L$ 及小一些的位置处，所有幸存路径以概率趋于 1 而相同。在维特比算法的实现中，对每个信息比特（或符号）的判决必须在延迟 $5L$ 比特（或符号）之后进行，因此，幸存路径被截断至 $5L$ 个最近的比特（或符号），所以应避免比特（或符号）检测中的可变延迟。如果延迟至少是 $5L$，那么由准最佳检测过程引起的性能损失可以忽略不计。这种实现维特比算法的方法称为路径记忆截断（Path Memory Truncation）。

例 4-8-1 本例研究用来检测 NRZI 信号中数据序列的判决规则，检测方法采用具有 $5L$ 个比特延迟的维特比算法。NRZI 信号的网格如图 4-8-1 所示。在这种情况下，$L=1$，因此在比特检测中延迟设置成 5 个比特。因此，在 $t=6T$ 时刻，将有两个幸存路径，两个状态中的每个状态都有一个幸存路径及其相应的度量$\mu_6(b_1,b_2,b_3,b_4,b_5,b_6)$和 $\mu_6(b_1',b_2',b_3',b_4',b_5',b_6')$。在这一级，比特 b_1 将以概率近似等于 1 与 b_1' 相同，即两个幸存路径将有共同的第一个分支。如果 $b_1\neq b_1'$，可以选择相应于两个度量中较小度量的比特（b_1 或 b_1'），然后从两个幸存路径中丢弃第一个比特。在 $t=7T$ 时刻，再使用两个度量$\mu_7(b_2,b_3,b_4,b_5,b_6,b_7)$和 $\mu_7(b_2',b_3',b_4',b_5',b_6',b_7')$ 对比特 b_2 进行判决。这一过程在通过网格搜索最小距离序列的每一级上不断进行下去，因此，检测延迟固定为 5 个比特[①]。

4.9 CPM 信号的最佳接收机

由 3.3.2 节可知，CPM 是一种有记忆的调制方法。记忆特性来自从一个信号间隔到下一个间隔时发送载波相位的连续性。CPM 发送信号可以表示为

$$s(t)=\sqrt{\frac{2\mathcal{E}}{T}}\cos[2\pi f_c t+\phi(t;I)] \tag{4-9-1}$$

式中，$\phi(t;\boldsymbol{I})$ 是载波相位。对于加性高斯噪声信道，接收信号是

$$r(t)=s(t)+n(t) \tag{4-9-2}$$

式中

$$n(t)=n_i(t)\cos 2\pi f_c t-n_q(t)\sin 2\pi f_c t \tag{4-9-3}$$

4.9.1 CPM 信号的最佳解调和检测

CPM 信号的最佳接收机由相关器后跟随一个最大似然序列检测器所组成，该检测器通过状态网格搜索最小欧氏距离的路径。维特比算法是执行这种搜索的一种有效的方法。下面先建立 CPM 的一般状态网格结构，然后描述度量的计算。

---

① 现在可以看出，ML 序列检测器与 NRZI 信号中记忆的逐个符号检测器达到了同样的判决，因此不需要判决延迟。虽然如此，上述过程在一般场合都适用。

具有固定调制指数 h 的 CPM 信号的载波相位可以表示为

$$\begin{aligned}\phi(t;\boldsymbol{I}) &= 2\pi h\sum_{k=-\infty}^{n}I_k q(t-kT) = \pi h\sum_{k=-\infty}^{n-L}I_k + 2\pi h\sum_{k=n-L+1}^{n}I_k q(t-kT) \\ &= \theta_n + \theta(t;\boldsymbol{I}), \qquad nT \leqslant t \leqslant (n+1)T\end{aligned} \tag{4-9-4}$$

式中，假定当 $t<0$ 时 $q(t)=0$；当 $t \geqslant LT$ 时 $q(t)=1/2$，且

$$q(t) = \int_0^t g(\tau)\mathrm{d}\tau \tag{4-9-5}$$

当 $t<0$ 和 $t \geqslant LT$ 时，信号脉冲 $g(t)=0$。当 $L=1$ 时，为全响应 CPM 信号；当 $L>1$ 时（其中 L 为正整数），为部分响应 CPM 信号。

那么，当 h 为有理数时，即 $h=m/p$，其中 m 和 p 是互素的正整数，CPM 信号可用网格表示。在这种情况下，当 m 为偶数时，有 p 个相位状态

$$\Theta_s = \left\{0, \frac{\pi m}{p}, \frac{2\pi m}{p}, \cdots, \frac{(p-1)\pi m}{p}\right\} \tag{4-9-6}$$

当 m 为奇数时，有 $2p$ 个相位状态

$$\Theta_s = \left\{0, \frac{\pi m}{p}, \cdots, \frac{(2p-1)\pi m}{p}\right\} \tag{4-9-7}$$

如果 $L=1$，这些状态是网格图中唯一的状态。如果 $L>1$，由于信号脉冲 $g(t)$的部分响应特性，则有附加的状态。这些附加的状态可通过把式（4-9-4）的 $\theta(t\,;\boldsymbol{I})$ 表示为

$$\theta(t;\boldsymbol{I}) = 2\pi h\sum_{k=n-L+1}^{n-1}I_k q(t-kT) + 2\pi h I_n q(t-nT) \tag{4-9-8}$$

式（4-9-8）中右边的第一项决定于信息符号$(I_{n-1}, I_{n-2}, \cdots, I_{n-L+1})$，称为相关状态矢量（Correlative State Vector），该项表示未达到最终值的信号脉冲的相位项；式（4-9-8）中右边的第二项表示取决于最近的符号 I_n 的相位贡献（Phase Contribution）。因此，对于长度为 LT（$L>1$）的部分响应信号脉冲，CPM 信号（或调制器）在 $t=nT$ 时刻的状态可以表示为相位状态（Phase State）和相关状态（Correlative State）的组合，记为

$$S_n = \{\theta_n, I_{n-1}, I_{n-2}, \cdots, I_{n-L+1}\} \tag{4-9-9}$$

在这种情况下，当 $h=m/p$ 时，状态数为

$$N_s = \begin{cases} pM^{L-1}, & m\text{为偶数} \\ 2pM^{L-1}, & m\text{为奇数}\end{cases} \tag{4-9-10}$$

现在，假设调制器在 $t=nT$ 时刻的状态是 S_n，在 $nT \leqslant t \leqslant (n+1)T$ 时间间隔中，由于新符号的影响状态由 S_n 变为 S_{n+1}，因此在 $t=(n+1)T$ 时，状态变为

$$S_{n+1} = (\theta_{n+1}, I_n, I_{n-1}, \cdots, I_{n-L+2})$$

式中

$$\theta_{n+1} = \theta_n + \pi h I_{n-L+1}$$

例 4-9-1 研究一个调制指数 $h=3/4$ 和 $L=2$ 的部分响应脉冲的 CPM 信号。求该 CPM 信号的状态 S_n 并画出相位树和状态网格。

首先，注意到有 $2p=8$ 个相位状态，即

$$\Theta_s = \{0, \pm\pi/4, \pm\pi/2, \pm3\pi/4, \pi\}$$

其中每一个相位状态有两个状态，它们是由该 CPM 信号的记忆特性产生的。因此，总的状态

数目 $N_s = 16$，即

$$(0,1),(0,-1),(\pi,1),(\pi,-1),(\pi/4,1),(\pi/4,-1),(\pi/2,1),(\pi/2,-1)$$
$$(3\pi/4,1),(3\pi/4,-1),(-\pi/4,1),(-\pi/4,-1),(-\pi/2,1),(-\pi/2,-1),$$
$$(-3\pi/4,1),(-3\pi/4,-1)$$

如果系统的相位状态 $\theta_n = -\pi/4$ 且 $I_{n-1} = -1$，那么

$$\theta_{n+1} = \theta_n + \pi h I_{n-1} = -\pi/4 - 3\pi/4 = -\pi$$

图 4-9-1 示出了该 CPM 信号的状态网格，图 4-9-2 示出了一条通过状态网格的路径，它对应于序列（1,–1,–1,–1,1,1）。

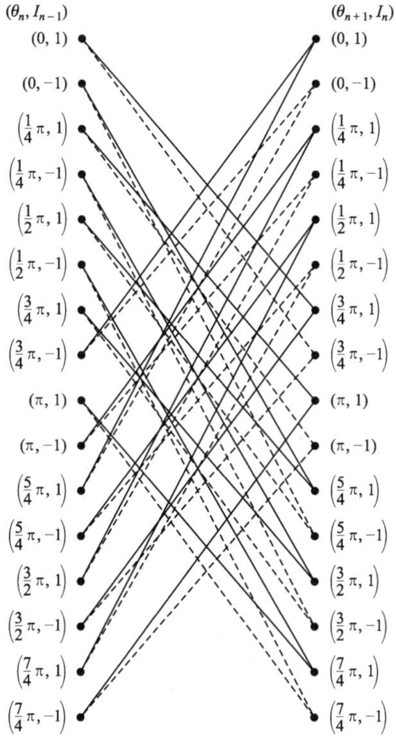

图 4-9-1 具有 h=3/4 部分响应（L=2）CPM 信号的状态网格

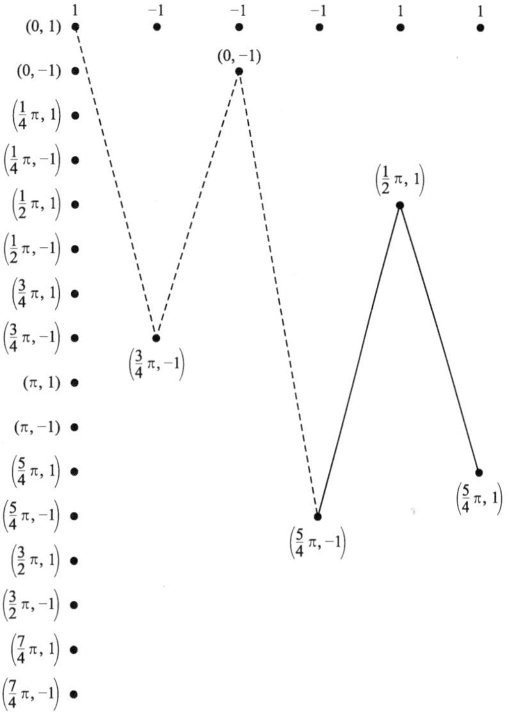

图 4-9-2 通过状态网格的一条路径

为了画出相位树，必须知道信号脉冲 $g(t)$的形状。图 4-9-3 示出了当 $g(t)$持续时间为 $2T$ 的矩形脉冲，且初始状态为(0, 1)时的相位树。

在 CPM 信号的状态网格表示形式建立起来后，再来研究维特比算法中的度量计算。

度量计算

通过回顾 4.1 节中对最大似然解调器的数学推导，容易证明：在发送符号序列 $\boldsymbol{I}$ 条件下的观察信号 $r(t)$的对数概率与下列互相关度量是成正比的。

$$\begin{aligned}\mathrm{CM}_n(\boldsymbol{I}) &= \int_{-\infty}^{(n+1)T} r(t)\cos[\omega_c t+\phi(t;\boldsymbol{I})]\,\mathrm{d}t \\ &= \mathrm{CM}_{n-1}(\boldsymbol{I})+\int_{nT}^{(n+1)T} r(t)\cos[\omega_c t+\theta(t;\boldsymbol{I})+\theta_n]\,\mathrm{d}t\end{aligned} \tag{4-9-11}$$

式中，$\mathrm{CM}_{n-1}(\boldsymbol{I})$ 表示直到 nT 时刻的幸存路径的度量，而

$$v_n(\boldsymbol{I};\theta_n)=\int_{nT}^{(n+1)T} r(t)\cos[\omega_c t+\theta(t;\boldsymbol{I})+\theta_n]\,\mathrm{d}t \tag{4-9-12}$$

表示在 $nT\leqslant t\leqslant(n+1)T$ 时间间隔内的信号所引起的度量的附加增量。注意，有 M^L 个可能的符号的序列 $\boldsymbol{I}=(I_n,I_{n-1},\cdots,I_{n-L+1})$，以及 p（或 $2p$）个可能的相位状态 $\{\theta_n\}$。因此，在每个信号间隔计算出 pM^L（或 $2pM^L$）个不同的 $v_n(\boldsymbol{I};\theta_n)$ 值，其中每个值用作相应于前一信号传输间隔中 pM^{L-1} 个幸存路径的度量的增量。图 4-9-4 示出了该维特比译码器计算 $v_n(\boldsymbol{I};\theta_n)$ 的一般方框图。

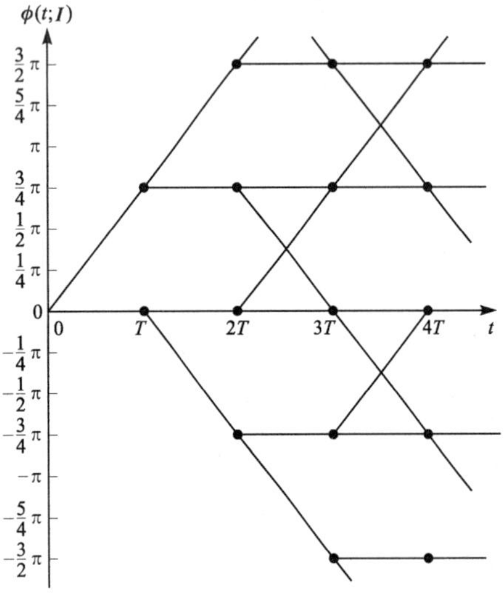

图 4-9-3 具有 $h=3/4$ 且 $L=2$ 部分响应 CPM 信号的相位树

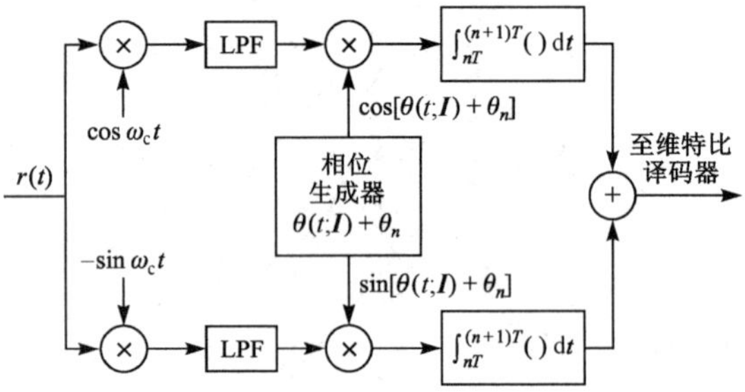

图 4-9-4 计算 $v_n(\boldsymbol{I};\theta_n)$ 的一般方框图

注意，在维特比译码过程中的每一个状态，幸存路径的数目是 pM^{L-1}（或 $2pM^{L-1}$）个。对于每一个幸存路径，有 M 个新的 $v_n(\boldsymbol{I};\theta_n)$ 增量，该增量附加到现存的度量上，产生具有 pM^{L-1}（或 $2pM^{L-1}$）个度量的 pM^L（或 $2pM^L$）的序列。然而，这些序列的数目将减小到 pM^{L-1}（或 $2pM^{L-1}$）个具有相应度量的幸存路径，这是由于在网格的每个节点上汇合的 M 个序列中选取最可能的序列，舍弃了其他 $M-1$ 个序列。

4.9.2 CPM 信号的性能

在评估具有最大似然序列检测的 CPM 信号的性能时，必须确定通过网格路径的最小欧氏距离，这些路径在 $t=0$ 时刻的节点上分离，而后在下一时刻的同样节点上重新汇合。通过网格的两条路径之间的距离与相应的信号有关，下面将证明这点。

假设有相应于两个相位轨迹 $\phi(t;\boldsymbol{I}_i)$ 和 $\phi(t;\boldsymbol{I}_j)$ 的两个信号 $s_i(t)$ 和 $s_j(t)$。序列 $\boldsymbol{I}_i$ 和 $\boldsymbol{I}_j$ 的第一个符号必须是不同的。那么，在长度为 NT（$1/T$ 为符号速率）的间隔上，两个信号之间的

欧氏距离定义为

$$\begin{aligned} d_{ij}^2 &= \int_0^{NT} [s_i(t)-s_j(t)]^2\,\mathrm{d}t \\ &= \int_0^{NT} s_i^2(t)\,\mathrm{d}t + \int_0^{NT} s_j^2(t)\,\mathrm{d}t - 2\int_0^{NT} s_i(t)s_j(t)\,\mathrm{d}t \\ &= 2N\mathcal{E} - 2\frac{2\mathcal{E}}{T}\int_0^{NT} \cos[\omega_c t+\phi(t;\boldsymbol{I}_i)]\cos[\omega_c t+\phi(t;\boldsymbol{I}_j)]\,\mathrm{d}t \\ &= 2N\mathcal{E} - \frac{2\mathcal{E}}{T}\int_0^{NT} \cos[\phi(t;\boldsymbol{I}_i)-\phi(t;\boldsymbol{I}_j)]\,\mathrm{d}t \\ &= \frac{2\mathcal{E}}{T}\int_0^{NT} \{1-\cos[\phi(t;\boldsymbol{I}_i)-\phi(t;\boldsymbol{I}_j)]\}\,\mathrm{d}t \end{aligned} \tag{4-9-13}$$

因此，由式（4-9-13）可知，状态网格中两条路径之间的欧氏距离与相位差有关。

我们希望将距离 d_{ij}^2 用比特能量表示，因为 $\mathcal{E}=\mathcal{E}_b\log_2 M$，式（4-9-13）可以表示为

$$d_{ij}^2 = 2\mathcal{E}_b\delta_{ij}^2 \tag{4-9-14}$$

式中，δ_{ij}^2 定义为

$$\delta_{ij}^2 = \frac{\log_2 M}{T}\int_0^{NT} \{1-\cos[\phi(t;\boldsymbol{I}_i)-\phi(t;\boldsymbol{I}_j)]\}\,\mathrm{d}t \tag{4-9-15}$$

而且 $\phi(t;\boldsymbol{I}_i)-\phi(t;\boldsymbol{I}_j)=\phi(t;\boldsymbol{I}_i-\boldsymbol{I}_j)$，因此，令 $\boldsymbol{\xi}=\boldsymbol{I}_i-\boldsymbol{I}_j$，则式（4-9-15）可写成为

$$\delta_{ij}^2 = \frac{\log_2 M}{T}\int_0^{NT} [1-\cos\phi(t;\boldsymbol{\xi})]\,\mathrm{d}t \tag{4-9-16}$$

式中，除 $\xi_0\neq 0$ 外，$\boldsymbol{\xi}$ 的任何元素可取的值为 $0,\pm 2,\pm 4,\cdots,\pm 2(M-1)$。

CPM 信号差错概率性能主要由相应最小欧氏距离的项来控制，它可表示为

$$P_M = K_{\delta_{\min}} Q\left(\sqrt{\frac{\mathcal{E}_b}{N_0}\delta_{\min}^2}\right) \tag{4-9-17}$$

式中，$K_{\delta_{\min}}$ 具有下列最小距离的路径数，即

$$\delta_{\min}^2 = \lim_{N\to\infty}\min_{i,j}\delta_{ij}^2 = \lim_{N\to\infty}\min_{i,j}\left\{\frac{\log_2 M}{T}\int_0^{NT}[1-\cos\phi(t;\boldsymbol{I}_i-\boldsymbol{I}_j)]\,\mathrm{d}t\right\} \tag{4-9-18}$$

注意，对于常规的无记忆二进制 PSK，N=1 且 $\delta_{\min}^2=\delta_{12}^2=2$。因此，式（4-9-17）与前面的结果一致。

因为 $\delta_{\min}^2$ 可以表征 CPM 的性能，所以可研究字符数 M、调制指数 h 和部分响应 CPM 信号发送脉冲的长度等变化对 $\delta_{\min}^2$ 的影响。

首先，研究全响应（L=1）CPM 信号。如果开始取 M=2，注意下列两个序列

$$\boldsymbol{I}_i = +1,-1,I_2,I_3\,, \qquad \boldsymbol{I}_j = -1,+1,I_2,I_3 \tag{4-9-19}$$

在 $k=0$ 和 1 时是不同的，而在 $k\geqslant 2$ 时是相同的。这两个序列导致了两个相位轨迹在第二个符号之后汇合，这相当于差序列

$$\boldsymbol{\xi} = \{2,-2,0,0,\cdots\} \tag{4-9-20}$$

由式（4-9-16）容易计算出该序列的欧氏距离，它提供了 $\delta_{\min}^2$ 的上边界。$M=2$ 的 CPFSK 的上边界是

$$d_B^2(h) = 2\left(1-\frac{\sin 2\pi h}{2\pi h}\right),\qquad M=2 \tag{4-9-21}$$

例如，当 $h=1/2$ 时，相当于 MSK，则有 $d_B^2(1/2)=2$，所以 $\delta_{\min}^2(1/2)\leqslant 2$。

对于 $M>2$ 且全响应 CPM 信号，也容易看出在 $t=2T$ 时，相位轨迹汇合。因此，通过研究相位差序列 $\xi=\{\alpha,-\alpha,0,0,\cdots\}$，其中 $\alpha=\pm 2,\pm 4,\cdots,\pm 2(M-1)$，可以得到 $\delta_{\min}^2$ 的上边界。这个序列产生的 M 元 CPFSK 上边界为

$$d_B^2(h)=\min_{1\leqslant k\leqslant M-1}\left\{(2\log_2 M)\left(1-\frac{\sin 2k\pi h}{2k\pi h}\right)\right\} \tag{4-9-22}$$

图 4-9-5 示出了当 M=2、4、8、16 时的 $d_B^2(h)$ 与 h 的关系曲线，该图表明通过增大字符数 M 可以提高性能增益。然而，必须记住 $\delta_{\min}^2(h)\leqslant d_B^2(h)$，即对所有 h 值，上边界是不可达到的。

Aulin&Sundberg（1981）通过计算式（4-9-16）已经把各种 CPM 信号的最小欧氏距离 $\delta_{\min}^2(h)$ 求出来了。例如，图 4-9-6 示出了二进制 CPFSK 的欧氏距离作为调制指数 h 的函数的依从关系，其中作为参数的 N 是比特观测（判决）间隔数（N=1，2，3，4）。该图也示出了由式（4-9-21）给出的上边界 $d_B^2(h)$。特别是，当 $h=1/2$ 时，$\delta_{\min}^2(1/2)=2$，这与 N=1 的 PSK（二进制或四进制）具有相同的平方距离。另外，MSK 所要求的观测间隔是 N=2 个间隔，此时 $\delta_{\min}^2(1/2)=2$。因此，具有维特比检测器的 MSK 性能与（二进制或四进制）PSK 是相当的，正如前所述。

由图 4-9-6 可知，当观测间隔 $N=3$ 时，二进制 CPFSK 的最佳调制指数 $h=0.715$，这就可得出 $\delta_{\min}^2(0.715)=2.43$ 或相对 MSK 的增益为 0.85 dB。

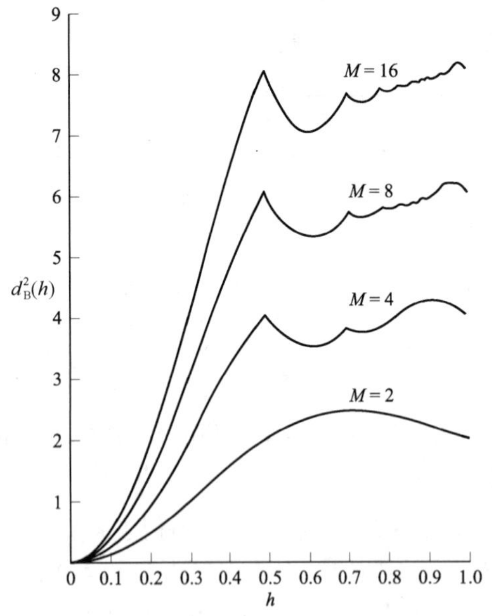

图 4-9-5 当 M=2、4、8、16 时 $d_B^2(h)$ 与 h 的关系曲线

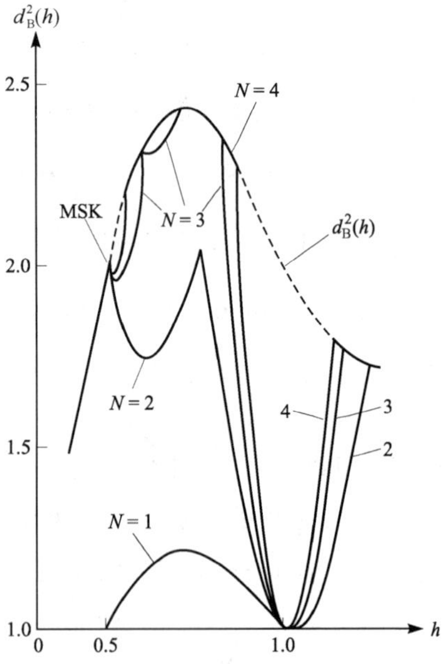

图 4-9-6 二进制 CPFSK 的欧氏距离作为调制指数 h 的函数的依从关系，上边界是 $d_B^2(h)$

图 4-9-7 示出了四进制 CPFSK 的欧氏距离作为调制指数 h 函数依从关系，其中观测间隔长度 N 作为参数，图中也示出了（用虚线表示且不可达到的）由式（4-9-22）计算出来的上边界 $d_B^2(h)$。注意，对几种 h 值和某些 N，$\delta_{\min}^2$ 可达到上边界。特别是，当 $N=8$ 时，在 $h\approx 0.9$

处近似地达到了 $d_B^2(h)$ 的最大值。当 $N=9$ 时，在 $h=0.914$ 处可得到真正的最大值，这时 $\delta_{\min}^2(0.914)=4.2$，表示相对于 MSK 有 3.2 dB 的增益。同时，欧氏距离在 $h=1/3$、$1/2$、$2/3$、1 等处具有最小值。这些 h 值称为弱调制指数（Weak Modulation Index），应当避免。对于较大的 M 值，可得到类似的结果，这可以在 Aulin & Sundberg（1981）的论文和 Anderson 等（1986）的著作中找到。

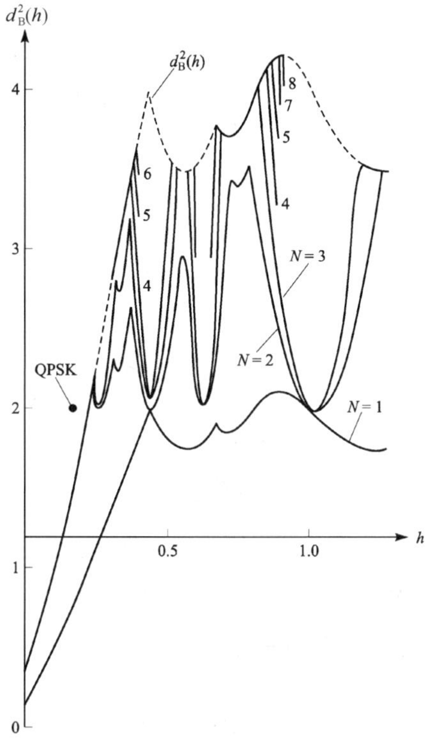

图 4-9-7 四进制 CPFSK 的欧氏距离作为调制指数 h 的函数的依从关系，上边界是 $d_B^2(h)$

通过使用部分响应信号，CPM 信号的最大似然序列检测也可以得到大的性能增益。例如，对于部分响应信号的升余弦脉冲为

$$g(t)=\begin{cases}\dfrac{1}{2LT}\left(1-\cos\dfrac{2\pi t}{2LT}\right), & 0\leqslant t\leqslant LT\\ 0, & \text{其他}\end{cases} \tag{4-9-23}$$

的距离边界 $d_B^2(h)$ 如图 4-9-8 所示，其中 $M=2$。这里，当 L 增加时，$d_B^2(h)$ 也达到更高的值。显然，当记忆长度 L 增加时，CPM 的性能将得到改善，但是 h 也必须增加以获得更大的 $d_B^2(h)$ 值。因为较大的调制指数意味着较大的带宽（对固定 L），而较长的记忆长度 L（对固定 h）意味着较小的带宽，所以最好将欧氏距离作为归一化带宽 $2WT_b$ 的函数来比较，其中 W 是 99%的功率带宽，T_b 是比特间隔。图 4-9-9 说明了这种类型的比较，其中 MSK 作为比较的参考点（0 dB）。从该图可注意到，通过采用部分响应信号和更大的信号传输符号表，可获得几个分贝的增益。为这种性能的增益所付出的主要代价是维特比检测器的实现复杂性按指数上升。

图 4-9-9 所示的性能结果表明，通过采用升余弦部分响应 CPM 信号且 $M=4$，容易获得相对 MSK 的 3～4 dB 增益，而带宽则没有增加。虽然这些结果是针对升余弦信号脉冲的，但采用其他部分响应脉冲形状也能获得类似的增益。需要强调的是，这种 SNR 增益是通过将记忆引入信号调制，并且在信号解调中利用该记忆的方法而获得的。在编码过程中没有引入冗余度，实际上已经将码置入调制中，并且网格形（维特比）译码利用了 CPM 信号中的相位约束条件。

通过在编码中引入附加的冗余度并且增大信号传输符号表以维持固定带宽的方法可获得附加的性能增益。特别是对采用比较简单的卷积码的网格编码 CPM 已做了全面的研究，其许多成果已在技术文献中发表。卷积编码 CPM 信号的维特比译码器利用了码中和 CPM 信号中固有的记忆特性。已经证明，采用卷积编码与 CPM 信号结合的方式相对于具有相同带宽的未编码 MSK 可获得 4～6 dB 的性能增益。Lindell（1985）给出了编码 CPM 信号更广泛的数值研究成果。

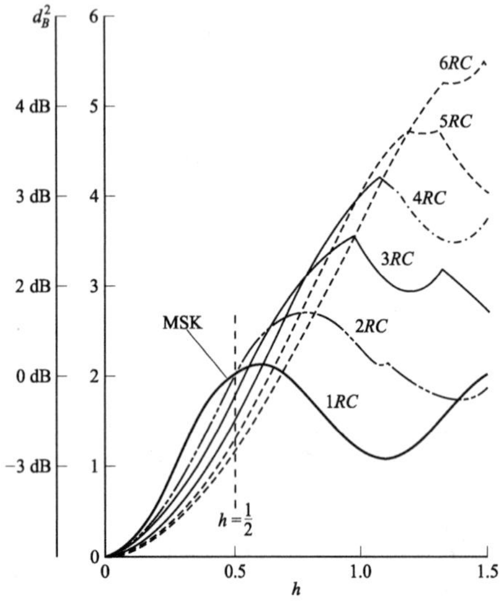

图 4-9-8　部分响应（升余弦脉冲）二进制 CPM 的上边界 $d_{\mathrm{B}}^2(h)$

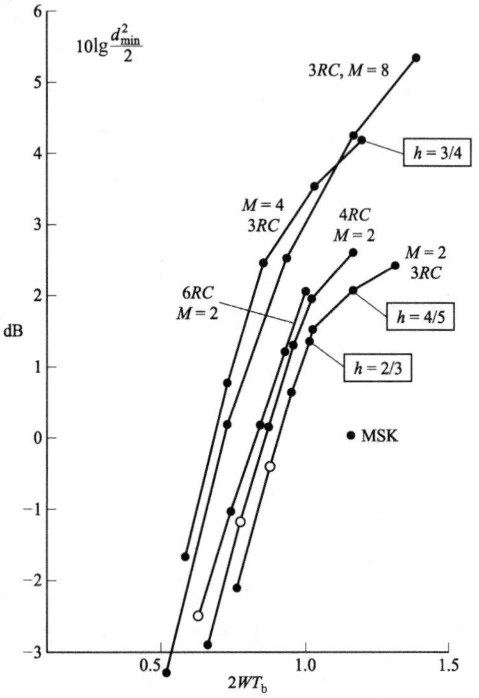

图 4-9-9　具有升余弦脉冲的部分响应 CPM 信号功率带宽的比较

多重 h CPM

通过改变从一个信号传输间隔到另一个间隔的调制指数，有可能增加各对相位轨迹间的最小欧氏距离 $\delta_{\min}^2$，因此相对恒定的 h，CPM 改善了性能增益。通常，多重 h CPM 使用固定数目 H 的调制指数，它们在接连的信号传输间隔中周期地改变，因此信号的相位逐段线性变化。

只要采用一个较小数目的不同 h 值，就可获得较大的 SNR 增益。例如，采用全响应（$L=1$）CPM 且 $H=2$，就能得到相对二进制或四进制 PSK 的 3 dB 增益。将 H 增加到 4 时，就能得到相对于 PSK 的 4.5 dB 增益。性能增益也随着信号符号表的增大而增加。表 4-9-1 列出了 $M=2$、4 和 8 且 H 取几种数值时获得的性能增益。图 4-9-10 示出了 M 和 H 取几种数值时最小欧氏距离的上边界。注意，当 H 从 1 增加到 2 时，可获得大部分的性能增益。当 $H>2$ 时，对于较小的$\{h_i\}$值，附加的增益比较小。另外，通过增大符号表中符号数目 M 可获得明显的性能增益。

表 4-9-1　多重 h 线性相位 CPM 上边界 d_{B}^2 的最大值

M	H	Max d_{B}^2	与MSK相比较时的增益/dB	h_1	h_2	h_3	h_4	$\bar{h}$
2	1	2.43	0.85	0.715				0.715
2	2	4.0	3.0	0.5	0.5			0.5

续表

M	H	Max d_B^2	与MSK相比较时的增益/dB	h_1	h_2	h_3	h_4	$\bar{h}$
2	3	4.88	3.87	0.620	0.686	0.714		0.673
2	4	5.69	4.54	0.73	0.55	0.73	0.55	0.64
4	1	4.23	3.25	0.914				0.914
4	2	6.54	5.15	0.772	0.772			0.772
4	3	7.65	5.83	0.795	0.795	0.795		0.795
8	1	6.14	4.87	0.964				0.964
8	2	7.50	5.74	0.883	0.883			0.883
8	3	8.40	6.23	0.879	0.879	0.879		0.879

注：摘自 Aulin&Sundberg（1982b）。

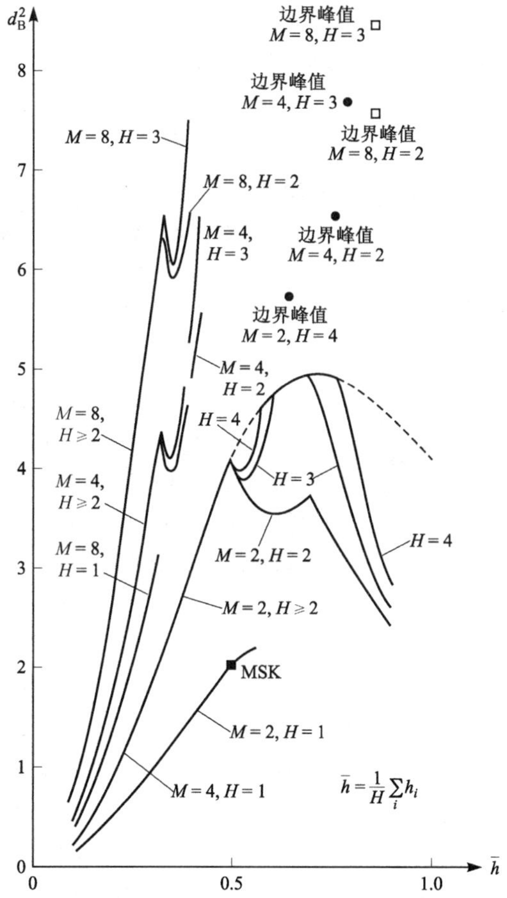

图 4-9-10　几种 M 和 H 值的情况下的最小欧氏距离的上边界

以上所示的结果适用于全响应 CPM 信号，也可以将多重 h CPM 的应用推广到部分响应，以进一步改善性能。可以预料，这样的方案将得到附加的性能增益，但是部分响应、多重 h CPM 信号的数值结果是有限的。有兴趣的读者可参阅论文 Aulin & Sundberg（1982b）。

4.9.3 CPM 信号的次最佳解调和检测

CPM 信号最大似然序列检测器实现中固有的高复杂性一直是一个激发因素，推动着降低检测器复杂性的研究。Svensson（1984），Svensson & Sundberg（1983），Aulin 等（1981），Simmons & Wittke（1983），Palenius & Svensson（1993），Palenius 等（1991）对降低维特比检测器复杂性进行了研究。降低维特比检测器复杂性的基本思想是设计一个接收机滤波器，它具有比发送机短的脉冲。接收机脉冲 $g_R(t)$ 必须以这样一种方式来选择：由 $g_R(t)$ 生成的相位树较好地近似于由发送机脉冲 $g_T(t)$ 生成的相位树。性能分析结果表明，性能损失 0.5～1 dB 会使复杂性显著降低。

降低 CPM 信号接收机复杂性的另一种方法是使用 CPM 信号的线性表达式，它可以表示成调幅脉冲之和，这在论文 Laurent（1986）、Mengali & Morelli（1995）中已给出。在许多实用场合中，CPM 信号可以用单个调幅脉冲或两个调幅脉冲之和来近似。因此，根据 CPM 信号的这种线性表达式，就可容易实现接收机。Kawas-Kaleh（1989）研究了这种比较简单的接收机的性能，该研究成果表明，这种简化的接收机在性能上几乎没有什么损失，而明显地降低了实现的复杂性。

4.10 有线通信系统和无线通信系统的性能分析

在数字信号通过 AWGN 信道传输时，以差错概率来度量的通信系统性能只取决于接收 SNR，即 $\mathcal{E}_b/N_0$，其中$\mathcal{E}_b$是发送比特能量，而 $N_0/2$ 是加性噪声的功率谱密度。因此，归根结底加性噪声限制了通信系统的性能。

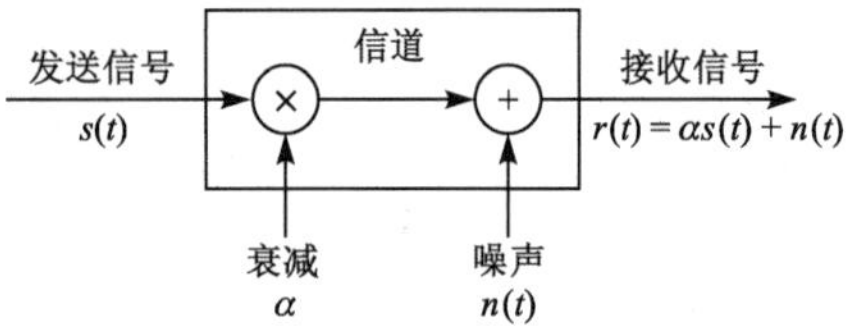

图 4-10-1 具有衰减和加性噪声的信道数学模型

除加性噪声之外，影响通信系统性能的另一个因素是信道衰减。所有的物理信道，包括有线线路和无线电信道，都是有损的，因此信号通过信道传输时会受到衰减。图 4-10-1 所示为具有衰减和加性噪声的信道数学模型，如果发送信号是 $s(t)$且$0<\alpha\leqslant 1$时，接收信号为

$$r(t)=\alpha s(t)+n(t) \tag{4-10-1}$$

那么，如果发送信号的能量是$\mathcal{E}_b$，则接收信号的能量为$\alpha^2\mathcal{E}_b$，接收信号的 SNR 为$\alpha^2\mathcal{E}_b/N_0$。因此，信号衰减的影响减少了接收信号的能量，并因此使通信系统更容易受到加性噪声的衰减。

在模拟通信系统中，在信号通过信道传输过程中，可采用放大器（称为中继器）周期性地增强信号的强度，但放大器也会增强系统中的噪声。与此相反，数字通信系统允许在传输信道中检测并再生一个干净的（无噪声）信号，这样的装置称为再生中继器，常用在有线通信和光纤通信信道中。

4.10.1 再生中继器

每一个再生中继器的前端由解调器/检测器组成，其解调并检测由前一个中继器发送的数字信息序列。一旦序列被检测出来，就送至中继器的发送机，发送机将序列映射成信号波形，再发送到下一个再生中继器。

由于每一个再生中继器再生了无噪声信号，所以加性噪声不会累积。然而，当再生中继器的检测器中发生差错时，该差错会传播到信道后面的再生中继器。为了评估差错对整个系统性能的影响，假设调制是二进制 PAM，从而一个中继段（信号传输链路中从一个再生中继器至下一个再生中继器）的比特差错概率为

$$P_{\mathrm{b}} = Q\sqrt{2\mathcal{E}_{\mathrm{b}}/N_0}$$

由于差错概率低，所以任一比特通过 K 个再生中继器的信道传输时不正确检测超过一次的概率可以忽略。因此，差错的数目随信道中的再生中继器数目而线性增加，所以整个系统的差错概率可以近似为

$$P_{\mathrm{b}} \approx KQ\sqrt{2\mathcal{E}_{\mathrm{b}}/N_0} \tag{4-10-2}$$

相反，在信道上使用 K 个模拟中继器使接收 SNR 降低为 $1/K$，因此比特差错概率为

$$P_{\mathrm{b}} \approx Q\sqrt{2\mathcal{E}_{\mathrm{b}}/KN_0} \tag{4-10-3}$$

显然，对于同样的差错概率性能，再生中继器比模拟中继器大大节省了发送机的功率。因此，在数字通信系统中，再生中继器是更可取的。然而，在用来传输模拟信号和数字信号的有线电话信道中，一般使用模拟中继器。

例 4-10-1　一个二进制数字通信系统在 1000 km 长的有线信道上传输数据。每隔 10 km 用一个中继器来补偿信道衰减的影响。在下列两种情况下求当比特差错概率为10^{-5}时要求的$\mathcal{E}_{\mathrm{b}}/N_0$：（a）使用模拟中继器；（b）使用再生中继器。

该系统所用的中继器数量 K=100。如果使用再生中继器，则由式（4-10-2）可求得$\mathcal{E}_{\mathrm{b}}/N_0$。

$$10^{-5} = 100Q\sqrt{2\mathcal{E}_{\mathrm{b}}/N_0}$$

$$10^{-7} = Q\sqrt{2\mathcal{E}_{\mathrm{b}}/N_0}$$

结果近似为 11.3 dB。如果使用模拟中继器，则由式（4-10-3）可求得$\mathcal{E}_{\mathrm{b}}/N_0$。

$$10^{-5} = Q\left[\sqrt{2\mathcal{E}_{\mathrm{b}}/100N_0}\right]$$

结果近似为 29.6 dB，因此，所要求 SNR 的差值大约为 18.3 dB，或者大约是数字通信系统发送机功率的 70 倍。

4.10.2　无线通信系统中链路预算分析

在具有视线微波和卫星传输信道的无线电通信系统的设计中，必须详细规定发送天线和接收天线的尺寸、发送功率以及在某个期望的速率上达到给定等级性能所要求的 SNR。该系统的设计过程比较直接，概述如下。

首先，发射天线以功率 P_{T}（W）在自由空间中全向辐射，如图 4-10-2 所示。在与天线相距 d 处的功率密度为$P_{\mathrm{T}}/4\pi d^2$ W/m²。如果发射天线在特定方向上具有方向性，那么在此方向上的功率密度将增加一个因子，该因子称为天线增益（Antenna Gain）并记为G_{T}。在这种情况下，在距离 d 上的功率密度是$P_{\mathrm{T}}G_{\mathrm{T}}/4\pi d^2$ W/m²。乘积$P_{\mathrm{T}}G_{\mathrm{T}}$通常称为有效辐射功率（ERP 或 EIRP），它基本上是G_{T}=1 的全向天线的辐射功率。

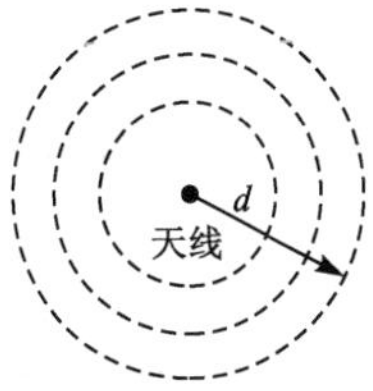

图 4-10-2　全向辐射

接收天线指向功率辐射的方向并收集部分功率，接收功率与天线

的截面积成正比。因此，由天线获得的接收功率可以表示为

$$P_{\mathrm{R}}=\frac{P_{\mathrm{T}}G_{\mathrm{T}}A_{\mathrm{R}}}{4\pi d^2} \tag{4-10-4}$$

式中，A_{R} 是天线有效面积。由电磁场理论可得，天线增益 G_{R} 与其有效面积之间的关系为

$$A_{\mathrm{R}}=\frac{G_{\mathrm{R}}\lambda^2}{4\pi}\quad \mathrm{m}^2 \tag{4-10-5}$$

式中，$\lambda=c/f$ 是发送信号的波长，c 是光速（3×10^8 m/s），f 是发送信号的频率。

如果将式（4-10-5）的 A_{R} 代入式（4-10-4），则接收功率表达式为

$$P_{\mathrm{R}}=\frac{P_{\mathrm{T}}G_{\mathrm{T}}G_{\mathrm{R}}}{(4\pi d/\lambda)^2} \tag{4-10-6}$$

因子

$$L_{\mathrm{s}}=\left(\frac{\lambda}{4\pi d}\right)^2 \tag{4-10-7}$$

称为自由空间路径损耗（Free-Space Path Loss）。如果在信号传输过程中遇到其他损耗，如大气损耗，则可通过引入一个附加的损耗因子（如 L_{a} ）来计算损耗。因此，接收功率一般可写成

$$P_{\mathrm{R}}=P_{\mathrm{T}}G_{\mathrm{T}}G_{\mathrm{R}}L_{\mathrm{s}}L_{\mathrm{a}} \tag{4-10-8}$$

正如上面所述，天线的重要特征是它的增益和有效面积。这些特征一般决定于辐射功率的波长和天线的物理尺寸。例如，直径为 D 的抛物面（碟形）天线的有效面积为

$$A_{\mathrm{R}}=\pi D^2\eta/4 \tag{4-10-9}$$

式中，$\pi D^2/4$ 是物理面积，η 是照明效率因子，其取值范围为 $0.5\leqslant\eta\leqslant0.6$ 。因此，直径为 D 的抛物面天线的天线增益是

$$G_{\mathrm{R}}=\eta\left(\frac{\pi D}{\lambda}\right)^2 \tag{4-10-10}$$

作为第二个例子，物理面积为 A 的喇叭天线的效率因子为 0.8，有效面积为 $A_{\mathrm{R}}=0.8A$，天线增益为

$$G_{\mathrm{R}}=\frac{10A}{\lambda^2} \tag{4-10-11}$$

另一个参数是天线的波束宽度（BeamWidth），它与天线的增益（方向性）有关，该参数记为 Θ_{B}，如图 4-10-3（a）所示。通常，将天线方向性图的–3 dB 宽度作为波束宽度。例如，抛物面天线的–3 dB 波束宽度近似为

$$\Theta_{\mathrm{B}}=70(\lambda/D) \tag{4-10-12}$$

所以，G_{T} 与 Θ_{B}^2 成反比，即直径 D 加倍可使波束宽度减小一半，则天线增益增加 4 倍（6 dB）。

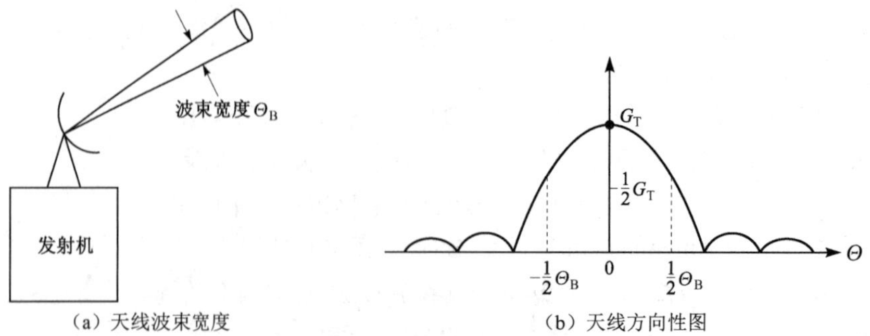

（a）天线波束宽度　　（b）天线方向性图

图 4-10-3　天线波束宽度和方向性图

根据式（4-10-8）给出的接收信号功率的一般关系式，系统设计者可以由天线增益的技术说明，以及发送机与接收机之间的距离来计算 P_R。这样的计算通常以功率为依据，所以

$$(P_R)_{dB} = (P_T)_{dB} + (G_T)_{dB} + (G_R)_{dB} + (L_s)_{dB} + (L_a)_{dB} \tag{4-10-13}$$

例 4-10-2 假设在地球同步轨道上（在地球表面上方 36000 km）有一颗卫星辐射 100 W 的功率，即在 1 W 之上 20 dB（20 dBW）。发射天线的增益为 17 dB，所以 ERP＝37 dBW。同时，假设地球站使用一个 3 m 的抛物面天线且下行链路工作在 4 GHz 频率上，效率因子 $\eta = 0.5$。将这些数据代入式（4-10-10），得到天线增益为 39 dB。自由空间路径损耗为

$$L_s = 195.6\,\text{dB}$$

假定没有其他损耗，接收信号功率为

$$(P_R)_{dB} = 20 + 17 + 39 - 195.6 = -119.6\,\text{dBW}$$

或等价为

$$P_R = 1.1 \times 10^{-12}\,\text{W}$$

为了完成链路预算的计算，必须考虑接收机前端的加性噪声的影响。在接收机前端的热噪声的功率谱密度直到大约10^{12} Hz 都是比较平坦的，且由下式确定

$$N_0 = k_B T_0 \quad \text{W/Hz} \tag{4-10-14}$$

式中，k_B 是波耳兹曼（Boltzmann）常数（1.38×10^{-23} J/K），T_0 是 K 氏温度。因此，在信号带宽 W 内总的噪声功率是 N_0W。

数字通信系统的性能是通过使差错概率性能低于某给定值所要求的$\mathcal{E}_b/N_0$ 来表征的，因为

$$\frac{\mathcal{E}_b}{N_0} = \frac{T_b P_R}{N_0} = \frac{1}{R}\frac{P_R}{N_0} \tag{4-10-15}$$

所以

$$\frac{P_R}{N_0} = R\left(\frac{\mathcal{E}_b}{N_0}\right)_{req} \tag{4-10-16}$$

式中，$(\mathcal{E}_b/N_0)_{req}$ 是要求的比特 SNR。因此，如果已知 P_R/N_0 和所要求的比特 SNR，就能求出可能的最大数据速率。

例 4-10-3 对于例 4-10-2 所研究的链路，接收信号功率是

$$P_R = 1.1 \times 10^{-12}\,\text{W} \quad (-119.6\,\text{dBW})$$

假设接收机前端的噪声温度为 300 K（这对于 4 GHz 范围内的接收机来说是一个典型值），那么

$$N_0 = 4.1 \times 10^{-21}\ \text{W/Hz}$$

或等价为–203.9 dBW/Hz，因此

$$\frac{P_R}{N_0} = -119.6 + 203.9 = 84.3\ \text{dB.Hz}$$

如果要求的比特 SNR 是 10 dB，由式（4-10-16）求出可用的速率为

$$R_{dB} = 84.3 - 10 = 74.3\ \text{dB} \qquad (\text{对于}\,1\ \text{bit/s})$$

相当于 26.9 Mb/s 的速率，这等价于大约 420 个 PCM 信道，每个信道的速率为 64000 bit/s。

计算通信链路的容量时往往要引入某种安全边际，称为**链路边际** M_{dB}，其典型值为 6 dB。因此，链路容量的链路预算可按下式进行

$$R_{\mathrm{dB}}=\left(\frac{P_{\mathrm{R}}}{N_0}\right)_{\mathrm{dB\ Hz}}-\left(\frac{\mathcal{E}_{\mathrm{b}}}{N_0}\right)_{\mathrm{req}}-M_{\mathrm{dB}}$$
$$=(P_{\mathrm{T}})_{\mathrm{dBW}}+(G_{\mathrm{T}})_{\mathrm{dB}}+(G_{\mathrm{R}})_{\mathrm{dB}}+(L_{\mathrm{a}})_{\mathrm{dB}}+(L_{\mathrm{s}})_{\mathrm{dB}}-(N_0)_{\mathrm{dBW/Hz}}-\left(\frac{\mathcal{E}_{\mathrm{b}}}{N_0}\right)_{\mathrm{req}}-M_{\mathrm{dB}}$$
（4-10-17）

4.11 文献注释与参考资料

在推导受 AWGN 恶化的信号的最佳解调器时，应用的数学方法起初是用于推导雷达信号最佳接收机结构的。例如，匹配滤波器首先是由 North（1943）提出来用于雷达检测的，它有时称为诺思滤波器。推导最佳解调器和检测器的另一种方法是卡尔胡宁-罗伊夫（Karhunen-Loève）展开式，这在经典著作 Davenport & Root（1958）、Helstrom（1968）& Van Trees（1968）等中都有论述。Kelly 等（1960）论述了该展开式在雷达检测理论中的应用。这些检测方法是基于假设检验的方法，由统计学家，如内曼和皮尔逊（Nayman & Pearson（1933）和沃尔德 Wald（1947）进行了研究。

在 Kotelnikov（1947）和香农（Shannon）的著作中，将信号设计和检测的几何分析方法应用在数字调制中，这在概念上很有吸引力。自从著作 Wozencraft & Jacobs（1965）中介绍该方法以来，该方法得到了广泛的应用。

对 AWGN 信道的信号星座图的设计和分析已经在技术文献中得到相当的关注，特别有意义的是二维（QAM）信号星座图的性能分析，以下论文进行了研究：Cahn（1960）、Hancock & Lucky（1960）、Campopiano & Glazer（1962）、Lucky & Hancock（1962）、Salz 等（1971）、Simon & Smith（1973）、Thomas 等（1974）、Foschini 等（1974）。Gersho & Lawrence（1984）描述和分析了基于多维信号星座图的信号设计。

维特比算法最开始是由 Viterbi（1967）为卷积码的译码而发明的，而将它用在有记忆信号的最佳最大似然序列检测算法，则是由 Forney（1972）& Omura（1971）提出的；它在载波已调信号中的应用，是由 Ungerboeck（1974）& MacKenchnie（1973）研究的；后来 Aulin & Sunberg（1981）和 Aulin（1980）将它应用到了 CPM 的解调中。

本章关于有记忆信号解调和检测的讨论主要参考了在美国出版的期刊论文。在 19 世纪 60 年代，苏联的 D.克洛夫斯基（D.Klovsky）也研究和发表了有记忆（记忆是由信道符号间干扰引入的）信号的最大似然序列检测算法。克洛夫斯基研究成果的英译文已写入他与 B.尼可拉耶夫（B.Nikolaev）合著的图书中，这本书第一次用英语发表了 Klovsky-Nikolaev 算法，该算法也可用于有记忆信号的检测。

习题

4-1 设 $Z(t)=X(t)+\mathrm{j}Y(t)$ 是一个复值零均值高斯白噪声过程，其自相关函数 $R_Z(\tau)=N_0\delta(\tau)$。设 $f_m(t)$（m=1,2,⋯, M）为定义在区间 $0\leqslant t\leqslant T$ 上的 M 个等效低通正交波形集。定义

$$N_{m\mathrm{r}} = \mathrm{Re}\left[\int_0^T Z(t) f_m^*(t)\,\mathrm{d}t\right], \qquad m = 1, 2, \cdots, M$$

（a）试求 N_{mr} 的方差。

（b）试证明 $E(N_{mr} N_{kr}) = 0$，其中 $k \neq m$。

4-2 式（4-2-8）给出的相关度量如下

$$C(\boldsymbol{r}, \boldsymbol{s}_m) = 2\sum_{n=1}^{N} r_n s_{mn} - \sum_{n=1}^{N} s_{mn}^2, \qquad m = 1, 2, \cdots, M$$

其中

$$r_n = \int_0^T r(t)\,\phi_n(t)\,\mathrm{d}t\,, \qquad s_{mn} = \int_0^T s_m(t)\,\phi_n(t)\,\mathrm{d}t$$

试证明该相关度量等价于以下度量

$$C(\boldsymbol{r}, \boldsymbol{s}_m) = \int_0^T r(t)\,s_m(t)\,\mathrm{d}t - \int_0^T s_m^2(t)\,\mathrm{d}t$$

4-3 在图 P4-3 所示的通信系统中，接收机接收两个信号 r_1 和 r_2，其中 r_2 是增加后噪声的 r_1。两个噪声 n_1 和 n_2 是任意的，即不必是高斯和独立的。直观感觉上由于 r_2 比 r_1 含更强的噪声，故建议最佳检测只基于 r_1，换言之与 r_2 无关。试问：这是否正确？如果正确，试证明之。如果错误，试给出反例并说明在什么条件下才是正确的。

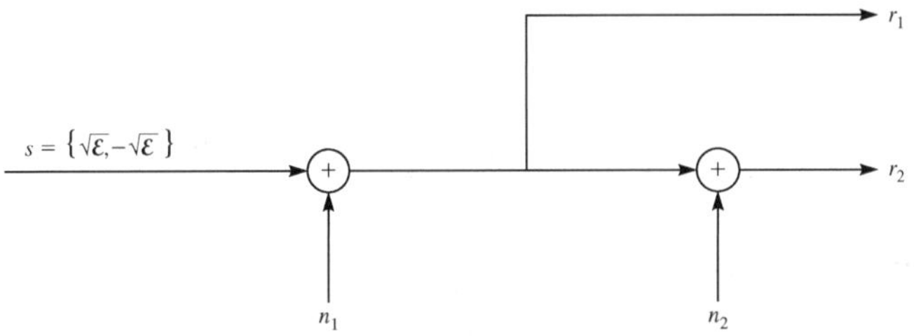

图 P4-3

4-4 二进制数字通信系统采用以下信号来发送信息：

$$s_0(t) = 0, \qquad 0 \leqslant t \leqslant T$$
$$s_1(t) = A, \qquad 0 \leqslant t \leqslant T$$

这称为启闭信号（On-Off-Signalling，也称为开断信号）传输。解调器对接收信号 $r(t)$与 $s(t)$进行互相关运算，并且在 $t + T$ 时刻对相关器的输出进行抽样。

（a）假设信号是等概的，试求加性高斯白噪声（AWGN）信道的最佳检测器和最佳门限。

（b）试求作为信噪比（SNR）的函数的差错概率，试将启闭信号传输与双极性信号（Antipodal Signaling）进行比较传输。

4-5 通信系统利用信号 $s_1(t)$、$s_2(t)$和$s_3(t)$ 发送 3 个消息 m_1、m_2和m_3之一。信号 $s_3(t) = 0$，$s_1(t)$和$s_2(t)$ 如图 P4-5 所示，信道是加性高斯白噪声信道，其噪声功率谱密度为 $N_0/2$。

（a）试求该信号集的正交基，并画出信号星座图。

（b）如果 3 个消息等概，试问该系统的最佳判决规则是什么？试给出（a）题中星座图上的最佳判决区域。

（c）如果信号是等概的，试求最佳检测器的差错概率表达式，以平均比特 SNR 表示。

（d）假定系统每秒传输 3000 个符号，试问传输速率是多少（以 b/s 为单位）。

4-6 假设采用二进制 PSK 在功率谱密度为 $N_0/2=10^{-10}$ W/Hz 的 AWGN 信道上传输信息，发送信号能量 $\mathcal{E}_b = A^2T/2$，其中 T 为比特间隔，A 为信号幅度。当数据传输速率分别为 10 kb/s、100 kb/s 和 1 Mb/s 时，试求达到差错概率 10^{-6} 所要求的信号幅度。

4-7 有一信号检测器，其输入为

$$r = \pm A + n$$

式中，$+A$ 与 $-A$ 以等概率出现，噪声变量 n 由图 P4-7 所示的（拉普拉斯）PDF 表征。

（a）试求作为参数 A 和 σ 函数的差错概率。

（b）为达到差错概率 10^{-5}，试求所需 SNR。试将该 SNR 与高斯 PDF 的结果进行比较。

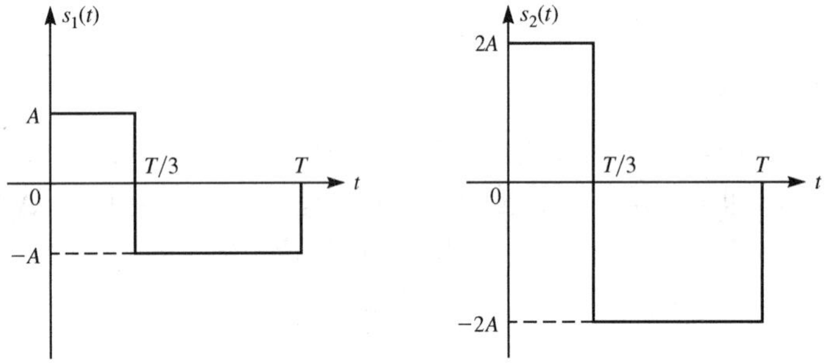

图 P4-5

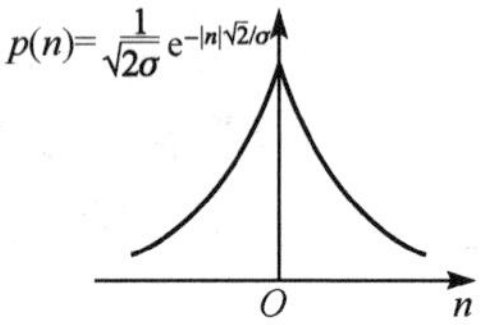

图 P4-7

4-8 图 P4-8 所示为具有 16 个等概符号通信系统的信号星座图。信道是噪声功率谱密度为 $N_0/2$ 的 AWGN 信道。

（a）利用一致边界，试求该信道的差错概率边界并以 A 和 N_0 表示。

（b）试求该信道的平均比特 SNR。

（c）试以平均比特 SNR 表示（a）题的边界。

（d）试将该系统的功率效率与 16-PAM 系统进行比较。

4-9 三元通信系统在每 T 秒内传输下列 3 个信号之一：$s(t)$、0、$-s(t)$，则接收信号为 $r_1(t)=s(t)+z(t)$、$r_1(t)=z(t)$ 或 $r_1(t)=-s(t)+z(t)$，其中 $z(t)$ 为高斯白噪声，$E[z(t)]=0$ 和 $R_z(\tau)=E[z(t)z^*(\tau)]=2N_0\delta(t-\tau)$。最佳接收机计算以下相关度量

$$U = \mathrm{Re}\left[\int_0^T r_1(t)s^*(t)\,\mathrm{d}t\right]$$

将 U 与门限 A 和门限 $-A$ 相比较，若 $U>A$，则判发送 $s(t)$；若 $U<-A$，则判 $-s(t)$；若 $-A<U<A$，则判为 0。

（a）试求 3 个条件差错概率：发送 $s(t)$ 时的 P_e、发送 $-s(t)$ 时的 P_e、发送 0 时的 P_e。

（b）设这 3 个符号是先验等概的，试求作为门限 A 函数的平均差错概率。

（c）试求使 P_e 最小的 A 值。

4-10 如图 P4-10 所示的两个等效低通信号用于发送二进制信息序列。该发送信号是等概的，且受到零均值加性高斯白噪声的恶化，该噪声的等效低通形式 $z(t)$ 的自相关函数为

$$R_Z(\tau) = E\left[z^*(t)z(t+\tau)\right] = 2N_0\delta(\tau)$$

（a）试问发送信号的能量是多少。

（b）如果接收机采用相干检测，试问二进制数字差错概率是多少。

（c）如果接收机采用非相干检测，试问二进制数字差错概率是多少。

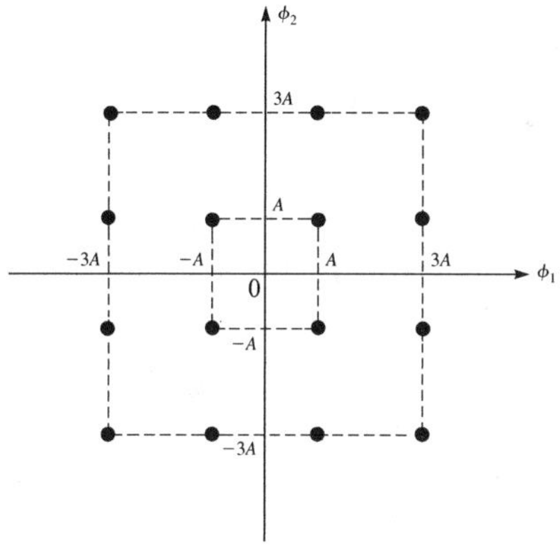

图 P4-8

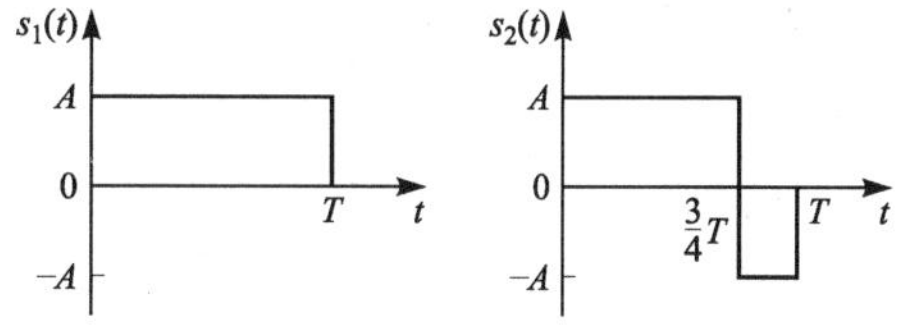

图 P4-10

4-11　匹配滤波器的频率响应为

$$H(f)=\frac{1-\mathrm{e}^{-\mathrm{j}2\pi fT}}{\mathrm{j}2\pi f}$$

（a）试求 $H(f)$对应的冲激响应 $h(t)$。

（b）试求该滤波器特性所匹配的信号波形。

4-12　有一信号为

$$s(t)=\begin{cases}(A/T)t\cos 2\pi f_{\mathrm{c}}t, & 0\leqslant t\leqslant T\\ 0, & \text{其他}\end{cases}$$

（a）试求该信号的匹配滤波器的冲激响应。

（b）试求在 $t=T$ 时匹配滤波器的输出。

（c）设信号 $s(t)$通过一个相关器，它将输入 $s(t)$与 $s(t)$进行相关运算。试求在 $t=T$ 时相关器的输出值，并与（b）题中结果相比较。

4-13　利用图 P4-13 所示的两个等效低通信号在加性高斯白噪声信道上传输二进制序列。接收信号可以表示为

$$r_1(t)=s_i(t)+z(t),\qquad 0\leqslant t\leqslant T;\ i=1,2$$

式中，$z(t)$为零均值高斯噪声过程，其自相关函数为

$$R_{\mathrm{Z}}(\tau)=E\left[z^*(t)z(t+\tau)\right]=2N_0\delta(\tau)$$

（a）试求 $s_1(t)$、$s_2(t)$的发送能量及互相关系数ρ_{12}。

（b）假设接收机采用两个匹配滤波器的相干检测的方法实现，一个匹配于 $s_1(t)$，另一个匹配于 $s_2(t)$。试绘出这两个匹配滤波器的等效低通冲激响应。

（c）当发送信号为 $s_2(t)$时，试画出这两个匹配滤波器的无噪声响应。

（d）假设接收机由两个并列的互相关器（乘法器之后跟随积分器）实现。当发送信号为 $s_2(t)$时，试画出在 $0\leqslant t\leqslant T$ 区间作为时间函数的每一个积分器的输出。

（e）试比较（c）题和（d）题中的曲线，它们是否相同？并给予简要的解释。

（f）根据你对这种信号特性的认识，求该二进制通信系统的差错概率。

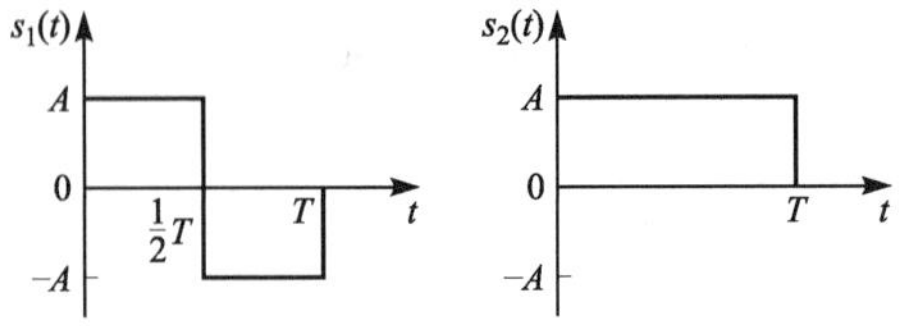

图 P4-13

4-14 二进制通信系统使用两个等概消息 $s_1(t)=p(t)$ 和 $s_2(t)=-p(t)$。信道噪声是功率谱密度为 $N_0/2$ 的加性高斯白噪声。假设已设计出该信道的最佳接收机，令该最佳接收机的差错概率为 P_e。

（a）试求 P_e 的表达式。

（b）如果该接收机用在 AWGN 信道上，采用同样的信号，但噪声功率谱密度 $N_1>N_0$，试求产生的差错概率 P_1 并将其与 P_e 进行比较说明。

（c）当（b）题中的最佳接收机针对新的噪声功率谱密度 N_1 而设计，令其差错概率表示为 P_{e1}。试求 P_{e1} 并与 P_1 比较。

（d）如果两个信号不等概而先验概率为 p 和 $1-p$，试回答（a）题和（b）题。

4-15 有一个四元（$M=4$）通信系统，每 T 秒发送下列 4 个等概信号之一：$s_1(t)$、$-s_1(t)$、$s_2(t)$、$-s_2(t)$，$s_1(t)$与 $s_2(t)$正交且等能量。噪声为加性高斯白噪声，其均值为 0 且自相关函数 $R_z(\tau)=N_0/2\delta(\tau)$。解调器由两个与 $s_1(t)$和 $s_2(t)$相匹配的滤波器组成，其在抽样时刻的输出为 U_1 和 U_2。检测器按下列规则判决

$$U_1>|U_2|\Rightarrow s_1(t),\quad U_1<-|U_2|\Rightarrow -s_1(t)$$

$$U_2>|U_1|\Rightarrow s_2(t),\quad U_2<-|U_1|\Rightarrow -s_2(t)$$

由于这是双正交信号，故差错概率为 $1-P_c$，其中 P_c 由式（4-4-26）确定。试把该差错概率表示为单个积分形式，并证明 $M=4$ 的双正交信号集的符号差错概率与 4-PSK 相同。

提示：将 U_1 和 U_2 变量进行 $W_1=U_1+U_2$ 和 $W_2=U_1-U_2$ 变换，可以简化该问题。

4-16 带通滤波器的输入 $s(t)$为

$$s(t)=\mathrm{Re}\left[s_0(t)\,\mathrm{e}^{\mathrm{j}2\pi f_c t}\right]$$

式中，$s_0(t)$为一个矩形脉冲，如图 P4-16（a）所示。

（a）如果该滤波器的冲激响应为

$$g(t)=\mathrm{Re}\left[h(t)\mathrm{e}^{\mathrm{j}2\pi f_c t}\right]$$

其中，$h(t)$为指数函数，如图 P4-16（b）所示。试求该带通滤波器在 $t\geqslant 0$ 时的输出 $y(t)$。

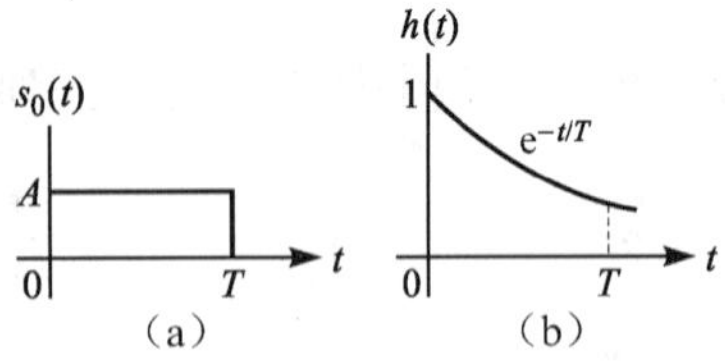

图 P4-16

（b）试画出该滤波器的等效低通输出。

（c）如果要求抽样时刻滤波器的输出为最大值，应该在何时进行抽样？最大输出值是多少？

（d）假设除了输入信号 $s(t)$，还存在加性高斯白噪声

$$n(t)=\mathrm{Re}\left[z(t)\mathrm{e}^{\mathrm{j}2\pi f_c t}\right]$$

其中，$R_z(\tau)=2N_0\delta(\tau)$。在（c）题中所确定的抽样时刻，信号的样值要受到一个加性高斯噪

声项的恶化。试求其均值和方差。

（e）试求抽样输出的信噪比γ。

（f）当 $h(t)$是对 $s(t)$的匹配滤波器时，试求信噪比，并与（e）题中得到的γ 进行比较。

4-17　有一个等效低通（复值）信号 $s_1(t)$，$0\leqslant t\leqslant T$，其能量为

$$\mathcal{E}=\int_0^T |s_1(t)|^2\,\mathrm{d}t$$

假设该信号受到 AWGN 的恶化，其等效低通形式为 $z(t)$，则观察到的信号为

$$r_1(t)=s_1(t)+z(t),\qquad 0\leqslant t\leqslant T$$

该接收信号通过一个（等效低通）冲激响应为 $h_1(t)$的滤波器。试求 $h_1(t)$，要求（在 t=T 时刻）使输出 SNR 最大。

4-18　3.2.4 节中指出，相干检测的二进制 FSK 信号保证正交性的最小频率间隔Δf = 1/2T。然而，如果Δf超过 1/2T，FSK 相干检测可能达到更低的差错概率。试证明Δf的最佳值为 0.715/T，并求当Δf 为该值时的差错概率。

4-19　有 3 个信号集，其等效低通波形如图 P4-19 所示。每一个信号集都可以用来在加性高斯白噪声信道上传输 4 个等概的消息。等效低通噪声 $z(t)$具有零均值和自相关函数 $R_z(\tau)=2N_0\delta(\tau)$。

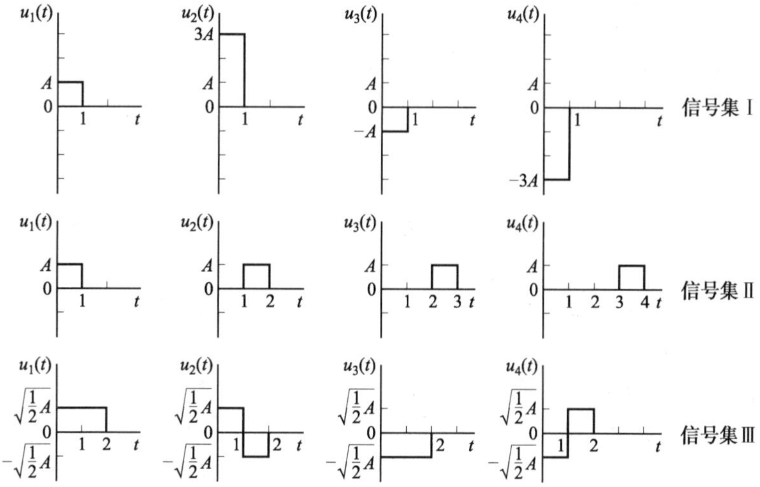

图 P4-19

（a）试对信号集 I、II 和III中的信号波形进行分类。换句话说，说明每一个信号集属于哪一种类型或类别。

（b）试问每一个信号集的平均发送能量是多少。

（c）如果采用相干检测，求信号集 I 的平均差错概率。

（d）针对信号集 II，对以下两种情况求符号差错概率的一致边界：（i）相干检测；（ii）非相干检测。

（e）能否对信号集III进行非相干检测？请说明理由。

（f）如果要求比特率与带宽之比（$r = R / W$）至少为 2，应选择哪一种或哪些信号集？请简要说明。

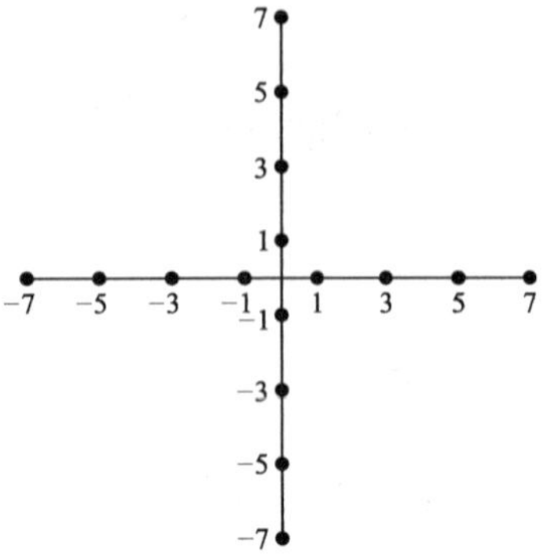

图 P4-20

4-20 图 P4-20 为 QAM 信号的星座图。假设 SNR 足够大，以至差错仅发生在相邻点之间。试求检测器的最佳判决边界。

4-21 用两个正交载波 $\cos 2\pi f_c t$ 和 $\sin 2\pi f_c t$ 通过 AWGN 信道以两个不同的数据速率（10 kb/s 和 100 kb/s）传输信息。如果要求这两个信道具有相同的$\mathcal{E}_b/N_0$，分别求两个载波信号的相对幅度。

4-22 如果解调器输入端的加性噪声是有色的，那么与信号相匹配的滤波器不再使输出 SNR 最大。这时可以考虑采用一个预滤波器，使有色噪声白化。其后接一个与预滤波信号相匹配的滤波器，直到最后的结构如图 P4-22 所示。

（a）试求白噪声的预滤波器的频率响应特性，以噪声功率谱密度 $s_n(f)$ 表示。

（b）试求与 $\bar{s}(t)$ 相匹配的滤波器的频率响应特性。

（c）如果把预滤波器和匹配滤波器看成一个“广义匹配滤波器”，试问这个滤波器的频率响应特性是怎样的。

（d）试求检测器输入端的 SNR。

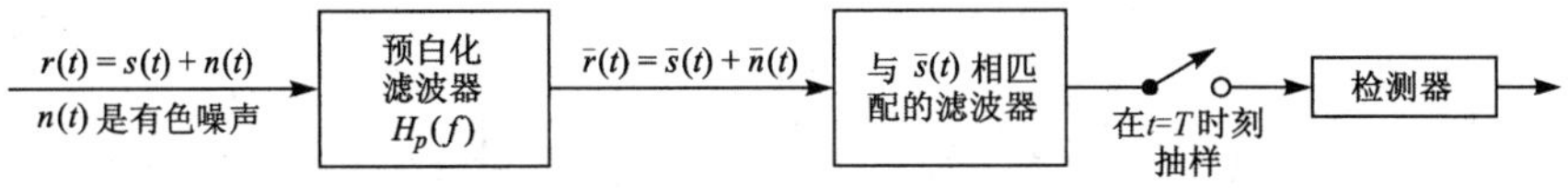

图 P4-22

4-23 有一数字通信系统用 QAM 在音带电话信道上以 2400 符号/秒的速率传输信息。假定加性噪声为白的和高斯的。

（a）要求在 4800 b/s 时达到 10^{-5} 的差错概率，试求所需要的$\mathcal{E}_b/N_0$。

（b）当速率为 9600 b/s 时，重复（a）题。

（c）当速率为 19200 b/s 时，重复（a）题。

（d）试问从这些结果中能得到什么结论。

4-24 有 3 个等概消息 m_1、m_2 和 m_3 要在 AWGN 信道上传输，噪声的功率谱密度为 $N_0/2$。消息是：

$$s_1(t)=\begin{cases}1, & 0\leqslant t\leqslant T\\ 0, & \text{其他}\end{cases}\qquad s_2(t)=-s_3(t)=\begin{cases}1, & 0\leqslant t\leqslant T/2\\ -1, & T/2\leqslant t\leqslant T\\ 0, & \text{其他}\end{cases}$$

（a）信号空间的维度（Dimensionality）是多少？

（b）试为信号空间寻找一个合适的基。

（c）试画出该题的信号星座图。

（d）试推导并画出最佳判决区域 R_1、R_2 和 R_3。

（e）消息中哪一个最容易出差错？为什么？换句话说，P（差错|发 m_i）中哪一个最大（i=1,2,3）？

4-25 经 AWGN 信道传输的 QPSK 通信系统使用 4 个等概信号之一：$s_i(t)=A\cos(2\pi f_c t+i\pi/2)$

（$i=0,1,2,3$），f_c 是载波频率，每个信号的持续时间为 T，信道噪声的功率谱密度为 $N_0/2$。

（a）试求该系统的消息差错概率的表达式并以 A、T 和 N_0 表示（近似表达式即可）。

（b）如果采用格雷编码，试求比特差错概率并以（a）题中使用的同样参数表示。

（c）该系统需要的最小（理论上最小）传输带宽是多少？

（d）如果采用二进制 FSK 替代 QPSK：$s_1(t)=B\cos 2\pi f_c t$ 和 $s_2(t)=B\cos(2\pi f_c+\Delta f)t$，其中信号的持续时间为 T_1，$\Delta f=1/2T_1$。为达到（a）～（c）题中所述 QPSK 系统同样的比特率和同样的比特差错概率，试求所需的 T_1 和 B，并以 T 和 A 表示。

4-26　在 AWGN 信道上的二进制信号传输方式使用的等概消息如图 P4-26 所示，传输速率为 R b/s，信道噪声功率谱密度为 $N_0/2$。

（a）试求该系统的 $\mathcal{E}_b/N_0$（以 N_0 和 R 表示）。

（b）试求该系统的差错概率（以 N_0 和 R 表示）。

（c）该系统性能低于具有同样 $\mathcal{E}_b/N_0$ 的双极性二进制信号传输系统多少 dB？

（d）假设该系统增添两个信号：$s_3(t)=-s_1(t)$ 和 $s_4(t)=-s_2(t)$，从而得到一个四元等概系统。试求该系统传输比特率。

（e）利用一致边界，试求（d）题所述的四元等概系统差错概率的边界。

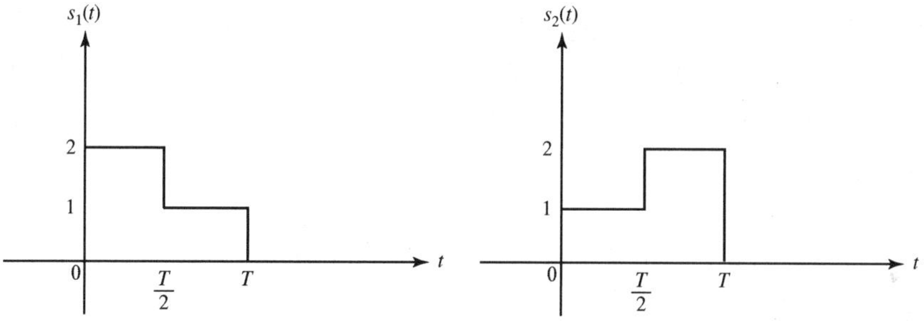

图 P4-26

4-27　图 P4-27 所示的 4 个信号用于 4 个等概消息在 AWGN 信道上传输，噪声的功率谱密度为 $N_0/2$。

（a）试求表示该信号的标准正交基且具有最小可能的 N。

（b）画出该星座图，并使用星座图求出每一个信号的能量。试求平均信号能量和 $\mathcal{E}_{bavg}$。

（c）在所画出的星座图上，试求每一个信号的最佳判决区域。问哪一个信号接收时最可能出错。

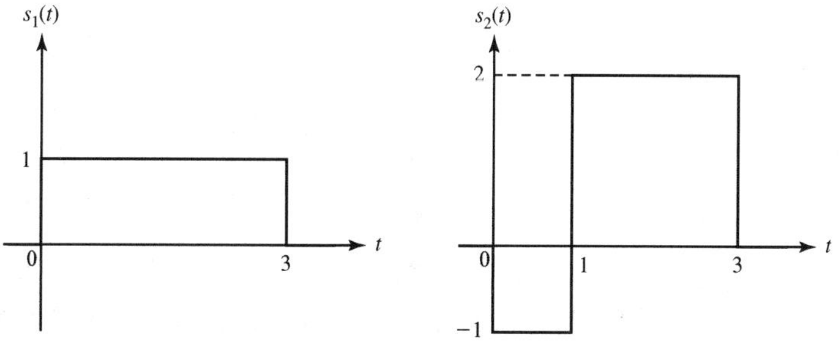

图 P4-27

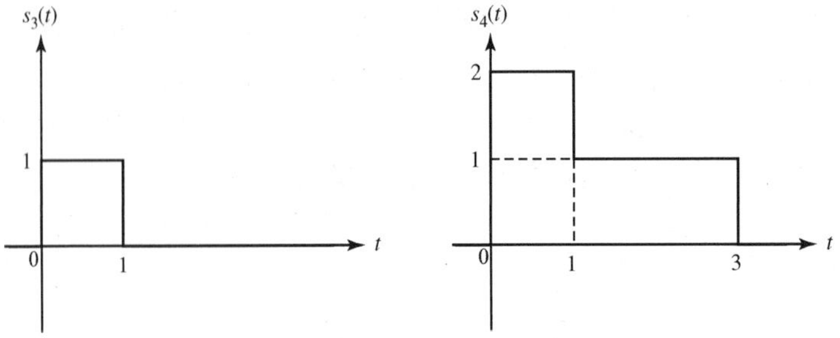

图 P4-27（续）

（d）试用解析方法（即非几何方法）确定信号 $s_1(t)$判决区域（即 D_1）的形状，并与（c）题的结果进行比较。

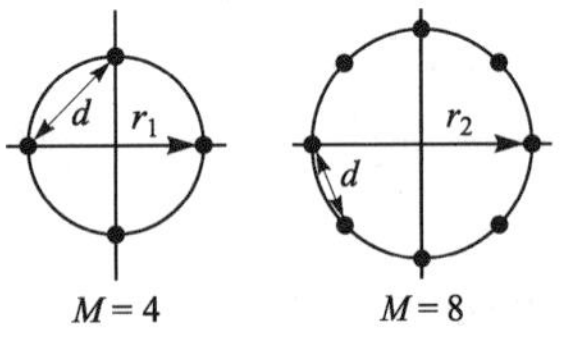

图 P4-28

4-28 图 P4-28 示出了四相和八相信号的星座图。要使两个星座图中相邻点的距离都是 d，试求圆的半径 r_1 和 r_2。利用上面的结果，试求在高 SNR 时 8-PSK 信号要达到与四相信号相同的差错概率所需的附加发送能量，这里差错概率由选择相邻点的差错决定。

4-29 数字信息由载波调制在加性高斯噪声信道传输，信道带宽为 100 kHz，N_0=10^{-10} W/Hz。如果采用 4-PSK、二进制 FSK 和四频率正交 FSK，并用非相干检测，试求通过该信道能传输的最大速率。

4-30 h=1/2 的连续相位 FSK 信号为

$$s(t)=\pm\sqrt{\frac{2\mathcal{E}_{\mathrm{b}}}{T_{\mathrm{b}}}}\cos\left(\frac{\pi t}{2T_{\mathrm{b}}}\right)\cos 2\pi f_{\mathrm{c}}t\pm\sqrt{\frac{2\mathcal{E}_{\mathrm{b}}}{T_{\mathrm{b}}}}\sin\left(\frac{\pi t}{2T_{\mathrm{b}}}\right)\sin 2\pi f_{\mathrm{c}}t,\qquad 0\leqslant t\leqslant 2T_{\mathrm{b}}$$

式中±号取决于发送的信息比特。

（a）试证该信号具有恒定包络。

（b）试画出产生该信号的调制器的方框图。

（c）试画出恢复信息的解调器和检测器的方框图。

4-31 具有 M=8 信号点的双正交信号集中，各信号点是先验等概的。试求作为$\mathcal{E}_{\mathrm{b}}/N_0$ 函数的符号差错概率的一致边界。

4-32 有一 M 元数字通信系统，其中 M=2^N，且 N 为信号空间的维数。假设 M 个信号矢量位于一个以原点为中心的超立方体（Hypercube）的顶点上。试求作为$\mathcal{E}_{\mathrm{s}}/N_0$ 函数的平均符号差错概率，其中$\mathcal{E}_{\mathrm{s}}$ 为每个符号的能量，$N_0/2$ 为 AWGN 信道的功率谱密度，且所有信号点都是等概的。

4-33 有一信号的波形为

$$s(t)=\sum_{i=1}^{n}c_1 p(t-iT_{\mathrm{c}})$$

式中，$p(t)$是单位幅度且持续时间为 T_{c} 的矩形脉冲。而$\{c_i\}$可以看成一个码矢量 $\boldsymbol{c}=(c_1c_2\cdots c_n)$，其中元素 c_i=±1。试证明波形 $s(t)$的匹配滤波器可以由一个与 $p(t)$匹配的滤波器跟随一个与矢量 $\boldsymbol{c}$ 相匹配的离散时间滤波器的级联结构实现。试求匹配滤波器在抽样时刻 t=nT_{c} 时输出值。

4-34 哈达玛（Hadamard）矩阵的元素为±1，且行矢量两两正交。当 n 为 2 的幂时，

$n\times n$ 哈达玛矩阵由式（3-2-59）确定的递归方法构成。

（a）设 c_i 为上面所定义的 $n\times n$ 哈达玛矩阵的第 i 行，证明构成的以下波形是正交的：

$$s_i(t)=\sum_{k=1}^{n} c_{ik}\,p(t-kT_c),\qquad i=1,2,\cdots,n$$

式中，$p(t)$是限定在 $0\leqslant t\leqslant T_c$ 时间间隔内的任意脉冲。

（b）试证明 n 个波形$\{s_i(t)\}$的匹配滤波器（或互相关器）可以由单个与脉冲 $p(t)$匹配的滤波器（或相关器），后接一组 n 个利用码组$\{c_i\}$的互相关器来实现。

4-35　离散序列

$$r_k=\sqrt{\mathcal{E}}c_k+n_k,\qquad k=1,2,\cdots,n$$

表示解调器输出的样值序列，其中 $c_k=\pm1$，为两个可能码组 $\boldsymbol{c}_1=[1\ 1\cdots1]$ 和 $\boldsymbol{c}_2=[1\ 1\cdots1\text{-}1\cdots\text{-}1]$ 之一的元素。码组 c_2 有 w 个+1 元素和 $n-w$ 个-1 元素，其中 w 为正整数。噪声序列$\{n_k\}$是白高斯的，且方差为 σ^2。

（a）这两个发送信号的最佳最大似然检测器是怎样的？

（b）试求（σ^2、$\mathcal{E}_b$、w）作为参数的函数的差错概率。

（c）使差错概率最小的 w 值为多少？

4-36　在启闭键控的载波已调信号中，两个可能的信号为

$$s_0(t)=0,\qquad s_1(t)=\sqrt{2\mathcal{E}_b/T_b}\cos 2\pi f_c t,\qquad 0\leqslant t\leqslant T_b$$

相应的接收信号为

$$r_0(t)=n(t),\qquad 0\leqslant t\leqslant T_b$$

$$r_1(t)=\sqrt{2\mathcal{E}_b/T_b}\cos(2\pi f_c t+\phi)+n(t),\qquad 0\leqslant t\leqslant T_b$$

式中，ϕ 为载波相位，$n(t)$为 AWGN。

（a）试画出采用非相干（包络）检测的接收机（解调器及检测器）的方框图。

（b）试求检测器中相应于两个接收信号的两个判决变量的 PDF。

（c）推导检测器的差错概率。

4-37　本题与 DPSK 信号的特性有关。

（a）若想要用二进制 DPSK 发送下列数据序列

1 1 0 1 0 0 0 1 0 1 1 0

令 $s(t)=A\cos(2\pi f_c t+\theta)$ 表示任何信号传输间隔（持续时间为 T）中的发送信号，且设发送的第一个比特对应的相位为$\theta=0$，试给出该数据序列所对应的发送信号的相位。

（b）如果数据序列是不相关的，试求并画出由 DPSK 发送信号的功率密度谱。

4-38　在二相 DPSK 中，一个信号传输间隔中接收信号用于下一个信号传输间隔中接收信号的相位参考。判决变量为

$$D=\mathrm{Re}\,(V_m V_{m-1}^*)\underset{\text{“0”}}{\overset{\text{“1”}}{\gtrless}}0$$

式中

$$V_k=2\mathcal{E}\mathrm{e}^{(\mathrm{j}\theta_k-\phi)}+N_k$$

表示与发送信号 $u(t)$相匹配的滤波器的复值输出。N_k 为零均值复高斯变量，其分量是统计独立的。

（a）令 $V_k=X_k+\mathrm{j}Y_k$，试证明 D 等价于

$$D=\left[(X_m+X_{m-1})/2\right]^2+\left[(Y_m+Y_{m-1})/2\right]^2-\left[(X_m-X_{m-1})/2\right]^2-\left[(Y_m-Y_{m-1})/2\right]^2$$

（b）为数学上计算方便，假设 $\theta_k=\theta_{k-1}$，试证明 U_1、U_2、U_3 和 U_4 为统计独立的高斯变量，其中，$U_1=(X_m+X_{m-1})/2$，$U_2=(Y_m+Y_{m-1})/2$，$U_3=(X_m-X_{m-1})/2$，$U_4=(Y_m-Y_{m-1})/2$。

（c）定义随机变量 $W_1=U_1^2+U_2^2$ 和 $W_2=U_3^2+U_4^2$，则

$$D=W_1-W_2 \underset{“0”}{\overset{“1”}{\gtrless}} 0$$

试求 W_1 和 W_2 的概率密度函数。

（d）试求差错概率 P_b，这里

$$P_b=P(D<0)=P(W_1-W_2<0)=\int_0^{\infty}P(W_2>w_1|w_1)p(w_1)\mathrm{d}w_1$$

4-39 假设要求以速率 R b/s 传输信息，试求下列 6 种通信系统各需要的传输带宽，并按照带宽效率的高低顺序对这些系统排序，从最高带宽效率开始，结束于最低带宽效率。

（a）正交 BFSK；

（b）8-PSK；

（c）QPSK；

（d）64-QAM；

（e）BPSK；

（f）正交 16-FSK。

4-40 二进制通信系统的两个消息用双极性信号 $s_1(t)$ 和 $s_2(t)=-s_1(t)$表示，并在加性高斯白噪声信道上传输，这两个消息的概率分别为 p 和 $1-p$，其中 $0\leqslant p\leqslant 1/2$。每一个消息的能量记为$\mathcal{E}$，噪声功率谱密度为 $N_0/2$。

（a）当 $r>r_{\text{th}}$ 时最佳检测器判 $s_1(t)$，试求门限值 r_{th} 的表达式，并求差错概率的表达式。

（b）假定在发送机与接收机之间的链路故障的概率为 1/2，链路维持正常运行的概率为 1/2，当链路出故障时接收机仅接收到噪声，接收机并不知道链路是否在正常运行。试问：这种情况下的最佳接收机的结构是什么？这种情况下的门限值 r_{th} 是多少？$p=1/2$ 时门限值是多少？在这种情况下（$p=1/2$）的差错概率是多少？

4-41 具有两个等概消息的数字通信系统使用下列信号：

$$s_1(t)=\begin{cases}1, & 0\leqslant t<1\\ 2, & 1\leqslant t<2\\ 0, & \text{其他}\end{cases}\qquad s_2(t)=\begin{cases}1, & 0\leqslant t<1\\ -2, & 1\leqslant t<2\\ 0, & \text{其他}\end{cases}$$

（a）假定信道是噪声功率谱密度为 $N_0/2$ 的 AWGN 信道，试求最佳接收机的差错概率并以 $\mathcal{E}_b/N_0$ 表示。试问该系统的性能比双极性信号传输系统低多少分贝？

（b）假设使用图 P4-41 所示的两径（Two Path）信道，其中接收机接收 $r_1(t)$和 $r_2(t)$，$n_1(t)$和 $n_2(t)$是独立的白高斯过程，其功率谱密度为 $N_0/2$。接收机观测 $r_1(t)$和 $r_2(t)$并根据其观测值做出判决。试求最佳接收机的结构，以及这种情况下的差错概率。

（c）假设 $r_1(t)=As_m(t)+n_1(t)$ 和 $r_2(t)=s_m(t)+n_2(t)$，其中 m 为发送消息，A 是在区间[0, 1]上均匀分布的随机变量。假设接收机知道 A 值，试求其最佳判决规则，在这种情况下的差错概率是多少？注：最后有关差错概率的问题是由读者提出的，但并不知道 A 值。

（d）如果接收机并不知道 A 值。试求其最佳判决规则。

4-42 两个等概消息 m_1 和 m_2 通过信道传输，信道的输入 X 与输出 Y 的关系为 $Y=\rho X+N$，其中 N 是均值为 0、方差为 σ^2 的高斯噪声，ρ 是与噪声相互独立的随机变量。

（a）对于对映信号（Antipodal Signal）$X=\pm A$ 及常数 $\rho=1$，试求最佳判决规则和差错概率。

（b）对于对映信号，如果 ρ 等概取值±1，试求最佳判决规则和差错概率。

（c）对于对映信号，如果 ρ 等概取值 0 和 1，试求最佳判决规则和差错概率。

（d）对于启闭信号（$X=0$ 或 A），如果 ρ 等概取值±1，试求最佳判决规则。

4-43 二进制通信方式使用两个等概消息 m=1、2，其相应的信号 $s_1(t)$和 $s_2(t)$为

$$s_1(t)=x(t),\qquad s_2(t)=x(t-1)$$

式中，$x(t)$如图 P4-43 所示。噪声的功率谱密度为 $N_0/2$。

（a）试设计该系统的最佳匹配滤波器接收机，仔细标注该方框图并确定所有所需的参数。

（b）试求该通信系统的差错概率。

（c）试证明该接收机可只用一个匹配滤波器实现。

（d）假设 $s_1(t)=x(t)$，且

$$s_2(t)=\begin{cases}x(t-1), & \text{概率为0.5}\\ x(t), & \text{概率为0.5}\end{cases}$$

换言之，在这种情况下，当 $m=1$ 时发送机总是发送 $x(t)$, 当 $m=2$ 则等概率地发送 $x(t)$或 $x(t-1)$。试求这种情况下的最佳判决规则及其相应的差错概率。

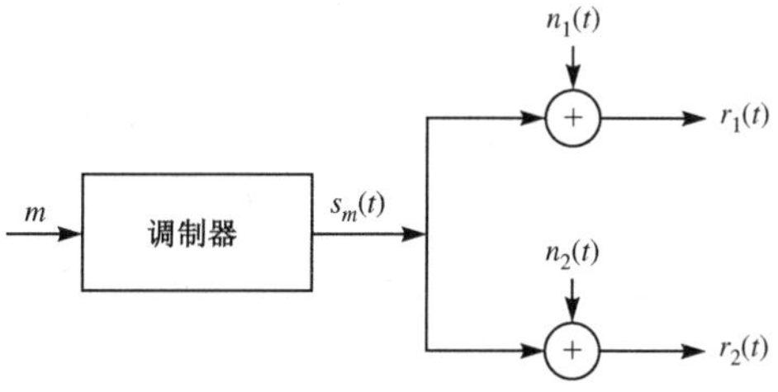

图 P4-41

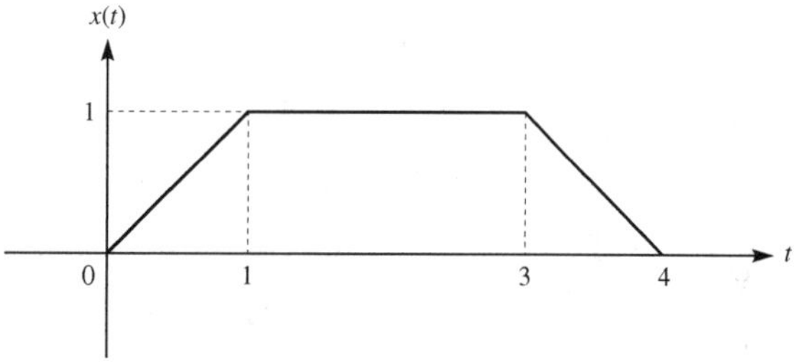

图 P4-43

4-44 令 X 表示瑞利分布的随机变量，即

$$f_X(x)=\begin{cases}\dfrac{x}{\sigma^2}e^{-\frac{x^2}{2\sigma^2}}, & x\geqslant 0\\ 0, & x<0\end{cases}$$

（a）试求 $E[Q(\beta X)]$，其中 β 为正常数（提示：利用 Q 函数并改变积分的次序）

（b）在双极性二进制信号传输中，接收信号受到瑞利分布的衰减，即接收信号 $r(t)=\alpha s_m(t)+n(t)$，因此 $P_b=Q\left(\sqrt{2\alpha^2\mathcal{E}_b/N_0}\right)$，其中 α^2 表示功率衰减，α 具有瑞利 PDF，类似于 X。试求该系统的平均差错概率。

（c）对正交二进制系统，$P_b=Q\left(\sqrt{\alpha^2\mathcal{E}_b/N_0}\right)$，重复（b）题。

（d）试求（b）题和（c）题的近似结果，其中假设 $\sigma^2\mathcal{E}_b/N_0\gg 1$。试证明在这种情况下，两种平均差错概率都与$1/\overline{\text{SNR}}$成正比，其中 $\overline{\text{SNR}}=2\sigma^2\mathcal{E}_b/N_0$。

（e）试求 $e^{-\beta\alpha^2}$ 的均值，其中 β 为正常数，α 是服从 $f_X(x)$分布的随机变量。试求这种情况下当$\beta\sigma^2 \gg 1$ 时的近似值。后面将看到，这相当于衰落信道中非相干系统的差错概率。

4-45 二进制通信系统采用两个等概信号 $s_1=(1,1)$和 $s_2=(-1,-1)$。接收信号 $r=s+n$，其中 $n=(n_1,n_2)$，假设 n_1 和 n_2 是独立的且都服从以下分布

$$f(n)=\frac{1}{2}e^{-|n|}$$

试求并画出该通信方式的判决区域 D_1 和 D_2。

4-46 两个等概消息通过噪声功率谱密度为 $N_0/2=1$ 的加性高斯白噪声信道传输，该消息由下列两个信号发送

$$s_1(t)=\begin{cases}1, & 0\leqslant t\leqslant 1\\ 0, & 其他\end{cases}$$

和 $s_2(t)=s_1(t-1)$。采用相关型结构实现接收机，但由于相关器设计不完善，图 P4-46 示出了实现的结构。不完善出现在上支路的积分器中以 $\int_0^{1.5}$ 替代 $\int_0^{1}$，所以，判决器观测 r_1 和 r_2 并基于该观测值必须对发送哪一个消息做出判决。试问判决器最佳判决应当采用什么判决规则。

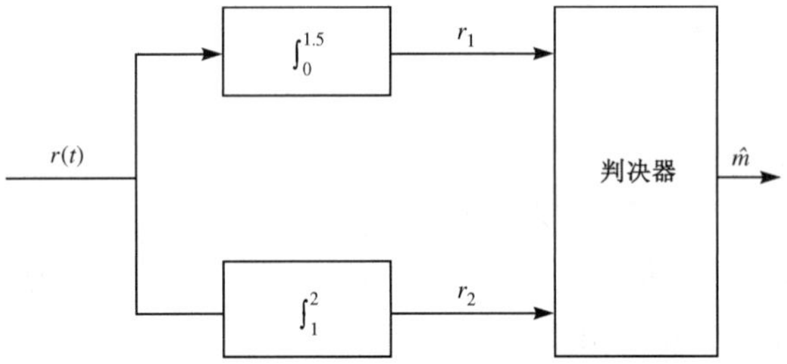

图 P4-46

4-47 基带数字通信系统使用图 P4-47（a）所示的信号传输两个等概消息。假定这里研究的通信问题是“一发”（One-Shot）通信问题，即上述消息只发送一次，此后不再发送。信道是没有衰减、噪声是功率谱密度为 $N_0/2$ 的 AWGN。

（a）试求表示该信号的适当的正交基。

（b）若方框图中采用匹配滤波器实现的最佳接收机，试给出准确的技术要求。

（c）试求最佳接收机的差错概率。

（d）试证明最佳接收机可以只用一个滤波器来实现，如图 P4-47（b）所示的方框图。匹配滤波器、抽样器和判决器的特性是什么？

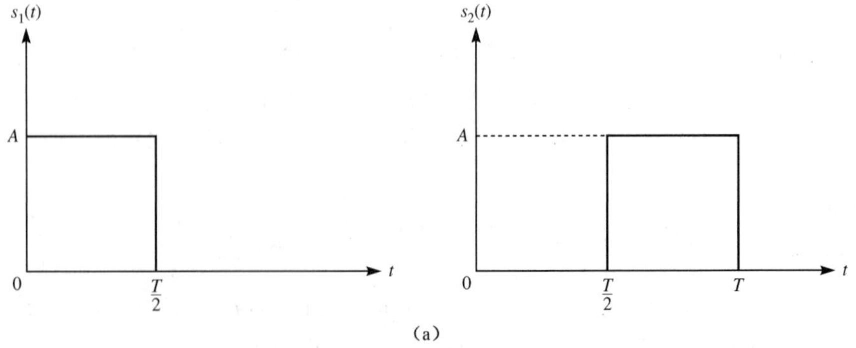

（a）

图 P4-47

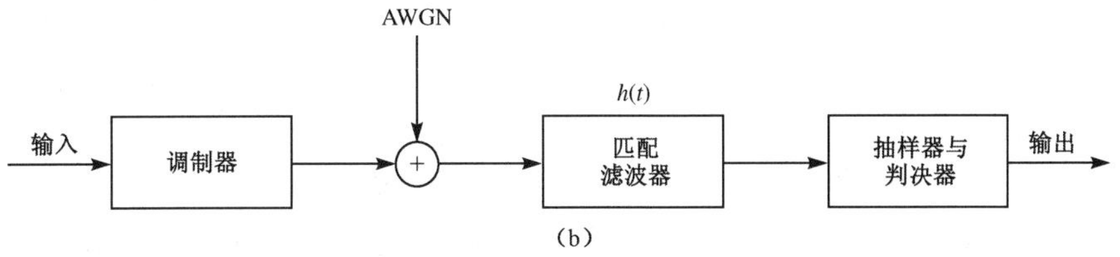

图 P4-47（续）

（e）假设信道不理想，其冲激响应为 $c(t)=\delta(t)+\delta(t-T/2)/2$，使用（d）题中同样的匹配滤波器，试求最佳判决规则。

（f）假设信道冲激响应为 $c(t)=\delta(t)+a\delta(t-T/2)$，其中 a 是[0, 1]上均匀分布的随机变量，采用同样的匹配滤波器，试求最佳判决规则。

4-48　二进制通信系统使用双极性信号 $s_1(t) = s(t)$和 $s_2(t) = -s(t)$发送两个等概消息 m_1 和 m_2。该通信系统的方框图如图 P4-48 所示。

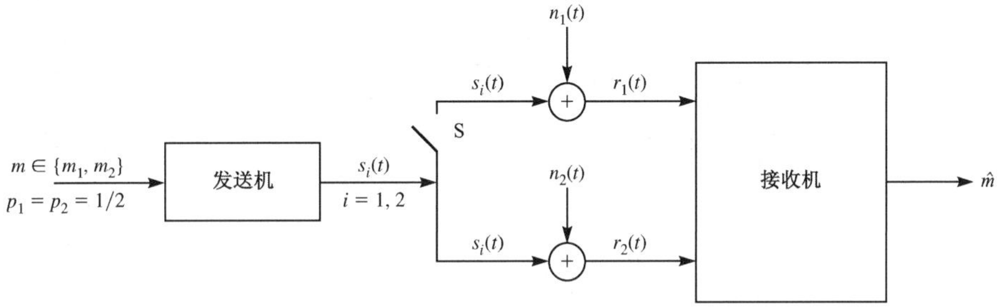

图 P4-48

消息 $s_i(t)$通过两个信道传输到接收机，接收机根据两个接收信号 $r_1(t)$和 $r_2(t)$的观测值做出判决。然而，上信道由开关 S 连接。当开关断开时，$r_1(t)=n_1(t)$，即第一个信道仅传输噪声给接收机。开关等概地断开或闭合，但在传输期间它不改变位置。此题始终假定两个噪声过程是平稳、零均值、白高斯过程，且功率谱密度都为 $N_0/2$。

（a）如果接收机不知道开关的位置，试求最佳判决规则。

（b）假定接收机知道开关的位置（开关仍然等概地断开或闭合），试求这种情况下的最佳判决规则及其差错概率。

（c）假定发送机和接收机都知道开关的位置（开关仍然等概地断开或闭合），假定这种情况下发送机具有确定的发送能量电平。具体说，假定上支路发送 $\alpha s_i(t)$，下支路发送 $\beta s_i(t)$，其中 α、$\beta\geqslant 0$ 且 $\alpha^2+\beta^2=2$。试求发送机最好的功率分配策略（即对 α 和 β 的最好的选择）、接收机的最佳判决规则及其产生的差错概率。

4-49　两通道通信系统的方框图如图 P4-49 所示。在第一通道中噪声 $n_1(t)$加到

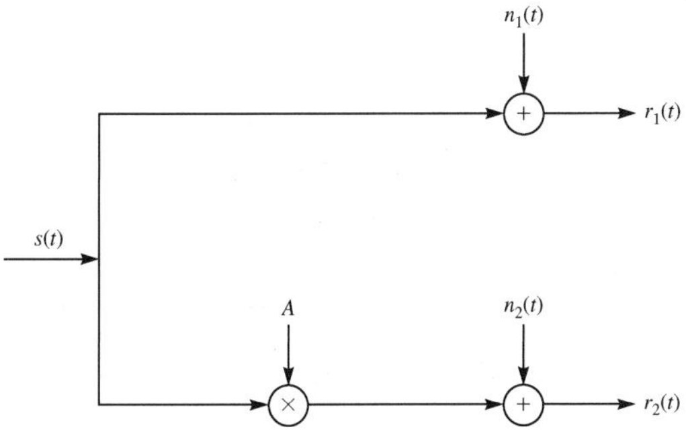

图 P4-49

发送信号上；在第二通道中，信号受到随机放大 A 和加性噪声 $n_2(t)$的影响，A 等概地取值±1。发送信号是双极性二进制信号，两个消息是等概的。$n_1(t)$和 $n_2(t)$两者都是零均值高斯白噪声，其功率谱密度分别为 $N_1/2$ 和 $N_2/2$。接收机观测 $r_1(t)$和 $r_2(t)$。

（a）假定两个噪声是独立的，试求最佳接收机的结构和差错概率的表达式。

（b）假设 $N_1 = N_2 = 2$ 且 $E[n_1n_2] = 1/2$，其中 n_1 和 n_2 表示 $n_1(t)$和 $n_2(t)$在 $s(t)$方向单位信号上的投影（显然，两个噪声是相关的），试求这种情况下的最佳接收机的结构。

（c）如果噪声是独立的，接收机接收 $r(t) = r_1(t) + r_2(t)$而不是分别观测 $r_1(t)$和 $r_2(t)$，试求最佳接收机的结构。

（d）如果两个噪声是独立的，A 等概地取 0 和 1，接收机接收 $r_1(t)$和 $r_2(t)$，试求最佳判决规则。

（e）如果假设上链路（通信）与下链路相似，但 A 用随机变量 B 替代，其中 $B = 1 - A$（下链路保持不变），试求（d）题的最佳判决规则。

4-50 衰落信道可以表示为矢量信道模型 $r = as_m + n$，其中 a 为表示衰落的随机变量，其密度函数服从瑞利分布，即

$$p(a) = \begin{cases} 2a\mathrm{e}^{-a^2}, & a \geqslant 0 \\ 0, & a < 0 \end{cases}$$

（a）假设等概双极性二进制信号，采用相干检测，试求最佳接收机的结构。

（b）试证明这种情况下比特差错概率为

$$P_\mathrm{b} = \frac{1}{2}\left(1 - \sqrt{\frac{\mathcal{E}_\mathrm{b}/N_0}{1 + E_\mathrm{b}/N_0}}\right)$$

对较大的 SNR 值，有

$$P_\mathrm{b} \approx \frac{1}{4\mathcal{E}_\mathrm{b}/N_0}$$

（c）假设要求差错概率为 10^{-5}，试求以下两种情况下所需的比特 SNR：（i）信道是非衰落的；（ii）信道是衰落信道。试问：要达到同样的比特差错概率需要增加多少功率。

（d）试证明：如果采用正交二进制信号和非相干检测，则有

$$P_\mathrm{b} = \frac{1}{2 + \mathcal{E}_\mathrm{b}/N_0}$$

4-51 多址接入信道（MAC）是具有两个发送机和一个接收机的信道。两个发送机发送两个消息，接收机对两个消息的正确检测感兴趣。图 P4-51 所示为在 AWGN 情况下系统的方框图。

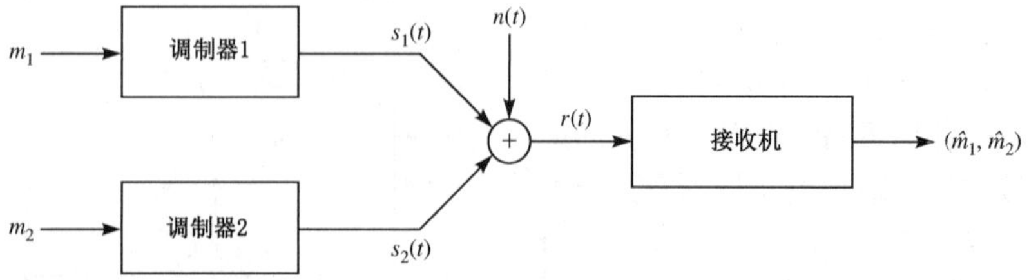

图 P4-51

消息是独立、等概的二进制随机变量，两个调制器使用双极性二进制信号。$s_1(t) = \pm g_1(t)$ 和 $s_2(t) = \pm g_2(t)$ 取决于 m_1 和 m_2 的值，$g_1(t)$ 和 $g_2(t)$ 是两个单位能量脉冲且持续时间均为 T（$g_1(t)$ 和 $g_2(t)$ 不必正交）。接收信号为 $r(t) = s_1(t) + s_2(t) + n(t)$，其中 $n(t)$ 是功率谱密度为 $N_0/2$ 的白高斯过程。

（a）试求使 $P(\hat{m}_1 \neq m_1)$ 和 $P(\hat{m}_2 \neq m_2)$ 最小化的接收机结构。

（b）试求使 $P[(\hat{m}_1, \hat{m}_2) \neq (m_1, m_2)]$ 最小化的接收机结构。

（c）（a）题和（b）题中的接收机中哪一个是实最佳接收机？哪一种结构较为简单？

（d）试求（a）题中接收机的最小差错概率 p_1 和 p_2，以及（b）题中接收机的最小差错概率 p_{12}。

4-52　图 P4-52 所示为 MPSK 调制系统的星座图，图中只示出 s_1 点及其判决区域。阴影区（扩展到无穷）为发送 s_1 时的差错区域。

（a）试以 $\mathcal{E}$、θ 和 M 表示 R。

（b）利用 R 值在灰色面积上积分，试证明该系统的差错概率为

$$P_e = \frac{1}{\pi} \int_0^{\pi - \frac{\pi}{M}} e^{-\frac{\mathcal{E}}{N_0} \frac{\sin^2 \frac{\pi}{M}}{\sin^2 \theta}} d\theta$$

（c）试求 $M = 2$ 时的差错概率，使其与 BPSK 的差错概率相等，推断 $Q(x)$ 可以表示为

$$Q(x) = \frac{1}{\pi} \int_0^{\frac{\pi}{2}} e^{-\frac{x^2}{2\sin^2 \theta}} d\theta$$

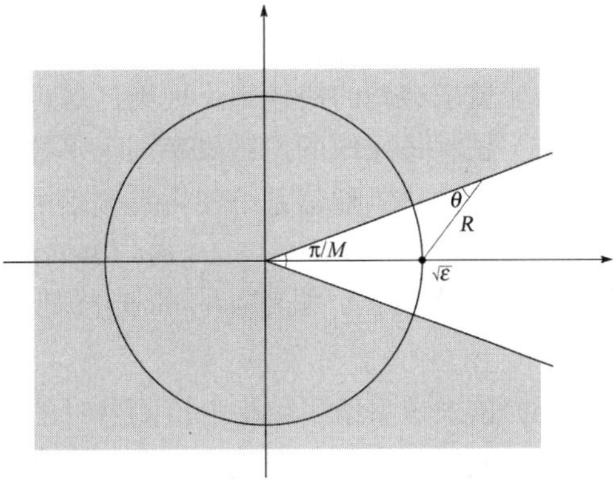

图 P4-52

4-53　通信系统使用 M 个信号 $\{s_m(t)\}_{m=1}^{M}$ 传输 M 个等概消息。接收机有两副天线，并用这两副天线接收两个信号 $r_1(t) = s_m(t) + n_1(t)$ 和 $r_2(t) = s_m(t) + n_2(t)$。$n_1(t)$ 和 $n_2(t)$ 是功率谱密度分别为 $N_{01}/2$ 和 $N_{02}/2$ 的白高斯过程，接收机根据 $r_1(t)$ 和 $r_2(t)$ 的观测值做出最佳检测，再假定两个噪声过程是独立的。

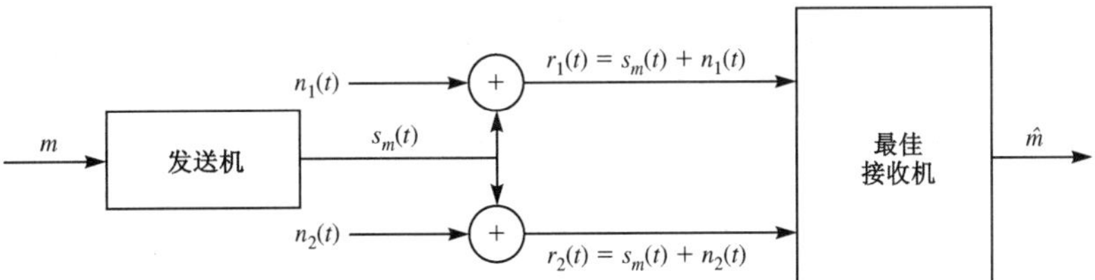

图 P4-53

（a）试求该接收机的最佳判决规则。

（b）假设 $N_{01} = N_{02} = N_0$，试求最佳接收机的结构。

（c）试证明：在（b）题的假设条件下，接收机仅需要知道 $r_1(t) + r_2(t)$。

（d）假设系统是二进制的，并使用启闭信号，即 $s_1(t) = s(t)$ 和 $s_2(t) = 0$。试证明最佳判决规则包括 $r_1 + \alpha r_2$ 与门限的比较，并求 α 和门限（在此假定噪声功率是不同的）。

（e）试证明在（d）题中，如果噪声功率相等则 $\alpha = 1$，并求这种情况下的差错概率。试

将该系统与只有一副天线（即仅接收 $r_1(t)$）的系统进行比较。

4-54 通信系统使用的双极性二进制信号为

$$s_1(t)=\begin{cases}1, & 0<t<1\\ 0, & 其他\end{cases}$$

和 $s_2(t)=-s_1(t)$。接收信号包括直接分量、散射分量和加性高斯白噪声。散射分量是基本信号乘随机放大 A 的时延形式。换言之，$r(t) = s(t) + As(t-1) + n(t)$，其中 $s(t)$是发送消息，A 是指数随机变量，$n(t)$是功率谱密度为 $N_0/2$ 的高斯白噪声。假设多径分量的时延是常数（等于 1）且 A 与 $n(t)$是独立的。两个消息等概且

$$f_A(a)=\begin{cases}e^{-a}, & a>0\\ 0, & \textbf{其他}\end{cases}$$

（a）试求该题的最佳判决规则，尽可能简化得到的规则。

（b）试将该系统的差错概率与无多径的系统的差错概率进行比较，哪一个性能较好？

4-55 二进制通信系统使用等概信号 $s_1(t)$和 $s_2(t)$，即

$$s_1(t)=\sqrt{2\mathcal{E}_b}\,\phi_1(t)\cos(2\pi f_c t),\qquad s_2(t)=\sqrt{2\mathcal{E}_b}\,\phi_2(t)\cos(2\pi f_c t)$$

传输两个等概消息。假定 $\phi_1(t)$ 和 $\phi_2(t)$ 是标准正交的。信道是 AWGN，其噪声功率谱密度为 $N_0/2$。

（a）试求该系统采用相干检测器时的最佳差错概率。

（b）假设解调器在载波恢复中具有 0 与 θ（$0\leqslant\theta\leqslant\pi$）之间的相位模糊，采用（a）题中同样的检测器，试问最坏情况的差错概率是多少？

（c）在 $\theta=\pi/2$ 的特殊情况下，回答（b）题。

4-56 此题将证明半径为 R 的 n 维球的容积由 $V_n(R)=B_nR^n$ 确定，其中 R 由所有 $\boldsymbol{x}\in\mathbb{R}^n$ 的集合且 $\|\boldsymbol{x}\|\leqslant R$ 定义。

$$B_n=\frac{\pi^{\frac{n}{2}}}{\Gamma\left(\frac{n}{2}+1\right)}$$

（a）利用变量置换，证明

$$V_n(R)=\underset{x_1^2+x_2^2+\cdots+x_n^2\leqslant R^2}{\int\int\cdots\int}\mathrm{d}x_1\,\mathrm{d}x_2\cdots\mathrm{d}x_n=B_nR^n$$

式中，B_n 是半径为 1 的 n 维球的容积，即 $B_n = V(1)$。

（b）考虑 n 个 IID 高斯随机变量 Y_i（$i = 1, 2,\cdots, n$），每一个都服从$\mathcal{N}(0, 1)$分布。试证明 $\boldsymbol{Y}=(Y_1,Y_2,\cdots,Y_n)$ 将位于半径为 R 和 $R-\varepsilon$（其中 $\varepsilon>0$，非常小以致于 $\varepsilon/R\ll 1/n$）的两个球之间的区域的概率可近似为

$$P[R-\varepsilon\leqslant\|\boldsymbol{Y}\|\leqslant R]=p(\boldsymbol{y})[V_n(R)-V_n(R-\varepsilon)]\approx\frac{\varepsilon nR^{n-1}B_n}{(2\pi)^{n/2}}\,e^{-\frac{R^2}{2}}$$

（c）注意，$p(y)$是$\|\boldsymbol{y}\|$的函数。由此证明可将 $P[R-\varepsilon\leqslant\|Y\|\leqslant R]$ 近似为

$$P[R-\varepsilon\leqslant\|\boldsymbol{Y}\|\leqslant R]\approx p_{\|\boldsymbol{Y}\|}(R)\varepsilon$$

式中，$p_{\|\boldsymbol{Y}\|}(\cdot)$ 表示$\|\boldsymbol{Y}\|$的 PDF。

（d）由（b）题和（c）题可推断

$$p_{\|\boldsymbol{Y}\|}(r)=\frac{nr^{n-1}B_n}{(2\pi)^{n/2}}\,e^{-\frac{r^2}{2}}$$

（e）由于 $p_{\|Y\|}(r)$ 是 PDF，其在正实线上积分等于 1，可推断出

$$\frac{nB_n}{(2\pi)^{n/2}}\int_0^{\infty} r^{n-1}\,\mathrm{e}^{-\frac{r^2}{2}}\,\mathrm{d}r = 1$$

（f）利用式（2-3-22）伽马函数的定义

$$\Gamma(x) = \int_0^{\infty} t^{x-1}\mathrm{e}^{-t}\,\mathrm{d}t, \qquad x > 0$$

证明

$$\int_0^{\infty} r^{n-1}\,\mathrm{e}^{-\frac{r^2}{2}}\,\mathrm{d}r = 2^{\left(\frac{n}{2}-1\right)}\Gamma\left(\frac{n}{2}\right)$$

并推断

$$B_n = \frac{\pi^{\frac{n}{2}}}{\Gamma\left(\frac{n}{2}+1\right)}$$

4-57 令 $\mathbb{Z}^n+(1/2,1/2,\cdots,1/2)$ 表示平移 1/2 的 n 维整数格，令 $\mathcal{R}$ 是原点为中心、边长为 L（定义此格的边界）的超立方体。再假设 n 为偶数，$L=2^{\ell}$；每二维比特数记为 β。考虑一个星座图 $\mathcal{C}$，它基于平移格 $\mathbb{Z}^n+(1/2,1/2,\cdots,1/2)$ 与边界区域的交合，$\mathcal{R}$ 定义为原点为中心、边长为 L（定义此格的边界）的超立方体。

（a）试证明 $\beta=2\ell+2$。

（b）试证明该星座图的性能指数近似为

$$\mathrm{CFM}(\mathcal{C}) \approx 6/2^{\beta}$$

注意，这等于方形 QAM 星座图的 CFM。

（c）试证明 $\mathcal{R}$ 的成形增益由 $\gamma_s(\mathcal{R}) = 1$ 确定。

4-58 MSK 可以表示为四相偏移 PSK 调制，其等效低通形式为

$$v(t) = \sum_k [I_k u(t-2kT_b) + \mathrm{j}\,J_k u(t-2kT_b-T_b)]$$

式中

$$u(t) = \begin{cases} \sin(\pi t/2T_b), & 0 \leqslant t \leqslant 2T_b \\ 0, & \text{其他} \end{cases}$$

且 $\{I_k\}$ 和 $\{J_k\}$ 为信息符号(± 1)序列。

（a）试画出偏移 QPSK 的 MSK 解调器的方框图。

（b）若不考虑调制的记忆特性，试针对 AWGN 求四相解调器的性能。

（c）试将（b）题中得到的性能与 MSK 信号的维特比译码性能进行比较。

（d）MSK 信号也等价于二进制 FSK，试求 MSK 非相干检测的性能。试将（b）题和（c）题的结果进行比较。

4-59 有一个传输二进制信息的传输线信道（Transmission Line Channel），它使用 n–1 个再生中继器和一个终端接收器（Terminal Receiver）。假定每个接收器的检测器的差错概率都是 p，并且在各个再生中继器中的差错是统计独立的。

（a）试证明终端接收器上的二进制差错概率为

$$P_n = \left[1-(1-2p)^n\right]/2$$

（b）如果 $p=10^{-6}$ 且 n=100，试求 P_n 的近似值。

4-60 一个数字通信系统包含 100 个数字再生中继器的传输线，采用双极信二进制号传输信息。如果端到端的总的差错概率为 10^{-6}，为在 AWGN 中达到这个性能，试求每个数字再生中继器的差错概率及所需的$\mathcal{E}_b/N_0$。

4-61 一个无线电发射机的输出功率 P_T=1 W，频率为 1 GHz。发射天线和接收天线为直径 D=3 m 的抛物面天线。

（a）试求天线的增益。

（b）试求发射机的有效辐射功率（EIRP）。

（c）发射机和接收机的天线间的距离（自由空间）为 20 km，试求接收天线输出的信号功率（单位为 dB）。

4-62 无线电通信系统的发射功率为 0.1 W，频率为 1 GHz。发射天线和接收天线都是抛物面的，直径都是 1 m，接收机与发射机相距 30 km。

（a）试求发射天线和接收天线的增益。

（b）试求发送信号的有效辐射功率（EIRP）。

（c）试求接收天线的输出信号功率。

4-63 同步轨道卫星与相距 40000 km 的地球站进行通信，卫星天线的增益为 15 dB，发射功率为 3 W。地球站采用了效率为 0.6 的 10 m 抛物面天线，其频带 f=10 GHz。试求接收机天线的输出端的接收功率电平。

4-64 宇宙飞船在距离地球 100000 km 的地方以 R b/s 的速率发送数据，其频带中心为 2 GHz，发送功率为 10 W，地球站使用抛物面天线，且直径为 50 m，宇宙飞船天线的增益为 10 dB。接收机前端的噪声温度为 T_0=300 K。

（a）试求接收功率电平。

（b）如果要求$\mathcal{E}_b/N_0$ =10 dB，试求宇宙飞船能发送的最大比特率。

4-65 在数字通信系统中通常采用一个地球同步轨道卫星作为再生中继器。在卫星到地球链路上，卫星天线的增益为 6 dB，地球站天线的增益为 50 dB。下行链路运行的中心频率为 4 GHz，信号带宽为 1 MHz。如果实现可靠通信所要求的$\mathcal{E}_b/N_0$为 15 dB，试求卫星下行链路的发射功率。假定 $N_0=4.1\times10^{-21}$ W/Hz。

第 5 章

载波和符号同步

在数字通信系统中，为了恢复发送信息，必须对解调器输出进行周期性的抽样，每个符号间隔抽样一次。因为接收机对发送机到接收机的传播时延一般是未知的，为了对解调器输出进行同步抽样，必须从接收信号中提取符号定时。

发送信号的传播时延也会导致载波（相位）的偏移，如果检测器是相位相干的，接收机必须估计这种载波（相位）偏移。本章将研究在接收机中导出载波和符号同步的方法。

5.1 信号参数估计

本节首先研究接收机输入信号的数学模型。假定信道使通过它的发送信号产生时延，并以高斯噪声来恶化发送信号。因此，接收信号可以表示为

$$r(t) = s(t-\tau) + n(t)$$

式中

$$s(t) = \mathrm{Re}\left[s_l(t)\mathrm{e}^{\mathrm{j}2\pi f_c t}\right] \tag{5-1-1}$$

式中，τ 是传播时延，$s_l(t)$是等效低通信号。

接收信号可以表示为

$$r(t) = \mathrm{Re}\left\{\left[s_l(t-\tau)\mathrm{e}^{\mathrm{j}\phi} + z(t)\right]\mathrm{e}^{\mathrm{j}2\pi f_c t}\right\} \tag{5-1-2}$$

式中，由传播时延引起的载波相位$\phi=-2\pi f_c\tau$。从这个公式来看，似乎只有一个信号参数要估计，即传播时延，因为可以由 f_c 和τ 求出ϕ 。然而，情况并不是这样的，因为接收机中为解调产生载波信号的振荡器在相位上一般与发送机不同步，而且两个振荡器随时间在不同方向上慢漂移，因此，接收信号相位不仅依赖于传播时延τ，而且为了解调接收信号，接收机必须在时间上同步，其精度取决于符号间隔 T。通常，对τ 的估计误差必须是相对 T 比较小的一部分。例如，在实际应用中，T 的$\pm 1\%$较适当。然而，即使ϕ仅取决于τ，对估计载波相位来说，这种等级精度一般是不合适的。由于f_c 一般较大，因此，较小的τ 估计误差会引起较大的相位误差。

实际上，为了解调和相干检测接收信号，必须估计两个参数：τ 和ϕ 。因此，可将接收信号表示为

$$r(t) = s(t;\phi,\tau) + n(t) \tag{5-1-3}$$

式中，ϕ和τ 表示要估计的参数。为了简化符号标记，令$\boldsymbol{\theta}$ 表示参数向量$\{\phi,\tau\}$，因此 $s(t;\phi,\tau)$ 可标记为$s(t;\boldsymbol{\theta})$。

有两个基本准则被广泛应用于信号参数估计：最大似然（ML）准则和最大后验概率（MAP）准则。在 MAP 准则中，信号参数向量$\boldsymbol{\theta}$建模成随机的，且由先验概率密度函数$p(\boldsymbol{\theta})$表征。在最大似然准则中，信号参数向量$\boldsymbol{\theta}$被处理成确定的但是未知的。

采用N个标准正交函数$\{\phi_n(t)\}$得到$r(t)$的标准正交展开式，可用系数为（$r_1\ r_2\cdots r_N$）$\equiv\boldsymbol{r}$的向量来表示$r(t)$。在展开式中，随机变量（$r_1\ r_2\cdots r_N$）的联合 PDF 可以表示为$p(\boldsymbol{r}|\boldsymbol{\theta})$。那么，$\boldsymbol{\theta}$的 ML 估计值就是使$p(\boldsymbol{r}|\boldsymbol{\theta})$最大的值。另一方面，MAP 估计值是使后验概率密度函数

$$p(\boldsymbol{\theta}|\boldsymbol{r})=\frac{p(\boldsymbol{r}|\boldsymbol{\theta})p(\boldsymbol{\theta})}{p(\boldsymbol{r})} \tag{5-1-4}$$

最大的$\boldsymbol{\theta}$值。

注意，如果没有参数向量$\boldsymbol{\theta}$的先验知识，可假定$p(\boldsymbol{\theta})$在该参数的取值范围上是均匀的（常数值）。在这种情况下，使$p(\boldsymbol{r}|\boldsymbol{\theta})$最大的$\boldsymbol{\theta}$值，同时也会使$p(\boldsymbol{\theta}|\boldsymbol{r})$最大。因此，MAP 和 ML 估计是相同的。

下面在参数估计的处理中，把参数ϕ和τ看成未知的，但是确定的，因此采用 ML 准则来估计。

在信号参数的 ML 估计中，需要通过在称为观测间隔的时间间隔$T_0\geqslant T$上观测接收信号，以使接收机提取估计值。由单个观测间隔得到的估计有时称为点估计。但在实际中，估计是以跟踪环（Tracking Loop）为基础连续进行的，模拟的和数字的跟踪环连续不断地更新估计值。尽管如此，点估计还是可以帮助我们深入理解跟踪环的实现。此外，在 ML 估计性能分析中，点估计也是很有用的，而且其性能与由跟踪环得到的性能有关。

5.1.1 似然函数

虽然根据由$r(t)$展开式得到的随机变量（$r_1\ r_2\cdots r_N$）的联合 PDF 来导出参数估计值是可能的，但是比较方便的做法是在估计信号波形的参数时直接处理信号波形，因此我们将研究$p(\boldsymbol{r}|\boldsymbol{\theta})$最大化的连续时间等效形式。

因为加性噪声$n(t)$是白的且是零均值高斯随机变量，联合 PDF $p(\boldsymbol{r}|\boldsymbol{\theta})$可以表示为

$$p(\boldsymbol{r}|\boldsymbol{\theta})=\left(\frac{1}{\sqrt{2\pi}\sigma}\right)^N\exp\left\{-\sum_{n=1}^{N}\frac{[r_n-s_n(\boldsymbol{\theta})]^2}{2\sigma^2}\right\} \tag{5-1-5}$$

式中

$$r_n=\int_{T_0}r(t)\phi_n(t)\,\mathrm{d}t,\qquad s_n(\boldsymbol{\theta})=\int_{T_0}s(t;\boldsymbol{\theta})\phi_n(t)\,\mathrm{d}t \tag{5-1-6}$$

式中，T_0表示在$r(t)$和$s(t;\boldsymbol{\theta})$展开式中的积分区间。

注意，通过将式（5-1-6）代入式（5-1-5），指数中的自变量可以用信号波形$r(t)$和$s(t;\boldsymbol{\theta})$来表示，即

$$\lim_{N\to\infty}\frac{1}{2\sigma^2}\sum_{n=1}^{N}[r_n-s_n(\boldsymbol{\theta})]^2=\frac{1}{N_0}\int_{T_0}[r(t)-s(t;\boldsymbol{\theta})]^2\,\mathrm{d}t \tag{5-1-7}$$

该式的证明留给读者练习（参见习题 5-1）。$p(\boldsymbol{r}|\boldsymbol{\theta})$关于信号参数$\boldsymbol{\theta}$的最大化等价于下列似然函数的最大化，即

$$\Lambda(\boldsymbol{\theta})=\exp\left\{-\frac{1}{N_0}\int_{T_0}[r(t)-s(t;\boldsymbol{\theta})]^2\,\mathrm{d}t\right\} \tag{5-1-8}$$

下面，我们将根据$\Lambda(\theta)$最大化的观点来研究参数估计。

5.1.2 信号解调中的载波恢复与符号同步

在每一个同步传输信息的数字通信系统中，都需要有符号同步（Symbol Synchronization）；如果信号被相干检测，还需要载波恢复（Carrier Recovery）。

图 5-1-1 所示为二进制 PSK（或二进制 PAM）信号解调器和检测器的方框图，载波相位估计值$\hat{\phi}$用来给相关器产生参考信号 $g(t)\cos(2\pi f_c t+\hat{\phi})$。符号同步器控制抽样器和信号脉冲发生器的输出。如果信号脉冲是矩形的，则可删去信号脉冲发生器。

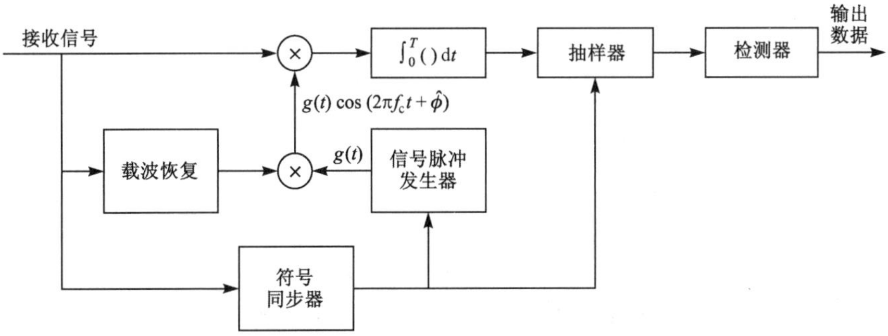

图 5-1-1　二进制 PSK 信号解调器和检测器的方框图

M-PSK 解调器的方框图如图 5-1-2 所示。在这种情况下，要求用两个相关器使接收信号与两个正交载波信号 $g(t)\cos(2\pi f_c t+\hat{\phi})$和 $g(t)\sin(2\pi f_c t+\hat{\phi})$相关，其中$\hat{\phi}$是载波相位的估计值。此时，检测器是一个相位检测器，它将接收信号相位与可能的发送信号相位进行比较。

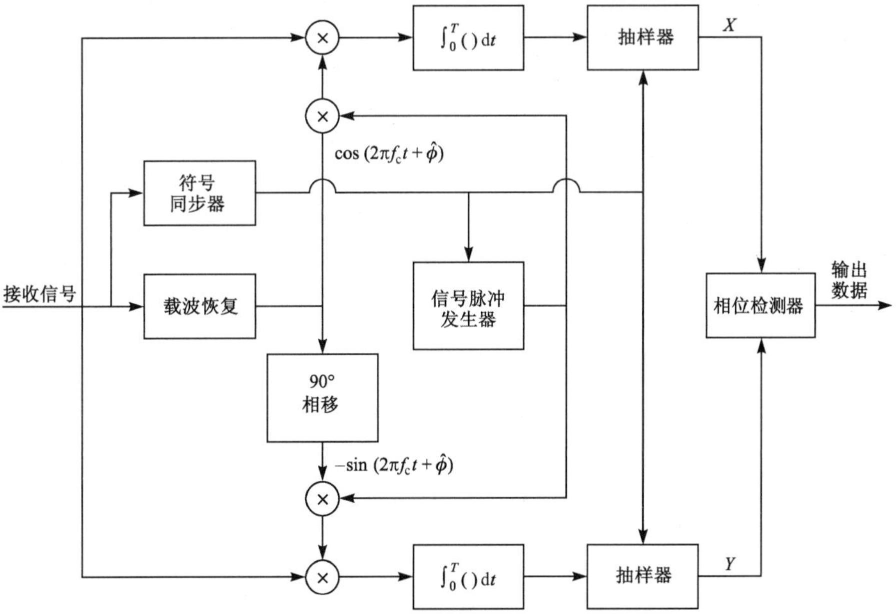

图 5-1-2　*M*-PSK 解调器的方框图

M-PAM 解调器的方框图如图 5-1-3 所示。在这种情况下，要求用一个相关器，而检测器是一个幅度检测器，将接收信号的幅度与可能的发送信号幅度进行比较。注意，在解调器的前端加入了一个自动增益控制（AGC）以消除信道增益的变化，这种变化会影响幅度检测器。因为 AGC 具有较大的时间常数，所以不会对逐个符号发生的信号幅度变化做出响应。因而，AGC 在它的输出端维持一个固定的平均（信号加噪声）功率。

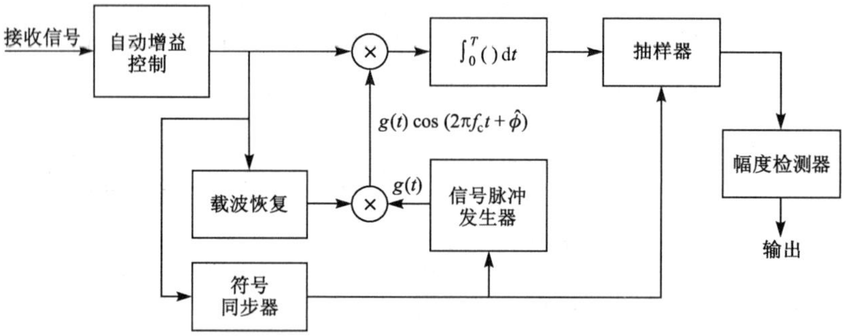

图 5-1-3　M-PAM 解调器的方框图

最后，观察图 5-1-4 所示的 QAM 解调器的方框图，正如 PAM 的情况，在解调器的输入端也要求有一个 AGC，以维持一个恒定的平均功率。这个解调器类似于 PSK 解调器，两者都产生同相和正交信号样值(X,Y)给检测器。在 QAM 的情况下，检测器计算受噪声恶化的接收信号点与 M 个可能发送信号点之间的欧氏距离，并选择最接近接收信号点的信号。

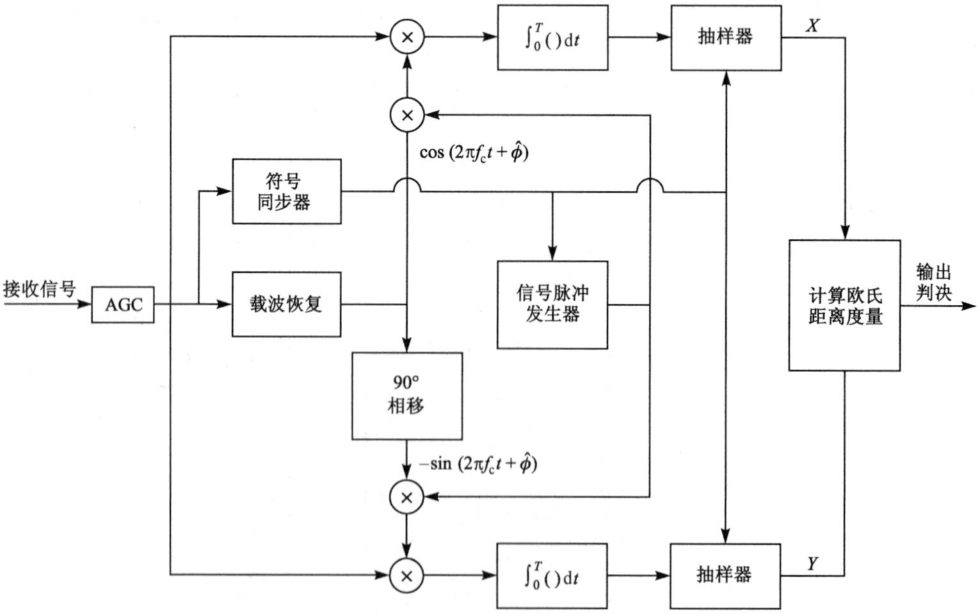

图 5-1-4　QAM 解调器的方框图

5.2 载波相位估计

在接收机中，有两种基本的方法来处理载波同步。第一种方法是复用法，通常在频域采用一个称为导频的特殊信号，这种方法需要接收机提取导频，并使本地振荡器与接收信号的载波频率和相位同步。当未调载波分量伴随着携带信息的信号发送时，接收机使用一个锁相环（PLL）获取并跟踪这个载波分量。将 PLL 设计成具有窄带宽，因此它不会明显地受到携带信息信号频率成分的影响。

第二种方法是从已调信号直接导出载波相位的估计值，在实践中这种方法更为普遍。该方法有一个明显的优点，即全部发送功率分配给携带信息的信号传输。在对载波恢复的处理中，仅限于第二种方法，因此假定发送信号是抑制载波的。

为了强调提取精确相位估计值的重要性，下面研究载波相位误差对一个双边带抑制载波（DSB/SC）信号解调的影响。具体地说，假设有一个调幅信号，其形式为

$$s(t) = A(t)\cos(2\pi f_c t + \phi) \tag{5-2-1}$$

如果以参考载波

$$c(t) = \cos(2\pi f_c t + \hat{\phi}) \tag{5-2-2}$$

乘以 $s(t)$来解调这个信号，得到

$$c(t)s(t) = \frac{1}{2}A(t)\cos(\phi - \hat{\phi}) + \frac{1}{2}A(t)\cos(4\pi f_c t + \phi + \hat{\phi})$$

将乘积信号 $c(t)s(t)$通过一个低通滤波器，就可以滤除倍频分量。这种滤波产生了携带信息的信号

$$y(t) = A(t)\cos(\phi - \hat{\phi})/2 \tag{5-2-3}$$

注意，相位误差$\phi - \hat{\phi}$的影响是以因子 $\cos(\phi - \hat{\phi})$降低信号电压的，并以因子 $\cos^2(\phi - \hat{\phi})$降低信号功率。因此，在调幅信号中，相位误差 10° 将导致信号功率损失 0.13 dB，而相位误差 30° 将导致信号功率损失 1.25 dB。

在 QAM 和 M-PSK 中，载波相位误差的影响更为严重。QAM 和 M-PSK 信号可以表示为

$$s(t) = A(t)\cos(2\pi f_c t + \phi) - B(t)\sin(2\pi f_c t + \phi) \tag{5-2-4}$$

用两个正交载波

$$c_i(t) = \cos(2\pi f_c t + \hat{\phi}), \qquad c_q(t) = -\sin(2\pi f_c t + \hat{\phi}) \tag{5-2-5}$$

来解调这个信号。$s(t)$与 $c_i(t)$相乘再进行低通滤波，产生同相分量

$$y_I(t) = \frac{1}{2}A(t)\cos(\phi - \hat{\phi}) - \frac{1}{2}B(t)\sin(\phi - \hat{\phi}) \tag{5-2-6}$$

同样地，$s(t)$与 $c_q(t)$相乘后经过低通滤波，产生正交分量

$$y_Q(t) = \frac{1}{2}B(t)\cos(\phi - \hat{\phi}) + \frac{1}{2}A(t)\sin(\phi - \hat{\phi}) \tag{5-2-7}$$

式（5-2-6）和式（5-2-7）明确指出，在 QAM 和 M-PSK 信号的解调中，相位误差的影响比 PAM 信号更为严重。不仅期望信号分量功率减少因子 $\cos^2(\phi - \hat{\phi})$，而且在同相分量和正交分量之间存在交互干扰。因为 $A(t)$和 $B(t)$的平均功率电平相似，所以一个较小的相位误差就会引起较大的性能下降。因此，对 QAM 和多相相干 PSK 的相位准确性的要求要比 DSB/SC PAM

高得多。

5.2.1 最大似然载波相位估计

首先，我们来推导最大似然载波相位估计值。为简单起见，假设时延τ已知，特别地，令τ=0。被最大化的函数是式（5-1-8）给出的似然函数。以ϕ 代替$\boldsymbol{\theta}$，该函数变为

$$\begin{aligned}\Lambda(\phi) &= \exp\left\{-\frac{1}{N_0}\int_{T_0}[r(t)-s(t;\phi)]^2\,\mathrm{d}t\right\} \\ &= \exp\left\{-\frac{1}{N_0}\int_{T_0}r^2(t)\,\mathrm{d}t+\frac{2}{N_0}\int_{T_0}r(t)s(t;\phi)\,\mathrm{d}t-\frac{1}{N_0}\int_{T_0}s^2(t;\phi)\,\mathrm{d}t\right\}\end{aligned} \tag{5-2-8}$$

注意，指数因子中的第一项不包含信号参数ϕ。含有 $s^2(t;\phi)$积分的第三项是一个常数，它等于在观测时间间隔 T_0 对任何ϕ值的信号能量。只有第二项依赖于ϕ的选择，该项包含接收信号 $r(t)$与 $s(t;\phi)$的互相关，因此，似然函数$\Lambda(\phi)$可以表示为

$$\Lambda(\phi)=C\exp\left[\frac{2}{N_0}\int_{T_0}r(t)s(t;\phi)\,\mathrm{d}t\right] \tag{5-2-9}$$

式中，C 是与ϕ无关的常数。

ML 估计值$\hat{\phi}_{\mathrm{ML}}$是使式（5-2-9）中的$\Lambda(\phi)$最大的ϕ值，$\hat{\phi}_{\mathrm{ML}}$ 等价地使$\Lambda(\phi)$的对数最大，即对数似然函数为

$$\Lambda_{\mathrm{L}}(\phi)=\frac{2}{N_0}\int_{T_0}r(t)s(t;\phi)\,\mathrm{d}t \tag{5-2-10}$$

注意，在定义$\Lambda_{\mathrm{L}}(\phi)$中我们已略去了常数项 $\ln C$ 。

例 5-2-1 作为求载波相位最佳化的例子，这里研究未调载波 $A\cos2\pi f_c t$ 的传输。接收信号是

$$r(t)=A\cos(2\pi f_{\mathrm{c}}t+\phi)+n(t)$$

式中，ϕ是未知相位。求ϕ值，即$\hat{\phi}_{\mathrm{ML}}$，使得

$$\Lambda_{\mathrm{L}}(\phi)=\frac{2A}{N_0}\int_{T_0}r(t)\cos(2\pi f_{\mathrm{c}}t+\phi)\,\mathrm{d}t$$

最大。$\Lambda_{\mathrm{L}}(\phi)$ 最大的必要条件是

$$\frac{\mathrm{d}\Lambda_{\mathrm{L}}(\phi)}{\mathrm{d}\phi}=0$$

由这个条件得到

$$\int_{T_0}r(t)\sin(2\pi f_{\mathrm{c}}t+\hat{\phi}_{\mathrm{ML}})\,\mathrm{d}t=0 \tag{5-2-11}$$

或等价为

$$\hat{\phi}_{\mathrm{ML}}=-\arctan\left[\int_{T_0}r(t)\sin2\pi f_{\mathrm{c}}t\,\mathrm{d}t\bigg/\int_{T_0}r(t)\cos2\pi f_{\mathrm{c}}t\,\mathrm{d}t\right] \tag{5-2-12}$$

可以看到，式（5-2-11）给出的最佳化的条件意味着采用一个环路来提取估计值。用来得到一个未调载波相位的 ML 估计值的 PLL 如图 5-2-1 所示。环路滤波器是一个积分器，它的带宽与积分时间间隔 T_0 的倒数成正比。另一方面，式（5-2-12）也意味着采用正交载波

与 $r(t)$ 互相关的一种实现方法。这两个相关器输出之比的反正切就是 $\hat{\phi}_{ML}$。一个未调载波相位的 ML 估计值（点估计）如图 5-2-2 所示，该估计方案直接产生了 $\hat{\phi}_{ML}$。

这个例子清楚地证明了 PLL 可提供一个未调载波相位的 ML 估计值。

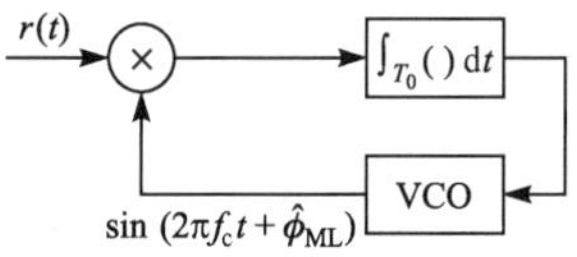

图 5-2-1 用来得到一个未调载波相位的 ML 估计值的 PLL

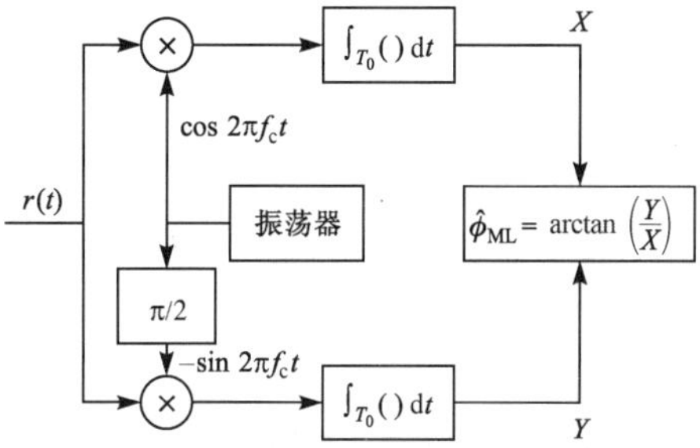

图 5-2-2 一个未调载波相位的 ML 估计值（点估计）

5.2.2 锁相环

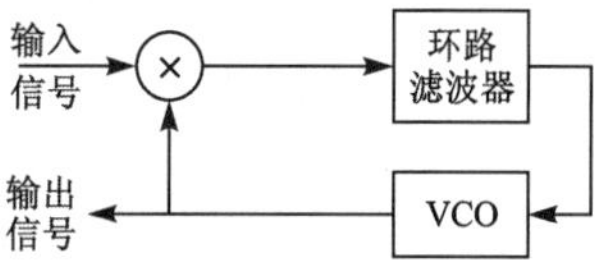

图 5-2-3 锁相环（PLL）的基本组成单元

PLL 基本上由乘法器、环路滤波器和压控振荡器（VCO）组成，其基本组成单元如图 5-2-3 所示。如果假定 PLL 的输入是正弦 $\cos(2\pi f_c t+\phi)$ 而 VCO 的输出是 $\sin(2\pi f_c t+\hat{\phi})$，其中 $\hat{\phi}$ 表示 ϕ 的估计值，这两个信号的乘积是

$$e(t)=\cos(2\pi f_c t+\phi)\sin(2\pi f_c t+\hat{\phi})=\frac{1}{2}\sin(\hat{\phi}-\phi)+\frac{1}{2}\sin(4\pi f_c t+\phi+\hat{\phi}) \quad (5\text{-}2\text{-}13)$$

环路滤波器是一个低通滤波器，它仅响应于低频分量 $\frac{1}{2}\sin(\hat{\phi}-\phi)$ 而滤除 $2f_c$ 分量。通常，该滤波器选择比较简单的传递函数

$$G(s)=\frac{1+\tau_2 s}{1+\tau_1 s} \quad (5\text{-}2\text{-}14)$$

式中，τ_1 和 τ_2 是控制环路带宽的设计参数（$\tau_1 \gg \tau_2$）。如果要求有一个较好的环路响应（Loop Response），可以采用含有附加极点的高阶滤波器。

环路滤波器的输出为 VCO 提供控制电压 $v(t)$。VCO 基本上是一个正弦信号发生器，其瞬时相位为

$$2\pi f_c t+\hat{\phi}(t)=2\pi f_c t+K\int_{-\infty}^{t} v(\tau)\,d\tau \quad (5\text{-}2\text{-}15)$$

式中，K 是以弧度/伏（rad/V）为单位的增益常数。因此

$$\hat{\phi}(t)=K\int_{-\infty}^{t} v(\tau)\,d\tau \quad (5\text{-}2\text{-}16)$$

将输入信号与 VCO 输出相乘并忽略倍频项，可以将 PLL 简化成如图 5-2-4 所示的等效闭环系统模型。相位差为 $\hat{\phi}-\phi$ 的正弦函数使得这个系统是非线性的，因此存在噪声时系统的性能分析也是非线性的，但对于某些简单的环路滤波器，这种性能分析在数学上是比较容易的。

正常运行时，环路跟踪输入的载波相位，相位差 $\hat{\phi}-\phi$ 比较小，因此

$$\sin(\hat{\phi}-\phi)\approx\hat{\phi}-\phi \qquad (5\text{-}2\text{-}17)$$

基于这个近似式，PLL 成为线性的并可以由闭环传递函数

$$H(s)=\frac{KG(s)/s}{1+KG(s)/s} \qquad (5\text{-}2\text{-}18)$$

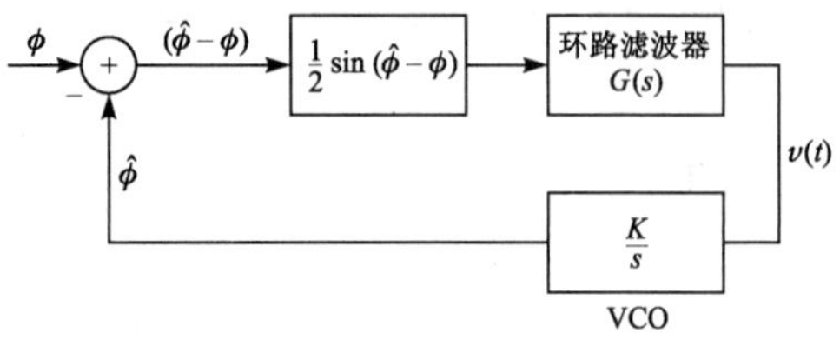

图 5-2-4　锁相环的等效闭环系统模型

表征（因子 1/2 已归并到增益参数 K 中）。将式（5-2-14）的 $G(s)$代入式（5-2-18），可得到

$$H(s)=\frac{1+\tau_2 s}{1+(\tau_2+1/K)s+(\tau_1/K)s^2} \qquad (5\text{-}2\text{-}19)$$

因此，当 $G(s)$由式（5-2-14）确定时，线性化 PLL 的闭环系统是二阶的。参数 τ_2 控制零点的位置，而 K 和 τ_1 用来控制闭环系统的极点位置。习惯上将 $H(s)$的分母表示成标准形式

$$D(s)=s^2+2\zeta\omega_n s+\omega_n^2 \qquad (5\text{-}2\text{-}20)$$

式中，ζ 称为环路阻尼因子（Loop Damping Factor），而 ω_n 是环路的自然频率（Natural Frequency）。以环路参数 $\omega_n=\sqrt{K/\tau_1}$ 和 $\zeta=\omega_n(\tau_2+1/K)/2$ 来表示，闭环传递函数为

$$H(s)=\frac{(2\zeta\omega_n-\omega_n^2/K)s+\omega_n^2}{s^2+2\zeta\omega_n s+\omega_n^2} \qquad (5\text{-}2\text{-}21)$$

环路的（单边）等效噪声带宽是（参见习题 2-52）

$$B_{\mathrm{eq}}=\frac{\tau_2^2(1/\tau_2^2+K/\tau_1)}{4(\tau_2+1/K)}=\frac{1+(\tau_2\omega_n)^2}{8\zeta/\omega_n} \qquad (5\text{-}2\text{-}22)$$

作为归一化频率 ω/ω_n 函数的幅度响应 $20\log|H(\omega)|$如图 5-2-5 所示，其中阻尼因子 ζ 作为一个参数且 $\tau_1\gg 1$。注意，$\zeta=1$ 导致一个临界阻尼环路响应，$\zeta<1$ 产生一个欠阻尼响应，而 $\zeta>1$ 产生一个过阻尼响应。

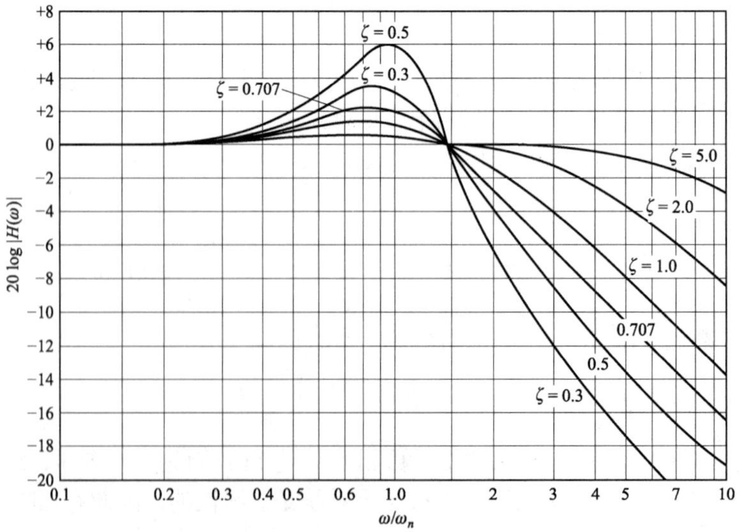

图 5-2-5　归一化频率 ω/ω_n 函数的幅度响应 $20\log|H(\omega)|$

在实践中，PLL 带宽的选择涉及响应速度与相位估计值中的噪声之间的折中问题。一方面，希望选择环路的带宽要足够宽，以跟踪接收载波相位的任何时变；另一方面，宽带 PLL 会使更多的噪声进入环路，这会恶化相位估计。下面，我们将评估噪声在相位估计质量中的影响。

5.2.3　加性噪声对相位估计的影响

为了评估噪声对载波相位估计的影响，假定在 PLL 输入端的噪声是窄带的，并假定 PLL 跟踪一个正弦信号，其形式为

$$s(t) = A_c \cos[2\pi f_c t + \phi(t)] \tag{5-2-23}$$

它被加性窄带噪声

$$n(t) = x(t)\cos 2\pi f_c t - y(t)\sin 2\pi f_c t \tag{5-2-24}$$

恶化。假定该噪声的同相分量和正交分量是统计独立的平稳高斯过程，且（双边）功率谱密度为 $N_0/2$ W/Hz。利用三角恒等式，式（5-2-24）中的噪声项可以表示为

$$n(t) = n_i(t)\cos[2\pi f_c t + \phi(t)] - n_q(t)\sin[2\pi f_c t + \phi(t)] \tag{5-2-25}$$

式中

$$\begin{aligned} n_i(t) &= x(t)\cos\phi(t) + y(t)\sin\phi(t) \\ n_q(t) &= -x(t)\sin\phi(t) + y(t)\cos\phi(t) \end{aligned} \tag{5-2-26}$$

注意

$$n_i(t) + \mathrm{j}n_q(t) = [x(t) + \mathrm{j}y(t)]\mathrm{e}^{-\mathrm{j}\phi(t)}$$

所以正交分量 $n_i(t)$和 $n_q(t)$具有与 $x(t)$和 $y(t)$完全一样的统计特性。

如果用 VCO 的输出去乘 $s(t)+n(t)$并忽略倍频项，则环路滤波器的输入是受噪声恶化的信号，即

$$e(t) = A_c \sin\Delta\phi + n_i(t)\sin\Delta\phi - n_q(t)\cos\Delta\phi = A_c\sin\Delta\phi + n_1(t) \tag{5-2-27}$$

式中，定义$\Delta\phi=\hat{\phi}-\phi$为相位差。因此，我们得到具有加性噪声的 PLL 的等效模型，如图 5-2-6 所示。

当输入信号的功率 $P_c=A_c^2/2$ 比噪声功率大得多时，可以将 PLL 线性化，从而容易求出加性噪声对估计值$\hat{\phi}$的影响。在这些条件下，具有加性噪声的线性化 PLL 的模型如图 5-2-7 所示。注意，若噪声项以 $1/A_c$ 进行标尺变换，即噪声项成为

$$n_2(t) = \frac{n_i(t)}{A_c}\sin\Delta\phi - \frac{n_q(t)}{A_c}\cos\Delta\phi \tag{5-2-28}$$

则增益参数 A_c 可以归一化为 1。噪声项 $n_2(t)$是零均值高斯的且功率谱密度为 $N_0/2A_c^2$。

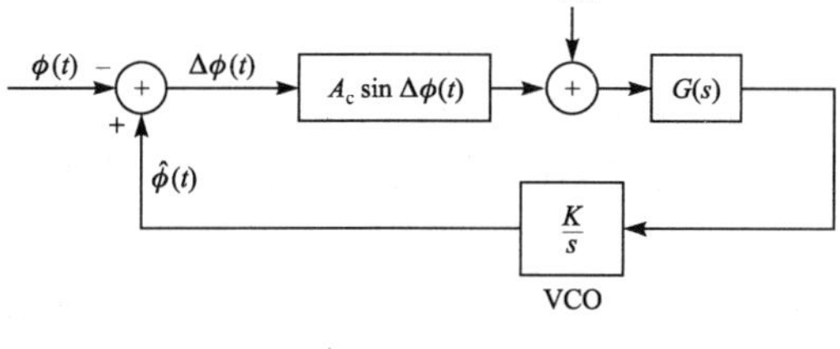

图 5-2-6　具有加性噪声的 PLL 的等效模型

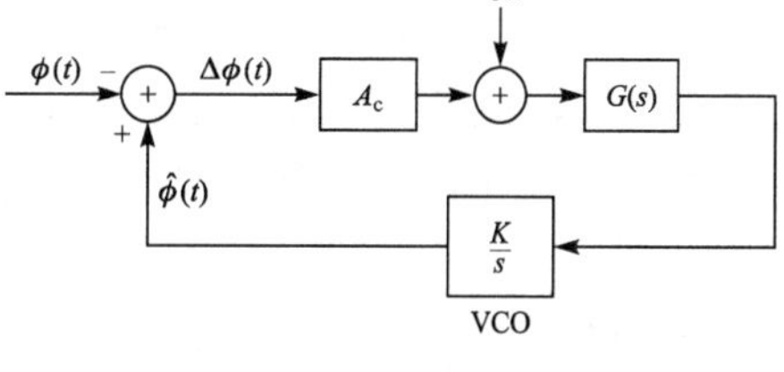

图 5-2-7　具有加性噪声的线性化 PLL 模型

因为在环路输入端的噪声 $n_2(t)$是加性的，所以相位差$\Delta\phi$的方差，也就是 VCO 输出相位

的方差，为

$$\sigma_{\phi}^{2}=\frac{N_0}{2A_c^2}\int_{-\infty}^{\infty}|H(f)|^2\,\mathrm{d}f=\frac{N_0}{A_c^2}\int_{0}^{\infty}|H(f)|^2\,\mathrm{d}f=\frac{N_0B_{eq}}{A_c^2} \tag{5-2-29}$$

式中，B_{eq}是环路的（单边）等效噪声带宽，由式（5-2-22）确定。注意σ_{ϕ}^{2}就是在 PLL 带宽内总的噪声功率除以信号功率 A^2 的比值，因此

$$\sigma_{\phi}^{2}=1/\gamma_L \tag{5-2-30}$$

式中，γ_L 定义为信噪比

$$\gamma_L=\frac{A_c^2}{N_0B_{eq}} \tag{5-2-31}$$

VCO 相位差的方差σ_{ϕ}^{2}的表达式适用于 SNR 足够高的情况，从而适用于 PLL 的线性模型。当 $G(s)$=1 时，为一阶环路，这时基于非线性 PLL 的精确分析在数学上是可行的。在这种情况下，可以导出相位差的概率密度函数［参见 Viterbi（1966）］为

$$p(\Delta\phi)=\frac{\exp(\gamma_L\cos\Delta\phi)}{2\pi \boldsymbol{I}_0(\gamma_L)} \tag{5-2-32}$$

式中，γ_L是由式（5-2-31）给出的 SNR，其中 B_{eq}是一阶环路的噪声带宽，$\boldsymbol{I}_0(\cdot)$是零阶修正贝塞尔函数。

由 $p(\Delta\phi)$的表达式可以得到一阶 PLL 相位差的方差的精确值，图 5-2-8 所示为精确的和近似的（线性模型）一阶 PLL 的 VCO 输出相位方差的比较。为了便于比较，图中还示出了由线性化 PLL 模型得到的结果。注意，当γ_L>3 时，线性模型的方差很接近精确的方差，因此该线性模型是适当的。

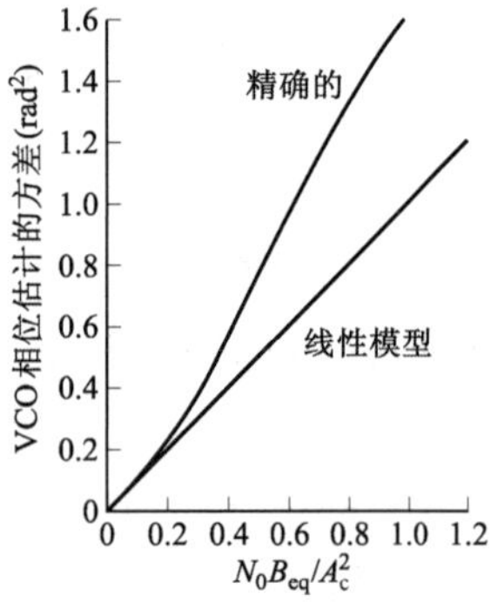

图 5-2-8 精确的和近似的（线性模型）一阶 PLL 的 VCO 输出相位方差的比较

学者们对非线性 PLL 相位误差统计特性的近似分析也已进行了研究，特别重要的是在初始捕获期间 PLL 的瞬态性能，以及低 SNR 时的 PLL 性能。例如，当 PLL 输入端的 SNR 下降到某个值以下时，PLL 的性能会迅速恶化，环路开始失去锁定并产生如同“喀呖”声特征的冲激噪声，这将使环路的性能下降。这些研究成果在 Viterbi（1966）、Lindsey（1972）、Lindsey & Simon（1973）、Gardner 等（1979）的著作，以及 Gupta（1975）、Lindsey 和 Chie（1981）的论文中有述。

至此，我们研究了载波信号未调制时的载波相位估计，下面将研究当信号携带信息时载波相位的恢复。

5.2.4 面向判决环

当信号 $s(t;\phi)$携带信息序列$\{I_n\}$时，在式（5-2-9）或式（5-2-10）的最大化时就存在问题了。在这种情况下，我们可以假定$\{I_n\}$是已知的，或者将$\{I_n\}$作为随机序列来处理，并在其统计特性上求平均。

在面向判决参数估计中，假定在观测时间区间上信息序列已经被估计出来，并且不存在解调差错，即$\tilde{I}_n=I_n$，其中$\tilde{I}_n$表示信息 I_n 的检测值。在这种情况下，除载波相位之外，$s(t;\phi)$是已知的。

下面我们研究线性调制技术中的面向判决相位的估计，此类调制的接收等效低通信号可以表示为

$$r_l(t)=\mathrm{e}^{-\mathrm{j}\phi}\sum_n I_n g(t-nT)+z(t)=s_l(t)\mathrm{e}^{-\mathrm{j}\phi}+z(t) \tag{5-2-33}$$

式中，如果假定序列$\{I_n\}$是已知的，则 $s_l(t)$是已知信号。等效低通信号的似然函数及其相应的对数似然函数（Log-Likelihood Function）是

$$\Lambda(\phi)=C\exp\left\{\mathrm{Re}\left[\frac{1}{N_0}\int_{T_0} r_l(t)s_l^*(t)\mathrm{e}^{\mathrm{j}\phi}\,\mathrm{d}t\right]\right\} \tag{5-2-34}$$

$$\Lambda_{\mathrm{L}}(\phi)=\mathrm{Re}\left\{\left[\frac{1}{N_0}\int_{T_0} r_l(t)s_l^*(t)\,\mathrm{d}t\right]\mathrm{e}^{\mathrm{j}\phi}\right\} \tag{5-2-35}$$

如果在式（5-2-35）中代入 $s_l(t)$并假定观测时间区间 $T_0=KT$（K 是正整数），则

$$\Lambda_{\mathrm{L}}(\phi)=\mathrm{Re}\left\{\mathrm{e}^{\mathrm{j}\phi}\frac{1}{N_0}\sum_{n=0}^{K-1}I_n^*\int_{nT}^{(n+1)T} r_l(t)g^*(t-nT)\,\mathrm{d}t\right\}=\mathrm{Re}\left\{\mathrm{e}^{\mathrm{j}\phi}\frac{1}{N_0}\sum_{n=0}^{K-1}I_n^*y_n\right\} \tag{5-2-36}$$

式中，定义

$$y_n=\int_{nT}^{(n+1)T} r_l(t)g^*(t-nT)\,\mathrm{d}t \tag{5-2-37}$$

注意，y_n 是在第 n 个信号间隔中匹配滤波器的输出。由式（5-2-36），将对数似然函数

$$\Lambda_{\mathrm{L}}(\phi)=\mathrm{Re}\left(\frac{1}{N_0}\sum_{n=0}^{K-1}I_n^*y_n\right)\cos\phi-\mathrm{Im}\left(\frac{1}{N_0}\sum_{n=0}^{K-1}I_n^*y_n\right)\sin\phi$$

对ϕ 微分并令其等于零，容易得到ϕ的 ML 估计值。因此

$$\hat{\phi}_{\mathrm{ML}}=-\arctan\left[\mathrm{Im}\left(\sum_{n=0}^{K-1}I_n^*y_n\right)\Big/\mathrm{Re}\left(\sum_{n=0}^{K-1}I_n^*y_n\right)\right] \tag{5-2-38}$$

我们将式（5-2-38）中的$\hat{\phi}_{\mathrm{ML}}$ 称为面向判决（或判决反馈）的载波相位估计。容易证明（习题 5-10）$\hat{\phi}_{\mathrm{ML}}$ 的均值是ϕ，因此估计值是无偏的，而且采用 4.3.2 节所述的方法可以得出$\hat{\phi}_{\mathrm{ML}}$ 的 PDF（习题 5-11）。

图 5-2-9 示出了具有面向判决载波相位估计的双边带 PAM 信号接收机的方框图，它把式（5-2-38）表示的面向判决载波相位估计结合在了一起。

PAM 信号接收机的另一种实现方案是采用判决反馈 PLC 的载波恢复，如图 5-2-10 所示，该方案使用了判决反馈 PLL（DFPLL）的载波相位估计。接收的双边带 PAM 信号为 $A(t)\cos(2\pi f_c t+\phi)$，其中 $A(t)=A_m g(t)$ 且假定 $g(t)$是持续时间为 T 的矩形脉冲。该接收信号乘以由 VCO 输出的正交载波 $c_i(t)$和 $c_q(t)$，该载波由式（5-2-5）给出。乘积信号

$$r(t)\cos(2\pi f_c t+\hat{\phi})=\frac{1}{2}[A(t)+n_i(t)]\cos\Delta\phi-\frac{1}{2}n_q(t)\sin\Delta\phi+\text{倍频项} \tag{5-2-39}$$

用来恢复 $A(t)$所携带的信息。检测器每 T 秒对接收到的符号进行一次判决。因此，在无判决差错的情况下，它可以重构无任何噪声的 $A(t)$。这个重构的信号用来乘以第二个正交乘法器的乘积信号，该乘积信号已延迟了 T 秒，以允许解调器进行一个判决。因此，在无判决差错的情况下，环路滤波器的输入是误差信号

$$\begin{aligned}e(t)&=\frac{1}{2}A(t)\{[A(t)+n_i(t)]\sin\Delta\phi-n_q(t)\cos\Delta\phi\}+\text{倍频项}\\&=\frac{1}{2}A^2(t)\sin\Delta\phi+\frac{1}{2}A(t)[n_i(t)\sin\Delta\phi-n_q(t)\cos\Delta\phi]+\text{倍频项}\end{aligned} \tag{5-2-40}$$

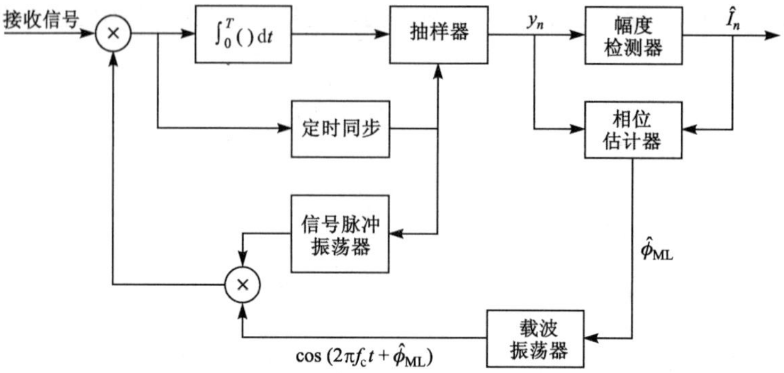

图 5-2-9　具有面向判决载波相位估计的双边带 PAM 信号接收机方框图

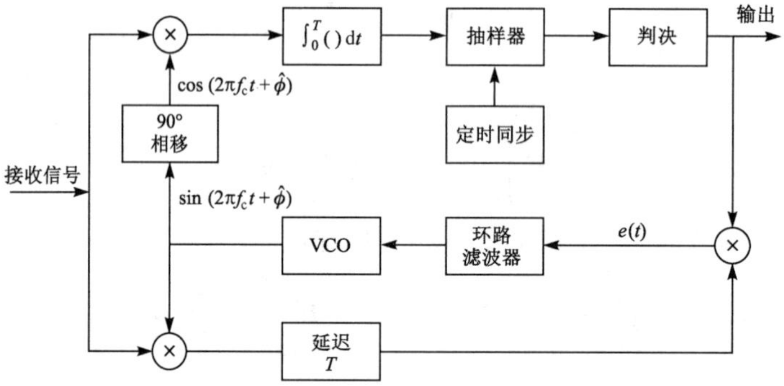

图 5-2-10　采用判决反馈 PLL 的载波恢复

环路滤波器是低通的，因此它滤除了 $e(t)$中的倍频项。期望的分量是 $A^2(t)\sin\Delta\phi$，它包含相位差，以驱动该环路。

式（5-2-38）的 ML 估计也适用于 QAM。图 5-2-11 示出了具有面向判决载波相位估计的 QAM 信号接收机方框图。

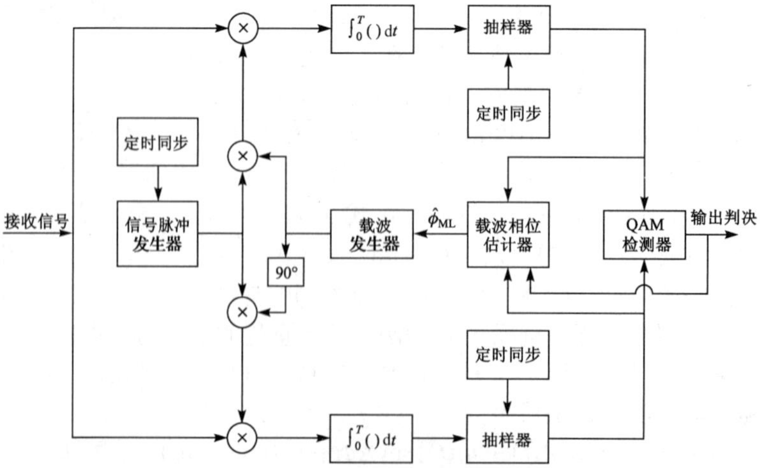

图 5-2-11　具有面向判决载波相位估计的 QAM 信号接收机方框图

在 M-PSK 的情况下，DFPLL 的结构如图 5-2-12 所示。接收信号被解调，产生相位估计值

$$\hat{\theta}_m = \frac{2\pi}{M}(m-1)$$

在无判决差错的情况下，这就是发送信号的相位 θ_m。两个正交乘法器的输出时延符号间隔为 T，再乘以 $\cos\theta_m$ 和 $\sin\theta_m$，可得到

$$\begin{aligned}
&r(t)\cos(2\pi f_c t+\hat{\phi})\sin\theta_m \\
&\quad = \tfrac{1}{2}[A\cos\theta_m + n_i(t)]\sin\theta_m\cos(\phi-\hat{\phi}) - \tfrac{1}{2}[A\sin\theta_m + n_q(t)]\sin\theta_m\sin(\phi-\hat{\phi}) + \text{倍频项} \\
&r(t)\sin(2\pi f_c t+\hat{\phi})\cos\theta_m \\
&\quad = -\tfrac{1}{2}[A\cos\theta_m + n_i(t)]\cos\theta_m\sin(\phi-\hat{\phi}) - \tfrac{1}{2}[A\sin\theta_m + n_q(t)]\cos\theta_m\cos(\phi-\hat{\phi}) + \text{倍频项}
\end{aligned} \tag{5-2-41}$$

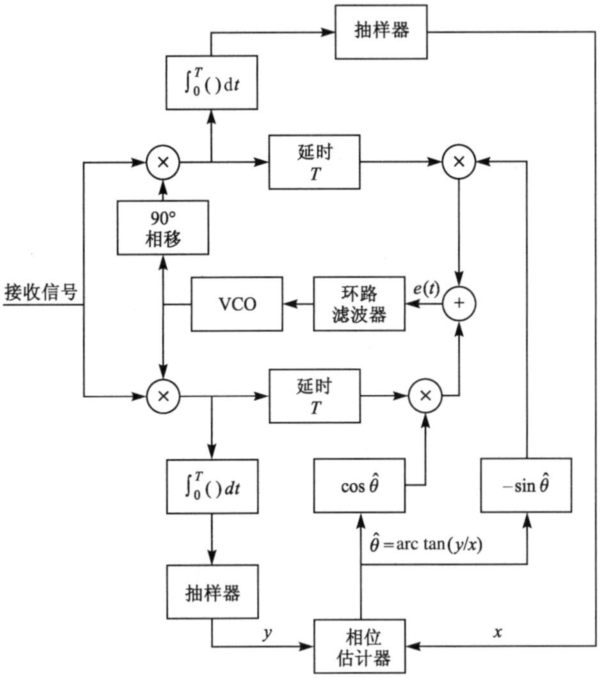

图 5-2-12　M-PSK 时的 DFPLL 的结构

两个信号相加而生成误差信号

$$\begin{aligned}
e(t) = &-\frac{1}{2}A\sin(\phi-\hat{\phi}) + \tfrac{1}{2}n_i(t)\sin(\phi-\hat{\phi}-\theta_m) \\
&+\frac{1}{2}n_q(t)\cos(\phi-\hat{\phi}-\theta_m) + \text{倍频项}
\end{aligned} \tag{5-2-42}$$

这个误差信号是环路滤波器的输入，为 VCO 提供控制信号。

可以看到，在式（5-2-42）中，两个正交噪声分量呈现为加性项，不存在像在 M 方律器件中那样的两个噪声分量的乘积项，这种器件将在下一节中描述。因此，也就没有与判决反馈 PLL 相关联的附加的功率损失。

这种 M 相位跟踪环具有 $360^\circ/M$ 的相位模糊，这就要求在发送之前对信息序列进行差分编码，并且在解调之后对接收序列进行差分译码来恢复信息。

式（5-2-38）中 ML 估计对 QAM 也是适用的。偏移 QPSK 的 ML 估计也容易获得（习题 5-12），其方法是将式（5-2-35）中的对数似然函数最大化，其中 $s_1(t)$为

$$s_1(t)=\sum_n I_n g(t-nT)+\mathrm{j}\sum_n J_n g(t-nT-T/2) \tag{5-2-43}$$

式中，$I_n=\pm1$ 且 $J_n=\pm1$。

最后应当指出，CPM 信号的载波相位恢复可以采用 PLL，以面向判决的方式来实现。由 4.3 节所描述的 CPM 信号最佳解调器可以生成一个误差信号，通过环路滤波器滤波，输出驱动一个 PLL。我们也可以采用 CPM 信号的线性表达式，那么就可使用式（5-2-38）给出的载波相位估计器的推广形式，其中接收信号与线性表达式中的每一个脉冲进行互相关运算。在 Mengali & D'Andrea（1997）著作中综述了 CPM 的载波相位恢复技术。

5.2.5 非面向判决环

若不采用面向判决方案来获得相位估计，可以将数据处理为随机变量，并在最大化前将 $\Lambda(\phi)$对这些随机变量求平均。为了计算这个积分，如果已知数据的实际概率分布函数，即可使用它；或者假定某种概率分布，该分布是对真实分布的合理近似。下面的例子说明了第一种方法。

例 5-2-2 假设实信号 $s(t)$采用二进制调制，那么在一个信号间隔内，有

$$s(t)=A\cos 2\pi f_c t,\qquad 0\leqslant t\leqslant T$$

式中，$A=\pm1$ 且等概。显然，A 的 PDF 为

$$p(A)=\frac{1}{2}\delta(A-1)+\frac{1}{2}\delta(A+1)$$

那么，由式（5-2-9）给出的似然函数$\Lambda(\phi)$是以给定 A 值为条件的，从而必须在这两个值上进行平均。因此，

$$\begin{aligned}\bar{\Lambda}(\phi)&=\int_{-\infty}^{\infty}\Lambda(\phi)p(A)\,\mathrm{d}A\\&=\frac{1}{2}\exp\left[\frac{2}{N_0}\int_0^T r(t)\cos(2\pi f_c t+\phi)\,\mathrm{d}t\right]+\frac{1}{2}\exp\left[-\frac{2}{N_0}\int_0^T r(t)\cos(2\pi f_c t+\phi)\,\mathrm{d}t\right]\\&=\cosh\left[\frac{2}{N_0}\int_0^T r(t)\cos(2\pi f_c t+\phi)\,\mathrm{d}t\right]\end{aligned}$$

且相应的对数似然函数是

$$\bar{\Lambda}_{\mathrm{L}}(\phi)=\ln\cosh\left[\frac{2}{N_0}\int_0^T r(t)\cos(2\pi f_c t+\phi)\,\mathrm{d}t\right] \tag{5-2-44}$$

如果对 $\bar{\Lambda}_{\mathrm{L}}(\phi)$ 微分并且令导数等于零，可得到非面向判决估计的 ML 估计。但式（5-2-44）中的函数关系是高度非线性的，因此很难得到精确的解答，但可能得到近似的解答，尤其是对于

$$\ln\cosh x=\begin{cases}x^2/2, & |x|\ll 1\\ |x|, & |x|\gg 1\end{cases} \tag{5-2-45}$$

采用上述近似，求解ϕ 就容易多了。

在这个例子中，我们在两个可能的信息符号值上平均。当信息符号有 M 个值时，其中 M 比较大，则平均运算产生被估计参数的高度非线性函数。在这种情况下，可以假定信息符号是连续随机变量，从而将问题简化。例如，假定信息符号是零均值高斯的。下面的例子将说

明这种近似方法，并求平均似然函数。

例 5-2-3　研究与例 5-2-2 中同样的信号，但是现在假定幅度 A 是零均值高斯的且具有单位方差，因此

$$p(A)=\frac{1}{\sqrt{2\pi}}\mathrm{e}^{-A^2/2}$$

如果在假定的 A 的 PDF 上对 $\Lambda(\phi)$ 求平均，则得到的平均似然函数 $\bar{\Lambda}(\phi)$ 为

$$\bar{\Lambda}(\phi)=C\exp\left\{\left[\frac{2}{N_0}\int_0^T r(t)\cos(2\pi f_c t+\phi)\,\mathrm{d}t\right]^2\right\} \tag{5-2-46}$$

以及相应的对数似然函数

$$\bar{\Lambda}_{\mathrm{L}}(\phi)=\left[\frac{2}{N_0}\int_0^T r(t)\cos(2\pi f_c t+\phi)\,\mathrm{d}t\right]^2 \tag{5-2-47}$$

对 $\bar{\Lambda}_{\mathrm{L}}(\phi)$ 微分并令导数为零，可得到 ϕ 的 ML 估计值。

在假设是高斯的情况下，对数似然函数是平方的，而在 $r(t)$ 与 $s(t;\phi)$ 的互相关值比较小的时候，它近似是平方的，正如式（5-2-45）中所指出的。换言之，如果在单个间隔上互相关值比较小，对信息符号分布的高斯假设就可得到对数似然函数的较好近似。

鉴于这些结果，可以对观测间隔 $T_0=KT$ 内的所有信息符号采用高斯假设。具体来讲，假定 K 个信息符号是统计独立且同分布的，在间隔 $T_0=KT$ 内，对 K 个信息符号中的每一个将似然函数 $\Lambda(\phi)$ 在高斯 PDF 上求平均，则结果为

$$\bar{\Lambda}(\phi)=C\exp\left\{\sum_{n=0}^{K-1}\left[\frac{2}{N_0}\int_{nT}^{(n+1)T} r(t)\cos(2\pi f_c t+\phi)\,\mathrm{d}t\right]^2\right\} \tag{5-2-48}$$

如果取式（5-2-48）的对数，再求对数似然函数的微分并令导数等于零，可得到 ML 估计的条件为

$$\sum_{n=0}^{K-1}\int_{nT}^{(n+1)T} r(t)\cos(2\pi f_c t+\hat{\phi})\,\mathrm{d}t\int_{nT}^{(n+1)T} r(t)\sin(2\pi f_c t+\hat{\phi})\,\mathrm{d}t=0 \tag{5-2-49}$$

可以进一步处理这个方程，但它的当前形式给出了图 5-2-13 所示的跟踪环的结构，可用于 PAM 信号载波相位估计的非面向判决 PLL，该环与下面所述的科斯塔斯（Costas）环相似。注意，积分器输出的两个信号相乘破坏了信息符号所带的正负号。加法器起着环路滤波器的作用。在跟踪环的结构中，加法器可以用一个滑动窗口的数字滤波器实现，或者用一个具有对过去数据指数加权的低通数字滤波器实现。

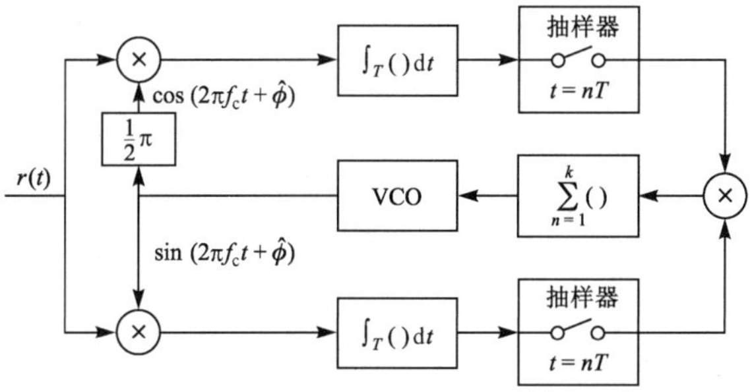

图 5-2-13　用于 PAM 信号载波相位估计的非面向判决 PLL 的跟踪环结构

以类似的方式，可以导出 QAM 和 M-PSK 的非面向判决 ML 相位估计。着手点在于将式（5-2-9）的似然函数在数据的统计特性上求平均。这里，在对信息序列求平均时，可以再次使用高斯近似（复值信息符号的二维高斯）。

1．平方环

平方环（Squaring Loop）是一种非面向判决环，在实践中广泛用于建立双边带抑制载波信号（如 PAM）的载波相位。为了描述它的工作原理，下面研究数字已调 PAM 信号载波相位的估计问题，该信号为

$$s(t) = A(t)\cos(2\pi f_c t + \phi) \tag{5-2-50}$$

式中，$A(t)$携带数字信息。注意，当信号电平关于零电平对称时，$E[s(t)]=E[A(t)]=0$。因此，$s(t)$的平均值并不会在任何频率产生任何相位相干的频率分量，包括载波。由接收信号生成载波的一种方法是，将信号平方，从而生成一个 $2f_c$ 频率分量，用该分量驱动一个调谐在 $2f_c$ 上的锁相环（PLL），采用平方律器件的载波恢复如图 5-2-14 所示。

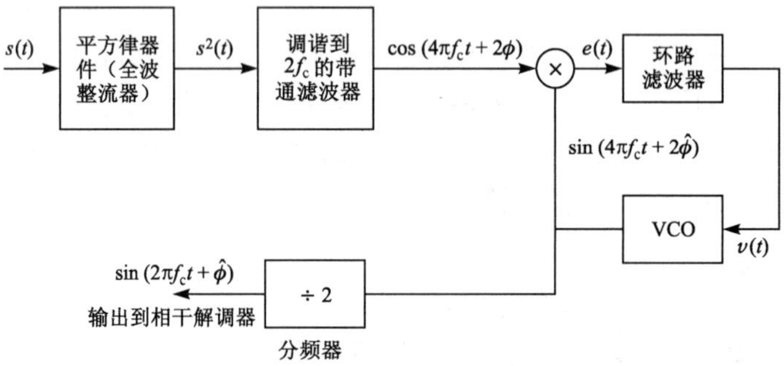

图 5-2-14　采用平方律器件的载波恢复

平方律器件（Square-Law Device）的输出是

$$s^2(t) = A^2(t)\cos^2(2\pi f_c t + \phi) = \tfrac{1}{2}A^2(t) + \tfrac{1}{2}A^2(t)\cos(4\pi f_c t + 2\phi) \tag{5-2-51}$$

因为调制是一个循环平稳随机过程，所以 $s^2(t)$的期望值是

$$E[s^2(t)] = \tfrac{1}{2}E[A^2(t)] + \tfrac{1}{2}E[A^2(t)]\cos(4\pi f_c t + 2\phi) \tag{5-2-52}$$

因此，在频率 $2f_c$ 处有功率存在。

如果平方律器件的输出通过一个调谐到式（5-2-51）中倍频项所示的带通滤波器，则滤波器的均值是一个频率为 $2f_c$、相位为ϕ且幅度为 $E[A^2(t)]H(2f_c)/2$ 的正弦信号，其中 $H(2f_c)$是滤波器在 $f=2f_c$ 点的增益。因此，平方律器件就由输入信号 $s(t)$产生了一个周期分量。实际上，$s(t)$的平方已除去了 $A(t)$中包含的正负号信息，从而在载波的两倍频率处产生与相位相干的频率分量，然后在 $2f_c$ 处滤波后的频率分量用于驱动 PLL。

平方运算导致噪声增强，使得 PLL 输入端噪声功率增加，从而使相位差的方差增加。

为了详细说明这一点，令平方环的输入为 $s(t)+n(t)$，其中 $s(t)$由式（5-2-50）确定，而 $n(t)$表示带通加性高斯噪声过程。将 $s(t)+n(t)$平方，得到

$$y(t) = s^2(t) + 2s(t)n(t) + n^2(t) \tag{5-2-53}$$

式中，$s^2(t)$是期望的信号分量，而其他两个分量是信号×噪声项和噪声×噪声项。通过计算这两个分量的自相关函数和功率密度谱，容易证明这两个分量在以 $2f_c$ 为中心频率的频带内有谱功率。因此，中心频率为$2f_c$且带宽为B_{bp}的带通滤波器产生了期望的正弦信号分量来驱动PLL，同时也让这两项引起的噪声得以通过。

因为环路的带宽明显小于带通滤波器的带宽，所以在 PLL 输入端的总噪声谱在环路带宽内可以近似为常数。这种近似得到相位差的方差的表达式为

$$\sigma_{\hat{\phi}}^2 = \frac{1}{\gamma_L S_L} \tag{5-2-54}$$

式中，S_L 称为平方损失，由式（5-2-55）确定，即

$$S_L = \left(1 + \frac{B_{bp}/2B_{eq}}{\gamma_L}\right)^{-1} \tag{5-2-55}$$

因为 $S_L<1$，所以 S_L^{-1} 表示相位差的方差的增加，该相位差是由平方器产生的相加噪声（噪声×噪声项）引起的。例如，当$\gamma_L=B_{bp}/2B_{eq}$时，该损失为 3 dB。

可以看到，平方环中的 VCO 输出必须进行二分频，以生成锁相环的载波用来解调信号。应当注意，分频器的输出相对于接收信号相位有 180° 的相位模糊，因此二进制数据在发送之前必须进行差分编码，并在接收机中进行差分译码。

2．科斯塔斯（Costas）环

对双边带抑制载波信号生成一个适当调整相位的载波的另一个方法由图 5-2-15 所示的方框图来说明，该方案由 Costas（1956）提出，故称为科斯塔斯环。接收信号乘以由 VCO 输出的 $\cos(2\pi f_c t+\phi)$和 $\sin(2\pi f_c t+\phi)$，这两个乘积是

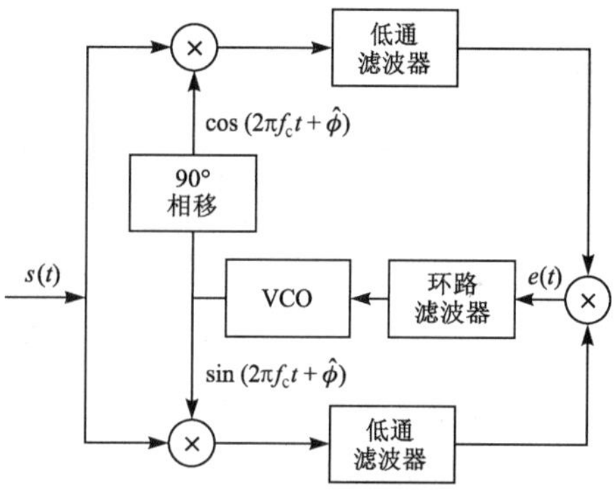

图 5-2-15　科斯塔斯环方框图

$$\begin{aligned} y_c(t) &= [s(t)+n(t)]\cos(2\pi f_c t+\hat{\phi}) \\ &= \frac{1}{2}[A(t)+n_i(t)]\cos\Delta\phi + \frac{1}{2}n_q(t)\sin\Delta\phi + \text{倍频项} \\ y_s(t) &= [s(t)+n(t)]\sin(2\pi f_c t+\hat{\phi}) \\ &= \frac{1}{2}[A(t)+n_i(t)]\sin\Delta\phi - \frac{1}{2}n_q(t)\cos\Delta\phi + \text{倍频项} \end{aligned} \tag{5-2-56}$$

式中，相位差$\Delta\phi=\hat{\phi}-\phi$，倍频项由相乘之后的低通滤波器滤除。

误差信号是由这两个滤波器的输出相乘产生的，因此

$$e(t) = \frac{1}{8}\{[A(t)+n_i(t)]^2 - n_q^2(t)\}\sin(2\Delta\phi) - \frac{1}{4}n_q(t)[A(t)+n_i(t)]\cos(2\Delta\phi) \tag{5-2-57}$$

该误差信号通过环路滤波器滤波，其输出是驱动 VCO 的控制电压。注意，科斯塔斯环与图 5-2-13 所示的 PLL 的相似性。

注意，进入环路滤波器的误差信号是由期望项 $A^2(t)\sin2(\hat{\phi}-\phi)$ 加上包含信号×噪声项和噪声×噪声项组成的。这些项类似于平方环中 PLL 输入端的两个噪声项。事实上，如果科斯塔斯环中的环路滤波器与平方环中的相同，则两个环路是等效的。在这个条件下，相位差的概率密度函数和两个环路的性能相同。

值得注意的是，在科斯塔斯环中用来滤除倍频项的最佳低通滤波器是一个匹配滤波器，它匹配于携带信息的信号中的信号脉冲。如果匹配滤波器作为低通滤波器，其输出可以在每一个信号间隔的终止时刻以比特速率抽样，而且离散时间信号样值可以用来驱动环路。匹配滤波器的使用可以使较小的噪声进入环路。

正如在平方环中那样，VCO 的输出包含 180° 相位模糊，因此有必要在发送之前对数据进行差分编码并且在解调器中进行差分译码。

3. 多相位信号的载波估计

当数字信息通过载波的 M 相调制发送时，可将上述的方法推广，以提供适当调整相位的载波用于解调。M 相接收信号（未考虑加性噪声）可以表示为

$$s(t) = A\cos\left[2\pi f_c t + \phi + \frac{2\pi}{M}(m-1)\right], \qquad m = 1, 2, \cdots, M \qquad (5\text{-}2\text{-}58)$$

式中，$2\pi(m-1)/M$ 表示信号相位中携带的信息分量。载波恢复是指除去携带信息的分量，从而得到未调载波 $\cos(2\pi f_c t+\phi)$。图 5-2-16 所示为采用 M 方律器件的 M-PSK 的载波恢复，该图示出了平方环的推广。信号通过一个 M 方律器件，该器件产生一些 f_c 的谐波，带通滤波器选择谐波 $\cos(2\pi M f_c t+M\phi)$来驱动 PLL。因为

$$\frac{2\pi}{M}(m-1)M = 2\pi(m-1) \equiv 0 \quad (\text{模 } 2\pi), \qquad m = 1, 2, \cdots, M$$

因此信息被除去。VCO 输出的是 $\sin(2\pi M f_c t+M\hat{\phi})$，所以该输出被 M 分频后产生 $\sin(2\pi f_c t+\hat{\phi})$，并且相移π/2 后来产生 $\cos(2\pi f_c t+\hat{\phi})$，最后将这些分量反馈给解调器。在这些参考正弦中存在 360° /M 的相位模糊，这可以在发送机中对数据采用差分编码并在接收机中在解调之后进行差分译码来克服。

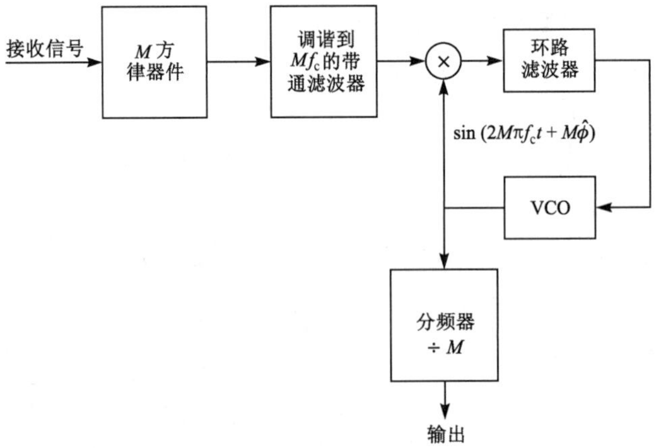

图 5-2-16　采用 M 方律器件的 M-PSK 的载波恢复

正如在平方 PLL 中，M 方 PLL 也是在噪声存在的情况下运行的，M 方律器件会增强噪声，该器件的输出为

$$y(t) = [s(t) + n(t)]^M$$

由加性噪声引起的 PLL 中相位差的方差为

$$\sigma_{\hat{\phi}}^2 = \frac{{S_{\mathrm{ML}}}^{-1}}{\gamma_{\mathrm{L}}} \tag{5-2-59}$$

式中，γ_{L} 是环路的 SNR，${S_{\mathrm{ML}}}^{-1}$ 是 M 相功率损失。Lindsey & Simon（1973）已计算出 $M = 4$ 和 $M = 8$ 时的 S_{ML}。

M-PSK 载波恢复的另一种方法是基于科斯塔斯环的，这种方法要求接收信号乘以形式为

$$\sin\left[2\pi f_{\mathrm{c}}t + \hat{\phi} + \frac{\pi}{M}(k-1)\right], \qquad k = 1, 2, \cdots, M$$

的 M 移相载波并低通过滤每个乘积，然后将低通滤波器的输出相乘来生成误差信号，由误差信号来激励环路滤波器，再给 VCO 提供控制信号。这种方法实现起来比较复杂，在实际中一般不采用。

4. 面向判决环与非面向判决环的比较

我们注意到，判决反馈锁相环（DFPLL）与科斯塔斯环的不同之处仅在于为了解调而检波 $A(t)$的方法。在科斯塔斯环中，用来检波 $A(t)$的两个正交信号都被噪声恶化；在 DFPLL 中，用来检波 $A(t)$的信号中仅有一个被噪声恶化。在噪声对估计值 $\hat{\phi}$ 的影响方面，平方环与科斯塔斯环相似，因此，假如解调器运行在差错概率低于 10^{-2} 的情况下，其中偶然的判决差错对 $\hat{\phi}$ 的影响可以忽略，此时 DFPLL 在性能上优于科斯塔斯环和平方环。Lindsey & Simon（1973）研究了科斯塔斯环中相位差的方差与 DFPLL 中的方差的定量比较，并证明了当比特信噪比在 0 dB 之上时 DFPLL 的方差是科斯塔斯环中相位差的方差的 1/10～1/4。

5.3 符号定时估计

在数字通信系统中，解调器的输出必须以符号速率周期性地在精确的抽样时刻 $t_m=mT+\tau$ 上抽样，其中 T 是符号间隔，而τ是信号从发送机到接收机传播时间的标称时延（Nominal Time Delay）。为了周期抽样，要求在接收机中有一个时钟。在接收机中提取这种时钟信号的处理过程通常称为符号同步（Symbol Synchronization）或定时恢复（Timing Recovery）。

定时恢复是同步数字通信系统的接收机中最关键的功能之一。应当注意，接收机不仅必须知道匹配滤波器或相关器输出的抽样频率（$1/T$），也要知道应该在每一个符号间隔的什么位置上抽样。在持续时间为 T 的符号间隔内，抽样时刻的选择称为定时相位（Timing Phase）。

符号同步有多种方式，在某些通信系统中，发送机和接收机的时钟都同步到一个主时钟上，该时钟提供一个非常精确的定时信号。在这种情况下，接收机必须估计和补偿发送机与接收信号之间的相对时延，甚低频（VLF）段（低于 30 kHz）的无线通信系统属于这种情况，该系统中由无线主站发送精确的时钟信号。

获得符号同步的一种方法是，发送机在发送信息信号的同时发送一个时钟频率 $1/T$ 或 $1/T$ 的倍频信号。接收机可以使用一个调谐到发送时钟频率上的窄带滤波器提取时钟信号，用来抽样，这种方法具有简单易行的优点，但也有缺点。一个缺点是时钟信号的传输占用发送机的有用功率，另一个缺点是时钟信号的传输占用一小部分有用的信道带宽。尽管有这些缺点，

但这种方法常用于电话传输系统，该系统使用比较大的带宽传输多个用户的信号。在这种情况下，信号解调中的时钟信号的传输被多个用户共享。通过这种时钟信号的共享使用，发送机功率和带宽分配上所付出的代价随用户数量的增加而成比例地减少。

时钟信号也可以从接收的数据信号中提取，在接收机中可以用不同的方法获得自同步（Self-Synchronization）。本节将讨论面向判决和非面向判决两种方法。

5.3.1 最大似然定时估计

首先求时延τ的 ML 估计值。如果信号是一个基带 PAM 波形，则它可表示为

$$r(t)=s(t;\tau)+n(t) \tag{5-3-1}$$

式中

$$s(t;\tau)=\sum_n I_n g(t-nT-\tau) \tag{5-3-2}$$

正如在 ML 相位估计中那样，定时估计器可分为两种类型，即面向判决定时估计器和非面向判决定时估计器。在前者中，将解调器输出的信息符号当成已知的发送序列，此时，对数似然函数为

$$\Lambda_{\mathrm{L}}(\tau)=C_{\mathrm{L}}\int_{T_0} r(t)s(t;\tau)\,\mathrm{d}t \tag{5-3-3}$$

若将式（5-3-2）代入式（5-3-3），可得到

$$\Lambda_{\mathrm{L}}(\tau)=C_{\mathrm{L}}\sum_n I_n\int_{T_0} r(t)g(t-nT-\tau)\,\mathrm{d}t=C_{\mathrm{L}}\sum_n I_n y_n(\tau) \tag{5-3-4}$$

式中，$y_n(\tau)$定义为

$$y_n(\tau)=\int_{T_0} r(t)g(t-nT-\tau)\,\mathrm{d}t \tag{5-3-5}$$

求τ 的 ML 估计值 $\hat{\tau}$ 的必要条件是

$$\frac{\mathrm{d}\Lambda_{\mathrm{L}}(\tau)}{\mathrm{d}\tau}=\sum_n I_n\frac{\mathrm{d}}{\mathrm{d}\tau}\int_{T_0} r(t)g(t-nT-\tau)\,\mathrm{d}t=\sum_n I_n\frac{\mathrm{d}}{\mathrm{d}\tau}[y_n(\tau)]=0 \tag{5-3-6}$$

式（5-3-6）中的结果给出了基带 PAM 信号的面向判决 ML 定时估计器，如图 5-3-1 所示。可以看到，定时估计器环路中的求和器作为环路滤波器，其带宽由求和器的滑动窗口的长度来控制。环路滤波器的输出驱动压控时钟（VCC）或压控振荡器，VCC 控制环路输入的抽样时间。因为在τ 的估计中使用了已检测信息序列$\{I_n\}$，所以该估计是面向判决的。

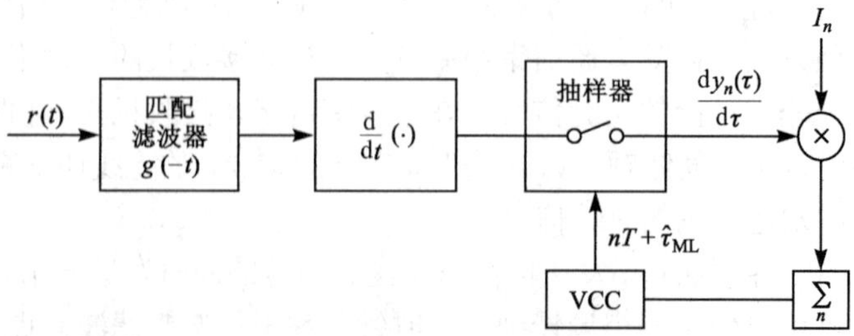

图 5-3-1　基带 PAM 信号的面向判决 ML 定时估计器

可以采用等效低通信号的处理方法，直接将上述基带 PAM 信号的 ML 定时估计的技术推广到载波已调信号的形式，如 QAM 和 PSK。因此，对于载波信号的符号定时的 ML 估计问题与对基带 PAM 信号的问题表述起来非常相似。

5.3.2　非面向判决定时估计

求非面向判决定时估计的方法是首先将$\Lambda(\tau)$在信息符号的 PDF 上求平均，得出$\overline{\Lambda}(\tau)$；再对$\overline{\Lambda}(\tau)$或 $\ln\overline{\Lambda}(\tau)=\overline{\Lambda}_{\mathrm{L}}(\tau)$进行微分来得到求最大似然估计值 $\hat{\tau}_{\mathrm{ML}}$ 的条件。

在二进制（基带）PAM 的情况中，其中 $I_n=\pm1$ 且等概，对数据求平均，可得

$$\overline{\Lambda}_{\mathrm{L}}(\tau)=\sum_n \ln\cosh[Cy_n(\tau)] \tag{5-3-7}$$

这正和在相位估计器中的情况一样。因为对于小的 x 有 $\ln\cosh x\approx x^2/2$，因此在低信噪比时平方律近似公式

$$\overline{\Lambda}_{\mathrm{L}}(\tau)\approx\frac{1}{2}C^2\sum_n y_n^2(\tau) \tag{5-3-8}$$

是适当的。对于多电平 PAM，可以用零均值且单位方差的高斯 PDF 来近似信息符号$\{I_n\}$的统计特征。将$\Lambda(\tau)$在高斯 PDF 上求平均时，$\overline{\Lambda}(\tau)$的对数与式（5-3-8）给出的$\overline{\Lambda}_{\mathrm{L}}(\tau)$相同。因此，对式（5-3-8）进行微分可得到$\tau$的非面向判决估计值，其结果是时延的 ML 估计值的近似值。

$$\frac{\mathrm{d}}{\mathrm{d}\tau}\sum_n y_n^2(\tau)=2\sum_n y_n(\tau)\frac{\mathrm{d}y_n(\tau)}{\mathrm{d}\tau}=0 \tag{5-3-9}$$

式中，$y_n(\tau)$由式（5-3-5）定义。

基于式(5-3-7)中$\overline{\Lambda}_{\mathrm{L}}(\tau)$微分的跟踪环的实现方案如图 5-3-2 所示，可用于二进制基带 PAM 的非面向判决定时估计。另外一种实现方案是基于式（5-3-9）的跟踪环，如图 5-3-3 所示，可用于基带 PAM 的非面向判决定时估计。在这两种方案中，求和器是用来驱动 VCC 的环路滤波器的。图 5-3-3 中的定时环与用于相位估计的科斯塔斯环相似。

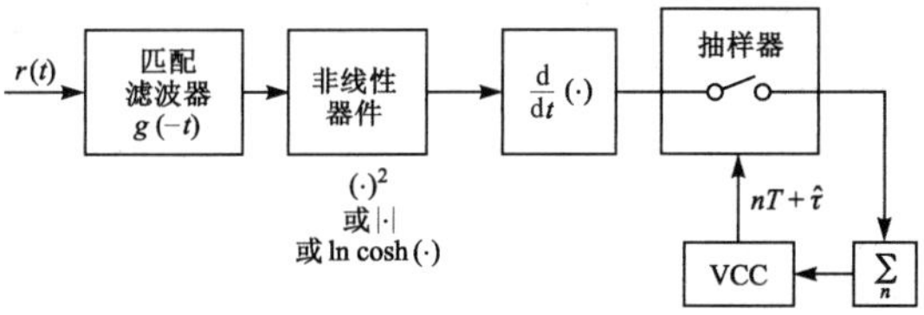

图 5-3-2　二进制基带 PAM 的非面向判决定时估计

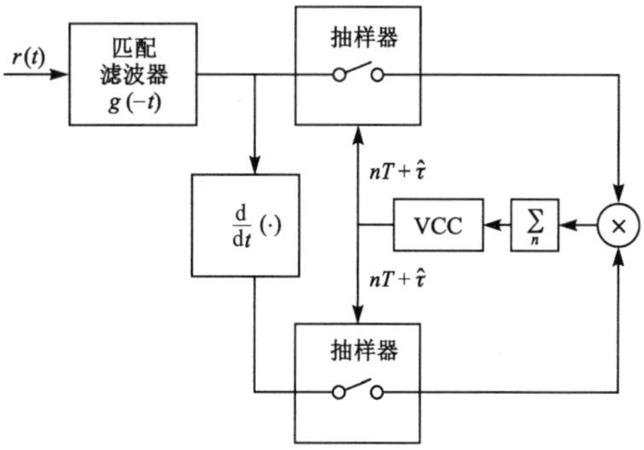

图 5-3-3　基带 PAM 的非面向判决定时估计

早-迟门同步器（Early-Late Gate Synchronizer）

另一种非面向判决定时估计器利用了匹配滤波器或相关器输出端信号的对称特性。为了说明这种方法，下面研究图 5-3-4（a）所示的矩形脉冲 $s(t)$，$0\leqslant t\leqslant T$。与 $s(t)$匹配的滤波器的

输出在 $t=T$ 时刻达到最大值，如图 5-3-4（b）所示。因此，匹配滤波器的输出是 $s(t)$的时间自相关函数。当然，这个论点对任意形状的脉冲都成立，所以我们介绍的方法一般适用于任何信号的脉冲。显然，匹配滤波器输出达到最大值的抽样时刻为 $t=T$，即在相关函数的峰值点。

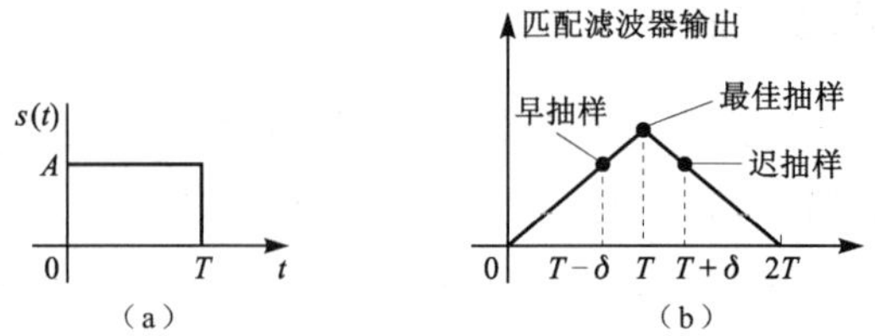

图 5-3-4　矩形信号脉冲（a）及匹配滤波器的输出（b）

在存在噪声的情况下，对信号峰值的辨识一般较困难。假定不在峰值点对信号进行抽样，而在 $t=T-\delta$ 时早抽样并且在 $t=T+\delta$ 时迟抽样。早抽样的绝对值$|y[m(T-\delta)]|$和迟抽样的绝对值$|y[m(T+\delta)]|$将比峰值样值$|y(mT)|$小（在存在噪声时的平均意义上）。因为自相关函数相对最佳抽样时刻 $t=T$ 是偶函数，所以在 $t=T-\delta$ 和 $t=T+\delta$ 时的自相关函数的绝对值相等。在这种条件下，恰当的抽样时刻是在 $t=T-\delta$与 $t=T+\delta$之间的中点。这一条件就构成早-迟门符号同步器的基础。

图 5-3-5 所示为早-迟门同步器的方框图。在该图中，相关器取代了等效的匹配滤波器。两个相关器在符号间隔 T 上进行积分，但是一个相关器比所估计的最佳抽样时刻提早δ 秒开始积分，而另一个积分器比所估计的最佳抽样时刻延迟δ 秒开始积分，两个相关器输出绝对值之差形成误差信号。为了平滑噪声对信号样值恶化的影响，将误差信号通过一个低通滤波器。如果定时偏离最佳抽样时刻，则低通滤波器输出的平均误差信号非零，且时钟信号是迟后的或提前的，这取决于误差的正负号。平滑的误差信号用来驱动压控时钟（VCC），VCC 的输出就是期望的时钟信号，用来抽样。同时，VCC 的输出也可用于符号波形发生器的时钟信号，该发生器能产生与发送滤波器一样的基本脉冲波形。这个脉冲波形被提前或延迟，然后馈送给两个相关器。注意，如果信号脉冲是矩形的，则在跟踪环内不需要符号波形发生器。

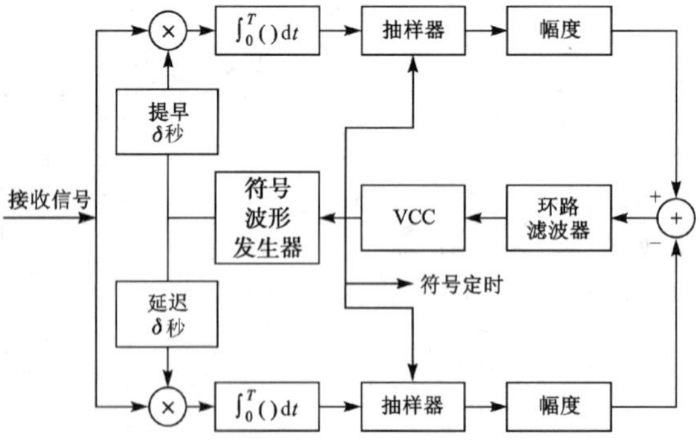

图 5-3-5　早-迟门同步器方框图

早-迟门同步器基本上是一个闭环控制系统，其带宽与符号速率 $1/T$ 相比较窄。环路的带宽决定了定时估计器的质量。如果信道传播时延是常数且发送机中的时钟振荡器不随时间而漂移（或随时间很缓慢地漂移），那么窄带环路在加性噪声上较长时间的平均就可改善抽样时刻估计的质量。另一方面，如果信道传播时延随时间而变化和/或发送机的时钟也随时间漂移，那么必须增加环路的带宽才能快速跟踪符号定时随时间的变化。

在该跟踪模式中，两个相关器受到邻近符号的影响。然而，正如 PAM 和其他信号调制中那样，如果信息符号序列的均值为 0，那么在低通滤波器中由邻近符号对相关器输出的影响平均是 0。

早-迟门同步器的一种等价的实现方案如图 5-3-6 所示，该方案较容易实现。在该方案中，VCC 产生的时钟信号被提前和延迟δ秒，并用这两个时钟信号对两个相关器的输出进行抽样。

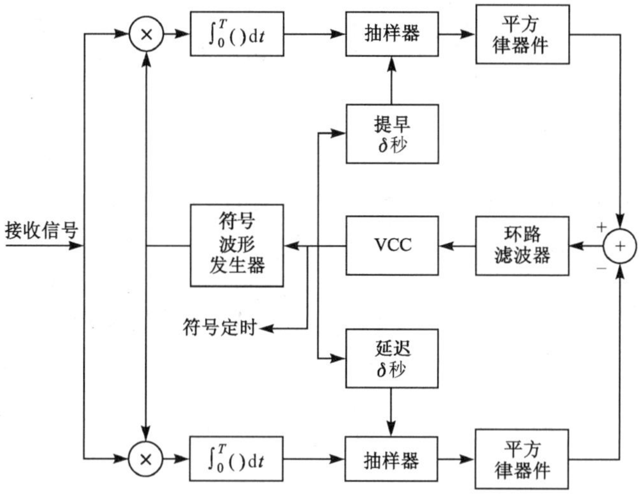

图 5-3-6　早-迟门同步器的一种等价的实现方案

以上所述的早-迟门同步器是一个非面向判决符号定时估计器，近似于最大似然估计器。这一断言可以证明如下：通过有限差近似对数似然函数的导数，即

$$\frac{\mathrm{d}\overline{\Lambda}_{\mathrm{L}}(\tau)}{\mathrm{d}\tau} \approx \frac{\overline{\Lambda}_{\mathrm{L}}(\tau+\delta)-\overline{\Lambda}_{\mathrm{L}}(\tau-\delta)}{2\delta} \tag{5-3-10}$$

将式（5-3-8）代入式（5-3-10）中，可得到导数的近似式为

$$\begin{aligned}\frac{\mathrm{d}\overline{\Lambda}_{\mathrm{L}}(\tau)}{\mathrm{d}\tau} &= \frac{C^2}{4\delta}\sum_n \left[y_n^2(\tau+\delta)-y_n^2(\tau-\delta)\right]\\ &\approx \frac{C^2}{4\delta}\sum_n\left\{\left[\int_{T_0} r(t)g(t-nT-\tau-\delta)\,\mathrm{d}t\right]^2-\left[\int_{T_0} r(t)g(t-nT-\tau+\delta)\,\mathrm{d}t\right]^2\right\}\end{aligned} \tag{5-3-11}$$

式（5-3-11）中的数学表达式基本上描述了图 5-3-5 和图 5-3-6 所示的早-迟门符号同步器执行的功能。

5.4　载波相位和符号定时的联合估计

载波相位和符号定时的估计可以如前文所述那样分别实现，也可以联合实现。两个或更多个信号参数的联合 ML 估计所产生的估计值等同于，甚至通常更好于由各自的似然函数最佳化得到的估计值。换言之，由联合最佳化得到信号参数的方差小于或等于由各自的似然函数最佳化得到的参数估计的方差。

下面研究载波相位和符号定时的联合估计。这两个参数的对数似然函数可用等效低通信号形式表示为

$$\Lambda_{\mathrm{L}}(\phi,\tau)=\mathrm{Re}\left[\frac{1}{N_0}\int_{T_0}r(t)s_1^*(t;\phi,\tau)\,\mathrm{d}t\right] \tag{5-4-1}$$

式中，$s_1(t;\phi,\tau)$是等效低通信号，它的一般形式为

$$s_1(t;\phi,\tau)=\mathrm{e}^{-\mathrm{j}\phi}\left[\sum_n I_n g(t-nT-\tau)+\mathrm{j}\sum_n J_n w(t-nT-\tau)\right] \tag{5-4-2}$$

式中，$\{I_n\}$和$\{J_n\}$为两个信息序列。

注意，对于 PAM，令 $J_n=0$（所有 n），且序列$\{I_n\}$是实的。对于 QAM 和 PSK，令 $J_n=0$（所有 n），且$\{I_n\}$是复值的。对于偏移 QPSK，两个序列$\{I_n\}$和$\{J_n\}$是非零的且 $w(t)=g(t-T/2)$。

对于ϕ和τ 面向判决 ML 估计，对数似然函数为

$$\Lambda_{\mathrm{L}}(\phi,\tau)=\mathrm{Re}\left\{\frac{\mathrm{e}^{\mathrm{j}\phi}}{N_0}\sum_n\left[I_n^* y_n(\tau)-\mathrm{j}J_n^* x_n(\tau)\right]\right\} \tag{5-4-3}$$

式中

$$\begin{aligned} y_n(\tau)&=\int_{T_0}r(t)g^*(t-nT-\tau)\,\mathrm{d}t\\ x_n(\tau)&=\int_{T_0}r(t)w^*(t-nT-\tau)\,\mathrm{d}t \end{aligned} \tag{5-4-4}$$

求ϕ和τ 的 ML 估计值的必要条件是

$$\frac{\partial\Lambda_{\mathrm{L}}(\phi,\tau)}{\partial\phi}=0,\qquad \frac{\partial\Lambda_{\mathrm{L}}(\phi,\tau)}{\partial\tau}=0 \tag{5-4-5}$$

为了方便，定义

$$A(\tau)+\mathrm{j}B(\tau)=\frac{1}{N_0}\sum\left[I_n^* y_n(\tau)-\mathrm{j}J_n^* x_n(\tau)\right] \tag{5-4-6}$$

利用这个定义，式（5-4-3）可简化为

$$\Lambda_{\mathrm{L}}(\phi,\tau)=A(\tau)\cos\phi-B(\tau)\sin\phi \tag{5-4-7}$$

式（5-4-5）中求联合 ML 估计值的条件为

$$\frac{\partial\Lambda_{\mathrm{L}}(\phi,\tau)}{\partial\phi}=-A(\tau)\sin\phi-B(\tau)\cos\phi=0 \tag{5-4-8}$$

$$\frac{\partial\Lambda_{\mathrm{L}}(\phi,\tau)}{\partial\tau}=\frac{\partial A(\tau)}{\partial\tau}\cos\phi-\frac{\partial B(\tau)}{\partial\tau}\sin\phi=0 \tag{5-4-9}$$

由式（5-4-8）可得

$$\hat{\phi}_{\mathrm{ML}}=-\arctan\left[\frac{B(\hat{\tau}_{\mathrm{ML}})}{A(\hat{\tau}_{\mathrm{ML}})}\right] \tag{5-4-10}$$

结合式（5-4-10）可得出式（5-4-9）的解为

$$\left[A(\tau)\frac{\partial A(\tau)}{\partial \tau}+B(\tau)\frac{\partial B(\tau)}{\partial \tau}\right]_{\tau=\hat{\tau}_{\mathrm{ML}}}=0 \qquad (5\text{-}4\text{-}11)$$

由这些方程可得到的 QAM 和 PSK 面向判决联合跟踪环如图 5-4-1 所示。

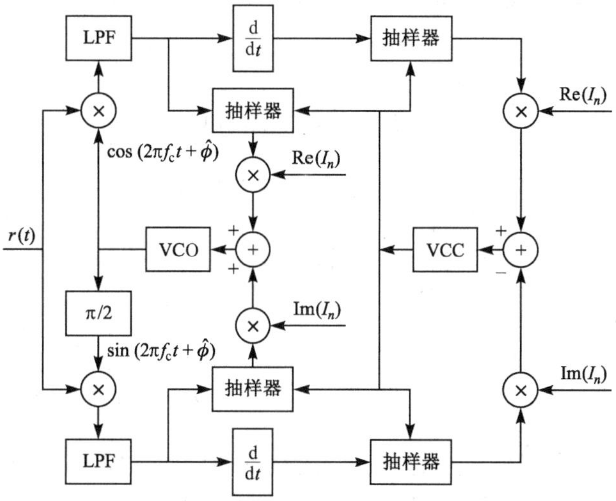

图 5-4-1　QAM 和 PSK 面向判决联合跟踪环

偏移 QPSK 的ϕ和τ 的联合估计需要较复杂的结构，该结构易从式（5-4-6）至式（5-4-11）导出。

除了上面给出的联合估计之外，有可能导出载波相位和符号定时的非面向判决估计，但本书不再讨论了。

应当指出，可以将参数估计问题与信息序列$\{I_n\}$的解调联合起来研究，也就是研究$\{I_n\}$、载波相位ϕ 和符号定时参数τ 的联合最大似然估计。这些联合估计问题的研究成果已发表在一些技术文献中，如 Kobayashi（1971）、Falconer（1976）以及 Falconer & Salz（1977）。

5.5　最大似然估计器的性能特征

信号参数估计的质量通常用其偏差及方差来度量。为了定义这两个术语，假定观测序列$\boldsymbol{x}=(x_1\ x_2\ x_3\cdots x_n)$具有 PDF $p(\boldsymbol{x}|\phi)$，可从中求出参数ϕ的估计值。估计值$\hat{\phi}(\boldsymbol{x})$的偏差定义为

$$\text{bias}=E[\hat{\phi}(\boldsymbol{x})]-\phi \qquad (5\text{-}5\text{-}1)$$

式中，ϕ是参数的真值。当 $E[\hat{\phi}(\boldsymbol{x})]=\phi$ 时，则称该估计值是无偏的。估计值$\hat{\phi}(\boldsymbol{x})$①的方差定义为

$$\sigma_{\hat{\phi}}^2=E\{[\hat{\phi}(\boldsymbol{x})]^2\}-\{E[\hat{\phi}(\boldsymbol{x})]\}^2 \qquad (5\text{-}5\text{-}2)$$

一般$\sigma_{\hat{\phi}}^2$的计算较困难。然而，在参数估计［参见 Helstrom（1968）］的一个众所周知的

① 原文中将$\hat{\phi}(\boldsymbol{x})$误写成$\hat{\phi}(x)$。

成果是均方误差的克拉默-罗（Cramér-Rao）下界限，其定义为

$$E\{[\hat{\phi}(\boldsymbol{x})-\phi]^2\} \geqslant \left\{\frac{\partial}{\partial\phi}E[\hat{\phi}(\boldsymbol{x})]\right\}^2 \Big/ E\left\{\left[\frac{\partial}{\partial\phi}\ln p(\boldsymbol{x}|\phi)\right]^2\right\} \tag{5-5-3}$$

注意，当无偏估计时，式（5-5-3）的分子是 1，并且该界限成为估计值$\hat{\phi}(\boldsymbol{x})$的方差$\sigma_{\hat{\phi}}^2$的下界限，即

$$\sigma_{\hat{\phi}}^2 \geqslant 1 \Big/ E\left\{\left[\frac{\partial}{\partial\phi}\ln p(\boldsymbol{x}|\phi)\right]^2\right\} \tag{5-5-4}$$

因为$\ln p(\boldsymbol{x}|\phi)$与对数似然函数的差别在于与$\phi$无关的常数因子，由此可得出

$$E\left\{\left[\frac{\partial}{\partial\phi}\ln p(\boldsymbol{x}|\phi)\right]^2\right\} = E\left\{\left[\frac{\partial}{\partial\phi}\ln \Lambda(\phi)\right]^2\right\} = -E\left\{\frac{\partial^2}{\partial\phi^2}\ln \Lambda(\phi)\right\} \tag{5-5-5}$$

因此，方差的下界限为

$$\sigma_{\hat{\phi}}^2 \geqslant 1 \Big/ E\left\{\left[\frac{\partial}{\partial\phi}\ln \Lambda(\phi)\right]^2\right\} = -1 \Big/ E\left[\frac{\partial^2}{\partial\phi^2}\ln \Lambda(\phi)\right] \tag{5-5-6}$$

该下界限是非常有用的结果，它为任何实际估计值方差与该下界限的比较提供了一个基准。无偏的且方差达到下界限的任何估计均称为有效估计。

通常，有效估计是很小的，当它们存在时，则是最大似然估计。参数估计理论中的一个众所周知的结果是，任何 ML 参数估计是渐近（任意大的观测次数）无偏和有效的。在很大程度上，这些性质构成了 ML 参数估计的重要性。我们知道，ML 估计是服从渐近高斯分布的，即具有均值为ϕ且方差等于式（5-5-6）的下界限。

本章所述的两个信号参数 ML 估计，它们的方差一般与信噪比成反比，或者等价于与信号功率同观测间隔 T_0 的乘积成反比，而且在低差错概率时，面向判决估计的方差一般低于非面向判决估计的方差。事实上，ϕ和τ 的 ML 面向判决估计的性能达到了下界限。

下例是对载波相位 ML 估计的克拉默-罗（Cramér-Rao）下界限的评估。

例 5-5-1 式（5-2-11）中未调载波相位的 ML 估计值满足条件

$$\int_{T_0} r(t)\sin(2\pi f_c t+\hat{\phi}_{\mathrm{ML}})\,\mathrm{d}t = 0 \tag{5-5-7}$$

式中

$$r(t) = s(t;\phi)+n(t) = A\cos(2\pi f_c t+\phi)+n(t) \tag{5-5-8}$$

式（5-5-7）的条件可由最大化似然函数

$$\Lambda_{\mathrm{L}}(\phi) = \frac{2}{N_0}\int_{T_0} r(t)s(t;\phi)\,\mathrm{d}t \tag{5-5-9}$$

来导出。$\hat{\phi}_{\mathrm{ML}}$ 的方差下界限为

$$\begin{aligned}\sigma_{\hat{\phi}_{\mathrm{ML}}}^2 &\geqslant \left\{\frac{2A}{N_0}\int_{T_0} E[r(t)]\cos(2\pi f_c t+\phi)\,\mathrm{d}t\right\}^{-1}\\ &\geqslant \left\{\frac{A^2}{N_0}\int_{T_0}\mathrm{d}t\right\}^{-1} = \frac{N_0}{A^2 T_0}\\ &\geqslant \frac{N_0/T_0}{A^2} = \frac{N_0 B_{\mathrm{eq}}}{A^2}\end{aligned} \tag{5-5-10}$$

式中，因子 $1/T_0$ 是理想积分器的（单边）等效噪声带宽，$N_0 B_{eq}$ 是总的噪声功率。

由此例可见，ML 相位估计的方差下界限为

$$\sigma^2_{\hat{\phi}_{ML}} \geqslant \frac{1}{\gamma_L} \tag{5-5-11}$$

式中，γ_L 是环路的 SNR，这也是面向判决估计的 PLL 中相位估计的方差。正如已看到的，非面向判决估计的性能不够好，这是由用来除去调制分量的非线性损失导致的，例如平方损失和 M 方损失。

也可以求得上面所推导的符号定时估计质量的类似结果。除了与 SNR 有关，符号定时估计质量还是信号脉冲形状的函数。例如，通常实用的脉冲形状具有升余弦谱（参见 9.2 节）。对于这样的脉冲，均方根（Root Mean Square，RMS）定时误差（$\sigma_{\hat{\tau}}$）是 SNR 的函数，如图 5-5-1 所示，可用于固定信号和环路带宽的基带符号定时估计的性能图中示出了面向判决和非面向判决估计的两种情况。注意，面向判决估计的性能比非面向判决估计有显著的改进。可是，如果改变脉冲带宽和脉冲形状，那么定时误差的 RMS 值也随之改变。例如，具有升余弦谱的脉冲带宽改变时，RMS 定时误差也随之改变，如图 5-5-2 所示，可用于固定 SNR 和固定环路带宽的基带符号定时估计的性能。注意，误差随脉冲带宽的增加而减少。

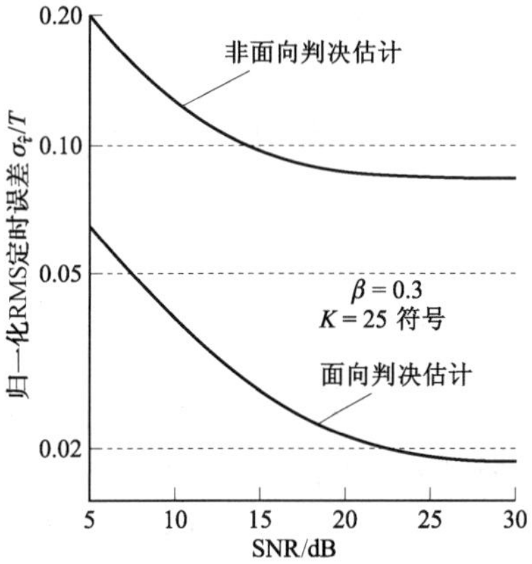

图 5-5-1　固定信号和环路带宽的基带符号定时估计的性能

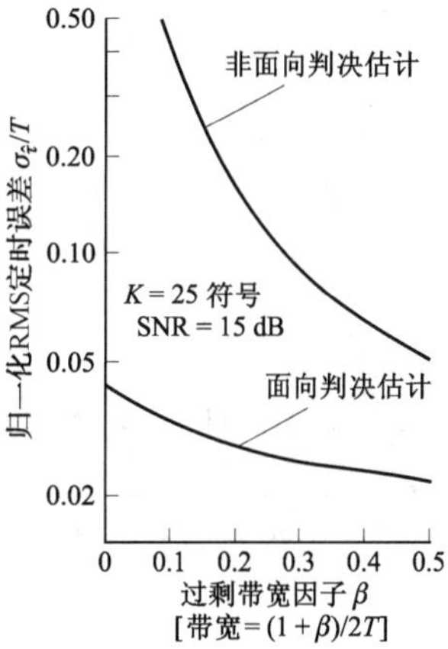

图 5-5-2　固定 SNR 和固定环路带宽的基带符号定时估计的性能

本节阐述了信号参数估计的 ML 方法，并将它应用到载波相位和符号定时的估计中，也阐述了它们的性能特征。

5.6 文献注释与参考资料

载波恢复和定时同步是过去几十年一直在研究的两个课题。科斯塔斯环是在 1956 年发明的，面向判决相位估计方法由 Proakis 等（1964）以及 Natali & Walbesser（1969）描述。Price（1962）推动了面向判决估计的研究。关于锁相环的综述首先出现在 Viterbi（1966）和 Gardner（1979）的著作中。Stiffler（1971）、Lindsey（1972）、Lindsey & Simon（1973）、Meyr & Aschied（1990）、Simon 等（1995）、Meyr 等（1998），以及 Mengali & D'Adrea（1997）等的论文中都

包含相位恢复和定时同步技术。

IEEE 汇刊已发表了一些关于 PLL 和定时同步的指导性的论文。例如，Gupta（1975）论述了 PLL 的模拟和数字两种实现方法；Lindsey & Chie（1981）专门分析了数字 PLL。此外，指导性论文 Franks（1980）描述了载波相位和符号同步的方法，其中包括基于最大似然估计准则的方法。《IEEE 通信汇刊》（1980，08）的专刊刊登了弗兰克斯（Franks）的专门论述同步的论文。Mueller 和 Muller（1976）描述了提取符号定时的数字信号处理算法，Bergmans（1995）评估了数据辅助定时恢复方法的效率。

最大似然准则在参数估计中的应用首先是在雷达参数估计（测距及临近速率）中提出的，接着这种准则被应用到载波相位和符号定时估计，以及与数据符号联合的参数估计中。有关此课题的论文包括 Falconer（1976）、Mengali（1977）、Falconer & Salz（1977）、Meyers & Franks（1980）。

参数估计方差的克拉默-罗（Cramér-Rao）下界限已在一些检测与估计理论的权威著作中进行了推导和评价，如 Helstrom（1968）和 Van Trees（1968）的著作，统计学方面的数学专著也对此进行了阐述，如 Cramér（1946）的著作。

习题

5-1　证明式（5-1-7）。

5-2　试画出与图 5-1-1 等价的二进制 PSK 的接收机框图，要求使用匹配滤波器取代相关器。

5-3　假设 PLL 的环路滤波器［参见式（5-2-14）］具有如下传递函数

$$G(s)=\frac{1}{s+\sqrt{2}}$$

（a）试求闭环传递函数 $H(s)$，并说明环路是否稳定。

（b）试求环路的阻尼因子及自然频率。

5-4　有一个锁相环用于信号载波相位的估计，其环路滤波器的传递函数为

$$G(s)=\frac{K}{1+\tau_1 s}$$

（a）试求闭环传递函数 $H(s)$及其在 f=0 处的增益。

（b）试问 τ_1 和 K 值在什么范围内，环路才是稳定的。

5-5　锁相环中的环路滤波器的传递函数 $G(s)$可由图 P5-5 所示的电路实现。试求 $G(s)$，并用电路参数来表示时间常数 τ_1 和 τ_2。

5-6　锁相环中的环路滤波器的传递函数 $G(s)$由图 P5-6 所示的有源滤波器实现。试求 $G(s)$，并用电路参数来表示时间常数 τ_1 和 τ_2。

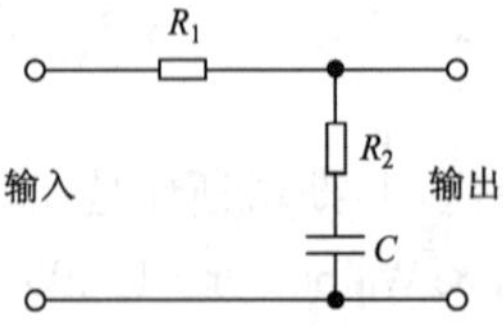

图 P5-5

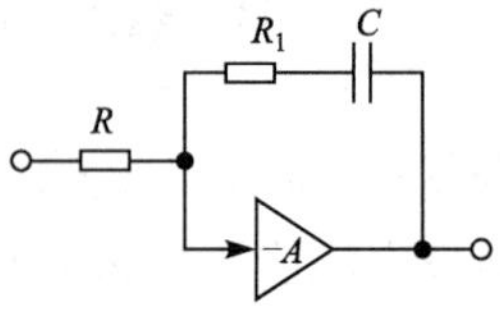

图 P5-6

5-7　试证明图 5-3-5 所示的早-迟门同步器近似于图 P5-7 所示的定时恢复系统。

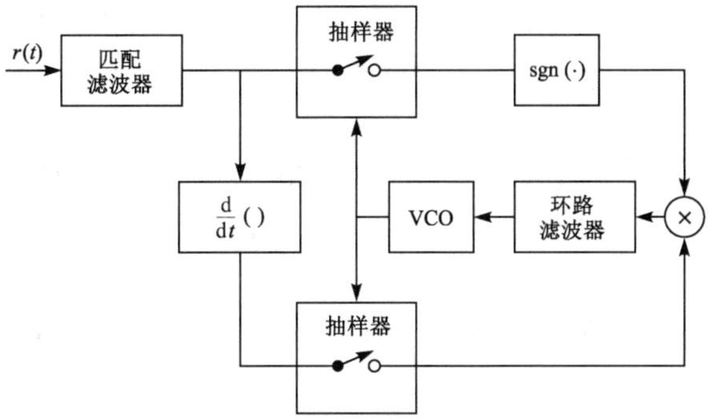

图 P5-7

5-8　根据最大似然（ML）准则，试求二进制开关键控（On-Off Keying，OOK）调制的载波相位的估计方法。

5-9　在运动的车辆中收发信号时，传输信号的频率偏移直接与车辆移动速度成正比。当车辆以相对于（固定的）发射台的移动速度 v 运动时，其接收信号有多普勒频移（Doppler Frequency Shift），即

$$f_{\mathrm{D}}=\pm\frac{v}{\lambda}$$

其中，λ是波长，正负号取决于车辆相对于发射台的运动方向（移近或移开）。假设在一个蜂窝移动通信系统中，车辆相对于基站的移动速度为 100 km/h，信号是载频为 1 GHz 的窄带信号。

（a）试求多普勒频移。

（b）假设车辆的移动速度最高达 100 km/h，设计一个环路来跟踪频移，多普勒频率（Doppler Frequency）跟踪环的带宽应为多少？

（c）假设发送信号的带宽为 2 MHz，其中心频率为 1 GHz，试求该信号在高/低频之间的多普勒频率扩展（Spread）。

5-10　试证明式（5-2-38）中的最大似然估计值的均值为ϕ，即该估计值是无偏的。

5-11　试求式（5-2-38）中的最大似然（ML）相位估计的概率密度函数（PDF）。

5-12　试求偏移 QPSK 的最大似然相位估计。

5-13　单边带 PAM 信号为

$$u_m(t)=A_m[g_{\mathrm{T}}(t)\cos 2\pi f_{\mathrm{c}}t-\hat{g}_{\mathrm{T}}(t)\sin 2\pi f_{\mathrm{c}}t]$$

式中，$\hat{g}_{\mathrm{T}}(t)$ 是 $g_{\mathrm{T}}(t)$ 的希尔伯特（Hilbert）变换，A_m 是携带信息的振幅电平。试用数学的方法推证科斯塔斯（Costas）环可以用来解调单边带 PAM 信号。

5-14　有一通信系统用二进制 PSK 传输信息，该系统以正交载波方式发送一个载波分量。所以接收信号具有以下形式

$$r(t)=\pm\sqrt{2P_{\mathrm{s}}}\cos(2\pi f_{\mathrm{c}}t+\phi)+\sqrt{2P_{\mathrm{c}}}\sin(2\pi f_{\mathrm{c}}t+\phi)+n(t)$$

式中，ϕ是载波相位，$n(t)$是加性高斯白噪声（AWGN）。未调制的载波分量作为导频信号，以便接收机对载波相位进行估计。

（a）试画出接收机的方框图，包括载波相位估计器。

（b）试用数学的方法说明载波相位ϕ估计中的操作。

（c）试把二进制 PSK 信号检测的差错概率表示为总发送功率 $P_T=P_s+P_c$ 的函数。试问由于把一部分发送功率分配给导频信号将会导致多大的性能损失。试针对 $P_c/P_T=0.1$，求损失的大小。

5-15　解调 QPSK 时采用四次方（$M=4$）锁相环来产生载波相位，试求该环输入端的信号分量和噪声分量。假定只考虑噪声 $n(t)$中的线性分量而略去其他分量，试求锁相环输出端的相位估计的方差。

5-16　在二进制 PSK 解调中，当载波相位误差为ϕ_e时，二进制 PSK 解调和检测的差错概率为

$$P_2(\phi_e)=Q\left(\sqrt{\frac{2\mathcal{E}_b}{N_0}\cos^2\phi_e}\right)$$

假设锁相环的相位误差的模型为零均值高斯随机变量，且方差$\sigma_\phi^2\ll\pi$。试求平均差错概率的表达式（以积分形式表示）。

5-17　QAM 信号的形式为

$$s(t)=\mathrm{Re}[s_1(t;\tau)\mathrm{e}^{\mathrm{j}2\pi f_c t}]$$

式中

$$s_1(t;\tau)=\sum_n I_n g(t-nT-\tau)$$

且$\{I_n\}$为复值数据序列。试求该 QAM 信号的时延τ 的 ML 估计值。

5-18　试求 PAM 信号的τ和ϕ 的联合 ML 估计值。

5-19　试求偏移 QPSK 信号的τ和ϕ 的联合 ML 估计值。

第 6 章

信息论基础

本章将讨论通信中的理论极限。所谓理论极限，是指能使通信的两大基本任务——压缩和传输得以实现的条件。在本章将看到，对于某些重要的信源和信道模型，其信息压缩和传输的极限是可以被精确描述的。

第 4 章已经讨论了数字调制信号通过 AWGN 信道传输时的最佳检测，我们看到一些调制方法可以比另一些方法提供更好的性能。特别地，我们注意到只要比特信噪比γ_b>–1.6 dB，通过令正交波形的数目 $M\to\infty$就可以获得任意小的差错概率。然而如果γ_b低于–1.6 dB，那么可靠的通信将是不可能的。–1.6 dB 就是通信系统理论极限的一个例子。

本章的前几节将讨论信源和信源编码。通信系统用来将信源产生的信息传输到某些目的地，信源可以采取不同的形式。例如，在无线电广播中，信源通常是音频源（语音或音乐）；在电视广播中信源是视频源，其输出是活动图像。这些信源的输出是模拟信号，因此这些信源被称为模拟信源。相反，计算机和存储设备，如磁盘、光盘等产生离散输出（通常是二进制或 ASCII 字符），因此称为离散信源。

无论信源是模拟的还是离散的，都可以设计一个数字通信系统，以数字形式来传输信息。这样，信源输出必须转换成能够被数字化传输的数字格式。从信源输出到数字格式的这种转换通常是由信源编码器来完成的，其输出可以假设为一个二进制数字序列。

本章的下半部分集中讨论通信信道和信息传输，推导了一些重要信道的数学模型，介绍了通信信道的两个重要参数——信道容量和信道截止速率，并详述了两者的含义和意义。

后续的第 7、8 章将讨论由二进制或非二进制序列产生的信号波形。我们将看到，编码后的波形一般总能使性能得以提高，无论是在 $R/W<1$ 时功率受限的系统，还是在 $R/W>1$ 时的带宽受限的系统。

6.1 信源的数学模型

任何信源产生的都是随机的输出，也就是说，信源输出是用统计方法来描述的。如果信源输出已经确切知晓，那就没有必要再传输它了。本节将分别以离散信源和模拟信源的数学模型为前提讨论这两种信源。

最简单的离散信源是发出一串取自有限字符集的字符序列。例如，一个二进制信源发出 100101110 形式的二进制字符串，它的字符集仅包含两个字符$\{0,1\}$。更一般地讲，若字符集含有 L 个可能的字符，如$\{x_1, x_2,\cdots, x_L\}$，则信源发出的是选自该字符集的字符串。

为了构造离散信源的数学模型，我们假定字符集$\{x_1, x_2, \cdots, x_L\}$的每个字符都有给定的发生概率 p_k，即

$$p_k = P[X = x_k], \qquad 1 \leqslant k \leqslant L$$

式中

$$\sum_{k=1}^{L} p_k = 1$$

我们来考虑离散信源的两种数学模型。在第一种数学模型中，我们假设信源的输出序列是统计独立的，即当前的输出字符与所有过去和将来的输出字符统计无关。如果信源输出序列各字符间满足统计独立条件，则是无记忆的，这样的信源称为离散无记忆信源（Discrete Memoryless Source，DMS），适用于离散无记忆信源的数学模型是一个独立同分布（Independent and Identically Distributed，IID）的随机变量序列$\{X_i\}$。

假如离散信源的输出是统计相关的，如英语课文那样，我们可基于统计平稳来构造数学模型（第二种数学模型）。根据平稳的定义，如果长度为 n 的两个序列 $a_1, a_2, \cdots, a_n$ 和 $a_{1+m}, a_{2+m}, \cdots, a_{n+m}$ 的联合概率在所有 $n \geqslant 1$ 和所有移序 m 情况下均相等，那么该离散信源就是平稳的。换言之，信源输出任何两个随意长度的序列的联合概率不随时间起点位置的移动而变化。

模拟信源具有输出波形 $x(t)$，它是随机过程 $X(t)$的一个样本函数。假设 $X(t)$是一个平稳随机过程，其自相关函数为 $R_x(\tau)$，功率谱密度是 $S_x(f)$。当 $X(t)$是带限的随机过程，即在$|f| \geqslant W$时满足条件 $S_x(f)=0$，就可以用抽样定理来表示 $X(t)$。

$$X(t) = \sum_{n=-\infty}^{\infty} X\left(\frac{n}{2W}\right) \operatorname{sinc}\left[2W\left(t - \frac{n}{2W}\right)\right] \tag{6-1-1}$$

式中，$\{X(n/2W)\}$表示以每秒 $f_s = 2W$ 个样值的奈奎斯特速率对过程 $X(t)$进行抽样。于是利用抽样定理就可把模拟信源的输出转换成等效的离散时间信源。对于所有 $m \geqslant 1$，我们都可用联合概率密度函数 $p(x_1, x_2, \cdots, x_m)$从统计角度来描述信源输出的特性，此处 $X_n = X(n/2W)$（$1 \leqslant n \leqslant m$）是与 $X(t)$抽样对应的随机变量。

我们注意到，由平稳信源得到的每个输出抽样值$\{X(n/2W)\}$通常是模拟量，如果不损失精度就无法用数字形式来表示。我们可以把各个采样值量化成一组离散的幅度，但这种量化处理必然导致精度损失，后果是从量化的样值中不能精确地恢复出原信号。本章也将考虑由样值量化造成的模拟信源的失真问题。

6.2 信息的对数度量

为了找到一种度量信息的恰当方法，考虑两个离散随机变量 X 和 Y，它们的可能取值分别来自符号集 $\mathscr{X}$和 $\mathscr{Y}$。假定我们已观察到某个结果 $Y=y$，希望能定量地求出由 $Y=y$ 的发生而提供的关于事件 $X=x$ 的信息量。我们注意到，当 X 和 Y 统计独立时，$Y=y$ 的出现对事件 $X=x$ 的发生不提供任何信息。另一方面，当 X 和 Y 完全相关，即 $Y=y$ 的出现决定了事件 $X=x$ 的出现时，那么 $Y=y$ 出现的信息量就是事件 $X=x$ 所能提供的信息量。满足这一直观表示的一种适当度量方法是将条件概率

$$P[X = x|Y = y] \triangleq P[x|y]$$

除以概率

$$P[X = x] \triangleq P[x]$$

后取对数。也就是说，由于事件 $Y=y$ 的出现而提供的关于事件 $X=x$ 的信息量可定义为

$$I(x; y) = \log \frac{P[x|y]}{P[x]} \qquad (6\text{-}2\text{-}1)$$

式中，$(x;y)$称为 x 和 y 间的互信息。随机变量 X 和 Y 之间的互信息定义为 $I(x_i;y_i)$的平均值。

$$I(X; Y) = \sum_{x\in\mathscr{X}}\sum_{y\in\mathscr{Y}} P[X = x, Y = y]\, I(x; y) = \sum_{x\in\mathscr{X}}\sum_{y\in\mathscr{Y}} P[X = x, Y = y] \log \frac{P[x|y]}{P[x]} \qquad (6\text{-}2\text{-}2)$$

式中，$I(X;Y)$的单位是由对数数的底决定的，它通常选用 2 或者 e。当对数的底数是 2 时，$I(X;Y)$的单位是比特；而当以 e 为底数时，$I(X;Y)$的单位是奈特。由于

$$\ln a = \ln 2 \times \log_2 a = 0.69315 \log_2 a$$

所以用奈特度量的信息量是用比特度量的信息量的 ln2 倍。

互信息的最主要性质如下所示，有些性质见本章的习题。

（1）$I(X;Y)= I(Y; X)$；

（2）$I(X;Y)\geqslant 0$，当且仅当 X 和 Y 相互独立时等号才成立；

（3）$I(X;Y)\leqslant \min\{|\mathscr{X}|, |\mathscr{Y}|\}$，这里的$|\mathscr{X}|$和$|\mathscr{Y}|$表示字符集的大小。

当随机变量 X 和 Y 统计独立时，$P(x|y) = P(x)$，因此 $I(X;Y)=0$。

另外，当事件 $Y=y$ 的出现唯一地决定了事件 $X=x$ 的出现时，则式（6-2-1）中的条件概率等于 1，因此有

$$I(x; y) = \log \frac{1}{P[X = x]} = -\log P[X = x] \qquad (6\text{-}2\text{-}3)$$

及

$$I(X; Y) = -\sum_{x\in\mathscr{X}}\sum_{y\in\mathscr{Y}} P[X = x, Y = y] \log P[X = x] = -\sum_{x\in\mathscr{X}} P[X = x] \log P[X = x] \qquad (6\text{-}2\text{-}4)$$

在此条件下，可用 $H(X)$表示 $I(X;Y)$的值。$H(X)$定义为

$$H(X) = -\sum_{x\in\mathscr{X}} P[X = x] \log P[X = x] \qquad (6\text{-}2\text{-}5)$$

$H(X)$称为随机变量 X 的熵，用于度量 X 的不确定性或模糊性。由于知道了 X 就意味着去除了 X 的全部不确定性，因此 $H(X)$也就是获取 X 知识后所得信息量的度量，即信源输出 X 所包含的信息量。熵的单位是每符号或每信源输出的比特（或奈特）数。注意在熵的定义中，$0\cdot\log 0$ 定义为 0，即 $0\cdot\log 0=0$；同样重要的是要注意，熵和互信息两者均取决于随机变量的概率，而不取决于该随机变量取什么值。

如果信息源是确定性的，即 X 等于某值的概率等于 1，等于其他所有值的概率等于 0，那么信源熵就等于 0，表示该信源不存在任何不确定性，因此没有传达任何信息。习题 6.3 表明，一个符号集大小为$|\mathscr{X}|$的 DMS 信源，当所有输出符号等概时它的熵最大化，此时 $H(X)=\log|\mathscr{X}|$。

熵函数最重要的性质如下：

（1）$0\leqslant H(X)\leqslant \log|\mathscr{X}|$；

（2）$I(X;X)=H(X)$；

（3）$I(X;Y)\leqslant\min\{H(X),H(Y)\}$；

（4）若 $Y=g(X)$，则 $H(Y)\leqslant H(X)$。

例 6-2-1 对于概率为 p 和 $1-p$ 的二进制信源，有

$$H(X)=-p\log p-(1-p)\log(1-p) \quad (6\text{-}2\text{-}6)$$

该函数称为二进制熵函数，用 $H_b(p)$来表示。$H_b(p)$曲线如图 6-2-1 所示。

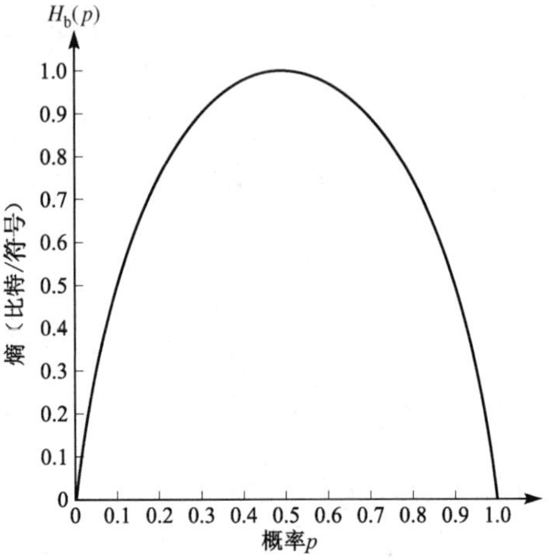

图 6-2-1 二进制熵函数曲线

联合熵和条件熵

一对随机变量(X,Y)的熵称为X和Y的联合熵，定义为单个随机变量熵的扩展，即

$$H(X,Y)=-\sum_{(x,y)\in\mathscr{X}\times\mathscr{Y}}P[X=x,Y=y]\log P[X=x,Y=y] \quad (6\text{-}2\text{-}7)$$

若已知随机变量 X 取值为 x 时，Y 的概率质量函数（Probability Mass Function，PMF）变成 $P[Y=y|X=x]$，此条件下 Y 的熵变为

$$H(X,Y)=-\sum_{(x,y)\in\mathscr{X}\times\mathscr{Y}}P[X=x,Y=y]\log P[X=x,Y=y] \quad (6\text{-}2\text{-}8)$$

该值对于 X 的所有可能取值作平均，用 $H(Y|X)$来表示，称为给定 X 时 Y 的条件熵。

$$\begin{aligned}H(Y|X)&=\sum_{x\in\mathscr{X}}P[X=x]H(Y|X=x)\\&=-\sum_{(x,y)\in\mathscr{X}\times\mathscr{Y}}P[X=x,Y=y]\log P[Y=y|X=x]\end{aligned} \quad (6\text{-}2\text{-}9)$$

由式（6-2-7）和式（6-2-9）不难证明

$$H(X,Y)=H(X)+H(Y|X) \quad (6\text{-}2\text{-}10)$$

联合熵和条件熵的一些重要特性总结如下：

（1）$0\leqslant H(X|Y)\leqslant H(X)$，当且仅当 X、Y 互相独立时，有 $H(X|Y)=H(X)$；

（2）$H(X,Y)=H(X)+H(Y|X)=H(Y)+H(X|Y)\leqslant H(X)+H(Y)$，当且仅当 X、Y 互相独立时，等号成立，即 $H(X,Y)=H(X)+H(Y)$。

（3）$I(X;Y)=H(X)-H(X|Y)=H(Y)-H(Y|X)=H(X)+H(Y)-H(X,Y)$。

联合熵和条件熵的概念可以扩展到多重随机变量的情况。对于联合熵，有

$$\begin{aligned}H(X_1,X_2,\cdots,X_n)=&-\sum_{x_1,x_2,\cdots,x_n}P[X_1=x_1,X_2=x_2,\cdots,X_n=x_n]\\&\times\log P[X_1=x_1,X_2=x_2,\cdots,X_n=x_n]\end{aligned} \quad (6\text{-}2\text{-}11)$$

联合熵和条件熵满足关系式

$$H(X_1,X_2,\cdots,X_n)=H(X_1)+H(X_2|X_1)+H(X_3|X_1,X_2)+\cdots+H(X_n|X_1,X_2,\cdots,X_{n-1}) \quad (6\text{-}2\text{-}12)$$

称为熵链规则（Chain Rule for Entropy）。

利用以上关系式以及条件熵的第一个特性，可得

$$H(X_1, X_2, \cdots, X_n) \leqslant \sum_{i=1}^{n} H(X_i) \qquad (6\text{-}2\text{-}13)$$

当 X_i 相互统计独立时上式等号成立。如果这些 X_i 是独立同分布（IID）的，则有

$$H(X_1, X_2, \cdots, X_n) = nH(X) \qquad (6\text{-}2\text{-}14)$$

式中，$H(X)$ 代表 X_i 熵的共同值（Common Value）。

6.3 信源的无损编码

数据压缩的目标是用最少的比特数来表示信源，且从压缩数据中尽可能最佳地恢复出原信源。数据压缩可广义地分为无损压缩和有损压缩两大类。无损压缩的目标是在保证能从压缩数据中完整无损地恢复出信源的前提下，使编码比特数最小化。而在有损数据压缩中，数据是在最大允许失真的限制条件下进行压缩的。本节将讨论无损压缩的理论边界以及一些通用的无损压缩算法。

6.3.1 无损信源编码定理

假设用一个随机变量 X 来表示一个离散无记忆信源（DMS），X 的值取自符号集 $X=\{a_1, a_2, \cdots, a_N\}$，各符号对应概率分别为 $p_1, p_2, \cdots, p_N$。用 $\boldsymbol{x}$ 表示一个长度为 n 的信源输出序列，这里假设 n 足够大。如果该 $\boldsymbol{x}$ 序列中每个符号 a_i 发生的概率约等于 np_i（$1 \leqslant i \leqslant N$），我们称该序列为典型序列（Typical Sequence），典型序列的集合用 $\boldsymbol{A}$ 来表示。

回忆 2.5 节的大数定理可知，当长度 $n\to\infty$ 时，任何 DMS 的输出以趋近于 1 的大概率表现为典型序列。由于在 $\boldsymbol{x}$ 中 a_i 的出现次数大概为 np_i 且信源无记忆，可得

$$\log P[\boldsymbol{X}=\boldsymbol{x}] \approx \log \prod_{i=1}^{N} (p_i)^{np_i} = \sum_{i=1}^{N} np_i \log p_i = -nH(X) \qquad (6\text{-}3\text{-}1)$$

因此

$$P[\boldsymbol{X}=\boldsymbol{x}] \approx 2^{-nH(X)} \qquad (6\text{-}3\text{-}2)$$

这说明所有的典型序列都具有大体相同的发生概率，这个共同的概率等于 $2^{-nH(X)}$。

由于 n 足够大时序列大多都是典型序列（概率近似为 1），因此可以得出这样的结论：典型序列的数目，即集合 $\boldsymbol{A}$ 的基数大致为

$$|\boldsymbol{A}| \approx 2^{nH(X)} \qquad (6\text{-}3\text{-}3)$$

上面的讨论表明，当 n 足够大时，作为所有可能序列集合的一个子集，典型序列几乎是一定会发生的。因此对于信源输出的传输而言，只要讨论这样一个子集就足够了。由于典型序列的数目是 $2^{nH(X)}$，对传输而言只要有 $nH(X)$比特就够了，因此每个信源输出所要求的比特数，即传输的码率应为

$$R \approx \frac{nH(X)}{n} = H(X) \text{ 比特/传输} \qquad (6\text{-}3\text{-}4)$$

以上仅是非正式的论述，严格的论证由香农第一定理给出［见 Cover & Thomas（2006），以及 Gallager（1968）］，该定理是由香农在 1948 年首先提出的。

香农第一定理（无损信源编码定理）：令 X 表示熵为 $H(X)$的离散无记忆信源（DMS），对于任意码率 R，只要 $R > H(X)$，总存在一种针对该信源的无损编码；反之当 $R < H(X)$时，一定不存在该信源的无损编码。

香农第一定理奠定了无损信源编码的理论基础，表明上述基于直觉推理定义的 DMS 的熵在信源无损压缩中起了决定性的作用。

离散平稳信源

我们已经看到，DMS 信源的熵对能够无损压缩的信源的码率构成了基本的约束。本节考虑一种离散信源，它的输出符号序列是统计相关的。本节仅限于讨论统计平稳的信源。

我们来估算平稳信源发出的符号序列的熵。根据式（6-2-12）给出的熵链规则，随机变量分组 $X_1 X_2 \cdots X_k$ 的熵是

$$H(X_1 X_2 \cdots X_k) = \sum_{i=1}^{k} H(X_i | X_1 X_2 \cdots X_{i-1}) \tag{6-3-5}$$

式中，$H(X_i | X_1 X_2 \cdots X_{i-1})$是前 $i-1$ 个符号给定后，发自信源的第 i 个符号的条件熵。k-符号组中每个符号的熵定义为

$$H_k(X) = \frac{1}{k} H(X_1 X_2 \cdots X_k) \tag{6-3-6}$$

我们将平稳信源的熵率（Entropy Rate）定义为式（6-3-6）中 $k \to \infty$时每符号的熵，即

$$H_\infty(X) \triangleq \lim_{k\to\infty} H_k(X) = \lim_{k\to\infty} \frac{1}{k} H(X_1 X_2 \cdots X_k) \tag{6-3-7}$$

这个极限的存在性推导如下。

作为替代，我们可把信源的熵率定义为 k 趋于无穷时条件熵 $H(X_k | X_1 X_2 \cdots X_{k-1})$的极限，这个极限也是存在的，它也正是式（6-3-7）的极限。

$$H_\infty(X) = \lim_{k\to\infty} H(X_k | X_1 X_2 \cdots X_{k-1}) \tag{6-3-8}$$

以下就来证明这个结果，我们将按照 Gallager（1968）给出的方法来推导。

第一，证明当 $k \geqslant 2$ 时存在关系式

$$H(X_k | X_1 X_2 \cdots X_{k-1}) \leqslant H(X_{k-1} | X_1 X_2 \cdots X_{k-2}) \tag{6-3-9}$$

我们从先前所得结果中可知，为随机变量加上条件并不会增加熵，即

$$H(X_k | X_1 X_2 \cdots X_{k-1}) \leqslant H(X_k | X_2 X_3 \cdots X_{k-1}) \tag{6-3-10}$$

由于信源是平稳的，因此

$$H(X_k | X_2 X_3 \cdots X_{k-1}) = H(X_{k-1} | X_1 X_2 \cdots X_{k-2}) \tag{6-3-11}$$

由此可立即得到式（6-3-9）。这个结果表明了 $H(X_k | X_1 X_2 \cdots X_{k-1})$不会随 k 而增大。

第二，由式（6-3-5）、式（6-3-6），以及式（6-3-5）中和的最后一项是其余 $k-1$ 各项下边界这一事实，可得

$$H_k(X) \geqslant H(X_k | X_1 X_2 \cdots X_{k-1}) \tag{6-3-12}$$

第三，$H_k(X)$的定义可写成

$$\begin{aligned}H_k(X) &= \frac{1}{k}[H(X_1X_2\cdots X_{k-1})+H(X_k|X_1\cdots X_{k-1})] \\ &= \frac{1}{k}[(k-1)H_{k-1}(X)+H(X_k|X_1\cdots X_{k-1})] \leqslant \frac{k-1}{k}H_{k-1}(X)+\frac{1}{k}H_k(X)\end{aligned} \quad (6\text{-}3\text{-}13)$$

此式可简化为

$$H_k(X) \leqslant H_{k-1}(X) \quad (6\text{-}3\text{-}14)$$

因此，序列 $H_k(X)$不随 k 增大。

由于$H_k(X)$和条件熵$H(X_k|X_1X_2\cdots X_{k-1})$都是非负的且都不随$k$增大，两者的极限必然存在。利用式（6-3-5）和式（6-3-6）可求出极限，把 $H_{k+j}(X)$表示为

$$\begin{aligned}H_{k+j}(X) = \frac{1}{k+j}H(X_1X_2\cdots X_{k-1}) + \frac{1}{k+j}\big[H(X_k|X_1\cdots X_{k-1})+H(X_{k+1}|X_1\cdots X_k) \\ +\cdots+H(X_{k+j}|X_1\cdots X_{k+j-1})\big]\end{aligned} \quad (6\text{-}3\text{-}15)$$

因为条件熵是非增的，方括号里的第一项起着其余项上边界的作用，因此

$$H_{k+j}(X) \leqslant \frac{1}{k+j}H(X_1X_2\cdots X_{k-1}) + \frac{j+1}{k+j}H(X_k|X_1X_2\cdots X_{k-1}) \quad (6\text{-}3\text{-}16)$$

对于一个固定的 k，当 $j\to\infty$时，式（6-3-16）的极限为

$$H_\infty(X) \leqslant H(X_k|X_1X_2\cdots X_{k-1}) \quad (6\text{-}3\text{-}17)$$

式（6-3-17）对于所有 k 都成立，因此当 $k\to\infty$时它也成立。于是有

$$H_\infty(X) \leqslant \lim_{k\to\infty} H(X_k|X_1X_2\cdots X_{k-1}) \quad (6\text{-}3\text{-}18)$$

另一方面，由式（6-3-12）也可得到 $k\to\infty$时的极限，即

$$H_\infty(X) \geqslant \lim_{k\to\infty} H(X_k|X_1X_2\cdots X_{k-1}) \quad (6\text{-}3\text{-}19)$$

这样，式（6-3-8）必然成立。

由以上讨论，平稳离散信源的熵率定义为

$$H_\infty(X) = \lim_{k\to\infty} H(X_k|X_1,X_2,\cdots,X_{k-1}) = \lim_{k\to\infty}\frac{1}{k}H(X_1,X_2,\cdots,X_k) \quad (6\text{-}3\text{-}20)$$

显然，若信源是无记忆的，则熵率等于信源熵。

对于离散平稳信源，熵率是信源能够无损恢复的最小压缩率，因此离散平稳信源的无损编码定理，与离散无记忆信源的编码定理一样，信源以高于熵率的码率实行无损压缩是可能的，而以低于熵率的码率进行无损压缩是不可能的。

6.3.2 无损编码算法

本节将讨论离散信源无损压缩的两条主要途径——霍夫曼（Huffman）编码算法和兰培尔-齐夫（Lempel-Ziv）算法。霍夫曼编码算法是可变长度信源编码算法的一个特例，而兰培尔-齐夫算法是固定长度信源编码算法的一个特例。

1. 可变长度信源编码

当信源符号不等概时，一种有效的编码方法是采用可变长度码字，这种码的先例之一可追溯到 19 世纪的莫尔斯码。在莫尔斯码中，发生频率较高的字母被指定给一个短码字，而那

些发生频率较低的字母被指定给长码字。遵循这条思路，我们可以根据信源符号的不同发生概率来选择码字，问题是要推导出一种能为信源符号选择和指定码字的方法。这种类型的编码称为熵编码。

举例来说，假定有一个 DMS 信源，其输出符号为 a_1、a_2、a_3、a_4，相应的概率是 $P(a_1)=1/2$、$P(a_2)=1/4$、$P(a_3)= P(a_4)=1/8$，可变长度编码如表 6-3-1 所示。编码 I 是一个有致命缺陷的变长码。为了看清这个缺陷，假设编码后的序列是 001001…，显然，对应于 00 的第 1 个字符是 a_2，但下面 4 个比特是混淆的（非唯一可译），它们可以译成 a_4 a_3，也可以译成 a_1 a_2 a_1。或许等待下一比特到来后可以消除这种不确定性，但是这种译码时延是不希望出现的。我们应该考虑的是那些不存在任何译码时延、立即可译的码，称为立即可译码。

表 6-3-1 中的编码 II 是立即可译且唯一可译的码。这种码的码字用图形来表示比较方便，把它当成树图上的终端节点，如图 6-3-1 所示。我们看到，数字 0 在前 3 个码字中表示每个码字的结尾。这个特点加上最长的码字不超过 3 位二进数字这个事实，使得这种码立即可译。注意，在这种码里，没有一个码字是另一个码字的前缀。一般来说，前缀条件是指对于一个长度为 k 的给定码字 $\boldsymbol{C}_k=（b_1,b_2,\cdots,b_k）$，不存在另一个长度 $l<k$ $(1\leqslant l\leqslant k-1)$、包含码元素（$b_1,b_2,\cdots,b_l$）的码字。另外，也没有一个长度 $l<k$ 的码字等于另一个长度 $k>l$ 的码字的前 l 个二进制数字。这种性质使得该码唯一地立即可译。

表 6-3-1　可变长度编码

字符	$P(a_k)$	编码 I	编码 II	编码 III	字符	$P(a_k)$	编码 I	编码 II	编码 III
a_1	1/2	1	0	0	a_3	1/8	01	110	011
a_2	1/4	00	10	01	a_4	1/8	10	111	111

表 6-3-1 中的编码 III 具有如图 6-3-2 所示的码树结构。在这种情况下，码是唯一可译、但并非立即可译的。显然，这种码并不满足前缀条件。

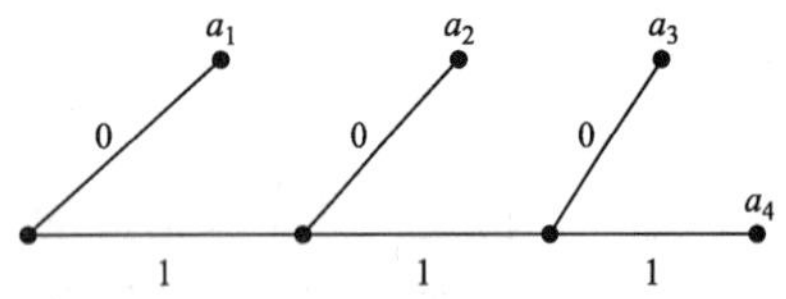

图 6-3-1　表 6-3-1 中编码 II 的码树

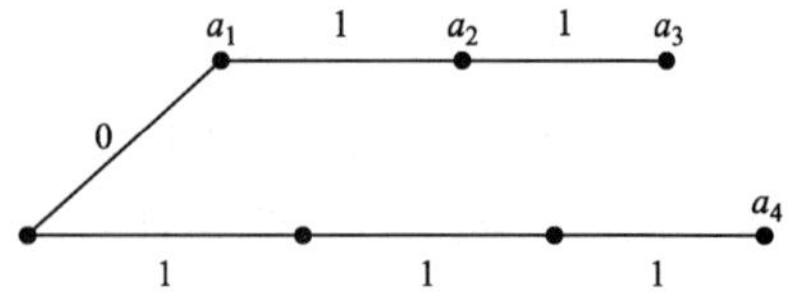

图 6-3-2　表 6-3-1 中编码 III 的码树

我们的主要目标是要找到一种用来构建唯一可译变长码的系统的方法，这种码应是高效的，即每信源符号所需的平均比特数应最少，用数学定义描述就是使平均比特数最小化。

$$\overline{R}=\sum_{k=1}^{L} n_k P(a_k) \tag{6-3-21}$$

满足前缀条件的这种码存在的条件已由克拉夫特（Kraft）不等式给出。

2. 克拉夫特（Kraft）不等式

克拉夫特不等式告诉我们：一个满足前缀条件、码字长度 $n_1 \leqslant n_2 \leqslant \cdots \leqslant n_L$ 的二进制码存在的充分和必要条件是

$$\sum_{k=1}^{L} 2^{-n_k} \leqslant 1 \tag{6-3-22}$$

我们首先来证明式（6-3-22）是满足前缀条件的码存在的充分条件。为了构成这样的码，我们先做一个 $n=n_L$ 级的全二进制树，它有 2^n 个终端节点，从第 $k-1$ 级的每一个节点导出第 k（$1 \leqslant k \leqslant n$）级的两个节点。若我们选择第 n_1 级的任意一个节点作为第一个码字 $\boldsymbol{C}_1$，这一选择就消除了 2^{n-n_1} 个终端节点（或 2^n 的 2^{n_1} 分之一）。从剩下的 n_2 级节点中，我们再选择一个作为第二个码字 $\boldsymbol{C}_2$，这次选择又消除了 2^{n-n_2} 个终端节点（或 2^n 个终端节点中的 2^{n_2} 分之一）。这种过程延续下去，直到将最后一个码字指定给终端节点 $n=n_L$。由于在 $j<L$ 级的节点处消除的终端节点比例数是

$$\sum_{k=1}^{j} 2^{-n_k} < \sum_{k=1}^{L} 2^{-n_k} \leqslant 1 \tag{6-3-23}$$

因此总有一个 $k>j$ 级的节点可以指定给下一个码字。这样，我们可构成一个码树，它是嵌在 2^n 个节点的全树里的，如图 6-3-3 所示。图中的树有 16 个终端节点，信源输出由 5 个字符组成，分别是 $n_1=1$、$n_2=2$、$n_3=3$ 及 $n_4=n_5=4$。

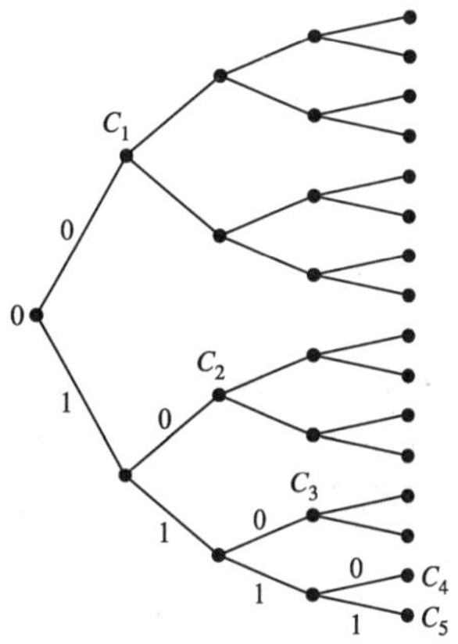

图 6-3-3 嵌入在全树里的二进码树的结构

要证明式（6-3-22）是必要条件，我们先看码树的第 $n=n_L$ 级，在这一级从总数 2^n 中消除的终端节点的数目是

$$\sum_{k=1}^{L} 2^{n-n_k} \leqslant 2^n \tag{6-3-24}$$

因此

$$\sum_{k=1}^{L} 2^{-n_k} \leqslant 1 \tag{6-3-25}$$

这就完成了克拉夫特不等式的证明。

克拉夫特不等式可以用来证明前缀码的信源编码定理，该定理适用于满足前缀条件的编码。

3. 前缀码的信源编码定理

假设 X 是离散无记忆信源（DMS），具有有限熵 $H(X)$，以及输出字符 a_i（$1 \leqslant i \leqslant N$）对应的发生概率是 p_i（$1 \leqslant i \leqslant N$）。构成一个平均长度为 $\overline{R}$、满足前缀条件的码是可能的，该码满足下列不等式

$$H(X) \leqslant \overline{R} < H(X)+1 \tag{6-3-26}$$

为了确定式（6-3-26）的下限，我们注意到对于长度 n_i（$1 \leqslant i \leqslant N$）的码字，$H(X)-\overline{R}$ 的差可以表示为

$$H(X)-\overline{R}=\sum_{i=1}^{N}p_i\log_2\frac{1}{p_i}-\sum_{i=1}^{N}p_in_i=\sum_{i=1}^{N}p_i\log_2\frac{2^{-n_i}}{p_i} \tag{6-3-27}$$

将不等式 $\ln x \leqslant x+1$ 用于式（6-3-27）可得

$$H(X)-\overline{R}\leqslant(\log_2 \mathrm{e})\sum_{i=1}^{N}p_i\left(\frac{2^{-n_i}}{p_i}-1\right)\leqslant(\log_2 \mathrm{e})\left(\sum_{i=1}^{N}2^{-n_i}-1\right)\leqslant 0 \tag{6-3-28}$$

这里最后的不等式来自克拉夫特不等式。当且仅当 $p_i=2^{-n_i}$（$1\leqslant i\leqslant N$）时，上式中的等号成立。在 n_i（$1\leqslant i\leqslant N$）是整数这个约束条件下选择$\{n_i\}$，使满足 $2^{-n_i}\leqslant p_i<2^{-n_i+1}$，就能确定式（6-3-26）的上边界。但是，若将 $p_i\geqslant 2^{-n_i}$ 的项在（$1\leqslant i\leqslant N$）区间相加，就可得到克拉夫特不等式，我们已证明过，对于该不等式，一定存在一个满足前缀条件的码。另外，如果我们取 $p_i<2^{-n_i+1}$ 的对数，可得

$$\log p_i<-n_i+1 \tag{6-3-29}$$

等价于

$$n_i<1-\log p_i \tag{6-3-30}$$

如果我们将式（6-3-30）两边乘以 p_i，并在 $1\leqslant i\leqslant N$ 范围内将各式相加，即可得到所要求的式（6-3-26）的上边界。式（6-3-26）证毕。

自此我们已确认，满足前缀条件的变长码对于任何信源符号不等概的 DMS 信源来说都是一种高效的信源编码。下面，我们来描述一种构造这种码的算法。

4．霍夫曼（Huffman）编码算法

Huffman（1952）研究出一种基于信源符号概率 $P(x_i)$（$i=1, 2,\cdots,L$）的变长码编码算法。这种算法在下述意义上是最优的：在码字满足前缀条件情况下，用来表示信源符号所需要的平均二进数字的数目最小。正如上面定义过的，满足该条件的接收序列可被唯一且立即可译。我们举两个例子来说明这种算法。

例 6-3-1 考虑一个有 7 种可能符号 $x_1, x_2,\cdots,x_7$ 的 DMS 信源，各种符号的发生概率如图 6-3-4 所示。我们按照概率递减的顺序将各符号排序，即 $P(x_1)>P(x_2)>\cdots>P(x_7)$。我们从最小概率的两个符号 x_6、x_7 开始编码，这两个码字捆绑在一起，如图 6-3-4 所示，上分支指定为 0，下分支指定为 1。这两个分支的概率在两分支汇合处相加而得到 0.01 的概率。这时我们有信源符号 $x_1,\cdots, x_5$ 以及加上的一个新符号，比如称为 x_6'，它是由 x_6 和 x_7 结合而成的。下一步是将集合 x_1、x_2、x_3、x_4、x_5、x_6' 中最小概率的两个符号，即 x_5 和 x_6' 捆绑在一起，结合后的概率是 0.05。由 x_5 来的分支指定为 0，而 x_6' 来的分支指定为 1。这个过程持续下去，直到把可能的信源符号用完为止。结果得到了一棵码树，其分支包含了要求的码字。码字是从树的最右节点开始数到左边的，最终得出如图 6-3-4 所示的码字。对于这种码，每符号所需的平均二进制数的个数是 $\overline{R}=2.21$ 比特/符号，信源的熵是 2.11 比特/符号。

通过观察可知，该码未必是唯一的。例如在编码过程的倒数第二步，可以选择捆绑到 x_1 或者 x_3'，因为这两个符号是等概的。而在这点上，我们选择了 x_2 与 x_1 捆绑。如果换一种方法，也可将 x_2 和 x_3' 捆绑，结果所得的码如图 6-3-5 所示，该码每信源符号的平均比特数也是 2.21，因此效率是相同的。其次，将上分支指定为 0 而下（低概率）分支指定为 1 也是随意的，我们完全可以把 0 和 1 反过来，同样可获得满足前缀条件的高效码。

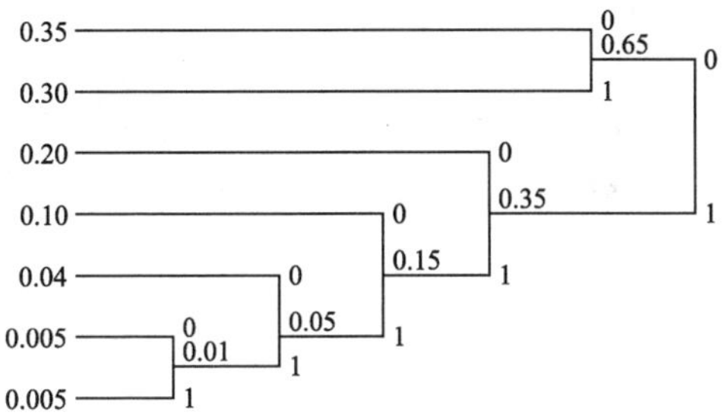

符号	概率	自信息	码字
x_1	0.35	1.5146	00
x_2	0.30	1.7370	01
x_3	0.20	2.3219	10
x_4	0.10	3.3219	110
x_5	0.04	4.6439	1110
x_6	0.005	7.6439	11110
x_7	0.005	7.6439	11111
$H(X)$=2.11 比特/符号 $\overline{R}$=2.21 比特/符号			

图 6-3-4 DMS 信源变长信源编码的例子

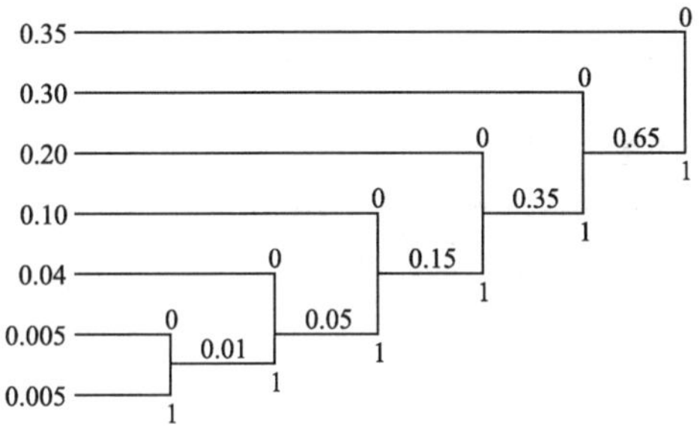

符号	码字
x_1	0
x_2	10
x_3	110
x_4	1110
x_5	11110
x_6	111110
x_7	111111
$\overline{R}$=2.21 比特/符号	

图 6-3-5 对例 6-3-1 中 DMS 信源的另一种编码方法

例 6-3-2 作为第二个例子，让我们来确定图 6-3-6 所示 DMS 信源输出的霍夫曼编码。这个信源的熵 $H(X)$ = 2.63 比特/符号。图 6-3-6 所示的霍夫曼码的平均长度是 $\overline{R}$=2.70 比特/符号，因此它的效率约为 0.97。

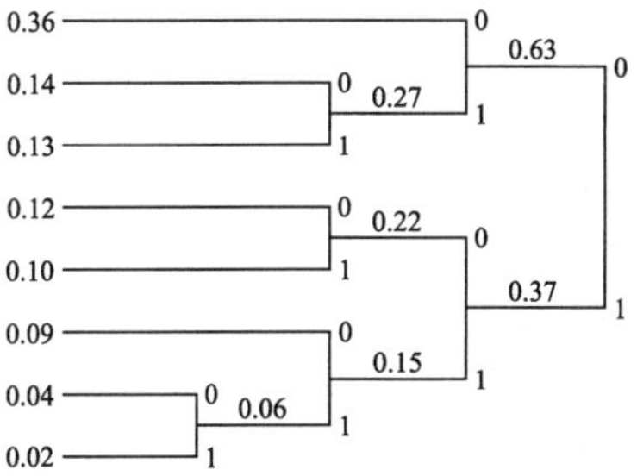

符号	码字
x_1	00
x_2	010
x_3	011
x_4	100
x_5	101
x_6	110
x_7	1110
x_8	1111
$H(X)$=2.63 比特/符号 $\overline{R}$=2.70 比特/符号	

图 6-3-6 例 6-3-2 的霍夫曼编码

上例描述的变长（霍夫曼）编码算法生成了一个前缀码，其 $\overline{R}$ 满足式（6-3-26）。然而，如果不是逐符号编码，而是一次对 J 个符号的分组进行编码，那将使编码效率更高。在这种情况下，式（6.3-26）的边界将变为

$$JH(X) \leqslant \overline{R}_J < JH(X)+1 \tag{6-3-31}$$

由于来自 DMS 信源 J 个符号分组的熵是 $JH(X)$，$\overline{R}_J$ 是每个 J 符号组的平均比特数，如果我们把式（6-3-31）除以 J，可得

$$H(X) \leqslant \frac{\overline{R}_J}{J} < H(X)+\frac{1}{J} \tag{6-3-32}$$

式中，$\overline{R}_J / J \equiv \overline{R}$ 是每信源符号的平均比特数。如果 J 选择得足够大，$\overline{R}$ 可以无限趋近 $H(X)$。

例 6-3-3 某 DMS 信源的输出包含 x_1、x_2、x_3 三种符号，对应的发生概率分别是 0.45、0.35 和 0.20，信源的熵 $H(X)$=1.513 比特/符号。表 6-3-2 给出的霍夫曼编码需要 $\overline{R}_1$=1.55 比特/符号，效率为 97.6%。如果采用霍夫曼编码算法将符号成对地编码，可得表 6-3-3 中的码字。每对信源输出符号的熵为 $2H(X)$ = 3.026 比特/符号对。另一方面，霍夫曼编码需要 $\overline{R}_2$=3.0675 比特/符号对。这样，编码效率提高到了 $2H(X)/\overline{R}_2$ = 0.986，即达到了 98.6%。

表 6-3-2　例 6-3-3 的霍夫曼编码

符号	概率	自信息	码字
x_1	0.45	1.156	1
x_2	0.35	1.520	00
x_3	0.20	2.330	01
$H(X)$=1.513 比特/符号，$\overline{R}$ =1.55 比特/符号，效率为 97.6%			

表 6-3-3　符号成对编码的霍夫曼码

符号对	概率	自信息	码字
x_1x_1	0.202 5	2.312	10
x_1x_2	0.157 5	2.676	001
x_2x_1	0.157 5	2.676	010
x_2x_2	0.122 5	3.039	011
x_1x_3	0.09	3.486	111
x_3x_1	0.09	3.486	0000
x_2x_3	0.07	3.850	0001
x_3x_2	0.07	3.850	1100
x_3x_3	0.04	4.660	1101
$2H(X)$=3.026 比特/符号对，$\overline{R}_2$ =3.0675 比特/符号对，$\overline{R}_2/2$=1.534 比特/符号，效率为 98.6%			

我们已阐明，在逐符号基础上利用霍夫曼编码算法的变长码可对 DMS 信源进行有效编码。如果每次对一个 J 符号组编码，则编码效率可以进一步得到提高。这样，信源熵为 $H(X)$ 的 DMS 信源的输出可以编成变长码，每信源符号的平均比特数能无限地逼近 $H(X)$。

霍夫曼编码算法可用于离散平稳信源，也可用于离散无记忆信源。如果有一个离散平稳信源发出 J 个符号，每符号的熵为 $H_J(X)$，我们可以按照上述的步骤，对 J 个符号编出满足前缀条件的变长霍夫曼编码，结果所得码（J 符号组）的平均比特数满足条件

$$H(X_1 \cdots X_J) \leqslant \overline{R}_J < H(X_1 \cdots X_J) + 1 \tag{6-3-33}$$

将式（6-3-33）除以 J，可得每信源符号平均比特数的边界，即

$$H_J(X) \leqslant \overline{R} < H_J(X) + 1/J \tag{6-3-34}$$

通过增大分组长度 J，我们可以无限逼近 $H_J(X)$，当趋于极限 $J \to \infty$ 时，$\overline{R}$ 满足

$$H_\infty(X) \leqslant \overline{R} < H_\infty(X) + \varepsilon \tag{6-3-35}$$

式中，ε 作为 $1/J$ 趋于 0。于是，通过对大符号分组后进行编码，可实现离散平稳信源的高效编码。但我们要强调，霍夫曼编码的设计需要知道关于 J 符号组的联合 PDF。

5．兰培尔-齐夫（Lempel-Ziv，L-Z）编码算法

从以上讨论中可看到，霍夫曼编码算法能产生最优信源编码，使码字满足前缀条件并且平均分组长度最小。为了给 DMS 信源设计霍夫曼编码，需要知道所有信源符号的发生概率。在有记忆离散信源的情况下，必须知道长度 $n \geqslant 2$ 分组的联合概率。然而在实践中，信源输出的统计特性往往是不知道的。从原理上说，只要观察到信源发出的一个长的信息序列，就有可能估计出离散信源的经验概率。除了估算对应于各信源输出符号发生的边际概率 $\{p_k\}$，一般在涉及联合概率的计算时复杂度是非常高的，结果使霍夫曼编码方法在许多实际的有记忆信源中往往不能实现。

与霍夫曼编码算法不同，L-Z 编码算法与信源的统计特性无关，因此 L-Z 编码算法属于通用信源编码算法的范畴，它是一种可变的定长算法，编码的算法描述如下。

在 L-Z 编码算法中，离散信源的输出序列被分解成长度可变的分组，称为码段（Phrase）。当信源输出字符组在最后位置加上一个字符后，如果与前面已有码段都不相同时，就把它作为一种新的码段引入。这些码段列在一个用来存储已有码段的位置的字典中。在对一个新的码段编码时，只要指出字典中现有码段的位置，把新字符附在后面即可。

例如，一个二进序列：

101011010010011101010000110011101011 00011011

按上述方式分解序列可得以下码段：

1，0，10，11，01，00，100，111，010，1000，011，001，110，101，10001，1011

序列中的每一个码段是前面某一码段加上一个新的信源输出字符。为了对这些码段编码，我们构造了一个如表 6-3-4 所示的字典。

表 6-3-4 L-Z 编码算法的字典

	字典位置	字典内容	码　字
1	0001	1	00001
2	0010	0	00000
3	0011	10	00010
4	0100	11	00011
5	0101	01	00101
6	0110	00	00100
7	0111	100	00110
8	1000	111	01001
9	1001	010	01010
10	1010	1000	01110
11	1011	011	01011
12	1100	001	01101
13	1101	110	01000
14	1110	101	00111
15	1111	10001	10101
16		1011	11101

字典位置按顺序编号，从 1 开始往下数，本例一直排到 16，它代表上述序列中的码段数。与各个位置对应的不同码段也已列入表中。码字是由前码段的字典位置（采用二进制形式）决定的，这里所说的前码段是指前几位完全相同、只有最后一位不同的那个码段。然后把新的输出字符附在前码段字典位置的后面，最初位置 0000 用于原先没出现过的码段。

该编码的信源解码器在通信系统的接收端构造一个完全相同的表，对接收序列进行相应的解码。

值得注意的是，该表将 44 位信源比特编码成 16 个码字，每码字 5 比特，总共 80 位码字比特，所以这种编码算法并没有提供任何数据压缩。然而，本例效率低下的原因是因为序列非常短，随着序列长度的增加，该编码算法的效率将变得越来越高，从而实现信源输出序列的压缩。

如何选择表中的总长度呢？一般而言，无论表有多大，它总是要溢出的。为了解决溢出问题，信源编/解码器必须达成一致，将无用的码段从各自字典中删去，在它们留下的位置上换上新的码段。

L-Z 编码算法已被广泛应用于计算机文件的压缩，例如，UNIX 操作系统中的 compress、uncompress，以及 MS-DOS 操作系统中的许多算法就是这种算法不同方式的实现。

6.4 有损数据压缩

到目前为止，本章对数据压缩技术的讨论仅限于离散信源，而连续幅度信源的问题就大不相同了。为了能完整重构连续幅度信源，所需要的比特数是无限的，这是因为一个普通的实数需要无数个二进制数字才能表达，因此连续幅度信源的无损压缩是不可能的，只能采用标量量化或矢量量化的有损压缩。本节讨论有损数据压缩的概念，并引入率失真函数（Rate Distortion Function），该函数提供了有损数据压缩的基本限制。为了引入率失真函数，需要将熵和互信息的概念推广到连续随机变量。

6.4.1 连续随机变量的熵和互信息

前文给出的离散随机变量互信息的定义，可直接推广到连续随机变量的情况。具体地说，若 X 和 Y 是具有联合 PDF 为 $p(x,y)$、边际 PDF 为 $p(x)$ 和 $p(y)$ 的两个随机变量，X、Y 之间的平均互信息定义为

$$I(X;Y)=\int_{-\infty}^{\infty}\int_{-\infty}^{\infty}p(x)p(y|x)\log\frac{p(y|x)p(x)}{p(x)p(y)}\,\mathrm{d}x\,\mathrm{d}y \tag{6-4-1}$$

尽管平均互信息的定义可延伸到连续随机变量，但熵的概念不能生搬硬套。问题出在连续随机变量需要用无数个二进制数字才能精确地表达它，这样它的自信息为无穷大，它的熵也将为无穷大。然而我们可定义一个量，称为连续随机变量 X 的差熵，即

$$H(X)=-\int_{-\infty}^{\infty}p(x)\log p(x)\,\mathrm{d}x \tag{6-4-2}$$

需要强调的是，这个量尽管看上去很像是离散随机变量熵定义的自然扩展，但其实并没有自信息（Self-Information）的物理意义（见习题 6.15）。

通过定义 Y 给定后 X 的平均条件熵

$$H(X|Y) = -\int_{-\infty}^{\infty}\int_{-\infty}^{\infty} p(x, y)\log p(x|y)\,\mathrm{d}x\,\mathrm{d}y \tag{6-4-3}$$

平均互信息可表示为

$$I(X;Y) = H(X) - H(X|Y) \tag{6-4-4}$$

或者

$$I(X;Y) = H(Y) - H(Y|X) \tag{6-4-5}$$

在某些特定情况下，随机变量 X 是离散的而 Y 是连续的。例如，假定 X 可能的取值是 x_i（$i = 1, 2,\cdots n$），而 Y 用其边际 PDF $p(y)$来描述。当 X、Y 统计相关时，$p(y)$可被表示为

$$p(y) = \sum_{i=1}^{n} p(y \mid x_i)P(x_i) \tag{6-4-6}$$

事件 $Y=y$ 的发生为事件 $X=x_i$ 所提供的互信息是

$$I(x_i;\, y) = \log\frac{p(y|x_i)\,P(x_i)}{p(y)\,P(x_i)} = \log\frac{p(y|x_i)}{p(y)} \tag{6-4-7}$$

那么，X 和 Y 之间的平均互信息是

$$I(X;\,Y) = \sum_{i=1}^{n}\int_{-\infty}^{\infty} p(y|x_i)\,P(x_i)\log\frac{p(y|x_i)}{p(y)}\,\mathrm{d}y \tag{6-4-8}$$

例 6-4-1 设离散随机变量 X 有两个等概取值 $x_1=A$ 或 $x_2=-A$，令条件 PDF $p(y|x_i)$（$i=1,2$）服从均值为 x_i、方差为σ^2 的高斯分布，即

$$\begin{aligned} p(y|A) &= \frac{1}{\sqrt{2\pi}\,\sigma}\mathrm{e}^{-(y-A)^2/2\sigma^2} \\ p(y|-A) &= \frac{1}{\sqrt{2\pi}\,\sigma}\mathrm{e}^{-(y+A)^2/2\sigma^2} \end{aligned} \tag{6-4-9}$$

由式（6-4-8）得到的平均互信息变为

$$I(X;\,Y) = \frac{1}{2}\int_{-\infty}^{\infty}\left[p(y|A)\log\frac{p(y|A)}{p(y)} + p(y|-A)\log\frac{p(y|-A)}{p(y)}\right]\mathrm{d}y \tag{6-4-10}$$

式中

$$p(y) = \frac{1}{2}[p(y|A) + p(y|-A)] \tag{6-4-11}$$

在本章后面将看到，式（6-4-10）给出的平均互信息 $I(X;Y)$代表了二进制输入的加性高斯白噪声信道的信道容量。

6.4.2 率失真函数

模拟信源发出的消息波形 $x(t)$是随机过程 $X(t)$的一个样本函数。当 $X(t)$是带限、平稳随机过程时，采样定理允许我们用一个以奈奎斯特速率抽取的、均匀的抽样序列来表示 $X(t)$。

利用采样定理，.模拟信源的输出可转化成一个等效的离散时间抽样序列，然后对样值幅度进行量化和编码。一种简单的编码方法是用一串二进制数字序列来代表一个离散幅度电平。这样，如果有 L 个电平，当 L 是 2 的幂次方时，每个样值需用 $R=\log_2 L$ 比特来表示；当 L 不是 2 的幂次方时，每个样值需 $R=\lfloor\log_2 L\rfloor+1$ 比特来表示。另外，如果输出电平不等概而各电

平概率又已知，我们可以用霍夫曼编码（也称为熵编码）来提高编码效率。

信号样值幅度量化不仅会带来数据的压缩，同时也会引入某些波形失真或信号保真度的损失。要考虑如何使失真最小化，本节给出的许多结论可直接应用于时间离散、幅度连续、无记忆的高斯信源。这样的信源可当成一个很好的残余误差（Residual Error）模型，可应用于许多信源编码方法之中。

本节仅讨论率失真函数对有损信源编码的基本限制，如何达到理论边界的具体技术并不在本书讨论的范围内，有兴趣的读者可参见本章最后列出的有关标量量化、矢量量化、数据压缩、音/视频编码的参考书籍和论文。

我们先来讨论信源样值被量化成固定比特数时所引入的失真。所谓失真，是指用某种尺度衡量的实际信源样值$\{x_k\}$与对应量化值$\{\hat{x}_k\}$之差，可用$d(x_k, \hat{x}_k)$来表示。例如，最常用的失真量度是平方误差失真（Squared-Error Distortion），定义为

$$d(x_k, \hat{x}_k)=(x_k-\hat{x}_k)^2 \tag{6-4-12}$$

如果$d(x_k, \hat{x}_k)$是每个样值失真的量度，那么由n个样值组成的序列$\boldsymbol{x}_n$与n个量化值序列$\hat{\boldsymbol{x}}_n$之间的失真等于n个信源输出样值失真的平均，即

$$d(\boldsymbol{x}_n, \hat{\boldsymbol{x}}_n)=\frac{1}{n}\sum_{k=1}^{n} d(x_k, \hat{x}_k) \tag{6-4-13}$$

信源输出是随机过程，$\boldsymbol{X}_n$的n个样值是随机变量，因此$d(\boldsymbol{X}_n, \hat{\boldsymbol{X}}_n)$也是随机变量。它的期望值被定义为失真$D$，即

$$D=E\left[d(\boldsymbol{X}_n, \hat{\boldsymbol{X}}_n)\right]=\frac{1}{n}\sum_{k=1}^{n} E\left[d(X_k, \hat{X}_k)\right]=E\left[d(X, \hat{X})\right] \tag{6-4-14}$$

式中，最后一步是在假设信源输出是平稳过程这样一个前提下得到的。

假设有一个无记忆的信源，其连续幅值输出X的PDF是$p(x)$，量化后幅值符号集是$\hat{X}$，每符号的失真量度是$d(x, \hat{x})$。那么，为了以小于或等于D的失真来表示无记忆信源的输出X，每信源符号所需要的最低比特率称为率失真函数$R(D)$，定义为

$$R(D)=\min_{p(\hat{x}|x):E[d(X,\hat{X})]\leqslant D} I(X;\hat{X}) \tag{6-4-15}$$

式中，$I(X;\hat{X})$是X和$\hat{X}$之间的互信息。一般，当D增大时$R(D)$减小，反之D减小时$R(D)$增大。

从率失真函数定义可看到，$R(D)$取决于$p(x)$的统计特性和失真量度$d(x, \hat{x})$，两者中不管哪一个有变化都会改变$R(D)$。这里还要提到一点，对于很多信源的统计特性和失真量度而言，并不存在封闭形式的率失真函数$R(D)$。

在信息论中，信源的率失真函数$R(D)$是与下列基本信源编码定理相联系的。

香农第三定理［限失真的信源编码，Shannon（1959）］：只要$R>R(D)$，一个无记忆信源X就能以码率R编码而失真量度不超过D；相反，若$R< R(D)$，则任何编码的失真量度都将超过D。

显然，对于一个给定的失真量度，任何一个信源的率失真函数$R(D)$都代表了信源速率的下边界。

1．平方误差失真下的高斯信源的率失真函数

我们感兴趣的常用模型之一是连续幅度、无记忆信源的高斯信源模型，这种模型具有高

斯统计特性，以平方误差 $d(x,\hat{x})=(x-\hat{x})^2$ 为失真量度，其率失真函数已知，为

$$R_g(D)=\begin{cases}\frac{1}{2}\log\frac{\sigma^2}{D}, & 0\leqslant D\leqslant\sigma^2\\ 0, & D>\sigma^2\end{cases} \tag{6-4-16}$$

式中，σ^2 是信源的方差。注意，$R_g(D)$与信源均值 $E[X]$无关。连续幅度无记忆高斯信源的率失真函如图 6-4-1 所示。

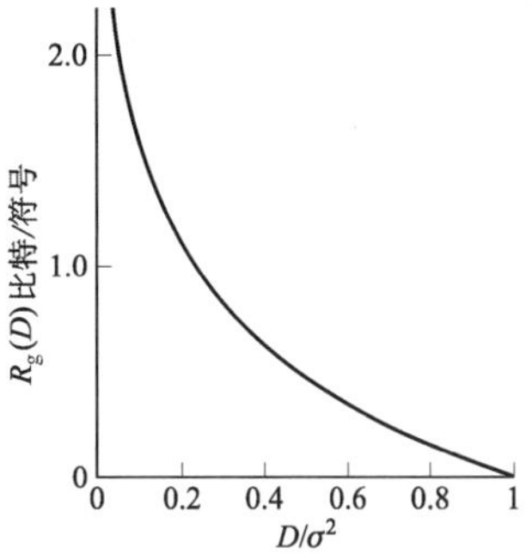

图 6-4-1　连续幅度无记忆高斯信源的率失真函数

值得注意的是，式（6-4-16）表明当失真 $D\geqslant\sigma^2$ 时就根本不需要传输任何信息了。具体说，在信号重构时只要利用 $m=E[X]$就可得到 $D=\sigma^2$。

如果将式（6-4-16）中 D 和 $R_g(D)$的函数关系颠倒一下，就可以用 R 来表示 D，即

$$D_g(R)=2^{-2R}\sigma^2 \tag{6-4-17}$$

这个函数称为离散时间无记忆高斯信源的失真率函数（Distortion Rate Function）。

如果用分贝表示式（6-4-17）的失真，可得

$$10\log D_g(R)=-6R+10\log\sigma^2 \tag{6-4-18}$$

注意：这里的均方误差失真以每比特6 dB的速率下降。

对于一般无记忆非高斯信源，其率失真函数还没有一个明确的结论。然而对于任何一个离散时间、连续幅度的无记忆信源，已经有了率失真函数实用的上边界和下边界。下面的定理给出了其中一种上边界。

定理　$R(D)$的上边界，零均值、有限方差 σ^2（用均方误差失真量度）、连续幅度的无记忆信源，其率失真函数的上边界为

$$R(D)\leqslant\frac{1}{2}\log_2\frac{\sigma^2}{D},\qquad 0\leqslant D\leqslant\sigma^2 \tag{6-4-19}$$

本定理的证明已由 Berger（1971）给出，该定理表明：在指定均方误差失真时，与其他所有各类信源相比，高斯信源所需要的速率最大。因此，任何一个均值为 0、方差 σ^2 为有限值、幅度连续的无记忆信源都满足条件 $R(D)\leqslant R_g(D)$。同样，该信源的失真率函数满足条件

$$D(R)\leqslant D_g(R)=2^{-2R}\sigma^2 \tag{6-4-20}$$

率失真函数的下边界也存在，称为均方误差失真量度下的香农下边界（Shannon Lower Bound），即

$$R^*(D)=H(X)-\frac{1}{2}\log_2 2\pi eD \tag{6-4-21}$$

式中，$H(X)$是幅度连续的无记忆信源的差熵。与式（6-4-21）对应的失真率函数是

$$D^*(R)=\frac{1}{2\pi e}2^{-2[R-H(X)]} \tag{6-4-22}$$

因此，任何一个幅度连续的无记忆信源的率失真函数都被限定在以下的上/下边界之内

$$R^*(D)\leqslant R(D)\leqslant R_g(D) \tag{6-4-23}$$

相应的失真率函数被限定在

$$D^*(R) \leqslant D(R) \leqslant D_g(R) \tag{6-4-24}$$

无记忆高斯信源的差熵是

$$H_g(X) = \frac{1}{2}\log_2 2\pi e\sigma^2 \tag{6-4-25}$$

于是，式（6-4-21）的下边界 $R^*(D)$降为 $R_g(D)$。进一步，如果用 dB 来表示 $D^*(R)$，令 $\sigma^2=1$ 或将 $D^*(R)$除以σ^2 而使它归一化，由式（6-4-22）可得

$$10\lg D^*(R) = -6R - 6[H_g(X) - H(X)] \tag{6-4-26}$$

或等价于

$$10\log\frac{D_g(R)}{D^*(R)} = 6[H_g(X) - H(X)] = 6[R_g(D) - R^*(D)]\ \text{dB} \tag{6-4-27}$$

通过式（6-4-26）和式（6-4-27），我们能对失真的下边界和高斯信源时失真的上边界进行比较。我们注意到，$D^*(R)$也是每比特减小 6 dB。还应指出，差熵 $H(X)$的上边界是 $H_g(X)$，正如香农 1948 年指出的那样。

2．带汉明失真的二进制信源的率失真函数

另一个感兴趣且又有用的情况是 $p = P[X = 1] = 1 - P[X = 0]$的二进制信源，该信源存在着率失真函数的封闭表达形式。根据无失真信源编码定理可知，这种信源能以满足 $R > H(X) = H_b(p)$的任意码率压缩，再从压缩数据中无损地复原。但如码率降到 $H_b(p)$以下，信源压缩时就会产生误差。一种表示差错概率的失真量度是汉明失真（Hamming Distortion），定义为

$$d(x,\hat{x}) = \begin{cases} 1, & x \neq \hat{x} \\ 0, & x = \hat{x} \end{cases} \tag{6-4-28}$$

采用这种失真量度时的平均失真为

$$E\left[d(X,\hat{X})\right] = 1 \times P\left[X \neq \hat{X}\right] + 0 \times P\left[X = \hat{X}\right] = P\left[X \neq \hat{X}\right] = P_e \tag{6-4-29}$$

可见，汉明失真的平均值就是信源复原时的差错概率。

带汉明失真的二进制信源的率失真函数为

$$R(D) = \begin{cases} H_b(p) - H_b(D), & 0 \leqslant D \leqslant \min\{p, 1-p\} \\ 0, & \text{其他} \end{cases} \tag{6-4-30}$$

我们注意到当 $D \to 0$ 时 $R(D) \to H_b(p)$。

例 6-4-2 欲对一个二进制对称信源以每信源输出 0.75 比特的码率压缩。该二进制对称信源的 $p = 1/2$ 及 $H_b(p) = 1$。由于压缩率 0.75 低于信源熵，无差错压缩是不可能的。通过解 $R(D) = 0.75$ 可以找到最佳的差错概率，由于采用汉明失真，这里的 D 就是 P_e。由式（6-4-30）可知 $R(P_e)=H_b(p)-H_b(P_e) =1-H_b(P_e) = 0.75$，因此 $H_b(P_e) =1-0.75=0.25$，由此可得 $P_e= 0.04169$。这是使用无复杂度限制和无时延限制的系统所能取得的最小差错概率。

6.5 信道模型和信道容量

我们回忆一下在第 1 章中描述过的数字通信系统模型，其发送器的框图是由离散输入、离散输出的信道编码器，以及紧接在其后的调制器组成的。离散信道编码器的作用是以可控

的方式在二进制信息序列中插入一些冗余度，以便在接收器中利用这些冗余度来克服信号在信道传输过程中遇到的干扰和噪声的影响。编码过程一般是这样的：每次取 k 个信息比特，把各个 k 比特序列映射到唯一对应的一个称为码字（Codeword）的 n 比特序列上。在这种方式中，由数据编码引进的冗余量可以用比值 n/k 来衡量，该比值的倒数 k/n 称为码率（Code Rate），用 R_c 表示。

信道编码器输出的二进制序列被送进调制器，它是进入通信信道的接口。正如已讨论的那样，调制器可以仅把每个二进制数字映射为两个可能的波形之一，即 0 映射为波形 $s_1(t)$ 而 1 映射为波形 $s_2(t)$，或者也可以采用 $M=2^q$ 个可能的波形，每次传输一个 q 比特数据块。

在数字通信设备的接收端，解调器对受信道损伤的波形进行处理，将波形简化成一个标量或矢量，用来表示传输的数据符号（二进制或 M 进制）的估值。解调器后面的检测器可用来判决传输的比特是 0 还是 1。在这种情况下，判决器所做的是硬判决。如果把检测器的判决过程想象成量化的一种形式，可看到硬判决相当于对解调器输出做二进制量化。更广义地，我们可把一个量化成 $Q>2$ 电平的检测器看成一个 Q 元检测器。如果采用的是 M 进制信号，则应有 $Q \geqslant M$。在不做量化的极端情况下，$Q=\infty$。在 $Q>M$ 时，我们称检测器是软判决。

检测器的量化输出被送到信道译码器，它利用可用的冗余度来纠正信道干扰。

6.5.1 节将描述三种信道模型，这三种信道模型将被利用来估算信道所能取得的最高比特速率。

6.5.1　信道模型

本节讨论信道模型，这些信道模型在编码设计时有用。一般的通信信道可用以下三个参数来描述：可能的输入信号集，用 X 表示，称为输入符号集（Input Alphabet）；可能的信道输出信号集，用 Y 表示，称为输出符号集（Output Alphabet）；表示任意长度 n 输入序列和输出序列关系的条件概率，用 $P[y_1, y_2, \cdots, y_n | x_1, x_2, \cdots, x_n]$表示，其中 $\boldsymbol{x}=(x_1, x_2, \cdots, x_n)$和 $\boldsymbol{y}=(y_1, y_2, \cdots, y_n)$分别代表长度 n 的输入序列和输出序列。如果对于所有 n，有

$$P[\boldsymbol{y}|\boldsymbol{x}]=\prod_{i=1}^{n} P[y_i|x_i] \tag{6-5-1}$$

则称信道是无记忆的。换言之，如果 i 时刻的输出仅取决于 i 时刻的输入，则此信道是无记忆的。

最简单的信道模型是二进制对称信道（Binary Symmetric Channel，BSC），它对应于 $X=Y=\{0, 1\}$，适用于二进制调制、检测器采用硬判决的情况。

1．二进制对称信道（BSC）模型

考虑一个加性噪声信道，把调制/解调器和检测器看成信道的一个组成部分。如果调制器采用二进制波形，检测器采用硬判决，就可构成如图 6-5-1 所示的信道，它具有离散时间的二进制输入序列和离散时间的二进制输出序列。这样的合成信道的特点是它有一个可能输入值的集合 $X=\{0,1\}$和可能输出值的集合 $Y=\{0,1\}$，以及一组表示可能输入与可能输出之间关系的条件概率。如果信道噪声和其他干扰导致传输的二进制序列发生统计独立的差错，平均差错概率是 p，则有

$$P(Y=0|X=1)=P(Y=1|X=0)=p，P(Y=1|X=1)=P(Y=0|X=0)=1-p \quad (6\text{-}5\text{-}2)$$

这样，我们就把二进制调制器、波形信道、二进制解调器和检测器的级联简化为一个等效的离散时间信道。这种对称的二进制输入、二进制输出信道简称为二进制对称信道（BSC）。由于这种信道的每个输出比特仅与对应的一个输入比特有关，所以我们说这种信道是无记忆的。二进制对称信道如图 6-5-2 所示。

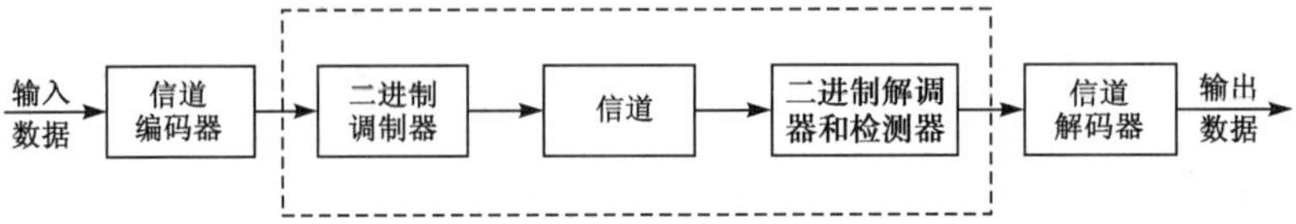

图 6-5-1　合成的具有离散时间输入二进制序列、离散时间输出二进制序列的信道

2．离散无记忆信道（Discrete Memoryless Channel，DMC）

BSC 可视为一种更广义的离散输入、离散输出信道的一个特例。离散无记忆信道的输入/输出符号集 X 和 Y 是离散集且信道是无记忆的。例如，当信道采用 M 元无记忆调制、检测器包含 Q 进制输出时就是这种情况。由调制器-信道-检测器构成的复合信道的输入-输出特性可用一组 MQ 个条件概率集来描述

$$P(y|x), \qquad x\in X，y\in Y \quad (6\text{-}5\text{-}3)$$

离散无记忆信道（DMC）如图 6-5-3 所示，通常，决定 DMC 特性的条件概率$\{P[y|x]\}$可以写成形式为$\boldsymbol{P}=[p_{ji}]$的一个$|X|\times|Y|$矩阵，式中 $1\leqslant i\leqslant|X|$，$1\leqslant j\leqslant|Y|$，$\boldsymbol{P}$ 被称为信道的概率转移矩阵。

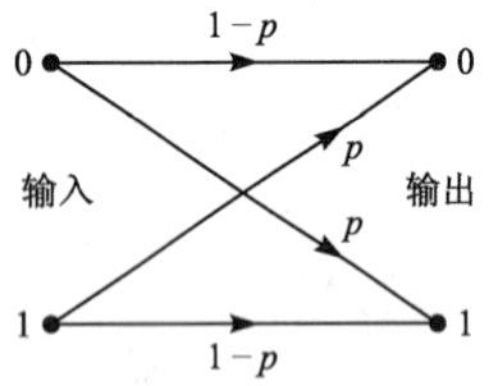

图 6-5-2　二进制对称信道

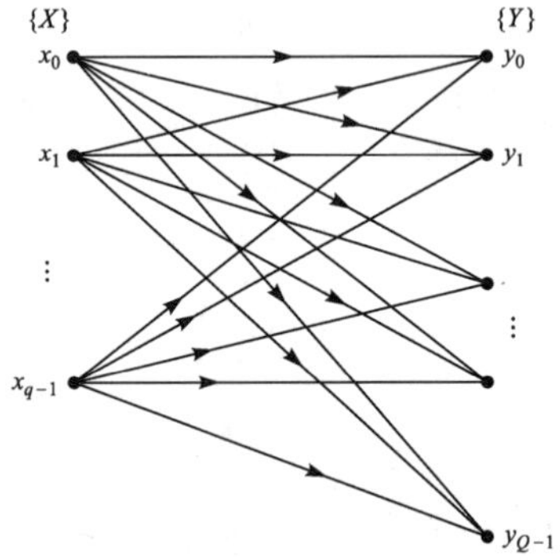

图 6-5-3　离散无记忆信道

3．离散输入、连续输出信道

假设调制器的输入信号选自一个有限、离散的输入字符集 X，$|X|=M$，而检测器的输出未经量化，即 $Y=R$。这就引导我们定义一个合成的离散时间无记忆信道，它的特性由离散输入 X、连续输出 Y，以及式（6-5-4）表示的一组条件概率密度函数来描述。

$$p(y|x), \qquad x\in X，y\in R \quad (6\text{-}5\text{-}4)$$

这类信道中最重要的一种是加性高斯白噪声信道（AWGN），对它而言

$$Y = X + N \tag{6-5-5}$$

式中，N 是一个均值为 0、方差为σ^2 的高斯随机变量。对于给定的 $X=x$，Y 是一个均值为 x 、方差为σ^2 的高斯随机变量，即

$$p(y|x) = \frac{1}{\sqrt{2\pi\sigma^2}} \mathrm{e}^{-\frac{(y-x)^2}{2\sigma^2}} \tag{6-5-6}$$

对于任意给定的输入序列 X_i（$i=1, 2,\cdots,n$），存在一个相应的输出序列

$$Y_i = X_i + N_i, \qquad i=1,2,\cdots,n \tag{6-5-7}$$

信道为无记忆的条件可表示为

$$p(y_1, y_2,\cdots y_n|x_1, x_2,\cdots x_n)=\prod_{i=1}^{n} p(y_i \mid x_i) \tag{6-5-8}$$

4．离散时间 AWGN 信道

这是一种 $X= Y=R$ 的信道。在每个时间瞬间 i，一个输入 $x_i \in R$ 发送到信道上。接收符号是

$$y_i = x_i + n_i \tag{6-5-9}$$

式中，n_i 是独立同分布（IID）、均值为 0、方差为σ^2 的高斯随机变量。此外，通常假设信道输入满足下列形式的功率限制

$$E[X^2] \leqslant P \tag{6-5-10}$$

在这样的功率限制下，对于任何输入序列 $\boldsymbol{x} = (x_1, x_2,\cdots, x_n)$，当 n 很大时，有

$$\frac{1}{n}\sum_{i=1}^{n} x_i^2 = \frac{1}{n}\|\boldsymbol{x}\|^2 \leqslant P \tag{6-5-11}$$

上述限制的几何解释是：输入到信道的序列位于以原点为中心、以 $\sqrt{nP}$ 为半径的 n 维球之内。

5．AWGN 波形信道

我们可以把调制/解调器同物理信道分开，讨论这样一个信道模型：其输入是波形，输出也是波形。假设这种信道有给定的带宽 W，在频率范围$[-W, +W]$内具有理想的频率响应 $C(f)=1$，信号在输出端受到加性高斯白噪声的损伤。假设输入是与信道匹配的带限信号 $x(t)$，相应的输出是 $y(t)$, 那么

$$y(t) = x(t) + n(t) \tag{6-5-12}$$

式中，$n(t)$为加性高斯白噪声过程的一个样本函数，其功率谱密度是 $N_0/2$。信道输入通常受功率限制，即

$$E[X^2(t)] \leqslant P \tag{6-5-13}$$

对于遍历的输入，功率限制为

$$\lim_{T\to\infty} \frac{1}{T} \int_{-T/2}^{T/2} x^2(t)\,\mathrm{d}t \leqslant P \tag{6-5-14}$$

为了定义一组能体现信道特性的概率，一种适当的办法是把 $x(t)$、$y(t)$和 $n(t)$展开成一组正交函数的完备集。由 4.6.1 节讨论的维度理论可知，带宽为 W、时长为 T 的信号空间的维数约为 $2WT$。因此我们需要每秒 $2W$ 维的集合来展开信号。我们可以在此集合中加上一些适当的信号使之成为正交信号的完备集，由例 2-8-1 可看到，它能用于白色过程的展开。因此，我们

可以用下列形式表示 $x(t)$、$y(t)$和 $n(t)$。

$$x(t)=\sum_j x_j\phi_j(t),\qquad n(t)=\sum_j n_j\phi_j(t),\qquad y(t)=\sum_j y_j\phi_j(t) \tag{6-5-15}$$

式中，$\{x_j\}$、$\{y_j\}$和$\{n_j\}$是对应展开的系数集，比如

$$y_j=\int_{-\infty}^{\infty} y(t)\phi_j(t)\,\mathrm{d}t=\int_{-\infty}^{\infty}[x(t)+n(t)]\phi_j(t)\,\mathrm{d}t=x_j+n_j \tag{6-5-16}$$

现在利用展开式的系数来确定信道特性，由于

$$y_j=x_j+n_j \tag{6-5-17}$$

式中，n_j 是独立同分布、均值为0、方差$\sigma^2=N_0/2$的高斯随机变量，于是有

$$p(y_j|x_j)=\frac{1}{\sqrt{\pi N_0}}\mathrm{e}^{-\frac{(y_j-x_j)^2}{N_0}},\qquad i=1,2\cdots \tag{6-5-18}$$

由于n_j 相互独立，对于任何N，都有

$$p(y_1,y_2,\cdots,y_N|x_1,x_2,\cdots,x_N)=\prod_{j=1}^{N}p(y_j|x_j) \tag{6-5-19}$$

通过这种方式，AWGN波形信道可以简化为一个等效的离散时间信道，其特性由式（6-5-18）给出的条件PDF决定。式（6-5-14）给出的对输入波形的功率限制可写成

$$\lim_{T\to\infty}\frac{1}{T}\int_{-T/2}^{T/2}x^2(t)\,\mathrm{d}t=\lim_{T\to\infty}\frac{1}{T}\sum_{j=1}^{2WT}x_j^2=\lim_{T\to\infty}\frac{1}{T}\times 2WTE[X^2]=2WE[X^2]\leqslant P \tag{6-5-20}$$

式中，第一个等号是由$\{\phi_j(t), j=1,2,\cdots,2WT\}$的正交性得出的，第二个等号是将大数定理应用于序列$\{x_j, 1\leqslant j\leqslant 2WT\}$得出的，最后一个不等式是根据式(6-5-14)得出的。我们从式(6-5-20)可得出结论：对于离散时间信道模型，有

$$E[X^2]\leqslant\frac{P}{2W} \tag{6-5-21}$$

从式（6-5-19）和式（6-5-21）可清楚地看到，受带宽 W 和功率 P 限制的 AWGN 波形信道等价于每秒使用 $2W$ 次、噪声方差$\sigma^2=N_0/2$、输入功率受式(6-5-21)限制的离散时间 AWGN 信道。

6.5.2 信道容量

前面已看到，熵和率失真函数对无损数据压缩和有损数据压缩提出了基本的约束，分别以无损恢复或者以失真不超过某指定值 D 恢复为前提，熵和率失真函数提出了离散无记忆信源压缩所要求的最低码率。本节将引入第三个基本量——信道容量（Channel Capacity），它提供了在信道上可靠通信可能的最大速率。

考虑一个转移概率为 p 的离散无记忆信道。在信道上传输 1 比特的差错概率是 p，在信道上传输一个 n 长序列时，正确接收到此序列的概率是$(1-p)^n$，当 $n\to\infty$时此值趋于 0。改善该信道性能的一个途径不是把所有长度 n 的二进制序列作为可能的输入序列送入信道，而是选择其中一个子集，并仅使用这个子集。当然，这个子集应以这样的方式选择：子集的序列在某种意义上互相“远离”，以致信道产生差错时接收器仍能认识并正确地检测它们。

假设有一个长度为 n 的二进制序列在信道上传输，根据大数定理可知，如果 n 很大，则很可能出现 np 比特的接收差错，当 $n\to\infty$时，有 np 比特接收差错的概率趋于 1。长度为 n

的二进制序列与发送序列在 np 个（np 是个整数）位置上不同的组合数是

$$\binom{n}{np}=\frac{n!}{(np)!(n(1-p))!} \tag{6-5-22}$$

利用斯特林（Stirling）近似公式，即对于大的 n，有

$$n!\approx\sqrt{2\pi n}\,n^n\mathrm{e}^{-n} \tag{6-5-23}$$

因此，式（6-5-22）可近似为

$$\binom{n}{np}\approx 2^{nH_{\mathrm{b}}(p)} \tag{6-5-24}$$

这意味着当发送任意长度为 n 的二进制序列时，在 np 位置上，与发送序列不同的 $2^{nH_{\mathrm{b}}(p)}$ 个序列之一会以很大的概率被接收。如果我们坚持使用所有可能的输入序列进入信道，则差错将不可避免，因为两两接收序列之间存在大量的重合。但是如果我们采用所有可能输入序列的一个子集，令该子集的所有元素对应的最可能接收序列不相重合，那么就有可能实现可靠通信。由于长度为 n 的二进制序列在信道输出处的总数是 2^n，最多可有

$$M=\frac{2^n}{2^{nH_{\mathrm{b}}(p)}}=2^{n[1-H_{\mathrm{b}}(p)]} \tag{6-5-25}$$

个长度为 n 的发送序列没有对应的大概率重合的接收序列，因此在 n 次使用信道后我们传输了 M 个消息，码率 R（即每使用一次信道所传输的信息）为

$$R=\frac{1}{n}\log_2 M=1-H_{\mathrm{b}}(p) \tag{6-5-26}$$

式中，$1-H_{\mathrm{b}}(p)$是能在二进制对称信道上可靠通信的最大码率，称为信道容量。信道容量一般用 C 表示，是指可靠通信（Reliable Communication）的最大允许码率，即有可能在此信道上以任意小的差错概率实现通信。

对于任意一个 DMC，其信道容量为

$$C=\max_{p} I(X;Y) \tag{6-5-27}$$

式中，最大化是在输入符号集 $\mathscr{X}$的 $\boldsymbol{p}$ ＝（p_1，$p_2,\cdots,p_{|\mathscr{X}|}$）形式的概率质量函数（PMF）上进行的。 p_i 满足条件

$$p_i\geqslant 0,\quad i=1,\ 2,\cdots,|\mathscr{X}|;\quad \sum_{i=1}^{|\mathscr{X}|}p_i=1 \tag{6-5-28}$$

如果用以 2 为底数的对数计算 $I(X;Y)$，C 的单位是每次传输的比特（bit）数，或者每使用一次信道传输的比特数；如果用以 e 为底数的自然对数，则单位是每次传输的奈特（nat）数。如果每 τ_{s} 秒有一个符号进入信道，则信道容量是 C/τ_{s} bit/s 或 nat/s。

信道容量的意义可在香农第二定理，即在众所周知的噪声信道编码定理中得到体现。

香农第二定理［噪声信道编码定理（Shannon，1948）］： 只要通信速率 R 满足 $R<C$（C 是信道容量），离散无记忆信道上的可靠通信是可能的；若速率高于信道容量，则可靠通信是不可能的。

噪声信道编码定理在通信理论中是最具深远意义的，这个定理表达了可靠通信的极限，提供了衡量通信系统性能的标尺。一个性能接近信道容量的系统是接近最优的系统，没有多少空间可再提高。相反，一个远离基本边界的系统主要可以通过第 7、8 章所介绍的编码技术

改善性能。尽管我们这里提到的是离散无记忆噪声信道的编码定理，但这个定理适用于许多信道类型，这方面的细节可参见由 Verdu 和 Han（1994）所发表的论文。

我们同时也注意到，香农对噪声信道编码定理的证明并不奇特，他使用了一种称为随机编码的方法。这种方法不是去寻找可能的最优编码方法再分析其性能，那样做比较困难，而是考虑所有可能的编码方法，求出系统性能的平均值。然后证明在 $R < C$ 条件下平均差错概率趋于 0，这就证明了在所有可能的编码方法中，至少存在一种码，其差错概率趋于 0。

例 6-5-1 对于 BSC，由于信道的对称性，在输入信号均匀分布，即 $P[X=1] = P[X=0] = \frac{1}{2}$ 时可取得最大信道容量。最大互信息为

$$C=1+p\log_2 p + (1-p)\log_2(1-p) = 1-H(p) \tag{6-5-29}$$

这与我们原先的直观推理吻合。C 随 p 变化的曲线如图 6-5-4 所示，当 $p = 0$ 时信道容量为 1 比特/信道使用；当 $p = 1/2$ 时，输入和输出的互信息等于 0；当 $1/2 < p \leqslant 1$ 时，我们可在 BSC 输出处将 0 和 1 倒置，导致 C 关于 $p = 1/2$ 点对称。在第 4 章对二进制调制和解调的处理中，我们曾证明 p 是比特 SNR 的单调函数，因此当 C 画成比特 SNR 的函数时，它应随比特 SNR 的增大而增大。C 与比特 SNR 的关系曲线如图 6-5-5 所示（图中涉及的二进制调制是双极性信号）。

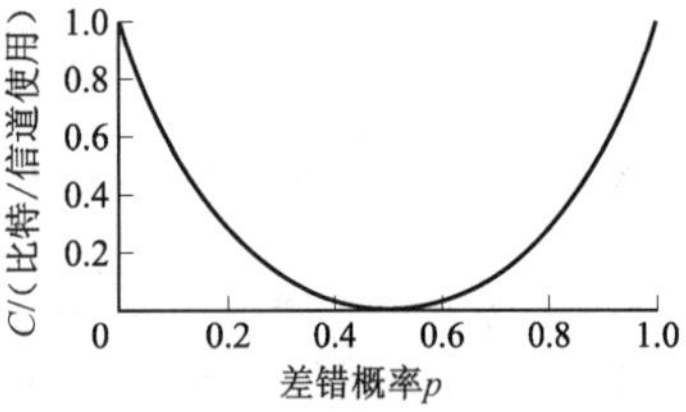

图 6-5-4　C 随 p 变化的曲线

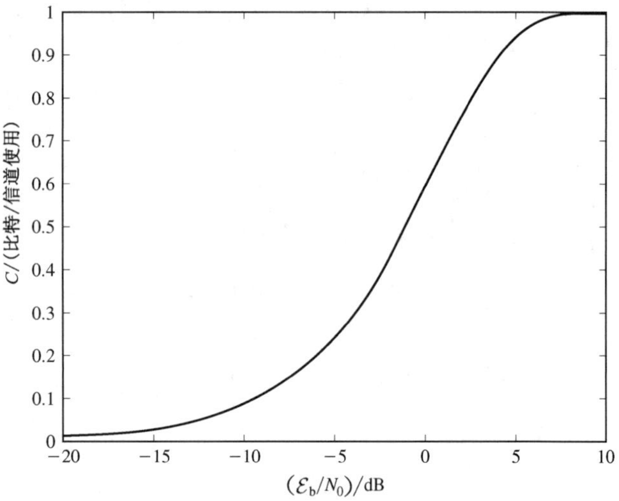

图 6-5-5　C 与比特 SNR 关系曲线

1．离散时间二进制输入 AWGN 信道的容量

考虑一个二进制输入的 AWGN 信道，输入为$\pm A$，噪声方差为σ^2。信道的转移概率密度函数由式（6-5-6）定义，此处 $x=\pm A$。由于对称性，当输入具有对称的概率质量函数（PMF）时可取得最大信道容量，即令 $P[X=A]=P[X=-A]=1/2$。利用这些输入概率，以每次使用信道所传输的比特数表示的信道容量是

$$C = \frac{1}{2}\int_{-\infty}^{\infty} p(y|A)\log_2\frac{p(y|A)}{p(y)}\,\mathrm{d}y + \frac{1}{2}\int_{-\infty}^{\infty} p(y|-A)\log_2\frac{p(y|-A)}{p(y)}\,\mathrm{d}y \tag{6-5-30}$$

这种情况下的信道容量并没有封闭形式。习题 6.50 证明这种信道的容量可写成

$$C = \frac{1}{2}g\left(\frac{A}{\sigma}\right) + \frac{1}{2}\left(-\frac{A}{\sigma}\right) \tag{6-5-31}$$

式中

$$g(x) = \int_{-\infty}^{\infty} \frac{1}{\sqrt{2\pi}} e^{-\frac{(u-x)^2}{2}} \log_2 \frac{2}{1+e^{-2ux}} du \tag{6-5-32}$$

图 6-5-6 画出了 C 作为比特 SNR（$\mathcal{E}_b/N_0$）函数的曲线，注意 C 随$\mathcal{E}_b/N_0$的增加而从 0 单调增加到 1 比特/信道使用。图上标出了对应于传输码率为 1/2 和 1/3 的两个点，取得这两个码率所要求的$\mathcal{E}_b/N_0$分别是 0.1882 dB 和−0.4961 dB。

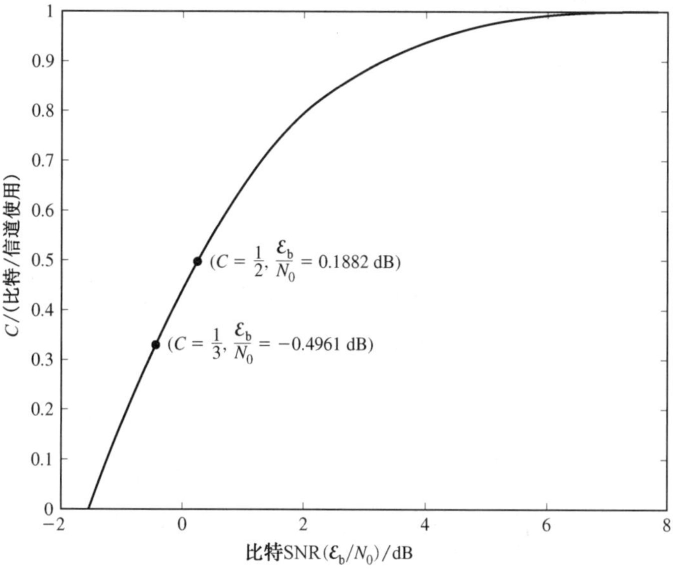

图 6-5-6　C 作为比特 SNR（$\mathcal{E}_b/N_0$）的函数曲线

2．对称信道的容量

在上述 BSC 和离散时间二进制输入 AWGN 两个信道模型中，输入符号的等概选择使平均互信息得以最大化。这样，当输入信号等概时就可以取得最大信道容量。对于式（6-5-27）确定的信道容量公式，并不总是有解的，但在上面考虑的两种信道模型中，信道转移概率呈现的某种对称性的确导致了当输入符号等概时所取得的 $I(X;Y)$最大化。如果信道的转移概率矩阵 $\boldsymbol{P}$ 的每一行是任何其他行的置换（Permutation）、每一列也是任何其他列的置换，这样的信道称为对称信道（Symmetric Channel）。对于对称信道，输入符号等概使 $I(X;Y)$最大化，此时对称信道的容量是

$$C = \log_2|\mathcal{Y}| - H(\boldsymbol{p}) \tag{6-5-33}$$

式中，$\boldsymbol{p}$ 是由 $\boldsymbol{P}$ 的任何行给出的概率质量函数（PMF）。注意，由于 $\boldsymbol{P}$ 的行可以互相置换，对应于每一行的 PMF 熵与所取行无关。对称信道的一个例子是二进制对称信道，这种信道满足 $\boldsymbol{p}=(p, 1-p)$及$|\mathcal{Y}|=2$，因此 $C=1-H_b(p)$。

对于一般任意的 DMC，能最大化 $I(X;Y)$，从而取得最大信道容量的输入概率集$\{P[x]\}$的充分和必要条件是（见习题 6.52）

$$I(x;Y)=C,\qquad x\in X,\ P(x)>0$$
$$I(x;Y)\leqslant C,\qquad x\in X,\ P(x)=0 \tag{6-5-34}$$

式中，C 是信道容量，以及

$$I(x;Y)=\sum_{y\in Y}P(y|x)\log\frac{P(y|x)}{P(y)} \tag{6-5-35}$$

通常比较容易验证等概的输入符号集是否满足式（6-5-34）给出的条件，如果不满足，那就必须确定一个满足式（6-5-34）的不等概$\{P[x]\}$的集合。

3. 受输入功率限制的离散时间 AWGN 信道的容量

这里涉及的信道模型是

$$Y_i=X_i+N_i \tag{6-5-36}$$

式中，N_i是独立同分布（IID）、均值为 0、方差为σ^2的高斯随机变量，X 受到输入功率限制

$$E[X^2]\leqslant P \tag{6-5-37}$$

对于较大的 n，大数定理指出

$$\frac{1}{n}\|\boldsymbol{y}\|^2\to E[X^2]+E[N^2]\leqslant P+\sigma^2 \tag{6-5-38}$$

式（6-5-38）表明，输出矢量$\boldsymbol{y}$位于一个半径$\sqrt{n(P+\sigma^2)}$的 n 维球内。如果发送$\boldsymbol{x}$，输出矢量$\boldsymbol{y}=\boldsymbol{x}+\boldsymbol{n}$ 满足

$$\frac{1}{n}\|\boldsymbol{y}-\boldsymbol{x}\|^2=\|\boldsymbol{n}\|^2\to\sigma^2 \tag{6-5-39}$$

这意味着，如果发送$\boldsymbol{x}$时，$\boldsymbol{y}$ 将以很大的概率位于以$\boldsymbol{x}$为中心、半径为$\sqrt{n\sigma^2}$ 的 n 维球内。包含在半径为$\sqrt{n(P+\sigma^2)}$球里的半径为$\sqrt{n\sigma^2}$ 的球的最大数量与球的体积成正比，n 维球的体积用 $V_n=B_nR^n$ 来计算，这里B_n由式（4-7-15）给出。因此，能够传输而且接收器能够解出的最大消息数是

$$M=\frac{B_n\left[\sqrt{n(P+\sigma^2)}\right]^n}{B_n\left(\sqrt{n\sigma^2}\right)^n}=\left(1+\frac{P}{\sigma^2}\right)^{n/2} \tag{6-5-40}$$

由此得出码率

$$R=\frac{1}{n}\log_2 M=\frac{1}{2}\log_2\left(1+\frac{P}{\sigma^2}\right)\ \text{比特/传输} \tag{6-5-41}$$

这个结果也可以通过在满足$E[X^2]\leqslant P$的所有输入概率密度函数（PDF）$p(x)$上求$I(X;Y)$的最大值而得出。能最大化$I(X;Y)$的输入 PDF 是一个均值为 0、方差为σ^2的高斯 PDF。这种信道的容量 C 与比特 SNR 的关系曲线如图 6-5-7 所示，对应于 $C=1/2$ 和 $C=1/3$ 的点也已标记在图中。

4. 受输入功率限制的带限 AWGN 波形信道的容量

从式（6-5-21）后的讨论可看到，这种信道模型相当于每秒运用 $2W$ 次信道的离散时间 AWGN 信道，其输入功率限制为 $P/2W$，噪声方差$\sigma^2=N_0/2$。这种离散时间信道的容量是

$$C=\frac{1}{2}\log_2\left(1+\frac{P/2W}{N_0/2}\right)=\frac{1}{2}\log_2\left(1+\frac{P}{N_0W}\right)\ \text{比特/信道使用} \tag{6-5-42}$$

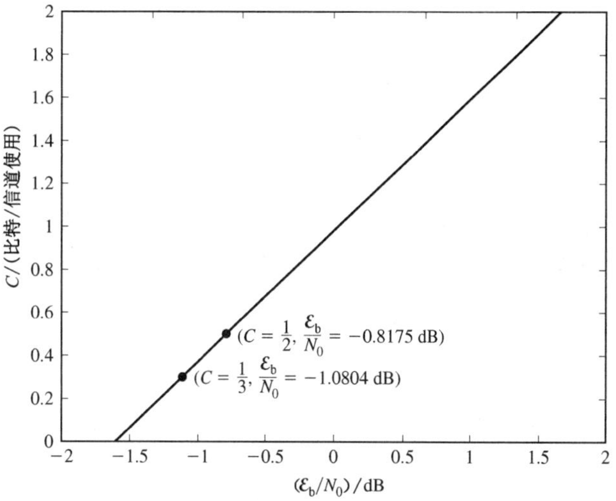

图 6-5-7　C 与比特 SNR 的关系曲线

因此连续时间信道的容量是

$$C = 2W \times \frac{1}{2}\log_2\left(1+\frac{P}{N_0 W}\right) = W\log_2\left(1+\frac{P}{N_0 W}\right) \qquad \text{比特/秒} \tag{6-5-43}$$

这就是著名的受功率限制带限 AWGN 波形信道容量公式，是由 Shannon（1948b）推导的。

由式（6-5-43）可看出，容量随 P 的增加而增大，事实上当 $P\to\infty$ 时 $C\to\infty$。在 P 值较大时容量是按对数增大的，但 W 对容量起着双重作用：一方面它使容量增大，因为较大带宽意味着每单位时间可以在信道上进行更多次的传输；另一方面，增大 W 将使按 P/N_0W 定义的 SNR 下降，这是因为增加带宽也就增加了进入接收器的噪声功率。要知道当 $W\to\infty$ 时信道容量如何变化，需要用到关系式 $\ln(1+x)\to x$（当 $x\to 0$ 时），可得

$$C_\infty = \lim_{W\to\infty} W\log_2\left(1+\frac{P}{N_0 W}\right) = (\log_2 \mathrm{e})\,\frac{P}{N_0} \approx 1.44\,\frac{P}{N_0} \quad \text{bit/s} \tag{6-5-44}$$

显然，无限的带宽并不能使容量无限增大，它的效果受有效功率的制约；而功率无限制时的效果恰恰相反，不管有效带宽是多少，容量都能增大到无限。

为了推导通信系统带宽和功率效率之间的基本关系，我们注意到可靠通信必须要求 $R<C$，在带限 AWGN 信道情况下，有

$$R < W\log_2\left(1+\frac{P}{N_0 W}\right) \tag{6-5-45}$$

两边同除以 W 且利用 $r = R/W$，正如式（4-6-1）作为带宽效率已定义的，可得

$$r < \log_2\left(1+\frac{P}{N_0 W}\right) \tag{6-5-46}$$

利用关系式

$$\mathcal{E}_\mathrm{b} = \frac{\mathcal{E}}{\log_2 M} = \frac{PT_\mathrm{s}}{\log_2 M} = \frac{P}{R} \tag{6-5-47}$$

可得

$$r < \log_2\left(1+\frac{\mathcal{E}_b R}{N_0 W}\right) = \log_2\left(1+r\frac{\mathcal{E}_b}{N_0}\right) \tag{6-5-48}$$

由此可得

$$\frac{\mathcal{E}_b}{N_0} > \frac{2^r-1}{r} \tag{6-5-49}$$

这个关系式用带宽效率 r 和系统的功率效率说明了可靠通信的条件，它们的关系曲线已在图 4-6-1 给出了。令式（6-5-49）中的 $r\to 0$，可得到实现可靠通信所要求的 $\mathcal{E}_b/N_0$ 的最小值，即

$$\frac{\mathcal{E}_b}{N_0} > \ln 2 \approx 0.693 \approx -1.6\ \text{dB} \tag{6-5-50}$$

这是对任何通信系统而言都要求的 $\mathcal{E}_b/N_0$ 最小值，没有一个系统在低于这个极限值时可实现可靠通信。而为了取得这个极限值，我们需要让 $r\to 0$，或等效于让 $W\to\infty$。

6.6 用正交信号集获取信道容量

4.4.1 节利用简单的联合边界证明了，对于正交信号，只要 $\mathcal{E}_b/N_0 > 2\ln 2$，通过增加波形数 M 可使差错概率任意小。我们也指出，用简单的联合边界并不能得到比特 SNR 的最小下边界，这是因为在 $Q(x)$ 中所引用的上边界在 x 值很小时只是一个松散的边界。

换一种方式，我们可以在 $Q(x)$ 中根据 x 值的大小采用两个不同的上边界。下面以式（4-4-10）为起点，利用不等式 $(1-x)^n \geqslant 1-nx$（$0\leqslant x\leqslant 1$ 及 $n\geqslant 1$ 时），可得

$$1-[1-Q(x)]^{M-1} \leqslant (M-1)Q(x) < M\,e^{-x^2/2} \tag{6-6-1}$$

这仅是一个联合边界，当 x 值较大，即 $x>x_0$ 时，这个边界是比较紧密的，这里的 x_0 取决于 M。而当 x 较小时，对于较大的 M，联合边界可以超过一个单位量。由于对于任何 x 都有

$$1-[1-Q(x)]^{M-1} \leqslant 1 \tag{6-6-2}$$

在 $x<x_0$ 时我们就可以利用这个边界，因为这时它比联合边界要紧密。这样，式（4-4-10）的上边界可写为

$$P_e < \frac{1}{\sqrt{2\pi}}\int_{-\infty}^{x_0} e^{-\left(x-\sqrt{2\gamma}\right)^2/2}\,dx + \frac{M}{\sqrt{2\pi}}\int_{x_0}^{\infty} e^{-x^2/2} e^{-\left(x-\sqrt{2\gamma}\right)^2/2}\,dx \tag{6-6-3}$$

式中，$\gamma=\mathcal{E}/N_0$。

使上边界最小化的 x_0 的值可以通过对式（6-6-3）的右边求导数并令导数为零而得出。容易证明，其解是

$$e^{x_0^2/2} = M \tag{6-6-4}$$

或等效于

$$x_0=\sqrt{2\ln M} = \sqrt{2\ln 2\log_2 M} = \sqrt{2k\ln 2} \tag{6-6-5}$$

确定了 x_0 后再来计算式（6-6-3）中积分的简单指数上边界。第一个积分的上边界是

$$\begin{aligned}\frac{1}{\sqrt{2\pi}}\int_{-\infty}^{x_0} e^{-\left(x-\sqrt{2\gamma}\right)^2/2}\,dx &= \frac{1}{\sqrt{\pi}}\int_{-\infty}^{-\left(\sqrt{2\gamma}-x_0\right)/\sqrt{2}} e^{-u^2}\,du \\ &= Q\left(\sqrt{2\gamma}-x_0\right), \qquad x_0 \leqslant \sqrt{2\gamma} \\ &< e^{-\left(\sqrt{2\gamma}-x_0\right)^2/2}, \qquad x_0 \leqslant \sqrt{2\gamma}\end{aligned} \tag{6-6-6}$$

第二个积分的上边界是

$$\frac{M}{\sqrt{2\pi}}\int_{x_0}^{\infty}\mathrm{e}^{-x^2/2}\mathrm{e}^{-\left(x-\sqrt{2\gamma}\right)^2/2}\,\mathrm{d}x=\frac{M}{\sqrt{2\pi}}\mathrm{e}^{-\gamma/2}\int_{x_0-\sqrt{\gamma/2}}^{\infty}\mathrm{e}^{-u^2}\,\mathrm{d}u$$
$$<\begin{cases}M\mathrm{e}^{-\gamma/2}, & x_0\leqslant\sqrt{\gamma/2}\\ M\mathrm{e}^{-\gamma/2}\mathrm{e}^{-\left(x_0-\sqrt{\gamma/2}\right)^2}, & x_0>\sqrt{\gamma/2}\end{cases}\tag{6-6-7}$$

将两个积分的上边界相结合，且以$\mathrm{e}^{x_0^2/2}$代替M，可得

$$P_\mathrm{e}<\begin{cases}\mathrm{e}^{-\left(\sqrt{2\gamma}-x_0\right)^2/2}+\mathrm{e}^{\left(x_0^2-\gamma\right)/2}, & 0\leqslant x_0\leqslant\sqrt{\gamma/2}\\ \mathrm{e}^{-\left(\sqrt{2\gamma}-x_0\right)^2/2}+\mathrm{e}^{\left(x_0^2-\gamma\right)/2}\mathrm{e}^{-\left(x_0-\sqrt{\gamma/2}\right)^2}, & \sqrt{\gamma/2}<x_0\leqslant\sqrt{2\gamma}\end{cases}\tag{6-6-8}$$

在$0\leqslant x_0\leqslant\sqrt{\gamma/2}$范围内，上边界可表示为

$$P_\mathrm{e}<\mathrm{e}^{\left(x_0^2-\gamma\right)/2}\left(1+\mathrm{e}^{-\left(x_0-\sqrt{\gamma/2}\right)^2}\right)<2\mathrm{e}^{\left(x_0^2-\gamma\right)/2},\qquad 0\leqslant x_0\leqslant\sqrt{\gamma/2}\tag{6-6-9}$$

在$\sqrt{\gamma/2}\leqslant x_0\leqslant\sqrt{2\gamma}$范围内，式（6-6-8）的两项是等同的，因此

$$P_\mathrm{e}<2\mathrm{e}^{-\left(\sqrt{2\gamma}-x_0\right)^2/2},\qquad \sqrt{\gamma/2}\leqslant x_0\leqslant\sqrt{2\gamma}\tag{6-6-10}$$

下面要把x_0和γ替换掉。由于$x_0=\sqrt{2\ln M}=\sqrt{2k\ln 2}$以及$\gamma=k\gamma_\mathrm{b}$，式（6-6-9）和式（6-6-10）中的上边界可以表示为

$$P_\mathrm{e}<\begin{cases}2\mathrm{e}^{-k(\gamma_\mathrm{b}-2\ln 2)/2}, & \ln M\leqslant\gamma/4\\ 2\mathrm{e}^{-k\left(\sqrt{\gamma_\mathrm{b}}-\sqrt{\ln 2}\right)^2}, & \gamma/4\leqslant\ln M\leqslant\gamma\end{cases}\tag{6-6-11}$$

这里的第一个上边界恰巧与原先提出的联合边界一样，但是当M较大时它是很松散的。对于较大的M值，第二个上边界更好些。我们注意到，只要$\gamma_\mathrm{b}>\ln2$，当$k\to\infty$（$M\to\infty$）时，就有$P_\mathrm{e}\to0$。然而，当信号速率等于式（6-5-50）所示无限带宽 AWGN 信道的容量时，ln2 正是可靠传输所需的比特 SNR 的极限值。事实上，如果对式（6-6-9）和式（6-6-10）给出的两个上边界按式（6-5-44）做如下的替代：$x_0=\sqrt{2k\ln2}=\sqrt{2RT\ln2}$和$\gamma=\mathcal{E}/N_0=TP/N_0=TC_\infty\ln2$，可得

$$P_\mathrm{e}<\begin{cases}2\times2^{-T\left(\frac{1}{2}C_\infty-R\right)}, & 0\leqslant R\leqslant C_\infty/4\\ 2\times2^{-T\left(\sqrt{C_\infty}-\sqrt{R}\right)^2}, & C_\infty/4\leqslant R\leqslant C_\infty\end{cases}\tag{6-6-12}$$

这样，我们就利用C_∞和信道上的比特速率表达了上边界值。第一个上边界适用于速率低于$C_\infty/4$的情况，而第二个上边界在速率为C_∞到$C_\infty/4$范围内比第一个上边界更紧密些。显然，若使$T\to\infty$（R固定时$M\to\infty$），只要$R<C_\infty=P/(N_0\ln2)$，差错概率就可以任意小。另外，我们还看到，当速率$R<C_\infty$、$M\to\infty$时，正交波形集能达到信道容量的边界。

6.7 信道可靠性函数

式（6-6-12）给出的无限带宽 AWGN 信道上M元正交信号的差错概率的指数边界可以表示为

$$P_\mathrm{e}<2\times2^{-TE(R)}\tag{6-7-1}$$

式中，指数因子

$$E(R)=\begin{cases}C_\infty/2-R, & 0\leqslant R\leqslant C_\infty/4\\ \left(\sqrt{C_\infty}-\sqrt{R}\right)^2, & C_\infty/4\leqslant R\leqslant C_\infty\end{cases} \quad (6\text{-}7\text{-}2)$$

被称为无限带宽 AWGN 信道的信道可靠性函数（Channel Reliability Function）。$E(R)/C_\infty$曲线如图 6-7-1 所示，图中的另一条曲线（虚线）是根据式（4-4-17）画出的 P_e 联合边界的指数因子，它可以表示为

$$P_e\leqslant\frac{1}{2}\times 2^{-T\left(\frac{1}{2}C_\infty-R\right)},\qquad 0\leqslant R\leqslant\frac{1}{2}C_\infty \quad (6\text{-}7\text{-}3)$$

显然，由于联合边界比较松散，式（6-7-3）中的指数因子并不像 $E(R)$那样紧密。

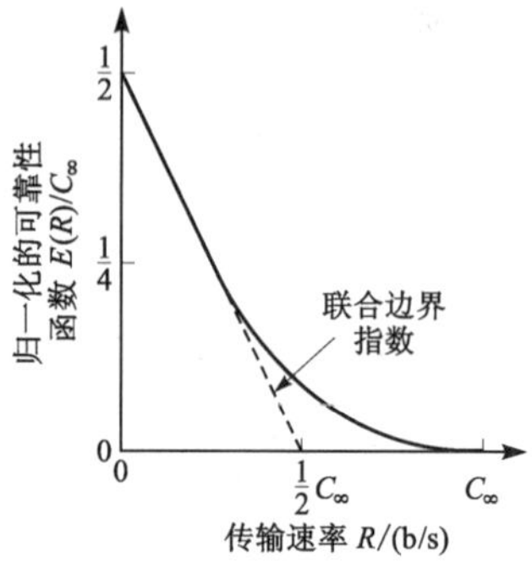

图 6-7-1　$E(R)/C_\infty$曲线

Gallager（1965）已证明：式（6-7-1）和式（6-7-2）给出的边界是按指数规律收紧的。这表明，并不存在另一个可靠性函数，比如 $E_1(R)$，对于任何 R 都满足条件 $E_1(R)>E(R)$。结果是差错概率被上/下边界钳制于

$$K_l 2^{-TE(R)}\leqslant P_e\leqslant K_u 2^{-TE(R)} \quad (6\text{-}7\text{-}4)$$

由于

$$\lim_{T\to\infty}\frac{1}{T}\ln K_l=\lim_{T\to\infty}\frac{1}{T}\ln K_u=0 \quad (6\text{-}7\text{-}5)$$

从这个意义上说，式（6-7-4）中的常数与 T 仅有微弱的关系（Weak Dependence）。

由于在 M 值较大时正交信号渐近趋于最优，所以式（6-7-4）的下边界适用于任意信号集。因此，式（6-7-2）给出的信道可靠性函数 $E(R)$决定了数字信号在无限带宽 AWGN 信道传输时差错概率的指数特性。

尽管我们提出的是无限带宽 AWGN 信道的信道可靠性函数，这个信道可靠性函数也适用于其他许多信道模型。在这些信道模型中，一般由所有可能的码随机产生的平均差错概率满足类似于式（6-7-4）形式的表达式，即

$$K_l 2^{-nE(R)}\leqslant P_e\leqslant K_u 2^{-nE(R)} \quad (6\text{-}7\text{-}6)$$

式中，$E(R)$对于所有的 $R<C$ 都为正。由此可知，只要 $R<C$，就有可能通过增大 n 而使差错概率降到任意小。当然，这要求对译码复杂度和时延无限制。仅有少数几种信道模型可以推导出信道可靠性函数的精确表达式，关于信道可靠性函数的更多细节，有兴趣的读者可参见 Gallager（1968）。

当 $R<C_\infty$、信号数较为适中时，尽管增加正交、双正交或单纯信号的数目可以使差错概率任意小，但在实际取得的性能和利用信道容量公式算出的最高可获取性能之间，仍然存在很大的差距。正如我们从图 4-6-1 所看到的，采用相干检测的 $M=16$ 正交信号需要约每比特 7.5 dB 的 SNR 才能获得 P_e=10^{-5} 的差错概率。相比之下，信道容量公式指出，在 C/W=0.5 时，SNR 为–0.8 dB 时就可能获取可靠的传输。这表示两者间尚存在着 8.3 dB/bit 的差距，该差距也就成了寻找更有效信号波形的动力。我们将在本章和第 7 和 8 章阐明：编码的波形能可观地减小这个差距。

在图 4-6-1 中，R/W >1 的带限信道性能上也存在着类似的差距。然而在这个领域，对于

如何编码才能改善性能，我们必须更加巧妙设计才行，因为我们不能像功率受限情况时那样去扩展带宽。在要求高带宽效率的通信中如何应用编码技术，这个问题将在第 7 和 8 章中讨论。

6.8 信道截止速率

为使信息高效传输而进行的编码调制设计可分成两条基本途径：第一条是代数途径，主要涉及特定类型码的编/译码设计技术，如循环码、卷积码等。第二条是概率途径，涉及一般类型编码信号的性能分析，这条途径得出在某个特定性能信道通信时所能取得的差错概率边界。

本节的编码调制分析中采用概率途径，而基于分组码和卷积码的代数途径将在第 7 和第 8 章讨论。

6.8.1 Bhattacharyya 界和 Chernov 界

考虑一个无记忆信道，其输入符号集 X 和输出符号集 Y 的特性由条件概率密度函数 $p(\boldsymbol{y}|\boldsymbol{x})$ 决定。由于信道无记忆

$$p(\boldsymbol{y}|\boldsymbol{x})=\prod_{i=1}^{n} p(y_i|x_i) \tag{6-8-1}$$

式中，$\boldsymbol{x}=(x_1, x_2,\cdots, x_n)$和$\boldsymbol{y}=(y_1, y_2,\cdots, y_n)$是长度为$n$的输入、输出序列。我们进一步假设，从长度为$n$ 的所有可能输入序列中选取一个包含$M=2^k$元素的子集用于发送，表示为$\boldsymbol{x}_1, \boldsymbol{x}_2,\cdots, \boldsymbol{x}_M$，称之为码字。用$P_{\mathrm{e}|m}$表示发送$\boldsymbol{x}_m$、采用最大似然检测时的差错概率。根据联合边界以及利用式（4-2-64）到式（4-2-67），可得到

$$P_{\mathrm{e}|m}=\sum_{\substack{m'=1\\ m'\neq m}}^{M} P(\boldsymbol{y}\in D_{m'}|\boldsymbol{x}_m \text{ sent})\leqslant \sum_{\substack{m'=1\\ m'\neq m}}^{M} P(\boldsymbol{y}\in D_{mm'}|\boldsymbol{x}_m \text{ sent}) \tag{6-8-2}$$

式中，$D_{mm'}$ 表示在包括 $\boldsymbol{x}_m$ 和 $\boldsymbol{x}_{m'}$ 的二进制系统中 m' 的判决范围，其值为

$$D_{mm'}=\{\boldsymbol{y}: p(\boldsymbol{y}|\boldsymbol{x}_{m'})>p(\boldsymbol{y}|\boldsymbol{x}_m)\}=\left\{\boldsymbol{y}: \ln\frac{p(\boldsymbol{y}|\boldsymbol{x}_{m'})}{p(\boldsymbol{y}|\boldsymbol{x}_m)}>0\right\}=\{\boldsymbol{y}: Z_{mm'}>0\} \tag{6-8-3}$$

定义

$$Z_{mm'}=\ln\frac{p(\boldsymbol{y}|\boldsymbol{x}_{m'})}{p(\boldsymbol{y}|\boldsymbol{x}_m)} \tag{6-8-4}$$

就像在 4.2.3 节，我们用 $P_{m\to m'}$ 来表示 $P(\boldsymbol{y}\in D_{mm'}|\boldsymbol{x}_m \text{发送})$，称之为成对差错概率（Pairwise Error Probability，PEP）。显然，由式（6-8-3）可得

$$P_{m\to m'}=P(Z_{mm'}>0|\boldsymbol{x}_m)\leqslant E(\mathrm{e}^{\lambda Z_{mm'}}|\boldsymbol{x}_m) \tag{6-8-5}$$

我们在此式的最后一步使用了式（2-4-4）给出的 Chernov（切尔诺夫）边界，不等式对于所有 $\lambda>0$ 都能满足。代入式（6-8-4）的 $Z_{mm'}$，可得

$$P_{m\to m'}\leqslant \sum_{\boldsymbol{y}\in Y^n} \mathrm{e}^{\lambda\ln\frac{p(\boldsymbol{y}|\boldsymbol{x}_{m'})}{p(\boldsymbol{y}|\boldsymbol{x}_m)}} p(\boldsymbol{y}|\boldsymbol{x}_m)=\sum_{\boldsymbol{y}\in Y^n} p^{\lambda}(\boldsymbol{y}|\boldsymbol{x}_{m'})p^{1-\lambda}(\boldsymbol{y}|\boldsymbol{x}_m),\qquad \lambda>0 \tag{6-8-6}$$

这就是用于成对差错概率的 Chernov 界。当 $\lambda=1/2$ 时，可得到这个边界的简化形式，即

$$P_{m\to m'} \leqslant \sum_{\boldsymbol{y}\in Y^n} \sqrt{p(\boldsymbol{y}|\boldsymbol{x}_m)p(\boldsymbol{y}|\boldsymbol{x}_{m'})} \tag{6-8-7}$$

这种情况下的边界称为 Bhattacharyya（巴特查里亚）边界。如果信道是无记忆的，Chernov 边界可简化为

$$P_{m\to m'} \leqslant \prod_{i=1}^{n}\left[\sum_{y_i\in Y} p^{\lambda}(y_i|x_{m'i})p^{1-\lambda}(y_i|x_{mi})\right], \quad \lambda > 0 \tag{6-8-8}$$

无记忆信道的 Bhattacharyya 边界为

$$P_{m\to m'} \leqslant \prod_{i=1}^{n}\sum_{y_i\in Y} \sqrt{p(y_i|x_{m'i})p(y_i|x_{mi})} \tag{6-8-9}$$

我们再定义两个函数 $\Delta_{x_1\to x_2}^{(\lambda)}$ 和 Δ_{x_1,x_2}，分别称为 Chernov 和 Bhatacharyya 参数。

$$\begin{aligned}\Delta_{x_1\to x_2}^{(\lambda)} &= \sum_{y\in Y} p^{\lambda}(y|x_2)p^{1-\lambda}(y|x_1)\\ \Delta_{x_1,x_2} &= \sum_{y\in Y}\sqrt{p(y|x_1)p(y|x_2)}\end{aligned} \tag{6-8-10}$$

注意，对于所有 $x_1\in X$，有 $\Delta_{x_1\to x_2}^{(\lambda)}=\Delta_{x_1,x_2}=1$。利用这些定义，式（6-8-8）和式（6-8-9）可简化为

$$P_{m\to m'} \leqslant \prod_{i=1}^{n}\Delta_{x_{mi}\to x_{m'i}}^{(\lambda)}, \qquad \lambda > 0 \tag{6-8-11}$$

和

$$P_{m\to m'} \leqslant \prod_{i=1}^{n}\Delta_{x_{mi},x_{m'i}} \tag{6-8-12}$$

例 6-8-1 设 $\boldsymbol{x}_m$ 和 $\boldsymbol{x}_{m'}$ 是两个长度为 n 的二进制序列，两者有 d 个不同的码元，d 称为两个序列的汉明距离（Hamming Distance）。如果利用一个转移概率为 p 的二进制对称信道来传输 $\boldsymbol{x}_m$ 和 $\boldsymbol{x}_{m'}$，有

$$P_{m\to m'} \leqslant \prod_{i=1}^{n}\Delta_{x_{mi},x_{m'i}} = \prod_{\substack{i=1\\x_{mi}\neq x_{m'i}}}^{n}\sqrt{p(1-p)+(1-p)p} = \left(\sqrt{4p(1-p)}\right)^d \tag{6-8-13}$$

我们在这里利用了这样一个事实，即如果 $x_{mi}=x_{m'i}$，则 $\Delta_{x_{mi},x_{m'i}}=1$。

如果不是 BSC 信道，而是在一个 AWGN 信道上采用 BPSK 调制，每个序列中的 0 和 1 分别映射为 $-\sqrt{\mathcal{E}_c}$ 和 $+\sqrt{\mathcal{E}_c}$，$\mathcal{E}_c$ 表示每码元能量，那么有

$$\begin{aligned}P_{m\to m'} \leqslant \prod_{i=1}^{n}\Delta_{x_{mi},x_{m'i}} &= \prod_{\substack{i=1\\x_{mi}\neq x_{m'i}}}^{n}\int_{-\infty}^{\infty}\sqrt{\frac{1}{\pi N_0}\mathrm{e}^{-\frac{(y-\sqrt{\mathcal{E}_c})^2}{N_0}}\mathrm{e}^{-\frac{(y+\sqrt{\mathcal{E}_c})^2}{N_0}}}\,\mathrm{d}y\\ &= \prod_{\substack{i=1\\x_{mi}\neq x_{m'i}}}^{n}\left(\mathrm{e}^{-\frac{\mathcal{E}_c}{N_0}}\int_{-\infty}^{\infty}\frac{1}{\sqrt{\pi N_0}}\mathrm{e}^{-\frac{y^2}{N_0}}\,\mathrm{d}y\right) = \left(\mathrm{e}^{-\frac{\mathcal{E}_c}{N_0}}\right)^d\end{aligned} \tag{6-8-14}$$

Bhattacharyya 界在两种情况下都是 Δ^d 的形式，BSC 信道时 $\Delta=\sqrt{4p(1-p)}$，AWGN 信道在使用 BPSK 调制时 $\Delta=\mathrm{e}^{-\frac{\mathcal{E}_c}{N_0}}$。如果 $p\neq 1/2$ 及 $\mathcal{E}_c>0$，两种情况下都有 $\Delta<1$，因此当 d 增大时，差错概率趋于零。

6.8.2 随机编码

现在不再指定两个特殊的码字 $\boldsymbol{x}_m$ 和 $\boldsymbol{x}_{m'}$，而是根据输入符号集 X 的某种 PDF $p(x)$ 产生所有 M 种码字。假设所有码字和所有码字的码元都是按照概率 $p(x)$随机抽取的，因此每个码字 $\boldsymbol{x}_m=(x_{m1}, x_{m2},\cdots, x_{mn})$是按照 $\prod_{i=1}^{n} p(x_{mi})$产生的。我们用 $\overline{P}_{m\to m'}$ 表示随机产生码集成对差错概率的平均值，有

$$\begin{aligned}\overline{P}_{m\to m'} &= \sum_{\boldsymbol{x}_m\in X^n}\sum_{\boldsymbol{x}_{m'}\in X^n} P_{m\to m'} \leqslant \sum_{\boldsymbol{x}_m\in X^n}\sum_{\boldsymbol{x}_{m'}\in X^n}\prod_{i=1}^{n}\left[p(x_{mi})p(x_{m'i})\Delta_{x_{mi}\to x_{m'i}}^{(\lambda)}\right] \\ &= \prod_{i=1}^{n}\left[\sum_{x_{mi}\in X}\sum_{x_{m'i}\in X} p(x_{mi})p(x_{m'i})\Delta_{x_{mi}\to x_{m'i}}^{(\lambda)}\right] = \left[\sum_{x_1\in X}\sum_{x_2\in X} p(x_1)p(x_2)\Delta_{x_1\to x_2}^{(\lambda)}\right]^n, \quad \lambda>0\end{aligned} \tag{6-8-15}$$

我们定义

$$R_0(p,\lambda) = -\log_2\left[\sum_{x_1\in X}\sum_{x_2\in X} p(x_1)p(x_2)\Delta_{x_1\to x_2}^{(\lambda)}\right] = -\log_2\left\{E\left[\Delta_{X_1\to X_2}^{(\lambda)}\right]\right\}, \qquad \lambda>0 \tag{6-8-16}$$

式中，X_1 和 X_2 是独立随机变量，其联合 PDF 为 $p(x_1)\,p(x_2)$。利用这个定义，式（6-8-15）可写成

$$\overline{P}_{m\to m'} \leqslant 2^{-nR_0(p,\lambda)}, \qquad \lambda>0 \tag{6-8-17}$$

我们定义 $\overline{P}_{\mathrm{e}|m}$ 为按照概率 $p(x)$生成的随机码集的 $P_{\mathrm{e}|m}$ 平均值，利用这个定义和式（6-8-2），可得

$$\overline{P}_{\mathrm{e}|m} \leqslant \sum_{\substack{m'=1\\ m'\neq m}}^{M}\overline{P}_{m\to m'} \leqslant \sum_{\substack{m'=1\\ m'\neq m}}^{M} 2^{-nR_0(p,\lambda)} = 2^{-n(R_0(p,\lambda)-R_\mathrm{c})}, \qquad \lambda>0 \tag{6-8-18}$$

以上用到了关系式 $M=2^k=2^{nR_\mathrm{c}}$，式中 $R_\mathrm{c}=k/n$，表示码率。不等式的右边与 m 无关，因此可写成

$$\overline{P_\mathrm{e}} \leqslant 2^{-n(R_0(p,\lambda)-R_\mathrm{c})}, \qquad \lambda>0 \tag{6-8-19}$$

式中，$\overline{P_\mathrm{e}}$ 是按 $p(x)$生成的随机码集的平均差错概率。式（6-8-19）说明，对于某些输入 PDF $p(x)$以及某些 $\lambda>0$，如果 $R_\mathrm{c}\leqslant R_0(p,\lambda)$，则当 n 足够大时，可以使码集上平均差错概率任意小。这意味着在随机产生的码集中，必然至少存在一种码，它的差错概率在 $n\to\infty$时趋于 0。这是一个随机编码的论证，最先是由香农在信道容量定理证明中提出的。

$R_0(p,\lambda)$在所有 $\lambda>0$、对所有功率密度函数 $p(x)$的最大值给出了 R_0，称为信道截止速率（Channel Cutoff Rate），定义为

$$R_0 = \max_{p(x)}\sup_{\lambda>0} R_0(p,\lambda) = \max_{p(x)}\sup_{\lambda>0} -\log_2\left\{E\left[\Delta_{X_1\to X_2}^{(\lambda)}\right]\right\} \tag{6-8-20}$$

显然，如果 X 或 Y 两者之一是连续的，在 R_0 的推导中相应的和应当用近似整数代替。

对于对称信道，能最大化截止速率的 λ 的最优值是 $\lambda=1/2$。对于此值，Chernov 界简化为 Bhattacharyya 界，此时

$$R_0 = \max_{p(x)} -\log_2 \{E[\Delta_{X_1,X_2}]\} = \max_{p(x)} -\log_2 \left\{\sum_{y\in Y}\left[\sum_{x\in X} p(x)\sqrt{p(y|x)}\right]^2\right\} \tag{6-8-21}$$

除这些信道外，能最大化 $R_0(p,\lambda)$的 PDF 是均匀 PDF，即如果 $Q=|X|$，对于所有 $x\in X$ 都有 $p(x)=1/Q$。在这种情况下

$$R_0 = -\log_2 \left\{\frac{1}{Q^2}\sum_{y\in Y}\left[\sum_{x\in X}\sqrt{p(y|x)}\right]^2\right\} = 2\log_2 Q - \log_2\left\{\sum_{y\in Y}\left[\sum_{x\in X}\sqrt{p(y|x)}\right]^2\right\} \tag{6-8-22}$$

利用不等式

$$\left[\sum_{x\in X}\sqrt{p(y|x)}\right]^2 \geqslant \sum_{x\in X} p(y|x) \tag{6-8-23}$$

对所有的 y 求和，可得

$$\sum_{y\in Y}\left[\sum_{x\in X}\sqrt{p(y|x)}\right]^2 \geqslant \sum_{x\in X}\sum_{y\in Y} p(y|x) = Q \tag{6-8-24}$$

将这个结果代入式（6-8-22），可得

$$R_0 = 2\log_2 Q - \log_2\left\{\sum_{y\in Y}\left[\sum_{x\in Y}\sqrt{p(y|x)}\right]^2\right\} \leqslant \log_2 Q \tag{6-8-25}$$

正如我们所想象的那样。

对于对称的二进制输入信道，以上关系式可以进一步简化。在这种情况下

$$\Delta_{x_1,x_2} = \begin{cases}\Delta, & x_1 \neq x_2 \\ 1, & x_1 = x_2\end{cases} \tag{6-8-26}$$

式中，Δ是二进制输入信道的 Bhattacharyya 参数，此时 $Q=2$，我们可得

$$R_0 = -\log_2 \frac{1+\Delta}{2} = 1 - \log_2(1+\Delta) \tag{6-8-27}$$

由于在所有速率低于截止速率的情况下可靠通信都是可能的，我们得出 $R_0\leqslant C$ 的结论。事实上我们可以把截止速率解释成速率的上限，在这个速率下，形式为 $2^{-n(R_0-R_c)}$的平均差错概率边界是可能的。与差错概率边界一般形式 $2^{-nE(R_c)}$相比（这里 $E(R_c)$是信道可靠性函数），此边界指数的简洁性是非常吸引人的。注意，$R_0 - R_c$对于所有小于 R_0 的速率都是正的，$E(R_c)$对于所有小于信道容量的速率也都是正的。我们将在第 8 章看到，卷积码的序列解码的码率低于 R_0，因此我们也可将 R_0 解释为序列译码得以实现的速率上限。

例 6-8-2 某转移概率为 p 的 BSC 信道满足 $X=Y=\{0, 1\}$，利用信道的对称性，最优 λ 是 1/2，最优输入分布是均匀分布，因此

$$\begin{aligned} R_0 &= 2\log_2 2 - \log_2 \sum_{y=0,1}\left[\sum_{x=0,1}\sqrt{p(y|x)}\right]^2 \\ &= 2\log_2 2 - \log_2\left[\left(\sqrt{1-p}+\sqrt{p}\right)^2 + \left(\sqrt{p}+\sqrt{1-p}\right)^2\right] \\ &= 2\log_2 2 - \log_2\left[2+4\sqrt{p(1-p)}\right] = \log_2 \frac{2}{1+\sqrt{4p(1-p)}} \end{aligned} \tag{6-8-28}$$

我们也可以利用 $\Delta=\sqrt{4p(1-p)}$ 这样的事实以及式（6-8-27），得到

$$R_0 = 1 - \log_2(1+\Delta) = 1 - \log_2\left[1+\sqrt{4p(1-p)}\right] \tag{6-8-29}$$

R_0 与 p 的关系曲线如图 6-8-1 所示，这个信道的容量 $C = 1 - H_b(p)$ 也已显示在同一张图上。显然，对于所有 p 都有 $C \geqslant R_0$。

如果 BSC 信道是通过对一个 BPSK 调制 AWGN 信道的输出实行二进制量化而获得的，则有

$$p = Q\left(\sqrt{2\mathcal{E}_c/N_0}\right) \tag{6-8-30}$$

式中，$\mathcal{E}_c$ 表示 $\boldsymbol{x}$ 中每个码元的能量。注意在这种表示中，$\boldsymbol{x}$ 的总能量 $\mathcal{E}=n\mathcal{E}_c$；又因每个 $\boldsymbol{x}$ 携带 $k=\log_2 M$ 比特信息，可知 $\mathcal{E}_b=\mathcal{E}/k=\frac{n}{k}\mathcal{E}_c$，或者 $\mathcal{E}_c=R_c\mathcal{E}_b$，这里 $R_c=k/n$ 是码率。如果码率趋于 R_0，有

$$p = Q\left(\sqrt{R_0\gamma_b}\right) \tag{6-8-31}$$

式中，$\gamma_b = \mathcal{E}_b/N_0$。从关系式

$$\begin{aligned} p &= Q\left(\sqrt{R_0\gamma_b}\right) \\ R_0 &= \log_2 2/\left(1+\sqrt{4p(1-p)}\right) \end{aligned} \tag{6-8-32}$$

我们可将 R_0 作为 γ_b 的函数作图。同样，从关系式

$$p = Q\left(\sqrt{R_0\gamma_b}\right), \qquad C = 1 - H_b(p) \tag{6-8-33}$$

我们可将 C 作为 γ_b 的函数作图。R_0 和 C 作为 γ_b 的函数进行的比较如图 6-8-2 所示，从这个图上可以看到，在 R_0 和 C 之间存在着 2～2.5 dB 的差距。

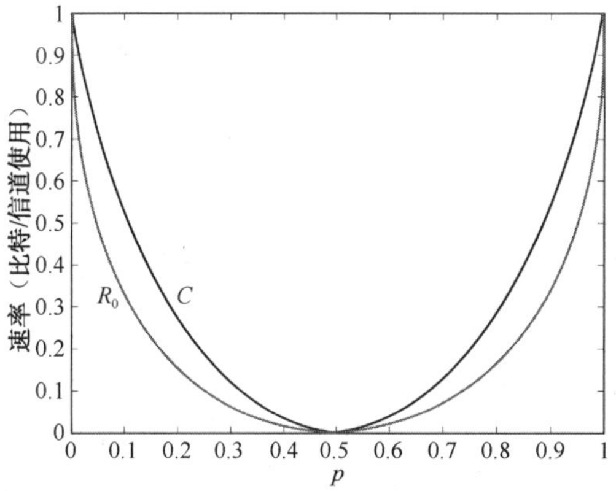

图 6-8-1 二进制对称信道的截止速率和信道容量图

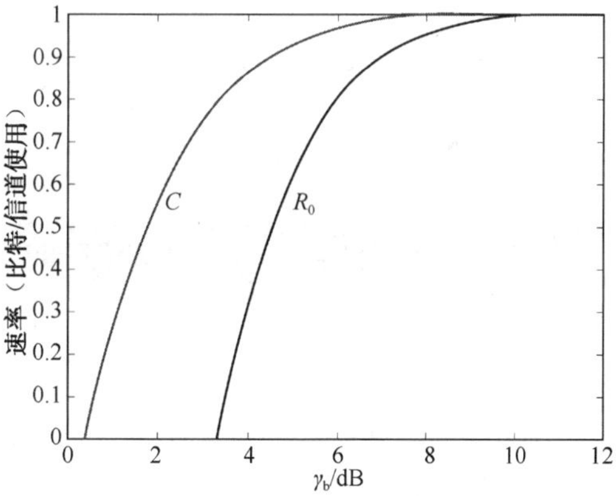

图 6-8-2 BPSK 量化输出方式的容量和截止速率

例 6-8-3 对于一个 BPSK 调制的 AWGN 信道，有 $X=\{\pm\sqrt{\mathcal{E}_c}\}$。这种情况下的输出符号集 Y 是实数 R 的集合。我们有

$$\begin{aligned} \int_{-\infty}^{\infty}\left(\sum_{x\in\{-\sqrt{\mathcal{E}_c},\sqrt{\mathcal{E}_c}\}}\sqrt{p(y|x)}\right)^2 \mathrm{d}y &= \int_{-\infty}^{\infty}\left[\sqrt{\frac{1}{\sqrt{\pi N_0}}\mathrm{e}^{-\frac{(y+\sqrt{\mathcal{E}_c})^2}{N_0}}}+\sqrt{\frac{1}{\sqrt{\pi N_0}}\mathrm{e}^{-\frac{(y-\sqrt{\mathcal{E}_c})^2}{N_0}}}\right]^2 \mathrm{d}y \\ &= 2+2\frac{1}{\sqrt{\pi N_0}}\int_{-\infty}^{\infty}\mathrm{e}^{-\frac{y^2+\mathcal{E}_c}{N_0}}\mathrm{d}y = 2+2\mathrm{e}^{-\frac{\mathcal{E}_c}{N_0}} \end{aligned} \tag{6-8-34}$$

最后利用式（6-8-22），可得

$$R_0 = 2\log_2 2 - \log_2\left(2 + 2\mathrm{e}^{-\frac{\mathcal{E}_c}{N_0}}\right) = \log_2 \frac{2}{1+\mathrm{e}^{-\frac{\mathcal{E}_c}{N_0}}} = \log_2 \frac{2}{1+\mathrm{e}^{-R_c\frac{\mathcal{E}_b}{N_0}}} \tag{6-8-35}$$

式中，$\Delta=\mathrm{e}^{-\mathcal{E}_c/N_0}$，利用式（6-8-27）可导致 R_0 有同样的表达式。R_0 曲线以及式（6-5-31）给出的信道容量如图 6-8-3 所示。

图 6-8-4 是 BPSK 调制、连续输出（软判决）和二进制量化输出（硬判决）下 R_0 和 C 的比较。

比较硬判决和软判决时的 R_0，我们看到软判决优于硬判决约 2 dB；如果比较信道容量，同样看到软判决优于硬判决 2 dB。比较 R_0 和 C，我们看到在软、硬两种判决情况下，信道容量 C 比 R_0 大 2～2.5 dB。这个差距在低 SNR 时较大，而在高 SNR 时降到 2 dB。

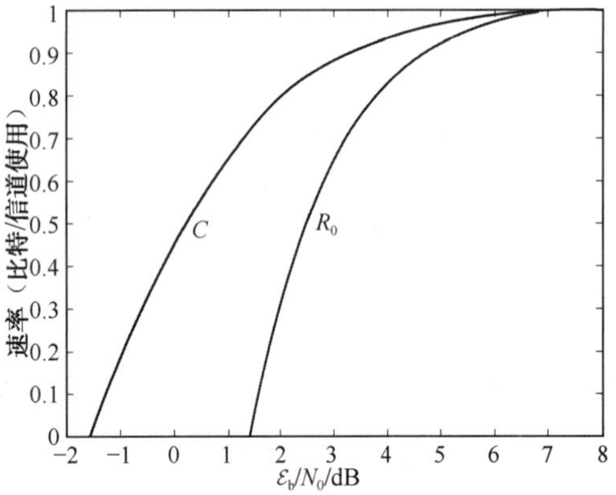

图 6-8-3　BPSK 调制 AWGN 信道的截止速率和信道容量图

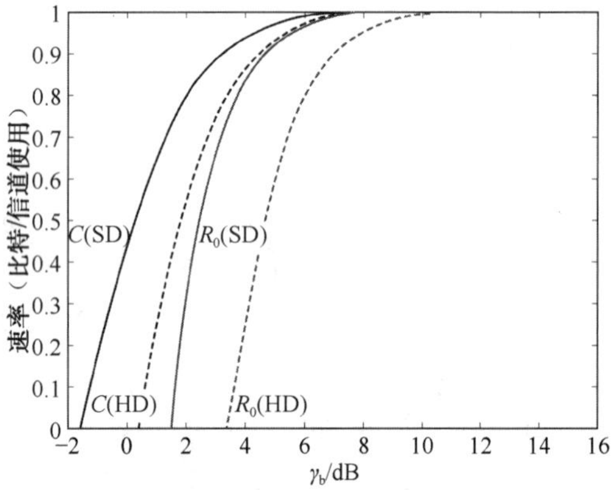

图 6-8-4　BPSK 调制、软判决和硬判决解码的信道容量和截止速率

6.9 文献注释与参考资料

信息论、通信的数学理论是由香农（1948，1959）奠基的。自从香农（1948）的经典论文及 Huffman（1952）的论文发表以后，信源编码已成为研究领域的热点。这些年来的主要进展是在开发高效的信源数据压缩算法上，其中特别重要的文章有 Ziv（1985）、Ziv 及 Lempel（1977，1978）、Davisson（1973）、Gray（1975）和 Davisson 等（1981）关于通用信源编码和通用量化方面的研究。

有关率失真理论的讨论可参阅 Gallager（1968）、Berger（1971）、Viterbi & Omura（1979）、Blahut（1987）以及 Gray（1990）的书。关于率失真理论在图像和视频压缩方面的实际应用，读者可参见 1998 年 11 月的 *IEEE Signal Processing Magazine* 以及 Gibson（1998）等的图书。Berger 及 Gibson（1998）的论文中对于有损信源编码这个领域过去 50 年的主要进展做了综述。

在过去几十年中，我们见证了在矢量量化方面取得的许多重要进展。关于矢量量化和信号压缩更详细的讨论可参见 Gersho & Gray（1992）的图书。Gray & Neuhoff（1998）的研究文章论述了过去 50 年在量化问题上的大量进展，并罗列了 500 多篇参考文章。

从信道容量和随机编码的角度来研究信道特性的开创性的工作始于香农（Shannon,

1948a.b.，1949）。相继做出重要贡献的有 Gilbert（1952）、Elias（1955）、Gallager（1965）、Wyner（1965）、Shannon 等（1967）、Forney（1968）和 Viterbi（1969）。所有这些早期的出版物均已收录在 IEEE 出版社的一本由 Slepian（1974）编辑、名为 *Key Papers in the Development of Information Theory* 的书中。Verdu 1998 年在 *IEEE Transactions on Information Theory* 出版 50 周年纪念特刊上发表的文章中，对过去 50 年来在信息理论方面的无数进展做了历史性的回顾。

使用截止速率参数作为设计准则是由 Wozencraft & Kennedy（1966），以及 Wozencraft & Jacobs（1965）提议并发展起来的，它在 1966 年被 Jordan 用于相干/非相干检测的 M 元正交信号编码波形的设计中。经过这些开创性的工作后，截止速率在各种不同信道条件下被广泛应用，成为编码信号的一个设计标准。

为了进一步理解本章介绍的内容，建议读者参考信息论的经典教材，包括 Gallager（1968）和 Cover & Thomas（2006）的图书。

习题

6.1　试证明 $\ln u \leqslant u-1$。将 $\ln u$ 和 $u-1$ 画在同一张图上，从而再次证明该不等式成立。

6.2　X、Y 是两个离散随机变量，概率为

$$P(X=x, Y=y)=P(x,y)$$

证明当 $I(X,Y) \geqslant 0$，当且仅当 X 和 Y 统计独立时等号成立（提示：对于 $0<u<1$，利用不等式 $\ln u \leqslant u-1$ 证明 $-I(X,Y) \leqslant 0$）。

6.3　某 DMS 信源输出由可能的字符 $x_1, x_2, \cdots, x_n$ 组成，它们的发生概率分别是 $p_1, p_2, \cdots, p_n$。证明信源的熵 $H(X)$ 最多是 $\log n$。

6.4　设 X 是几何分布的随机变量，即

$$P(X=k)=p(1-p)^{k-1}, \qquad k=1,2,3\cdots$$

（a）计算 X 的熵。

（b）已知 $X>K$（K 是正整数），X 的熵是多少？

6.5　两个二进制随机变量 X 和 Y 服从下列联合分布：

$$P(X=Y=0)=P(X=0,Y=1)=P(X=Y=1)=1/3$$

计算 $H(X)$、$H(Y)$、$H(X|Y)$、$H(Y|X)$ 和 $H(X,Y)$。

6.6　设 X 和 Y 是两个联合分布的离散随机变量

（a）证明
$$H(X)=-\sum_{x,y} P(x,y)\log P(x)$$

和
$$H(Y)=-\sum_{x,y} P(x,y)\log P(y)$$

（b）利用上述结果证明

$$H(X,Y) \leqslant H(X)+H(Y)$$

并说明在什么情况下上式的等号成立。

（c）证明

$$H(X|Y) \leqslant H(X)$$

当且仅当 X 和 Y 独立时上式等号成立。

6.7　令 $Y=g(X)$，g 代表一个确定的函数。证明关系式 $H(Y)\leqslant H(X)$成立，并说明在什么情况下等号成立。

6.8　对于统计独立事件，证明下式成立。

$$H(X_1X_2\cdots X_n)=\sum_{i=1}^{n}H(X_i)$$

6.9　证明

$$I(X_3;X_2|X_1)=H(X_3|X_1)-H(X_3|X_1X_2)$$

和

$$H(X_3|X_1)\geqslant H(X_3|X_1X_2)$$

6.10　X 是一个 PDF 为 $p_X(x)$的随机变量，令 $Y=aX+b$ 是 X 的一个线性变换（a 和 b 是两个常数）。试根据 $H(X)$计算出差熵 $H(Y)$。

6.11　与某 DMS 信源输出 x_1、x_2 和 x_3 对应的发生概率分别是 $p_1=0.45$、$p_2=0.35$ 和 $p_3=0.2$，对它们进行线性变换 $Y=aX+b$（a、b 是两个常数）。试计算熵值 $H(Y)$，并解释这种变换对 X 的熵产生什么影响。

6.12　马尔可夫过程是一种具有一阶记忆的过程，即对于所有的 n 都有关系式

$$p(x_n|x_{n-1},x_{n-2},x_{n-3}\cdots)=p(x_n|x_{n-1})$$

证明：对于平稳马尔可夫过程，熵率由 $H(x_n|x_{n-1})$决定。

6.13　一阶马尔可夫信源的特性由其状态概率 $P(x_i)$（$i=1,2,\cdots,L$）以及转移概率 $P(x_k|x_i)$（$i=1,2,\cdots,L$，$k\neq i$）确定。马尔可夫信源的熵是

$$H(X)=\sum_{k=1}^{L}P(x_k)H(X|x_k)$$

式中，$H(X|x_k)$是信源处在状态 x_k 条件下的熵。计算图 P6-13 所示的二进制一阶马尔可夫信源的熵，其转移概率为 $P(x_2|x_1)=0.2$ 和 $P(x_1|x_2)=0.3$。注意，条件熵 $H(X|x_1)$和 $H(X|x_2)$分别由二进制熵函数 $H_b[P(x_2|x_1)]$和 $H_b[P(x_1|x_2)]$给出。如果输出字符概率 $P(x_1)$和 $P(x_2)$相同，马尔可夫信源熵与二进制 DMS 信源熵相比如何？

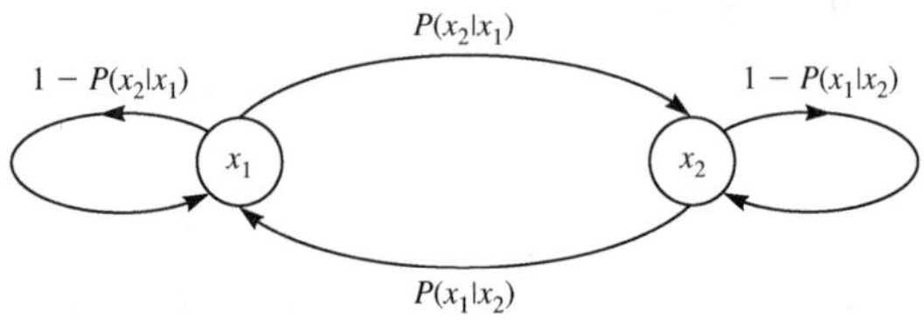

图 P6-13

6.14　证明：一个 DMC 信道输入序列 $X_1, X_2,\cdots,X_n$ 与其对应的信道输出之间的互信息满足条件

$$I(X_1X_2\cdots X_n;Y_1Y_2\cdots Y_n)\leqslant\sum_{i=1}^{n}I(X_i;Y_i)$$

当且仅当输入符号集统计独立时等号才成立。

6.15　均匀分布随机变量 X 的 PDF 为

$$p(x)=\begin{cases}a^{-1}, & 0\leqslant x\leqslant a\\ 0, & \text{其他}\end{cases}$$

在下列三种情况下求 X 的差熵 $H(X)$。

（a）$a=1$。

（b）$a=4$。

（c）$a=1/4$。

从所得结果说明：$H(X)$不是一个绝对的量度，它仅是随机度的相对量度。

6.16 某 DMS 信源由 5 个字符 x_i（$i=1,2,\cdots,5$）组成其字符集，每个字符的发生概率均是 1/5。计算下列情况时固定长度二进制码的效率。

（a）分别将每个字符编码成二进制序列。

（b）一次将两个字符编码成二进制序列。

（c）一次将三个字符编码成二进制序列。

6.17 试判断：是否存在一个二进制码，它满足前缀条件而码字长度为$(n_1,n_2,n_3,n_4)=(1,2,2,3)$。

6.18 考虑一个拥有 2^n 个码字，各码字具有相等码长 n 的二进制分组码。证明这种码满足 Kraft 不等式。

6.19 某 DMS 信源的字符集有 8 个字符 x_i（$i=1,2,\cdots,8$），对应概率分别是 0.25、0.2、0.15、0.12、0.10、0.08、0.05 和 0.05。

（a）对信源输出设计一个霍夫曼二进制编码。

（b）计算每信源字符所用的平均二进制数字的个数 $\overline{R}$。

（c）计算信源熵，并与 $\overline{R}$ 值进行比较。

6.20 一离散无记忆信源的输出为$\{a_1,a_2,a_3,a_4,a_5,a_6\}$，对应的发生概率是 0.7、0.1、0.1、0.05、0.04 和 0.01。

（a）设计一个二进制霍夫曼信源编码，求出其平均码长，并将它与可能的最小平均码长进行比较。

（b）是否可能以每信源符号 1.5 bit 的速率可靠地传输此信源？为什么？

（c）是否可能用（a）题设计的霍夫曼编码以每信源符号 1.5 bit 的速率传输信源？

6.21 一离散无记忆信源的符号集 $X=\{x_1, x_2,\cdots, x_8\}$，对应的概率矢量 $\boldsymbol{p}=\{0.2, 0.12, 0.06, 0.15, 0.07, 0.1, 0.13, 0.17\}$。为此信源设计一个霍夫曼编码，求出该霍夫曼编码的平均码长，用下式定义求出该码的效率

$$\eta=H(X)/\overline{L}$$

6.22 对于服从高斯分布的信号幅值，最佳 4 电平非均匀量化器可将其化成 4 种电平（a_1、a_2、a_3 和 a_4），对应的发生概率分别是 $p_1=p_2=0.3365$ 及 $p_3=p_4=0.1635$。

（a）设计一个霍夫曼编码，每次对一个电平符号编码，计算其平均比特率。

（b）设计一个霍夫曼编码，每次对两个电平符号编码，并计算其平均比特率。

（c）一次对 J 个输出电平编码，当 $J\to\infty$时，计算所能获得的最小码率。

6.23 一个离散无记忆信源符号集大小为 7，即 $X=\{x_1, x_2, x_3, x_4, x_5, x_6, x_7\}$，对应概率$\{0.02, 0.11, 0.07, 0.21, 0.15, 0.19, 0.25\}$。

（a）确定信源熵。

（b）为此信源设计一个霍夫曼编码，求出该霍夫曼编码的平均码长。

（c）将信源 X 的输出分成三个组

$$y_1=\{x_1, x_2, x_5\},\qquad y_2=\{x_3, x_7\},\qquad y_3=\{x_4, x_6\}$$

就可得到一个新的信源 $Y=\{y_1, y_2, y_3\}$，计算信源 Y 的熵。

（d）哪一个信源更可预测，是 X 还是 Y，为什么？

6.24 一个 IID 信源（$\cdots X_{-2}, X_{-1}, X_0, X_1, X_2\cdots$）的 PDF 为

$$f(x)=\begin{cases}e^{-x}, & x\geqslant 0\\ 0, & \text{其他}\end{cases}$$

用下列方法量化下面的信源。

$$\hat{X}=\begin{cases}0.5, & 0\leqslant X<1\\ 1.5, & 1\leqslant X<2\\ 2.5, & 2\leqslant X<3\\ 3.5, & 3\leqslant X<4\\ 6, & \text{其他}\end{cases}$$

（a）为信源 $\hat{X}$ 设计一个霍夫曼编码。

（b）信源 $\hat{X}$ 的熵是多少？

（c）霍夫曼编码的效率定义为熵与平均码长之比，计算（a）题设计的霍夫曼编码效率。

（d）令 $\widetilde{X}=i+0.5$，$i\leqslant X<i+1$（$i=0,1,2\cdots$），哪个随机变量的熵更大，X 还是 $\widetilde{X}$（无须计算 $\widetilde{X}$ 的熵，只要给出直观理由即可）？

6.25 一个平稳信源以 10000 样值的速率输出信号，样值是独立的，均匀分布在[−4, 4]区间。本题所用的失真量度是平方误差失真。

（a）如果目的地要求完美（无失真）地复原信源，从信源到目的地要求的传输速率是多少？

（b）如果从信源到目的地的传输速率是 0，可取得的最小失真是多少？

（c）如果信源采用 5 电平均匀量化，对量化器输出的单个信源的熵进行霍夫曼编码，结果传输速率和失真是多少？

6.26 一个无记忆信源的字符集为 $A=\{-5, -3, -1, 0, 1, 3, 5\}$，相应的概率分别是{0.05, 0.1, 0.1, 0.15, 0.05, 0.25, 0.3}。

（a）计算信源熵。

（b）假设信源输出按如下量化规则量化：

$$q(-5)=q(-3)=4,\quad q(-1)=q(0)=q(1)=0,\quad q(5)=q(3)=4$$

计算量化后信源的熵。

6.27 某信源输出字符集各字符的输出概率分别为{0.05,0.1,0.15,0.17,0.18,0.22,0.13}，设计一个以 0、1、2 为符号的三进制霍夫曼编码，所得码字的平均码长是多少？将所得结果与信源熵的平均码长进行比较。为了使这种比较有意义，在用对数计算熵时，采用什么为底比较合适?

6.28 两离散无记忆信源 X 和 Y 的符号集含 6 个符号，$X=Y=\{1, 2, 3, 4, 5, 6\}$，信源 X 字符的概率是 1/2、1/4、1/8、1/16、1/32 和 1/32，信源 Y 是均匀分布的。

（a）哪个信源预测性差些？为什么?

（b）为每个信源设计霍夫曼编码，哪个霍夫曼编码的效率高？霍夫曼码的效率定义为熵与平均码长之比。

（c）如果霍夫曼编码设计成这些信源的二次扩展（即一次 2 个字符），与单字符霍夫曼编码相比，哪个信源性能会得到改善？为什么？

（d）假设两信源独立，将两信源之和定义为一个新的信源 Z，即 $Z = X + Y$。计算新信源的熵，并证明 $H(Z) < H(X) + H(Y)$。

（e）如何解释 $H(Z) < H(X) + H(Y)$？在什么情况下 $H(Z) = H(X) + H(Y)$？会出现 $H(Z) > H(X) + H(Y)$的情况吗？为什么？

6.29 如果对于任意 $x_1, x_2 \in (a, b)$和任意 $0 \leqslant \lambda \leqslant 1$，有

$$g[\lambda x_1+(1-\lambda)x_2] \leqslant \lambda g(x_1) + (1-\lambda)g(x_2)$$

则函数 $g(x)$在区间（a, b）是凸的；如果 $g(x)$的二阶导数在给定区间非负，则函数 $g(x)$是凸的；如果$-g(x)$是凸的，则 $g(x)$是凹的。

（a）证明二进制熵函数 $H_b(p)$在区间（0, 1）是凹的。

（b）证明 $Q(x)$在区间（$0, \infty$）是凸的。

（c）证明如果 X 是在区间（a, b）上的二值随机变量，而 $g(X)$在（a,b）上是凸的，则 $g(E[X]) \leqslant E[g(X)]$。

（d）将（c）题的结论扩展到区间（a, b）上的任意随机变量，此结论就是 Jensen 不等式。

（e）利用 Jensen 不等式证明如果 X 是正值随机变量，则 $E[Q(X)] \geqslant Q(E[X])$。

6.30 对下列二进制序列进行 L-Z 信源编码。

0001001000000110000100000001000000101000010000001101000000001100

再从编成的 L-Z 信源编码中恢复出原序列（提示：需对二进制序列处理两次以决定字典的尺寸）。

6.31 一个幅度连续、时间离散、IID（独立同分布）的信源（$\cdots X_{-2}, X_{-1}, X_0, X_1, X_2\cdots$），其概率密度函数（PDF）为

$$f(x) = \begin{cases} \frac{1}{2}e^{-\frac{x}{2}}, & x \geqslant 0 \\ 0, & \text{其他} \end{cases}$$

该信源运用下列规则量化成信源 $\hat{X}$：

$$\hat{X} = \begin{cases} 0.5, & 0 \leqslant X < 1 \\ 1.5, & 1 \leqslant X < 2 \\ 2.5, & 2 \leqslant X < 3 \\ 6, & \text{其他} \end{cases}$$

（a）想要无损传输非量化信源 X，要求最小速率是多少？

（b）想要无损传输量化信源 $\hat{X}$，要求最小速率是多少？

（c）令 $\widetilde{X}$ 为 X 的另一种量化，当 $i \leqslant X < i + 1$ 时 $\widetilde{X} = i + 0.25$（i =0, 1, 2…）。哪个随机变量的熵大些？是 $\hat{X}$ 还是 $\widetilde{X}$？无须计算 $\widetilde{X}$ 熵，只要直观推理即可。

（d）定义一种新的量化规则，令 $Y = \hat{X} + \widetilde{X}$，下面给出的三个关系式是否正确。

$$H(Y) = H(\hat{X}) + H(\widetilde{X})$$
$$H(Y) = H(\hat{X})$$
$$H(Y) = H(\widetilde{X})$$

用一小段话给出直观推理，不必计算。

6.32 计算下列情况下连续随机变量 X 的差熵。

（a）X 是服从指数分布的随机变量，参数$\lambda>0$，即

$$p(x) = \begin{cases} \lambda^{-1}e^{-x/\lambda}, & \lambda > 0 \\ 0, & \text{其他} \end{cases}$$

（b）X 是服从拉普拉斯分布的随机变量，参数$\lambda>0$, 即

$$p(x)=\mathrm{e}^{-|x|/\lambda}/2\lambda$$

（c）X 是服从三角分布的随机变量，参数$\lambda>0$，即

$$p(x)=\begin{cases}(x+\lambda)/\lambda^2, & -\lambda\leqslant x\leqslant 0\\ (-x+\lambda)/\lambda^2, & 0<x\leqslant\lambda\\ 0, & \text{其他}\end{cases}$$

6.33 可以证明，一个误差失真量度绝对值为 $d(x,\hat{x})=|x-\hat{x}|$ 的拉普拉斯信源 $p(x)=(2\lambda)^{-1}\mathrm{e}^{-|x|/\lambda}$，它的率失真函数是

$$R(D)=\begin{cases}\log(\lambda/D), & 0\leqslant D\leqslant\lambda\\ 0, & D>\lambda\end{cases}$$ ［见 Berger（1971）］

（a）如想让平均失真不超过$\lambda/2$，每信源输出样值需要多少比特来表示？

（b）画出λ取三种不同值时的 $R(D)$，讨论图中λ值变化所产生的影响。

6.34 考虑三个信源 X、Y 和 Z:

（a）X 是一个二进制离散无记忆信源，概率 $p(X=0)=0.4$，在接收端要以不超过 0.1 的差错概率重建信源。

（b）Y 是均值为 0、方差为 4 的无记忆高斯信源，该信源要以不超过 1.5 的平方误差失真重建。

（c）Z 是一个无记忆信源，其分布为

$$f_Z(z)=\begin{cases}1/5, & -2\leqslant z\leqslant 0\\ 3/10, & 0<z\leqslant 2\\ 0, & \text{其他}\end{cases}$$

Z 信源用 8 个量阶的均匀量化器量化，得到量化信源 $\hat{Z}$，要求此量化信源能无差错传输。

计算上述三种情况下每个信源符号要求的绝对最小速率（即允许任意复杂度的系统）。

6.35 可以证明：如果 X 是均值为 0、方差为σ^2的连续随机变量，在平方误差失真量度下，它的率失真函数的上/下边界可由以下不等式给定：

$$H(X)-\frac{1}{2}\log(2\pi\mathrm{e}D)\leqslant R(D)\leqslant\frac{1}{2}\log\frac{\sigma^2}{2}$$

式中，$H(X)$表示随机变量 X 的差熵［见 Cover & Thomas（2006）］。

（a）证明：对于高斯随机变量，其上/下边界也正好是上式。

（b）画出$\sigma=1$ 的拉普拉斯信源的上/下边界。

（c）画出$\sigma=1$ 的三角分布信源的上/下边界。

6.36 某 DMS 信源的字符集由 8 个字符 x_i（$i=1,2,\cdots,8$）组成，发生概率与习题 6.19 给出的一样。利用霍夫曼编码方法编一个三进制码（用符号 0、1、2 表示）作为信源输出（提示：加上一个字符 x_9，令其概率 $p_9=0$，一次以 3 个符号为一组）。

6.37 证明：一个零均值、协方差矩阵为 $\boldsymbol{C}$ 的 n 维高斯矢量 $\boldsymbol{X}=[x_1,x_2,\cdots,x_n]$的熵是

$$H(\boldsymbol{X})=\frac{1}{2}\log_2(2\pi\mathrm{e})^n|\boldsymbol{C}|$$

6.38 计算 M 电平对称信源在 M=2、4、8 和 16 时的率失真函数，设汉明失真（差错概率）是

$$R(D)=\log M+D\log D+(1-D)\log\frac{1-D}{M-1}$$

6.39 设想采用加权的均方误差（MSE）作为失真量度，其定义是

$$d_{\mathrm{W}}(\boldsymbol{X},\widetilde{\boldsymbol{X}})=(\boldsymbol{X}-\widetilde{\boldsymbol{X}})^{\mathrm{t}}\boldsymbol{W}(\boldsymbol{X}-\widetilde{\boldsymbol{X}})$$

式中，$\boldsymbol{W}$ 是一个对称、正定的加权矩阵。若使 $\boldsymbol{W}$ 满足条件 $\boldsymbol{W}=\boldsymbol{P}'\boldsymbol{P}$，试证明：$d_{\mathrm{W}}(\boldsymbol{X},\widetilde{\boldsymbol{X}})$与未加权的 MSE 失真量度 $d_2(\boldsymbol{X}',\widetilde{\boldsymbol{X}}')$是等价的（$\boldsymbol{X}'$和 $\widetilde{\boldsymbol{X}}'$是变换矢量）。

6.40 一离散无记忆信源的输出为$\{a_1, a_2, a_3, a_4, a_5\}$，对应的输出概率是 0.8、0.1、0.05、0.04 和 0.01。

（a）为此信源设计一个二进制霍夫曼编码，计算其平均码长，再与可能的最小平均码长进行比较。

（b）假设有一个转移概率ε=0.3 的 BSC 信道，在这信道上有可能可靠传输信源吗？为什么？

（c）有没有可能用单符号的霍夫曼编码在此信道上传输此信源？

6.41 一个均值为 0、方差为σ^2的离散时间无记忆高斯信源准备经 BSC 信道传输，信道的转移概率为ε。

（a）在接收端可获得的失真最小值是多少（失真用均方误差量度）？

（b）如果信道是离散时间、无记忆的加性高斯噪声信道，输入概率为 P，噪声方差是 σ_n^2，可获得的最小失真是多少？

（c）假设信源除有记忆外其他基本性能不变，在 BSC 信道传输时失真会是增大还是减小？为什么？

6.42 某加性高斯白噪声信道的输出是 $Y=X+N$，这里 X 是信道输入，N 是噪声，其概率密度函数为

$$p(n)=\frac{1}{\sqrt{2\pi}\sigma_n}=\mathrm{e}^{-n^2/2\sigma_n^2}$$

如 X 是 $E(X)=0$ 及 $E(X^2)=\sigma_x^2$ 的高斯白输入，计算：

（a）条件差熵 $H(X|N)$。

（b）平均互信息 $I(X;Y)$。

6.43 对于图 P6-43 所示的信道，计算信道容量和能够取得此容量的输入分布。

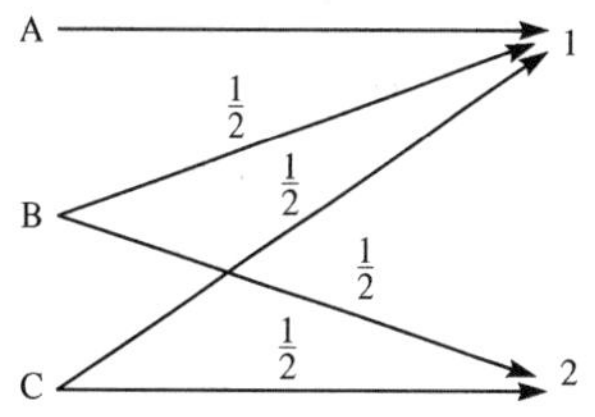

图 P6-43

6.44 一离散无记忆信源的输出集是$\{a_1, a_2, a_3, a_4, a_5, a_6, a_7, a_8\}$，对应的输出概率是 0.05、0.07、0.08、0.1、0.1、0.15、0.2 和 0.25。

（a）设计一个此信源的霍夫曼编码，求出平均码长，并与可能的最小平均码长进行比较。

（b）想要可靠传输这个信源，要求的最小信道容量是多少？这个信源能在 BSC 信道可靠传输吗？

（c）要想经（b）题的信道传输一个均值为 0、方差$\sigma^2=1$的离散无记忆高斯信源，可获得的最小均方失真是多少？

6.45 求如图 P6-45 所示信道 A 和 B 级联后信道 AB 的容量。提示：仔细观察信道，避免冗长的数学式子。

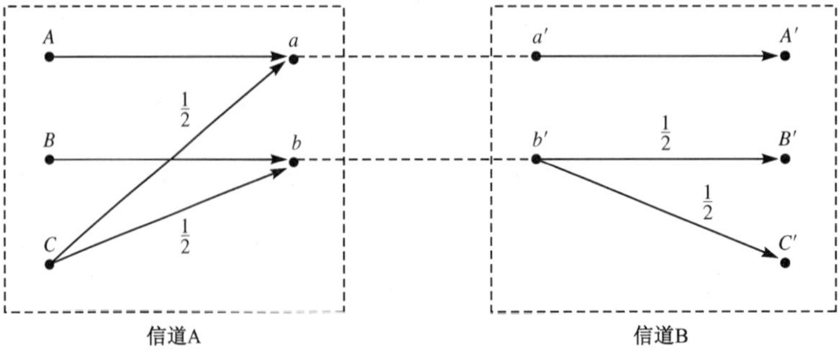

图 P6-45

6.46　高斯无记忆信源单个样值的方差为 4，信源每秒产生 8000 个样值。信源通过一个带宽为 4000 Hz 的 AWGN 信道传输，要求接收端每样值的平方误差失真不超过 1。

（a）要求信道的最小信噪比是多少？

（b）如果进一步假设在同样信道上采用 BPSK 调制、硬判决译码，则要求的信道最小信噪比又是多少？注意：信道信噪比的定义是 P/N_0W。

6.47　一通信信道如图 P6-47 所示。

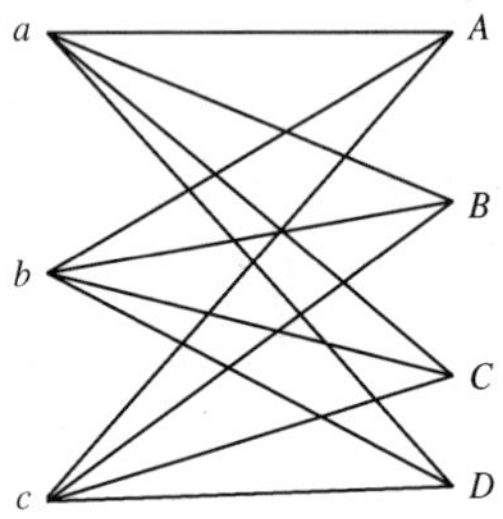

图 P6-47

（a）忽略信道转移概率矩阵的内容，证明：

$$C \leqslant \log_2 3 \approx 1.585 \text{ 比特/传输}$$

（b）求能够取得上述上边界的一个转移概率矩阵。

（c）假设有一个方差为$\sigma^2=1$ 的高斯信源经过（b）题的信道传输，可取得的最小失真是多少（整题使用的都是均方失真）？

6.48　X 是一个二进制无记忆信源，其 $P(X=0)=0.3$，该信源通过一转移概率 $p=0.1$ 的 BSC 信道传输。

（a）如信源直接输入信道，即没有编码，在接收端的差错概率是多少？

（b）使用编码，在接收端恢复信源信号时，可能的最小差错概率为多少？

（c）p 为多大时，才可能依靠编码达到可靠传输？

6.49　两个离散无记忆信源 S_1 和 S_2 各有 6 元素的符号集，$S_1=\{x_1, x_2,\cdots, x_6\}$ 及 $S_2=\{y_1, y_2,\cdots, y_6\}$。第一个信源的符号概率是 1/2、1/4、1/8、1/16、1/32 和 1/32，第二个信源是均匀分布。

（a）哪个信源的可预见性小些？为什么？

（b）为每个信源设计一个霍夫曼编码，哪个霍夫曼编码更有效些（霍夫曼编码的效率定义为信源熵与平均码长之比）？

（c）如果霍夫曼编码设计成这些信源的二阶扩展（即每次两个符号），这样的信源编码与单符号霍夫曼编码相比，性能会改善吗？为什么？

6.50　一个二进制输入、连续输出信道的输入-输出关系为

$$y_i = x_i + n_i$$

式中，$x_i=\pm A$，噪声分量 n_i 是 IID、均值为 0、方差为σ^2。

证明其容量正如式（6-5-31）和式（6-5-32）所给出的那样。

6.51　一离散无记忆信道如图 P6-51 所示。

（a）求信道容量。

（b）求信道的截止速率 R_0。

（c）如果一个方差为 4 的离散时间、无记忆高斯信源通过此信道传输，允许每个信源输出使用两次信道，可取得的平方误差失真的绝对最小值（即不计复杂度）是多少？

6.52　证明：为了使 $I(X;Y)$最大化，并由此获得 DMC 信道容量，对于输入概率集$\{P(x_j)\}$而言，下面两个关系式是充分和必要条件：

$$I(x_j;Y)=C, \quad \text{对于所有满足 } P(x_j)>0 \text{ 条件的 } j$$

$$I(x_j;Y)\leqslant C, \quad \text{对于所有满足 } P(x_j)=0 \text{ 条件的 } j$$

式中，C 为信道容量；$Q=|Y|$，以及

$$I(x_j;Y)=\sum_{i=0}^{Q-1}P(y_i\mid x_j)\log\frac{P(y_i\mid x_j)}{P(y_i)}$$

6.53　图 P6-53 表示一个 M 元对称 DMC，当 $x=y=k$（$k=0,1,\cdots,M-1$）时其转移概率为 $P(y|x)=1-p$，当 $x\neq y$ 时为 $P(y|x)=p/(M-1)$。

（a）证明：当 $P(x_k)=1/M$ 时，该信道满足习题 6.52 给出的条件。

（b）计算并画出以 p 为自变量的信道容量曲线。

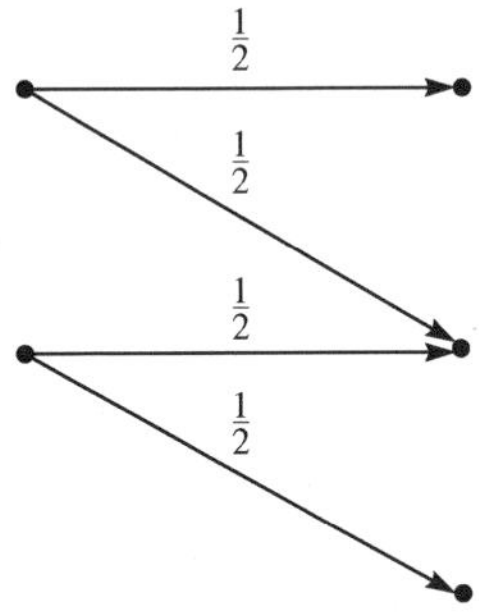

图 P6-51

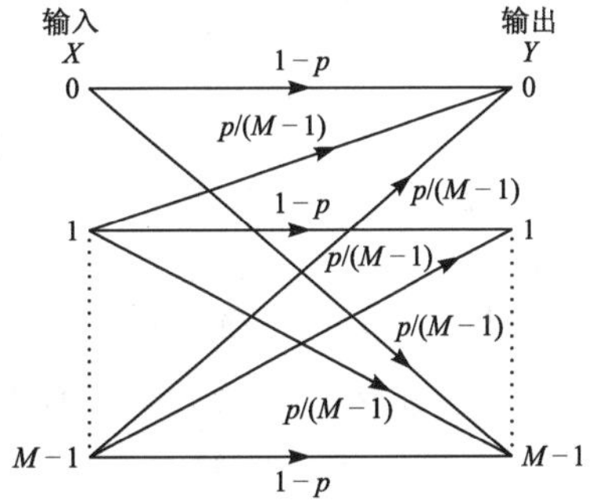

图 P6-53

6.54　计算如图 P6-54 所示的信道容量。

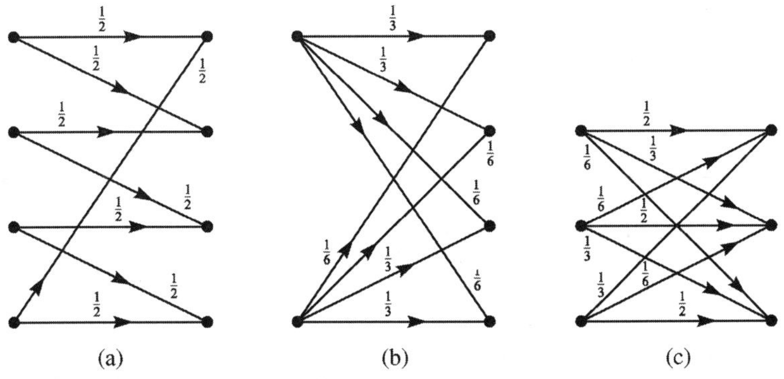

图 P6-54

6.55 两个信道的转移概率如图 P6-55 所示，判断输入符号在等概发生时是否能使通过信道的信息速率最大化？

6.56 电话信道的带宽 W=3000 Hz，信噪功率比为400（26 dB）。如果信道为带限的 AWGN 波形信道，且 $P_{av}/WN_0 = 400$，计算信道容量（以 bit/s 为单位）。

6.57 一个二元输入、四元输出的 DMC 信道如图 P6-57 所示。

（a）计算该信道的容量。

（b）证明该信道与一个 BSC 信道等效。

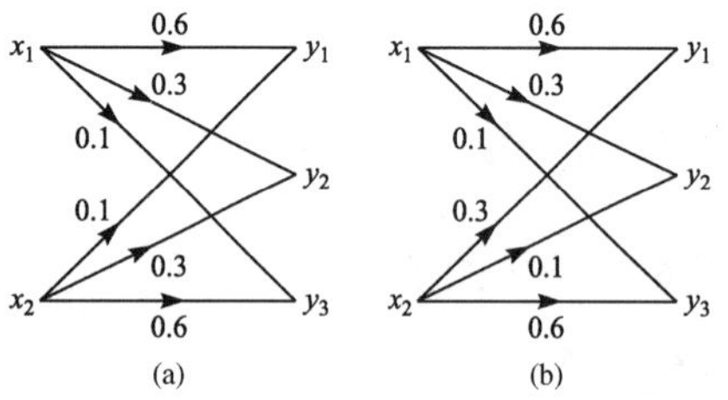

图 P6-55

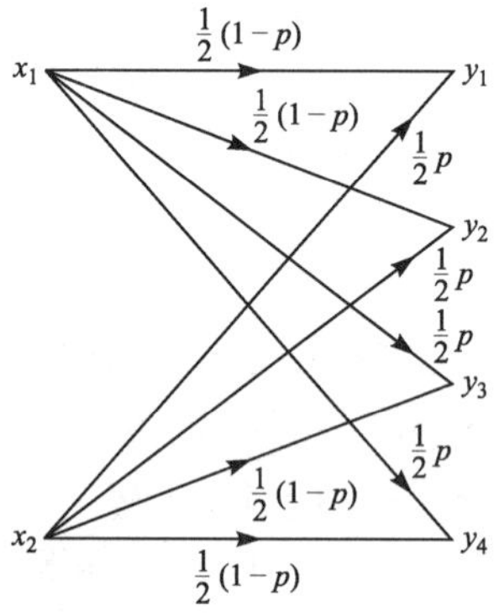

图 P6-57

6.58 计算如图 P6-58 所示的信道的容量。

6.59 考虑一个 BSC 信道，其转移差错概率为 p。若 R 为信源码字的比特数，每信源码字代表量化器输出的 2^R 个可能的电平之一。试计算：

（a）码字通过 BSC 传输后被正确接收的概率。

（b）码字通过 BSC 传输后至少有 1 比特差错的概率。

（c）在一个码字里，差错比特数小于或等于 n_e 的概率。

（d）若 R=5、p= 0.1、n_e=5，计算上面（a）、（b）、（c）各题中的概率。

6.60 图 P6-60 表示一个二进制删除信道（Erasure Channel），其转移概率为 $P(0|0)=P(1|1)=1-p$ 以及 $P(e|0)=P(e|1)=p$，输入符号的概率为 $P(X=0)=\alpha$，$P(X=1)=1-\alpha$。

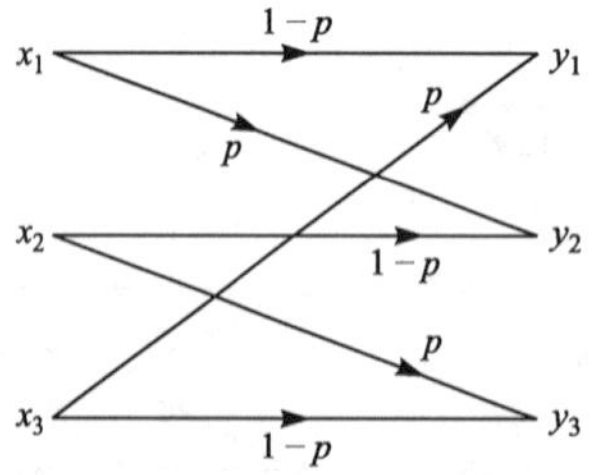

图 P6-58

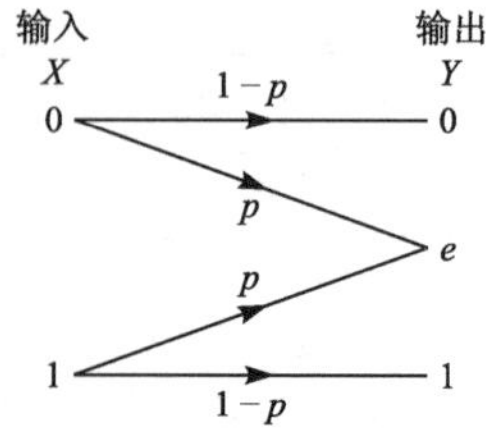

图 P6-60

（a）计算平均互信息 $I(X;Y)$（以比特表示）。

（b）计算使 $I(X;Y)$最大的α值，也就是以比特/符号（bit/symbol）为单位的信道容量 C，并画出α取最优值时 C 作为自变量 p 函数的曲线。

（c）根据（b）题算得的α值，计算互信息 $I(X;Y)=I(0;0)$、$I(1;1)$、$I(0;e)$和 $I(1;e)$，其中

$$I(X;Y)=\log\frac{P(X=x,Y=y)}{P(X=x)P(Y=y)}$$

6.61　一个离散时间、零均值高斯随机过程每个抽样的方差是σ_1^2，此信源以 1000 样值/秒的速率产生输出。样值经离散时间 AWGN 信道传输，输入功率限制为 P，每个抽样的噪声方差为σ_2^2，信道每秒能传输 500 个符号。

（a）信源要在此信道传输，如果允许使用任意复杂度的处理方法且不考虑时延，可获取的每样值最小失真是多少？

（b）在同样信道上，输入端采用双极性信号而输出端采用硬判决译码（同样无复杂度和时延的限制），可获取的每样值最小失真是多少？

（c）假设保持信源统计特性不变但变得有记忆，与（a）题相比，失真是会减小还是增大？请简要回答。

6.62　一个二进制无记忆信源分别以 1/3 和 2/3 的概率产生 0 和 1，该信源采用二进制 PSK 调制并在 AWGN 信道上传输。

（a）假设信道采用硬判决译码，每个信源输出只允许使用一次信道，为了能可靠传输信源，所需的绝对最小 E_b/N_0 是多少？

（b）在与（a）题同样条件下，如果传输速率几乎等于截止速率，为了可靠传输信源所需的最小$\mathcal{E}_b/N_0$是多少？

（c）假设信源是均值为 0、方差为 1 的无记忆高斯信源，想要以均方误差不超过 1/4 来重建信源，所需的绝对最小$\mathcal{E}_b/N_0$是多少？

6.63　一离散无记忆信源 U 要在一个无记忆通信信道上传输，每个符号只允许使用一次信道。计算下列情况下信源在信道传输时所能取得的最小理论失真值。

（a）信源是取值为 0、1 的二进制信源，输出 0 的概率 $p(U=0)=0.1$。信道是 BSC 信道，转移概率$\varepsilon=0.1$，失真量度是汉明失真（差错概率）。

（b）信道如（a）题，但信源是均值为 0、方差为 1 的高斯信源（失真是平方误差失真）。

（c）信源如（b）题，信道是离散时间 AWGN 信道，输入功率限制为 P，噪声方差为σ^2。

6.64　信道 C_1 为加性高斯白噪声信道，带宽为 W，平均传输功率为 P，噪声功率谱密度为 $N_0/2$；信道 C_2 为加性高斯噪声信道，与信道 C_1 具有同样的带宽和功率，但噪声功率谱密度为 $S_n(f)$，假设两信道的噪声功率相同，即

$$\int_{-W}^{W}S_n(f)\mathrm{d}f=\int_{-W}^{W}N_0/2\mathrm{d}f=N_0W$$

哪一个信道具有较大的容量？请给出直观的推理。

6.65　一离散无记忆三进制删除通信信道如图 P6-65 所示。

（a）计算信道容量。

（b）一无记忆指数信源 X 的概率密度函数为

$$F_X(x)=\begin{cases}2\mathrm{e}^{-2x}, & x\geqslant 0\\0, & \text{其他}\end{cases}$$

它被两电平的量化器以下列方式量化

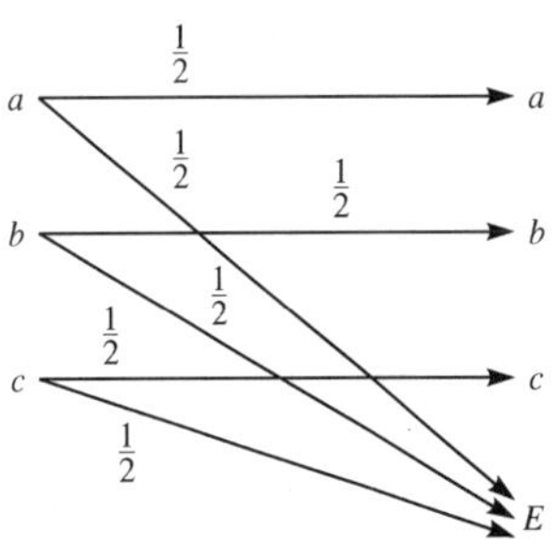

图 P6-65

$$\hat{X}=\begin{cases}0, & X<2\\ 1, & \text{其他}\end{cases}$$

$\hat{X}$ 是否能够在上述信道上可靠传输？为什么（每秒信源符号数等于每秒信道符号数）？

6.66　一个使用二进制双极性信号传输的 AWGN 信道，在接收机中使用最优的逐比特检测器，请以$\mathcal{E}_b/N_0$为自变量，画出该信道的容量曲线。在该同一坐标系中，再画出使用二进制正交信号时的信道容量。

6.67　一个均值为 0、方差为σ^2的离散时间无记忆高斯信源，想要经过转移概率为 p 的 BSC 信道传输。

（a）在接收端可得到的最小失真值是多少（用均方误差来衡量失真）？

（b）若信道为离散时间无记忆加性高斯噪声信道，输入功率为 P，噪声功率为 P_n，那么在接收端可得到的最小失真值又是多少？

（c）现在假设信源的其他基本特性相同，只是变成有记忆的，通过该 BSC 信道传输后失真会下降还是上升？为什么？

6.68　计算 n 个具有相同转移概率$\mathcal{E}$的 BSC 信道级联后的信道容量。当信道数 $n\to\infty$时，级联后信道的信道容量是多少？

6.69　信道 1、2、3 的特性如图 P6-69 所示。

（a）计算信道 1 的容量。当输入信号怎样分布时，才能达到该信道容量？

（b）计算信道 2 的容量。当输入信号怎样分布时，才能达到该信道容量？

（c）令 C 表示第 3 信道的容量，C_1、C_2 表示第 1、第 2 信道的容量，下列关系式中哪一个是正确的？为什么？

$$C\leqslant(C_1+C_2)/2,\qquad C=(C_1+C_2)/2,\qquad C\geqslant(C_1+C_2)/2$$

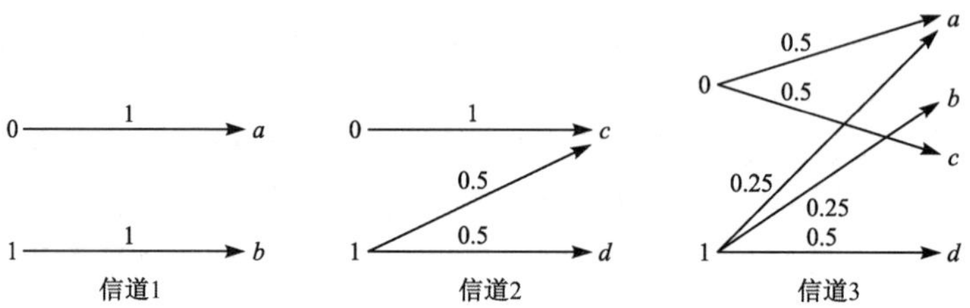

图 P6-69

6.70　某信道容量为 C 的离散无记忆信道，输入符号集 $X=\{x_1,x_2,\cdots,x_N\}$，输出符号集 $Y=\{y_1,y_2,\cdots,y_M\}$。证明 $C\leqslant\min\{\log M,\log N\}$。

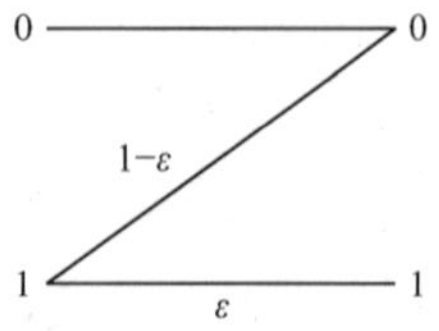

图 P6-71

6.71　信道 C（称为 Z 信道）如图 P6-71 所示

（a）计算达到最大容量时的输入概率分布。

（b）在$\varepsilon=0$、$\varepsilon=1$ 和$\varepsilon=0.57$ 的特定情况下，输入分布和信道容量分别是多少？

（c）证明：若 n 个这样的信道级联，则级联后的信道等效于一个$\varepsilon_1=\varepsilon^n$的 Z 信道。

（d）当 $n\to\infty$时，上述等效 Z 信道的容量是多少？

6.72　某 AWGN 信道带宽为 1 MHz，功率为 10 W，噪声功率谱密度 $N_0/2=10^{-9}$ W/Hz。计

算该信道的容量。

6.73 一个高斯无记忆信源服从正态分布 $N(0,1)$，该信源准备经转移概率ε=0.1 的 BSC 信道传输，每个信源输出只允许使用信道一次。失真量度用平方误差失真来测量，定义为

$$d(x,\hat{x})=(x-\hat{x})^2$$

（a）第一种方法采用最优一维（标量）量化，结果得到下列量化规则。

$$Q(x)=\begin{cases}\hat{x}, & x>0\\ -\hat{x}, & x\leqslant 0\end{cases}$$

式中，$\hat{x}$=0.798，结果的失真是 0.3634。然后分别用 0 和 1 表示$\hat{x}$和$-\hat{x}$并直接通过信道传输（不经信道编码）。计算用这种方法产生的总失真。

（b）第二种方法采用与（a）题同样的量化器，但允许使用任意复杂的信道编码。在这种情况下如何去确定最终的失真？为什么？

（c）现在假设量化后允许采用任意复杂度的无损压缩方法，将其输出经信道传输，与（b）题一样可用任意信道编码。与（b）题相比最终失真如何？

（d）如果允许使用任意复杂的信源和信道编码，可获取的最小失真是多少？

（e）假如信源的单符号高斯统计规律不变，即每个字符都服从 $N(0,1)$分布，但信源有记忆（比如高斯-马尔可夫信源），（d）题的失真是增大、减小还是保持不变？为什么？

6.74 信道如图 P6-65 所示。

（a）考虑信道的扩展，输入 $a_1, a_2,\cdots, a_n$，输出 $a_1, a_2,\cdots, a_n, E$, 这里 $P(a_i\,|a_i)=1/2$, $P(E|a_i)=1/2$（对于 $1\leqslant i\leqslant n$），其他所有转移概率为 0。这个信道的容量多大？当 $n=2^m$ 时信道容量多少?

（b）如果一个无记忆二进制等概信源要经图 P6-65 所示的信道传输，对系统复杂度和时延不做任何限制，则可取得的最小差错概率是多少（每秒的信源符号数等于每秒的信道符号数）？n 取什么值时信源可经信道可靠传输?

（c）如果一个服从 $N(m,\sigma^2)$分布的高斯信源要经（b）题的信道传输，在信源重建时可获得的最小均方失真是多少（作为 n 和σ^2 的函数）？在此假设每秒的信源符号数等于每秒的信道符号数，对系统复杂度和时延没有限制。

6.75 利用式（6-8-29）给出的 BSC 信道截止速率 R_0 的表达式，画出以下二进制调制方式下 R_0 作为$\mathcal{E}_c/N_0$ 函数的曲线图，并评价给定截止速率时三种调制方式的性能差别。

（a）双极性信号：$p=Q(\sqrt{2\mathcal{E}_c/N_0})$。

（b）正交信号：$p=Q(\sqrt{\mathcal{E}_c/N_0})$。

（c）DPSK：$p=\mathrm{e}^{-\mathcal{E}_c/N_0}/2$。

6.76 考虑一个二元输入、三元输出的信道，转移概率如图 P6-76 所示，其中 e 表示一个删除。如果它是 AWGN 信道，α、p 分别定义为

$$\alpha=\frac{1}{\sqrt{\pi N_0}}\int_{-\beta}^{\beta}\mathrm{e}^{-(x+\sqrt{\mathcal{E}_c})^2/N_0}\mathrm{d}x,\qquad p=\frac{1}{\sqrt{\pi N_0}}\int_{\beta}^{\infty}\mathrm{e}^{-(x+\sqrt{\mathcal{E}_c})^2/N_0}\mathrm{d}x$$

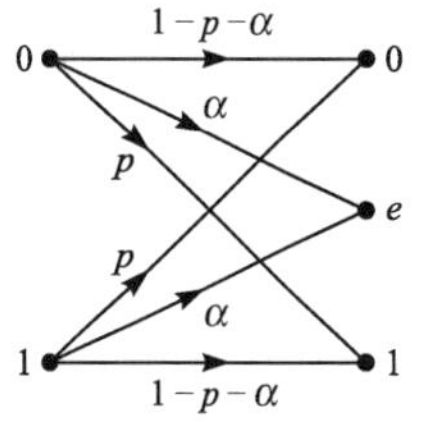

图 P6-76

（a）以概率α、p 为自变量，计算截止速率 R_0。

（b）截止速率 R_0 取决于在α和 p 概率范围所选择的门限值β，对于任意$\mathcal{E}_c/N_0$，使 R_0 最大化的β 值可以由试错（Trial and Error）得到。例

如，在$\mathcal{E}_c/N_0$低于 0 dB 时，$\beta_{opt}=0.65\sqrt{N_0/2}$；若 $1\leqslant\mathcal{E}_c/N_0\leqslant10$，则$\beta_{opt}$值在 $0.65\sqrt{N_0/2}$ 和 $\sqrt{N_0/2}$ 之间线性变化。在$\mathcal{E}_c/N_0$整个范围内取$\beta=0.65\sqrt{N_0/2}$，试画出 R_0 随$\mathcal{E}_c/N_0$变化的曲线，并将这一结果与未量化（模拟）信道的 R_0 进行比较。

6.77　证明对于 M-PSK 信号，截止速率满足

$$R_0=\log_2 M-\log_2\sum_{k=0}^{M-1}\mathrm{e}^{-\|s_0-s_k\|^2/4N_0}=\log_2 M-\log_2\sum_{k=0}^{M-1}\mathrm{e}^{-(\mathcal{E}_c/N_0)\sin^2(xk/M)}$$

画出 R_0 作为$\mathcal{E}_c/N_0$的函数在 $M=2$、4、8 和 16 时的曲线图。

6.78　一离散时间加性非高斯噪声信道，其输入-输出关系为

$$y_i=x_i+n_i$$

式中，n_i 表示一个 IID 噪声随机变量，其概率密度函数为

$$p(n)=\mathrm{e}^{-|n|}/2$$

x_i 取值为等概的±1，i 是时间标志。

（a）计算该信道的截止速率 R_0。

（b）假设信道输出端采用最优硬判决译码，导致 BSC 信道的转移（差错）概率是多少？

（c）（b）题的截止速率是多少?

6.79　设 M 进制正交信号系统的每信号能量为$\mathcal{E}$，信道是 AWGN 信道，噪声功率谱密度是 $N_0/2$。证明其截止速率可表示为

$$R_0=\log_2 M-\log_2\left[1+(M-1)\left(\int_{-\infty}^{\infty}p_n(y-\sqrt{\mathcal{E}})p_n(y)\,\mathrm{d}y\right)^2\right]$$

式中，$p_n(\cdot)$ 表示一个服从 $N(0, N_0/2)$分布的随机变量的 PDF。结论是上述表达式可简化为

$$R_0=\log_2\left[\frac{M}{1+(M-1)\,\mathrm{e}^{-\mathcal{E}/N_0}}\right]$$

第 7 章

线性分组码

第 4 章研究了在 AWGN 信道传输时不同传信方法的性能，特别是我们看到了采用每种传信方法时比特 SNR 与差错概率之间的关系，我们考虑的问题是在 M 个可能的波形里每次发送其中之一，每次都存在 M 种可能的消息，而不去考虑成组的信道输入。我们也已引入了比较不同传信方法中功率效率和带宽效率的标准。功率效率通常是用一定差错概率条件下所需的比特 SNR 来衡量的，所需的比特 SNR 越低，则系统的功率效率越高。系统的带宽效率用谱比特率 $r=R/W$ 来衡量，它表示每赫带宽每秒能够传输的比特数，谱比特率高的系统其带宽效率也高。我们也看到，在带宽效率和功率效率之间存在折中。例如，QAM 调制方式具有高的带宽效率，而像正交信号那种功率效率高的通信方式是以高带宽的要求为代价的。

在第 6 章我们已看到，只要传输速率小于信道容量，有噪信道的可靠通信是可能的。可靠通信是通过信道编码来实现的，即为消息组指定相应的信道输入码组，这些码组仅是所有可能分组的一个子集。我们在第 6 章并没有研究消息和信道输入码组之间特定的映射关系，信道容量 C 和信道截止速率 R_0 的导出都采用了随机编码。在随机编码中，我们并没有去寻找从消息集到信道输入码组的最佳映射以及分析这种映射的性能，我们只是在所有可能的映射中求取差错概率的平均，证明了只要传输速率小于信道容量，那么差错概率的集合平均，即对所有可能的映射取平均，必然随着分组长度的增大而趋于零。我们据此得出结论，在所有的映射中至少存在一种映射，当分组长度增大时其差错概率趋于零。香农于 1948 年提出的信道编码定理的最早证明就是以随机编码为基础的，它只是证明了好码的存在，并没有提供任何设计好码的方法，从这个意义上说此证明还算不上是建设性的。当然，基于随机编码的思想，随机产生的码也存在着好码的概率。但问题是当码长较长时，随机产生的码的译码变得非常复杂，不可能得到实用。在 1948 年之后的几十年里，编码理论的进展集中在编码方法的设计上，使码结构完善到足以有实用的译码方法，同时缩小了与香农推导的理论限的距离。在第 6 章，我们还推导了谱比特率 r 和理想通信系统比特 $\mathcal{E}_b/N_0$ 之间的基本关系，即

$$\frac{\mathcal{E}_b}{N_0} > \frac{2^r - 1}{r}$$

对于符合上式界定的给定系统，通过比较其带宽效率和功率效率，我们就可判断该系统究竟还能有多少改善的空间。

本章和第 8 章的重点是信道编码方法和可控的译码算法，用以改善有噪信道上通信系统的性能。本章主要讲述分组码，其构造基于熟悉的代数结构，如群、环和域。在第 8 章，我们将学习基于图形和网格（Trellise）的最佳编码方案。

7.1 基本定义

信道编码可分为分组码和卷积码两大类。对于分组码，由长度为 k 的二进制序列（称为信息序列）所代表的 $M=2^k$ 个消息之一被映射成长度为 n 的二进制序列（称为码字），这里 $n>k$。码字常采用长度为 n 的二进制符号序列的方式经通信信道传输，如采用 BPSK 符号。传输码字时经常使用的其他方式还有 QPSK 和 BFSK。分组码方式是无记忆的，当一个码字编码且发送后，编码系统引入一个新的 k 位信息比特组，再用编码方案规定的映射方法对其编码。编出的码字仅取决于当前的 k 信息比特组，而与之前发送的所有码字无关。

卷积码是用有限状态机（Finite-State Machine）来描述的。在每一时刻 i，进入编码器的 k 位信息比特被编成 n 位二进制符号后从编码器输出，而编码器的状态由 σ_{i-1} 变为 σ_i。所有可能状态的集合是有限数目的，用 Σ 来表示。编码器输出的 n 位二进制符号，以及编码器的下一状态 σ_i 由 k 位信息比特和前一状态 σ_{i-1} 共同决定。我们可用一个长度 Kk 的移存器（移位寄存器）来表示卷积码。卷积码编码器如图 7-1-1 所示。

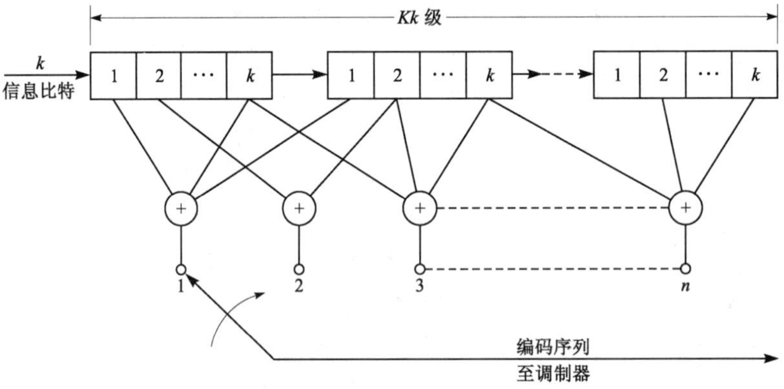

图 7-1-1　卷积码编码器

在每一时刻，k 位信息比特进入编码器，移存器内容右移 k 个存储单元，移存器最右边的 k 个存储单元的内容移出编码器。当 k 位信息比特进入移存器后，n 个加法器对有连线的存储单元内容进行模 2 加，产生的长度为 n 的码字序列并被送入调制器。卷积码的状态由移存器前$(K-1)k$ 位的内容决定。

分组码或卷积码的码率用 R_c 表示，由下式给出

$$R_c=k/n \tag{7-1-1}$$

码率表示在信道上发送的每个二进制符号所传递的信息量，R_c 的单位是信息比特每发送。由于一般 $n>k$，因此 $R_c<1$。

假设用 M 点的 N 维星座来传输长度为 n 的码字，这里假设 M 为 2 的幂，$L=n/\log_2 M$ 取为整数，表示发送每码字所用的 M 点星座的符号数。如果符号的时长为 T_s，则 k 比特的发送时间是 $T=LT_s$，发送的码率是

$$R = \frac{k}{LT_s} = \frac{k}{n} \times \frac{\log_2 M}{T_s} = R_c \frac{\log_2 M}{T_s} \quad \text{bit/s} \tag{7-1-2}$$

编码空间和调制信号的维数是 LN，利用式（4-6-5）所示的维度理论可得出结论，传输所需的最小带宽应是

$$W = \frac{N}{2T_s} = \frac{RN}{2R_c \log_2 M} \quad \text{bit/s} \tag{7-1-3}$$

由式（7-1-3），可知谱比特率为

$$r = \frac{R}{W} = \frac{2\log_2 M}{N} R_c \tag{7-1-4}$$

这些公式说明，与使用同样调制方式的未编码的系统相比，谱比特率以 R_c 为因子发生了变化而带宽变化了 $1/R_c$，即码率降低而带宽增加。如用$\mathcal{E}_{av}$表示星座的平均能量，则每码字的能量$\mathcal{E}$是

$$\mathcal{E} = L\mathcal{E}_{av} = \frac{n}{\log_2 M}\mathcal{E}_{av} \tag{7-1-5}$$

码字中每个码元的能量是

$$\mathcal{E}_c = \frac{\mathcal{E}}{n} = \frac{\mathcal{E}_{av}}{\log_2 M} \tag{7-1-6}$$

每传输一个比特的能量用$\mathcal{E}_b$表示，为

$$\mathcal{E}_b = \frac{\mathcal{E}}{k} = \frac{\mathcal{E}_{av}}{R_c \log_2 M} \tag{7-1-7}$$

由式（7-1-6）和式（7-1-7）可得

$$\mathcal{E}_c = R_c\mathcal{E}_b \tag{7-1-8}$$

发送功率为

$$P = \frac{\mathcal{E}}{LT_s} = \frac{\mathcal{E}_{av}}{T_s} = R\frac{\mathcal{E}_{av}}{R_c \log_2 M} = R\mathcal{E}_b \tag{7-1-9}$$

编码后的调制方式通常有 BPSK、BFSK 和 QPSK，所需的最小带宽和这些调制[①]所导致的谱比特率如下

$$\text{BPSK}: \begin{cases} W = R/R_c \\ r = R_c \end{cases} \quad \text{BFSK}: \begin{cases} W = R/R_c \\ r = R_c \end{cases} \quad \text{QPSK}: \begin{cases} W = R/2R_c \\ r = 2R_c \end{cases} \tag{7-1-10}$$

7.1.1 有限域的结构

为了深入解释分组码的性质，有必要引入有限域的概念和性质。简单说，域是一组能实行加减乘除的对象的集合。为了定义“域”，我们先定义阿贝尔群（交换群）。交换群是具有加法基本性质二进制运算的一个集合。如果下列性质成立，则集合 G 和一个用+表示的二进制运算就构成了一个交换群。

（1）运算+满足交换律，即对于任何 $a, b \in G$，有 $a + b = b + a$。

① 假设 BPSK 以双边带传输。

（2）运算+满足结合律，即对于任何 $a, b, c \in G$，有$(a+b)+c=a+(b+c)$。

（3）对于运算+，存在一个用 0 表示的单位元（Identity Element），使对于任何 $a\in G$, 有 $a+0=0+a=a$。

（4）对于任何 $a\in G$，存在一个元素$-a \in G$，使得 $a+(-a)=(-a)+a=0$ 成立。这个元素$-a$ 称为 a 的（加法）逆元。

交换群通常记为$\{G, +, 0\}$。

有限域也称为伽罗华域[②](Galois Field)，是具有二进制加法和乘法两种运算的有限集合 F，两种运算分别用+和·表示，并满足下列性质。

（1）$\{F, +, 0\}$是交换群。

（2）$\{F-\{0\}, \cdot, 1\}$是交换群，即域的非 0 元素在乘法运算下构成交换群，乘法下的单位元用“1”表示，元素 $a\in F$ 的逆元表示为 a^{-1}。

（3）满足乘法对加法的分配律：$a\cdot(b+c)=(b+c)\cdot a=a\cdot b+a\cdot c$。

域通常表示为$\{F, +, \cdot\}$。显然，实数集合 $\mathbb{R}$ 在普通乘、加运算下可构成域（但不是有限域)。执行模 2 加及模 2 乘运算的集合 $F=\{0, 1\}$ 是伽罗华（有限）域的一种，该域称为二元域，用 GF(2)表示。GF(2)域的加法和乘法表如表 7-1-1 所示。

表 7-1-1　GF(2)的加法和乘法表

+	0	1
0	0	1
1	1	0

•	0	1
0	0	0
1	0	1

1．域的特征与基域（Ground Field）

根据代数基本理论，当且仅当 $q=p^m$（这里 p 是素数，m 是正整数）时，具有 q 个元素的伽罗华域 GF(q)存在，它是唯一达到同构的（Isomorphism）。这意味着任何两个同样大小的伽罗华域都可以通过对元素重命名而互相从对方获得。在 $q=p$ 的情况下，伽罗华域可表示为 $\mathrm{GF}(p)=\{0, 1, 2, \cdots, p-1\}$，运算为模 p 加和模 p 乘。例如，$\mathrm{GF}(5)=\{0, 1, 2, 3, 4\}$ 是一个有限域，实行模 5 加和模 5 乘运算。当 $q=p^m$ 时产生的伽罗华域称为 GF(p)的扩域，这种情况下的 GF(p)称为 GF(p^m)的基域，p 称为 GF(p^m)的特征。

2．有限域上的多项式

为了研究扩域的结构，首先需要定义什么是 GF(p)上的多项式。一个 GF(p)上的 m 次多项式定义为

$$g(X)=g_0+g_1X+g_2X^2+\cdots+g_mX^m \tag{7-1-11}$$

式中，g_i（$0\leqslant i\leqslant m$）是 GF(p)的元素，$g_m\neq0$。多项式的乘法和加法服从普通多项式乘法和加法的运算法则，唯一不同的只是系数的乘、加是进行模 p 运算。如果 $g_m=1$，该多项式称为首一（Monic）多项式。如果 GF(p)上的 m 次多项式不能写成同一伽罗华域上两个低次多项式的

② 以法国数学家 Évariste Galois（1811–1832）命名。

乘积，则称该多项式是既约（Irreducible）多项式。例如，X^2+X+1 是 GF(2)上的既约多项式，而 X^2+1 在 GF(2)上不是既约的，因为它可以分解为 $X^2+1=(X+1)^2$。既是首一、又是既约的多项式被称为是本原（Prime）多项式。代数理论已证明，GF(p)上的 m 次多项式有 m 个根（有些可能是重根），但这些根不一定是在 GF(p)上，而一般是在 GF(p)的某个扩域上。

3．扩域的构建

从上述定义，显然可见存在着 p^m 个次数低于 m 的多项式，特别是在这些多项式中一定包含了 $g(X)=0$ 和 $g(X)=1$ 这两个多项式。假设 $g(X)$是 m 次的本原多项式（首一且既约的），在普通多项式加法和模 $g(X)$多项式乘法规则下，考虑 GF(p)上次数小于 m 的所有多项式的一个集合，可以证明，上述定义的乘、加运算下所得的多项式的集合构成一个由 p^m 个元素组成的伽罗华域。

例 7-1-1 已知 X^2+X+1 在 GF(2)上是本原的，因此该多项式可用来构建 GF(2^2) = GF(4)。考虑次数小于 2 的所有多项式的集合，它们是 0、1、X 和 $X+1$，其加法和乘法表见表 7-1-2。注意，乘法法则就是将两个多项式相乘后的积除以 $g(X)=X^2+X+1$，取所得余式，这就是模 $g(X)$乘法的含义。很有意思的一点是，GF(4)上所有非 0 元素都可写成 X 的幂，即 $X=X^1$，$X+1=X^2$，以及 $1=X^3$。

表 7-1-2　GF(4)域上的加法和乘法表

+	0	1	X	$X+1$
0	0	1	X	$X+1$
1	1	0	$X+1$	X
X	X	$X+1$	0	1
$X+1$	$X+1$	X	1	0

·	0	1	X	$X+1$
0	0	0	0	0
1	0	1	X	$X+1$
X	0	X	$X+1$	1
$X+1$	0	$X+1$	1	X

表 7-1-3　GF(8)域上的乘法表

·	0	1	X	$X+1$	X^2	X^2+1	X^2+X	X^2+X+1
0	0	0	0	0	0	0	0	0
1	0	1	X	$X+1$	X^2	X^2+1	X^2+X	X^2+X+1
X	0	X	X^2	X^2+X	$X+1$	1	X^2+X+1	X^2+1
$X+1$	0	$X+1$	X^2+X	X^2+1	X^2+X+1	X^2	1	X
X^2	0	X^2	$X+1$	X^2+X+1	X^2+X	X	X^2+1	1
X^2+1	0	X^2+1	1	X^2	X	$X+2+X+1$	$X+1$	X^2+X
X^2+X	0	X^2+X	X^2+X+1	1	X^2+1	$X+1$	X	X^2
X^2+X+1	0	X^2+X+1	X^2+1	X	1	X^2+X	X^2	$X+1$

例 7-1-2 为了产生 GF(2^3)，可利用本原多项式 $g_1(X)=X^3+X+1$ 或 $g_2(X)=X^3+X^2+1$。如果采用 $g_1(X)=X^3+X+1$ ，GF(2^3)域上的乘法表已由表 7-1-3 给出，加法表也容易构成。我们在这里再次注意到，$X^1=X$、$X^2=X^2$、$X^3=X+1$、$X^4=X^2+X$、$X^5=X^2+X+$、$X^6=X^2+1$ 以及 $X^7=1$。换言之，GF(8)域上的所有非 0 元素可以写成 X 的幂。域中的非 0 元素既可以写成小于 3 次的

多项式，也可以写成相应的 X 幂 X^i（$1 \leqslant i \leqslant 7$）。表示域元素的第三种方法是将多项式系数写成长度 3 的矢量。幂的表示形式 X^i 近似于域元素相乘时的表达式，因为 $X^i \cdot X^j = X^{i+j}$，由于 $X^7 = 1$，这里 $i + j$ 将被减到模 7 以内。域元素的多项式和矢量表示形式则更接近于域元素的加法表示。GF(8)域元素三种表示如表 7-1-4 所示。例如，X^2+X+1 和 X^2+1 相乘时采用幂的表示为 X^5 和 X^6，可得$(X^2+X+1)(X^2+1) = X^{11} = X^4 = X^2+X$。

表 7-1-4　GF(8)域元素的三种表示

幂	多项式	矢　量
—	0	000
$X^0 = X^7$	1	001
X^1	X	010
X^2	X^2	100
X^3	$X+1$	011
X^4	X^2+X	110
X^5	X^2+X+1	111
X^6	X^2+1	101

4．本原元和本原多项式

对于任何非 0 元素 $\beta \in \mathrm{GF}(q)$，使 $\beta^i = 1$ 的最小 i 值称为 β 的阶。在习题 7.1 可看到，对于任何非 0 元素 $\beta \in \mathrm{GF}(q)$，都有 $\beta^{q-1} = 1$，因此 β 的阶至多为 $q-1$。如果 GF(q)非 0 元素的阶等于 $q-1$，则称该元素是本原元（Primitive Element）。在例 7-1-1 和例 7-1-2 中，我们看到的 X 是本原元。本原元具有这样一个特性，即它们的各次幂可以生成伽罗华域的所有非 0 元素。本原元并不是唯一的，例如，在例 7-1-2 中，读者可自行验证 X^2 和 $X+1$ 两个都是本原元；然而 $1 \in \mathrm{GF}(8)$ 不是本原元，因 $1^1 = 1$。

由于存在多个 m 次的本原多项式，因此存在多个 GF(p^m)的结构，它们是同构的，即可以通过重命名互相获得。X 要求是伽罗华域 GF(p^m)的本原元，这样域的所有非 0 元素能够简单地表示为 X 的各次幂，GF(8)域元素如表 7-1-4 所示。如果能由 $g(X)$生成 GF(p^m)，则 X 是该域的本原元，则称 $g(X)$为本原多项式。可以证明，对于任意次数 m 都有本原多项式存在，因此对于任意正整数 m 和任意素数 p 都可能以该域本原元 X 生成 GF(p^m)，域中所有非 0 元素可写成 X^i（$0 \leqslant i < p^m-1$）。我们也可以说，伽罗华域是用本原多项式构成的。

例 7-1-3　多项式 $g_1(X)=X^4+X+1$ 及 $g_2(X)= X^4+X^3+X^2+X+1$ 是 GF(2)域上的两个 4 次本原多项式，可以用来生成 GF(2^4)域。然而在由 $g_1(X)$生成的伽罗华域中 X 是本原元，因此 $g_1(X)$是本原多项式。但在由 $g_2(X)$生成的域中 X 是非本原元，事实上由于该域中 $X^5+1 = (X+1)g_2(X)$，可得 $X^5 = 1$，因此 $g_2(X)$是非本原的。

可以证明，GF(p)域上任何一个 m 次的本原多项式 $g(X)$ 可以整除 $X^{p^m-1}+1$。但是，也有可能 $g(X)$还能整除 X^i+1（$i < p^m-1$）。例如，$X^4+X^3+X^2+X+1$ 能整除 $X^{15}+1$，也能整除 X^5+1。可以证明，如果多项式 $g(X)$能够整除的、式 X^i+1 中 i 的最小整数是 $i=p^m-1$，那么 $g(X)$ 一定是本原的。这意味着我们有了关于本原多项式的两个等效的定义。第一个定义是，如果 GF(p^m)

是基于 $g(X)$构成而域中 X 是本原元，那么多项式 $g(X)$是 m 次本原多项式；第二个定义是，若 $g(X)$不能整除 $i < p^m-1$ 条件下的任何 $X^i + 1$，则 m 次多项式 $g(X)$是本原的。m 次本原多项式的所有根都是 GF(p^m)的本原元。不同次数的 m 次本原多项式通常已有表格给出，表 7-1-5 给出了 $2 \leqslant m \leqslant 12$ 时的一些本原多项式。

例 7-1-4 GF(16)可由 $g(X) = X^4 + X + 1$ 构成。如果 α 是 $g(X)$的根，那么 α 是 GF(16)的本原元，所有非 0 元素可以写成 α^i（$0 \leqslant i < 15$），有 $\alpha^{15} = \alpha^0 = 1$。表 7-1-6 将 GF(16)域元素分别表示为 α 的幂、α 的多项式以及长度 4 的二进制矢量。注意到 $\beta = \alpha^3$ 是该域的非本原元，这是因为 $\beta^5 = \alpha^{15} = 1$，即 β 的阶数是 5。可以清楚地看到，α^6、α^{12} 和 α^9 也是 5 阶的元素，而 α^5 和 α^{10} 是 3 阶元素。这个域的本原元是 α、α^2、α^4、α^8、α^7、α^{14}、α^{13} 和 α^{11}。

5．最小多项式和共轭元

域元素的最小多项式是指基域上最低次的首一多项式，该多项式以此域元素为其根。令 β 为 GF(2^m)域上的非 0 元素，则 β 的最小多项式，记为 $\varphi_\beta(X)$，是系数属于 GF(2)域的最低次首一多项式，满足 β 是 $\varphi_\beta(X)$的根，即 $\varphi_\beta(\beta) = 0$。显然，$\varphi_\beta(X)$是 GF(2)域上的本原多项式，能够整除 GF(2)域上以 β 为根的任何其他多项式。也就是说，如果 $f(X)$是 GF(2)域上满足 $f(\beta) = 0$ 的任何多项式，则 $f(X)$一定能被因式分解为 $f(X) = a(X)\ \varphi_\beta(X)$。下面将介绍如何获得域元素的最小多项式。

表 7-1-5　2～12 次的本原多项式

m	$g(X)$
2	X^2+X+1
3	X^3+X+1
4	X^4+X+1
5	X^5+X+1
6	X^6+X+1
7	X^7+X+1
8	$X^8+X^4+X^3+X^2+1$
9	X^9+X^4+1
10	$X^{10}+X^3+1$
11	$X^{11}+X^2+1$
12	$X^{12}+X^6+X^4+X+1$

表 7-1-6　GF(16)的域元素

幂	多项式	矢量
—	0	0000
$\alpha^0=\alpha^{15}$	1	0001
α^1	α	0010
α^2	α^2	0100
α^3	α^3	1000
α^4	$\alpha+1$	0011
α^5	$\alpha^2+\alpha$	0110
α^6	$\alpha^3+\alpha^2$	1100
α^7	$\alpha^3+\alpha+1$	1011
α^8	α^2+1	0101
α^9	$\alpha^3+\alpha$	1010
α^{10}	$\alpha^2+\alpha+1$	0111
α^{11}	$\alpha^3+\alpha^2+\alpha$	1110
α^{12}	$\alpha^3+\alpha^2+\alpha+1$	1111
α^{13}	$\alpha^3+\alpha^2+1$	1101
α^{14}	α^3+1	1001

由于 $\beta \in GF(2^m)$及 $\beta \neq 0$，可知 $\beta^{2^m-1}=1$。但也有可能对于某些整数 $l< m$，$\beta^{2^l-1}=1$ 成立。例如，在 GF(16)里，如果 $\beta=\alpha^5$，则 $\beta^3=\beta^{2^2-1}=1$，因此就 β 而言，有 $l=2$。可以证明，对于任何 $\beta \in GF(2^m)$，最小多项式 $\varphi_\beta(X)$可由下式给出

$$\varphi_\beta(X)=\prod_{i=0}^{l-1}(X+\beta^{2^i}) \tag{7-1-12}$$

式中，l 是使 $\beta^{2^l-1}=1$ 成立的最小整数。$\varphi_\beta(X)$的根，即形式为 β^{2^i}（$1< i\leqslant l-1$）的元素，被称为 β 的共轭元。可以证明，有限域元素的所有共轭元具有相同的阶数，这意味着本原元的共轭元也是本原元。这里要加上一句，虽然所有共轭元具有相同的阶数，但这并不意味着相同阶数的元素一定是共轭元。有限域中所有互相共轭的元素被说成是属于同一个共轭类（Conjugacy Class），因此为了找到 $\beta \in GF(q)$的最小多项式，我们可采取如下步骤：

（1）找出 β 的共轭类，即所有 β^{2^i}（$0< i\leqslant l-1$）形式的元素，这里 l 是令 $\beta^{2^l}=\beta$ 成立的最小正整数。

（2）利用式（7-1-12）求出首一多项式 $\varphi_\beta(X)$，其所有根属于 β 的共轭类。

用此方法得到的 $\varphi_\beta(X)$保证是系数位于 GF(2)的本原多项式。

例 7-1-5 为了找出 GF(16)域上 $\beta=\alpha^5$ 的最小多项式，我们观察到 $\beta^4=\alpha^{20}=\alpha^5=\beta$，于是 $l=2$，共轭类是$\{\beta, \beta^2\}$。因此

$$\begin{aligned}\varphi_\beta(X)&=\prod_{i=0}^{1}(X+\beta^{2^i})=(X+\beta)(X+\beta^2)=(X+\alpha^5)(X+\alpha^{10})\\&=X^2+(\alpha^5+\alpha^{15})X+\alpha^{15}=X^2+X+1\end{aligned} \tag{7-1-13}$$

对于 $\gamma=\alpha^3$，$l=4$，共轭类是$\{\gamma, \gamma^2, \gamma^4, \gamma^8\}$。因此

$$\begin{aligned}\varphi_\gamma(X)&=\prod_{i=0}^{3}(X+\gamma^{2^i})=(X+\gamma)(X+\gamma^2)(X+\gamma^4)(X+\gamma^8)\\&=(X+\alpha^3)(X+\alpha^6)(X+\alpha^{12})(X+\alpha^9)=X^4+X^3+X^2+X+1\end{aligned} \tag{7-1-14}$$

为了找出 α 的最小多项式，我们注意到 $\alpha^{16}=\alpha$，因此 $l=4$，共轭类是$\{\alpha, \alpha^2, \alpha^4, \alpha^8\}$，得到的最小多项式是

$$\varphi_\alpha(X)=\prod_{i=0}^{3}(X+\alpha^{2^i})=(X+\alpha)(X+\alpha^2)(X+\alpha^4)(X+\alpha^8)=X^4+X+1 \tag{7-1-15}$$

对于 $\delta=\alpha^7$，可得 $l=4$，共轭类是$\{\delta, \delta^2, \delta^4, \delta^8\}$，最小多项式是

$$\varphi_\delta(X)=\prod_{i=0}^{3}(X+\delta^{2^i})=(X+\alpha^7)(X+\alpha^{14})(X+\alpha^{13})(X+\alpha^{11})=X^4+X^3+1 \tag{7-1-16}$$

注意，α 和 δ 两者都是本原元，但它们属于不同的共轭类，因此有不同的最小多项式。

从上面伽罗华域性质的讨论可得出结论，GF(p^m)域的所有 p^m 个域元素都是方程

$$X^{p^m}-X=0 \tag{7-1-17}$$

的根，或者等效地，GF(p^m)域的所有非 0 元素都是以下方程的根。

$$X^{p^m-1}-1=0 \tag{7-1-18}$$

这意味着多项式 $X^{2^m-1}-1$ 可在 GF(2)上被唯一地分解为与 GF(2^m)域上非 0 元素的共轭类对应的最小多项式的乘积。事实上，$X^{2^m-1}-1$ 可在 GF(2)域被分解为所有 GF(2)上本原多项式的积，这些本原多项式的阶数能整除 m。关于这里涉及的有限域结构更详细的讨论和性质的证

明，读者可参考 Mac Williams & Sloane（1977）、Wicker（1995）和 Blahut（2003）等文章。

7.1.2　矢量空间

矢量空间是一个定义在标量域（Field of Scalars）$\{F,+,\cdot\}$上的交换群$\{V,+,\mathbf{0}\}$，它的元素称为矢量，用黑体字符如 $\boldsymbol{v}$ 表示，其中必定包含一个单位元 $\mathbf{0}$，可进行矢量加及标乘两种运算。对于任何 $c \in F$ 及 $\boldsymbol{v} \in V$，其标乘表示为 $c \cdot \boldsymbol{v}$，满足以下性质。

$$c \cdot \boldsymbol{v} \in V$$

$$c \cdot (\boldsymbol{v}_1 + \boldsymbol{v}_2) = c \cdot \boldsymbol{v}_1 + c \cdot \boldsymbol{v}_2$$

$$c_1 \cdot (c_2 \cdot \boldsymbol{v}) = (c_1 \cdot c_2) \cdot \boldsymbol{v}$$

$$(c_1 + c_2) \cdot \boldsymbol{v} = c_1 \cdot \boldsymbol{v} + c_2 \cdot \boldsymbol{v}$$

$$1 \cdot \boldsymbol{v} = \boldsymbol{v}$$

容易证明，下列性质也能满足。

$$0 \cdot \boldsymbol{v} = \mathbf{0}$$

$$c \cdot \mathbf{0} = \mathbf{0}$$

$$(-c) \cdot \boldsymbol{v} = c \cdot (-\boldsymbol{v}) = -(c \cdot \boldsymbol{v})$$

我们将主要使用标量域 GF(2)上的矢量空间，在这种情况下，矢量空间 V 是二进制 n 重（n-Tuples）的集合。若 $\boldsymbol{v}_1, \boldsymbol{v}_2 \in V$，则有 $\boldsymbol{v}_1 + \boldsymbol{v}_2 \in V$，这里的“+”表示逐位模 2 加或者逐位异或运算。注意，由于允许选择 $\boldsymbol{v}_2 = \boldsymbol{v}_1$，必有 $\mathbf{0} \in V$。

7.2　线性分组码的一般性质

一个 q 元分组码 C 由长度为 n 的 M 个矢量的集合组成，写作 $\boldsymbol{c}_m = (c_{m1}, c_{m2}, \cdots, c_{mn})$，$1 \leqslant m \leqslant M$，称为码字（Codeword），其码元取自 q 元的符号集。当符号集由 0 和 1 两个字符组成时，该码是二进制码。我们注意到，当 q 是 2 的幂，即 $q=2^b$ 时（b 为正整数），每个 q 元符号都可用一个相应的 b 位二进制序列来表示；这样，长度为 N 的非二进制分组码可以映射为一个长度 $n = bN$ 的二进制分组码。

长度为 n 的二进制分组码存在 2^n 个可能的码字，我们可从这 2^n 个码字中选出其中的 $M = 2^k$ 个（$k < n$）构成码集。这样，一个 k 比特信息组可映射到一个选自 $M = 2^k$ 码集、长度为 n 的码字。我们称这样的分组码为(n,k)分组码，码率 $R_c = k/n$。更一般地说，一个 q 进制码有 q^n 个可能的码字，传输一个 k 符号长的信息分组可以选择其中的 $M = q^k$ 个构成码集。

除了码率 R_c 这个参数，码字的一个重要参数是其重量，重量指一个码字所含非 0 码元的个数。一般地，每个码字都有其自身重量，码集中各种重量的集合构成了码的重量分布。若所有 M 个码字具有相同的重量，则称该码为固定重量码或恒重码。

最近几十年来，对分组码中一种称为线性分组码的子集做了深入的研究。线性分组码之所以能流行，是因为它的线性特性使这种码的实现和分析比较容易；还有突出的一点是，线性分组码的性能与普通分组码的性能相似，因此我们可把研究限于线性分组码而不至于降低系统性能。

线性分组码 C 是 n 维空间的一个 k 维子空间，通常称为是(n,k)码。从习题 7.11 可知，二进制线性分组码是 2^k 个长度为 n 的二进制序列集合，对于任意两个这样的码字 $\boldsymbol{c}_1$、$\boldsymbol{c}_2 \in C$，都有 $\boldsymbol{c}_1+\boldsymbol{c}_2 \in C$。显然，$\mathbf{0}$ 是任何线性分组码的码字。

7.2.1 生成矩阵和校验矩阵

在线性分组码中，从长度 k 的 $M=2^k$ 个信息序列的集合映射到长度 n 的 2^k 个对应码字可用一个 $k\times n$ 矩阵 $\boldsymbol{G}$ 来表示，称为生成矩阵（Generator Matrix）

$$\boldsymbol{c}_m=\boldsymbol{u}_m\boldsymbol{G},\qquad 1\leqslant m\leqslant 2^k \tag{7-2-1}$$

式中，$\boldsymbol{u}_m$ 是长度 k 的二进制矢量，代表信息序列；$\boldsymbol{c}_m$ 是对应的码字；$\boldsymbol{G}$ 的行用 $\boldsymbol{g}_i$ 表示（$1\leqslant i\leqslant k$），分别表示对应于信息序列 $(1, 0,\cdots, 0)$，$(0, 1, 0,\cdots, 0),\cdots$，$(0,\cdots, 0, 1)$的码字。

$$\boldsymbol{G}=\begin{bmatrix}\boldsymbol{g}_1\\ \boldsymbol{g}_2\\ \vdots\\ \boldsymbol{g}_k\end{bmatrix} \tag{7-2-2}$$

因此

$$\boldsymbol{c}_m=\sum_{i=1}^{k}u_{mi}\boldsymbol{g}_i \tag{7-2-3}$$

式中，相加是在 GF(2)域上进行的，即模 2 加。

从式（7-2-2）可知，码字 C 的集合正是 $\boldsymbol{G}$ 的行矢量的线性组合，即 $\boldsymbol{G}$ 的行空间。如果两个线性分组码 C_1 和 C_2 对应的生成矩阵具有同一行空间，或列置换后具有同一行空间，则称这两个线性分组码是等价的。

如果生成矩阵 $\boldsymbol{G}$ 具有下列结构

$$\boldsymbol{G}=[\boldsymbol{I}_k\mid\boldsymbol{P}] \tag{7-2-4}$$

式中，$\boldsymbol{I}_k$ 是 $k\times k$ 单位矩阵，$\boldsymbol{P}$ 是 $k\times(n-k)$ 矩阵，所得的线性分组码是系统的（Systematic）。在系统码中，码字前 k 个码元等于信息序列，接下来的 $n-k$ 个码元称为奇偶校验位（Parity Check Bit），提供用于防止差错的冗余度。可以证明，任何线性分组码都存在等价的系统码，即它的生成矩阵能够通过基本的行运算和列置换而变成式（7-2-4）的形式。

由于 C 是 n 维二进制空间的 k 维子空间，它的正交补集，即与 C 中码字正交的所有 n 维二进制矢量的集合，是一个 n 维空间的$(n-k)$维子空间，这个子空间定义了一个（$n, n-k$）码，记为 $C^{\perp}$ ，称为 C 的对偶码（Dual Code）。对偶码的生成矩阵是一个$(n-k)\times n$ 矩阵，它的行与 C 的生成矩阵 $\boldsymbol{G}$ 的行正交。对偶码的生成矩阵称为是原码 C 的奇偶校验矩阵（Parity Check Matrix），用 $\boldsymbol{H}$ 表示。由于 C 的任何码字正交于 $\boldsymbol{H}$ 的所有行，我们可得出这样一个结论，即对于所有 $\boldsymbol{c}\in C$，有

$$\boldsymbol{c}\boldsymbol{H}^{\mathrm{t}}=\mathbf{0} \tag{7-2-5}$$

反之，如果某个 n 维二进制矢量 $\boldsymbol{c}$ 满足 $\boldsymbol{c}\boldsymbol{H}^{t}=\mathbf{0}$，则 $\boldsymbol{c}$ 属于 $\boldsymbol{H}$ 的正交补集，即 $\boldsymbol{c}\in C$。因此 $\boldsymbol{c}\in\{0,1\}^n$ 为码字的充要条件是它必须满足式（7-2-5）。由于 $\boldsymbol{G}$ 的行是码字，可推出以下结论

$$\boldsymbol{G}\boldsymbol{H}^{\mathrm{t}}=0 \tag{7-2-6}$$

在系统码的特定情况下，此时 $\boldsymbol{G}=[\boldsymbol{I}_k\mid\boldsymbol{P}]$，奇偶校验矩阵为

$$\boldsymbol{H}=[-\boldsymbol{P}^{\mathrm{t}}\mid\boldsymbol{I}_{n-k}] \tag{7-2-7}$$

$\boldsymbol{G}\boldsymbol{H}^{\mathrm{t}} = \mathbf{0}$ 的条件显然能够满足。对于二进制码，$-\boldsymbol{P}^{\mathrm{t}} = \boldsymbol{P}^{\mathrm{t}}$ 以及 $\boldsymbol{H} = [\boldsymbol{P}^{\mathrm{t}} \mid \boldsymbol{I}_{n-k}]$。

例 7-2-1　考虑一个（7, 4）线性分组码，其生成矩阵

$$\boldsymbol{G} = [\boldsymbol{I}_4 \mid \boldsymbol{P}] = \begin{bmatrix} 1 & 0 & 0 & 0 & 1 & 0 & 1 \\ 0 & 1 & 0 & 0 & 1 & 1 & 1 \\ 0 & 0 & 1 & 0 & 1 & 1 & 0 \\ 0 & 0 & 0 & 1 & 0 & 1 & 1 \end{bmatrix} \tag{7-2-8}$$

显然这是一个系统码，该码的奇偶校验矩阵可从式（7-2-7）获得，即

$$\boldsymbol{H} = [\boldsymbol{P}^{\mathrm{t}} \mid \boldsymbol{I}_{n-k}] = \begin{bmatrix} 1 & 1 & 1 & 0 & 1 & 0 & 0 \\ 0 & 1 & 1 & 1 & 0 & 1 & 0 \\ 1 & 1 & 0 & 1 & 0 & 0 & 1 \end{bmatrix} \tag{7-2-9}$$

若 $\boldsymbol{u} = (u_1, u_2, u_3, u_4)$是一个信息序列，对应的码字 $\boldsymbol{c} = (c_1, c_2, \cdots, c_7)$为

$$\begin{aligned} &c_1 = u_1, \quad c_2 = u_2, \quad c_3 = u_3, \quad c_4 = u_4 \\ &c_5 = u_1 + u_2 + u_3, \quad c_6 = u_2 + u_3 + u_4, \quad c_7 = u_1 + u_2 + u_4 \end{aligned} \tag{7-2-10}$$

从式（7-2-10）容易验证，所有码字 $\boldsymbol{c}$ 满足式（7-2-5）。

7.2.2　线性分组码的重量与距离特性

一个码字（$\boldsymbol{c} \in C$）的重量定义为码字里非 0 码元的数量，记为 $w(\boldsymbol{c})$。由于 $\mathbf{0}$ 是所有线性分组码的码字，我们可以得出所有线性分组码都有一个零重码字的结论。两个码字（$\boldsymbol{c}_1, \boldsymbol{c}_2 \in C$）间的汉明距离（Hamming Distance）定义为 $\boldsymbol{c}_1$ 和 $\boldsymbol{c}_2$ 中不相同码元的个数，用 $d(\boldsymbol{c}_1,\boldsymbol{c}_2)$表示。显然，码字的重量等于该码字与全零码 $\mathbf{0}$ 的距离。

两个码字 $\boldsymbol{c}_1$ 和 $\boldsymbol{c}_2$ 之间的距离等于 $\boldsymbol{c}_1 - \boldsymbol{c}_2$ 的重量，由于在线性分组码中 $\boldsymbol{c}_1 - \boldsymbol{c}_2$ 也是码字，因此 $d(\boldsymbol{c}_1, \boldsymbol{c}_2) = w(\boldsymbol{c}_1 - \boldsymbol{c}_2)$，可见在线性分组码的两两码字间，重量和距离存在着一一对应的关系。这意味着从任何一个码字 $\boldsymbol{c} \in C$ 到所有其他码字可能距离的集合等于各码字重量的集合，而与码字 $\boldsymbol{c}$ 无关。换言之，从线性分组码的任何一个码字去看所有其他码字，看到的都是同样的那个距离集，而与从哪个码字出发去看无关。我们同样注意到，在二进制分组码中可以用 $\boldsymbol{c}_1 + \boldsymbol{c}_2$ 替换 $\boldsymbol{c}_1 - \boldsymbol{c}_2$。

码的最小距离（Minimum Distance）是指各码字间所有可能距离的最小值，即

$$d_{\min} = \min_{\boldsymbol{c}_1, \boldsymbol{c}_2 \in C, \boldsymbol{c}_1 \neq \boldsymbol{c}_2} d(\boldsymbol{c}_1, \boldsymbol{c}_2) \tag{7-2-11}$$

码的最小重量（Minimum Weight）是所有非 0 码字重量的最小值，对线性分组码来说就是最小距离

$$w_{\min} = \min_{\boldsymbol{c} \in C. \boldsymbol{c} \neq 0} w(\boldsymbol{c}) \tag{7-2-12}$$

线性分组码的最小重量与其奇偶校验矩阵 $\boldsymbol{H}$ 的列之间存在着紧密联系。上面已提到 $\boldsymbol{c} \in \{0, 1\}^n$ 为码字的充要条件是 $\boldsymbol{c}\boldsymbol{H}^{\mathrm{t}} = \mathbf{0}$，如果我们选择了一个最小重量的码字 $\boldsymbol{c}$，根据此关系式可断言，$\boldsymbol{H}$ 中必有 $w_{\min}$（或 $d_{\min}$）列是线性相关的。反之，由于不存在重量小于 $d_{\min}$ 的码字，$\boldsymbol{H}$ 中没有少于 $d_{\min}$ 的列能线性相关，因此 $d_{\min}$ 代表了 $\boldsymbol{H}$ 中线性相关列的最小数目。换言之，$\boldsymbol{H}$ 的列空间有 $d_{\min} - 1$ 维。

在某些调制方式中，码字间的汉明距离和欧几里德（欧氏）距离密切相关。在双极性二进制符号，如 BPSK 调制中，码字 $\boldsymbol{c} \in C$ 中的 0 和 1 码元分别映射为$-\sqrt{\mathcal{E}_{\mathrm{c}}}$及$+\sqrt{\mathcal{E}_{\mathrm{c}}}$，如果 $\boldsymbol{s}$ 是对应于码字 $\boldsymbol{c}$ 调制序列的矢量，我们有

$$s_{mj} = (2c_{mj} - 1)\sqrt{\mathcal{E}_c}, \qquad 1 \leqslant j \leqslant n,\ 1 \leqslant m \leqslant M \tag{7-2-13}$$

因此

$$d^2_{s_m, s_{m'}} = 4\mathcal{E}_c \mathrm{d}(\boldsymbol{c}_m, \boldsymbol{c}_{m'}) \tag{7-2-14}$$

式中，$d_{s_m, s_{m'}}$ 表示调制序列间的欧氏距离，$d(\boldsymbol{c}_m, \boldsymbol{c}_{m'})$是对应码字间的汉明距离。从以上可得

$$d^2_{E_{\min}} = 4\mathcal{E}_c d_{\min} \tag{7-2-15}$$

式中，$d_{E_{\min}}$ 是对应于码字的 BPSK 调制序列的最小欧氏距离。利用式（7-1-8）可得

$$d^2_{E_{\min}} = 4\, R_c\, \mathcal{E}_b\, d_{\min} \tag{7-2-16}$$

对于正交二进制调制，如二进制正交 FSK，同样有

$$d^2_{E_{\min}} = 2\, R_c\, \mathcal{E}_b\, d_{\min} \tag{7-2-17}$$

7.2.3 重量分布多项式

(n,k)分组码有 2^k 个码字，其重量在 0 到 n 之间。任何线性分组码都有一个重量为 0 的码字，而非 0 码字的重量在 $d_{\min}$ 和 n 之间。码的重量分布多项式（WEP）或重量枚举函数（Weight Enumeration Function，WEF）指出了该码中不同重量的码字的个数。重量分布多项式或重量枚举函数用 $A(Z)$表示，定义为

$$A(Z) = \sum_{i=0}^{n} A_i Z^i = 1 + \sum_{i=d_{\min}}^{n} A_i Z^i \tag{7-2-18}$$

式中，A_i 代表重量为 i 的码字的个数。显然，对于线性分组码重量枚举函数，有

$$A(1) = \sum_{i=0}^{n} A_i = 2^k, \qquad A(0) = 1 \tag{7-2-19}$$

许多分组码的重量枚举函数是未知的。对于低码率码，利用计算机搜索可以获得其重量枚举函数。MacWilliams 恒等式借助对偶码的重量枚举函数给出了该码的重量枚举函数，根据这个等式，码的重量枚举函数 $A(Z)$与其对偶码的重量枚举函数 $A_d(Z)$的关系为

$$A(Z) = 2^{-(n-k)}(1+Z)^n A_d\left(\frac{1-Z}{1+Z}\right) \tag{7-2-20}$$

码的重量枚举函数与式（4-2-74）定义的星座图的距离枚举函数是密切相关的。注意，对于线性分组码，从任何码字看到其他码字的距离集合与从哪个码字去看无关，因此线性分组码的差错边界与发送哪个码字无关。不失一般性，总可以假设发送的是全 0 码。式（4-2-74）中 d^2 的值取决于调制方式。对于式（7-2-14）的 BPSK 调制，有

$$d^2_E(\boldsymbol{s}_m) = 4\mathcal{E}_b R_c w(\boldsymbol{c}_m) \tag{7-2-21}$$

式中，$d_E(\boldsymbol{s}_m)$表示 $\boldsymbol{s}_m$ 到对应于 $\boldsymbol{0}$ 的调制序列的欧氏距离。对于正交二进制 FSK 调制，有

$$d^2_E(\boldsymbol{s}_m) = 2\mathcal{E}_b R_c w(\boldsymbol{c}_m) \tag{7-2-22}$$

BPSK 的距离枚举函数是

$$T(X) = \sum_{i=d_{\min}}^{n} A_i X^{4R_c\mathcal{E}_b i} = [A(Z) - 1]\big|_{Z=X^{4R_c\mathcal{E}_b}} \tag{7-2-23}$$

正交 BFSK 的距离枚举函数是

$$T(X)=\sum_{i=d_{\min}}^{n} A_i X^{2R_c\mathcal{E}_b i}=[A(Z)-1]\big|_{Z=X^{2R_c\mathcal{E}_b}} \tag{7-2-24}$$

重量枚举函数的另一种版本不但给出了码字的重量，并且给出了对应信息序列的重量，此多项式称为输入-输出重量枚举函数（Input-Output Weight Enumeration Function，IOWEF），用 $B(Y, Z)$ 表示，定义为

$$B(Y,Z)=\sum_{i=0}^{n}\sum_{j=0}^{k} B_{ij}Y^jZ^i \tag{7-2-25}$$

式中，B_{ij} 是由重量为 j 的信息序列所产生的重量为 i 的码字个数。显然

$$A_i=\sum_{j=0}^{k} B_{ij} \tag{7-2-26}$$

对于线性分组码，有 $B(0, 0)=B_{00}=1$。同理

$$A(Z)=B(Y,Z)|_{Y=1} \tag{7-2-27}$$

重量枚举函数的第三种形式称为条件重量枚举函数（Conditional Weight Enumeration Function，CWEF），定义为

$$B_j(Z)=\sum_{i=0}^{n} B_{ij}Z^i \tag{7-2-28}$$

它表示与重量为 j 的信息序列对应的所有码字的重量枚举函数。由式（7-2-28）和式（7-2-25）容易得到

$$B_j(Z)=\frac{1}{j!}\frac{\partial^j}{\partial Y^j}B(Y,Z)\bigg|_{Y=0} \tag{7-2-29}$$

例 7-2-2　在例 7-2-1 讨论的码里，有 $2^4=16$ 个码字，可能的重量为 0～7。将形式为 $\boldsymbol{u}=(u_1, u_2, u_3, u_4)$的所有可能信息序列代入并生成码字，可以验证：此码的 $d_{\min}=3$，有 7 个重量为 3 的码字、7 个重量为 4 的码字、1 个重量为 7 的码字，以及 1 个重量为 0 的码字。因此

$$A(Z)=1+7Z^3+7Z^4+Z^7 \tag{7-2-30}$$

同样容易验证：

$B_{00}=1$	$B_{31}=3$	$B_{32}=3$	$B_{33}=1$
$B_{41}=1$	$B_{42}=3$	$B_{43}=3$	$B_{74}=1$

因此

$$B(Y,Z)=1+3YZ^3+3Y^2Z^3+Y^3Z^3+YZ^4+3Y^2Z^4+3Y^3Z^4+Y^4Z^7 \tag{7-2-31}$$

及

$$B_0(Z)=1,\quad B_1(Z)=3Z^3+Z^4,\quad B_2(Z)=3Z^3+3Z^4,\quad B_3(Z)=Z^3+3Z^4,\quad B_4(Z)=Z^7 \tag{7-2-32}$$

7.2.4　线性分组码的差错概率

在使用线性分组码时，有两种类型的差错概率需要研究：一种是码组差错概率（Block Error Probability），也称为码字差错概率（Word Error Probability），其定义为发送一个码字 $\boldsymbol{c}_m$ 但检测为另一不同码字 $\boldsymbol{c}_{m'}$ 的概率；另一种是比特差错概率（Bit Error Probability），其定义为接收到差错比特的概率。

1．码字差错概率

码的线性特性保证了从 $\boldsymbol{c}_m$ 到所有其他码字的距离与所选择的 $\boldsymbol{c}_m$ 无关，因此不失一般性，可以假设发送的是全 0 码。

为了确定码组（码字）差错概率 P_e，我们注意到如果接收器将发送码字判决为任何非 0 码字 $\boldsymbol{c}_m\neq\boldsymbol{0}$，一个差错就发生了。该事件的概率用成对差错概率（Pairwise Error Probability，PEP）$P_{\boldsymbol{0}\to\boldsymbol{c}_m}$来表示，如 4.2.3 节所定义的那样。因此

$$P_e\leqslant\sum_{\substack{\boldsymbol{c}_m\in C\\ \boldsymbol{c}_m\neq\boldsymbol{0}}}P_{\boldsymbol{0}\to\boldsymbol{c}_m} \tag{7-2-33}$$

式中，$P_{\boldsymbol{0}\to\boldsymbol{c}_m}$ 一般取决于 $\boldsymbol{0}$ 和 $\boldsymbol{c}_m$ 之间的汉明距离 $w(\boldsymbol{c}_m)$，在某种意义上也取决于传输码字所用的调制方式。由于相同重量的码字具有相等的概率 $P_{\boldsymbol{0}\to\boldsymbol{c}_m}$，因此可推得

$$P_e\leqslant\sum_{i=d_{\min}}^{n}A_iP_2(i) \tag{7-2-34}$$

式中，$P_2(i)$表示汉明距离为 i 的两个码字间的成对差错概率（PEP）。

从式（6-8-9）可知

$$P_{\boldsymbol{0}\to\boldsymbol{c}_m}\leqslant\prod_{i=1}^{n}\sum_{y_i\in Y}\sqrt{p(y_i|0)p(y_i|c_{mi})} \tag{7-2-35}$$

根据例 6-8-1，我们定义

$$\Delta=\sum_{y\in Y}\sqrt{p(y|0)p(y|1)} \tag{7-2-36}$$

按此定义，式（7-2-35）可简化为

$$P_{\boldsymbol{0}\to\boldsymbol{c}_m}=P_2[w(\boldsymbol{c}_m)]\leqslant\Delta^{w(\boldsymbol{c}_m)} \tag{7-2-37}$$

将此结果代入式（7-2-34），可得

$$P_e\leqslant\sum_{i=d_{\min}}^{n}A_i\Delta^i \tag{7-2-38}$$

或

$$P_e\leqslant A(\Delta)-1 \tag{7-2-39}$$

式中，$A(Z)$ 是线性分组码的重量枚举函数。

从不等式

$$\sum_{y\in Y}\left(\sqrt{p(y|0)}-\sqrt{p(y|1)}\right)^2\geqslant 0 \tag{7-2-40}$$

容易得出

$$\Delta=\sum_{y\in Y}\sqrt{p(y|0)p(y|1)}\leqslant 1 \tag{7-2-41}$$

因此，对于 $i\geqslant d_{\min}$，有

$$\Delta^i\leqslant\Delta^{d_{\min}} \tag{7-2-42}$$

利用式（7-2-38）的结果可得到更简捷但松散一些的边界，即

$$P_e \leqslant (2^k - 1)\,\Delta^{d_{\min}} \tag{7-2-43}$$

2. 比特差错概率

一般地，在长度为 k 的信息序列不同位置上的差错会以不同的概率发生，定义那些差错概率的平均值为线性分组码的比特差错概率。再次假设发送的是全 0 序列，重量为 i 的码字被检测器译码的概率是 $P_2(i)$，重量为 j 的信息序列对应到重量为 i 的码字的数量为 B_{ij} 。因此当发送全 0 码时，接收信息序列中差错比特的平均值是

$$\bar{b} \leqslant \sum_{j=0}^{k} j \sum_{i=d_{\min}}^{n} B_{ij} P_2(i) \tag{7-2-44}$$

由于在 $0 < i < d_{\min}$ 时 $B_{ij} = 0$，式（7-2-44）可写成

$$\bar{b} \leqslant \sum_{j=0}^{k} j \sum_{i=0}^{n} B_{ij} P_2(i) \tag{7-2-45}$$

线性分组码的平均比特差错概率 P_b 定义为接收的差错比特平均数与发送的总比特数之比，即

$$P_b = \frac{\bar{b}}{k} \leqslant \frac{1}{k}\sum_{j=0}^{k} j \sum_{i=0}^{n} B_{ij} P_2(i) \leqslant \frac{1}{k}\sum_{j=0}^{k} j \sum_{i=0}^{n} B_{ij}\,\Delta^{i} \tag{7-2-46}$$

在此式最后一步我们用到了式（7-2-37）。从式（7-2-28）可知，最后的和正是 $B_j(\Delta)$，所以

$$P_b \leqslant \frac{1}{k}\sum_{j=0}^{k} j B_j(\Delta) \tag{7-2-47}$$

也可借助 IOWEF 来表示比特差错概率，利用式（7-2-25）可得

$$P_b \leqslant \frac{1}{k}\sum_{i=0}^{n}\sum_{j=0}^{k} j B_{ij}\,\Delta^{i} = \frac{1}{k}\,\frac{\partial}{\partial Y} B(Y, Z)\Big|_{Y=1, Z=\Delta} \tag{7-2-48}$$

7.3　一些特殊的线性分组码

本节将简要描述一些在实践中经常用到的线性分组码（Linear Block Code），并列出了这些码的主要参数。另外还有一些种类的线性码（Linear Code）将在 7.9 节中讨论。

7.3.1　重复码

二进制重复码是一种$(n, 1)$码，由两个长度为 n 的码字构成，其中一个码字是全 0 码字，另一个码字是全 1 码字。这种码的码率 $R_c=1/n$ ，最小距离 $d_{\min} = n$。重复码的对偶码是一个 $(n, n-1)$ 码，由所有长度为 n、满足偶校验条件的二进制序列组成，显然，其最小距离 $d_{\min} = 2$。

7.3.2　汉明码

汉明码（Hamming Code）是编码理论中最早研究的码之一。汉明码是线性分组码，具有参数 $n = 2^m - 1$ 和 $k = 2^m - m - 1$，其中 $m \geqslant 3$。汉明码最好借助其奇偶校验矩阵 $\boldsymbol{H}$ 来描述，$\boldsymbol{H}$ 是一个 $(n-k) \times n = m \times (2^m - 1)$ 矩阵。$\boldsymbol{H}$ 的 $2^m - 1$ 列由除全 0 矢量外的所有长度为 m 的二

进制矢量构成。汉明码的码率为

$$R_c = \frac{2^m - m - 1}{2^m - 1} \tag{7-3-1}$$

对于大 m 值，R_c 趋于 1。

由于 $\boldsymbol{H}$ 的列包含所有长度为 m 的非 0 序列，任意两列之和等于另一列，换言之，总存在三个列是线性相关的。因此无论 m 的值是多少，汉明码的最小距离 $d_{\min}$ 都是 3。

对于(n, k)汉明码，其重量分布多项式是已知的，可表达为（见习题 7.23）

$$A(Z) = \frac{1}{n+1}\left[(1+Z)^n + n(1+Z)^{(n-1)/2}(1-Z)^{(n+1)/2}\right] \tag{7-3-2}$$

例 7-3-1 为了产生一个(7, 4)汉明码的校验矩阵 $\boldsymbol{H}$（对应 $m = 3$），我们使用长度为 3 的所有非 0 矢量作为 $\boldsymbol{H}$ 的列，然后重新排列这些列，使之成为系统的（Systematic）。

$$\boldsymbol{H} = \begin{bmatrix} 1 & 1 & 1 & 0 & 1 & 0 & 0 \\ 0 & 1 & 1 & 1 & 0 & 1 & 0 \\ 1 & 1 & 0 & 1 & 0 & 0 & 1 \end{bmatrix} \tag{7-3-3}$$

这就是在例 7-2-1 和式（7-2-9）中给出的奇偶校验矩阵。

7.3.3 最大长度码

最大长度（Maximum-Length）码是汉明码的对偶码，它是一个（$2^m-1, m$）码簇，其中 $m \geqslant 3$。最大长度码的生成矩阵是汉明码的奇偶校验矩阵，因此它的列是由除全 0 序列外长度为 m 的所有序列构成的。习题 7.23 可证明，最大长度码是恒重码，即除全 0 码字外的所有码字具有相同的重量，这个重量等于 2^{m-1}，因此该码的重量分布函数是

$$A(Z) = 1 + (2^m - 1)Z^{m-1} \tag{7-3-4}$$

利用这个重量分布函数以及式（7-2-20）给出的 MacWilliams 恒等式，可推导出式（7-3-2）给出的汉明码的重量枚举函数。

7.3.4 Reed–Muller 码

里德（Reed，1954）和马勒（Muller，1954）提出的里德-马勒（Reed-Muller）码是一类具有灵活参数的线性分组码，由于具有简单的译码算法而引起人们很大的兴趣。

码长 $n = 2^m$、阶数 $r < m$ 的里德-马勒码是一种(n, k)线性分组码，其中

$$n = 2^m, \qquad k = \sum_{i=0}^{r}\binom{m}{i}, \qquad d_{\min} = 2^{m-r} \tag{7-3-5}$$

它的生成矩阵为

$$\boldsymbol{G} = \begin{bmatrix} \boldsymbol{G}_0 \\ \boldsymbol{G}_1 \\ \boldsymbol{G}_2 \\ \vdots \\ \boldsymbol{G}_r \end{bmatrix} \tag{7-3-6}$$

式中，$\boldsymbol{G}_0$ 是一个全 1 的 $1 \times n$ 矩阵，即

$$\boldsymbol{G}_0 = [1\ 1\ 1\ \ldots\ 1] \tag{7-3-7}$$

$\boldsymbol{G}_1$ 是一个 $m \times n$ 矩阵，它的列由长度为 m 的不同二进制序列构成，按自然二进制序列顺序

排列。

$$G_1 = \begin{bmatrix} 0 & 0 & 0 & \cdots & 1 & 1 \\ 0 & 0 & 0 & \cdots & 1 & 1 \\ 0 & 0 & 0 & \cdots & 1 & 1 \\ \vdots & \vdots & \vdots & \vdots & \vdots & \vdots \\ 0 & 0 & 1 & \cdots & 1 & 1 \\ 0 & 1 & 1 & \cdots & 0 & 1 \end{bmatrix} \tag{7-3-8}$$

G_2 是一个$\begin{pmatrix} m \\ 2 \end{pmatrix}\times n$ 矩阵，它的行由每次将 G_2 的两行逐位相乘而获得。同样，对于 $2 < i \leqslant r$，G_i 是$\begin{pmatrix} m \\ r \end{pmatrix}\times n$ 矩阵，它的行由每次将 G_2 的 r 行逐位相乘而获得。

例 7-3-2 长度为 8 的一阶里德-马勒码是一个(8, 4)码，其生成矩阵为

$$G = \begin{bmatrix} 1 & 1 & 1 & 1 & 1 & 1 & 1 & 1 \\ 0 & 0 & 0 & 0 & 1 & 1 & 1 & 1 \\ 0 & 0 & 1 & 1 & 0 & 0 & 1 & 1 \\ 0 & 1 & 0 & 1 & 0 & 1 & 0 & 1 \end{bmatrix} \tag{7-3-9}$$

此码可从(7, 3)最大长度码获得，方法是在每个码字上增添一位奇偶校验位，使每个码字重量为偶数，这种码的最小距离为 4。长度为 8 的二阶里德-马勒码的生成矩阵为

$$G = \begin{bmatrix} 1 & 1 & 1 & 1 & 1 & 1 & 1 & 1 \\ 0 & 0 & 0 & 0 & 1 & 1 & 1 & 1 \\ 0 & 0 & 1 & 1 & 0 & 0 & 1 & 1 \\ 0 & 1 & 0 & 1 & 0 & 1 & 0 & 1 \\ 0 & 0 & 0 & 0 & 0 & 0 & 1 & 1 \\ 0 & 0 & 0 & 0 & 0 & 1 & 0 & 1 \\ 0 & 0 & 0 & 1 & 0 & 0 & 0 & 1 \end{bmatrix} \tag{7-3-10}$$

其最小距离为 2。

7.3.5 哈达玛码

哈达玛（Hadamard）信号作为正交信号的一个例子已在 3.2.4 节做过介绍。哈达玛码是通过选取哈达玛矩阵的行作为码字而得到的码。哈达玛矩阵 M_n 是一个由 0 和 1 构成的 $n\times n$ 矩阵（n 是偶数），将该矩阵的任意两行进行比较，正好在 $n/2$ 个位置上的取值不同，矩阵中有一行是全 0 行，其他行都包含 $n/2$ 个 0 和 $n/2$ 个 1[①]。

当 $n=2$ 时，哈达玛矩阵为

$$M_2 = \begin{bmatrix} 0 & 0 \\ 0 & 1 \end{bmatrix} \tag{7-3-11}$$

进一步，我们可以按照下述规律由 M_n 产生哈达玛矩阵 M_{2n} 即

---

① 在 3.2.4 节中，哈达玛矩阵的元素是用＋1 和−1 来表示的，导致哈达玛矩阵的各行互相正交。我们还注意到，如果把哈达玛码字的每一比特映射为二进制 PSK 信号，则构成的 $M=2^k$ 个信号波形也是正交的。

$$\boldsymbol{M}_{2n}=\begin{bmatrix}\boldsymbol{M}_n & \boldsymbol{M}_n \\ \boldsymbol{M}_n & \overline{\boldsymbol{M}}_n\end{bmatrix} \tag{7-3-12}$$

式中，$\overline{\boldsymbol{M}}_n$ 表示 $\boldsymbol{M}_n$ 的互补矩阵，所有的 0 由 1 替换，所有的 1 由 0 替换。将式（7-3-11）代入式（7-3-12），可得

$$\boldsymbol{M}_4=\begin{bmatrix}0 & 0 & 0 & 0 \\ 0 & 1 & 0 & 1 \\ 0 & 0 & 1 & 1 \\ 0 & 1 & 1 & 0\end{bmatrix} \tag{7-3-13}$$

$\boldsymbol{M}_4$ 的互补矩阵是

$$\overline{\boldsymbol{M}}_4=\begin{bmatrix}1 & 1 & 1 & 1 \\ 1 & 0 & 1 & 0 \\ 1 & 1 & 0 & 0 \\ 1 & 0 & 0 & 1\end{bmatrix} \tag{7-3-14}$$

至此，可用 $\boldsymbol{M}_4$ 和 $\overline{\boldsymbol{M}}_4$ 的行构成一个码长 $n=4$ 的二进制线性分组码，该码由 $2n=8$ 个码字组成，码的最小距离 $d_{\min}=n/2=2$。

反复使用式（7-3-12），就可以生成分组长度 $n=2^m$、$k=\log_2 2n=\log_2 2^{m+1}=m+1$，以及 $d_{\min}=n/2=2^{m-1}$ 的哈达玛码（m 是正整数）。除了 $n=2^m$ 这一重要的特例，其他长度的哈达玛码也是有可能产生的，不过就不再是线性码了。

7.3.6 高莱码

高莱（Golay）码（Golay，1949）是二进制(23,12)线性分组码，最小距离 $d_{\min}=7$。在(23,12)高莱码上添加一位奇偶校验位以使所有码字都是重量都是偶数，即可得到一个扩展高莱码，该码是 $d_{\min}=8$ 的二进制(24,12)线性分组码。高莱码和扩展高莱码的重量分布多项式是已知的，为

$$\begin{aligned}&A_{\mathrm{G}}(Z)=1+253Z^7+506Z^8+1288Z^{11}+1288Z^{12}+506Z^{15}+253Z^{16}+Z^{23}\\&A_{\mathrm{EG}}(Z)=1+759Z^8+2576Z^{12}+759Z^{16}+Z^{24}\end{aligned} \tag{7-3-15}$$

我们将在 7.9.5 节讨论高莱码的生成多项式。

7.4 线性分组码的最佳软判决译码

本节将推导在加性高斯白噪声（AWGN）信道上、接收机使用最佳（非量化）软判决译码时二进制线性分组码的性能。码字比特可用第 3 章描述过的任何一种二进制信号传输方法来传输。这里，我们仅研究最高效的二进制（或四进制）相干 PSK，以及采用相干或非相干检测的二进制正交 FSK 方式。

由第 4 章可知，在 AWGN 信道上，从平均码字差错概率最小这个意义上看，最佳接收器可用与 M 个可能传输波形相匹配的 $M=2^k$ 个并行匹配滤波器组来实现。在码字的 n 个二进制符号发送完毕后对 M 个匹配滤波器的输出进行比较，选择与具有最大输出的匹配滤波器对应的码字作为译出码字。或者换一种方法，也可以使用 M 个互相关器来译码。不管采用哪种

方法，在接收器实现时还可简化。这就是说，只要用一个滤波器（或互相关器）与传输码字每一比特的二进制 PSK 波形相匹配，就可以构成一个等效的最佳接收机，后面再跟接一个译码器，用来生成与 M 种码字对应的 M 个判决变量。

具体地讲，令 r_j（$j=1, 2,\cdots, n$）表示发送任一指定码字后匹配滤波器的 n 个输出样值。由于信号是用相干二进制 PSK 传输的，所以输出 r_j 可用下列两式之一表示。

当码字的第 j 比特是 1 时，表示为

$$r_j=\sqrt{\mathcal{E}_c}+n_j \tag{7-4-1}$$

当码字的第 j 比特是 0 时，表示为

$$r_j=-\sqrt{\mathcal{E}_c}+n_j \tag{7-4-2}$$

变量 n_j 表示取样瞬间的加性高斯白噪声。每个 n_j 的均值为 0，方差为 $N_0/2$。根据已知的 M 种可能发送码字和接收到的 r_j 值，最佳译码器就形成了 M 个相关量度，即

$$CM_m=C(\boldsymbol{r},\boldsymbol{c}_m)=\sum_{j=1}^{n}(2c_{mj}-1)r_j\ , \qquad m=1, 2,\cdots, M \tag{7-4-3}$$

式中，c_{mj} 表示第 m 个码字第 j 个位置上的比特。若 $c_{mj}=1$，加权系数为 $2c_{mj}-1=1$；如果 $c_{mj}=0$，加权系数为 $2c_{mj}-1=-1$。在这种方法中，加权系数 $2c_{mj}-1$ 用来调整 r_j 中的信号成分，使其在与实际传输码字对应时具有较大的相关度均值 $n\sqrt{\mathcal{E}_c}$，而与其他 $M-1$ 个码字的相关度具有很小的均值。

在软判决译码中，根据式（7-4-3）计算相关度相对说来还比较简单，但当码字数量巨大时，如 $M>2^{10}$，要对所有可能的码字进行式（7-4-3）所示的计算是不现实的。在这种情况下，使用下述算法仍然有可能实现软判决译码，那就是把可能性不大的码字丢掉，不必用式(7-4-3)去一一计算所有码字的相关量。在技术文献中已有几种软判决译码算法的介绍，有兴趣的读者可以参阅 Forney（1966b）、Weldon（1971）、Chase（1972）、Wainberg&Wolf（1973）、Wolf（1978）和 Matis & Modestino（1982）的论文。

1. 软判决译码的码字差错概率和比特差错概率

我们可用式（7-2-39）和式（7-2-43）给出的码字差错概率的通用边界来推导出软判决译码时的码字差错概率边界。式（7-2-36）定义的Δ与用来传输码元的特定调制方式有关，从例 6-8-1 可知，对于 BPSK 调制而言，有 $\Delta=e^{-\mathcal{E}_c/N_0}$。由于 $\mathcal{E}_c=R_c\,\mathcal{E}_b$，可得

$$P_e\leqslant[A(Z)-1]\Big|_{Z=e^{-\frac{R_c\mathcal{E}_b}{N_0}}} \tag{7-4-4}$$

式中，$A(Z)$是码的重量枚举函数。

式（7-2-43）的简单边界在软判决译码情况下可简化成

$$P_e\leqslant(2^k-1)e^{-R_c d_{\min}\mathcal{E}_b/N_0} \tag{7-4-5}$$

习题 7.18 可证明，对于正交二进制信号，如正交 BFSK，有$\Delta=e^{-\mathcal{E}_c/2N_0}$。采用此结论，可得到正交 BFSK 调制下的简单边界，即

$$P_e\leqslant(2^k-1)e^{-R_c d_{\min}\mathcal{E}_b/2N_0} \tag{7-4-6}$$

利用不等式 $2^k-1<2^k=e^{k\ln 2}$，可知

$$P_e\leqslant e^{-\gamma_b\left(R_c d_{\min}-\frac{k\ln 2}{\gamma_b}\right)},\qquad \text{对于 BPSK} \tag{7-4-7}$$

及

$$P_{\rm e} \leqslant {\rm e}^{-\frac{\gamma_{\rm b}}{2}\left(R_{\rm c}d_{\min}-\frac{k\ln 2}{\gamma_{\rm b}}\right)}, \qquad \text{对于正交 BFSK} \tag{7-4-8}$$

式中，γ_b 表示比特 SNR，即 $\mathcal{E}_b/N_0$。

将式（7-4-7）的上边界与未编码 PSK 系统的上边界 $\exp(-\gamma_b)/2$ 相比较，可发现编码产生了约 $10\log(R_c d_{\min} - k\ln2/\gamma_b)$ dB 的增益，称之为编码增益（Coding Gain）。我们注意到，编码增益不但取决于编码参数，也取决于比特信噪比 γ_b。在大信噪比 γ_b 情况下，编码增益的极限，即 $R_c d_{\min}$ 称为渐近编码增益（Asymptotic Coding Gain）。

与码字差错概率类似，可用式（7-2-48）推出 BPSK 和正交 BFSK 调制时的比特差错概率边界，即

$$\begin{aligned} P_{\rm b} &\leqslant \frac{1}{k}\frac{\partial}{\partial Y}B(Y,Z)\bigg|_{Y=1,Z=\exp\left(-\frac{R_{\rm c}\mathcal{E}_{\rm b}}{N_0}\right)}, \quad \text{对于BPSK} \\ P_{\rm b} &\leqslant \frac{1}{k}\frac{\partial}{\partial Y}B(Y,Z)\bigg|_{Y=1,Z=\exp\left(-\frac{R_{\rm c}\mathcal{E}_{\rm b}}{2N_0}\right)}, \quad \text{对于正交BFSK} \end{aligned} \tag{7-4-9}$$

2. 非相干检测时的软判决译码

在正交 FSK 信号的非相干检测中，非相干组合损耗会使性能下降。进入译码器的输入变量是

$$\begin{cases} r_{0j} = |\sqrt{\mathcal{E}_{\rm c}} + N_{0j}|^2 \\ r_{0j} = |N_{1j}|^2 \end{cases} \tag{7-4-10}$$

式中，$j = 1,2,\cdots,n$，N_{0j} 和 N_{1j} 表示复数值、相互统计独立的高斯随机变量，其均值为 0、方差为 $2N_0$。相关度量 CM_1 为

$$\mathrm{CM}_1 = \sum_{j=1}^{n} r_{0j} \tag{7-4-11}$$

而对应于重量为 w_m 码字的相关度量在统计上相当于这样一个码字的相关度量：其 $c_{mj}=1$（对于 $1\leqslant j\leqslant w_m$）和 $c_{mj}=0$（对于 $w_m+1\leqslant j\leqslant n$）。因此 CM_m 可表示为

$$\mathrm{CM}_m = \sum_{j=1}^{w_m} r_{1j} + \sum_{j=w_m+1}^{n} r_{0j} \tag{7-4-12}$$

CM_1 和 CM_m 之间的差为

$$\mathrm{CM}_1 - \mathrm{CM}_m = \sum_{j=1}^{w_m} (r_{0j} - r_{1j}) \tag{7-4-13}$$

成对差错概率（PEP）正是 $\mathrm{CM}_1-\mathrm{CM}_m<0$ 的概率。但是，这个差值仅是第 11 章和附录 B 中所考虑的复值高斯随机变量通用二次形式的一个特例。在 CM_1 和 CM_m 之间进行判决的差错概率表达式为（见 11.1.1 节）

$$P_2(m) = \frac{1}{2^{2w_m-1}}\exp\left(-\frac{1}{2}\gamma_{\rm b}R_{\rm c}w_m\right)\sum_{i=0}^{w_m-1} K_i\left(\frac{1}{2}\gamma_{\rm b}R_{\rm c}w_m\right)^i \tag{7-4-14}$$

根据定义

$$K_i = \frac{1}{i!}\sum_{r=0}^{w_m-1-i}\binom{2w_m-1}{r} \tag{7-4-15}$$

通过将 $P_2(m)$在 $2\leqslant m\leqslant M$ 上相加得到的联合概率，可得出码字差错概率的上边界。

换一种方法，也可利用最小距离而不用重量分布来获得一个稍微松散的上边界，即

$$P_e \leqslant \frac{M-1}{2^{2d_{\min}-1}}\exp\left(-\frac{1}{2}\gamma_b R_c d_{\min}\right)\sum_{i=0}^{d_{\min}-1}K_i\left(\frac{1}{2}\gamma_b R_c d_{\min}\right)^i \tag{7-4-16}$$

在图 11-1-1 中，以 $d_{\min}$ 替换 L 可得出一种非相干组合损耗的计量方法，这些损耗是由平方律检测和码字 n 个码元二进制 FSK 波形组合所带来的。损耗是在下列情形下得出的：n 个码元的二进制 FSK 波形首先经相干检测和组合，然后对其和进行平方律检测或者包络检测以产生 M 个判决变量。后者的二进制差错概率是

$$P_2(m) = \frac{1}{2}\exp\left(-\frac{1}{2}\gamma_b R_c w_m\right) \tag{7-4-17}$$

因而

$$P_e \leqslant \sum_{m=2}^{M}P_2(m) \tag{7-4-18}$$

若用 $d_{\min}$ 代替重量分布，后者情况下码字差错概率的联合边界是

$$P_e \leqslant \frac{1}{2}(M-1)\exp\left(-\frac{1}{2}\gamma_b R_c d_{\min}\right) \tag{7-4-19}$$

与式（7-4-8）类似。

在式（7-1-10）中已看到，在用二进制 PSK 传输每一比特时传输编码波形所需要的信道带宽是

$$W=R/R_c \tag{7-4-20}$$

由式（4-6-7）可知，未编码 BPSK 方式下所要求的带宽是 R，因此编码波形的带宽扩展因子（Bandwidth Expansion Factor）B_e 是

$$B_e=1/R_c \tag{7-4-21}$$

3．与正交信号的比较

现在就编码信号的性能和所需带宽与正交信号运行比较。正如在第 4 章看到的，正交信号与 BPSK 信号相比，其功率效率更高，但需要有更大的带宽；同时也看到，使用编码的 BPSK 信号会导致带宽的适当扩展，这是因为提供了编码增益，系统的功率效率得以改善。

我们考虑两个系统，一个采用正交信号，另一个采用编码的 BPSK 信号，令两者的性能相同，利用式（4-4-17）和式（7-4-7）给出的边界来比较正交信号和编码 BPSK 信号的差错概率。为了获得相等的差错概率边界，必有 $k = 2R_c d_{\min}$。在这个条件下，由 $N = M = 2^k$ 给出的正交信号的维数 $N = 2^{R_c d_{\min}}$，而 BPSK 编码波形的维数 $n = k/R_c = 2d_{\min}$。由于维数正比于带宽，可得出以下结论：

$$\frac{W_{\text{正交}}}{W_{\text{编码的BPSK}}} = \frac{2^{2R_c d_{\min}}}{2d_{\min}} \tag{7-4-22}$$

举例来说，若采用(63,30)、最小距离 $d_{\min} = 13$ 的二进制编码，用式（7-4-22）算出的正交

信号与编码的 BPSK 信号的带宽之比值约为 205。换言之，如果用正交信号方式执行与(63,30)码同样的任务，所需的带宽将是编码系统的 205 倍。这个例子清楚表明了编码系统的带宽效率。

7.5 线性分组码的硬判决译码

7.4 节给出的 AWGN 信道编码信号波形的性能边界基于的前提是，从匹配滤波器或互相关器所得到的抽样值是未经量化的。尽管这样处理可以得到最佳性能，但计算 M 个相关度、进行比较并取出它们中的最大值，这一过程中的计算量成了基本的限制，当码字数 M 很大时计算量是极大的。

为了减少计算量，可将模拟样值量化，使译码运算以数字化形式执行。本节讨论一个极端的情况，即与单个码字比特对应的每个样值被量化成电平 0 或 1，也就是对发送的码字比特究竟是 0 还是 1 做出硬判决。这就使离散时间信道（包括调制器、AWGN 信道和解调器）变成一个转移概率为 p 的 BSC 信道。如果采用相干 PSK 发送和接收码字比特，则

$$p = Q\sqrt{2\mathcal{E}_c/N_0} = Q\sqrt{2\gamma_b R_c} \tag{7-5-1}$$

如果改用 FSK 发送和接收码字比特，则当采用相干检测时，有

$$p = Q\sqrt{\gamma_b R_c} \tag{7-5-2}$$

采用非相干检测时，有

$$p = \frac{1}{2}\exp\left(-\frac{1}{2}\gamma_b R_c\right) \tag{7-5-3}$$

1. 最小距离（最大似然）译码

与接收到的码字对应的 n 比特从检测器送入译码器，译码器将接收到的码字与 M 个可能的发送码进行比较，找出汉明距离（两码字相异的比特数）最小的码字作为接收码。这种最小距离译码准则能在二进制对称信道上取得最小的码字差错概率，从这个意义上来说它是最优的。

一种虽然计算效率低但概念简单的方法是把接收的码字矢量与所有可能的发送的码字 $\boldsymbol{c}_m$ 进行模 2 加，从而得到差错矢量 $\boldsymbol{e}_m$，$\boldsymbol{e}_m$ 表示在信道上发送码字 $\boldsymbol{c}_m$ 而接收到特定码字时所发生的差错事件。发送的码字 $\boldsymbol{c}_m$ 与接收的码字之间的差错数量正好等于 $\boldsymbol{e}_m$ 中 1 的个数。因此，只要计算 M 个差错矢量中每一个的重量，选择重量最小的差错矢量的码字作为译码输出，实际上就是实现了最小距离译码准则。

2. 伴随式和标准阵列

一种更为有效的硬判决译码方法是利用奇偶校验矩阵 $\boldsymbol{H}$。具体说，假设发送码字 $\boldsymbol{c}_m$ 而检测器输出的接收序列是 $\boldsymbol{y}$，一般 $\boldsymbol{y}$ 可表示为

$$\boldsymbol{y} = \boldsymbol{c}_m + \boldsymbol{e}$$

式中，$\boldsymbol{e}$ 表示任意二进制差错矢量。由乘积 $\boldsymbol{yH}^{\mathrm{t}}$ 可得

$$\boldsymbol{s} = \boldsymbol{yH}^{\mathrm{t}} = \boldsymbol{c}_m\boldsymbol{H}^{\mathrm{t}} + \boldsymbol{eH}^{\mathrm{t}} = \boldsymbol{eH}^{\mathrm{t}} \tag{7-5-4}$$

式中，$(n-k)$维矢量 $\boldsymbol{s}$ 称为差错图案（Error Pattern）的伴随式。换言之，所有满足奇偶校验方程的 $\boldsymbol{y}$ 所对应的伴随式矢量 $\boldsymbol{s}$ 都为 0，而所有不满足奇偶校验方程的 $\boldsymbol{y}$ 的伴随式 $\boldsymbol{s}$ 均为非 0。可见，$\boldsymbol{s}$ 包含了奇偶校验中差错图案的信息。

需要强调的是，伴随式 $\boldsymbol{s}$ 体现的是差错图案的特点而不是发送码字的特点。如果伴随式等于 0，那么差错图案等于码字之一，在这种情况下有可能出现一个不可检差错（Undetected Error），所以如果差错图案等于非 0 码字之一，那就是一个不可检差错的图案。显然，在 2^n-1 个差错图案中（全 0 序列并不记为一个差错），有 2^k-1 个是不可检的；其余 2^n-2^k 个非 0 差错图案是可检的，但并不一定是可纠的，因为伴随式只有 2^{n-k} 个，所以不同的差错图案可能导致同样的伴随式。对于最大似然（ML）译码，需要在所有可能的差错图案中寻找重量最小的那个差错图案。

假定要构建一个译码表，在表的第一行列出所有 2^k 个可能的码字，以全 0 码字 $\boldsymbol{c}_1=\boldsymbol{0}$ 开头，放在第一列（最左边）。这个全 0 码字同时也代表全 0 差错图案。完成第一行后，开始安排第一行之外（非码字）的长度为 n 的序列，选出其中重量最小的一个放在第二行的第一列，称为 $\boldsymbol{e}_2$，然后将第一行所有码字加上 $\boldsymbol{e}_2$ 后放入与该码字对应的列中，从而完成表的第二行。完成第二行后，在前两行剩下的长度为 n 的序列中找出重量最小的（称为 $\boldsymbol{e}_3$），放在第三行的第一列，用完成第二行的方法完成表的第三行。以此类推，直到所有用到的长度为 n 的序列都放入表中为止。于是得出如下所示的一个 $n\times(n-k)$ 译码表。

$$
\begin{array}{ccccc}
\boldsymbol{c}_1=\boldsymbol{0} & \boldsymbol{c}_2 & \boldsymbol{c}_3 & \cdots & \boldsymbol{c}_{2^k} \\
\boldsymbol{e}_2 & \boldsymbol{c}_2+\boldsymbol{e}_2 & \boldsymbol{c}_3+\boldsymbol{e}_2 & \cdots & \boldsymbol{c}_{2^k}+\boldsymbol{e}_2 \\
\boldsymbol{e}_3 & \boldsymbol{c}_2+\boldsymbol{e}_3 & \boldsymbol{c}_3+\boldsymbol{e}_3 & \cdots & \boldsymbol{c}_{2^k}+\boldsymbol{e}_3 \\
\vdots & \vdots & \vdots & \vdots & \vdots \\
\boldsymbol{e}_{2^{n-k}} & \boldsymbol{c}_2+\boldsymbol{e}_{2^{n-k}} & \boldsymbol{c}_3+\boldsymbol{e}_{2^{n-k}} & \cdots & \boldsymbol{c}_{2^k}+\boldsymbol{e}_{2^{n-k}}
\end{array}
$$

这张表称为标准阵列，表的每一行（包括第一行）由 k 个可能的接收序列组成，它们是受第一列差错图案的影响而导致的。每一行称为一个陪集（Coset），第一个（最左）码字（或差错图案）称为陪集首（Coset Leader）。因此，每个陪集是由特定差错图案（陪集首）所导致的所有可能的接收序列构成的。同时也注意到，陪集首在整个陪集中具有最小的重量。

例 7-5-1 我们来构造一个(5, 2)码的标准阵列，其生成矩阵为

$$
\boldsymbol{G}=\begin{bmatrix}1&0&1&0&1\\0&1&0&1&1\end{bmatrix}
$$

该码具有最小距离 $d_{\min}=3$，标准阵列如表 7-5-1 所示。注意到在该码中，陪集首由全 0 差错图案和 5 个重量为 1、2 个重量为 2 的差错图案组成。尽管还有许多 2 个差错的差错图案存在，但只有容纳 2 个这样图案的空间作为陪集首来完成译码表。

表 7-5-1 例 7-5-1 的标准阵列

00000	01011	10101	11110
00001	01010	10100	11111
00010	01001	10111	11100
00100	01111	10001	11010
01000	00011	11101	10110
10000	11011	00101	01110
11000	10011	01101	00110
10010	11001	00111	01100

下面假设 $\boldsymbol{e}_i$ 是陪集首，$\boldsymbol{c}_m$ 是发送码字，则差错图案 $\boldsymbol{e}_i$ 导致的接收序列为

$$
\boldsymbol{y}=\boldsymbol{c}_m+\boldsymbol{e}_i
$$

伴随式是

$$s = yH^t = (c_m + e_i)H^t = c_mH^t + e_i H^t = e_i H^t$$

显然，同一个陪集中的所有接收序列拥有同一个伴随式，因为伴随式仅取决于差错图案，而不同陪集具有不同的伴随式。这意味着陪集（或陪集首）与伴随式之间存在着一对一（One-to-One）的对应关系。

对接收序列 $\boldsymbol{y}$ 译码的过程基本上就是寻找 $s= yH^t = e_iH^t$ 时重量最小的 e_i 的差错序列。由于每个伴随式都对应到一个陪集，简单地说，差错序列 e_i 就是陪集中重量最小的码字，即陪集首，因此，在找到伴随式后，只要找出与伴随式对应的陪集首，并将陪集首与 $\boldsymbol{y}$ 相加就可得到最大似然的发送码字了。

上面的讨论清楚表明，陪集首是唯一可纠正的差错图案。在所有可能的 2^n-1 个非 0 差错图案中，对应于非 0 码字的 2^k-1 个差错图案是不可检的；2^n-2^k 个是可检的，但其中仅 $2^{n-k}-1$ 个是可纠的。

例 7-5-2 考虑一个(5,2)码，标准阵列已由表 7-5-1 给出，其伴随式与最大似然差错图案（即陪集首）的对应关系如表 7-5-2 所示。

现在假设信道上实际的差错图案是

$$\boldsymbol{e} = (1\,0\,1\,0\,0)$$

从差错图案算出的伴随式 $\boldsymbol{s} = (0\,0\,1)$，接着从表中查出的差错图案 $\hat{e} = (0\,0\,0\,0\,1)$。将 $\hat{e}$ 与 $\boldsymbol{y}$ 相加，所得结果是一个差错的译码。换言之，该(5,2)码能纠正所有的单个差错，但只能纠正两个双重差错，即（1 1 0 0 0）和（1 0 0 1 0）。

表 7-5-2 例 7-5-2 的伴随式和陪集首的对应关系

伴随式	差错图案
000	00000
001	00001
010	00010
100	00100
011	01000
101	10000
110	11000
111	10010

7.5.1 分组码的检错和纠错能力

从上面的讨论清楚看到，当伴随式为全 0 时，接收码字是 2^k 个可能发送的码字之一。因为一对码字间最小的分隔距离是 $d_{\min}$，一个重量为 $d_{\min}$ 的差错图案有可能把码集中的 2^k 个码字之一转变成另一个码字。如果这种情况发生，我们就说是产生了一个不可检的差错。另外，如果差错数小于 $d_{\min}$，伴随式具有非 0 重量，如果发生这种情况，说明已检测出信道的一个或多个差错。显然，(n,k)分组码有能力检测出 $d_{\min}-1$ 个差错。差错检测可与反馈重发（Automatic Repeat-reQuest，ARQ）结合使用，重发错了的码字。

码的纠错能力也同样取决于最小距离。但是，可纠差错图案的数目局限于可能的伴随式数目或者标准阵列中陪集首的数目。为了确定(n,k)分组码的纠错能力，一种方便的办法是把 2^k 个码字看成位于 n 维空间的点。如果把每个码字看成位于半径（汉明距离）t 的一个球的中心，那么，使 2^k 个球中任意一对两两不相交（或相切）的 t 的最大可能取值是$\lfloor(d_{\min}-1)/2\rfloor$，这里$\lfloor x\rfloor$表示取包含在 x 里的最大整数。在每一个球内，含有与该码字距离小于或等于 t 的所有可能的接收码字，于是，落在球内的任何接收码字在译码时都被译为位于球心的那个码字。这就意味着最小距离为 $d_{\min}$ 的(n, k)分组码有能力纠正 $t=\lfloor(d_{\min}-1)/2\rfloor$个差错。图 7-5-1 是以码字为球心、半径为 t 的球的二维示意图。

如上所述，一个码可以检 $d_{\min}-1$ 个差错，或者纠 $t=\lfloor(d_{\min}-1)/2\rfloor$ 个差错。显然，能纠正 t 个差错说明已经检出 t 个差错。然而，若能恰当折中码的纠错能力，可检的差错个数可以多于可纠的差错个数。例如，一个 $d_{\min}=7$ 的码能纠 3 个差错，如果要检测 4 个差错，可以把包围每个码字的球的半径从 3 减为 2，这样带 4 个差错的差错图案就可以被检出，但只是带 2 个差错的差错图案可被纠正。换言之，如果只有 2 个差错发生，码字可纠；如果 3 个、4 个差错发生，接收器会要求重发；如果 4 个以上差错发生而且接收码字落到别的半径为 2 的球中，将是不可检的误码。同样，如 $d_{\min}=7$ 不变，也可以让它检 5 个差错、纠正 1 个差错。一般地，一个最小距离 $d_{\min}$ 的码能检出 e_d 个差错、纠正 e_c 个差错，这里

$$e_d+e_c \leqslant d_{\min}-1$$

及

$$e_c \leqslant e_d$$

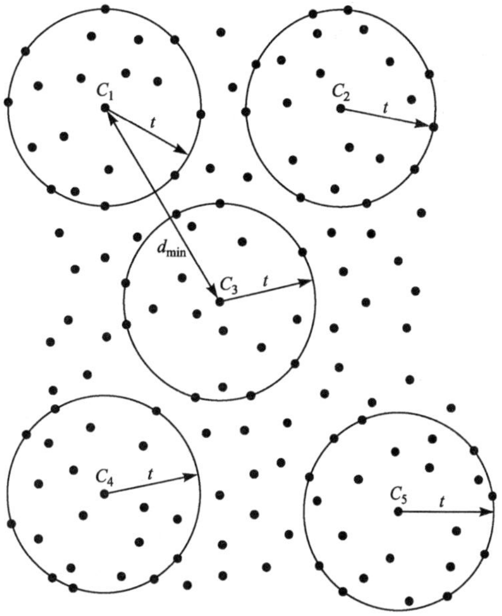

图 7-5-1 以码字为球心，半径 $t=\lfloor (d_{\min}-1)/2 \rfloor$ 球的二维示意图

7.5.2 硬判决译码的码组和比特差错概率

下面我们来推导二进制线性分组码采用硬判决译码并仅考虑纠错算法时的差错概率。

从上面的讨论可以看到，当（但未必仅当）一个码字的差错个数小于该码最小距离 $d_{\min}$ 的一半时，二进制对称信道的最佳译码器可以正确地译码。也就是说，任何一个差错数高达

$$t=\lfloor (d_{\min}-1)/2 \rfloor$$

的码字都是可纠正的。由于二进制对称信道是无记忆的，比特差错独立地发生，因此，在 n 比特码块中出现 m 个差错的概率是

$$P(m,n)=\binom{n}{m}p^m(1-p)^{n-m} \tag{7-5-5}$$

码字差错概率上边界的表达式为

$$P_e \leqslant \sum_{m=t+1}^{n} P(m,n) \tag{7-5-6}$$

在高信噪比条件时，即 p 很小，式（7-5-6）可由其第一项来近似，即

$$P_e \approx \binom{n}{t+1}p^{t+1}(1-p)^{n-t-1} \tag{7-5-7}$$

这个等式表明，当发送一个全 0 码 **0** 时，差错概率约等于接收序列重量为 $t+1$ 的概率。为了推导码字中每个二进制符号差错概率的近似边界，我们注意到，当发送码 **0** 而接收序列

重量为 t+1 时，译码器会把收到的重量为 $t+1$ 的序列译成一个与接收序列距离不超过 t 的另一码字，因此该码字到全 0 码 **0** 的距离不会超过 $2t+1$。但由于码的最小重量是 $2t+1$，译出的码字的重量为 $2t+1$，这意味着对于每个大概率的码字差错，在码字中都有 $2t+1$ 比特的差错。因此，由式（7-5-7）可得

$$P_{\mathrm{bs}} \approx \frac{2t+1}{n}\binom{n}{t+1}p^{t+1}(1-p)^{n-t-1} \tag{7-5-8}$$

仅当线性分组码是完备码（Perfect Code）时，式（7-5-6）中的等号才成立。为了叙述完备码的基本特性，假定围绕每一个可能发送的码字放置一个半径为 t 的球，每个围绕码字的球内包含了与该码字汉明距离小于等于 t 的所有码字的集合，这样在半径为 $t=\lfloor(d_{\min}-1)/2\rfloor$ 的球内的码字数是

$$1+\binom{n}{1}+\binom{n}{2}+\cdots+\binom{n}{t}=\sum_{i=0}^{t}\binom{n}{i} \tag{7-5-9}$$

由于有 $M=2^k$ 个可能发送的码字，也就是有 2^k 个不相重叠的半径为 t 的球，包含在 2^k 个球中的码字总数不会超过 2^n 个可能的接收码字。因此，一个能纠正 t 个差错的码必然满足不等式

$$2^k\sum_{i=0}^{t}\binom{n}{i}\leqslant 2^n \tag{7-5-10}$$

即

$$2^{n-k}\geqslant\sum_{i=0}^{t}\binom{n}{i} \tag{7-5-11}$$

一个完备码具有下述特性：围绕 $M=2^k$ 个可能发送码字、汉明距离 $t=[(d_{\min}-1)/2]$的所有球都是不相交的，每一个接收码字都落在这些球中之一，因此，每个接收码字离开可能发送码字的距离至多为 t，这时式（7-5-11）的等号成立。对于这种码，所有重量小于或等于 t 的差错图案都能用最佳（最小距离）译码器得到纠正。另一方面，任何重量大于或等于 t+1 的差错图案都不能被纠正，所以式（7-5-6）给出的差错概率表达式可以取等号。容易验证，具有参数 $n=2^{n-k}-1$、$d_{\min}=3$ 和 $t=1$ 的汉明码是完备码的一个例子，具有参数 $d_{\min}=7$、$t=3$ 的(23,12)高莱码也是一种完备码。这两种的非平凡码（Nontrivial Code），以及由长度 n 为奇数、包括两个码字、满足 $d_{\min}=n$ 的平凡码（Trivial Code），是二进制分组码中仅有的完备码。

准完备码（Quasi-Perfect Code）的特点是：围绕所有 M 个可能发送码字、汉明半径为 t 的球互不相交，每个接收码字离开可能发送码字之一的距离至多为 t+1。对于这种码，所有重量小于或等于 t 的差错图案，以及某些重量等于 t+1 的差错图案都是可纠正的，但任何重量大于或等于 t+2 的差错图案都将导致不正确的译码。很明显，式（7-5-6）是差错概率的上边界，且

$$P_{\mathrm{e}}\geqslant\sum_{m=t+2}^{n}P(m,n) \tag{7-5-12}$$

是下边界。

利用不等式（7-5-11）可以得到一个能更精确测量准完备码性能的式子，即在半径为 t 的

2^k个球之外全部码字的数目是

$$N_{t+1}=2^n-2^k\sum_{i=0}^{t}\binom{n}{i}$$

如果把这些球外的码字再等分成 2^k个集合，每个集合对应到 2^k个球之一，则每个球由于加上如下数目的码字而扩大了。

$$\beta_{t+1}=2^{n-k}-\sum_{i=0}^{t}\binom{n}{i} \tag{7-5-13}$$

这些码字与发送码字的距离为 t+1。这样做的结果是，在距离各码为 t+1 的$\binom{n}{t+1}$个差错图案中，我们能够纠正 β_{t+1}个。因此，准完备码的译码差错概率可以表示为

$$P_{\mathrm{e}}=\sum_{m=t+2}^{n}P(m,n)+\left[\binom{n}{t+1}-\beta_{t+1}\right]p^{t+1}(1-p)^{n-t-1} \tag{7-5-14}$$

研究相差距离最小的两个不同码字，可以得出另外一对上/下边界。一方面，我们注意到 P_{e} 不可能小于将发送码字错误地译码成它最邻近码字（它们离原发送码字的距离是最小距离 $d_{\min}$）的概率，即

$$P_{\mathrm{e}}\geqslant\sum_{m=\lfloor d_{\min}/2\rfloor+1}^{d_{\min}}\binom{d_{\min}}{m}p^m(1-p)^{d_{\min}-m} \tag{7-5-15}$$

另一方面，P_{e} 又不可能大于将发送码字错误地译码成最邻近码字（它们离原发送码字的距离是最小距离 $d_{\min}$）概率的 2^k–1 倍。这是一个联合边界，可表示为

$$P_{\mathrm{e}}\leqslant(2^k-1)\sum_{m=\lfloor d_{\min}/2\rfloor+1}^{d_{\min}}\binom{d_{\min}}{m}p^m(1-p)^{d_{\min}-m} \tag{7-5-16}$$

当 $M=2^k$很大时，式（7-5-15）表示的下边界和式（7-5-16）表示的上边界是非常松散的。

利用式（7-2-39）、式（7-2-43）和式（7-2-48），可得到硬判决译码时码组和比特差错概率的通用边界。硬判决译码的Δ值可从例 6-8-1 得到，即$\Delta=\sqrt{4p(1-p)}$。结果是

$$P_{\mathrm{e}}\leqslant[A(Z)-1]\Big|_{Z=\sqrt{4p(1-p)}} \tag{7-5-17}$$

$$P_{\mathrm{e}}\leqslant(2^k-1)[4p(1-p)]^{\frac{d_{\min}}{2}} \tag{7-5-18}$$

$$P_{\mathrm{b}}\leqslant\frac{1}{k}\frac{\partial}{\partial Y}B(Y,Z)\Big|_{Y=1,Z=\sqrt{4p(1-p)}} \tag{7-5-19}$$

7.6 硬判决译码与软判决译码的性能比较

在软判决译码和硬判决译码两种条件下对 AWGN 信道上线性分组码的差错概率性能边界进行对比，是一件既有趣又有启发性的事。为了说明问题，我们以(23,12)高莱码为例，这种码相对而言有简单的重量分布，在式（7-3-15）中已给出，码的最小距离 $d_{\min}=7$。

首先，计算并比较硬判决译码的差错概率边界。由于(23,12)高莱码是一种完备码，由式（7-5-6）给出的硬判决译码差错概率的精确表达式为

$$P_e = \sum_{m=4}^{23} \binom{23}{m} p^m (1-p)^{23-m} = 1 - \sum_{m=0}^{3} \binom{23}{m} p^m (1-p)^{23-m} \qquad (7\text{-}6\text{-}1)$$

式中，p 是二进制对称信道中二进制数字的差错概率。假如码字的二进制数字采用二相（或四相）相干 PSK 调制/解调来传输和接收，则 p 的近似表达式已由式（7-5-1）给出。除了式（7-6-1）给出的准确的差错概率，还有式（7-5-15）给出的下边界，以及由式（7-5-16）、式（7-5-17）和式（7-5-18）给出的上边界。从这些边界算出的数值结果与精确差错概率的对比如图 7-6-1 所示。由图可见，下边界是很松散的，在 $P_e=10^{-5}$ 时，下边界比精确差错概率下降约 2 dB；而在差错概率 $P_e=10^{-2}$ 时，所有三个上边界都是很松散的。

对软判决译码和硬判决译码的性能进行比较也是很有意义的。在这种比较中，采用式（7-4-7）给出的软判决译码差错概率上边界与式（7-6-1）给出的硬判决译码差错概率的精确值进行对照，图 7-6-2 绘出了其性能曲线。我们看到，软判决译码的两个边界值在 $P_e=10^{-6}$ 时约有 0.5 dB 之差，而在 $P_e=10^{-2}$ 时相差约 1 dB。我们还看到，在 $10^{-2}< P_e<10^{-6}$ 范围内，硬判决译码和软判决译码的性能相差约 2 dB；而当 $P_e>10^{-2}$ 时，硬判决译码的差错概率曲线和两个边界值曲线相交，这表明当 $P_e>10^{-2}$ 时，软判决译码的边界是松散的。

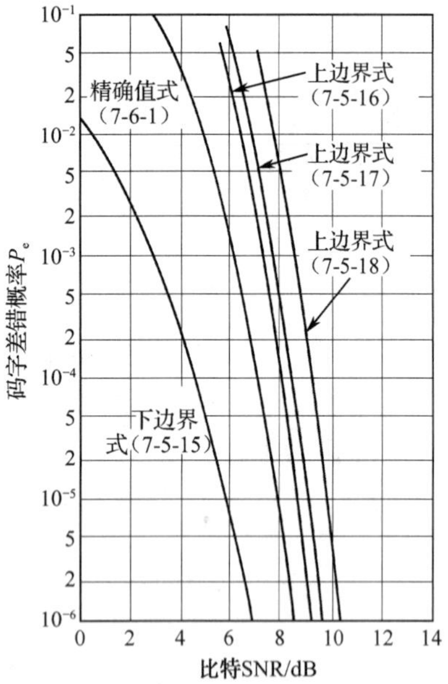

图 7-6-1 (23, 12)高莱码硬判决译码时边界与精确差错概率的比较

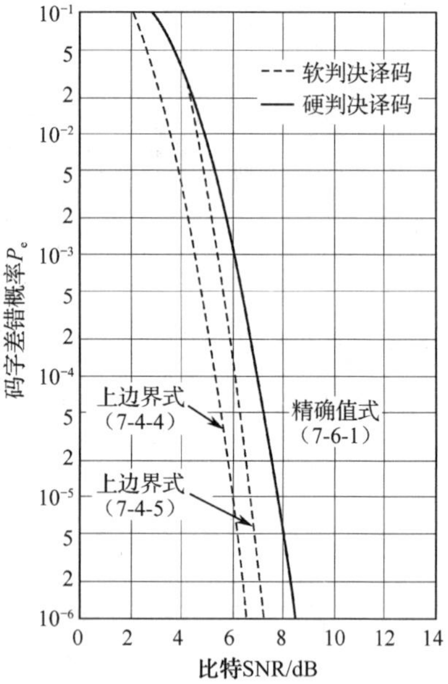

图 7-6-2 (23, 12)高莱码软判决译码与硬判决译码的性能比较

正如在例 6-8-3 和图 6-8-4 中看到的，在分别采用硬判决译码和软判决译码时，BPSK 调制方式的截止速率之间存在着约 2 dB 的差异，在两种情况下两者的容量之间也存在类似的差异。其实，只要注意一下 BSC 信道的容量就可直接得出上述结论。BSC 信道对应于硬判决译码，其信道容量已由式（6-5-29）给出，即

$$C = 1-H_2(p) = 1+ p\log_2 p +(1-p)\log_2(1-p) \qquad (7\text{-}6\text{-}2)$$

式中

$$p = Q\left(\sqrt{2\gamma_b R_c}\right) \tag{7-6-3}$$

在 R_c 较小的情况下，利用近似关系

$$Q(\varepsilon) \approx \frac{1}{2} - \frac{\varepsilon}{\sqrt{2\pi}}, \qquad \varepsilon>0 \tag{7-6-4}$$

可得到

$$p \approx \frac{1}{2} - \sqrt{\frac{\gamma_b R_c}{\pi}} \tag{7-6-5}$$

把这个结果代入式（7-6-2），并利用近似关系式

$$\log_2(1+x) \approx \frac{x - \frac{1}{2}x^2}{\ln 2} \tag{7-6-6}$$

可得

$$C = \frac{2}{\pi \ln 2}\gamma_b R_c \tag{7-6-7}$$

再令 $C=R_c$，这样，在 R_c 趋近于 0 的极限情况下可得

$$\gamma_b = \frac{1}{2}\pi \ln 2 \sim 0.37\ \text{dB} \tag{7-6-8}$$

采用软判决译码时，二进制输入的 AWGN 信道的容量可用类似的方式计算。以每码元比特（比特/码元）为单位的容量表达式已在式（6-5-30）到式（6-5-32）中推导过，在 R_c 较小时可近似为

$$C \approx \frac{\gamma_b R_c}{\ln 2} \tag{7-6-9}$$

我们再次设 $C=R_c$，当 $R_c \to 0$ 时，达到此容量的比特信噪比最小为

$$\gamma_b = \ln 2 \sim -1.6\ \text{dB} \tag{7-6-10}$$

式（7-6-8）和式（7-6-10）清楚表明，在 SNR 较小的情况下，在软判决译码和硬判决译码之间存在着约 2 dB 的差异。正如在图 6-8-4 中看到的，增大 SNR 会导致软判决译码和硬判决译码之间性能差异缩小。例如，在 R_c=0.8 时，差异可减小到 1.5 dB 左右。

从图 6-8-4 的曲线除了能看出硬判决译码和软判决译码的性能差别，还可以看出很多其他信息。这些曲线同时也指出某一特定码率所要求的比特信噪比的最小值。例如，当采用软判决译码时，码率 R_c=0.8 的码在比特信噪比为 2 dB 时就能提供任意小的差错概率。作为对照，一个未编码的二进制 PSK 在比特信噪比为 9.6 dB 时才能取得 10^{-5} 的差错概率，因此，当使用码率 R_c=0.8 进行编码时，获得 7.6 dB 的增益是可能的。此增益是通过将带宽扩展了 25%而获得的，因为这种码的带宽扩展因子是 $1/R_c$=1.25。取得这么大的编码增益往往意味着要使用一个分组长度非常大的码，这将导致接收器变得非常复杂。但无论如何，图 6-8-4 的曲线毕竟还是提供了一个依据，使我们能将实践中实际获得的编码增益与硬判决译码和软判决译码的最终理论极限进行对比。

7.7 线性分组码最小距离的边界

本章推导的线性分组码在软判决和硬判决译码下的差错概率表达式，已经清楚地表明了最小距离参数在编码性能中所起的重要作用。例如，当研究软判决译码时，式（7-4-7）给出的差错概率上边界指出，对于给定码率 $R_c=k/n$ 的码，在 AWGN 信道下其差错概率随 d_{min} 的增大而成指数下降。当这个上边界和下面将给出的 d_{min} 下边界结合使用时，可求出码字差错概率 P_e 的上边界。同样，也可将式（7-5-6）给出的硬判决译码差错概率的上边界和 d_{min} 的下边界联系起来，从而求得二进制对称信道中线性分组码差错概率的上边界。

另外，由 d_{min} 的上边界可求出最佳编码所能达到的差错概率的下边界。例如，在硬判决译码的情况下，用式（7-5-15）并结合 d_{min} 的上边界，可得出最佳(n,k)码差错概率 P_e 的下边界。因此，d_{min} 的上/下边界在评价码的性能时是十分重要的。本节将讨论线性分组码最小距离的边界。

7.7.1 辛格尔顿界

辛格尔顿（Singleton）界可由奇偶校验矩阵 $\boldsymbol{H}$ 的性质获得。回想 7.2.2 节的讨论，线性分组码的最小距离等于其奇偶校验矩阵 $\boldsymbol{H}$ 线性相关的最小列数。由此可得出结论，奇偶校验矩阵的秩应等于 $d_{min}-1$。由于奇偶校验矩阵是一个$(n-k)\times n$ 矩阵，它的秩最多为 $n-k$，因此有

$$d_{min}-1\leqslant n-k \tag{7-7-1}$$

或

$$d_{min}\leqslant n-k+1 \tag{7-7-2}$$

式（7-7-2）给出的边界称为辛格尔顿界（Singleton Bound）。因为 $d_{min}-1$ 大约是码所能纠正的差错个数的 2 倍，由式（7-7-1）可断定，码的奇偶校验位至少应等于码所能纠正的差错个数的 2 倍。虽然这里辛格尔顿界的证明是基于码的线性性质，但这个边界适用于所有分组码，包括线性的和非线性的，以及二进制的和非二进制的。

能使辛格尔顿界表达式等号成立（即 $d_{min}=n-k+1$）的码称为最大距离可分（Maximum-Distance Separable，MDS）码，重复码及其对偶码是 MDS 码的例子，事实上它们只是二进制的 MDS 码①。对于非二进制码，在 7.11 节讨论的 RS（Reed-Solomon）码是 MDS 码最重要的实例。

将辛格尔顿界的两边同除以 n，可得

$$\frac{d_{min}}{n}\leqslant 1-R_c+\frac{1}{n} \tag{7-7-3}$$

若定义

$$\delta_n=\frac{d_{min}}{n} \tag{7-7-4}$$

则有

① $d_{min}=1$ 的(n,n)码是另一种 MDS 码，但这种码没引入冗余度，难以称其为码。

$$\delta_n \leqslant 1 - R_c + \frac{1}{n} \tag{7-7-5}$$

注意到 $d_{\min}/2$ 约为码所能纠正的差错数，因此

$$\frac{1}{2}\delta_n \approx \frac{t}{n} \tag{7-7-6}$$

也就是说，$\delta_n/2$ 近似表示了在 n 个发送比特中可纠差错的比例。

如果定义 $\delta = \lim_{n\to\infty} \delta_n$，可得出结论：当 $n\to\infty$时，有

$$\delta \leqslant 1 - R_c \tag{7-7-7}$$

这就是辛格尔顿界的渐近形式。

7.7.2 汉明界

汉明（Hamming）界也称为球填充（Sphere Packing）界，是在前面讨论硬判决性能时提出的，已由式（7-5-11）给出，即

$$2^{n-k} \geqslant \sum_{i=0}^{t} \binom{n}{i} \tag{7-7-8}$$

对式（7-7-8）两边取对数并除以 n，可得

$$1 - R_c \geqslant \frac{1}{n}\log_2\left[\sum_{i=0}^{t}\binom{n}{i}\right] \tag{7-7-9}$$

或

$$1 - R_c \geqslant \frac{1}{n}\log_2\left[\sum_{i=0}^{\left\lfloor \frac{d_{\min}-1}{2} \right\rfloor}\binom{n}{i}\right] \tag{7-7-10}$$

这个关系式给出了当 n 和 k 确定后 $d_{\min}$ 的上边界，称为汉明界。由于汉明界的证明与码的线性性质无关，因此该边界适用于任何分组码。对于 q 元分组码，汉明界为

$$1 - R_c \geqslant \frac{1}{n}\log_q\left[\sum_{i=0}^{t}\binom{n}{i}(q-1)^i\right] \tag{7-7-11}$$

在习题 7.39 中已证明，对于较大的 n 值，式（7-7-9）等号右边可近似为

$$\sum_{i=0}^{t}\binom{n}{i} \approx 2^{nH_b\left(\frac{t}{n}\right)} \tag{7-7-12}$$

式中，$H_b(\cdot)$ 是在式（6-2-6）中定义的二进制熵函数。利用此近似及式（7-7-6）可看到，二进制码的汉明界渐近形式为

$$H_b\left(\frac{\delta}{2}\right) \leqslant 1 - R_c \tag{7-7-13}$$

汉明界对于高码率码是紧密（Tight）边界。

正如以前讨论的，以等号方式满足式（7-7-10）汉明界的码是完备码。Tietäväinen（1973）已证明：二进制完备码①只有奇数长的重复码、汉明码以及最小距离为 7 的(23, 12)高莱码。唯

① $(n,1)$码视为一种不常用的完备码。

一存在的非二进制完备码是最小距离为 5 的(11,6)三进制高莱码。

7.7.3 普洛特金界

普洛特金（Plotkin）界是 Plotkin 于 1960 年提出的，即对于任何 q 元分组码，有

$$\frac{d_{\min}}{n} \leqslant \frac{q^k - q^{k-1}}{q^k - 1} \qquad (7\text{-}7\text{-}14)$$

对二进制编码，这个边界变为

$$d_{\min} \leqslant \frac{n2^{k-1}}{2^k - 1} \qquad (7\text{-}7\text{-}15)$$

二进制线性分组码情况下普洛特金界的证明已在习题 7.40 给出，证明是基于码的最小距离不能超过它的平均码重来完成的。

式（7-7-15）给出的普洛特金界形式在低码率时非常适用。对于二进制码，由式（7-7-16）给出的普洛特金界的另一形式则在高码率时比较紧密。

$$d_{\min} \leqslant \min_{1\leqslant j\leqslant k} (n-k+j)\frac{2^{j-1}}{2^j - 1} \qquad (7\text{-}7\text{-}16)$$

令 $j=1+\lfloor \log_2 d_{\min} \rfloor$，可得这个边界的简化形式

$$2d_{\min} - 2 - \lfloor \log_2 d_{\min} \rfloor \leqslant n-k \qquad (7\text{-}7\text{-}17)$$

假设 $\delta \leqslant 1/2$，在此前提下这个边界的渐近形式为

$$\delta \leqslant \frac{1}{2}(1-R_{\mathrm{c}}) \qquad (7\text{-}7\text{-}18)$$

7.7.4 埃利斯界

埃利斯（Elias）界的渐近形式［见 Berlekamp（1968）］告诉我们，对于任何 $\delta \leqslant 1/2$ 的二进制码，有

$$H_{\mathrm{b}}\left[\frac{1}{2}\left(1-\sqrt{1-2\delta}\right)\right] \leqslant 1-R_{\mathrm{c}} \qquad (7\text{-}7\text{-}19)$$

埃利斯界同样可用于非二进制码。对于任何 $\delta \leqslant 1-1/q$ 的 q 元非二进制码，埃利斯界为

$$H_q\left[\frac{q-1}{q}\left(1-\sqrt{1-\frac{q}{q-1}\delta}\right)\right] \leqslant 1-R_{\mathrm{c}} \qquad (7\text{-}7\text{-}20)$$

式中，$H_q(\cdot)$对于任何 $0\leqslant p\leqslant 1$ 定义为

$$H_q(p) = -p\log_q p - (1-p)\log_q(1-p) + p\log_q(q-1) \qquad (7\text{-}7\text{-}21)$$

7.7.5 McEliece-Rodemich-Rumsey-Welch（MRRW）界

由 McEliece 等人于 1977 年推导的 MRRW 界（McEliece-Rodemich-Rumsey-Welch）在中、低码率时是已知的最紧密的边界。这个边界有两种形式，较简单的一种具有渐近线形式，对于 $\delta \leqslant 1/2$ 的二进制码，有

$$R_{\mathrm{c}} \leqslant H_{\mathrm{b}}\left[\frac{1}{2} - \sqrt{\delta(1-\delta)}\right] \qquad (7\text{-}7\text{-}22)$$

这个边界是基于线性编码技术推导出来的。

7.7.6 乌沙莫夫-吉尔伯特界

至此提到的所有边界给出的都是分组码三个主要参数 n、k 和 d 组合下的必要条件，由 Gilbert（1952）和 Varshamov（1957）提出的乌沙莫夫-吉尔伯特界给出的则是最小距离为 $d_{\min}$ 的(n, k)分组码存在的充分条件。乌沙莫夫-吉尔伯特界实际上进一步证实了在给定参数下线性分组码的存在性。

根据乌沙莫夫-吉尔伯特界，若不等式

$$\sum_{i=0}^{d-2}\binom{n-1}{i}(q-1)^i < q^{n-k} \tag{7-7-23}$$

成立，那么一定存在一个最小距离 $d_{\min}\geqslant d$ 的 q 元(n, k)线性分组码。在二进制情况下，乌沙莫夫-吉尔伯特界变为

$$\sum_{i=0}^{d-2}\binom{n-1}{i} < 2^{n-k} \tag{7-7-24}$$

乌沙莫夫-吉尔伯特界的渐近形式表明，如果 $0 < \delta\leqslant 1 - 1/q$，有

$$H_q(\delta) < 1 - R_c \tag{7-7-25}$$

式中，$H_q(\cdot)$由式（7-7-21）给出，则存在一个最小距离至少为 δn 的 q 元$(n, R_c n)$线性分组码。

在二进制编码情况下，上述几种边界的渐近形式已绘于图 7-7-1 中。我们看到，最紧密的渐近上边界是埃利斯界和 MRRW 界。附带说一句，存在着 MRRW 界的第二种形式，它在较高码率时比埃利斯界更好。图中显示的边界排序仅仅表明当 $n\to\infty$时这些边界的比较。对于一定的分组长度，在最紧密的上边界和乌沙莫夫-吉尔伯特下边界之间的范围里仍留有相当宽的余地。例如，对于(127,33)码，最紧密的上边界和下边界分别给出 $d_{\min} = 48$ 和 $d_{\min} = 32$（Verhoeff，1987）。

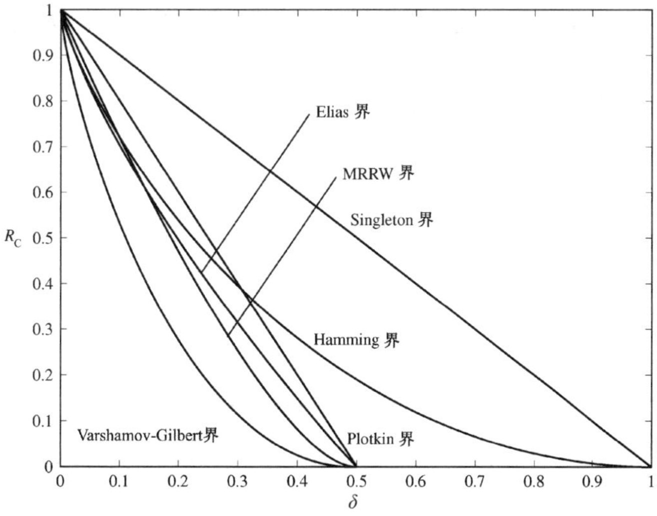

图 7-7-1 渐近边界的比较

7.8 修改的线性分组码

在许多情况下，按线性分组码设计的码参数可能与某些应用场合所要求的参数不相同，例如，汉明码的码长固定为$n = 2^m - 1$，而$d_{\min} = 3$。在 7.10 节中将看到，广泛采用的一种分组码——BCH 码的码长等于$2^m - 1$。在许多情况下，为了改变码的参数，必须对码进行修改。本节将讨论对线性分组码进行修改的主要方法。

7.8.1 缩短和伸长

假设C是一个最小距离为$d_{\min}$的(n,k)线性分组码。C的缩短意味着选择某个$1\leqslant j<k$值，仅考虑最前j比特等于 0 的2^{k-j}个信息序列。由于前j比特没有携带信息，因此可被删除，结果所得的码就是缩短码。该码是$(n-j, k-j)$系统的分组线性码，码率$R_c=\dfrac{k-j}{n-j}$小于原来的码率。由于缩短码是通过去除C码字中的j个 0 产生的，因此，缩短码的最小重量至少与原码的最小重量一样大。当j很大时，缩短码的最小重量通常大于原码的最小重量。

例 7-8-1 某(15,11)汉明码可缩短 3 位而得到一个(12,8)缩短汉明码，该码的信息位为 8 比特（1 字节）。(15,11)码也可以缩短 7 位得到(8,4)缩短汉明码，其奇偶校验矩阵为

$$\boldsymbol{H}=\begin{bmatrix}0&1&1&1&1&0&0&0\\1&0&1&1&0&1&0&0\\1&1&0&1&0&0&1&0\\1&1&1&0&0&0&0&1\end{bmatrix} \tag{7-8-1}$$

此码的最小距离为 4。

例 7-8-2 考虑一个(8,4)线性分组码，其生成矩阵$\boldsymbol{G}$和校验矩阵$\boldsymbol{H}$分别为

$$\boldsymbol{G}=\begin{bmatrix}1&1&1&1&1&1&1&1\\0&1&0&1&1&1&0&0\\0&0&1&0&1&1&1&0\\0&0&0&1&0&1&1&1\end{bmatrix},\qquad \boldsymbol{H}=\begin{bmatrix}1&1&1&1&1&1&1&1\\0&0&0&1&0&1&1&1\\0&0&1&0&1&1&1&0\\0&1&0&0&1&0&1&1\end{bmatrix} \tag{7-8-2}$$

缩短 1 位可得到具有下列生成矩阵$\boldsymbol{G}$和校验矩阵$\boldsymbol{H}$的(7,3)线性分组码。

$$\boldsymbol{G}=\begin{bmatrix}1&0&1&1&1&0&0\\0&1&0&1&1&1&0\\0&0&1&0&1&1&1\end{bmatrix},\qquad \boldsymbol{H}=\begin{bmatrix}1&1&1&1&1&1&1\\0&0&1&0&1&1&1\\0&1&0&1&1&1&0\\1&0&0&1&0&1&1\end{bmatrix} \tag{7-8-3}$$

这两种码的最小距离都是 4。

缩短码可用于不同的应用场合。例如，用于 CD 存储媒介的缩短 RS 码，(255, 251)RS 码被缩短为(32, 28)码。

伸长（Lengthening）一个码是缩短的逆运算。在这里，j位额外信息位被插入码里而形成$(n+j, k+j)$线性分组码，伸长码的码率高于原码。显然，在缩短和伸长过程中，码的校验位数量并没有改变。在例 7-8-2 中，(8,4)码可视为(7,3)码的伸长码。

7.8.2 删余和扩展

删余（Puncturing）是一种用来提高低码率码（Low-Rate Code）码率的流行技术。在对一个(n, k)码进行删余时，信息位数 k 保持不变而码字中的某些码元被删除（删余）。结果得到一个高码率的$(n-j, k)$线性分组码，然而最小距离可能减小。显然，删余码的最小距离不可能大于原码的最小距离。

例 7-8-3 例 7-8-2 中的(8,4)码可以删余成(7,4)码，生成矩阵 $\boldsymbol{G}$ 和校验矩阵 $\boldsymbol{H}$ 分别为

$$\boldsymbol{G}=\begin{bmatrix}1&1&0&1&0&0&0\\0&1&1&0&1&0&0\\0&0&1&1&0&1&0\\0&0&0&1&1&0&1\end{bmatrix},\qquad \boldsymbol{H}=\begin{bmatrix}0&0&1&0&1&1&1\\0&1&0&1&1&1&0\\1&0&0&1&0&1&1\end{bmatrix} \tag{7-8-4}$$

删余的逆运算是扩展，保持 k 固定，增加校验位数目，所得的码的码率下降，然而最小距离至少与原码一样大。

例 7-8-4 一个(7,4)汉明码可以通过增加一个总校验位而扩展，所得的码是(8,4)扩展汉明码，它的奇偶校验矩阵有一个全 1 的行，作为总的奇偶校验。如果原汉明码的奇偶校验矩阵是一个$(n-k)\times n$ 矩阵 $\boldsymbol{H}$，则扩展汉明码的奇偶校验矩阵为

$$\boldsymbol{H}_{\mathrm{e}}=\begin{bmatrix}\boldsymbol{H}&\vdots&\boldsymbol{0}\\\cdots&\cdots&\cdots\\\boldsymbol{1}&\vdots&1\end{bmatrix} \tag{7-8-5}$$

式中，$\boldsymbol{1}$ 代表一个全 1 的 $1\times n$ 行矢量，$\boldsymbol{0}$ 代表一个$(n-k)\times 1$ 全 0 列矢量。

7.8.3 删信和增广

在码的这两种修改中均保持分组长度 n 不变，信息位数减少的修改称为删信（Expurgation），信息位数增加的修改称为增广（Augmentation）。

一个(n, k)线性分组码删信的结果是一个较低码率的$(n, k-j)$码，它的最小距离确保不低于原码的最小距离，这可通过删除生成矩阵的 j 行来实现。增广是删信的逆运算，增广的结果是 2^j 个(n, k)码被合并成一个$(n, k+j)$码。

7.9 循环码

循环码是线性分组码中重要的一类，构建循环码时的附加条件使代数译码复杂度的降低成为可能。BCH 码和 RS 码（Reed-Solomon）是循环码的重要的一类。循环码最早是由普兰奇（Prange，1957）提出的。

7.9.1 循环码定义和基本性质

循环码是线性分组码的一个子集，它满足下列循环移位特性：如果 $\boldsymbol{c}=(c_{n-1}c_{n-2}\cdots c_1c_0)$是某一循环码的码字，那么由 $\boldsymbol{c}$ 中的元素循环移位而得到的$(c_{n-2}\cdots c_1c_0\ c_{n-1})$也是该循环码的一个码字。这就是说，码字 $\boldsymbol{c}$ 的所有循环移位都是码字。由于循环码的循环特性，该码具有许多构造上的特点，可以在编码和解码运算时加以利用。针对循环码已设计出许多有效的编码和硬

判决译码算法，使得含有大量码字的长分组码在通信系统中得以实用。本节的主要目的是简要描述循环码的特性，重点放在两类重要的循环码，即 BCH 码和 RS 码上。

为了方便研究循环码，可将它的码字 $\boldsymbol{c}=(c_{n-1}\,c_{n-2}\cdots c_1\,c_0)$与一个不大于 $n-1$ 次的多项式 $c(X)$ 联系起来，定义为

$$c(X)=c_{n-1}X^{n-1}+c_{n-2}X^{n-2}+\cdots+c_1X+c_0 \tag{7-9-1}$$

对于二进制码，多项式的每个系数不是 0 就是 1。

假定两边乘 X，可得

$$Xc(X)=c_{n-1}X^{n}+c_{n-2}X^{n-1}+\cdots+c_1X^2+c_0X$$

这个多项式不能表示码字，因为它的次数可能等于 n（当 $c^{n-1}=1$ 时）。但如果将 $Xc(X)$ 除以 X^n+1，可得

$$\frac{Xc(X)}{X^n+1}=c_{n-1}+\frac{c^{(1)}(X)}{X^n+1} \tag{7-9-2}$$

式中，

$$c^{(1)}(X)=c_{n-2}X^{n-1}+c_{n-3}X^{n-2}+\cdots+c_0X+c_{n-1}$$

注意，多项式 $c^{(1)}(X)$ 代表码字 $\boldsymbol{c}^{(1)}=(c_{n-2}\cdots c_0\,c_{n-1})$，这正是码字 $\boldsymbol{c}$ 循环移一位后的产物。由于 $c^{(1)}(X)$是 $Xc(X)$除以 X^n+1 的余式，因此

$$c^{(1)}(X)=Xc(X)\bmod(X^n+1) \tag{7-9-3}$$

同样，若 $c(X)$代表循环码的一个码字，那么 $X^ic(X)\bmod(X^n+1)$也一定是该循环码的一个码字，可写成

$$X^ic(X)=Q(X)(X^n+1)+c^{(i)}(X) \tag{7-9-4}$$

式中，余式 $c^{(i)}(X)$表示循环码的一个码字，对应于码字 $\boldsymbol{c}$ 循环右移 i 位的产物，而 $Q(X)$是商。

我们可用一个 $n-k$ 次的生成多项式 $g(X)$来产生一个循环码。一个(n,k)循环码的生成多项式一定是多项式(X^n+1)的因子，其一般形式为

$$g(X)=X^{n-k}+g_{n-k-1}X^{n-k-1}+\cdots+g_1X+1 \tag{7-9-5}$$

再定义一个消息多项式 $u(X)$

$$u(X)=u_{k-1}X^{k-1}+u_{k-2}X^{k-2}+\cdots+u_1X+u_0 \tag{7-9-6}$$

式中，$(u_{k-1}u_{k-2}\cdots u_1u_0)$代表 k 位信息比特。显然，$u(X)\,g(X)$的乘积是一个小于或等于 $n-1$ 次的多项式，它可以代表一个码字。我们注意到，共有 2^k 个这样的多项式 $u_i(X)$，因此从给定的 $g(X)$ 中可以形成 2^k 个的码字。

假定把这些码字写成

$$c_m(X)=u_m(X)g(X),\qquad m=1,2,\cdots,2^k \tag{7-9-7}$$

为了验证式（7-9-7）中的码字满足循环特性，我们考虑式（7-9-7）中任意一个码字 $c(X)$。对 $c(X)$循环移位产生

$$c^{(1)}(X)=Xc(X)+c_{n-1}(X^n+1) \tag{7-9-8}$$

由于 $g(X)$既能整除 X^n+1 和 $c(X)$，又能整除 $c^{(1)}(X)$，所以 $c^{(1)}(X)$可以表示为

$$c^{(1)}(X)=u_1(X)g(X)$$

因此由式（7-9-7）生成的任一码字 $c(X)$循环移位后可以产生另一个码字。

从以上可见，具有循环特性的码字可由单一多项式 $g(X)$乘以 2^k 个消息多项式生成，这个多项式称为(n, k)循环码的生成多项式，它的次数为 $n-k$ 并可整除 X^n+1。由这种方法产生的循环码是矢量空间 S 的一个子空间 S_c，子空间 S_c 的维数是 k。

显然，只要找到一个 $n-k$ 次可整除 X^n+1 的多项式 $g(X)$，就可以找到一个(n, k)循环码，因此设计循环码的问题就相当于寻找 X^n+1 因子。我们已在式（7-1-18）后面对 $n=2^m-1$ 时（m 为某些正整数）的这个问题做过讨论，在这种情况下 X^n+1 的因子对应于 GF(2^m)非 0 共轭元的最小多项式。对于一般的 n 值，X^n+1 因式分解问题已有很多研究结果，有兴趣的读者可参考 Wicker（1995）的图书。表 7-9-1 给出了 X^n+1 的因式，该表是用八进制形式表示的，如 X^3+X^2+1 表示为 001101，相当于八进制表示的 15。

表 7-9-1 X^n+1 的因式［根据 MacWilliams 和 Sloane（1977）］

n	因　式
7	3、15、13
9	3、7、111
15	3、7、31、23、37
17	3、471、727
21	3、7、15、13、165、127
23	3、6165、5343
25	3、37、4102041
27	3、7、111、1001001
31	3、51、45、75、73、67、57
33	3、7、2251、3043、3777
35	3、15、13、37、16475、13627
39	3、7、17075、13617、17777
41	3、5747175、6647133
43	3、47771、52225、64213
45	3、7、31、23、27、111、11001、10011
47	3、75667061、43073357
49	3、15、13、10040001、10000201
51	3、7、661、471、763、433、727、637
55	3、37、3777、7164555、5551347
57	3、7、1341035、1735357、1777777
63	3、7、15、13、141、111、165、155、103、163、133、147、127
127	3、301、221、361、211、271、345、325、235、375、203、323、313、253、247、367、217、357、277

例 7-9-1 考虑一个长度 $n=7$ 的分组码。多项式 X^7+1 中包含以下因式，即

$$X^7+1=(X+1)(X^3+X^2+1)(X^3+X+1) \tag{7-9-9}$$

为了生成一个(7, 4)循环码，可取下面两个多项式之一作为生成多项式

$$g_1(X)=X^3+X^2+1$$

和

$$g_2(X) = X^3 + X + 1$$

由 $g_1(X)$ 和 $g_2(X)$生成的码是等效的。由 $g_1(X) = X^3 + X^2 + 1$ 生成的(7, 4)循环码的码字如表 7-9-2 所示。

表 7-9-2　由生成多项式 $g_1(X)=X^3+X^2+1$ 生成的(7,4)循环码的码字

信息比特				码字						
X^3	X^2	X^1	X^0	X^6	X^5	X^4	X^3	X^2	X^1	X^0
0	0	0	0	0	0	0	0	0	0	0
0	0	0	1	0	0	0	1	1	0	1
0	0	1	0	0	0	1	1	0	1	0
0	0	1	1	0	0	1	0	1	1	1
0	1	0	0	0	1	1	0	1	0	0
0	1	0	1	0	1	1	1	0	0	1
0	1	1	0	0	1	0	1	1	1	0
0	1	1	1	0	1	0	0	0	1	1
1	0	0	0	1	1	0	1	0	0	0
1	0	0	1	1	1	0	0	1	0	1
1	0	1	0	1	1	1	0	0	1	0
1	0	1	1	1	1	1	1	1	1	1
1	1	0	0	1	0	1	1	1	0	0
1	1	0	1	1	0	1	0	0	0	1
1	1	1	0	1	0	0	0	1	1	0
1	1	1	1	1	0	0	1	0	1	1

例 7-9-2　对于分组长度 $n = 25$ 的循环码，为了确定 k 的可能值，可利用表 7-9-1。从表上看，$X^{25}+1$ 的因式有 3、37 和 4102041，它们分别对应 $X+1$、$X^4+X^3+X^2+X+1$ 和 $X^{20}+X^{15}+X^{10}+X^5+1$。

$n-k$ 的可能取值为 1、4、20 和 5、21、24，后者的 3 个值是用两个多项式相乘得出的。对应到 k，则可取值为 24、21、20、5、4 和 1。

一般，多项式 X^n+1 可因式分解为

$$X^n + 1 = g(X)h(X)$$

式中，$g(X)$代表(n, k)循环码的生成多项式，$h(X)$代表 k 次的奇偶校验多项式。利用 $h(X)$还可生成一个对偶码。为此，我们定义 $h(X)$的反多项式（Reciprocal Polynomial）为

$$\begin{aligned} X^k h(X^{-1}) &= X^k (X^{-k} + h_{k-1}X^{-k+1} + h_{k-2}X^{-k+2} +\cdots+h_1X^{-1} + 1) \\ &= 1 + h_{k-1}X + h_{k-2}X^2 +\cdots+h_1X^{k-1} + X^k \end{aligned} \tag{7-9-10}$$

显然，反多项式也是 X^n+1 的一个因式。因此，$X^k h(X^{-1})$是$(n,n-k)$循环码的一个生成多项式，这个$(n, n-k)$对偶码构成了$(n.k)$循环码的零化空间（Null Space）。

例 7-9-3　我们考虑例 7-9-1 中(7, 4)循环码的对偶码，这个码是(7, 3)循环码，与其对应的校验多项式为

$$h_1(X)=(X+1)(X^3+X+1)==X^4+X^3+X^2+1 \tag{7-9-11}$$

反多项式是

$$X^4h_1(X^{-1})=1+X+X^2+X^4$$

此多项式生成了表 7-9-3 所示的(7, 3)对偶码。读者可自行验证：这些(7, 3)对偶码的码字与例 7-9-1 中(7, 4)循环码的码字是正交的。注意，这里的(7, 3)码、(7, 4)码都不是系统码。

表 7-9-3 由生成多项式 $X^4h_1(X^{-1})=X^4+X^2+X+1$ 生成的(7, 3)对偶码

信息比特			码字						
X^2	X^1	X^0	X^6	X^5	X^4	X^3	X^2	X^1	X^0
0	0	0	0	0	0	0	0	0	0
0	0	1	0	0	1	0	1	1	1
0	1	0	0	1	0	1	1	1	0
0	1	1	0	1	1	1	0	0	1
1	0	0	1	0	0	1	1	0	0
1	0	1	1	0	1	1	0	1	1
1	1	0	1	1	0	0	0	1	0
1	1	1	1	1	1	0	1	0	1

下面有必要来说明一下如何从(n, k)循环码的生成多项式获得生成矩阵。正如前面已说明的那样，(n, k)循环码的生成矩阵可以用任何一组线性独立的码字来构成。当给出生成多项式$g(X)$后，比较容易产生 k 个线性独立码字的方法是利用与下列 k 个线性独立多项式对应的码字

$$X^{k-1}g(X),\ X^{k-2}g(X),\ Xg(X),\ g(X)$$

因为任何一个次数小于或等于 $n-1$、能被 $g(X)$整除的多项式都可以用这组多项式的线性组合来表示，所以这组多项式能构成 k 维基底，与之对应的一组码字可以构成(n, k)循环码的 k 维基底。

例 7-9-4 由生成多项式 $g_1(X)=X^3+X^2+1$ 产生的(7, 4)循环码生成矩阵的 4 个行可从下面多项式获得

$$X^i g_1(X)=X^{3+i}+X^{2+i}+X^i,\qquad i=3, 2, 1, 0$$

显然，生成矩阵是

$$\boldsymbol{G}_1=\begin{bmatrix}1&1&0&1&0&0&0\\0&1&1&0&1&0&0\\0&0&1&1&0&1&0\\0&0&0&1&1&0&1\end{bmatrix} \tag{7-9-12}$$

同样，由多项式 $g_2(X)=X^3+X+1$ 产生的(7, 4)循环码的生成矩阵是

$$\boldsymbol{G}_2=\begin{bmatrix}1&0&1&1&0&0&0\\0&1&0&1&1&0&0\\0&0&1&0&1&1&0\\0&0&0&1&0&1&1\end{bmatrix} \tag{7-9-13}$$

$\boldsymbol{G}_1$、$\boldsymbol{G}_2$ 的校验矩阵可以利用各自的反多项式通过同样方法获得（见习题 7.46）。

缩短循环码

从例 7-9-2 和表 7-9-1 可清楚地看到，并不是任意 n、k 值都能设计出一个(n, k)循环码的。在给定参数情况下设计一个循环码，通常方法是先设计一个(n, k)循环码，然后将它缩短 j 比特，从而获得一个$(n-j, k-j)$码。将循环码缩短的方法是把信息序列开头的前 j 比特置 0，不发送它们，结果所得的码称为缩短循环码（尽管它们一般已不是循环码）。当然，通过在接收端插入被取消的 j 个 0 比特，我们可以用为原先循环码设计的任何译码器来译码缩短循环码。缩短 RS 码和循环冗余校验码（Cyclic Redundancy Check，CRC）是使用得非常广泛的缩短循环码，它们常用于计算机通信网中的差错检验。关于 CRC 码的更多细节，可参见 Castagnoli 等（1990）和 Castagnoli 等（1993）的论文。

7.9.2 系统循环码

注意，通过这种方法获得的生成矩阵不是系统形式的。要想从生成多项式构造一个系统形式

$$\boldsymbol{G}=[\boldsymbol{I}_k|\boldsymbol{P}]$$

的循环码生成矩阵，须按如下方法处理。首先我们注意到，$\boldsymbol{G}$ 的第 l 行对应于形式为 $X^{n-l}+R_l(X)$（$l=1, 2,\cdots, k$）的多项式，这里 $R_l(X)$是一个次数小于 $n-k$ 的多项式。上述关系式可用 X^{n-1} 除以 $g(X)$获得。两者相除后得

$$\frac{X^{n-1}}{g(X)}=Q_l(X)+\frac{R_l(x)}{g(X)},\qquad l=1, 2,\cdots,k$$

或等效为

$$X^{n-l}=Q_l(X)g(X)+R_l(X),\qquad l=1, 2,\cdots,k \tag{7-9-14}$$

式中，$Q_l(X)$是商。由于 $X^{n-1}+R_l(X)=Q_l(X)g(X)$，所以 $X^{n-1}+R_l(X)$一定是循环码的一个码字。因此，对应于 $\boldsymbol{G}$ 第 l 行的多项式一定可表示为 $X^{n-1}+R_l(X)$。

例 7-9-5 对于例 7-9-4 讨论过的由生成多项式 $g_2(X)=X^3+X+1$ 产生的(7, 4)循环码，有

$$\begin{aligned}X^6&=(X^3+X+1)g_2(X)+X^2+1\\X^5&=(X^2+1)g_2(X)+X^2+X+1\\X^4&=Xg_2(X)+X^2+X\\X^3&=g_2(X)+X+1\end{aligned}$$

因此，系统形式的生成矩阵是

$$\boldsymbol{G}_2=\begin{bmatrix}1&0&0&0&1&0&1\\0&1&0&0&1&1&1\\0&0&1&0&1&1&0\\0&0&0&1&0&1&1\end{bmatrix} \tag{7-9-15}$$

相应的校验矩阵是

$$\boldsymbol{H}_2=\begin{bmatrix}1&1&1&0&1&0&0\\0&1&1&1&0&1&0\\1&1&0&1&0&0&1\end{bmatrix} \tag{7-9-16}$$

由式（7-9-13）给出的生成矩阵 $\boldsymbol{G}_2$ 与式（7-9-15）给出的系统形式的 $\boldsymbol{G}_2$ 生成的是同一个码字集，这个论断的证明作为一个习题留给读者（见习题 7.16）。

根据式（7-9-14）构成系统形式的生成矩阵的方法也告诉我们：由生成多项式 $g(X)$可直接产生系统码。如果将消息多项式 $u(X)$乘以 X^{n-k}，可得

$$X^{n-k}u(X) = u_{k-1}X^{n-1} + u_{k-2}X^{n-2} + \cdots + u_1X^{n-k+1} + u_0X^{n-k}$$

在系统码中，这个多项式代表码字 $c(X)$的前 k 个消息位，我们还必须在其上再加上一个代表校验比特的、次数低于 $n-k$ 的多项式。如果将 $X^{n-k}u(X)$除以 $g(X)$，结果可得

$$\frac{X^{n-k}u(X)}{g(X)} = Q(X) + \frac{r(X)}{g(X)}$$

即

$$X^{n-k}u(X) = Q(X)g(X) + r(X) \tag{7-9-17}$$

式中，$r(X)$的次数低于 $n-k$。显然，$Q(X)g(X)$是循环码的码字。将 $r(X)$模 2 加到式（7-9-17）的两边，就可得到要求的系统码。

作为一个总结，系统码可通过如下方法产生：

（1）将消息多项式 $u(X)$乘以 X^{n-k}；

（2）将 $X^{n-k}u(X)$除以 $g(X)$得到余式 $r(X)$；

（3）将 $r(X)$加到 $X^{n-k}u(X)$。

下面，我们来看如何用带反馈的移存器（移位寄存器）实现上述运算。

因为 $X^n+1=g(X)h(X)$，等效于 $g(X)h(X)=0 \bmod (X^n+1)$，我们说，多项式 $g(X)$和 $h(X)$是正交的。进一步讲，多项式 $X^ig(X)$和 $X^jh(X)$对于任意 i、j 都是正交的。但从矢量角度来看，与多项式 $g(X)$和 $h(X)$对应的两矢量，只有在其中一个矢量的元素顺序颠倒后两者才正交。这样的说法也同样适用于 $X^ig(X)$和 $X^jh(X)$ 所对应的矢量。事实上，如果采用校验多项式 $h(X)$作为$(n, n-k)$对偶码的生成矩阵的话，所得的码字集与用其反多项式生成的码字集，除码元顺序颠倒外，包含同样的码字。也就是说，从反多项式 $X^kh(X^{-1})$得出的对偶码的生成矩阵同样可以从 $h(X)$间接地得到。由于(n, k)循环码的校验矩阵 $\boldsymbol{H}$ 就是对偶码的生成矩阵，所以 $\boldsymbol{H}$ 也可以从 $h(X)$得到。下面举例来说明这些关系。

例 7-9-6 由 $g_1(X) = X^3 + X^2+1$ 生成的(7, 4)循环码的对偶码是(7, 3)，它是由反多项式 $X^4h_1(X^{-1})=X^4+X^2+X+1$ 得到的。然而，也可用 $h_1(X)$来获得对偶码的生成多项式。在这种情况下，与多项式 $X^ih_1(X)$（i=2, 1, 0）对应的矩阵是

$$\boldsymbol{G}_{h1} = \begin{bmatrix} 1 & 1 & 1 & 0 & 1 & 0 & 0 \\ 0 & 1 & 1 & 1 & 0 & 1 & 0 \\ 0 & 0 & 1 & 1 & 1 & 0 & 1 \end{bmatrix}$$

(7, 3)对偶码的生成矩阵，也就是(7, 4)循环码的校验矩阵，可通过颠倒 $\boldsymbol{G}_{h1}$ 行矢量元素的顺序而得到，即

$$\boldsymbol{H}_1 = \begin{bmatrix} 0 & 0 & 1 & 0 & 1 & 1 & 1 \\ 0 & 1 & 0 & 1 & 1 & 1 & 0 \\ 1 & 0 & 1 & 1 & 1 & 0 & 0 \end{bmatrix}$$

读者可自己验证 $\boldsymbol{G}_1\boldsymbol{H}_1^{\mathrm{t}}=\boldsymbol{0}$。我们注意到，$\boldsymbol{H}_1$ 的列矢量包含了长度为 3、除全 0 外的二进制矢量的所有 7 种可能的组合，这正好符合(7, 4)汉明码校验矩阵的要求。因此，(7, 4)循环码与(7, 4)汉明码等效。

7.9.3 循环码编码器

可以利用生成多项式或者校验多项式，在线性反馈移存器上实现循环码的编码运算。首先来看 $g(X)$的使用。

如前所述，系统循环码的产生分成三个步骤，即消息多项式 $u(X)$乘以 X^{n-k}，所得之积再除以 $g(X)$，最后将余式 $r(X)$加到 $X^{n-k}u(X)$。在这三步中，只有除法是不容易做的。

n–1 次多项式 $A(X)=X^{n-k}u(X)$与多项式

$$g(X)=g_{n-k}X^{n-k}+g_{n-k-1}X^{n-k-1}+\cdots+g_1X+g_0$$

的除法可用如图 7-9-1 所示的 $n-k$ 级反馈移存器来完成，移存器的初始状态为全 0。$A(X)$的系数根据时钟频率移入移存器，从高次系数开始，先是 a_{n-1}，紧接是 a_{n-2}，以此类推，每个时钟频率节拍传入 1 个（比特）系数。经 k 次移位后，商式的第一个非 0 输出是 $q_{k-1}=g_{n-k}a_{n-1}$，接下来的输出根据图 7-9-1 产生。对于输出商式的每一个系数都要进行一次减法，减去 $g(X)$与该系数的积，正如普通长除法一样。这个减法是靠移存器的反馈部分来实现的。这样，用图 7-9-1 所示的反馈移存器就完成了两个多项式的相除。

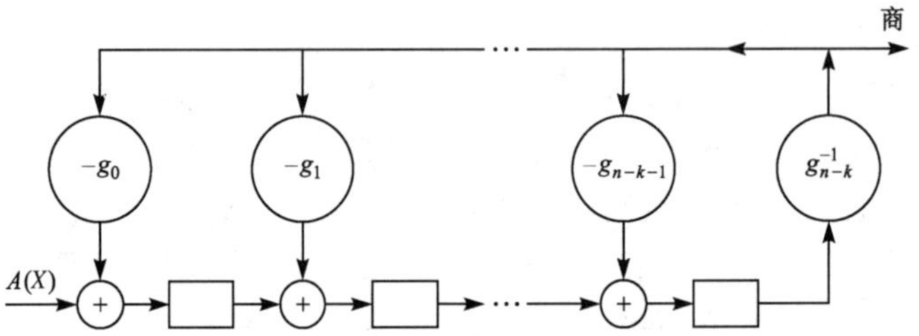

图 7-9-1　多项式 $A(X)$除以 $g(X)$所用的 $n-k$ 级反馈移存器

本例中，$g_{n-k}=g_0=1$，而二进制码的算术运算表现为模 2 运算，于是减法运算可简化为模 2 加。由于码是系统的，我们只对码字的校验位感兴趣。这样，循环码编码器可采用图 7-9-2 所示的结构，编码器的前 k 比特输出直接就是 k 位信息比特，并由于此时开关①处于闭合位置，这 k 比特在输出也按时钟频率同步地进入移存器。值得注意的是，X^{n-k} 和 $u(X)$的多项式乘法也已实现，但不是显式的。在 k 位信息比特全部进入编码器后，两个开关均切换到相反位置。此时，移存器的内容就是 $n-k$ 位校验比特，它对应于余式的系数。这 $n-k$ 位校验比特按时钟频率每节拍输出 1 个比特并送入调制器。

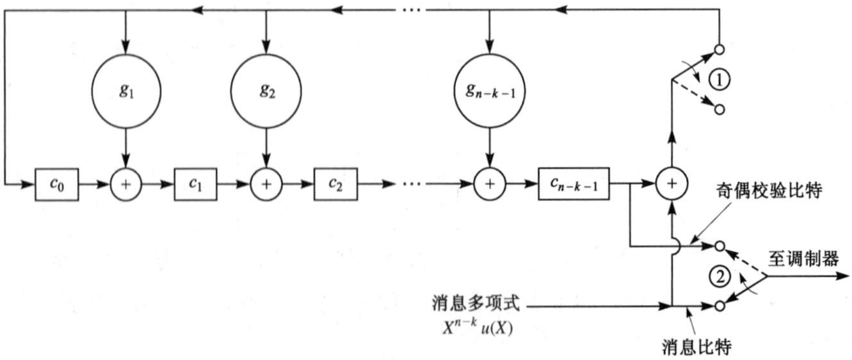

图 7-9-2　利用生成多项式 $g(X)$的循环码编码

例 7-9-7　生成矩阵为 $g(X)=X^3+X+1$ 的(7, 4)循环码，其编码器的移存器结构如图 7-9-3 所示。

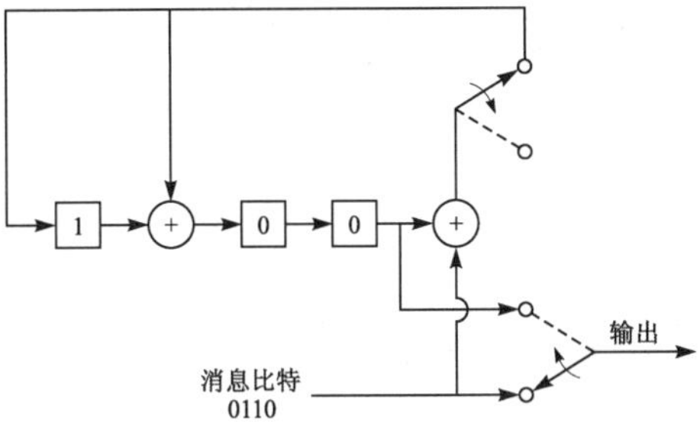

图 7-9-3　生成矩阵为 $g(X)=X^3+X+1$ 的(7, 4)循环码编码器的移存器结构

假设输入的消息比特（Message Bit）是 0110，移存器的内容如下。

输　入	移　位	移存器内容
	0	000
0	1	000
1	2	110
1	3	101
0	4	100

因此，3 个校验位是 100，对应于码字比特 $c_5=0$、$c_6=0$、$c_7=1$。

如果不用生成多项式，也可用校验多项式

$$h(X)=X^k+h_{k-1}X^{k-1}+\cdots+h_1X+1$$

来完成循环码的编码，这样的编码器如图 7-9-4 所示。在开始的 k 个时钟频率节拍，k 个信息比特（Information Bit）移位进入移存器的同时也送到调制器，当所有信息比特都进入移存器后，开关转换到位置 2，移存器运行 $n-k$ 个时钟频率节拍以生成 $n-k$ 个校验比特，如图 7-9-4 所示。

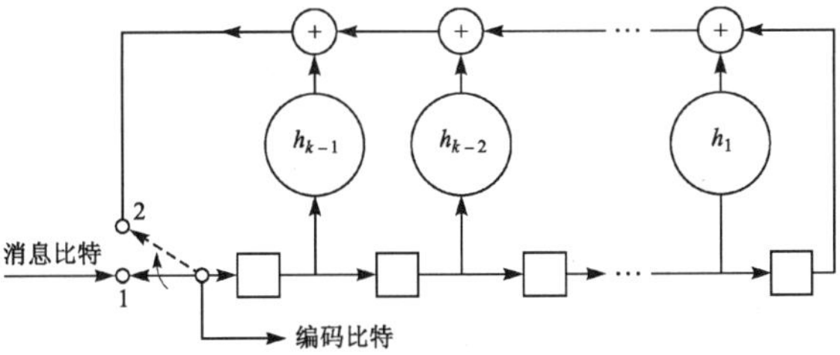

图 7-9-4　基于校验多项式 $h(X)$的(n, k)循环码的编码器

例 7-9-8　由多项式 $g(X)=X^3+X+1$ 生成的(7, 4)循环码，其校验多项式 $h(X)=X^4+X^2+X+1$，基于校验多项式的编码器如图 7-9-5 所示。如果送入编码器的消息比特是 0110，那么不难验证校验比特是 $c_5=0$、$c_6=0$ 和 $c_7=1$。应该注意，当 $n-k<k$ ($k>n/2$)，即属于高效码（$R_c>1/2$）范畴时，基于生成多项式的编码器比较简单；反之，当 $k<n-k$ ($k<n/2$)，即低效码（$R_c<1/2$）范畴时，基于校验多项式的编码器比较简单。

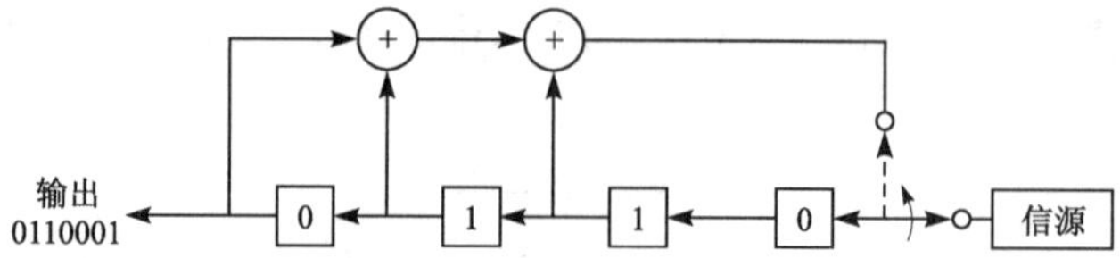

图 7-9-5 基于校验多项式 $h(X)=X^4+X^2+X+1$ 的(7, 4)循环码编码器

7.9.4 循环码的译码

7.5 节描述的伴随式译码也可以用来译循环码，但与一般的线性分组码相比，循环码的结构可使伴随式计算以及利用移存器译码过程的复杂度大大下降。

假设 $\boldsymbol{c}$ 是一个二进制循环码的发送码字，$\boldsymbol{y}=\boldsymbol{c}+\boldsymbol{e}$ 是 BSC 信道模型输出端的接收序列（即经匹配滤波器输出并经二进制量化后的信道输出），以多项式形式可写成

$$y(X)=c(X)+e(X) \tag{7-9-18}$$

由于 $c(X)$是码字，它一定是码生成多项式 $g(X)$的倍式，即 $c(X)=u(X)g(X)$，这里 $u(X)$是一个不超过 $k-1$ 次的多项式。

$$y(X)=u(X)g(X)+e(X) \tag{7-9-19}$$

由此关系式可得出结论

$$y(X)\bmod g(X)=e(X)\bmod g(X) \tag{7-9-20}$$

我们定义 $s(X)=y(X)\bmod g(X)$ 表示 $y(X)$除以 $g(X)$后的余式，$s(X)$称为伴随多项式（Syndrome Polynomial），它是一个次数不大于 $n-k-1$ 的多项式。

为了计算伴随多项式，需要将 $y(X)$除以生成多项式 $g(X)$并计算余式，显然 $s(X)$仅取决于差错图案，而与码字无关。不同的差错图案可能产生相同的伴随多项式，因为伴随多项式的数目是 2^{n-k}，而差错图案的总数是 2^n。最大似然译码要找出最小重量差错图案并计算相应的伴随多项式 $s(X)$，然后将它加到 $y(X)$以获得最大似然的发送码字多项式 $c(X)$。

$y(X)$除以生成多项式 $g(X)$的运算可借助移存器来进行，它执行如前文描述过的除法。接收矢量先移位输进 $n-k$ 级的移存器，如图 7-9-6 所示。所有移存器内容在初始时均置 0，开关在闭合位置 1。在 n 比特接收矢量全部移入寄存器后，$n-k$ 级寄存器存储了伴随多项式的内容，比特编号顺序如图 7-9-6 所示。再将开关置于位置 2，这些比特就可逐位输出。从 $n-k$ 级移存器得到伴随多项式后再进行查表操作，就可确定最大概率的差错矢量。注意，如果该码用于差错检验，那么任何一个非 0 伴随多项式都可检测出一个发送码字的差错。

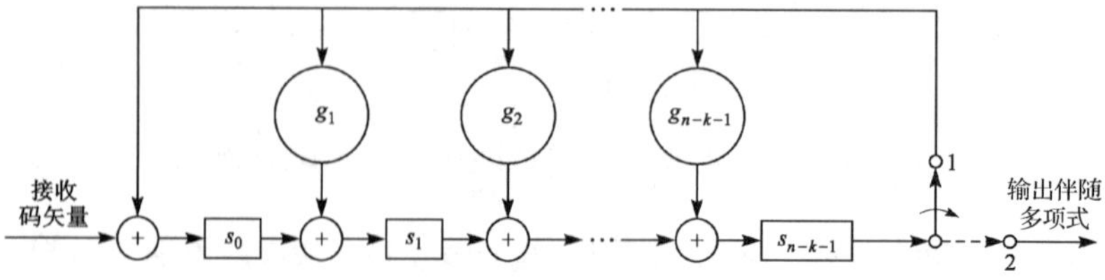

图 7-9-6 计算伴随多项式的 $n-k$ 级移存器

例 7-9-9 考虑一个由多项式 $g(X)=X^3+X+1$ 生成的(7, 4)循环汉明码伴随多项式的计算。假如接收矢量 $\boldsymbol{y}=(1001101)$，将它反馈送入如图 7-9-7 所示的 3 级移存器。经过 7 次移位，移存器里的内

容是 110，它对应于伴随多项式 $\boldsymbol{s}=(011)$，而与此伴随多项式对应的最大概率差错矢量 $\boldsymbol{e}=(0001000)$，因此

$$\hat{\boldsymbol{c}}=\boldsymbol{y}+\boldsymbol{e}=(1000101)$$

式中，信息比特是 1000。

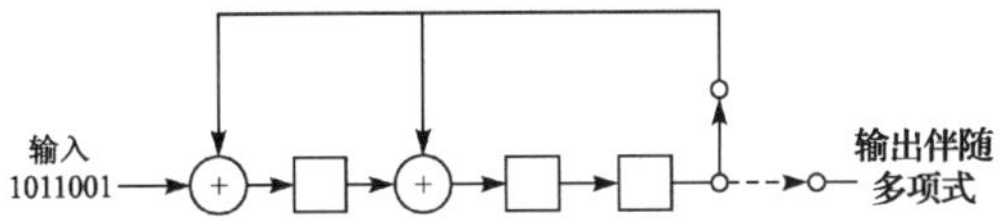

移　　位	移存器内容
0	000
1	100
2	010
3	001
4	010
5	101
6	100
7	110

图 7-9-7　生成多项式 $g(X)=X^3+X+1$、接收矢量 $\boldsymbol{y}=(1001101)$时，(7, 4)循环码伴随多项式的计算

用伴随多项式查表的译码方法只有当 $n-k$ 较小时才是实用的，如 $n-k<10$。对于许多有用和高效的码，这种方法并不实际，比如当 $n-k=20$ 时，码表将有 2^{20}（约 100 万）项。这么大的表格需要大量的存储单元和处理时间，带有大量检验比特的长码采用码表来译码是不现实的。

码的循环结构可用于简化差错多项式的寻找。正如习题 7.54 所示，我们注意到如果 $s(X)$ 是对应于差错序列 $e(X)$的伴随多项式，那么对应于 $e(X)$循环右移后 $e^{(1)}(X)$的伴随多项式是 $s^{(1)}(X)$，其定义为

$$s^{(1)}(X)=Xs(X) \bmod g(X) \tag{7-9-21}$$

这意味着为了获得对应于 $\boldsymbol{y}^{(1)}$的伴随多项式，需将 $s(X)$ 乘上 X 后再除以 $g(X)$，而这相当于将图 7-9-6 所示的移位寄存器（移存器）中的内容在断开输入的情况下右移一位。这也意味着用与由 $\boldsymbol{s}$ 计算 e_{n-1} 同样的组合逻辑电路，就可以从移位后的 $\boldsymbol{s}$，即 $\boldsymbol{s}^{(1)}$，计算出 e_{n-2}。这样的译码器称为梅吉特译码器［Meggitt（1961）］。

梅吉特译码器将接收序列 $\boldsymbol{y}$ 反馈送入伴随多项式计算电路来计算 $s(X)$，再把伴随多项式送入计算 e_{n-1} 的组合逻辑电路，此电路的输出以模 2 形式加到 y_{n-1}。在纠错和伴随多项式循环移位之后，组合电路又进行 e_{n-2} 的计算，这个过程需要重复 n 次。如果差错图案是可纠正的，即它是陪集首之一，译码器就能够纠正此差错。

关于一般循环码的译码器结构，有兴趣的读者可以参阅 Peterson&Weldon（1972）、Lin&Costello（2004）、Blahut（2003）、Wicker（1995）以及 Berlekamp（1968）的著作。

7.9.5　循环码实例

本节将讨论循环码的一些实例，包括曾以一般的线性分组码类型在前面讨论过的循环汉明码、高莱码和最大长度码。循环码最重要的一种类型，即 BCH 码，将在 7.10 节讨论。

1．循环汉明码

循环汉明码（Cyclic Hamming Code）的分组长度 $n=2^m-1$，校验位 $n-k=m$，其中 m 是任意正整数。循环汉明码等效于 7.3.2 节描述过的汉明码。

2．循环高莱码

7.3.6 节描述过的线性(23, 12)高莱码如果用多项式

$$g(X)=X^{11}+X^9+X^7+X^6+X^5+X+1 \tag{7-9-22}$$

生成时，它又是循环码，码字的最小距离 $d_{\min}=7$。

3．最大长度移存器码

最大长度移存器码是循环码的一种，相当于在 7.3.3 节描述过的作为汉明码对偶码的最大长度码。这个循环码的子类符合：

$$(n,k)=(2^m-1,\ m) \tag{7-9-23}$$

式中，m 是正整数。最大长度移存器码的码字通常是基于校验多项式、用带有反馈的 m 级移存器产生的。对于每个要发送的码字，其 m 个信息位送进移存器，开关位置由 1 转换到位置 2。移存器的内容在每个时钟频率节拍向左移一位，共移 2^m-1 次，这种运算产生了所要求的长度为 2^m-1 的系统码。例如，图 7-9-8 中 $m=3$ 的 3 级移存器所产生的码字如表 7-9-4 所列。

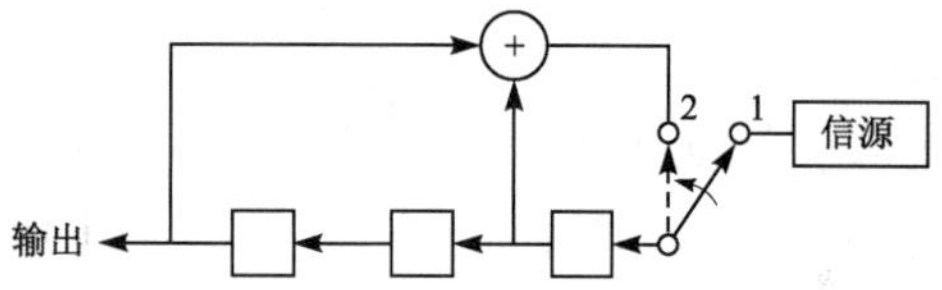

图 7-9-8　3 级（m=3）移存器

表 7-9-4　m=3 的最大长度移存器码

信息比特	码　字
000	0000000
001	0011101
010	0100111
011	0111010
100	1001110
101	1010011
110	1101001
111	1110100

应该指出，除全 0 码字外，移存器产生的所有码字都是某一个码字不同次循环移位的结果。这一点从图 7-9-9 中 m=3 的最大长度移存器的状态图可以很容易地看出来。当移存器置入一个初始值并将其移位 2^m-1 次时，它将循环通过所有 2^m-1 种可能的状态，然后在第 2^m-1 次移位时返回到移存器的起始状态。因此，输出序列是以长度 $n=2^m-1$ 为周期的。因为移存器只有 2^m-1 种可能状态，这个输出长度已是可能的最大周期了，这也解释了为什么 2^m-1 个码字可来自一个码字的不同次循环移位。对于任意正整数 m，最大长度移存器码都存在。表 7-9-5 列出了 $2\leqslant m\leqslant 34$ 时构成最大长度移存器的模 2 加法器各级的连接表。

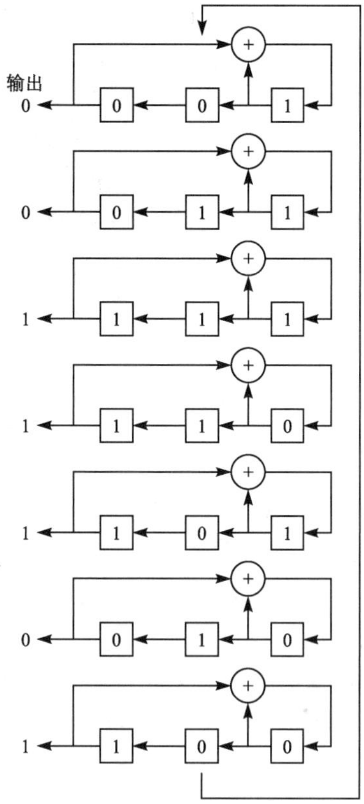

图 7-9-9 m=3 的最大长度移存器的状态图

表 7-9-5 2≤m≤34 时构成最大长度移存器的模 2 加法器各级的连接

m	连到模 2 加法器的级	m	连到模 2 加法器的级	m	连到模 2 加法器的级
2	1、2	13	1、10、11、13	24	1、18、23、24
3	1、3	14	1、5、9、14	25	1、23
4	1、4	15	1、15	26	1、21、25、26
5	1、4	16	1、5、14、16	27	1、23、26、27
6	1、6	17	1、15	28	1、26
7	1、7	18	1、12	29	1、28
8	1、5、6、7	19	1、15、18、19	30	1、8、29、30
9	1、6	20	1、18	31	1、29
10	1、8	21	1、20	32	1、11、31、32
11	1、10	22	1、22	33	1、21
12	1、7、9、12	23	1、19	34	1、8、33、34

最大长度移存器码的码字的另一个特点是：除全 0 码字外的所有码字都含有 2^{m-1} 个 1 和 2^{m-1} 个 0，正如在习题 7.23 中所提到的，因此所有码字都有相同的重量，即 $w=2^{m-1}$；又因为是线性码，所以码重也就是码的最小距离，即

$$d_{\min}=2^{m-1}$$

表 7-9-4 列出的最大长度移存器码与表 7-9-3 列出的(7, 3)码是等同的，后者是表 7-9-2 给出的(7, 4)汉明码的对偶码。最大长度移存器码是$(2^m-1, 2^m-1-m)$循环汉明码的对偶码，生成最大长度移存器码的移存器也可以用来产生一个以长度 $n=2^m-1$ 为周期的二进制周期序列。这个二进制周期序列具有周期性的自相关函数 $R(m)$，当 $m=0, \pm n, \pm 2n\cdots$时，$R(m)=n$，而在所有其他移位时，$R(m)=-1$，正如 12.2.4 节描述的那样，这种脉冲状的自相关说明其功率谱近似白色，序列类似于白噪声。因此，最大长度序列也被称为伪噪声（Pseudo-Noise，PN）序列，在数据扰码和扩频信号生成中得到实际的应用，这些将在第 12 章中论述。

7.10 BCH 码

BCH（Bose-Chaudhuri-Hocquenghem）码是循环码中重要的一种，它可以是二进制码，也可以是非二进制码。BCH 码具有丰富的代数结构，使它有可以采用高效的代数译码算法。此外，BCH 码设计参数（码率和码长）的取值范围宽且易于查表获取，对于中、低码长的分组码，BCH 码是最常用的码之一。

本节对 BCH 码的讨论比较简要，有兴趣了解细节和证明过程的读者可参见编码理论的经典教材，如 Wicker（1995）、Lin & Costello（2004）、Berlekamp（1968），以及 Peterson & Weldon（1972）。

7.10.1 BCH 码的结构

BCH 是循环码的一类，是由 Bose Ray-Chaudhuri（1960a，1960b）和 Hocquenghem（1959）分别提出的。

由于 BCH 码是循环码，因此可以借助生成多项式 $g(X)$来描述。本节仅讨论二进制 BCH 的一种特定类型，称为本原二进制 BCH（Primitive Binary BCH）码。这类码的码长是 $n=2^m-1$（$m\geqslant 3$ 整数），设计时确保检错能力为 t（$t<2^{m-1}$）。事实上对于任何两个正整数 $m\geqslant 3$ 和 $t<2^{m-1}$ 都可以设计出一个参数满足下列关系的 BCH 码。

$$n=2^m-1,\qquad n-k\leqslant mt,\qquad d_{\min}\geqslant 2t+1 \tag{7-10-1}$$

第一个等式决定了码长；第二个不等式指出了码校验位数量的上边界；第三个不等式表明该码至少能纠 t 个差错，结果所得到的码称为纠 t 差错 BCH 码，尽管该码实际上可能纠正多于 t 个差错。

BCH 码生成多项式的产生

为了设计一个纠 t 差错的本原二进制 BCH 码，首先要选择一个 GF(2^m)域的本原元 α。BCH 码生成多项式 $g(X)$定义为 GF(2)上以 $\alpha, \alpha^2, \alpha^3, \cdots, \alpha^{2t}$ 为根的最低次多项式 $g(X)$。

利用 7.1.1 节关于域元素最小多项式的定义及式（7-1-12）可知，以 $\beta\in$GF(2)为根的任何 GF(2)域上的多项式都能被 β 的最小多项式$\varphi_\beta(X)$ 整除。因此 $g(X)$ 必然能被$\varphi_{\alpha^i}(X)$（$1\leqslant i\leqslant 2t$）整除。由于 $g(X)$ 是具备这种性质的最低次多项式，因此

$$g(X)=\mathrm{LCM}\{\varphi_{\alpha^i}(X),\ 1\leqslant i\leqslant 2t\} \tag{7-10-2}$$

式中，LCM 表示$\varphi_{\alpha^i}(X)$的最小公倍式。同时还注意到，$\varphi_{\alpha^i}(X)$在 $i=1, 2, 4\cdots$时是同一个，因

为 $\alpha, \alpha^2, \alpha^4\cdots$是共轭元，具有相同的最小多项式；$\alpha^3, \alpha^6, \alpha^{12}\cdots$同样也是如此。因此在表示 $g(X)$ 时只要考虑 α 的奇数次幂就可以了，即

$$g(X)=\text{LCM}\{\varphi_{\alpha}(X),\ \varphi_{\alpha^3}(X),\ \varphi_{\alpha^5}(X),\cdots,\ \varphi_{\alpha^{2t-1}}(X)\} \quad (7\text{-}10\text{-}3)$$

又因为$\varphi_{\alpha^i}(X)$的次数不会超过 m，$g(X)$至多只有 mt 次，因此 $n-k\leqslant mt$。

假设 $c(X)$ 是所设计 BCH 码的码多项式，由循环码特性可知 $g(X)$是 $c(X)$的因子，因此所有 α^i（$1\leqslant i\leqslant 2t$）都是 $c(X)$的根，即对于任何码多项式 $c(X)$，都有

$$c(\alpha^i)=0, \qquad 1\leqslant i\leqslant 2t \quad (7\text{-}10\text{-}4)$$

式(7-10-4)给出的条件是判定一个低于 n 次的多项式是 BCH 码生成多项式的充分和必要条件。

例 7-10-1 为了设计一个码长 $n=15$（$m=4$）、纠单个差错（$t=1$）的 BCH 码，选择 GF(2^4)上的一个本原元 α，α 的最小多项式是一个 4 次的本原多项式。

从表 7-1-5 可知，$g(X)=\varphi_{\alpha}(X)=X^4+X+1$，因此 $n-k=4$ 及 $k=11$。由于 $g(X)$的重量是 3，可知 $d_{\min}\geqslant 3$。上述条件加上式（7-10-1）的 $d_{\min}\geqslant 2t+1=3$ 的条件，可得出 $d_{\min}=3$。所以码长 15、纠单个差错的 BCH 码是 $d_{\min}=3$ 的(15, 11)码。实际上，这也是一个循环汉明码。一般，循环汉明码就是纠单个差错的 BCH 码。

例 7-10-2 为了设计一个码长 $n=15$（$m=4$）、纠 4 个差错（$t=4$）的 BCH 码，我们首先选择 GF(2^4)域上的一个本原元 α，α 的最小多项式是 $g(X)=\varphi_{\alpha}(X)=X^4+X+1$，还需要找出 α^3、α^5 和 α^7 的最小多项式。

从例 7-1-5 可得，$\varphi_{\alpha^3}=X^4+X^3+X^2+X+1$、$\varphi_{\alpha^5}=X^2+X+1$ 以及 $\varphi_{\alpha^7}(X)=X^4+X^3+1$，因此

$$\begin{aligned} g(X)&=(X^4+X+1)(X^4+X^3+X^2+X+1)(X^2+X+1)(X^4+X^3+1)\\ &=X^{14}+X^{13}+X^{12}+X^{11}+X^{10}+X^9+X^8+X^7+X^6+X^5+X^4+X^3+X^2+X+1 \end{aligned} \quad (7\text{-}10\text{-}5)$$

所以 $n-k=14$ 及 $k=1$，结果所得码是 $d_{\min}=15$ 的(15, 1)重复码。注意，这个码设计目标是纠正 4 个差错，但它实际可纠正 7 个差错。

例 7-10-3 为了设计一个码长 $n=15$（$m=4$）、纠 2 个差错的 BCH 码，我们需要 α 和 α^3 两个最小多项式。α 的最小多项式是 $g(X)=\varphi_{\alpha}(X)=X^4+X+1$ 从例 7-1-5 知$\varphi_{\alpha^3}=X^4+X^3+X^2+X+1$，因此

$$g(X)=(X^4+X+1)(X^4+X^3+X^2+X+1)=X^8+X^7+X^6+X^4+1 \quad (7\text{-}10\text{-}6)$$

所以 $n-k=8$ 以及 $k=7$，结果得到一个 $d_{\min}=5$ 的(15,7) BCH 码。

表 7-10-1 列出码长为 $7\leqslant n\leqslant 255$ 的 BCH 码生成多项式的系数，相当于 $3\leqslant m\leqslant 8$，系数以八进制形式给出，最左边的数字表示生成多项式最高次的项。例如，(15, 5)BCH 码的生成多项式系数是 2467，转换成二进制形式是 010100110111，于是生成多项式是 $g(X)=X^{10}+X^8+X^5+X^4+X^2+X+1$。Peterson & Weldon（1972）给出了一张范围更大的 BCH 码生成多项式表，上面列出了 $m\leqslant 34$ 时 $X^{2m-1}+1$ 的多项式因式。

根据表 7-10-1 来考虑一组包含三个参数(n, k, t)的 BCH 码系列，要求其码率近似为 1/2。这组码包括(7, 4, 1)、(15, 8, 2)、(31, 16, 3)、(63, 30, 6)、(127, 64, 10)和(255, 131, 18)码。我们看到，在码率几乎不变的情况下，纠错能力与码长的比值 t/n 随着 n 的增大而减小。事实上，对于一定码率的所有 BCH 码，随着码长的增大，可纠正差错与 n 的比值趋于 0。这个结论表明 BCH 码的渐近特性是很糟糕的，对于大 n 的 BCH 码，它们的 δ_n 值降到了 Varshamov-Gilbert 界以下。但我们应记住这是发生在 n 值很大的情况下，对于中、小 n 值，BCH 码仍是最常用的码之一，它的高效译码算法是有名的。

表 7-10-1　码长为 7≤n≤255 的 BCH 码生成多项式系数(八进制形式)

n	k	t	g(X)
7	4	1	13
15	11	1	23
	7	2	721
	5	3	2467
31	26	1	45
	21	2	3551
	16	3	107657
	11	5	5423325
	6	7	313365047
63	57	1	103
	51	2	12471
	45	3	1701317
	39	4	166623567
	36	5	1033500423
	30	6	157464165547
	24	7	17323260404441
	18	10	1363026512351725
	16	11	6331141367235453
	10	13	472622305527250155
	7	15	5231045543503271737
127	120	1	211
	113	2	41567
	106	3	11554743
	99	4	3447023271
	92	5	624730022327
	85	6	130704476322273
	78	7	26230002166130115
	71	9	6255010713253127753
	64	10	1206534025570773100045
	57	11	335265252057050535177 21
	50	13	54446512523314012421501421
	43	14	17721772213651227521220574343
	36	15	3146074666522075044764574721735
	29	21	403114461367670603667530141176155
	22	23	123376070404722522435445626637647043
	15	27	22057042445604554770523013762217604353
	8	31	7047264052751030651476224271567733130217
255	247	1	435
	239	2	267543
	231	3	156720665
	223	4	75626641375
	215	5	23157564726421
	207	6	16176560567636227
	199	7	7633031270420722341
	191	8	2663470176115333714567
	187	9	52755313540001322236351
	179	10	22624710717340432416300455
	171	11	15416214212342356077061630 67
	163	12	7500415510075602551574724514601
	155	13	3757513005407665015722506464677633
	147	14	1642130173537165525304165305441011711
	139	15	461401732060175561570722730247453567445
	131	18	215713331471510151261250277442142024165471
	123	19	120614052242066003717210326516141226272506267
	115	21	60526665572100247263636404600276352556313472737
	107	22	22205772322066256312417300235347420176574750154441
	99	23	10656667253473174222741416201574332252411076432303431
	91	25	6750265030327444172723631724732511075550762720724344561
	87	26	110136763414743236435231634307172046206722545273311721317
	79	27	66700035637657500020270344207366174621015326711766541342355
	71	29	24024710520644321515554172112331163205444250362557643221706035
	63	30	10754475055163544325315217357707003666111726455267613656702543301
	55	31	7315425203501100133015275306032054325414326755010557044426035473617
	47	42	2533542017062646563033041377406233175123334145446045005066024552543173
	45	43	15202056055234161131101346376423701563670024470762373033202157025051541
	37	45	5136330255067007414177447447245437530420735706174323432347644354737403044003
	29	47	3025715536673071465527064012361377115342242324201174114060254757410403565037
	21	55	1256215257060332656001773153607612103227341405653074542521153121614466513473725
	13	59	464173200505256454442657371425006600433067744547656140317467721357026134460500547
	9	63	15726025217472463201031043255355134614162367212044074545112766115547705561677516057

7.10.2 BCH码译码

由于BCH码是循环码，因而用于循环码的任何算法也适合BCH码。比如，BCH码也能采用梅吉特译码器译码。然而，BCH因其特有的结构使之能采用更为有效的译码算法，特别是当码长较大时。

假设码字 $\boldsymbol{c}$ 对应于码多项式 $c(X)$，由式（7-10-4）知，对于 $1 \leqslant i \leqslant 2t$，有 $c(\alpha^i)=0$。又假设差错多项式是 $e(X)$ 以及接收多项式为 $y(X)$，则

$$y(X)=c(X)+e(X) \tag{7-10-7}$$

将 $y(X)$ 在 α^i 时的值表示为 S_i，即定义伴随多项式为

$$S_i=y(\alpha^i)=c(\alpha^i)+e(\alpha^i)=e(\alpha^i), \qquad 1 \leqslant i \leqslant 2t \tag{7-10-8}$$

显然，如果 $e(X)$ 等于0或者等于一个非0码字，伴随多项式将都是全0。伴随多项式可以用 $GF(2^m)$ 域的运算通过接收系列 $\boldsymbol{y}$ 算出。

假设在传输码字 $\boldsymbol{c}$ 的过程中产生了 v 个差错，这里 $v \leqslant t$，这些差错的位置用 $j_1, j_2, \cdots, j_v$ 表示，不失一般性，可以假设 $0 \leqslant j_1 < j_2 < \cdots < j_v \leqslant n-1$。因此

$$e(X)=X^{j_v}+X^{j_{v-1}}+\cdots+X^{j_2}+X^{j_1} \tag{7-10-9}$$

由式（7-10-8）和式（7-10-9），可得

$$\begin{aligned} S_1 &= \alpha^{j_1}+\alpha^{j_2}+\cdots+\alpha^{j_v} \\ S_2 &= (\alpha^{j_1})^2+(\alpha^{j_2})^2+\cdots+(\alpha^{j_v})^2 \\ &\cdots \\ S_{2t} &= (\alpha^{j_1})^{2t}+(\alpha^{j_2})^{2t}+\cdots+(\alpha^{j_v})^{2t} \end{aligned} \tag{7-10-10}$$

这是由 $2t$ 个方程、v 个未知数组成的方程组，即未知数为 $j_1, j_2, \cdots, j_v$，或等效于 α^{j_i}（$1 \leqslant i \leqslant v$）。求解方程组的任何方法都可以应用在此以求出未知数 α^{j_i}，并进一步求出差错位置 $j_1, j_2, \cdots, j_v$。一旦差错位置确定，就可以改变这些位置上的接收比特从而找到发送码字 $\boldsymbol{c}$。

通过定义差错位置数（Error Location Number）$\beta_i=\alpha^{j_i}$ $(1 \leqslant i \leqslant v)$，式（7-10-10）可变为

$$\begin{aligned} S_1 &= \beta_1+\beta_2+\cdots+\beta_v \\ S_2 &= \beta_1^2+\beta_2^2+\cdots+\beta_v^2 \\ &\cdots \\ S_{2t} &= \beta_1^{2t}+\beta_2^{2t}+\cdots+\beta_v^{2t} \end{aligned} \tag{7-10-11}$$

解方程组求出 β_i（$1 \leqslant i \leqslant v$）后，差错位置也就可以确定了。显然，$\beta_i$ 是 $GF(2^m)$ 域的元素，解方程需要进行 $GF(2^m)$ 域上的运算。这个方程组一般有多个解，但在最大似然（最小汉明距离）译码时我们感兴趣的是具有最少 β 数量的解。

为了解这些方程，引入如下差错位置多项式

$$\sigma(X)=(1+\beta_1 X)(1+\beta_2 X)\cdots(1+\beta_v X)=\sigma_v X^v+\sigma_{v-1}X^{v-1}+\cdots+\sigma_1 X+\sigma_0 \tag{7-10-12}$$

它的根是 β_i^{-1}（$1 \leqslant i \leqslant v$），找到多项式的这些根就能确定差错位置。欲求解 $\sigma(X)$ 必先确定 σ_i（$0 \leqslant i \leqslant v$），这样才能求出根，进而确定差错位置。展开式（7-10-12）可得下列方程组

$$\begin{aligned} \sigma_0 &= 1 \\ \sigma_1 &= \beta_1+\beta_2+\cdots+\beta_v \\ \sigma_2 &= \beta_1\beta_2+\beta_1\beta_3+\cdots+\beta_{v-1}\beta_v \\ &\cdots \\ \sigma_v &= \beta_1\beta_2\cdots\beta_v \end{aligned} \tag{7-10-13}$$

利用式（7-10-10）和式（7-10-13），可得出下列一组伴随多项式和 $\sigma(X)$系数的关系式

$$
\begin{aligned}
&S_1+\sigma_1=0\\
&S_2+\sigma_1 S_1+2\sigma_2=0\\
&S_3+\sigma_1 S_2+\sigma_2 S_1+3\sigma_3=0\\
&\qquad\cdots\\
&S_v+\sigma_1 S_{v-1}+\cdots+\sigma_{v-1}S_1+v\sigma_v=0\\
&S_{v+1}+\sigma_1 S_v+\cdots+\sigma_{v-1}S_2+\sigma_v S_1=0
\end{aligned}
\tag{7-10-14}
$$

我们需要找到系数满足方程组的最低次多项式 $\sigma(X)$，确定 $\sigma(X)$后还要找出根 β_i^{-1}，再从 β_i^{-1}确定差错的位置。注意，在找到最低次多项式 $\sigma(X)$后，只要简单地将域元素 2^m 代入多项式就可找出 GF(2^m) 上的根。

BCH 码的 Berlekamp-Massey 迭代译码算法

迄今为止，已有多种求解式（7-10-14）的算法，这里仅讨论著名的 Berlekamp-Massey 算法，它是由伯利坎普（Berlekamp，1968）和梅西（Massey，1969）提出的。这里介绍的算法基于 Lin & Costello（2004）的教材，感兴趣的读者可参阅 Lin & Costello（2004）、Berlekamp（1968）、Peterson & Weldon（1972）、MacWilliams & Sloane（1977）、Blahut（2003）以及 Wicker（1995）以了解细节和证明过程。

为了实现 Berlekamp-Massey 算法，首先求满足式（7-10-14）第一个方程的最低次多项式 $\sigma^{(1)}(X)$ ，然后试验 $\sigma^{(1)}(X)$是否满足式（7-10-14）的第二个方程。如果满足第二个方程，则置 $\sigma^{(2)}(X)=\sigma^{(1)}(X)$；否则将修正项引入 $\sigma^{(1)}(X)$ ，得到满足前两个方程的最低次多项式 $\sigma^{(2)}(X)$。这个步骤持续进行，直到获得一个满足全部方程的最低次多项式为止。

一般，如果

$$
\sigma^{(\mu)}(X)=\ \sigma_{l_\mu}^{(\mu)}x^{l_\mu}+\sigma_{l_{\mu-1}}^{(\mu)}x^{l_{\mu-1}}+\cdots+\sigma_2^{(\mu)}x^2+1 \tag{7-10-15}
$$

是满足式（7-10-14）前 μ 个方程的最低次多项式，为了求得 $\sigma^{(\mu+1)}(X)$，我们计算第 μ 次偏差（Discrepancy），用 d_μ 表示，其值为

$$
d_\mu=S_{\mu+1}+\sigma_1{}^{(\mu)}S_\mu+\sigma_2{}^{(\mu)}S_{\mu-1}+\cdots+\sigma_{l_\mu}^{(\mu)}S_{\mu+1-l_\mu} \tag{7-10-16}
$$

若 $d_\mu=0$，则无须修正，此时满足第 μ+1 次等式的 $\sigma^{(\mu)}(X)$正是式（7-10-14）所要求的。在这种情况下我们令

$$
\sigma^{(\mu+1)}(X)=\sigma^{(\mu)}(X) \tag{7-10-17}
$$

若 $d_\mu\neq 0$，则需要修正。在这种情况下，$\sigma^{(\mu+1)}(X)$ 由下式给出

$$
\sigma^{(\mu+1)}(X)=\sigma^{(\mu)}(X)+d_\mu d_\rho{}^{-1}\sigma^{(\rho)}(X)X^{\mu-\rho} \tag{7-10-18}
$$

式中，选择 $\rho<\mu$ 使 $d_\rho\neq 0$ ，且在所有 ρ 的可取范围内令 $\rho-l_\rho$ 最大化 [l_ρ 是 $\sigma^{(\rho)}(X)$的次数]。

由式（7-10-18）给出的多项式是满足式（7-10-14）前 μ+1 个方程的最低次多项式。这个过程一直持续，直到推导出 $\sigma^{(2t)}(X)$为止。这个多项式的次数决定了差错个数，并如前所述，它的根可以用来确定差错位置。如果 $\sigma^{(2t)}(X)$的次数大于 t，说明接收序列中的差错个数大于 t，此时差错不可纠正。

如果从表 7-10-2 开始迭代，则 Berlekamp-Massey 算法可进行得更顺利些。

例 7-10-4 考虑在例 7-10-3 中设计的纠正 2 个差错的 BCH 码，假设在 BSC 信道输出端的二进制接收序列是

$$\boldsymbol{y} = (0, 0, 0, 0, 0, 0, 0, 0, 0, 0, 0, 1, 0, 0, 1)$$

对应的接收多项式是 $y(X) = X^3 + 1$，计算伴随多项式，可得

$$\begin{aligned} S_1 &= \alpha^3 + 1 = \alpha^{14} \\ S_2 &= \alpha^6 + 1 = \alpha^{13} \\ S_3 &= \alpha^9 + 1 = \alpha^7 \\ S_4 &= \alpha^{12} + 1 = \alpha^{11} \end{aligned} \tag{7-10-19}$$

这里利用了表 7-1-6。至此，根据式（7-10-16）到式（7-10-18），填写表 7-10-2 的条件均已具备，填表的结果见表 7-10-3。

表 7-10-2 Berlekamp-Massey 算法

μ	$\sigma^{(\mu)}(X)$	d_μ	l_μ	$\mu - l_\mu$
−1	1	1	0	−1
0	1	S_1	0	0
1	$1+S_1X$			
2				
…				
$2t$				

表 7-10-3 例 7-10-4 中 Berlekamp-Massey 算法的实现

μ	$\sigma^{(\mu)}(X)$	d_μ	l_μ	$\mu - l_\mu$
−1	1	1	0	−1
0	1	α^{14}	0	0
1	$1+\alpha^{14}X$	0	1	0
2	$1+\alpha^{14}X$	α^2	1	1
3	$1+\alpha^{14}X+\alpha^3X^2$	0	2	1
4	$1+\alpha^{14}X+\alpha^3X^2$		2	2

于是可得 $\sigma(X) = 1 + \alpha^{14}X + \alpha^3X^2$，又因多项式的次数为 2，它对应一个可纠正的差错图案。可将 $GF(2^4)$域的元素逐一代入此式，通过检验找出 $\sigma(X)$的根，这就得到 1 和 α^{12} 两个根。由于根是差错位置数的倒数（Reciprocal），因此差错位置数是 $\beta_1 = \alpha^0$ 和 $\beta_2 = \alpha^3$，据此得出位置 $j_1 = 0$ 和 $j_2 = 3$。根据式（7-10-9）可知，差错多项式是 $e(X) = 1 + X^3$，以及检测后的码字 $c(X) = y(X) + e(X) = 0$，即译码为全 0 码字。

7.11 里德-所罗门码

里德-所罗门（RS）码是实践中应用最广泛的码之一，常用于通信系统，特别是数据存储系统。RS 码是非二进制 BCH 码的一类，由 Reed 和 Solomon（1960）最先提出。正如我们已经看到的，这类码达到了 Singleton 界，属于 MDS 类码。

回忆码长 $n = 2^m-1$ 二进制 BCH 的构建，我们先选取一个 $GF(2^m)$域上的本原元，然后找出 α^i（或 $1 \leqslant i \leqslant 2t$）对应的最小多项式。在 7.1.1 节定义的最小多项式的表示只是一般最小多项式在某个子域里的特殊情况，我们定义 $\beta \in GF(2^m)$的最小值为 GF(2)域上的最低次多项式，β 是其根之一，这是在 GF(2)域上最小多项式的定义。如果抛弃最小多项式必须定义在 GF(2)域上的限制，我们可以找到更低次的最小多项式。一个极端的情况是在 $GF(2^m)$域上定义一个 $\beta \in GF(2^m)$的最小多项式，这种情况下我们要在 $GF(2^m)$域上寻找以 β 为根的最低次多项式。显然，$X + \beta$ 是满足条件的多项式。

RS 码是可纠正 t 个差错的 2^m 进制 BCH 码，码字长度 $N=2^m-1$ 符号（即 mN 位二进制数）[①]。为了设计 RS 码，我们选择 $\alpha\in GF(2^m)$作为本原元并寻找 α^i（$1\leqslant i\leqslant 2t$）在 GF (2^m)域上的最小多项式，这个多项式显然具有 $X+\alpha^i$ 的形式。因此生成多项式 $g(X)$为

$$\begin{aligned} g(X) &= (X+\alpha)(X+\alpha^2)(X+\alpha^3)\cdots(X+\alpha^{2t}) \\ &= X^{2t}+g_{2t-1}X^{2t-1}+\cdots+g_1X+g_0 \end{aligned} \tag{7-11-1}$$

式中，$g_i\in GF(2^m)$，$0\leqslant i\leqslant 2t-1$，即 $g(X)$是 $GF(2^m)$域上的多项式。由于 α^i（$1\leqslant i\leqslant 2t$）是 $GF(2^m)$域上的非 0 元素，它们都是 $X^{2^m-1}+1$ 的根。因此 $g(X)$是 $X^{2^m-1}+1$ 的因式，它是一个 2^m 进制码的生成多项式，该码码长 $N=2^m-1$，且 $N-K=2t$。注意，$g(X)$的重量不可能小于码的最小距离 $D_{\min}$；而根据式（7-10-1），$D_{\min}$ 至少是 $2t+1$。这意味着式（7-11-1）中没有一个 g_i 可以是 0，以此生成的码的最小重量等于 $2t+1$，所以该码的最小距离

$$D_{\min}=2t+1=N-K+1 \tag{7-11-2}$$

这就证明了此码是最大距离可分码（MDS）。

从以上讨论可得出结论：RS 码是 2^m 进制的$(2^m-1,\ 2^m-2t-1)$BCH 码，最小距离 $D_{\min}=2t+1$，这里 m 是大于等于 3 的任意正整数，$1\leqslant t\leqslant 2^{m-1}-1$。于是，可以根据 m 和码的最小距离 $D_{\min}$ 来定义 RS 码，它是 $N=2^m-1$、$K=N-D_{\min}$（$3\leqslant D_{\min}\leqslant n$）的 2^m 进制 BCH 码。

例 7-11-1 设计一个码长 $n=15$、可纠正 3 个差错的 RS 码。我们注意到 $N=15=2^4-1$，因此有 $m=4$ 及 $t=3$。选择 $\alpha\in GF(2^4)$ 作为本原元，利用式（7-11-1）可得

$$\begin{aligned} g(X) &= (X+\alpha)(X+\alpha^2)(X+\alpha^3)(X+\alpha^4)(X+\alpha^5)(X+\alpha^6) \\ &= X^6+\alpha^{10}X^5+\alpha^{14}X^4+\alpha^4X^3+\alpha^6X^2+\alpha^9X+\alpha^6 \end{aligned} \tag{7-11-3}$$

这是一个 $GF(2^4)$域上可纠正 3 个差错的(15,8)RS 码，该码码长 15 位，每码元是一个 2^4 进制的符号。若用二进制来表示码字，则码字的长度是 60。

一个流行的 RS 码是 $GF(2^8)$域上的(255, 223)码，该码的最小距离 $D_{\min}=255-223+1=33$，能够纠正 16 个符号差错（Symbol Error）。如果这些差错是分散的，在最坏的情况下该码可纠正 16 比特差错（Bit Error）。另一方面，如果这些差错是成串发生的，即通常所说的突发差错，那么此码可纠正任何长度为 $14\times 8+2=114$ 比特的突发差错。某些长度为 $16\times 8=128$ 比特的突发差错也能被此码纠正，这就是为什么 RS 码在突发差错信道特别受重视的原因。这些突发差错信道包括衰落信道以及存储信道，在这些信道中，刮痕和制造上的缺陷通常会损伤一串比特。RS 码在本章后面将讨论的级联码中也有广泛应用。

由于 RS 码是 BCH 码，用于译 BCH 码的任何方法都可以用来译 RS 码。例如，Berlekamp-Massey 算法也可以用来译 RS 码，唯一不同的是在确定了差错位置后还要确定差错值。这一步对二进制 BCH 码而言是不需要的，因为在这种情况下任何差错值都是 1，它将 0 变成 1 以及 1 变成 0。而非二进制 BCH 码的情况就不是这样了，差错值可以是 $GF(2^m)$域中任何非 0 值，必须要确定它。确定差错值的方法不在我们的讨论范围之内，有兴趣的读者可参考 Lin&Costello（2004）。

RS 码一个令人感兴趣的性质是其重量枚举函数是已知的。一般，一个符号集来自 $GF(q)$、码长 $N=q-1$、最小距离为 $D_{\min}$ 的 RS 码的重量分布多项式是

① RS 码一般定义在 $GF(p^m)$域，用 N（符号）表示 RS 码的码字长度，K 表示信息符号数，最小距离用 $D_{\min}$ 表示。

$$A_i = \binom{N}{i} N \sum_{j=0}^{i-D_{\min}} (-1)^j \binom{i-1}{j} (N+1)^{i-j-D_{\min}}, \qquad D_{\min} \leqslant i \leqslant N \tag{7-11-4}$$

为了传输 2^m 个可能的符号，一个非二进制码被确定地对应到一个 M 进制调制上，特别是 M 进制的正交符号，如 M 进制 FSK 是经常被使用的。2^m 进制符号集的 2^m 个符号中的每一个都被映射到 $M=2^m$ 个正交信号之一。这样，发送 N 个正交信号才能完成一个码字的传输，而每个信号都选自 $M=2^m$ 个可能信号的符号集。

针对被 AWGN 损伤了的信号，最佳解调器由 M 个匹配滤波器（或互相关器）组成，它的输出以软判决译码或者以硬判决译码形式送入译码器。如果解调器是硬判决译码，符号差错概率 P_M 和码参数就足以断定译码器译码的性能。事实上，调制器、AWGN 信道和解调器构成一个等效的离散（M 进制）输入、离散（M 进制）输出、对称无记忆信道，它的特性由转移概率 $P_c = 1 - P_M$ 和 $P_M/(M-1)$ 来决定。这种信道模型如图 7-11-1 所示，是 BSC 的广义化。

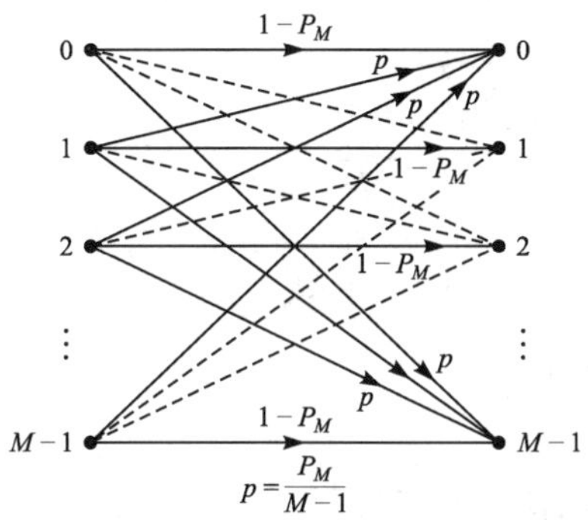

图 7-11-1　离散 M 进制输入、离散 M 进制输出、对称无记忆信道的模型

硬判决译码的性能可用下列码字差错概率的上边界来衡量

$$P_e \leqslant \sum_{i=t+1}^{N} \binom{N}{i} P_M^i (1-P_M)^{N-i} \tag{7-11-5}$$

式中，t 是码字确保能纠正的差错数。

当发生码字差错时，对应的符号差错概率是

$$P_{es} = \frac{1}{N} \sum_{i=t+1}^{N} i \binom{N}{i} P_M^i (1-P_M)^{N-i} \tag{7-11-6}$$

进一步将符号转换成二进制数字，对应于式（7-11-6）的比特差错概率是

$$P_{eb} = \frac{2^{m-1}}{2^m - 1} P_{es} \tag{7-11-7}$$

例 7-11-2　估算码长 $N=2^5-1=31$ 的 RS 码的性能，该码的最小距离 $D_{\min}=3$、5、9 和 17，对应的 K 值分别是 29、27、23 和 15，调制方法是正交 32 FSK，接收器采用非相干检测。符号差错概率由式（4-5-44）给出，可表示为

$$P_e = \frac{1}{M} e^{-\gamma} \sum_{i=2}^{M} (-1)^i \binom{M}{i} e^{\gamma/i} \tag{7-11-8}$$

式中，γ 是每符号 SNR。将式（7-11-8）用于式（7-11-6）并结合式（7-11-7），可得出比特差错概率，这些计算的结果已画在图 7-11-2 里。我们注意到，纠错能力较强的码（$D_{\min}$ 较大）在比特 SNR 较小处的性能反而比纠错能力的弱码差；而在比特 SNR 较大处，纠错能力较强的码具有较好的性能。因而，在各种码之间有交叉，比如图 7-11-2 中 $t=1$ 和 $t=8$ 的两个码，在比特 SNR 较小处，$t=1$、2 和 4 的码之间也有交叉。同样，$t=4$ 和 8 的曲线以及 $t=8$ 和 2 的曲线在比特 SNR 较大处有交叉，这是对编码波形采用非相干检测带来的性质。

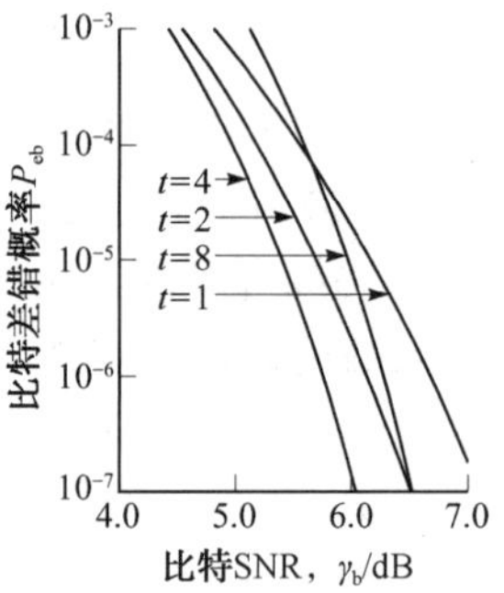

图 7-11-2　AWGN 信道、正当 32FSK 调制、$N=31$ 情况下

如果解调器不是对每个符号进行硬判决译码，而是将非量化的匹配滤波器输出到译码器，那么就可以实施软判决译码。这种译码涉及 $q^K=2^{mK}$ 个相关量度，每个量度对应 q^K 个码字之一，它是由匹配滤波器对应于 N 个码元符号的 N 次输出之和组成的。匹配滤波器输出可以是相干检测后叠加，也可以是包络检测后叠加或者平方率检测后叠加。如果信道是 AWGN 且采用相干检测，那么差错概率的计算是 7.4 节讨论过的二进制情况的直接扩展。另外，如果采用包络检测或平方率检测和非相干检测组合来形成判决变量，那么译码性能的计算就会复杂得多。

7.12 突发差错信道的编码

大多数用来提高信息传输可靠性的著名的编码，在信道差错统计独立时，使用起来是很有效的，AWGN 信道就是这样的信道。但是也有一些信道，其差错具有突发特性，例如，具有多径和衰落特点的信道，对它们的详细描写将放在第 13 章中进行，由时变的多径传输而造成的信号衰落常会导致信号电平降落到噪声电平以下，从而造成大量差错；又如，磁记录类型的信道（磁带或磁盘），在这种信道里，记录媒体的瑕疵将会导致成簇的差错，用来对付统计独立差错的最优的编码，通常纠正不了这种突发差错块。

某些针对随机差错，即非突发差错设计的纠错码也有能力纠突发差错。一个典型的例子就是 RS 码，它能轻易地纠正长突发差错，因为这些长突发差错仅导致较少的符号差错，以致容易纠正。现在已做了大量的工作来构造能够纠正突发差错的码。其中最有名的纠突发差错码是循环码的一类，称为法尔（Fire）码，这是以该码发明人 P. Fire[Fire（1959）]名字命名的。另一类纠突发差错的循环码是后来由 Burton（1969）发明的码。

一个长度为 b 的突发差错定义为一个有 b 比特差错的序列，该序列的第一位和最后一位是 1。一个码的纠正突发差错能力定义为比最短的不可纠正突发差错的长度少 1。不难看出，有 $n-k$ 校验位的(n, k)系统码能够纠正长度 $b\leqslant\lfloor(n-k)/2\rfloor$的突发差错。

处理突发差错信道的一个有效办法是对编码数据实行交织，把突发差错信道转变为统计独立差错的信道。这样，就可以使用为统计独立差错信道（短突发）设计的编码了。

采用交织技术的系统框图见图 7-12-1。编码数据经交织器重新排序后在信道上传输，在接收端解调后（硬/软判决译码都可），去交织器将数据复原为正确的顺序后送入译码器。由于交织/去交织的效果，突发差错在时间上被扩散，于是在每个码字上的差错就变得独立了。

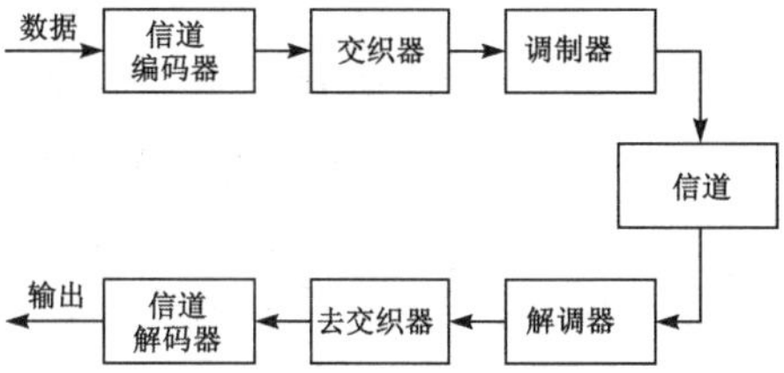

图 7-12-1　在突发差错信道中采用交织技术的系统框图

交织可以取两种形式之一：分块结构或者卷积结构。块交织器将编码数据排成 m 行 n 列的矩形阵列形式。通常，阵列的每一行包含一个长度为 n 的码字，m 阶交织器包含 m 行（m 个码字），如图 7-12-2 所示。比特按列的方向读出，送入信道。在接收端，去交织器把数据存储成同样的矩形阵列形式，但是按行的方向读出，一次一行。这种将传输数据重新排序的效果，是把长度 $l=mb$ 的突发差错破碎成 m 个长度为 b 的突发差错。于是，用一个能处理 $b\leqslant\lfloor(n-k)/2\rfloor$ 长突发差错的(n, k)码，加上一个 m 阶交织器产生交织的(mn, mk)分组码，就能纠正长度为 mb 的突发差错了。也可用卷积交织器以类似的方式代替块交织器的作用，卷积交织器用于卷积码时匹配比较好，卷积交织器的结构在 Ramsey（1970）和 Forney（1971）中已有叙述。

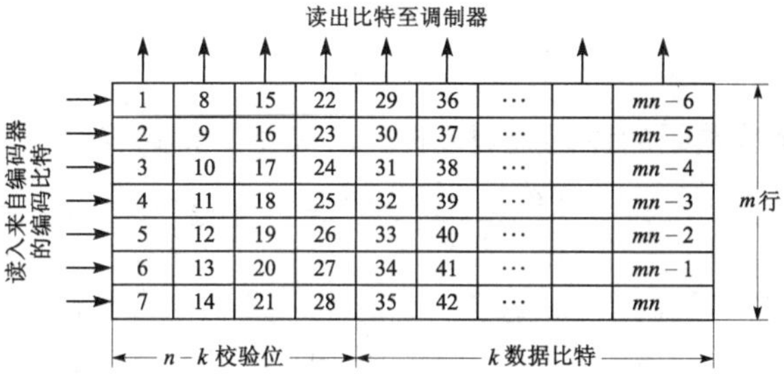

图 7-12-2　m 阶交织器

7.13 组合码

分组码的性能主要取决于它所能纠正的差错数量，它是码最小距离的函数。针对给定的码率 R_c，可以设计出不同分组长度的编码，长度较长的编码更有可能提供较大的最小距离，从而具有更强的纠错能力，这一点容易从 7.7 节推导的最小距离不同边界看出。但问题是分组码的译码复杂度一般是随分组长度增加的，而这种依赖一般是指数关系，因此通过分组码获得的性能改善是以译码复杂度的提高为代价的。

设计分组长度大、复杂度可控的分组码的一个途径是先设计两个或多个简单短码，然后将它们以一定方式结合成具有较好距离特性的长码。这样，就可以利用基于简单码译码算法的某些次优算法来译码。

7.13.1 乘积码

本节介绍用来组合两个或多个码的一种简单方法，用此法所得的编码称为乘积码（Product Code），最早是由埃利斯（Elias，1954）研究的。假设有两个最小距离为 $d_{\min i}$ 的(n_i, k_i)系统线性分组码 $C_i(i = 1, 2)$，两码组合所得乘积码是一个(n_1n_2, k_1k_2)线性分组码，它们的比特排列成矩阵形式，乘积码的结构如图 7-13-1 所示。

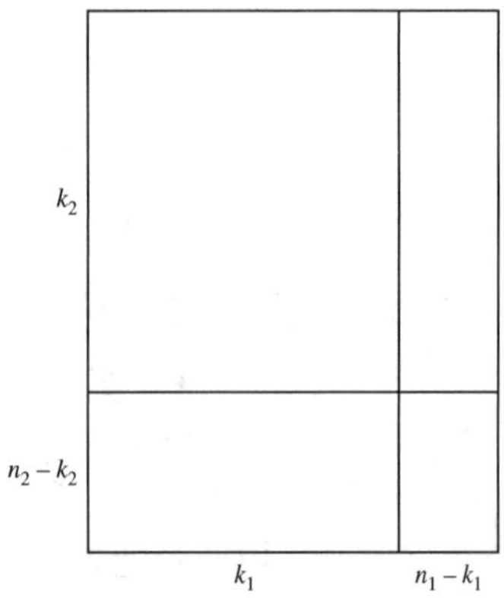

图 7-13-1　乘积码的结构

k_1k_2 位信息比特放在宽 k_1、长 k_2 的矩形框内。对矩阵每行的 k_1 比特用码 $\boldsymbol{C}_1$ 编码，对每列的 k_2 比特用码 $\boldsymbol{C}_2$ 编码，右下角矩阵内的$(n_1-k_1)\times(n_2-k_2)$比特既可由底部 n_2-k_2 行以 $\boldsymbol{C}_1$ 编码规则得出，也可由最右边的 n_1-k_1 列以 $\boldsymbol{C}_2$ 编码规则得出。在习题 7.63 已有证明，这两种方法所得结果是一样的。

结果所得的编码是一个(n_1n_2, k_1k_2)系统线性分组码。乘积码的码率显然是其分量码码率的乘积，而且可以证明，乘积码的最小距离是其分量码最小距离的乘积，即 $d_{\min} = d_{\min 1}d_{\min 2}$（见习题 7.64），因此乘积码在采用复杂的最优译码算法时能够纠正

$$t=\left\lfloor\frac{d_{\min 1}d_{\min 2}-1}{2}\right\rfloor \tag{7-13-1}$$

个差错。

我们可以基于两个分量码的译码规则设计一种简化的译码算法。设

$$t_i=\left\lfloor\frac{d_{\min i}-1}{2}\right\rfloor,\qquad i=1,2 \tag{7-13-2}$$

是码 C_i 所能纠正的差错数量，又设在码字的 n_1n_2 个二进制比特传输过程中出现差错的数量小于$(t_1+1)(t_2+1)$。不考虑差错位置，在图 7-13-1 所示的乘积码中，差错多于 t_1 的行数应小于或等于 t_2，否则总差错数就会是$(t_1+1)(t_2+1)$或更多。由于差错小于 t_1+1 的行都可以用 $\boldsymbol{C}_1$ 的译码算法得到纠正，因此当完成行向译码后，最多只会剩 t_2 行有差错。这意味着经这阶段译码后，每列的差错不会超过 t_2，所有这些差错都可在列的 $\boldsymbol{C}_2$ 的译码算法中得到纠正。因此利用这种简单的两个阶段译码算法能纠正多达

$$\tau=(t_1+1)(t_2+1)-1=t_1t_2+t_1+t_2 \tag{7-13-3}$$

个差错。

例 7-13-1　考虑一个 $d_{\min1}=39$、$t_1=19$ 的(255, 123)BCH 码与一个 $d_{\min2}=5$、$t_2=2$ 的(15, 7)BCH 码（见例 7.10.3）。它们的乘积码的最小距离为 $39\times5=195$。如果采用复杂的译码算法发挥其全部的纠错能力，那么可以纠正 97 个差错。如果采用简单的两个阶段译码算法，最多能纠正$(19+1)(2+1)-1=59$ 个差错，但译码复杂度大为降低。

另一种译码算法是将类似于猜纵横字谜的方法应用于乘积码译码。首先利用行译码得到比特估值的最佳猜想，然后利用列译码修正这些猜想，以行、列迭代方式重复此过程，每进

行一步都使猜想的质量得以改善。这种方法称为迭代译码（Iterative Decoding），与猜纵横字谜的方法十分类似。实施这种步骤，要求行、列译码算法有能力提供各个比特的译码估值（猜想值），换言之，要求译码算法具有软输出——一般是似然度值。我们将在第 8 章讨论 Turbo 码时介绍这种译码过程。

7.13.2 级联码

在级联编码时，两个编码（通常一个是二进制码和一个是非二进制码）级联在一起，将二进制码的码字视为非二进制码的符号。二进制信道和二进制编/译码器组合在一起，视为连接非二进制编/译码器的非二进制信道。与二进制信道直接相连的二进制码称为内码（Inner Code），运行在二进制编码器、二进制信道、二进制译码器组合上的非二进制码称为外码（Outer Code）。

更具体些，考虑如图 7-13-2 所示的级联编码方案。非二进制(N, K)码作为外码，二进制码作为内码。将 kK 个信息比特组成的一个数据块分割成 K 组，每组 k 比特称为一个符号。K 个 k 比特符号由外编码器编成 N 个 k 比特符号，这和通常的非二进制编码一样。内编码器再把每个 k 比特长的符号编成长度为 n 的二进制分组码。这样得到的级联分组码的分组长度为 Nn 比特，它包含 kK 个信息比特，也就是说，产生了一个等效的$(Nn，Kk)$二进制长码。码字中的各个比特采用 PSK 或 FSK 方式在信道上传输。

还要指出，级联码的最小距离为 $d_{\min}D_{\min}$，其中 $D_{\min}$ 是外码的最小距离，$d_{\min}$ 是内码的最小距离。此外，级联码的码率是 Kk/Nn，等于两个编码的码率乘积。

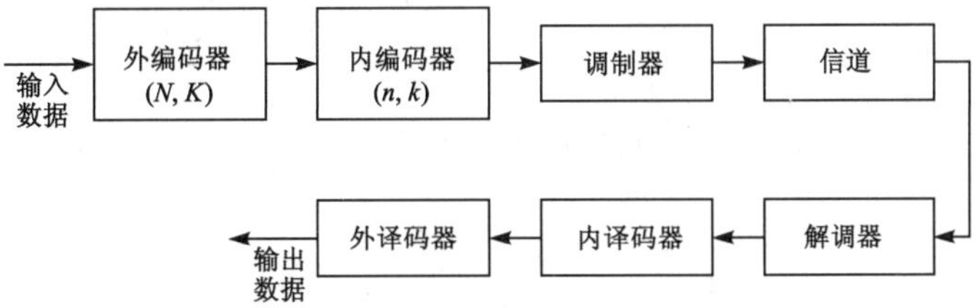

图 7-13-2 一种级联编码方案

级联码采用硬判决译码很方便，只需分解为一个内译码器和一个外译码器即可。内译码器对每个 n 比特组进行硬判决译码，每个 n 比特组对应于内码的一个码字。对 k 位信息比特的判决根据最大似然（最小距离）译码准则，这 k 个比特代表外码的一个符号。当收到来自内译码器的、由 N 个 k 比特符号组成的数据块后，外译码器根据最大似然译码准则对 K 个 k 比特符号进行硬判决译码。

级联码也可用软判决译码。如果选用的内码的码字比较少，即 2^k 不算太大，一般可对内码进行软判决译码，而外码通常还是采用硬判决译码，特别是在分组长度比较大而码集里的码字数量很大的情况下。另一方面，当外码和内码都用软判决译码时，性能可有显著的增益，这也证实了增加译码复杂度的合理性。在衰落信道上的数字通信就是用这种方法，我们将在第 14 章中加以叙述。

例 7-13-2 假设采用(7, 4)汉明码作为级联码的内码，而用 RS 码为外码。由于 $k=4$，我们选择 RS 码的长度 $N=2^4-1=15$。为了达到所要求的码率，每个外码码字中信息符号 K 的数目可在 1～14 的范围内选取。

以 RS 码为外码、二进制卷积码为内码的级联码广泛应用于深空通信系统的设计中。有关级联码的更多细节，可参见 Forney（1966a）。

带交织器的串行级联和并行级联

交织器与级联码组合可构成码字非常长的编码。在串行级联分组码（Serially Concatenated Block Code，SCBC）中，交织器插在两个编码器之间，如图 7-13-3 所示。两个编码都是系统的二进制线性码，外码是(p, k)码而内码是(n, p)码。块交织的长度 $N=mp$，这里 m 通常是一个大的正整数，它决定了总的分组码长。编码和交织的具体过程如下：mk 位信息比特经外编码器变为 mp 位编码比特，这些 $N=mp$ 编码比特进入交织器，按交织器的置换算法以不同的顺序读出。交织器输出的 mp 编码比特然后分隔成长度为 p 的分组送入内编码器，这样，mk 位信息比特被 SCBC 编成了 mn 的码块。最终的码率 $R_c^s = k/n$，它是内、外编码器码率的乘积。然而，串行级联分组码 SCBC 的分组长度是 mn 比特，它比不使用交织器的一般级联码的分组长度要大得多。

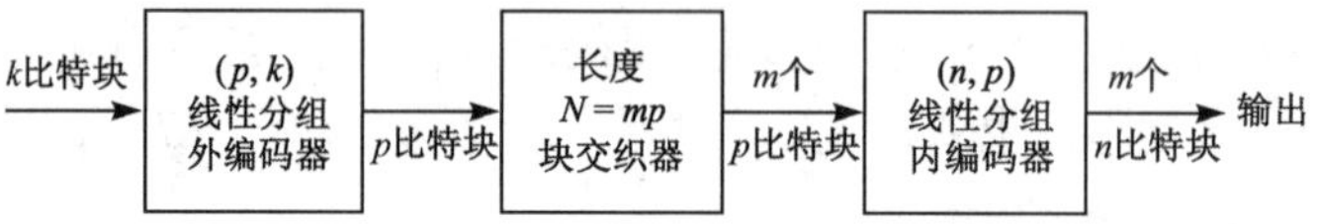

图 7-13-3　带交织器的串行级联分组码（SCBC）

块交织器通常起一种伪随机交织器的作用，也就是说，交织器对 N 比特的数据块进行伪随机的置换。为了分析 SCBC 的性能，这种交织器可以用一个均匀交织器作为它的模型，均匀交织器定义为这样一种装置：它能把重量为 w 的输入码字以相等的概率映射到全部$\binom{N}{w}$个不同的置换。

利用交织，可用类似的办法构成并行级联分组码（PCBC）。图 7-13-4 是这种编码器的基本结构框图，它由两个二进制分量码组成，两个分量码可以相同也可以不同。这两个分量码器是二进制、线性、系统的，用(n_1, k)、(n_2, k)来表示。伪随机块交织器的长度 $N=k$，由于信息比特仅传输一次，因此 PCBC 总的分组长度是 n_1+n_2-k，码率是 $k/(n_1+n_2-k)$。更一般地看，我们能对 $mk(m>1)$ 比特编码，这样可利用一个长度 $N=mk$ 的交织器。关于并行级联码交织器的设计，可参见 Daneshgaran & Mondin（1999）。

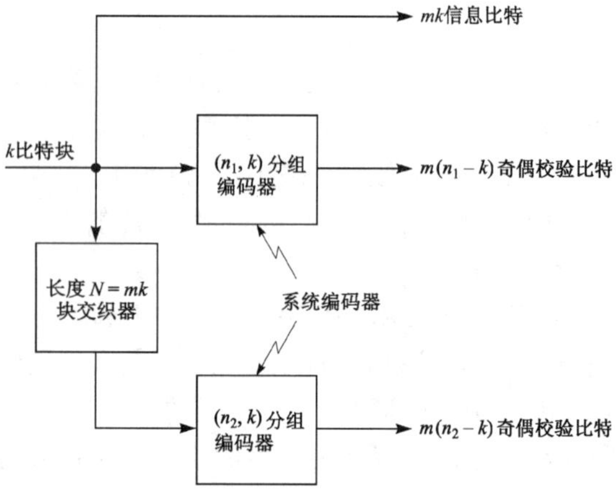

图 7-13-4　带交织器的 PCBC 编码器的结构

交织器在 SCBC 和 PCBC 上的使用，不但会导致码长变大，而且使码间变得稀疏。这类码的解码一般采用软输入/软输出的最大后验概率（MAP）算法，迭代执行。Benedetto

等（1998）的论文描述了一种用于串行级联码的 MAP 迭代译码算法。有许多文章对并行级联码的 MAP 迭代译码算法做了介绍，其中包括 Berrou 等（1993）、Benedetto & Montorsi（1996）、Hagenauer 等（1996），以及 Heegard & Wicker（1999）年出版的图书。带交织器的级联码与 MAP 迭代译码相结合导致在中等误码率，如 10^{-4}～10^{-5}（低比特 SNR 区）时，编码性能非常接近香农限。这类级联码的更多细节将在第 8 章中给出。

7.14 文献注释与参考资料

数字通信中关于编码和编码波形的开拓性工作是香农（Shannon，1948）、汉明（Hamming，1950）和高莱（Golay，1949）做的。紧接这些工作之后的是吉尔伯特（Gilbert，1952）关于编码性能，马勒（Muller，1954）和里德（Reed，1954）关于新码，埃利斯（Elias，1954、1955）和斯列宾（Slepian，1956）关于有噪信道编码技术的论文。20 世纪 60 年代到 70 年代在编码理论和译码算法方面有了长足的发展。特别地，我们可以引用里德-所罗门（Reed & Solomon，1960）关于 RS 码的论文，Hocquenghem（1959）、Bose & Ray-Chaudhuri（1960）关于 BCH 码的论文，福尼（Forney，1966）关于级联码的博士论文。接下来又有戈帕（Goppa，1970、1971）关于新一类线性循环码（现在称为 Goppa 码）结构的论文（也可见 Berlekamp，1973），以及贾斯特逊（Justesen，1972）关于渐近好码构造技术的论文。在这一阶段，译码算法的研究主要集中在 BCH 码上。第一个二进制 BCH 码的译码算法是由 Peterson（1960）提出的。后来 Chien（1964）、Forney（1965）、Massey（1965）和 Berlekamp（1968）又提出许多更好的、通用化的方法，从而导致了 Berlekamp-Massey 算法的发展，这种算法由林舒和科斯特洛（Lin & Costello，2004）及 Wicker（1995）做了详细的描述。对 RS 码的论述可见 Wicker & Bhargava（1994）的图书。

除了以上给出的有关编码、解码和编码信号设计的参考资料外，我们有必要提一下由 Berlekamp（1974）编辑、IEEE 出版社出版的名为 *Key Papers in the Development of Coding Theory*（编码理论发展中的关键论文）的论文集，这本书包含了编码理论前 25 年所发表的重要文章。重要的出版物还有 *IEEE Transactions on Communications*（October，1971）的纠错编码特刊。最后值得一提的是，Calderbank（1998）、Costello 等（1998）、Forney & Ungerboeck（1998）的综述精彩地分析了 50 年来编/解码的主要发展，列出了大量的参考资料。这方面的经典教材包括 Lin & Costello（2004）、Mac Williams & Sloane（1977）、Blahut（2003）、Wicker（1995）以及 Berlekamp（1968）。

习题

7.1 从伽罗华域 GF(q)的定义可知，$\{F-\{0\},\cdot,1\}$ 是一个由(q−1)个元素组成的交换群。

（a）令 $a\in\{F-\{0\},\cdot,1\}$，并定义 $a^i=\underbrace{a\cdot a\cdot a\cdots a}_{i个}$。证明：存在某个正整数 j（j 是 a 的次数），对于任何 $0<i<j$，有 $a^j=1$ 和 $a^i\neq1$。

（b）证明：若 $0<i<i'\leqslant j$，则 a^i 和 $a^{i'}$ 是$\{F-\{0\},\cdot,1\}$的不同元素。

（c）证明：$G_a = \{a, a^2, a^3, \cdots, a^j\}$是乘法交换群；$G_a$称为元素 a 的循环子群。

（d）假设 $b \in \{F-\{0\}, \cdot, 1\}$存在且 $b \notin G_a$。证明：$G_{ba}=\{b\cdot a, b\cdot a^2, \cdots, b\cdot a^j\}$是交换群以及 $G_a \cap G_{ba} = \phi$。因此，如果这样的 b 存在，$\{F-\{0\}, \cdot, 1\}$里的元素数至少有 $2j$ 个，G_{ba}称为 G_a的陪集。

（e）以（d）题为论据，证明 GF(q)域里的非 0 元素可写成不相交集的并集，因此 GF(q)里任何元素的阶能够整除 $q-1$。

（f）证明对于任何非 0 的 $\beta \in \mathrm{GF}(q)$，有 $\beta^{q-1} = 1$。

7.2　利用习题 7.1 的结论证明，GF(q)域的 q 个元素是方程 $X^q - X = 0$ 的根。

7.3　写出 GF(5)域元素的加法和乘法表。

7.4　列出 GF(3)域上所有 2 次和 3 次的本原多项式。利用一个 2 次本原多项式生成 GF(9)域的乘法表。

7.5　列出 GF(8)域里的所有本原元。在 GF(32)域里有多少本原元?

7.6　设 $\alpha \in \mathrm{GF}(24)$是本原元，证明$\{0, 1, \alpha^5, \alpha^{10}\}$ 是一个域。由此推出结论：GF(4)域是 GF(16)域的子域。

7.7　证明 GF(4)域不是 GF(32)域的子域。

7.8　利用表 7-1-5 生成 GF(32)域，分别用多项式、幂和矢量表示其元素，并求出 $\beta = \alpha^3$ 和 $\gamma = \alpha^3+\alpha$ 的最小多项式，这里 α 是本原元。

7.9　设 $\beta \in \mathrm{GF}(p^m)$是一个非 0 元素，证明$\sum_{i=1}^{p} \beta = 0$ 及$\sum_{i=1}^{m} \beta \neq 0$（对于所有 $0 < m < p$）。

7.10　设 α、$\beta \in \mathrm{GF}(p^m)$，证明$(\alpha+\beta)^p = \alpha^p + \beta^p$。

7.11　证明：任何长度为 n 的二进制线性分组码都正好有 2^k 个码字（k 是满足 $k \leqslant n$ 的整数）。

7.12　证明两个长度为 n 的长序列的汉明距离 $d_H(\boldsymbol{x}, \boldsymbol{y})$满足下列特性：

（a）当且仅当 $\boldsymbol{x} = \boldsymbol{y}$ 时，$d_H(\boldsymbol{x}, \boldsymbol{y}) = 0$。

（b）$d_H(\boldsymbol{x}, \boldsymbol{y}) = d_H(\boldsymbol{y}, \boldsymbol{x})$。

（c）$d_H(\boldsymbol{x}, \boldsymbol{z}) \leqslant d_H(\boldsymbol{x}, \boldsymbol{y}) + d_H(\boldsymbol{y}, \boldsymbol{z})$。

这些特性表明 d_H 是一种量度。

7.13　某线性二进码的生成矩阵为

$$\boldsymbol{G} = \begin{bmatrix} 0\,0\,1\,1\,1\,0\,1 \\ 0\,1\,0\,0\,1\,1\,1 \\ 1\,0\,0\,1\,1\,1\,0 \end{bmatrix}$$

（a）用系统码 $[\boldsymbol{I} \mid \boldsymbol{P}]$的形式表示 $\boldsymbol{G}$。

（b）计算该码的校验矩阵 $\boldsymbol{H}$。

（c）列出该码的伴随多项式表。

（d）计算该码的最小距离。

（e）证明：与信息序列 101 相对应的码字满足 $\boldsymbol{c}\boldsymbol{H}^t=\boldsymbol{0}$。

7.14　如果一个码满足 $\boldsymbol{C}=\boldsymbol{C}^{\perp}$，则称其是自对偶的。证明自对偶码的码长一定是偶数且码率一定是 1/2。

7.15　考虑一个码集为{0000, 1010, 0101, 1111}的二进制分组码，求出此码的对偶码并证明该码是自对偶的。

7.16 列出由式（7-9-13）和式（7-9-15）矩阵生成的码字，证明这些矩阵产生的是同一码集。

7.17 确定(7, 4)汉明码的重量分布，对照表 7-9-2 给出的码字验证结果。

7.18 证明：对于二进制正交信号，如正交 BFSK，有 $\Delta = \mathrm{e}^{-\varepsilon_c/2N_0}$，这里$\Delta$由式（7-2-36）定义。

7.19 求码长 $n = 16$ 的二阶（$r = 2$）里德-马勒（Reed-Muller）码的生成矩阵和奇偶校验矩阵。证明此码是 $n = 16$ 一阶里德-马勒码的对偶码。

7.20 证明码长为 2 的幂的重复码是 0 阶（$r = 0$）里德-马勒码。

7.21 当一个(n, k)哈达玛（Hadamard）码通过二进制 PSK 映射为波形时，对应的 $M = 2^k$ 个波形是正交的。试计算 M 正交波形的带宽扩展因子，并将此与相干检测的正交 FSK 所需要的带宽进行比较。

7.22 证明：若将每一码字比特映射为一个二进制 PSK 信号，则由最大长度移存器码映射产生的信号波形之间具有相等的相关系数$\rho_r=-1/(M-1)$，即 M 个波形构成一个单纯集（Simplex Set）。

7.23 利用 7.3.3 节定义的$(2^m-1, m)$最大长度码的生成矩阵：

（a）证明最大长度码是恒重码，即（$2^m-1, m$）最大长度码所有非 0 码字的重量为 2^{m-1}。

（b）证明最大长度码的重量枚举函数正如式（7-3-4）所给出的。

（c）利用 MacWilliams 等式确定$(2^m-1, 2^m-1-m)$汉明码的重量枚举函数是最大长度码的对偶码。

7.24 利用式（7-4-18）、式（7-4-19）、式（7-5-6）和式（7-5-18），计算(7, 4)汉明码经 AWGN 传输、分别采用硬判决译码和软判决译码时的差错概率。

7.25 证明：当长度为 n 的二进制序列 $\boldsymbol{x}$ 经转移概率 p 的 BSC 传输后，接收序列与 $\boldsymbol{x}$ 的汉明距离为 d 的概率是

$$P(\boldsymbol{y}|\boldsymbol{x}) = (1-p)^n \left(\frac{p}{1-p}\right)^d$$

由此可得出结论：当 $p < 1/2$ 时，$P(\boldsymbol{y}|\boldsymbol{x})$是 d 的减函数，因此 ML 译码等同于最小汉明距离译码。当 $p > 1/2$ 时会怎样？

7.26 利用符号计算程序（如 Mathematica 或 Maple），求(15, 11)汉明码的重量枚举函数。以信道差错概率 p 为自变量，画出 $10^{-6} \leqslant p \leqslant 10^{-1}$ 区间内的译码差错概率（当该码用于纠错时）和未检出差错概率（当该码用于检错时）的曲线图。

7.27 利用计算机求出(63, 57)汉明码中重量为 34 的码字个数。

7.28 证明：如果两个差错图案 $\boldsymbol{e}_1$ 和 $\boldsymbol{e}_2$ 之和是有效码字 $\boldsymbol{c}_j$，则每个差错图案的伴随多项式相同。

7.29 证明在标准阵列同一行的任意两个 n 重（n-Tuple）相加后所得结果是一个有效码字。

7.30 证明：

（a）线性分组码标准阵列中的元素各不相同。

（b）分属标准阵列两个不同陪集的两元素具有不同的伴随多项式。

7.31 一个$(k+1, k)$分组码是在长度为k的每个信息序列上增加1比特构成的，增加的比特使所有码字的奇偶性（即码字中1的个数）为奇数。两个学生A和B对该码的差错检测能力进行如下推断。

（a）学生 A：由于每个码字的重量为奇数，任何单个差错将使重量变为偶数，因此该码能检出任何单个差错。

（b）学生 B：全0信息序列$\underbrace{00\cdots0}_{k}$将加一位1而产生码字$\underbrace{00\cdots01}_{k}$，这就是说在该码中至少有一个重量为1的码字，因此$d_{\min}=1$。由于任何码字至多能检$d_{\min}-1$个差错，所以这个码不能检出任何差错。

你同意谁的推断？为什么？并简要地给出解释。

7.32 线性分组码的奇偶校验矩阵为

$$\boldsymbol{H}=\begin{bmatrix}1&1&0&1&1&0&0&0\\1&0&1&1&0&1&0&0\\0&1&1&1&0&0&1&0\\1&1&1&0&0&0&0&1\end{bmatrix}$$

（a）求此码系统形式的生成矩阵。

（b）此码有多少码字？码的$d_{\min}$是多少?

（c）该码的编码增益有多大（假设是AWGN信道、BPSK调制、软判决译码）？

（d）若采用硬判决译码，此码能纠多少个差错?

（e）证明此码的任何两个码字是正交的，而且任何码字与自身正交。

7.33 码$\boldsymbol{C}$由所有长度为6、重量为3的二进制序列组成。

（a）该码是否线性分组码？为什么？

（b）该码的码率是多少？最小距离是多少？最小重量是多少？

（c）如将该码用于检错，能检出多少差错?

（d）若将该码用于转移概率为p的BSC信道，不可检差错发生的概率是多少？

（e）求满足$\boldsymbol{C}\subseteq\boldsymbol{C}_1$条件的最小线性分组码$\boldsymbol{C}_1$（最小码指由最少码字组成的码）。

7.34 某(6, 3)系统码的生成矩阵为

$$\boldsymbol{G}=\begin{bmatrix}100110\\010011\\001101\end{bmatrix}$$

请列出标准阵列，并确定可纠差错图案及其对应的伴随多项式。

7.35 某(7, 3)码的生成矩阵为

$$\boldsymbol{G}=\begin{bmatrix}1001011\\0101110\\0010111\end{bmatrix}$$

请计算可纠差错图案和对应的伴随多项式，并构建其标准阵列。

7.36 (6, 3)系统线性分组码将信息序列$\boldsymbol{x}=(x_1, x_2, x_3)$编成码字$\boldsymbol{c}=(c_1, c_2, c_3, c_4, c_5, c_6)$，其中$c_4$是对$c_1$和$c_2$的奇偶校验，使三者的整体为偶数（即$c_1\oplus c_2\oplus c_4=0$）。同样，$c_5$是$c_2$和$c_3$的偶校验，$c_6$是$c_1$和$c_3$的偶校验。

（a）写出此码的生成矩阵。

（b）写出此码的奇偶校验矩阵。

（c）利用奇偶校验矩阵求出码的最小距离。

（d）此码能纠正多少个差错？

（e）如果接收序列（用硬判决译码）是 $\boldsymbol{y}=100000$，用最大似然译码得出的发送序列是什么（假设信道的转移概率小于 1/2）？

7.37　设 $\boldsymbol{C}$ 是一个(6, 3)线性分组码，其生成矩阵为

$$\boldsymbol{G}=\begin{bmatrix}1&1&1&1&0&0\\0&0&1&1&1&1\\1&1&1&1&1&1\end{bmatrix}$$

（a）在 AWGN 信道、BPSK 调制、软判决译码情况下，该码的码率、最小距离和编码增益各是多少？

（b）是否能够举出另一个编码增益更大的(6, 3)线性分组码的例子？如能，该码的生成矩阵和编码增益是多少？如不能，为什么？

（c）写出一个码 $\boldsymbol{C}$ 的奇偶校验矩阵 $\boldsymbol{H}$。

7.38　证明如果 $\boldsymbol{C}$ 是 MDS，则其对偶码 $\boldsymbol{C}^{\perp}$ 也是 MDS。

7.39　令 n 和 t 是满足条件 $n>2t$ 的正整数，因此有 $t/n<1/2$。

（a）证明：对于任何 $\lambda>0$ ，有

$$2^{\lambda(n-t)}\sum_{i=0}^{t}\binom{n}{i}\leqslant\sum_{i=n-t}^{n}\binom{n}{i}\leqslant(1+2^{\lambda})^{n}$$

（b）设（a）题中 $p=t/n$，证明：

$$\sum_{i=0}^{n}\binom{n}{i}\leqslant[2^{-\lambda(1-p)}+2^{\lambda p}]^{n}$$

（c）选择 $\lambda=\log_2\dfrac{1-p}{p}$，证明：

$$\sum_{i=0}^{n}\binom{n}{i}\leqslant 2^{nH_{\mathrm{b}}(p)}$$

（d）利用 Stirling 近似，即

$$n!=\sqrt{2\pi n}\left(\frac{n}{\mathrm{e}}\right)^{n}\mathrm{e}^{\lambda_n}$$

其中，$\dfrac{1}{12n+1}<\lambda_n<\dfrac{1}{12n}$。证明对于满足 $t/n<1/2$ 条件的较大的 n 和 t 值，有

$$\sum_{i=0}^{t}\binom{n}{i}\approx 2^{nH_{\mathrm{b}}(\frac{t}{n})}$$

7.40　码 $\boldsymbol{C}$ 表示一个最小距离为 $d_{\min}$ 的(n, k)线性分组码。

（a）用 $\boldsymbol{C}$ 表示一个 $2^k\times n$ 矩阵，它的行是 $\boldsymbol{C}$ 的全部码字。证明 $\boldsymbol{C}$ 的所有列都有同样的重量 2^{k-1}。

（b）证明 $\boldsymbol{C}$ 的码字的总重量是

$$d_{\text{total}} = \sum_{m=1}^{2^k} w(\boldsymbol{c}_m) = n2^{k-1}$$

（c）从上面（b）题推导 Plotkin 界结论

$$d_{\min} \leqslant \frac{n2^{k-1}}{2^k - 1}$$

7.41　修改生成矩阵和奇偶校验矩阵，使一个(7, 4)汉明码变成一个(8, 4)扩展码。

7.42　多项式 $g(X) = X^4 + X + 1$ 是二进制(15, 11)汉明码的生成多项式。

（a）计算该码以系统码形式的生成矩阵 $\boldsymbol{G}$。

（b）计算其对偶码的生成多项式。

7.43　由生成多项式为 $g(X) = X^3 + X^2 + 1$ 的(7,4)循环汉明码构造一个(8,4)扩展汉明码并列出所有码字。该扩展码的 $d_{\min}$ 是多少？

7.44　某(8, 4)线性分组码是由生成多项式为 $g(X)=X^4+X+1$ 的(15, 11)汉明码缩短而成的。

（a）构造(8, 4)码的码字并列出它们。

（b）该(8, 4)码的最小距离是多少？

7.45　多项式 $X^{15}+1$ 可因式分解为

$$X^{15} + 1 = (X^4 + X^3 + 1)(X^4 + X^3 + X^2 + X + 1)(X^4 + X + 1)(X^2 + X + 1)(X + 1)$$

（a）用生成多项式 $g(X)=(X^4+X^3+X^2+X+1)(X^4+X+1)(X^2+X+1)$ 构造一个(15, 5)系统码。

（b）该码的最小距离是多少？

（c）每码字最多可纠正多少个随机差错？

（d）这种码能检测多少个差错？

（e）列出由多项式

$$g(X) = \frac{X^{15} + 1}{X^2 + X + 1}$$

生成的(15, 2)码的码字，并计算其最小距离。

7.46　分别构造出与式（7-9-12）和式（7-9-13）给出的生成矩阵 $\boldsymbol{G}_1$ 和 $\boldsymbol{G}_2$ 对应的校验矩阵 $\boldsymbol{H}_1$ 和 $\boldsymbol{H}_2$。

7.47　求系统(7, 4)循环汉明码的最少可纠差错图案和它们的伴随多项式。

7.48　若 $g(X)=X^8+X^6+X^4+X^2+1$ 是二元域上的多项式。

（a）找出以 $g(X)$ 为生成多项式的最低码率的循环码，该码的码率是多少？

（b）（a）题找到的码的最小距离是多少？

（c）（a）题找到的码的编码增益是多少？

7.49　考虑二元域上的多项式 $g(X)=X+1$。

（a）证明此多项式可产生任意码长为 n 的循环码，并找出相应的 k 值。

（b）求由 $g(X)$ 生成的码的系统形式的 $\boldsymbol{G}$ 和 $\boldsymbol{H}$。

（c）试说明：由这个生成多项式生成的是什么类型的码？

7.50　选用一个最短的生成多项式设计一个(6, 2)循环码。

（a）计算该码的生成矩阵 $\boldsymbol{G}$（系统形式），找出所有可能的码字。

（b）该码能纠正多少个差错？

7.51　$\boldsymbol{C}_1$ 和 $\boldsymbol{C}_2$ 表示同样长度 n 的两个循环码，生成多项式分别为 $g_1(X)$ 和 $g_2(X)$，最小距

离分别为 d_1 和 d_2。定义 $\boldsymbol{C}_{\max} = \boldsymbol{C}_1 \cup \boldsymbol{C}_2$ 及 $\boldsymbol{C}_{\min}=\boldsymbol{C}_1 \cap \boldsymbol{C}_2$。

（a）$\boldsymbol{C}_{\max}$ 是循环码吗？为什么？若是，生成多项式和最小距离是什么？

（b）$\boldsymbol{C}_{\min}$ 是循环码吗？为什么？若是，写出其生成多项式，它的最小距离又是多少？

7.52　我们知道并不是所有 n、k 都存在对应的循环码。

（a）给出一个(n, k)的例子，这个参数对应的循环码不存在（$k < n$）。

（b）存在多少个(10, 2)循环码？写出一个这种码的生成多项式。

（c）求（b）题所说码的最小距离。

（d）（b）题的码能纠正多少个差错?

（e）该码在比特 SNR γ_b =3 dB 的信道上用二进制双极性信号传输，采用硬判决译码，求该系统差错概率的上边界。

7.53　分组长度为 23 的循环码可能的码率有哪些？列出所有可能的生成多项式，指出(23, 12)高莱码的生成多项式。

7.54　在由生成多项式 $g(X)$生成的$(n,\ k)$循环码中，用 $s(X)$表示与差错序列 $e(X)$对应的伴随多项式。证明当 $e(X)$ 循环右移后，$e^{(1)}(X)$所对应的伴随多项式是 $s^{(1)}(X)$。这里定义

$$s^{(1)}(X) = Xs(X) \bmod g(X)$$

7.55　循环码的最小重量等于其生成多项式非 0 系数的个数。这种说法是正确还是错误的？如果正确，给出证明；如果错误，给出反例。

7.56　计算码长 $n = 31$、可纠正两个差错的 BCH 码的生成多项式和码率。

7.57　在习题 7.56 所设计的 BCH 码中，若接收序列是

$$\boldsymbol{r} = 0000000000000000000011001001001$$

用 Berlekamp-Massey 算法检测出差错位置。

7.58　将习题 7.57 的接收序列改为

$$\boldsymbol{r} = 1110000000000000000011101101001$$

试给出检测出差错位置。

7.59　基于一个(15, 7)BCH 码构造一个缩短的(12, 4)码，写出该缩短码的生成矩阵。

7.60　求码长 $n = 7$、可纠正两个差错的 RS 码的生成多项式和码率。

7.61　求码长 $n = 63$、可纠正三个差错的 RS 码的生成多项式和码率。该码有多少码字？

7.62　习题 7.60 设计的 RS 码的重量枚举函数是怎样的？

7.63　证明图 7-13-1 所示乘积码右下角的$(n_1 - k_1)\times(n_2 - k_2)$比特既可以根据行校验、也可以根据列校验产生。

7.64　证明乘积码的最小距离是两个分量码最小距离的乘积。

第 8 章

基于网格和图形的编码

第 7 章详细研究了分组码，这些码基于有限域性质，利用码的内在代数结构，主要采用硬判决译码。硬判决译码使用的是二进制对称信道模型，由二进制调制器、波形信道和最佳二进制检测器组成。这些码的译码器试图从BSC信道的输出中找到具有最小汉明距离的码字。好的线性分组码的设计目标是在给定 n 和 k 后，能够找出具有最小距离最大的码。

本章将介绍另一类码，这类码的结构更容易用网格或图形来描述。我们将看到，对于这类码有可能采用软判决译码，在某些情况下可以取得接近信道容量极限的性能。

8.1 卷积码的结构

卷积码是将发送的信息序列通过一个线性的、有限状态的移位寄存器而产生的码。通常，该移位寄存器由 K 级（每级 k 比特）和 n 个线性的代数函数发生器组成，如图 8-1-1 所示。二进制数据移位输入到编码器，沿着移位寄存器（移存器）每次移动 k 个比特位。每一个 k 比特长的输入序列对应一个 n 比特长的输出序列。因此其编码效率（码率）定义为 $R_c = k/n$，这和分组码编码效率的定义一致，参数 K 称为卷积码的约束长度（Constraint Length）。①

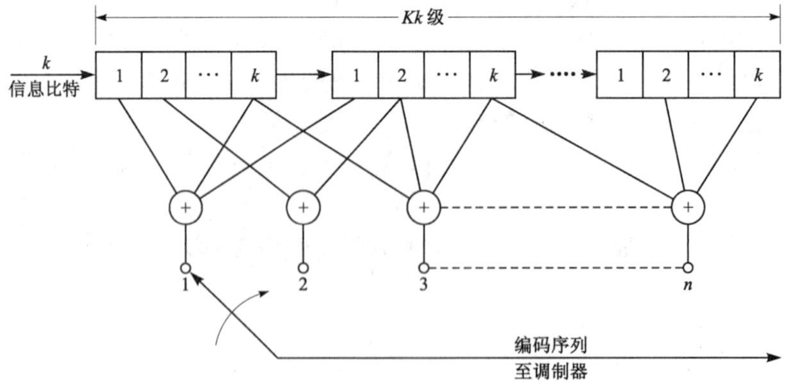

图 8-1-1　移位寄存器

① 在很多情况下，码的约束长度是以比特为单位的，而不是以 k 比特组为单位。因此，移位寄存器应说成 L 级移位寄存器，这里 $L=Kk$。一般情况，L 可以不是 k 的倍数。

描述卷积码的方法之一是给出它的生成矩阵，正如我们在处理分组码时的做法一样。一般来说，卷积码的生成矩阵是半（单边）无限矩阵，这是因为输入序列本身的长度是半无限的。另一种描述生成矩阵的方法是用一组 n 个矢量来表示，每个矢量对应 n 个模 2 加法器中的一个，这与生成矩阵在功能上是等效的。每个矢量有 Kk 维，包含了编码器和模 2 加法器之间连接关系的信息。如果某矢量第 i 个元素是“1”，表示相应的移位寄存器第 i 级和模 2 加法器相连；反之，如果在该位置上为 0，则表明这一级移位寄存器和模 2 加法器不相连。

具体地，我们看图 8-1-2 中一个约束长度 $K=3$、$k=1$ 以及 $n=3$ 的二进制卷积码编码器，移位寄存器初始是全 0 状态。假设第 1 个输入比特是 1，那么 3 比特输出序列是 111。如果第 2 个输入比特是 0，则输出序列是 001。如果第 3 个输入比特是 1，输出序列将是 100，按此类推。现若将 3 比特输出序列从上到下按 1、2 和 3 编号，并给每个对应的函数生成矢量也进行类似的编号，那么，由于只有第 1 级与第 1 个函数生成器相连（不需要模 2 加法器），因此第 1 个函数生成矢量是

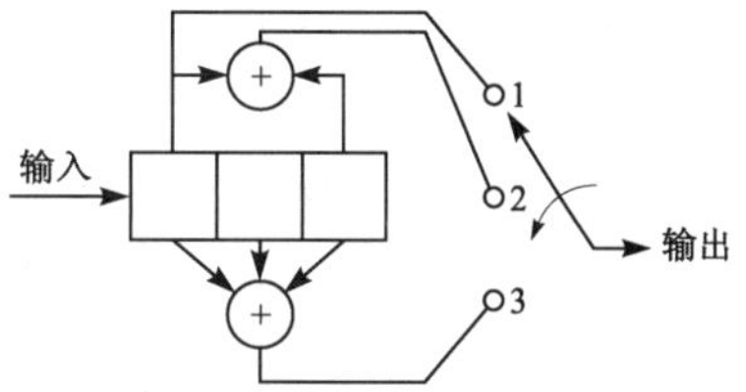

图 8-1-2　K=3、k=1 以及 n=3 的二进制卷积码编码器

$$\boldsymbol{g}_1 = [100]$$

第 2 个函数生成矢量和第 1 级、第 3 级相连，所以

$$\boldsymbol{g}_2 = [101]$$

第 3 个函数生成矢量为

$$\boldsymbol{g}_3 = [111]$$

这种码的生成矢量如用八进制方式表示为(4, 5, 7)则更为方便。可以得出这样一个结论：当 $k=1$ 时，需要用 n 个生成矢量来表示，每个矢量是 K 维的。

显然，$\boldsymbol{g}_1$、$\boldsymbol{g}_2$ 和 $\boldsymbol{g}_3$ 是从编码器输入三个输出的脉冲响应。如果输入编码器的是一个信息序列 $\boldsymbol{u}$，则三个输出是

$$\boldsymbol{c}^{(1)} = \boldsymbol{u} * \boldsymbol{g}_1, \qquad \boldsymbol{c}^{(2)} = \boldsymbol{u} * \boldsymbol{g}_2, \qquad \boldsymbol{c}^{(3)} = \boldsymbol{u} * \boldsymbol{g}_3 \tag{8-1-1}$$

式中，$*$表示卷积运算。对应的编码序列 $\boldsymbol{c}$ 是 $\boldsymbol{c}^{(1)}$、$\boldsymbol{c}^{(2)}$和 $\boldsymbol{c}^{(3)}$ 交织的结果，即

$$\boldsymbol{c} = (c_1^{(1)}, c_1^{(2)}, c_1^{(3)}, c_2^{(1)}, c_2^{(2)}, c_2^{(3)} \cdots) \tag{8-1-2}$$

卷积运算相当于在变换域中进行乘法。我们定义 $\boldsymbol{u}$ 的 D 变换①为

$$u(D) = \sum_{i=0}^{\infty} u_i D^i \tag{8-1-3}$$

三个脉冲响应的转移函数 $\boldsymbol{g}_1$、$\boldsymbol{g}_2$ 和 $\boldsymbol{g}_3$ 是

$$\boldsymbol{g}_1(D) = 1, \qquad \boldsymbol{g}_2(D) = 1 + D^2, \qquad \boldsymbol{g}_3(D) = 1 + D + D^2 \tag{8-1-4}$$

则输出变换为

$$c^{(1)}(D) = u(D)g_1(D), \qquad c^{(2)}(D) = u(D)g_2(D), \qquad c^{(3)}(D) = u(D)g_3(D) \tag{8-1-5}$$

---

① D 变换的使用在编码文献中较常用，D 表示在移位寄存器一个存储单元的单位时延。通过 $D = z^{-1}$ 的替换，D 变换变得与 z 变换类似。

转换成编码输出 $\boldsymbol{c}$ 是

$$c(D)=c^{(1)}(D^3)+Dc^{(2)}(D^3)+D^2c^{(3)}(D^3) \qquad (8\text{-}1\text{-}6)$$

例 8-1-1 如图 8-1-2，令 $\boldsymbol{u}=(100111)$是卷积码编码器的输入序列，可写成

$$\boldsymbol{u}(D)=1+D^3+D^4+D^5$$

和

$$c^{(1)}(D)=(1+D^3+D^4+D^5)(1)=1+D^3+D^4+D^5$$
$$c^{(2)}(D)=(1+D^3+D^4+D^5)(1+D^2)=1+D^2+D^3+D^4+D^6+D^7$$
$$c^{(3)}(D)=(1+D^3+D^4+D^5)(1+D+D^2)=1+D+D^2+D^3+D^5+D^7$$

以及

$$\begin{aligned}c(D)&=c^{(1)}(D^3)+Dc^{(2)}(D^3)+D^2c^{(3)}(D^3)\\&=1+D+D^2+D^5+D^7+D^8+D^9+D^{10}+D^{11}+D^{12}+D^{13}+D^{15}+D^{17}+D^{19}+D^{22}+D^{23}\end{aligned}$$

相当于编码序列

$$\boldsymbol{c}=(111001011111110101010011)$$

如上所述，对于一个 $k>1$、约束长度为 K、码率为 k/n 的二进制卷积码，应该有 n 个 Kk 维的函数生成矢量。下面是一个 $k=2$、$n=3$ 的例子。

例 8-1-2 如图 8-1-3 所示的卷积码编码器，其码率为 2/3。在此编码器中，每次有 2 个比特移入编码器，生成 3 个输出比特。生成矢量是

$$\boldsymbol{g}_1=[1011], \qquad \boldsymbol{g}_2=[1101], \qquad \boldsymbol{g}_3=[1010]$$

用八进制形式表示，这些生成矢量是(13, 15, 12)。

图 8-1-3 所示的卷积码编码器也可用图 8-1-4 来表示，与长度为 4 的单一移位寄存器不同，这里使用两个长度为 2 的移位寄存器。信息序列 $\boldsymbol{u}$ 通过串/并转换分成两个子序列 $\boldsymbol{u}^{(1)}$和 $\boldsymbol{u}^{(2)}$，每个子序列输入两个移位寄存器之一。在输出端，三个生成序列 $\boldsymbol{c}^{(1)}$、$\boldsymbol{c}^{(2)}$和 $\boldsymbol{c}^{(3)}$ 交织在一起形成编码序列 $\boldsymbol{c}$。一般情况我们不是用一个长度 $L=Kk$ 的移位寄存器，而是用 k 个长度为 K 的移位寄存器并行执行。

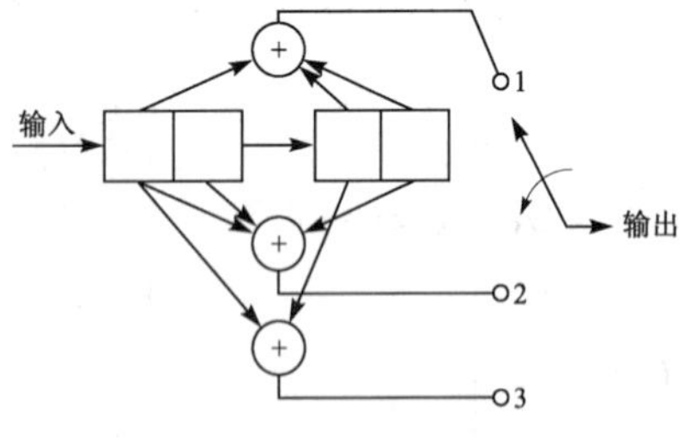

图 8-1-3 $K=2$、$k=2$、$n=3$ 的卷积码编码器

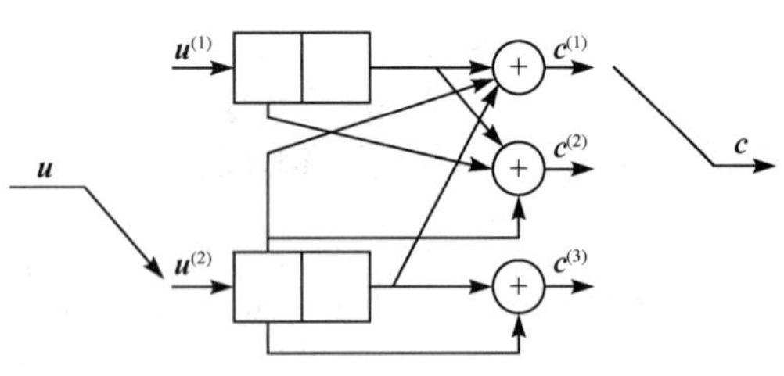

图 8-1-4 图 8-1-3 所示的卷积码编码器的双移位寄存器实现方案

在图 8-1-4 中，编码器有两路输入序列 $\boldsymbol{u}^{(1)}$和 $\boldsymbol{u}^{(2)}$，以及三路输出序列 $\boldsymbol{c}^{(1)}$、$\boldsymbol{c}^{(2)}$和 $\boldsymbol{c}^{(3)}$，因此编码器需要 6 个脉冲响应去描述，也就是需要有对应脉冲响应 D 变换的 6 个转移函数。如果用 $\boldsymbol{g}_i^{(j)}$ 表示输入序列 $\boldsymbol{u}^{(i)}$对输出序列 $\boldsymbol{c}^{(j)}$的脉冲响应，图 8-1-4 所示的编码器可写成

$$\begin{aligned}&\boldsymbol{g}_1^{(1)}=[0\ 1] &&\boldsymbol{g}_2^{(1)}=[1\ 1]\\&\boldsymbol{g}_1^{(2)}=[1\ 1] &&\boldsymbol{g}_2^{(2)}=[1\ 0]\\&\boldsymbol{g}_1^{(3)}=[0\ 0] &&\boldsymbol{g}_2^{(3)}=[1\ 1]\end{aligned} \qquad (8\text{-}1\text{-}7)$$

转移函数是

$$
\begin{aligned}
&g_1^{(1)}(D)=D && g_2^{(1)}(D)=1+D\\
&g_1^{(2)}(D)=1+D && g_2^{(2)}(D)=1\\
&g_1^{(3)}(D)=0 && g_2^{(3)}(D)=1+D
\end{aligned}
\tag{8-1-8}
$$

从转移函数和输入序列的D变换，可得三个输出序列的D变换，即

$$
\begin{aligned}
\boldsymbol{c}^{(1)}(D)&=\boldsymbol{u}^{(1)}(D)\,\boldsymbol{g}_1^{(1)}(D)+\boldsymbol{u}^{(2)}(D)\,\boldsymbol{g}_2^{(1)}(D)\\
\boldsymbol{c}^{(2)}(D)&=\boldsymbol{u}^{(1)}(D)\,\boldsymbol{g}_1^{(2)}(D)+\boldsymbol{u}^{(2)}(D)\,\boldsymbol{g}_2^{(2)}(D)\\
\boldsymbol{c}^{(3)}(D)&=\boldsymbol{u}^{(1)}(D)\,\boldsymbol{g}_1^{(3)}(D)+\boldsymbol{u}^{(2)}(D)\,\boldsymbol{g}_2^{(3)}(D)
\end{aligned}
\tag{8-1-9}
$$

最后

$$\boldsymbol{c}(D)=\boldsymbol{c}^{(1)}(D^3)+D\boldsymbol{c}^{(2)}(D^3)+D^2\boldsymbol{c}^{(3)}(D^3) \tag{8-1-10}$$

通过下列定义，式（8-1-9）可以写成更为紧凑的形式，即

$$\boldsymbol{u}(D)=[\,\boldsymbol{u}^{(1)}(D)\quad \boldsymbol{u}^{(2)}(D)\,] \tag{8-1-11}$$

及

$$\boldsymbol{G}(D)=\begin{bmatrix}\boldsymbol{g}_1^{(1)}(D) & \boldsymbol{g}_1^{(2)}(D) & \boldsymbol{g}_1^{(3)}(D)\\ \boldsymbol{g}_2^{(1)}(D) & \boldsymbol{g}_2^{(2)}(D) & \boldsymbol{g}_2^{(3)}(D)\end{bmatrix} \tag{8-1-12}$$

根据这些定义，式（8-1-9）可写成

$$\boldsymbol{c}(D)=\boldsymbol{u}(D)\boldsymbol{G}(D) \tag{8-1-13}$$

式中

$$\boldsymbol{c}(D)=[\,\boldsymbol{c}^{(1)}(D)\quad \boldsymbol{c}^{(2)}(D)\quad \boldsymbol{c}^{(3)}(D)\,] \tag{8-1-14}$$

$\boldsymbol{G}(D)$一般是 $k\times n$ 矩阵，其矩阵元素是不超过 $K-1$ 次的 D 的多项式。这个矩阵称为卷积码的变换域生成矩阵。对于图 8-1-4 所示的编码器，其变换域生成矩阵为

$$\boldsymbol{G}(D)=\begin{bmatrix}D & 1+D & 0\\ 1+D & 1 & 1+D\end{bmatrix} \tag{8-1-15}$$

对于图8-1-2所示的卷积码编码器，有

$$\boldsymbol{G}(D)=[\,1\quad D^2+1\quad D^2+D+1\,] \tag{8-1-16}$$

8.1.1　树图、网格图和状态图

描述卷积码通常有三种可供选择的方法，即树图、网格图和状态图。例如，图 8-1-5 给出了图 8-1-2 所示的卷积码编码器的树图。假定编码器的初始状态为全 0，那么树图表明：若第 1 个输入比特是 0，则输出序列为 000；若第 1 个输入比特为 1，则输出序列是 111。若第 1 个输入比特为 1 而第 2 个输入比特为 0，则第 2 组的 3 个输出比特是 001。按此树图继续下去，若第 3 个输入比特是 0，则输出是 011；但若第 3 个输入比特是 1，那么输出是 100。因此，如果一个特定的序列已经到达树图的某特定节点，那么可按如下规律继续分支：如果下一个

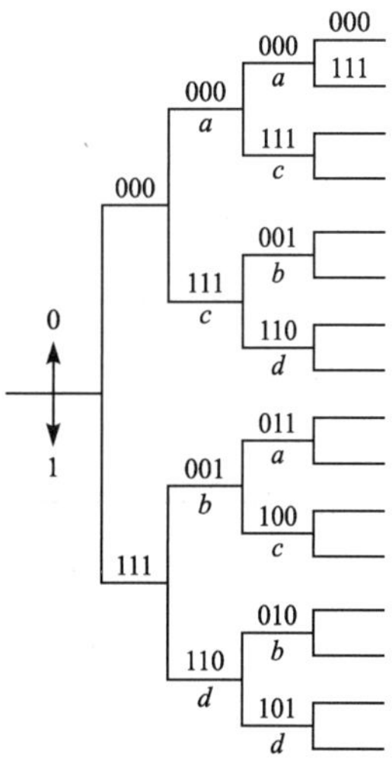

图 8-1-5　图 8-1-2 所示的卷积码编码器的树图

输入比特是 0 就取上分支；如果下一个输入比特为 1 就取下分支。这样，对于一个确定的输入序列，在树图中就有一条确定的路径轨迹。

仔细观察图 8-1-5 所示的树图，会发现第三级之后是重复自身结构，这个特点与约束长度 K=3 这样一个事实是相符的。也就是说，每级的 3 个比特输出序列取决于当前的输入比特和前面输入的 2 个比特，即已包含在移位寄存器前两级中的 2 个比特。移位寄存器最后一级中的比特是向右移出的，并不影响输出。因此可以说，每个输入比特所对应的 3 个比特输出序列取决于输入比特和移位寄存器的 4 种可能状态，这 4 种状态可表示为 $a=00$、$b=01$、$c=10$、$d=11$。如果把树图中的每个节点写上标记，与移位寄存器的 4 个状态相对应，我们会发现，在树图第三级上有 2 个节点标有 a，2 个节点标有 b，2 个节点标有 c 和 2 个节点标有 d。可见，从 2 个有同样标记（同样状态）的节点发出的分支具有相同的输出序列，从这个意义上说它们是等同的。这意味着 2 个相同标记的节点可以合并。如果把图 8-1-5 所示的树图合并，可得到另一种较紧凑的图，称为网格图。例如，图 8-1-6 所示为图 8-1-2 所示的卷积码编码器的网格图。在画网格图时我们约定：实线表示输入比特为 0 时产生的输出，虚线表示输入比特为 1 时的输出。由本例中可看到，在完成了初始过渡之后，网格图的每一级都包含 4 个节点，对应于移位寄存器的 4 个状态 a、b、c 和 d。从第二级后，网格图的每个节点都有 2 条进入的路径和 2 条出去的路径。在这 2 条出去的路径中，一条对应输入比特为 0 的情况，另一条对应于输入比特为 1 的情况。

由于编码器的输出取决于输入和编码器的状态，所以还有一个比网格图更紧凑的图，那就是状态图。状态图是一种表示编码器可能的状态及由一个状态到另一状态可能的转移的图形。例如，图 8-1-2 所示的卷积码编码器的状态图如图 8-1-7 所示，该状态图表明，可能的状态转移是

$$a\xrightarrow{0}a,\ a\xrightarrow{1}c,\ b\xrightarrow{0}a,\ b\xrightarrow{1}c,\ c\xrightarrow{0}b,\ c\xrightarrow{1}d,\ d\xrightarrow{0}b,\ d\xrightarrow{1}d$$

这里，$a\xrightarrow{1}b$表示当输入比特为 1 时由状态 a 转移到状态 b。状态图中标在每条分支旁边的 3 个比特代表输出比特，图中虚线表示输入比特为 1 时的转移，实线表示输入比特为 0 时的转移。

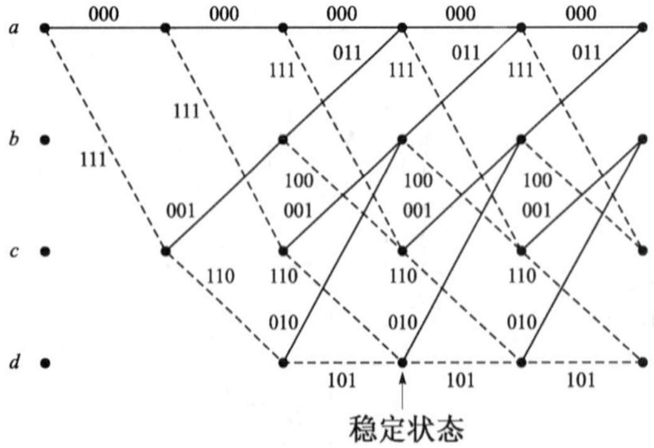

图 8-1-6　图 8-1-2 所示的卷积码编码器的网格图

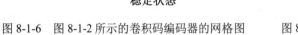

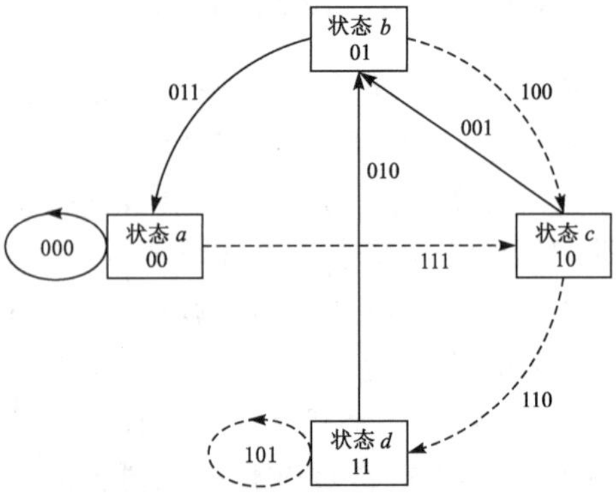

图 8-1-7　图 8-1-2 所示的卷积码编码器的状态图

例 8-1-3　考虑例 8-1-2（见图 8-1-3）k=2、码率为 2/3 的卷积码。最初的 2 个输入比特可以是 00、01、10 或 11 之一，相应的输出比特分别是 000、010、111、101。当下一对输入比

特进入编码器时，第一对比特已移到第二级。相应的输出比特既取决于已经移到第二级的那一对比特，也取决于新输入的一对比特。因此，树图（见图 8-1-8）的每一节点有 4 个分支，与 4 种可能的输入比特对相对应。

由于这种码的约束长度 K=2，所以树图从第二级之后就开始重复。正如图 8-1-8 所示的那样，从标记为 a（状态 a）的节点发出去的所有分支都有相同的输出。通过合并这些具有相同标记的节点，就得到图 8-1-9 所示的网格图，最后可得到如图 8-1-10 所示的状态图。

推广到一般的情况，我们说一个码率为 k/n、约束长度为 K 的卷积码有这样的特点：其树图的每个节点发出 2^k 个分支，其网格图和状态图各具有 $2^{k(K-1)}$种可能的状态，可能进入每个状态的分支有 2^k 条，而从每状态发出的分支也是 2^k 条（在网格图和树图中，这个结论仅在完成过渡之后才是正确的）。以上描述的三种图也可用来表示非二进制卷积码。当编码字符集的符号数为 $q=2^k$（k>1）时，非二进制码可用一个等效的二进制码表示。下面用一个例子来研究这种类型的卷积码。

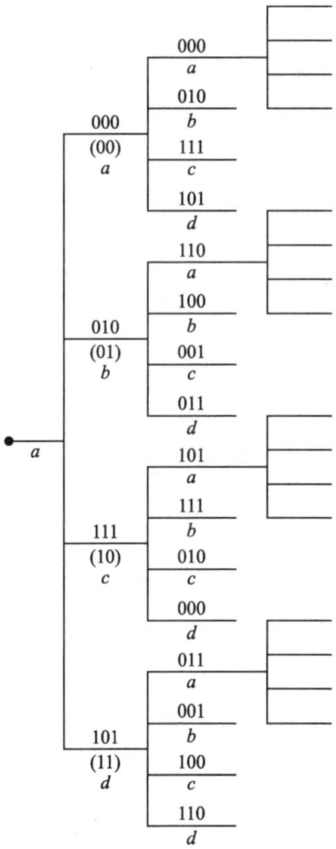

图 8-1-8 K=2、k=2、n=3 的卷积码编码器的树图

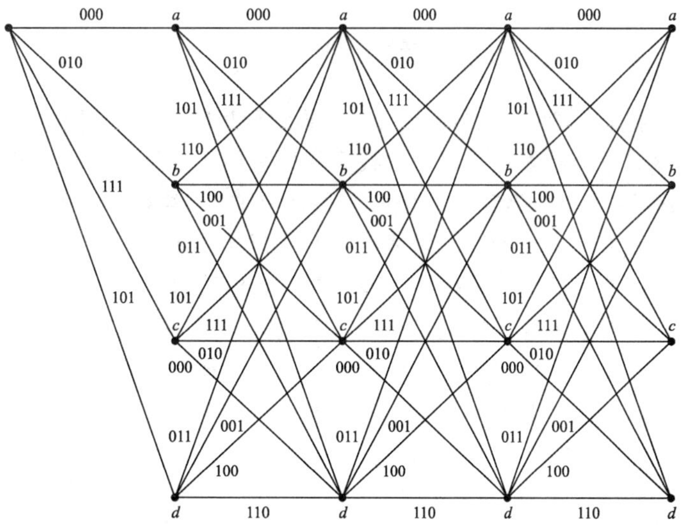

图 8-1-9 K=2、k=2、n=3 的卷积码编码器的网格图

例 8-1-4 我们看图 8-1-11 所示的卷积码编码器产生的卷积码。这种码可以用一个 K=2、k=2、n=4、R_c=1/2 的二进制卷积码来表示，其生成矢量是

$$\boldsymbol{g}_1=[1010],\quad \boldsymbol{g}_2=[0101],\quad \boldsymbol{g}_3=[1110],\quad \boldsymbol{g}_4=[1001]$$

除了码率不同外，这个码与例 8-1-2 所研究的码率为 2/3、k=2 的卷积码具有相似的形式。换一种说法，即图 8-1-11 所示的卷积码编码器产生的码可以看成一个非二进制码（q=4），该码用 1 个四进制符号当成一个输入，而用 2 个四进制符号当成一个输出。实际上，如果编码

器的输出被调制器和解调器当成 q 进制（q=4）符号来对待，这些符号又用某种 M 进制（M=4）的调制技术在信道上传输，那么把这种码看成非二进制码是合适的。在任何情况下，树图、网格图、状态图与我们如何去看待该码无关，即，这个特定编码的特性可以用树图来表示，树图每一个节点发出 4 个分支；或者用具有 4 个可能状态的网格图来表示，每个状态有 4 个分支可进入，又有 4 个分支可离去；也可用参数与网格图一样的状态图来表示。

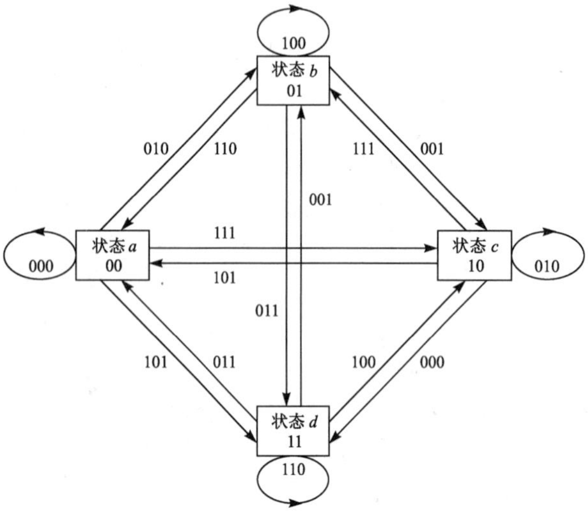

图 8-1-10　K=2、k=2、n=3 的卷积码编码器的状态图

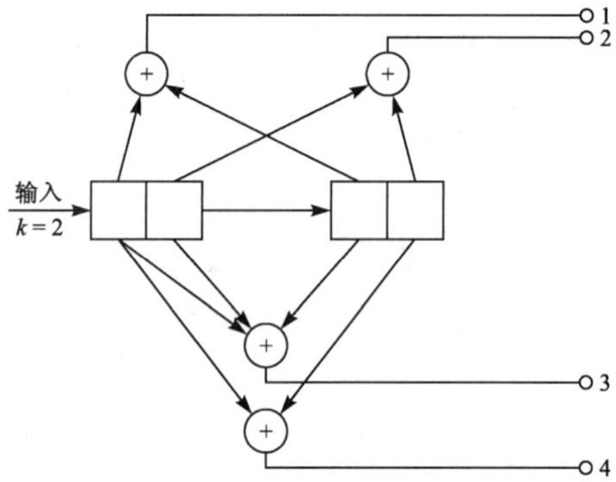

图 8-1-11　K=2、k=2、n=4 的卷积码编码器

8.1.2　卷积码的转移函数

我们已在 7.2.3 节看到，分组码的距离特性可用码的重量分布多项式或重量枚举函数来表达。重量分布多项式可用来找到线性分组码的性能边界，正如式（7-2-39）、式（7-2-48）、式（7-4-4）和式（7-5-17）给出的那样。同样，卷积码的距离特性和差错概率特性也可从其状态图中获取。由于卷积码是线性的，所以树图中截止到某级长度的所有码字序列与全 0 码字序列的汉明距离集合，和某个码序列与其他所有码序列的距离集合是一样的。因此不失一般性，可以假设输入编码器的是全 0 码字序列。这样我们不必研究码的距离特性而只要研究码的重量分布多项式就可以了，就像我们在分组码时的做法一样。

借助图 8-1-7 所示的状态图可说明获得卷积码距离特性的方法。假设发送的是全 0 序列，我们可把注意力放在差错事件上，即从编码网格图上的全 0 路径分离、又首次回归全 0 路径这样的事件。

首先，把该状态图的每个分支标上 Z^0=1、Z^1、Z^2 或 Z^3 的标记，其中 Z 的指数表示对应于每个分支的输出比特序列与全 0 分支的输出比特序列之间的汉明距离。在节点 a 处的自环（Self-Loop）可以删除，因为它在计算码字序列与全 0 码序列的距离特性时不起作用。另外，节点 a 被分成两个节点，其中一个表示状态图的输入，另一个代表状态图的输出。这样做的结果可得如图 8-1-12 所示的状态图，图中包含 5 个节点，因为节点 a 已被一分为二。根据此图可写出 4 个状态方程。

$$X_c = Z^3 X_a + ZX_b,\qquad X_b = ZX_c + ZX_d$$
$$X_d = Z^2 X_c + Z^2 X_d,\qquad X_e = Z^2 X_b \tag{8-1-17}$$

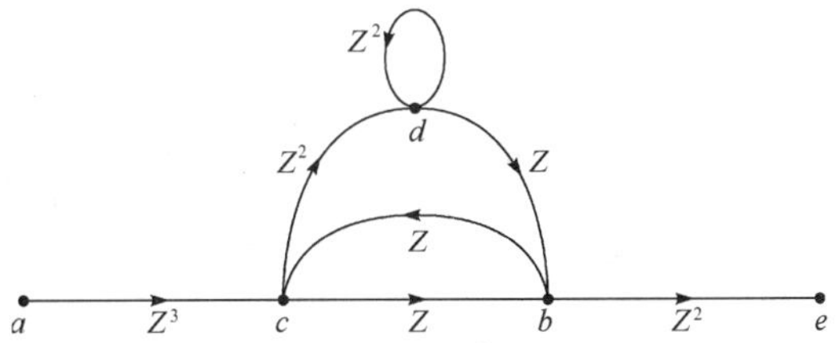

图 8-1-12 码率为 1/3、K=3 的卷积码的状态图

码的转移函数定义为 $T(Z)=X_e/X_a$。解上述状态方程，可得

$$T(Z)=\frac{Z^6}{1-2Z^2}=Z^6+2Z^8+4Z^{10}+8Z^{12}+\cdots=\sum_{d=6}^{\infty}a_d Z^d \tag{8-1-18}$$

式中，a_d 定义为

$$a_d=\begin{cases}2^{(d-6)/2}, & d\text{为偶数}\\ 0, & d\text{为奇数}\end{cases} \tag{8-1-19}$$

该码的转移函数表明：存在唯一的一条汉明距离 $d=6$ 的路径，该路径从全 0 路径分岔出去后又在某给定节点与全 0 路径汇合。从图 8-1-7 的状态图或图 8-1-6 的网格图可以看到：这条 d=6 的路径是 *acbe*。从节点 *a* 到 *e* 节点不存在另一条距离 $d=6$ 的路径。式（8-1-18）的第二项表明：从节点 *a* 到节点 *e* 有两条距离 $d=8$ 的路径，又从状态图或网格图看到，这两条路径是 *acdbe* 和 *acbcbe*。式（8-1-18）的第三项表明存在 4 条距离 $d=10$ 的路径，以此类推。这样，转移函数给出了卷积码的距离特性。卷积码的最小距离称为最小自由距离，用 d_{free} 来表示，如上例中的 $d_{\text{free}}=6$。

以上引入的转移函数 $T(Z)$与第 7 章介绍过的分组码重量枚举函数（WEF）是类似的，主要差别在于：卷积码转移函数中已删除了对应于全 0 状态环的项，因此不包含全 0 码序列，使转移函数的最低次幂等于 d_{free}；而在确定 $A(Z)$ 时是包含全 0 码字的，因此 $A(Z)$ 总是包含常数 1。另一个区别是，在确定卷积码转移函数时，我们仅考虑从网格图全 0 状态分岔出去又首次（最先）返回全 0 状态的路径，这样一条路径称为是首次差错事件，可用来确定卷积码差错概率的边界。

除了不同路径的距离特性，转移函数还可以给出更详细的信息。假定在由输入比特为 1 而引发的所有转移分支上引入一个因子 *Y*，那么当横越每个分支时，只有由输入比特为 1 所引发的转移才能使 *Y* 指数的累积值增加 1。还可以再引入一个因子 *J* 到状态图的每个分支，用它的指数来表示由节点 *a* 到节点 *e* 的任何给定路径所经过的分支的数目。在码率为 1/3 的卷积码的例子中，引入 *J* 和 *Y* 附加因子后的状态图见图 8-1-13。

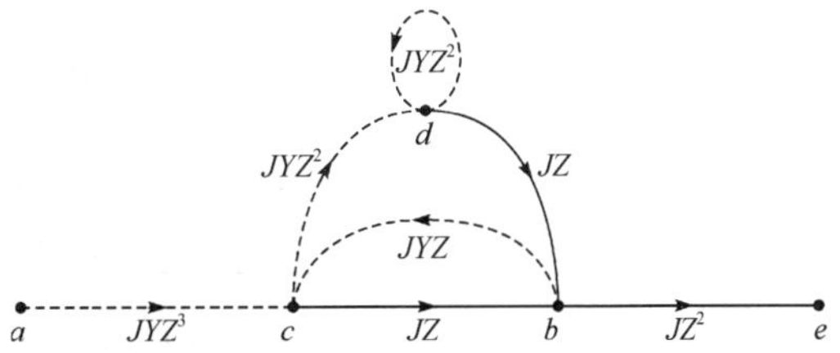

图 8-1-13 引入附加因子后卷积码的状态图

图 8-1-13 所示的状态图中的状态方程是

$$X_c=JYZ^3X_a+JYZX_b,\qquad X_b=JZX_c+JZX_d$$
$$X_d=JYZ^2X_c+JYZ^2X_d,\qquad X_e=JZ^2X_b \tag{8-1-20}$$

对上述这些方程求 X_e/X_a，可得转移函数

$$T(Y,Z,J)=\frac{J^3YZ^6}{1-JYZ^2(1+J)}$$
$$=J^3YZ^6+J^4Y^2Z^8+J^5Y^2Z^8+J^5Y^3Z^{10}=2J^6Y^3Z^{10}+J^7Y^3Z^{10}+\cdots \qquad (8\text{-}1\text{-}21)$$

转移函数给出了卷积码中所有路径的特性。$T(Y, Z, J)$展开式的第一项表明距离 d =6 的路径的长度（分支数）为 3，有 3 个输入信息比特，其中有 1 个比特是 1。$T(Y, Z, J)$展开式的第二项和第三项表明有 2 个 d=8 的路径，其中一路径的长度为 4，另外一路径的长度为 5。在长度为 4 的路径中，4 个输入信息比特中有 2 个是 1，而在长度为 5 的路径中，5 个输入信息比特中有 2 个是 1。由此可见，因子 J 的指数表明与全 0 路径分岔后又首次合并的路径的长度，因子 Y 的指数表明该路径的输入信息序列中 1 的个数，Z 的指数表明该路径的编码比特序列与全 0 序列的距离。

假如我们发送一个有限长度，如 m 比特的序列，因子 J 就特别重要。在这种情况下，卷积码在 m 个节点或 m 分支之后就截断了。这意味着截短码的转移函数可以通过把 $T(Y, Z, J)$在 J^m 处截断而获得。另一方面，如果发送一个非常长的序列，基本上是一个无限长序列，我们可能会希望抑制 $T(Y, Z, J)$对参数 J 的依赖关系，只要令 J=1 就能很容易达到此目的。因此上例转移函数变为

$$T(Y,Z)=T(Y,Z,1)=\frac{YZ^6}{1-2YZ^2}=YZ^6+2Y^2Z^8+4Y^3Z^{10}+\cdots=\sum_{d=6}^{\infty}a_dY^{(d-4)/2}Z^d \qquad (8\text{-}1\text{-}22)$$

式中，系数 a_d 由式（8-1-19）定义。这里提醒读者注意一下式（7.2-25）中介绍的 $B(Y, Z)$与这里 $T(Y, Z)$的相似性。

上面列出的求二进制卷积码转移函数的过程很容易应用在状态数较少的简单码里。关于基于 Mason 公式计算信号流图转移函数的方法来求卷积码转移函数的一般方法，读者可参阅 Lin & Costello（2004）。

上述方法也很容易推广到非二进制码的情况。在下面的例子中，我们来求例 8-1-4 介绍的非二进制卷积码的转移函数。

例 8-1-5 图 8-1-11 所示的卷积码具有参数 K=2、k=2、n =4。在这个例子中，如何标记距离以及如何对差错计数是可以选择的，取决于我们把码当成二进制码处理还是非二进制码处理。假设把码当成非二进制码处理，那么就把编码器的输入和输出都处理成四进制符号。具体说，当输入和输出看成四进制符号 00、01、10、11 时，那么序列 0111 和序列 0000 之间的距离用符号来量度就是 2，此时如果一个输入符号 00 被译码成符号 11，就视为产生了一个符号差错。把这个约定用于图 8-1-11 所示的卷积码时，可得到图 8-1-14 所示的状态图。由图可列出状态方程：

$$\begin{aligned}X_b &= YJZ^2X_a+YJZX_b+YJZX_c+YJZ^2X_d\\X_c &= YJZ^2X_a+YJZ^2X_b+YJZX_c+YJZX_d\\X_d &= YJZ^2X_a+YJZX_b+YJZ^2X_c+YJZX_d\\X_e &= JZ^2(X_b+X_c+X_d)\end{aligned} \qquad (8\text{-}1\text{-}23)$$

解这些方程可得到转移函数

$$T(Y,Z,J)=\frac{3YJ^2Z^4}{1-2YJZ-YJZ^2} \qquad (8\text{-}1\text{-}24)$$

转移函数特别适用于下述情况：编码器输出端的四进制符号映射到相应的 4 个波形 $s_m(t)$（m =1, 2, 3, 4），例如在正交波形中，码字符号和信号波形之间就有了一一对应的关系；或换一种方法，比如编码器的输出借助二进制 PSK 调制以二进制数字序列的形式传输，在这种情况下，用比特来量度码距比较合适。当采用这一方法时，状态图可像图 8-1-15 所示的那样标记。求解根据状态图列出的状态方程就可求得转移函数，它与式（8-1-9）给出的不相同。

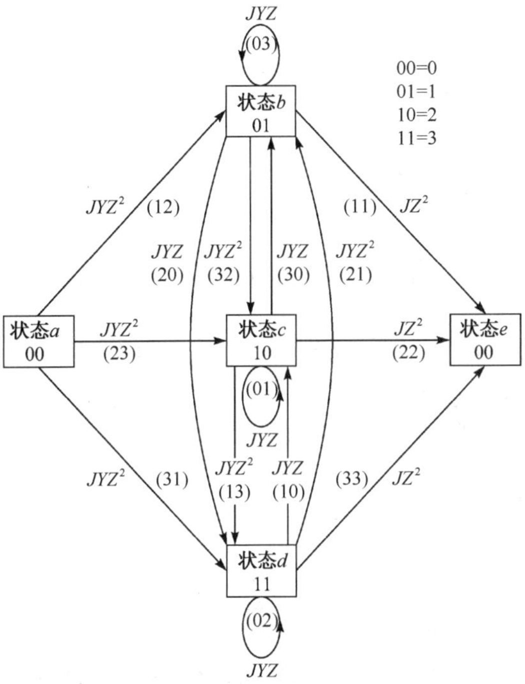

图 8-1-14　K=2、k=2、码率为 1/2 的非二进制卷积码的状态图

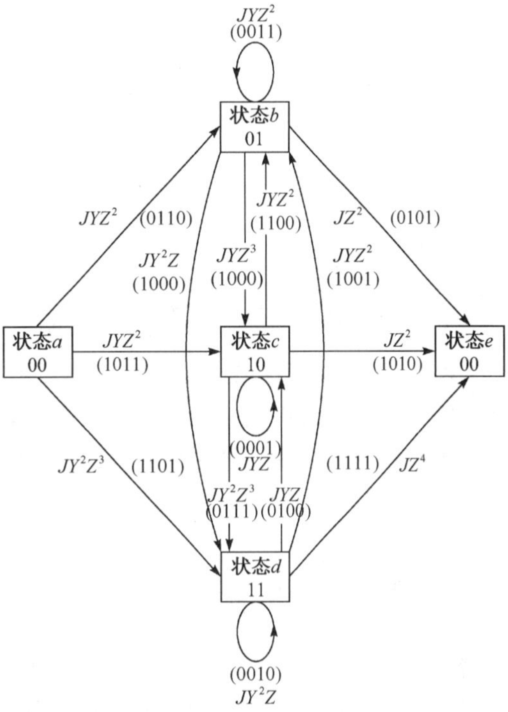

图 8-1-15　K=2、k=2、码率为 1/2 的卷积码的输出按二进制序列处理时的状态图

8.1.3　系统卷积码、非递归卷积码和递归卷积码

如果信息序列作为码序列的一部分直接出现在卷积码上，则称为系统（Systematic）卷积码，例如，图 8-1-2 中的卷积码编码器编出的就是系统卷积码。这是因为

$$\boldsymbol{c}^{(1)} = \boldsymbol{u} * \boldsymbol{g}_1 = \boldsymbol{u} \tag{8-1-25}$$

这表明信息序列$\boldsymbol{u}$作为码序列$\boldsymbol{c}$的一部分出现，这点可从式（8-1-16）给出的该码的变换域生成矩阵直接看出，矩阵第一列是**1**。

一般地说，如果 $\boldsymbol{G}(D)$具有如下形式

$$\boldsymbol{G}(D) = [\boldsymbol{I}_k | \boldsymbol{P}(D)] \tag{8-1-26}$$

那么卷积码是系统的，这里 $\boldsymbol{P}(D)$是一个 $k \times (n-k)$ 多项式矩阵。下面矩阵的 $\boldsymbol{G}(D)$对应一个 n=3、k=2 的系统卷积码。

$$\boldsymbol{G}(D) = \begin{bmatrix} 1 & 0 & 1+D \\ 0 & 1 & 1+D+D^2 \end{bmatrix} \tag{8-1-27}$$

如果两个卷积码编码器产生的码序列相同，则称它们是等效的。注意，在等效卷积码编码器的定义中，码序列相同是充分条件，并没有要求相等的码序列一定要对应同样的信息序列。

例 8-1-6 一个 $n=3$、$k=1$ 卷积码的生成矩阵为

$$\boldsymbol{G}(D)=[1+D+D^2 \quad 1+D \quad D] \tag{8-1-28}$$

编码器产生的码序列一般形式是

$$c(D)=c^{(1)}(D^3)+Dc^{(2)}(D^3)+D^2c^{(3)}(D^3) \tag{8-1-29}$$

式中，

$$c^{(1)}(D)=(1+D+D^2)u(D),\qquad c^{(2)}(D)=(1+D)u(D),\qquad c^{(3)}(D)=Du(D) \tag{8-1-30}$$

或

$$c(D)=(1+D+D^3+D^4+D^5+D^6)u(D^3) \tag{8-1-31}$$

矩阵$\boldsymbol{G}(D)$也可写成

$$\boldsymbol{G}(D)=(1+D+D^2)\left[1 \quad \frac{1+D}{1+D+D^2} \quad \frac{D}{1+D+D^2}\right]=(1+D+D^2)\boldsymbol{G}'(D) \tag{8-1-32}$$

$\boldsymbol{G}(D)$和$\boldsymbol{G}'(D)$是等效编码器，意味着这两个矩阵产生同样的码序列集合。然而两个码序列对应不同的信息序列，同时还注意到$\boldsymbol{G}'(D)$代表一个系统卷积码。

容易证明，若将信息序列 $\boldsymbol{u}=(1, 0, 0, 0, 0\cdots)$ 和 $\boldsymbol{u}'=(1, 1, 1, 0, 0, 0, 0\cdots)$ 分别送入编码器$\boldsymbol{G}(D)$和$\boldsymbol{G}'(D)$时，产生同样的码序列：

$$\boldsymbol{c}=(1, 1, 0, 1, 1, 1, 1, 0, 0, 0, 0\cdots)$$

变换域生成矩阵$\boldsymbol{G}'(D)$

$$\boldsymbol{G}'(D)=\left[1 \quad \frac{1+D}{1+D+D^2} \quad \frac{D}{1+D+D^2}\right] \tag{8-1-33}$$

表示一个带反馈的卷积码编码器。为了实现这种转移函数，需要采用如图8-1-16所示的带反馈的移位寄存器。

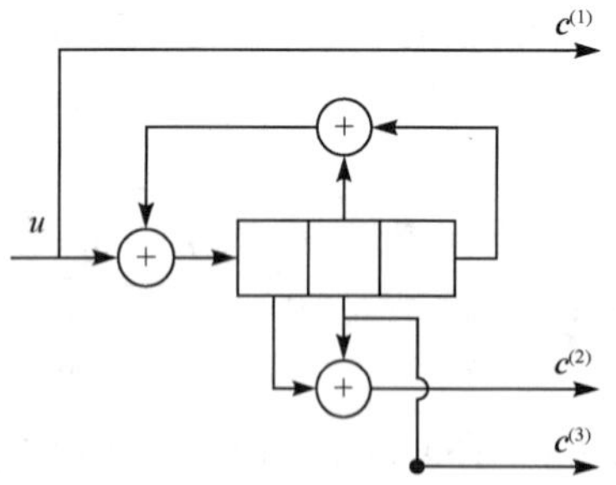

图 8-1-16 用反馈移位寄存器实现$\boldsymbol{G}'(D)$

采用反馈型移位寄存器实现的卷积码称为递归型卷积码（Recursive Convolutional Code，RCC）。这类卷积码的变换域生成矩阵包含多项式之比，而非递归型卷积码$\boldsymbol{G}(D)$的元素仅是多项式。注意，递归型卷积码中的反馈使码的脉冲响应变得无限长。

尽管系统卷积码是我们所要求的，但不幸的是，非递归型系统卷积码与同样码率、同样约束长度的非递归型非系统卷积码相比，一般不能取得最大可能的自由距离，而递归型系统卷积码能够取得与相同码率、相同约束长度的非递归型非系统码同样的自由距离。图 8-1-16 所示是一个递归型系统卷积码（Recursive Systematic Convolutional Code，RSCC）编码器的实现，这种码是将在 8.9 节讨论的 Turbo 码的基本成分。

8.1.4 卷积码编码器的逆与恶性码

在没有噪声的情况下，应能从编码序列恢复出信息序列，这是对卷积码编码器的基本要求。换言之，编码过程必须是可逆的。

除了可逆性，还要求对编码器的求逆可通过逆向网络来实现。理由是，如果在 $c(D)$传输过程中产生了一处差错，而逆函数是一个有无限长脉冲响应的反馈电路，那么这相当于一个脉冲的单一差错，将可能导致译码输出无限个差错。

对于一个非系统卷积码，在 $c(D)$和 $c^{(1)}(D)$、$c^{(2)}(D)$、…、$c^{(n)}(D)$之间，以及 $u(D)$和 $u^{(1)}(D)$、$u^{(2)}(D)$、…、$u^{(k)}(D)$之间，存在着一一对应的关系。因此，为了能从 $c(D)$恢复出(D)，必须能从 $c^{(1)}(D)$、$c^{(2)}(D)$、…、$c^{(n)}(D)$恢复出 $u^{(1)}(D)$、$u^{(2)}(D)$、…、$u^{(k)}(D)$。利用关系式

$$c(D) = u(D)\boldsymbol{G}(D) \tag{8-1-34}$$

我们断言，如果$\boldsymbol{G}(D)$可逆则该码也是可逆的。因此，卷积码可逆的条件是，对于$k \times n$矩阵$\boldsymbol{G}(D)$，必须存在一个$n \times k$逆矩阵$\boldsymbol{G}^{-1}(D)$，满足

$$\boldsymbol{G}(D)\boldsymbol{G}^{-1}(D) = D^l \boldsymbol{I}_k \tag{8-1-35}$$

式中，$l \geqslant 0$是一个整数，代表输入和输出之间迟延l个时间单位。

Massey 和 Sain（1968）提出了 $\boldsymbol{G}(D)$逆存在的必要和充分条件，所得的结果如下。

一个$(n, 1)$卷积码的生成矩阵

$$\boldsymbol{G}(D) = [\boldsymbol{g}_1(D)\ \boldsymbol{g}_2(D)\cdots\boldsymbol{g}_n(D)\ ] \tag{8-1-36}$$

当且仅当满足条件

$$\text{GCD}\ \{\boldsymbol{g}_i\ (D),\ 1 \leqslant i \leqslant k\} = D^l \tag{8-1-37}$$

时，带有时延l（$l \geqslant 0$）的逆存在，这里GCD表示最大公约数。

对于(n, k)卷积码的条件是

$$\text{GCD}\{\varDelta_i(D),\ 1 \leqslant i \leqslant \binom{n}{k}\} = D^l \tag{8-1-38}$$

式中，$\varDelta_i\ (D)$表示 $\boldsymbol{G}(D)$里$\binom{n}{k}$个不同组合 $k \times k$ 子矩阵的行列式，$1 \leqslant i \leqslant \binom{n}{k}$。

不存在反向逆的卷积码称为恶性卷积码（Catastrophic Convolutional Code），也称为恶性码。当恶性卷积码用于二进制对称信道时，信道的有限个差错有可能造成译码的无限个差错。对于简单码，恶性码可以从其状态图识别出来，状态图中含有一条从非 0 状态回到同一状态的零距离路径（路径乘积 $D^0 = 1$）。这意味着存在一条零距离路径（Zero-Distance Path），沿着它可以循环无限次而不会增加它与全 0 路径的距离。但如果这个自环对应于 1 的传输，那么译码器将出现无限个差错。对于一般的卷积码，必须满足式（8-1-37）和式（8-1-38）的条件以保证码是非恶性的。

例 8-1-7 考虑一个 $k = 1$、$n = 2$、$K = 3$ 的卷积码，如图 8-1-17 所示，该码的 $\boldsymbol{G}(D)$为

$$\boldsymbol{G}(D) = [\ 1 + D \quad 1 + D^2\ ] \tag{8-1-39}$$

由于 $\text{GCD}\{1+D,\ 1+D^2\} = 1+ D \neq D^l$，卷积码是恶性的，该码的状态图如图 8-1-18 所示。从状态 11 到其自身的一个自环的存在，相当于重量为 1 的输入序列和重量为 0 的输出序列，从而导致该码是恶性卷积码。

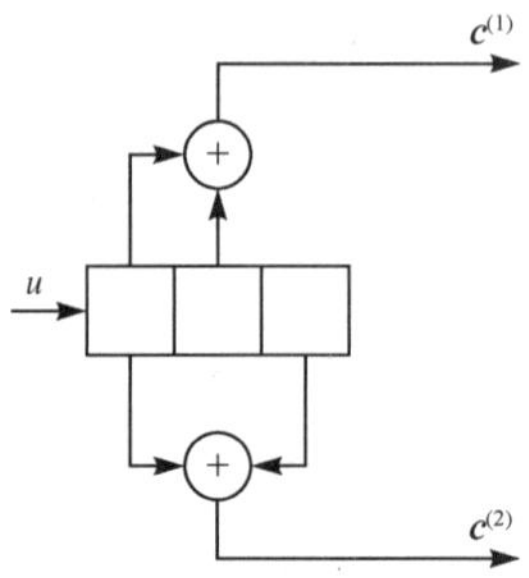

图 8-1-17 一个恶性码编码器

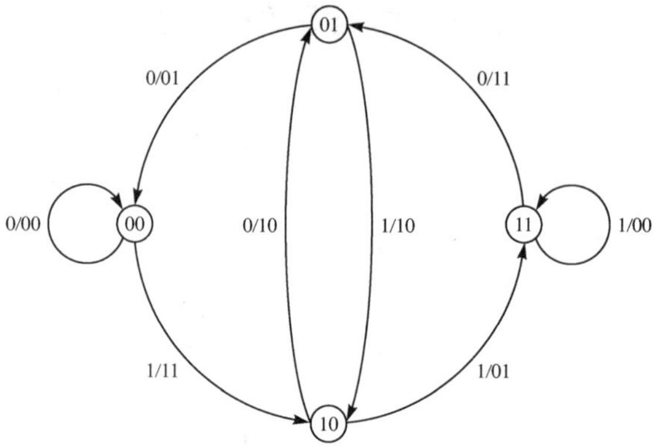

图 8-1-18 图 8-1-17 所示的恶性码的状态图

8.2 卷积码的译码

卷积码的译码有多种方法。与分组码相类似，卷积码既可以采用软判决译码，也可以采用硬判决译码。此外，卷积码的最优译码可以采用最大似然或者最大后验概率准则。对于约束长度较大的卷积码，最优译码算法将变得过于复杂，这种情况下通常会采用次优的译码算法。

8.2.1 卷积码的最大似然译码——维特比算法

在无记忆信道分组码的译码中，首先需要计算接收码字与 2^k 个可能发送码字之间的距离，硬判决译码时是汉明距离，软判决译码时是欧氏（Euclidean）距离。然后选择一个在距离上离接收码字最近的码字作为译码输出。这种判决法则需要计算 2^k 个距离量度，在加性高斯白噪声、$p<1/2$ 的二进制对称信道中，这种算法的差错概率最小，从这个意义上说它是最优的。

不像分组码那样具有固定的长度 n，卷积码基本上是一个有限状态机，因此它的最佳译码器与 4.8.1 节描述过的有记忆信号属于同一类型，是一个最大似然序列估计器（Maximum-Likelihood Sequence Estimator，MLSE），所以卷积码的译码就是搜遍网格图找出最可能的序列。根据解调器后的译码器执行软判决译码还是硬判决译码，搜寻网格图时所用的量度可以是汉明距离，也可以是欧氏距离。下面针对图 8-1-2 所示的卷积码的网格（见图 8-1-6）来详细说明。

考虑网格图中的两条路径，它们从初始状态 a 经过三次状态转移（三个分支）又回到状态 a，与这两条路径对应的信息序列分别是 000 和 100，对应的发送序列分别是 000000000 和 111001011。我们用$\{c_{jm}，j=1, 2, 3；m=1, 2, 3\}$来表示发送比特，其中 j 表示第 j 个分支，m 表示该分支的第 m 个比特。同样，我们用$\{r_{jm}，j=1, 2, 3；m=1, 2, 3\}$来表示解调器的输出。如果采用硬判决译码，则解调器输出的传输比特不是 0 就是 1。如果用软判决译码，且编码序列是用二进制相干 PSK 传输的，则输入到译码器的是

$$r_{jm}=\sqrt{\mathcal{E}_{\rm c}}(2c_{jm}-1)+n_{jm} \tag{8-2-1}$$

式中，n_{jm} 表示加性噪声，$\sqrt{\mathcal{E}_c}$ 是发送每个编码比特所用的信号能量。

穿过网格图的第 i 条路径的第 j 个分支的量度，定义为在这第 i 路径上发送序列为{ $c_{jm}^{(i)}$，m =1, 2, 3}，而接收序列是{r_{jm}，m =1, 2, 3}的联合条件概率的对数，即

$$\mu_j^{(i)} = \log p(\boldsymbol{r}_j|\boldsymbol{c}_j^{(i)}), \qquad j = 1, 2, 3 \tag{8-2-2}$$

又把穿过网格图的、由 B 个分支组成的第 i 条路径的度量定义为

$$\text{PM}^{(i)}=\sum_{j=1}^{B}\mu_j^{(i)} \tag{8-2-3}$$

在穿过网格图的两条路径之间进行判决的准则是选取量度较大的一条路径。这个准则使正确判决的概率最大，或等效于使信息比特序列的差错概率最小。例如，准备执行硬判决译码的解调器输出一个接收序列{101000100}。令 i=0 代表由 3 个分支组成的那条全 0 路径，令 i=1 代表第 2 条三分支组成的路径，它从初始状态 a 开始，经过 3 次转移之后和全 0 路径又在状态 a 合并。这两条路径的度量分别为

$$\text{PM}^{(0)}=6\log(1-p)+3\log p, \qquad \text{PM}^{(1)}=4\log(1-p)+5\log p \tag{8-2-4}$$

式中，p 是比特差错概率。假定 $p < 1/2$，可求得量度 $\text{PM}^{(0)}$大于量度 $\text{PM}^{(1)}$。这个结果和以下事实是一致的，即全 0 路径到接收序列的汉明距离 d =3，而 i=1 的路径离接收路径的汉明距离 d =5。因此，对硬判决译码来说，汉明距离是一种等效的量度。

与此类似，假设采用软判决译码，且信道给信号叠加了高斯白噪声，那么解调器的输出从统计角度可以用概率密度函数来表示

$$p(r_{jm}|c_{jm}^{(i)}) = \frac{1}{\sqrt{2\pi\sigma^2}}\exp\left\{-\frac{\{r_{jm}-\sqrt{\mathcal{E}}[2c_{jm}^{(i)}-1]\}^2}{2\sigma^2}\right\} \tag{8-2-5}$$

式中，σ^2=N_0/2 是加性高斯噪声的方差。如果忽略那些各分支量度都相同的项，那么第 i 路径的第 j 分支的分支量度可以表示为

$$\mu_j^{(i)} = \sum_{m=1}^{n} r_{jm}[2c_{jm}^{(i)}-1] \tag{8-2-6}$$

在此例中 n =3。这两条路径的相关量度为

$$\text{CM}^{(0)} = \sum_{j=1}^{3}\sum_{m=1}^{3} r_{jm}[2c_{jm}^{(0)}-1], \qquad \text{CM}^{(1)} = \sum_{j=1}^{3}\sum_{m=1}^{3} r_{jm}[2c_{jm}^{(1)}-1] \tag{8-2-7}$$

从以上讨论可以看到，在最大似然（ML）译码时需要在网格图 T 上找到一条编码序列 $\boldsymbol{c}^{(m)}$，满足条件

$$\begin{aligned}
&\boldsymbol{c}^{(m)} = \max_{c\in T}\sum_j \log p(\boldsymbol{r}_j|\boldsymbol{c}_j), && \text{对于一般无记忆信道}\\
&\boldsymbol{c}^{(m)} = \min_{c\in T}\sum_j \|\boldsymbol{r}_j-\boldsymbol{c}_j\|^2, && \text{对于软判决译码}\\
&\boldsymbol{c}^{(m)} = \min_{c\in T}\sum_j d_{\text{H}}(\boldsymbol{y}_j,\boldsymbol{c}_j), && \text{对于硬判决译码}
\end{aligned} \tag{8-2-8}$$

注意，在硬判决译码中，$\boldsymbol{y}$ 代表对解调器输出 $\boldsymbol{r}$ 实施二进制（硬）判决后的结果，$\boldsymbol{c}$ 代表二进制编码序列，其组成成分是 0 和 1；而在软判决译码情况下，$\boldsymbol{c}$ 的成分是$\pm\sqrt{\mathcal{E}_c}$。以上

清楚地显示的一点是，在所有情况下，最大似然译码都需要在网格图上找到一条路径，使加性度量最大化或最小化。这可以用以下讨论的维特比（Viterbi）算法来解决。

考虑上述两条路径，它们在 3 次转移后又汇合到状态 a。我们注意到从这个节点出发的任何一条穿过网格图的特定路径，都要在其路径度量 $CM^{(0)}$和 $CM^{(1)}$上加上相同的项。因此，如果经过 3 次转移后在汇合节点 a 处满足 $CM^{(0)} > CM^{(1)}$ ，那么对于任何起源于节点 a 的路径，$CM^{(0)}$将仍然大于 $CM^{(1)}$。这意味着以后可以不再考虑与 $CM^{(1)}$对应的那些路径。与度量 $CM^{(0)}$对应的路径称为留存路径。同理，根据两个度量的大小，在状态 b 汇合的两条路径中也可以去除其中之一。对状态 c 和状态 d 也同样重复这种步骤。结果是，经过开始 3 次状态转移之后，只剩下 4 条路径，每个状态作为其中一条的终点，并且每条留存路径都有相应的度量。随着后面每一时间间隔中新信号的接收，在网格图的每一级都重复这样的步骤。

一般来说，如果用维特比算法对一个 $k=1$、约束长度为 K 的二进制卷积码进行译码，应有 2^{K-1} 个状态。因此每级有 2^{K-1} 条留存路径，每条留存路径有一个路径度量，共 2^{K-1} 个。进一步讲，一个二进制卷积码若一次能让 k 个信息比特输入由 K 个 k 比特移位寄存器构成的编码器，那么这样的卷积码将产生 $2^{k(K-1)}$个状态的网格图。若想用维特比算法对这种码进行译码，就要保存 $2^{k(K-1)}$条留存路径和 $2^{k(K-1)}$个路径度量。在网格图每一级的每一节点，有 2^k 条路径汇合于该点。由于汇合于同一节点的每一条路径都要计算其度量，因此每个节点要计算 2^k 个度量。在汇合于每个节点的 2^k 条路径中，留存路径只有一条，它就是最可能（最小距离）的路径。这样，在执行每一级的译码中，计算量将随 k 和 K 成指数的增加，这就将维特比算法的应用局限于 k 和 K 值较小的场合。

在对一个卷积码的长序列进行译码时，译码时延对大多数实际应用场合来说都太长了。而且，用来存储留存序列全部长度的存储器也太大、太贵了。解决这个问题的办法，正如 4.8.1 节指出的那样，是对维特比算法进行修改，使修改后的算法既能保持一个固定的译码时延，又对这种算法的最佳性能没有显著影响。修改办法是在任一给定时间 t 内仅保留每个留存序列中最新的δ个译码信息比特（符号）。当收到每一个新的信息比特（符号）时，译码器对各留存序列量度的大小进行比较，找出具有最大量度的那个留存序列，再在网格图（时间）上回退δ个分支，将该留存序列上该时刻的比特判决为接收比特（符号）的译码输出。如果δ选得足够大，那么在时间上回退δ个分支后，所有留存序列将包含相同的译码输出比特（符号）。也就是说，时刻 t 的所有留存序列极有可能是起源于时刻 $t-\delta$的同一节点。已经用实验（计算机模拟法）证明，当时延$\delta \geqslant 5K$ 时，与最佳维特比算法性能相比，其性能的下降可以忽略不计。

8.2.2 卷积码最大似然译码的差错概率

在推导卷积码的差错概率时，其线性性质可被用来简化推导，即可假设发送的是全 0 序列，译码时判决为任何其他序列的概率就是差错概率。

由于卷积码序列并没固定长度，可以通过网格图给定节点上与全 0 序列首次汇合的序列的差错概率来推导其性能。特别定义了首次差错事件概率（First-Event Error Probability），它是在节点 b 与全 0 路径汇合、似然度首次超过全 0 路径似然度的另一条路径的概率。在卷积码的传输中当然还会有其他类型的差错发生，但可以证明：用首次差错事件概率之和界定的卷积码差错概率是差错概率的上边界，它虽然保守，但在大多情况下是差错概率的有用边界。有兴趣的读者可参阅 Lin 和 Costello（2004）以了解细节。

正如在 8.1.2 节讨论过的，卷积码的转移函数与分组码的 WEF 类似，只在两点上不同：第一，它仅考虑首次差错事件；第二，它不包含全 0 码序列。因此，与 7.2.4 节讨论分组码时提出的论证类似，可以推导出卷积码的序列和比特差错概率边界。

卷积码的序列差错概率的边界为

$$P_e \leqslant T(Z)|_{Z=\Delta} \tag{8-2-9}$$

式

$$\Delta = \sum_{y \in Y} \sqrt{p(y|0)p(y|1)} \tag{8-2-10}$$

注意与式（7-2-39）不同，式（7-2-39）中，线性分组码的差错概率是 $P_e \leqslant A(\Delta)-1$，而这里无须在 $T(Z)$中减 1，因为 $T(Z)$中不包含全 0 路径。式（8-2-9）可写成

$$P_e \leqslant \sum_{d=d_{\text{free}}}^{\infty} a_d \Delta^d \tag{8-2-11}$$

卷积码的比特差错概率由式（7-2-48）得

$$P_b \leqslant \frac{1}{k} \frac{\partial}{\partial Y} T(Y, Z)\Big|_{Y=1, Z=\Delta} \tag{8-2-12}$$

从例 6-8-1 知，如果采用 BPSK（或 QPSK）调制、在 AWGN 信道中以软判决译码时，那么

$$\Delta = \mathrm{e}^{-R_c \gamma_b} \tag{8-2-13}$$

在硬判决译码情况下，信道模型是交叉概率为 p 的二进制对称信道，这时

$$\Delta = \sqrt{4p(1-p)} \tag{8-2-14}$$

因此可得卷积码比特差错概率的上边界为

$$P_b \leqslant \begin{cases} \frac{1}{k} \frac{\partial}{\partial Y} T(Y, Z)\Big| Y=1,\ Z=\exp(R_c \gamma_b) & \text{BPSK调制、软判决译码} \\ \frac{1}{k} \frac{\partial}{\partial Y} T(Y, Z)\Big| Y=1, Z=\sqrt{4p(1-p)} & \text{硬判决译码} \end{cases} \tag{8-2-15}$$

在硬判决译码时，可使用成对差错概率直接表达而不使用 Bhatacharyya 界，这个结果是差错概率的紧密边界。在 d 为奇数情况下选择一条重量为 d 的路径而非全 0 路径的概率，就是在这些位置上的差错数大于等于$(d+1)/2$ 的概率。因此成对差错概率为

$$P_2(d) = \sum_{k=(d+1)/2}^{d} \binom{d}{k} p^k (1-p)^{n-k} \tag{8-2-16}$$

如果 d 是偶数，当差错数超过 $d/2$ 时就会选择不正确的路径。如果差错数等于 $d/2$，两条路径的似然量度一样，就会随机选择其中一条路径来解决，每次以一半的概率发生差错。此时成对差错概率为

$$P_2(d) = \frac{1}{2}\binom{d}{d/2} p^{d/2}(1-p)^{d/2} + \sum_{k=d/2+1}^{d} \binom{d}{k} p^k (1-p)^{n-k} \tag{8-2-17}$$

差错概率上边界为

$$P_e \leqslant \sum_{d=d_{\text{free}}}^{\infty} a_d P_2(d) \tag{8-2-18}$$

式中，$P_2(d)$在d是奇数和偶数时分别用式（8-2-16）和式（8-2-17）表示。

采用同样办法可推出比特差错概率另一个类似的紧密边界，结果是

$$P_b \leqslant \frac{1}{k}\sum_{d=d_{\text{free}}}^{\infty}\beta_d P_2(d) \tag{8-2-19}$$

式中，β_d是 $Y=1$ 时计算 $\frac{1}{\partial Y}\partial T(Y,Z)$ 展开式时 Z^d 的系数。

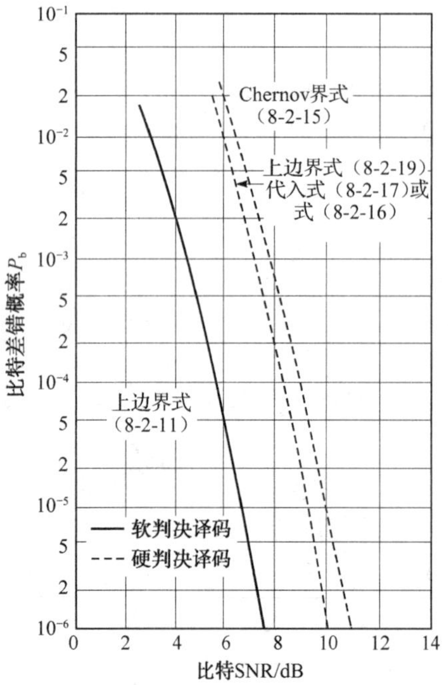

图 8-2-1　$K=3$、$k=1$、$n=3$ 卷积码软判决和硬判决译码的差错概率比较

一个码率为 1/3、$K=3$ 卷积码在软判决译码和硬判决译码下差错概率的比较如图 8-2-1 所示。注意，由式（8-2-15）给出的硬判决译码时的上边界比由式（8-2-19）给出的紧密上边界［结合式（8-2-16）和式（8-2-17）］少 1 dB。Bhatacharyya 界的优点是计算简单。在软判决译码和硬判决译码的性能比较中，在 $10^{-6}\leqslant P_b \leqslant 10^{-2}$ 范围里与上边界的差距约为 2.5 dB。

最后要提一下，卷积码在离散无记忆信道的总平均差错概率性能，正如在分组码时的情况一样，可以用截止速率 R_0 表示为［推导过程见 Viterbi & Omura（1979）］：

$$P_b \leqslant \frac{(q-1)q^{-KR_0/R_c}}{[1-q^{-(R_0-R_c)/R_c}]^2},\qquad R_c \leqslant R_0 \tag{8-2-20}$$

式中，q 是信道输入符号的数目，K 是码的约束长度，R_c 是码率，R_0 是第 6 章中定义的截止速率。因此，在用于分组码和卷积码的各种不同的信道条件下计算 R_0，就可以得出结论。

8.3　二进制卷积码的距离特性

本节将给出几种不同码率、约束长度较短的二进制卷积码的最小自由距离和生成多项式列表。这些码在给定码率和约束长度下具有最大可能的 d_{free}，从这个意义上说它们是最优的。下面的表所列的生成多项式和相应的 d_{free} 是由 Odenwalder（1970）、Larsen（1973）、Paaske（1974）和 Daut 等（1982）利用计算机搜索的方法得到的。

Heller（1968）推导了码率为 $1/n$ 的卷积码最小自由距离相对简单的上边界，为

$$d_{\text{free}} \leqslant \min_{l>1}\left\lfloor \frac{2^{l-1}}{2^l-1}(K+l-1)n \right\rfloor \tag{8-3-1}$$

式中，$\lfloor x \rfloor$表示 x 中所包含的最大整数。为了比较起见，码率为 $1/n$ 的卷积码的上边界也已在表中给出。对于码率为 k/n 的卷积码，Daut 等（1982）已给出一个修正的 Heller 界，由此算出码率为 k/n 的卷积码的上边界也已列在表中。

表 8-3-1 到表 8-3-7 列出码率为 $1/n$ 的卷积码的参数（n=2,3,⋯,8），表 8-3-8 到表 8-3-11 列出一些 k≤4、n≤8 时码率为 k/n 的卷积码的参数。

表 8-3-1　码率为 1/2 的卷积码的参数

约束长度K	生成多项式（八进制表示）		d_{free}	上边界(d_{free}时)
3	5	7	5	5
4	15	17	6	6
5	23	35	7	8
6	53	75	8	8
7	133	171	10	10
8	247	371	10	11
9	561	753	12	12
10	1167	1545	12	13
11	2335	3661	14	14
12	4335	5723	15	15
13	10533	17661	16	16
14	21675	27123	16	17

引自：Odenwalder（1970）和 Larsen（1973）。

表 8-3-2　码率为 1/3 的卷积码的参数

约束长度K	生成多项式（八进制表示）			d_{free}	上边界(d_{free}时)
3	5	7	7	8	8
4	13	15	17	10	10
5	25	33	37	12	12
6	47	53	75	13	13
7	133	145	175	15	15
8	225	331	367	16	16
9	557	663	711	18	18
10	1117	1365	1633	20	20
11	2353	2671	3175	22	22
12	4767	5723	6265	24	24
13	10533	10675	17661	24	24
14	21645	35661	37133	26	26

引自：Odenwalder（1970）和 Larsen（1973）。

表 8-3-3　码率为 1/4 的卷积码的参数

约束长度K	生成多项式（八进制表示）				d_{free}	上边界(d_{free}时)
3	5	7	7	7	10	10
4	13	15	15	17	13	15
5	25	27	33	37	16	16
6	53	67	71	75	18	18
7	135	135	147	163	20	20
8	235	275	313	357	22	22
9	463	535	733	745	24	24
10	1117	1365	1633	1653	27	27
11	2327	2353	2671	3175	29	29
12	4767	5723	6265	7455	32	32
13	11145	12477	15537	16727	33	33
14	21113	23175	35527	35537	36	36

引自：Larsen（1973）。

表 8-3-4　码率为 1/5 的卷积码的参数

约束长度K	生成多项式（八进制表示）					d_{free}	上边界(d_{free}时)
3	7	7	7	5	5	13	13
4	17	17	13	15	15	16	16
5	37	27	33	25	35	20	20
6	75	71	73	65	57	22	22
7	175	131	135	135	147	25	25
8	257	233	323	271	357	28	28

引自：Daut 等（1982）。

表 8-3-5　码率为 1/6 的卷积码的参数

约束长度K	生成多项式（八进制表示）			d_{free}	上边界(d_{free}时)
3	7	7	7	16	16
	7	5	5		
4	17	17	13	20	20
	13	15	15		
5	37	35	27	24	24
	33	25	35		
6	73	75	55	27	27
	65	47	57		
7	173	151	135	30	30
	135	163	137		
8	253	375	331	34	34
	235	313	357		

引自：Daut 等（1982）。

表 8-3-6　码率为 1/7 的卷积码的参数

约束长度K	生成多项式（八进制表示）				d_{free}	上边界(d_{free}时)
3	7	7	7	7	18	18
	5	5	5			
4	17	17	13	13	23	23
	13	15	15			
5	35	27	25	27	28	28
	33	35	37			
6	53	75	65	75	32	32
	47	67	57			
7	165	145	173	135	36	36
	135	147	137			
8	275	253	375	331	40	40
	235	313	357			

引自：Daut 等（1982）。

表 8-3-7　码率为 1/8 的卷积码的参数

约束长度K	生成多项式（八进制表示）				d_{free}	上边界(d_{free}时)
3	7	7	5	5	21	21
	5	7	7	7		
4	17	17	13	13	26	26
	13	15	15	17		
5	37	33	25	25	32	32
	35	33	27	37		
6	57	73	51	65	36	36
	75	47	67	57		
7	153	111	165	173	40	40
	135	135	147	137		
8	275	275	253	371	45	45
	331	235	313	357		

引自：Daut 等（1982）。

表 8-3-8　码率为 2/3 的卷积码的参数

约束长度K	生成多项式（八进制表示）			d_{free}	上边界(d_{free}时)
2	17	6	15	3	4
3	27	75	72	5	6
4	236	155	337	7	7

引自：Daut 等（1982）。

表 8-3-9　码率为 k/5 的卷积码的参数

码率	约束长度K	生成多项式（八进制表示）					d_{free}	上边界(d_{free}时)
2/5	2	17	07	11	12	04	6	6
	3	27	71	52	65	57	10	10
	4	247	366	171	266	373	12	12
3/5	2	35	23	75	61	47	5	5
4/5	2	237	274	156	255	337	3	4

引自：Daut 等（1982）。

表 8-3-10　码率为 k/7 的卷积码的参数

码率	约束长度K	生成多项式（八进制表示）				d_{free}	上边界(d_{free}时)
2/7	2	05	06	12	15	9	9
		15	13	17			
	3	33	55	72	47	14	14
		25	53	75			
	4	312	125	247	366	18	18
		171	266	373			
3/7	2	45	21	36	62	8	8
		57	43	71			
4/7	2	130	067	237	274	6	7
		156	255	337			

引自：Daut 等（1982）。

表 8-3-11　码率为 3/4 和 3/8 的卷积码的参数

码率	约束长度K	生成多项式（八进制表示）				d_{free}	上边界(d_{free}时)
3/4	2	13	25	61	47	4	4
3/8	2	15	42	23	61	8	8
		51	36	75	47		

引自：Daut 等（1982）。

8.4　删余卷积码

在某些实际应用场合中，有必要使用一些高码率，如码率为$(n-1)/n$ 的卷积码。正如我们看到的，在一些使用高码率编码的网格中，进入每一状态的分支可有 2^{n-1} 个，在执行维特比算法时必须为每个状态计算 2^{n-1} 个分支长度，在选择各状态最佳路径时又要进行同样多次数的比较以更新路径长度。因此，高码率编码的实现是非常复杂的。

如果先设计一个低码率编码，在传输时删去某些编码比特而让它成为一个高码率编码，通过这种途径可以避免高码率卷积码译码运算时的计算复杂度。在卷积码编码器输出端有选择地删除一些编码比特称为删余（Puncturing），正如 7.8.2 节所述。这样，就可以对码率为 $1/n$ 的卷积码进行删余来生成高码率卷积码，而保持码率为 $1/n$ 的低码率译码器的复杂度。当然我们也注意到，卷积码的删余会导致码率为 $1/n$ 的卷积码自由距离的减小，减小的程度取决于删余的程度。

删余处理可以形容成从编码器输出中周期地删除被选择的比特，这样，就产生了一个周期性时变的网格码。我们以一个码率为 $1/n$ 的编码为母本，并定义一个删余周期（Puncturing Period）P，对应于输入编码器的 P 个信息比特。这样在一个周期里，编码器输出 nP 个编码比特。与 nP 编码比特相联系的是一个删余矩阵（Puncturing Matrix）$\boldsymbol{P}$，即

$$\boldsymbol{P}=\begin{bmatrix} p_{11} & p_{12} & \cdots & p_{1P} \\ p_{21} & p_{22} & \cdots & p_{2P} \\ \vdots & \vdots & \vdots & \vdots \\ p_{n1} & p_{n2} & \cdots & p_{nP} \end{bmatrix} \tag{8-4-1}$$

式中，$\boldsymbol{P}$ 的每一列对应输入 1 个比特时编出的 n 个输出比特，$\boldsymbol{P}$ 的每一个元素均为 0 或 1。当 $p_{ij}=1$ 时，对应的编码器输出比特被传输出去；当 $p_{ij}=0$ 时，对应的编码器输出比特被删除。可见，码率是由删余周期 P 和被删除比特的数目决定的。

如果在 nP 比特中删除 N 比特，码率将是 $P/(nP-N)$，这里 N 可取 $0\sim(n-1)P-1$ 的任意整数。于是，可取得的码率是

$$R_c=\frac{P}{P+M},\qquad M=1,2,\cdots,(n-1)P \tag{8-4-2}$$

例 8-4-1 对图 8-1-2 所示的码率为 1/3、K=3 编码器的输出进行删余，构造一个码率为 3/4 的码。

为了满足要求的码率，式（8-4-2）中的 P 和 M 可以有多种选择，这里取 P 的最小值，即 P=3。然后在 nP=9 个输出比特中删除 N=5 个比特，这样就可以得到码率为 3/4 的删余卷积码。至于删余矩阵，可选择 $\boldsymbol{P}$ 为

$$\boldsymbol{P}=\begin{bmatrix} 1 & 1 & 1 \\ 1 & 0 & 0 \\ 0 & 0 & 0 \end{bmatrix} \tag{8-4-3}$$

图 8-4-1 图示了从码率为 1/3 卷积码生成码率为 3/4 的删余卷积码的过程，以及与删余卷积码对应的网格图。

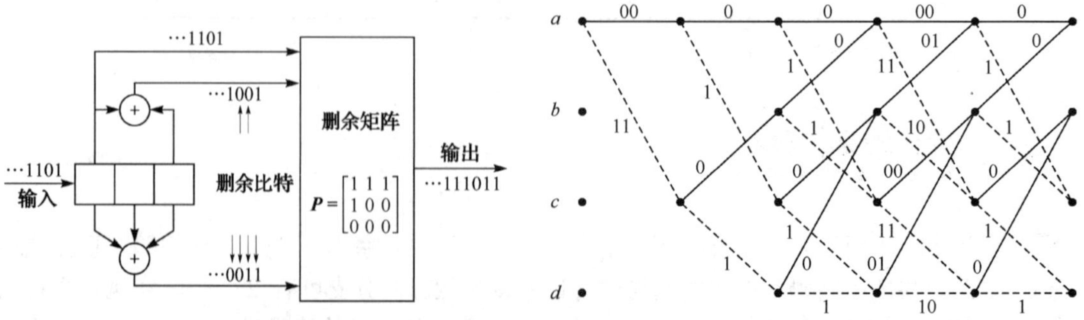

（a）编码器　　（b）与删余卷积码对应的网络图

图 8-4-1　从码率为 1/3 卷积码生成码率为 3/4 删余卷积余码的过程以及删余卷积码对应的网格图

在上例中，删余矩阵是随意选择的，但必然存在某些删余矩阵优于另一些矩阵，表现为在网格图路径上具有更好的汉明距离特性。寻找好的删余矩阵通常采用计算机进行搜索，一般而言，用这种方法产生的高码率的删余卷积码，与同样码率未进行删余直接得出的最好卷积码相比，要么自由距离相等，要么小于 1 比特。

Yasuda 等（1984）、Hole（1988）、Lee（1988）、Haccoun & Bégin（1989）、Bégin 等（1990）研究了由低码率的编码生成大或小的限制长度删余卷积码的结构和性能情况。一般来说，具有较好距离特性的高码率的编码是对码率为 1/2 的最大自由距离码删余后得到的。例如，在表 8-4-1 中列出了码率为 $2/3 \leqslant R_c \leqslant 7/8$ 的码的删余矩阵，它用于对限制长度为 $3 \leqslant K \leqslant 9$、码率为 1/2 的码删余，表中还给出了删余码的自由距离。其他码率以及更大限制长度时的删余卷积码可参见上面列出的那些论文。

删余卷积码的译码采用与码率为 $1/n$ 的低码率母本码同样的译码方法，采用码率为 $1/n$ 的编码的网格图。在软判决译码中，网格图上路径长度的计算采用前面已描述过的常规方法。当分支上一个或多个比特被删余后，相应分支长度的增量仍然是基于未删余时的情况计算的，这样。删余比特并没有对分支长度产生影响。在删余码中，差错事件的长度通常比码率为 $1/n$ 低码率母本码的差错事件长度更长。结果是，在对接收比特做出最终判决前，译码器的等待时间应大于 5 倍的限制长度。对于软判决译码，删余码的性能可以用式（8.2-15）所示的差错概率（上边界）来描述比特差错概率。

表 8-4-1 从码率为 1/2 的编码得出的、用于产生码率为 $2/3 \leqslant R_c \leqslant 7/8$ 的编码的删余矩阵

限制长度 K	码率 R_c=2/3		码率 R_c=3/4		码率 R_c=4/5		码率 R_c=5/6		码率 R_c=6/7		码率 R_c=7/8	
	P	d_{free}	**P**	d_{free}	**P**	d_{free}	**P**	d_{free}	**P**	d_{free}	**P**	d_{free}
3	10 11	3	101 110	3	1011 1100	2	10111 11000	2	101111 110000	2	1011111 1100000	2
4	11 10	4	110 101	4	1011 1100	3	10100 11011	3	100011 111100	2	1000010 1111101	2
5	11 10	3	101 110	3	1010 1101	3	10111 11000	3	101010 110101	3	1010011 1101100	3
6	10 11	4	100 111	4	1000 1111	4	10000 11111	4	110110 101001	3	1011101 1100010	3
7	11 10	5	110 101	5	1111 1000	4	11010 10101	4	111010 100101	3	1111010 1000101	3
8	10 11	6	110 101	6	1010 1101	5	11100 10011	4	101001 110110	4	1010100 1101011	4
9	11 10	6	111 100	6	1101 1010	5	10110 11001	5	110110 101001	4	1101011 1010100	4

设计好的删余码的方法之一是搜索及选择能产生最大自由距离的删余矩阵。在某种意义上，更好的一种方法是通过判断删余码关键项的重量谱（β_d）来计算相应的误比特率。我们选择能导致最好误码率性能的删余矩阵所对应的码作为最佳删余码，只要该码不是恶性的即可。一般在计算删余码重量谱时，与码率为 $1/n$ 的低码率母本码相比，删余码有必要在更长的长度上搜索更多数量的可能路径。在 Haccoun & Bégin（1989）和 Bégin 等（1990）中给出

了几种删余码的重量谱。

码率兼容的删余卷积码

在压缩的数字语音传输和一些其他应用场合中，有必要以大于一般应用的冗余度来传输信息比特群。换言之，不同类型的信息比特群在信息序列传输中要求的差错保护措施是不同的，越是重要的信息比特其冗余度就应该越大。与其对不同种类的信息比特采用不同的编码，不如采用同一种冗余度可变的码。这可以通过删余同一个码率为 $1/n$ 的不同数目的低码率卷积码来实现，正如 Hagenauer（1988）描述的那样。为了满足兼容不同码率的要求，可以选择不同的删余矩阵，基本的要求是：较低码率的编码（高冗余度）传输与高码率码相同的编码比特，再多传输一些附加比特。这种由同一个码率为 $1/n$ 的卷积码生成的编码称为码率兼容的删余卷积（Rate Compatible Punctured Convolutional，RCPC）码。

例 8-4-2 我们以码率为 1/3、K=4 的最大自由距离卷积码为基础构建一个 RCPC 码。本例的 RCPC 码取自 Hagenauer（1988），选择 $P = 8$，产生的码率为 4/11～8/9。删余矩阵已列在表 8-4-2 中。注意，在码率为 1/2 的编码的删余矩阵里第 3 行为全 0 行，这样来自码率为 1/3 编码器第 3 条分支的所有比特都被删除了。删除码率为 1/3 编码器第 2 条分支上的更多比特可以获得更高的码率。我们还注意到，凡在高码率编码的删余矩阵中出现 1 的位置，在所有低码率编码的同样位置上也必然是 1。

将 RCPC 码用于一个对不同信息比特序列有不同差错保护要求的系统时，可以把不同类别的信息比特封装成帧结构，正如 Hagenauer（1990）建议的那样，具有不同差错保护要求的传输数据的帧结构如图 8-4-2 所示。

图中以带有 3 类不同长度的数据 N_1、N_2、N_3 为例，以相应的差错概率要求 $p_1 > p_2 > p_3$ 的顺序排列。在每帧最后一组数据 N_3 之后附加 $K-1$ 个 0 作为结尾，它是帧头开销，用来使网格图上路径回到全 0 状态。然后，选择一组适当的、能满足差错保护要求，即指定差错概率 p_k 的 RCPC 码。本例中，采用 3 种删余矩阵来对 3 类信息比特进行编码，删余周期为 P，对应的 RCPC 码产生于码率为 $1/n$ 的编码。发送时，要求最低程度保护的编码先发，接着是要求较高程度保护的编码，然后是要求最高程度保护的编码，最后用一组全 0 的编码结束该帧。这样不同差错保护要求的编码就可以放在同一帧内发送，不会影响设计要求的差错概率性能。与编码一样，一帧内的信息比特采用同一个维特比译码算法，所用网格图就是码率为 $1/n$ 的图，对各类信息比特用相应的删余矩阵来计算性能。

可以证明（见习题 8.21），这种方式下平均有效码率是

$$R_{\mathrm{av}} = \frac{\sum_{j=1}^{J} N_j P}{\sum_{j=1}^{J} N_j(P + M_j) + (K - 1)(P + M_J)} \tag{8-4-4}$$

式中，J 是帧内信息比特类别数，P 是 RCPC 码周期，分母第二项对应于帧头开销，它是以最低码率（最大冗余度）传输的。

表 8-4-2　由码率为 1/3、K=4 的最大自由距离卷积码构造的码率兼容删余卷积码，P=8、$R_c=P/(P+M)$、M=1、2、4、6、8、10、12、14

码率	删余矩阵
$\frac{1}{3}$	$\begin{bmatrix}1&1&1&1&1&1&1&1\\1&1&1&1&1&1&1&1\\1&1&1&1&1&1&1&1\end{bmatrix}$
$\frac{4}{11}$	$\begin{bmatrix}1&1&1&1&1&1&1&1\\1&1&1&1&1&1&1&1\\1&1&1&0&1&1&1&0\end{bmatrix}$
$\frac{2}{5}$	$\begin{bmatrix}1&1&1&1&1&1&1&1\\1&1&1&1&1&1&1&1\\1&0&1&0&1&0&1&0\end{bmatrix}$
$\frac{4}{9}$	$\begin{bmatrix}1&1&1&1&1&1&1&1\\1&1&1&1&1&1&1&1\\1&0&0&0&1&0&0&0\end{bmatrix}$
$\frac{1}{2}$	$\begin{bmatrix}1&1&1&1&1&1&1&1\\1&1&1&1&1&1&1&1\\0&0&0&0&0&0&0&0\end{bmatrix}$
$\frac{4}{7}$	$\begin{bmatrix}1&1&1&1&1&1&1&1\\1&1&1&0&1&1&1&0\\0&0&0&0&0&0&0&0\end{bmatrix}$
$\frac{4}{6}$	$\begin{bmatrix}1&1&1&1&1&1&1&1\\1&0&1&0&1&0&1&0\\0&0&0&0&0&0&0&0\end{bmatrix}$
$\frac{4}{5}$	$\begin{bmatrix}1&1&1&1&1&1&1&1\\1&0&0&0&1&0&0&0\\0&0&0&0&0&0&0&0\end{bmatrix}$
$\frac{8}{9}$	$\begin{bmatrix}1&1&1&1&1&1&1&1\\1&0&0&0&0&0&0&0\\0&0&0&0&0&0&0&0\end{bmatrix}$

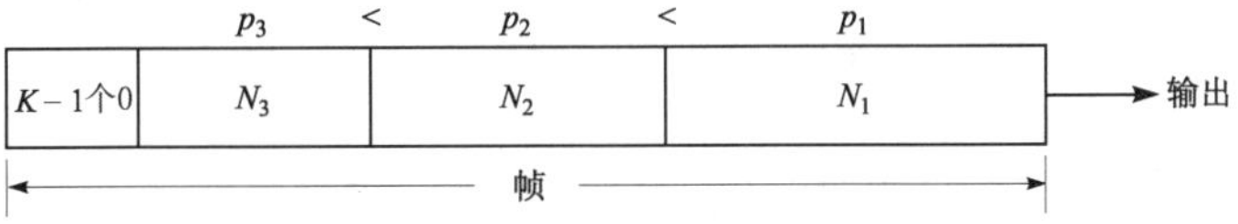

图 8-4-2　具有不同差错保护要求的传输数据的帧结构

8.5　卷积码的其他译码算法

从序列整体似然度最大这个意义上来说，8.2.1 节介绍的维特比算法是卷积码的最佳译码算法。然而，这种算法要求对网格图的每个节点计算 2^{Kk} 个量度，并存储 $2^{k(K-1)}$个量度和 $2^{k(K-1)}$个留存序列，而每个留存序列约有 $5kK$ 比特。为了完成维特比算法所花费的计算量和存储量是非常巨大的，以致对约束长度较长的卷积码而言，该算法是不现实的。

早在维特比发现最佳算法之前，就曾提出过其他许多种卷积码的译解算法。最早的是序列译码算法，由 Wozencraft（1957）最先提出，然后由 Wozencraft & Reiffen（1961）进一步处理，接着由费诺（Fano，1963）对此算法做了改进。

1. 序列译码算法

费诺的序列译码算法是用每次考察一条路径的方法寻找通过树图或网格图的最大可能路径。沿着每条分支的量度的增量正比于该分支所对应的接收信号的概率，这一点和维特比译码一样，所不同的只是在每一分支的量度上还要加上一个常数。这个常数的值是这样选定的：对正确路径的量度加上一个平均值，对任何错误路径的量度减去一个平均值。费诺的序列译码算法将候选路径的量度与一个变化（增大）的门限进行比较，就能检测并抛弃错误的路径。

为了叙述得更清楚，我们来看一个无记忆信道。从第 1 分支（Branch）通过树图或网格图的第 i 条路径到达第 B 个分支的度量可以表示为

$$\mathrm{CM}^{(i)}=\sum_{j=1}^{B}\sum_{m=1}^{n}\mu_{jm}^{(i)} \tag{8-5-1}$$

式中

$$\mu_{jm}^{(i)}=\log_2\frac{p\left(r_{jm}|c_{jm}^{(i)}\right)}{p(r_{jm})}-K \tag{8-5-2}$$

式中，r_{jm} 是解调器输出序列；$p(r_{jm}\,|\,c_{jm}^{(i)})$是第 i 条路径的第 j 个分支的第 m 个码字比特为 $c_{jm}^{(i)}$ 的条件下 r_{jm} 的概率密度函数；K 是一个正的常数，选择 K 的目的在上面已说过，它使不正确路径减去、而使正确路径加上一个平均值。注意，分母中的 $p(r_{jm})$项是与编码序列无关的，所以可以将其归入常数因子。

式（8-5-2）给出的度量在软判决译码和硬判决译码中都能使用，但是，在硬判决译码时它可被大大简化。具体说，如果有一个转移（差错）概率为 p 的 BSC 信道，与式（8-5-2）形式相符的每接收比特的度量是

$$\mu_{jm}^{(i)}=\begin{cases}\log_2[2(1-p)]-R_\mathrm{c}, & \tilde{r}_{jm}=c_{jm}^{(i)}\\ \log_2 2p-R_\mathrm{c}, & \tilde{r}\neq c_{jm}^{(i)}\end{cases} \tag{8-5-3}$$

式中，$\tilde{r}_{jm}$是解调器的硬判决译码输出，$c_{jm}^{(i)}$是树图中第 i 条路径的第 j 个分支的第 m 个码字比特，R_c是码率。注意，这个量度需要用到一些差错概率的知识。

例 8-5-1 设有一个码率为 1/3 的二进制卷积码，在 p =0.1 的 BSC 信道上传输信息。通过式（8-5-3）的计算，可得

$$\mu_{jm}^{(i)}=\begin{cases}0.52, & \tilde{r}_{jm}=c_{jm}^{(i)}\\ -2.65, & \tilde{r}_{jm}\neq c_{jm}^{(i)}\end{cases} \tag{8-5-4}$$

为了简化计算，可将式（8-5-4）中的量度归一化，可得到很好的近似式，即

$$\mu_{jm}^{(i)}=\begin{cases}1, & \tilde{r}_{jm}=c_{jm}^{(i)}\\ -5, & \tilde{r}_{jm}\neq c_{jm}^{(i)}\end{cases} \tag{8-5-5}$$

由于码率是 1/3，每个输入比特对应编码器的 3 个输出比特，因此符合式（8-5-5）的分支量度是

$$\mu_j^{(i)} = 3-6d$$

或等效于

$$\mu_j^{(i)} = 1-2d \tag{8-5-6}$$

式中，d 是 3 个接收比特与 3 个分支比特的汉明距离。这样，量度 $\mu_j^{(i)}$ 仅与接收比特和第 i 条路径第 j 个分支码字比特的距离有关。

开始时先发送一些已知的数据比特，这样可迫使译码器以正确路径为起始点，然后一个节点一个节点顺序地往前进行，在每个节点处选取最可能（度量最大）的分支，并且加大门限使其与量度值相比永远不低于某一预设值，如 τ。假设由于加性噪声（对软判决译码而言）或由信道噪声（对硬判决译码而言）引起的解调差错使得当时错误路径比正确路径的可能性更大，从而导致译码器选取了一条错误路径，这种情况如图 8-5-1 所示。由于错误路径度量的平均值不断减小，其度量将落在当前的门限值（如 τ_0）以下。当出现这种情况时，为了减小分支度量以便找到另外一条超过门限 τ_0 的路径，译码器将退回几步而选择树图或网格图的另一条路径。如果成功地找到了另一条路径，就继续沿该路径走下去，在每节点总是选择最大可能的分支。反之，如果不存在一个超过门限 τ_0 的路径，那么门限就要减去一个量 τ，并回到原来的路径上重新寻迹。如果原来的路径不在新的门限之上，那么译码器就重新回头搜索其他路径。这个过程不断重复，每次重复时门限都下降一个 τ，直到译码器找到一条能保持在修正后的门限之上的路径为止。一个简化的费诺序列译码算法的流程图如图 8-5-2 所示。

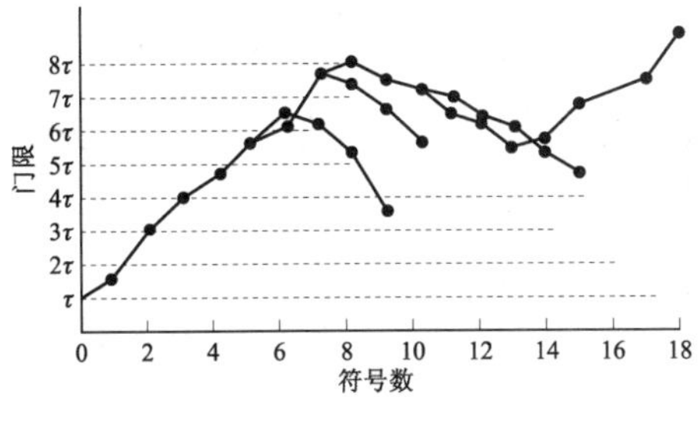

图 8-5-1 序列译码中路径搜索的一个例子

[摘自 Jordan (1966),©1966 IEEE]

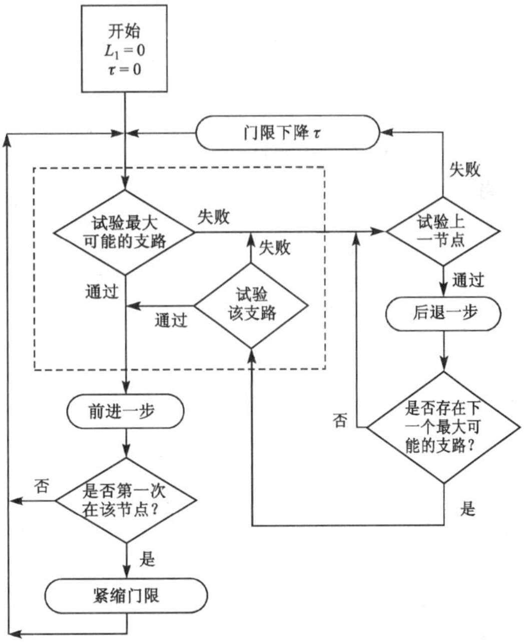

图 8-5-2 一个简化的费诺序列译码算法的流程图

[摘自 Jordan (1966), ©1966 IEEE]

序列译码器中需要缓存器，以便在译码器搜寻不同路径时存储输入的解调数据。当搜索完毕时，译码器必须能以足够快的速率处理解调比特以便在进行新一轮搜索时清空缓存器。在遇到非常长的搜索时，缓存器有可能溢出，这将导致数据的丢失，想要修复它必须重新传输丢失的信息。出于这种考虑，我们应该指出，在序列译码中截止速率 R_0 有其特殊的意义，正是这个速率限制了每译码比特在译码中的平均运算次数，用术语来说就是计算的截止速率 R_{comp}。在实践中，序列译码通常是以接近 R_0 的速率运行的。

费诺序列译码算法已成功地应用于一些通信系统，其差错概率性能可与维特比译码算法相媲美。但是，与维持比译码算法相比，费诺序列译码算法有相当大的译码时延。费诺序列译码算法有利的一面是所需的存储量比维特比译码要小，因此对约束长度大的卷积码还是有吸引力的。关于费诺序列译码算法的复杂度和存储需求是一个有趣的问题，对此已进行了透彻的研究，关于这些问题的分析和费诺序列译码算法的其他特点，有兴趣的读者可以参见 Gallager（1968）、Wozencraft & Jacobs（1965）、Savage（1966）和 Forney（1974）。

2．堆栈算法

另一类序列译码算法称为堆栈算法，是杰林克［Jelinek（1968）］和齐盖基洛夫［（Zigangirov（1966）］分别独立提出的，它不像维特比算法那样要保存 $2^{(K-1)k}$ 条路径及相应的度量，堆栈算法只涉及较少路径及其度量。在堆栈算法中，只取可能性较大的那些路径，按它们度量的大小顺序排列，度量最大的路径放在堆栈的顶上。在算法的每一步，只将堆栈顶部的路径延伸一个分支，这样仅产生 2^k 个后续路径及其相应的度量。然后将此 2^k 个后续路径和其他路径按度量大小重新排序，路径度量与堆栈顶的最大路径度量相比，低于某预设值的所有路径都被丢弃。这样不断重复，以最大度量为基准来延伸路径。图 8-5-3 绘出了堆栈算法的例子。

显然，当具有最大度量的 2^k 个延伸路径中没有一条能留在堆栈顶部时，下一步的搜索就是延伸已经爬到堆栈顶部的另一条路径了。由此可见，这种算法在每次迭代中不一定沿着网格图前进一个分支，这造成的后果是，必须要为新接收的信号和先前已接收的信号提供一定数量的存储能力，以便在一条较短的路径到达栈顶时，允许算法能沿着这条较短路径延伸搜索。

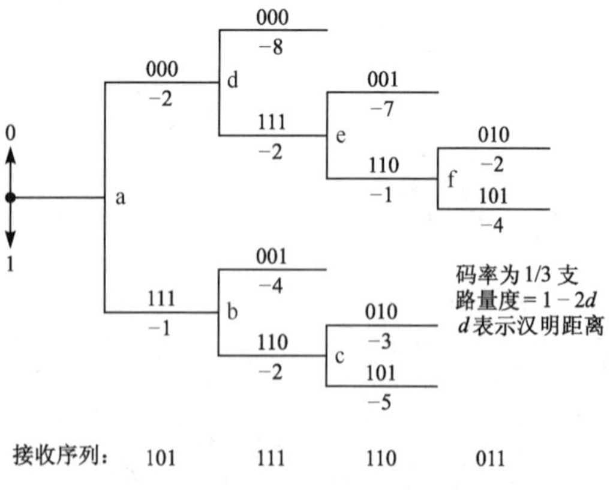

存放累积路径度量的堆栈

步 a	步 b	步 c	步 d	步 e	步 f
−1	−2	−3	−2	−1	−2
−3	−3	−3	−3	−3	−3
		−4	−4	−4	−4
		−5	−5	−5	−4
			−8	−7	−5
				−8	−7
					−8

图 8-5-3　用堆栈算法译出码率为 1/3 卷积码

堆栈算法和维特比算法相比，堆栈算法只需计算较少的度量，但这种计算量的节约是以每次迭代后堆栈重新排序所需计算量的增大为代价换来的。与费诺序列译码算法相比，堆栈算法的计算比较简单，因为不像费诺序列译码算法那样有从同一路径退回重新找路的情况发生。不过，堆栈算法所需的存储量要比费诺序列译码算法大。

3．反馈译码

第三种可以代替最佳维特比译码的方法是反馈译码［Heller（1975）］，已被用于 BSC 信道的硬判决译码中。在反馈译码中，译码器根据从 j 级到 $j+m$ 级（m 是预选的正整数）计算得来的量度对第 j 级上的信息比特进行硬判决。该信息比特判决为 0 还是 1，取决于由 j 级开始到 $j+m$ 级结束这段区间内具有最小汉明距离的那条路径在第 j 级发出的分支中包含的是 0 还是 1。一旦第 j 级的信息比特完成判决，树图中只有起源于 j 级选定比特路径的那些部分被保存起来（即从节点 j 发出的半数路径），而将其余部分丢掉。这就是反馈译码的特征。

下一步是把留在树图中的那部分延伸到 $j+1+m$ 级，并在判决第 $j+1$ 级的信息比特时考虑从 $j+1$ 级到 $j+1+m$ 级的所有路径。就这样，在每一级都重复这个步骤。参数 m 仅是译码器在进行硬判决之前所参考的树图的级数。由于大的 m 值导致大的存储量，所以希望 m 选得尽可能小些。但另一方面，为了避免性能的严重恶化，又必须将 m 选得足够大。对这两个相互矛盾的要求进行折中考虑，m 通常在 K～$2K$ 内选取，这里 K 是约束长度。还应指出，反馈译码的时延比维特比译码的时延要小得多，后者的时延通常约为 $5K$。

例 8-5-2 考虑用反馈译码法来处理图 8-1-2 所示的码率为 1/3 的卷积码，如图 8-5-4 所示，反馈译码时取 m=2，也就是说在译第 j 个分支的信息比特时，译码器要考虑第 j、$j+1$ 和 $j+2$ 个分支上的各条路径。第一步从第 1 个分支开始，译码器要计算 8 个度量（汉明距离）。当最小距离路径是在树图上部时，将第 1 分支的比特判为 0；而当最小距离路径包含在树图的下部时，将第 1 分支的比特判为 1。本例中，前三个分支的接收序列假定是 101111110，所以最小距离路径是在树图的上部，因此第 1 个输出比特为 0。

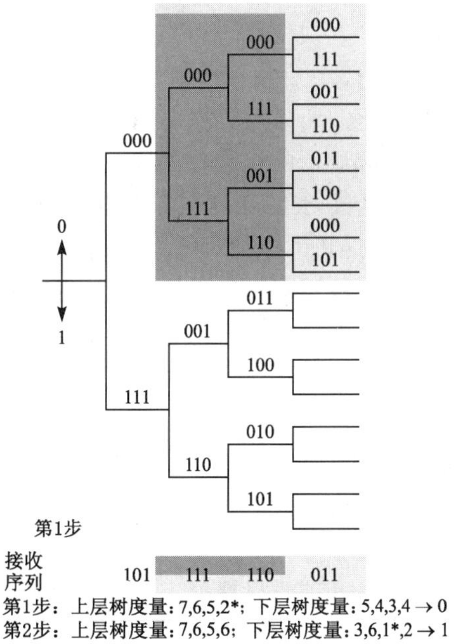

图 8-5-4 对码率 1/3 卷积码进行反馈译码的例子

下一步是将树图上部的路径（树图的这个部分已被保存）延伸一个分支，并计算第 2、3 和 4 分支的 8 个量度。假如接收的序列是 111110011，则最小距离路径包含在树图的下部，该路径是从第一步起保存的。所以，第 2 个输出比特为 1。第三步是从树图的下部延伸出去，并重复前两步的过程。

如果不像上述那样计算量度，BSC 信道的反馈译码器可以通过接收序列伴随多项式的计算，用查表法来进行差错纠正，这也能有效地实现译码。这种方法与一种曾经描述过的、分组码译码方法很相似。对某些卷积码，反馈译码可简化为大数逻辑译码，或称为门限译码，详见 Massey（1963）和 Heller（1975）。

4．软输出算法

维特比算法以及本节描述过的三种算法均为硬判决译码，而在某些情况下，要求解码器（也称为译码器）具有软输出。例如，级联码内码的译码就是这种情况，它的输出作为外码译码器的输入，要求是一种软判决。7.13.2 节讨论的级联码迭代译码是这种情况，我们还将在 8.9.2 节中进一步讨论这问题。

衡量符号判决可靠性的最佳尺度是在已知接收信号矢量 $\boldsymbol{r}=\{r_{jm}, m=1,2,\cdots,n; j=1,2,\cdots,B\}$ 条件下检测信号的后验概率，这里，$\{r_{jm}\}$是解调器的软输出序列，n 是从每 k 个输入符号中译码所得的输出符号数，j 是码组序号。例如，假定 AWGN 信道采用二进制卷积编码和二进制 PSK 调制系统的解调器输出为

$$r_{jm}=(2c_{jm}-1)\sqrt{\mathcal{E}_{\mathrm{c}}}+n_{jm} \tag{8-5-7}$$

式中，$\{c_{jm}=0 \text{ 或 } 1\}$是编码器输出比特。若给定接收矢量 $\boldsymbol{r}$，可依据最大后验概率（MAP）准则对传输的信息比特进行判决，表示为

$$P(x_i=0|\boldsymbol{r})=1-P(x_i=1|\boldsymbol{r}) \tag{8-5-8}$$

式中，x_i 代表信息序列的第 i 个比特。这样，通过选择与最大后验概率对应的信息符号（或上述的信息比特），符合 MAP 准则的判决逐符号地进行。如果若干可选传输符号的后验概率接近相等，则判决变得不可靠。因此，与判决符号（硬判决译码）对应的后验概率其实是译码器的软输出，它提供了一种关于硬判决译码可靠性的计量或尺度。由于 MAP 准则使符号差错概率最小化，所以后验概率尺度是解码器的最佳软输出。

已知解调后的接收信号序列 $\boldsymbol{r}$，计算每个接收符号的后验概率，这样一个递归算法已在 Bahl、Cocke、Jelinek & Raviv（1974）中给出了描述。这种逐符号解码算法，称为 BCJR 算法，是以 MAP 为准则对每个接收符号提供一个硬判决译码值，同时还提供一个后验概率量度作为对硬判决译码可靠性的恒量。BCJR 算法将在 8.8 节介绍。

与 MAP 的逐符号检测准则相反，维特比算法选择使概率 $p(\boldsymbol{r}|\boldsymbol{x})$最大化的序列，这里的 $\boldsymbol{x}$ 代表信息比特矢量。在这种情况下，软输出量度是判决序列与接收符号序列间的欧氏距离，而不是单个符号的距离。但是，完全可以从序列或路径距离中推导出符号的尺度。Hagenauer & Hoeher（1989）提出了一种软输出维特比算法（SOVA），它可为每个解码符号提供一个可靠性量度。SOVA 算法基于这样一种观察：在维特比算法输出中，特定符号硬判决译码正确的概率与留存序列和非留存序列间路径量度之差成正比。我们可以利用这个结果对每个符号的差错概率（或正确概率）进行估计，方法就是将留存路径的路径量度与非留存路径的路径量度进行对比。

例如，考虑一个 BPSK 调制的二进制卷积码。由于维特比算法的判决存在一个解码时延δ，经过时间 $t=i+\delta$后，维特比解码器才从最可能的留存序列中取出输出比特 $\hat{x}_{is}$ 。当沿着留存路径从时刻 t 追溯回时刻 $t-\delta$时，我们看到这一路上曾丢弃掉$\delta+1$ 条路径。考虑丢弃掉的第 j 条路径，它对应时刻 $t=i$ 的相应比特 x_{ij}。如果 $\hat{x}_{is}\neq x_{ij}$，令 ψ_j（$\psi_j\geqslant 0$）等于留存路径与第 j 丢弃路径之间路径量度的差值。如果 $\hat{x}_{is}=x_{ij}$，令 $\psi_j=\infty$，对所有丢弃路径进行这样的比较，从所得

集合$\{\psi_j, j=0,1,2,\cdots,\delta\}$中选出最小值，定义为$\psi_{\min}=\min\{\psi_0,\psi_1,\cdots,\psi_\delta\}$。于是，输出比特$\hat{x}_{is}$的差错概率可近似为

$$\hat{P}_e=\frac{1}{1+e^{\psi_{\min}}} \tag{8-5-9}$$

我们注意到，当$\psi_{\min}$非常小时，$\hat{P}_e\approx 1/2$，则判决$\hat{x}_{is}$不可靠。这样，$\hat{P}_e$提供了一种衡量维特比算法硬判决译码输出可靠性的尺度。然而我们也注意到，$\hat{P}_e$仅是差错概率的近似，它并不是维特比算法硬判决译码输出的最优软输出量度。Wang 和 Wicker（1996）已指出，在低信噪比条件下，$\hat{P}_e$低估了真正的差错概率。然而，这种维特比算法的软输出尺度导致级联码解码性能的大幅改善。

由式（8-5-9），得到的正确判决的近似概率为

$$\hat{P}_c=1-\hat{P}_e=\frac{e^{\psi_{\min}}}{1+e^{\psi_{\min}}} \tag{8-5-10}$$

8.6 卷积码应用的实际考虑

卷积码在实际的通信系统设计中已被广泛采用。在较短的约束长度（如 $K\leqslant 10$）的卷积码译码中，维特比译码算法已占压倒性的优势；而序列译码算法一般用于约束长度较长的卷积码，因为维特比译码算法的复杂性使之不能用于该场合。约束长度的选择是由所要求的编码增益决定的。

从式（8-2-11）、式（8-2-12）和式（8-2-13）给出的软判决译码差错概率结果来看，卷积码相对于不编码的 BPSK 或 QPSK 系统而言，其编码增益为

$$\text{编码增益}\leqslant 10\lg(R_c d_{\text{free}})$$

我们知道，通过减小码率和（或）增大约束长度，可以加大最小自由距离 d_{free}。表 8-6-1 列出了一些卷积码在软判决译码时编码增益的上边界。作为比较，表 8-6-2 列出了一些约束长度较短的卷积码在采用维特比译码时实际的编码增益。应该指出，当比特 SNR 增大时，编码增益向上边界的方向增加。

表 8-6-1　一些卷积码在软判决译码时编码增益的上边界

码率 1/2			码率 1/3		
约束长度 K	d_{free}	上边界/dB	约束长度 K	d_{free}	上边界/dB
3	5	3.98	3	8	4.26
4	6	4.77	4	10	5.23
5	7	5.44	5	12	6.02
6	8	6.02	6	13	6.37
7	10	6.99	7	15	6.99
8	10	6.99	8	16	7.27
9	12	7.78	9	18	7.78
10	12	7.78	10	20	8.24

表 8-6-2 约束长度较短的卷积码在采用维特比译码时实际的编码增益(dB)

	未编码	R_c=1/3		R_c=1/2			R_c=2/3		R_c=3/4	
P_b	$\mathcal{E}_b/N_0$/dB	K=7	K=8	K=5	K=6	K=7	K=6	K=8	K=6	K=9
10^{-3}	6.8	4.2	4.4	3.3	3.5	3.8	2.9	3.1	2.6	2.6
10^{-5}	9.6	5.7	5.9	4.3	4.6	5.1	4.2	4.6	3.6	4.2
10^{-7}	11.3	6.2	6.5	4.9	5.3	5.8	4.7	5.2	3.9	4.8

源于：Jacobs (1974)；©IEEE。

这些结果都是基于软判决译码（维特比译码）的，假如采用硬判决译码，AWGN 信道的编码增益将下降 2 dB 左右。

使用约束长度较长的卷积码，如 K=50，可以取得比表 8-6-1 和表 8-6-2 所示的更大的编码增益，在译码时要用序列译码。序列译码总是采用硬判决译码来实现，目的是减小复杂性。图 8-6-1 画出了约束长度 K=7、码率为 1/2 和 1/3 卷积码，以及采用序列译码（硬判决译码）、约束长度 K=41、码率为 1/2 和 1/3 卷积码的差错概率性能。值得注意的是，K=41 的卷积码在比特 SNR 为 2.5 dB 和 3 dB 处取得了 10^{-6} 的差错概率，与信道容量限（即截止速率限的比特 SNR）的差距为 4～4.5 dB。而码率为 1/2 和 1/3、K=7 的卷积码在维特比软判决译码时，10^{-6} 处的比特 SNR 分别是 5 dB 和 4.4 dB。那些短约束长度较短的卷积在 10^{-6} 处取得的编码增益约为 6 dB，而约束长度较长的卷积码的编码增益为 7.5～8 dB。

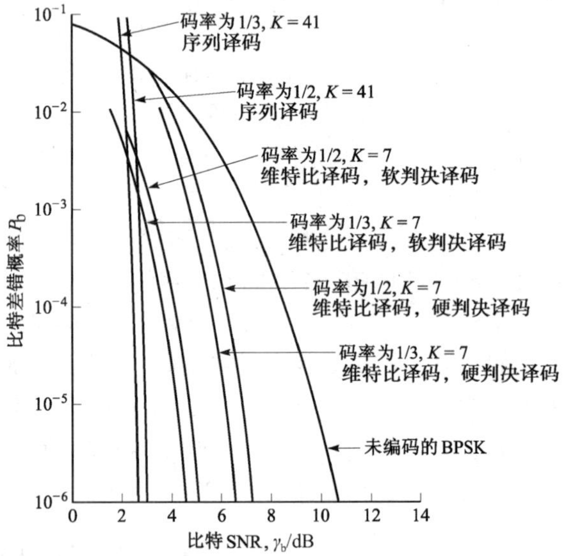

图 8-6-1 码率为 1/2 和 1/3 时维特比译码和序列译码的性能

（摘自 Omura & Levitt, 1982；©1982 IEEE）

在实现维特比译码时有两个重要问题，它们是：

（1）留存路径的截断效应，它对于保证固定的译码时延是必要的。

（2）维特比译码器输入信号的量化级数。

作为一种粗略的经验公式，如果留存路径在约束长度的 5 倍处截断，其性能的损伤将可以忽略不计。图 8-6-2 所示为码率为 1/2、约束长度 K=3、5 和 7 的卷积码在留存路径长度为 32 比特时通过计算机模拟得出的性能曲线。除留存路径的截断外，还对来自解调器的输入信号实行 8 级（3 比特）量化后才进行计算的。图中虚线是从式（8-6-1）算得的比特差错概率的上边界。我们注意到，模拟结果与理论的上边界很接近，这表明由留存路径的截断和输入信号的量化所造成的损伤对性能仅产生很小的影响（0.20～0.30 dB）。

图 8-6-3 所示是用计算机模拟得到的、对 K=3～8 卷积码实行硬判决译码时的比特差错概率性能。我们看到，对于 K=8 的卷积码，差错概率为 10^{-5} 时所需的比特 SNR 约为 6 dB，这

表明与不编码的 QPSK 相比，该卷积码取得了将近 4 dB 的编码增益。

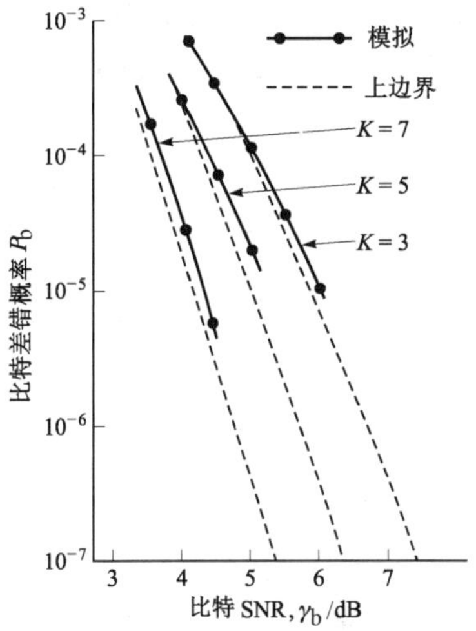

图 8-6-2　码率为 1/2、对译码器输入进行 8 级量化、32 比特留存路径维特比译码时的比特差错概率

（摘自 Heller & Jacobs, 1971；©1971 IEEE）

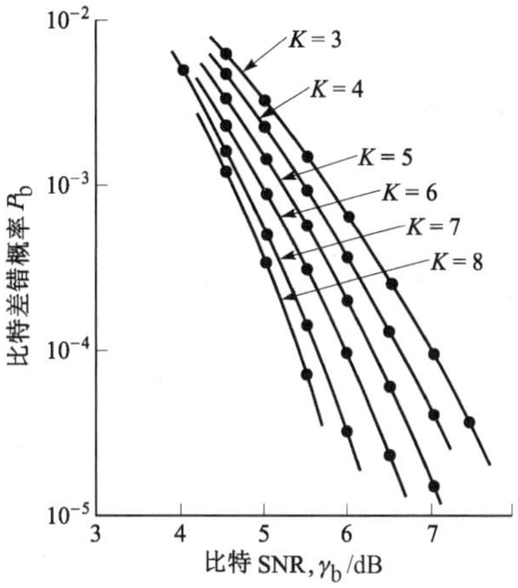

图 8-6-3　码率为 1/2、硬判决维特比译码、32 比特留存路径截断时的性能

（摘自 Heller & Jacobs, 1971；©1971 IEEE）

图 8-6-4 所示为输入信号的量化对码率为 1/2、K=5 卷积码译码的影响。我们看到，3 比特（8 电平）量化约比硬判决译码好 2 dB，这已接近 AWGN 信道上软判决译码较之硬判决译码所能得到的最大改进了。信号量化和留存路径截断加在一起，对于码率为 1/2，K=5，留存路径为 8、16 和 32 比特，量化成 1 或 3 比特的卷积码的影响如图 8-6-5 所示。从这些结果可以清楚地看到，路径留存即使短到只有约束长度的 3 倍时，也还没使性能严重下降。

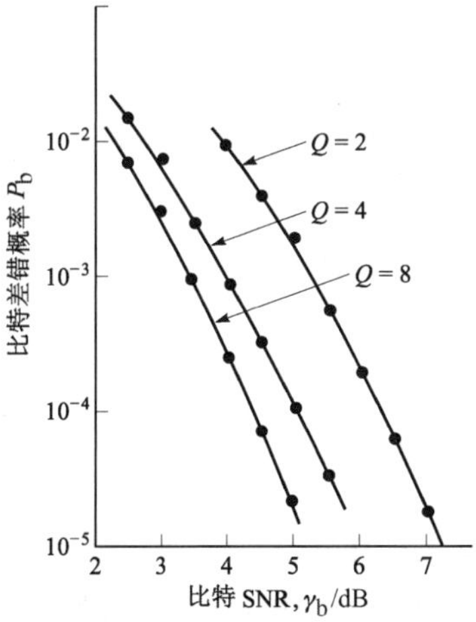

图 8-6-4　码率为 1/2，K=5，对译码器输入信号进行 2、4、8 平量化，留存路径截断长度为 32 比特的维特比译码性能

（摘自 Heller & Jacobs, 1971；©1971 IEEE）

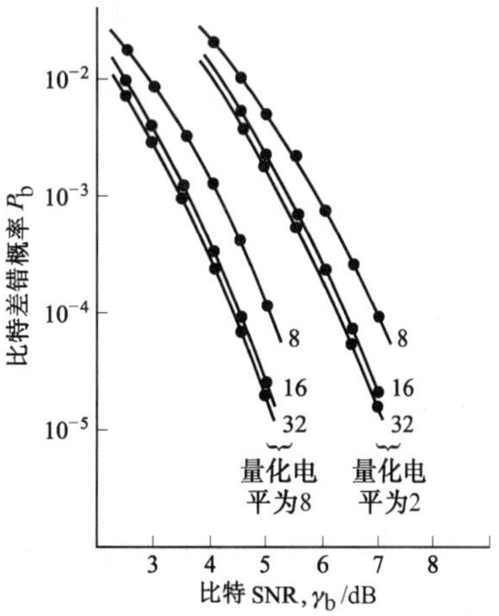

图 8-6-5　码率为 1/2，K=5，量化电平为 2 或 8，32、16、8 比特留存路径截断时的性能

（摘自 Heller & Jacobs, 1971；©1971 IEEE）

当来自解调器的信号量化电平多于 2 时，必须考虑的另一个问题是量化电平间隔的大小。

图 8-6-6 所示为 8 电平均匀量化时，把性能作为量化器门限电平间隔（量阶）函数、用计算机模拟所得的结果。我们看到，两门限间存在着一个最佳的间隔大小（约等于 0.5）。但由于最佳区域的范围足够宽（0.4～0.7），以致一旦设定后，在 AGC 电平以±20%数量级波动时，其性能的损伤极小。

最后，我们给出由于载波相位变化导致性能下降的一些重要结论。图 8-6-7 所示为码率为 1/2、K=7、采用 8 电平量化的维特比译码性能随载波相位跟踪环 SNR（γ_L）变化的曲线。可回忆一下，在锁相环里相位误差的方差反比于γ_L。图 8-6-7 的结果表明，当环路 SNR 较小时（γ_L <12 dB）性能损伤较大，它将使差错概率的性能指标在较高的差错概率上居高不下。

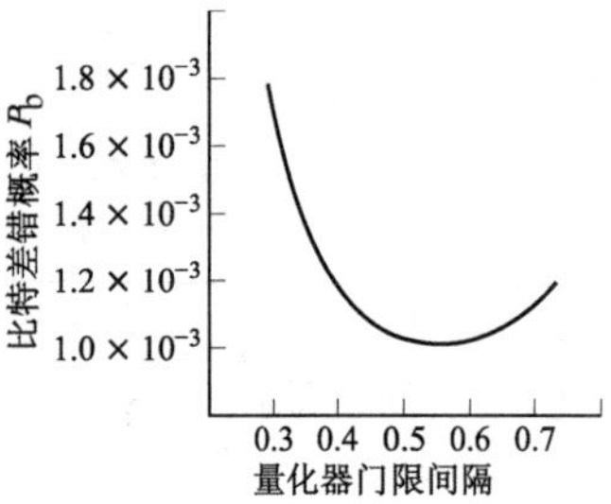

图 8-6-6 码率为 1/2、K=5、比特 SNR 为 3.5 dB、8 电平均匀量化的维特比译码器的差错概率性能随量化器门限电平间隔变化的曲线

（摘自 Heller & Jacobs, 1971；©1971 IEEE）

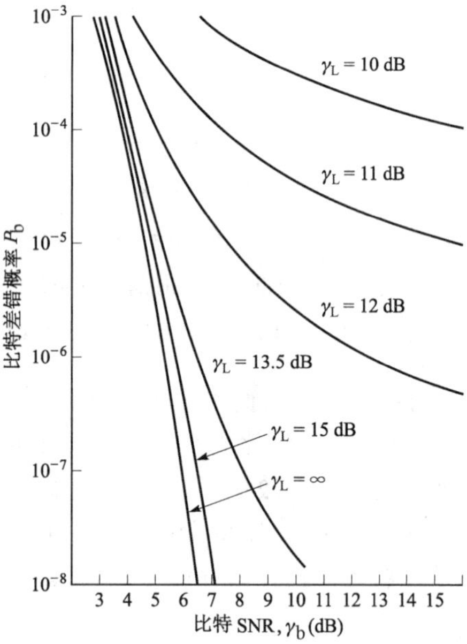

图 8-6-7 码率为 1/2、K=7 的卷积码在 8 电平量化的维特比译码时性能随载波相位跟踪环 SNR（γ_L）变化的曲线

（摘自 Heller & Jacobs, 1971；©1971 IEEE）

8.7 非二进制的双 k 码和级联码

到目前为止，我们关于卷积码的讨论主要集中在二进制码上。二进制码特别适合于采用二相或四相 PSK 调制和相干解调的信道。然而在很多实际应用中，PSK 调制和相干解调并不适合或者不可能被使用。在这种情况下，就要使用其他一些调制技术，如 M-FSK，并且与非相干解调结合使用，非二进制码特别适合与非相干解调的 M 进制信号相匹配。

本节将叙述一类非二进制卷积码（称为双 k 码），它很容易使用软判决译码或硬判决译码的维特比译码，也适合在级联码中作为外码或内码。

一个码率为 1/2 的双 k 卷积码编码器如图 8-7-1 所示，它是由两级（K=2）、每级 k 比特的

移位寄存器和 $n=2k$ 个函数生成器组成的，其输出是两组 k 比特的符号。在例 8-1-4 中讨论的卷积码就是双 2 卷积码。

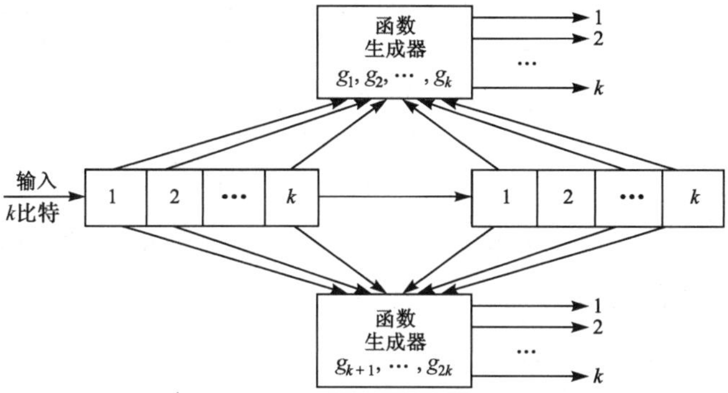

图 8-7-1　码率为 1/2 的双 k 卷积码编码器

双 k 卷积码所用的 $2k$ 个函数生成器已在 Viterbi & Jacobs（1975）中给出，这些函数生成器可表示为如下形式。

$$
\begin{bmatrix} \leftarrow g_1 \rightarrow \\ \leftarrow g_2 \rightarrow \\ \vdots \\ \leftarrow g_k \rightarrow \end{bmatrix}
=
\begin{bmatrix}
1 & 0 & 0 & \cdots & 0 & 1 & 0 & 0 & \cdots & & 0 \\
0 & 1 & 0 & \cdots & 0 & 0 & 1 & 0 & \cdots & & 0 \\
\vdots & \vdots & \vdots & & \vdots & \vdots & \vdots & & & & \vdots \\
0 & 0 & 0 & \cdots & 1 & 0 & 0 & & \cdots & 0 & 1
\end{bmatrix}
= [\boldsymbol{I}_k \quad \boldsymbol{I}_k]
$$

$$
\begin{bmatrix} \leftarrow g_{k+1} \rightarrow \\ \leftarrow g_{k+2} \rightarrow \\ \vdots \\ \leftarrow g_{2k} \rightarrow \end{bmatrix}
=
\begin{bmatrix}
1 & 1 & 0 & 0 & \cdots & & 0 & 1 & 0 & 0 & \cdots & & 0 \\
0 & 0 & 1 & 0 & \cdots & & 0 & 0 & 1 & 0 & \cdots & & 0 \\
\vdots & \vdots & \vdots & \vdots & \cdots & & \vdots & \vdots & \vdots & \vdots & \cdots & & \vdots \\
0 & 0 & 0 & & \cdots & 0 & 1 & 0 & 0 & & \cdots & 1 & 0 \\
1 & 0 & 0 & & \cdots & 0 & 0 & 0 & 0 & & \cdots & 0 & 1
\end{bmatrix}
\tag{8-7-1}
$$

$$
=
\left[\begin{array}{cccccccc}
1 & 1 & 0 & 0 & \cdots & & 0 & \\
0 & 0 & 1 & 0 & \cdots & & 0 & \\
\vdots & \vdots & \vdots & \vdots & \cdots & & \vdots & \boldsymbol{I}_k \\
0 & 0 & 0 & & \cdots & 0 & 1 & \\
1 & 0 & 0 & & \cdots & 0 & 0 &
\end{array}\right]
$$

式中，$\boldsymbol{I}_k$ 表示 $k \times k$ 单位矩阵。

码率为 1/2 的双 k 码转移函数的一般形式已由奥登沃尔德（Odenwalder，1976）推导出来了，可表示成

$$
T(Y, Z, J) = \frac{(2^k - 1)Z^4 J^2 Y}{1 - YJ[2Z + (2^k - 3)Z^2]} = \sum_{i=4}^{\infty} a_i Z^i Y^{f(i)} J^{h(i)} \tag{8-7-2}
$$

式中，Z 表示 q 进制（$q=2^k$）符号的汉明距离，$f(i)$是 Y 的指数，表示在树图或网格图中不选择与全 0 路径对应的分支，而选择了其他分支所产生的信息符号差错个数；$h(i)$是 J 的指数，它表示某一给定路径上分支的数目。注意，最小自由距离 $d_{\text{free}}=4$ 个符号（$4k$ 比特）。

产生低码率双 k 卷积码的方法有好几种，其中最简单的是把码率为 1/2 的编码所产生的每个符号重复 r 次（$r=1, 2, \cdots, m$，$r=1$ 相当于每个符号只出现一次）。如果将树图、网格图或状态图的任一特定分支上每一符号重复 r 次，其效果是将距离参数从 Z 增加到 Z^r，因此码率为

$1/2r$ 的双 k 码的转移函数为

$$T(Y,Z,J)=\frac{(2^k-1)Z^{4r}J^2Y}{1-YJ[2Z^r+(2^k-3)Z^{2r}]} \tag{8-7-3}$$

在长信息序列的传输中，令 $J=1$ 可以精简掉转移函数中的路径长度参数 J。精简后的转移函数 $T(Y, Z)$可以对 Y 求导，并把 Y 也设为单位 1，于是有

$$\left.\frac{\mathrm{d}T(Y,Z)}{\mathrm{d}Y}\right|_{N=1}=\frac{(2^k-1)Z^{4r}}{[1-2Z^r-(2^k-3)Z^{2r}]^2}=\sum_{i=4r}^{\infty}\beta_i Z^i \tag{8-7-4}$$

式中，β_i 表示与全 0 路径相距 Z^i 的那条路径上的差错符号数，如 8.2.2 节描述的那样。式(8-7-4)可用来计算双 k 码在各种信道条件下的差错概率。

1．*M* 进制调制下双 *k* 码的性能

假定在调制器中将双 k 码与 M 进制（$M=2^k$）的正交信号结合在一起使用，编码器输出的每个符号被映射为 M 种可能的正交波形之一。假设信道是加性高斯白噪声信道，解调器由 M 个匹配滤波器组成。

如果采用硬判决译码，那么编码的性能是由符号差错概率 P_e 确定的。我们已在第 4 章讨论过相干检测与非相干检测下这种差错概率的计算。从已知的 P_e，根据式（8-2-16）或式（8-2-17）就可以确定 $P_2(d)$，这是全 0 路径和与之相差 d 个符号路径成对比较时所得出的差错概率。比特差错概率的上边界为

$$P_b<\frac{2^{k-1}}{2^k-1}\sum_{d=4r}^{\infty}\beta_d P_2(d) \tag{8-7-5}$$

式中，因子 $2^{k-1}/(2^k-1)$是用来将符号差错概率转换为比特差错概率的。

假如解调器使用平方律检波，译码器采用软判决译码而不是硬判决译码，这时式（8-7-5）给出的比特差错概率表达式仍然适用，但其中 $P_2(d)$要改为（见 11.1.1 节）

$$P_2(d)=\frac{1}{2^{2d-1}}\exp\left(-\frac{1}{2}\gamma_b R_c d\right)\sum_{i=0}^{d-1}K_i\left(\frac{1}{2}\gamma_b R_c d\right)^i \tag{8-7-6}$$

式中

$$K_i=\frac{1}{i!}\sum_{l=0}^{d-1-i}\binom{2d-1}{l} \tag{8-7-7}$$

式中，码率 $R_c=1/2r$。

2．级联码

在 7.13.2 节，我们曾经研究过用两个分组码级联成一个长的分组码。现在既然已学过卷积码，我们不妨扩大视野来研究一下分组码和卷积码的级联，或者两个卷积码的级联。

如前所述，级联码中的外码常选用非二进制码，它的每个符号选自 $q=2^k$ 个符号组成的字符集。这种码可以是分组码（如 RS 码），也可以是卷积码（如双 k 码）。级联码的内码可以是二进制的，也可以是非二进制的；可以是分组码，也可以是卷积码。例如，可选 RS 码作外码，选双 k 码作内码。在这种级联模式中，外码（RS 码）的符号数 q 等于 2^k，所以外码的每个符号映射成内码（双 k 码）的 k 比特符号。这些符号可以用 M 进制正交信号来传输。

这种级联码也可以采用不同的译码方式。如果内码是约束长度较短的卷积码，那么无论是用软判决译码还是硬判决译码，维特比算法都是一种有效的译码算法。

如果内码是分组码，并且译码器执行软判决译码，那么外码译码器也可以按输入内码的每个码字所对应的量度来进行软判决译码。换一种方法，内码译码器在收到码字后也可以进行硬判决译码，再把硬判决译码结果送给外码译码器，这时外码译码器必须执行硬判决译码。

下面的例子描述了一个级联码，其外码是卷积码而内码是分组码。

例 8-7-1　假如选双 k 码作为外码、哈达玛码作为内码构成一个级联码。再具体些，选码率为 1/2 的双 5 码配以(16, 5)哈达玛码作为内码。码率为 1/2 的双 5 码的最小自由距离 $D_{\text{free}}=4$，而哈达玛码的最小距离 $d_{\min}=8$，所以级联码的最小有效距离为 32。因为哈达玛码有 32 个码字，而外码有 32 个可能的符号，所以外码中的每个符号映射到了 32 个哈达玛码码字之一。

在内码译码时的符号差错概率可以引用分组码性能分析的结果，软判决译码和硬判决译码时的结果已分别在 7.4 节和 7.5 节给出。首先假定内码译码采用硬判决译码，由于 M=32，所以用 P_{32} 表示码字（即外码符号）差错概率，然后利用此差错概率，再结合式（8-7-2）给出的双 5 码的转移函数，就可求出外码的性能，从而得到级联码的性能。

换一种情况，如果外码和内码都用软判决译码，那么每一个接收的哈达玛码字所对应的软判决译码量度将被送入维特比算法，再根据维特比算法算出网格图上各条待选路径的累积量度。在讨论瑞利衰落信道的编码时，将给出这类级联码性能的数值解。

8.8　卷积码的最大后验概率译码——BCJR 算法

以 Bahl、Cocke、Jelinek & Raviv Bahl 等（1974）的作者名首字母命名的 BCJR 算法是一种卷积码的逐符号最大后验概率译码算法。在这种算法中，译码器不是寻找最大似然输入序列，而是利用 MAP 算法译出每一个输入译码器的符号。

我们知道，卷积码编码器是有限记忆编码器，编码器输出和下一状态取决于当前状态和输入比特。假设 $k=1$，将长度为 N 的信息序列表示为 $\boldsymbol{u}=(u_1, u_2\cdots, u_N)$，这里 $u_i\in\{0, 1\}$，将对应的编码序列表示为[①] $\boldsymbol{c}=(c_1, c_2,\cdots, c_N)$，这里码字 c_i 的长度是 n。编码器在时刻 i 的状态用 σ_i 表示，对于 $1\leqslant i\leqslant N$，有

$$\boldsymbol{c}_i=f_{\text{c}}(u_i, \sigma_{i-1}) \tag{8-8-1}$$

$$\sigma_i=f_{\text{s}}(u_i, \sigma_{i-1}) \tag{8-8-2}$$

式中，函数 f_{c}、f_{s} 将码字和新状态定义为输入 $u_i\in\{0,1\}$ 与前一状态 $\sigma_{i-1}\in\Sigma$ 的函数，Σ 代表所有状态的集合。显然，满足式（8-8-2）的任何状态对(σ_{i-1}, σ_i)与 $u_i=1$ 或者 $u_i=0$ 相对应，因此可将对应于所有可能转移的状态对(σ_{i-1}, σ_i)的全集切分成 S_0 和 S_1 两个字集，分别对应 $u_i=0$ 或 1。

逐符号最大后验概率译码接收到解调输出序列 $y=(y_1, y_2, \cdots, y_N)$后，根据下列观测值并运用最大后验概率准则译码，有

① 我们用 $\boldsymbol{c}$ 既表示长度为 nN 的编码序列，其元素是二进制符号{0,1}；又表示 BPSK 调制后长度为 nN 的编码序列，其元素是 $\pm\sqrt{\mathcal{E}_{\text{c}}}$。必须从上下文分清是哪种表示。

$$\begin{aligned}\hat{u}_i &= \arg\max_{u_i\in\{0,1\}} P(u_i|\boldsymbol{y}) = \arg\max_{u_i\in\{0,1\}} \frac{p(u_i,\boldsymbol{y})}{p(\boldsymbol{y})}\\ &= \arg\max_{u_i\in\{0,1\}} p(u_i,\boldsymbol{y}) = \arg\max_{l\in\{0,1\}} \sum_{(\sigma_{i-1},\sigma_i)\in S_l} p(\sigma_{i-1},\sigma_i,\boldsymbol{y})\end{aligned} \tag{8-8-3}$$

式中，最后一个等式基于 $u_i=l$（$l=0, 1$）对应到所有状态对（σ_{i-1},σ_i）$\in S_l$。

如果我们定义

$$\boldsymbol{y}_1^{(i-1)}=(\boldsymbol{y}_1,\cdots,\boldsymbol{y}^{(i-1)}),\qquad \boldsymbol{y}_{(i+1)}^{(N)}=(\boldsymbol{y}_{i+1},\cdots,\boldsymbol{y}^{(N)}) \tag{8-8-4}$$

可写成

$$\boldsymbol{y}=(\boldsymbol{y}_1^{(i-1)},\boldsymbol{y}_i,\boldsymbol{y}_{i+1}^{(N)}) \tag{8-8-5}$$

于是有

$$\begin{aligned}p(\sigma_{i-1},\sigma_i,\boldsymbol{y}) &= p\left[\sigma_{i-1},\sigma_i,\boldsymbol{y}_1^{(i-1)},\boldsymbol{y}_i,\boldsymbol{y}_{i+1}^{(N)}\right]\\ &= p\left[\sigma_{i-1},\sigma_i,\boldsymbol{y}_1^{(i-1)},\boldsymbol{y}_i\right] p\left[\boldsymbol{y}_{i+1}^{(N)}|\sigma_{i-1},\sigma_i,\boldsymbol{y}_1^{(i-1)},\boldsymbol{y}_i\right]\\ &= p\left[\sigma_{i-1},\boldsymbol{y}_1^{(i-1)}\right] p\left[\sigma_i,\boldsymbol{y}_i|\sigma_{i-1},\boldsymbol{y}_1^{(i-1)}\right] p\left[\boldsymbol{y}_{i+1}^{(N)}|\sigma_{i-1},\sigma_i,\boldsymbol{y}_1^{(i-1)},\boldsymbol{y}_i\right]\\ &= p\left[\sigma_{i-1},\boldsymbol{y}_1^{(i-1)}\right] p(\sigma_i,\boldsymbol{y}_i|\sigma_{i-1})\, p\left[\boldsymbol{y}_{i+1}^{(N)}|\sigma_i\right]\end{aligned} \tag{8-8-6}$$

式中，前三步遵循链式法则（Chain Rule），最后一步遵循网格状态的马尔可夫（Markov）性质。

在这里，我们定义$\alpha_{i-1}(\sigma_{i-1})$、$\beta_i(\sigma_i)$和$\gamma_i(\sigma_{i-1},\sigma_i)$为

$$\begin{aligned}\alpha_{i-1}(\sigma_{i-1}) &= p\left[\sigma_{i-1},\boldsymbol{y}_1^{(i-1)}\right]\\ \beta_i(\sigma_i) &= p\left[\boldsymbol{y}_{i+1}^{(N)}|\sigma_i\right]\\ \gamma_i(\sigma_{i-1},\sigma_i) &= p(\sigma_i,\boldsymbol{y}_i|\sigma_{i-1})\end{aligned} \tag{8-8-7}$$

利用式（8-8-6）的这些定义，可得

$$p(\sigma_{i-1},\sigma_i,\boldsymbol{y})=\alpha_{i-1}(\sigma_{i-1})\,\gamma_i(\sigma_{i-1},\sigma_i)\,\beta_i(\sigma_i) \tag{8-8-8}$$

由式（8-8-3）可得

$$\hat{u}_i=\arg\max_{l\in\{0,1\}}\sum_{(\sigma_{i-1},\sigma_i)\in S_l}\alpha_{i-1}(\sigma_{i-1})\,\gamma_i(\sigma_{i-1},\sigma_i)\,\beta_i(\sigma_i) \tag{8-8-9}$$

式（8-8-9）指出，最大后验概率译码需要计算$\alpha_{i-1}(\sigma_{i-1})$、$\beta_i(\sigma_i)$和$\gamma_i(\sigma_{i-1},\sigma_i)$值。还应该看到，尽管这里推导的公式基于 k=1 和 $u_i\in\{0, 1\}$的假设，但所得结果可以直接扩展到一般 k 值的情况。

下面推导$\alpha_i(\sigma_i)$和$\beta_i(\sigma_i)$的迭代关系，这有利于它们的计算。

1．$\alpha_i(\sigma_i)$的前向迭代

$\alpha_{i-1}(\sigma_{i-1})$可用以下形式的前向迭代求得

$$\alpha_i(\sigma_i)=\sum_{\sigma_{i-1}\in\Sigma}\gamma_i(\sigma_{i-1},\sigma_i)\,\alpha_{i-1}(\sigma_{i-1}),\qquad 1\leqslant i\leqslant N \tag{8-8-10}$$

为了证明式（8-8-10），利用以下一组关系式

$$\begin{aligned}\alpha_i(\sigma_i) &= p\left[\sigma_i, \boldsymbol{y}_1^{(i)}\right] = \sum_{\sigma_{i-1}\in\Sigma} p\left[\sigma_{i-1}, \sigma_i, \boldsymbol{y}_1^{(i-1)}, \boldsymbol{y}_i\right] \\ &= \sum_{\sigma_{i-1}\in\Sigma} p\left[\sigma_{i-1}, \boldsymbol{y}_1^{(i-1)}\right] p\left[\sigma_i, \boldsymbol{y}_i|\sigma_{i-1}, \boldsymbol{y}_1^{(i-1)}\right] \\ &= \sum_{\sigma_{i-1}\in\Sigma} p\left[\sigma_{i-1}, \boldsymbol{y}_1^{(i-1)}\right] p(\sigma_i, \boldsymbol{y}_i|\sigma_{i-1}) = \sum_{\sigma_{i-1}\in\Sigma} \alpha_{i-1}(\sigma_{i-1})\gamma_i(\sigma_{i-1}, \sigma_i)\end{aligned} \tag{8-8-11}$$

这就完成了$\alpha_i(\sigma_i)$前向迭代关系式的证明。这个关系式意味着当$\gamma_i(\sigma_{i-1}, \sigma_i)$的值给定时，就有可能从$\alpha_{i-1}(\sigma_{i-1})$算得$\alpha_i(\sigma_i)$。假设从网格图全 0 状态出发，前向迭代的初始条件变为

$$\alpha_0(\sigma_0) = P(\sigma_0) = \begin{cases} 1, & \sigma_0 = 0 \\ 0, & \sigma_0 \neq 0 \end{cases} \tag{8-8-12}$$

式（8-8-10）和式（8-8-12）提供了一个计算α值的完整迭代组合。

2. $\beta_i(\sigma_i)$的后向迭代

计算β值的后向迭代关系式为

$$\beta_{i-1}(\sigma_{i-1}) = \sum_{\sigma_i\in\Sigma} \beta_i(\sigma_i)\gamma_i(\sigma_{i-1}, \sigma_i), \qquad 1 \leqslant i \leqslant N \tag{8-8-13}$$

为了证明这个迭代关系式，我们注意到

$$\begin{aligned}\beta_{i-1}(\sigma_{i-1}) &= p\left[\boldsymbol{y}_i^{(N)}|\sigma_{i-1}\right] = \sum_{\sigma_i\in\Sigma} p\left[\boldsymbol{y}_i, \boldsymbol{y}_{i+1}^{(N)}, \sigma_i|\sigma_{i-1}\right] \\ &= \sum_{\sigma_i\in\Sigma} p(\sigma_i, \boldsymbol{y}_i|\sigma_{i-1})\, p\left[\boldsymbol{y}_{i+1}^{(N)}|\sigma_i, \boldsymbol{y}_i, \sigma_{i-1}\right] \\ &= \sum_{\sigma_i\in\Sigma} p(\sigma_i, \boldsymbol{y}_i|\sigma_{i-1})\, p\left[\boldsymbol{y}_{i+1}^{(N)}|\sigma_i\right] = \sum_{\sigma_i\in\Sigma} \gamma_i(\sigma_{i-1}, \sigma_i)\beta_i(\sigma_i)\end{aligned} \tag{8-8-14}$$

假设网格图终止在全0状态，则后向迭代的边界条件是

$$\beta_N(\sigma_N) = \begin{cases} 1, & \sigma_N = 0 \\ 0, & \sigma_N \neq 0 \end{cases} \tag{8-8-15}$$

将式（8-8-10）和式（8-8-13）放在一起再加上初始条件，即式（8-8-12）和式（8-8-15），就可得到决定α和β值的关系式。

3. 计算$\gamma_i(\sigma_{i-1}, \sigma_i)$

我们将$\gamma_i(\sigma_{i-1}, \sigma_i)$写成（$1 \leqslant i \leqslant N$）

$$\begin{aligned}\gamma_i(\sigma_{i-1}, \sigma_i) &= p(\sigma_i, \boldsymbol{y}_i|\sigma_{i-1}) = p(\sigma_i|\sigma_{i-1})\, p(\boldsymbol{y}_i|\sigma_i, \sigma_{i-1}) \\ &= P(u_i)p(\boldsymbol{y}_i|u_i) = P(u_i)p(\boldsymbol{y}_i|\boldsymbol{c}_i)\end{aligned} \tag{8-8-16}$$

这里利用了式(8-8-2)所示的状态对(σ_{i-1}, σ_i)与输入 u_i 之间一一对应的关系。式(8-8-16)清楚表明了$\gamma_i(\sigma_{i-1}, \sigma_i)$对 i 时刻信息序列先验概论 $P(u_i)$以及 $p(\boldsymbol{y}_i|\boldsymbol{c}_i)$的依赖关系（后者与信道特性有关）。在没有指定具体信息时，通常假设信息序列是等概的，此时 $P(u_i=0)=P(u_i=1)=1/2$。显然，上述推导的基础是状态对(σ_{i-1}, σ_i)存在，即从状态σ_{i-1}到σ_i的转移是可能的。

将式（8-8-9）结合式（8-8-10）和式（8-8-13）给出的α值的前向迭代关系式、β值后向迭

代关系式，以及式（8-8-16）给出的计算γ的公式在一起，就是著名的用于卷积码逐符号 MAP 译码的 BCJR 算法。

与维特比算法寻找最大似然信息序列不同，BCJR 寻找最大可能的单个比特或符号。BCJR 算法同样提供 $P(u_i\,|\,\boldsymbol{y})$值，这些值提供了译出 u_i 值时译码器的确定性程度，称为软输出或软值。当求出了 $P(u_i\,|\,\boldsymbol{y})$值后，后验值可用下式计算。

$$
\begin{aligned}
L(u_i) &= \ln\frac{P(u_i=1|\boldsymbol{y})}{P(u_i=0|\boldsymbol{y})} = \ln\frac{P(u_i=1,\boldsymbol{y})}{P(u_i=0,\boldsymbol{y})} \\
&= \ln\frac{\sum\limits_{(\sigma_{i-1},\sigma_i)\in S_1}\alpha_{i-1}(\sigma_{i-1})\,\gamma_i(\sigma_{i-1},\sigma_i)\,\beta_i(\sigma_i)}{\sum\limits_{(\sigma_{i-1},\sigma_i)\in S_0}\alpha_{i-1}(\sigma_{i-1})\,\gamma_i(\sigma_{i-1},\sigma_i)\,\beta_i(\sigma_i)}
\end{aligned}
\tag{8-8-17}
$$

它也被认为软输出。在本章后面讨论 Turbo 码译码时，软输出信息是至关重要的。像 BCJR 译码器那样接收软输入（矢量 $\boldsymbol{y}$）并产生软输出的译码器称为软输入软输出（Soft-Input Soft-Output，SISO）译码器。注意，基于 $L(u_i)$软输出的译码规则是

$$
\hat{u}_i = \begin{cases} 1, & L(u_i)\geqslant 0 \\ 0, & L(u_i)<0 \end{cases}
\tag{8-8-18}
$$

对于 AWGN 信道，$\boldsymbol{y}=\boldsymbol{c}+\boldsymbol{n}$，这里 $\boldsymbol{c}$ 表示对应编码序列的调制信号，因此有

$$
\gamma_i(\sigma_{i-1},\sigma_i) = \frac{P(u_i)}{(\pi N_0)^{n/2}}\exp\left(-\frac{\|\boldsymbol{y}_i-\boldsymbol{c}_i\|^2}{N_0}\right)
\tag{8-8-19}
$$

例 8-8-1 考虑系统卷积码采用 BPSK 调制时的一个特例，此时 $n=2$，这种情况下 $\boldsymbol{c}_i=(c_i^{\mathrm{s}}, c_i^{\mathrm{p}})$、$\boldsymbol{y}_i=(y_i^{\mathrm{s}}, y_i^{\mathrm{p}})$，这里上标 s 和 p 分别表示系统（信息）比特和校验比特。$c_i^{\mathrm{s}}=\pm\sqrt{\mathcal{E}_{\mathrm{c}}}$取决于 $u_i=1$ 或 0，c_i^{p}值也是两个可能取值（$\pm\sqrt{\mathcal{E}_{\mathrm{c}}}$）之一。利用这些值，式（8-8-19）可写成

$$
\begin{aligned}
\gamma_i(\sigma_{i-1},\sigma_i) &= \frac{P(u_i)}{\pi N_0}\exp\left(-\frac{\left(y_i^{\mathrm{s}}-c_i^{\mathrm{s}}\right)^2+\left(y_i^{\mathrm{p}}-c_i^{\mathrm{p}}\right)^2}{N_0}\right) \\
&= \frac{1}{\pi N_0}\exp\left[-\frac{\left(y_i^{\mathrm{s}}\right)^2+\left(y_i^{\mathrm{p}}\right)^2+2\mathcal{E}_{\mathrm{c}}}{N_0}\right]P(u_i)\exp\left(\frac{2y_i^{\mathrm{s}}c_i^{\mathrm{s}}+2y_i^{\mathrm{p}}c_i^{\mathrm{p}}}{N_0}\right)
\end{aligned}
\tag{8-8-20}
$$

式中，$\frac{1}{\pi N_0}\exp\left[-\frac{\left(y_i^{\mathrm{s}}\right)^2+\left(y_i^{\mathrm{p}}\right)^2+2\mathcal{E}_{\mathrm{c}}}{N_0}\right]$与 u_i 无关，因此已经从式（8-8-17）的分子和后验 L 值的分母中删除了。也容易看出在式（8-8-20）中，对应于 $u_i=1$ 的分子中 $c_i^{\mathrm{s}}=\sqrt{\mathcal{E}_{\mathrm{c}}}$，分母中 $c_i^{\mathrm{s}}=-\sqrt{\mathcal{E}_{\mathrm{c}}}$。

在这种情况下，后验 L 值可简化为

$$
\begin{aligned}
L(u_i) &= \ln \frac{\sum\limits_{(\sigma_{i-1},\sigma_i)\in S_1} \alpha_{i-1}(\sigma_{i-1}) P(u_i) \exp\left(\dfrac{2y_i^{\mathrm{s}} c_i^{\mathrm{s}} + 2y_i^{\mathrm{p}} c_i^{\mathrm{p}}}{N_0}\right) \beta_i(\sigma_i)}{\sum\limits_{(\sigma_{i-1},\sigma_i)\in S_0} \alpha_{i-1}(\sigma_{i-1}) P(u_i) \exp\left(\dfrac{2y_i^{\mathrm{s}} c_i^{\mathrm{s}} + 2y_i^{\mathrm{p}} c_i^{\mathrm{p}}}{N_0}\right) \beta_i(\sigma_i)} \\
&= \frac{4\sqrt{\mathcal{E}_{\mathrm{c}}}\, y_i^{\mathrm{s}}}{N_0} + \ln \frac{\sum\limits_{(\sigma_{i-1},\sigma_i)\in S_1} \alpha_{i-1}(\sigma_{i-1}) P(u_i) \exp\left(\dfrac{2y_i^{\mathrm{p}} c_i^{\mathrm{p}}}{N_0}\right) \beta_i(\sigma_i)}{\sum\limits_{(\sigma_{i-1},\sigma_i)\in S_0} \alpha_{i-1}(\sigma_{i-1}) P(u_i) \exp\left(\dfrac{2y_i^{\mathrm{p}} c_i^{\mathrm{p}}}{N_0}\right) \beta_i(\sigma_i)} \\
&= \frac{4\sqrt{\mathcal{E}_{\mathrm{c}}}\, y_i^{\mathrm{s}}}{N_0} + \ln \frac{P(u_i=1)}{P(u_i=0)} + \ln \frac{\sum\limits_{(\sigma_{i-1},\sigma_i)\in S_1} \alpha_{i-1}(\sigma_{i-1}) \exp\left(\dfrac{2y_i^{\mathrm{p}} c_i^{\mathrm{p}}}{N_0}\right) \beta_i(\sigma_i)}{\sum\limits_{(\sigma_{i-1},\sigma_i)\in S_0} \alpha_{i-1}(\sigma_{i-1}) \exp\left(\dfrac{2y_i^{\mathrm{p}} c_i^{\mathrm{p}}}{N_0}\right) \beta_i(\sigma_i)}
\end{aligned} \tag{8-8-21}
$$

以上描述的 BCJR 算法中存在着数值运算不稳定的问题，特别是当网格长度比较长时。BCJR 算法可以选择在对数域运算，称为 Log-APP 算法①。

在 Log-APP 算法中不采用α、β和γ，而是定义它们的对数值为

$$
\begin{aligned}
&\widetilde{\alpha}_i(\sigma_i) = \ln[\alpha_i(\sigma_i)]\,, \quad \widetilde{\beta}_i(\sigma_i) = \ln[\beta_i(\sigma_i)] \\
&\widetilde{\gamma}_i(\sigma_{i-1}, \sigma_i) = \ln[\gamma_i(\sigma_{i-1}, \sigma_i)]
\end{aligned} \tag{8-8-22}
$$

下面简单地证明$\widetilde{\alpha}_i(\sigma_i)$和$\widetilde{\beta}_i(\sigma_{i-1})$的前向及后向迭代关系式成立。

$$
\begin{aligned}
\widetilde{\alpha}_i(\sigma_i) &= \ln\left\{\sum_{\sigma_{i-1}\in\Sigma} \exp[\widetilde{\alpha}_{i-1}(\sigma_{i-1}) + \widetilde{\gamma}_i(\sigma_{i-1}, \sigma_i)]\right\} \\
\widetilde{\beta}_{i-1}(\sigma_{i-1}) &= \ln\left\{\sum_{\sigma_i\in\Sigma} \exp[\widetilde{\beta}_i(\sigma_i) + \widetilde{\gamma}_i(\sigma_{i-1}, \sigma_i)]\right\}
\end{aligned} \tag{8-8-23}
$$

初始条件为

$$
\widetilde{\alpha}_0(\sigma_0) = \begin{cases} 0, & \sigma_0 = 0 \\ -\infty, & \sigma_0 \neq 0 \end{cases} \qquad \widetilde{\beta}_N(\sigma_N) = \begin{cases} 0, & \sigma_N = 0 \\ -\infty, & \sigma_N \neq 0 \end{cases} \tag{8-8-24}
$$

后验L值为

$$
\begin{aligned}
L(u_i) = \ln&\left\{\sum_{(\sigma_{i-1},\sigma_i)\in S_1} \exp[\widetilde{\alpha}_{i-1}(\sigma_{i-1}) + \widetilde{\gamma}_i(\sigma_{i-1}, \sigma_i) + \widetilde{\beta}_i(\sigma_i)]\right\} - \\
\ln&\left\{\sum_{(\sigma_{i-1},\sigma_i)\in S_0} \exp[\widetilde{\alpha}_{i-1}(\sigma_{i-1}) + \widetilde{\gamma}_i(\sigma_{i-1}, \sigma_i) + \widetilde{\beta}_i(\sigma_i)]\right\}
\end{aligned} \tag{8-8-25}
$$

这些迭代关系式在数值计算中更加稳定，但计算效率不高。为了提高计算效率，特引入以下的定义。

$$
\begin{aligned}
&\max{}^*\{x, y\} \triangleq \ln(\mathrm{e}^x + \mathrm{e}^y) \\
&\max{}^*\{x, y, z\} \triangleq \ln(\mathrm{e}^x + \mathrm{e}^y + \mathrm{e}^z)
\end{aligned} \tag{8-8-26}
$$

① 也称为 Log-MAP 算法。

利用这些定义得到的迭代关系式为

$$\begin{aligned}\widetilde{\alpha}_i(\sigma_i) &= \max_{\sigma_{i-1}\in\Sigma}{}^*\{\widetilde{\alpha}_{i-1}(\sigma_{i-1})+\widetilde{\gamma}_i(\sigma_{i-1},\sigma_i)\}\\ \widetilde{\beta}_{i-1}(\sigma_{i-1}) &= \max_{\sigma_i\in\Sigma}{}^*\{\widetilde{\beta}_i(\sigma_i)+\widetilde{\gamma}_i(\sigma_{i-1},\sigma_i)\}\end{aligned} \tag{8-8-27}$$

这些迭代的初始条件已由式（8-8-24）给出，因此后验L值为

$$\begin{aligned}L(u_i) = &\max_{(\sigma_{i-1},\sigma_i)\in S_1}{}^*\{\widetilde{\alpha}_{i-1}(\sigma_{i-1})+\widetilde{\gamma}_i(\sigma_{i-1},\sigma_i)+\widetilde{\beta}_i(\sigma_i)\} -\\ &\max_{(\sigma_{i-1},\sigma_i)\in S_0}{}^*\{\widetilde{\alpha}_{i-1}(\sigma_{i-1})+\widetilde{\gamma}_i(\sigma_{i-1},\sigma_i)+\widetilde{\beta}_i(\sigma_i)\}\end{aligned} \tag{8-8-28}$$

例 8-8-2 针对例 8-8-1 的特定情况，利用式（8-8-21）给出的对数域运算得到的验 L 值为

$$\begin{aligned}L(u_i) = &\frac{4\sqrt{\mathcal{E}_c}y_i^s}{N_0}+L^a(u_i)+\max_{(\sigma_{i-1},\sigma_i)\in S_1}{}^*\left\{\widetilde{\alpha}_{i-1}(\sigma_{i-1})+\frac{2y_i^p c_i^p}{N_0}+\widetilde{\beta}_i(\sigma_i)\right\}-\\ &\max_{(\sigma_{i-1},\sigma_i)\in S_0}{}^*\left\{\widetilde{\alpha}_{i-1}(\sigma_{i-1})+\frac{2y_i^p c_i^p}{N_0}+\widetilde{\beta}_i(\sigma_i)\right\}\end{aligned} \tag{8-8-29}$$

式中，定义$L^a(u_i)$为

$$L^a(u_i) = \ln\frac{P(u_i=1)}{P(u_i=0)} \tag{8-8-30}$$

可见，后验L值可写成三项之和：第一项$\dfrac{4\sqrt{\mathcal{E}_c y_i^s}}{N_0}$取决于译码器接收的系统比特对应的信道输出，第二项$L^a(u_i)$取决于信息比特的先验概率，最后一项是与校验比特对应的信道输出信息。

容易证明（见习题 8.22）

$$\begin{aligned}\max{}^*\{x,y\} &= \max\{x,y\}+\ln(1+e^{-|x-y|})\\ \max{}^*\{x,y,z\} &= \max{}^*\{\max{}^*\{x,y\},z\}\end{aligned} \tag{8-8-31}$$

当x和y不相近时，$\ln(1+e^{-|x-y|})$项的值很小，其最大值发生在$x=y$时，此时该项值等于$\ln 2$。显然，当x和y较大或者x和y不相近时，可利用近似关系式

$$\max{}^*\{x,y\}\approx\max\{x,y\} \tag{8-8-32}$$

同样条件下还可利用近似关系式

$$\max{}^*\{x,y,z\}\approx\max\{x,y,z\} \tag{8-8-33}$$

在 x 和 y（或 x、y 和 z）不相近时，式（8-8-32）和式（8-8-33）所示的近似关系式有效。一般来说，这里的 $\max^*$由式（8-8-27）中的 $\max^*$代替会导致少许的性能下降。这种 MAP 算法的次优实现称为 Max-Log-APP 算法①。

如果不使用式（8-8-32）和式（8-8-33）的近似关系，另一种替代方法是采用查表法找到修正项 $\ln(1+e^{-|x-y|})$的值来改进性能。有兴趣的读者可参考 Robertson & Hoeher（1997）、Ryan（2003）、Robertson 等（1995）以及 Lin & Costello（2004）。

8.9 Turbo 码和迭代译码

在 7.13.2 节中已介绍了并行与串行的级联分组码，该码采用交织器来构成超长的码。本

① 也称为 Max-Log-MAP 算法。

节将讨论用卷积码构成带交织的级联码的结构和解码。

带交织的并行级联卷积码（Parallel Concatenated Convolutional Code，PCCC）也称为 Turbo 码，是由 Berrou 等（1993）以及 Berrou & Glavieux（1996）提出的。Turbo 码的编码器的基本结构如图 8-9-1 所示，由两个并联的递归系统卷积码（Recursive Systematic Convolutional, RSC）编码器组成，在第 2 个编码器的前面串接一个交织器。两递归系统卷积码编码器可以相同也可以不同。编码器输出的标称码率 R_c=1/3，然而，通过对二进制卷积码编码器输出的冗余校验比特删余压缩处理，可以获得较高的码率，如 1/2 或 2/3。和级联分组码一样，交织器通常选用伪随机块交织器，它在信息比特序列送入下一级编码器之前将其重新排序。从效果上看，两个线性卷积码编码器加上一个交织器能产生一种新码，这种码的码字很少有低重量的。这个特点并不意味着该级联码的自由距离一定非常大，但与两个线性卷积码编码器配套使用交织器后，就可以使各码字极少有离它很靠近的邻码，也就是说码字变得相对稀疏。Turbo 码取得编码增益的部分原因就在于此，即交织的结果导致紧邻码字数（称为重合度，Multiplicity）的下降。

图 8-9-1 所示是典型的 Turbo 码编码器，由通常选为类似的两个成员码（Constituent Code）以及表示为“Π”的交织器组成。递归系统的成员码由其下列形式的生成矩阵给定。

$$\boldsymbol{G}(D)=\begin{bmatrix}1 & \dfrac{g_2(D)}{g_1(D)}\end{bmatrix} \tag{8-9-1}$$

式中，$g_1(D)$和 $g_2(D)$分别表示反馈和前馈的连接，通常用 g_1 和 g_2 的八进制表示指定成员码。

例 8-9-1 某(31, 27)递归系统卷积码（RSC）编码器用 $\boldsymbol{g}_1=(11001)$和 $\boldsymbol{g}_2=(10111)$ 表示，对应于 $g_1(D)=1+D+D^4$ 和 $g_2(D)=1+D^2+D^3+D^4$。(31, 27)RSC 编码器的结构如图 8-9-2 所示。

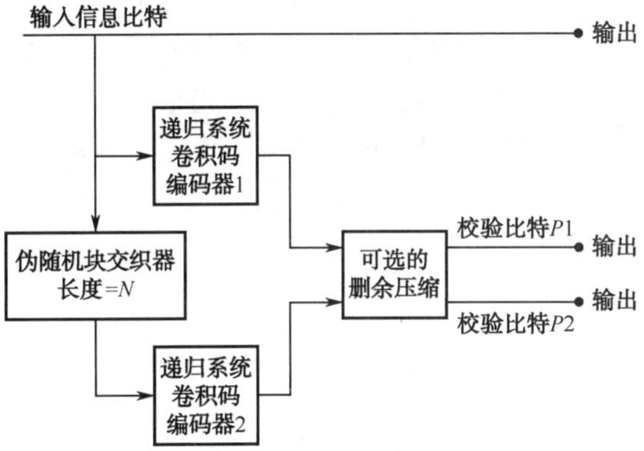

图 8-9-1　Turbo 码的编码器基本结构

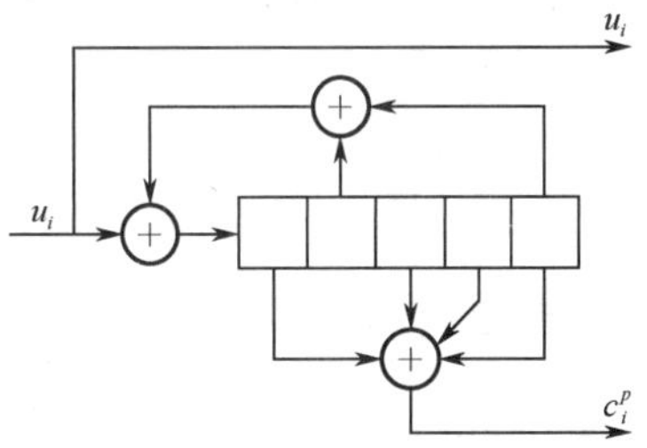

图 8-9-2　(31,27)RSC 编码器的结构

8.9.1　Turbo 码的性能边界

Turbo 码是由两个递归系统卷积码通过交织器级联而构成的，虽然码是线性时不变的，但交织器的作用使其还是线性的，却不是时不变的了。结果所得的线性时变有限状态机的网格图拥有数量巨大的状态，使得无法实现最大似然译码。Benedetto & Montorsi（1996）指出，对于一个已经用 VLSI 实现的 Turbo 码，若把它当成时变有限状态机来看待的话，有 2^{1030} 个状态，使最大似然译码无法实现。

尽管 Turbo 码难以实现最大似然译码，但它可被用来寻找 Turbo 码的性能上边界。利用 Turbo 码的线性性质，可以假设发送的是一个全 0 信息序列。如果采用一个长度为 N 的交织器，则共存在 2^N 个可能的信息序列，其重量在 0（全 0 序列）和 N 之间。用 $m\in\{1, 2,\cdots, 2^N-1\}$ 表示发送全 0 序列而检测为差错的信息序列，这些序列的重量用 j_m（$1\leqslant j_m\leqslant N$）表示。由于码字是系统的，因此对应于信息序列 m 的码字重量 w_m 等于信息序列重量 j_m 与对应的校验序列重量之和。假设采用 BPSK 调制，发送全 0 序列而译码为信息序列 m 的概率为

$$P_{\mathbf{0}\to m}=Q\left(\sqrt{2R_{\mathrm{c}}w_m\gamma_{\mathrm{b}}}\right) \tag{8-9-2}$$

当检测为信息序列 m 时，相应的比特差错概率是

$$P_{\mathrm{b}}(\mathbf{0}\to m)=\frac{j_m}{N}Q\left(\sqrt{2R_{\mathrm{c}}w_m\gamma_{\mathrm{b}}}\right) \tag{8-9-3}$$

利用联合边界，可得平均比特概率的上边界为

$$P_{\mathrm{b}}\leqslant\frac{1}{N}\sum_{m=1}^{2^N-1}j_mQ\left(\sqrt{2R_{\mathrm{c}}w_m\gamma_{\mathrm{b}}}\right) \tag{8-9-4}$$

对具有同样重量信息序列相应的各项重新排序、组合，可写成

$$P_{\mathrm{b}}\leqslant\frac{1}{N}\sum_{j=1}^{N}\sum_{l=1}^{\binom{N}{j}}jQ\left(\sqrt{2R_{\mathrm{c}}d_{jl}\gamma_{\mathrm{b}}}\right) \tag{8-9-5}$$

式中，$\binom{N}{j}$是重量为 j 的信息序列的总数，d_{jl} 表示由重量为 j 的第 l 个信息序列所产生的码字重量。下面我们讨论图 8-9-1 所示的 Turbo 码的一些情况。

信息序列重量 $j=1$。当重量为 1（$j=1$）的信息序列送入递归系统卷积码编码器时就会产生卷积码的脉冲响应。由于递归系统卷积码具有无限长脉冲响应，或者说脉冲响应即使最后终止了重量也很大，所以 $j=1$ 可导致较大的 d_{jl} 值，使比特差错概率很低。唯一会发生问题的情况是输入序列中的单个 1 出现在 N 长分组的末尾，这种情况将使输出重量变得很低。然而伪随机交织的存在使这种可能性很小，因为单个 1 不太可能出现在分组的末尾，这样当输入第二个编码器时就会产生大重量的码字。在分组末尾出现单个 1 的概率，无论在交织前还是交织后都是很低的。

信息序列重量 $j=2$。共有$\binom{N}{j}$个重量 2 的信息序列，对应于 $D^{i_1}+D^{i_2}=D^{i_1}(D^{i_2-i_1}+1)$形式的多项式，这里 $0\leqslant i_1<i_2\leqslant N-1$，$i_1$ 和 i_2 决定了信息序列中 1 的位置。一般情况，这种形式的多项式在送入 $g_2(D)|g_1(D)$ 时会生成大重量的校验符，除非 $g_1(D)$可以整除 D^l+1，这里 $l=i_2-i_1$。在整除的情况下，$D^l+1=g_1(D)h(D)$，这里 $h(D)$也是多项式，此时，由 $D^{i_1}+D^{i_2}$ 生成的校验序列将是对应到低重量校验序列的 $D^{i_1}h(D)g_2(D)$。例如，设 $g_1(D)=1+D+D^2$，则 $g_1(D)$能整除 $D^{i_1}(D^3+1)$形式的任何重量为 2 的序列，致使校验多项式为 $D^{i_1}(1+D)g_2(D)$，它可对应一个低重量校验序列。在这个例子中，任何两个 1 之间有两个 0 的重量为 2 的信息序列都将导致一个低重量的校验序列①。然而交织器的存在使重量为 2 的信息序列不太可能在交织前和交织后

① 显然，当两个 1 之间有 5 个 0 等情况时，也是这种结果。

都生成低重量校验多项式，事实上在交织前/后产生低重量多项式、重量为 2 的信息序列的数量远小于 N，这里 N 是交织长度。作为对比，如果是单个 RSCC，这个数字是和 N 在同一数量级上。

同样的推论可用于重量为 3 和重量为 4 的信息序列上。由于交织效果，两种情况都表明，能导致低重量校验序列产生的重量为 3、4 的信息序列的数目是远小于 N 的。这意味着在 Turbo 码里尽管可能有低重量码字，但它们的发生概率非常小。换言之，Turbo 码（特别是在低信噪比时）具有优异性能的主要原因，并不在于好的距离结构，而在于低重量码字相对较低的发生概率（与全 0 码字的重合度）。Turbo 码低重合度的效果在低信噪比时尤为突出。在高信噪比时，Turbo 码的低的最小距离导致了差错平台（Error Floor）的出现。

若将重量为 2 和 3 的信息序列看成制约 Turbo 码差错概率上限的主因，则式（8-9-5）的比特差错概率可近似为

$$P_{\mathrm{b}} \lesssim \frac{1}{N}\sum_{j=2}^{3} j n_j Q\left(\sqrt{2R_{\mathrm{c}} d_{j,\min}\gamma_{\mathrm{b}}}\right) \tag{8-9-6}$$

式中，$d_{j,\min}$ 表示由重量为 j 的信息序列生成的所有码字中重量最小的码重，n_j 表示生成重量为 $d_{j,\min}$ 的码字的重量为 j 的信息序列的数目。由于 $n_j \ll N$，系数 $Q(\sqrt{2R_{\mathrm{c}} d_{j,\min}\gamma_{\mathrm{b}}})$ 远小于 1。因子 $1/N$ 大大降低了 Turbo 码的差错边界，这个效果称为交织器增益（Interleaver Gain）。

上面基于联合边界技术讨论的边界是比较松散的，特别是在低信噪比情况下。现在已经有了用于研究 Turbo 码的更先进的边界技术，可在低信噪比情况下提供更紧密的边界，有兴趣的读者可以参阅 Duman & Salehi（1997）、Sason & Shamai（2000）以及 Sason & Shamai（2001b）。

8.9.2　Turbo 码的迭代译码

由于码的网格图存在着数量巨大的状态数，Turbo 码的最优译码是不可能的。Berrou 等在 1993 年提出了一种次优的迭代译码算法，称为 Turbo 码译码算法（Turbo Decoding Algorithm），取得了非常接近香农理论限的优异性能。

Turbo 码译码算法立足于 Log-APP 或 Max-Log-APP 算法的迭代运用。正如例 8-8-2 所示，后验值可写成三项之和

$$L(u_i) = L_{\mathrm{c}}\, y_i^{\mathrm{s}} + L^{(\mathrm{a})}(u_i) + L^{(\mathrm{e})}(u_i) \tag{8-9-7}$$

这里

$$\begin{aligned}
L_{\mathrm{c}} y_i^{\mathrm{s}} &= \frac{4\sqrt{\mathcal{E}_{\mathrm{c}}}\, y_i^{\mathrm{s}}}{N_0} \\
L^{\mathrm{a}}(u_i) &= \ln\frac{P(u_i=1)}{P(u_i=0)} \\
L^{(\mathrm{e})}(u_i) &= \max_{(\sigma_{i-1},\sigma_i)\in S_1}{}^{*}\left\{\widetilde{\alpha}_{i-1}(\sigma_{i-1}) + \frac{2y_i^{\mathrm{p}}c_i^{\mathrm{p}}}{N_0} + \widetilde{\beta}_i(\sigma_i)\right\} - \\
&\quad \max_{(\sigma_{i-1},\sigma_i)\in S_0}{}^{*}\left\{\widetilde{\alpha}_{i-1}(\sigma_{i-1}) + \frac{2y_i^{\mathrm{p}}c_i^{\mathrm{p}}}{N_0} + \widetilde{\beta}_i(\sigma_i)\right\}
\end{aligned} \tag{8-9-8}$$

且我们已经定义了 $L_{\mathrm{c}}=\frac{4}{N_0}\sqrt{\mathcal{E}_{\mathrm{c}}}$。

$L_c\ y^s_i$ 项称为信道 L 值（Channel L Value），表示对应系统比特的信道输出效果。第二项 $L^a(u_i)$是先验 L 值，是信息序列先验概率的函数。最后一项 $L^{(e)}(u_i)$称为外 L 值（Extrinsic L Value）或外信息（Extrinsic Information），它是后验 L 值分量，与先验概率和信道输出的系统信息无关。

假设一个二进制信息序列 $\boldsymbol{u}=(u_1, u_2,\cdots,u_N)$ 输入第一个码率为 1/2 的递归系统卷积码（RSCC）编码器，且用 $\boldsymbol{c}^p=(c^p_1, c^p_2,\cdots, c^p_N)$表示输出的校验比特。信息序列经过交织器后变为 $\boldsymbol{u}'=(u_1',u_2',\cdots, u_N')$，这个序列送入第二个编码器产生了校验序列 $\boldsymbol{c}'^p=(c_1'^p, c_2'^p,\cdots, c_N'^p)$。序列 $\boldsymbol{u}$、$\boldsymbol{c}^p$ 和 $\boldsymbol{c}'^p$ 经 BPSK 调制后通过高斯信道传输，对应的输出序列用 $\boldsymbol{y}^s$、$\boldsymbol{y}^e$ 和 $\boldsymbol{y}'^p$ 表示。用于第一个成员码的 MAP 译码器接收到($\boldsymbol{y}^s, \boldsymbol{y}^p$)对，在第一次迭代时假设所有比特是等概的，因此将先验 L 值置 0。收到($\boldsymbol{y}^s, \boldsymbol{y}^p$)后，第一个译码器利用式（8-8-29）计算后验 L 值，并在输出端从后验 L 值中减去信道 L 值，从而算出外 L 值。外 L 值用 $L_{12}^{(e)}(u_i)$表示，经交织器∏置换后被第二个码译码器当成先验 L 值使用。除了这个信息，$\boldsymbol{y}'^p$ 以及经交织后的 $\boldsymbol{y}^s$ 也同时送进第二个译码器。第二个译码器计算外 L 值，用 $L_{21}^{(e)}(u_i)$表示，然后经交织器$\prod^{-1}$ 置换后再次将它们反馈送入第一个译码器，作为该译码器下一次迭代时的先验 L 值。这个过程持续进行，直到完成预定的迭代次数，或者达到某个预设的临界标准为止。在最后一次迭代完成后，后验 L 值 $L(u_i)$被利用来做出最终的判决。

Turbo 码译码器的基本结构模块是 SISO 译码器，其输入为 $\boldsymbol{y}^s$、$\boldsymbol{y}^p$ 和 $L^{(a)}(u_i)$，其输出为 $L^{(e)}(u_i)$和 $L(u_i)$。在迭代译码过程中，$L^{(a)}(u_i)$被另一译码器所提供的外 L 值所替代。Turbo 码译码器的框图如图 8-9-3 所示。

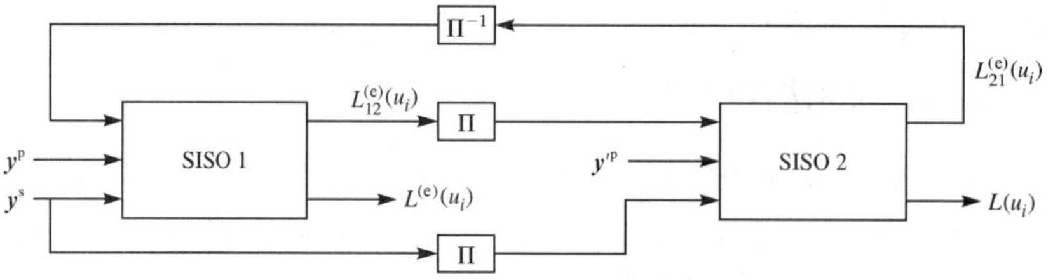

图 8-9-3　Turbo 码译码器的框图

一个典型的Turbo码迭代译码算法性能图如图 8-9-4 所示，从图上可清楚地看到，前面几次迭代显著地改善了性能，同时也看到图中明显分为三个区域。在低 SNR 区，差错概率 P_b 作为$\mathcal{E}_b/N_0$ 和迭代次数的函数变化得非常慢；在中等 SNR 区，P_b 随$\mathcal{E}_b/N_0$ 的增大快速下降，在多次迭代中 P_b 持续下降，这个区域称为瀑布区（Waterfall Region）或称 Turbo 码陡峭区（Cliff Region）；最后当$\mathcal{E}_b/N_0$ 值较大时，Turbo 码特性呈现一个差错平台（Error Floor），它在少数次迭代后就会出现。正如上面已讨论过的，Turbo 码的差错平台是由其低的最小距离造成的。

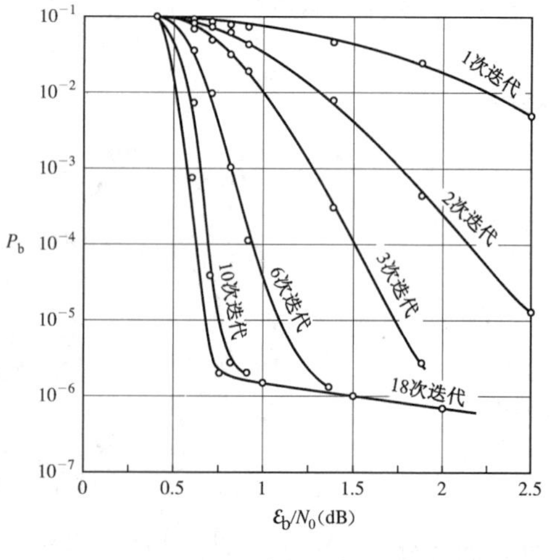

图 8-9-4　Turbo 码迭代译码性能

在 SNR 足够大时，迭代译码典型地经 4 次

迭代就可达到 10^{-5}～10^{-6} 的差错概率范围，而在 SNR 较低时要迭代 8～10 次才能达到 10^{-5} 的差错概率。

影响 Turbo 码性能的一个重要因素是交织器的长度，有时称为交织器增益（Interleaver Gain）。采用足够长的交织器及迭代 MAP 译码器，Turbo 码的性能非常接近香农限。例如，一个码率为 1/2、块长 $N = 2^{16}$、经过 18 次迭代译码的 Turbo 码，当比特差错概率为 10^{-5} 时的 SNR 为 0.7 dB。从图 6-5-6 中看到，码率为 1/2 二进制码的香农限约为 0.19 dB，这意味着该码性能距离香农限仅 0.5 dB。

带有大交织器 Turbo 码的主要缺点在于译码时延和计算的复杂度，这是迭代译码算法固有的。但在大多数数字通信系统中译码时延是可容忍的，而增加的计算复杂度也是 Turbo 码取得可观编码增益所付出的合理代价。构成带交织器的级联卷积码的第二种方法是采用串行级联，Benedetto 等（1998）研究了这种结构以及带交织器的串行级联卷积码（Serial Concatenated Convolutional Codes，SCCC）的性能，提出了这种码的迭代译码算法。将 SCCC 的差错概率性能与 PCCC（Turbo 码）做比较，Benedetto 等（1998）发现在差错概率低于 10^{-2} 时，SCCC 一般表现出比 PCCC 更好的性能。关于 Turbo 码性能的更多细节，读者可参阅 Lin & Costello（2004）、Benedetto & Montorsi（1996）、Heegard & Wicker（1999）以及 Hagenauer 等（1996）。

8.9.3 迭代译码的 EXIT 图研究

由于迭代译码算法的复杂性，研究其收敛性是困难的。研究 Turbo 码的迭代译码性能，特别是 Turbo 码陡峭区性能的一个有用工具是外信息转移（Extrinsic Information Transfer，EXIT）图，此图是 ten Brink（2001）引入的，在性能研究和不同迭代算法设计中可作为有用的工具使用。

在 8.9.2 节可看到，标准 Turbo 码的迭代译码器由两个类似的 SISO 译码器组成，它们在输入端接收先验和信道信息，在输出端生成外信息和对数似然值。两个 SISO 译码器以特定方式连接，使每个译码器的外信息 $L^{(e)}$可作为另一个译码器的先验信息 $L^{(a)}$。EXIT 图的运用是以经验性的观察为基础的，ten Brink（2001）注意到先验 L 值和传输的系统信息比特关系为

$$L^{(a)} = \frac{\sigma^2}{2} C^{(s)} + n_a \tag{8-9-9}$$

式中，n_a是零均值、方差为σ^2的高斯随机变量，$C^{(s)}$ 表示归一化的系统发送符号，其可能取值为±1。从这里可得出结论

$$p_{L(a)|C(s)}(\ell|c) = \frac{1}{\sqrt{2\pi\sigma^2}} e^{-\frac{\left(\ell - c\sigma^2/2\right)^2}{2\sigma^2}} \tag{8-9-10}$$

这里$c = \pm 1$ 且等概。$L^{(a)}$和$C^{(s)}$之间的互信息用I_a表示，为

$$I_a = \frac{1}{2} \sum_{c=-1,1} \int_{-\infty}^{\infty} p(\ell|c) \log_2 \frac{2p(\ell|c)}{p(\ell|C=-1) + p(\ell|C=1)} d\ell \tag{8-9-11}$$

将式（8-9-10）代入式（8-9-11），利用在推导式（6-5-31）和式（6-5-32）时用过的类似方法，可得

$$I_a = 1 - E[\log_2(1 + e^{-C^{(s)} \cdot L^{(a)}})] \tag{8-9-12}$$

这里的期望值是对$C^{(s)}$和$L^{(a)}$的联合分布而言的。

显然有 $0 \leqslant I_a \leqslant 1$，且可以证明 I_a 是σ的单调增函数，因此给定 I_a 值就能唯一地确定σ值。

类似的论证可用于由外信息 $L^{(e)}$推导 $L^{(e)}$和 $C^{(s)}$间的互信息 I_e。外信息转移（EXIT）特性

定义成作为 I_a 和 $\mathcal{E}_b/N_0$ 函数的 I_e，即

$$I_e = T(I_a,\ \mathcal{E}_b/N_0) \tag{8-9-13}$$

或简写为

$$I_e = T(I_a) \tag{8-9-14}$$

这样写法的特性图要根据不同的 $\mathcal{E}_b/N_0$ 值分别画出。由于 I_a 和 I_e 值没有明确给出，因此通常使用蒙特卡洛（Monte Carlo）模拟来找到式（8-9-12）的期望值，具体的做法是取一个大样值数 N，I_a 用下式计算

$$I_a \approx 1 - \frac{1}{N}\sum_{n=1}^{N}\log_2\left(1 + \mathrm{e}^{-c_n \ell_n}\right) \tag{8-9-15}$$

一个(23, 37)的 RSCC 的 EXIT 图如图 8-9-5，该码经删余后码率从 1/2 提高到 2/3，图中曲线的 $\mathcal{E}_b/N_0$ 值在−0.5～3 dB 范围内。

对于 Turbo 码，由译码器产生的外信息作为下阶段的先验信息。为了研究 Turbo 码迭代译码器的运行，我们画出两个成员码的 EXIT 函数，两图间沿着水平和垂直方向的迁移对应于一个编码器的外信息和另一个编码器先验信息的对等转换。

从图 8-9-6 可见，迭代译码始于信息比特等概的假设，这相当于 $I_{a1}=0$，然后在两个 EXIT 图之间水平和垂直地迁移。可以看到 $\mathcal{E}_b/N_0 = 0.1$ dB 时两 EXIT 图在 I_a 和 I_e 值很小时就已相交，交点在图 8-9-6 的左下角。在这种情况下经几次迭代后就不能再改进了，低的互信息值意味着高差错概率，这就相当于在图 8-9-4 低信噪比区域的情况，有时称此为夹断区（Pinch-Off Region）。在高信噪比 $\mathcal{E}_b/N_0$ 时两个 EXIT 图拉开距离并出现一个瓶颈区（Bottleneck Region），在该区域迭代译码轨迹爬升到对应于低差错概率的高 I_a 和 I_e 值，这个区是与图 8-9-4 中的瀑布区对应的。最后在大 $\mathcal{E}_b/N_0$ 值时，EXIT 图出现开口，快速收敛于差错平台。图 8-9-7 画的是不同 $\mathcal{E}_b/N_0$ 值时 EXIT 图的另一个例子，$\mathcal{E}_b/N_0 = 0.7$ dB 时的轨迹对应于瀑布区，同时也画出了 $\mathcal{E}_b/N_0=1.5$ dB 时轨迹以做对照。

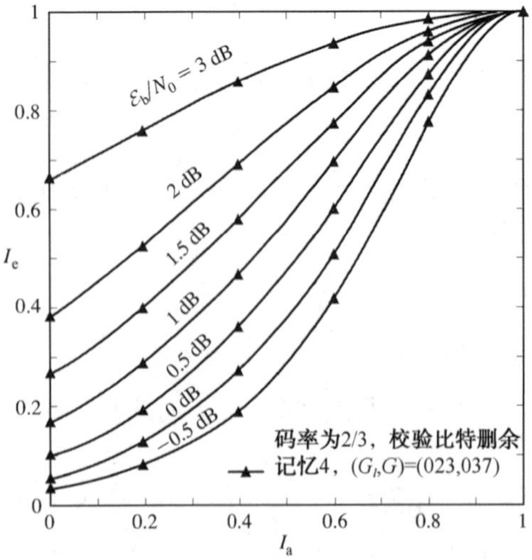

图 8-9-5　不同 $\mathcal{E}_b/N_0$ 时码率为 2/3 卷积码的 EXIT 图
［摘自 ten Brink（2001），© IEEE］

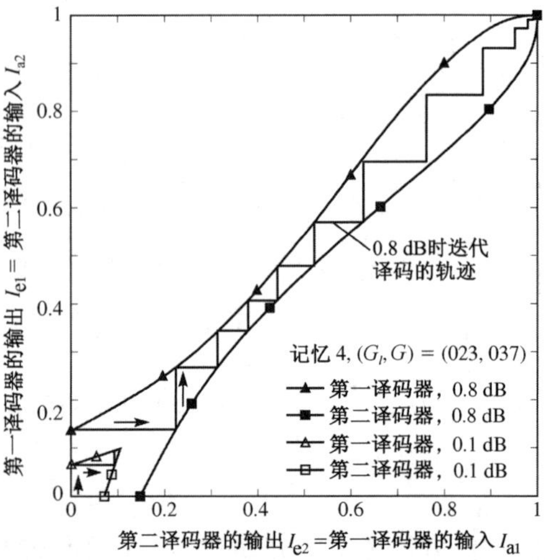

图 8-9-6　$\mathcal{E}_b/N_0$ =0.1 和 $\mathcal{E}_b/N_0$ =0.8 dB 时迭代译码的模拟轨迹
［摘自 ten Brink（2001），© IEEE］

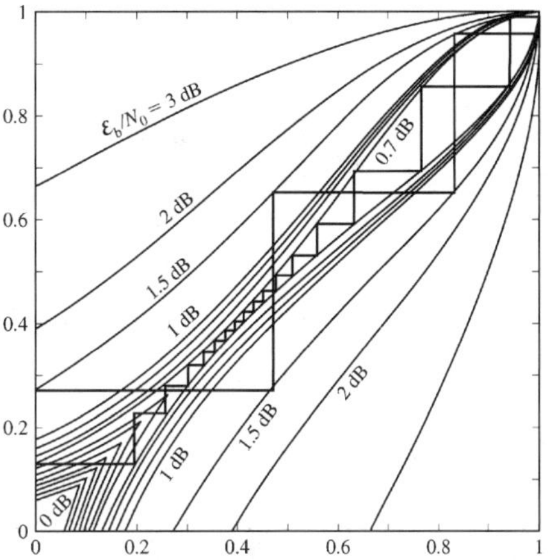

图 8-9-7　$\mathcal{E}_b/N_0$ =0.7 dB 和$\mathcal{E}_b/N_0$ =1.5 dB 的 EXIT 图轨迹（对 10^6 交织器进行了模拟）

除了能观察迭代译码性能，EXIT 图也可用于高效码和其他迭代方法（如迭代均衡法）的设计。

8.10 因子图与和-积算法

我们已看到，卷积码的网格图表示法是一种十分方便的图形表示法，对理解用维特比算法实现最大似然译码，以及用 BCJR 算法进行逐符号的最大后验概率译码非常有用。在研究某些译码算法的性能时，用更加通用的图形模型来表示编码更为方便。图形表示法不仅限于译码算法，在信号处理、电路理论、控制理论、组网和概率论等领域也有应用。本节将简要介绍一些适用于和-积通用算法设计的基本图形模型。

和-积算法最早是由 Gallager（1963）作为低密度奇偶校验码（LDPC）的译码方法提出的。后来泰纳（Tanner, 1981）引入了图形模型来描述此类码，该图形模型就是 Tanner 图。Wiberg 等（1995）和 Wiberg（1996）指出，维特比算法、BCJR 算法以及 Turbo 码、LDPC 码可以在一些特定图形上融合为一种算法。这种用图形来表示编码的思路后来被 Forney（2001）进一步开发和推广。

8.10.1 Tanner 图

回忆一个(n, k)线性分组码 $\boldsymbol{C}$，可以用一个 $k\times n$ 生成矩阵 $\boldsymbol{G}$ 来表示

$$\boldsymbol{c} = \boldsymbol{uG} \tag{8-10-1}$$

式中，$\boldsymbol{u}$ 是长度为 k 的信息序列，$\boldsymbol{c}$ 是对应的码字。对于一个二进制序列 $\boldsymbol{u}$，当且仅当满足式（8-10-1）时，长度为 n 的二进制序列才是码字 $\boldsymbol{c}$。该码的校验矩阵 $\boldsymbol{H}$ 是一个定义在生成矩阵的对偶码 $\boldsymbol{C}^{\perp}$上的$(n-k)\times n$ 二进制矩阵。$\boldsymbol{c}$ 是码字的充要条件是

$$\boldsymbol{c}\,\boldsymbol{H}^{t} = \boldsymbol{0} \tag{8-10-2}$$

这个等式可以写成 $n-k$ 个关系式

$$\boldsymbol{c}\,\boldsymbol{h}_1^{\,t} = \boldsymbol{0}$$

$$c\,\boldsymbol{h}_2^{\mathrm{t}}=\mathbf{0} \tag{8-10-3}$$
$$\vdots$$
$$c\,\boldsymbol{h}_{n-k}^{\mathrm{t}}=\mathbf{0}$$

式中，$\boldsymbol{h}_i$ 表示 $\boldsymbol{H}$ 的第 i 行。这些方程对码 $\boldsymbol{c}$ 构成了一组 $n-k$ 个线性限制条件。例如，一个(7, 4)汉明码，校验矩阵为

$$\boldsymbol{H}=\begin{bmatrix}1&1&1&0&1&0&0\\0&1&1&1&0&1&0\\1&1&0&1&0&0&1\end{bmatrix} \tag{8-10-4}$$

线性方程组为

$$c_1+c_2+c_3+c_5=0,\qquad c_2+c_3+c_4+c_6=0,\qquad c_1+c_2+c_4+c_7=0 \tag{8-10-5}$$

式中的加指模 2 加。对于一个(3, 1)重复码，校验矩阵为

$$\boldsymbol{H}=\begin{bmatrix}1&1&0\\1&0&1\end{bmatrix} \tag{8-10-6}$$

校验方程组为

$$c_1+c_2=0,\qquad c_1+c_3=0 \tag{8-10-7}$$

Tanner 图是式（8-10-3）的图形表示，它是一个二分图（Bipartite Graph）。一般意义的图是节点（或顶点）和边（或链路）的集合，每条边连接两个节点，即图中的每边是由连接它的节点唯一确定的。图 8-10-1 是图的一个实例，与节点关联的边的数目称为该节点的度数。

如果图中的节点可以分为两个子集 N_1 和 N_2，使连接每条边的一个节点在子集 N_1，而另一个节点在子集 N_2，那么这种图称为二分图。换言之，没有任何一条边是连接同一子集 N_1 内的两点或子集 N_2 内的两点。图 8-10-2 是二分图的一个例子。

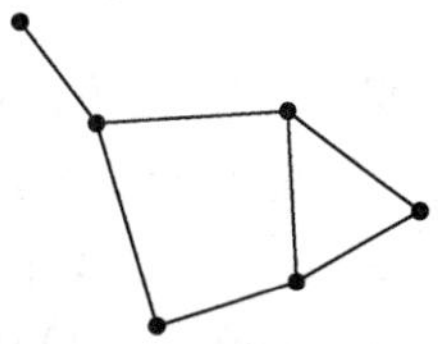

图 8-10-1　图的实例

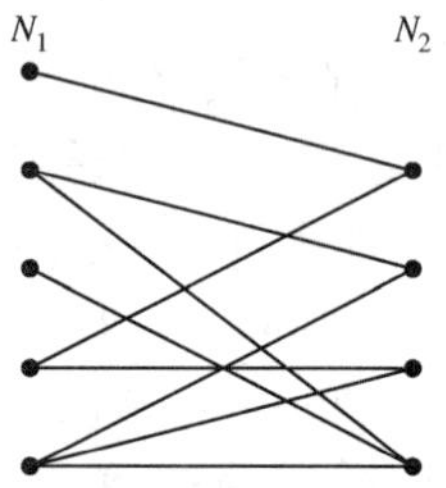

图 8-10-2　二分图的实例

将式（8-10-3）中码字 $\boldsymbol{c}$ 的每个码元 c_i（$1\leqslant i\leqslant n$）表示为子集 N_1 的节点 i，将 $n-k$ 个方程的每个约束条件表示为子集 N_2 的一个节点 j（$1\leqslant j\leqslant n-k$），就可以得到一个表示该方程组的 Tanner 图。当且仅当 c_i 出现在第 j 个校验方程时才存在一条从子集 N_1 节点 i 到子集 N_2 节点 j 的一条边。图 8-10-3 和图 8-10-4 分别是上述(3, 1)重复码和(7, 4)汉明码的 Tanner 图。注意，由于一种码的校验矩阵 $\boldsymbol{H}$ 不是唯一的，Tanner 图也就不是唯一的。

图 8-10-3 和图 8-10-4 的一个主要区别是前者不包含环（Cycle），即从某节点开始到同一节点终止的一条回路。无环图的特点是当去除任一条边后该图就割裂成不相通的两个图。

包含于 Tanner 图中最短环的长度称为图的围长（Girth），图 8-10-4 的围长是 4。

在图 8-10-4 所示的 Tanner 图中，节点区分为两类，一类是变量（Variable）节点，对应

于提供给 Tanner 图的变量 c_i，这类节点用图左边的圆圈表示；另一类是条件（Constraint）节点，与约束变量间关系的方程相对应，这类节点用图右边的方块表示。一个二元序列如果满足式(8-10-5)给出的 3 个条件，那么它就是一个码字。我们定义一个命题的示性函数(Indicator Function）为

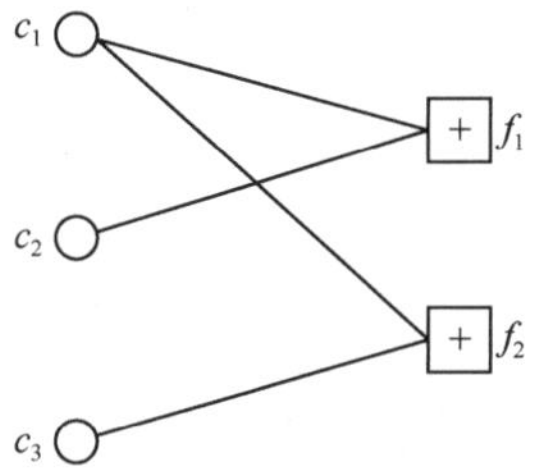

图 8-10-3　(3, 1)重复码的 Tanner 图

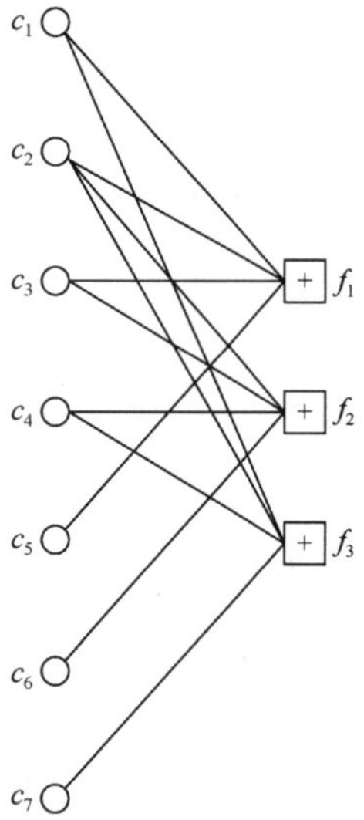

图 8-10-4　(7, 4)汉明码的 Tanner 图

$$\delta[P]=\begin{cases}1, & \text{当}P\text{为真}\\ 0, & \text{当}P\text{为假}\end{cases} \tag{8-10-8}$$

例如

$$\delta[c_1+c_2+c_3+c_5=0]=\begin{cases}1, & c_1+c_2+c_3+c_5=0\\ 0, & c_1+c_2+c_3+c_5=1\end{cases} \tag{8-10-9}$$

如果 3 个命题都为真，即

$$\delta[c_1+c_2+c_3+c_5=0]\cdot\delta[c_2+c_3+c_4+c_6=0]\cdot\delta[c_1+c_2+c_4+c_7=0]=1 \tag{8-10-10}$$

则 $\boldsymbol{c}$ 是码字。

图 8-10-4 是式（8-10-10）的图形表示。我们注意到，式（8-10-10）可作为判决 $\boldsymbol{c}$ 是否码字的全局条件（Global Constraint)，它是一个积函数（Product Function)，可以分解为 3 个局部条件（Local Constraint)。图的任何输入组只要能使全局条件的积函数为非零，这组输入就是有效的，而这种情况只能发生在输入组是码字的前提下。

Tanner 图是 8.10.2 节将要学习的因子图的一个特例。

8.10.2　因子图

设 $f(x_1, x_2,\cdots, x_n)$是一个包含 n 个自变量的实函数，其中 x_i 取值于一个离散集合 $\mathcal{X}$。又假设我们想要计算其中一个变量的边界函数 $f_i(x_i)$为

$$f_i(x_i)=\sum_{x_1}\sum_{x_2}\cdots\sum_{x_{i-1}}\sum_{x_{i+1}}\cdots\sum_{x_n}f(x_1,x_2,\cdots x_n) \tag{8-10-11}$$

上述情况的一个实例是，假如已有 n 个随机变量的联合概率密度函数而想要计算其中之

一变量 x_i 的边界概率密度函数。如果集合 X 包含 $|X|$ 个元素，那么计算上面的和式需要 $|X|^{n-1}$ 次运算。若采用缩写形式“$\sim x_i$”表示除 x_i 以外其他所有变量的求和，式（8-10-11）可写成更为紧凑的形式，即

$$f_i(x_i) = \sum_{\sim x_i} f(x_1, x_2 \cdots, x_n) \tag{8-10-12}$$

一个全局函数（Global Function）$f(x_1, x_2,\cdots,x_n)$ 如果可以分解成若干定义在变量子集上的局部函数，那么 $f_i(x_i)$的计算将可大大简化，即对于 $\boldsymbol{x}=(x_1, x_2,\cdots, x_n)$，可把全局函数 $f(x_1, x_2,\cdots, x_n)$写成若干局部函数之积。

$$f(x)=\prod_{m=1}^{M} g_m(x_m) \tag{8-10-13}$$

式中，x_m（$1\leqslant m\leqslant M$）是 $\boldsymbol{x}$ 元素的一个子集。例如，若

$$\begin{aligned} f(x_1, x_2, x_3, x_4, x_5, x_6, x_7, x_8) = g_1(x_1)g_2(x_2)g_3(x_1, x_2, x_3, x_4)g_4(x_4, x_5, x_6) \times \\ g_5(x_5)g_6(x_6, x_7, x_8)g_7(x_7) \end{aligned} \tag{8-10-14}$$

则 $f_i(x_i)|_{i=4}$ 可写成

$$\begin{aligned} f_4(x_4) = \left[\sum_{x_1,x_2,x_3} g_1(x_1)g_2(x_2)g_3(x_1, x_2, x_3, x_4)\right] \times \\ \left\{\sum_{x_5,x_6} g_4(x_4, x_5, x_6)g_5(x_5) \left[\sum_{x_7,x_8} g_6(x_6, x_7, x_8)g_7(x_7)\right]\right\} \end{aligned} \tag{8-10-15}$$

式（8-10-15）所需的运算量比式（8-10-12）要少。

若 $f(x)$已由式（8-10-13）给定，那么表示该全局函数的因子图应包含 M 个节点以及 n 条边或半边。所谓“边”指两头接节点，而“半边”仅表示节点输入值，因此，半边的一头连着节点而另一头为空。因子图上的每条边或半边唯一地表示一个变量，每个节点唯一地表示一个局部函数。由于已经假设每条边或半边唯一地表示一个变量，因此这种表示仅当每个变量至多出现在两个局部函数时才有可能。但有方法可去除这个限制，下面很快将提到。

例 8-10-1 表达式

$$p(w,u,v,x_1, x_2,y)= p(u,v,w)\, p(x_1|u)\, p(x_2|v)\, p(y|x_1,x_2) \tag{8-10-16}$$

的因子图如图 8-10-5 所示。请注意仅出现在一个局部函数的变量 w 和 y 所对应的两个半边。

如果变量出现在两个以上的局部函数里，可引入一个该变量的克隆节点，以此提供给需要它们的局部函数（图的节点）。克隆节点是通过等式约束给出的。

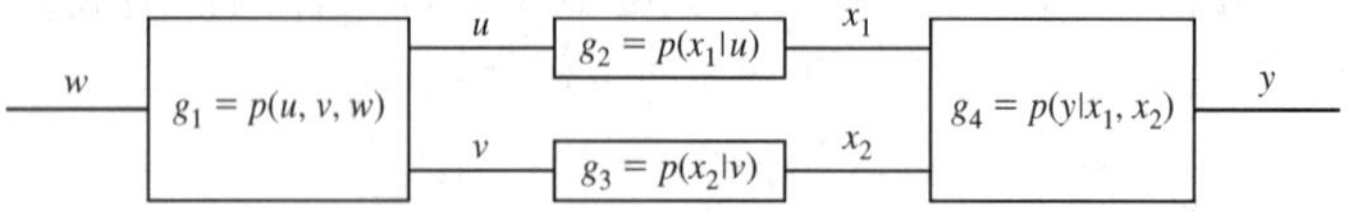

图 8-10-5　式（8-10-16）的因子图

例 8-10-2 考虑函数

$$f(x_1, x_2, x_3, x_4, x_5)= g_1(x_1, x_2)\, g_2(x_1, x_3)\, g_3(x_1, x_4)\, g_4(x_3, x_4, x_5) \tag{8-10-17}$$

x_1 出现在全局函数的 3 个局部函数中，因此必须克隆。图 8-10-6 展示了如何引入等式约束来实现克隆的办法。等式约束是一个下列形式的局部函数：

$$g_{=}(x_1, x_1', x_1'') = \delta(x_1 = x_1')\delta(x_1 = x_1'') \qquad (8\text{-}10\text{-}18)$$

这意味着只是在 $x_1 = x_1' = x_2''$ 时该局部函数的值等于 1；如果约束条件不满足，函数值将等于 0，导致全局函数值也为 0，这意味着此(x_1, x_1', x_2'')值会使全局函数非正，因此这种组合不是有效输入。像式（8-10-18）那样引入 $g_=$后，就可允许一个变量出现在两个以上的局部函数中了。

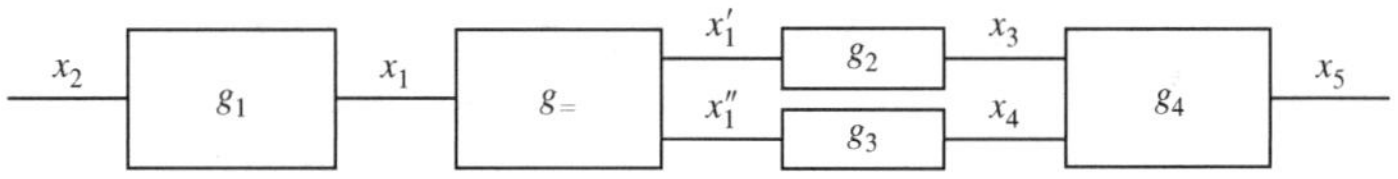

图 8-10-6　式（8-10-17）的因子图

例 8-10-3　图 8-10-4 所示汉明码 Tanner 图的因子图如图 8-10-7 所示。

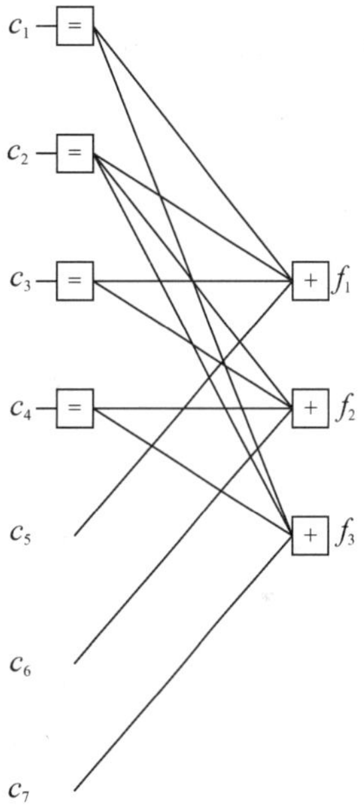

图 8-10-7　(7,4)汉明码 Tanner 图的因子图

8.10.3　和-积算法

在利用 $f(x_1, x_2, \cdots, x_n)$的因子图计算下列形式的边界时，和-积算法是一种高效的算法。

$$f(x_i) = \sum_{\sim x_i} f(x_1, x_2, \dots, x_n) \qquad (8\text{-}10\text{-}19)$$

和-积算法的基本思路是求出部分变量的和，然后沿因子图各边的两个反方向传输两个不同的消息。在每条边上传输的消息是与该边对应的变量的函数，这些函数通常以矢量形式表达，矢量元素表示边变量取不同值时函数的不同取值，这意味着边矢量的维度等于这条边所代表的变量的取值集大小。这种算法运用到编码问题时，由于变量通常是二进制的，因此表示消息的矢量是二维矢量。此时的消息通常用变量等于 0 或等于 1 的概率来表示，因此，这种情况下更方便的做法是采用概率的比值（似然比，LR）或其对数形式（对数似然比，LLR）。

考虑式（8-10-15）的边界计算[①]

$$f_4(x_4) = \left[\sum_{x_1,x_2,x_3} g_1(x_1)g_2(x_2)g_3(x_1,x_2,x_3,x_4)\right] \times \left\{\sum_{x_5,x_6} g_4(x_4,x_5,x_6)g_5(x_5)\left[\sum_{x_7,x_8} g_6(x_6,x_7,x_8)g_7(x_7)\right]\right\} \qquad (8\text{-}10\text{-}20)$$

$f(x_1, x_2, x_3, x_4, x_5, x_6, x_7, x_8)$的因子图如图 8-10-8 所示，图中虚框里的元素对应式（8-10-20）中的部分和。

① 本例取自 Loeliger（2004）。

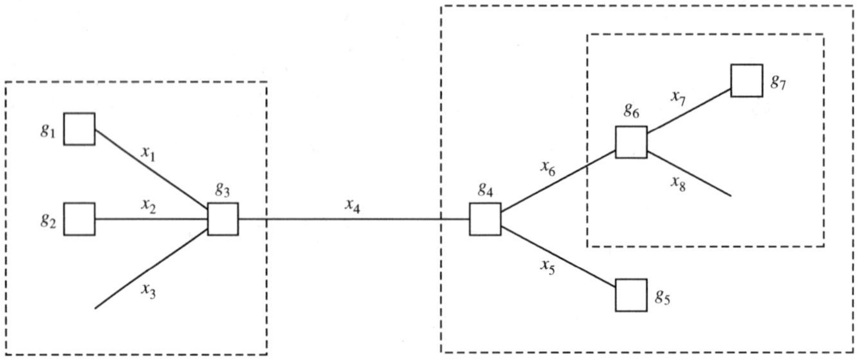

图 8-10-8　式（8-10-14）函数的因子图表示

我们分别定义下式为 g_3、g_6 和 g_4 上所传递的消息

$$
\begin{aligned}
\mu_{g_3\to x_4}(x_4) &= \sum_{x_1,x_2,x_3} g_1(x_1)g_2(x_2)g_3(x_1,x_2,x_3,x_4) \\
\mu_{g_6\to x_6}(x_6) &= \sum_{x_7,x_8} g_6(x_6,x_7,x_8)g_7(x_7) \\
\mu_{g_4\to x_4}(x_4) &= \sum_{x_5,x_6} g_4(x_4,x_5,x_6)g_5(x_5)\mu_{g_6\to x_6}(x_6)
\end{aligned}
\tag{8-10-21}
$$

对照图 8-10-8，我们注意到 $\mu_{g_6\to x_6}(x_6)$ 是概括了内框内容后的输出消息，而 $\mu_{g_3\to x_4}$ 和 $\mu_{g_4\to x_4}$ 是沿着变量 x_4 对应边的两个相反方向上传输的消息。式（8-10-20）说明，边界 $f_4(x_4)$ 是沿着对应于 x_4 的边所传递的两个消息的积。至此，我们已成功地整合了每个子系统，并利用所得结果去整合下一个系统。最终所得的算法，即和-积算法可概括如下：每个对应于局部函数 $g(x_1, x_2,\cdots,x_n)$的节点通过与各 x_i 对应的各边接收来自各局部变量 x_i 的消息，这些接收消息用$\mu_{xi\to g}(x_i)$来表示。基于这些接收消息，节点计算输出消息$\mu_{g\to xi}(x_i)$，并沿着对应于各 x_i 的边把它们发送出去。图 8-10-9 是表示这个过程的示意图。

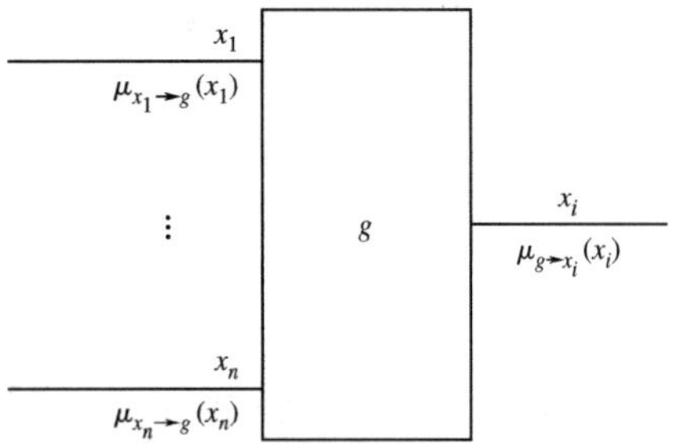

图 8-10-9　和-积算法的局部计算

输出消息按下式计算

$$
\mu_{g\to x_i}(x_i) = \sum_{\sim x_i} g(x_1,\cdots,x_6)\prod_{j\neq i}\mu_{x_j\to g}(x_j) \tag{8-10-22}
$$

式中，$\mu_{xj\to g}(x_j)$是由对应于变量 x_j 的边 j 送来的输入消息。注意，在计算送往对应 x_i 的边的输出消息时，我们使用了除对应 x_i 边以外的所有输入消息，这相当于只将 x_i 的外信息传输给节点 x_i。其中，某些特殊的节点服从下列规则：

（1）从半边送入与之相连节点的消息值等于 1。

（2）若 g 是单变量 x_i 的函数，则式（8-10-22）中的乘积项为空，等式简化为

$$
\mu_{g\to x_i}(x_i) = g(x_i) \tag{8-10-23}
$$

（3）对于等式约束的克隆节点 $g_=$，式（8-10-22）可简化为

$$\mu_{g_= \to x_i}(x_i) = \prod_{j \neq i} \mu_{x_j \to g_=}(x_i) \tag{8-10-24}$$

和-积算法应用于无环图和有环图时差别极大。在无环图里，和-积算法可以起步于图中的所有出线，在输入消息完成后顺着一个个节点进行下去。由于图中无环，因此每个消息仅计算一次。当计算步骤完成后，各变量所对应的边界信息也就得到了，其值等于与该变量对应的边在两个相反方向上传输的消息的乘积。无环图上的和-积算法经有限步的运算后一定会收敛于正确的边界值。但如果图中有环，就不能保证算法收敛了。然而在我们感兴趣的许多实例中，即使图中包含环，算法也能收敛。

编码的因子图

对于码字为 $\boldsymbol{c}_i$（$1 \leqslant i \leqslant M$）的码集 C，全局函数可写成 $\delta[\boldsymbol{c} \in C]$。如果 $\boldsymbol{c}$ 是码字，函数值等于 1，表示 $\boldsymbol{c}$ 是有效输入，而在非码字序列时全局函数值等于 0，表示无效输入。

根据编码特性，全局函数可进行不同的分解。例如，卷积码的函数可以写成条件积的形式，因为码字 $\boldsymbol{c}$ 的每个元素必须是译码网格图上一条路径的一部分，必须与状态 σ_{i-1} 到状态 σ_i 的转移相对应。对于(7, 4)汉明码，全局函数可写成 3 个校验（局部）函数之积

$$\delta[c \in C] = \delta[c_1 + c_2 + c_3 + c_5 = 0] \cdot \delta[c_2 + c_3 + c_4 + c_6 = 0] \cdot \delta[c_1 + c_2 + c_4 + c_7 = 0] \tag{8-10-25}$$

二进制分组码在编码因子图中有两类节点，一类是 $n-k$ 个条件（校验）节点，对应 $n-k$ 个 $\boldsymbol{c}\boldsymbol{H}_s^{\mathrm{t}}=0$（$1 \leqslant s \leqslant n-k$）形式的校验方程；另一类是等式约束（克隆）节点，对应于出现在多于两个校验方程的码元。从等式约束节点已知

$$\mu_{g_= \to c_i}(c_i) = \prod_{j \neq i} \mu_{c_j \to g_=}(c_i) \tag{8-10-26}$$

如果校验节点的消息是分别表示边变量取 0 或取 1[①]概率的二维矢量，那么可以证明（见习题 8.25）：

$$\begin{aligned} \mu_{g_= \to x_i}(c_i = 0) &= \frac{1}{2} + \frac{1}{2}\prod_{j \neq i}[1 - 2p_j(1)] \\ \mu_{g_= \to x_i}(c_i = 1) &= \frac{1}{2} - \frac{1}{2}\prod_{j \neq i}[1 - 2p_j(1)] \end{aligned} \tag{8-10-27}$$

式中，$p_j(1)$表示第 j 边取值 1 的输入概率。

8.10.4 利用和-积算法的 MAP 译码

一个由码字 $\boldsymbol{c}_i$（$1 \leqslant i \leqslant M$）构成的码集 C 用于无记忆信道上的通信时，假设发出的码字是 $\boldsymbol{c}$，经信道传输后接收序列是 $\boldsymbol{y}$。在译码器上，我们感兴趣的事情是执行一种逐符号的最大后验概率译码，使概率 $p(\boldsymbol{c}_i \mid \boldsymbol{y})$最大化。这可以写成

$$\begin{aligned} \hat{\boldsymbol{c}}_i &= \arg\max_{1 \leqslant m \leqslant M} p(c_{mi} \mid \boldsymbol{y}) = \arg\max_{1 \leqslant m \leqslant M} \sum_{\sim c_{mi}} p(\boldsymbol{c}_m \mid \boldsymbol{y}) \\ &= \arg\max_{1 \leqslant m \leqslant M} \sum_{\sim c_{mi}} p(\boldsymbol{c}_m) p(\boldsymbol{y} \mid \boldsymbol{c}_m) = \arg\max_{1 \leqslant m \leqslant M} \sum_{\sim c_{mi}} p(\boldsymbol{c}_m) \prod_{i=1}^{n} p(y_i \mid c_{mi}) \end{aligned} \tag{8-10-28}$$

---

① 或等效地，将输入每节点的二维消息适当的归一化，使两个分量相加为 1，比如令消息是$\left[\frac{\mu(0)}{\mu(0)+\mu(1)}, \frac{\mu(1)}{\mu(0)+\mu(1)}\right]$。

这个数值需要对所有码字 $\boldsymbol{c}_m$ 进行计算。

对于任意一个长度为 n 的二进制序列 $\boldsymbol{c}$，其发生概率

$$p(\boldsymbol{c})=\begin{cases}1/M, & \boldsymbol{c}\in\mathcal{C}\\ 0, & \text{其他}\end{cases} \tag{8-10-29}$$

或等效地写成

$$p(\boldsymbol{c})=\frac{1}{M}\delta[\boldsymbol{c}\in\mathcal{C}] \tag{8-10-30}$$

MAP 译码公式变为

$$\hat{c}_i=\arg\max\sum_{\sim c_i}\delta[\boldsymbol{c}\in\mathcal{C}]\prod_{i=1}^{n}p(y_i\mid c_i) \tag{8-10-31}$$

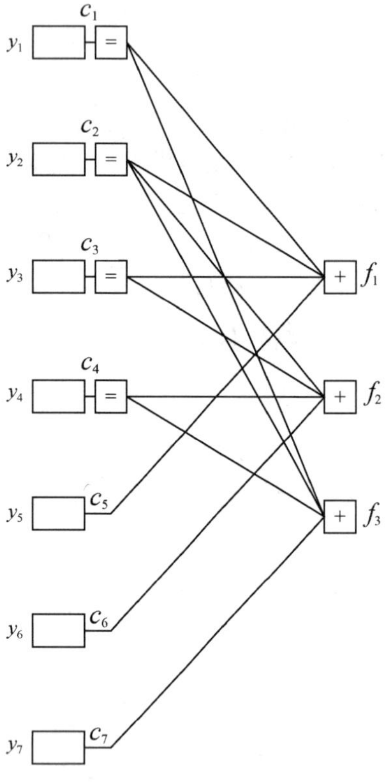

图 8-10-10　(7, 4)汉明码的编码信道因子图

因子$\delta[\boldsymbol{c}\in\mathcal{C}]$决定了码的因子图，系数 $p(y_i|c_i)$是连接到因子图输入（变量节点）的节点（函数），y_i 为输入，$p(y_i|c_i)$为节点函数。这样得出的一个(7, 4)汉明码的编码信道因子图如图 8-10-10 所示，图中，最左边的方块代表信道条件概率 $p(y_i|c_i)$。

译码过程始于先提供一个信道输出变量 y_i 到编码信道因子图的变量节点，利用 $p(y_i|c_i)$值以及式（8-10-31）和式（8-10-27），译码器执行和-积算法算出每个边变量的边界概率。这样反复迭代，直到迭代满一定次数或者迭代达到约定终止的门限为止，终止门限的一个例子是看 $\boldsymbol{c}\boldsymbol{H}^{t}=\boldsymbol{0}$ 是否得到满足。

8.11 低密度奇偶校验码

低密度奇偶校验（Low Density Parity Check，LDPC）码是一种具有稀疏校验矩阵的线性分组码。该码最初由 Gallager（1960, 1963）引入，然而在此后的二十多年里并没有得到深入研究。虽然 Tanner 已在 1981 年提出了这种码的图形表示，但直到 Turbo 码以及迭代译码算法出现之后，这种码才被 MacKay&Neal（1996）以及 MacKay（1999）重新发现。从那时起，编码界受其优秀性能的激励而将 LDPC 码作为活跃的研究课题，该码一般是用基于和-积算法的迭代译码方案来实现的。事实表明，LDPC 码在性能上可与 Turbo 码匹敌，如果精心设计，可达到优于 Turbo 码的性能。由于其优秀性能，LDPC 码已被一些通信和广播标准所采纳。

LDPC 码是码字长度 n 非常大的线性分组码，n 通常可达数千，其校验矩阵是非常大的矩阵，但矩阵中“1”的数量很少。低密度正是指在其校验矩阵中“1”的密度很低。

当一个线性分组码稀疏的 $m\times n$ 校验矩阵 $\boldsymbol{H}$ 满足下列性质时称该 LDPC 码是正则的：

（1）在 $\boldsymbol{H}$ 阵的每一行都有 w_r 个 1，这里 $w_r \ll \min\{m,n\}$。

（2）在 $\boldsymbol{H}$ 阵的每一列都有 w_c 个 1，这里 $w_c \ll \min\{m,n\}$。

LDPC 码的密度 r 定义为 $\boldsymbol{H}$ 阵全部元素数与矩阵中 1 的总个数之比。密度为

$$r = \frac{w_r}{n} = \frac{w_c}{m} \tag{8-11-1}$$

显然有

$$\frac{m}{n} = \frac{w_c}{w_r} \tag{8-11-2}$$

如果 $\boldsymbol{H}$ 是满秩矩阵，必有 $m=n-k$，码率

$$R_c = 1 - \frac{m}{n} = 1 - \frac{w_c}{w_r} \tag{8-11-3}$$

或

$$R_c = 1 - \frac{\operatorname{rank}(\boldsymbol{H})}{n} \tag{8-11-4}$$

正则 LDPC 码的 Tanner 图通常由变量节点和条件节点组成，但由于条件是低密度的，使所有条件（校验）节点的度数均等于 w_r，远小于码块的长度。同样，所有变量节点的度数等于 w_c。图 8-11-1 所示为正则 LDPC 码的 Tanner 图的一个例子。

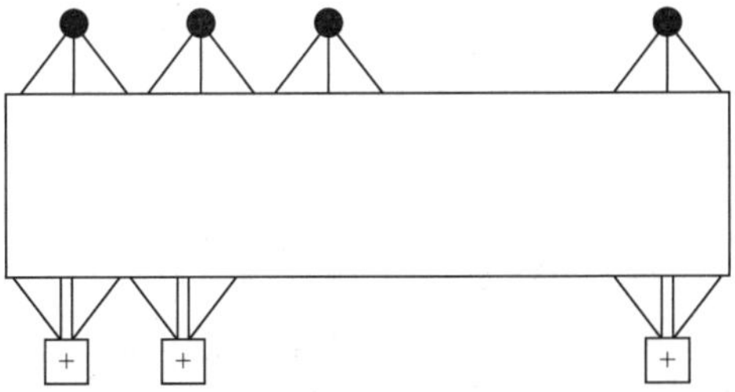

图 8-11-1　w_r=4、w_c=3 正则 LDPC 码的 Tanner 图

LDPC 码的 Tanner 图通常是带有环的，前文已经把图中最短的环定义为图的围长（Girth）。显然，带有环的二分图的围长至少等于 4。LDPC 码常用的译码技术是前文讨论过的和-积算法，当 LDPC 码的 Tanner 图的围长较大时，这种算法是很有效的。其原因在于，为了使和-积算法有效地应用于带环的图中，外信息量必须尽可能大。如果 LDPC 码的 Tanner 图的围长小，与一个比特对应的信息很快就环回到该比特自身，提供的外信息量小，导致性能变差。大围长的 LDPC 码的设计技术是一个活跃的研究课题。上节我们已看到，不带环的 LDPC 码 Tanner 图在采用和-积算法时经有限步迭代后一定收敛，然而研究表明无环高码率 LDPC 码的最小距离低，因而误码率性能差。

如果矩阵 $\boldsymbol{H}$ 中行与列中 1 的数目稀少但并不是固定常数，这样的码称为非正则 LDPC 码。非正则 LDPC 码一般可以用两个度分布多项式（Degree Distribution Polynomial）$\lambda(x)$和$\rho(x)$来描述，分别表示变量节点和条件节点。这两个多项式定义为

$$\lambda(x) = \sum_{d=1}^{d_r} \lambda_d x^{d-1}, \qquad \rho(x) = \sum_{d=1}^{d_c} \rho_d x^{d-1} \tag{8-11-5}$$

这里，λ_d 和 ρ_d 分别表示度为 d 的变量节点和度为 d 的条件节点的边在所有边的总数中所占的

比例。显然，正则 LDPC 满足

$$\lambda(x)=x^{w_c-1},\qquad \rho(x)=x^{w_r-1} \tag{8-11-6}$$

极长的非正则 LDPC 码已被设计出来，性能与香农限仅差 0.0045 dB［见 Chung 等 2001)］。

用于 LDPC 码译码的两种主要算法是比特翻转算法及和-积算法，后者也称为信度传播（BP）算法。比特翻转算法是低复杂度的硬判决译码算法，而和-积算法是高复杂度的软判决译码算法。我们在 8.10.3 节已经学习了和-积算法，这种方法用于 LDPC 码时比较直截了当，是将式（8-10-31）和式（8-10-27）应用于编码信道因子图得出的。

比特翻转算法是硬判决译码算法。假定 $\boldsymbol{y}$ 是硬判决译码信道输出，即信道输出已量化成 0 或 1，比特翻转算法的第一步是计算出伴随式 $\boldsymbol{s}=\boldsymbol{y}\boldsymbol{H}^{t}$。如果伴随式是 0，则译码输出 $\hat{\boldsymbol{c}}=\boldsymbol{y}$ 且运算结束；如果不是 0，将 $\boldsymbol{s}$ 中的非 0 元素对应到不满足校验方程的 $\boldsymbol{y}$ 元素上，通过翻转 $\boldsymbol{y}$ 的某些元素达到更改 $\boldsymbol{y}$ 的目的。这些被翻转的元素是在不满足条件的校验方程组中出现次数最多的，也相当于在 LDPC 码二分图中与最多数量的不满足条件节点相连的变量节点。更改 $\boldsymbol{y}$ 后重新计算伴随式，重复迭代整个过程若干固定次数或直到伴随式等于 0。有兴趣的读者可以参考 Lin&Costello（2004）以了解更多关于比特翻转译码及其不同形式的细节。

8.12 带限信道的编码——网格编码调制 TCM

在处理分组码与卷积码时，性能的改善都是通过扩大传输信号的带宽取得的，带宽扩大的倍数等于码率的倒数。有这样一个例子，采用软判决译码的二进制(n,k)分组码与不编码的 2PSK（BPSK）或 4PSK 相比所得的性能改善约为 $10\lg(R_c d_{\min}-k\ln 2/\gamma_b)$。例如，当$\gamma_b$=10 时，(24, 12)扩展高莱码的编码增益是 5 dB，这个编码增益是以传输信号的带宽增大 1 倍为代价取得的，当然还要加上接收器复杂度的代价。编码实际上是提供了一种有效的方法，使我们能在带宽、实现的复杂度和发送功率三者间折中权衡。这种情况在设计用于功率受限信道（一般 $R/W<1$）的数字通信系统时是有用的。

本节将讨论用于带限信道的信号编码。在这种信道里，数字通信系统都被设计成使用带宽效率高的、多电平多相位的调制方法，如 PAM、PSK、DPSK 或 QAM 等，工作在 $R/W>1$ 的区域。当编码用于带限信道时，要求不扩展带宽而取得编码增益，可以通过增加符号数（相对于不编码系统）提供编码所需的冗余度来达到这个目标。

假如有一个系统用不编码的 4PSK 调制在差错概率 10 为$^{-6}$处取得带宽效率 R/W=2 (bit/s)/Hz。在这个差错概率时，每比特所需的 SNR 是γ_b=10.5 dB。我们可试图采用信号编码来减小比特 SNR，条件是带宽不能扩大。如果选用一个码率 R_c=2/3 的码，必然引起信号集点数由 4（每符号 2 比特）增大到 8（每符号 3 比特）。这样，码率为 2/3 的编码必须结合诸如 8PSK 那样的调制使用，才能得到与不编码 4PSK 同样的数据吞吐量。然而回想一下，信号相位数由 4 增加到 8 需要另外增加约 4 dB 的信号功率才能保持同样的差错概率。因此要想从编码得到好处，码率 2/3 的编码增益必须大到足以抵偿 4 dB 损失才行。

如果把调制看成与编码无关的一种独立操作，在使用高效编码（大约束长度的卷积码或大分组长度的分组码）时就要抵偿这种损失，需要有相当大的编码增益。但是，如把调制当成编码过程不可分割的一部分，与编码结合在一起设计，以增大编码符号之间的最小欧氏距离，那么由信号集扩大所造成的损失就容易弥补，用一个相对简单的码就可以获得相当大的编码增益。这种把调制和编码集成在一起的关键，是要找到一种有效的办法，能把编码比特映射到信号点集而使最小欧氏距离最大。这种方法已被翁格博克（Ungerboeck，1982）找到，它是以分集映射为基本原则的。我们借助例 8-12-1 和例 8-12-2 来说明其原理。

1．分集

从给定的信号星座，比如 M 进制的 PAM、QAM 或 PSK 着手，按照使子集中两信号点之间的最小欧氏距离随着每次分集变大的原则将星座分割成多个子集。下面两个例子是 Ungerboeck 提出的分集方法。

例 8-12-1　8PSK 信号星座：把一个 8PSK 信号星座按最小欧氏距离逐级增大的原则划分成子集。在 8PSK 信号集中，信号点位于半径为$\sqrt{\mathcal{E}}$的圆上，邻点间隔最小欧氏距离是

$$d_0=2\sqrt{\mathcal{E}}\ \sin\frac{\pi}{8}=\sqrt{(2\sqrt{2}\,)\mathcal{E}}=0.765\sqrt{\mathcal{E}}$$

在第一次划分子集时，8 个点分成 2 个子集，每个子集 4 个点，划分的原则是使点间的最小距离增大到 $d_1=\sqrt{2\mathcal{E}}$。在第二次分集时，又将每一个子集分成两个包含 2 个点的子集，使最小距离增大到 $d_2=2\sqrt{\mathcal{E}}$，于是共分出 4 个二级子集，每个子集 2 点。

最后再次分集得到 8 个三级子集，每子集仅包含 1 点。我们看到，每次分集都能使信号点间的欧氏距离增大，这样三级分集的结果如图 8-12-1 所示。编码比特映射到分集信号点的方法将在后面说明。

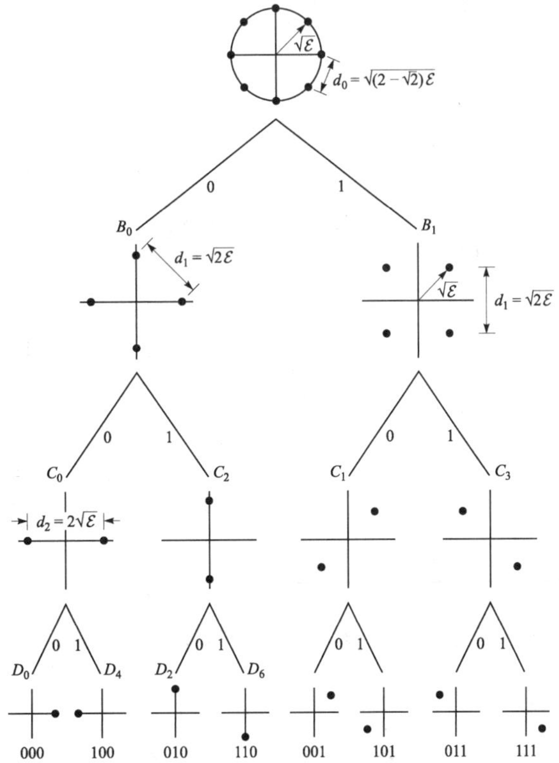

图 8-12-1　8PSK 信号集的分集

例 8-12-2 16QAM 信号星座：图 8-12-2 所示的 16 点矩形信号星座首先被划分成 2 个子集，每个子集隔点选取。这样，经第一次分集后，点间距离从 $2\sqrt{\mathcal{E}}$ 增加到 $2\sqrt{2\mathcal{E}}$。将这 2 个子集再各分成 2 个子集，又可使信号点以更大的欧氏距离相间隔，如图 8-12-2 所示。我们感兴趣地注意到，对矩形信号星座而言，每一次分集可使最小欧氏距离增加 $\sqrt{2}$ 倍，也就是说，对于任何 i，存在 $d_{i+1}/d_i=\sqrt{2}$ 的关系。

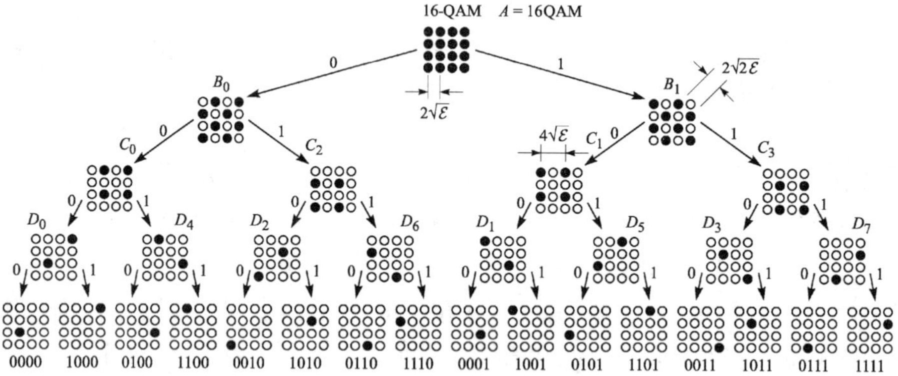

图 8-12-2　16QAM 信号的分集

以上两例中，分集的过程都是进行到每子集仅包含一个信号点为止，但一般并不一定需要这样。例如，16QAM 的信号星座也可以只进行两次分集产生 4 个子集，每个子集有 4 个点。同样，8PSK 的信号星座可以只进行两次分集，产生 4 个子集，每个子集有 2 个点。

2．网格编码调制（TCM）

信号究竟分集到什么程度取决于编码特性。一般来说，编码过程可按图 8-12-3 的方式进行。一个 m 比特的信息块被分成长度分别为 k_1 和 k_2 的两组。k_1 比特被编码成 n 比特，而 k_2 比特不参与编码。这样，从编码器得出的 n 比特被用来在分集后信号星座的 2^n 个子集里选取其中之一，而 k_2 比特被用来在各子集的 2^{k_2} 个信号点里选取其中之一。当 $k_2=0$ 时，所有 m 个信息比特都参与编码。

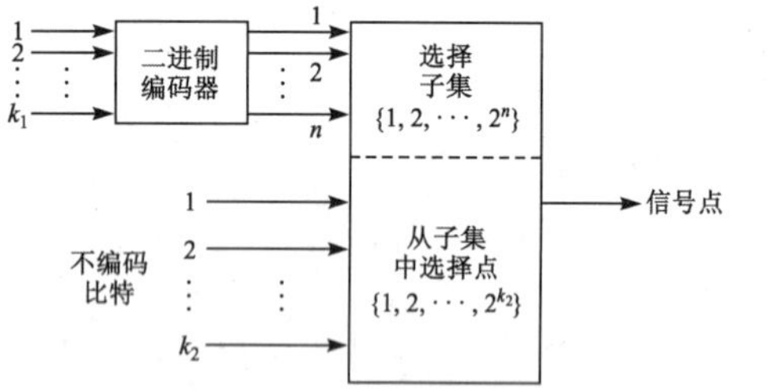

图 8-12-3　编码调制结合的一般结构

关于网格图状态转移与信号子集的指配关系，翁格博克在他的论文（Ungerboeck，1982）中提出了三条具有启发性的规则：

（1）网格图以同样的频度使用所有子集。

（2）对于由网格图同一状态出发或合并到同一状态的转移，应指配具有最大欧氏距离分割的子集。

（3）并行状态转移（如果存在的话）应指定具有最大欧氏距离分割的信号点，网格图上的并行转移是 TCM 的特点，它包含了一个或多个未编码的信息比特。

例 8-12-3 考虑用图 8-12-4（a）所示的码率为 1/2 的卷积码对一个信息比特进行编码，

而保留另一个信息比特不编码，这样的码导致了如图 8-12-4（b）所示的 4 状态网格图。当与 8 个点的星座，比如 8PSK 或 8QAM 结合使用时，两个编码比特用来在信号星座的 4 个子集中选取其中之一，剩下那个未编码的信息比特用来在每个子集的 2 个信号点（简称点）中选取其中之一。这里选用 8PSK 星座继续本例。指定给图 8-12-4（b） 所示网格图的 4 个子集对应于图 8-12-1 的子集 C_0、C_1、C_2、C_3。我们看到，任一个子集内各点的欧氏距离 $d_2=2\sqrt{\mathcal{E}}$，而任何一对子集两点间的最小距离 $d_1=\sqrt{2\mathcal{E}}$。编码比特(c_2, c_1)及未编码比特 c_3 与状态转移的映射，通常写成(c_3,c_2,c_1)，如图 8-12-4（c）所示。我们注意到，对应于未编码比特的两个可能取值，网格图的每个状态都存在两条并行状态转移路径。8PSK 星座的相位与码字的对应关系如图 8-12-4（d）所示。必须指出，比特组(c_3, c_2, c_1)与星座 8 个信号点之间的映射不是唯一的，还可以有另外几种映射方法。比如将图 8-12-1 中具有 4 个点的子集 B_0 和 B_1 对调，子集 C_0、C_1、C_2、C_3 包含的点随之改变，这样得出的映射与原来一样好。

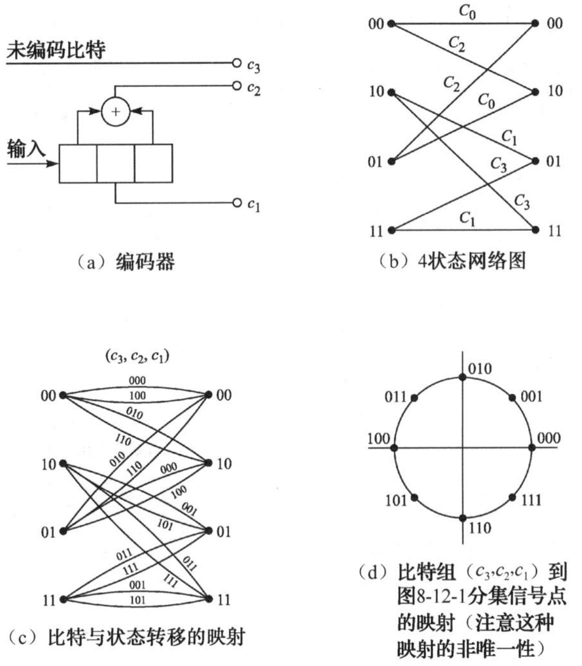

图 8-12-4　4 状态 8PSK 星座的网格编码调制

根据一般规律，网格图中的状态数 $S=2^\nu$ 是编码器所含记忆元件数量的函数，因此可以增加网格图状态数来维持原来码率。例如，图 8-12-5 所示为一个码率为 2/3 的码，它的网格图状态数是 8，这种情况下两个信息比特都参与编码。

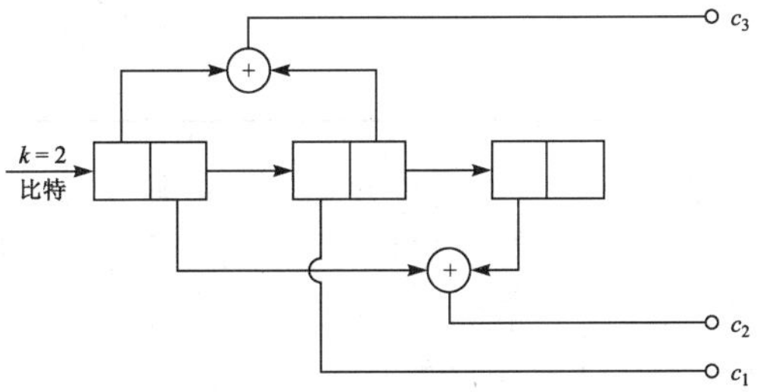

图 8-12-5　码率为 2/3、8 状态的网格编码

下面我们来估算网格编码 8PSK 的性能，并以未编码 4PSK 的性能为参照进行对比，以衡量网格编码调制的编码增益。

未编码 4PSK 使用的信号点是图 8-12-1 中的子集 B_0 或者 B_1，其中信号点间的最小距离是 $\sqrt{2\mathcal{E}}$。此时的 4PSK 信号对应一个普通的单状态网格图，有 4 条并行状态转移路径，如图 8-12-6 所示，图中使用的信号点是图 8-12-1 中的子集 D_0、D_2、D_4 和 D_6。

对于编码的 8PSK 调制，可以采用如图 8-12-4（b）和图 8-12-4（c）所示的 4 状态网格图。注意，网格图上的每一分支对应 4 个子集 C_0、C_1、C_2 或 C_3 之一。对于 8 点的星座，每子集 C_0、C_1、C_2 或 C_3 包含两个信号点。因此，状态转移 C_0 包含的两点对应于比特组 $(c_3c_2c_1)$=(000) 和(100)，用八进制表示为(0, 4)。同样，C_2 包含的两个信号点对应于(010)和(110)或八进制(2, 6)，C_1 包含的两个信号点对应于(001)和(101)或八进制(1, 5)，而 C_3 包含的两点对应于(011)和(111)或八进制(3, 7)。这样，4 状态网格图上的每个转移包含两条并行状态路径，正如图 8-12-6 更细化表示的那样。我们看到，任何由同一状态发出、经过一次以上转移又在同一状态汇合的两条路径，它们之间欧氏距离平方之和至少为 $d_0^2+2d_1^2=d_0^2+d_2^2$。例如，信号路径(0, 0, 0)和(2, 1, 2)相隔 $d_0^2+d_2^2=[(0.765)^2+4]\mathcal{E}=4.585\mathcal{E}$。另外，并行状态转移路径的欧氏距离平方 $d_2^2=4\mathcal{E}$。因此在 4 状态网格图中由任何状态发出又汇合于同一状态的两条路径之间的最小欧氏距离 $d_2=2\sqrt{\mathcal{E}}$。网格码中的这种最小距离称为自由欧氏距离（Free Euclidean Distance），用 D_{fed} 来表示。

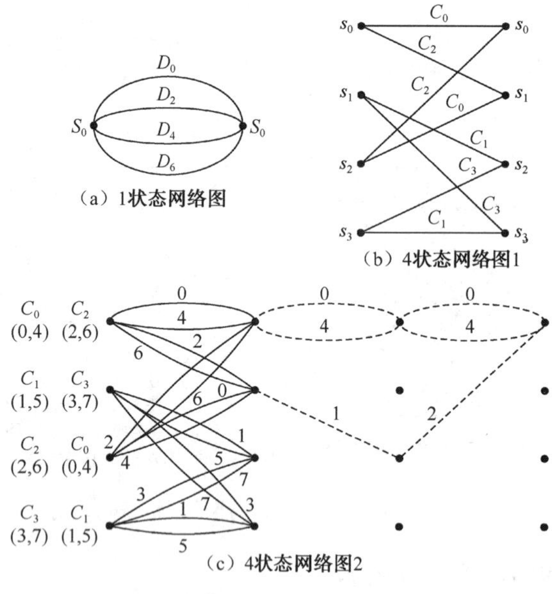

图 8-12-6　未编码的 4PSK 和网格编码的 8PSK 调制

在图 8-12-6（b）所示的 4 状态网格图中，$D_{\text{fed}}=2\sqrt{\mathcal{E}}$。与未编码的 4PSK 调制的欧氏距离 $d_0=\sqrt{2\mathcal{E}}$ 相比，我们看到 4 状态网格码取得了 3 dB 的编码增益。

应该强调，对于图 8-12-6（b）所示的 4 状态网格码，从它能提供最大的自由欧氏距离在这个意义上说是最优的。显然还可以构成许多其他的 4 状态网格码，包括图 8-12-7 给出的那一种，它有 4 个不同的从一个状态到其他所有状态的转移。然而，不管是这种码还是任何其他可能的 4 状态网格码，都不可能给出更大的 D_{fed}。

在 4 状态网格码中，并行状态转移路径的欧氏距离是 $2\sqrt{\mathcal{E}}$，也就是 D_{fed}。由于并行状态转移路径距离的限制，编码增益也被限制在 3 dB。采用具有更多状态的网格码，可以取得较之未编码 4PSK 更大的性能增益。因为状态多的网格码可以消除并行状态转移路径，这样，8 状态或更多状态的网格码将具有单一的转移以获得更大的 D_{fed}。

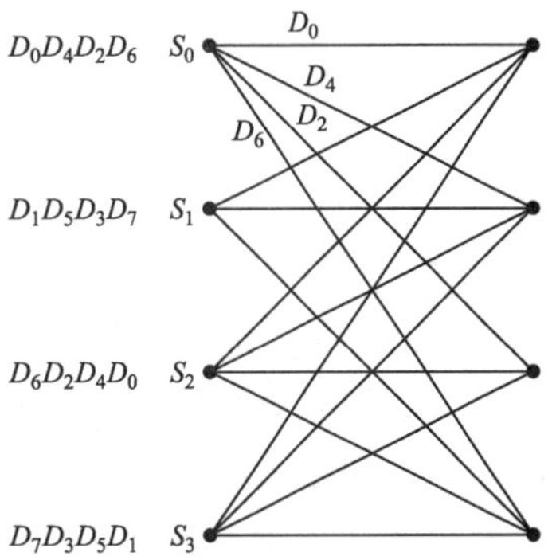

图 8-12-7 另一种 4 状态网格码

例如在图 8-12-8 中给出了一种 Ungerboeck（1982）提出的用于 8PSK 信号星座的 8 状态网格码，使我们可以借助上面给出的三条基本原则来确定自由欧氏距离最大的状态转移。注意到本例中最小欧氏距离平方是

$$D_{\text{fed}}^2 = d_0^2 + 2\,d_1^2 = 4.585\mathcal{E}$$

与未编码4PSK的 $d_0^2 = 2\mathcal{E}$ 相比，它有3.6 dB的编码增益。Ungerboeck（1982，1987）也已找到了码率为 2/3，带有 16、32、64、128 和 256 状态的网格码，在 8PSK 调制时，获得的编码增益为 4～5.75 dB。

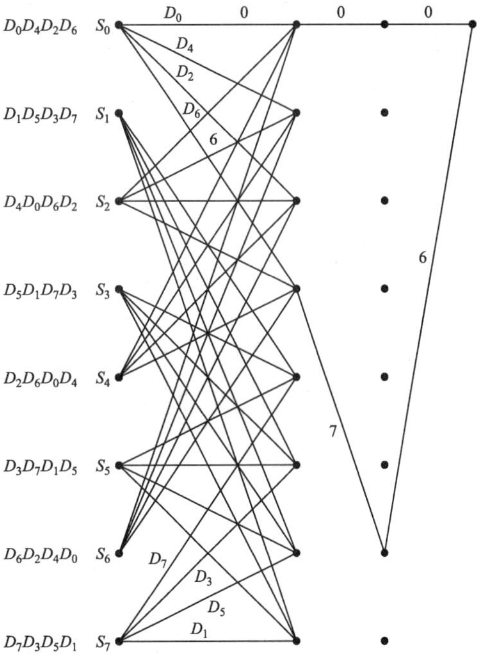

图 8-12-8 用于 8PSK 编码调制的 8 状态网格码

分集的基本原则很容易推广应用于更大的 PSK 信号星座，它们能产生更大的带宽效率。例如，用未编码的 8PSK 或网格编码调制的 16PSK 都能达到 3 (bit/s)/Hz 的带宽效率。Ungerboeck（1987）设计了网格码，计算码率为 1/2 和 2/3 卷积码结合 16PSK 信号星座时的编码增益，所得结果将在后面总结。

对网格编码调制实行软判决维特比译码要分成两步来实现。因为网格图的每一分支对应一个信号子集，译码的第一步是确定每一子集中的最佳信号点，也就是每子集中离接收的信号点距离最靠近的那个点，我们把这一步称为子集译码。第二步是将每子集选出的信号点及相应的平方距离量度对应到维特比算法的分支中，以便在码的整个网格图中找到一条信号路径，使该路径与接收的（有噪信道输出）信号序列的距离平方之和最小。

在存在加性高斯噪声的情况下，网格编码信号的差错概率性能可以用 8.2 节叙述过的用于卷积码的方法来计算，这种方法可用于计算所有各种差错事件的差错概率，然后把这些差错事件概率相加，得到首要事件差错概率（First-Event Error Probalaility）的联合边界。但要注意，在高 SNR 时，首要事件差错概率是由开头的那项决定的，该项具有最小距离为 D_{fed}。因此在高 SNR 时，首要事件差错概率可以用下式很好地近似：

$$P_{\mathrm{e}} \approx N_{\mathrm{fed}} Q\left(\sqrt{\frac{D_{\mathrm{fed}}^2}{2N_0}}\right) \tag{8-12-1}$$

式中，N_{fed} 是从任一状态发出、经一个或一个以上转移又汇合于该状态的、距离为 D_{fed} 的信号序列的数目。

在计算网格编码调制的编码增益时，我们的注意力通常集中在由于 D_{fed} 的增大而获得的编码增益上，忽略了 N_{fed} 的效果。然而，具有大状态数的网格码可以导致大的 N_{fed}，在估计总的编码增益时它是不能被忽略的。

除了上面描述的 PSK 网格编码调制，用于 PAM 和 QAM 信号星座的、高效的网格码也已研究出来了。在实践中有特别重要意义的一类网格码是具有二维矩形信号星座的码。图 8-12-9 画出了 M-QAM（M=16、32、64 和 128）的信号星座图。M=32 和 M=128 星座的图案呈十字形，我们有时称它为十字星座（Cross Constellation）。隐含在 M-QAM 信号点集里的格栅称为边 Z_2 格（下标表示空间的维数）。对这类信号星座进行分集时，相邻两级星座的最小欧氏距离之比 $d_{i+1}/d_i=\sqrt{2}$（对于所有 i），正如在前面例 8-12-2 中看到的那样。

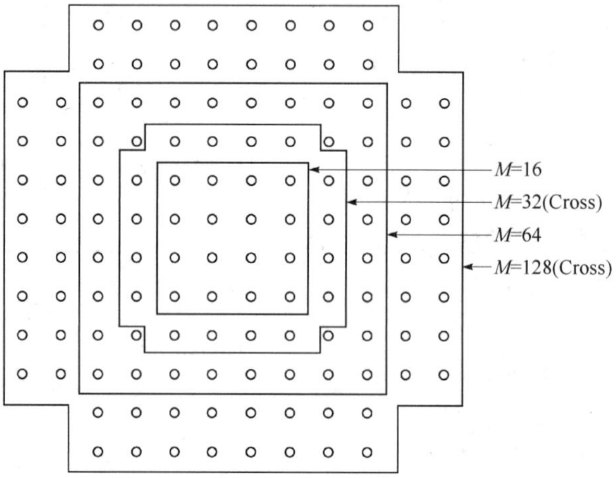

图 8-12-9　二维矩形（M-QAM）信号星座

图 8-12-10 给出了一个 8 状态网格码，它可用于任何 M-QAM 矩形信号星座，这里 $M=2^k$（k=4，5，6…）。在 8 状态的网格中我们使用 8 个信号子集，因此任何 M≥16 的 M-QAM 信号集都能适用。若 $M=2^{m+1}$，2 个输入比特（k_1=2）被编码成 n=3（$n=k_1+1$）个比特，这 3 个比特就用来选择与 8 子集对应的 8 状态之一。其他的 $k_2=m-k_1$ 个输入比特用来在子集中选取信号点，这就导致 8 状态网格图中的并行状态转移路径。因此，16QAM 网格图的每条分支就有 2 条并行状态转移路径。推广到一般情况，$M=2^{m-1}$ 个信号点的 QAM 信号星座在其 8 状态网格图的每条分支上有 2^{m-2} 条并行状态转移路径。

如何将各信号子集指配给各个转移，其方法就像前面描述过的用于 8PSK 信号星座的指配方法一样，要以给出的 3 条规则为基础，即发自或汇合于同一状态的 4 条分支，或者指配给子集 D_0、D_2、D_4、D_6，或者指配给子集 D_1、D_3、D_5、D_7，然后把相应子集里的信号点指配给分支中的各并行状态转移路径。这种 8 状态网格码可提供 4 dB 的编码增益。由于并行状态转移路径的欧氏距离大于自由欧氏距离，所以码的性能并没有受到并行状态转移路径的制约。

对于 M-QAM，状态数越多则编码增益越大。例如，应用于 $M=2^{m+1}$ 个信号点 QAM 信号星座、有 2^{ν} 个状态的网格码可通过卷积编码形成，它将 k_1 个输入比特编成 k_1+1 个输出比特，于是可选用码率 $R_c= k_1/k_1+1$ 的卷积码。通常选 $k_1=2$，这时已能够获得的最大编码增益的大部分。其他的 $k_2= m-k_1$ 个输入比特不编码，这些信息是靠每符号时间内在子集里选择信号点而传输的。

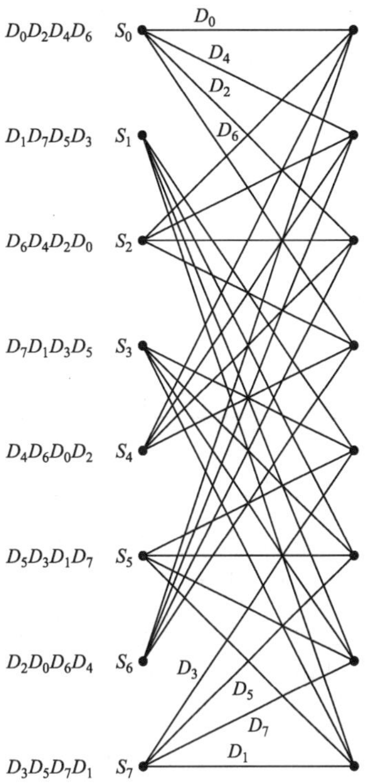

图 8-12-10　矩形 QAM 信号星座的 8 状态网格图

表 8-12-1 到表 8-12-3 摘自 Ungerboeck（1987），它们是网格编码调制所能获得的编码增益的总结。表 8-12-1 总结了网格编码码率为 1/2、一维 PAM 信号的编码增益。我们注意到，当差错概率在 10^{-6}～10^{-8} 时，具有 128 状态的网格码的八进制 PAM 可取得 5.8 dB 的编码增益，这个数字接近信道截止速率 R_0，离信道容量极限仅差不到 4 dB。还应看到，具有自由欧氏距离 D_{fed} 的路径数 N_{fed} 随着状态数的增加而变大。

表 8-12-2 列出的是网格编码调制 16PSK 的编码增益。我们又一次看到，8 状态或 8 状态以上的网格码较之未编码 8PSK 有 4 dB 以上的增益。当 128 状态时，一个简单的、码率为 1/2 的码就有 5.33 dB 的增益。

表 8-12-3 列出网格编码调制的 QAM 的编码增益。一个相对简单的、码率为 2/3、128 状态的网格码在 $m=3$ 和 4 时可产生 6 dB 的增益。

表 8-12-1　网格编码码率为 1/2、一维 PAM 信号的编码增益

状态数	K_1	码率 k_1/k_1+1	m=1 时的编码增益/dB（编码的 4PAM 对比未编码的 2PAM）	m=2 时的编码增益/dB（编码的 8PAM 对比未编码的 4PAM）	$m\to\infty$ 渐近编码增益/dB	$m\to\infty$时的 N_{fed}
4	1	1/2	2.55	3.31	3.52	4
8	1	1/2	3.01	3.77	3.97	4
16	1	1/2	3.42	4.18	4.39	8
32	1	1/2	4.15	4.91	5.11	12
64	1	1/2	4.47	5.23	5.44	36
128	1	1/2	5.05	5.81	6.02	66

表 8-12-2　网格编码调制 16PSK 的编码增益

状态数	K_1	码率 k_1/k_1+1	m=3 时的编码增益/dB（编码的 16PSK 对比未编码的 8PSK）	$m\to\infty$时的 N_{fed}
4	1	1/2	3.54	4
8	1	1/2	4.01	4
16	1	1/2	4.44	8
32	1	1/2	5.13	8
64	1	1/2	5.33	2
128	1	1/2	5.33	2
256	2	2/3	5.51	8

表 8-12-3　网格编码调制 QAM 的编码增益

状态数	K_1	码率 k_1/k_1+1	m=3 时的编码增益/dB（编码的 16QAM 对比未编码的 8QAM）	m=4 时的编码增益/dB（编码的 32QAM 对比未编码的 16QAM）	m=5 时的编码增益/dB（编码的 64QAM 对比未编码的 32QAM）	$m=\infty$时的渐近编码增益/dB	N_{fed}
4	1	1/2	3.01	3.01	2.80	3.01	4
8	2	2/3	3.98	3.98	3.77	3.98	16
16	2	2/3	4.77	4.77	4.56	4.77	56
32	2	2/3	4.77	4.77	4.56	4.77	16
64	2	2/3	5.44	5.44	5.23	5.44	56
128	2	2/3	6.02	6.02	5.81	6.02	344
256	2	2/3	6.02	6.02	5.81	6.02	44

这些表的结果清楚地表明，使用相对简单的网格码可以得到相当大的编码增益。对我们所讨论的信号集而言，6 dB 的编码增益已经接近截止速率 R_0。想再加大编码增益将导致在信道容量极限附近的传输，如果不大幅增加编/解码的复杂度是难以实现的。大信号集的不断分集使任何子集中信号点的距离迅速超过码的自由欧氏距离，在这时，并行状态转移路径将不再是限制 D_{fed} 的因素。通常，分割成 8 个子集已足以使码率为 1/2 或 2/3、64 或 128 状态简单的网格码获得 5～6 dB 的编码增益了，正如表 8-12-1 到表 8-12-3 所示的那样。

表 8-12-1 到表 8-12-3 列出的线性网格码的卷积码编码器已在 Ungerboeck（1982，1987）中给出，这些码适用于 M-PAM、M-PSK 和 M-QAM 信号星座。编码器的实现可以有反馈，也可以没有反馈。例如，图 8-12-11 给出 3 个用于 8PSK 和 16QAM 信号星座、带 4、8 和 16 状态的最小无反馈的卷积码编码器。同样，也可以基于系统卷积码编码器，用带反馈的结构来等效地实现这些网格码，如图 8-12-12 所示。通常，在实际应用中更偏向于使用系统卷积码编码器。

线性网格码有一个潜在的问题，即当相位旋转时已调制的信号集也会跟着变化。这就给网格码的实际应用提出了一个问题，因为实践中通常要采用差分编码来避免相位混淆，当相位混淆导致短暂的信号丢失后接收机必须能恢复载波相位。对于二维信号星座，采用线性网格码有可能免受 180° 相位变化的影响。但是一个线性码不可能不受 90° 相位变化的影响，在这种情况下就必须使用非线性码了。这种相位变化和差分编/解码问题已由 Wei（1984a，b）解决，他设计了能在载波相位旋转 180°或 90°时不受影响（旋转不变）的线性和非线性网格码。例如，图 8-12-13 给出了一个非线性、8 状态的卷积码编码器，对应于 32QAM 矩形信号星座，它能在 90°相位旋转时不变。这种网格码已被 9600 和 14000 b/s（高速）电话线调制解调器的国际标准所采用。

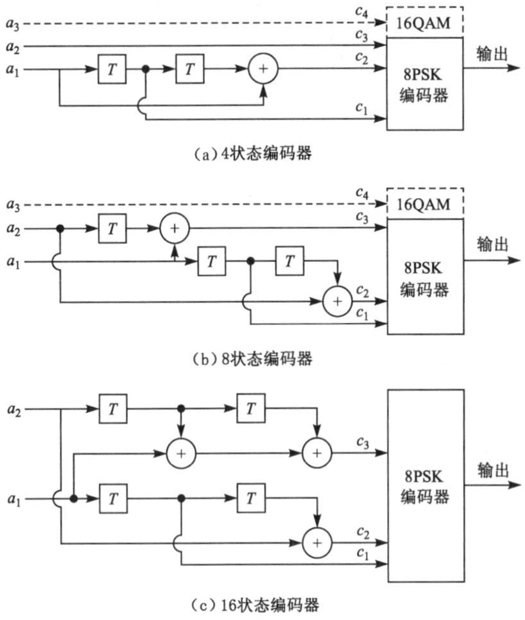

图 8-12-11　用于 8PSK 和 16QAM 信号的最小无反馈卷积码编码器

[摘自 Ungerboeck（1982），©1982 IEEE]

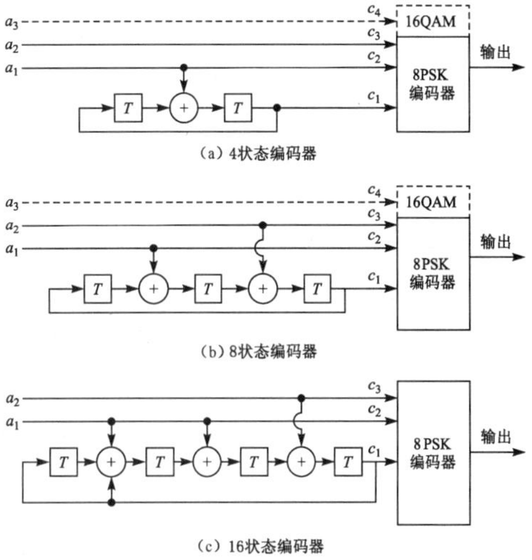

图 8-12-12　用于 8PSK 和 16QAM、带反馈的系统卷积码编码器的等效实现

[摘自 Ungerboeck（1982），©1982 IEEE]

网格编码调制的方式也被发展应用到了多维信号。在实际系统中，多维信号是作为一个一维（PAM）或二维信号的序列传输的。基于 4、8 和 16 维信号的星座已被构成，有些多维码已在商用调制解调器中实现。网格编码多维信号的一个潜在优点在于使我们能选用较小二维信号星座，可以在编码增益和实现的复杂度两者间折中选择。例如，Wei（1987）提出的 4 维 16 状态线性码已被采用为 V.34 电话 Modem 的编码之一，构成其 4 维的 2 维信号星座最多可包含 1664 个信号点。该 Modem 每符号最多可传输 10 比特信息（其中 8 比特不编码），数据速率高达 33600 b/s。Wei（1987）、Ungerboeck（1987）、Gersho&Lawrence（1984）和 Forney 等（1984）讨论了网格编码调制所用的多维信号星座问题。

8.12.1　格和网格编码调制

用于网格编码调制的分集原则和基于分集的编码方式可以用格（Lattice）来阐述。我们在 4.7 节定义了格和子格。设 Λ' 是格Λ的子格以及 $\boldsymbol{c}\in \Lambda'$，我们将 Λ' 迁移 $\boldsymbol{c}$，用 $\Lambda'+\boldsymbol{c}$ 表示，定义为 Λ' 点集的每一点迁移了 $\boldsymbol{c}$，所得结果称为 Λ' 在Λ的陪集（Coset）。如果 $\boldsymbol{c}$ 是 Λ' 的成员，

则陪集就是 Λ' 本身。Λ' 所有各陪集的和集生成了Λ，因此Λ可以分割成陪集，每个陪集是 Λ' 的迁移形式。用这种方法产生的不同陪集的集合用Λ/Λ' 来表示，Λ/Λ' 的每个元素是一个陪集，可用 $\boldsymbol{c}\in\Lambda$来表示，这个格元素 $\boldsymbol{c}$ 称为陪集代表（Coset Representative）。读者可将这个表示与在 7.5 节讨论的线性分组码的标准阵列和陪集进行对照并注意两者间的紧密关系。陪集代表类似于陪集首，陪集代表的集合用$[\Lambda/\Lambda']$表示，不同陪集的数量，称为分集的阶数，用$|\Lambda/\Lambda'|$表示。从上面的讨论可得出结论：格Λ可以分割成陪集并写成陪集的并集形式。

$$\Lambda=\bigcup_{i=1}^{L}\{\boldsymbol{c}_i+\Lambda'\}=[\Lambda/\Lambda']+\Lambda' \tag{8-12-2}$$

式中，$L=|\Lambda/\Lambda'|$是分集的阶数。这个关系式称为格Λ基于子格 Λ' 陪集的陪集分解。

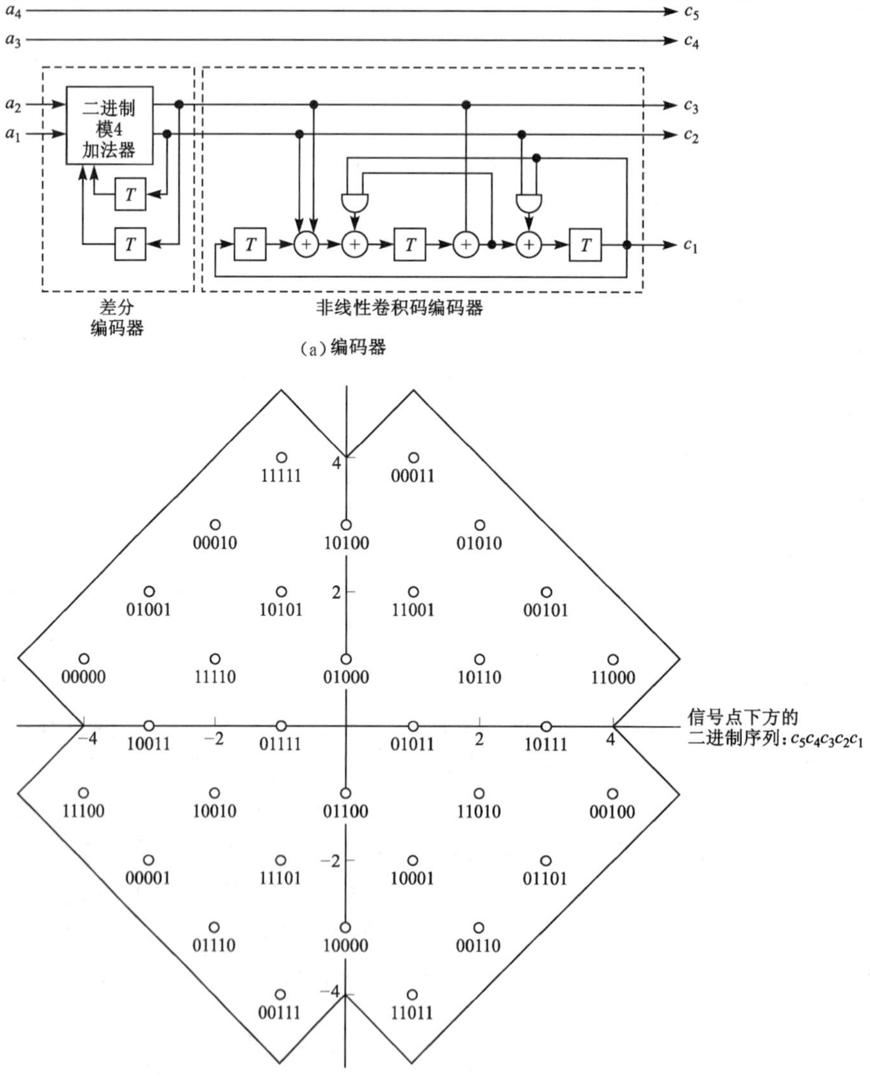

(a) 编码器

(b) 32QAM（Cross）信号集

图 8-12-13　32QAM 信号集的 8 状态非线性卷积码编码器在 90°相位旋转下的不变性

星座的分集可类比于格的陪集分解。假设一个格Λ可用子格 Λ' 来分解，使分集的阶数

$|\Lambda/\Lambda'|$等于 2^n，则每个陪集都可用作 Ungerboeck 分集分解中的分集之一。一个(n,k_1)码是将 k_1 个信息比特编码成一个长度为 n 的二进制序列，该序列选择格分解的 2^n 个陪集之一，而未编码的 k_2 个比特用来选择该陪集中的一个点。注意，陪集的元素数等于子格 Λ' 的元素数，是无限的，陪集点的选择决定了信号空间的边界，因此也就决定了星座的形状。总的编码增益可定义为是基本编码增益和形状增益（Shaping Gain）这两个因子的乘积。形状增益是指由于采用了接近球状外廓而导致的功率节约的大小，它与卷积码及所用的格无关。形状增益值正如在 4.7 节讨论的不会超过 1.53 dB。有兴趣的读者可参阅 Forney（1988）。

8.12.2　Turbo 码的高带宽效率调制

通过级联编码，网格编码调制（TCM）的性能还可以进一步提高。在文献中已有若干不同方法的描述，我们简要介绍其中两种以并行方式级联的码，这里简称为 Turbo 码。

第一种方法是 Le Goff 等人在 1994 年的论文中提出的，将信息序列送入一个二进制 Turbo 码编码器，利用两个带交织的卷积码编码器的并行级联产生一个系统的二进制 Turbo 码。如图 8-12-14 所示，Turbo 码的二进制序列被适当复合，其中校验比特序列被删余以取得所需的码率，再将数据和校验序列进行交织，这样产生的 Turbo 码编码器的输出最后被连接到符号映射器。将编码比特映射到调制信号点的典型方法是使用格雷（Gray）映射法，分解为同相 I 分量和正交 Q 分量。

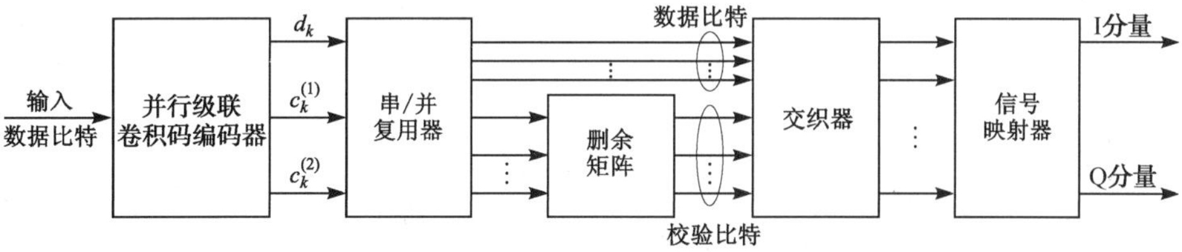

图 8-12-14　PCCC（Turbo 码）与 TCM 级联的编码器

图 8-12-15 是与该 Turbo 码编码方案对应的解码器方框图。以接收到的 I 分量与 Q 分量的符号为基础，接收器计算出各系统比特和各校验比特的对数似然比或 MAP。经解交织、解删余、解复合后，这些系统和校验比特的对数量度信息被送入标准的二进制 Turbo 码解码器。

用这种方式构成的 Turbo 码带宽效率编码调制对信号点集（星座）的大小和类型没有限制。另外，这种方式可与任何一种常规二进制 Turbo 码相匹配。事实上，若以串行级联卷积码替代 Turbo 码，这种方式同样适用。

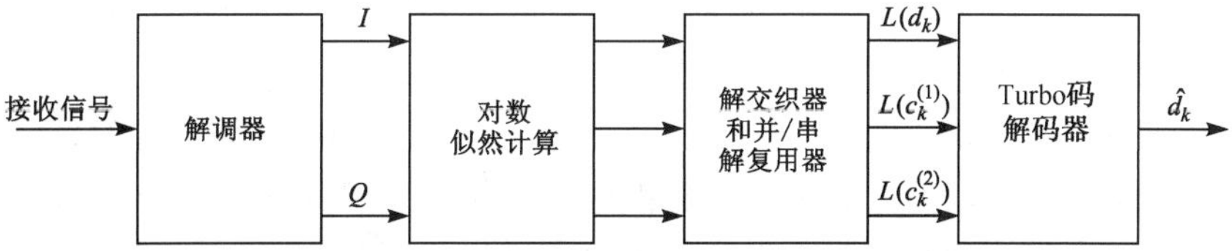

图 8-12-15　PCCC /TCM 级联的解码器

第二种方式是采用带交织的传统 Ungerboeck 网格码来生成一种并行级联的 TCM。Turbo 码 TCM 编码器的基本结构，正如 Robertson 和 Wörz 在 1998 年的论文中描述的那样，表示在图 8-12-16 中。为避免码率损失，对校验序列进行下述的删余处理：所有的信息比特仅传输一次，来自两个编码器的两路校验比特被交替删余。方块交织器以 $m-1$ 个信息比特为一组进行交织操作，而信号点集（星座）包含 2^m 个信号点。

为了说明分组交织和删余，我们来看一个码率 $R_c=2/3$ 的 TCM 码，其方阵交织器长度 $N=6$，采用 8PSK 调制（$m=3$）。因此，每块的信息比特数是 $N(m-1)=12$，信息比特成对地实行交织，如图 8-12-16 所示，比如图中偶数位置（2、4、6）上的比特对被映射到另一个偶数位置，奇数位置上的比特对被映射到另一个奇数位置。第二个 TCM 编码器已映射为信号星座的输出序列经解交织，与第一个 TCM 编码器的信号序列一起被删余，即依次、相间地从两序列中抽取符号，就得到了输出信号序列，如图 8-12-16 所示。也就是说我们从图上部的符号映射器中选取偶数位置的符号，而从下部的符号映射器中选取奇数位置的符号（通常会保留部分信号比特不编码，取决于信号星座和信号映射关系。本例中，两路信号比特均已被编码）。

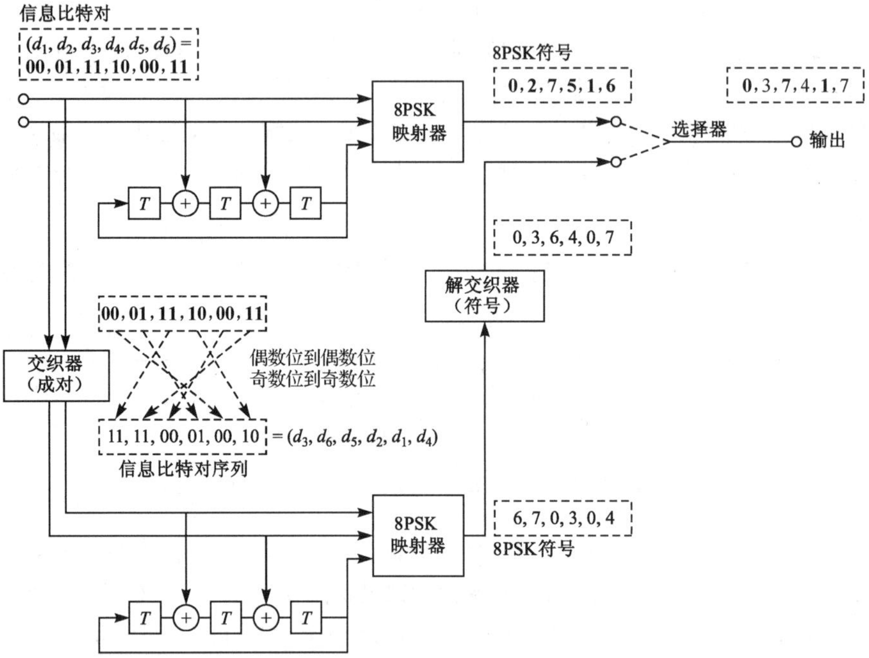

图 8-12-16　带 3 个存储单元、二维编码、8PSK 调制的 Turbo 码 TCM 编码器，$N=6$ 的交织（黑体字母）表示与上部编码器对应的符号或比特对[摘自 Robertson 和 Wörz（1998）；© 1998 IEEE]

Turbo 码 TCM 解码器的方框图如图 8-12-17 所示。在常规二进制迭代 Turbo 码解码器中，解码器各分支的各输出通常都可分成三部分，即系统部分、先验部分和外信息部分，而只有外信息是在两解码器之间传递的。在 TCM 方式中，系统部分不能从外信息部分分离出来，这是因为这两个分量是由同一符号传递的，影响校验分量的噪声同样也影响系统部分。这意味着解码器输出只能分离出两个分量，即先验部分和外信息部分。因此，每个解码器送往另一解码器的是合一的外信息部分。各译码器忽略相关校验比特没有发送过来的那些符号，通过先验输入获得系统部分。在首次迭代时，第一个解码器的先验输入在初始化时没有系统部分。迭代译码算法的细节已在论文 Robertson 和 Wörz（1998）中给出。与普通 TCM 相比，在误码率为 10^{-4} 附近，使用 Turbo 码 TCM 可增加 1.7 dB 的编码增益。这意味着 Turbo 码 TCM 在

AWGN 信道中取得了接近香农限的性能。

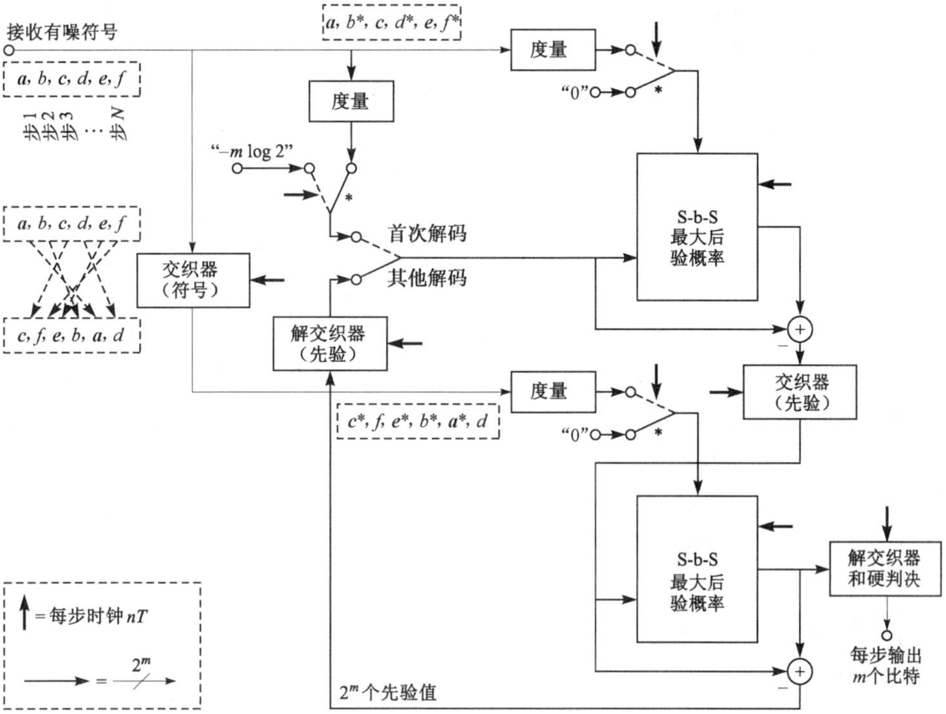

图 8-12-17　与图 8-12-16 所示编码器对应的 Turbo 码 TCM 解码器

［摘自 Robertson 和 Wörz（1998）; © 1998 IEEE］

8.13　文献注释与参考资料

与分组码齐头并进的是卷积码，它是由 Elias（1955）发明的。卷积码的主要问题是译码，Wozencraft & Reiffen（1961）提出了一种卷积码的序列译码算法，这种算法后来由 Fano（1963）进行了修改和完善，现在称为 Fano 算法；接着，Ziganzirov（1966）和 Jelinek（1969）设计出了堆栈算法；Viterbi（1967）又推出了维特比算法。由于最优的特性和相对适中的复杂度，使维特比算法在 $K\leqslant 10$ 的卷积码译码中成为最普遍采用的算法。

20 世纪 70 年代对于编码所做的最重要的贡献之一是 Ungerboeck & Csajka（1976），这是一篇关于带限信道编码的论文，这篇论文指出在带限信道中只要引入冗余度就可以获得可观的编码增益，并描述了几个能得到 3～4 dB 增益的网格码。这篇论文引起研究者的极大兴趣，并在此后的 15 年中引来了大量文章，在 Ungerboeck（1982，1987）和 Forney 等（1984）中可以找到许多参考资料。Benedetto 等（1988，1994）专攻了应用和性能估计。在 *IEEE Journal on Selected Areas in Communication*（1984.9，1989.12）的 *Special Issue on Voiceband Telephone Data Transmission*（话带数据传输特刊）里也可以找到其他许多关于带限信道编码调制的文章。用启发易懂方式叙述网格编码调制的有 Biglieri 等（1991）。

在编/译码领域，一个新的、主要的进展是带交织的并行和串行级联码结构，以及用迭代

MAP 算法对该码的译码。无论 PCCC 还是 SCCC 在迭代译码时都表现出能达到非常接近香农限的性能。PCCC 也称为 Turbo 码，Berrou 等在 1993 年的论文中首次描述了迭代译码的使用。Benedetto 等 1998 年的论文中提出了带交织的串行级联码及其性能。由 Heegard & Wicker（1999）、Johannesson & Zigangirov（1999）、Schlegel（1997）所著的书上也有关于 Turbo 码编/译码的讨论。Turbo 码的性能限则已由 Duman & Salehi（1997）和 Sason & Shamai（2001a，b）的论文中给出。

低密度奇偶校验码的引入始于 Gallager（1963）的开创性工作，Tanner 研究了这些码与图形的关系，MacKay & Neal（1996）的工作重新激发了对这类码的兴趣。Wiberg 等（1995）、Wiberg（1996）和 Forney（2000）扩展了 Tanner 关于码和图两者之间关系的研究。

除了以上给出的有关编码、译码和编码信号设计的参考资料，我们有必要提一下由 Berlekamp（1974）编辑、IEEE Press 出版的 *Key Papers in the Development of Coding Theory*（编码理论发展中的关键论文）论文集，它包含了编码理论在 1949—1974 年所发表的重要文章。我们还要介绍的一本重要出版物是 *IEEE Transactions on Communications*（1971，10）。最后值得一提的是 Calderbank（1998）、Costello 等（1998）、Forney & Ungerboeck（1998）的综述精彩地分析了 50 年来编/译码的主要发展，列出了大量参考资料。

习题

8.1　某卷积码如下：

$$\boldsymbol{g}_1=[1\ 0\ 1],\quad \boldsymbol{g}_2=[1\ 1\ 1],\quad \boldsymbol{g}_3=[1\ 1\ 1]$$

（a）画出该码的编码器。

（b）画出该码的状态转移图。

（c）画出该码的网格图。

（d）求出该码的转移函数和自由距离。

（e）判断该码是否恶性码。

8.2　用 8.1 题的卷积码在 AWGN 信道中以硬判决译码方式传输，接收机解调器的输出为(101001011110111…)。假设卷积码终结于 0 状态，运用维特比算法找出发送序列是什么。

8.3　卷积码为：

$$\boldsymbol{g}_1=[1\ 1\ 0],\quad \boldsymbol{g}_2=[1\ 0\ 1],\quad \boldsymbol{g}_3=[1\ 1\ 1]$$

重复习题 8.1 中的问题。

8.4　某二进制卷积码的框图如图 P8.4 所示。

（a）画出该码的状态图。

（b）求转移函数 $T(Z)$。

（c）该码的自由距离 d_{free} 是多少？

（d）将信息用该码编码后经二进制对称信道以 $p=10^{-5}$ 的差错概率传输，设接收序列是

$$\boldsymbol{r}=(110,110,110,111,010,101,101)$$

用维特比算法找出最大似然发送信息序列（假设卷积码终结于 0 状态）。

（e）利用任何合理近似，求该码在上述 BSC 信道中的比特差错概率的上限。

8.5 某(3, 1)卷积码的框图如图 P8.5 所示。

（a）画出该码的状态图。

（b）求转移函数 $T(Z)$。

（c）求该码的自由距离 d_{free}，在网格图上画出相应路径（与全 0 码字相距 d_{free} 的路径）。

（d）写出该码的 $\boldsymbol{G}(D)$，由 $\boldsymbol{G}(D)$判断该码是否恶性码。

（e）写出与该码等效的 RSCC 码的 $\boldsymbol{G}(D)$，画出其框图。

（f）对 4 位信息比特(x_1, x_2, x_3, x_4) 和紧接的 2 位 0 比特编码，以转移概率为 0.1 通过 BSC 信道传输。已知接收序列是(111, 111, 111, 111,111, 111)，试用维特比算法找出最大似然的发送数据序列，假设卷积码终结于 0 状态。

8.6 在由图 P8.6 所示的编码器生成的卷积码中：

（a）求该码形式为 $T(Y, Z)$的转移函数。

（b）求该码的自由距离 d_{free}。

（c）如果在信道中采用硬判决维特比译码，设信道的差错概率 $p=10^{-6}$，利用硬判决译码边界求出该码平均比特差错概率的上边界。

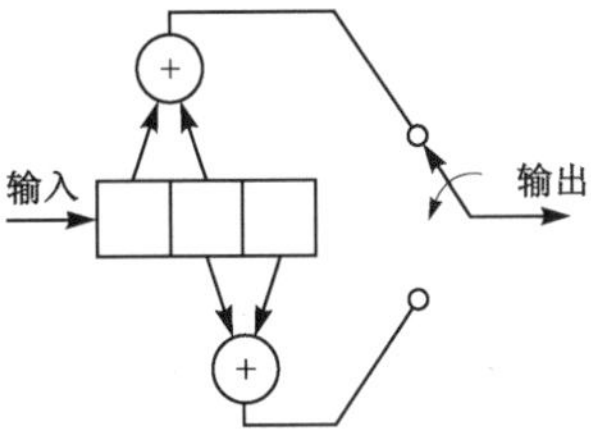

图 P8.4

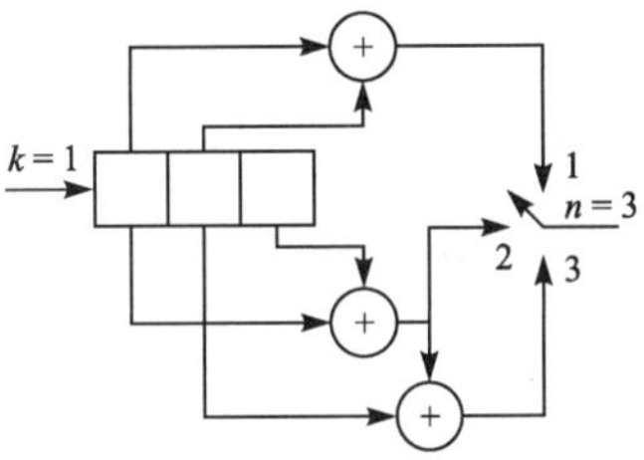

图 P8.5

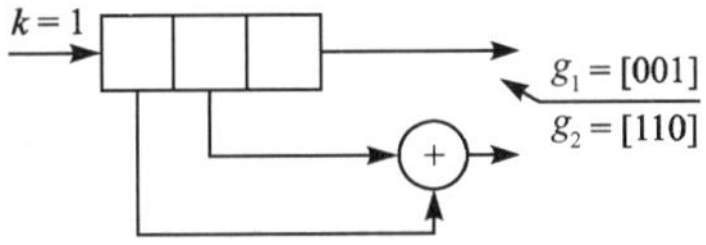

图 P8.6

8.7 图 P8.7 所示的一个码率 R=1/2、约束长度 K=2 的卷积码。

（a）画出树图、网格图和状态图。

（b）求转移函数 $T(Y, Z, J)$，据此指出最小自由距离。

8.8 某码率为 1/2、K=3 二进制卷积码的编码器如图 P8.8 所示。

（a）画出树图、格栅图和状态图。

（b）求转移函数 $T(Y, Z, J)$, 据此指出最小自由距离。

（c）求与此码等效的 RSCC 码并画出框图。

（d）判断该码是否恶性码。

8.9 一个 $k = 1$、$K = 3$、$n = 2$ 的卷积码可用 $\boldsymbol{g}_1 = [001]$和 $\boldsymbol{g}_2 = [101]$表示。

（a）画出编码器状态图。

（b）求 $T(Y, Z)$ 形式的转移函数。

（c）此码是恶性码吗？为什么？

（d）求该码的自由距离。

（e）如果该码经转移概率 $p = 10^{-3}$ 的信道传输并采用硬判决译码，求此码平均比特差错概率的上边界。

8.10 某卷积码框图如图 P8.10 所示。

（a）画出此码的状态转移图。

（b）此码是恶性码吗？为什么？

（c）求此码的转移函数。

（d）该码的自由距离是多少？

（e）假设该码经转移概率为 10^{-3} 的 BSC 信道以二进制数据形式传输，试找出比特差错概率的边界。

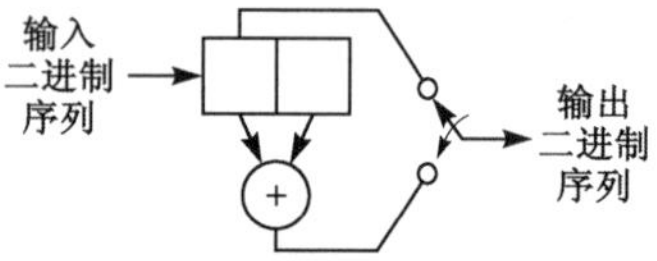

图 P8.7

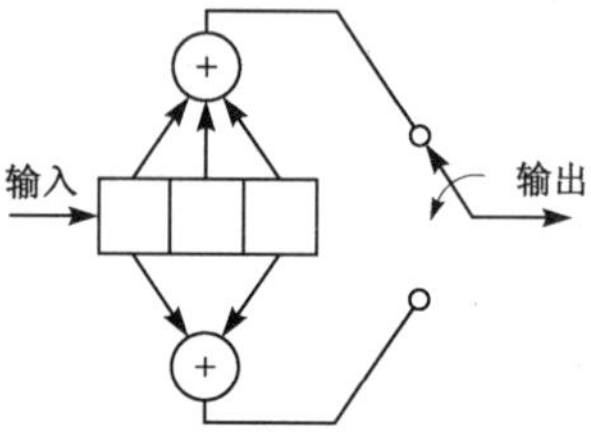

图 P8.8

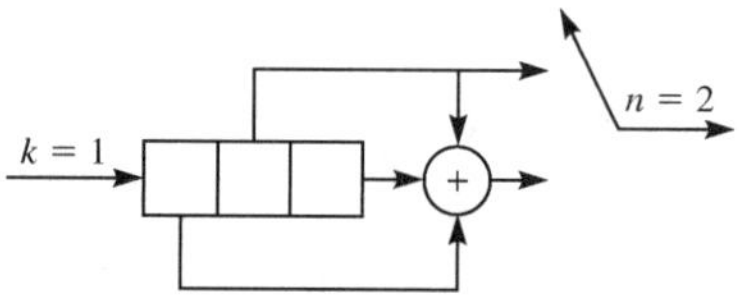

图 P8.10

8.11　如图 P8.10 所示的卷积码用二进制双极性信号方式在加性噪声信道传输，其输入-输出关系为

$$\boldsymbol{r}_i = \boldsymbol{c}_i + n_i$$

式中，$c_i \in \{\pm\sqrt{\mathcal{E}_c}\}$，噪声分量是 IID 随机变量，其 PDF 为

$$p(n) = \frac{1}{2}\mathrm{e}^{-|n|}$$

接收器采用软判决 ML 译码方法。

（a）证明最优译码规则为

$$\boldsymbol{c}^{(m)} = \min_{c \in \mathcal{T}} \sum_j |\boldsymbol{r}_j - \boldsymbol{c}_j|$$

（b）求该系统平均比特差错概率的上边界，这是一个实用的边界吗？为什么？

（c）设 $\mathcal{E}_c$=1 以及码终止于 0 状态，如在匹配滤波器输出端接收到的是

$$\boldsymbol{r} = (-1, -1, 1.5, 2, 0.7, -0.5, -0.8, -3, 3, 0.2, 0, 1)$$

确定最大似然的信息序列。

（d）如果在（c）题中不是用软判决译码而是用硬判决译码，则最大似然的信息序列是什么？

（e）在硬判决译码下再次回答（b）题。

8.12　卷积码编码器框图如图 P8.12 所示。

（a）码的状态数是多少？

（b）求此码的转移函数 $T(Y, Z)$ 和自由距离。

（c）码中存在多少条有自由距离的路径？

（d）该码是恶性码吗？为什么？

（e）假设该码经转移概率为 10^{-4} 的 BSC 信道传输，试找出比特差错概率的边界。

8.13　对于如图 P8.12 所示的卷积码。

（a）写出矩阵 $\boldsymbol{G}(D)$。

（b）若输入序列 $\boldsymbol{u}$ = (1001111001)，根据（a）题的 $\boldsymbol{G}(D)$计算编码序列。

（c）从图上直接根据（b）题的 $\boldsymbol{u}$ 得出的编码序列，并与由 $\boldsymbol{G}(D)$算出的编码序列进行比较。

（d）根据 $\boldsymbol{G}(D)$判断该码是否恶性码。

8.14 一个 $k=1$、$K=3$、$n=2$ 的卷积码可用 $\boldsymbol{g}_1=[001]$和 $\boldsymbol{g}_2=[110]$表示。

（a）求该码 $T(Y, Z)$ 形式的转移函数。

（b）该码是恶性码吗？为什么？

（c）求该码的自由距离。

（d）如果该码经 $\mathcal{E}_b/N_0$ =12.6 dB 的 AWGN 信道、采用 BPSK 调制并采用硬判决维特比译码，求该码平均比特差错概率的上边界。

8.15 利用表 8-3-1 到表 8-3-11 画出下列卷积码编码器的框图。

（a）码率为 1/2、K=5 的最大自由距离码。

（b）码率为 1/3、K=5 的最大自由距离码。

（c）码率为 2/3、K=2 的最大自由距离码。

8.16 画出习题 8.15（c）中码率为 2/3、K=2 卷积码的状态图。对应每个转移指出输出序列以及输出序列与全 0 序列的距离。

8.17 K=3、码率为 1/2 的卷积码编码器如图 P8.17 所示，假定此码被用于一个二进制对称信道，接收序列的前 8 个分支是 0001100000001001。在网格图上画出判决过程的轨迹，并逐节点地标出留存路径和汉明距离长度。如果在判决时出现长度相等的情况，总是选用上面的那条路径（任选的）。

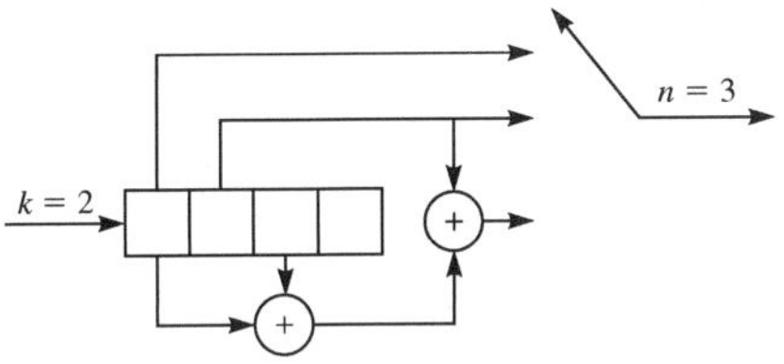

图 P8.12

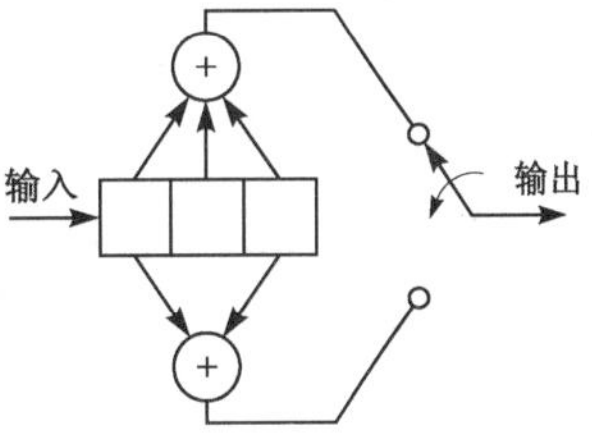

图 P8.17

8.18 利用习题 8.8 推导的 R_c=1/2、K=3 的卷积码转移函数，计算在 AWGN 信道中硬判决译码和软判决译码时的比特差错概率。把计算结果画在同一个图上，并比较两者的性能。

8.19 画出图 P8.19 所示编码器生成的卷积码的状态图，并判断该码是否恶性码。再给出一个码率为 1/2、K=4、存在恶性差错传播的卷积码编码器例子。

8.20 某网格编码信号的构成如图 P8.20 所示，它用码率为 1/2 的卷积码对 1 个比特信号进行编码，而对另外 3 个比特不编码。请对 32QAM（十字形）星座实行分集，并标出各子集。分集后相邻信号点之间的距离增加了多少？

8.21 证明式（8-4-4）。

8.22 证明：对于任何实数 x、y 和 z，有

$$\max{}^*\{x, y\} = \max\{x, y\} + \ln(1 + \mathrm{e}^{-|x-y|})$$

$$\max{}^*\{x, y, z\} = \max{}^*\{\max{}^*\{x, y\}, z\}$$

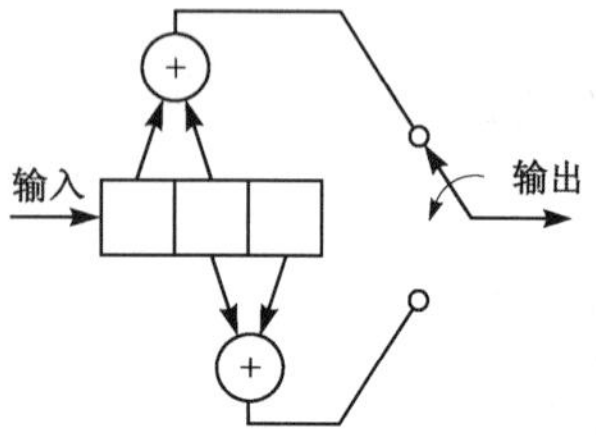

图 P8.19

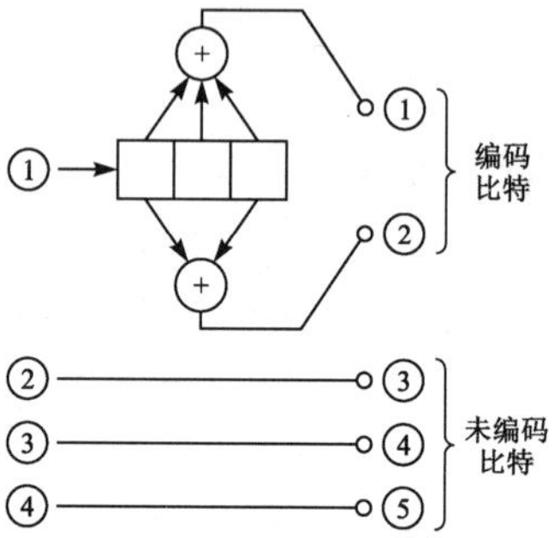

图 P8.20

8.23 一递归系统卷积码（RSCC）的表达式为

$$\boldsymbol{G}(D)=\begin{bmatrix}1 & \dfrac{1}{D+1}\end{bmatrix}$$

该码用 $\mathcal{E}_c=\pm 1$ 的双极性信号在噪声功率谱密度为 $N_0/2=2$ W/Hz 的 AWGN 信道上传输，假设卷积码终止于 0 状态，接收序列是

$$\boldsymbol{r}=(0.3,\ 0.2,\ 1,\ -1.2,\ 1.2,\ 1.7,\ 0.3,\ -0.6)$$

（a）用 BCJR 算法找出信息序列 $\boldsymbol{u}$。

（b）用维特比算法找出信息序列 $\boldsymbol{u}$。

8.24 将 Max-Log-APP 算法应用到习题 8.23，且将所得结果与用 BCJR 算法时所得结果进行比较。

8.25 用 X_i（$1\leqslant i\leqslant n$）表示一个独立二进制随机变量序列，用 $p_i(0)$和 $p_i(1)$分别表示 X_i 等于 0 和 1 的概率。令

$$Y=\sum_{i=1}^{n}X_i$$

这里的加指模 2 加，Y 等于 0 和 1 的概率分别用 $p(0)$和 $p(1)$表示。

（a）证明

$$p(0)-p(1)=\prod_{i=1}^{n}[p_i(0)-p_i(1)]$$

（b）证明

$$p(0)=\frac{1}{2}+\frac{1}{2}\prod_{i=1}^{n}(p_i(0)-p_i(1))\ , \qquad p(1)=\frac{1}{2}-\frac{1}{2}\prod_{i=1}^{n}(p_i(0)-p_i(1))$$

（c）利用这些结果证明式（8-10-27）。

8.26 证明式（8-10-31）。

8.27 某(12, 3)LDPC 码的奇偶校验矩阵为

$$
\boldsymbol{H}=\begin{bmatrix}
0&0&1&0&0&1&1&1&0&0&0&0\\
1&1&0&0&1&0&0&0&0&0&0&1\\
0&0&0&1&0&0&0&0&1&1&1&0\\
0&1&0&0&0&1&1&0&0&1&0&0\\
1&0&1&0&0&0&0&1&0&0&1&0\\
0&0&0&1&1&0&0&0&1&0&0&1\\
1&0&0&1&1&0&1&0&0&0&0&0\\
0&0&0&0&0&1&0&1&0&0&1&1\\
0&1&1&0&0&0&0&0&1&1&0&0
\end{bmatrix}
$$

画出该码的 Tanner 图。

8.28 证明：任何$(n, 1)$重复码是 LDPC 码。写出$(n, 1)$重复码奇偶校验矩阵的一般形式。

8.29 画出(6, 1)重复码的 Tanner 图。

第 9 章

通过带限信道的数字通信

前面几章研究了数字信号通过加性高斯噪声信道的传输。实际上，信号设计和通信系统设计并没有考虑带宽的限制。

本章将研究当限制信道带宽为某个指定的带宽 W Hz 时的信号设计问题。在这个条件下，信道可以建模为一个线性滤波器，其等效低通①频率响应为 $C(f)$，且当$|f|>W$ 时 $C(f)$为 0。

本章要讨论的第一个问题是，线性调制信号中的信号脉冲 $g(t)$的设计。该线性调制信号可以表示为

$$v(t)=\sum_{n} I_n g(t-nT)$$

该信号有效地利用所有可用的带宽 W。我们将看到，当信道在$|f|\leqslant W$ 内是理想情况时，适当地设计信号脉冲可以使符号传输速率相当于或超过信道带宽 W。另一方面，当信道不理想时，以等于或超过 W 的符号速率传输时，就会在相邻的一些符号之间产生符号间干扰（Intersymbol Interference，ISI）。

本章要讨论的第二个问题是，在存在 AWGN 和符号间干扰（ISI）时接收机的设计。对 ISI 问题的解决方案是，设计接收机能够使用一种方法来补偿或减少接收信号中的 ISI。对 ISI 的补偿器称为均衡器。

下面首先讨论带限线性滤波器信道的一般特征。

9.1 带限信道的特征

在数字通信的各种实用信道中，电话信道应用最广。这种信道可以表征为**带限线性滤波器**（Band-Limited Linear Filter）。对于频分复用（Frequency-Division Multiplexing，FDM）电话网信道，这种表征是适当的。现代电话网使用脉冲编码调制（Pulse-Code Modulation，PCM），它对模拟信号进行数字化和编码，并用时分复用（Time-Division Multiplexing，TDM）方法建立多路信道。尽管如此，在抽样与编码之前仍然需对模拟信号进行滤波。因此，即使现在的电话网使用 FDM 和 TDM 混合传输，电话信道的线性滤波器的模型仍然是适当的。

为此，像电话信道这样的带限信道可以表征为具有等效低通频率响应 $C(f)$的线性滤波器，其等效低通冲激响应记为 $c(t)$。那么，如果信号

① 为了方便，本章省略了等效低通信号的下标。

$$s(t)=\mathrm{Re}\left[v(t)\mathrm{e}^{\mathrm{j}2\pi f_{\mathrm{c}}t}\right] \tag{9-1-1}$$

在带通电话信道上传输，则等效低通接收信号为

$$r(t)=\int_{-\infty}^{\infty}v(\tau)c(t-\tau)\,\mathrm{d}\tau+z(t) \tag{9-1-2}$$

式中，积分表示 $c(t)$与 $v(t)$的卷积，而 $z(t)$表示加性噪声。此外，该信号项在频域可表示为 $V(f)C(f)$，其中 $V(f)$是 $v(t)$的傅里叶变换。

如果信道带宽限于 W Hz，那么当$|f|>W$时 $C(f)=0$。结果，$V(f)$中高于$|f|=W$的任何频率分量都不能通过该信道。为此，我们把发送信号的带宽也限定为 W Hz。

在信道带宽内，频率响应 $C(f)$可以表示为

$$C(f)=|C(f)|\mathrm{e}^{\mathrm{j}\theta(f)} \tag{9-1-3}$$

式中，$|C(f)|$是幅度响应特性，$\theta(f)$是相位响应特性。此外，包络延时特性定义为

$$\tau(f)=-\frac{1}{2\pi}\frac{\mathrm{d}\theta(f)}{\mathrm{d}f} \tag{9-1-4}$$

如果对所有$|f|\leqslant W$，幅度响应$|C(f)|$是常数，且$\theta(f)$是频率的线性函数，即$\tau(f)$是一个常数，则称这种信道是**无失真或理想的**。另一方面，如果对所有$|f|\leqslant W$，$|C(f)|$不是常数，则称信道**引起发送信号 $V(f)$幅度失真**；如果对所有$|f|\leqslant W$，$\tau(f)$不是常数，则称信道**引起信号 $V(f)$延时失真**。

由于非理想信道频率响应特性 $C(f)$引起的幅度和延时失真，当发送的连续脉冲以与信道带宽 W 相匹配的速率通过信道传输时，在接收端作为明确定义脉冲的点将变得模糊不清，它们相互重叠，因此出现符号间干扰。作为延时失真对发送脉冲影响的例子，图 9-1-1（a）示出了一个带限脉冲，它在周期时间间隔$\pm T$、$\pm 2T$等处出现零点。如果用脉冲幅度传输信息，如 PAM，可以发送一个脉冲序列，其中每一个脉冲在其他脉冲的周期零点上出现峰值。然而，当脉冲通过具有线性包络延时特性$\tau(f)$（二次相位$\theta(f)$）的信道传输时，接收信号的零点不再是周期间隔的，如图 9-1-1（b）所示。因此，连续脉冲的序列将相互混叠，脉冲的峰值不再是清晰可辨的，所以信道延时失真将导致符号间干扰。本章将要讨论在解调器中采用滤波器或均衡器来补偿信道非理想频率响应特性是可能的。图 9-1-1（c）示出了一个线性均衡器的输出，它补偿了信道的线性失真。

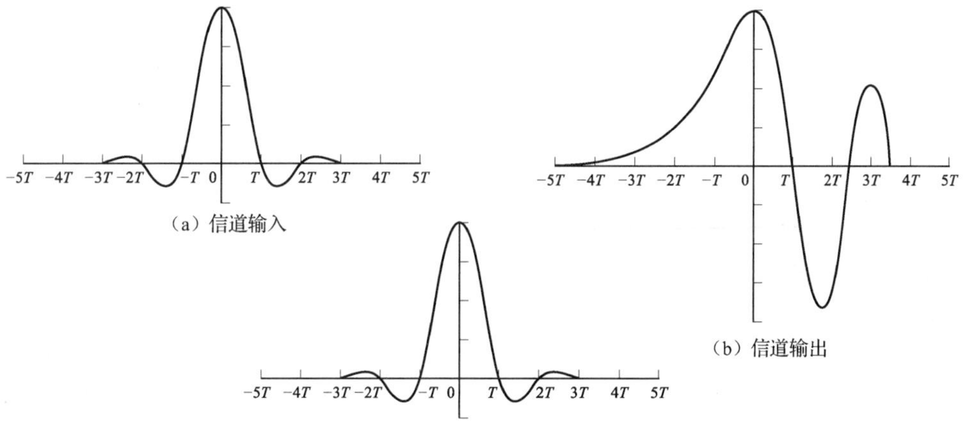

（a）信道输入

（b）信道输出

（c）线性均衡器的输出

图 9-1-1 信道失真的影响

电话信道的符号间干扰的范围可以通过观测信道的频率响应特性来估计。图 9-1-2 示出了由达菲和图雷丘（Duffy & Tratcher，1971）给出的电信交换网中等距离（180～725 英里，1 英里≈1.6093 千米）电话信道的实测平均幅度和延时频率函数。可以看出，信道可用的带宽为 300～3000 Hz。这个平均信道的相应的冲激响应如图 9-1-3 所示，其持续时间大约为 10 ms。作为比较，在这样的信道上的发送符号的速率可以是每秒 2500 个脉冲或符号。因此，符号间干扰延伸到 20～30 个符号。

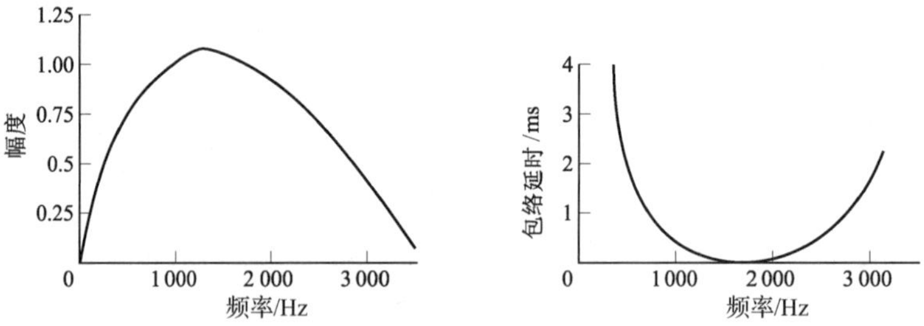

图 9-1-2　中等距离电话信道的实测平均幅度和延时频率函数

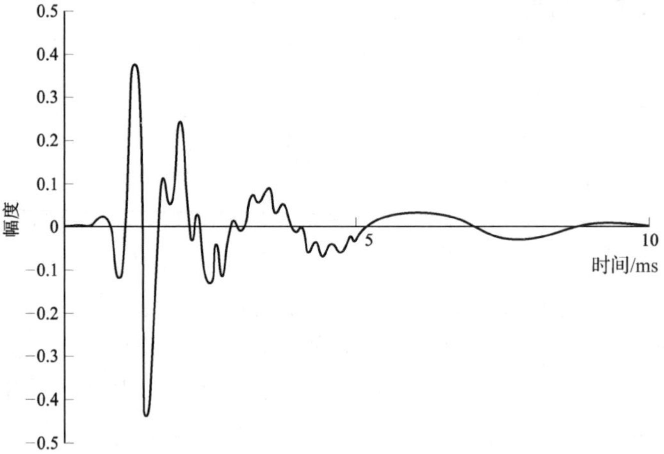

图 9-1-3　具有图 9-1-2 所示幅度和延时的平均信道的冲激响应

除了线性失真，信号通过信道传输时还会遭受其他损伤，尤其是非线性失真、频率偏移、相位抖动、脉冲噪声和热噪声。

电话信道中的**非线性失真**（Non-Linear Distortion）是由电话系统中的放大器和压扩器（Compandor）引起的，这类失真通常比较小，而且很难校正。

通常小于 5 Hz 的小的**频率偏移**（Frequency Offset）是由在电话信道中使用载波设备所引起的。在采用同步相位相干解调的高速数字传输系统中，不允许有这样的偏移。该偏移通常由解调器中的载波恢复环来补偿。

相位抖动（Phase Jitter）基本上是由以电力线频率（50～60 Hz）的低频谐波传输信号的小调制指数频率调制造成的。相位抖动对高速数字通信是个严重的问题，但在解调器中，在一定程度上可以跟踪和补偿。

脉冲噪声（Impulse Noise）是一种加性干扰，主要由电话系统中的交换设备所引起，另外还有低于信号电平 30 dB 的**热（高斯）噪声**。

信道的这些损伤所影响的程度取决于信道上的传输速率和调制技术。当速率低于 1800 b/s（$R/W<1$）时，可选择如 FSK 这样的调制技术，它对在典型电话信道上所遭遇的上述各种因素引起的所有失真都不敏感。当速率在 1800～2400 b/s（$R/W\approx 1$）时，通常采用带宽效率较高的调制技术，如 4PSK，常常采用某些折中均衡方式来补偿信道中平均幅度和延时失真。此外，载波恢复方法被用来补偿频率偏移。在该速率上，其他信道损伤对差错概率性能的影响并不严重。当传输速率高于 2400 b/s（$R/W>1$）时，可采用高效的编码调制技术，如网格编码 QAM、PAM 和 PSK。对这样的速率，特别要注意线性失真、频率偏移和相位抖动。线性失真通常采用自适应均衡器补偿，相位抖动可通过信号设计和解调器中某些形式的相位补偿结合起来处理。当速率超过 9600 b/s 时，应特别注意的不仅有线性失真、相位抖动和频率偏移，还有上述其他信道损伤。

遗憾的是，若信道模型包含上述所有损伤则很难分析。为数学处理方便，本章和第 10 章采用的信道模型是线性滤波器，它引入了幅度和延时失真并加上了高斯噪声。

除了电话信道，还有其他的物理信道存在某种形式的时间弥散，从而引入了符号间干扰。无线信道，如短波电离层信道（HF）、对流层散射信道和移动无线信道都是时间弥散信道的例子。在这些信道中，时间弥散以及符号间干扰是由于不同延时的多个传播路径造成的。在这些路径中，路径的数量及相对延时随时间而变，这些无线信道称为**时变多径信道**（Time-Variant Multipath Channel）。时变多径会引起频率响应特性在很大范围内变化。因此，用于电话信道的频率响应表征不再适用时变多径信道，这时应该使用散射函数（Scattering Function）对这些无线信道进行统计表征。简单地说，散射函数是平均接收信号功率的一个二维表示形式，它是相对延时和多普勒频率的函数，将在第 13 章详细解释。

本章只讨论带限信道的线性时不变滤波器的模型。第 10 章介绍的用于克服符号间干扰的自适应均衡技术也适用于时变多径信道，在这种情况下，与总的信道带宽相比或等价地与在信道上的传输速率相比，这种时变多径信道随时间变化比较缓慢。

9.2 带限信道的信号设计

在第 3 章中已经证明，几种不同类型的数字调制技术的发送信号具有共同的形式：

$$v(t)=\sum_{n=0}^{\infty} I_n g(t-nT) \tag{9-2-1}$$

式中，$\{I_n\}$表示离散信息符号序列，$g(t)$是一个脉冲且假定具有带限的频率响应特性 $G(f)$，即当$|f|>W$时 $G(f)=0$。这个信号通过信道传输时，信道的频率响应 $C(f)$也限于$|f|\leqslant W$的范围。因此，接收信号可以表示为

$$r_1(t)=\sum_{n=0}^{\infty} I_n h(t-nT)+z(t) \tag{9-2-2}$$

式中

$$h(t) = \int_{-\infty}^{\infty} g(\tau)c(t-\tau)\,\mathrm{d}\tau \tag{9-2-3}$$

$z(t)$表示加性高斯白噪声。

假设接收机信号首先通过一个滤波器，然后以速率为 $1/T$ 符号/秒进行抽样。后面将证明，由信号检测理论得出的最佳滤波器是与接收脉冲相匹配的滤波器。也就是说，接收滤波器的频率响应是 $H^*(f)$。接收滤波器的输出可表示为

$$y(t) = \sum_{n=0}^{\infty} I_n x(t-nT) + \nu(t) \tag{9-2-4}$$

式中，$x(t)$表示接收滤波器对输入脉冲 $h(t)$的响应，$\nu(t)$是接收滤波器对噪声 $z(t)$的响应。

那么，若在 $t=kT+\tau_0$ 时刻（k=0, 1…）对 $y(t)$进行抽样，则有

$$y(kT+\tau_0) \equiv y_k = \sum_{n=0}^{\infty} I_n x(kT-nT+\tau_0) + \nu(kT+\tau_0) \tag{9-2-5}$$

或等价为

$$y_k = \sum_{n=0}^{\infty} I_n x_{k-n} + \nu_k, \qquad k=0,1\cdots \tag{9-2-6}$$

式中，τ_0 是信道的传输延时。抽样值可以表示为

$$y_k = x_0\left(I_k + \frac{1}{x_0}\sum_{\substack{n=0\\n\neq k}}^{\infty} I_n x_{k-n}\right) + \nu_k, \qquad k=0,1\cdots \tag{9-2-7}$$

式中，x_0 可看成一个任意的标尺因子，为方便计可令它等于 1，则

$$y_k = I_k + \sum_{\substack{n=0\\n\neq k}}^{\infty} I_n x_{k-n} + \nu_k \tag{9-2-8}$$

I_k 项表示在第 k 个抽样时刻的期望信息符号，而

$$\sum_{\substack{n=0\\n\neq k}}^{\infty} I_n x_{k-n}$$

表示符号间干扰（ISI），ν_k 是在第 k 个抽样时刻的加性高斯噪声变量。

在数字通信系统中，符号间干扰和噪声的总量可以在示波器上观测到。对于 PAM 信号，可以用水平扫描速率 $1/T$ 在垂直输入上显示接收信号 $y(t)$。所得出的示波器显示图形称为**眼图**，这是因为它的形状与人的眼睛类似。例如，图 9-2-1 示出了二进制和四电平 PAM 调制的眼图。ISI 的影响会引起眼图闭合，因此使加性噪声引起差错的边际减少。图 9-2-2 以图解的方法说明了符号间干扰在减少二进制眼图开启度中的影响。注意，符号间干扰使零点位置失真并且使眼图开启度减小，因此使系统对同步误差更敏感。

对于 FSK 和 QAM，通常将眼图显示为二维散射图，该图表示在抽样时刻判决变量的抽样值$\{y_k\}$。图 9-2-3 示出了 8PSK 信号的眼图。在无符号间干扰和噪声情况下，在抽样时刻重叠的信号导致 8 个发送信号相位对应 8 个清晰的点。符号间干扰和噪声会引起接收信号样值$\{y_k\}$偏离期望的 8PSK 信号，符号间干扰和噪声越大，接收信号样值相对于发送信号点的发散也越大。

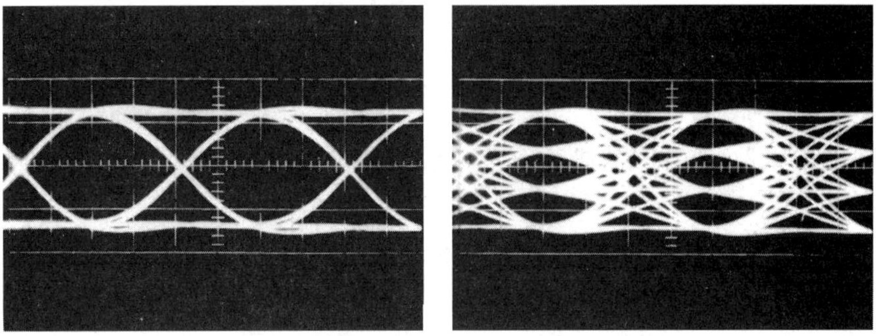

（a）二进制 PAM　　　　（b）四电平 PAM

图 9-2-1　二进制和四电平幅移键控（PAM）的眼图实例

下面研究在抽样时刻不存在符号间干扰条件下的信号设计。

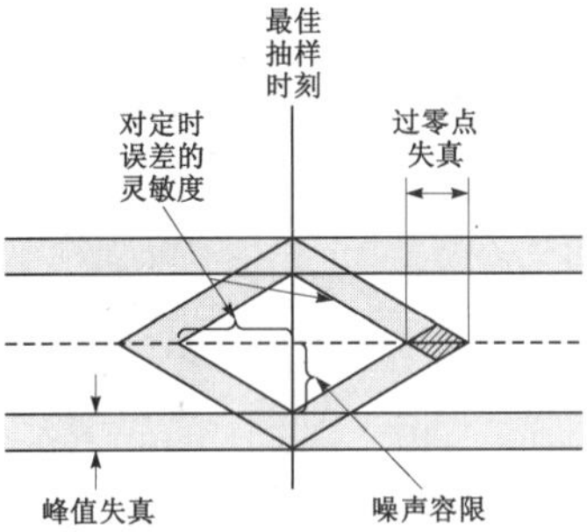

图 9-2-2　符号间干扰对眼图开启度的影响

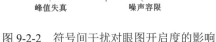

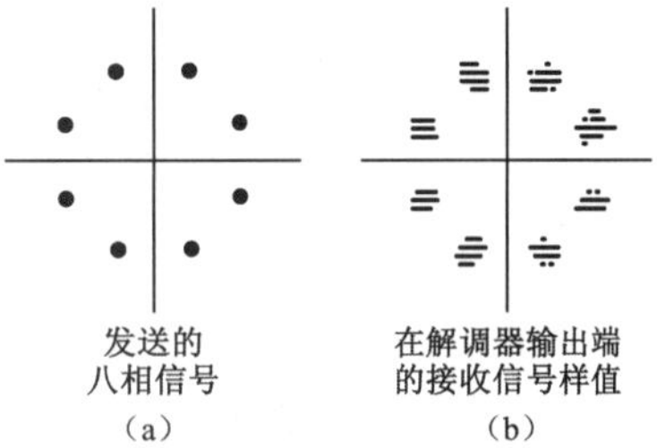

图 9-2-3　8PSK 信号的眼图

9.2.1　无符号间干扰的带限信号的设计——奈奎斯特准则

在本节和 9.2.2 节的讨论中，首先假定带限信道具有理想频率响应特性，即当$|f|\leqslant W$时$C(f)=1$；其次，脉冲$x(t)$具有谱特性$X(f)=|G(f)|^2$，这里

$$x(t)=\int_{-W}^{W}X(f)\mathrm{e}^{\mathrm{j}2\pi ft}\,\mathrm{d}f \tag{9-2-9}$$

我们感兴趣的是求无符号间干扰的脉冲$x(t)$以及发送脉冲$g(t)$的谱特性。因为

$$y_k=I_k+\sum_{\substack{n=0\\n\neq k}}^{\infty}I_nx_{k-n}+\nu_k \tag{9-2-10}$$

所以，无符号间干扰的条件是

$$x(t=kT)\equiv x_k=\begin{cases}1, & k=0\\0, & k\neq 0\end{cases} \tag{9-2-11}$$

下面推导使$x(t)$满足上述关系式的$X(f)$的充要条件，这个条件称为**奈奎斯特脉冲成形准则**或**零 ISI 奈奎斯特条件**，这将在下面的定理中阐述。

定理（奈奎斯特）：使$x(t)$满足

$$x(nT)=\begin{cases}1, & n=0\\0, & n\neq 0\end{cases} \tag{9-2-12}$$

的充要条件是其傅里叶变换 $X(f)$满足

$$\sum_{m=-\infty}^{\infty} X(f+m/T)=T \tag{9-2-13}$$

证明：一般地，$x(t)$是 $X(f)$的傅里叶逆变换，因此

$$x(t)=\int_{-\infty}^{\infty} X(f)\mathrm{e}^{\mathrm{j}2\pi ft}\,\mathrm{d}f \tag{9-2-14}$$

在抽样时刻 $t=nT$，这个关系式变为

$$x(nT)=\int_{-\infty}^{\infty} X(f)\mathrm{e}^{\mathrm{j}2\pi fnT}\,\mathrm{d}f \tag{9-2-15}$$

将式（9-2-15）的积分分解成覆盖有限范围 $1/T$ 的积分段。从而

$$\begin{aligned}x(nT)&=\sum_{m=-\infty}^{\infty}\int_{(2m-1)/2T}^{(2m+1)/2T} X(f)\mathrm{e}^{\mathrm{j}2\pi fnT}\mathrm{d}f=\sum_{m=-\infty}^{\infty}\int_{-1/2T}^{1/2T} X(f+m/T)\mathrm{e}^{\mathrm{j}2\pi fnT}\mathrm{d}f\\&=\int_{-1/2T}^{1/2T}\left[\sum_{m=-\infty}^{\infty} X(f+m/T)\right]\mathrm{e}^{\mathrm{j}2\pi fnT}\mathrm{d}f=\int_{-1/2T}^{1/2T} B(f)\mathrm{e}^{\mathrm{j}2\pi fnT}\mathrm{d}f\end{aligned} \tag{9-2-16}$$

式中，$B(f)$定义为

$$B(f)=\sum_{m=-\infty}^{\infty} X(f+m/T) \tag{9-2-17}$$

显然，$B(f)$是周期为 $1/T$ 的周期函数，因此它可以用傅里叶级数系数$\{b_n\}$展开成

$$B(f)=\sum_{n=-\infty}^{\infty} b_n\mathrm{e}^{\mathrm{j}2\pi nfT} \tag{9-2-18}$$

式中

$$b_n=T\int_{-1/2T}^{1/2T} B(f)\mathrm{e}^{-\mathrm{j}2\pi nfT}\mathrm{d}f \tag{9-2-19}$$

比较式（9-2-19）和式（9-2-16），得到

$$b_n=Tx(-nT) \tag{9-2-20}$$

因此，式（9-2-10）要满足的充要条件是

$$b_n=\begin{cases}T, & n=0\\0, & n\neq 0\end{cases} \tag{9-2-21}$$

将其代入式（9-2-18），得

$$B(f)=T \tag{9-2-22}$$

或等价为

$$\sum_{m=-\infty}^{\infty} X(f+m/T)=T \tag{9-2-23}$$

假设信道的带宽为 W，那么当$|f|>W$ 时 $C(f)\equiv 0$，因此当$|f|>W$ 时 $X(f)=0$。下面分三种情况讨论。

（1）当 $T<1/2W$ 或 $1/T>2W$ 时，因为 $B(f)=\sum_{m=-\infty}^{\infty}X(f+m/T)$ 是由 $X(f)$ 的非重叠的相互间隔 $1/T$ 的重复谱瓣组成的，如图 9-2-4 所示。在这种情况下，无法选择 $X(f)$ 确保 $B(f)=T$，并且也无法设计一个无 ISI 的系统。

（2）当 $T=1/2W$ 或 $1/T=2W$（奈奎斯特速率），间隔为 $1/T$ 的 $X(f)$ 的重复谱瓣如图 9-2-5 所示。显然，在这种情况下只有一个 $X(f)$ 能导致 $B(f)=T$，即

$$X(f)=\begin{cases}T, & |f|<W\\ 0, & \text{其他}\end{cases} \tag{9-2-24}$$

其对应于脉冲

$$x(t)=\frac{\sin(\pi t/T)}{\pi t/T}\equiv \operatorname{sinc}\left(\frac{\pi t}{T}\right) \tag{9-2-25}$$

这意味着，使无 ISI 传输成为可能的 T 的最小值是 $T=1/2W$，对于此值，$x(t)$ 必须是 sinc 函数。选择这种 $x(t)$ 的困难在于它是非因果的并且是不可实现的。为了能实现它，通常采用它的延时形式，即 $\operatorname{sinc}[\pi(t-t_0)/T]$，并且选择 t_0 要使当 $t<0$ 时 $\operatorname{sinc}[\pi(t-t_0)/T]\approx 0$。当然，选择这样的 $x(t)$ 时，抽样时刻也必须平移至 $mT+t_0$。这种脉冲形状的第二个困难是它收敛到零的速度是缓慢的。$x(t)$ 的拖尾按 $1/t$ 衰减，因此在解调器中对匹配滤波器输出抽样时，一个小的定时偏差就会产生一个无穷串的 ISI 分量。由于脉冲按 $1/t$ 衰减，这样一串分量绝不是可求和的，因此所产生的 ISI 的总和是不收敛的。

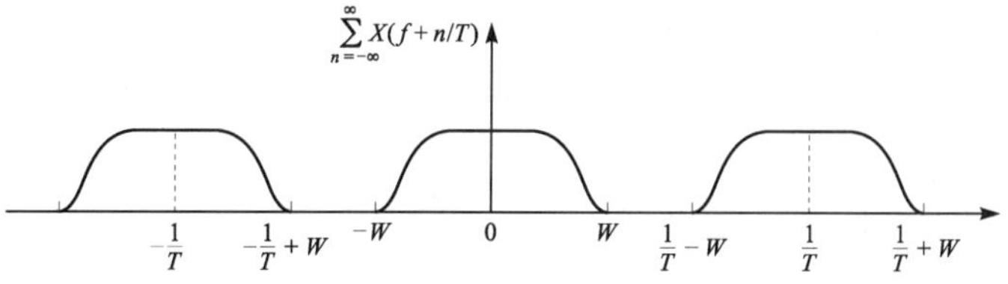

图 9-2-4　$T<1/2W$ 情况下的 $B(f)$ 的曲线

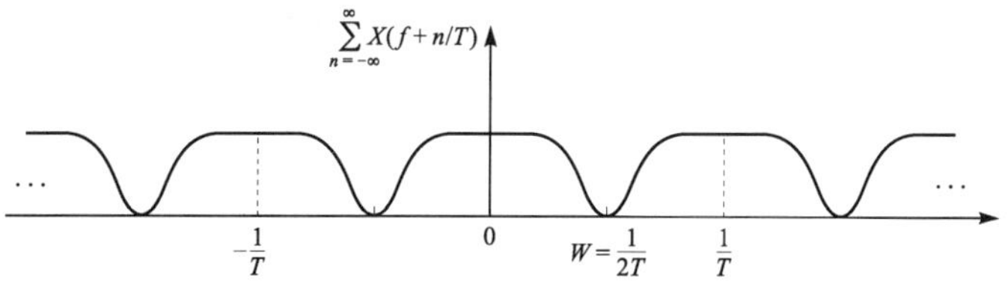

图 9-2-5　$T=1/2W$ 情况下的 $B(f)$ 曲线

（3）当 $T>1/2W$ 时，$B(f)$ 是由间隔为 $1/T$ 的 $X(f)$ 的重复谱瓣组成的，如图 9-2-6 所示。在这种情况下，有无数种 $X(f)$ 的选择使 $B(f)\equiv T$。

对于 $T>1/2W$ 的情况，具有期望的谱特性并在实践中广泛采用的一种特殊的脉冲频谱是升余弦谱。升余弦频率特性为（参见习题 9-16）

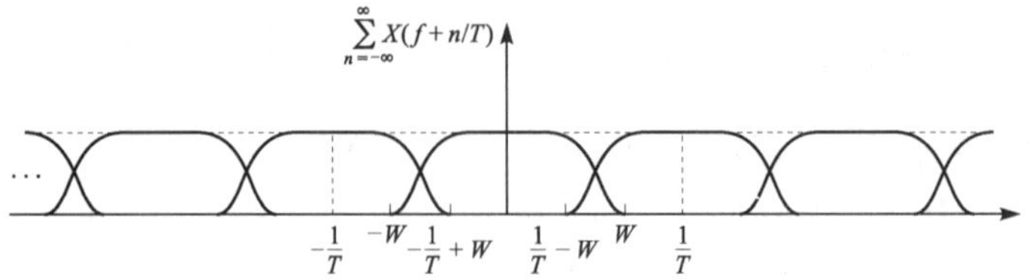

图 9-2-6　$T>1/2W$ 情况下的 $B(f)$曲线

$$X_{\mathrm{rc}}(f)=\begin{cases} T, & 0\leqslant|f|\leqslant\dfrac{1-\beta}{2T} \\ \dfrac{T}{2}\left\{1+\cos\left[\dfrac{\pi T}{\beta}\left(|f|-\dfrac{1-\beta}{2T}\right)\right]\right\}, & \dfrac{1-\beta}{2T}\leqslant|f|\leqslant\dfrac{1+\beta}{2T} \\ 0, & |f|>\dfrac{1+\beta}{2T} \end{cases} \tag{9-2-26}$$

式中，β 称为**滚降因子**（Roll-Off Factor），其取值范围为 $0\leqslant\beta\leqslant1$。信号超出奈奎斯特频率 $1/2T$ 以外的带宽称为**过剩带宽**（Excess Bandwidth），通常将它表示为奈奎斯特频率的百分数。例如，当 $\beta=1/2$ 时，过剩带宽为 50%；当 $\beta=1$ 时，过剩带宽为 100%。具有升余弦谱的脉冲 $x(t)$为

$$x(t)=\frac{\sin(\pi t/T)}{\pi t/T}\frac{\cos(\pi\beta t/T)}{1-4\beta^2t^2/T^2}=\mathrm{sinc}(\pi t/T)\frac{\cos(\pi\beta t/T)}{1-4\beta^2t^2/T^2} \tag{9-2-27}$$

注意，$x(t)$被归一化，所以 $x(0)=1$。图 9-2-7 示出了 $\beta=0$、0.5 和 1 的升余弦谱特性及其相应的脉冲。当 $\beta=0$ 时，脉冲简化成 $x(t)=\mathrm{sinc}(\pi t/T)$，且符号速率 $1/T=2W$；当 $\beta=1$ 时，符号速率 $1/T=W$。一般地，对于 $\beta>0$，$x(t)$尾部按 $1/t^3$ 衰减。因此抽样定时偏差所产生的一串 ISI 分量将收敛于一个有限的值。

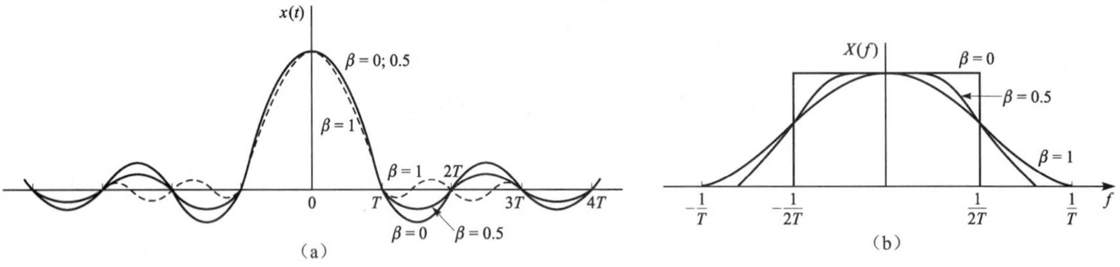

图 9-2-7　具有升余弦谱的脉冲

由于升余弦谱的平滑特性，设计实用的发送和接收滤波器来近似实现整个期望的频率响应是可能的。在信道是理想的特殊情况下，即 $C(f)=1$，$|f|\leqslant W$，有

$$X_{\mathrm{rc}}(f)=G_{\mathrm{T}}(f)G_{\mathrm{R}}(f) \tag{9-2-28}$$

式中，$G_{\mathrm{T}}(f)$和 $G_{\mathrm{R}}(f)$是两个滤波器的频率响应。在此情况下，若接收滤波器匹配于发送滤波器，则有 $X_{\mathrm{rc}}(f)=G_{\mathrm{T}}(f)G_{\mathrm{R}}(f)=|G_{\mathrm{T}}(f)|^2$。对于这种理想情况

$$G_{\mathrm{T}}(f)=\sqrt{|X_{\mathrm{rc}}(f)|}\mathrm{e}^{-\mathrm{j}2\pi ft_0} \tag{9-2-29}$$

并且 $G_{\mathrm{R}}(f)=G_{\mathrm{T}}^*(f)$，其中 t_0 是某标称延时，用来保证该滤波器的物理可实现性。因此，整个升余弦谱特性在发送滤波器和接收滤波器之间均等地划分。同时，为保证接收滤波器的物理

可实现性，附加的延时是必要的。

9.2.2　具有受控 ISI 的带限信号设计——部分响应信号

从对零 ISI 信号设计的讨论可以看到，为了实现实用的发送和接收滤波器，必须将符号速率 $1/T$ 降到奈奎斯特速率（$2W$ 符号/秒）以下。另外，假设放宽零 ISI 的条件，可使符号传输速率达到 $2W$ 符号/秒。采用估计 ISI 的受控量的方法，能达到这个符号速率。

零 ISI 的条件是当 $n\neq0$ 时 $x(nT)=0$。然而，假定设计一个在某个时刻具有受控 ISI 的带限信号，这意味着允许在样值$\{x(nT)\}$中有一个附加的非 0 值。引入的 ISI 是确定的或“受控的”，因此，在接收机中应当被考虑，这将在后文中讨论。

能导致（近似地）物理可实现的发送和接收滤波器的一个特殊例子可由下面的样值[①]来表示。

$$x(nT)=\begin{cases}1, & n=0,1\\ 0, & \text{其他}\end{cases} \tag{9-2-30}$$

那么，利用式（9-2-20）可得到

$$b_n=\begin{cases}T, & n=0\text{或}-1\\ 0, & \text{其他}\end{cases} \tag{9-2-31}$$

将其代入式（9-2-18），可得

$$B(f)=T+T\mathrm{e}^{-\mathrm{j}2\pi fT} \tag{9-2-32}$$

正如 9.2.1 节所述，对于 $T<1/2W$ 是不可能满足上述方程的。然而，对于 $T=1/2W$，可得

$$\begin{aligned}X(f)&=\begin{cases}\dfrac{1}{2W}(1+\mathrm{e}^{-\mathrm{j}\pi f/W}), & |f|<W\\ 0, & \text{其他}\end{cases}\\ &=\begin{cases}\dfrac{1}{W}\mathrm{e}^{-\mathrm{j}\pi f/2W}\cos\dfrac{\pi f}{2W}, & |f|<W\\ 0, & \text{其他}\end{cases}\end{aligned} \tag{9-2-33}$$

因此

$$x(t)=\operatorname{sinc}(2\pi Wt)+\operatorname{sinc}\left[2\pi\left(Wt-\frac{1}{2}\right)\right] \tag{9-2-34}$$

这个脉冲称为**双二进制信号脉冲**（Duobinary Signal Pulse），图 9-2-8 所示为该信号的时域和频域特性。注意，该谱平滑地衰减至 0，这意味着可以设计出物理可实现的滤波器，使其非常接近该谱特性，因此，可以达到符号速率为 $2W$ 符号/秒。

能导致（近似地）物理可实现的发送和接收滤波器的另一特殊例子可由下列样值来表示。

$$x\left(\frac{n}{2W}\right)=x(nT)=\begin{cases}1, & n=-1\\ -1, & n=1\\ 0, & \text{其他}\end{cases} \tag{9-2-35}$$

相应的脉冲 $x(t)$为

① 将 $x(t)$的样值归一化为 1（n=0, 1）处理起来比较方便。

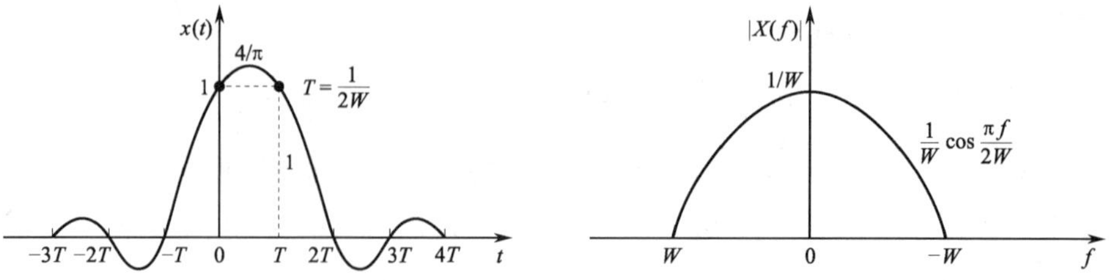

图 9-2-8　双二进制信号的时域和频域特性

$$x(t) = \operatorname{sinc}\frac{\pi(t+T)}{T} - \operatorname{sinc}\frac{\pi(t-T)}{T} \tag{9-2-36}$$

且其谱为

$$X(f) = \begin{cases} \dfrac{1}{2W}(e^{j\pi f/W} - e^{-j\pi f/W}) = \dfrac{j}{W}\sin\dfrac{\pi f}{W}, & |f| \leqslant W \\ 0, & |f| > W \end{cases} \tag{9-2-37}$$

图 9-2-9 所示为该信号的时域和频域特性，称为**变型双二进制信号脉冲**（Modified Duobinary Signal Pulse）。注意，该信号的谱在 f=0 处为 0，这使得该信号适合在不能通过直流分量的信道上传输。

正如克莱兹姆（Kretzmer，1966）和勒基等（Lucky，1968）证明的，通过选择不同的样值 $\{x(n/2W)\}$和两个以上的非 0 样值，可以得到其他有趣且物理可实现的滤波器特性。然而，当选择更多的非 0 样值时，将使受控 ISI 分开更为麻烦而且不实用。

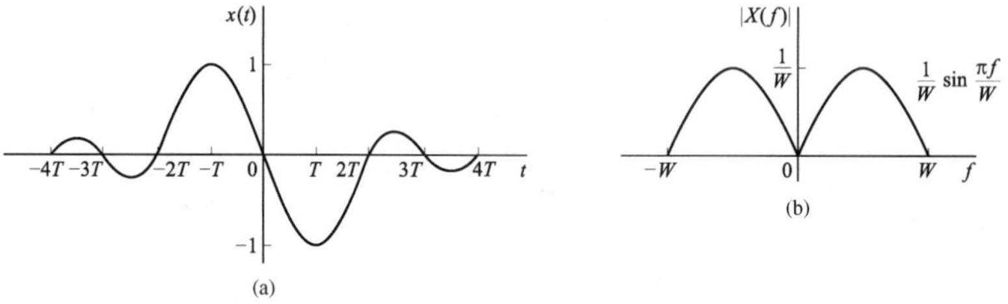

图 9-2-9　变型双二进制信号的时域和频域特性

通常，这类带限信号脉冲的形式为

$$x(t) = \sum_{n=-\infty}^{\infty} x\left(\frac{n}{2W}\right)\operatorname{sinc}\left[2\pi W\left(t - \frac{n}{2W}\right)\right] \tag{9-2-38}$$

且其相应的谱为

$$X(f) = \begin{cases} \dfrac{1}{2W}\displaystyle\sum_{n=-\infty}^{\infty} x\left(\frac{n}{2W}\right)e^{-jn\pi f/W}, & |f| \leqslant W \\ 0, & |f| > W \end{cases} \tag{9-2-39}$$

当在集合$\{x(n/2W)\}$中选择两个或更多个非 0 样值来有目的地引入受控 ISI 时，该带限信号称为**部分响应信号**（Partial-Response Signal）。所产生的信号脉冲允许以奈奎斯特速率（$2W$ 符号/秒）传输信息符号。下面将讨论在受控 ISI 下接收符号的检测。

部分响应信号的另一种特性表征

我们将阐述部分响应信号的另一种特性表征，并以此结束本节的讨论。假定采用图 9-2-10 所示的方式产生部分响应信号，离散时间序列 $\{I_n\}$ 通过一个离散时间滤波器，其系数 $x_n \equiv x(n/2W)$，$n=0, 1,\cdots,N-1$，并用该滤波器的输出序列 $\{B_n\}$ 来周期地激励一个冲激响应为 $\mathrm{sinc}(2\pi Wt)$ 的模拟滤波器，其输入为 $B_n\delta(t-nT)$，所产生的输出信号与式（9-2-38）所示的部分响应信号相同。

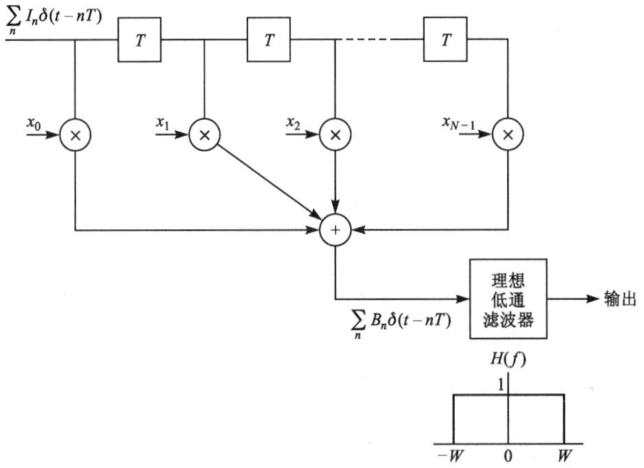

图 9-2-10　产生部分响应信号的另一种方法

因为

$$B_n = \sum_{k=0}^{N-1} x_k I_{n-k} \tag{9-2-40}$$

对序列 $\{I_n\}$ 滤波的结果使符号序列 $\{B_n\}$ 产生相关性。事实上，序列 $\{B_n\}$ 的自相关函数为

$$R(m) = E(B_n B_{n+m}) = \sum_{k=0}^{N-1}\sum_{l=0}^{N-1} x_k x_l E(I_{n-k} I_{n+m-l}) \tag{9-2-41}$$

当输入序列是均值为 0 的白噪声时，

$$E(I_{n-k} I_{n+m-l}) = \delta_{m+k-l} \tag{9-2-42}$$

其中已经归一化 $E(I_n^2)=1$。将式（9-2-42）代入式（9-2-41），可得期望的 $\{B_n\}$ 自相关函数为

$$R(m) = \sum_{k=0}^{N-1-|m|} x_k x_{k+|m|}, \qquad m = 0, \pm1, \cdots, \pm(N-1) \tag{9-2-43}$$

相应的功率谱密度是

$$\mathcal{S}(f) = \sum_{m=-(N-1)}^{N-1} R(m)\mathrm{e}^{-\mathrm{j}2\pi fmT} = \left|\sum_{m=0}^{N-1} x_m \mathrm{e}^{-\mathrm{j}2\pi fmT}\right|^2 \tag{9-2-44}$$

式中，$T=1/2W$ 且 $|f|\leqslant 1/2T=W$。因此，部分响应信号设计提供了信道传输信号的谱成形的方法。

9.2.3 受控 ISI 的数据检测

本节将讨论在接收机中接收到的信号中含有受控 ISI 时检测信息符号的两种方法：一种是逐个符号的检测方法，它相对比较容易实现；另一种是根据最大似然准则来检测符号序列。后一种方法可使差错概率最小，但实现起来稍复杂。具体地讲，我们将研究双二进制和变型双二进制部分响应信号的检测。在这两种情况中，假定部分响应信号的期望谱特性 $X(f)$ 被均等地在发送和接收两个滤波器之间分解，即 $|G_T(f)|=|G_R(f)|=|X(f)|^{1/2}$。这种处理方式是基于 PAM 信号的，但可以容易地推广到 QAM 和 PSK。

1. 逐符号的次最佳检测

对于双二进制信号脉冲，当 $n=0$ 或 1 时 $x(nT)=1$，其他为 0，因此，在接收滤波器（解调滤波器）输出端的样值为

$$y_m = B_m + v_m = I_m + I_{m-1} + v_m \tag{9-2-45}$$

式中，$\{I_m\}$ 为发送幅度序列，$\{v_m\}$ 是加性高斯噪声样值序列。暂时不考虑噪声，研究二进制的情况，其中 $I_m=\pm1$ 且等概。那么，B_m 取 3 个可能值之一，这 3 个值为−2、0、2，其相应的概率分别为 1/4、1/2、1/4。如果 I_{m-1} 是由第 $m-1$ 信号间隔得到的检测信号，那么它对 B_m 的影响可以用减法来消除，这里 B_m 是第 m 个信号间隔中的接收信号，因此 I_m 就可被检测出来。对每个接收符号，可以顺序地重复这一过程。

这种处理过程的主要问题是，由加性噪声引起的差错可能会传播。例如，如果 I_{m-1} 出错，它对 B_m 的影响就不可能消除，事实上还会被不正确的减法所增强，因此，B_m 的检测也可能发生差错。

差错传播可以在发送机中用数据**预编码**（Precoding）的方法去避免，而不是在接收机中用减法消除受控 ISI。对二进制数据序列的预编码是在调制之前进行的。由要发送的 1、0 数据序列 $\{D_n\}$ 产生一个新序列 $\{P_n\}$，称为**预编码序列**（Precoding Sequence）。对于双二进制信号，预编码序列定义为

$$P_m = D_m \ominus P_{m-1}, \qquad m = 1, 2 \cdots \tag{9-2-46}$$

式中，$\ominus$ 表示模 2 减法①。然后设当 $P_m=0$ 时 $I_m=-1$，以及当 $P_m=1$ 时 $I_m=1$，即 $I_m=2P_m-1$。注意，这种预编码运算与 4.3.2 节中关于 NRZI 信号的讨论相同。

接收滤波器的输出端的无噪声样值为

$$B_m = I_m + I_{m-1} = (2P_m - 1) + (2P_{m-1} - 1) = 2(P_m + P_{m-1} - 1) \tag{9-2-47}$$

因此

$$P_m + P_{m-1} = B_m/2 + 1 \tag{9-2-48}$$

因为 $D_m=P_m \oplus P_{m-1}$，所以由 B_m 利用关系式

$$D_m = B_m/2 + 1 \pmod 2 \tag{9-2-49}$$

就可得到数据序列 D_m。因此，若 $B_m=\pm2$，则 $D_m=0$；若 $B_m=0$，则 $D_m=1$。表 9-2-1 所示为一个说明预编码和译码运算的例子。在存在加性噪声情况下，接收滤波器输出端的样值如式

① 虽然这与模 2 加法是相同的，但以模 2 减法来分析双二进制的预编码运算比较方便。

（9-2-45）所示，在这种情况中，$y_m=B_m+v_m$ 与设置成+1 和–1 的两个阈值比较。按照检测规则

$$D_m=\begin{cases}1, & |y_m|<1\\ 0, & |y_m|>1\end{cases} \tag{9-2-50}$$

就可得到数据序列$\{D_m\}$。

表 9-2-1　双二进制信号脉冲的预编码和译码

数据序列 D_m		1	1	1	0	1	0	0	1	0	0	0	1	1	0	1
预编码序列 P_m	0	1	0	1	1	0	0	0	1	1	1	1	0	1	1	0
发送序列 I_m	−1	1	−1	1	1	−1	−1	−1	1	1	1	1	−1	1	1	−1
接收序列 B_m		0	0	0	2	0	−2	−2	0	2	2	2	0	0	2	0
译码序列 D_m		1	1	1	0	1	0	0	1	0	0	0	1	1	0	1

可将二进制 PAM 直接推广到多电平 PAM 的双二进制信号脉冲的传输。在这种情况下，M 电平幅度序列$\{I_m\}$产生一个（无噪声）序列

$$B_m=I_m+I_{m-1},\qquad m=1,2\cdots \tag{9-2-51}$$

它有 $2M$–1 个可能的等间隔电平。电平幅度可由关系式

$$I_m=2P_m-(M-1) \tag{9-2-52}$$

来确定，其中$\{P_m\}$是预编码序列，它是由 M 电平数据序列$\{D_m\}$按照下列关系式而得到的。

$$P_m=D_m\ominus P_{m-1}\quad (\text{mod } M) \tag{9-2-53}$$

式中，序列$\{D_m\}$的可能值是 0, 1, 2,⋯, M–1。

在存在噪声的情况下，接收滤波器输出端的样值为

$$B_m=I_m+I_{m-1}=2[P_m+P_{m-1}-(M-1)] \tag{9-2-54}$$

因此

$$P_m+P_{m-1}=B_m/2+(M-1) \tag{9-2-55}$$

因为 $D_m=P_m+P_{m-1}$（模 M），则

$$D_m=B_m/2+(M-1)\quad (\text{mod } M) \tag{9-2-56}$$

表 9-2-2 所示为四电平双二进制信号脉冲的预编码和译码。

表 9-2-2　四电平双二进制信号脉冲的预编码和译码

数据序列 D_m		0	0	1	3	1	2	0	3	3	2	0	1	0
预编码序列 P_m	0	0	0	1	2	3	3	1	2	1	1	3	2	2
发送序列 I_m	−3	−3	−3	−1	1	3	3	−1	1	−1	−1	3	1	1
接收序列 B_m		−6	−6	−4	0	4	6	2	0	0	−2	2	4	2
译码序列 D_m		0	0	1	3	1	2	0	3	3	2	0	1	0

在存在噪声的情况下，接收的信号加噪声被量化到最接近的一个可能的信号电平上，再

利用上述量化值规则恢复数据序列。

在变型双二进制信号脉冲的情况下，受控 ISI 的值规定为：当 $n=1$ 时 $x(n/2W)=-1$，当 $n=-1$ 时 $x(n/2W)=1$，其余为 0。因此，接收滤波器的无噪声抽样输出为

$$B_m = I_m - I_{m-2} \tag{9-2-57}$$

式中，M 电平序列$\{I_m\}$是按照式（9-2-52）对预编码序列映射并通过求解下式来获得的。

$$P_m = D_m \oplus P_{m-2} \quad (\text{mod } M) \tag{9-2-58}$$

根据这些关系式，容易证明在不存在噪声的情况下，由$\{B_m\}$恢复数据序列$\{D_m\}$的检测规则是

$$D_m = B_m/2 \ (\text{mod } M) \tag{9-2-59}$$

正如上述证明，在发送机中的数据预编码使得根据逐个符号来检测接收数据而不必考虑先前检测的符号成为可能，这就避免了差错传播。

上述逐符号检测对部分响应信号而言并不是最佳的检测方案，这是由于在接收信号中存在固有的记忆。然而，逐符号检测实现起来比较简单，在许多实际应用中被采用，包括双二进制和变型双二进制信号脉冲。

现在求采用双二进制和变型双二进制信号脉冲的 M 电平 PAM 信号传输差错概率。假设信道是具有加性高斯白噪声的理想带限信道，部分响应信号的调制器和解调器方框图如图 9-2-11 所示。

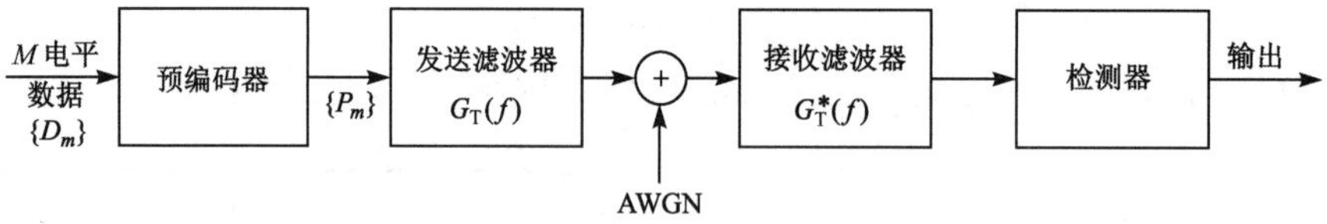

图 9-2-11　部分响应信号的调制器和解调器方框图

在发送机中，M 电平数据序列$\{D_m\}$被预编码，如前所述。预编码器的输出被映射到 M 个可能的电平之一。具有频率响应 $G_T(f)$的发送滤波器的输出为

$$v(t) = \sum_{n=-\infty}^{\infty} I_n g_T(t - nT) \tag{9-2-60}$$

部分响应函数 $X(f)$被均等地在发送和接收滤波器划分，因此，接收滤波器和发送滤波器匹配，且两个滤波器级联的频率特性为

$$|G_T(f)G_R(f)| = |X(f)| \tag{9-2-61}$$

在 $t = nT = n/2W$ 时刻对匹配滤波器的输出进行抽样，并将其样值送至译码器。对于双二进制信号脉冲，匹配滤波器在抽样瞬时输出可以表示为

$$y_m = I_m + I_{m-1} + v_m = B_m + v_m \tag{9-2-62}$$

式中，v_m 是加性噪声分量。类似地，对于变型双二进制信号脉冲，其匹配滤波器输出为

$$y_m = I_m - I_{m-2} + v_m = B_m + v_m \tag{9-2-63}$$

对于二进制传输，令 $I_m = \pm d$，其中 $2d$ 是信号电平之间的距离。那么，相应的 B_m 值为 $(2d, 0, -2d)$。对于 M 电平 PAM 信号传输，其中 $I_m = \pm d, \pm 3d, \cdots, \pm(M-1)d$，接收信号电平是 $B_m = 0, \pm 2d, \pm 4d, \cdots, \pm 2(M-1)d$。因此，接收信号电平数为 $2M-1$，标尺因子（Scale Factor）

d 等价于 $x_0 = \mathcal{E}_g$ 。

假定输入发送符号 $\{I_m\}$ 是等概的，那么对于双二进制和变型双二进制信号脉冲，容易证明，在无噪声的情况下，接收器的输出电平具有如下形式的（三角型）概率分布

$$P(B = 2md) = \frac{M - |m|}{M^2}, \qquad m = 0, \pm 1, \pm 2, \cdots, \pm(M-1) \tag{9-2-64}$$

式中，B 表示无噪声接收电平，$2d$ 是任何两个相邻接收信号电平之间的距离。

发送信号在信道中传输时，受到均值为 0 且功率谱密度为 $N_0/2$ 的高斯白噪声相加而被恶化。

假定当加性噪声幅度超过距离 d 时出现符号差错，这一假定忽略了一个小概率事件，即幅度超过 d 的大噪声分量产生的接收信号电平也许会得出一个正确的符号判决。若双二进制和变型双二进制两种信号的噪声分量 v_m 是零均值高斯的，其方差为

$$\sigma_v^2 = \frac{1}{2}N_0 \int_{-W}^{W} |G_R(f)|^2 \mathrm{d}f = \frac{1}{2} N_0 \int_{-W}^{W} |X(f)| \mathrm{d}f = \frac{2N_0}{\pi} \tag{9-2-65}$$

则符号差错概率的上边界为

$$\begin{aligned} P_e &< \sum_{m=-(M-2)}^{M-2} P(|y - 2md| > d | B = 2md) P(B = 2md) \\ &\quad + 2P[y + 2(M-1)d > d | B = -2(M-2)d] P[B = -2(M-1)d] \\ &= P(|y| > d | B = 0) \left\{ 2\sum_{m=0}^{M-1} P(B = 2md) - P(B = 0) - P[B = -2(M-1)d] \right\} \\ &= (1 - M^{-2}) P(|y| > d | B = 0) \end{aligned} \tag{9-2-66}$$

但

$$P(|y| > d | B = 0) = \frac{2}{\sqrt{2\pi}\sigma_v} \int_d^{\infty} \mathrm{e}^{-x^2/2\sigma_v^2} \mathrm{d}x = 2Q\left(\sqrt{\frac{\pi d^2}{2N_0}}\right) \tag{9-2-67}$$

因此，平均符号差错概率的上边界为

$$P_e < 2(1 - M^{-2}) Q\left(\sqrt{\frac{\pi d^2}{2N_0}}\right) \tag{9-2-68}$$

式（9-2-68）中标尺因子 d 可以表示成平均发送功率而消去。对于 M 电平 PAM 信号，发送电平是等概的，发送滤波器输出端的平均功率为

$$P_{av} = \frac{E(I_m^2)}{T} \int_{-W}^{W} |G_T(f)|^2 \mathrm{d}f = \frac{E(I_m^2)}{T} \int_{-W}^{W} |X(f)| \mathrm{d}f = \frac{4}{\pi T} E(I_m^2) \tag{9-2-69}$$

式中，$E(I_m^2)$ 是 M 个信号电平的均方值，表示为

$$E(I_m^2) = \tfrac{1}{3} d^2 (M^2 - 1) \tag{9-2-70}$$

因此，

$$d^2 = \frac{3\pi P_{\text{av}} T}{4(M^2-1)} \tag{9-2-71}$$

将式（9-2-71）中的 d^2 值代入式（9-2-68），可得符号差错概率的上边界为

$$P_{\text{e}} < 2\left(1-\frac{1}{M^2}\right) Q\left(\sqrt{\left(\frac{\pi}{4}\right)^2 \frac{6}{M^2-1}\frac{\mathcal{E}_{\text{av}}}{N_0}}\right) \tag{9-2-72}$$

式中，$\mathcal{E}_{\text{av}}$ 是平均发送符号能量，它可以用平均比特能量表示为$\mathcal{E}_{\text{av}}=k\mathcal{E}_{\text{bav}}=(\log_2 M)\,\mathcal{E}_{\text{bav}}$。

式（9-2-72）中的 M 电平 PAM 的差错概率表达式对双二进制和变型双二进制部分响应信号两种情况都适用。如果这一结果与具有零 ISI 的 M 电平 PAM 的差错概率比较，其中 M 电平 PAM 可以通过采用具有升余弦谱特性的信号脉冲得到，可看到双二进制或变型双二进制信号脉冲的部分响应性能损失 $(\pi/4)^2$ 或 2.1 dB。这种 SNR 损失是由于部分响应信号检测器采用逐符号判决，并且忽视了检测器输入端接收信号中的内在记忆而造成的。

2．最大似然序列检测

由上面的讨论可明显看出，部分响应波形是有记忆的，这种记忆用网格来表示比较方便。图 9-2-12 所示为用于二进制数据传输的部分响应信号的网格。对于二进制调制，该网格包含两个状态，对应于 I_m 的两个可能的输入值，即 $I_m=\pm1$。网格中的每一分支用两个数标记，在左边的第一个数是新的数据比特，即 $I_{m+1}=\pm1$，该数确定向新状态的转移；右边的数是接收信号电平。

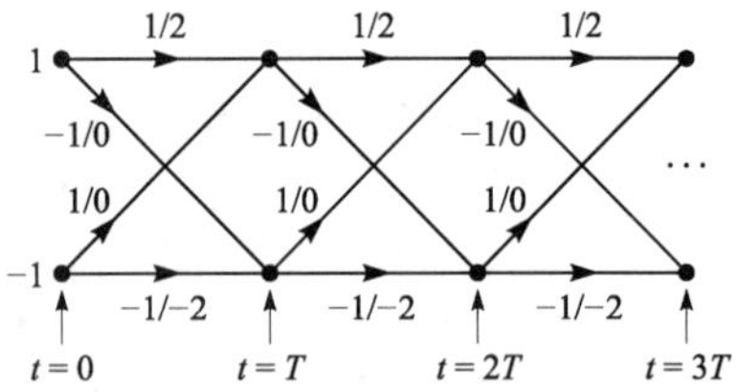

图 9-2-12　用于二进制数据传输的部分响应信号的网格

双二进制信号具有长度为 $L=1$ 的记忆，因此，对于二进制调制，网格有 $S_{\text{t}}=2$ 个状态。一般地，对 M 元调制，网格状态数为 M^L。

最佳最大似然（ML）序列检测器根据在抽样时刻 $t=mT$（$m=1, 2\cdots$）对接收数据序列$\{y_m\}$的观测来选择通过网格的最可能的路径。一般地，在网格中的每一个节点具有 M 条进入的路径和 M 个相应的度量，根据度量值从 M 条进入的路径中选出一条最可能的路径，而舍弃其他 M–1 条路径及其度量。然后将每一个节点的幸存路径（也称为留存路径）延伸到 M 条新的路径，每条新路径对应 M 个可能的输入符号之一。搜索过程将继续下去，这在本质上是执行网格搜索的维特比算法，其性能将在 9.3.4 节计算。

9.2.4　失真信道的信号设计

9.2.1 节和 9.2.2 节描述了理想信道条件下发送端的调制滤波器（发送滤波器）和接收端的解调滤波器（接收滤波器）的信号设计准则，本节将在信道使发送信号失真条件下进行信号设计。假定信道频率响应在$|f|\leqslant W$时为 $C(f)$，当$|f|>W$时，$C(f)=0$。选择滤波器响应 $G_{\text{T}}(f)$ 和 $G_{\text{R}}(f)$ 使检测器的差错概率最小。假定信道噪声是加性高斯的，其功率谱密度为 $S_{nn}(f)$。图 9-2-13 所示为此系统。

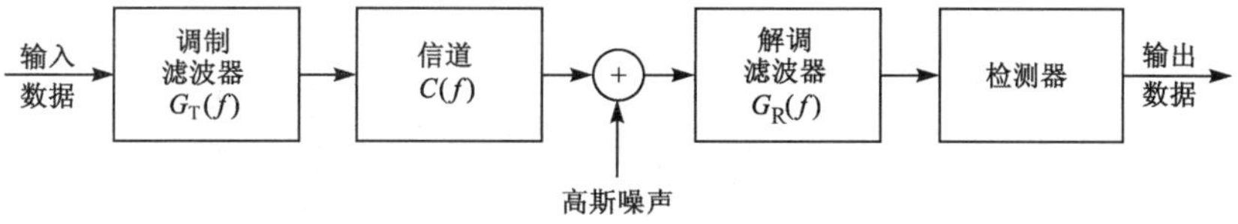

图 9-2-13　用于调制滤波器与解调滤波器设计的系统模型

解调滤波器输出端的信号分量必须满足条件

$$G_T(f)C(f)G_R(f) = X_d(f)e^{-j2\pi f t_0}, \qquad |f| \leqslant W \tag{9-2-73}$$

式中，$X_d(f)$ 是调制滤波器、信道和解调滤波器三者级联的期望频率响应，t_0 是用来保证调制滤波器和解调滤波器物理可实现的必要延时。可以选用期望频率响应 $X_d(f)$ 在抽样时刻产生零 ISI 或者受控 ISI。我们通过选用 $X_d(f)=X_{rc}(f)$ 的零 ISI 的情况，其中 $X_{rc}(f)$ 是具有任意滚降因子的升余弦谱特性。

解调滤波器输出端的噪声可以表示为

$$v(t) = \int_{-\infty}^{\infty} n(t-\tau)g_R(\tau)d\tau \tag{9-2-74}$$

式中，$n(t)$是滤波器的输入。因为 $n(t)$是零均值、高斯的，所以 $v(t)$也是零均值、高斯的，且具有功率谱密度

$$S_{vv}(f) = S_{nn}(f)|G_R(f)|^2 \tag{9-2-75}$$

为了简单起见，我们研究二进制 PAM 传输。匹配滤波器的抽样输出为

$$y_m = x_0 I_m + v_m = I_m + v_m \tag{9-2-76}$$

式中，x_0 被归一化[①]成 1；$I_m = \pm d$；v_m 表示噪声项，它是零均值、高斯的，且方差为

$$\sigma_v^2 = \int_{-\infty}^{\infty} S_{nn}(f)|G_R(f)|^2 df \tag{9-2-77}$$

因此，差错概率是

$$P_2 = \frac{1}{\sqrt{2\pi}}\int_{d/\sigma_v}^{\infty} e^{-y^2/2}dy = Q\left(\sqrt{\frac{d^2}{\sigma_v^2}}\right) \tag{9-2-78}$$

使差错概率最小的方法是使比值 d^2/σ_v^2 最大，或等价为使噪信比 σ_v^2/d^2 最小。

我们来研究加性高斯白噪声且 $S_{nn}(f)=N_0/2$ 情况下的两种可能的解决方案。第一种方案是，假设在发送机中对总的信道失真进行预补偿，那么解调滤波器匹配于接收信号。在这种情况下，调制滤波器和解调滤波器的幅度特性为

$$\begin{aligned} |G_T(f)| &= \frac{\sqrt{X_{rc}(f)}}{|C(f)|}, \qquad |f| \leqslant W \\ |G_R(f)| &= \sqrt{X_{rc}(f)}, \qquad |f| \leqslant W \end{aligned} \tag{9-2-79}$$

信道频率响应 $C(f)$ 的相位特性也可以在调制滤波器中进行补偿。由于这些滤波器的特

① 通过设置 $x_0=1$ 及 $I_m=\pm d$，用 x_0 的标度变换被结合到参数 d 中。

性，平均发送功率为

$$P_{\mathrm{av}}=\frac{E\left(I_m^2\right)}{T}\int_{-\infty}^{\infty}g_{\mathrm{T}}^2(t)\,\mathrm{d}t=\frac{d^2}{T}\int_{-W}^{W}|G_{\mathrm{T}}(f)|^2\,\mathrm{d}f=\frac{d^2}{T}\int_{-W}^{W}\frac{X_{\mathrm{rc}}(f)}{|C(f)|^2}\mathrm{d}f \tag{9-2-80}$$

因此，

$$d^2=P_{\mathrm{av}}T\left[\int_{-W}^{W}\frac{X_{\mathrm{rc}}(f)}{|C(f)|^2}\mathrm{d}f\right]^{-1} \tag{9-2-81}$$

解调滤波器输出端的噪声的$\sigma_{\mathrm{v}}^2=N_0/2$，因此检测器的 SNR 为

$$\frac{d^2}{\sigma_{\mathrm{v}}^2}=\frac{2P_{\mathrm{av}}T}{N_0}\left[\int_{-W}^{W}\frac{X_{\mathrm{rc}}(f)}{|C(f)|^2}\mathrm{d}f\right]^{-1} \tag{9-2-82}$$

第二解决方案是，假设信道的补偿由调制滤波器和解调滤波器两者平均分摊，即

$$\begin{aligned}|G_{\mathrm{T}}(f)|&=\frac{\sqrt{X_{\mathrm{rc}}(f)}}{|C(f)|^{1/2}},\qquad |f|\leqslant W\\|G_{\mathrm{R}}(f)|&=\frac{\sqrt{X_{\mathrm{rc}}(f)}}{|C(f)|^{1/2}},\qquad |f|\leqslant W\end{aligned} \tag{9-2-83}$$

$C(f)$的相位特性也可以由调制滤波器和解调滤波器两者平均分摊。在这种情况下，平均发送功率为

$$P_{\mathrm{av}}=\frac{d^2}{T}\int_{-W}^{W}\frac{X_{\mathrm{rc}}(f)}{|C(f)|}\mathrm{d}f \tag{9-2-84}$$

且在解调滤波器输出端的噪声方差为

$$\sigma_{\mathrm{v}}^2=\frac{N_0}{2}\int_{-W}^{W}\frac{X_{\mathrm{rc}}(f)}{|C(f)|}\mathrm{d}f \tag{9-2-85}$$

因此，检测器的 SNR 为

$$\frac{d^2}{\sigma_{\mathrm{v}}^2}=\frac{2P_{\mathrm{av}}T}{N_0}\left[\int_{-W}^{W}\frac{X_{\mathrm{rc}}(f)}{|C(f)|}\mathrm{d}f\right]^{-2} \tag{9-2-86}$$

由式（9-2-82）和式（9-2-86）可以看出，当用平均发送功率P_{av}来表示 SNR（即$d^2/\sigma_{\mathrm{v}}^2$）时，存在信道失真引起的损失。在滤波器由式（9-2-79）给定的条件下，信道引起的损失为

$$10\log\int_{-W}^{W}\frac{X_{\mathrm{rc}}(f)}{|C(f)|^2}\mathrm{d}f \tag{9-2-87}$$

而在滤波器由式（9-2-83）给定的条件下，信道引起的损失为

$$10\log\left[\int_{-W}^{W}\frac{X_{\mathrm{rc}}(f)}{|C(f)|}\mathrm{d}f\right]^2 \tag{9-2-88}$$

可以看到，当$|f|\leqslant W$、$C(f)=1$时，信道是理想的，且

$$\int_{-W}^{W}X_{\mathrm{rc}}(f)\,\mathrm{d}f=1 \tag{9-2-89}$$

结果没有损失。另外，当在$|f|\leqslant W$带宽的某些频率范围内有幅度失真时，$|C(f)|<1$，那么就

会有 SNR 损失，该损失由式（9-2-87）和式（9-2-88）给出。有兴趣的读者，可以证明（见习题 9.30）式（9-2-83）给出的滤波器将导致较小的 SNR 损失。

例 9-2-1 有一个二进制通信系统，它以 4800 b/s 的速率在信道上传输数据。信道的频率（幅度）响应为

$$|C(f)| = \frac{1}{\sqrt{1+(f/W)^2}}, \qquad |f| \leqslant W \tag{9-2-90}$$

式中，W=4800 Hz。试求式（9-2-83）所确定的调制滤波器和解调滤波器。噪声是均值为 0 的加性高斯白噪声，其功率谱密度为 $N_0/2=10^{-15}$ W/Hz。

因为 $W=1/T$=4800 Hz，采用具有升余弦谱特性且 β=1 的信号脉冲，因此，

$$X_{\mathrm{rc}}(f) = \frac{1}{2}T[1+\cos(\pi T|f|)] = T\cos^2\left(\frac{\pi|f|}{9600}\right) \tag{9-2-91}$$

则

$$|G_{\mathrm{T}}(f)| = |G_{\mathrm{R}}(f)| = \left[1+\left(\frac{f}{4800}\right)^2\right]^{1/4}\cos\left(\frac{\pi|f|}{9600}\right), \qquad |f| \leqslant 4800 \tag{9-2-92}$$

并且在其他情况下 $|G_{\mathrm{T}}(f)| = |G_{\mathrm{R}}(f)| = 0$。图 9-2-14 示出了最佳调制滤波器的频率特性 $G_{\mathrm{T}}(f)$。现在可以用这些滤波器确定为达到预期差错概率所需的发送能量$\mathcal{E}$，具体求解方法留给读者作为练习。

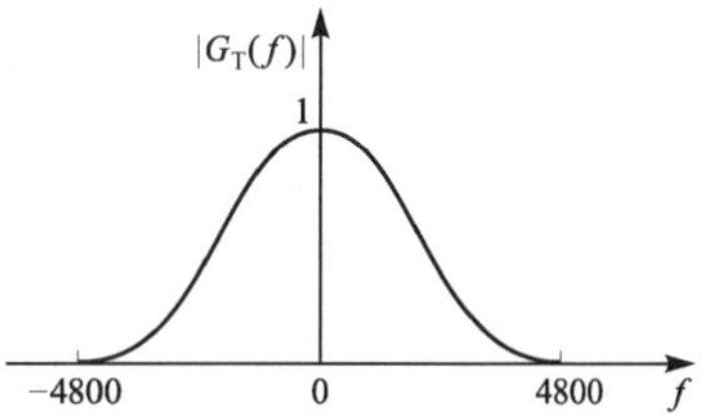

图 9-2-14 最佳调制滤波器的频率响应

9.3 ISI 和 AWGN 信道的最佳接收机

本节推导在非理想、带限且具有加性高斯白噪声信道上用于数字传输的最佳解调器（解调滤波器）和检测器的结构。首先，发送（等效低通）信号已由式（9-2-1）所示，接收（等效低通）信号可表示为

$$r(t) = \sum_n I_n h(t-nT) + z(t) \tag{9-3-1}$$

式中，$h(t)$表示信道对输入信号脉冲 $g(t)$的响应；$z(t)$表示加性高斯白噪声。

先证明最佳解调器可以看成一个与 $h(t)$匹配的滤波器，其后跟随一个以符号速率 $1/T$ 操作的抽样器，以及由抽样值中估计信息序列$\{I_n\}$的处理算法。因此，匹配滤波器输出的样值满足对序列$\{I_n\}$估计的要求。

9.3.1 最佳最大似然接收机

将接收信号 $r_l(t)$展开成级数

$$r_l(t) = \lim_{N\to\infty}\sum_{k=1}^{N} r_k\phi_k(t) \tag{9-3-2}$$

式中，$\{\phi_k(t)\}$是完备标准正交函数集；$\{r_k\}$是 $r_1(t)$投影到$\{\phi_k(t)\}$上的可观测随机变量，可表示为

$$r_k = \sum_n I_n h_{kn} + z_k, \qquad k = 1, 2\cdots \tag{9-3-3}$$

式中，h_{kn} 是 $h(t-nT)$在$\phi_k(t)$上的投影值；z_k 是 $z(t)$在$\phi_k(t)$上的投影值。序列$\{z_k\}$是零均值高斯的且其协方差为

$$E\left(z_k^* z_m\right) = 2N_0\delta_{km} \tag{9-3-4}$$

随机变量 $\boldsymbol{r}_N\equiv[r_1\ r_2\cdots r_N]$在发送序列 $\boldsymbol{I}_p\equiv[I_1\ I_2\cdots I_p]$条件下（其中 $p\leqslant N$）的联合概率密度函数为

$$p(\boldsymbol{r}_N|\boldsymbol{I}_p) = \left(\frac{1}{2\pi N_0}\right)^N \exp\left(-\frac{1}{2N_0}\sum_{k=1}^N\left|r_k - \sum_n I_n h_{kn}\right|^2\right) \tag{9-3-5}$$

在可观测随机变量数目 N 趋于无穷大的情况下，$p(\boldsymbol{r}_N|\boldsymbol{I}_p)$的对数与度量 $\mathrm{PM}(\boldsymbol{I}_p)$成比例，该度量定义为

$$\begin{aligned}\mathrm{PM}(\boldsymbol{I}_p) &= -\int_{-\infty}^{\infty}\left|r_1(t) - \sum_n I_n h(t-nT)\right|^2 \mathrm{d}t \\ &= -\int_{-\infty}^{\infty}|r_1(t)|^2\mathrm{d}t + 2\mathrm{Re}\sum_n\left[I_n^*\int_{-\infty}^{\infty} r_1(t)h^*(t-nT)\,\mathrm{d}t\right] \\ &\quad -\sum_n\sum_m I_n^* I_m\int_{-\infty}^{\infty} h^*(t-nT)h(t-mT)\,\mathrm{d}t\end{aligned} \tag{9-3-6}$$

符号 $I_1, I_2,\cdots, I_p$ 的最大似然估计值为使该度量最大化的值。注意，$|r_1(t)|^2$ 的积分对所有度量都是共同的，因此可将它舍去。包含 $r_1(t)$的其他积分产生如式（9-3-7）所示的变量。

$$y_n \equiv y(nT) = \int_{-\infty}^{\infty} r_1(t)h^*(t-nT)\,\mathrm{d}t \tag{9-3-7}$$

将 $r_1(t)$通过与 $h(t)$匹配的滤波器，再以符号速率 $1/T$ 对其输出进行抽样，可产生这些变量。这些样值$\{y_n\}$形成了一组充分的统计量，可用于 $\mathrm{PM}(\boldsymbol{I}_p)$或下列等价的相关度量的计算。

$$\mathrm{CM}(\boldsymbol{I}_p) = 2\mathrm{Re}\left(\sum_n I_n^* y_n\right) - \sum_n\sum_m I_n^* I_m x_{n-m} \tag{9-3-8}$$

式中，根据定义，$x(t)$是匹配滤波器对 $h(t)$的响应，且

$$x_n \equiv x(nT) = \int_{-\infty}^{\infty} h^*(t)h(t+nT)\,\mathrm{d}t \tag{9-3-9}$$

因此，$x(t)$表示具有冲激响应 $h^*(-t)$和激励 $h(t)$的滤波器输出。换言之，$x(t)$表示 $h(t)$的自相关函数，因此，$\{x_n\}$表示 $h(t)$自相关函数的样值，其抽样速率为 $1/T$。我们并不特别关心 $h(t)$匹配滤波器的非因果特性，因为在实际中可以引入足够大的延时来确保匹配滤波器的因果关系。

如果用式（9-3-1）替代式（9-3-7）中的 $r_1(t)$，得到

$$y_k = \sum_n I_n x_{k-n} + v_k \tag{9-3-10}$$

式中，v_k 表示匹配滤波器输出的加性噪声序列，即

$$v_k = \int_{-\infty}^{\infty} z(t)h^*(t-kT)\,\mathrm{d}t \tag{9-3-11}$$

解调器（即匹配滤波器）在抽样瞬间的输出受到 ISI 的恶化影响，如式（9-3-10）所示。在任何实际系统中，假定 ISI 影响有限数目的符号是合理的。假定$|n|>L$ 时 $x_n=0$，因此在解调器输出端观测到的 ISI 可以看成有限状态机的输出。这意味着含有 ISI 的信道输出可以用网格图来表示，信息序列$(I_1, I_2,\cdots, I_p)$的最大似然估计值就是在给定接收的解调器输出序列$\{y_n\}$的情况下通过网格的最可能的路径。显然，维特比算法提供了网格搜索的有效方法。

序列$\{I_k\}$的 MLSE 所要计算的度量由式（9-3-8）给出，可以看出，这些度量可以按下列关系式以维特比算法递推方式来计算。

$$\mathrm{CM}_n(\boldsymbol{I}_n) = \mathrm{CM}_{n-1}(\boldsymbol{I}_{n-1}) + \mathrm{Re}\left[I_n^*\left(2y_n - x_0 I_n - 2\sum_{m=1}^{L} x_m I_{n-m}\right)\right] \tag{9-3-12}$$

图 9-3-1 示出了具有 ISI 的 AWGN 信道的最佳接收机的方框图。

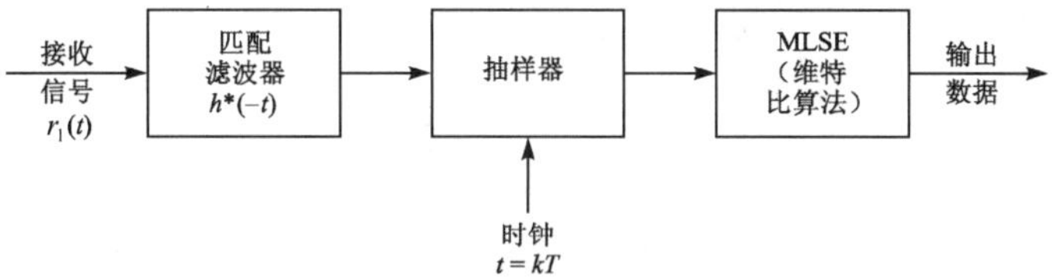

图 9-3-1　具有 ISI 的 AWGN 信道的最佳接收机的方框图

9.3.2　ISI 信道的离散时间模型

在对导致 ISI 的带限信道的处理中，比较方便的做法是研究模拟（连续时间）系统的等效离散时间模型。因为发送机以 $1/T$ 符号/秒的速率发送离散时间符号，而且接收机中匹配滤波器的抽样输出也是离散时间信号，且具有速率为每秒 $1/T$ 的样值，因此发送机中冲激响应为$g(t)$的模拟滤波器、冲激响应为 $c(t)$的信道、接收机中冲激响应为 $h^*(-t)$的匹配滤波器和抽样器的级联结构可以用抽头增益系数为$\{x_k\}$的等效离散时间横向滤波器来表示。从而，我们得到一个横跨时间间隔为 $2LT$ 秒的等效离散时间横向滤波器。其输入是信息符号序列$\{I_k\}$，输出是由式（9-3-10）定义的离散时间序列$\{y_k\}$。ISI 信道的等效离散时间模型如图 9-3-2 所示。

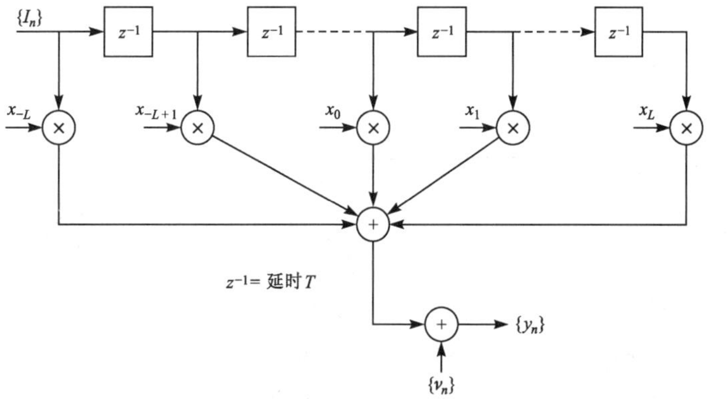

图 9-3-2　ISI 信道的等效离散时间模型

采用这种离散时间模型的主要困难是对各种均衡或估计技术的性能评估，这些技术将在后面各节讨论。该困难是由匹配滤波器输出的噪声序列$\{\nu_k\}$中的相关性引起的，也就是说，噪声变量$\{\nu_k\}$集是一个高斯分布序列，其均值为0而自相关函数为（见习题9-36）

$$E(\nu_k^*\nu_j)=\begin{cases}2N_0x_{j-k}, & |k-j|\leqslant L\\ 0, & \text{其他}\end{cases} \tag{9-3-13}$$

因此，该噪声序列是相关的，除非当$k\neq 0$时$x_k=0$。因为在计算差错概率性能时处理白噪声序列比较方便，因此希望通过对序列$\{y_k\}$进行进一步滤波来使噪声序列白化。求离散时间噪声白化滤波器的方法如下。

令$X(z)$表示抽样自相关函数$\{x_k\}$的（双边）z变换，即

$$X(z)=\sum_{k=-L}^{L}x_k z^{-k} \tag{9-3-14}$$

因为$x_k=x_{-k}^*$，所以$X(z)=X^*(1/z^*)$，且$X(z)$的$2L$个根具有对称性：若ρ是一个根，那么$1/\rho^*$也是一个根。因此，$X(z)$可以因式分解并表示为

$$X(z)=F(z)F^*\left(\frac{1}{z^*}\right) \tag{9-3-15}$$

式中，$F(z)$是具有根为$\rho_1,\rho_2,\cdots,\rho_L$的$L$次多项式，而$F(1/z)$是具有根为$1/\rho_1^*,1/\rho_2^*,\cdots,1/\rho_L^*$的$L$次多项式。如果根都不在单位圆上，那么一个适当的噪声白化滤波器具有z变换$1/F^*(1/z^*)$。因为$F^*(1/z^*)$的根有2^L种可能的选择，各种选择所对应的滤波器的特性在幅度上相同，而在相位上不同，因此，建议选择唯一的$F^*(1/z^*)$，其与$X(z)$零点相对应的极点在单位圆外，它的冲激响应是非因果的（Anticausal），这样的非因果滤波器是稳定的。以这种方式选择噪声白化滤波器能够确保所得到的信道响应$F(z)$是最小相位的。因此，序列$\{y_k\}$通过数字滤波器$1/F^*(1/z^*)$导致一个输出序列v_k为

$$v_k=\sum_{n=0}^{L}f_n I_{k-n}+\eta_k \tag{9-3-16}$$

式中，$\{\eta_k\}$是一个白高斯噪声序列，而$\{f_k\}$是传递函数为$F(z)$的等效离散时间横向滤波器的一组抽头系数。匹配滤波器、抽样器和噪声白化滤波器的级联称为**白化匹配滤波器**（Whitened Matched Filter，WMF）。

为了方便计算，将$F(z)$的能量归一化为1，即

$$\sum_{n=0}^{L}|f_n|^2=1$$

$F(z)$的最小相位条件意味着，对于每一个M值的冲激响应$\{f_0,f_1,\cdots,f_M\}$，它的第1次M个样值的能量是最大的。

总之，发送滤波器$g(t)$、信道$c(t)$、匹配滤波器$h^*(-t)$、抽样器和离散时间噪声白化滤波器$1/F^*(1/z^*)$的级联结构可以表示为一个等效的离散时间横向滤波器，其抽头系数为$\{f_k\}$。加性噪声序列$\{\eta_k\}$是一个均值为0、方差为N_0的高斯白噪声序列，它恶化了离散时间横向滤波器的输出。图9-3-3示出了具有白噪声的等效离散时间系统的模型，称为**等效离散时间白噪声滤波器模型**。

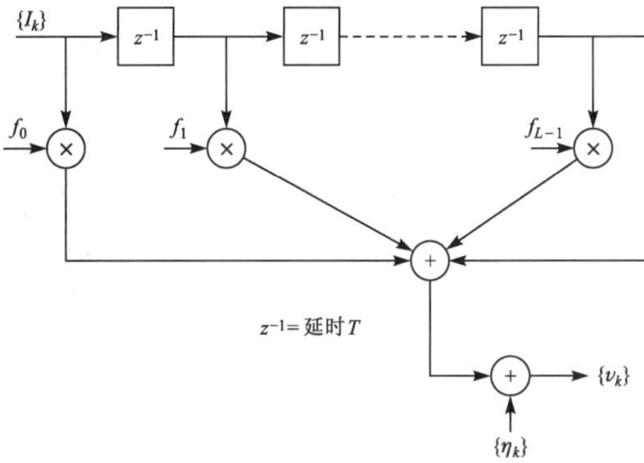

图 9-3-3　等效离散时间白噪声滤波器模型

例 9-3-1　假设发送机信号脉冲 $g(t)$具有持续时间 T 和单位能量，接收信号脉冲 $h(t)=g(t)+ag(t-T)$。求等效离散时间白噪声滤波器模型。抽样自相关函数为

$$x_k = \begin{cases} a^*, & k=-1 \\ 1+|a|^2, & k=0 \\ a, & k=1 \end{cases} \tag{9-3-17}$$

x_k 的 z 变换为

$$X(z) = \sum_{k=-1}^{1} x_k z^{-k} = a^* z + (1+|a|^2) + az^{-1} = (az^{-1}+1)(a^* z+1) \tag{9-3-18}$$

假定$|a|<1$，选择 $F(z)=az^{-1}+1$，那么等效横向滤波器有两个抽头，其抽头增益系数分别为 $f_0=1$、$f_1=a$。注意，相关序列$\{x_k\}$可以用$\{f_n\}$表示为

$$x_k = \sum_{n=0}^{L-k} f_n^* f_{n+k}, \qquad k=0,1,2,\cdots,L \tag{9-3-19}$$

当信道冲激响应随时间缓慢变化时，接收机中匹配滤波器成为一个时变滤波器。在这种情况下，信道/匹配滤波器对的时变导致了一个具有时变系数的离散时间滤波器。结果得到时变符号间干扰的效应，可用图 9-3-3 所示的滤波器来建模，其中抽头系数随时间缓慢变化。在非理想带限信道上进行高速数字传输会出现符号间干扰的影响，这可以表示成离散时间白噪声滤波器的模型，本章其余部分关于对该干扰的补偿技术讨论中始终采用这个模型，通常这种补偿方法为**均衡技术**（Equalization Technique）或**均衡算法**（Equalization Algorithm）。

9.3.3　离散时间白噪声滤波器模型的维特比算法

在存在符号间干扰且覆盖 $L+1$ 个符号（L 个干扰分量）的情况下，MLSE 准则可等价为一个离散时间有限状态机的状态估计问题。这种情况下的有限状态机是系数为$\{f_k\}$的等效离散时间信道。在任何瞬时，它的状态由 L 个最近的输入确定，即在 k 时刻状态为

$$S_k = (I_{k-1}, I_{k-2}, \cdots, I_{k-L}) \tag{9-3-20}$$

式中，当 $k\leqslant 0$ 时 $I_k=0$。因此，如果信息符号是 M 元的，那么信道滤波器有 M^L 个状态。从而，信道可由 M^L 状态网格描述，维特比算法可用来求通过该网格的最可能的路径。

在网格搜索中所用的度量类似于在卷积码的软判决译码中所用的度量。简言之，从样

值 $v_1, v_2,\cdots, v_{L+1}$ 着手，计算 M^{L+1} 个度量

$$\sum_{k=1}^{L+1} \ln p(v_k|I_k, I_{k-1}, \cdots, I_{k-L}) \tag{9-3-21}$$

式中，$I_{L+1}, I_L,\cdots, I_2, I_1$ 的 M^{L+1} 个可能的序列被划分为 M^L 组，其对应于 M^L 个状态（$I_{L+1}, I_L,\cdots, I_2$）。注意，在每一组（状态）中 M 个序列 I_1 不同，并且对应于通过网格各条路径，这些路径汇聚在一个单一的节点。从 M^L 状态的每一状态中的 M 个序列选择具有最大概率（关于 I_1）的序列并对该幸存序列赋予度量

$$\begin{aligned}\mathrm{PM}_1(\boldsymbol{I}_{L+1}) &\equiv \mathrm{PM}_1(I_{L+1}, I_L, \cdots, I_2)\\ &= \max_{I_1}\sum_{k=1}^{L+1} \ln p(v_k|I_k, I_{k-1}, \cdots, I_{k-L})\end{aligned} \tag{9-3-22}$$

每一组中的其余 M–1 个剩余序列被舍弃，因此保留 M^L 个幸存序列及其度量。

当接收到 v_{L+2} 时，M^L 个幸存序列被扩展一个状态，再利用先前的度量和新增量来计算延伸序列相应的 M^{L+1} 个概率，该增量是 $\ln p(v_{L+2}|I_{L+2}, I_{L+1},\cdots, I_2)$。将 M^{L+1} 个序列划分为对应于 M^L 个可能状态（$I_{L+2},\cdots, I_3$）的 M^L 组，并且从每一组中选择最可能的序列，舍弃其他 M–1 个序列。

按上述过程继续接收后续信号样值，一般，当接收 v_{L+k} 时，度量①

$$\mathrm{PM}_k(\boldsymbol{I}_{L+k}) = \max_{I_k}[\ln p(v_{L+k}|I_{L+k}, \cdots, I_k) + \mathrm{PM}_{k-1}(\boldsymbol{I}_{L+k-1})] \tag{9-3-23}$$

的计算给出 M^L 个幸存序列的概率。因此，当接收到每一个信号样值时，维特比算法首先包含下列 M^{L+1} 个概率的计算。

$$\ln p(v_{L+k}|I_{L+k}, \cdots, I_k) + \mathrm{PM}_{k-1}(\boldsymbol{I}_{L+k-1}) \tag{9-3-24}$$

该概率对应于 M^{L+1} 个序列，这些序列形成从前一级处理得到的 M^L 个幸存序列的延续。M^{L+1} 个序列被划分为 M^L 组，每一组包含 M 个序列，这些序列终结于相同的符号集 $I_{L+k},\cdots, I_{k+1}$，其差别在于符号 I_k。从每一组的 M 个序列中选择具有最大概率的一个，如式（9-3-23）所示，而舍去剩余的 M–1 个序列，再次保留度量为 $\mathrm{PM}_k(\boldsymbol{I}_{L+k})$的 M^L 个序列。

如前所述，检测每一个信息符号的延时是可变的。在实际中，通过将幸存序列截断为 q 个最近的符号（$q\gg L$）可避免可变延时，从而得到一个固定延时。在 k 时刻 M^L 个幸存序列与符号 I_{k-q} 不一致的情况下，可以选择最可能序列中的符号。当 $q\geqslant 5L$ 时，由这种次最佳判决过程造成的性能损失可以忽略不计。

例 9-3-2 出于说明的目的，本例假设采用双二进制信号脉冲来传输四电平（M=4）PAM，因此每一个符号是从集合{–3, –1, 1, 3}中选出的一个数。在这个部分响应信号中，符号间干扰由图 9-3-4 所示的等效离散时间信道模型来表示。假设已接收 v_1 和 v_2，其中

$$\begin{aligned} v_1 &= I_1 + \eta_1\\ v_2 &= I_2 + I_1 + \eta_2\end{aligned} \tag{9-3-25}$$

且{η_i}是统计独立的零均值高斯噪声。现在可

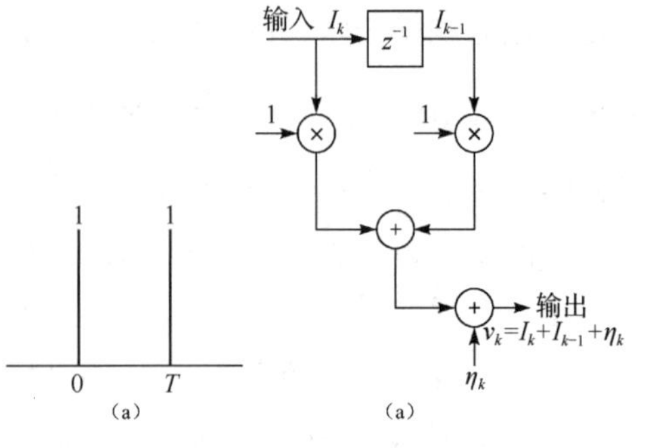

图 9-3-4　由双二进制信号脉冲产生的符号间干扰的等效离散时间信道模型

① 当加性噪声是高斯的时，度量 $\mathrm{PM}_k(\boldsymbol{I})$只与欧氏距离度量 $\mathrm{DM}_k(\boldsymbol{I})$有关。

以计算 16 个度量

$$\mathrm{PM}_1(I_2, I_1) = -\sum_{k=1}^{2}\left(v_k - \sum_{j=0}^{1} I_{k-j}\right)^2, \qquad I_1, I_2 = \pm 1, \pm 3 \qquad (9\text{-}3\text{-}26)$$

式中，$k \leqslant 0$ 时 $I_k=0$。

注意，任何顺序接收的信号$\{v_i\}$都不包含 I_1。因此，在这一级上可以舍弃 16 个可能的$\{I_1, I_2\}$中的 12 对。这一步可由图 9-3-5 所示的树图说明。换言之，在树图中计算 16 条路径对应的 16 个度量之后，舍弃终结于 $I_2=3$ 的 4 条路径中的 3 条，保留其中最可能（概率最大）的一条。因此，该幸存路径的度量是

$$\mathrm{PM}_1(I_2 = 3, I_1) = \max_{I_1}\left[-\sum_{k=1}^{2}\left(v_k - \sum_{j=0}^{1} I_{k-j}\right)^2\right]$$

对于终结于 $I_2=1$、$I_2=-1$ 和 $I_2=-3$ 每一组的 4 条路径，重复上述过程。因此，在接收 v_1 和 v_2 之后，4 条路径及其度量被保留下来。

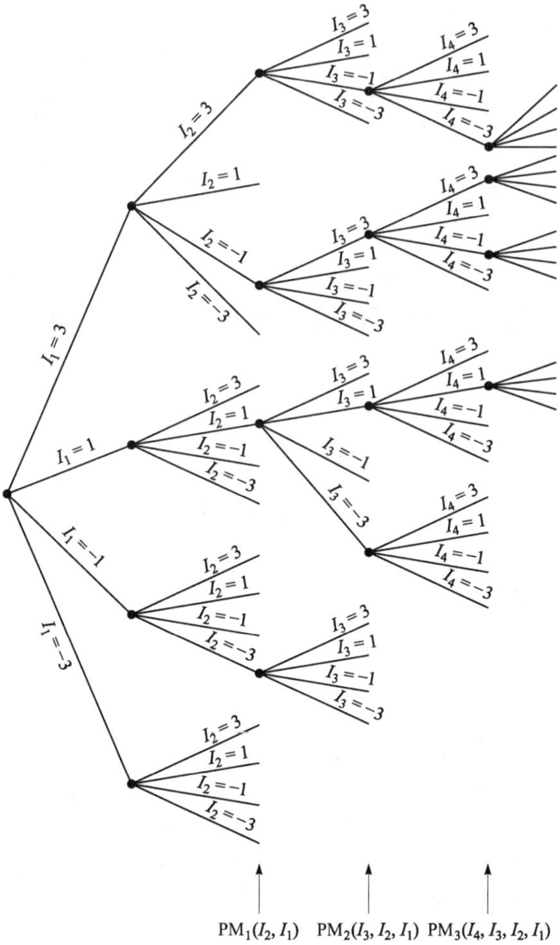

图 9-3-5　双二进制信号脉冲维特比译码的树图

当接收到 v_3 时，4 条路径被延伸，如图 9-3-5 所示，这产生了 16 条路径，16 个相应的度量由式（9-3-27）给出，即

$$\mathrm{PM}_2(I_3, I_2, I_1) = \mathrm{PM}_1(I_2, I_1) - \left(v_3 - \sum_{j=0}^{1} I_{3-j}\right)^2 \tag{9-3-27}$$

对于终结于 $I_3=3$ 的 4 条路径，保留最可能的路径。对于 $I_3=1$、$I_3=-1$ 和 $I_3=-3$ 再次重复这个过程。因此，在这一级仅有 4 条路径被保留下来。当 $k>3$ 时，对每个顺序接收的信号 v_k，重复该过程。

9.3.4 ISI 信道的 MLSE 性能

本节在信息通过 PAM 信号传输且存在加性高斯噪声的情况下，求接收信息序列 MLSE 的差错概率。卷积码与有限持续时间符号间干扰信道之间的相似性，意味着计算前者差错概率的方法可应用于后者，也就是说，对 8.3 节所述的利用维特比算法计算卷积码的软判决译码性能的方法进行适当修改，就可在此应用。

在具有加性高斯噪声和符号间干扰的 PAM 信号传输中，维特比算法所用的度量可以表示成式（9-3-23）的形式或等价为

$$\mathrm{PM}_{k-L}(\boldsymbol{I}_k) = \mathrm{PM}_{k-L-1}(\boldsymbol{I}_{k-1}) - \left(v_k - \sum_{j=0}^{L} f_j I_{k-j}\right)^2 \tag{9-3-28}$$

式中，符号 $\{I_n\}$ 可以取值为 $\pm d, \pm 3d, \cdots, \pm(M-1)d$，$2d$ 是两个相邻电平之间的距离。网格有 M^L 个状态，在 k 时刻定义为

$$S_k = (I_{k-1}, I_{k-2}, \cdots, I_{k-L}) \tag{9-3-29}$$

将通过维特比算法得到的估计符号标记为 $\{\tilde{I}_n\}$，且在 k 时刻相应的估计状态可标记为

$$\tilde{S}_k = (\tilde{I}_{k-1}, \tilde{I}_{k-2}, \cdots, \tilde{I}_{k-L}) \tag{9-3-30}$$

现在假设在 k 时刻通过网格的估计路径从正确路径分离出来，然后在 $k+l$ 时刻又与正确路径重新合并。因此，$\tilde{S}_k = S_k$ 且 $\tilde{S}_{k+1} = S_{k+1}$，但对于 $k<m<k+l$，有 $\tilde{S}_m \neq S_m$。正如在卷积码中那样，把这种情况称为**差错事件**（Error Event）。因为信道覆盖 $L+1$ 个符号，所以 $l \geqslant L+1$。

对于这个差错事件，$\tilde{I}_k \neq I_k$ 及 $\tilde{I}_{k+l-L-1} \neq I_{k+l-L-1}$；但对于 $k-L \leqslant m \leqslant k-1$ 和 $k+l-L \leqslant m \leqslant k+l-1$，则 $\tilde{I}_m = I_m$。为了方便，为该差错事件定义一个差错向量 $\boldsymbol{\varepsilon}$，即

$$\boldsymbol{\varepsilon} = [\varepsilon_k \quad \varepsilon_{k+1} \quad \cdots \quad \varepsilon_{k+l-L-1}] \tag{9-3-31}$$

式中，$\boldsymbol{\varepsilon}$ 的各分量定义为

$$\varepsilon_j = \frac{1}{2d}(I_j - \tilde{I}_j), \qquad j = k, k+1, \cdots, k+l-L-1 \tag{9-3-32}$$

式（9-3-32）中的归一化因子 $2d$ 导致元素 ε_j 的取值为 $\pm 1, \pm 2, \pm 3, \cdots, \pm(M-1)$。差错向量可以用下列性质来表征：$\varepsilon_k \neq 0$、$\varepsilon_{k+l-L-1} \neq 0$ 且不存在连续 L 个 0 元素的序列。与式（9-3-31）中差错向量相关联的是 $l-L-1$ 次多项式，即

$$\varepsilon(z) = \varepsilon_k + \varepsilon_{k+1} z^{-1} + \varepsilon_{k+2} z^{-2} + \cdots + \varepsilon_{k+l-L-1} z^{-(l-L-1)} \tag{9-3-33}$$

我们希望求差错事件发生的概率，该差错事件在 k 时刻开始，并由式（9-3-31）中的差错向量或等价地用式（9-3-33）中的多项式表征。为了完成这一工作，可按照福尼（Forney，1972）提出的运算过程进行。具体地，对于发生的差错事件$\boldsymbol{\varepsilon}$，下面三个子事件 E_1、E_2 和 E_3 必定发生。

E_1：在 k 时刻，$\tilde{S}_k = S_k$。

E_2：信息符号 $I_k, I_{k+1},\cdots, I_{k+l-L-1}$ 在被加入标度变换的差错序列 $2d(\varepsilon_k, \varepsilon_{k+1},\cdots, \varepsilon_{k+l-L-1})$时，必定导致一个许用序列（Allowable Sequence），即序列 $\tilde{I}_k, \tilde{I}_{k+1}, \cdots, \tilde{I}_{k+l-L-1}$ 的值一定在$\pm d, \pm 3d,\cdots, \pm(M-1)d$ 中选择。

E_3：当 $k \leqslant m \leqslant k+l$ 时，估计路径分支度量的总和超过正确路径分支度量的总和。

E_3 发生的概率是

$$P(E_3) = P\left[\sum_{i=k}^{k+l-1}\left(v_i - \sum_{j=0}^{L} f_j \tilde{I}_{i-j}\right)^2 < \sum_{i=k}^{k+l-1}\left(v_i - \sum_{j=0}^{L} f_j I_{i-j}\right)^2\right] \tag{9-3-34}$$

但

$$v_i = \sum_{j=0}^{L} f_j I_{i-j} + \eta_i \tag{9-3-35}$$

式中，$\{\eta_i\}$是实高斯白噪声序列。将式（9-3-35）代入式（9-3-34），可得

$$\begin{aligned} P(E_3) &= P\left[\sum_{i=k}^{k+l-1}\left(\eta_i + 2d\sum_{j=0}^{L} f_j \varepsilon_{i-j}\right)^2 < \sum_{i=k}^{k+l-1}\eta_i^2\right] \\ &= P\left[4d\sum_{i=k}^{k+l-1}\eta_i\left(\sum_{j=0}^{L} f_j\varepsilon_{i-j}\right) < -4d^2\sum_{i=k}^{k+l-1}\left(\sum_{j=0}^{L} f_j\varepsilon_{i-j}\right)^2\right] \end{aligned} \tag{9-3-36}$$

式中，当 $j<k$ 和 $j>k+l-L-1$ 时，$\varepsilon_j=0$。如果定义

$$\alpha_i = \sum_{j=0}^{L} f_j \varepsilon_{i-j} \tag{9-3-37}$$

那么，式（9-3-36）可以表示为

$$P(E_3) = P\left(\sum_{i=k}^{k+l-1}\alpha_i\eta_i < -d\sum_{i=k}^{k+l-1}\alpha_i^2\right) \tag{9-3-38}$$

式中，两项公共因子 $4d$ 已被舍去。那么，式（9-3-38）正是统计独立高斯随机变量的线性组合小于某个负数的概率，因此

$$P(E_3) = Q\left(\sqrt{\frac{2d^2}{N_0}\sum_{i=k}^{k+l-1}\alpha_i^2}\right) \tag{9-3-39}$$

为了方便，定义

$$\delta^2(\boldsymbol{\varepsilon}) = \sum_{i=k}^{k+l-1} \alpha_i^2 = \sum_{i=k}^{k+l-1} \left(\sum_{j=0}^{L} f_j \varepsilon_{i-j} \right)^2 \tag{9-3-40}$$

式中，当$j<k$及$j>k+l-L-1$时，$\varepsilon_j=0$。注意，由$\{f_i\}$与$\{\varepsilon_j\}$卷积得到的$\{\alpha_i\}$是下列多项式的系数。

$$\alpha(z) = F(z)\varepsilon(z) = \alpha_k + \alpha_{k+1}z^{-1} + \cdots + \alpha_{k+l-1}z^{-(l-1)} \tag{9-3-41}$$

而且，$\delta^2(\varepsilon)$就等于下列多项式中z^0的系数

$$\alpha(z)\alpha(z^{-1}) = F(z)F(z^{-1})\varepsilon(z)\varepsilon(z^{-1}) = X(z)\varepsilon(z)\varepsilon(z^{-1}) \tag{9-3-42}$$

$\delta^2(\varepsilon)$称为差错事件ε的**欧氏重量**。

表示$\{f_i\}$与$\{\varepsilon_j\}$卷积结果的另一种方法是矩阵形式

$$\boldsymbol{\alpha} = \boldsymbol{e}\boldsymbol{f}$$

式中，$\boldsymbol{\alpha}$是一个l维向量，$\boldsymbol{f}$是一个$(L+1)$维向量，而$\boldsymbol{e}$是一个$l\times(L+1)$矩阵，它们分别定义为

$$\boldsymbol{\alpha} = \begin{bmatrix} \alpha_k \\ a_{k+1} \\ \vdots \\ \alpha_{k+l-1} \end{bmatrix}, \qquad \boldsymbol{f} = \begin{bmatrix} f_0 \\ f_1 \\ \vdots \\ f_L \end{bmatrix}$$

$$\boldsymbol{e} = \begin{bmatrix} \varepsilon_k & 0 & 0 & \cdots & 0 & \cdots & 0 \\ \varepsilon_{k+1} & \varepsilon_k & 0 & \cdots & 0 & \cdots & 0 \\ \varepsilon_{k+2} & \varepsilon_{k+1} & \varepsilon_k & \cdots & 0 & \cdots & 0 \\ \vdots & \vdots & \vdots & & \vdots & & \vdots \\ \varepsilon_{k+l-1} & \cdots & \cdots & \cdots & \cdots & \cdots & \varepsilon_{k+l-L-1} \end{bmatrix} \tag{9-3-43}$$

那么

$$\delta^2(\boldsymbol{\varepsilon}) = \boldsymbol{\alpha}^{\mathrm{t}}\boldsymbol{\alpha} = \boldsymbol{f}^{\mathrm{t}}\boldsymbol{e}^{\mathrm{t}}\boldsymbol{e}\boldsymbol{f} = \boldsymbol{f}^{\mathrm{t}}\boldsymbol{A}\boldsymbol{f} \tag{9-3-44}$$

式中，$\boldsymbol{A}$是一个$(L+1)\times(L+1)$矩阵，其形式为

$$\boldsymbol{A} = \boldsymbol{e}^{\mathrm{t}}\boldsymbol{e} = \begin{bmatrix} \beta_0 & \beta_1 & \beta_2 & \cdots & \beta_L \\ \beta_1 & \beta_0 & \beta_1 & \cdots & \beta_{L-1} \\ \beta_2 & \beta_1 & \beta_0 & \beta_1 & \beta_{L-2} \\ \vdots & \vdots & \vdots & \vdots & \vdots \\ \beta_L & \cdots & \cdots & \cdots & \beta_0 \end{bmatrix} \tag{9-3-45}$$

且

$$\beta_m = \sum_{i=k}^{k+l-1-m} \varepsilon_i \varepsilon_{i+m} \tag{9-3-46}$$

在评价差错概率性能时，可以利用式(9-3-40)和式(9-3-41)，或者式(9-3-45)和式(9-3-46)，后面将研究这些计算方法。可以得出如下的结论：由式（9-3-39）给出的子事件发生的概率为

$$P(E_3) = Q\left(\sqrt{\frac{2d^2}{N_0}\delta^2(\boldsymbol{\varepsilon})}\right) = Q\left(\sqrt{\frac{6}{M^2-1}\gamma_{\mathrm{av}}\delta^2(\boldsymbol{\varepsilon})}\right) \tag{9-3-47}$$

式中利用了关系式

$$d^2 = \frac{3}{M^2 - 1} T P_{\mathrm{av}} \tag{9-3-48}$$

来消去 d^2，以及$\gamma_{\mathrm{av}}=TP_{\mathrm{av}}/N_0$。注意，在没有符号间干扰的情况下，$\delta^2(\boldsymbol{\varepsilon})=1$，且 $P(E_3)$与 M 元 PAM 的符号差错概率成正比。

子事件 E_2 的概率只取决于输入序列的统计特性。假定信息符号是等概的，而且在发送序列中的符号是统计独立的。那么，对于形式为$|\varepsilon_i|=j$ 的差错（$j=1, 2,\cdots, M-1$），有 $M-j$ 个可能的 I_i 值，这样

$$I_i = \tilde{I}_i + 2d\varepsilon_i$$

因此

$$P(E_2) = \prod_{i=0}^{l-L-1} \frac{M - |\varepsilon_i|}{M} \tag{9-3-49}$$

精确计算子事件 E_1 的概率则困难得多，这是由于它与子事件 E_3 相关。也就是说，必须计算 $P(E_1|E_3)$。然而，$P(E_1|E_3)=1-P_{\mathrm{e}}$，其中 P_{e} 是符号差错概率。因此，当符号差错概率相当低时，$P(E_1|E_3)$近似于（且上边界为）1。因此，差错事件$\boldsymbol{\varepsilon}$ 的概率近似为且上边界为

$$P(\boldsymbol{\varepsilon}) \leqslant Q\left(\sqrt{\frac{6}{M^2 - 1}\gamma_{\mathrm{av}}\delta^2(\boldsymbol{\varepsilon})}\right) \prod_{i=0}^{l-L-1} \frac{M - |\varepsilon_i|}{M} \tag{9-3-50}$$

令 E 为从 k 时刻开始的所有差错事件$\boldsymbol{\varepsilon}$的集合，并且令 $w(\boldsymbol{\varepsilon})$为每一个差错事件$\boldsymbol{\varepsilon}$中相应的非 0 分量的数目（汉明重量或符号差错数目）。那么，符号差错概率的上边界（一致边界，Union Bound）为

$$\begin{aligned} P_{\mathrm{e}} &\leqslant \sum_{\boldsymbol{\varepsilon}\in E} w(\boldsymbol{\varepsilon}) P(\boldsymbol{\varepsilon}) \\ &\leqslant \sum_{\boldsymbol{\varepsilon}\in E} w(\boldsymbol{\varepsilon}) Q\left(\sqrt{\frac{6}{M^2 - 1}\gamma_{\mathrm{av}}\delta^2(\boldsymbol{\varepsilon})}\right) \prod_{i=0}^{l-L-1} \frac{M - |\varepsilon_i|}{M} \end{aligned} \tag{9-3-51}$$

令 D 为所有$\delta(\boldsymbol{\varepsilon})$的集合。对于每个$\delta\in D$，令 E_δ为差错事件的子集，其中$\delta(\boldsymbol{\varepsilon})=\delta$，那么式（9-3-51）可表示为

$$\begin{aligned} P_{\mathrm{e}} &\leqslant \sum_{\delta\in D} Q\left(\sqrt{\frac{6}{M^2 - 1}\gamma_{\mathrm{av}}\delta^2}\right) \left[\sum_{\boldsymbol{\varepsilon}\in E_\delta} w(\boldsymbol{\varepsilon}) \prod_{i=0}^{l-L-1} \frac{M - |\varepsilon_i|}{M}\right] \\ &\leqslant \sum_{\delta\in D} K_\delta Q\left(\sqrt{\frac{6}{M^2 - 1}\gamma_{\mathrm{av}}\delta^2}\right) \end{aligned} \tag{9-3-52}$$

式中

$$K_\delta = \sum_{\boldsymbol{\varepsilon}\in E_\delta} w(\boldsymbol{\varepsilon}) \prod_{i=0}^{l-L-1} \frac{M - |\varepsilon_i|}{M} \tag{9-3-53}$$

式（9-3-52）给出的差错概率类似于式（8-2-19）给出的卷积码软判决译码的差错概率。加权因子 K_δ可以用差错状态图的方法求得，该差错状态图类似于卷积码编码器的状态图。这

种处理方法已由 Forney（1972）、Viterbi & Omura（1979）说明。

然而，一般情况下用差错状态图计算 P_e 是冗长且乏味的，替代的方法是利用式（9-3-52）的求和式中的主要项来简化 P_e 的计算。由于求和式中每一项的指数相关性，表达式 P_e 主要由相应于最小 δ 值（记为 $\delta_{\min}$）的项支配。因此，符号差错概率可以近似为

$$P_e \approx K_{\delta_{\min}} Q\left(\sqrt{\frac{6}{M^2-1}\gamma_{av}\delta_{\min}^2}\right) \tag{9-3-54}$$

式中

$$K_{\delta_{\min}} = \sum_{\boldsymbol{\varepsilon}\in E_{\delta_{\min}}} w(\boldsymbol{\varepsilon}) \prod_{i=0}^{l-L-1} \frac{M-|\varepsilon_i|}{M} \tag{9-3-55}$$

一般地，$\delta_{\min}^2 \leqslant 1$，因此可用 $10\log\delta_{\min}^2$ 表示由于符号间干扰造成的 SNR 损失。

δ 的最小值可以由式（9-3-40）求得，或者通过对不同的差错序列计算式（9-3-44）中二次型来求得。在下面两个例子中，我们使用式（9-3-40）。

例 9-3-3 研究具有任意系数 f_0 和 f_1 的二径信道（L=1），该系数满足约束条件 $f_0^2+f_1^2=1$。信道特性是

$$F(z) = f_0 + f_1 z^{-1} \tag{9-3-56}$$

对于长度为 n 的差错事件

$$\varepsilon(z) = \varepsilon_0 + \varepsilon_1 z^{-1} + \cdots + \varepsilon_{n-1} z^{-(n-1)}, \qquad n \geqslant 1 \tag{9-3-57}$$

乘积 $\alpha(z)=F(z)\varepsilon(z)$ 可以表示为

$$\alpha(z) = \alpha_0 + \alpha_1 z^{-1} + \cdots + \alpha_n z^{-n} \tag{9-3-58}$$

式中，$\alpha_0=\varepsilon_0 f_0$ 以及 $\alpha_n=f_1\varepsilon_{n-1}$。因为 $\varepsilon_0\neq0$、$\varepsilon_{n-1}\neq0$ 且

$$\delta^2(\boldsymbol{\varepsilon}) = \sum_{k=0}^{n} \alpha_k^2 \tag{9-3-59}$$

可得到

$$\delta_{\min}^2 \geqslant f_0^2 + f_1^2 = 1$$

实际上，当发生单一差错时，即 $\varepsilon(z)=\varepsilon_0$ 时，$\delta_{\min}^2=1$。因此，我们得出结论：当信道弥散长度为 2 时，在信息符号的最大似然序列估计中没有 SNR 损失。

例 9-3-4 在部分响应信号中的受控符号间干扰可以看成是由一个时间弥散信道生成的。因此，由双二进制信号脉冲产生的符号间干扰可以用下列（归一化）信道特性来表示

$$F(z) = \sqrt{1/2} + \sqrt{1/2}z^{-1} \tag{9-3-60}$$

类似地，变型双二进制信号脉冲可表示为

$$F(z) = \sqrt{1/2} + \sqrt{1/2}z^{-2} \tag{9-3-61}$$

对于式（9-3-60）给出的信道，形式为

$$\varepsilon(z) = \pm(1 - z^{-1} - z^{-2} \cdots - z^{-(n-1)}), \qquad n \geqslant 1 \tag{9-3-62}$$

的任何差错，最小距离 $\delta_{\min}^2=1$，因为

$$\alpha(z) = \pm\sqrt{1/2} \mp \sqrt{1/2}z^{-n}$$

类似地，对于式（9-3-61）定义的信道，当

$$\varepsilon(z)=\pm[1+z^{-2}+z^{-4}+\cdots+z^{-2(n-1)}],\qquad n\geqslant 1 \tag{9-3-63}$$

时，$\delta_{\min}^2=1$，因为

$$\alpha(z)=\pm\sqrt{1/2}\mp\sqrt{1/2}z^{-2n}$$

因此，这两个部分响应信号的 MLSE 结果没有 SNR 损失。作为对比，前述的次最佳逐符号检测导致了 2.1 dB 的损失。

对这两个信号，常数 $K_{\delta_{\min}}$ 是容易计算的。采用预编码时，在式（9-3-62）和式（9-3-63）中，与差错事件相关联的输出符号差错的数目（汉明重量）是 2，因此

$$K_{\delta_{\min}}=2\sum_{n=1}^{\infty}\left(\frac{M-1}{M}\right)^n=2(M-1) \tag{9-3-64}$$

另外，未采用预编码时，这些差错事件将导致 n 个符号差错，因此

$$K_{\delta_{\min}}=2\sum_{n=1}^{\infty}n\left(\frac{M-1}{M}\right)^n=2M(M-1) \tag{9-3-65}$$

作为练习，下面研究式（9-3-44）中的二次型计算 $\delta_{\min}^2$。二次型矩阵 $\boldsymbol{A}$ 是正定的，因此其所有特征值是正的。如果$\{\mu_k(\boldsymbol{\varepsilon})\}$是特征值，且$\{\boldsymbol{v}_k(\boldsymbol{\varepsilon})\}$是差错事件$\boldsymbol{\varepsilon}$相应的 $\boldsymbol{A}$ 的标准正交特征向量，那么式（9-3-44）中二次型可以表示为

$$\delta^2(\boldsymbol{\varepsilon})=\sum_{k=1}^{L+1}\mu_k(\boldsymbol{\varepsilon})[\boldsymbol{f}^{\mathrm{t}}\boldsymbol{v}_k(\boldsymbol{\varepsilon})]^2 \tag{9-3-66}$$

换言之，$\delta^2(\boldsymbol{\varepsilon})$被表示为信道向量 $\boldsymbol{f}$ 在 $\boldsymbol{A}$ 的特征向量上的平方投影的线性组合。在总和中的每一个平方投影被相应的特征值$\mu_k(\boldsymbol{\varepsilon})$（$k$=1, 2,…, L+1）加权。那么

$$\delta_{\min}^2=\min_{\boldsymbol{\varepsilon}}\delta^2(\boldsymbol{\varepsilon}) \tag{9-3-67}$$

注意，一个给定长度为 L+1 的最差信道的特性可以通过求相应于最小特征值的特征向量来获得。因此，如果$\mu_{\min}(\boldsymbol{\varepsilon})$是给定差错事件$\boldsymbol{\varepsilon}$的最小特征值，且 $\boldsymbol{v}_{\min}(\boldsymbol{\varepsilon})$是相应的特征向量，那么

$$\mu_{\min}=\min_{\boldsymbol{\varepsilon}}\mu_{\min}(\boldsymbol{\varepsilon}),\qquad \boldsymbol{f}=\min_{\boldsymbol{\varepsilon}}\boldsymbol{v}_{\min}(\boldsymbol{\varepsilon})$$

以及

$$\delta_{\min}^2=\mu_{\min}$$

例 9-3-5　通过对不同差错事件寻找 $\boldsymbol{A}$ 的最小特征值来求长度为 3（L=2）的最差的时间弥散信道，因此

$$F(z)=f_0+f_1z^{-1}+f_2z^{-2}$$

式中，f_0、f_1 和 f_2 是相应于最小特征值的 $\boldsymbol{A}$ 的特征向量的分量。一个形式为

$$\varepsilon(z)=1-z^{-1}$$

的差错事件导致的矩阵为

$$\boldsymbol{A}=\begin{bmatrix}2 & -1 & 0\\ -1 & 2 & -1\\ 0 & -1 & 2\end{bmatrix}$$

其特征值为μ_1=2、$\mu_2=2+\sqrt{2}$、$\mu_3=2-\sqrt{2}$。相应于μ_3的特征向量是

$$v_3^{t}=\begin{bmatrix}\frac{1}{2} & \sqrt{\frac{1}{2}} & \frac{1}{2}\end{bmatrix} \tag{9-3-68}$$

双差错事件

$$\varepsilon(z)=1+z^{-1}$$

导致的矩阵为

$$A=\begin{bmatrix}2 & 1 & 0\\1 & 2 & 1\\0 & 1 & 2\end{bmatrix}$$

该矩阵的特征值与$\varepsilon(z)=1-z^{-1}$导致的矩阵的特征值相同。相应$\mu_3=2-\sqrt{2}$的特征向量是

$$v_3^{t}=\begin{bmatrix}-1/2 & \sqrt{1/2} & \sqrt{1/2}\end{bmatrix} \tag{9-3-69}$$

任何其他差错事件将导致比$\mu_{\min}$更大的值，因此，$\mu_{\min}=2-\sqrt{2}$且最差情况的信道为

$$\begin{bmatrix}1/2 & \sqrt{1/2} & 1/2\end{bmatrix} \text{ 或 } \begin{bmatrix}1/2 & \sqrt{1/2} & 1/2\end{bmatrix}$$

信道造成的 SNR 损失为

$$-10\log\delta_{\min}^2=-10\log\mu_{\min}=2.3\,\mathrm{dB}$$

对于 L=3、4 和 5 的信道，重复上面的计算得到的结果如表 9-3-1 所示。

表 9-3-1　最大性能损失与相应的信道特性

信道长度 $L+1$	性能损失 $-10\log\delta_{\min}^2$dB	最小距离信道
3	2.3	0.50, 0.71, 0.50
4	4.2	0.38, 0.60, 0.60, 0.38
5	5.7	0.29, 0.50, 0.58, 0.50, 0.29
6	7.0	0.23, 0.42, 0.52, 0.52, 0.42, 0.23

9.4 线性均衡

ISI 信道的 MLSE 的计算复杂度随着信道时间弥散的长度而成指数增长。如果符号表中的符号数是 M 且造成 ISI 的干扰符号数是 L，那么维特比算法对每个新的接收符号要计算 M^{L+1} 个度量。对于大多数实际的信道，这样大的计算复杂度实现起来过于昂贵。

本节和下面各节将介绍次最佳信道均衡方法，以此补偿 ISI。一种方法是利用线性横向滤波器（本节将述及），这种滤波器结构的计算复杂度是信道弥散长度 L 的线性函数。

最常用于均衡的线性滤波器是一个横向滤波器，如图 9-4-1 所示，它的输入是式（9-3-16）给出的序列$\{v_k\}$，它的输出是信息序列$\{I_k\}$的估计值。第 k 个符号的估计值可以表示为

$$\hat{I}_k=\sum_{j=-K}^{K}c_j v_{k-j} \tag{9-4-1}$$

式中，$\{c_j\}$是该滤波器的 $2K+1$ 个复抽头加权系数。估计值 $\hat{I}_k$ 被均衡到最接近（在距离上）的信息符号，以形成判决 $\tilde{I}_k$。如果 $\tilde{I}_k$ 与发送信息符号不同，则判决发生一次差错。

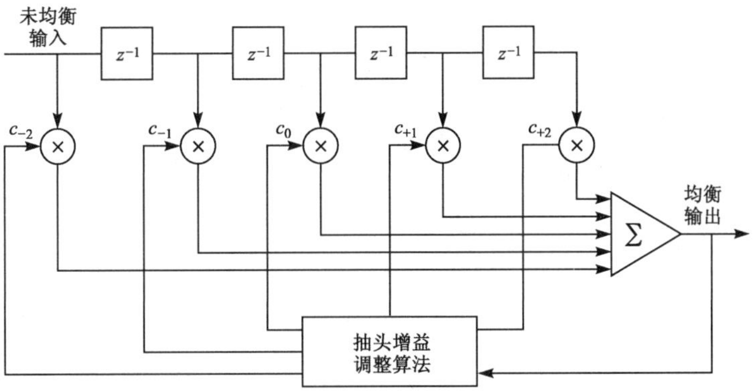

图 9-4-1　横向滤波器

人们在滤波器系数$\{c_k\}$最佳化准则上已做了大量的研究。对数字通信系统性能最有意义的度量是平均差错概率，因此希望滤波器系数使平均差错概率最小。然而，差错概率是$\{c_j\}$的高度非线性函数，因此以差错概率作为均衡器抽头加权系数最佳化的性能指数计算起来比较复杂。

目前已有两个准则在均衡系数$\{c_j\}$最佳化中得到广泛应用，一个是峰值失真准则，另一个是均方误差准则。

9.4.1　峰值失真准则

峰值失真可简单地定义为在均衡器输出端最坏情况下的符号间干扰。这个性能指数的最小化称为**峰值失真准则**（Peak Distortion Criterion）。本节首先研究假定均衡器有无限个抽头情况下的峰值失真最小化，然后讨论横向均衡器横跨有限时间区间的情况。

我们看到，具有冲激响应$\{f_n\}$的离散时间线性滤波器模型与具有冲激响应$\{c_n\}$的均衡器级联结构可以用一个单一的等效滤波器来表示，其冲激响应为

$$q_n = \sum_{j=-\infty}^{\infty} c_j f_{n-j} \tag{9-4-2}$$

式中，$\{q_n\}$就是$\{c_n\}$与$\{f_n\}$的卷积。假设均衡器有无限个抽头，在第 k 个抽样时刻，其输出可以表示为

$$\hat{I}_k = q_0 I_k + \sum_{n\neq k} I_n q_{k-n} + \sum_{j=-\infty}^{\infty} c_j \eta_{k-j} \tag{9-4-3}$$

式（9-4-3）中的第一项表示标度变换形式的信息符号，为了方便，我们将 q_0 归一化成 1；第二项是符号间干扰，该干扰的峰值称为**峰值失真**，表示为

$$D(\boldsymbol{c}) = \sum_{\substack{n=-\infty \\ n\neq 0}}^{\infty} |q_n| = \sum_{\substack{n=-\infty \\ n\neq 0}}^{\infty} \left| \sum_{j=-\infty}^{\infty} c_j f_{n-j} \right| \tag{9-4-4}$$

因此，$D(\boldsymbol{c})$是均衡器抽头权值的函数。

当采用具有无限个抽头的均衡器时，有可能选择抽头权值使得 $D(\boldsymbol{c})=0$，即除 $n=0$ 外，对所有的 n 有 $q_n=0$。也就是说，符号间干扰可以被完全消除。要实现这个目标的抽头权值由下

列条件确定

$$q_n = \sum_{j=-\infty}^{\infty} c_j f_{n-j} = \begin{cases} 1, & n=0 \\ 0, & n \neq 0 \end{cases} \tag{9-4-5}$$

对式（9-4-5）进行 z 变换可得到

$$Q(z) = C(z)F(z) = 1 \tag{9-4-6}$$

或

$$C(z) = \frac{1}{F(z)} \tag{9-4-7}$$

式中，$C(z)$表示$\{c_j\}$的 z 变换。注意，具有传递函数 $C(z)$的均衡器就是线性滤波器模型 $F(z)$的逆滤波器。换言之，完全消除符号间干扰要求使用一个 $F(z)$的逆滤波器，我们将这种滤波器称为**迫零滤波器**（Zero-Forcing Filter）。图 9-4-2 所示为等效离散时间信道和均衡器。

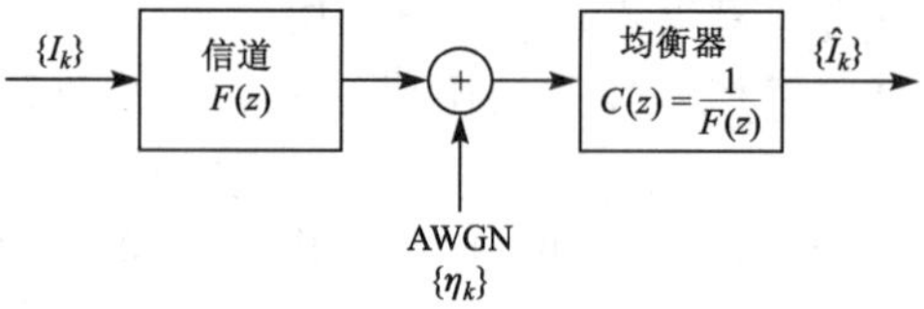

图 9-4-2　等效离散时间信道和均衡器（带有迫零滤波器）

传递函数为 $1/F^*(1/z^*)$的噪声白化滤波器与具有传递函数 $1/F(z)$的迫零均衡器的级联等效于一个传递函数为

$$C'(z) = \frac{1}{F(z)F^*(1/z^*)} = \frac{1}{X(z)} \tag{9-4-8}$$

的迫零均衡器，如图 9-4-3 所示，该等效迫零均衡器的输入为从匹配滤波器得到的样值序列$\{y_n\}$，由式（9-3-10）确定，其输出由仅受到均值为 0 的加性高斯噪声恶化的期望信息符号组成。该等效迫零均衡器的冲激响应是

$$c'_k = \frac{1}{2\pi \mathrm{j}} \oint C'(z) z^{k-1} \mathrm{d}z = \frac{1}{2\pi j} \oint \frac{z^{k-1}}{X(z)} \mathrm{d}z \tag{9-4-9}$$

式中，积分运算是在$C'(z)$的收敛区域内的闭合围线上进行的。因为 $X(z)$是具有 $2L$ 个根（$\rho_1, \rho_2, \cdots, \rho_L, 1/\rho_1^*, 1/\rho_2^*, \cdots, 1/\rho_L^*$）的多项式，因此$C'(z)$必须在包括单位圆（$z=\mathrm{e}^{\mathrm{j}\theta}$）在内的 z 平面上的环形区域内收敛。积分中闭合围线可以是单位圆。

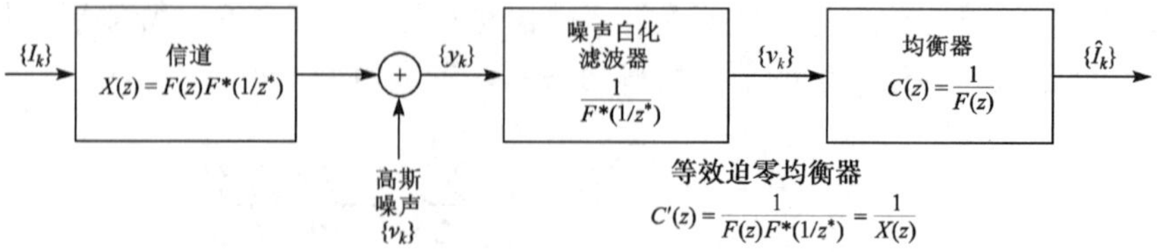

图 9-4-3　带有等效迫零均衡器的信道方框图

具有无限个抽头的均衡器完全消除了符号间干扰，其性能可以用其输出端的信噪比

（SNR）表示。为了数学处理的方便，可将接收信号能量归一化成 1[①]，这意味着 $q_0=1$ 且$|I_k|^2$的数学期望也是 1，SNR 就是均衡器输出端的噪声方差的倒数[②]。

σ_n^2 值可以通过对噪声序列$\{v_k\}$的观测来确定，$\{v_k\}$的均值为 0 且功率谱密度为

$$S_{vv}(\omega)=N_0X(e^{j\omega T}),\qquad |\omega|\leqslant\frac{\pi}{T} \tag{9-4-10}$$

式中，$X(e^{j\omega T})$可用 $z=e^{j\omega T}$ 代入 $X(z)$而得到。因为 $C'(z)=1/X(z)$，所以均衡器输出端的噪声序列的功率谱密度为

$$S_{nn}(\omega)=\frac{N_0}{X(e^{j\omega T})},\qquad |\omega|\leqslant\frac{\pi}{T} \tag{9-4-11}$$

因此，均衡器输出端的噪声变量的方差为

$$\sigma_n^2=\frac{T}{2\pi}\int_{-\pi/T}^{\pi/T}S_{nn}(\omega)\,d\omega=\frac{TN_0}{2\pi}\int_{-\pi/T}^{\pi/T}\frac{d\omega}{X(e^{j\omega T})} \tag{9-4-12}$$

且等效迫零均衡器的 SNR 为

$$\gamma_\infty=\frac{1}{\sigma_n^2}=\left[\frac{TN_0}{2\pi}\int_{-\pi/T}^{\pi/T}\frac{d\omega}{X(e^{j\omega T})}\right]^{-1} \tag{9-4-13}$$

式中，γ 的下标表示均衡器具有无限个抽头。

抽样序列$\{x_n\}$傅里叶变换的谱特性 $X(e^{j\omega T})$与接收机中模拟滤波器 $H(\omega)$之间有一个有趣的关系。因为

$$x_k=\int_{-\infty}^{\infty}h^*(t)h(t+kT)\,dt$$

利用帕什瓦尔（Parseval）定理可得

$$x_k=\frac{1}{2\pi}\int_{-\infty}^{\infty}|H(\omega)|^2e^{j\omega kT}\,d\omega \tag{9-4-14}$$

式中，$H(\omega)$是 $h(t)$的傅里叶变换。式（9-4-14）中的积分可以表示为

$$x_k=\frac{1}{2\pi}\int_{-\pi/T}^{\pi/T}\left[\sum_{n=-\infty}^{\infty}\left|H\left(\omega+\frac{2\pi n}{T}\right)\right|^2\right]e^{j\omega kT}d\omega \tag{9-4-15}$$

那么，$\{x_k\}$的傅里叶变换是

$$X(e^{j\omega T})=\sum_{k=-\infty}^{\infty}x_ke^{-j\omega kT} \tag{9-4-16}$$

通过傅里叶逆变换可得

$$x_k=\frac{T}{2\pi}\int_{-\pi/T}^{\pi/T}X(e^{j\omega T})e^{j\omega kT}d\omega \tag{9-4-17}$$

比较式（9-4-15）与式（9-4-17）可得出 $X(e^{j\omega T})$与 $H(\omega)$之间的关系，即

---

① 为了数学处理方便，本章都采用这种归一化。

② 若需要，可以用信号能量乘以均衡器输出端的归一化 SNR。

$$X(\mathrm{e}^{\mathrm{j}\omega T})=\frac{1}{T}\sum_{n=-\infty}^{\infty}\left|H\left(\omega+\frac{2\pi n}{T}\right)\right|^2,\qquad |\omega|\leqslant\frac{\pi}{T}\tag{9-4-18}$$

式（9-4-18）右边称为$|H(\omega)|^2$的**折叠谱**（Folded Spectrum）。我们也看到，$|H(\omega)|^2=X(\omega)$，其中 $X(\omega)$是波形 $x(t)$的傅里叶变换，而 $x(t)$是匹配滤波器对输入脉冲 $h(t)$的响应。因此，式（9-4-18）的右边也可以用 $X(\omega)$表示。

将式（9-4-18）的结果替换式（9-4-13）中的 $X(\mathrm{e}^{\mathrm{j}\omega T})$，得到的 SNR 为

$$\gamma_\infty=\left[\frac{T^2N_0}{2\pi}\int_{-\pi/T}^{\pi/T}\frac{\mathrm{d}\omega}{\sum\limits_{n=-\infty}^{\infty}|H(\omega+2\pi n/T)|^2}\right]^{-1}\tag{9-4-19}$$

我们看到，如果$|H(\omega)|^2$折叠谱特性具有任何零点，那么被积函数将变成无穷大，从而使 SNR 变成 0。换言之，无论何时，折叠谱特性具有零点或较小的值，那么均衡器的性能都比较差，这主要是因为均衡器在消除符号间干扰的同时增强了加性噪声。例如，如果信道在它的频率响应中含有一个谱零点，那么线性迫零均衡器将试图在零点的频率处引入无穷大的增益来补偿它，但是这种对信道失真的补偿是以增强加性噪声为代价的。另外，结合适当信号设计而不产生符号间干扰的理想信道的折叠谱将满足下列条件

$$\sum_{n=-\infty}^{\infty}\left|H\left(\omega+\frac{2\pi n}{T}\right)\right|^2=T,\qquad |\omega|\leqslant\frac{\pi}{T}\tag{9-4-20}$$

在这种情况下，SNR 达到其最大值，即

$$\gamma_\infty=\frac{1}{N_0}\tag{9-4-21}$$

有限长度均衡器

现在，让我们将注意力转向具有 $2K+1$ 个抽头的均衡器。因为当$|j|>K$ 时 $c_j=0$，所以在$-K\leqslant n\leqslant K+L$ 范围①之外$\{f_n\}$与$\{c_n\}$的卷积为 0，即当 $n<-K$ 以及 $n>K+L$ 时②$q_0=0$。当 q_0 归一化为 1 时，峰值失真③为

$$D(\boldsymbol{c})=\sum_{\substack{n=-K\\n\neq 0}}^{K+L}|q_n|=\sum_{\substack{n=-K\\n\neq 0}}^{K+L}\left|\sum_j c_jf_{n-j}\right|\tag{9-4-22}$$

虽然均衡器有 $2K+1$ 个可调参数，但是在响应$\{q_n\}$中有 $2K+L+1$④个非 0 值。因此，要在均衡器输出端完全消除符号间干扰一般是不可能的。当系数是最佳时，总有一些残余的干扰，因此关键是使 $D(\boldsymbol{c})$关于系数$\{c_j\}$最小化。

式（9-4-22）给出的峰值失真已由勒基（Lucky，1965）证明是系数$\{c_j\}$的凸函数，即它有一个全局的最小值而没有相对的最小值，其最小化可以采用最陡下降（Steepest Descent）法通过数值计算来进行。这种最小化问题的一般解答无须赘述，但有一个特别而重要的情况，

① 原文误写为$-K\leqslant n\leqslant K+L-1$。注意$\{f_n\}$有 $L+1$ 个抽头。

② 原文误写为 $n>K+L-1$。

③ 原文式（9-4-22）中求和上限误写为 $K+L-1$。

④ 原文误写为 $2K+L$。

即 $D(\boldsymbol{c})$ 的最小化的解答已知。在这种情况下，均衡器输入端的失真定义为

$$D_0 = \frac{1}{|f_0|}\sum_{n=1}^{L}|f_n| \tag{9-4-23}$$

该失真小于 1，这个条件等效于在均衡之前有一个睁开的眼图，即符号间干扰不足以严重到闭合眼图。在这种条件下，通过选择均衡器的系数，当 $1\leqslant n\leqslant K$ 时将使 $q_n=0$ 且 $q_0=1$。换言之，当 $D_0<1$ 时，$D(\boldsymbol{c})$ 最小化的一般解答是 $\{q_n\}$ 在 $1\leqslant|n|\leqslant K$ 范围内的迫零解答（Zero-Forcing Solution）。然而，对于 $K+1\leqslant n\leqslant K+L$[②]，$\{q_n\}$ 的值一般是非零的，这些非零值构成了均衡器输出端残余的符号间干扰。

9.4.2　均方误差（MSE）准则

在均方误差（Mean Square Error，MSE）准则中，调整均衡器的抽头权值系数 $\{c_j\}$，以使下列误差的均方值最小

$$\varepsilon_k = I_k - \hat{I}_k \tag{9-4-24}$$

式中，I_k 是在第 k 个信号传输间隔中发送的信息符号；$\hat{I}_k$ 是均衡器输出端对该符号的估计值，它由式（9-4-1）定义。当信息符号是复值时，MSE 准则的性能指数（标记为 J）定义为

$$J = E|\varepsilon_k|^2 = E|I_k - \hat{I}_k|^2 \tag{9-4-25}$$

当信息符号是实值时，性能指数就是 ε_k 实部的平方。在这两种情况下，J 都是均衡器系数 $\{c_j\}$ 的二次函数。在下面的讨论中，我们将研究式（9-4-25）定义的复值形式的最小化问题。

1. 无限长度均衡器

首先推导当均衡器有无限个抽头时使 J 最小的抽头权值系数。在这种情况下，估计值 $\hat{I}_k$ 可表示为

$$\hat{I}_k = \sum_{j=-\infty}^{\infty} c_j v_{k-j} \tag{9-4-26}$$

将式（9-4-26）代入式（9-4-25）中，得到的展开式是一个系数为 $\{c_j\}$ 的二次函数。这个函数可容易地对 $\{c_j\}$ 进行最小化运算，得到一组（数目无穷多）$\{c_j\}$ 的线性方程。换一种方法，利用均方误差的正交性原理也能得到这组线性方程，即选择系数 $\{c_j\}$ 使得误差 ε_k 正交于信号序列 $\{v_{k-l}^*\}$（$-\infty<l<\infty$），因此

$$E\left(\varepsilon_k v_{k-l}^*\right) = 0, \qquad -\infty< l <\infty \tag{9-4-27}$$

替代式（9-4-27）中的 ε_k，可得到

$$E\left[\left(I_k - \sum_{j=-\infty}^{\infty} c_j v_{k-j}\right) v_{k-l}^*\right] = 0$$

或等价为

② 原文误写为 $K+1\leqslant n\leqslant K+L-1$。

$$\sum_{j=-\infty}^{\infty} c_j E\left(v_{k-j} v_{k-l}^*\right) = E\left(I_k v_{k-l}^*\right), \qquad -\infty < l < \infty \tag{9-4-28}$$

为了计算式（9-4-28）中的矩，利用式（9-3-16）中 v_k 的表达式，可得

$$\begin{aligned} E\left(v_{k-j} v_{k-l}^*\right) &= \sum_{n=0}^{L} f_n^* f_{n+l-j} + N_0 \delta_{lj} \\ &= \begin{cases} x_{l-j} + N_0 \delta_{lj}, & |l-j| \leqslant L \\ 0, & \text{其他} \end{cases} \end{aligned} \tag{9-4-29}$$

及

$$E\left(I_k v_{k-l}^*\right) = \begin{cases} f_{-l}^*, & -L \leqslant l \leqslant 0 \\ 0, & \text{其他} \end{cases} \tag{9-4-30}$$

如果将式（9-4-29）和式（9-4-30）代入式（9-4-28），并对所得方程的两边求 z 变换，得到

$$C(z)[F(z)F^*(1/z^*) + N_0] = F^*(1/z^*) \tag{9-4-31}$$

因此，基于 MSE 准则的均衡器传递函数为

$$C(z) = \frac{F^*(1/z^*)}{F(z)F^*(1/z^*) + N_0} \tag{9-4-32}$$

当噪声白化滤波器合并到 $C(z)$中时，将得到一个等效均衡器，其传递函数为

$$C'(z) = \frac{1}{F(z)F^*(1/z^*) + N_0} = \frac{1}{X(z) + N_0} \tag{9-4-33}$$

我们看到，此 $C'(z)$表达式与基于峰值失真准则的表达式之间的唯一差别就是，式（9-4-33）中出现了噪声谱密度因子 N_0。当与信号相比 N_0 值很小时，使峰值失真 $D(\mathbf{c})$最小的系数近似等于使 MSE 性能指数 J 最小的系数。也就是说，在 $N_0 \to 0$ 的情况下，两个准则对抽头权值得出同样的解答。因此，当 $N_0=0$ 时，MSE 的最小化的结果是符号间干扰的完全消除。当 $N_0 \neq 0$ 时就不是这样的。一般，当 $N_0 \neq 0$ 时，在均衡器输出端同时存在残余符号间干扰和加性噪声。

当均衡器的传递函数 $C(z)$由式（9-4-32）确定时，通过计算 J 的最小值（记为 $J_{\min}$），可以得到残余符号间干扰和加性噪声的一个度量。因为 $J=E|\varepsilon_k|^2=E(\varepsilon_k I_k^*)-E(\varepsilon_k \hat{I}_k^*)$，且根据式（9-4-27）给出的正交条件，有 $E(\varepsilon_k \hat{I}_k^*)=0$，所以

$$J_{\min} = E\left(\varepsilon_k I_k^*\right) = E|I_k|^2 - \sum_{j=-\infty}^{\infty} c_j E\left(v_{k-j} I_k^*\right) = 1 - \sum_{j=-\infty}^{\infty} c_j f_{-j} \tag{9-4-34}$$

这种 $J_{\min}$ 的特殊形式并不能提供更多的信息。当将式（9-4-34）中的和式变换到频率域时，可以更多地了解作为信道特性函数的均衡器性能。首先注意式（9-4-34）中的和式是$\{c_j\}$与$\{f_j\}$在零移处的卷积。因此，如果$\{b_k\}$表示这两个序列的卷积，那么式（9-4-34）中的和式就等于 b_0。因为序列$\{b_k\}$的 z 变换为

$$B(z) = C(z)F(z) = \frac{F(z)F^*(1/z^*)}{F(z)F^*(1/z^*) + N_0} = \frac{X(z)}{X(z) + N_0} \tag{9-4-35}$$

b_0 项是

$$b_0 = \frac{1}{2\pi \mathrm{j}} \oint \frac{B(z)}{z} \mathrm{d}z = \frac{1}{2\pi \mathrm{j}} \oint \frac{X(z)}{z[X(z)+N_0]} \mathrm{d}z \tag{9-4-36}$$

式（9-4-36）中的围线积分（Contour Integral）可以通过变量的替换 $z=\mathrm{e}^{\mathrm{j}\omega T}$ 而变换为一个等效的线积分（Line Integral），该变量替换的结果是

$$b_0 = \frac{T}{2\pi} \int_{-\pi/T}^{\pi/T} \frac{X(\mathrm{e}^{\mathrm{j}\omega T})}{X(\mathrm{e}^{\mathrm{j}\omega T})+N_0} \mathrm{d}\omega \tag{9-4-37}$$

最后，将式（9-4-37）的结果代入式（9-4-34）的和式，得到所期望的最小 MSE 为

$$\begin{aligned} J_{\min} &= 1 - \frac{T}{2\pi} \int_{-\pi/T}^{\pi/T} \frac{X(\mathrm{e}^{\mathrm{j}\omega T})}{X(\mathrm{e}^{\mathrm{j}\omega T})+N_0} \mathrm{d}\omega = \frac{T}{2\pi} \int_{-\pi/T}^{\pi/T} \frac{N_0}{X(\mathrm{e}^{\mathrm{j}\omega T})+N_0} \mathrm{d}\omega \\ &= \frac{T}{2\pi} \int_{-\pi/T}^{\pi/T} \frac{N_0}{T^{-1} \sum\limits_{n=-\infty}^{\infty} |H(\omega+2\pi n/T)|^2 + N_0} \mathrm{d}\omega \end{aligned} \tag{9-4-38}$$

在不存在符号间干扰时，$X(\mathrm{e}^{\mathrm{j}\omega T})=1$，因此

$$J_{\min} = \frac{N_0}{1+N_0} \tag{9-4-39}$$

我们看到，$0 \leqslant J_{\min} \leqslant 1$。输出（由信号能量归一化）SNR（$\gamma_\infty$）与 $J_{\min}$ 之间的关系一定是

$$\gamma_\infty = \frac{1-J_{\min}}{J_{\min}} \tag{9-4-40}$$

更重要的是，当除噪声之外还有残余符号间干扰时，这个 γ_∞ 与 $J_{\min}$ 的关系式仍然成立。

2．有限长度均衡器

现在我们来看看横向均衡器横跨有限持续时间的情况。在第 k 个信号传输间隔中，均衡器的输出是

$$\hat{I}_k = \sum_{j=-K}^{K} c_j v_{k-j} \tag{9-4-41}$$

具有 $2K+1$ 个抽头的均衡器的 MSE 标记为 $J(K)$ 且

$$J(K) = E|I_k - \hat{I}_k|^2 = E\left|I_k - \sum_{j=-K}^{K} c_j v_{k-j}\right|^2 \tag{9-4-42}$$

$J(K)$ 关于抽头权值 $\{c_j\}$ 的最小化，或等价于迫使误差 $\varepsilon_k = I_k - \hat{I}_k$ 正交于信号样值 v_{j-l}^*（$|l| \leqslant K$），则得到下列联立方程组

$$\sum_{j=-K}^{K} c_j \Gamma_{lj} = \xi_l, \qquad l = -K, \cdots, -1, 0, 1, \cdots, K \tag{9-4-43}$$

式中

$$\Gamma_{lj} = \begin{cases} x_{l-j} + N_0 \delta_{lj}, & |l-j| \leqslant L \\ 0, & \text{其他} \end{cases} \tag{9-4-44}$$

且

$$\xi_l = \begin{cases} f_{-l}^*, & -L \leqslant l \leqslant 0 \\ 0, & 其他 \end{cases} \tag{9-4-45}$$

出于方便，可将该线性方程组表示成矩阵形式，因此

$$\boldsymbol{FC} = \boldsymbol{\xi} \tag{9-4-46}$$

式中，$\boldsymbol{C}$ 表示 $2K+1$ 个抽头权值系数的列向量，$\boldsymbol{\Gamma}$ 表示元素为Γ_{ij} 的$(2K+1)\times(2K+1)$埃尔米特（Hermitian）协方差矩阵，$\boldsymbol{\xi}$是元素为ξ_i的$(2K+1)$维列向量。式（9-4-46）的解为

$$\boldsymbol{C}_{\rm opt} = \boldsymbol{\Gamma}^{-1}\boldsymbol{\xi} \tag{9-4-47}$$

因此，$\boldsymbol{C}_{\rm opt}$的解答包含对矩阵$\boldsymbol{\Gamma}$ 的求逆。式（9-4-47）给出的最佳抽头权值系数使性能指数 $J(K)$ 最小，$J(K)$最小值为

$$J_{\min}(K) = 1 - \sum_{j=-K}^{0} c_j f_{-j} = 1 - \boldsymbol{\xi}^{\rm H}\boldsymbol{\Gamma}^{-1}\boldsymbol{\xi} \tag{9-4-48}$$

式中，H 表示共轭转置。$J_{\min}(K)$可用于式（9-4-40），以便计算具有 $2K+1$ 个抽头系数的线性均衡器的输出 SNR。

9.4.3 MSE 均衡器的性能特征

本节研究采用 MSE 最佳化准则的线性均衡器的性能特征。最小 MSE 和差错概率两者均被认为对某些具体信道的性能度量。本节首先计算两个具体信道的最小 MSE（$J_{\min}$）和输出 SNR（γ_∞），然后研究差错概率的计算。

例 9-4-1 首先研究一个等效离散时间信道模型，它由两个分量f_0和f_1组成，且归一化为$|f_0|^2+|f_1|^2=1$。其次

$$F(z) = f_0 + f_1 z^{-1} \tag{9-4-49}$$

且

$$X(z) = f_0 f_1^* z + 1 + f_0^* f_1 z^{-1} \tag{9-4-50}$$

相应的频率响应为

$$X(\mathrm{e}^{\mathrm{j}\omega T}) = f_0 f_1^* \mathrm{e}^{\mathrm{j}\omega T} + 1 + f_0^* f_1 \mathrm{e}^{-\mathrm{j}\omega T} = 1 + 2|f_0||f_1|\cos(\omega T + \theta) \tag{9-4-51}$$

式中，θ是$f_0 f_1^*$的相角。注意，当$f_0=f_1=1/2$时，该信道的特性曲线在$\omega=\pi/T$处有一个零点。

根据 MSE 准则调整的无限抽头线性均衡器将得到式（9-4-38）给出的最小 MSE。在式（9-4-38）中对式（9-4-51）给出的$X(\mathrm{e}^{\mathrm{j}\omega T})$进行积分运算，得到

$$\begin{aligned} J_{\min} &= \frac{N_0}{\sqrt{N_0^2 + 2N_0(|f_0|^2 + |f_1|^2) + (|f_0|^2 - |f_1|^2)^2}} \\ &= \frac{N_0}{\sqrt{N_0^2 + 2N_0 + (|f_0|^2 - |f_1|^2)^2}} \end{aligned} \tag{9-4-52}$$

研究$f_0=f_1=\sqrt{1/2}$的特殊情况。最小 MSE，即$J_{\min}=N_0/\sqrt{N_0^2+2N_0}$，而相应的输出 SNR 为

$$\gamma_\infty = \sqrt{1+2/N_0} - 1 \approx (2/N_0)^{1/2}, \qquad N_0 \ll 1 \tag{9-4-53}$$

将此结果与无符号间干扰情况下所得到的输出 SNR 的 $1/N_0$ 进行比较，该信道引起了明显的 SNR 损失。

例 9-4-2 作为第二个例子，研究一个指数衰减特性，其形式为

$$f_k = \sqrt{1-a^2}\,a^k, \qquad k=0,1\cdots$$

式中，$a<1$。这个序列的傅里叶变换为

$$X(\mathrm{e}^{\mathrm{j}\omega T}) = \frac{1-a^2}{1+a^2-2a\cos\omega T} \tag{9-4-54}$$

它在$\omega=\pi/T$处有一个最小值。

该信道的输出 SNR 为

$$\gamma_\infty = \left(\sqrt{1+2N_0\frac{1+a^2}{1-a^2}+N_0^2}-1\right)^{-1} \approx \frac{1-a^2}{(1+a^2)N_0}, \qquad N_0 \ll 1 \tag{9-4-55}$$

因此，由于干扰而造成的 SNR 损失为

$$-10\lg\left(\frac{1-a^2}{1+a^2}\right)$$

线性 MSE 均衡器的差错概率的性能

上面讨论了线性均衡器的性能，该性能是以最小 MSE（$J_{\min}$）和输出 SNR（γ_∞）表示的，其中γ_∞与 $J_{\min}$ 有关。但在线性 MSE 均衡器中，这些量与差错概率之间并不是简单的关系，其原因是线性 MSE 均衡器的输出端包含残余的符号间干扰，这种情况不像无限长的迫零均衡器那样，后者不存在残余符号间干扰，仅有高斯噪声。在线性 MSE 均衡器输出端的残余干扰并不能表示为一个附加的高斯噪声项，因此，输出 SNR 并不容易折算成等效的差错概率。

计算差错概率的一种处理方法是强制（Brute Force）法，它能产生准确的结果。为了说明这种方法，下面研究 PAM 信号，其中信息符号等概率地从一组值 $2n-M-1$（$n=1,2,\cdots,M$）中选取。现在研究对符号 I_n 的判决，I_n 的估计值是

$$\hat{I}_n = q_0 I_n + \sum_{k\neq n} I_k q_{n-k} + \sum_{j=-K}^{K} c_j \eta_{n-j} \tag{9-4-56}$$

式中，$\{q_n\}$表示线性 MSE 均衡器与等效信道冲激响应的卷积，即

$$q_n = \sum_{k=-K}^{K} c_k f_{n-k} \tag{9-4-57}$$

且线性 MSE 均衡器的输入信号为

$$v_k = \sum_{j=0}^{L} f_j I_{k-j} + \eta_k \tag{9-4-58}$$

式（9-4-56）中右边的第一项是期望的信息符号；第二项是符号间干扰；最后一项是高斯噪声，噪声的方差为

$$\sigma_{\mathrm{n}}^2 = N_0 \sum_{j=-K}^{K} c_j^2 \tag{9-4-59}$$

对于具有 $2K+1$ 个抽头的线性 MSE 均衡器和横跨 $L+1$ 个符号的信道响应，涉及符号间干扰的符号数目是 $2K+L$。

定义

$$D = \sum_{k \neq n} I_k q_{n-k} \tag{9-4-60}$$

对于一个特定的 $2K+L$ 个信息符号的序列，如序列 $\boldsymbol{I}_J$，符号间干扰项 $D \equiv D_J$ 是固定的。固定 D_J 的差错概率是

$$P_e(D_J) = 2\frac{M-1}{M}P(N + D_J > q_0) = \frac{2(M-1)}{M}Q\left(\sqrt{\frac{(q_0 - D_J)^2}{\sigma_n^2}}\right) \tag{9-4-61}$$

式中，N 表示加性噪声项。将 $P_e(D_J)$在所有可能的序列 $\boldsymbol{I}_J$ 上求平均，得到的平均差错概率为

$$P_e = \sum_{I_J} P_e(D_J)P(\boldsymbol{I}_J) = \frac{2(M-1)}{M}\sum_{I_J} Q\left(\sqrt{\frac{(q_0 - D_J)^2}{\sigma_n^2}}\right)P(\boldsymbol{I}_J) \tag{9-4-62}$$

当所有序列等概时，

$$P(\boldsymbol{I}_J) = \frac{1}{M^{2K+L}} \tag{9-4-63}$$

条件差错概率项 $P_e(D_J)$由产生最大 D_J 值的序列决定，这发生在 $I_n=\pm(M-1)$且信息符号的正负号与相应的$\{q_n\}$的正负号相符时，那么

$$D_J^* = (M-1)\sum_{k \neq 0} |q_k|$$

且

$$P_e\left(D_J^*\right) = \frac{2(M-1)}{M}Q\left[\sqrt{\frac{q_0^2}{\sigma_n^2}\left(1 - \frac{M-1}{q_0}\sum_{k \neq 0}|q_k|\right)^2}\right] \tag{9-4-64}$$

因此，对于等概符号序列，平均差错概率的上边界为

$$P_e \leqslant P_e\left(D_J^*\right) \tag{9-4-65}$$

如果总和中的项数庞大，将使得式（9-4-62）中精确差错概率计算太烦琐、太耗时，且如果上边界松散，那么可以任选一种近似方法求解，这些方法能产生 P_e 的紧密边界。本书不讨论这些近似方法，有兴趣的读者可以参考萨尔茨伯格（Saltzberg，1968）、勒岗纳里（Lugannani，1969）、何和叶（Ho & Yah, 1970）、西姆保和塞尔比勒（Simbo & Celebiler，1971）、格拉夫（Glave，1972）、姚（Yao，1972）、姚和托宾（Yao & Tobin，1976）的论文。

在有严重的符号间干扰情况下线性 MSE 均衡器差错概率性能限制的说明如图 9-4-4 所示，图中给出的二进制（双极性）信号传输的差错概率，是针对图 9-4-5 所示的三种离散时间信道特性用蒙特-卡洛方法测量出来的。为便于比较，图 9-4-4 也给出了无符号间干扰信道的性能。图 9-4-5（a）所示的等效离散时间信道是典型的高质量电话信道响应，图 9-4-5（b）和（c）所示的等效离散时间信道特性导致了严重的符号间干扰。图 9-4-6 给出的三个信道的谱特性$|X(e^{j\omega})|$清楚地表明，图 9-4-5（c）所示的信道的谱特性最差，因此，该信道的线性 MSE 均衡器的性能最差；性能其次的是图 9-4-5（b）所示的信道；图 9-4-5（a）所示的信道性能最好。事实上，图 9-4-5（a）所示的信道的差错概率与无符号间干扰所达到的差错概率的差别不超过 3 dB。

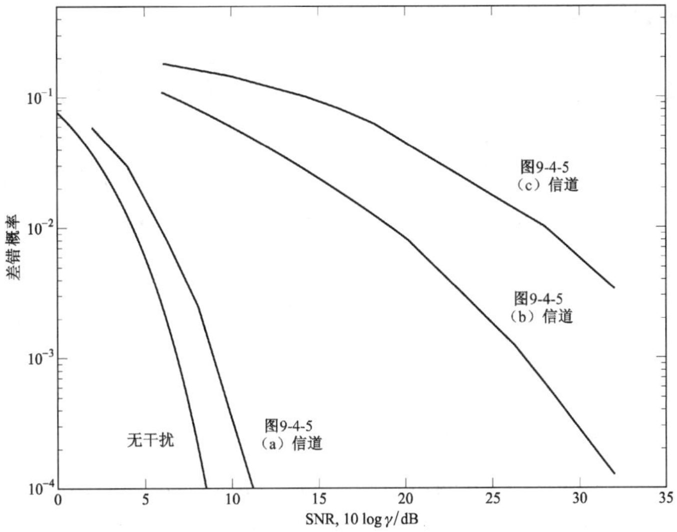

图 9-4-4 具有 31 抽头的线性 MSE 均衡器差错概率性能限制，$\gamma=\frac{1}{N_0}\sum_k |f_k|^2$

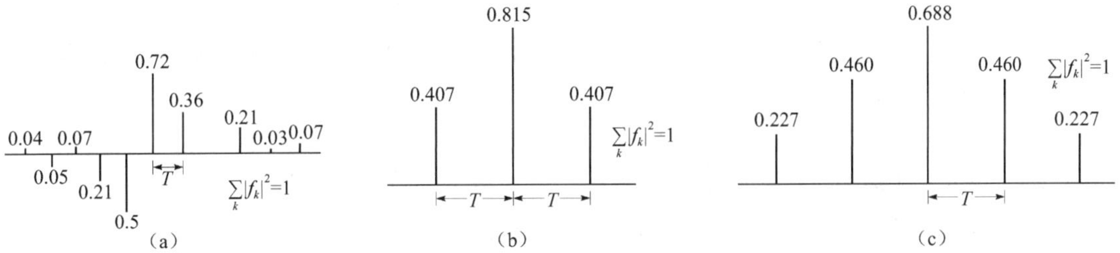

图 9-4-5 三种离散时间信道特性

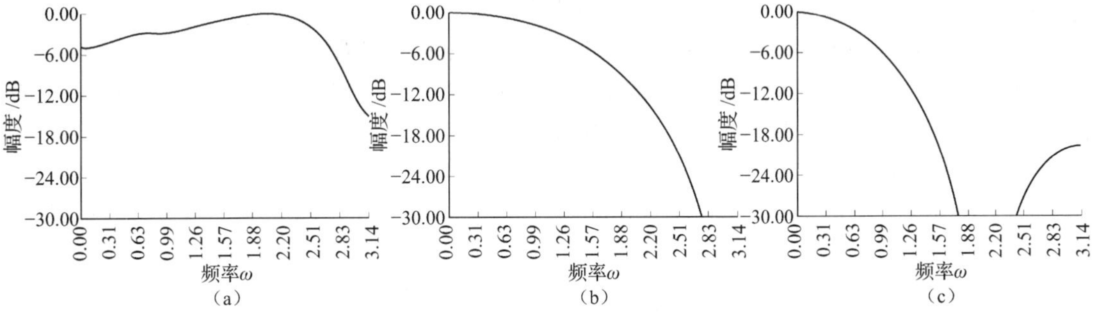

图 9-4-6 图 9-4-5 所示的三种离散时间信道的谱特性

由输出 SNR（γ_∞）结果和图 9-4-4 所示的有限差错概率的结果可得出结论：线性 MSE 均衡器对于像电话线这样的信道来说性能良好，其中信道具有较好的特性且不存在谱零点；对于像在无线传输中遇到的具有谱零点的信道，线性 MSE 均衡器作为符号间干扰的补偿器是不合适的。通常，信道谱零点将使得线性均 MSE 衡器输出端的噪声大大增强。

线性 MSE 均衡器处理严重的 ISI 时受到的限制激发了人们对于具有低计算复杂度的非线性均衡器的研究。9.5 节所述的判决反馈均衡器被证明是对该问题的一个有效的解决方法。

9.4.4 分数间隔均衡器

上节所述的 MSE 均衡器结构中，均衡器抽头的间隔为符号速率的倒数，即信号传输速率 $1/T$ 的倒数。如果在 MSE 均衡器之前有一个与信道失真后的发送脉冲相匹配的滤波器，那么这种抽头间隔是最佳的。当信道特性未知时，接收端滤波器有时是匹配于发送信号脉冲的，对于次最佳滤波器的抽样时间是最佳的。通常，这种方法导致 MSE 均衡器性能对抽样时间的选择非常敏感。

符号速率均衡器的限制在频率域中是显而易见。由式（9-2-5）可知，在均衡器输入端，信号的谱可以表示为

$$Y_T(f) = \frac{1}{T}\sum_n X\left(f - \frac{n}{T}\right)\mathrm{e}^{\mathrm{j}2\pi(f-n/T)\tau_0} \tag{9-4-66}$$

式中，$Y_T(f)$为折叠谱或混叠谱（Aliased Spectrum），其中折叠频率是 $1/2T$。注意，接收信号谱与抽样延时 τ_0 的选择有关。在均衡器输出端的谱为 $C_T(f)Y_T(f)$，其中

$$C_T(f) = \sum_{k=-K}^{K} c_k \mathrm{e}^{-\mathrm{j}2\pi fkT} \tag{9-4-67}$$

这些关系清楚地表明，符号速率均衡器只能补偿混叠接收信号的频率响应，不能补偿信道的固有失真 $X(f)\mathrm{e}^{\mathrm{j}\omega f\tau_0}$ 。

与符号速率均衡器（Symbol Rate Equalizer）相反，分数间隔均衡器（Fractionally Spaced Equalizer，FSE）是基于对输入的信号以至少 2 倍的奈奎斯特速率进行抽样的。例如，发送信号由具有升余弦谱特性的脉冲组成，其滚降因子为β，则其谱延伸到 $F_{\max}=(1+\beta)/2T$。在接收机中，可以以速率

$$2F_{\max} = \frac{1+\beta}{T} \tag{9-4-68}$$

对该信号进行抽样，接着信号再通过一个抽头间隔为 $T/(1+\beta)$的均衡器。例如，如果$\beta=1$，则均衡器的间隔为 $T/2$；如果$\beta=0.5$，则均衡器的间隔为 $2T/3$。一般地，一个数字实现的分数间隔均衡器的抽头间隔为 MT/N，其中 M 和 N 为整数且 $N>M$。通常在实际应用中多采用抽头间隔为 $T/2$ 的均衡器。

因为 FSE 的频率响应为

$$C_{T'}(f) = \sum_{k=-K}^{K} c_k \mathrm{e}^{-\mathrm{j}2\pi fkT'} \tag{9-4-69}$$

式中，$T'=MT/N$，所以 $C_{T'}(f)$ 能够对奈奎斯特频率 $f=\frac{1}{2}T$ 之外至 $f=(1+\beta)/2T=N/2MT$ 的接收信号谱进行均衡，均衡后的谱为

$$\begin{aligned} C_{T'}(f)Y_{T'}(f) &= C_{T'}(f)\sum_n X\left(f - \frac{n}{T'}\right)\mathrm{e}^{\mathrm{j}2\pi(f-n/T')\tau_0} \\ &= C_{T'}(f)\sum_n X\left(f - \frac{nN}{MT}\right)\mathrm{e}^{\mathrm{j}2\pi(f-nN/MT)\tau_0} \end{aligned} \tag{9-4-70}$$

因为当$|f|>N/MT$ 时 $X(f)=0$，所以式（9-4-70）可以表示为

$$C_{T'}(f)Y_{T'}(f) = C_{T'}(f)X(f)\mathrm{e}^{\mathrm{j}2\pi f\tau_0}, \qquad |f| \leqslant \frac{1}{2T'} \tag{9-4-71}$$

因此，在因符号速率抽样造成混叠效应之前，FSE 补偿了接收信号中的信道失真。换言之，$C_{T'}(f)$ 能够补偿任意的定时相位。

FSE 输出以符号速率抽样且频谱为

$$\sum_k C_{T'}\left(f - \frac{k}{T}\right) X\left(f - \frac{k}{T}\right) \mathrm{e}^{\mathrm{j}2\pi(f-k/T)\tau_0} \tag{9-4-72}$$

实际上，最佳 FSE 等价于最佳线性接收机，它由匹配滤波器之后跟随一个符号速率均衡器组成。

下面研究 FSE 中抽头系数的调整问题。FSE 的输入可以表示为

$$y\left(\frac{kMT}{N}\right) = \sum_n I_n x\left(\frac{kMT}{N} - nT\right) + v\left(\frac{kMT}{N}\right) \tag{9-4-73}$$

在每一个符号间隔中，FSE 产生一个输出，其形式为

$$\hat{I}_k = \sum_{n=-K}^{K} c_n y\left(kT - \frac{nMT}{N}\right) \tag{9-4-74}$$

式中，以最小化 MSE 来选择均衡器的系数。这种最佳化导致均衡器系数的一个线性方程组，其解为

$$\boldsymbol{C}_{\text{opt}} = \boldsymbol{A}^{-1}\boldsymbol{\alpha} \tag{9-4-75}$$

式中，$\boldsymbol{A}$ 是输入数据的协方差矩阵，$\boldsymbol{\alpha}$是互相关向量。这些方程在形式上与符号速率均衡器的方程是相同的，但有细微差别：$\boldsymbol{A}$ 是埃尔米特矩阵，而不是托伯利兹（Toeplitz）矩阵；此外，$\boldsymbol{A}$ 呈现周期性，这是循环平稳过程中固有的特性，正如库里西（Qureshi，1985）证明的。由于分数间隔的结果，$\boldsymbol{A}$ 的一些特征值接近于 0，朗等（Long，1988a,b）研究了系数调整中的这种特性。

在翁格伯克（Ungerboeck，1976）的论文中给出了分数间隔均衡器性能的分析及其收敛特性。库里西和福尼（Qureshi & Forney，1977）以及吉特林和温斯坦（Gitlin & Weinstein，1981）在其论文中给出了证明 FSE 对符号速率均衡器的有效性的计算机模拟结果。本书从这些论文中引用两个例子。首先，图 9-4-7 说明了用于一个具有高端幅度失真（High-End Amplitude Distortion）的信道（其特性也示于该图）的符号速率均衡器和抽头间隔为 $T/2$ 的 FSE 的性能。符号速率均衡器之前有一个匹配滤波器用于发送脉冲，该脉冲具有（平方根）升余弦谱特性且 20%滚降（β=0.2）；FSE 之前没有滤波器。符号速率为 2400 符号/秒且调制为 QAM，接收 SNR 是 30 dB。两种均衡器均有 31 个抽头，因此，抽头间隔为 $T/2$ 的 FSE 横跨的时间间隔是符号速率均衡器的一半。虽然如此，当后者在最佳抽样时刻被最佳化时，FSE 性能优于符号速率均衡器，而且 FSE 对定时相位不敏感。

吉特林和温斯坦（Gitlin & Weinstein）的研究得出也给出了类似的结果。对于一个具有较差包络延时特性的信道，如图 9-4-8 所示。在这种情况下，两种均衡器有相同的时间跨度。T 间隔均衡器有 24 个抽头，而 FSE 有 48 个抽头。符号速率为 2400 符号/秒且数据速率为 9600 b/s，采用 QAM 调制，信号脉冲具有升余弦谱特性且β=0.12。注意，FSE 性能优于 T 间隔均衡器（符号速率均衡器）几个分贝，甚至当后者调整到最佳抽样时也如此。这两篇论文充分证明了分数

间隔均衡器所能达到的优越性能。

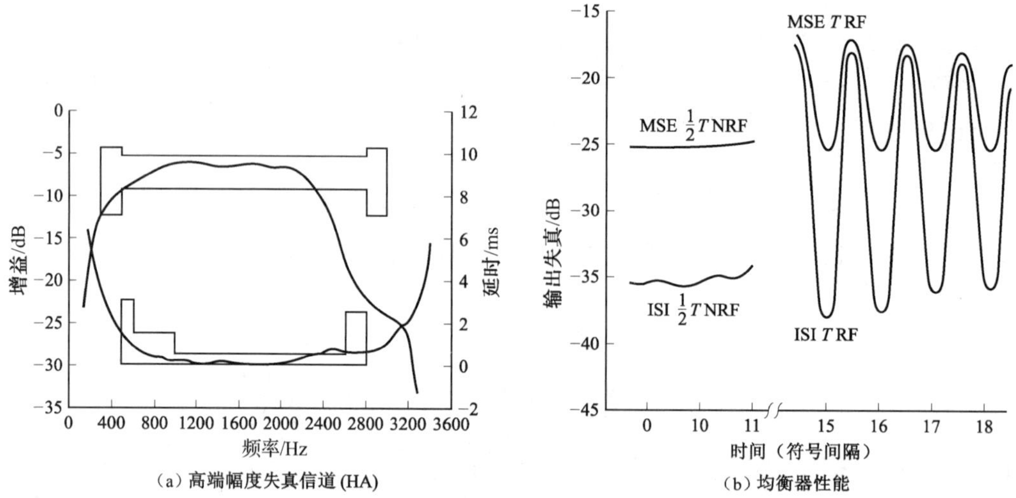

图 9-4-7 对于 2400 符号/秒、作为定时相位函数的符号速率均衡器和抽头间隔为 $T/2$ 的 FSE 的性能（NRF 表示无接收滤波器）

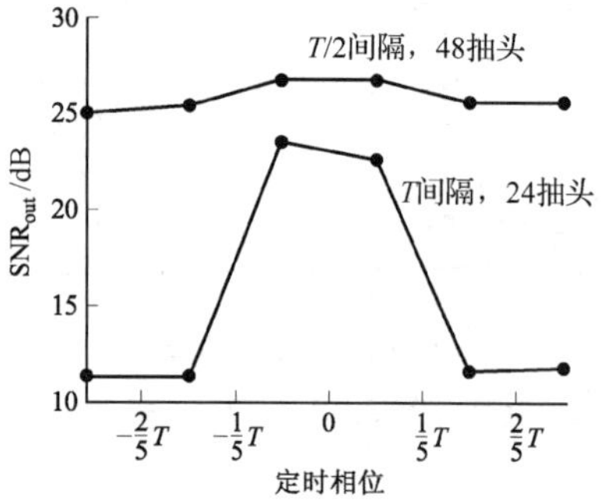

图 9-4-8 符号速率均衡器和抽头间隔为 $T/2$ 的 FSE 的 SNR 性能

9.4.5 基带和带通线性均衡器

上面对线性均衡器的处理是按照等效低通信号形式进行的。在实际的实现中，图 9-4-1 所示的线性均衡器也可以在基带或者带通中实现。例如，图 9-4-9 说明了 QAM（或多相 PSK）的解调，它首先将信号搬移到基带，再用复抽头系数的均衡器对基带信号进行均衡。实际上，具有复（同相和正交分量）输入的均衡器可等效为 4 个并行的且具有实抽头系数的均衡器，如图 9-4-10 所示。通常，我们将图 9-4-9 中的复均衡器称为**复基带均衡器**（Complex-Valued Baseband Equalizer）。

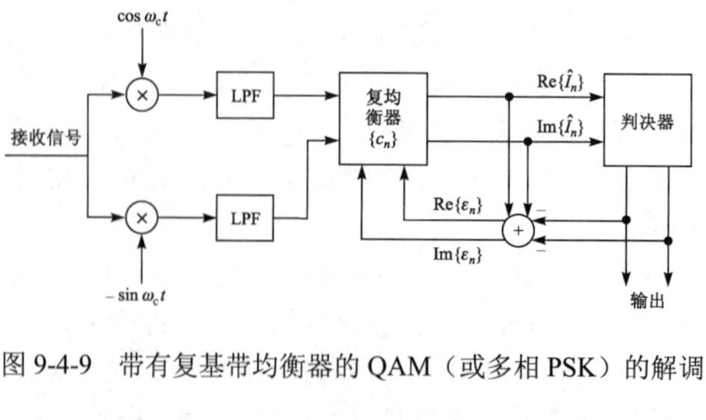

图 9-4-9 带有复基带均衡器的 QAM（或多相 PSK）的解调

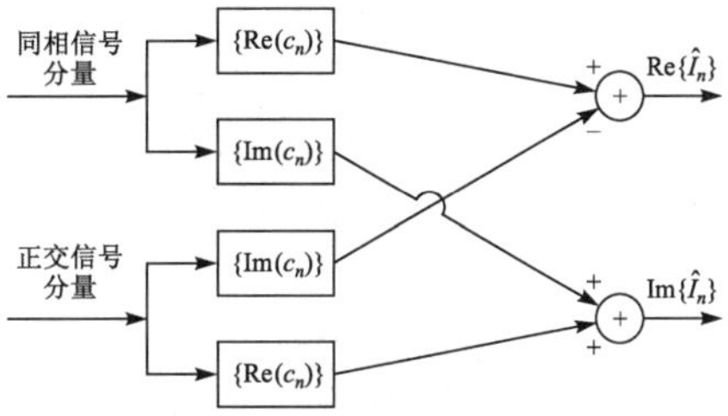

图 9-4-10　复基带均衡器的等效实抽头系数的均衡器

作为一种替代方式，我们也可在带通中均衡信号。对于二维信号星座，如 QAM 和 PSK，这种方式的实现如图 9-4-11 所示。接收信号以并行方式滤波，该信号通过一个希尔伯特（Hilbert）变换器，也称为**相位分离滤波器**（Phase-Splitting Filter）。因此，在带通中有等效的同相和正交分量，将这些分量馈送到带通复均衡器。也可以将该均衡器的结构称为**复带通均衡器**（Complex-Valued Passband Equalizer）。均衡之后，该信号向下变换成基带信号并进行检测。

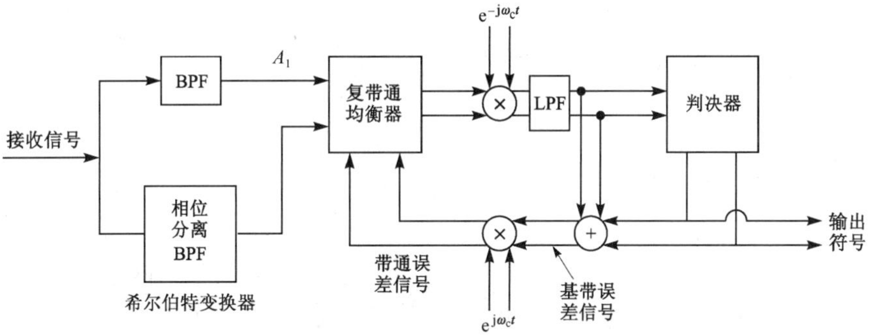

图 9-4-11　QAM 或 PSK 信号的带通均衡

复基带均衡器可以用符号速率均衡器（SRE）实现，也可以用分数间隔均衡器（FSE）来实现，通常优先选择后者，因为它对一个符号间隔内抽样相位不敏感。

复带通均衡器必须采用 FSE，其输入接收信号样值的抽样速率多倍于符号速率且超过奈奎斯特速率。

图 9-4-11 所示结构的一种可替代的带通 FSE 如图 9-4-12 所示。在这种 FSE 中，实接收信号样值的抽样速率为奈奎斯特速率或者更高的速率，该信号由一个复抽头系数的线性均衡器进行带通均衡。注意，该均衡器结构不是很直观地实现一个希尔伯特变换器来进行相位分离操作的，而是将相位分离的功能嵌入均衡器的抽头系数中，从而避免使用希尔伯特变换。图 9-4-12 所示的这种可替代的带通 FSE 称为**相位分离 FSE**（PS-FSE）。米勒和维尔纳（Mueller & Werner，1982）、伊姆和恩（Im & Un，1987）以及林和库里西（Ling & Qureshi，1990）研究了这种均衡器的性质和性能。

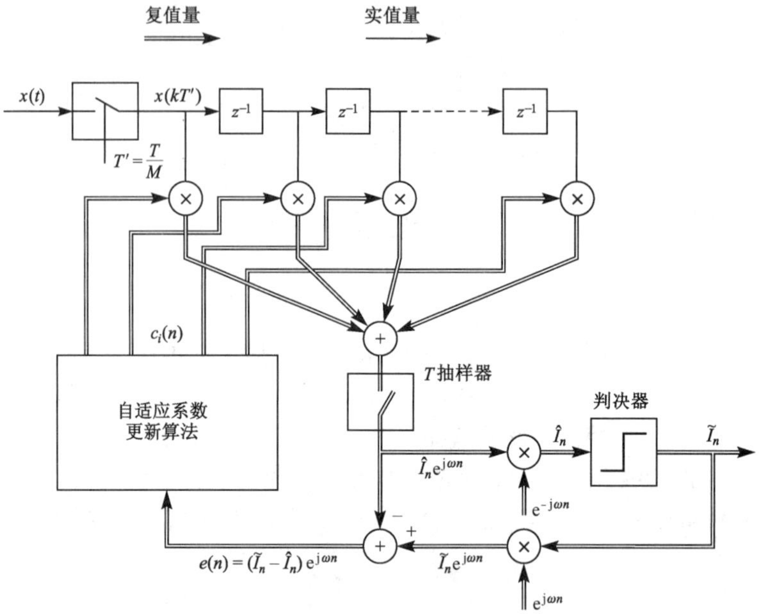

图 9-4-12　相位分离 FSE 的结构

9.5　判决反馈均衡器

9.3.2 节研究了具有 ISI 和加性噪声信道的等效离散时间模型，如图 9-3-2 所示，该模型中的加性高斯噪声是有色的(非白噪声)。在均衡器之前插入一个噪声白化滤波器来简化该模型，得到 AWGN 信道的离散时间模型，如图 9-3-3 所示。为了恢复被 ISI 恶化的信息序列，研究了两种类型的均衡方法：一种是基于 MLSE 准则，可用维特比算法有效实现；另一种是使用线性横向滤波器。在序列差错概率最小化意义上，第一种方法是最佳检测器，而第二种方法是次最佳检测器。

本节研究一种非线性类型的均衡器以减小 ISI，它也是次最佳的，但其性能通常好于线性横向均衡器。该非线性均衡器由两个横向滤波器所组成，一个前馈横向滤波器和一个反馈横向滤波器，如图 9-5-1 所示，它被称为**判决反馈均衡器**(Decision Feedback Equalizer，DFE)。前馈横向滤波器的输入是接收信号序列$\{v_k\}$，反馈横向滤波器以对先前被检测符号的判决序列作为其输入。从功能上讲，反馈横向滤波器是用来从当前估计值中除去由先前被检测符号所引起的那部分符号间干扰的。因为检测器馈送硬判决译码给

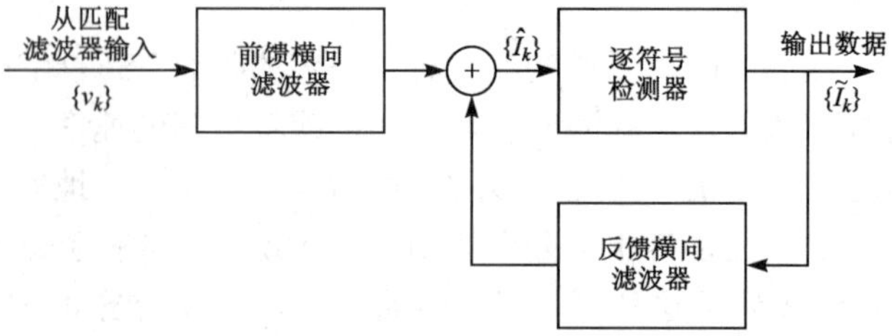

图 9-5-1　判决反馈均衡器的结构

反馈滤波器，故 DFE 是非线性的。

在前馈横向滤波器和反馈横向滤波器具有无限长冲激响应的情况下，普赖斯（Price，1972）证明了在迫零 DFE 中的最佳前馈横向滤波器是系统函数为 $1/F^*(1/z^*)$ 的白化匹配滤波器，因此，在迫零 DFE 中前馈横向滤波器白化加性噪声导致等效离散时间信道的系统函数为 $F(z)$。

以下分析重点在于有限长冲激响应滤波器，利用 MSE 准则优化它们的系数。

9.5.1 判决反馈均衡器系数最佳化

由上所述，判决反馈均衡器（DFE）的输出可表示为

$$\hat{I}_k = \sum_{j=-K_1}^{0} c_j v_{k-j} + \sum_{j=1}^{K_2} c_j \tilde{I}_{k-j} \tag{9-5-1}$$

式中，$\hat{I}_k$ 是第 k 个信息符号的估计值，$\{c_j\}$是滤波器的抽头系数，$\{\tilde{I}_{k-1},\cdots,\tilde{I}_{k-K_2}\}$是先前检测的符号。假定该均衡器在它的前馈横向滤波器有 K_1+1 个抽头，而在反馈横向滤波器有 K_2 个抽头。应当看到，这种均衡器是非线性的，因为反馈横向滤波器包含有先前检测的符号$\{\tilde{I}_k\}$。

峰值失真准则和 MSE 准则都将导致均衡器系数的最佳化，这种最佳化在数学上是容易处理的，这是乔治等（George，1971）、普赖斯（Price，1972）、扎尔茨（Salz，1973）和普罗科斯等（Proakis，1975）的论文得出的结论。因为 MSE 准则在实际应用中更为普遍，我们将重点研究它。假定在反馈横向滤波器中先前检测的符号是正确的，那么 MSE 准则

$$J(K_1, K_2) = E|I_k - \hat{I}_k|^2 \tag{9-5-2}$$

的最小化将导致下面关于前馈横向滤波器系数的一组线性方程组：

$$\sum_{j=-K_1}^{0} \psi_{lj} c_j = f_{-l}^*, \qquad l = -K_1, \cdots, -1, 0 \tag{9-5-3}$$

式中

$$\psi_{lj} = \sum_{m=0}^{-l} f_m^* f_{m+l-j} + N_0 \delta_{lj}, \qquad l, j = -K_1, \cdots, -1, 0 \tag{9-5-4}$$

该均衡器的反馈横向滤波器的系数以前馈横向滤波器的系数表示，其表达式为

$$c_k = -\sum_{j=-K_1}^{0} c_j f_{k-j}, \qquad k = 1, 2, \cdots, K_2 \tag{9-5-5}$$

如果先前判决正确且 $K_2 \geqslant L$（参见习题 9-51），那么反馈横向滤波器的系数的值可以完全消除由先前被检测符号引起的符号间干扰。

9.5.2 判决反馈均衡器的性能特征

下面讨论判决反馈均衡器（DFE）的性能。由于检测器会偶尔做出不正确的判决并传输到反馈横向滤波器，因此对性能做出精确的评价则比较困难。在不存在判决差错的情况下，最小 MSE 为

$$J_{\min}(K_1) = 1 - \sum_{j=-K_1}^{0} c_j f_{-j} \tag{9-5-6}$$

将前馈横向滤波器的抽头数量取无穷大（$K_1 \to \infty$），可得到最小可达到的 MSE，记为 $J_{\min}$。经进一步处理，$J_{\min}$ 可用信道的谱特性和加性噪声来表示，如扎尔茨（Salz，1973）证明的。$J_{\min}$ 较理想的表达式是

$$J_{\min} = \exp\left\{\frac{T}{2\pi}\int_{-\pi/T}^{\pi/T} \ln\left[\frac{N_0}{X(e^{j\omega T}) + N_0}\right] d\omega\right\} \tag{9-5-7}$$

相应的输出 SNR 是

$$\gamma_\infty = \frac{1 - J_{\min}}{J_{\min}} = -1 + \exp\left\{\frac{T}{2\pi}\int_{-\pi/T}^{\pi/T} \ln\left[\frac{N_0 + X(e^{j\omega T})}{N_0}\right] d\omega\right\} \tag{9-5-8}$$

再次看到，在不存在符号间干扰的情况下，$X(e^{j\omega T})=1$，且因此 $J_{\min}=N_0/(1+N_0)$。相应的输出 SNR 是 $\gamma_\infty=1/N_0$。

例 9-5-1 将判决反馈均衡器的 $J_{\min}$ 值与线性 MSE 均衡器的 $J_{\min}$ 值进行比较。例如，研究由两个抽头 f_0 和 f_1 组成的等效离散时间信道，该信道的最小 MSE 为

$$\begin{aligned} J_{\min} &= \exp\left\{\frac{T}{2\pi}\int_{-\pi/T}^{\pi/T} \ln\left[\frac{N_0}{1 + N_0 + 2|f_0||f_1|\cos(\omega T + \theta)}\right] d\omega\right\} \\ &= N_0 \exp\left[-\frac{1}{2\pi}\int_{-\pi}^{\pi} \ln(1 + N_0 + 2|f_0||f_1|\cos\omega)\, d\omega\right] \\ &= \frac{2N_0}{1 + N_0 + \sqrt{(1+N_0)^2 - 4|f_0 f_1|^2}} \end{aligned} \tag{9-5-9}$$

注意，当$|f_0|=|f_1|=\sqrt{1/2}$ 时，$J_{\min}$ 被最大化，即

$$J_{\min} = \frac{2N_0}{1 + N_0 + \sqrt{(1+N_0)^2 - 1}} \approx 2N_0, \qquad N_0 \ll 1 \tag{9-5-10}$$

相应的输出 SNR 是

$$\gamma_\infty \approx \frac{1}{2N_0}, \qquad N_0 \ll 1 \tag{9-5-11}$$

因此，由于存在符号间干扰，输出 SNR 下降了 3 dB。比较起来，线性均衡器的性能损失很严重，其输出 SNR 如式（9-4-53）所示，当 $N_0 \ll 0$ 时 $\gamma_\infty \approx \sqrt{2/N_0}$ 。

例 9-5-2 研究一个指数衰减信道特性，其形式为

$$f_k = (1 - a^2)^{1/2} a^k, \qquad k = 0, 1, 2 \cdots \tag{9-5-12}$$

式中，$a<1$。判决反馈均衡器的输出 SNR 是

$$\begin{aligned} \gamma_\infty &= -1 + \exp\left\{\frac{1}{2\pi}\int_{-\pi}^{\pi} \ln\left[\frac{1 + a^2 + (1-a^2)/N_0 - 2a\cos\omega}{1 + a^2 - 2a\cos\omega}\right] d\omega\right\} \\ &= -1 + \frac{1}{2N_0}\left\{1 - a^2 + N_0(1+a^2) + \sqrt{[1 - a^2 + N_0(1+a^2)]^2 - 4a^2N_0^2}\right\} \\ &\approx \frac{(1-a^2)[1 + N_0(1+a^2)/(1-a^2)] - N_0}{N_0} \approx \frac{1-a^2}{N_0}, \qquad N_0 \ll 1 \end{aligned} \tag{9-5-13}$$

因此，SNR 的损失是 $10\lg(1-a^2)$ dB。比较起来，线性均衡器的损失是 $10\lg[(1-a^2)/(1+a^2)]$ dB。

这些结果说明，当判决差错对性能的影响可忽略时，判决反馈均衡器的性能优于线性均

衡器。显而易见，相对线性均衡器，加入判决反馈部分可在性能上得到相当大的增益，这是由于反馈横向滤波器消除了由先前被检测符号引起的符号间干扰的缘故。

评估判决反馈均衡器的判决差错对差错概率性能影响的一种方法是数字计算机上使用的蒙特-卡洛模拟法。为了说明，下面提供二进制 PAM 信号通过图 9-4-5（b）和（c）所示的等效离散时间信道模型传输的结果。

图 9-5-2 所示为具有和没有差错传输的 DFE 性能。首先，将这些结果与图 9-4-4 中的结果比较，可得到以下结论：判决反馈均衡器相对于有同样抽头数的线性均衡器在性能上有显著的改善；其次，由于残余符号间干扰，判决反馈均衡器在性能上有显著下降，特别是对于有严重失真的信道，例如图 9-4-5（c）所示的信道；最后，对于所研究的信道响应，由不正确判决被反馈造成的性能损失近似为 2 dB。其他关于带有差错传播的判决反馈均衡器的差错概率的研究成果，可以在唐特威勒等（Duttweiler，1974）和博利厄（Beaulieu，1992）的论文中找到。

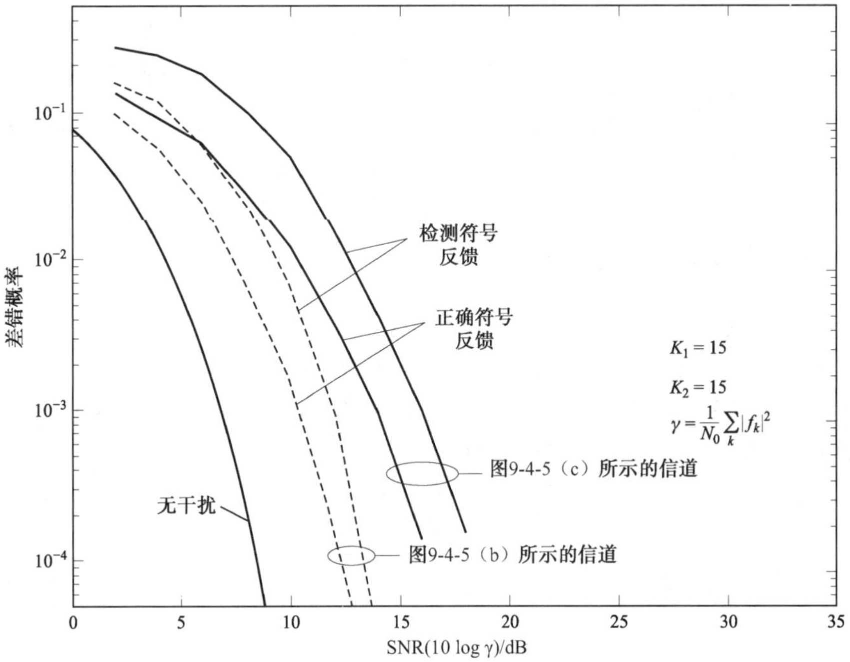

图 9-5-2 具有和没有差错传输的 DFE 性能

在上面分析的 DFE 的结构中，前馈横向滤波器使用了一个 T 间隔滤波器。这种结构的最佳化基于如下假定：DFE 之前的模拟滤波器匹配于受信道恶化的脉冲响应，其输出在最佳抽样时刻被抽样。实际上，信道响应并不是先验可知的，所以不可能设计出一个理想的匹配滤波器。鉴于此，在实际应用中，通常使用一个分数间隔的前馈横向滤波器。当然，反馈横向滤波器的抽头间隔仍保持为 T。前馈横向滤波器采用 FSE，消除了系统对定时误差的敏感性。

与 MLSE 性能的比较

下面通过与 MLSE 性能的比较来总结 DFE 性能。对于具有 $f_0=f_1=\sqrt{1/2}$ 的二径信道，已经证明 MLSE 没有 SNR 损失，而判决反馈均衡器遭受 3 dB 的损失。在失真较大的信道上，MLSE 相对于判决反馈均衡器的 SNR 的增益更大。图 9-5-3 所示为 MLSE 和 DFE 的差错概率性能的比较，这是针对二进制 PAM 以及图 9-4-5（b）和（c）所示的信道特性通过蒙特-卡洛模拟法得到的。由这两种方法得到的差错概率曲线有不同的斜率，因此当差错概率减小时，SNR 之差增加。作为参考基准，图 9-5-3 也给出了无符号间干扰 AWGN 信道的差错概率。

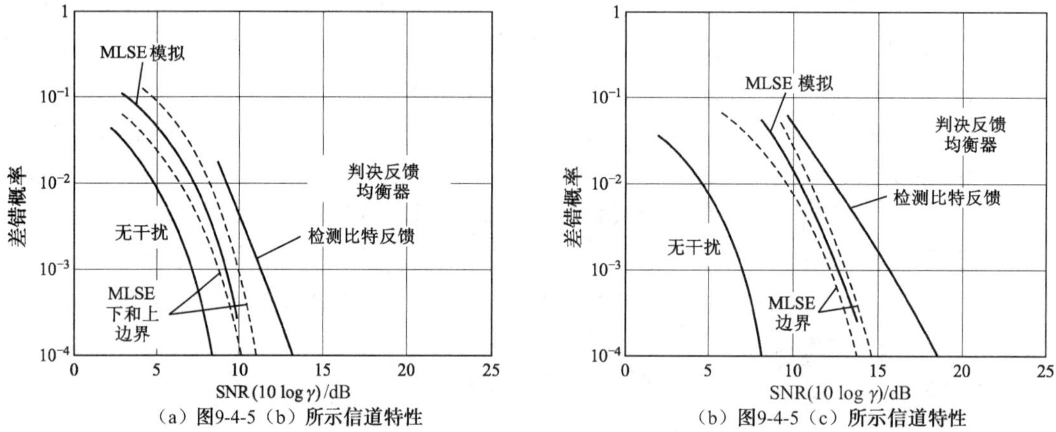

图 9-5-3　MLSE 与 DFE 的差错概率性能的比较

9.5.3　预测判决反馈均衡器

贝尔菲沃和帕克（Belfiore & Park，1979）提出了另一种 DFE 结构，即预测 DFE 结构，在前馈横向滤波器具有无限抽头条件下，该结构等价于图 9-5-1 所示的结构。这种结构由一个作为前馈横向滤波器的 FSE 和一个作为反馈横向滤波器的线性预测器组成，如图 9-5-4 所示。下面简要地研究该均衡器的性能特征。

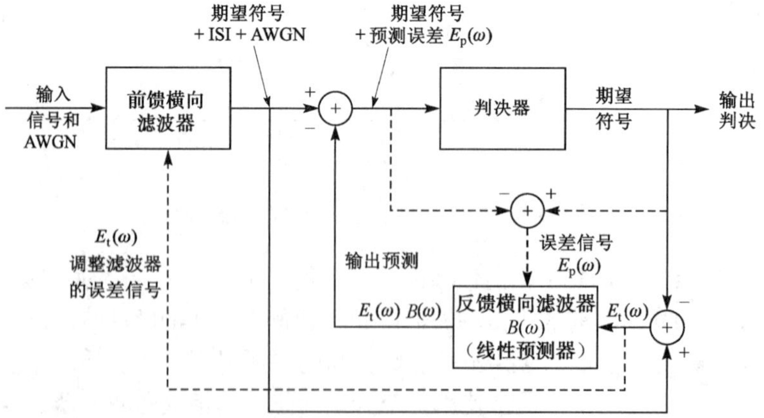

图 9-5-4　预测 DFE 的方框图

首先，具有无限抽头前馈滤波器输出端噪声的功率谱密度为

$$\frac{N_0 X(\mathrm{e}^{\mathrm{j}\omega T})}{|N_0 + X(\mathrm{e}^{\mathrm{j}\omega T})|^2},\qquad |\omega| \leqslant \frac{\pi}{T} \tag{9-5-14}$$

残余符号间干扰的功率谱密度为

$$\left|1-\frac{X(\mathrm{e}^{\mathrm{j}\omega T})}{N_0+X(\mathrm{e}^{\mathrm{j}\omega T})}\right|^2=\frac{N_0^2}{|N_0+X(\mathrm{e}^{\mathrm{j}\omega T})|^2},\qquad |\omega|\leqslant\frac{\pi}{T} \tag{9-5-15}$$

这两个功率谱之和表示在前馈横向滤波器输出端的总噪声和符号间干扰的功率谱密度。因此，将式（9-5-14）与式（9-5-15）相加，可得到

$$|E_{\mathrm{t}}(\omega)|^2=\frac{N_0}{N_0+X(\mathrm{e}^{\mathrm{j}\omega T})},\qquad |\omega|\leqslant\frac{\pi}{T} \tag{9-5-16}$$

如前面所述，如果$X(\mathrm{e}^{\mathrm{j}\omega T})=1$，则信道是理想的，因此不可能进一步减少MSE。如果信道存在失真，通过基于差错序列的过去值的线性预测方法，可以减小前馈横向滤波器输出端的差错序列的功率。

如果$B(\omega)$表示无限长线性预测器的频率响应，即

$$B(\omega)=\sum_{n=1}^{\infty}b_n\mathrm{e}^{-\mathrm{j}\omega nT} \tag{9-5-17}$$

那么，线性预测器输出端的差错是

$$E_{\mathrm{p}}(\omega)=E_{\mathrm{t}}(\omega)-E_{\mathrm{t}}(\omega)B(\omega)=E_{\mathrm{t}}(\omega)[1-B(\omega)] \tag{9-5-18}$$

该差错均方值为

$$J=\frac{1}{2\pi}\int_{-\pi/T}^{\pi/T}|1-B(\omega)|^2|E_{\mathrm{t}}(\omega)|^2\mathrm{d}\omega \tag{9-5-19}$$

对线性预测器系数$\{b_n\}$最小化可得到最佳预测器，其形式为

$$B(\omega)=1-\frac{G(\omega)}{g_0} \tag{9-5-20}$$

式中，$G(\omega)$是下列谱因式分解的解

$$G(\omega)G^*(-\omega)=\frac{1}{|E_{\mathrm{t}}(\omega)|^2} \tag{9-5-21}$$

且

$$G(\omega)=\sum_{n=0}^{\infty}g_n\mathrm{e}^{-\mathrm{j}\omega nT} \tag{9-5-22}$$

无限长线性预测器的输出是白噪声序列，其功率谱密度为$1/g_0^2$，且相应的最小MSE由式（9-5-7）给出。因此，无限长预测DFE的MSE性能与常规DFE相同。

尽管这两种DFE结构在长度均为无限长时性能相同，但在长度有限时，则预测DFE是次最佳的。这种常规DFE最佳性的原因比较简单，因其前馈横向滤波器和反馈横向滤波器的抽头系数最佳化是联合实现的，因此，它产生一个最小MSE。另一方面，在预测DFE中的前馈横向滤波器和线性预测器的最佳化是分别实现的，因此，其MSE至少像常规DFE的那样大。尽管预测DFE是次最佳的，但它仍然适合作为网格编码信号的均衡器，而常规DFE则不合适，下一章将介绍。

9.5.4 发送机的均衡——Tomlinson-Harashima 预编码

如果发送机知道信道的响应，那么均衡器可以置于通信系统的发送端。将均衡器（线性或 DFE）置于接收机时通常可以避免所固有的噪声增强的情况。但在实际情况中，通常信道特性是时变的，所以将整个均衡器置于发送机中是不方便的。

在有线信道中，信道特性并不随时间发生显著的变化，因此有可能将 DFE 的反馈横向滤波器置于发送机中，而将前馈横向滤波器置于接收机中。这种方法的优点是可以完全消除反馈横向滤波器由于不正确判决引起的差错传输，因此可消除信道响应的尾巴（后标，Postcursor）而不必付出任何 SNR 的代价。DFE 的线性分数间隔前馈横向滤波器是理想的 WMF，可以补偿信道响应任何小的时变所产生的 ISI。DFE 的反馈横向滤波器在发送端的合成是在以下操作之后进行的：接收机通过一个信道探测信号的传输进行信道响应测量，然后接收机将反馈横向滤波器的抽头系数发送给发送机。

这种实现 DFE 方法的一个问题是：发送机中的信号点在减去 ISI 后标之后一般比原始信号星座有更大的动态范围，因此需要更大的发送功率。这个问题可以通过在发送之前对信息符号进行预编码来避免，如汤姆林森（Tomlinson，1971）以及 Harashima & Miyakawa（1972）的论文所述。

现在来描述 PAM 信号星座的预编码技术。一个矩形 QAM 信号星座可以看成在正交载波上的两个 PAM 信号集，因此预编码可容易地扩展到 QAM。为简单起见，假定 DFE 中的前馈横向滤波器是 WMF 且发送机和接收机完全知道信道的响应，信道响应是由参数 $\{f_i, 0 \leq i \leq L\}$ 来表征的。假定信息符号 $\{I_k\}$ 的取值为 $\{\pm 1, \pm 3, \cdots, \pm(M-1)\}$。

在预编码中，从发送信息符号中减去由后标引起的 ISI，如果所得差值落在 $(-M, M]$ 范围之外，那么可通过从该差值中减去 $2M$ 的整数倍使其缩减到该范围内。因此，预编码输出可以表示为

$$a_k = I_k - \sum_{j=1}^{L} f_j a_{k-j} + 2Mb_k \tag{9-5-23}$$

式中，$\{b_k\}$ 表示能将 $\{a_k\}$ 带入所期望的范围内的适当整数。换言之，可通过模 $2M$ 运算将 $\{a_k\}$ 缩减到所期望的范围内。用 z 变换来描述预编码器的这种运算，可得到

$$A(z) = I(z) - [F(z) - 1]A(z) + 2MB(z) \tag{9-5-24}$$

式中，出于方便，将信道系数归一化为 1，因此发送序列为

$$A(z) = \frac{I(z) + 2MB(z)}{F(z)} \tag{9-5-25}$$

因为信道响应是 $F(z)$，所以接收信号序列可以表示为

$$\begin{aligned} V(z) &= A(z) + W(z) \\ &= [I(z) + 2MB(z)] + W(z) \end{aligned} \tag{9-5-26}$$

式中，$W(z)$ 表示 AWGN。检测器输入的接收数据序列项 $I(z) + 2MB(z)$ 是无 ISI 的，$I(z)$ 可以通过采用逐符号检测器从 $V(z)$ 中恢复，该检测器对符号进行模 $2M$ 译码。图 9-5-5 所示为该系统的方框图，可看出该系统在发送机实现了预编码器和 DFE 的前馈横向滤波器。

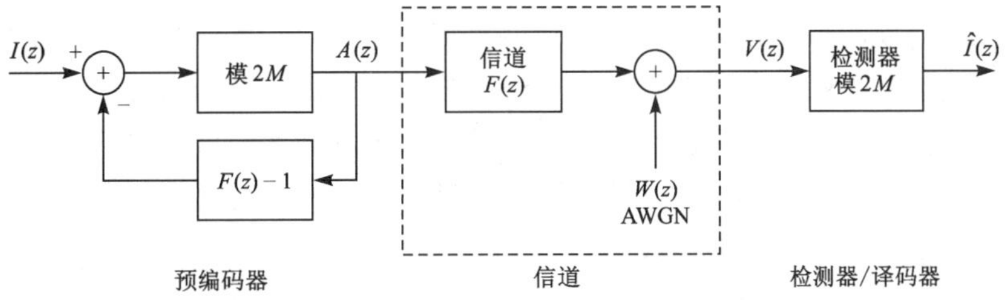

图 9-5-5 Tomlinson-Harashima 预编码

反馈横向滤波器置于发送机中，可使得 DFE 与网格编码调制（TCM）相结合成为可能。因为接收机中的均衡器是线性滤波器，所以由维特比检测器输出的判决可以用来调整均衡器的抽头系数。在这种情况下，维特比检测器在它的度量计算中执行的是模 2*M* 运算。

9.6 降低复杂性的 ML 检测器

前文所阐述的三种基本均衡方法，即 MLSE、线性均衡（LE）和判决反馈均衡（DFE）的性能分析的结果，清楚地表明 MLSE 在具有严重 ISI 信道中性能的优越性。在无线通信中和在高密度磁记录系统中会遇在这样的信道。MLSE 的优越性能激发了对其方法的大量研究，这些方法能保持 MLSE 的性能特征，而且降低了复杂性。

对降低复杂性的 MLSE 设计的早期研究工作，主要集中在通过在最大似然检测器之前对接收信号进行预处理来减少 ISI 横跨的长度。福尔科纳和马吉（Falconer & Magee，1973）以及拜尔（Beare，1978）在维特比检测器之前采用一个线性均衡器将 ISI 的跨度减少到了比较小的特定长度。李和希尔（Lee & Hill，1977）使用 DFE 来代替 LE，将比较大的信道 ISI 跨度缩减到一个足够小的长度，这称为**期望冲激响应**（Desired Impulse Response），这样跟随在 LE 或 DFE 之后的维特比检测器复杂性就比较容易处理了。我们可以把维特比检测器之前的 LE 或 DFE 看成对信道响应的均衡作用，它将信道响应均衡到一个特定短持续时间的部分响应特性（期望冲激响应），维特比检测器能够以足够低的复杂性来处理这个特定响应，所选择的期望冲激响应相对信道 ISI 特性是简捷的。这种化简维特比检测器复杂性的方法业已经在高密度的磁记录系统中证明是很有效的，西格尔和沃尔夫（Siegel & Wolf，1991）、泰勒和普罗科斯（Tyner & Proakis，1993）、穆恩和卡里（Moon & Carley，1988）以及普罗科斯（Proakis，1998）的论文已有阐述。

另一种常用的方法是直接通过减少幸存序列的数目来降低维特比检测器的复杂性的。维姆尔恩和赫尔曼（Vermuelen & Hellman，1974）、福雷德里克森（Fredricsson，1974）以及福西里（Foschini，1977）论述了维特比检测器中减少幸存序列数目的各种算法。关于这类方法的研究成果还有克拉克等（Clark，1984,1985）和维索洛斯基（Wesolowski，1987）的论文。

伯格曼斯等（Bergmans，1987）、埃尤布奥卢和库里西（Eyuboglu & Qureshi，1988）以及杜尔-霍伦和希加德（Duel-Hallen & Heegard，1989）论述了以性能表示的降低维特比检测器复杂性的最有效的方法。在维特比检测器之前的滤波器就是前面所述的白化匹配滤波器（Whitened Matched Filter，WMF），WMF 将信道的相位特性减到最小。这些论文所阐述的降低维特比检测器计算复杂性的基本算法是，在维特比检测器中使用判决反馈来将 ISI 的有效长

度从 L 项减少为 L_0 项，其中 $L_0<L$。这可采用两种方法之一来实现，即从维特比检测器的预判决来进行“全局反馈”或者“局部反馈”，该方法如伯格曼斯等（Bergmans，1987）的论文所述。图 9-6-1 示出了全局反馈的应用，其中，利用维特比检测器的最可能的幸存序列所得到的预判决来合成 ISI 的尾部，该尾部是由信道的系数 $(f_{L_0+1}, f_{L_0+2}, \cdots, f_{L-1}, f_L)$ 产生的。因此，对于 M 元调制，维特比检测器的计算复杂性从 M^L 减为 M^{L_0}，减少了 M^{L-L_0} 倍。使用全局反馈的主要缺点是：如果在最可能的幸存序列的符号 $\hat{I}_{k-L_0-1}, \cdots, \hat{I}_{k-L}$ 中有一个和多个符号不正确，那么 ISI 尾部的相减也是不正确的，因此，这种有缺陷的消除所产生的残余 ISI 使得度量计算的质量变坏。

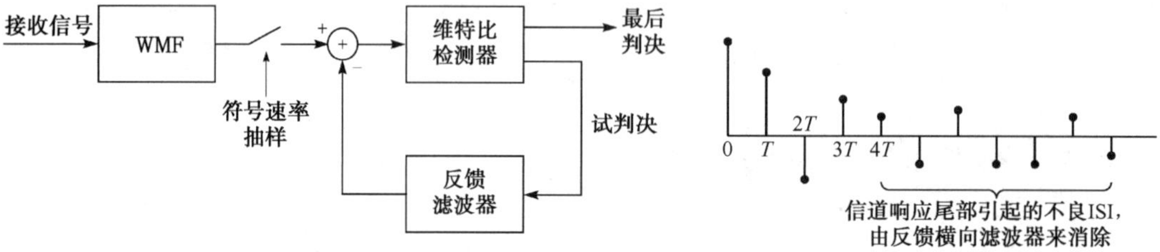

（a）符号检测器方框图　　（b）信道响应

图 9-6-1　降低复杂性的 ML 序列检测器，采用了从维特比检测器全局反馈的方式

为了弥补这个问题，可以使用相应于每一个幸存序列的预判决来消除该幸存序列的尾部中的 ISI。因此，当正确序列在这些幸存序列中时，即使它不是最可能的序列，也可以完全消除 ISI。伯格曼斯等（Bergmans，1987）将这种方法描述为使用“局部反馈”来实现尾部消除。

值得注意的是，如果 L_0 选为 1 时（$L_0=1$），那么维特比检测器就可化简成常规 DFE 的简单的反馈滤波器。在其他的极端情况下，当 $L_0=L$ 时，可得到一个完全复杂性的维特比检测器。伯格曼斯等（Bergmans，1987）的论文所给出的分析和模拟结果清楚地表明，局部反馈的性能优于全局反馈。

9.7　迭代均衡和译码——Turbo 码均衡

8.7 节所阐述的迭代译码和 Turbo 码编码原理可以应用于信道均衡。假设数字通信系统的发送机使用二进制系统卷积码编码器，其后跟随一个分组交织器和调制器。信道是线性时间弥散信道，引入 ISI。在这种情况下，可以将信道看成一个串行级联码的内编码器，因此可以根据 MAP 准则应用迭代译码。

迭代均衡器-译码器的基本结构如图 9-7-1 所示。MAP 均衡器的输入是 WMF 的输出序列 $\{v_k\}$。均衡器计算编码比特的对数似然比，记为 $L^{\mathrm{E}}(\hat{x})$，它表示该编码比特后验值。外译码器接收 $L^{\mathrm{E}}(\hat{x})$ 的外信息作为输入，可定义为

$$L_{\mathrm{e}}^{\mathrm{E}}(\hat{x}) = L^{\mathrm{E}}(\hat{x}) - L_{\mathrm{e}}^{\mathrm{D}}(\hat{x}) \tag{9-7-1}$$

式中，$L_{\mathrm{e}}^{\mathrm{D}}(\hat{x})$ 是在交织后的外译码器输出的外信息，$L_{\mathrm{e}}^{\mathrm{E}}(\hat{x})$ 在被馈送到外译码器之前被解交织。

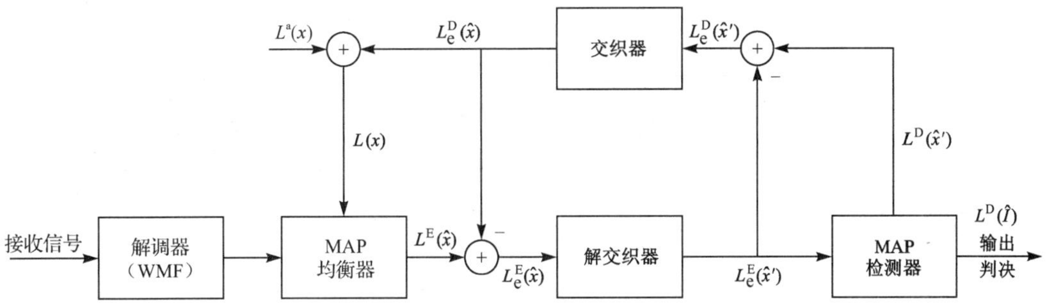

图 9-7-1　迭代均衡器-译码器的基本结构

外译码器计算编码比特和信息比特的对数似然比，分别记为 $L^D(\hat{x}')$ 和 $L^D(\hat{I})$。$L^D(\hat{x}')$ 的外信息，记为 $L_e^D(\hat{x}')$，是关于当前比特的增量信息，它是译码器对所有接收比特的所有信息进行观测后得到的。外信息计算如下

$$L_e^D(\hat{x}') = L^D(\hat{x}') - L_e^E(\hat{x}') \tag{9-7-2}$$

$L_e^E(\hat{x}')$ 被交织产生 $L_e^E(\hat{x})$ 并馈送给 MAP 均衡器。我们仅强调反馈外信息 $L_e^D(\hat{x})$ 的重要性，因此使得均衡器所用的先验信息与先前均衡器输出之间的相关性最小。类似地，我们可用先验信息 $L_e^D(\hat{x})$ 来减少后验信息值 $L^E(\hat{x})$ 以得到外信息 $L_e^E(\hat{x})$，在解交织之后馈送给外译码器。

对数似然比的计算在鲍奇等（Bauch，1997）的论文中已有阐述。这种迭代均衡-译码方案的能力可以从这篇论文给出的性能分析结果中做出评价。图 9-7-2 示出的比特差错概率，它是通过对图 9-4-5（c）所示的 5 抽头时不变信道进行模拟而得到的，所用的外译码器是码率为 1/2、约束长度 $K=5$ 的递归系统卷积码，所用的交织器是长度 $N=4096$ 比特的伪随机分组交织器，采用的是二进制 PSK 调制。图中的曲线说明了性能增益随着迭代次数的增加而增加。可以看出，在 8 次迭代之后，当比特差错概率为 10^{-4} 时迭代均衡器与译码器的性能与无 ISI 的编码数据的性能之差在 0.8 dB 之内。因此，迭代均衡器几乎完全消除了 ISI 造成的全部损失。比较起来，从图 9-5-3（b）可以看出，最佳（非迭代）维特比检测器对这种 ISI 信道所遭受的性能损失大约为 7 dB。因此，除了卷积码的编码增益外，迭代均衡器达到的性能增益大约为 6 dB。鲍奇等（Bauch，1997）已将这种迭代均衡方法对蜂窝无线信道的性能进行了评价。哈根劳等（Hagenauer，1999）的论文阐述了采用非线性电路实现迭代均衡和译码的方法。

另外一种实现迭代均衡和译码的方法是在发送端采用一个并行级联码（Turbo 码），其后跟随一个分组交织器和一个调制器。接收机采用一个 MAP 均衡器，其后跟随一个 Turbo 码译码器。由 Turbo 码译码器生成的外信息反馈给 MAP 均衡器。因此，我们得到一种迭代均衡器-Turbo 码译码器的结构，将它称为 Turbo 码均衡器。雷费利和扎纳伊（Raphaeli & Zarai，1998）以及多尔纳德等（Douillard，1995）的论文论述了 Turbo 码均衡。

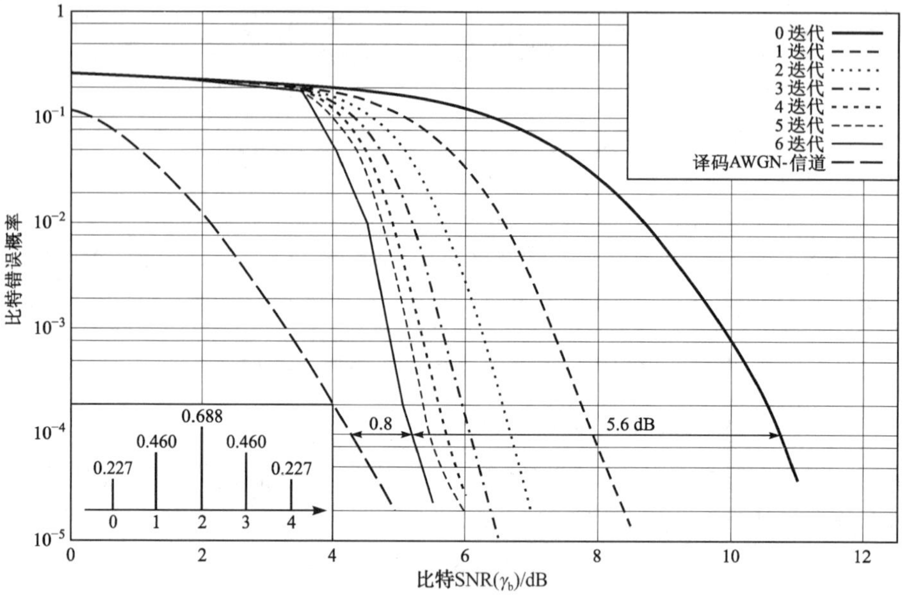

图 9-7-2　时不变信道的信道抽头和误比特率

9.8 文献注释与参考资料

奈奎斯特（Nyquist，1928）对带宽受限信道的信号设计进行了开拓性的工作。二进制部分响应信号最初是由莱恩德（Lender，1963）提出的，后来由克莱姆（Kretzmer，1966）推广到一般情况。其他的早期研究工作，如处理符号间干扰以及在 ISI 限制条件下发送机和接收机的最佳化，是由格斯特与戴蒙德（Gerst & Diamond，1961）、塔夫茨（Tufts，1965）、史密斯（Smith，1965）以及伯格与塔夫茨（Berger & Tuftz，1967）完成的。马索（Mazo，1975）和福西里（Foschini，1984）研究了“比奈奎斯特更快”的传输。

勒基（Lucky，1965，1966）研究了数字通信的信道均衡，主要是采用峰值失真准则设计最佳化的线性均衡器。韦德罗（Widrow，1966）提出了将均方误差准则用于均衡器系数最佳化。

判决反馈均衡器是由奥斯丁（Austin，1967）提出并进行分析的。关于 DFE 性能的分析可以在下列学者的论文中找到：蒙森（Monsen，1971）、乔治等（George，1971）、普赖斯（Price，1972）、扎尔茨（Salz，1973）、唐特威勒等（Duttweiler，1974）以及阿特卡和博利厄（Altekar & Beaulieu，1993）。

将维特比算法应用于受 ISI 恶化符号的最佳的最大似然序列估计器，是由福尼（Forney，1972）和小村（Omura，1971）提出并分析的。翁格伯克（Ungerboeck，1974）和麦克肯切尼（MacKenchnie，1973）研究了它在载波调制信号中的应用。

在编码系统中使用迭代 MAP 算法来抑制 ISI，称为 Turbo 码均衡，它代表了在带限信道的信号传输中符号间干扰抑制研究的新进展的重要成果。可以预料，迭代 MAP 均衡算法将用于未来的通信系统中。哈根劳等（Hagenauer，1999）的论文所阐述的 Turbo 码均衡的实现方法，是在编码系统中实现迭代 MAP 均衡算法的第一次尝试。

习题

9-1　如果信道对输入 $x(t)$的响应 $y(t)$为 $Kx(t-t_0)$，其中 K 和 t_0 是常数，那么称信道为无失真的（Distortionless）。试证明如果信道的频率响应为 $A(f)\mathrm{e}^{\mathrm{j}\theta(f)}$，其中 $A(f)$和$\theta(f)$都是实的，那么信道无失真传输的充分必要条件为 $A(f)=K$ 和$\theta(f)=2\pi ft_0\pm n\pi$（$n$=0, 1, 2…）。

9-2　式（9-2-26）给出了升余弦谱特性。

（a）试证明相应的冲激响应为

$$x(t)=\frac{\sin(\pi t/T)}{\pi t/T}\frac{\cos(\beta\pi t/T)}{1-4\beta^2t^2/T^2}$$

（b）当β=1 时，试求 $x(t)$的希尔伯特变换。

（c）试问 $\hat{x}(t)$是否具有 $x(t)$那样的适合数据传输的特性，解释之。

（d）试求 $x(t)$产生的 SSB 抑制载波信号的包络。

9-3　（a）试证明（泊松求和公式）：

$$x(t)=\sum_{k=-\infty}^{\infty}g(t)h(t-kT)\Rightarrow X(f)=\frac{1}{T}\sum_{n=-\infty}^{\infty}H\left(\frac{n}{T}\right)G\left(f-\frac{n}{T}\right)$$

提示：对下列周期性因式进行傅里叶级数展开

$$\sum_{k=-\infty}^{\infty}h(t-kT)$$

（b）利用（a）题得到的结果，证明以下几种形式的泊松求和公式：

$$\sum_{k=-\infty}^{\infty}h(kT)=\frac{1}{T}\sum_{n=-\infty}^{\infty}H\left(\frac{n}{T}\right)\tag{i}$$

$$\sum_{k=-\infty}^{\infty}h(t-kT)=\frac{1}{T}\sum_{n=-\infty}^{\infty}H\left(\frac{n}{T}\right)\exp\left(\frac{\mathrm{j}2\pi nt}{T}\right)\tag{ii}$$

$$\sum_{k=-\infty}^{\infty}h(kT)\exp(-\mathrm{j}2\pi kTf)=\frac{1}{T}\sum_{n=-\infty}^{\infty}H\left(f-\frac{n}{T}\right)\tag{iii}$$

（c）利用泊松求和公式，推导无符号间干扰的条件（奈奎斯特准则）。

9-4　假设一数字通信系统采用了高斯形脉冲

$$x(t)=\exp(-\pi a^2t^2)$$

为了减小符号间干扰，要求 $x(T)$=0.01，其中 T 是符号间隔。脉冲 $x(t)$的带宽 W 定义为 $X(W)/X(0)$=0.01 时的 W 值，其中 $X(f)$为 $x(t)$的傅里叶变换。试求 W，并与 100%滚降升余弦谱特性的带宽相比较。

9-5　试证明具有平方根升余弦谱特性的滤波器的冲激响应为

$$x_{\mathrm{sr}}(t)=\frac{(4\beta t/T)\cos[\pi(1+\beta)t/T]+\sin[\pi(1-\beta)t/T]}{(\pi t/T)[1-(4\beta t/T)^2]}$$

9-6　希望实现一个（离散时间）有限冲激响应（FIR）滤波器，该滤波器能提供平方根升余弦谱成形。该 FIR 滤波器的系数是习题 9-5 给出的时间响应的抽样值，其中抽样时刻为 $t = kT/2$（$k = 0, \pm 1, \pm 2, \cdots, \pm N$）。

（a）若取 $N = 10$、15 和 20 且滚降因子 $\beta = 1/2$ 时，试求该截断滤波器响应对谱特性的影响。滤波器的频率响应按下式计算

$$X_{\rm sr}(\omega) = \sum_{n=-N}^{N} x(nT_{\rm s}){\rm e}^{-{\rm j}\omega n T_{\rm s}}$$

式中，$T_{\rm s} = T/2$。

（b）试画出 $N = 10$、15 和 20 时三种滤波器的谱特性，并将所得结果与理想平方根升余弦谱特性进行比较。

9-7 图 P9-7 示出了 QAM 或 PSK 调制器和解调器（Modem）的方框图，其中对已调信号进行数字合成和数字解调。FIR 滤波器具有平方根升余弦谱特性，抽样速率为 $2/T$，符号速率 $1/T = 2400$ 符号/秒。FIR 内插器使用的抽样速率为 $6/T$，且设计成线性相位 FIR 滤波器以通过期望的信号谱。

（a）编写程序来实现图 P9-7 中的数字调制器。所取的参数如下：滚降因子 $\beta = 0.25$，FIR 成形滤波器的长度=21，FIR 内插器的长度=11，载波频率 $f_{\rm c}$=1 800 Hz。

（b）产生 5 000 个样值的数字信号序列 $x_{\rm d}(n)$，计算并画出这个已调信号功率谱密度。

（c）重复（b）题再做 5 次迭代，然后在总共 6 次信号记录数据上计算平均功率谱。对所得结果进行评论。

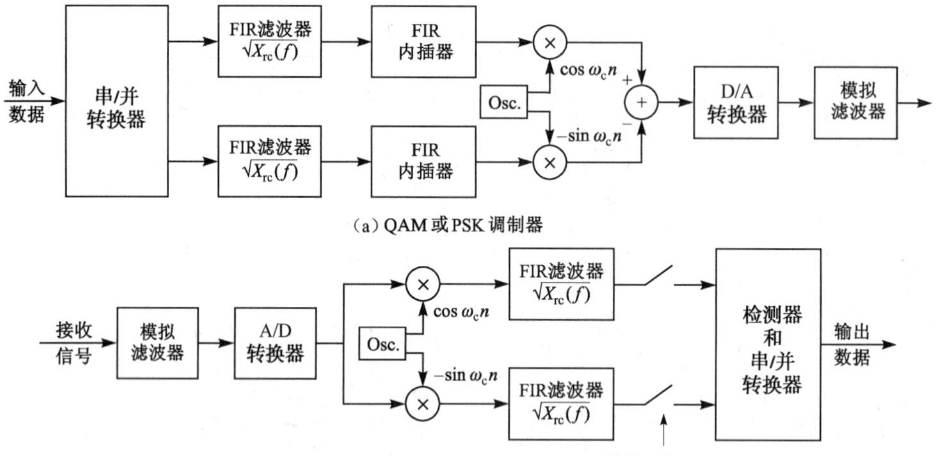

（b）QAM或PSK解调器

图 P9-7

9-8 （无载波 QAM 或 PSK 调制/解调器）有一 QAM 或 M 元 PSK（$M\geq 4$）信号在载频 $f_{\rm c}$ 上传输，其中载波与基带信号的带宽相当。带通信号可以表示为

$$s(t) = {\rm Re}\left[\sum_n I_n g(t - nT){\rm e}^{j2\pi f_{\rm c}t}\right]$$

（a）试证明 $s(t)$ 可以表示为

$$s(t)=\mathrm{Re}\left[\sum_{n} I'_n Q(t-nT)\right]$$

式中，$Q(t)$ 定义为

$$Q(t)=q(t)+\mathrm{j}\hat{q}(t),\quad q(t)=g(t)\cos 2\pi f_c t,\quad \hat{q}(t)=g(t)\sin 2\pi f_c t$$

且 I'_n 是相位旋转符号，即 $I'_n=I_n\mathrm{e}^{\mathrm{j}2\pi f_c nT}$。

（b）采用响应为 $q(t)$ 和 $\hat{q}(t)$ 的 FIR 滤波器，画出调制器和解调器实现的方框图。不需要用混频器在调制器中将信号搬移到带通以及在解调器中再搬移到基带。

9-9　（无载波幅度或相位 CAP 调制）在有线数据传输的某些实际应用中，发送信号的带宽与载波频率相当。在这样的系统中，有可能将基带信号与载波分量混频这一级取消，可以直接合成带通信号，方法是在 FIR 成形滤波器实现中嵌入载波分量。因此，调制/解调器的实现方框图如图 P9-9 所示，其中 FIR 成形滤波器的冲激响应为

$$q(t)=g(t)\cos 2\pi f_c t,\qquad \hat{q}(t)=g(t)\sin 2\pi f_c t$$

且 $g(t)$ 脉冲具有平方根升余弦谱特性。

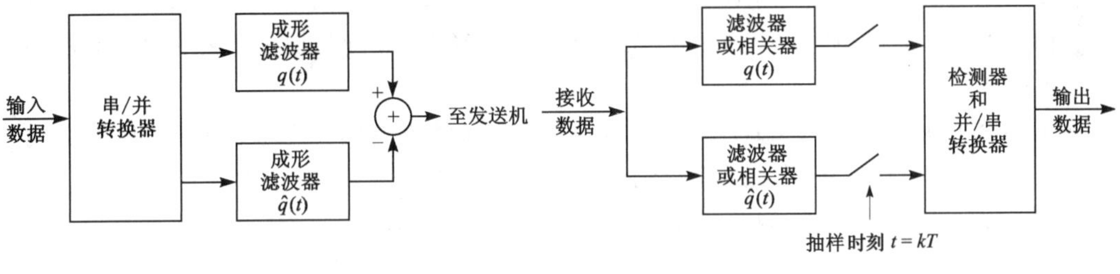

（a）调制器　　（b）解调器

图 P9-9

（a）试证明

$$\int_{-\infty}^{\infty} q(t)\hat{q}(t)\,\mathrm{d}t=0$$

并证明该系统可以用来传输二维信号星座。

（b）试问在什么样的条件下，这种 CAP 调制/解调器与习题 9-8 所述的无载波 QAM 或 PSK 调制/解调器相同。

9-10　带宽为 W 的带限信号可以表示为

$$x(t)=\sum_{n=-\infty}^{\infty} x_n \frac{\sin[2\pi W(t-n/2W)]}{2\pi W(t-n/2W)}$$

（a）针对下列情况求谱函数 $X(f)$，并绘出 $|X(f)|$。

$$x_0=2,\quad x_1=1,\quad x_2=-1,\quad x_n=0,\quad n\neq 0,1,2 \tag{i}$$

$$x_{-1}=-1,\quad x_0=2,\quad x_1=-1,\quad x_n=0,\quad n\neq -1,0,1 \tag{ii}$$

（b）对以上两种情况，绘出 $x(t)$。

（c）如果采用以上两种信号来进行二进制信号传输，试求在抽样时刻 $t=nT=n/2W$ 时可能的接收电平数目，并求各种接收电平出现的概率。假定发送机的二进制数字是等概的。

9-11　在 4 kHz 的带通信道上以 9600 b/s 的速率传输数据。如果信道中的加性零均值高斯噪声的谱密度为 $N_0/2=10^{-10}$ W/Hz，试设计一个 QAM 调制方案，并求达到 10^{-6} 比特差错概率

的平均功率。采用的信号脉冲具有滚降因子至少为 50%的升余弦谱特性。

9-12 有一音带电话（带通）的信道带宽为 4 kHz，试求下列几种调制方法在该信道上传输的比特率：（a）二进制 PAM；（b）四相 PSK；（c）8 点 QAM；（d）采用相干检测的二进制正交 FSK；（e）采用非相干检测的正交 4FSK；（f）采用非相干检测的正交 8FSK。假设（a）～（c）中发送脉冲具有滚降因子为 50%的升余弦谱特性。

9-13 一理想音带电话线信道具有频率范围为 600～3 000 Hz 的带通频率响应特性。

（a）设计一个 $M=4$ 的 PSK（正交 PSK 或 QPSK）系统来以 2400 b/s 的速率传输数据，载频 f_c=1800 Hz，采用升余弦的谱特性。试画出系统的方框图，并描述每个方框的作用。

（b）比特率改为 R=4800 b/s，试针对 8QAM 信号重复（a）。

9-14 有一音带电话信道可以通过 300～3300 Hz 频带的所有频率。要求设计一个调制/解调器，其符号传输速率为 2400 符号/秒，而目标是 9600 b/s。试选择一个合适的 QAM 信号星座图、载波频率及具有升余弦谱特性的滚降因子，升余弦谱利用了整个频带。试画出发送信号脉冲的谱，并指出重要的频率点。

9-15 为音带（3 kHz）信道设计一个通信系统：当发送机功率 P_s= −3 dBW 时，要求检测器的接收 SNR 为 30 dB。如果系统的带宽要扩大到 10 kHz，同时检测器要保持同样的 SNR，试求这时的 P_s 值。

9-16 试证明：具有式（9-2-26）给出的升余弦谱特性的脉冲对取任何值的滚降因子β都能满足式（9-2-13）确定的奈奎斯特准则。

9-17 试证明：不论β为何值，式（9-2-26）给出的升余弦谱都满足

$$\int_{-\infty}^{\infty} X_{\mathrm{rc}}(f)\,\mathrm{d}f = 1$$

提示：X_{rc} 满足式（9-2-13）给出的奈奎斯特准则。

9-18 奈奎斯特准则给出了产生零 ISI 的脉冲 $x(t)$的谱 $X(f)$的充要条件。试证明：对于带限于$|f|<1/T$ 的任何脉冲，如果 Re[$X(f)$]（当 $f>0$）由一个矩形函数加上一个在 $f=1/2T$ 处的任意奇函数组成，并且 Im[$X(f)$]为一个在 $f=1/2T$ 处的任意偶函数，就能满足零 ISI 条件。

9-19 有一音带电话信道在 300 Hz<f<3000 Hz 频率范围内具有带通特性。

（a）要求达到 9600 b/s 的信号传输速率，试选择符号传输速率和一个功率有效的星座图。

（b）如果发送脉冲 $g(t)$为平方根升余弦脉冲，试求滚降因子。假定信道具有理想的频率响应特性。

9-20 为在带宽 W＝2400 Hz 的理想信道上传输数字信息，设计一个 M 元 PAM 系统。比特传输速率为 14400 b/s。当采用双二进制信号脉冲时，试求发送信号的点数和接收信号的点数；再求为达到 10^{-6} 差错概率所需的$\mathcal{E}_b$。加性噪声是零均值高斯噪声，其功率谱密度为 10^{-4} W/Hz。

9-21 如图 P9-21 所示，通过激励一个具有 50%滚降因子的升余弦谱特性的滤波器，再对一个正弦载波进行 DSB-SC 幅度调制，从而产生二进制 PAM 信号。比特传输速率为 2400 b/s。

（a）试求已调二进制 PAM 信号的频谱并画出来。

（b）试画出对接收信号的最佳解调器/检测器的方框图，该接收信号等于发送信号加上加性高斯白噪声。

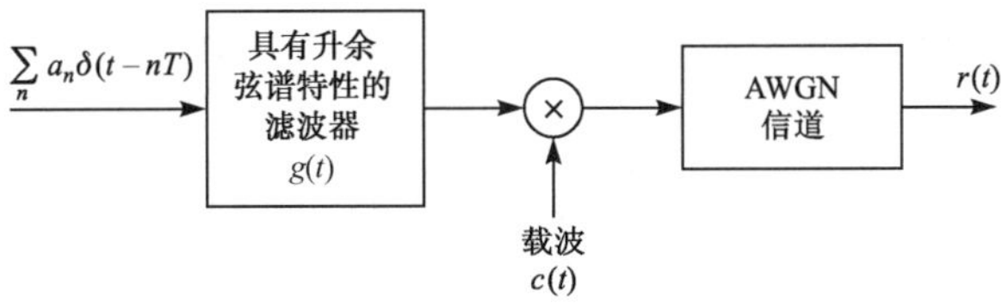

图 P9-21

9-22 序列$\{a_n\}_{n=-\infty}^{\infty}$的元素为独立二进制随机变量，其取值为±1 且等概。用该数据序列来调制图 P9-22（a）中的基本脉冲 $g(t)$。已调制信号为

$$X(t)=\sum_{n=-\infty}^{+\infty}a_n g(t-nT)$$

（a）试求 $X(t)$的功率谱密度。

（b）如果用 $g_1(t)$取代 $g(t)$，如图 P9-22（b）所示，试问（a）题中的功率谱会怎样变化。

（c）假设在（b）题中要在 f=1/3T 处引入一个谱零点，这可以采用预编码 $b_n=a_n+\alpha a_{n-3}$ 实现，试求α值。

（d）如果想要最终的功率谱在 1/3T≤|f|≤1/2T 上恒等于 0，问能否采用下面形式的预编码：$b_n=a_n+\sum_{i=1}^{N}\alpha_i a_{n-i}$，其中 N 为有限的，使得频谱满足以上要求。如果能，如何满足？如果不能，为什么？

提示：利用解析函数的性质。

9-23 考虑在音带电话信道上进行 PAM 数据传输，信道带宽为 3000 Hz。试问符号传输速率如何作为过剩带宽的函数而变化？针对以下过剩带宽求符号传输速率：25%、33%、50%、67%、75%和 100%。

9-24 输入预编码器的二进制序列为 10010110010，其输出用来调制一个双二进制发送滤波器。试建立一个形如表 9-2-1 的表，显示预编码序列、发送幅度电平、接收信号电平和译码序列。

9-25 对于变型双二进制信号脉冲，重做 9-24 题。

9-26 如果所期望的部分响应当 n=0 时模 M 为 0，那么该部分响应的预编码器将不能工作。例如，研究如下 M=2 的期望的响应

$$x(nT)=\begin{cases}2, & n=0\\ 1, & n=1\\ -1, & n=2\\ 0, & \text{其他}\end{cases}$$

试问为什么该响应不能进行预编码。

9-27 图 P9-27 所示为一 RC 低通滤波器，其中$\tau=RC=10^{-6}$。

（a）试求该滤波器的作为频率函数的包络（群）延时，并画出图形。

（b）假设该滤波器的输入是一个带宽Δf=1 kHz 的低通信号，试求 RC 低通滤波器对该信号的影响。

9-28 微波无线电信道的频率响应为

$$C(f)=1+0.3\cos 2\pi fT$$

试推导发送和接收滤波器的频率响应特性，要求以速率为 $1/T$ 符号/秒传输时 ISI 为 0，且具有 50%的过剩带宽。假定加性噪声谱是平坦的。

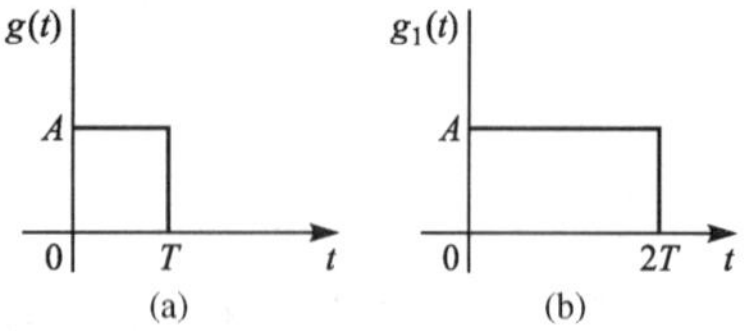

图 P9-22

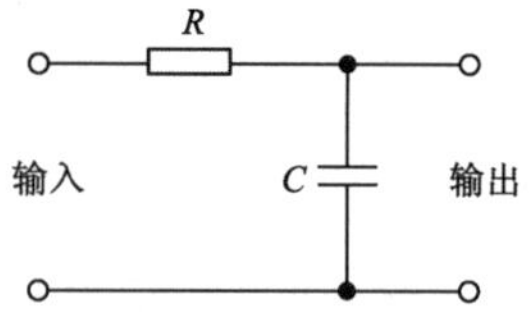

图 P9-27

9-29 $M=4$ 的 PAM 调制用于 9600 b/s 的信号传输，信道的频率响应为

$$C(f)=\frac{1}{1+\mathrm{j}(f/2\,400)}$$

式中，$|f|\leqslant 2\,400$，且当 f 为其他值时，$C(f)=0$。加性噪声是零均值高斯白噪声且功率谱密度为 $N_0/2$ W/Hz。试求最佳发送和接收滤波器的（幅度）频率响应特性。

9-30 试用柯西-施瓦兹（Cauchy-Schwarz）不等式证明：式（9-2-83）给出的发送和接收滤波器使噪声信号比 $\sigma_{\mathrm{v}}^2/d^2$ 最小，其中 σ_{v}^2 为式（9-2-77）给出的噪声功率，该式中 $S_{\mathrm{nn}}(f)=N_0/2$。

9-31 假设信道频率响应为

$$C(f)=\begin{cases}1, & |f|\leqslant W/2\\ 1/2, & W/2<|f|<W\end{cases}$$

试分别针对式（9-2-79）和式（9-2-83）给出的滤波器，根据式（9-2-87）和式（9-2-88）求信道所引起的 SNR 损失。哪种滤波器的损失较小？

9-32 二进制 PAM 系统中，检测器的输入为

$$y_m=a_m+n_m+i_m$$

式中，$a_m=\pm 1$ 是期望信号；n_m 是零均值高斯随机变量，其方差为 σ_{n}^2；而 i_m 表示信道失真引起的符号间干扰。符号间干扰项为一个随机变量，取值为−1/2、0 和 1/2，其概率分别为 1/4、1/2 和 1/4。试求平均差错概率，并表示为 σ_{n}^2 的函数。

9-33 在二进制 PAM 系统中，规定相关器输出抽样的时钟与最佳抽样时刻之间有 10%的偏差。

（a）如果所用的信号脉冲为矩形，试求由于定时不准所产生的 SNR 损失。

（b）试求由定时不准所引起的符号间干扰的大小，并求它对性能的影响。

9-34 一低通信道的频率响应特性可以近似为

$$H(f)=\begin{cases}1+\alpha\cos 2\pi f t_0, & |\alpha|<1,\ |f|\leqslant W\\ 0, & \text{其他}\end{cases}$$

式中，W 是信道带宽。有一带限为 W Hz 的输入信号 $s(t)$ 通过该信道。

（a）试证明

$$y(t)=s(t)+\frac{1}{2}\alpha[s(t-t_0)+s(t+t_0)]$$

因此该信道产生一对回波。

(b)假设接收信号 $y(t)$通过一个与 $s(t)$相匹配的滤波器。试求匹配滤波器在 $t=kT$ 时的输出，其中 $k=0,\pm 1,\pm 2,\cdots$, T 为符号持续时间。

（c）如果 $t_0=T$，试问信道所产生的 ISI 图样是怎样的。

9-35　用二进制 PAM 在长 1000 km 的有线信道上传输数据。该系统中每隔 50 km 就使用一个再生中继器。信道的每一段在 $0\leqslant f\leqslant 1200$ Hz 频段上具有理想（恒定）频率响应，且具有 1 dB/km 的衰减。信道噪声为 AWGN。

（a）试问无 ISI 时能传输的最高比特传输速率为多少。

（b）试求每个中继器中为达到 $P_2=10^{-7}$ 的比特差错概率所需要的$\mathcal{E}_b/N_0$。

（c）试求为达到所要求的$\mathcal{E}_b/N_0$ 时每个中继器的发送功率，其中 $N_0=4.1\times 10^{-21}$ W/Hz。

9-36　式（9-3-13）为匹配滤波器输出端噪声的自相关的表达式，试证明之。

9-37　PAM 系统带有相关噪声，维特比算法中的相关度量一般可表示为（Ungerboeck, 1974）：

$$\text{CM}(\boldsymbol{I})=2\sum_n I_n r_n-\sum_n\sum_m I_n I_m x_{n-m}$$

式中，$x_n=x(nT)$为匹配滤波器的抽样输出信号，$\{I_n\}$是数据序列，而$\{r_n\}$是匹配滤波器输出端的接收信号序列。试求双二进制信号的度量。

9-38　利用一个滚降因子为 1 的（平方根）升余弦信号脉冲在一个理想带限信道上传输二进制 PAM，该信道无失真地传输信号脉冲，所以发送信号为

$$v(t)=\sum_{k=-\infty}^{\infty} I_k g_{\rm T}(t-kT_{\rm b})$$

式中，信号间隔 $T_b=T/2$。因此符号传输速率为无 ISI 时的两倍。

（a）试求匹配滤波器解调器输出端的 ISI 值。

（b）试画出最大似然序列检测器的网格图，并标出状态。

9-39　二进制双极性信号在一非理想带限信道上传输，该信道在两相邻符号上引入 ISI。如果传输单个信号脉冲 $s(t)$，解调器的（无噪声）输出为：当 $t=T$ 时为$\sqrt{\mathcal{E}_b}$，当 $t=2T$ 时为$\sqrt{\mathcal{E}_b}/4$，当 $t=kT$（$k>2$）时为 0。其中$\mathcal{E}_b$为信号能量，而 T 是信号传输间隔。

（a）试求平均差错概率。假设两个信号是等概的，且噪声为加性高斯白噪声。

（b）试绘出（a）题中的差错概率，以及无 ISI 情况下的差错概率。当差错概率为 10^{-6} 时，求两种情况下的相对的 SNR 之差。

9-40　式（9-5-5）为 DFE 的反馈滤波器抽头系数的表达式，试推导该式。

9-41　用二进制 PAM 在一个未均衡的线性滤波器信道上传输信息。当发送 $a=1$ 时，解调器的无噪声输出为

$$x_m=\begin{cases}0.3, & m=1\\ 0.9, & m=0\\ 0.3, & m=-1\\ 0, & \text{其他}\end{cases}$$

（a）试设计一个三抽头迫零线性均衡器，使其输出为

$$q_m=\begin{cases}1, & m=0\\ 0, & m=\pm 1\end{cases}$$

（b）试求 q_m，$m=\pm2, \pm3$，方法是把均衡器的冲激响应与信道响应进行卷积。

9-42　一个具有升余弦谱特性的信号脉冲通过信道传输，由解调器得到以下（无噪声）抽样输出：

$$x_k = \begin{cases} -0.5, & k=-2 \\ 0.1, & k=-1 \\ 1, & k=0 \\ -0.2, & k=1 \\ 0.05, & k=2 \\ 0, & \text{其他} \end{cases}$$

（a）根据迫零准则，试求一个三抽头线性均衡器的抽头系数。

（b）针对（a）题中得到的抽头系数，试求在单个信号脉冲时的均衡器输出。并据此算出残余的 ISI 及其时间跨度。

9-43　一非理想带限信道在三个连续的符号上引入 ISI。在抽样时刻 kT 被抽样的匹配滤波器解调器的（无噪声）响应为

$$\int_{-\infty}^{\infty} s(t)s(t-kT)\,\mathrm{d}t = \begin{cases} \mathcal{E}_\mathrm{b}, & k=0 \\ 0.9\mathcal{E}_\mathrm{b}, & k=\pm1 \\ 0.1\mathcal{E}_\mathrm{b}, & k=\pm2 \\ 0, & \text{其他} \end{cases}$$

（a）用一个三抽头线性均衡将信道（接收信号）响应均衡成等效部分响应（双二进制）信号

$$y_k = \begin{cases} \mathcal{E}_\mathrm{b}, & k=0,1 \\ 0, & \text{其他} \end{cases}$$

试求抽头系数。

（b）假设（a）题中线性均衡器后接一个维特比检测器，用以检测部分响应信号。如果噪声为加性白高斯的，且功率谱密度为 $N_0/2$ W/Hz，试求差错概率的估值。

9-44　如果符号间干扰横跨 3 个符号，且可用下列值来表征：$x(0)=1$、$x(-1)=0.3$、$x(1)=0.2$。试求三抽头迫零均衡器的抽头加权系数，并求当最佳抽头系数时均衡器输出端的残余 ISI。

9-45　在视线微波无线传输中，信号通过两个传播路径到达接收机，即直接路径及延时路径，后者是由于周围地形对信号的反射引起的。假设接收信号的形式为

$$r(t) = s(t) + \alpha s(t-T) + n(t)$$

式中，$s(t)$是发送信号，α 是第二条路径的衰减（$\alpha<1$），$n(t)$是 AWGN。

（a）已知解调器使用了一个与 $s(t)$相匹配的滤波器，求当 $t=T$ 和 $t=2T$ 时解调器的输出。

（b）如果发送信号为二进制双极性的，并且检测器可以忽略 ISI，试求逐符号检测器的差错概率。

（c）有一个简单的（单抽头）DFE 可以对 α 进行估计并消除 ISI，试问它的差错概率概性能怎样，试绘出采用 DFE 的检测器的结构。

9-46　重复习题 9-41 中的问题，要求以 MSE 作为抽头系数最佳化的准则。假定噪声功率谱密度为 0.1W/Hz。

9-47　在磁记录信道中，写电流中正向转移所产生的回读脉冲为

$$p(t) = \left[1 + \left(\frac{2t}{T_{50}}\right)^2\right]^{-1}$$

用一个线性均衡器将该脉冲均衡成部分响应。参数 T_{50} 定义为 50%电平处的脉冲宽度。比特率为 $1/T_b$，比率 $T_{50}/T_b=\Delta$ 为记录的归一化密度。假定脉冲被均衡为以下部分响应值：

$$x(nT)=\begin{cases}1, & n=-1,1\\ 2, & n=0\\ 0, & \text{其他}\end{cases}$$

式中，$x(t)$代表已均衡的脉冲形状。

（a）试求带限已均衡脉冲的谱函数 $X(f)$。

（b）试求检测器可能的输出电平，假设连续转移以速率 $1/T_b$ 发生。

（c）假定加性噪声为零均值高斯的且方差为 σ^2，试求该信号逐符号检测器的差错概率性能。

9-48　试画出习题 9-47 中已均衡信号的维特比检测器的网格图，并标出所有的状态。求合并路径之间的最小欧氏距离。

9-49　研究图 P9-49 所示的等效离散时间信道的均衡问题。信息序列$\{I_n\}$为二进制的（±1）并且不相关。加性噪声$\{v_n\}$为白色的且实的，其方差为 N_0。接收序列$\{y_n\}$要经过一个线性三抽头均衡器的处理，该均衡器根据 MSE 准则而最佳化。

（a）试求均衡器的最佳系数，并作为 N_0 的函数。

（b）试求协方差阵$\boldsymbol{\Gamma}$ 的 3 个特征值 λ_1、λ_2 和 λ_3，以及相应的特征向量 $\boldsymbol{v}_1$、$\boldsymbol{v}_2$ 和 $\boldsymbol{v}_3$（归一化为单位长度）。

（c）试求三抽头均衡器的最小 MSE，并作为 N_0 的函数。

（d）试求三抽头均衡器的输出信噪比，并作为 N_0 的函数，试与无限抽头均衡器的输出 SNR 相比较。当 N_0=0.1 时计算这两种均衡器的输出 SNR。

9-50　对基于 MSE 准则的判决反馈均衡器，试利用正交原理推导其系数方程，即式（9-5-3）和式（9-5-5）。

9-51　假设符号间干扰的离散时间信道模型由抽头系数 f_0、f_1、…、f_L 来表征。试根据判决反馈均衡器（DFE）的抽头系数方程，证明该 DFE 的反馈滤波器只需要 L 个抽头。即如果$\{c_k\}$为反馈滤波器的抽头系数，则当 $k\geqslant L+1$，c_k=0。

9-52　图 P9-52 所示为一信道模型，其中$\{v_n\}$为均值为 0、方差为 N_0 的实值白噪声序列。假定使用一个带有两抽头前馈横向滤波器（c_0，c_1）和单个抽头反馈横向滤波器（c_1）的 DFE 来均衡该信道，使用 MSE 准则将$\{c_i\}$最佳化。

（a）试求最佳系数及其近似值（令 $N_0\ll 1$）。

（b）试求最小 MSE 的精确值及其适合 $N_0\ll 1$ 情况的一阶近似值。

（c）试求三抽头均衡器输出 SNR 的精确值，并作为 N_0 的函数，并求适合 $N_0\ll 1$ 情况的一阶近似值。

（d）试比较（b）题、（c）题中的结果与无限抽头 DFE 的性能。

（e）在 N_0=0.1 和 0.01 的特殊情况下，试计算并比较三抽头及无限抽头 DFE 输出 SNR 的精确值，并说明三抽头均衡器相对于无限长均衡来说性能如何。

9-53　图 P9-53 所示为一脉冲及其（升余弦）谱特性。该脉冲用来在带限信道上以 $1/T$ 符号/秒的速率传输数字信息。

（a）试问滚降因子 β 为多大。

（b）试问脉冲速率为多少。

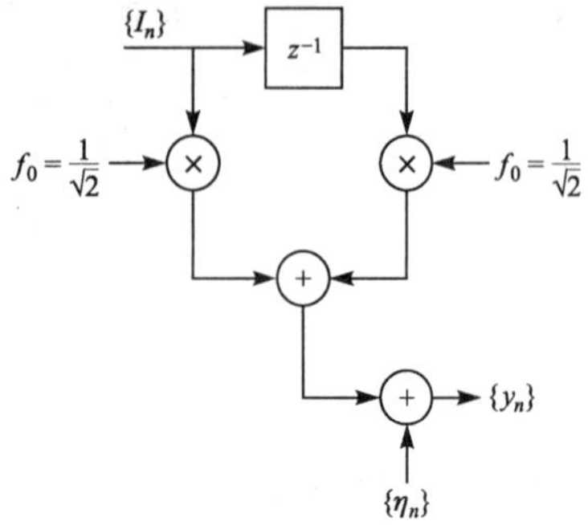

图 P9-49

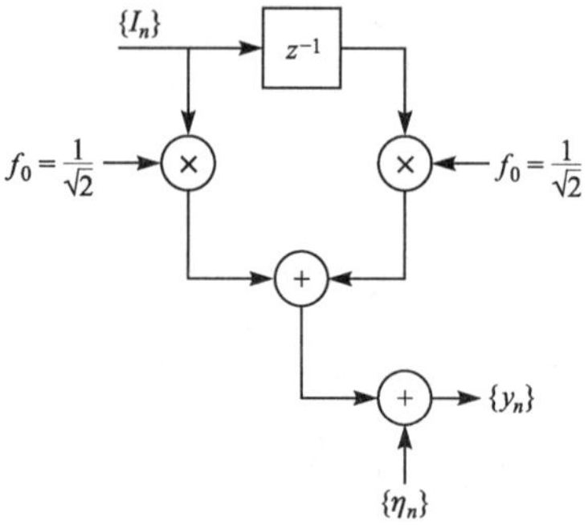

图 P9-52

（c）信道会使信号脉冲失真。假定经滤波的接收脉冲抽样值如图 P9-53（c）所示，显然有 5 个干扰信号分量。由+1 和−1 组成的序列会引起最大的（破坏性或建设性）干扰，试给出该序列，并计算相应的干扰值（峰值失真）。

（d）假定二进制数字等概且独立，试问（c）题中最坏序列出现的概率有多大。

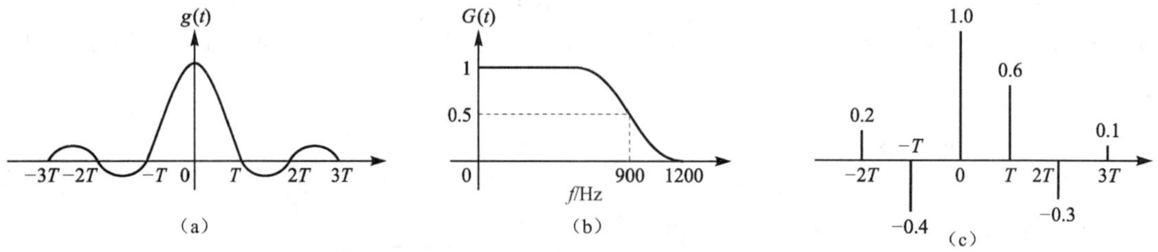

图 P9-53

9-54 有一时间弥散信道，其冲激响应为 $h(t)$，用来传输四相 PSK 信号，速率 $R=1/T$ 符号/秒。其等效离散时间信道如图 P9-54 所示，其中序列$\{\eta_k\}$为均值为 0 且方差 $\sigma^2=N_0$ 的白噪声序列。

（a）试求该信道的抽样自相关函数序列$\{x_k\}$，其中 x_k 定义为

$$x_k = \int_{-\infty}^{\infty} h^*(t)h(t+kT)\,\mathrm{d}t$$

（b）信道的折叠谱定义为

$$\frac{1}{T}\sum_{n=-\infty}^{\infty}\left|H\left(\omega+\frac{2\pi n}{T}\right)\right|^2$$

式中，$H(\omega)$为 $h(t)$的傅里叶变换。具有无限抽头的线性均衡器和判决反馈均衡器最小 MSE 性能取决于该信道的折叠谱。试求以上信道的折叠谱。

（c）试利用（b）题中的解答，把线性均衡器的最小 MSE 用信道折叠谱来表示（利用积分形式给出解答）。

（d）针对无限抽头判决反馈均衡器重解（c）题。

9-55 研究一个四电平 PAM 系统，其可能的传输电平为 3、1、−1 和−3。数据所通过的信道在两个连续符号上引入符号间干扰。图 P9-55 是等效离散时间信道模型，其中$\{\eta_k\}$是独立

的实高斯噪声变量序列，其均值为 0，方差 $\sigma^2=N_0$。接收序列为

$$y_1 = 0.8I_1 + n_1$$
$$y_2 = 0.8I_2 - 0.6I_1 + n_2$$
$$y_3 = 0.8I_3 - 0.6I_2 + n_3$$
$$\cdots$$
$$y_k = 0.8I_k - 0.6I_{k-1} + n_k$$

（a）试画出树状结构图，并对接收信号 y_1、y_2 和 y_3 给出可能的信号的序列。

（b）假定用维特比算法来检测信息序列。试问在算法中的每一级要计算多少个概率。

（c）试问对于该信道，维特比算法中有几个幸存序列。

（d）假定接收信号为

$$y_1 = 0.5, \qquad y_2 = 2.0, \qquad y_3 = -1.0$$

试求通过 y_3 级的幸存序列及其相应的度量。

（e）试求在此信道上传输的四电平 PAM 差错概率的紧密上边界。

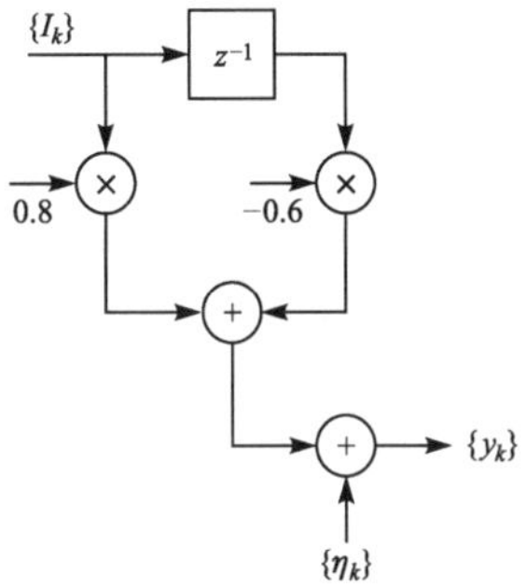

图 P9-54

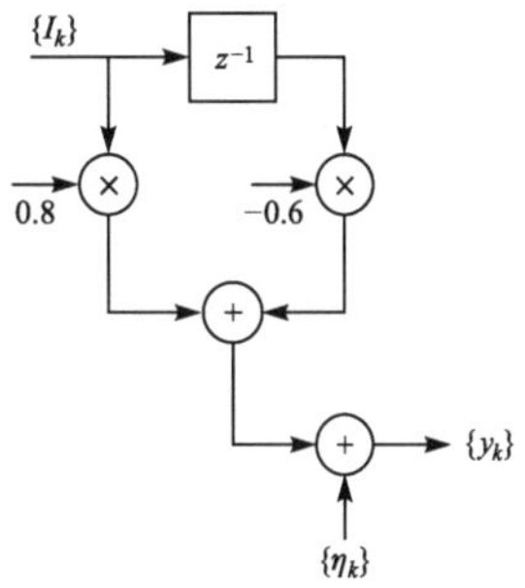

图 P9-55

9-56 一个具有 K 个抽头横向均衡器的冲激响应为

$$e(t) = \sum_{k=0}^{K-1} c_k \delta(t - kT)$$

式中，T 是相邻抽头之间的延时，其传输函数为

$$E(z) = \sum_{k=0}^{K-1} c_k z^{-k}$$

均衡器系数$\{c_k\}$的离散傅里叶变换（DFT）定义为

$$E_n \equiv E(z)|_{z=\mathrm{e}^{\mathrm{j}2\pi n/K}} = \sum_{k=0}^{K-1} c_k \mathrm{e}^{-\mathrm{j}2\pi kn/K}, \qquad n = 0, 1, \cdots, K-1$$

而逆 DFT 定义为

$$b_k = \frac{1}{K}\sum_{n=0}^{K-1} E_n \mathrm{e}^{\mathrm{j}2\pi nk/K}, \qquad k = 0, 1, \cdots, K-1$$

（a）通过在上述表达式中带入 E_n，试证明 $b_k=c_k$。

（b）根据以上关系式，试推出一种等效滤波器结构，其 z 变换为

$$E(z)=\underbrace{\frac{1-z^{-K}}{K}}_{E_1(z)}\sum_{n=0}^{K-1}\underbrace{\frac{E_n}{1-\mathrm{e}^{\mathrm{j}2\pi n/K}z^{-1}}}_{E_2(z)}$$

（c）如果将 $E(z)$看成两个分离滤波器 $E_1(z)$和 $E_2(z)$的级联，试画出每个滤波器的方框图，利用 z^{-1} 表示单位延时。

（d）在横向滤波器中，可调参数为均衡器系数$\{c_k\}$。试问（b）题中等效均衡器的可调参数是哪些，它们与$\{c_k\}$的关系怎样。

第 10 章

自适应均衡

第 9 章介绍了最佳和次最佳两种接收机，它们都能对数字信息通过带限、非理想信道传输中的 ISI 进行补偿。最佳接收机使用了最大似然序列估计，以便从解调滤波器的样值中检测出信息符号。次最佳接收机使用了线性均衡器或判决反馈均衡器。

在对三种均衡方法的研究中，我们曾隐含地假定在接收机中已知信道的特性——冲激响应或者频率响应。然而，在大多数使用均衡器的通信系统中，信道特性是先验未知的，在许多情况下信道响应是时变的。在这样的情况下，应将均衡器设计成对信道响应是可调的；对于时变信道，设计成对信道响应的时变是自适应的。

本章将介绍一些算法，它们能自动调整均衡器系数，使指定的性能指数最佳化，并能自适应地补偿信道特性的时变。本章还将分析算法的性能特征，及其收敛速率和计算的复杂度。

10.1 自适应线性均衡

在线性均衡器的情况中，我们研究了两种不同的准则来确定均衡器系数$\{c_k\}$的值。一个准则基于均衡器输出端峰值失真最小化，由式（9-4-22）定义；另一个准则基于均衡器输出端均方误差的最小化，由式（9-4-42）定义。下面介绍的两种算法能自动且自适应地实现最佳化。

10.1.1 迫零算法

在峰值失真准则中，通过选择均衡器系数$\{c_k\}$使式（9-4-22）定义的峰值失真 $D(\boldsymbol{c})$最小。除均衡器输入端的峰值失真［定义为式（9-4-23）中的 D_0］小于 1 的特殊情况外，一般没有简单的算法来实现这种最佳化的。当 $D_0<1$ 时，通过强迫均衡响应当 $1\leqslant|n|\leqslant K$ 时 $q_n=0$ 且 $q_0=1$，使得均衡器输出端的失真 $D(\boldsymbol{c})$最小。在这种情况中，有一种简单的算法（称为迫零算法）能达到这些条件。

迫零解答可以用下述方法求得：强迫误差序列$\varepsilon_k=I_k-\hat{I}_k$与期望的信息序列$\{I_k\}$的互相关在 $0\leqslant|n|\leqslant K$ 范围内的位移为 0。用该方法求解期望解答的证明很简单，有

$$E\left(\varepsilon_k I_{k-j}^*\right)=E\left[(I_k-\hat{I}_k)I_{k-j}^*\right]=E\left(I_k I_{k-j}^*\right)-E\left(\hat{I}_k I_{k-j}^*\right),\qquad j=-K,\cdots,K \tag{10-1-1}$$

假定信息符号是不相关的，即 $E(I_k I_j^*)=\delta_{kj}$，且假定信息序列$\{I_k\}$与加性噪声序列$\{\eta_k\}$是不相关的。利用式（9-4-41）给出的$\{\hat{I}_k\}$的表达式，取式（10-1-1）中的期望值之后得到

$$E\left(\varepsilon_k I_{k-j}^*\right) = \delta_{j0} - q_j, \qquad j = -K,\cdots,K \tag{10-1-2}$$

因此，当 q_0=1 且 1≤|n|≤K 时 q_n=0，满足条件

$$E\left(\varepsilon_k I_{k-j}^*\right) = 0, \qquad j = -K,\cdots,K \tag{10-1-3}$$

当信道响应未知时，式（10-1-1）的互相关也是未知的。这一困难可以这样来克服：发送一个已知的训练序列给接收机，以时间平均替代式（10-1-1）的集平均来估计互相关。初始训练之后，满足式（10-1-3）的均衡器系数就可确定，其中要求有一个预定长度的训练序列，该长度等于或超过均衡器的长度。

调整均衡器系数的一种简单的递推算法是

$$c_j^{(k+1)} = c_j^{(k)} + \Delta\varepsilon_k I_{k-j}^*, \qquad j = -K, \cdots, -1, 0, 1, \cdots, K \tag{10-1-4}$$

式中，$c_j^{(k)}$ 是第 j 个系数在 t=kT 时刻的值，$\varepsilon_k = I_k - \hat{I}_k$ 是在 t=kT 时刻的误差信号，Δ是控制调整速率的标度因子，本节后面将逐一解释，这是**迫零算法**（Zero-Forcing Algorithm）。$\varepsilon_k I_{k-j}^*$ 项是互相关（集平均）$E(\varepsilon_k I_{k-j}^*)$ 的估计值。互相关的平均运算可通过采用式（10-1-4）中的递推一阶差分方程算法来实现，它表示一种简单的离散时间积分器。

在训练阶段之后，均衡器的系数收敛到最佳值。在检测器输出端的判决一般是足够可靠的，所以可以用来继续系数的自适应调整。这称为自适应的面向判决模式。在这种情况下，式（10-1-4）中的互相关包含误差信号 $\tilde{\varepsilon}_k = \tilde{I}_k - \hat{I}_k$ 和检测的输出序列 $\tilde{I}_{k-j}$（j=−K,⋯,K）。因此，在自适应模式中，式（10-1-4）变为

$$c_j^{(k+1)} = c_j^{(k)} + \Delta\tilde{\varepsilon}_k \tilde{I}_{k-j}^* \tag{10-1-5}$$

图 10-1-1 所示为在训练模式和自适应模式操作中的迫零均衡器。

迫零均衡算法的特征类似于最小均方（LMS）算法，后者使 MSE 最小，10.1.2 节将详细描述。

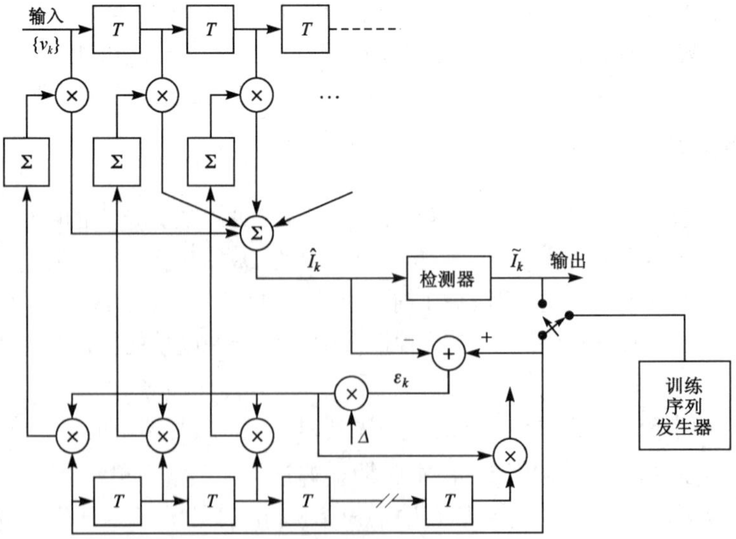

图 10-1-1　自适应迫零均衡器

10.1.2 LMS算法

在9.4.2节所述的MSE最小化中，我们得知最佳均衡器系数是由下列矩阵形式表示的线性方程组的解确定的。

$$\boldsymbol{\Gamma C}=\boldsymbol{\xi} \tag{10-1-6}$$

式中，$\boldsymbol{\Gamma}$是信号样值$\{v_k\}$的$(2K+1)\times(2K+1)$协方差矩阵，$\boldsymbol{C}$是$2K+1$个均衡器系数的列向量，$\boldsymbol{\xi}$是信道滤波器系数的$2K+1$维列向量。最佳均衡器系数向量$\boldsymbol{C}_{\text{opt}}$的解可通过对协方差矩阵$\boldsymbol{\Gamma}$求逆来确定，这可以采用附录A所述的列文森-杜宾（Levinson-Durbin）算法有效地进行。

另外，可以采用避免直接对矩阵求逆的迭代过程计算$\boldsymbol{C}_{\text{opt}}$。最简单的迭代过程是最陡下降法，其中的迭代可从任意选择向量$\boldsymbol{C}$（如$\boldsymbol{C}_0$）开始。系数的初始选择相当于在$2K+1$维系数空间中MSE二次曲面上的某个点。梯度向量$\boldsymbol{G}_0$具有$2K+1$个梯度分量$\frac{1}{2}\partial J/\partial c_{0k}$（$k=-K,\cdots,-1,0,1,\cdots,K$）。在MSE曲面的该点上计算该向量，而且每一个抽头权值变化的方向与其梯度分量相反。第j个抽头权值的变化与第j个梯度分量的大小成正比。因此，系数向量$\boldsymbol{C}$的后续值可按下列关系式求得：

$$\boldsymbol{C}_{k+1}=\boldsymbol{C}_k-\Delta\boldsymbol{G}_k,\qquad k=0,1,2\cdots \tag{10-1-7}$$

式中，梯度向量$\boldsymbol{G}_k$是

$$\boldsymbol{G}_k=\frac{1}{2}\frac{\mathrm{d}J}{\mathrm{d}\boldsymbol{C}_k}=\boldsymbol{\Gamma C}_k-\boldsymbol{\xi}=-E\left(\varepsilon_k\boldsymbol{V}_k^*\right) \tag{10-1-8}$$

向量$\boldsymbol{C}_k$表示在第k次迭代时的一组系数，$\varepsilon_k=I_k-\hat{I}_k$是第$k$次迭代时的误差信号，$\boldsymbol{V}_k$是形成估计值$\hat{I}_k$的接收信号样值向量，即$\boldsymbol{V}_k=[v_{k+K}\cdots v_k\cdots v_{k-K}]^{\mathrm{t}}$。$\Delta$是正数，应选择足够小的$\Delta$值，以确保迭代过程的收敛。如果$k=k_0$时达到最小MSE，那么$\boldsymbol{G}_k=0$，抽头权值不再发生变化。一般讲，采用最陡下降法时，以有限的k_0值并不能达到$J_{\min}(K)$，但对于某个有限的k_0值，能按所期望的尽可能地接近$J_{\min}(K)$。

采用最陡下降法来求最佳抽头权值的主要困难是梯度向量$\boldsymbol{G}_k$是未知的，该向量取决于协方差矩阵$\boldsymbol{\Gamma}$和互相关向量$\boldsymbol{\xi}$，这些量本身又取决于等效离散时间信道模型的系数$\{f_k\}$，以及信息序列的协方差和加性噪声，所有这些在接收机中一般都是未知的。为了克服这一困难，可以采用梯度向量的估计值，调整抽头权值系数的算法如下：

$$\hat{\boldsymbol{C}}_{k+1}=\hat{\boldsymbol{C}}_k-\Delta\hat{\boldsymbol{G}}_k \tag{10-1-9}$$

式中，$\hat{\boldsymbol{G}}_k$表示梯度向量$\boldsymbol{G}_k$的估计值，$\hat{\boldsymbol{C}}_k$表示系数向量的估计值。

由式（10-1-8）可知，$\boldsymbol{G}_k$是$\varepsilon_k\boldsymbol{V}_k^*$期望值的负值，因此，$\boldsymbol{G}_k$的估计值为

$$\hat{\boldsymbol{G}}_k=-\varepsilon_k\boldsymbol{V}_k^* \tag{10-1-10}$$

因为$E(\hat{\boldsymbol{G}}_k)=\boldsymbol{G}_k$，所以估计值$\hat{\boldsymbol{G}}_k$是梯度向量$\boldsymbol{G}_k$真值的无偏估计值。将式（10-1-10）代入式（10-1-9），可得

$$\hat{\boldsymbol{C}}_{k+1}=\hat{\boldsymbol{C}}_k+\Delta\varepsilon_k\boldsymbol{V}_k^* \tag{10-1-11}$$

这就是用来递推调整均衡器抽头权值系数的基本LMS（最小均方）算法，该算法是由韦德罗和霍夫（Widrow & Hoff，1960）首先提出的。图10-1-2所示的均衡器说明了这种算法。式（10-1-11）的基本算法及其可能的变型已经应用于高速调制/解调器中的许多商用自适应均

衡器。通过仅利用误差信号ε_k和/或 $\boldsymbol{V}_k$ 分量中的正负号信息，可得到基本算法的 3 种变型如下：

$$c_{(k+1)j} = c_{kj} + \Delta \operatorname{csgn}(\varepsilon_k) v_{k-j}^*, \qquad j=-K,\cdots,-1,0,1,\cdots,K \tag{10-1-12}$$

$$c_{(k+1)j} = c_{kj} + \Delta \varepsilon_k \operatorname{csgn}\left(v_{k-j}^*\right), \qquad j=-K,\cdots,-1,0,1,\cdots,K \tag{10-1-13}$$

$$c_{(k+1)j} = c_{kj} + \Delta \operatorname{csgn}(\varepsilon_k) \operatorname{csgn}\left(v_{k-j}^*\right), \qquad j=-K,\cdots,-1,0,1,\cdots,K \tag{10-1-14}$$

式中，csgn(x)定义为

$$\operatorname{csgn}(x) = \begin{cases} 1+\mathrm{j}, & \operatorname{Re}(x)>0, \operatorname{Im}(x)>0 \\ 1-\mathrm{j}, & \operatorname{Re}(x)>0, \operatorname{Im}(x)<0 \\ -1+\mathrm{j}, & \operatorname{Re}(x)<0, \operatorname{Im}(x)>0 \\ -1-\mathrm{j}, & \operatorname{Re}(x)<0, \operatorname{Im}(x)<0 \end{cases} \tag{10-1-15}$$

注意，在式（10-1-15）中，$\mathrm{j}=\sqrt{-1}$，它不同于式（10-1-12）～式（10-1-14）中的 j。显然，式（10-1-14）中的算法最容易实现，但它的收敛速率相对其他变型算法是最慢的。

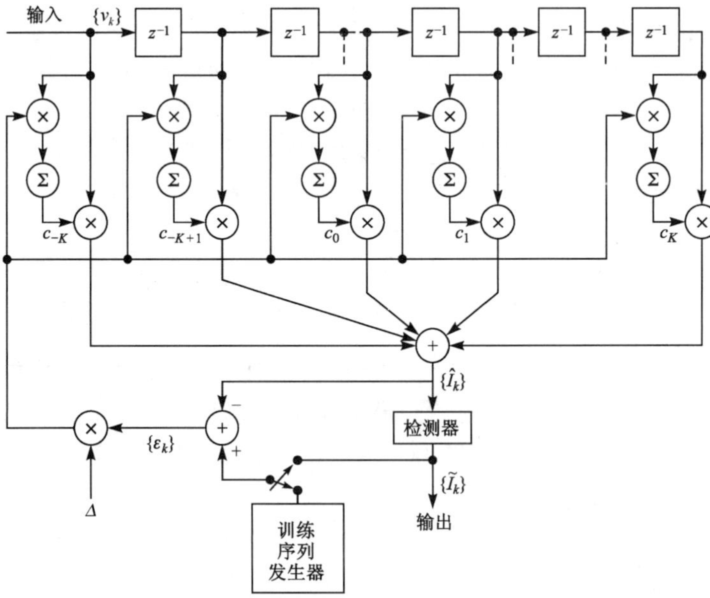

图 10-1-2　基于 MSE 准则的线性自适应均衡器

LMS 算法的其他几种变型可以用如下的方法得到：在调整均衡器系数之前，将梯度向量在几个迭代周期上进行平均或过滤。例如，对 N 个梯度向量的平均为

$$\bar{\hat{\boldsymbol{G}}}_{mN} = -\frac{1}{N}\sum_{n=0}^{N-1} \varepsilon_{mN+n} \boldsymbol{V}_{mN+n}^* \tag{10-1-16}$$

每 N 次迭代更新一次均衡器系数的相应递推方程为

$$\hat{\boldsymbol{C}}_{(k+1)N} = \hat{\boldsymbol{C}}_{kN} - \Delta \bar{\hat{\boldsymbol{G}}}_{kN} \tag{10-1-17}$$

事实上，式（10-1-16）所执行的平均运算减少了梯度向量估计值中的噪声，加德纳（Gardner，1984）已证明了这一点。

另一种方法是用低通滤波器对噪声的梯度向量进行过滤，并用滤波器的输出作为梯度向量的估计值。例如，一个简单的低通滤波器对于有噪梯度所产生的输出为

$$\bar{\hat{G}}_k = w\bar{\hat{G}}_{k-1} + (1-w)\hat{G}_k, \qquad \bar{\hat{G}}(0) = \hat{G}(0) \tag{10-1-18}$$

式中，$0 \leqslant w < 1$，w 的选择确定了该低通滤波器的带宽。当 w 接近于 1 时，滤波器的带宽比较小，可在许多梯度向量上进行有效的平均；当 w 比较小时，该滤波器有比较大的带宽，因此，它在梯度向量上几乎不能进行平均。以式（10-1-18）给出的过滤的梯度向量代替 $\boldsymbol{G}_k$，可得到过滤梯度 LMS 算法为

$$\hat{C}_{k+1} = \hat{C}_k - \Delta\bar{\hat{G}}_k \tag{10-1-19}$$

在上面的讨论中，假定接收机在期望符号与其估计值之间误差信号形成中具有发送信息序列的知识，这样的知识可在短训练期间得到。在训练期间发送一个确知信息序列的信号给接收机，用于初始化调整抽头权值。这个序列的长度必须不小于均衡器的长度，因此发送信号的谱能充分地覆盖均衡信道的带宽。

在实际上，训练序列常选用一个周期的伪随机序列，如最大长度移位寄存器序列，其周期 N 等于均衡器的长度（N=2K+1）。在这种情况下，梯度通常是在序列的长度上进行平均的，如式（10-1-16）所示，均衡器按式（10-1-17）在每个周期调整一次。这种方式称为循环（周期）均衡，这在米勒和斯包丁（Mueller & Spaulding，1975）、库里西（Qureshi，1977，1985）的论文中已有阐述。抽头权值连续调整的实现方案有以下两种：①面向判决模式的操作，其中假定对信息符号的判决是正确的，且用来代替形成误差信号 ε_k 中的 I_k；②在携带信息的信号中插入一个已知的伪随机探测序列，插入的方法可以是在时域相加或者交织，抽头权值的调整是通过比较接收的探测符号与已知的发送探测符号来完成的。在面向判决模式的操作中，误差信号变为 $\tilde{\varepsilon}_k = \tilde{I}_k - \hat{I}_k$，其中 $\tilde{I}_k$ 为接收机基于估计值 $\hat{I}_k$ 的判决值。只要接收机在低差错概率运行，偶尔的差错对该算法收敛性的影响可以忽略。

如果信道的响应发生变化，则该变化将反映在等效离散时间信道模型的系数$\{f_k\}$中，也同时反映在误差信号 ε_k 中，因为它取决于$\{f_k\}$。因此，抽头权值将按式（10-1-11）变化，以反映信道的变化。如果噪声或信息序列的统计量发生变化，那么抽头权值也将发生类似的变化，因此，均衡器是自适应的。

10.1.3 LMS 算法的收敛特性

式（10-1-11）给出的 LMS 算法的收敛特性是由步长参数 Δ 控制的，下面研究如何选择 Δ 来确保式（10-1-7）中最陡下降算法的收敛，该式使用梯度的精确值。

由式（10-1-7）和式（10-1-8）可得到

$$\begin{aligned} \boldsymbol{C}_{k+1} &= \boldsymbol{C}_k - \Delta\boldsymbol{G}_k \\ &= (\boldsymbol{I} - \Delta\boldsymbol{\Gamma})\boldsymbol{C}_k + \Delta\boldsymbol{\xi} \end{aligned} \tag{10-1-20}$$

式中，$\boldsymbol{I}$ 是单位矩阵，$\boldsymbol{\Gamma}$ 是接收信号自相关矩阵，$\boldsymbol{C}_k$ 是 2K+1 维均衡器抽头增益向量，$\boldsymbol{\xi}$ 是式（9-4-45）给出的互相关向量。式（10-1-20）中的递推关系式可以表示为一个闭环控制系统，如图 10-1-3 所示。式（10-1-20）中的一组 2K+1 个一阶差分方程通过自相关矩阵 $\boldsymbol{\Gamma}$ 互相耦合，为了求解这些方程并由此建立递推算法的收敛特性，在数学上比较方便的处理方法是运用线性变换来将这些方程解耦。注意到矩阵 $\boldsymbol{\Gamma}$ 是埃尔米特的，可以进行适当的变换且表示成

$$\boldsymbol{\Gamma} = \boldsymbol{U}\boldsymbol{\Lambda}\boldsymbol{U}^{\mathrm{H}} \tag{10-1-21}$$

式中，$\boldsymbol{U}$ 为 $\boldsymbol{\Gamma}$ 的归一化的模态矩阵（Normalized Modal Matrix）；$\boldsymbol{\Lambda}$ 是对角矩阵，其对角元素

等于$\boldsymbol{\Gamma}$的特征值（参见附录 A）。

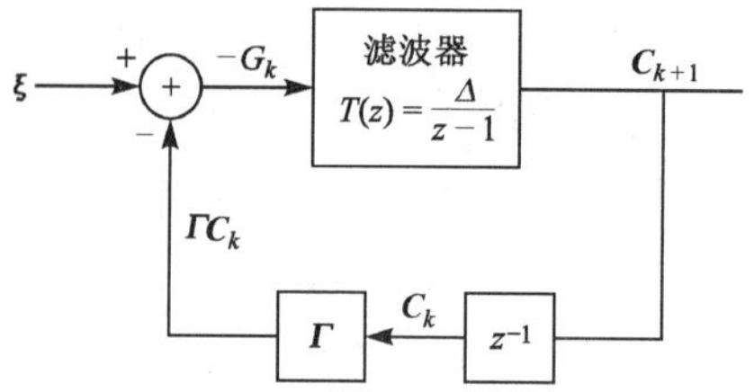

图 10-1-3　式（10-1-20）递推关系式的闭环控制系统表示法

将式（10-1-21）代入式（10-1-20）时，且定义已变换的（正交化的）向量$\boldsymbol{C}_k^0=\boldsymbol{U}^{\mathrm{H}}\boldsymbol{C}_k$及$\boldsymbol{\xi}^0=\boldsymbol{U}^{\mathrm{H}}\boldsymbol{\xi}_k$，得到

$$\boldsymbol{C}_{k+1}^0=(\boldsymbol{I}-\Delta\boldsymbol{\Lambda})\boldsymbol{C}_k^0+\Delta\boldsymbol{\xi}^0 \tag{10-1-22}$$

于是这一阶差分方程组被解耦。它们的收敛特性由下列齐次方程来确定

$$\boldsymbol{C}_{k+1}^0=(\boldsymbol{I}-\Delta\boldsymbol{\Lambda})\boldsymbol{C}_k^0 \tag{10-1-23}$$

若所有的极点都位于单位圆内，即

$$|1-\Delta\lambda_k|<1,\qquad k=-K,\cdots,-1,0,1,\cdots,K \tag{10-1-24}$$

则递推关系式收敛，式中$\{\lambda_k\}$是$\boldsymbol{\Gamma}$的一组 2K+1 个（可能相重）特征值。因为$\boldsymbol{\Gamma}$是一个自相关矩阵，是正定的，所以对于所有的k，都有$\lambda_k>0$，因此，如果Δ满足不等式

$$0<\Delta<\frac{2}{\lambda_{\max}} \tag{10-1-25}$$

就可确保式（10-1-22）递推关系式收敛，式中$\lambda_{\max}$是$\boldsymbol{\Gamma}$的最大特征值。

因为正定矩阵的最大特征值小于该矩阵的所有特征值总和，而且矩阵的特征值总和等于它的迹（Trace），所以得到$\lambda_{\max}$的简单的上边界，即

$$\lambda_{\max}<\sum_{k=-K}^{K}\lambda_k=\mathrm{tr}(\boldsymbol{\Gamma})=(2K+1)\boldsymbol{\Gamma}_{kk}=(2K+1)(x_0+N_0) \tag{10-1-26}$$

由式（10-1-23）和式（10-1-24）可知，当$|1-\Delta\lambda_k|$较小时，即当极点位置远离单位圆时，收敛迅速。但是，如果在$\boldsymbol{\Gamma}$的最大特征值与最小特征值之间存在较大的差距，就不能达到这种期望的状况，但仍然满足式（10-1-25）。换言之，即使选择Δ接近式（10-1-25）中的上边界，递推 MSE 算法的收敛速率仍然由最小的特征值$\lambda_{\min}$确定。因此，最终由比值$\lambda_{\max}/\lambda_{\min}$确定收敛速率。如果比值$\lambda_{\max}/\lambda_{\min}$较小，可以选择$\Delta$达到快速收敛；如果比值$\lambda_{\max}/\lambda_{\min}$比较大，正如信道频率响应有深度频谱零点的情况，则该算法的收敛速率就比较缓慢。

10.1.4　有噪梯度估计值引起的过剩 MSE

式（10-1-11）中调整线性均衡器抽头系数的递推算法使用了梯度向量的无偏有噪估计值，这些估计值中的噪声引起系数在其最佳值附近随机波动，导致均衡器输出端 MSE 增加，即最终的 MSE 是$J_{\min}+J_\Delta$，其中J_Δ是测量噪声的方差。韦德罗（Widrow，1966）将由于估计噪声引起的J_Δ项称为**过剩均方误差**（Excess Mean Square Error）。

对于任何一组系数$\boldsymbol{C}$，在均衡器输出端总的 MSE 可以表示为

$$J=J_{\min}+(\boldsymbol{C}-\boldsymbol{C}_{\mathrm{opt}})^{\mathrm{H}}\boldsymbol{\Gamma}(\boldsymbol{C}-\boldsymbol{C}_{\mathrm{opt}}) \tag{10-1-27}$$

式中，C_{opt} 表示最佳系数，满足式（10-1-6）。这个 MSE 的表达式可以通过用来建立收敛特性的线性正交变换来简化，这种变换应用于式（10-1-27）的结果是

$$J = J_{\min} + \sum_{k=-K}^{K} \lambda_k E|c_k^0 - c_{k\,\text{opt}}^0|^2 \tag{10-1-28}$$

式中，$\{c_k^0\}$是一组已变换的均衡器系数。过剩 MSE 是式（10-1-28）中第二项的期望值，即

$$J_\Delta = \sum_{k=-K}^{K} \lambda_k E|c_k^0 - c_{k\,\text{opt}}^0|^2 \tag{10-1-29}$$

韦德罗（Widrow，1970）证明过剩 MSE 为

$$J_\Delta = \Delta^2 J_{\min} \sum_{k=-K}^{K} \frac{\lambda_k^2}{1-(1-\Delta\lambda_k)^2} \tag{10-1-30}$$

选择Δ，使得满足对于所有 k，当$\Delta\lambda_k \ll 1$ 时，式（10-1-30）中表达式能够被简化，即

$$J_\Delta \approx \frac{1}{2}\Delta J_{\min} \sum_{k=-K}^{K} \lambda_k \approx \frac{1}{2}\Delta J_{\min}\,\text{tr}\boldsymbol{\Gamma} \approx \frac{1}{2}\Delta(2K+1)J_{\min}(x_0+N_0) \tag{10-1-31}$$

注意，x_0+N_0 表示接收信号加噪声功率。我们希望 $J_\Delta < J_{\min}$，即Δ应当如下选择

$$\frac{J_\Delta}{J_{\min}} \approx \Delta(2K+1)(x_0+N_0)/2 < 1$$

或等价为

$$\Delta < \frac{2}{(2K+1)(x_0+N_0)} \tag{10-1-32}$$

例如，如果选择Δ为

$$\Delta = \frac{0.2}{(2K+1)(x_0+N_0)} \tag{10-1-33}$$

则由于过剩 MSE 引起的均衡器输出 SNR 的下降小于 1 dB。

上面给出的对过剩均方误差（过剩 MSE）的分析基于如下假定：均衡器系数的均值已收敛到最佳值 C_{opt}。在此条件下，步长Δ应当满足式（10-1-32）中的边界。另外，我们已经求得平均系数向量收敛要求$\Delta<2/\lambda_{\max}$，Δ的选择值接近于上边界 $2/\lambda_{\max}$ 时会导致确定（确知）的最陡下降梯度算法的初始收敛，但这样大的Δ值通常会导致 LMS 随机梯度算法的不稳定。

专家们已经研究了 LMS 算法的初始收敛或瞬态性能，研究成果清楚地表明：步长必须与均衡器长度直接成比例地减小，如式（10-1-32）所示。因此，由式（10-1-32）确定的上边界对于确保 LMS 算法的初始收敛也是必要的。吉特林和温斯坦（Gitlin & Weinstein，1979）以及翁格伯克（Ungerboeck，1972）的论文中有关于 LMS 算法的瞬态性能收敛特性的分析。

下例将进一步强调上述 LMS 算法初始收敛特性。

例 10-1-1 LMS 算法用来自适应地均衡通信信道，该信道的自相关矩阵$\boldsymbol{\Gamma}$的特征值散布为$\lambda_{\max}/\lambda_{\min}=11$，均衡器的抽头数为 $2K+1=11$，输入信号和噪声功率之和，即 x_0+N_0 归一化为 1。因此，式（10-1-32）中Δ的上边界为 0.18。当$\Delta=0.045$、0.09 和 0.115 时，通过 200 次模拟，对（估计的）MSE 求平均所得到的 LMS 算法的初始收敛特性。我们看到，通过选择$\Delta=0.09$（上边界的一半）时，可得到比较快的初始收敛。如果将Δ除以 2 得$\Delta=0.045$，则收敛速率减小，但过剩均方误差也将减小，因此在稳态时（在时不变信号环境中）LMS 算法的性能

较好。选择Δ=0.115 时，该值仍然远低于上边界，将引起该算法输出 MSE 不希望的大波动，如图 10-1-4 所示。

在 LMS 算法的数字实现中，步长参数的选择更为关键。在减小过剩均方误差的尝试中，有可能将步长减小到某点，而在该点上总的均方误差实际上增大了。这种状况发生在以下的情况：向量$\varepsilon_k \boldsymbol{V}_k^*$的估计梯度分量在乘以一个小的步长参数$\Delta$之后，其乘积小于均衡器系数定点表示的末位比特的一半。在这样的情况下，自适应过程将停止。因此，重要的是要选择足够大的步长，以便将均衡器系数调到$\boldsymbol{C}_{\rm opt}$附近。如果希望显著地减小步长，那么就必须增加均衡器系数的精度。典型情况是，16 比特精度用于系数，其中 10～12 个高位比特用于数据均衡中的算术运算，其余低位比特用来为自适应过程提供必要的精度。因此，在任何一次迭代中，标度的、估计的梯度分量$\Delta\varepsilon \boldsymbol{V}_k^*$通常只影响低位比特。事实上，添加的精度也考虑到噪声会被平均，因为在数据均衡的算术运算中所用的较高位比特在发生任何变化之前，要求低位比特进行多次增量变化。有关 LMS 算法数字实现中舍入误差的分析，请参考吉特林和温斯坦（Gitlin & Weinstein，1979）、吉特林（Gitlin，1982）、卡瑞斯哥斯和刘（Caraiscos & Liu，1984）的论文。

最后应当指出，LMS 算法适合跟踪慢时变信号统计量。在此情况下，最小 MSE 和最佳系数向量是时变的。换言之，$J_{\min}(n)$是一个时间函数，且 $2K$+1 维误差曲面随时间指数 n 而移动。LMS 算法在 $2K$+1 维空间中试图跟随移动的最小 $J_{\min}(n)$，但它总是滞后的，因为它使用了（估计的）梯度向量，因此，LMS 算法有另外一种形式的误差，称为滞后误差（Lag Error），其均方值随步长Δ的增大而减小。现在，总的 MSE 误差可表示为

$$J_{\rm total} = J_{\min}(n) + J_{\Delta} + J_{\rm l} \tag{10-1-34}$$

式中，$J_{\rm l}$表示滞后引起的均方误差（滞后误差）。

在任何给定的非平稳自适应均衡问题中，如果将 J_{Δ}和 $J_{\rm l}$ 看成Δ的函数曲线，那么期望这些误差的性能如图 10-1-5 所示。可以看到，J_{Δ}随着Δ的增大而增大，而 $J_{\rm l}$ 随着Δ的增大而减小。总的误差将出现一个最小值，由该值可确定步长参数的最佳选择。

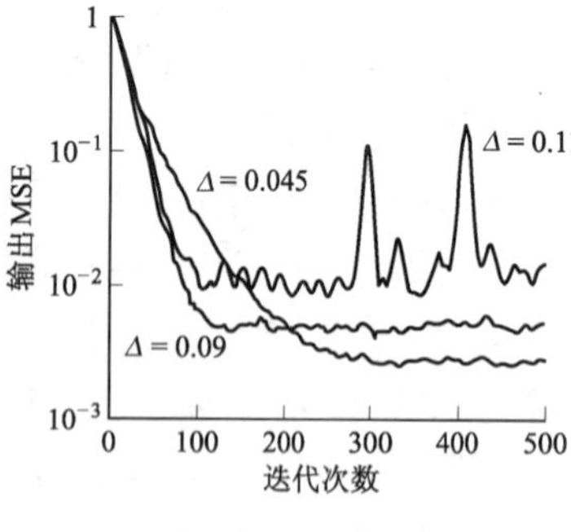

图 10-1-4　采用Δ的 LMS 算法的初始收敛特性

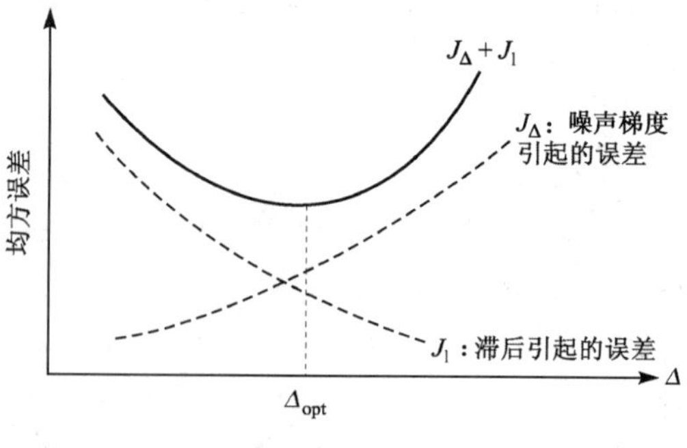

图 10-1-5　作为步长Δ函数的过剩均方误差 J_{Δ}和滞后误差 $J_{\rm l}$

当信号的统计随时间迅速变化时，滞后误差将主导自适应均衡器的性能。这时，$J_{\rm l} \gg J_{\min}+J_{\Delta}$，甚至当采用最大可能的$\Delta$值时也是如此，此时 LMS 算法将不再适用。必须依靠 10.4 节所述的更复杂的递推最小二乘算法来获得更快的收敛和跟踪。

10.1.5　加速 LMS 算法的初始收敛速率

如前所述，对任何给定的信道特性，LMS 算法的初始收敛速率是由步长参数Δ控制的。

初始收敛速率受到信道频谱特性强烈的影响，它与接收信号协方差矩阵的特征值$\{\lambda_n\}$有关。如果信道的幅度和相位失真比较小，特征值比$\lambda_{max}/\lambda_{min}$接近于 1，那么均衡器抽头系数收敛到其最佳值就比较快；如果信道频谱特性较差，例如其频谱的一部分衰减较大，特征值比$\lambda_{max}/\lambda_{min}\gg 1$，那么 LMS 的收敛就比较慢。

许多学者在加速 LMS 算法的初始收敛特性的方法上做了大量的研究工作，一种简单的补救方法是，开始使用一个大的步长，如Δ_0，然后步长随着抽头系数收敛到其最佳值而减少。换言之，我们使用一个步长序列，$\Delta_0>\Delta_1>\Delta_2>\cdots>\Delta_m=\Delta$，这里$\Delta$是 LMS 算法在稳态操作时所使用的最终步长。

张（Chang，1971）和库里西（Qureshi，1977）提出并研究了另一种加速初始收敛速率的方法，这种方法在 LMS 算法中引入了附加参数，以加权矩阵$\boldsymbol{W}$来代替步长。在这种情况下，LMS 算法可以推广成以下形式。

$$\hat{\boldsymbol{C}}_{k+1}=\hat{\boldsymbol{C}}_k-\boldsymbol{W}\hat{\boldsymbol{G}}_k=\hat{\boldsymbol{C}}_k+\boldsymbol{W}(\boldsymbol{\Gamma}\hat{\boldsymbol{C}}-\boldsymbol{\xi})=\hat{\boldsymbol{C}}_k+\boldsymbol{W}\mathrm{e}_k\boldsymbol{V}_k^* \qquad (10\text{-}1\text{-}35)$$

式中，$\boldsymbol{W}$是加权矩阵，理想时，$\boldsymbol{W}=\boldsymbol{\Gamma}^{-1}$，或如果$\boldsymbol{\Gamma}$是估计的，那么$\boldsymbol{W}$可以设置成等于该估计值的逆。

当均衡器的训练序列是周期的且周期为N时，协方差矩阵$\boldsymbol{\Gamma}$是特普利茨（Toeplitz）和循环矩阵，并且它的逆矩阵也是循环矩阵。在这种情况下，通过实现一个有限冲激响应（FIR）滤波器且其权值等于$\boldsymbol{W}$的第一行，就可以大大简化加权矩阵$\boldsymbol{W}$的乘法运算，这正如库里西（Qureshi，1977）所指出的。快速更新算法等价于用$\boldsymbol{W}$乘以梯度向量$\hat{\boldsymbol{G}}_k$，这种算法实现简单，自适应均衡器的快速启动技术如图 10-1-6 所示，其实现方法是：在周期输入序列用来调整抽头系数之前的路径上插入 FIR 滤波器，该滤波器的N个系数为$w_0,w_1,\cdots,w_{N-1}$。

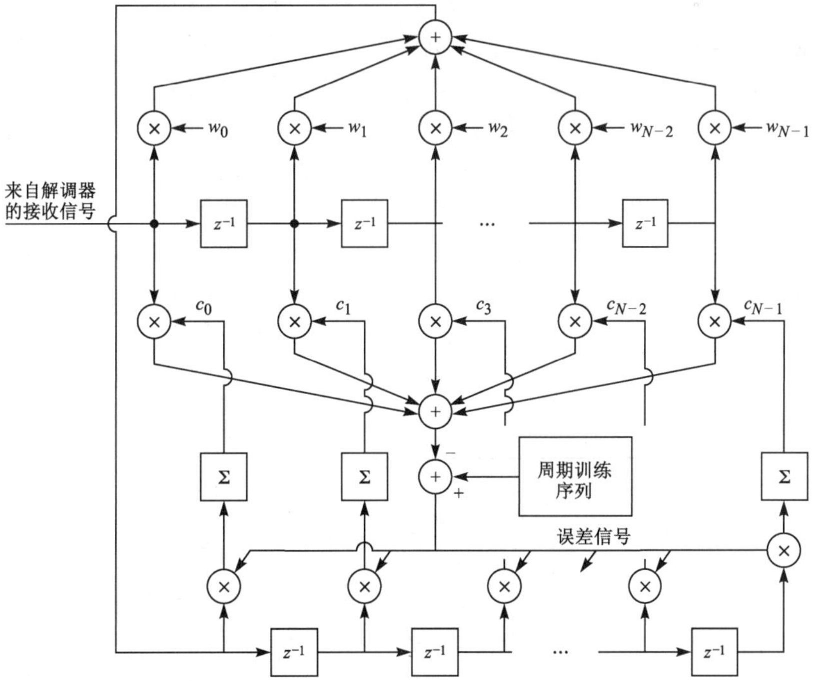

图 10-1-6 自适应均衡器的快速启动技术

库里西（Qureshi，1977）阐述了用接收信号来估计权值的一种方法，其基本步骤如下：

（1）采集均衡器延迟线中的一个周期（N 个符号）的接收数据 $v_0, v_1, \cdots, v_{N-1}$。

（2）计算 $\{v_n\}$ 的 N 点离散傅里叶变换（DFT），标记为 $\{R_n\}$。

（3）计算离散功率谱 $|R_n|^2$。如果忽略噪声，$|R_n|^2$ 相当于均衡器输入端信号循环协方差矩阵特征值的 N 倍，然后将 N 倍的噪声方差 σ^2 的估计值加上 $|R_n|^2$。

（4）计算序列 $1/(|R_n|^2 + N\hat{\sigma}^2)$ 的逆 DFT（$n = 0,1,\cdots,N-1$），于是可得到图 10-1-6 所示的滤波器系数 $\{w_n\}$。

（5）调整均衡器抽头系数的算法就成为

$$c_j^{(k+1)} = c_j^{(k)} - e_j \sum_{m=0}^{N-1} w_k v_{k-j-m}^*, \qquad j = 0, 1, \cdots, N-1 \tag{10-1-36}$$

10.1.6 自适应分数间隔均衡器——抽头泄漏算法

如 9.4.4 节所述，当接收机不知道信道特性时，FSE 比符号速率均衡器（SRE）更加可取。在这种情况下，FSE 将匹配滤波和符号间干扰的均衡操作合并成一个滤波器。通过以奈奎斯特速率处理抽样值，FSE 能使其抽头系数补偿在一个符号间隔内的任何定时相位，因此它具有对一个符号间隔内的抽样时刻不敏感的性能，这在前面已做过讨论。从性能的观点来看，FSE 等价于一个匹配滤波器跟随一个符号速率抽样器，之后再跟随一个 SRE。

LMS 算法及其任何变型都可以用来自适应地调整 FSE 的抽头系数。适合初始调整的训练信号，可以采用非周期的伪随机序列或者周期的伪随机序列，其中周期等于均衡器的时间跨度，即周期为 P 的序列可用来训练具有 PN/M 个系数的 FSE，其中抽头间隔为 MT/N。在采用周期训练序列的情况下，每一个抽头系数的更新可以周期地进行，根据式（10-1-16）和式（10-1-17）的平均梯度 LMS 算法在序列的每一个周期进行一次更新。

在 FSE 的 LMS 算法的数字实现中，在选择步长参数Δ时必须细心。吉特林和温斯坦（Gitlin & Weinstein，1981）已经证明而且库里西（Qureshi，1985）也进一步阐述：在 FSE 中，接收信号的协方差矩阵的特征值的 $(N-M)/N$ 是很小的，这些小的特征值及其相应的特征向量与频段 $(1+\beta)/2T \leqslant |f| \leqslant 1/T$ 内的噪声频谱特性有关，结果使输出 MSE 变得对这些特征值所相应的系数值的偏差不敏感。在这种情况下，对小特征值所对应的特征向量（频段）进行有限精度的运算产生的误差累积，最终会引起抽头系数值的溢出，而不会对整个 MSE 有显著的影响。

吉特林（Gitlin，1982）的论文给出了这个问题的解决方案，取代式（9-4-42）给出的最小化 MSE，我们将下列性能指数最小化

$$J = J_{\text{MSE}} + \mu \sum_{i=-K}^{K} |c_i|^2 \tag{10-1-37}$$

式中，J_{MSE} 是常规 MSE，μ 是一个小的正常数，因此可以避免对接收信号协方差矩阵的不利调整。J 的最小化导致下列“变型 LMS”算法

$$\boldsymbol{C}_{k+1} = (1 - \Delta\mu)\boldsymbol{C}_k + \Delta\varepsilon_k \boldsymbol{V}_k^* \tag{10-1-38}$$

这种算法称为抽头泄漏算法（Tap Leakage Algorithm）。

在 FSE 抽头系数自适应调整中，如前所述，当发送一个周期的训练序列时，抽头按照符号速率或较慢的速率进行周期调整。然而，FSE 输入端的样值以较快的速率出现，例如，如果考察一个抽头间隔为 $T/2$ 的 FSE，那么每个信息符号就有两个样值。一个有趣的问题是，是否可以通过以抽样速率自适应调整系数来提高 FSE 的初始收敛速率呢？如果抽头调整按照抽样速率进行，那么必须产生一个附加的期望信号值，这些值相当于落在两个期望符号值之间的抽样值，即必须设计一个符号间插值滤波器，以便产生中间的期望样值序列。吉特林和温斯坦（Gitlin 和 Weinstein，1981）、乔菲和凯拉斯（Cioffi & Kailath，1984）以及林（Ling，1989）研究了这个问题，林的论文研究成果回答了这个问题。

首先我们注意到，LMS 算法的初始收敛特性取决于接收信号自相关矩阵非平凡特征值的数目，这个数目等于要优化独立参数的数目。例如，SRE 有 K 个抽头且横跨时间间隔为 KT 秒，该 SRE 有 K 个独立参数要优化。与此相比，横跨同样时间间隔的抽头间隔为 $T/2$ 的复值 FSE 具有 $2K$ 个抽头系数，但它的自相关矩阵有 K 个非平凡（和 K 个平凡）特征值，所以它有 K 个独立参数要优化。因此，以符号速率自适应调整的抽头间隔为 $T/2$ 的复值 FSE 的收敛速率与 SRE 相同。如果复 FSE 使用插值法在所有 $nT/2$ 时刻来更新其系数，那么要优化的独立参数的数目为 $2K$。在这种情况下，有两个自相关矩阵，其中一个对应于 $nT/2$ 时刻的样值，另外一个对应于 $(nT+1)/2$ 时刻的样值，每一个矩阵有 K 个非平凡特征值。也就是说，使用插值法的抽头间隔为 $T/2$ 的 FSE 在一次更新中调整一组的 K 个参数，而在下一次更新中调整第二组的 K 个参数。因此，插值 FSE 的收敛速率与符号更新的 FSE 的收敛速率近似相同。

相位分离 FSE（PS-FSE）是在带通实现的，时间跨度为 KT 秒，抽头间隔为 T/N，其中 $N>2$，例如，$N=3$ 或 4，它有 KN 个参数要优化。在这种情况下，林（Ling，1989）证明了：当 PS-FSE 以符号速率调整时，PS-FSE 的收敛速率大约为常规的复 FSE 的收敛速率的 1/2。通过理想的符号间插值，PS-FSE 的收敛速率可近似增加到按符号速率调整的 FSE 收敛速率的 2 倍。因此，具有符号间插值的 PS-FSE 可以达到以符号速率调整的常规复 FSE 的同样的收敛速率。

10.1.7　用于 ML 序列检测的自适应信道估计器

ML 序列检测准则需要知道等效离散时间信道的系数 $\{f_k\}$，该准则是通过式（9-3-23）的度量计算中的维特比算法来实现的。为了适应一个未知的或慢时变的信道，接收机中包含一个与检测算法并接的信道估计器，如图 10-1-7 所示。图 10-1-8 所示的信道估计器在结构上与前文所讨论的线性横向均衡器是相同的。事实上，信道估计器是等效离散时间信道滤波器的复制品，可用对符号间干扰建模。对估计的抽头系数（标记为 $\{\hat{f}_k\}$）进行递推调整，以使实际接收序列与估计器输出之间的 MSE 最小。例如，在面向判决的操作模式中，最陡下降算法是

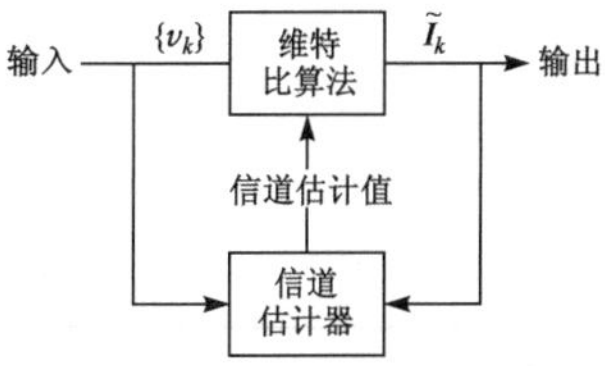

图 10-1-7　用于维特比算法的信道特性估计方法方框图

$$\hat{\boldsymbol{f}}_{k+1}=\hat{\boldsymbol{f}}_k+\Delta\varepsilon_k\tilde{\boldsymbol{I}}_k^* \tag{10-1-39}$$

式中，$\hat{\boldsymbol{f}}_k$ 是第 k 次迭代的抽头增益系数向量，Δ是步长，$\varepsilon_k=v_k-\hat{v}_k$ 是误差信号，$\tilde{\boldsymbol{I}}_k$ 表示在

第 k 次迭代时信道估计器中的已检测信息符号向量。

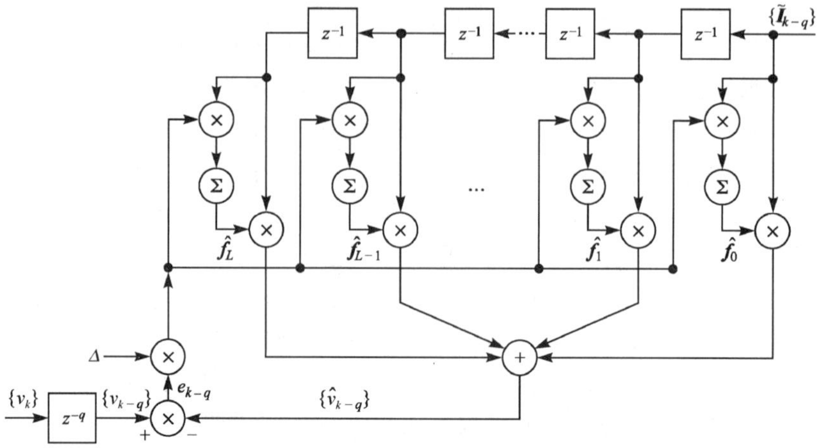

图 10-1-8　估计信道弥散的自适应横向滤波器

下面证明当 v_k 与 $\hat{v}_k$ 之间 MSE 最小时，信道估计器的抽头增益系数值是离散时间信道模型的值。为了在数学上容易处理，假设已检测的信息序列 $\{\tilde{I}_k\}$ 是正确的，即 $\{\tilde{I}_k\}$ 与发送序列 $\{I_k\}$ 相同。当系统的差错概率较低时，这种假设是合理的。因此，在接收信号 v_k 与估计值 $\hat{v}_k$ 之间的 MSE 为

$$J(\hat{\boldsymbol{f}}) = E\left(\left|v_k - \sum_{j=0}^{N-1} \hat{f}_j I_{k-j}\right|^2\right) \tag{10-1-40}$$

使式（10-1-40）中 $J(\hat{\boldsymbol{f}})$ 最小的抽头系数 $\{\hat{f}_k\}$ 满足 N 个线性方程组

$$\sum_{j=0}^{N-1} \hat{f}_j R_{kj} = d_k, \qquad k = 0, 1, \cdots, N-1 \tag{10-1-41}$$

式中

$$R_{kj} = E\left(I_k I_j^*\right), \qquad d_k = \sum_{j=0}^{N-1} f_j R_{kj} \tag{10-1-42}$$

由式（10-1-41）和式（10-1-42）可得出结论：只要信息序列 $\{I_k\}$ 是不相关的，最佳系数就精确地等于等效离散时间信道的对应的值。显然，当信道估计器的抽头数 N 大于或等于 $L+1$ 时，最佳抽头增益系数 $\{\hat{f}_k\}$ 等于 $\{f_k\}$ 对应的值，甚至当信息序列相关时也如此。在上述条件下，最小 MSE 就等于噪声的方差 N_0。

在上面的讨论中，在维特比算法或概率的逐符号算法的输出端的已估计的信息序列被用来调整信道估计器。在启动操作时，发送一个短训练序列对抽头系数进行初始调整，如线性横向均衡器中的那样。在自适应操作模式中，接收机就使用它自己的判决来形成误差信号。

10.2 自适应判决反馈均衡器

正如线性自适应均衡器的情况一样，判决反馈均衡器中前馈横向滤波器和反馈横向滤波器的系数可以递推地调整，而不是对式（9-5-3）所包含的矩阵进行变换。基于 DFE 输出端 MSE 的最小化，最陡下降算法的形式为

$$\boldsymbol{C}_{k+1} = \boldsymbol{C}_k + \Delta E\left(\varepsilon_k \boldsymbol{V}_k^*\right) \tag{10-2-1}$$

式中，$\boldsymbol{C}_k$是第 k 个信号间隔中均衡器系数向量；$E(\varepsilon_k \boldsymbol{V}_k^*)$是误差信号 $\varepsilon_k = I_k - \hat{I}_k$ 与 $\boldsymbol{V}_k$的互相关，而 $\boldsymbol{V}_k$=[$v_{k+K_1} \cdots v_k \quad I_{k-1} \cdots I_{k-K_2}$]^{t}表示在 $t=kT$ 时刻前馈横向滤波器和反馈横向滤波器中的信号值。当 $k\to\infty$时，互相关向量 $E(\varepsilon_k \boldsymbol{V}_k^*)=0$，MSE 最小。

因为在任何时刻精确的互相关向量都是未知的，因此将向量 $\varepsilon_k \boldsymbol{V}_k^*$ 当成估计值，并且通过下列递推方程将估计值中噪声平均掉，即

$$\hat{\boldsymbol{C}}_{k+1} = \hat{\boldsymbol{C}}_k + \Delta \varepsilon_k \boldsymbol{V}_k^* \tag{10-2-2}$$

这就是 DFE 的 LMS 算法。

如线性均衡器，可以使用一个训练序列来对 DFE 的系数进行初始调整。当收敛于（接近）最佳系数（最小 MSE）时，可以切换到面向判决的模式。在该模式中，检测器输出端的判决用来形成误差信号ε_k，并馈送给反馈横向滤波器，这就是 DFE 的自适应模式，如图 10-2-1 所示。在这种情况下，调整均衡器系数的递推方程是

$$\tilde{\boldsymbol{C}}_{k+1} = \tilde{\boldsymbol{C}}_k + \Delta \tilde{\varepsilon}_k \boldsymbol{V}_k^* \tag{10-2-3}$$

式中，$\tilde{\varepsilon}_k = \tilde{I}_k - \hat{I}_k$，$\boldsymbol{V}_k$=[$v_{k+K_1} \cdots v_k \quad \tilde{I}_{k-1} \cdots \tilde{I}_{k-K_2}$]^{t}。

DFE 的 LMS 算法的性能特征基本上与 10.1.3 节和 10.1.4 节中对线性均衡器的研究结果相同。

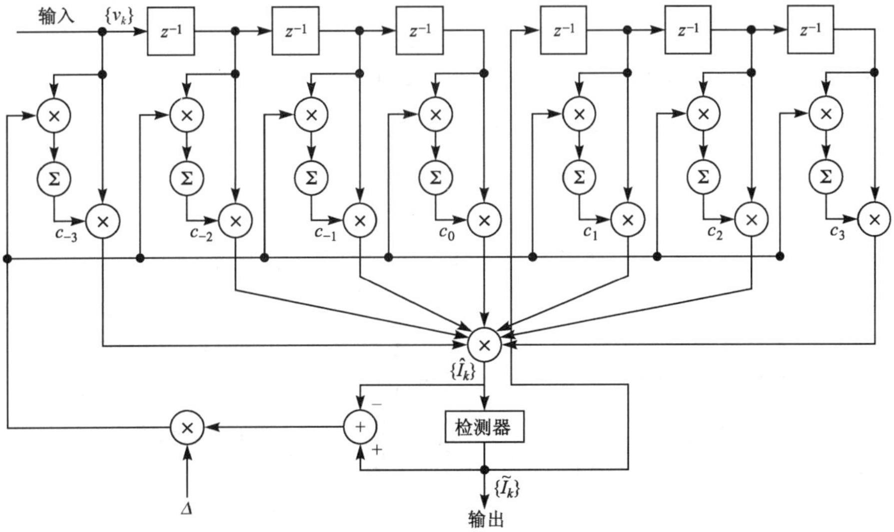

图 10-2-1 判决反馈均衡器的自适应模式

10.3 网格编码信号的自适应均衡

8.12 节中所述的带宽效率高的网格编码调制，常常用在电话信道的数字通信系统中，以减小为达到指定的差错概率所需要的比特 SNR。网格编码信号的信道失真迫使我们使用自适应均衡来减小符号间干扰，然后将均衡器的输出馈送给维特比译码器，对网格编码信号进行软判决译码。

对于这样的接收机，要解决的问题是如何在数据传输模式中使该均衡器自适应。一种方法是使均衡器在其输出端单独地做出判决，用来生成一个误差信号以调整抽头系数，如图 10-3-1 所示。采用这种方法得到的判决一般是不可靠的，因为译码前的编码符号 SNR 比较低，高的差错概率会严重地损害均衡器的操作，最终影响译码器输出端判决的可靠性。比较好的方法是采用更可靠的维特比译码器译码后判决来连续地使均衡器自适应。在维特比译码器之前用一个线性均衡器，这种方法较好且是可行的。在维特比译码器中的固有延时可以通过在均衡器系数的抽头权值调整中引入一个相同的延时来克服，如图 10-3-2 所示。为该附加延时必须付出的主要代价是，LMS 算法中的步长参数必须减小，以保证算法的稳定性，如朗等（Long，1987，1989）的论文中所述。

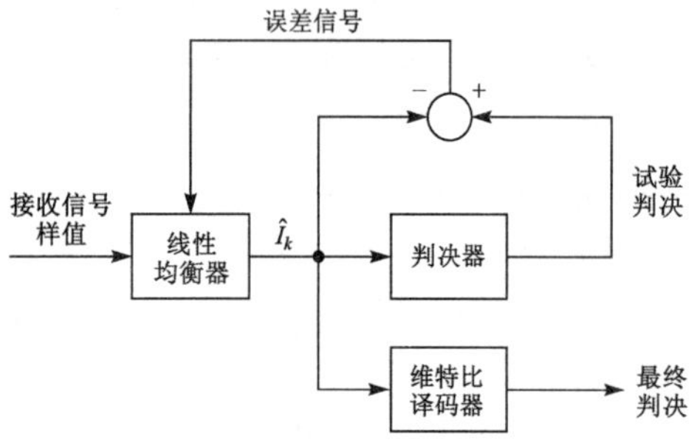

图 10-3-1　基于试验性判决的均衡器的调整

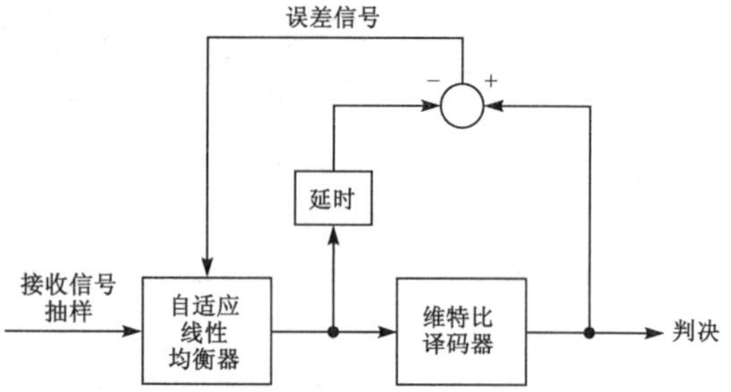

图 10-3-2　基于维特比译码器判决的均衡器的调整

在具有严重 ISI 的信道中，线性均衡器不再适合补偿该信道的符号间干扰，通常用 DFE 代替。但是 DFE 要求在其反馈横向滤波器中有可靠的判决，以便抵消由先前被检测符号引起的符号间干扰。译码之前的试验性的判决是非常不可靠的，因此不合适。不巧的是，常规 DFE 不能与维特比算法级联，其中由译码器得到的译码在判决后再反馈到 DFE。

一种可行的方法是使用 9.5.3 节所述的预测 DFE。为了适应译码延时，由于它影响线性预测器，所以引入一个周期的交织器/解交织器对，它与维特比译码器有相同的延时，从而有可能生成一个合适的误差信号给预测器，如图 10-3-3 所示。埃尤布奥卢（Eyuboglu，1988）描述和分析了一种新方法，在此方法中预测 DFE 可以和维特比译码结合起来均衡网格编码信号。周等（Zhou，1988，1990）将同样的思想用于衰落多径信道的均衡，但修改了 DFE 的结构，使用了递推最小二乘格型滤波器，它对信道的时变提供更快的自适应性能。

另一种方法对有线信道是有效的，这时信道实质上是时不变的，该方法是将 DFE 的反馈横向滤波器置于发送机中，从而可以在传输之前消除信道响应的尾部（后标）。9.5.4 节曾描述过这种方法，采用了 Tomlinson-Harashima 预编码方案对信息序列进行预编码。通常，这种方法是这样实现的：发送一个信道探测信号，在接收机中测量信道的频率或冲激响应，然后将信道响应通知发送机以便合成预编码器。在接收机中实现一个自适应分数间隔均衡器，用于 DFE 的前馈横向滤波器，从而补偿信道响应的任何小的时变。

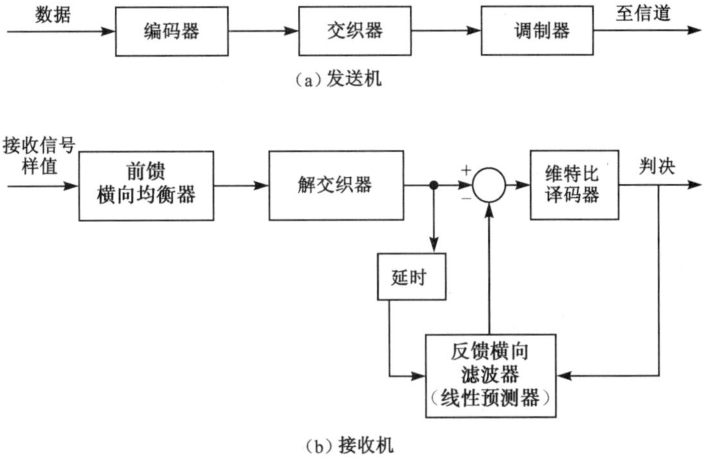

图 10-3-3　使用具有交织和网格编码调制的预测 DFE

减少状态的维特比检测算法

从性能观点来看，检测受 ISI 恶化的 TCM 信号序列的最好方法是：用单一的有限状态机对 ISI 和网格码联合建模，在这个合并的网格上使用维特比算法，这种方法在以下的作者的论文中都有阐述：切维尔特和埃莱夫塞里奥（Chevillat & Eleftheriou，1988，1989）、埃尤布奥卢等（Eyuboglu，1988，1989）以及维索洛斯基（Wesolowski，1987）。如前所述，在接收机的前端采用一个白化匹配滤波器，网格编码器与 ISI 信道滤波器合并的模型如图 10-3-4 所示，其中信道滤波器 $F(z)$ 具有最小相位。因此，网格编码器具有 S 个状态且使用 2^{m+1} 个信号点的星座，该编码器有一个合并的 TCM/ISI 的网格，其中有 $S2^{mL}$ 个状态和发自每一个状态的 2^m 个转移（分支）。该合并的有限状态机的状态可以表示为

$$S_n = (I_{n-L}, I_{n-L+1}, \cdots, I_{n-1}, \theta_n) \tag{10-3-1}$$

式中，$\{I_n\}$ 是信息符号序列，θ_n 是网格编码器的状态。

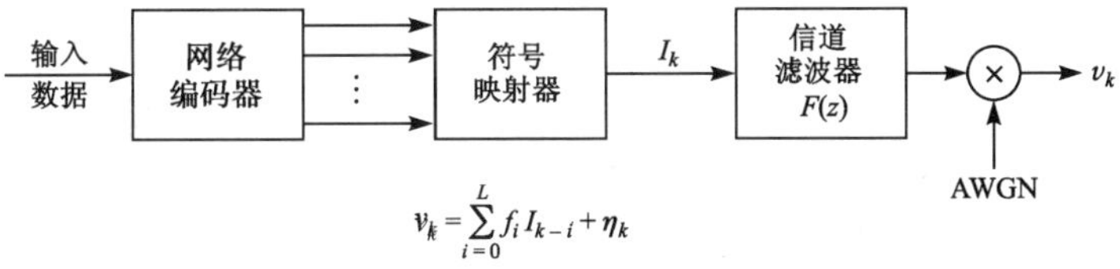

图 10-3-4　网格编码器和 ISI 信道滤波器合并的模型

维特比译码器在 ISI 与网格码合并的网格上操作方法是常规的方法：计算分支度量

$$\left| v_k - \sum_{i=0}^{L} f_i I_{k-i} \right|^2 \tag{10-3-2}$$

并增加相应的路径度量。

显然，当 ISI 的跨度 L 较大时，维特比检测器的复杂度将高得无法实现。在这种情况下，可以像 9.6 节所阐述的那样降低译码器的复杂性，其方法是截短有效的信道记忆到 L_0 项。经

过截短后，合并的 TCM/ISI 网格有 $S2^{mL_0}$ 个状态。

$$S_n^{L_0} = (I_{n-L_0}, I_{n-L_0+1}, \cdots, I_{n-1}, \theta_n) \tag{10-3-3}$$

式中，$1 \leqslant L_0 \leqslant L$。

因此，当 $L_0 = 1$ 时，维特比算法就直接在 TCM 编码网格上运算，L 个 ISI 项被估计和抵消。当选择 $L_0 > 1$ 时，某些 ISI 项保持，而 $L+1-L_0$ 项被抵消。为了减少由于维特比检测器试验性判决引起的性能损伤，我们采用局部反馈方法将 ISI 抵消引入分支度量的计算中，这在 9.6 节中已有阐述。因此，维特比检测器中所计算的分支度量形式为

$$\left| v_k - \sum_{i=0}^{L_0-1} f_i I_{k-i} - \sum_{i=L_0}^{L+1} f_i \tilde{I}_{k-i}(S_n^{L_0}) \right|^2 \tag{10-3-4}$$

式中，$\tilde{I}_{k-i}(S_n^{L_0})$ 表示基于局部反馈所估计的 ISI 项，该 ISI 是由于截短 ISI 中所包含的符号 $\{I_{k-i}, L_0 < i < L\}$ 引起的。

在信道特性未知的情况下，WMF 和 $F(z)$ 的信道估计器必须自适应地确定。这可以采用如下的方法来实现：用一个复基带 FSE 作为 WMF，并采用 10.1.7 节所述的信道估计器。因此，可以采用训练序列来进行初始调整，面向判决估计可以继续跟随初始训练序列。LMS 算法可用于训练序列和面向判决模式中。切维尔特和埃莱夫塞里奥（Chevillat & Eleftheriou，1989）的模拟结果证明，与一个线性均衡器跟随一个维特比检测器的组合情况相比，这种自适应 WMF 和减少状态的维特比检测器具有优越的性能。

10.4 自适应均衡的递推最小二乘算法

10.1 节和 10.2 节所述的 LMS 算法用于自适应地调整线性均衡器或 DFE 的抽头系数。LMS 算法本质上是（随机）最陡下降算法，其中梯度向量是由数据直接得到的估计值来近似的。

最陡下降算法的主要优点是计算简单，但计算简单付出的代价是收敛缓慢，特别是当信道特性导致自相关矩阵 $\boldsymbol{\Gamma}$ 的特征值散布比较大，即 $\lambda_{\max}/\lambda_{\min} \gg 1$ 时。另外，梯度算法只有一个调整参数（即 Δ）用来控制收敛速率，因而，收敛慢正是由于这个基本的限制造成的。10.1.5 节介绍的两种简单的方法能在一定程度上提高收敛速率。

为了得到较快的收敛速率，有必要设计包含附加参数的更复杂的算法。特别是，如果矩阵 $\boldsymbol{\Gamma}$ 是 $N \times N$ 且特征值为 $\lambda_1, \lambda_2, \cdots, \lambda_N$，可以使用一种含有 N 个参数的算法，其中每个参数对应一个特征值。本节讨论如何选择达到快速收敛的最佳参数。

在快速收敛算法的推导中，我们将采用最小二乘法，因此我们将直接处理接收数据使二次性能指数最小，而以前是使平方误差的期望值最小。这意味着，用时间平均而不是统计平均来表示性能指数。

为了方便计算，下面以矩阵形式来表示递推最小二乘算法，因此，定义了几个向量和矩阵，将略微改变符号的标记。具体地，在线性均衡器中，t 时刻（t 是整数）信息符号的估计值表示为

$$\hat{I}(t) = \sum_{j=-K}^{K} c_j(t-1) v_{t-j}$$

通过改变 $c_j(t-1)$ 中的指数 j，其取值从 $j=0$ 到 $j=N-1$，同时定义

$$y(t)=v_t+K$$

那么估计值 $\hat{I}(t)$ 为

$$\hat{I}(t)=\sum_{j=0}^{N-1}c_j(t-1)y(t-j)=\boldsymbol{C}_N^t(t-1)\boldsymbol{Y}_N(t) \tag{10-4-1}$$

式中，$\boldsymbol{C}_N(t-1)$ 和 $\boldsymbol{Y}_N(t)$ 分别是均衡器系数 $c_j(t-1)(j=0,1,\cdots,N-1)$ 和输入信号 $y(t-j)(j=0,1,2,\cdots,N-1)$ 的列向量。

类似地，在判决反馈均衡器中，抽头系数为 $c_j(t)$（$j=0,1,\cdots,N-1$），其中前面 K_1+1 是前馈横向滤波器的系数，剩余的 $K_2=N-K_1-1$ 是反馈横向滤波器的系数。估计值 $\hat{I}(t)$ 中的数据是 $v_{t+K_1},\cdots,v_{t+1},\tilde{I}_{t-1},\cdots,\tilde{I}_{t-K_2}$，其中 $\tilde{I}_{t-j}$（$1\leqslant j\leqslant K_2$）表示对先前被检测符号的判决。在此，我们忽略了判决差错在算法中的影响。因此，假定 $\tilde{I}_{t-j}=I_{t-j}$（$1\leqslant j\leqslant K_2$）为符号标记方便，定义

$$y(t-j)=\begin{cases} v_t+K_1-j, & 0\leqslant j\leqslant K_1 \\ I_t+K_1-j, & K_1<j\leqslant N-1 \end{cases} \tag{10-4-2}$$

因此，

$$\boldsymbol{Y}_N(t)=[y(t)\quad y(t-1)\cdots y(t-N+1)]^{\mathrm{t}}=[v_{t+K_1}\cdots v_{t+1}\,v_t\,I_{t-1}\cdots I_{t-K_2}]^{\mathrm{t}} \tag{10-4-3}$$

10.4.1　递推最小二乘（卡尔曼）算法

关于 $\hat{I}(t)$ 的递推最小二乘（Recursive Least Square，RLS）估计可以用公式表示如下。假设已观测到向量 $\boldsymbol{Y}_N(n)$（$n=0,1,\cdots,t$），希望求均衡器（线性或判决反馈）的系数向量 $\boldsymbol{C}_N(t)$，该系数使下列时间平均的加权平方误差最小：

$$\mathcal{E}_N^{LS}=\sum_{n=0}^{t}w^{t-n}|e_N(n,t)|^2 \tag{10-4-4}$$

式中，误差定义为

$$e_N(n,t)=I(n)-\boldsymbol{C}_N^{\mathrm{t}}(t)\boldsymbol{Y}_N(n) \tag{10-4-5}$$

w 表示加权因子，$0<w<1$。因此，将指数加权引入过去的数据，当信道特性是时变的时候，这样做是恰当的。对 $\mathcal{E}_N^{LS}$ 相对于系数向量 $\boldsymbol{C}_N(t)$ 的最小化得到下列线性方程组。

$$\boldsymbol{R}_N(t)\boldsymbol{C}_N(t)=\boldsymbol{D}_N(t) \tag{10-4-6}$$

式中，$\boldsymbol{R}_N(t)$ 是信号相关矩阵，定义为

$$\boldsymbol{R}_N(t)=\sum_{n=0}^{t}w^{t-n}\boldsymbol{Y}_N^*(n)\boldsymbol{Y}_N^t(n) \tag{10-4-7}$$

而 $\boldsymbol{D}_N(t)$ 是互相关向量

$$\boldsymbol{D}_N(t)=\sum_{n=0}^{t}w^{t-n}I(n)\boldsymbol{Y}_N^*(n) \tag{10-4-8}$$

式（10-4-6）的解为

$$\boldsymbol{C}_N(t)=\boldsymbol{R}_N^{-1}(t)\boldsymbol{D}_N(t) \tag{10-4-9}$$

矩阵 $\boldsymbol{R}_N(t)$ 类似于统计自相关矩阵 $\boldsymbol{\Gamma}$，向量 $\boldsymbol{D}_N(t)$ 类似于互相关向量 $\boldsymbol{\xi}$，如前文所定义的。我们强调，$\boldsymbol{R}_N(t)$ 并不是托伯利茨（Toeplitz）矩阵。也应当指出，对于小的 t 值，$\boldsymbol{R}_N(t)$ 也许是

比较差的状况，因此，习惯上在初始时将矩阵$\delta \boldsymbol{I}_N$加到$\boldsymbol{R}_N(t)$上，其中δ是一个小的正常数，$\boldsymbol{I}_N$是单位矩阵。由于对过去数据采用指数加权，因此加入$\delta \boldsymbol{I}_N$的影响将随时间而消除。

假设在t-1时刻，我们得到式（10-4-9）的解，即$\boldsymbol{C}_N(t-1)$，并希望计算$\boldsymbol{C}_N(t)$。对接收到的每一个新的信号分量求解N个线性方程组是没有效率的，因此也是不实用的。为了避免这种情况，进行如下处理。首先，$\boldsymbol{R}_N(t)$可以递推计算：

$$\boldsymbol{R}_N(t) = w\boldsymbol{R}_N(t-1) + \boldsymbol{Y}_N^*(t)\boldsymbol{Y}_N^t(t) \tag{10-4-10}$$

将式（10-4-10）称为$\boldsymbol{R}_N(t)$的**时间更新方程**（Time Update Equation）。

因为在式（10-4-9）中需用$\boldsymbol{R}_N(t)$的逆，所以利用逆矩阵恒等式，可得

$$\boldsymbol{R}_N^{-1}(t) = \frac{1}{w}\left[\boldsymbol{R}_N^{-1}(t-1) - \frac{\boldsymbol{R}_N^{-1}(t-1)\boldsymbol{Y}_N^*(t)\boldsymbol{Y}_N^t(t)\boldsymbol{R}_N^{-1}(t-1)}{w + \boldsymbol{Y}_N^t(t)\boldsymbol{R}_N^{-1}(t-1)\boldsymbol{Y}_N^*(t)}\right] \tag{10-4-11}$$

因此可以按照式（10-4-11）来递推计算$\boldsymbol{R}_N^{-1}(t)$。

为了方便计算，定义$\boldsymbol{P}_N(t)=\boldsymbol{R}_N^{-1}(t)$，同时定义一个$N$维向量，即

$$\boldsymbol{K}_N(t) = \frac{1}{w + \mu_N(t)}\boldsymbol{P}_N(t-1)\boldsymbol{Y}_N^*(t) \tag{10-4-12}$$

它称为**卡尔曼增益向量**（Kalman Gain Vector）。式中，$\mu_N(t)$是一个标量，定义为

$$\mu_N(t) = \boldsymbol{Y}_N^t(t)\boldsymbol{P}_N(t-1)\boldsymbol{Y}_N^*(t) \tag{10-4-13}$$

利用这些定义，式（10-4-11）变为

$$\boldsymbol{P}_N(t) = \frac{1}{w}[\boldsymbol{P}_N(t-1) - \boldsymbol{K}_N(t)\boldsymbol{Y}_N^t(t)\boldsymbol{P}_N(t-1)] \tag{10-4-14}$$

假设用$\boldsymbol{Y}_N^*(t)$后乘式（10-4-14）的两边，那么

$$\begin{aligned}\boldsymbol{P}_N(t)\boldsymbol{Y}_N^*(t) &= \frac{1}{w}[\boldsymbol{P}_N(t-1)\boldsymbol{Y}_N^*(t) - \boldsymbol{K}_N(t)\boldsymbol{Y}_N^t(t)\boldsymbol{P}_N(t-1)\boldsymbol{Y}_N^*(t)] \\ &= \frac{1}{w}\{[w + \mu_N(t)]\boldsymbol{K}_N(t) - \boldsymbol{K}_N(t)\mu_N(t)\} = \boldsymbol{K}_N(t)\end{aligned} \tag{10-4-15}$$

因此，卡尔曼增益向量也可以定义为$\boldsymbol{P}_N(t)\ \boldsymbol{Y}_N(t)$。

现在利用矩阵求逆恒等式推导一个方程，以便从$\boldsymbol{C}_N(t-1)$求得$\boldsymbol{C}_N(t)$。因为

$$\boldsymbol{C}_N(t) = \boldsymbol{P}_N(t)\boldsymbol{D}_N(t)$$

且

$$\boldsymbol{D}_N(t) = w\boldsymbol{D}_N(t-1) + I(t)\boldsymbol{Y}_N^*(t) \tag{10-4-16}$$

可得到

$$\begin{aligned}\boldsymbol{C}_N(t) &= \frac{1}{w}[\boldsymbol{P}_N(t-1) - \boldsymbol{K}_N(t)\boldsymbol{Y}_N^t(t)\boldsymbol{P}_N(t-1)][w\boldsymbol{D}_N(t-1) + I(t)\boldsymbol{Y}_N^*(t)] \\ &= \boldsymbol{P}_N(t-1)\boldsymbol{D}_N(t-1) + \frac{1}{w}I(t)\boldsymbol{P}_N(t-1)\boldsymbol{Y}_N^*(t) \\ &\quad - \boldsymbol{K}_N(t)\boldsymbol{Y}_N^t(t)\boldsymbol{P}_N(t-1)\boldsymbol{D}_N(t-1) - \frac{1}{w}I(t)\boldsymbol{K}_N(t)\boldsymbol{Y}_N^t(t)\boldsymbol{P}_N(t-1)\boldsymbol{Y}_N^*(t) \\ &= \boldsymbol{C}_N(t-1) + \boldsymbol{K}_N(t)[I(t) - \boldsymbol{Y}_N^t(t)\boldsymbol{C}_N(t-1)]\end{aligned} \tag{10-4-17}$$

注意，$\boldsymbol{Y}_N^t(t)\boldsymbol{C}_N(t-1)$是均衡器在$t$时刻的输出，即

$$\hat{I}(t) = \boldsymbol{Y}_N^t(t)\boldsymbol{C}_N(t-1) \tag{10-4-18}$$

且

$$e_N(t,t-1)=I(t)-\hat{I}(t)\equiv e_N(t) \tag{10-4-19}$$

是期望符号与估计值之间的误差。因此，$\boldsymbol{C}_N(t)$可按照下列关系式以递推方式更新。

$$\boldsymbol{C}_N(t)=\boldsymbol{C}_N(t-1)+\boldsymbol{K}_N(t)e_N(t) \tag{10-4-20}$$

这种最佳化产生的残余 MSE 是

$$\mathcal{E}_{N\min}^{LS}=\sum_{m=0}^{t}w^{t-n}|I(n)|^2-\boldsymbol{C}_N^t(t)\boldsymbol{D}_N^*(t) \tag{10-4-21}$$

下面进行小结：假设有$\boldsymbol{C}_N(t-1)$和$\boldsymbol{P}_N(t-1)$，接收到一个新的信号分量时有$\boldsymbol{Y}_N(t)$，那么$\boldsymbol{C}_N(t)$时间更新的递推计算按下列过程进行。

（1）计算输出

$$\hat{I}(t)=\boldsymbol{Y}_N^t(t)\boldsymbol{C}_N(t-1)$$

（2）计算误差

$$e_N(t)=I(t)-\hat{I}(t)$$

（3）计算卡尔曼增益向量

$$\boldsymbol{K}_N(t)=\frac{\boldsymbol{P}_N(t-1)\boldsymbol{Y}_N^t(t)}{w+\boldsymbol{Y}_N^t(t)\boldsymbol{P}_N(t-1)\boldsymbol{Y}_N^*(t)}$$

（4）更新相关矩阵的逆

$$\boldsymbol{P}_N(t)=\frac{1}{w}[\boldsymbol{P}_N(t-1)-\boldsymbol{K}_N(t)\boldsymbol{Y}_N^t(t)\boldsymbol{P}_N(t-1)]$$

（5）更新系数

$$\boldsymbol{C}_N(t)=\boldsymbol{C}_N(t-1)+\boldsymbol{K}_N(t)e_N(t)=\boldsymbol{C}_N(t-1)+\boldsymbol{P}_N(t)\boldsymbol{Y}_N^*(t)e_N(t) \tag{10-4-22}$$

式（10-4-22）所述的算法称为 RLS 直接形式或卡尔曼算法。当均衡器具有一个横向（直接形式）结构时，它是适当的。

注意，均衡器系数随时间改变的量等于误差$e_N(t)$乘以卡尔曼增益向量$\boldsymbol{K}_N(t)$。因为$\boldsymbol{K}_N(t)$是N维的，所以每一个抽头系数实际上受到$\boldsymbol{K}_N(t)$的一个元素的控制，从而获得快速收敛。相反地，最陡下降算法以现有的符号标记表示为

$$\boldsymbol{C}_N(t)=\boldsymbol{C}_N(t-1)+\Delta\boldsymbol{Y}_N^*(t)e_N(t) \tag{10-4-23}$$

其唯一可变的参数是步长Δ。

图 10-4-1 说明当信道的固定参数$f_0=0.26$、$f_1=0.93$、$f_2=0.26$且线性均衡器具有 11 个抽头时，这两种算法的初始收敛速率，这个信道的特征值比值$\lambda_{\max}/\lambda_{\min}=11$，所有均衡器系数被初始化为 0，最陡下降算法以$\Delta=0.020$实现。卡尔曼算法的优越性是显而易见的，这在时变信道中特别重要。例如，（电离层）高频（HF）无线信道的时变太快，因而不能被梯度算法均衡，但卡尔曼算法完全适合迅

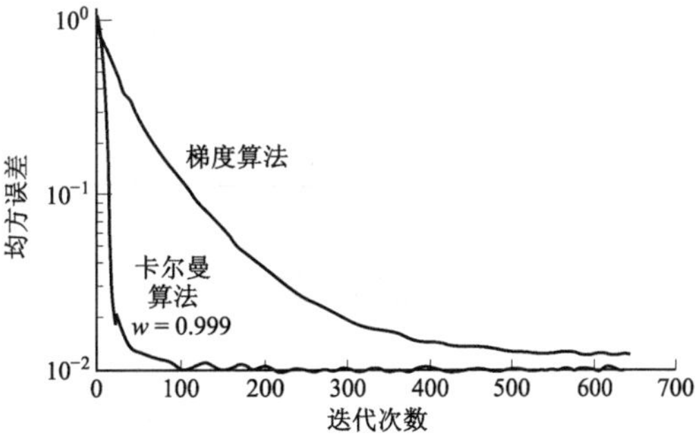

图 10-4-1 卡尔曼与梯度算法收敛速率的比较

速跟踪这样的变化。

尽管上面所述卡尔曼算法有出色的跟踪性能，但它有两个缺点：一是复杂，二是对递推计算所引起的累积舍入噪声敏感，后者会引起算法的不稳定。

式（10-4-22）的变量的计算或操作（乘、除和减）的次数与 N^2 成正比。大多数操作包含在 $\boldsymbol{P}_N(t)$的更新过程中，这部分计算对舍入误差噪声是敏感的。为了补救，不按式（10-4-14）计算 $\boldsymbol{P}_N(t)$的算法，该算法基于将 $\boldsymbol{P}_N(t)$分解成以下形式：

$$\boldsymbol{P}_N(t) = \boldsymbol{S}_N(t)\boldsymbol{\Lambda}_N(t)\boldsymbol{S}'_N(t) \tag{10-4-24}$$

式中，$\boldsymbol{S}_N(t)$是一个下三角矩阵，其对角元素是 1；$\boldsymbol{\Lambda}_N(t)$是一个对角矩阵。这样的分解称为平方根因式分解，参见比尔曼（Bierman，1977）的著作，附录 D 也详细地介绍了这种因式分解。在平方根算法中，$\boldsymbol{P}_N(t)$既没有像式（10-4-14）那样被更新，也没有被计算，而是对 $\boldsymbol{S}_N(t)$和$\boldsymbol{\Lambda}_N(t)$进行时间更新。

平方根算法常用在控制系统的应用中，包含卡尔曼滤波。在数字通信中，平方根卡尔曼算法已在判决-反馈-均衡的 PSK 调制/解调器中实现，该调制/解调器适合在标称的 3 kHz 带宽的 HF 无线信道上进行高速传输。许（Hsu，1982）的论文描述了这种算法，其计算复杂度为 $1.5N^2+6.5N$（每个输出符号的复值乘法和除法），它在数值上是稳定的，并且具有好的数值特性。有关序贯估计（Squential Estimation）中的平方根算法，可参考比尔曼（Bierman，1977）的著作。

导出 RLS 算法也是可能的，其计算复杂度随均衡器系数数目 N 成线性增长，该算法通常称为快速 RLS 算法，卡拉扬尼斯等（Carayannis，1983）、乔菲和凯拉斯（Cioffi & Kailath，1984）以及斯洛克和凯拉斯（Slock & Kailath，1988）的论文中对此进行了论述。

自适应均衡器的另一类递推最小二乘算法是基于格型均衡器结构的。下面，我们从横向滤波器结构导出格型滤波器的结构，从而证明这两种结构是等效的。

10.4.2 线性预测器和格型滤波器

本节将建立线性预测器与格型滤波器之间的关联，通过信号序列线性预测问题的研究很容易将该关联建立起来。

线性预测问题可以表示为：已知一组数据 $y(t-1), y(t-2), \cdots, y(t-p)$，预测下一个数据点 $y(t)$的值。p 阶预测器是

$$\hat{y}(t) = \sum_{k=1}^{p} a_{pk} y(t-k) \tag{10-4-25}$$

MSE 定义为

$$\mathcal{E}_p = E[y(t) - \hat{y}(t)]^2 = E\left[y(t) - \sum_{k=1}^{p} a_{pk} y(t-k)\right]^2 \tag{10-4-26}$$

将该 MSE 关于线性预测器系数$\{a_{pk}\}$最小化，可得到线性方程组

$$\sum_{k=1}^{p} a_{pk} R(k-l) = R(l), \qquad l = 1,2,\cdots,p \tag{10-4-27}$$

式中

$$R(l) = E[y(t)y(t+l)]$$

以上线性方程称为正态方程（Normal Equation）或尤尔-沃克（Yule-Walker）方程。

元素为 $R(k-l)$的矩阵 $\boldsymbol{R}$ 是托伯利茨（Toeplitz）矩阵，列文森-杜宾（Levinson-Durbin）算法提供了一种有效的手段来递推求解线性方程，从一阶线性预测器开始递推进行下去，直到求出 p 阶线性预测器的系数。列文森-杜宾算法的递推关系式为（Levinson，1947；Durbin，1959）

$$a_{11}=\frac{R(1)}{R(0)},\qquad \mathcal{E}_0=R(0),\qquad a_{mm}=\frac{\phi(m)-\boldsymbol{A}_m^{\mathrm{t}}\boldsymbol{R}_{m-1}^{r}}{\mathcal{E}_{m-1}}$$
$$a_{mk}=a_{m-1,k}-a_{mm}a_{m-1,m-k},\qquad \mathcal{E}_m=\mathcal{E}_{m-1}\left(1-a_{mm}^2\right)\tag{10-4-28}$$

式中，$m=1, 2,\cdots, p$，向量 $\boldsymbol{A}_{m-1}$ 和 $\boldsymbol{R}_{m-1}^{r}$定义为

$$\boldsymbol{A}_{m-1}=[a_{m-1,1}\quad a_{m-1,2}\ \cdots\ a_{m-1,m-1}]^{\mathrm{t}}$$
$$\boldsymbol{R}_{m-1}^{r}=[R(m-1)\quad R(m-2)\ \cdots\ R(1)]^{\mathrm{t}}$$

m 阶线性预测滤波器可以用一个横向滤波器来实现，其传递函数为

$$A_m(z)=1-\sum_{k=1}^{m}a_m z^{-k}\tag{10-4-29}$$

其输入是数据$\{y(t)\}$，而输出是误差$e(t)=y(t)-\hat{y}(t)$。线性预测器也可以用格型的形式实现，下面将证明。

首先利用列文森-杜宾算法求式（10-4-29）中的线性预测器系数 a_{mk}，可得到

$$\begin{aligned}A_m(z)&=1-\sum_{k=1}^{m-1}(a_{m-1,k}-a_{mm}a_{m-1,m-k})z^{-k}-a_{mm}z^{-m}\\&=1-\sum_{k=1}^{m-1}a_{m-1,k}z^{-k}-a_{mm}z^{-m}\left(1-\sum_{k=1}^{m-1}a_{m-1,k}z^{k}\right)\\&=A_{m-1}(z)-a_{mm}z^{-m}A_{m-1}(z^{-1})\end{aligned}\tag{10-4-30}$$

因此得到以 $m-1$ 阶线性预测器传递函数表示的 m 阶线性预测器的传递函数。

定义一个滤波器，其传递函数 $G_m(z)$为

$$G_m(z)=z^{-m}A_m(z^{-1})\tag{10-4-31}$$

那么，式（10-4-30）可以表示为

$$A_m(z)=A_{m-1}(z)-a_{mm}z^{-1}G_{m-1}(z)\tag{10-4-32}$$

注意，$G_{m-1}(z)$表示一个横向滤波器，其抽头系数为$(-a_{m-1,m-1}, -a_{m-1,m-2},\cdots, -a_{m-1,1}, 1)$，而 $A_{m-1}(z)$的系数与之完全相同，只是顺序相反。

通过计算这两个滤波器对输入序列 $y(t)$的输出，可以深入研究 $A_m(z)$与 $G_m(z)$之间关系。利用 z 变换关系式可得到

$$A_m(z)Y(z)=A_{m-1}(z)Y(z)-a_{mm}z^{-1}G_{m-1}(z)Y(z)\tag{10-4-33}$$

定义滤波器的输出为

$$F_m(z)=A_m(z)Y(z),\qquad B_m(z)=G_m(z)Y(z)\tag{10-4-34}$$

那么式（10-4-33）变为

$$F_m(z)=F_{m-1}(z)-a_{mm}z^{-1}B_{m-1}(z)\tag{10-4-35}$$

在时域中，式（10-4-35）的关系式变为

$$f_m(t) = f_{m-1}(t) - a_{mm}b_{m-1}(t-1), \qquad m \geqslant 1 \tag{10-4-36}$$

式中，

$$f_m(t) = y(t) - \sum_{k=1}^{m-1} a_{mk}y(t-k) \tag{10-4-37}$$

$$b_m(t) = y(t-m) - \sum_{k=1}^{m-1} a_{mk}y(t-m+k) \tag{10-4-38}$$

式（10-4-37）中的 $f_m(t)$ 表示 m 阶前向线性预测器的误差，式（10-4-38）中的 $b_m(t)$ 表示 m 阶后向线性预测器的误差。

式（10-4-36）给出的关系式是规定格型滤波器的两个关系式中之一。第二个关系式可由 $G_m(z)$ 获得，即

$$\begin{aligned} G_m(z) &= z^{-m}A_m(z^{-1}) \\ &= z^{-m}[A_{m-1}(z^{-1}) - a_{mm}z^m A_{m-1}(z)] = z^{-1}G_{m-1}(z) - a_{mm}A_{m-1}(z) \end{aligned} \tag{10-4-39}$$

如果用 $Y(z)$ 乘以式（10-4-39）的两边，其结果用式（10-4-34）中所定义的 $F_m(z)$ 和 $B_m(z)$ 表示，可得到

$$B_m(z) = z^{-1}B_{m-1}(z) - a_{mm}F_{m-1}(z) \tag{10-4-40}$$

将式（10-4-40）变换到时域，可得到相应于格型滤波器的第二个关系式，即

$$b_m(t) = b_{m-1}(t-1) - a_{mm}f_{m-1}(t), \qquad m \geqslant 1 \tag{10-4-41}$$

初始条件为

$$f_0(t) = b_0(t) = y(t) \tag{10-4-42}$$

图 10-4-2 说明了式（10-4-36）和式（10-4-41）的递推关系式所描述的格型滤波器。每一级由自己的乘法因子 $\{a_{ii}\}$（i=1, 2,⋯, m）表征，该因子在列文森-杜宾算法中已定义。前向和反向误差 $f_m(t)$ 和 $b_m(t)$ 通常称为**残差**（Residual），其均方值为

$$\mathcal{E}_m = E\left[f_m^2(t)\right] = E\left[b_m^2(t)\right] \tag{10-4-43}$$

$\mathcal{E}_m$ 由下式递推得出，正如列文森-杜宾算法所示。

$$\mathcal{E}_m = \mathcal{E}_{m-1}\left(1 - a_{mm}^2\right) = \mathcal{E}_0 \prod_{i=1}^{m}\left(1 - a_{ii}^2\right) \tag{10-4-44}$$

式中，$\mathcal{E}_0 = R(0)$。

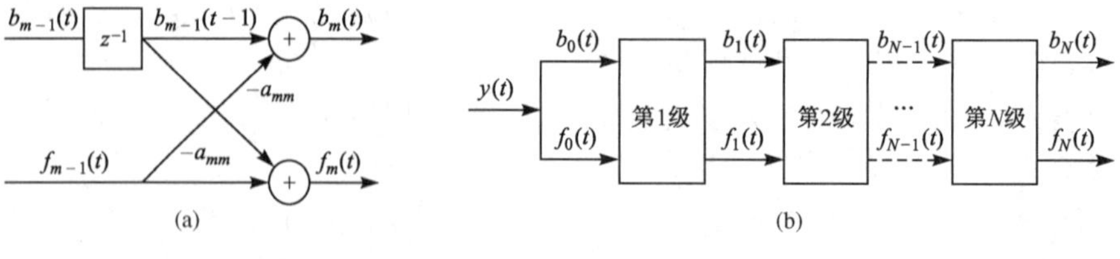

图 10-4-2　格型滤波器

残差 $f_m(t)$ 和 $b_m(t)$ 有一些特殊的性质，如迈克霍尔（Makhoul，1978）的论文中所述，其中最重要的性质是正交性，即

$$E[b_m(t)b_n(t)] = \mathcal{E}_m\delta_{mn}, \qquad E[f_m(t+m)f_n(t+n)] = \mathcal{E}_m\delta_{mn} \tag{10-4-45}$$

$f_m(t)$ 与 $b_n(t)$ 之间的互相关系为

$$E[f_m(t)b_n(t)] = \begin{cases} a_{nn}\mathcal{E}_m, & m \geqslant n \\ 0, & m < n \end{cases} \qquad m,n \geqslant 0 \tag{10-4-46}$$

由于残差的正交性，该格型滤波器的不同级呈现独立的形式，这允许添加或删去最后的一级或多级，而不会影响余下各级的参数。因为残余均方误差$\mathcal{E}_m$随级数单调减小，所以$\mathcal{E}_m$可以作为性能指数，用来确定格型滤波器在何处终止。

由上述讨论我们看到，线性预测器可以用横向滤波器或格型滤波器来实现。格型滤波器是递推级次（Order-Recursive）的，因此它所含级数增加或减少比较容易，而且不会影响余下各级的参数。相反，根据 RLS 准则得到的横向滤波器的系数是互相关联的，这意味着该滤波器抽头数的增加或减少将会导致所有系数的变化。因此，10.4.1 节所述的卡尔曼算法不是在级次上而是在时间上是递推的。

根据最小二乘最佳化，RLS 格型算法的计算复杂度随滤波器系数（格型多级）的数目 N 而线性增长。因此，格型滤波器的结构在计算上与直接形式的快速 RLS 滤波器算法不相上下。例如，图 10-4-3 说明了不同算法的计算复杂度（每个输出符号的乘法和除法的次数）。可以看到，当均衡器或滤波器的抽头数小于 10 时，不同结构和算法的计算复杂度相差比较小。然而，当抽头数增加时，格型 RLS 算法和快速（横向）RLS 算法的复杂度明显低于常规 RLS 和平方根 RLS 算法。当然，所有 RLS 算法的复杂度都高于横向 LMS 算法。对于格型 RLS 算法，莫夫（Morf，1977）、莫夫和李（Morf & Lee，1978）、莫夫（Morf，1977）、萨托里斯和亚历山大（Satorius & Alexander，1979）、萨托里斯和帕克（Satorius & Pack，1981）、林和普罗科斯（Ling & Proakis，1982，1984，1985，1986）的论文，以及普罗科斯（Proakis，2002）和海金（Haykin，2002）的著作中有相关描述。

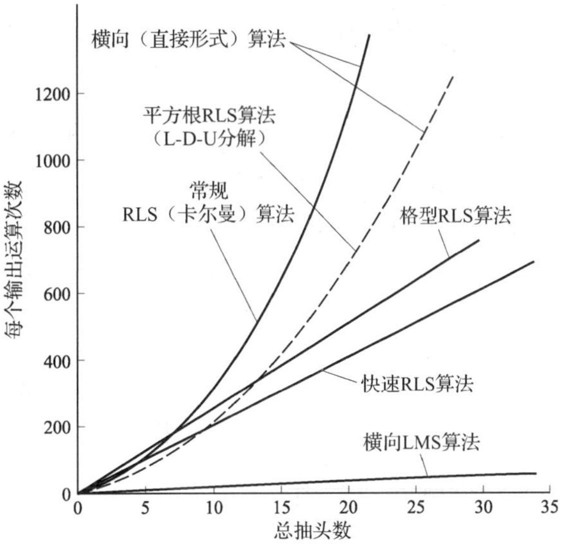

图 10-4-3　不同算法的计算复杂性

格型 RLS 算法在数字实现中固有的舍入误差有明显的数值上鲁棒性特性，有关这类特性的论述请参见林和普罗科斯（Ling & Proakis，1984a）以及林等（Ling，1986a,b）的论文。

图 10-4-4 所示为不同类型的线性和非线性均衡器（或滤波器）及其相应的实现结构，以

及调整均衡器系数的自适应算法。

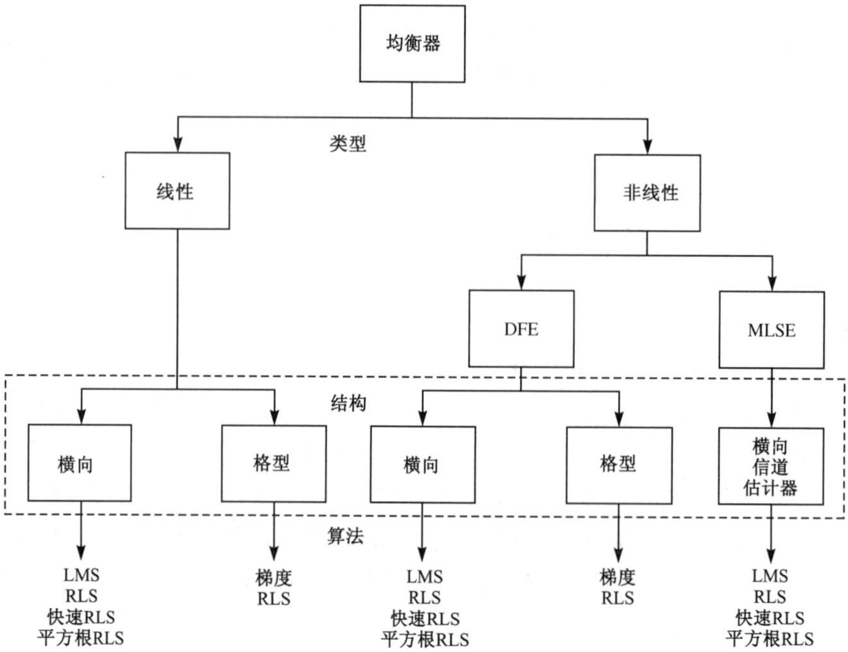

图 10-4-4　不同类型的均衡器实现结构和算法

10.5 自恢复（盲）均衡

在常规的迫零或最小 MSE 均衡器中，假定发送一个已知的训练序列给接收机，以便初始调整均衡器系数。然而，有一些应用场合，如多点通信网络，希望接收机在没有已知训练序列可用情况下，能与接收信号同步并且能调整均衡器。基于不利用训练序列初始调整系数的均衡技术称为自恢复（Self-Recovering）或盲（Blind）均衡。

从塞脱（Sato，1975）的论文开始，在过去的 20 年中已推出三种不同类型的自适应盲均衡算法：第一种类型算法是基于自适应均衡器的最陡下降法；第二种类型算法利用接收信号的二阶和更高阶（通常为四阶）的统计量来估计信道特性并设计均衡器；基于最大似然准则的第三类盲均衡算法。本节将简要介绍这些方法并给出相关文献。

10.5.1　基于最大似然准则的盲均衡

为了方便计算，使用 9.3.2 节所述的等效离散时间信道模型，这个具有 ISI 信道模型的输出是

$$v_n = \sum_{k=0}^{L} f_k I_{n-k} + \eta_n \qquad (10\text{-}5\text{-}1)$$

式中，$\{f_k\}$是等效离散时间信道的系数，$\{I_n\}$表示信息序列，$\{\eta_n\}$是高斯白噪声序列。

对于一组 N 个接收数据点，在已知冲激响应向量 $\boldsymbol{f}=[f_0\ f_1\cdots f_L]^{\mathrm{t}}$ 和数据向量 $\boldsymbol{I}=[I_1\ I_2\cdots I_N]^{\mathrm{t}}$ 条件下，接收数据向量 $\boldsymbol{v}=[v_1\ v_2\cdots v_N]^{\mathrm{t}}$ 的（联合）概率密度函数是

$$p(\boldsymbol{v}|\boldsymbol{f},\boldsymbol{I})=\frac{1}{(2\pi\sigma^2)^N}\exp\left(-\frac{1}{2\sigma^2}\sum_{n=1}^{N}\left|v_n-\sum_{k=0}^{L}f_kI_{n-k}\right|^2\right) \tag{10-5-2}$$

$\boldsymbol{f}$ 和 $\boldsymbol{I}$ 的联合最大似然估计值是使联合概率密度函数 $p(\boldsymbol{v}|\boldsymbol{f},\ \boldsymbol{I})$最大的向量的值，或者等价为使指数项最小的 $\boldsymbol{f}$ 和 $\boldsymbol{I}$ 的值。因此，ML 的解就是下列度量在 $\boldsymbol{f}$ 和 $\boldsymbol{I}$ 上的最小值。

$$\mathrm{DM}(\boldsymbol{I},\boldsymbol{f})=\sum_{n=1}^{N}\left|v_n-\sum_{k=0}^{L}f_kI_{n-k}\right|^2=\|\boldsymbol{v}-\boldsymbol{A}\boldsymbol{f}\|^2 \tag{10-5-3}$$

式中，矩阵 $\boldsymbol{A}$ 称为数据矩阵，且定义为

$$\boldsymbol{A}=\begin{bmatrix} I_1 & 0 & 0 & \ldots & 0 \\ I_2 & I_1 & 0 & \ldots & 0 \\ I_3 & I_2 & I_1 & \ldots & 0 \\ \vdots & \vdots & \vdots & & \vdots \\ I_N & I_{N-1} & I_{N-2} & \ldots & I_{N-L} \end{bmatrix} \tag{10-5-4}$$

首先，我们注意到，当数据向量 $\boldsymbol{I}$（或数据矩阵 $\boldsymbol{A}$）已知时，正如接收机可获得一个训练序列的情况，通过式（10-5-3）对 $\boldsymbol{f}$ 的最小化而得到的 ML 信道冲激响应估计值为

$$\boldsymbol{f}_{\mathrm{ML}}(\boldsymbol{I})=(\boldsymbol{A}^{\mathrm{H}}\boldsymbol{A})^{-1}\boldsymbol{A}^{\mathrm{H}}\boldsymbol{v} \tag{10-5-5}$$

另一方面，当信道冲激响应 $\boldsymbol{f}$ 已知时，数据序列 $\boldsymbol{I}$ 的最佳 ML 检测器对 ISI 信道利用维特比算法来进行网格搜索（或树搜索）。

当 $\boldsymbol{I}$ 和 $\boldsymbol{f}$ 都未知时，性能指数 $\mathrm{DM}(\boldsymbol{I},\boldsymbol{f})$的最小化可以在 $\boldsymbol{I}$ 和 $\boldsymbol{f}$ 上联合进行。另一种方法是，$\boldsymbol{f}$ 可以由概率密度函数 $p(\boldsymbol{v}|\boldsymbol{f})$来估计，$p(\boldsymbol{v}|\boldsymbol{f})$可通过 $p(\boldsymbol{v},\boldsymbol{I}|\boldsymbol{f})$①在所有可能的数据序列上平均得到，即

$$p(\boldsymbol{v}|\boldsymbol{f})=\sum_{m}p(\boldsymbol{v},\boldsymbol{I}^{(m)}|\boldsymbol{f})=\sum_{m}p(\boldsymbol{v}|\boldsymbol{I}^{(m)},\boldsymbol{f})P(\boldsymbol{I}^{(m)}) \tag{10-5-6}$$

式中，$P(\boldsymbol{I}^{(m)})$是序列 $\boldsymbol{I}=\boldsymbol{I}^{(m)}$的概率（$m=1, 2,\cdots, M^N$），$M$ 是信号星座的大小。

1. 基于在数据序列上平均的信道估计

如上述讨论所指出的，当 $\boldsymbol{I}$ 和 $\boldsymbol{f}$ 两者都未知时，一种方法是在所有可能的数据序列上对概率密度函数 $p(\boldsymbol{v},\boldsymbol{I}|\boldsymbol{f})$求平均后估计冲激响应 $\boldsymbol{f}$。因此

$$\begin{aligned}p(\boldsymbol{v}|\boldsymbol{f})&=\sum_{m}p(\boldsymbol{v}|\boldsymbol{I}^{(m)},\boldsymbol{f})P(\boldsymbol{I}^{(m)})\\&=\sum_{m}\left[\frac{1}{(2\pi\sigma^2)^N}\exp\left(-\frac{\|\boldsymbol{v}-\boldsymbol{A}^{(m)}\boldsymbol{f}\|^2}{2\sigma^2}\right)\right]P(\boldsymbol{I}^{(m)})\end{aligned} \tag{10-5-7}$$

使 $p(\boldsymbol{v}|\boldsymbol{f})$最小的 $\boldsymbol{f}$ 估计值是下列方程的解：

$$\frac{\partial p(\boldsymbol{v}|\boldsymbol{f})}{\partial\boldsymbol{f}}=\sum_{m}P(\boldsymbol{I}^{(m)})\cdot(\boldsymbol{A}^{(m)\mathrm{H}}\boldsymbol{A}^{(m)}\boldsymbol{f}-\boldsymbol{A}^{(m)\mathrm{H}}\boldsymbol{v})\exp\left(-\frac{\|\boldsymbol{v}-\boldsymbol{A}^{(m)}\boldsymbol{f}\|^2}{2\sigma^2}\right)=0 \tag{10-5-8}$$

① 原文误写为 $p(\boldsymbol{v},\boldsymbol{f}|\boldsymbol{I})$。

因此，$\boldsymbol{f}$ 的估计值为

$$\boldsymbol{f}=\left[\sum_m P(\boldsymbol{I}^{(m)})\boldsymbol{A}^{(m)\mathrm{H}}\boldsymbol{A}^{(m)}g(\boldsymbol{v},\boldsymbol{A}^{(m)},\boldsymbol{f})\right]^{-1}\times\sum_m P(\boldsymbol{I}^{(m)})g(\boldsymbol{v},\boldsymbol{A}^{(m)},\boldsymbol{f})\boldsymbol{A}^{(m)\mathrm{H}}\boldsymbol{v} \quad (10\text{-}5\text{-}9)$$

式中，函数 $g(\boldsymbol{v},\boldsymbol{A}^{(m)},\boldsymbol{f})$ 定义为

$$g(\boldsymbol{v},\boldsymbol{A}^{(m)},\boldsymbol{f})=\exp\left(-\frac{\|\boldsymbol{v}-\boldsymbol{A}^{(m)}\boldsymbol{f}\|^2}{2\sigma^2}\right) \quad (10\text{-}5\text{-}10)$$

将最佳 $\boldsymbol{f}$ 的结果解记为 $\boldsymbol{f}_{\mathrm{ML}}$。式（10-5-9）是在给定接收信号向量 $\boldsymbol{v}$ 的条件下求解信道冲激响应估计值的非线性方程。通过直接求解式（10-5-9）来获得最佳解一般很困难，设计一种数值方法来递推求解 $\boldsymbol{f}_{\mathrm{ML}}$ 是比较简单的。具体有

$$\boldsymbol{f}^{(k+1)}=\left[\sum_m P(\boldsymbol{I}^{(m)})\boldsymbol{A}^{(m)\mathrm{H}}\boldsymbol{A}^{(m)}g(\boldsymbol{v},\boldsymbol{A}^{(m)},\boldsymbol{f}^{(k)})\right]^{-1}\times\sum_m P(\boldsymbol{I}^{(m)})g(\boldsymbol{v},\boldsymbol{A}^{(m)},\boldsymbol{f}^{(k)})\boldsymbol{A}^{(m)\mathrm{H}}\boldsymbol{v} \quad (10\text{-}5\text{-}11)$$

一旦从式（10-5-9）或式（10-5-11）的解中得到 $\boldsymbol{f}_{\mathrm{ML}}$，就可在式（10-5-3）的度量 $\mathrm{DM}(\boldsymbol{I},\boldsymbol{f}_{\mathrm{ML}})$ 对所有可能数据序列的最小化中使用该估计值。因此，$\boldsymbol{I}_{\mathrm{ML}}$ 是使 $\mathrm{DM}(\boldsymbol{I},\boldsymbol{f}_{\mathrm{ML}})$ 最小的序列 $\boldsymbol{I}$，即

$$\min_{\boldsymbol{I}}\mathrm{DM}(\boldsymbol{I},\boldsymbol{f}_{\mathrm{ML}})=\min_{\boldsymbol{I}}\|\boldsymbol{v}-\boldsymbol{A}\boldsymbol{f}_{\mathrm{ML}}\|^2 \quad (10\text{-}5\text{-}12)$$

我们知道，维特比算法是进行 $\mathrm{DM}(\boldsymbol{I},\boldsymbol{f}_{\mathrm{ML}})$ 在 $\boldsymbol{I}$ 上最小化的高效计算法。

这种算法有两个主要的缺点：首先，式（10-5-11）给出的 $\boldsymbol{f}_{\mathrm{ML}}$ 递推运算的计算量大；其次，也许是更重要的，估计值 $\boldsymbol{f}_{\mathrm{ML}}$ 不像最大似然估计 $\boldsymbol{f}_{\mathrm{ML}}(\boldsymbol{I})$ 那样好，后者是当序列 $\boldsymbol{I}$ 已知时得到的，因此，基于估计值 $\boldsymbol{f}_{\mathrm{ML}}$ 的盲均衡器（维特比算法）的差错概率性能要比基于 $\boldsymbol{f}_{\mathrm{ML}}(\boldsymbol{I})$ 的差。下面将研究联合信道和数据的估计。

2. 联合信道和数据的估计

现在研究式（10-5-3）给出的性能指数 $\mathrm{DM}(\boldsymbol{I},\boldsymbol{f})$ 的联合最佳化。因为冲激响应向量 $\boldsymbol{f}$ 的元素是连续的，而数据向量 $\boldsymbol{I}$ 的元素是离散的，所以一种方法是对每个可能发送数据序列求 $\boldsymbol{f}$ 的最大似然估计值，然后为每一个相应的信道估计值选择使 $\mathrm{DM}(\boldsymbol{I},\boldsymbol{f})$ 最小的数据序列。因此，相应于第 m 个数据序列 $\boldsymbol{I}^{(m)}$ 的信道估计值是

$$\boldsymbol{f}_{\mathrm{ML}}(\boldsymbol{I}^{(m)})=(\boldsymbol{A}^{(m)t}\boldsymbol{A}^{(m)})^{-1}\boldsymbol{A}^{(m)t}\boldsymbol{v} \quad (10\text{-}5\text{-}13)$$

对于第 m 个数据序列，度量 $\mathrm{DM}(\boldsymbol{I},\boldsymbol{f})$ 为

$$\mathrm{DM}\left[\boldsymbol{I}^{(m)},\boldsymbol{f}_{\mathrm{ML}}(\boldsymbol{I}^{(m)})\right]=\|\boldsymbol{v}-\boldsymbol{A}^{(m)}\boldsymbol{f}_{\mathrm{ML}}(\boldsymbol{I}^{(m)})\|^2 \quad (10\text{-}5\text{-}14)$$

其次，从 M^N 个可能序列集合中选择使式（10-5-14）中代价函数（Cost Function）最小的数据序列，即求

$$\min_{\boldsymbol{I}^{(m)}}\mathrm{DM}\left[\boldsymbol{I}^{(m)},\boldsymbol{f}_{\mathrm{ML}}(\boldsymbol{I}^{(m)})\right] \quad (10\text{-}5\text{-}15)$$

上述方法是一种计算量较大的搜索方法，其计算复杂度随数据分组长度而成指数增长。可选择 $N=L+1$，使 M^L 个幸存序列中的每一个都有一个信道估计值，然后对维特比算法在网格上搜索的每一条幸存路径继续维持各自的信道估计值。雷海利等（Raheli，1995）将这种联合信道和数据估计的方法称为**按幸存处理**（Per-Survivor Processing）。

塞沙德里（Seshadri，1994）提出了一种类似的方法，本质上讲，该算法是一种一般化的维特比算法（GVA），它将发送数据序列的 $K\geqslant 1$ 个最好的估计值保持到网格的每一种状态以及相应的信道估计值中。在塞沙德里方法的 GVA 中，搜索从开始直到网格的第 L 级，即直到接收序列$(v_1, v_2,\cdots, v_L)$已被处理的点，这种搜索与常规维特比算法相同。因此，直到第 L 级，进行了耗时较长的搜索。与每一个数据序列 $\boldsymbol{I}^{(m)}$相关联的有一个相应的信道估计值 $\boldsymbol{f}_{\mathrm{ML}}(\boldsymbol{I}^{(m)})$，从这一级开始修正搜索，使每个状态保持 $K\geqslant 1$ 个幸存序列和相关的信道估计值，以代替每个状态的唯一序列，因此，GVA 用来处理接收信号序列$\{v_n, n\geqslant L+1\}$。在每一级使用 LMS 算法更新信道的估计值，以进一步减少计算的复杂性。塞沙德里（Seshadri，1991）给出的模拟结果表明，在适度的信噪比及 $K=4$ 的情况下，GVA 盲均衡算法运行得相当好。GVA 的计算复杂度比常规维特比算法有适度的增加，而且在信道估计值 $\boldsymbol{f}(\boldsymbol{I}^{(m)})$的估计和更新方面还有一些额外的计算，信道估计值是与每一个幸存数据估计值相关联的。

另一种联合估计算法由泽尔瓦斯等（Zervas，1991）提出的，该算法避免了信道估计的最小二乘算法。在这个算法中，执行性能指数 $\mathrm{DM}(\boldsymbol{I}, \boldsymbol{f})$最小化的次序被颠倒，即选择一个信道冲激响应，如 $\boldsymbol{f}=\boldsymbol{f}^{(1)}$，利用维特比算法求该信道冲激响应的最佳序列，然后以某种方式将 $\boldsymbol{f}^{(1)}$修改成 $\boldsymbol{f}^{(2)}=\boldsymbol{f}^{(1)}+\Delta\boldsymbol{f}^{(1)}$，并且在数据序列$\{\boldsymbol{I}^{(m)}\}$上重复该最佳化过程。

根据以上一般化方法，泽尔瓦斯（Zervas）研究出了新的盲均衡算法，称为量化信道算法（Quantized Channel Algorithm）。该算法在信道空间的一个栅格上运算，采用 ML 准则使该栅格越来越小，将被估计的信道限制在原未知信道的邻近范围。该算法导致高效的并行实现，其存储量和维特比算法一样。

10.5.2 随机梯度算法

另一类盲均衡算法是随机梯度迭代均衡方案，该方案应用一个线性 FIR 均衡器输出中的无记忆非线性在每次迭代中生成“期望响应”。

我们从最佳均衡器系数的初始猜测值着手，它记为$\{c_n\}$，那么信道响应与均衡器响应的卷积为

$$\{c_n\}*\{f_n\}=\{\delta_n\}+\{e_n\} \tag{10-5-16}$$

式中，$\{\delta_n\}$是单位样值序列；$\{e_n\}$表示误差序列，由均衡器系数的初始猜测值产生。如果将均衡器冲激响应与接收序列$\{v_n\}$进行卷积，得到

$$\begin{aligned}\{\hat{I}_n\}&=\{v_n\}*\{c_n\}=\{I_n\}*\{f_n\}*\{c_n\}+\{\eta_n\}*\{c_n\}\\&=\{I_n\}*(\{\delta_n\}+\{e_n\})+\{\eta_n\}*\{c_n\}=\{I_n\}+\{I_n\}*\{e_n\}+\{\eta_n\}*\{c_n\}\end{aligned} \tag{10-5-17}$$

式中，$\{I_n\}$项表示期望数据序列；$\{I_n\}*\{e_n\}$项表示残余 ISI；$\{\eta_n\}*\{c_n\}$项表示加性噪声。我们的问题是利用已解卷积的序列$\{\hat{I}_n\}$来求期望响应的“最好的”估计值，一般记为$\{d_n\}$。在利用训练序列的自适应均衡器的情况下，$\{d_n\}=\{I_n\}$。在盲均衡模式中，由$\{\hat{I}_n\}$生成期望响应。

可以使用均方误差（MSE）准则，从观测的均衡器输出$\{\hat{I}_n\}$中求$\{I_n\}$的“最好的”估计值。因为发送序列$\{I_n\}$具有非高斯 PDF，所以 MSE 估计是$\{\hat{I}_n\}$的非线性变换。通常“最好的”估计值$\{d_n\}$由下式求得。

$$\begin{aligned}d_n&=g(\hat{I}_n) && \text{无记忆}\\d_n&=g(\hat{I}_n,\hat{I}_{n-1},\cdots,\hat{I}_{n-m}) && m\text{阶记忆}\end{aligned} \tag{10-5-18}$$

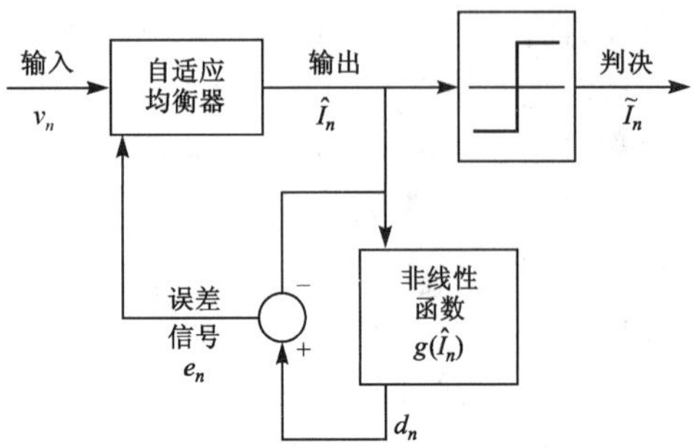

图 10-5-1　具有随机梯度算法的自适应盲均衡

式中，$g(\cdot)$是非线性函数。序列$\{d_n\}$用于生成误差信号，再反馈到自适应均衡器，如图 10-5-1 所示。让我们来研究基于 MSE 准则的非线性函数。

一个熟知的经典估计问题如下：如果均衡输出为

$$\hat{I}_n = I_n + \tilde{\eta}_n \tag{10-5-19}$$

式中，假定$\tilde{\eta}_n$是零均值高斯的（这里可以对残余 ISI 和加性噪声应用中心极限定理），$\{I_n\}$与$\{\tilde{\eta}_n\}$是统计独立的，$\{I_n\}$是统计独立且同分布的随机变量，那么$\{I_n\}$的 MSE 估计值为

$$d_n = E(I_n|\hat{I}_n) \tag{10-5-20}$$

当$\{I_n\}$是非高斯的时候，上式是均衡器输出的非线性函数。

表 10-5-1 说明了现有的盲均衡算法的一般形式，它们是自适应 LMS 算法。我们看到，这些算法的基本差别在于无记忆非线性的选择。在实际中最广泛应用的算法是戈达尔（Godard）算法，有时也称为恒模算法（Constant Modulus Algorithm，CMA）。

由表 10-5-1 可见，对均衡器输出取非线性函数而得到的输出序列$\{d_n\}$起着期望响应或训练序列的作用。同时这些算法简单且易实现，因为它们基本上是 LMS 型的算法。正因如此，我们预期这些算法的收敛特性将取决于接收数据$\{v_n\}$的自相关矩阵。

表 10-5-1　盲均衡的随机梯度算法

均衡器抽头系数	$\{c_n, 0 \leqslant n \leqslant N-1\}$
接收信号序列	$\{v_n\}$
均衡器输出序列	$\{\hat{I}_n\} = \{v_n\} * \{c_n\}$
均衡器误差序列	$\{e_n\} = g(\hat{I}_n) - \hat{I}_n$
抽头更新方程	$\boldsymbol{c}_{n+1} = \boldsymbol{c}_n + \Delta v_n^* e_n$
算法	**非线性：$g(\tilde{I}_n)$**
戈达尔（Godard）	$\dfrac{\hat{I}_n}{\lvert\tilde{I}_n\rvert}(\lvert\tilde{I}_n\rvert + R_2\lvert\hat{I}_n\rvert - \lvert\hat{I}_n\rvert^3),\ R_2 = \dfrac{E\{\lvert I_n\rvert^4\}}{E\{\lvert I_n\rvert^2\}}$
塞脱（Sato）	$\zeta\,\mathrm{csgn}(\hat{I}_n),\ \zeta = \dfrac{E\{[\mathrm{Re}(I_n)]^2\}}{E\{\lvert\mathrm{Re}(I_n)\rvert\}}$
本维尼斯特-古尔萨（Benveniste-Goursat）	$\hat{I}_n + k_1(\hat{I}_n - I_n) + k_2\lvert\hat{I}_n - \tilde{I}_n\rvert[\zeta\ \mathrm{csgn}\,(\hat{I}_n) - \tilde{I}_n]$，$k_1$和$k_2$ 是正常数
停止-前进（Stop-and-Go）	$\hat{I}_n + \frac{1}{2}A(\hat{I}_n - \tilde{I}_n) + \frac{1}{2}B(\hat{I}_n - \tilde{I}_n)^*, (A, B) = (2, 0)$、$(1, 1)$、$(1, -1)$或 $(0, 0)$，取决于面向判决误差$\hat{I}_n - \tilde{I}_n$ 和误差 $\zeta\ \mathrm{csgn}\,(\hat{I}_n) - \tilde{I}_n$ 的符号

对于自适应 LMS 算法，当

$$E\left[v_n g^*(\hat{I}_n)\right] = E\left[v_n \hat{I}_n^*\right] \tag{10-5-21}$$

时，以均值收敛；当

$$E\left[\boldsymbol{C}_n^{\mathrm{H}} v_n g^*(\hat{I}_n)\right] = E\left[\boldsymbol{C}_n^{\mathrm{H}} v_n \hat{I}_n^*\right]$$
$$E\left[\hat{I}_n g^*(\hat{I}_n)\right] = E\left[|\hat{I}_n|^2\right] \tag{10-5-22}$$

时，以均方意义收敛。

因此，要求均衡器输出$\{\hat{I}_n\}$满足式（10-5-22）。注意，式（10-5-22）表明$\{\hat{I}_n\}$的自相关（右边）等于$\hat{I}_n$与$\hat{I}_n$的非线性变换的互相关（左边）。满足该性质的处理方法称为巴斯岗（Bussgang，1952），由贝利尼（Bellini，1986）命名。总之，当均衡器输出序列$\{\hat{I}_n\}$满足巴斯岗性质时，表 10-5-1 给出的算法收敛。

随机梯度算法的基本限制是它们的收敛比较慢，将自适应算法由 LMS 型改成 RLS 型，可以提高收敛的速率。

戈达尔算法

如上所述，戈达尔盲均衡算法是最陡下降算法，该算法广泛地应用于实际中没有训练序列可用的场合。下面详细研究该算法，假定信号星座为一般的 QAM 星座。

戈达尔研究了均衡、载波相位恢复和载波相位跟踪的组合问题。载波相位跟踪在基带进行，跟随在自适应均衡器之后，如图 10-5-2 所示。根据这个结构，可将自适应均衡器输出表示为

$$\hat{I}_k = \sum_{n=-K}^{K} c_n v_{k-n} \tag{10-5-23}$$

判决器的输入为$\hat{I}_k \exp(-\mathrm{j}\hat{\phi}_k)$，其中$\hat{\phi}_k$是在第 k 个符号间隔中的载波相位估计值。

如果已知期望符号，可形成误差信号

$$\varepsilon_k = I_k - \hat{I}_k \mathrm{e}^{-\mathrm{j}\hat{\phi}_k} \tag{10-5-24}$$

对$\hat{\phi}_k$和$\{c_n\}$求最小 MSE，即

$$\min_{\hat{\phi}_k, C} E\left(|I_k - \hat{I}_k \mathrm{e}^{-\mathrm{j}\hat{\phi}_k}|^2\right) \tag{10-5-25}$$

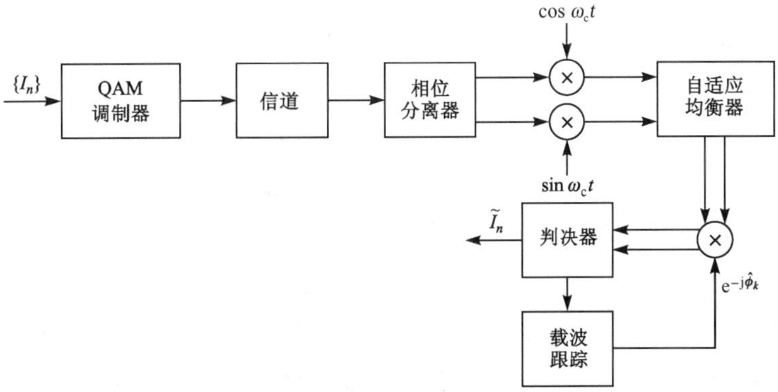

图 10-5-2 盲均衡与载波相位跟踪组合的戈达尔方案

该准则使用 LMS 算法来递推估计 $\boldsymbol{C}$ 和ϕ_k。基于发送序列知识的 LMS 算法是

$$\hat{\boldsymbol{C}}_{k+1} = \hat{\boldsymbol{C}}_k + \Delta_c\left(I_k - \hat{I}_k \mathrm{e}^{-\mathrm{j}\hat{\phi}_k}\right)\boldsymbol{V}_k^* \mathrm{e}^{\mathrm{j}\hat{\phi}_k} \tag{10-5-26}$$

$$\hat{\phi}_{k+1}=\hat{\phi}_k+\Delta_\phi \mathrm{Im}\left(I_k\hat{I}_k^*\mathrm{e}^{\mathrm{j}\hat{\phi}_k}\right) \tag{10-5-27}$$

式中，Δ_c 和Δ_ϕ是两个递推方程的步长参数。注意，这些递推方程是相互耦合的。不巧的是，当期望符号序列$\{I_k\}$未知时，这些方程一般不会收敛。

戈达尔提出的方法是使用一个准则，该准则取决于自适应均衡器输出端的符号间干扰的量，而与 QAM 信号星座和载波相位无关。例如，与载波相位无关且其最小值导致一个小的 MSE 的一个代价函数为

$$G^{(p)}=E\left(|\hat{I}_k|^p-|I_k|^p\right)^2 \tag{10-5-28}$$

式中，p 是正实整数。$\boldsymbol{G}^{(p)}$关于均衡器系数的最小化仅导致信号幅度的均衡。根据这个观察，戈达尔选择了更一般化的代价函数，称为 p 阶弥散，其定义为

$$\boldsymbol{D}^{(p)}=E\left(|\hat{I}_k|^p-R_p\right)^2 \tag{10-5-29}$$

式中，R_p 是正实常数。正如 $\boldsymbol{G}^{(p)}$的情况，$\boldsymbol{D}^{(p)}$与载波相位无关。

$\boldsymbol{D}^{(p)}$关于均衡器系数的最小化可以按下列最陡下降算法递推：

$$\boldsymbol{C}_{k+1}=\boldsymbol{C}_k-\Delta_p\frac{\mathrm{d}D^{(p)}}{\mathrm{d}\boldsymbol{C}_k} \tag{10-5-30}$$

式中，Δ_p 是步长参数。通过对 $\boldsymbol{D}^{(p)}$微分并去掉数学期望运算，可得到调整均衡器系数的 LMS 算法：

$$\hat{\boldsymbol{C}}_{k+1}=\hat{\boldsymbol{C}}_k+\Delta_p\boldsymbol{V}_k^*\hat{I}_k|\hat{I}_k|^{p-2}\left(R_p-|\hat{I}_k|^p\right) \tag{10-5-31}$$

式中，Δ_p 是步长参数，且 R_p 的最佳选择为

$$R_p=\frac{E\left(|I_k|^{2p}\right)}{E\left(|I_k|^p\right)} \tag{10-5-32}$$

正如所料，式（10-5-31）中 $\hat{\boldsymbol{C}}_k$ 的递推运算不要求载波相位的知识。载波相位跟踪可以按式（10-5-27）的面向判决模式来执行，其中以 $\hat{I}_k$ 取代 I_k。

特别重要的是 p=2 的情况，它导致比较简单的算法

$$\hat{\boldsymbol{C}}_{k+1}=\hat{\boldsymbol{C}}_k+\Delta_p\boldsymbol{V}_k^*\hat{I}_k\left(R_2-|\hat{I}_k|^2\right),\qquad \hat{\phi}_{k+1}=\hat{\phi}_k+\Delta_\phi\,\mathrm{Im}\left(\tilde{I}_k\hat{I}_k^*\mathrm{e}^{\mathrm{j}\hat{\phi}_k}\right) \tag{10-5-33}$$

式中，$\tilde{I}_k$是基于 $\hat{I}_k$ 的输出判决，且

$$R_2=\frac{E\left(|I_k|^4\right)}{E\left(|I_k|^2\right)} \tag{10-5-34}$$

式（10-5-33）算法的收敛性在戈达尔（Godard，1980）的论文中已有证明。初始时，除中心（参考）抽头外，均衡器的各系数设置成 0，中心抽头按下列条件设置：

$$|c_0|^2>\frac{E|I_k|^4}{2|x_0|^2\left[E(|I_k|^2)\right]^2} \tag{10-5-35}$$

该条件对于该算法的收敛是充分的，但不是必要的。戈达尔在电话信道上进行了模拟，该信道具有典型的频率响应特性，且传输速率为 7200～12000 b/s。模拟结果表明式（10-5-31）的算法运行得较好，并导致在 5000～20000 次迭代中收敛，这取决于信号的星座。初始时，在均衡之前眼图是闭合的。收敛所要求的迭代次数比具有确知训练序列均衡信道所要求的次数大一个数量级。从均衡器调整过程开始，在用式（10-5-33）确定的面向判决的相位估计算

法中，没有遇到明显的困难。

10.5.3 基于二阶和高阶信号统计量的盲均衡算法

众所周知，接收信号序列的二阶统计量（自相关）提供了信道特性的幅度信息，而不是相位信息。然而，如果接收信号的自相关函数是周期的，如数字调制信号的情况，这种说法是不正确的。在这种情况下，有可能从接收信号获得信道幅度和相位的测量。接收信号的这种循环平稳特性形成了一种信道估计算法的基础，该算法是由童等（Tong，1994，1995）设计的。

利用更高阶的统计方法从接收信号估计信道响应也是可能的，特别地，若信道输入是非高斯的，那么一个线性离散时不变系统的冲激响应可以从接收信号的累积量获得。下面介绍一种估计信道冲激响应的简单方法，它是根据接收信号序列的四阶累积量进行的。这种方法是由吉安拉基斯（Giannakis，1987）以及吉安拉基斯与蒙德尔（Giannakis & Mendel，1989）提出的。四阶累积量定义为

$$\begin{aligned} &c(v_k, v_{k+m}, v_{k+n}, v_{k+l}) \equiv c_r(m, n, l) \\ &= E(v_k v_{k+m} v_{k+n} v_{k+l}) - E(v_k\, v_{k+m})E(v_{k+n} v_{k+l}) - \\ &\quad E(v_k\, v_{k+n})E(v_{k+m} v_{k+l}) - E(v_k\, v_{k+l})E(v_{k+m} v_{k+m}) \end{aligned} \tag{10-5-36}$$

一个高斯信号过程的四阶累积量是 0，因此可得到

$$c_r(m, n, l) = c(I_k, I_{k+m}, I_{k+n}, I_{k+l}) \sum_{k=0}^{\infty} f_k f_{k+m} f_{k+n} f_{k+l} \tag{10-5-37}$$

当信道的输入序列$\{I_n\}$是统计独立且同分布时，$c(I_k,I_{k+m},I_{k+n},I_{k+l})=k$（常数）称为峰态（Kurtosis）。如果信道响应的长度是 $L+1$，可以令 $m=n=l=-L$，则有

$$c_r(-L, -L, -L) = k f_L f_0^3 \tag{10-5-38}$$

类似地，如果令 $m=0$、$n=L$ 及 $l=p$，可得到

$$c_r(0, L, p) = k f_L f_0^2 f_p \tag{10-5-39}$$

如果将式（10-5-38）和式（10-5-39）结合起来，可得到具有一个标度因子的冲激响应，即

$$f_p = f_0 \frac{c_r(0, L, p)}{c_r(-L, -L, -L)}, \qquad p = 1, 2, \cdots, L \tag{10-5-40}$$

累积量 $c_r(m,n,l)$是由接收信号序列$\{v_n\}$的样值平均来估计的。

基于高阶统计量的另一种方法是由哈兹那可斯和尼基亚斯（Hatzinakos & Nikias，1991）提出的。他们介绍了第一个基于多谱的自适应盲均衡方法，称为倒三谱均衡算法（Tricepstrum Equalization Algorithm，TEA）。这种方法利用接收信号序列$\{v_n\}$的四阶累积量的复倒谱（倒三谱）来估计信道的响应特性。TEA 只取决于$\{v_n\}$的四阶累积量，并且它能够分别地重构信道的最小相位和最大相位特性，然后由测得的信道特性计算信道均衡器的系数。在 TEA 中所用的基本方法是计算接收序列$\{v_n\}$的倒三谱，它是$\{v_n\}$对数倒三谱的（三维）傅里叶逆变换，倒三谱是四阶累积量序列 $c_r(m,n,l)$的三维离散傅里叶变换，均衡器的系数由倒谱系数计算。

通过将信道估计与信道均衡分离，对 ISI 使用任何类型的均衡器都是可能的，即线性的或判决反馈或最大似然序列检测。这类算法的主要缺点是：在对接收信号进行高阶矩（累积量）的估计中涉及的数据量大及其内在的计算复杂度高。

本节介绍了三类盲均衡算法及其在数字通信中应用，这三类算法是基于最大似然准则来联合估计信道冲激响应和数据序列的，这些算法是最佳的，并且只需比较少的接收信号样值来进行信道估计。然而，当 ISI 横跨许多符号时，这些算法的复杂度比较高。在某些信道上，如移动无线信道，其中 ISI 的跨度比较短，这些算法实现简单；但在电话信道上，ISI 横跨许多符号，但通常不是太严重，一般采用 LMS（随机梯度）算法。

10.6 文献注释与参考资料

勒基（Lucky，1965，1966）研究了数字通信的自适应均衡，他提出的算法是基于峰值失真准则，并且导致了迫零算法。勒基的成果是一项重大成就，在他的成果发表后五年内促使了高速调制/解调器的迅速发展。与此同时，韦德罗（Widrow，1966，1970）设计了 LMS 算法，在普罗科斯斯和米勒（Proakis & Miller，1969）的指导性论文中描述并分析了该算法在二维（同相和正交分量）信号自适应均衡方面的应用。

普罗科斯（Proakis，1975）给出了在 1965—1975 年期间研究的自适应均衡算法的指导性论述。有关自适应均衡的更新的指导性论述在库里西（Qureshi，1985）的论文中给出。自适应均衡技术上的重大成就从 1965 年勒基（Lucky）的成果开始，连同翁格伯克和克沙卡（Ungerboeck & Csajka，1976）提出的网格编码调制研究成果，促使了可商用的高速调制/解调器的研发，它们在电话信道上的传输速率超过 30000 b/s。

更快速收敛算法在自适应均衡方面应用是由戈达尔（Godard，1974）提出的。在 10.4.1 节中所述的 RLS（卡尔曼）算法的推导遵循皮西波诺（Picinbono，1978）提出的方法。对于一般信号估计应用的 RLS 格型算法是莫夫（Morf，1977）、莫夫与李（Morf & Lee，1978）、莫夫等（Morf，1977）的研究成果。还有几位学者研究了这些算法的应用，包括迈克霍尔（Makhoul，1978）、萨托里斯和帕克（Satorius & Pack，1981）、萨托里斯和亚历山大（Satorius & Alexander，1979）以及林和普罗科斯（Ling & Proakis，1982，1984，1985，1986）。自适应均衡的快速 RLS（卡尔曼）算法首先由福尔科纳和柳（Falconer & Ljung，1978）描述。上述参考资料只是已经发表的有关自适应均衡和其他应用的 RLS 算法的几篇重要论文。海金（Haykin，1996）和普罗科斯等（Proakis，2002）的著作中给出了 RLS 算法综述性的论述。

塞脱（Sato，1975）关于盲均衡的最初成果集中在 PAM（一维）信号星座上。随后，在几位学者设计的算法中，将该成果推广到二维和多维信号星座，这些学者包括戈达尔（Godard，1980）、本维尼斯特和古尔萨（Benveniste & Goursat，1984）、塞脱等（Sato，1986）、福切尼（Foschini，1985）、皮克奇和普拉蒂（Picchi & Prati，1987）以及夏尔威和温斯坦（Shalvi & Weinstein，1990）。基于接收信号二阶和高阶矩应用的盲均衡是由吉安拉基斯（Giannakis，1987）、吉安拉基斯和蒙德尔（Giannakis & Mendel，1989）、哈兹那哥斯和尼基亚斯（Hatzinakos &Nikias，1991）以及童等（Tong，1994，1995）提出的。最大似然准则用于联合信道估计与数据检测，在塞脱（Sato，1994）、塞沙德里（Seshadri，1994）、高希和韦伯（Ghosh & Weber，1991）、泽尔瓦斯等（Zervas，1991）以及雷海利等（Raheli，1995）的论著中述及。最后，丁（Ding，1990）、丁（Ding，1989）以及约翰逊（Johnson，1991）研究了随机梯度盲均衡算法的收敛特性。

习题

10-1　图 P10-1 为具有高斯白噪声的等效离散时间信道。

（a）假定使用一个线性均衡器对信道进行均衡，试求三抽头均衡器的抽头系数 c_{-1}、c_0 和 c_1。为简化计算，令 AWGN 为 0。

（b）在（a）题中线性均衡器的抽头系数由下式算法进行递推确定：

$$\boldsymbol{C}_{k+1}=\boldsymbol{C}_k-\Delta\boldsymbol{G}_k,\qquad \boldsymbol{C}_k=[c_{-1k}\quad c_{0k}\quad c_{1k}]^{\mathrm{t}}$$

其中，$\boldsymbol{G}_k=\boldsymbol{\Gamma}\boldsymbol{C}_k-\boldsymbol{\xi}$ 是梯度向量，Δ是步长。试求Δ值的范围，以保证递推算法收敛。为简化计算，令 AWGN 为 0。

（c）一个判决反馈均衡器具有两个前馈抽头和一个反馈抽头，试求这些抽头的权值。为简化计算，令 AWGN 为 0。

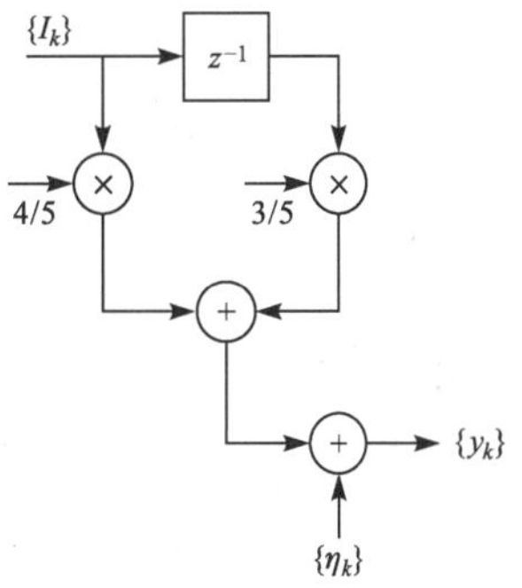

图 P10-1

10-2　参照习题 9-49，回答以下问题：

（a）试求Δ的最大值，它用于确保在自适应模式下工作时均衡器系数收敛。

（b）三抽头均衡器在自适应模式下工作时，产生的自噪声方差是多少？将其表示成Δ的函数。当 N_0=0.1 时，要求把三抽头均衡器的自噪声方差限制到最小 MSE 的 10%，试问Δ为何值。

（c）如果均衡器的最佳系数按最陡下降算法递推计算，递推方程可以表示成如下形式：

$$\boldsymbol{C}_{n+1}=(\boldsymbol{I}-\Delta\boldsymbol{\Gamma})\boldsymbol{C}_n+\Delta\boldsymbol{\xi}$$

其中，$\boldsymbol{I}$ 是单位矩阵。上式代表了 3 个耦合的一阶差分方程组，它们可以通过线性变换将矩阵 $\boldsymbol{\Gamma}$ 对角化来解耦，即$\boldsymbol{\Gamma}=\boldsymbol{U}\boldsymbol{\Lambda}\boldsymbol{U}^{\mathrm{t}}$，其中$\boldsymbol{\Lambda}$是对角矩阵，以$\boldsymbol{\Gamma}$ 的特征值作为对角元素；$\boldsymbol{U}$ 是（归一化的）模态矩阵，可由习题 9-49（b）的解得到。令 $\boldsymbol{C}'=\boldsymbol{U}^{\mathrm{t}}\boldsymbol{C}$，试求 $\boldsymbol{C}'$ 的稳态解，再计算 $\boldsymbol{C}=(\boldsymbol{U}^{\mathrm{t}})^{-1}\boldsymbol{C}'=\boldsymbol{U}\boldsymbol{C}'$。从而证明该答案与习题 9-49（a）的结果一致。

10-3　用一个长度为 N 的周期伪随机序列来调整一个 N 抽头线性均衡器的系数，这时可以用离散傅里叶变换（DFT）在频域高效地进行计算。假设$\{y_n\}$是均衡器输入端的 N 个接收样值序列（以符号速进行抽样）。均衡器系数按以下步骤计算：

（a）计算一个周期的均衡器输入序列$\{y_n\}$的 DFT，即

$$Y_k=\sum_{n=0}^{N-1}y_n\mathrm{e}^{-\mathrm{j}2\pi nk/N}$$

（b）计算所期望的均衡器频谱，即

$$C_k=\frac{X_kY_k^*}{|Y_k|^2},\qquad k=0,1,\cdots,N-1$$

式中，$\{X_i\}$为训练序列的预计算的 DFT。

（c）计算$\{C_k\}$的逆 DFT，以得到均衡器系数$\{c_n\}$。

试证明在无噪声条件下，以上步骤可以生成一种均衡器，其频率响应在 N 个等间隔频率 $f_k=k/NT$（$k=0, 1,\cdots$，$N-1$）上等于信道逆折叠谱的频率响应。

10-4 试证明在 MSE 最小化中的梯度向量可以表示为

$$\boldsymbol{G}_k = -E(\varepsilon_k \boldsymbol{V}_k^*)$$

其中，误差 $\varepsilon_k = I_k - \hat{I}_k$，并且 $\boldsymbol{G}_k$ 的估计值为

$$\hat{\boldsymbol{G}}_k = -\varepsilon_k \boldsymbol{V}_k^*$$

满足条件 $E(\hat{\boldsymbol{G}}_k)=\boldsymbol{G}_k$。

10-5 吉特林等（Gitlin，1982）的论文提出的抽头泄漏 LMS 算法可以表示为

$$\boldsymbol{C}_N(n+1) = w\boldsymbol{C}_N(n) + \Delta\varepsilon(n)\boldsymbol{V}_N^*(n)$$

其中，$0<w<1$，Δ是步长，$\boldsymbol{V}_N(n)$是时刻 n 的数据向量。试求 $\boldsymbol{C}_N(n)$均值的收敛条件。

10-6 有一随机过程：

$$x(n) = gv(n) + w(n), \qquad n = 0, 1, \cdots, M-1$$

其中，$v(n)$为已知序列，g 是随机变量且 $E(g)=0$ 及 $E(g^2)=G$。$w(n)$是白噪声序列，且

$$\gamma_{\mathrm{ww}}(m) = \sigma_{\mathrm{w}}^2 \delta_m$$

试求 g 的线性估计器的系数，即

$$\hat{g} = \sum_{n=0}^{M-1} h(n)x(n)$$

使均方误差最小。

10-7 数字横向滤波器可以用频率抽样的形式来实现，其系统函数为（见习题 9-56）：

$$H(z) = \frac{1-z^{-M}}{M}\sum_{k=0}^{M-1}\frac{H_k}{1-\mathrm{e}^{\mathrm{j}2\pi k/M}z^{-1}} = H_1(z)H_2(z)$$

其中，$H_1(z)$为梳形滤波器，$H_2(z)$为并行谐振器组，$\{H_k\}$为离散傅里叶变换（DFT）的值。

（a）假设采用自适应滤波器来实现这种结构，并用 LMS 算法来调整滤波器（DFT）参数$\{H_k\}$。试给出这些参数的时间更新方程，并绘出该自适应滤波器结构。

（b）假设这个结构用于自适应信道均衡器，其中期望信号为

$$d(n) = \sum_{k=0}^{M-1} A_k \cos\omega_k n, \qquad \omega_k = \frac{2\pi k}{M}$$

对于这种形式的期望信号，试问对 DFT 系数$\{H_k\}$的自适应 LMS 算法比具有系数$\{h(n)\}$的直接形式结构有优势（Proakis，1970）吗？

10-8 有一性能指数如下：

$$J = h^2 + 40h + 28$$

假定用如下最陡下降算法来搜索 J 的最小值，即

$$h(n+1) = h(n) - \Delta g(n)/2$$

其中，$g(n)$为梯度。

（a）试求Δ的值范围，要求能为调整过程提供一个过阻尼的系统。

（b）试对于该范围内的某个Δ值，将作为 n 的函数 J 表达式画成曲线。

10-9　图 P10-9 为一线性预测器，试求系数 a_1 和 a_2，已知输入信号的自相关 $y_{xx}(m)$为

$$y_{xx}(m) = b^{|m|}, \qquad 0 < b < 1$$

10-10　试求与习题 10-9 中的线性预测器相对应的格型滤波器及其最佳反射系数。

10-11　图 P10-11 为一个自适应 FIR 滤波器，系统 $C(z)$由如下系统函数来表征：

$$C(z) = \frac{1}{1 - 0.9z^{-1}}$$

试求使均方差为最小的自适应横向（FIR）滤波器 $B(z)=b_0-b_1z^{-1}$ 的最佳系数。加性噪声为白噪声，且方差 σ_w^2 =0.1。

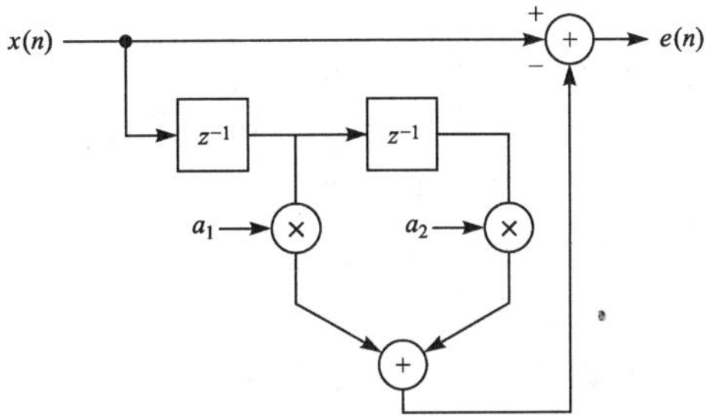

图 P10-9

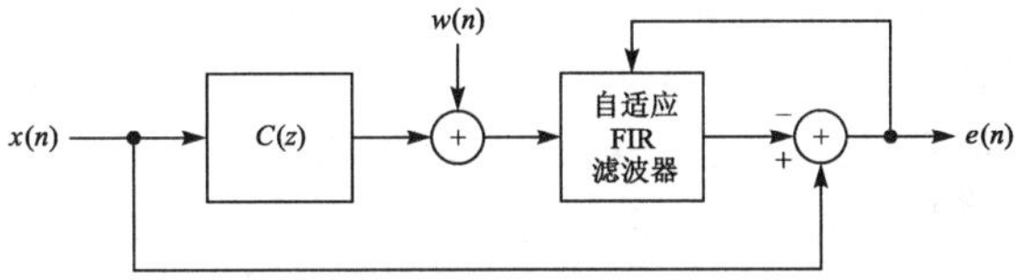

图 P10-11

10-12　一个 $N \times N$ 相关矩阵$\boldsymbol{\Gamma}$具有特征值$\lambda_1 > \lambda_2 > \cdots > \lambda_N > 0$，以及相关联的特征向量$\boldsymbol{v}_1, \boldsymbol{v}_2, \cdots, \boldsymbol{v}_N$。该矩阵可以表示为

$$\boldsymbol{\Gamma} = \sum_{i=1}^{N} \lambda_i \boldsymbol{v}_i \boldsymbol{v}_i^{\mathrm{H}}$$

（a）如果 $\boldsymbol{\Gamma} = \boldsymbol{\Gamma}^{1/2}\boldsymbol{\Gamma}^{1/2}$，其中 $\boldsymbol{\Gamma}^{1/2}$ 为 $\boldsymbol{\Gamma}$ 的平方根。试证明 $\boldsymbol{\Gamma}^{1/2}$ 可以表示为

$$\boldsymbol{\Gamma}^{1/2} = \sum_{i=1}^{N} \lambda_i^{1/2} \boldsymbol{v}_i \boldsymbol{v}_i^{\mathrm{H}}$$

（b）利用该表达式，试确定一种计算 $\boldsymbol{\Gamma}^{1/2}$ 的步骤。

第 11 章 多信道和多载波系统

在某些应用场合，希望将携带相同信息的信号在几条信道上传输，这种传输模式最初用于一个或多个信道不可靠的概率经常比较高的情况。例如，像电离层散射和对流层散射这样的无线信道遭受因多径造成的信号衰落，使得信道在短时间内变得不可靠。另外，多信道信号传输有时用在军事通信系统中，作为克服传输信号阻塞影响的手段。在多信道上传输相同的信息时，可利用信号分集的方法使接收机恢复信息。

另一种形式的多信道通信是多载波传输，其中信道的频带被划为若干条子信道，且信息在每条子信道上传输。将信道频带划为若干窄带信道的基本原理将在后面阐述。

本章将研究多信道信号传输和多载波传输两种情况，重点是这些系统在 AWGN 信道中的性能。多信道和多载波在衰落信道中的传输性能在第 13 章分析。下面先介绍多信道传输。

11.1 AWGN 信道中的多信道数字通信

本节主要关心固定信道上的多信道信号传输，其中固定信道的差别仅在于衰减和相移。多信道数字信号传输系统的具体模型如图 11-1-1 所示，描述如下。

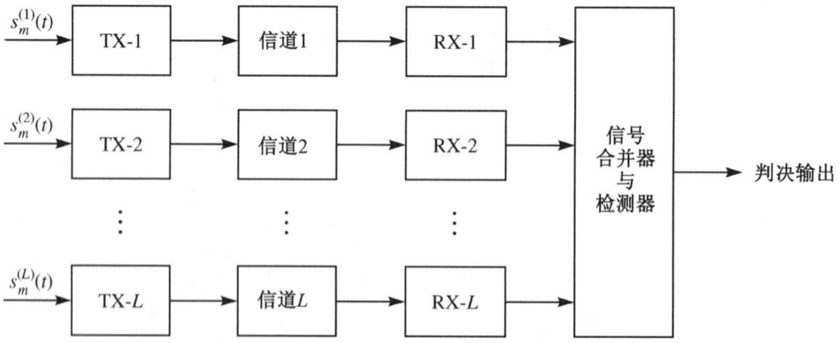

图 11-1-1　多信道数字信号传输系统的具体模型

信号的波形一般可以表示为

$$s_m^{(n)}(t)=\mathrm{Re}\left[s_{1m}^{(n)}(t)\mathrm{e}^{\mathrm{j}2\pi f_\mathrm{c}t}\right],\qquad 0\leqslant t\leqslant T;\ n=1,2,\cdots,L;\ m=1,2,\cdots,M \quad (11\text{-}1\text{-}1)$$

式中，L 是信道的数目；M 是信号波形的数目。假定信号波形是等能量且先验等概的，在 L 个信道上传输的波形 $\{s_m^{(n)}(t)\}$ 由衰减因子 $\{\alpha_n\}$ 、相移 $\{\phi_n\}$ 标度，并受到加性噪声的恶化。由

L 个信道接收到的等效低通信号可以表示成

$$r_1^{(n)}(t)=\alpha_n \mathrm{e}^{\mathrm{j}\phi_n} s_{1m}^{(n)}(t)+z_n(t), \qquad 0\leqslant t\leqslant T;\ n=1,2,\cdots,L;\ m=1,2,\cdots,M \tag{11-1-2}$$

式中，$\{s_m^{(n)}(t)\}$ 和 $\{z_n(t)\}$ 分别是在 L 个信道上的等效低通发送信号和加性噪声过程。我们假定 $\{z_n(t)\}$ 是相互统计独立且同分布的高斯噪声随机过程。

我们研究接收机的两种处理方法，即相干检测和非相干检测。相干检测接收机估计信道参数 $\{\alpha_n\}$ 和 $\{\phi_n\}$，并用这些参数估值来计算判决变量。假设我们定义 $g_n=\alpha_n \mathrm{e}^{-\mathrm{j}\phi_n}$，并令 $\hat{g}_n$ 为 g_n 的估值。多信道接收机将 L 个接收信号中的每一个信号与相应的发送信号备份进行相关运算，再将每个相关器的输出乘以相应的估值 $\{\hat{g}_n^*\}$，并将结果的信号相加起来。因此，相干检测的判决变量为下列相关度量：

$$\mathrm{CM}_m=\sum_{n=1}^{L}\mathrm{Re}\left[\hat{g}_n^*\int_0^T r_1^{(n)}(t)s_{1m}^{(n)*}(t)\,\mathrm{d}t\right], \qquad m=1,2,\cdots,M \tag{11-1-3}$$

在非相干检测中，则不必估计信道参数。解调器的判决依据是匹配滤波器输出的包络之和（包络检测）或者包络平方之和（平方律检测）。一般而言，在 AWGN 中，包络检测的性能与平方律检测的性能几乎没什么区别。然而，在 AWGN 信道中多信道信号传输的平方律检测要比包络检测容易分析得多，因此，我们主要关心 L 个信道接收信号的平方律检测，其产生的判决变量为

$$\mathrm{CM}_m=\sum_{n=1}^{L}\left|\int_0^T r_1^{(n)}(t)s_{1m}^{(n)*}(t)\,\mathrm{d}t\right|^2, \qquad m=1,2,\cdots,M \tag{11-1-4}$$

首先研究二进制信号传输。假定 $s_{11}^{(n)}$ 是 L 个发送波形（$n=1,2,\cdots,L$），如果 $\mathrm{CM}_2>\mathrm{CM}_1$ 时，或者等价为差值 $D=\mathrm{CM}_1-\mathrm{CM}_2<0$ 时，则发生差错。对于非相干检测，该差值可以表示为

$$D=\sum_{n=1}^{L}\left(|X_n|^2-|Y_n|^2\right) \tag{11-1-5}$$

式中，变量 $\{X_n\}$ 和 $\{Y_n\}$ 定义为

$$\begin{aligned} X_n&=\int_0^T r_1^{(n)}(t)s_{11}^{(n)*}(t)\,\mathrm{d}t, \qquad n=1,2,\cdots,L\\ Y_n&=\int_0^T r_1^{(n)}(t)s_{12}^{(n)*}(t)\,\mathrm{d}t, \qquad n=1,2,\cdots,L \end{aligned} \tag{11-1-6}$$

$\{X_n\}$ 是相互统计独立且同分布的高斯随机变量，$\{Y_n\}$ 变量也同样如此。然而，对于任何 n，$\{X_n\}$ 与 $\{Y_n\}$ 也许是相关的。对于相干检测，差值 $D=\mathrm{CM}_1-\mathrm{CM}_2$ 可表示为

$$D=\frac{1}{2}\sum_{n=1}^{L}\left(X_nY_n^*+X_n^*Y_n\right) \tag{11-1-7}$$

式中

$$\begin{aligned} Y_n&=\hat{g}_n, \qquad n=1,2,\cdots,L\\ X_n&=\int_0^T r_1^{(n)}(t)\left[s_{11}^{(n)*}(t)-s_{12}^{(n)*}(t)\right]\mathrm{d}t \end{aligned} \tag{11-1-8}$$

如果通过对接收信号在一个或多个信号传输间隔时间上的观测得到估值 $\{\hat{g}_n\}$，如附录 C

所描述的那样，则它们的统计特征可由高斯分布来描述，$\{Y_n\}$ 可表征为相互统计独立且同分布的高斯随机变量。上述说法也适用于变量 $\{X_n\}$。正如在非相干检测中那样，我们考虑 X_n 与 Y_n 之间的相关性，而没考虑 $m\neq n$ 时 X_m 和 Y_n 之间的相关性。

11.1.1 二进制信号

附录 B 推导了复高斯随机变量的一般二次形式

$$D=\sum_{n=1}^{L}\left(A|X_n|^2+B|Y_n|^2+CX_nY_n^*+C^*X_n^*Y_n\right) \tag{11-1-9}$$

小于 0 的概率，式中 A 和 B 是实常数，C 是实值或复值的常数。这个概率由附录 B 中的式（B-21）给出，它是在 AWGN 中二进制多信道信号传输的差错概率。有几个特例是尤为重要的。

如果二进制信号是双极性的且 $\{g_n\}$ 的估值是理想的，正如相干 PSK 那样，差错概率可表示成简单的形式，即

$$P_{\mathrm{b}}=Q(\sqrt{2\gamma_{\mathrm{b}}}) \tag{11-1-10}$$

式中

$$\gamma_{\mathrm{b}}=\frac{\mathcal{E}}{N_0}\sum_{n=1}^{L}|g_n|^2=\frac{\mathcal{E}}{N_0}\sum_{n=1}^{L}\alpha_n^2 \tag{11-1-11}$$

是比特 SNR。如果各个信道完全相同，即 $\alpha_n=\alpha$（对所有 n），那么，

$$\gamma_{\mathrm{b}}=\frac{L\mathcal{E}}{N_0}\alpha^2 \tag{11-1-12}$$

式中，$L\mathcal{E}$是 L 个信号的总的发送信号能量。这一结果说明了接收机以一种最佳的方式将 L 个信道的能量合并在一起。也就是说，把总的发送信号能量在 L 个信道中划分并没有引起性能的损失，可以得到与单个信号波形以能量 $L\mathcal{E}$ 在一个信道上传输情况相同的性能。这个性质仅当估值 $\hat{g}_n=g_n$（对所有 n）时才成立。如果估值不理想，就会发生性能损失，其损失量取决于估值的质量，正如附录 C 所描述的那样。

对 $\{g_n\}$ 的理想估计构成一个极端的情况。在其他的极端情况中，如二进制 DPSK 信号传输中，估值 $\{\hat{g}_n\}$ 就是在先前信号传输间隔中匹配滤波器输出端的（归一化的）信号加噪声的样值，这可以用来估计 $\{g_n\}$ 的最差的估值。对于二进制 DPSK，由式（B-21）得到差错概率为

$$P_{\mathrm{b}}=\frac{1}{2^{2L-1}}\mathrm{e}^{-\gamma_{\mathrm{b}}}\sum_{n=0}^{L-1}c_n\gamma_{\mathrm{b}}^n \tag{11-1-13}$$

式中，定义

$$c_n=\frac{1}{n!}\sum_{k=0}^{L-1-n}\binom{2L-1}{k} \tag{11-1-14}$$

而 γ_{b} 是式（11-1-11）所定义的比特 SNR，而且也是式（11-1-12）中所有信道相同时的比特 SNR。将这个结果与单一信道（L=1）的差错概率相比较，为了简化比较，假定 L 个信道具有相同的衰减因子，因此对相同的 γ_{b} 值，多信道系统的性能劣于单一信道系统的性能，即

总的发送信号能量在 L 个信道中划分的结果导致了性能的损失，其损失量取决于 L。

正交信号在 L 个信道上传输的平方律检测中也会产生性能损失。二进制正交信号传输的差错概率表达式在形式上与式（11-1-13）给出的二进制 DPSK 的差错概率表达式相同，只是其中的 γ_b 由 $\gamma_b/2$ 来代替。这就是说，采用非相干检测二进制正交信号传输的性能要比二进制 DPSK 差 3 dB，但在 L 个信道上接收信号的非相干合并所引起的性能损失与二进制 DPSK 的情况是相同的。

图 11-1-2 说明了 L 个信号的非相干（平方律检测）合并所引起的损失是 L 的函数，虽然没有表示出差错概率，但是根据图 4-5-5 所示的二进制 DPSK 差错概率表达式

$$P_b = e^{-\gamma_b}/2 \tag{11-1-15}$$

的曲线，再根据相应 L 值的非相干组合损失来降低所要求的比特 SNR（γ_b）就容易求得差错概率。

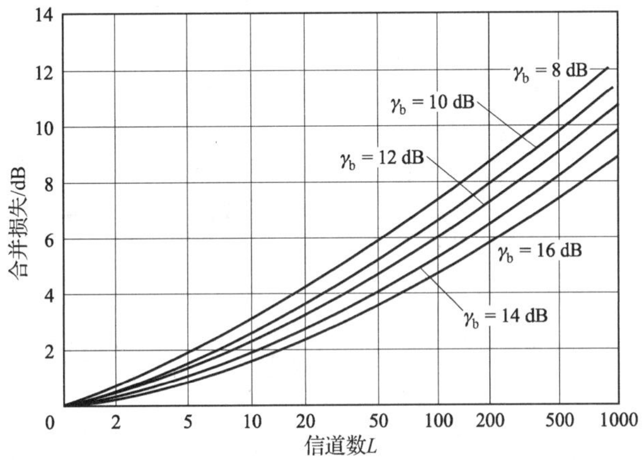

图 11-1-2　在二进制多信道信号非相干检测及合并中的性能损失

11.1.2　*M* 元正交信号

现在来研究 M 元正交信号传输，其对 L 个信道上信号采用平方律检测和合并，其判决变量由式（11-1-4）给出。假设信号 $s_{11}^{(n)}(t)$ 在 L 个 AWGN 信道上传输（$n=1,2,\cdots,L$），判决变量可表示为

$$\begin{aligned} \mathrm{CM}_1 &\equiv U_1 = \sum_{n=1}^{L} |2\mathcal{E}\alpha_n + N_{n1}|^2 \\ \mathrm{CM}_m &\equiv U_m = \sum_{n=1}^{L} |N_{nm}|^2, \qquad m = 2, 3, \cdots, M \end{aligned} \tag{11-1-16}$$

式中，$\{N_{nm}\}$ 是均值为 0，方差 $\sigma^2 = \frac{1}{2}E(|N_{nm}^2|) = 2\mathcal{E}N_0$ 的复高斯随机变量。因此，U_1 可以统计描述为非中心 χ^2 随机变量，它有 $2L$ 个自由度和非中心参数。

$$s^2 = \sum_{n=1}^{L}(2\mathcal{E}\alpha_n)^2 = 4\mathcal{E}^2\sum_{n=1}^{L}\alpha_n^2 \tag{11-1-17}$$

利用式（2-3-29）可求得U_1的 PDF 为

$$p(u_1) = \frac{1}{4\mathcal{E}N_0}\left(\frac{u_1}{s^2}\right)^{(L-1)/2}\exp\left(-\frac{s^2+u_1}{4\mathcal{E}N_0}\right)I_{L-1}\left(\frac{s\sqrt{u_1}}{2\mathcal{E}N_0}\right), \qquad u_1 \geqslant 0 \tag{11-1-18}$$

另外，$\{U_m\}$是统计独立且同为χ^2分布的随机变量（m=2,3,⋯,M），其中每个变量都具有 2L 个自由度。利用式（2-3-21）可求得U_m的 PDF，即

$$p(u_m) = \frac{1}{(4\mathcal{E}N_0)^L(L-1)!}u_m^{L-1}\mathrm{e}^{-u_m/4\mathcal{E}N_0}, \qquad u_m \geqslant 0；m = 2,3,\cdots,M \tag{11-1-19}$$

符号差错概率是

$$\begin{aligned} P_\mathrm{e} &= 1 - P_\mathrm{c} = 1 - P(U_2 < U_1, U_3 < U_1, \cdots, U_M < U_1) \\ &= 1 - \int_0^\infty [P(U_2 < u_1|U_1 = u_1)]^{M-1}p(u_1)\,\mathrm{d}u_1 \end{aligned} \tag{11-1-20}$$

由于

$$P(U_2 < u_1|U_1 = u_1) = 1 - \exp\left(-\frac{u_1}{4\mathcal{E}N_0}\right)\sum_{k=0}^{L-1}\frac{1}{k!}\left(\frac{u_1}{4\mathcal{E}N_0}\right)^k \tag{11-1-21}$$

因此，

$$\begin{aligned} P_\mathrm{e} &= 1 - \int_0^\infty\left[1 - \mathrm{e}^{-u_1/4\mathcal{E}N_0}\sum_{k=0}^{L-1}\frac{1}{k!}\left(\frac{u_1}{4\mathcal{E}N_0}\right)^k\right]^{M-1}p(u_1)\,\mathrm{d}u_1 \\ &= 1 - \int_0^\infty\left(1 - \mathrm{e}^{-v}\sum_{k=0}^{L-1}\frac{v^k}{k!}\right)^{M-1}\left(\frac{v}{\gamma}\right)^{(L-1)/2}\mathrm{e}^{-(\gamma+v)}I_{L-1}(2\sqrt{\gamma v})\,\mathrm{d}v \end{aligned} \tag{11-1-22}$$

式中

$$\gamma = \mathcal{E}\sum_{n=1}^{L}\frac{\alpha_n^2}{N_0}$$

可以采用数值计算方法来计算式（11-1-22）中的积分，也可以将式（11-1-22）中的$(1-x)^{M-1}$项展开，然后逐项积分。用这种方法可得出有限项总和形式的P_e表达式。

另一种方法是使用一致边界

$$P_\mathrm{e} < (M-1)P_2(L) \tag{11-1-23}$$

式中，$P_2(L)$是在U_1与$M-1$个判决器变量$\{U_m\}$之间选择时的差错概率$(m=2,3,\cdots,M)$。从前面对二进制正交信号传输性能的讨论中，我们可得出

$$P_2(L) = \frac{1}{2^{2L-1}}\mathrm{e}^{-k\gamma_\mathrm{b}/2}\sum_{n=0}^{L-1}c_n(\tfrac{1}{2}k\gamma_\mathrm{b})^n \tag{11-1-24}$$

式中，c_n由式（11-1-14）给出。对于比较小的M值，式（11-1-23）中的一致边界对于大多数实际应用来说是充分紧密的。

11.2 多载波通信

由第 9 章和第 10 章中对非理想线性滤波器信道的研究，我们已看到信道引入 ISI 后与理想信道相比性能受到了损失。性能损失的程度取决于频率响应的特性，而且当 ISI 覆盖扩大时，接收机的复杂度增加。

本节将研究在多载波上的信息传输，分配的信道带宽受到制约。采用多载波传输信息的首要目的是降低 ISI，从而消除性能的下降，如同单载波调制一样。

11.2.1　单载波和多载波调制

在给定信道特性的情况下，通信系统的设计人员必须考虑如何在发送功率和接收机复杂性受约束的情况下有效地利用可用带宽来可靠地传输信息。对于一个非理想线性滤波器信道，一种方法是使用单个载波的系统，它以某个规定的速率 R 符号/秒、用串行方式传输信息序列。在这样的信道中，时间弥散一般要比符号速率大得多，因此信道的非理想频率响应特性将导致 ISI。正如所见，均衡器对于补偿信道失真是必要的。

作为该方法的一个例子，可以应用调制/解调器设计，它们被用来在电话交换网语音信道上传输数据。这是按照国际电信联盟（ITU）标准 V.34 进行的。这类调制/解调器采用单载波 QAM 调制，具体的载波和符号速率在一定的值的集合范围内是可选的，目的是达到最大的吞吐量，当然是在给定的性能（误码率）条件下。

在存在信道失真的情况下，带宽利用率高的通信系统的另一种设计方法是将可用信道带宽划分为若干子信道，这样每一个子信道近似于理想信道。为了详细说明，假设 $C(f)$ 是一个非理想的带宽为 W 的带限信道的频率响应，加性高斯噪声的功率谱密度为 $S_{\mathrm{nn}}(f)$，然后将带宽 W 划分成宽度为 Δf 的 $N=W/\Delta f$ 个子带，其中所选的 Δf 足够小以至在每一子带中 $C(f)^2|S_{nn}(f)$ 近似为常数。我们选择发送信号的频率分布为 $P(f)$，其约束条件为

$$\int_W P(f)\,\mathrm{d}f \leqslant P_{\mathrm{av}} \tag{11-2-1}$$

式中，P_{av} 是发送机可用的平均功率，然后在 N 个子信道上发送数据。在进一步处理之前，先来评估非理想加性高斯噪声信道的容量。

11.2.2　非理想线性滤波器信道的容量

理想带限 AWGN 信道的容量是

$$C = W\log_2\left(1+\frac{P_{\mathrm{av}}}{WN_0}\right) \tag{11-2-2}$$

式中，C 是信道的容量且单位为比特/秒（b/s），W 是信道带宽，P_{av} 是平均发送功率。在多载波系统中，当 Δf 足够小时，子信道的容量为

$$C_i = \Delta f\log_2\left[1+\frac{\Delta f\,P(f_i)|C(f_i)|^2}{\Delta f\,S_{\mathrm{nn}}(f_i)}\right] \tag{11-2-3}$$

因此，信道的总容量为

$$C = \sum_{i=1}^{N} C_i = \Delta f \sum_{i=1}^{N} \log_2 \left[1 + \frac{P(f_i)|C(f_i)|^2}{S_{nn}(f_i)} \right] \quad (11\text{-}2\text{-}4)$$

当 $\Delta f \to 0$ 时，可得到整个信道的容量（单位为 b/s）为

$$C = \int_W \log_2 \left[1 + \frac{P(f)|C(f)|^2}{S_{nn}(f_i)} \right] \mathrm{d}f \quad (11\text{-}2\text{-}5)$$

在式（11-2-1）给出的 $P(f)$ 约束条件下，使 C 最大化的 $P(f)$ 可以通过下面的积分的最大化来确定：

$$\int_W \left\{ \log_2 \left[1 + \frac{P(f)|C(f)|^2}{S_{nn}(f)} \right] + \lambda P(f) \right\} \mathrm{d}f \quad (11\text{-}2\text{-}6)$$

式中，λ 为拉格朗日（Lagrange）乘法因子，它可以选择来满足约束条件。通过变量的微积分来进行最大化运算，则发送信号功率的最佳分布是下列方程的解：

$$\frac{1}{P(f) + S_{nn}(f)/|C(f)|^2} + \lambda = 0 \quad (11\text{-}2\text{-}7)$$

因此，$P(f)+S_{nn}(f)/|C(f)|^2$ 必须是常数，调整该值可满足式（11-2-1）中的平均功率的约束条件，即

$$P(f) = \begin{cases} K - S_{nn}(f)/|C(f)|^2, & f \in W \\ 0, & f \notin W \end{cases} \quad (11\text{-}2\text{-}8)$$

具有加性高斯噪声的非理想线性滤波器信道容量的表达式归功于霍尔兴格（Holsinger，1964）。这个结果的基本解释是：当信道 SNR，即 $|C(f)|^2/S_{nn}(f)$ 高时，信号功率也应当高；当信道 SNR 低时则信号功率也应低。图 11-2-1 示出了这个发送功率分布的结果。可以看到，如果将 $S_{nn}(f)/|C(f)|^2$ 解释为单位深度碗的底部，我们将数量为 P_{av} 的水注入碗内，则水在碗中散布以使达到容量。这称为关于作为频率函数的最佳功率分布的注水解释（Water Filling Interpretation）。

有趣的是：当信道 SNR，即 $|C(f)|^2/S_{nn}(f)$ 是常数（对所有 $f \in W$）时，信道的容量是最小的。在这种情况下，$P(f)$ 是常数（对所有 $f \in W$），这也等价为，如果信道频率响应是理想的，即 $C(f)=1$（对所有 $f \in W$），那么根据最大容量的观点，最坏的噪声功率分布是高斯白噪声。

11.2.3 正交频分复用（OFDM）

以上的研究提出了这样的建议：多载波调制提供一个能产生接近于容量的传输速率的解决方案，多载波调制将可用的信道带宽划分为若干较窄宽度 $\Delta f = W/N$ 的子带。在每一个子带中的信号可以独立地进行编码，并以同步符号速率 $1/\Delta f$ 且最佳功率配置 $P(f)$ 来进行调制。如果 Δf 足够小，那么 $C(f)$ 在每个子带范围内基本上是常数，ISI 可以忽略。图 11-2-2 说明了这种信道带宽 W 的细分。

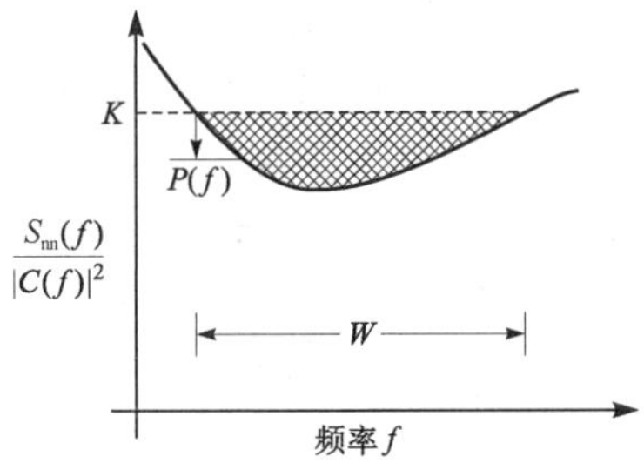

图 11-2-1　基于注水解释的最佳功率分布

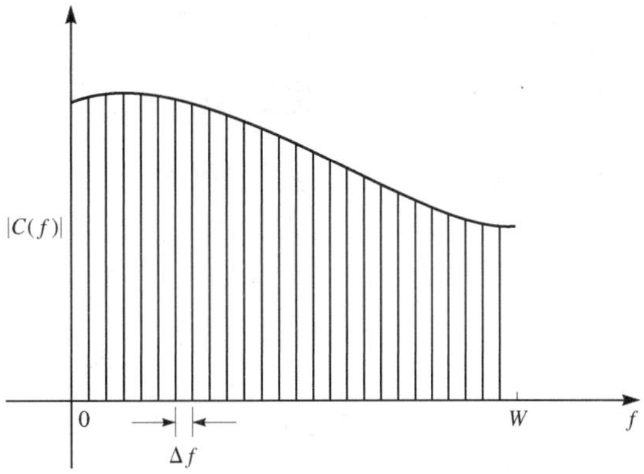

图 11-2-2　把一个信道带宽 W 细分为具有相同的带宽 Δf 的很窄的子带

对于每个子带（子信道），我们关联一个如下形式的正弦载波

$$s_k(t) = \cos 2\pi f_k t, \qquad k = 0, 1, \cdots, N-1 \tag{11-2-9}$$

式中，f_k 是第 k 个子信道的中心频率。选择每个子信道上的符号速率 $1/T$ 都等于相邻子载波的频率间隔 Δf，可以实现在符号间隔 T 上各个子载波都是相互正交的，并且这种正交性与子载波间的相对相位无关，即

$$\int_0^T \cos(2\pi f_k t + \phi_k)\cos(2\pi f_j t + \phi_j)\,\mathrm{d}t = 0 \tag{11-2-10}$$

式中，$f_k - f_j = n/T$（$n = 0, 1, \cdots, N-1$），与相位值 ϕ_k 和 ϕ_j 无关。我们就是这样构建正交频分复用（Orthogonal Frequency Division Multiplexed，OFDM）信号的。换句话说，OFDM 就是一类特殊的多载波调制，其各个子信道上的相应的子载波相互正交，如式（11-2-10）所示。

多载波调制已广泛应用于有线和无线信道。例如，OFDM 已经被采纳用于数字音频广播的标准，并且在 IEEE 802.11 标准的基础上被无线局域网采纳为标准。

多载波调制的一个特别合适的应用是铜线用户环路的数字传输。图 11-2-3 示出了典型用户线路信道衰减特性，我们看到，作为频率的函数，信道衰减迅速增加。这种特性很难通过单个调制载波和接收机中一个均衡器来达到一个高的传输速率。ISI 对性能的损伤是很大的。另外，具有最佳功率分布的多载波调制为实现更高传输速率提供了潜在的能力。

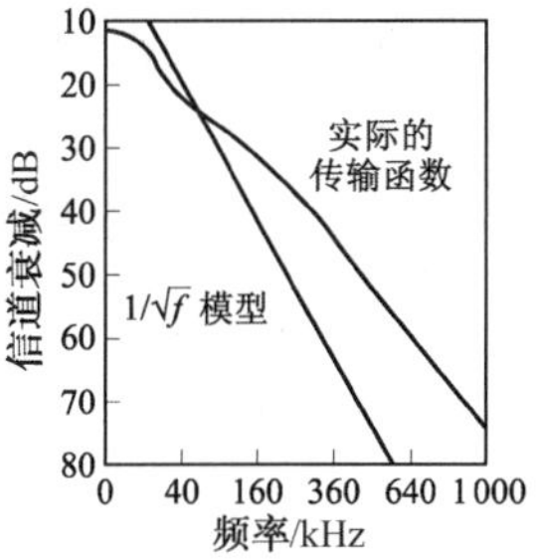

图 11-2-3　24 号线 12000 英尺 PIC（聚乙烯绝缘电缆）环路的衰减特性

在用户线传输中比较突出的噪声是串话干扰（也称串扰），该干扰来自同一电缆中其他电话线路上的信号。这种类型噪声的功率分布也是与频率有关的，这可以在可用发送功率的配置中加以考虑。

凯尔列特（Kalet，1989）已给出了针对非理想线性滤波器信道的多载波 QAM 系统的设计方法。在这种方法中，在平均功率约束条件下以及在所有子载波的符号差错概率都相等的约束条件下，通过在各子载波间最佳功率分配的设计，以及对每个子载波中每个符号的比特数（QAM 信号星座图的大小）最佳选择的设计，可得到最大的总比特率。

11.2.4 OFDM 系统的调制和解调

在一个具有 N 个子信道的 OFDM 系统中，每一个子载波上的符号速率 $1/T$ 降低到 $1/NT$。这是相对于单载波系统而言的，该系统占据所有的带宽 W，并且以同样的速率传输数据，因此 OFDM 的符号间隔 $T = NT_s$，其中 T_s 是单载波系统的符号间隔。只要选择 N 足够大，符号间隔 T 就可以远远大于信道时间色散的持续时间，所以符号间干扰可以通过选择 N 变得任意小。换句话说，每一个子信道看上去就好像拥有一个固定的频率响应 $C(f_k)$，$k = 0,1,\cdots,N-1$。

假定每一个子载波都采用 M 进制 QAM，则第 k 个子载波上的信号可以表示为

$$
\begin{aligned}
u_k(t) &= \sqrt{\frac{2}{T}} A_{ki} \cos 2\pi f_k t - \sqrt{\frac{2}{T}} A_{kq} \sin 2\pi f_k t \\
&= \mathrm{Re}\left[\sqrt{\frac{2}{T}} A_k \mathrm{e}^{\mathrm{j}\theta_k} \mathrm{e}^{\mathrm{j}2\pi f_k t}\right] = \mathrm{Re}\left[\sqrt{\frac{2}{T}} X_k \mathrm{e}^{\mathrm{j}2\pi f_k t}\right]
\end{aligned} \tag{11-2-11}
$$

式中，$X_k = A_k \mathrm{e}^{\mathrm{j}\theta_k}$ 是第 k 个子载波上传输的 QAM 信号星座上的点。$A_k = \sqrt{A_{ki}^2 + A_{kq}^2}$，且 $\theta_k = \arctan(A_{kq} / A_{ki})$。每个调制符号的能量 $\mathcal{E}_s$ 已经被吸收到 $\{X_k\}$。

当子信道的数目很大，使得子信道的带宽足够窄时，每一个子信道就可以由一个频率响应来表征 $C(f_k)$，$k = 0,1,\cdots,N-1$。一般来说 $C(f_k)$ 是复值的，可以表示为

$$
C(f_k) = C_k = |C_k| \mathrm{e}^{\mathrm{j}\phi_k} \tag{11-2-12}
$$

所以第 k 个子信道上的接收信号就是

$$
\begin{aligned}
r_k(t) &= \sqrt{\frac{2}{T}} |C_k| A_{kc} \cos(2\pi f_k t + \phi_k) + \sqrt{\frac{2}{T}} |C_k| A_{ks} \sin(2\pi f_k t + \phi_k) + n_k(t) \\
&= \mathrm{Re}\left[\sqrt{\frac{2}{T}} C_k X_k \mathrm{e}^{\mathrm{j}2\pi f_k t}\right] + n_k(t)
\end{aligned} \tag{11-2-13}
$$

式中，$n_k(t)$ 代表了第 k 个子信道上的加性噪声。我们假定 $n_k(t)$ 是零均值高斯噪声，并且在第 k 个子信道的带宽上是谱平坦的；还假设信道参数 $|C_k|$ 和 ϕ_k 在接收机方都是已知的。这些参数通常可以这样来估计，发送 $\cos 2\pi f_k t$，接收到信号为 $|C_k|\cos(2\pi f_k t + \phi_k)$。

对于第 k 个子信道上的接收信号可以这样解调：将 $r_k(t)$ 与两个基函数进行互相关，假定接收机已知载波相位 ϕ_k，则有

$$
\begin{aligned}
\psi_1(t) &= \sqrt{2/T} \cos(2\pi f_k t + \phi_k), \qquad 0 \leqslant t \leqslant T \\
\psi_2(t) &= -\sqrt{2/T} \sin(2\pi f_k t + \phi_k), \qquad 0 \leqslant t \leqslant T
\end{aligned} \tag{11-2-14}
$$

在 $t = T$ 对互相关器的输出进行抽样。这样，得到的接收信号矢量为

$$
y_k = (|C_k| A_{ki} + \eta_{kr},\ |C_k| A_{kq} + \eta_{ki}) \tag{11-2-15}
$$

该矢量可以表示为复数

$$
Y_k = |C_k| X_k + \eta_k \tag{11-2-16}
$$

式中，$\eta_k = \eta_{kr} + \mathrm{j}\eta_{ki}$ 表示加性噪声。

通过信道增益 $|C_k|$ 对发送符号的度量可以用 Y_k 除以 $|C_k|$ 的方法去掉。这样，我们得到

$$
Y_k' = Y_k / |C_k| = X_k + \eta_k' \tag{11-2-17}
$$

式中，$\eta_k' = \eta_k / |C_k|$。归一化变量 Y_k' 传输给检测器，检测器计算出 Y_k' 与 QAM 信号星座图上各点之间的距离度量，并选中最小距离的信号点。

根据以上讨论，有一点很清楚，就是我们用到两个互相关器或匹配滤波器来解调每个子信道上的接收信号，所以，如果 OFDM 信号含有 N 个子信道，那么实现 OFDM 解调器就需要由 $2N$ 个互相关器或 $2N$ 个匹配滤波器组成的并行阵列。此外，OFDM 信号的产生过程还可以被看成用符号去激励 $2N$ 个并行滤波器组，而符号来自 M 进制 QAM 信号星座图。

在发送机中用 $2N$ 个并行滤波器产生调制信号，在接收机用 $2N$ 个并行滤波器解调接收信号，这等价于计算离散傅里叶变换（DFT）及其逆变换。快速傅里叶变换（FFT）是高效率地计算 DFT 的一种方法，故当 N 很大时，如 $N > 32$ 时，我们可以采用 FFT 算法来实施调制和解调过程。下一节将描述一种实现 OFDM 调制/解调的方案，即采用 FFT 算法来计算 DFT。

由于在 OFDM 系统的 N 个子信道上的信号都已同步，所以任意一对子信道上的接收信号在区间 $0 \leqslant t \leqslant T$ 上都是正交的。在信道的整个带宽上，各个子信道上的增益$|C_k|$可以相差很大（$k = 0, 1, \cdots, N-1$）：有的子信道所受到的衰减小故 SNR 高，我们就传输含比特多的符号；反之亦然。也就是说，在 OFDM 系统不同的子信道上我们可以安排不同星座图的 QAM。这种随着子信道的不同而分配不同的星座图的方法在实际中是经常使用的。

11.2.5　OFDM 系统的 FFT 算法实现

本节将描述一个多载波通信系统，它使用快速傅里叶变换（FFT）算法在发送机中合成信号并在接收机中对接收信号进行解调。FFT 就是实现离散傅里叶变换（DFT）的高效计算手段。

图 11-2-4 所示为多载波通信系统的方框图。串/并缓存器将信息序列分解成 N_f 比特的帧。每一帧中的 N_f 比特被分成 $\tilde{N}$ 组，其中第 i 组被分配 b_i 比特，且

$$\sum_{i=1}^{\tilde{N}} b_i = N_\mathrm{f} \tag{11-2-18}$$

每一组可以分别编码，因此对于第 i 组，编码器输出比特数是 $n_i \geqslant b_i$。

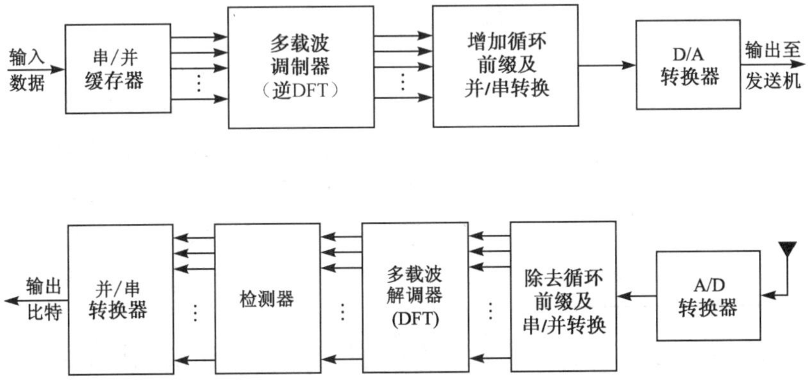

图 11-2-4　多载波通信系统的方框图

为了便于分析，将多载波调制看成由 $\tilde{N}$ 个独立的 QAM 信道所组成，每一个信道以符号速率 $1/T$ 进行操作，但每个信道具有各自不同的 QAM 星座，即第 i 个信道使用 $M = 2^{b_i}$ 个信号点。我们用 $X_k (k = 0, 1, \cdots, \tilde{N}-1)$ 来表示相应于各子信道上的信息符号的复信号点。为了用

信息符号 $\{X_k\}$ 来调制 $\tilde{N}$ 个子载波，使用逆 DFT（IDFT）。

然而，如果计算 $\{X_k\}$ 的 $\tilde{N}$ 点 IDFT，将得到一个复时间序列，它并不等价于 $\tilde{N}$ QAM 调制载波。改由如下定义来生成 $N=2\tilde{N}$ 个信息符号：

$$X_{N-k}=X_k^*,\qquad k=1,\cdots,\tilde{N}-1 \tag{11-2-19}$$

且 $X_0'=\mathrm{Re}(X_0)$, $X_{\tilde{N}}=\mathrm{Im}(X_0)$ 。因此，符号 X_0 分解成两部分，两者均为实数。从而，N 点 IDFT 产生实序列：

$$x_n=\frac{1}{\sqrt{N}}\sum_{k-0}^{N-1}X_k\,\mathrm{e}^{\mathrm{j}2\pi nk/N},\qquad n=0,1,\cdots,N-1 \tag{11-2-20}$$

式中，$1/\sqrt{N}$ 是标度因子。

序列 $\{x_n,\ 0\leqslant n\leqslant N-1\}$ 相应于 $\tilde{N}$ 个子载波信号总和 $x(t)$ 的样值，$x(t)$ 可以表示为

$$x(t)=\frac{1}{\sqrt{N}}\sum_{k=0}^{N-1}X_k\,\mathrm{e}^{\mathrm{j}2\pi kt/T},\qquad 0\leqslant t\leqslant T \tag{11-2-21}$$

式中，T 是符号的持续时间。我们看到子载波的频率 $f_k=k/T(k=0,1,\cdots,\tilde{N})$，而且式（11-2-20）中的离散时间序列 $\{x_n\}$ 表示 $x(t)$ 在 $t=nT/N$ 时刻的抽样值，其中 $n=0,1,\cdots,N-1$ 。

式（11-2-20）所给出的 $\{X_k\}$ 的 IDFT 的计算可以看成每个数据点 X_k 与下列相应的向量的乘法运算：

$$\boldsymbol{v}_k=[v_{k0}\quad v_{k1}\quad\cdots\quad v_{k(N-1)}] \tag{11-2-22}$$

式中

$$v_{kn}=\frac{1}{\sqrt{N}}\mathrm{e}^{\mathrm{j}(2\pi/N)kn} \tag{11-2-23}$$

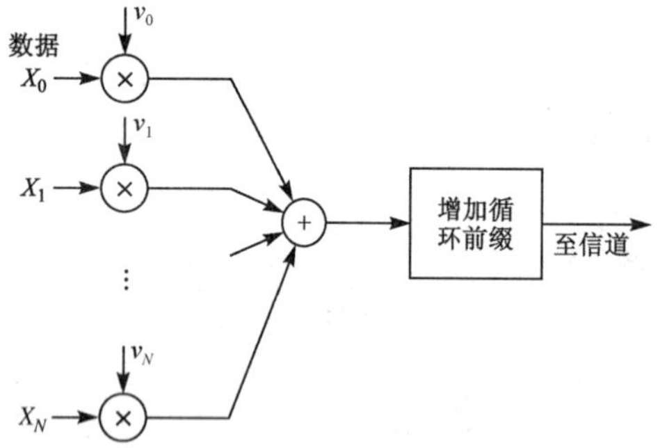

图 11-2-5　基于逆 DFT 的多载波调制的信号合成

这正如图 11-2-5 所示。在任何情况下，DFT 的计算都可以来用 FFT 算法来有效地进行。

在实际中，信号样值 $\{x_n\}$ 通过 D/A 转换器，它的输出在理想时就是信号波形 $x(t)$ 。信道输出的波形是

$$r(t)=x(t)*c(t)+n(t) \tag{11-2-24}$$

式中，$c(t)$ 是信道的冲激响应，而*表示卷积。通过把每个子信道的带宽 Δf 选择得很小，则符号的持续时间 $T=1/\Delta f$ 与信道弥散时间相比就比较大了。具体地说，让我们假设信道弥散覆盖 $v+1$ 个信号样值，其中 $v\ll N$。避免 ISI 影响的一种方法是在连续的分组传输之间插入一个持续时间为 vT/N 的时间保护带。

避免 ISI 的另一种方法是，给每一分组 N 个信号样值 $\{x_0,x_1,\cdots,x_{N-1}\}$ 添加一个循环前缀，该分组样值的循环前缀由样值 $x_{N-v},x_{N-v+1},\cdots,x_{N-1}$ 组成。将这些新的样值添加在每一分组的开端，注意，循环前缀加入数据分组，使得分组的长度增加到 $N+v$ 个样值，其编号为 $n=-v,\cdots,N-1$，其中头 v 个样值构成前缀。如果 $\{c_n,0\leqslant h\leqslant v\}$ 表示信道冲激响应样值，则它与 $\{x_n,-v\leqslant n\leqslant N-1\}$ 的卷积产生接收序列 $\{r_n\}$。我们的兴趣在于 $0\leqslant n\leqslant N-1$ 范围内的样值 $\{r_n\}$，根据这些样值我们采用

N 点 DFT 解调方法来恢复发送序列，因此，$\{r_n\}$的头 v 个样值被舍弃。

从频域观点来看，当信道冲激响应是$\{c_n, 0\leqslant h\leqslant v\}$时，它在子载波频率 $f_k=k/N$ 处的频率响应是

$$C_k = C\left(\frac{2\pi k}{N}\right) = \sum_{n=0}^{v} c_n \mathrm{e}^{-\mathrm{j}2\pi nk/N} \qquad (11\text{-}2\text{-}25)$$

由于采用循环前缀，连续分组（帧）的发送信息序列并不发生干扰，因此解调序列可以表示为

$$\widetilde{X}_k = C_k X_k + \eta_k, \qquad k = 0, 1, \cdots, N-1 \qquad (11\text{-}2\text{-}26)$$

式中，$\{\widetilde{X}_k\}$是 N 点 DFT 解调器的输出，η_k 是恶化信号的加性噪声。注意，由于选择 $N\gg v$，所以可以忽略因循环前缀而引起的速率损失。

如图 11-2-4 所示，在接收信号通过 A/D 转换器之后，通过计算接收信号的 DFT 来解调信息。DFT 计算可以看成 A/D 转换器输出的接收信号样值$\{r_n\}$与 v_n^* 的乘法运算，这里 v_n 由式（11-2-22）所定义。和调制器的情况一样，解调器中 DFT 计算也是采用 FFT 算法来有效进行的。

在将数据传输到检测器和译码器之前估计和补偿信道因子$\{C_k\}$是一件简单的事情。一个训练信号可以用于接收机中测量$\{C_k\}$，该训练序列由在每个子载波（或未调制子载波）上已知的已调制序列组成。如果信道参数随时间缓慢变化，通过采用面向判决方式在检测器或译码器输出端进行判决，也可能跟踪该时间变化。因此，多载波系统可以是自适应的。

通过测量每一个子信道上的 SNR，我们可以最优化传输速率。其方法是，对于不同的子载波分配不同的平均功率和不同的比特数。每个子信道的 SNR 定义为

$$\mathrm{SNR}_k = \frac{TP_k|C_k|^2}{\sigma_{\mathrm{n}k}^2} \qquad (11\text{-}2\text{-}27)$$

式中，T 是符号间隔，P_k 是分配给第 k 个子信道的平均功率，$|C_k|^2$ 第 k 个子信道的频率响应的模的平方，$\sigma_{\mathrm{n}k}^2$ 是第 k 个子信道上的噪声方差。在测量 SNR 的基础上，每一个子信道的容量都可以被确定下来，正如 11.2.2 节中所描述的那样。除此之外，系统性能还可以通过针对每一个子信道选择比特和分配功率来优化，这点将在后面描述，读者可参看 Chow 等（1995）和 Fischer & Huber（1996）的论文。

上面所描述的多载波 QAM 调制已在各种应用中实现，其中包括电话线路上的高速传输，如数字用户线路。

除 DFT 外，其他类型的实现也是可能的，例如，当子载波数目比较小时，如 $N\leqslant 32$ 执行 DFT 运算的数字滤波器组可用来替代基于 FFT 的实现方法；当子载波数目比较大时，如 $N>32$，则基于 FFT 的系统在计算方面更为有效。

11.2.6　多载波信号的谱特征

在 OFDM 系统中，尽管在子载波上传输的信号是相互正交的，但这些信号在频域上有相当程度的重叠。这一点可以通过计算下面信号的傅里叶变换观察到。

$$u_k(t) = \mathrm{Re}\left[\sqrt{2/T}\, X_k \mathrm{e}^{\mathrm{j}2\pi f_k t}\right] = \sqrt{2/T}\, A_k \cos(2\pi f_k t + \theta_k), \quad 0\leqslant t\leqslant T \qquad (11\text{-}2\text{-}28)$$

只需计算几个 k 值就行了，图 11-2-6 显示了几个邻近子载波上的幅度谱。值得注意的是，主瓣有较大的频谱重叠，第一谱旁瓣与主瓣只相差 13 dB，所以各个子载波上传输的信号在很大程度上是在频谱上重叠的。然而，当时间同步发射时它们都是正交的。

OFDM 信号的大幅度的频谱重叠，当通信信道为无线的并且接收终端为移动的时候，即无线移动通信时，会产生各种副作用。在无线移动通信，发送信号受到多普勒频移或多普勒扩展的损伤，子载波间的正交性就被破坏了，这将导致信道间干扰（ICI）。ICI 可以对 OFDM 系统的性能（差错概率）造成很大的恶化，性能下降的程度正比于接收终端的移动速度。但在步行速度下终端的性能下降一般是很小的。例如，无线 LAN 可以采用 OFDM 和大（M=64）QAM 星座图，情况如上所述。

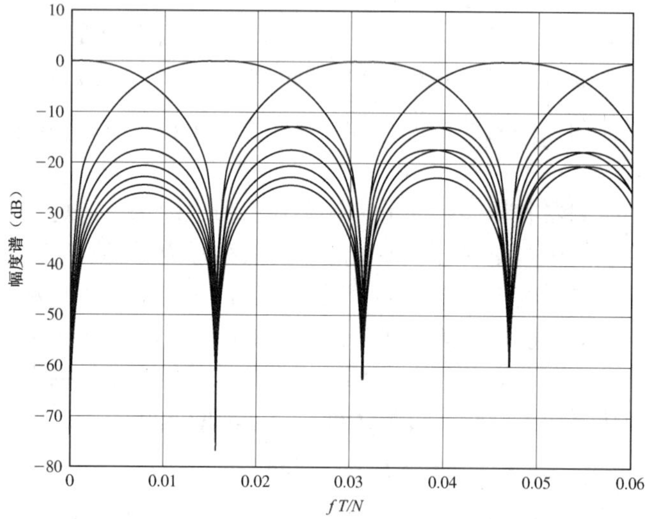

图 11-2-6　OFDM 系统邻近子信道滤波器的频率响应的幅度，$f \in (0, 0.06N/T)$ 且 $N = 64$

ICI 对多载波系统（如 OFDM）有着很大的损害效应，可以利用并行的滤波器组实现的系统来明显地减缓损害效应，如图 11-2-7 所示。在这种实现中，我们对滤波器原型 $H_0(f)$ 及其频移形式 $H_k(f) = H_0(f - k/T)$ 进行设计，使它们具有很陡的截止频率响应特性，所以，多普勒频率扩展相对于 $1/2T$ 或等价的滤波器原型 $H_0(f)$ 的带宽来说很小，因此引起的 ICI 是可以忽略的。例如，图 11-2-8 是该实现方案中的滤波器组的频率响应。注意：滤波器的旁瓣比主瓣大约要低 70 dB，并且邻近滤波器之间的频谱重叠是可以忽略不计的。这样的滤波器特性在无线移动通信环境下具有良好的抗 ICI 性能。

为了获得这种抗多普勒扩展引起的 ICI 性能，付出的代价是在发送机和接收机实现滤波器 $\{H_k(f)\}$ 的复杂度变高了。Cherubini 等（2000，2002）详细叙述了一种基于多速率数字信号处理方法的高效滤波器组实现方案。用滤波器组实现的多载波系统称为滤波多音频（Filtered Multitone，FMT）调制，图 11-2-8 给出了 FMT 调制系统的滤波器频率响应。

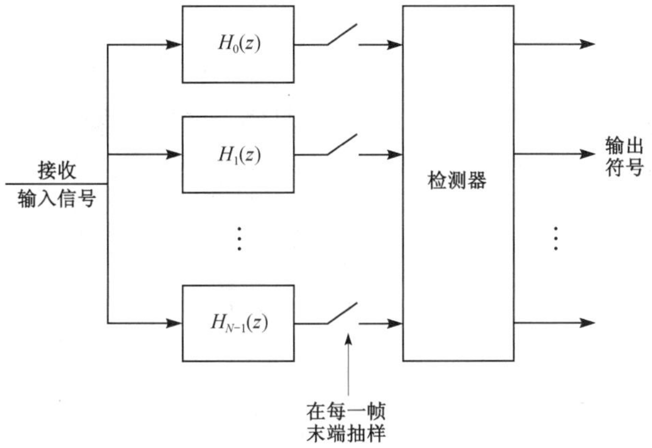

图 11-2-7　用滤波器组实现 OFDM 接收机

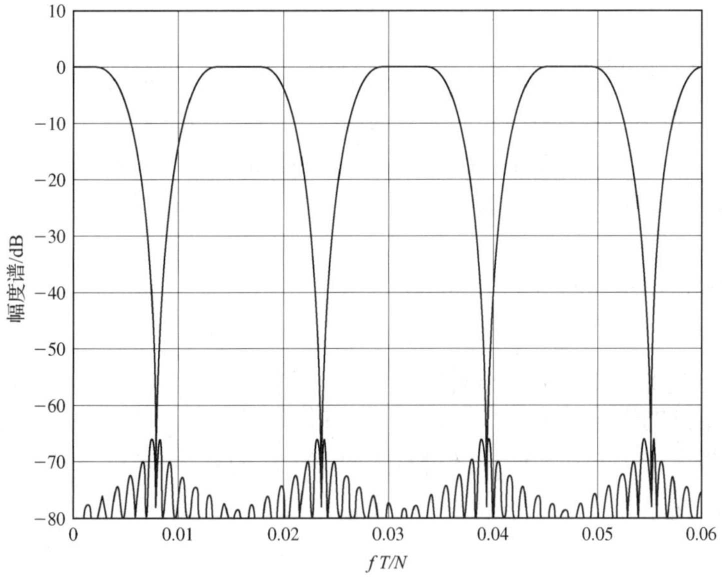

图 11-2-8　FMT 系统的邻近子信道滤波器的频率响应的幅度，$f \in (0, 0.06N/T)$ 且设计参数 $N = 64$

［该例取自 Cherubini 等（2002）IEEE］

11.2.7　多载波调制中的比特和功率的分配

现在考虑一个比特和功率的分配方案，目的是优化一个多载波系统在线性时不变 AWGN 信道上的传输性能。假定共有 $\widetilde{N}$ 个子载波，每个子载波上都采用 QAM；在第 i 个子载波上，星座图大小 $M_i = 2^{b_i}$，b_i 是比特数，帧间隔为 T 秒。所以总的比特率为

$$R_\mathrm{b} = \frac{1}{T}\sum_{i=1}^{\widetilde{N}} b_i \tag{11-2-29}$$

设第 i 个子载波上分配的功率为 P_i，则总的传输功率为

$$P = \sum_{i=1}^{\widetilde{N}} P_i \tag{11-2-30}$$

这是一个受限的固定值。

假定每一个子信道的带宽都很窄，故在第 i 个子信道的频带上复值信道增益 $C(f_k)$ 是一个常数。为了方便起见，还假定 $\tilde{N}$ 个子信道上的加性高斯噪声的谱密度都是完全相同的。

在选择 $\tilde{N}$ 个子信道上的比特和功率分配时，目标是在给定的差错概率（各个子信道都一样）下最大化比特率 R_b。为了方便起见，把 QAM 的符号差错概率当成性能指标并着眼于低差错概率（高 SNR）区域。QAM 符号差错概率在低差错概率时可以近似表示为

$$P_e \approx 4Q\left(\sqrt{\frac{3P_i|C_i|^2}{N_0(M_i-1)}}\right) \tag{11-2-31}$$

式中，P_e为期望的符号差错概率，$C_i \equiv C(f_i)$。Q 函数前方的乘数 4 代表矩形 QAM 信号星座图中最近邻居的数目。因此可以选择 P_i 和 M_i 满足

$$Q\left(\sqrt{\frac{3P_i|C_i|^2}{N_0(M_i-1)}}\right) = \frac{P_e}{4} \tag{11-2-32}$$

据 Kalet（1989）的论述，在给定的符号差错概率条件下，当$|C_i|^2/N_0$大到足以支持至少 M=4 的星座图时，子信道分配等功率的方案就能导致近最佳的性能。因此，在一开始我们可以在各个子信道上分配相同的功率，然后删除那些不能满足 M=4 的信号星座图要求的子载波（在给定的符号差错概率条件下），我们就可以在剩余的子信道上等功率地传输总功率，并按照式（11-2-32）计算 M_i 值。

现在可以把$\{M_i\}$的值截断近似到$\{\tilde{M}_i\}$，使得

$$b_i = \log_2 \tilde{M}_i, \qquad i = 1, 2, \cdots, N \tag{11-2-33}$$

为整数。当子信道的数量很大时，这种简单的分配方法可能会导致速率的较大损失。另一种办法是，在满足给定的符号差错概率的条件下，使用未量化的每个 M_i，计算 $b_i = \log_2 M_i$ 的分数部分，当此分数大于 1/2 时，M_i 就上升进入较高的 2 的幂次；当此分数小于 1/2 时，M_i 就截断到较低的 2 的幂次。然后调整各个子信道的功率分配以满足给定的符号差错概率。这种功率分配过程可以按下面的顺序展开：从最大$|C_i|^2/N_0$子信道开始，在每一步，剩余功率都均分给剩余的子信道。这样就保证了总功率为常数。

例如，通过电话线的高速数字传输，它把用户线设备与电话中心局连接起来。这种有线信道一般由明线对组成，通常称为本地用户环（Subscriber Local Loop）。人们希望通过本地用户环连接到千家万户和各个公司，从而开发出了一种基于 OFDM 的数字传输标准，在每一个子载波上都采用 QAM 调制。

明线对用户环的可用带宽主要受用户与电话中心局之间距离（即线长）的制约，还受来自电缆中其他线路的串音干扰。例如，一个长 3 km 的明线对线路的可用带宽约为 1.2 MHz。通常我们对于高速数字传输的需求方向是从中心局到用户（下行链路），线路的带宽有限，故把带宽的主要部分分配给下行链路，所以用户环上的数字传输是不对称的，这种传输模式就称为非对称数字用户线（Asymmetric Digital Subscriber Line，ADSL）。

按照 ADSL 标准，对于约 12000 英尺长的用户线，下行链路和上行链路的最大数据传输速率分别是 6.8 Mb/s 和 640 kb/s；对于约 18000 英尺长的用户线，下行链路和上行链路的最大

传输数据速率分别是 1.544 Mb/s 和 176 kb/s。频带的低端（0～25 kHz）保留给电话语音传输，电话的标称需求是 4 kHz 带宽，故用户线频带被两个滤波器（低通和高通）分隔为两个频带，截止频率为 25 kHz，数字传输的低端频率是 25 kHz。ADSL 标准规定 25 kHz 到 1.1 MHz 的频率范围必须细分为 256 个并行 OFDM 子信道，因此在图 11-2-4 中的 DFT 和 IDFT 的规模是 N=512。规定抽样率 f_s=2.208 MHz，因此信号谱的高端频率 $f_s/2$=1.104 MHz。两个相邻子载波的频率间隔 $\Delta f = 1.104\times10^6/256 = 4.3125\ \text{kHz}$。信道时间色散可以通过采用长度为 $N/16$=32 个样本的循环前缀来抑制。

接收机测量每一个子信道的信噪比（SNR）并经上行链路把此信息传输给发送机，发送机据此选择各个子信道上的 QAM 星座图规模及每个符号的比特数，以达到给定的差错概率。ADSL 标准规定最小比特加载是每子信道 2 比特，这相当于 QPSK 调制。如果一个子信道不能在给定的符号差错概率下支持 QPSK，那么该子信道就不传输任何信息。图 11-2-9 所示的例子给出了接收机测出的接收 SNR 以及 QAM 信号星座图相应的比特数。我们看到，子信道 220～256 的 SNR 太小了，已经不能支持 QPSK 传输，故不在它们上传数据。ADSL 信道特征和基于 ADSL 标准的 OFDM 调制/解调器详细设计等内容请参看 Bingham（2000）和 Starr 等（1999）。OFDM 系统中子载波上的QAM信号星座图如果是可以调整的，有时也称为离散多音频（Discrete Multitone，DMT）调制。

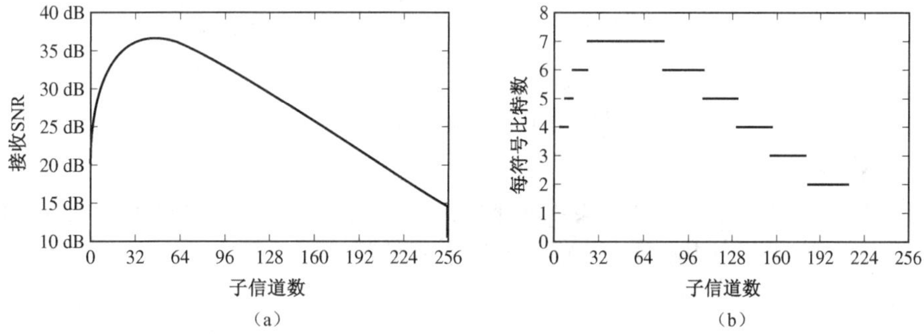

图 11-2-9 DSL 的频率响应和 OFDM 子信道的比特分配

11.2.8 多载波调制中的峰均比

多载波调制的一个重要的问题就是其发送信号中固有的相对较高的峰均比（Peak-to-Average Ratio，PAR）。一般来说，大的信号峰值是在各个子信道的传输信号相位同相叠加时形成的。当多载波信号用数字方法合成时，如此大的信号峰值可能在 D/A 变换器产生限幅效应；并且它还可能使功率放大器饱和，从而引起发送信号交调失真。当子载波的数量 N 很大时，可以应用中心极限定理对来自各个子信道的信号之和进行建模，即零均值高斯随机过程。根据这个模型，电压 PAR 正比于 $\sqrt{N}$ 。

为了避免交调失真（Intermodulation Distortion），常用的方法是减少发送机的功率，这样使得发送机功率放大器工作在线性区。这种功率下降（或称为功率回退）将导致通信系统的工作效率不高。例如，如果 PAR 是 10 dB，功率回退就是 10 dB，这样就可以避免交调失真。

为了降低多载波系统的 PAR，人们尝试了各种各样的方法，其中一个方法就是在每个子载波插入不同的相位偏移。相位偏移是按伪随机方式选择的，或者是按某种算法产生的，用以降低 PAR。例如，可以预先存储一些随机 N 相位，当 PAR 大的时候就使用它们。至于随机相位的选用信息，可以传递给接收机。另一种方案是固定使用一套伪随机相位偏移，这套伪随机相位偏移是通过计算机仿真求得的，经过各个子载波上各种符号组合验证，已证明可以把 PAR 降低到可接受的水平。

另一种方法是选择一个小的子载波集合，在它们上传输伪（Dummy）符号（也称为哑符号），用来降低 PAR。鉴于这些伪符号的幅度和相位不受给定的信号星座图的制约，伪符号的设计具有相当的灵活性。携带伪符号的子载波的分布可以遍布整个频带。伪符号使用必然要降低系统的吞吐量，所以我们只能为此使用一个很小的百分比的子载波。

还有一种方法可以不用分配子载波传输伪符号：我们可以选择一些子载波组成一个子集，它们上面已经加载了数据，但是可以扩展它们的星座图。扩展的方式保证数据可以恢复，例如采用模 q 的方式扩展数据，其中 q 是某个整数。举个例子，假设原先每个子载波上的调制都是矩形 16 点 QAM，至少要扩展到 32 点 QAM，也就是说，星座图要额外加上 16 个点。当原来星座图的 PAR 超过某个设定的门限时，可在选定的子载波上就进行星座图扩展：用扩展信号点取代原始信号点以降低 PAR。这个方法可能要经过数次迭代，每次都使用不同的子载波，直到把 PAR 降到某个设定的门限为止。感兴趣的读者可以参看 Tellado & Cioffi（1998 年）的论文，它专门研究这种方法。

如果是用数字方法合成多载波信号，那么可以通过 D/A 转换器对信号的限幅来将 PAR 控制在某个范围内。发送机的限幅会对信号产生失真，接收机的性能也会下降。Bahai 和 Salzberg（1999）专门研究了限幅对于 OFDM 检测器的差错概率的影响。如果限幅情况不常发生，那么限幅差错可以通过引入恰当的纠错码得到纠正。

由于多载波系统的 PAR 问题在实际应用中具有重要意义，所以有很多人进行了研究，除了以上介绍的，还有大量的其他方法。感兴趣的读者可以参看以下论文：Boyd（1986）、Popovic（1991）、Jones 等（1994）、Wilkinson & Jones（1995）、Wulich（1996）、Li & Cimini（1997）、Friese（1997）、Müller 等（1997）、Tellado & Cioffi（1998）、Wulich & Goldfeld（1999）、Tarokh & Jafarkhani（2000）、Peterson & Tarokh（2000）以及 Wunder & Boche（2003）。

11.2.9 多载波调制中的信道编码的一些思考

在单载波系统中，信道编码通常发生在时域，即编码比特或符号跨越多个信号或符号。在多载波系统中，如 OFDM，频率域为我们提供了新的维度，可通过信道编码来抗噪声和其他干扰。

一种可用的信道编码方法是在各个子载波上分别进行（时域）信道编码，可用使用分组码、卷积码或网格编码调制（TCM）。在这些时域编码中，编码位或符号可用跨越几个 OFDM（多载波）帧。多载波系统时域信道编码有两个基本的缺陷：其一是在 N 个并行的子信道上进行编码和译码会大大增加系统的复杂度；其二是在 N 个子载波上跨越多个帧进行译码会引起很大的延时（译码延时）。例如，假设编码延伸了 K 帧，那么就会产生 KN_f 个比特的延时，其中 N_f 是每帧所含比特数。

为了最小化译码延时，我们还可以在单个 OFDM（多载波）帧内比特跨越各个子信道进行信道编码。也就是说，我们可以在频域采用分组码、卷积码或 TCM。如果允许附加延时超过一个帧，那么信道编码还可以跨越多个 OFDM 帧。这种多载波通信系统信道编码方法的优势在于系统只要一个编码器和译码器，这就大大地简化了系统的实现。

以上我们对多载波系统信道编码的探讨仅限于简单的技术（如分组码、卷积码、TCM），但是这也可以很方便地应用于级联码和 Turbo 码等。

11.3 文献注释与参考资料

多信道信号传输通常用在时变信道上来克服信道衰落的影响。第 13 章将对信道衰落进行某些具体研究，并提供一些已发表的参考文献。与本章多信道数字通信研究特别相关的是普赖斯（Price，1962a，b）的两篇论文。

在多载波数字通信系统方面有大量的文献，这样的系统已实现和应用超过了 35 年。最早的一种系统是用于 HF 频段的数字传输，该系统是由道尔兹等（Doeltz，1957）描述的，称为 Kineplex。在多载波系统设计方面其他早期的研究工作在张（Chang，1966）和萨尔茨伯格（Saltzberg，1967）的论文中有所介绍。将 DFT 应用于多载波系统的调制和解调是由温斯坦和埃伯特（Weinstein & Ebert，1971）提出的。

近些年来，特别有趣的是多载波数字传输应用于各种信道上的数据、传真和视频传输，这些信道包括窄带（4 kHz）交换电话网络、48 kHz 基群电话频带、数字用户线路、蜂窝无线系统和音频广播等。有兴趣的读者可以参阅文献中的许多论文。作为例子，我们列举几篇论文：弘前等（Hirosaki，1981，1986）和周等（Chow，1991）的论文以及宾厄姆（Bingham，1990）的综述论文。凯尔列特（Kalet，1989）给出了在给定发送机功率和信道特性约束条件下多载波 QAM 系统速率最佳化的设计方法。最后，我们也列举多速率数字滤波器的论著：瓦迪纳桑（Vaidyanathan，1993）的著作、查恩斯等（Tzannes，1994）和里佐斯等（Rizos，1994）的论文，Starr 等（1999）和 Bingham（2000）关于数字用户线数字传输的多载波应用的著作。

习题

11-1 $X_1, X_2, \cdots, X_N$ 是一组 N 个统计独立且同分布的实高斯随机变量，其矩为 $E(X_i)=m$ 和 $\mathrm{var}(X_i)=\sigma^2$。

（a）定义：

$$U=\sum_{n=1}^{N} X_n$$

试求 U 的 SNR，其定义为

$$(\mathrm{SNR})_U=\frac{[E(U)]^2}{2\sigma_U^2}$$

其中，σ_U^2 为 U 的方差。

（b）定义：

$$V=\sum_{n=1}^{N}X_n^2$$

试求 V 的 SNR，其定义为

$$(\mathrm{SNR})_V=\frac{[E(V)]^2}{2\sigma_V^2}$$

其中，σ_V^2 为 V 的方差。

（c）试在同一个图上绘出 $(\mathrm{SNR})_U$、$(\mathrm{SNR})_V$ 与 m^2/σ^2 的关系曲线，并从图形上比较 $(\mathrm{SNR})_U$ 和 $(\mathrm{SNR})_V$。

（d）针对多信道各信号的相干检测和组合，以及平方律检测和组合的比较，试说明（c）中的结论有什么意义。

11-2 二进制通信系统在两个分集信道上传输同样的信息。两个接收信号是：

$$r_1=\pm\sqrt{\mathcal{E}_\mathrm{b}}+n_1,\qquad r_2=\pm\sqrt{\mathcal{E}_\mathrm{b}}+n_2$$

式中，$E(n_1)=E(n_2)=0$，$E(n_1^2)=\sigma_1^2$ 和 $E(n_2^2)=\sigma_2^2$，且 n_1 和 n_2 是不相关的高斯变量。检测器根据 r_1 和 r_2 的线性组合，即

$$r=r_1+kr_2$$

来进行判决。

（a）试求使差错概率最小的 k 值（最佳值）。

（b）针对 $\sigma_1^2=1$、$\sigma_2^2=3$ 以及 $k=1$ 或 k 为（a）题中求出的最佳值，试绘出差错概率曲线，并进行比较。

11-3 试按照下面情况来评估循环前缀（用在多音频调制中以避免 ISI）的代价。

（a）额外的信道带宽。

（b）额外的信号能量。

11-4 假设 $x(n)$ 是长度为 N 的有限持续时间信号，并令 $X(k)$ 为 $x(n)$ 的 N 点 DFT。假设我们填补 L 个零点到 $x(n)$ 上，再计算 $N+L$ 点 DFT，即 $X'(k)$。试问 $X(0)$ 和 $X'(0)$ 之间有什么关系？将 $|X(k)|$ 和 $|X'(k)|$ 画在一张图上，并说明这两个图形之间的关系。

11-5 试说明式（11-2-11）中的序列 $\{x_n\}$ 相当于式（11-2-12）中信号 $x(t)$ 的抽样值。

11-6 试证明序列 $\{X_k,\ 0\leqslant k\leqslant N-1\}$ 的 IDFT 可以这样来计算：即把序列 $\{X_k\}$ 通过 N 个线性离散时间滤波器组，滤波器的系统函数为

$$H_n(z)=\frac{1}{1-\mathrm{e}^{\mathrm{j}2\pi n/N}z^{-1}}$$

并在 $n=N$ 时对滤波器的输出进行抽样。

11-7 针对 $L=1$ 及 $L=2$ 绘出式（11-1-24）给出的 $P_2(L)$ 的曲线且作为 $10\log\gamma_\mathrm{b}$ 的函数，并求当 $\gamma_\mathrm{b}=10$ 时由于组合损失导致的 SNR 损失。

第 12 章

用于数字通信的扩频信号

用于数字信息传输的扩频信号的显著特征是，其带宽 W 远大于信息速率 R（比特/秒），即扩频信号的带宽扩展因子 $B_e=W/R$ 远大于 1。扩频信号这种特有的大冗余度，可用来克服在一些无线和卫星信道传输数字信息时所遇到的严重干扰。由于编码波形也用大于 1 的带宽扩展因子来表征，而且编码是引入冗余度的一种有效方法，因此，编码是扩频信号和设计中的一个要素。

扩频信号设计的第二个要素是伪随机性，它使信号看上去很像随机噪声，而且使指定接收机之外的其他接收机很难解调。该要素与信号的用途或目的是密切相关的。

具体地说，扩频信号有如下用途：

- 对抗或者抑制干扰的有害影响，如人为干扰、信道其他用户引起的干扰以及多径传播引起的自干扰。
- 以低功率发送来隐蔽信号，使得窃听者难以在背景噪声中检测出信号。
- 在有窃听者时，实现信息的保密。

除了数字通信应用，扩频信号还用于雷达和导航中距离（延时），以及距离变化率（速度）的精确测量。为简便起见，本章只讨论在数字通信中的应用。

在对抗人为干扰时，对通信机至关重要的是试图破坏通信的干扰机，它除了信道总带宽和所用的调制类型（如 PSK、FSK 等），并不知道信号特征的先验知识。如果数字信息按第 7 章和第 8 章所述的方法编码，则高级干扰机可以很容易地模拟出发送机所发送的信号，从而扰乱接收机。为了避免这种可能性的发生，发送机在每个发送的编码信号波形中引入了一个不可预测或随机（伪随机）的码元，它对于指定的接收机是已知的，对干扰机则是不可知的，因此干扰机只能合成和发送不含伪随机图样的干扰信号。

在多址通信系统中，多个用户共享一个共同的信道带宽，因此存在来自其他用户的干扰。在任一给定时间内，一部分用户可同时在该共同信道上向相应的接收机发送信息。假设所有用户对各自的信息序列采用相同的编码规律来编码和译码，那么该共同频谱上的各发送信号，可通过在每一发送信号中叠加不同的伪随机图样（也称为伪码）来彼此区分。因此，对于指定的接收机，由于已知相应发送机所采用的伪随机图样（如密钥），因而能恢复出发送给它的信息。这种允许多个用户同时使用一条共同信道来传输信息的通信技术，通常被称为码分多址（Code Division Multiple Auess，CDMA），将在 12.2 节和 12.3 节中研究。

信道中时间弥散传播所引起的可分解的多径分量，可看成自干扰（Self-Interference）的一种形式。这种形式的干扰可通过在发送信号中引入伪随机图样来抑制，如下所述。

用编码的方法扩展带宽并把得到的信号用低平均功率发送出去，可使消息隐藏在背景噪声之中。由于发送信号的电平很低，因为这种信号称为隐藏信号，它被偶然的收听者截获（检测）的概率很小，因此也称为低截获概率（Low Probability of Intercept，LPI）信号。

通过在发送消息上叠加伪随机图样，可使消息保密。已知发送机所用伪随机图样或密钥的特定接收机可解调出消息，其他不知道密钥的接收机则不能解调出该消息。

下面将介绍若干不同类型扩频信号的特征和应用，将着重论述扩频信号在对抗干扰、CDMA 和 LPI 信号中的应用。在讨论该信号设计之前，将简要地介绍上述应用的信道特征。

12.1 扩频数字通信系统的模型

图 12-1-1 所示为扩频数字通信系统模型的基本组成，其发送端的输入和接收端的输出均为二进制信息序列。信道编码器和信道译码器、调制器和解调器是系统的基本组成部分，这些已在第 4、7、8 章论述过。除了这些部分，还有两个完全相同的伪随机图样发生器，一个在发送端与调制器相接，另一个在接收端与解调器相接。该发生器产生的伪随机或伪噪声（PN）二进制序列，在调制器中添加到发送信号上，而在解调器中从接收信号中去掉。

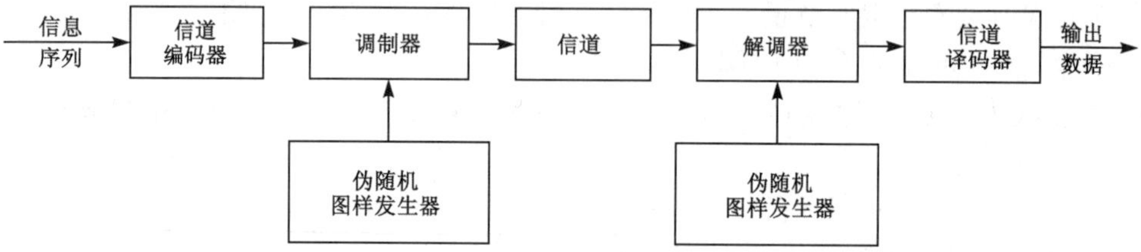

图 12-1-1　扩频数字通信系统模型的基本组成

为了解调接收信号，要求接收机产生的 PN 序列与接收信号中所含的 PN 序列同步。初始阶段，在传输信息之前，可通过发送一个固定的伪随机比特图样来获得同步，该图样即使在出现干扰时也能被接收机以很高的概率识别出来。当两端的发生器建立时间同步后，信息传输便可以开始了。

携带信息的信号通过信道传输时引入了干扰，干扰特征在很大程度上取决于干扰的来源。按其相对于携带信息的信号带宽，干扰可分为宽带干扰和窄带干扰；也可按时间分为连续干扰和脉冲（时间不连续）干扰。例如，干扰信号可由传输信息带宽内一个或多个正弦波组成，该正弦波的频率是固定不变的或是按某种规则随时间变化的。又如，在 CDMA 中，由信道中其他用户产生的干扰可能是宽带干扰，也可能是窄带干扰，这取决于为获得多址所采用的扩频信号类型，若为宽带干扰，则可表征为等效的加性高斯白噪声。在下面几节中，我们将研究这些类型的干扰以及一些其他类型的干扰。

我们对扩频信号的论述将主要集中在有窄带干扰和宽带干扰时的数字通信系统的性能上，主要研究两种调制方式：PSK 和 FSK。PSK 适用于收发信号间相位相干能保持较长一段时间的场合，该段时间比发送信号带宽的倒数要长；而 FSK 适用于因信道时变对通信链路影响而不能保持这种相位相干的场合，这种情形常见于高速移动的飞机与飞机以及飞机与地面间的通信链路中。

调制器中产生的 PN 序列和 PSK 调制结合在一起，使 PSK 信号的相位伪随机地偏移，如 12.2 节所述。所产生的调制信号称为直接序列（Direct Sequence，DS）或伪噪声（Pseudo Noise，PN）扩频信号。当它与二进制或 M 元（M>2）FSK 结合使用时，伪随机序列按伪随机方式选择发送信号的频率，由此产生的信号称为跳频（Frequency Hopped，FH）扩频信号。虽然也会简要叙述一些其他形式的扩频信号，但重点是 DS 扩频信号和 FH 扩频信号。

12.2 直接序列扩频信号

在图 12-1-1 所示的模型中，假定（信道）编码器的输入信息速率为 R（比特/秒），可用的信道带宽为 W（赫），并假定调制方式为二进制 PSK。为了利用整个可用的信道带宽，载波的相位按 PN 发生器的图样以 W 次/秒的速率伪随机地偏移。W 的倒数，记为 T_c，定义为矩形脉冲的宽度，该脉冲称为码片（Chip），而 T_c 称为码片间隔（Chip Interval），此脉冲是 DS 扩频信号中的基本单元。

如果定义 $T_b = 1/R$ 为相应于一个信息比特传输时间的矩形脉冲的宽度，则带宽扩展因子 W/R 可表示为

$$B_e = \frac{W}{R} = \frac{T_b}{T_c} \tag{12-2-1}$$

在实际系统中，比值 T_b/T_c 是一个整数，即

$$L_c = \frac{T_b}{T_c} \tag{12-2-2}$$

这是每个信息比特的码片数，即 L_c 在比特宽度 $T_b = 1/R$ 内发送信号中发生相移的次数。图 12-2-1（a）表示 PN 信号和数据信号的关系。

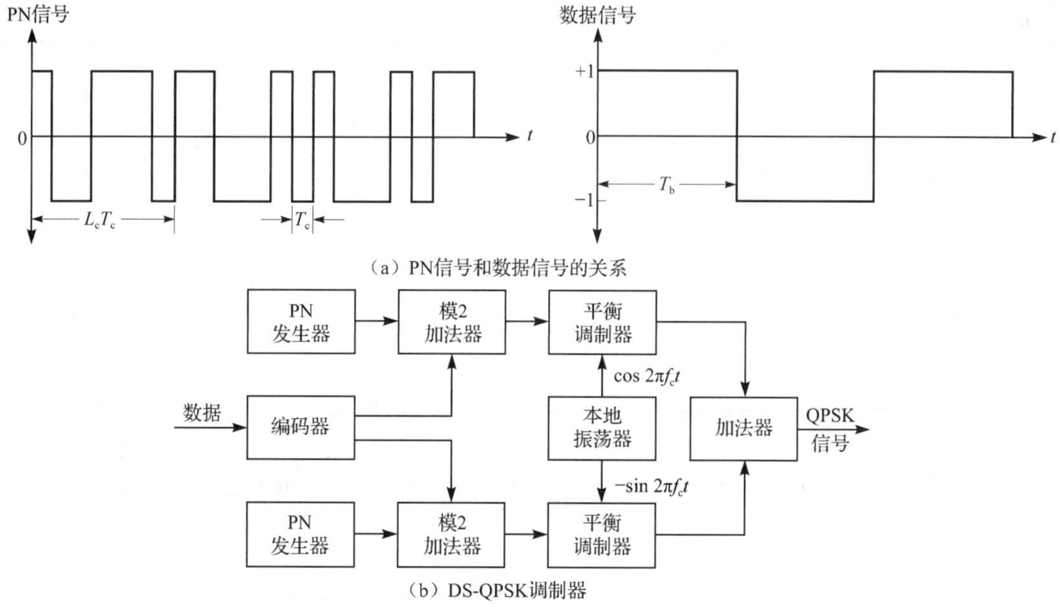

图12-2-1 用于 DS 扩频系统的 PN 信号和数据信号的关系以及 DS-QPSK 调制器

假设编码器每次取 k 个信息比特并生成一个二进制线性(n, k)分组码，可用来传输 n 个码元的时间宽度为 kT_b，在此时间间隔内的码片数为 kL_c，因此可选择该码的分组长度为 $n = kL_c$。如果编码器生成一个码率为 k/n 的二进制卷积码，则在时间间隔 kT_b 内的码片数仍然为 $n = kL_c$。因此，下面的讨论对分组码和卷积码都适用。我们注意到码率 $R_c = k/n = 1/L_c$。

把 PN 序列加到发送信号上的一种方法，是通过与 PN 序列模 2 加的方法来直接改变该编码比特①。因此每个编码比特都是通过与 PN 序列的一个比特相加来改变的。如果 b_i 表示 PN 序列的第 i 个比特，而 c_i 为编码器输出的相应的比特，则模 2 加为

$$a_i = b_i \oplus c_i \tag{12-2-3}$$

于是，若 $b_i=1$ 且 $c_i=0$ 或 $b_i=0$ 且 $c_i=1$，则 $a_i=1$；若 $b_i=1$ 且 $c_i=1$ 或 $b_i=0$ 且 $c_i=0$，则 $a_i=0$。因此可以这样说：当 $b_i=c_i$ 时 $a_i=0$，而当 $b_i \neq c_i$ 时 $a_i=1$。因此，按如下惯例将序列$\{a_i\}$映射为二进制 PSK 信号，其形式为 $s(t)=\pm \mathrm{Re}[g(t)\,\mathrm{e}^{\mathrm{j}2\pi f_c t}]$的

$$g_i(t) = \begin{cases} g(t - iT_c), & a_i = 0 \\ -g(t - iT_c), & a_i = 1 \end{cases} \tag{12-2-4}$$

式中，$g(t)$表示时间宽度为 T_c 的任意形状的脉冲。

编码序列$\{c_i\}$与 PN 发生器生成的序列$\{b_i\}$的模 2 加也可表示为两个波形相乘。为了证明这一点，假设按照如下关系式将编码序列映射为二进制 PSK 信号

$$c_i(t) = (2c_i - 1)g(t - iT_c) \tag{12-2-5}$$

类似地，我们将波形 $p_i(t)$定义为

$$p_i(t) = (2b_i - 1)p(t - iT_c) \tag{12-2-6}$$

式中，$p(t)$是脉宽为 T_c 的矩形脉冲。因此，对应于第 i 编码比特的等效低通发送信号为

$$g_i(t) = p_i(t)c_i(t) = (2b_i - 1)(2c_i - 1)g(t - iT_c) \tag{12-2-7}$$

这个信号和由序列$\{a_i\}$得出的式（12-2-4）的结果是一致的。因此，先将编码比特和 PN 序列进行模 2 加，然后映射为二进制 PSK 信号，完全等效于将编码比特产生的二进制 PSK 信号与一个单位幅度的矩形脉冲序列相乘，其中每个脉宽为 T_c，极性则按式（12-2-6）由 PN 序列确定。虽然模 2 加之后进行 PSK 调制要比波形相乘更容易些，但是在解调中，研究式（12-2-7）给出的相乘形式的发送信号是比较方便的。图 12-2-1（b）所示为 PSK-DS-QPSK 扩频系统调制器的功能框图。

第 i 个码元的等效低通接收信号为

$$\begin{aligned} r_i(t) &= p_i(t)c_i(t) + z(t) \\ &= (2b_i - 1)(2c_i - 1)g(t - iT_c) + z(t), \qquad iT_c \leqslant t \leqslant (i+1)T_c \end{aligned} \tag{12-2-8}$$

式中，$z(t)$表示使携带信息的信号恶化的低通等效噪声信号和干扰信号。假定干扰是均值为 0 的平稳随机过程。

如果 $z(t)$是复高斯过程的样本函数，则最佳解调器用与波形 $g(t)$相匹配的滤波器或相关器来实现，如图 12-2-2 所示的方框图。在匹配滤波器实现方案中，匹配滤波器的抽样输出乘以$(2b_i-1)$，$(2b_i-1)$是在 PN 发生器适当同步后由解调器中的 PN 发生器获得的。因为当 $b_i=0$ 和

① 当想要 4PSK 时，将一个 PN 序列加到同相信号分量所携带的信息序列上，而第二个 PN 序列加到正交分量所携带的信息序列上。在许多 PN 扩频系统中，同样的二进制信息序列加到两个 PN 序列上，以便形成两个正交分量。因此，4PSK 信号是利用二进制信息流产生的。

$b_i=1$ 时，$(2b_i-1)^2=1$，所以可以除去 PN 序列对接收编码比特的影响。

在图 12-2-2 中我们还可以看到，用两种方法都能够完成互相关。第一种方法如图 12-2-2（b）所示，先将 $r_i(t)$与 PN 发生器输出产生的波形 $p_i(t)$相乘，然后与 $g^*(t)$进行互相关运算，并在每个码片间隔中对输出进行抽样。第二种方法如图 12-2-2（c）所示，首先将 $r_i(t)$与 $g^*(t)$进行互相关运算，并对相关器的输出进行抽样，然后将该输出与 PN 发生器输出的$(2b_i-1)$相乘。

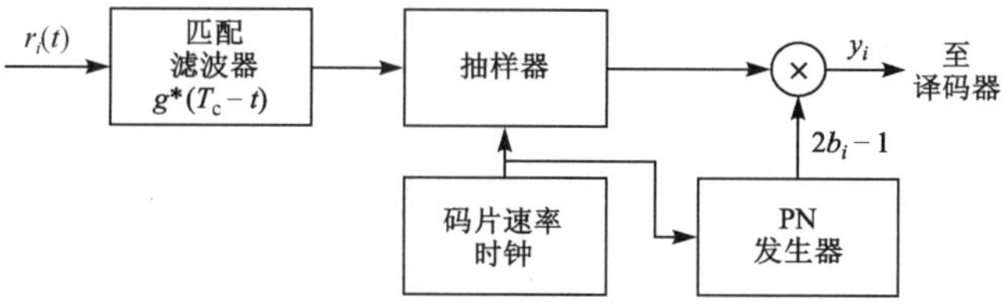

（a）

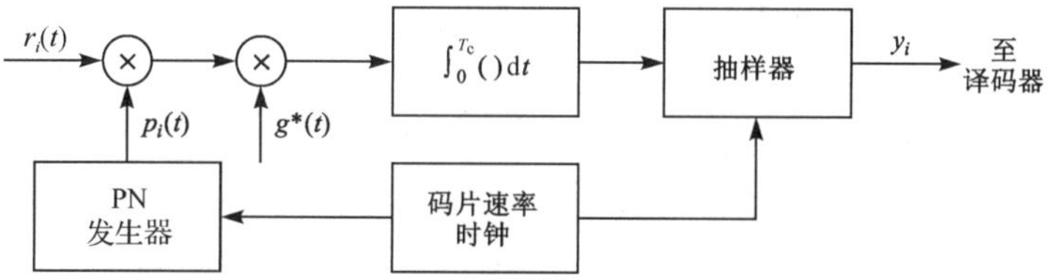

（b）

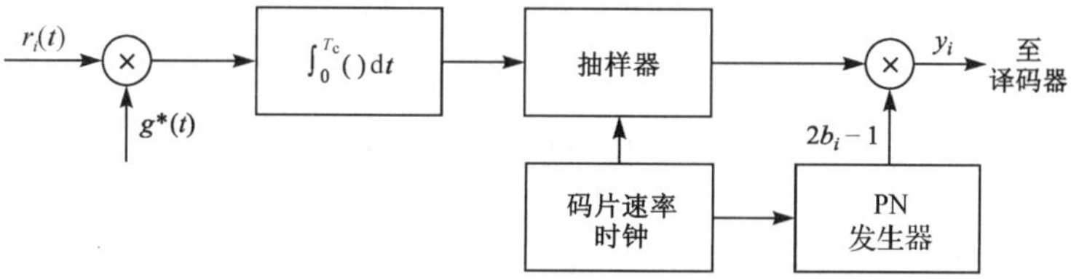

（c）

图 12-2-2　用于 PN 扩频信号的可能解调器结构

如果 $z(t)$不是高斯随机过程，那么图 12-2-2 所示的解调方法就不再是最佳的了。尽管如此，我们仍然可以用这三种解调器结构中的任何一种去解调接收信号。当干扰信号 $z(t)$的统计特性不是预知的时，这当然是一种可能的方法。下面介绍另一种解调方法，即在匹配滤波器或相关器之前用一个自适应滤波器来抑制窄带干扰，其基本原理将在后面进行介绍。

12.2.1 节将推导存在宽带干扰和窄带干扰时，DS 扩频系统的差错概率性能，该推导的假设是：解调器是图 12-2-2 所示的三种等效结构中的任何一种。

12.2.1　译码器的差错概率性能

将解调器非量化输出记为 y_j（$1\leqslant j\leqslant n$），首先研究线性二进制(n, k)分组码，而且不失一般性地，假设发送的是全 0 码字。

采用软判决译码的译码器计算相关度量（Correlation Metric），即

$$\mathrm{CM}_i=\sum_{j=1}^{n}(2c_{ij}-1)y_j,\qquad i=1,2,\cdots,2^k \tag{12-2-9}$$

式中，c_{ij} 表示第 i 个码字中的第 j 个比特。相应于全 0 码字的相关度量为

$$\begin{aligned}\mathrm{CM}_1 &= 2n\mathcal{E}_c + \sum_{j=1}^{n}(2c_{1j}-1)(2b_j-1)\nu_j \\ &= 2n\mathcal{E}_c - \sum_{j=1}^{n}(2b_j-1)\nu_j\end{aligned} \tag{12-2-10}$$

式中，ν_j 是恶化第 j 个编码比特的加性噪声项（$1\leqslant j\leqslant n$）；$\mathcal{E}_c$ 是码片能量。ν_j 定义为

$$\nu_j = \mathrm{Re}\left\{\int_0^{T_c} g^*(t)z[t+(j-1)T_c]\,\mathrm{d}t\right\}, \qquad j=1,2,\cdots,n \tag{12-2-11}$$

类似地，重量为 w_m 的码字 $\boldsymbol{c}_m$ 的相关度量为

$$\mathrm{CM}_m = 2\mathcal{E}_c n\left(1-\frac{2w_m}{n}\right) + \sum_{j=1}^{n}(2c_{mj}-1)(2b_j-1)\nu_j \tag{12-2-12}$$

根据 7.4 节使用的方法，下面确定 $\mathrm{CM}_m > \mathrm{CM}_1$ 的概率。CM_m 与 CM_1 之差为

$$D = \mathrm{CM}_1 - \mathrm{CM}_m = 4\mathcal{E}_c w_m - 2\sum_{j=1}^{n} c_{mj}(2b_j-1)\nu_j \tag{12-2-13}$$

由于码字 $\boldsymbol{c}_m$ 的重量为 w_m，所以在式（12-2-13）中包含的噪声项的和式中有 w_m 个非 0 分量。假设该码的最小距离足够大，我们可以用中心极限定理求出噪声分量的总和。当 PN 扩频信号的带宽扩展因子为 20 或更大时[①]，这个假设是成立的。因此，噪声分量的总和可建模为高斯随机变量。因为 $E(2b_j-1)=0$ 且 $E(\nu_j)=0$，故式（12-2-13）中第二项的均值也为 0。

方差为

$$\sigma_m^2 = 4\sum_{j=1}^{n}\sum_{i=1}^{n} c_{mi}c_{mj}E[(2b_j-1)(2b_i-1)]E(\nu_i\nu_j) \tag{12-2-14}$$

假定 PN 发生器生成的二进制数字序列是不相关的，则

$$E[(2b_j-1)(2b_i-1)] = \delta_{ij} \tag{12-2-15}$$

且

$$\sigma_m^2 = 4w_m E(\nu^2) \tag{12-2-16}$$

式中，$E(\nu^2)$是$\{\nu_j\}$集合中任一元素的二阶矩。该二阶矩很容易由下式计算：

$$E(\nu^2) = \frac{1}{2}\int_0^{T_c}\int_0^{T_c} g^*(t)g(\tau)R_{zz}(t-\tau)\,\mathrm{d}t\,\mathrm{d}\tau = \frac{1}{2}\int_{-\infty}^{\infty}|G(f)|^2 S_{zz}(f)\,\mathrm{d}f \tag{12-2-17}$$

式中，$R_{zz}(\tau)=E[z^*(t)z(t+\tau)]$是自相关函数，而 $S_{zz}(f)$ 是干扰 $z(t)$的功率谱密度。

由此可见，当发送信号在占有带宽[②]内干扰的功率谱是平坦时，即

$$S_{zz}(f) = 2J_0, \qquad |f|\leqslant W/2 \tag{12-2-18}$$

则式（12-2-17）中的二阶矩为 $E(\nu^2)=2\mathcal{E}_c J_0$。因此，式（12-2-16）中干扰项的方差变为

$$\sigma_m^2 = 8\mathcal{E}_c J_0 w_m \tag{12-2-19}$$

---

① 典型地，扩频信号的带宽扩展因子是 100 或更高的数量级。

② 如果带通信道的带宽为 W，那么等效低通信道的带宽为 $W/2$。

在这种情况下，$D<0$ 的概率为

$$P_2(m)=Q\left(\sqrt{\frac{2\mathcal{E}_c}{J_0}w_m}\right) \tag{12-2-20}$$

编码比特能量$\mathcal{E}_c$可以用信息比特能量$\mathcal{E}_b$表示为

$$\mathcal{E}_c=\frac{k}{n}\mathcal{E}_b=R_c\mathcal{E}_b \tag{12-2-21}$$

把式（12-2-21）代入式（12-2-20），可得

$$P_2(m)=Q\left(\sqrt{\frac{2\mathcal{E}_b}{J_0}R_c w_m}\right)=Q\left(\sqrt{2\gamma_b R_c w_m}\right) \tag{12-2-22}$$

式中，$\gamma_b=\mathcal{E}_b/J_0$是信息比特信噪比。最后，码字差错概率的一致上边界为

$$P_M\leqslant\sum_{m=2}^{M}Q(\sqrt{2\gamma_b R_c w_m}) \tag{12-2-23}$$

式中，$M=2^k$。注意，这个表达式与 AWGN 信道中线性二进制分组码的软判决译码的码字差错概率是相同的。

我们已经推导出分组码的公式，对于(n, k)卷积码的推导过程也是类似的，其结果是如下等效的比特差错概率上边界。

$$P_b\leqslant\frac{1}{k}\sum_{d=d_{free}}^{\infty}\beta_d Q(\sqrt{2\gamma_b R_c d}) \tag{12-2-24}$$

式中，系数集合$\{\beta_d\}$是由转移函数 $T(Y,Z)$ 导数的展开式得到的，如 8.2.2 节所述。

下面，我们来研究以载波（对等效低通信号来说是直流）为中心的窄带干扰问题。我们可把总（平均）干扰功率定为$J_{av}=2J_0W$，其中 $2J_0$是等效宽带干扰的功率谱密度值。窄带干扰可用下列功率谱密度来表征，即

$$S_{zz}(f)=\begin{cases}\dfrac{J_{av}}{W_1}, & |f|\leqslant W_1/2\\ 0, & |f|>W_1/2\end{cases} \tag{12-2-25}$$

式中，$W\gg W_1$。

将$S_{zz}(f)$的表达式，即式（12-2-25）代入式（12-2-17），可得

$$E(\nu^2)=\frac{J_{av}}{2W_1}\int_{-W_1/2}^{W_1/2}|G(f)|^2\,\mathrm{d}f \tag{12-2-26}$$

$E(\nu^2)$的值取决于 $g(t)$的谱特征。在下面的例子中，我们研究两种特殊情况。

例 12-2-1 假设 $g(t)$为图 12-2-3（a）所示的矩形脉冲，而$|G(f)|^2$为相应的能量密度谱，如图 12-2-3（b）所示。对于式（12-2-25）给出的窄带干扰，总干扰的方差为

$$\sigma_m^2=4w_mE(\nu^2)=\frac{4\mathcal{E}_c w_m T_c J_{av}}{W_1}\int_{-W_1/2}^{W_1/2}\left(\frac{\sin\pi f T_c}{\pi f T_c}\right)^2\mathrm{d}f=\frac{4\mathcal{E}_c w_m J_{av}}{W_1}\int_{-\beta/2}^{\beta/2}\left(\frac{\sin\pi x}{\pi x}\right)^2\mathrm{d}x \tag{12-2-27}$$

式中，$\beta=W_1T_c$。图 12-2-4 给出了 $0\leqslant\beta\leqslant1$ 范围内该积分的值。我们看到该积分值的上边界为 1，

因此，$\sigma_m^2 \leqslant 4\mathcal{E}_c w_m T_c J_{av}$。

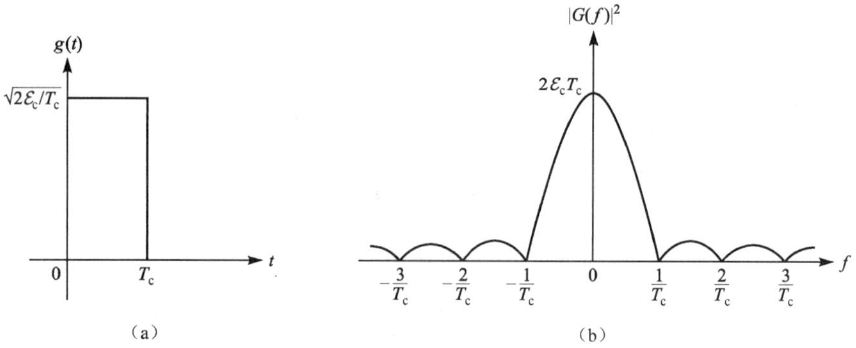

图 12-2-3　矩形脉冲及其能量密度谱

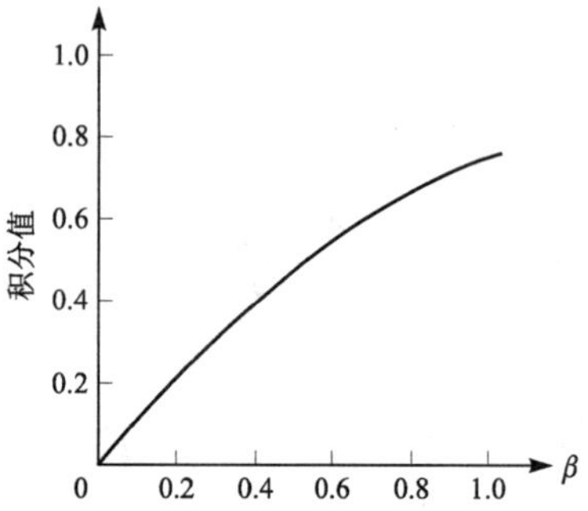

图 12-2-4　式（12-2-27）积分值曲线图

在 W_1 趋近于 0 的极限情况下，干扰在载频处变为一个冲激。在这种情况下，干扰是一个纯单频，通常称为连续波（Continuous Wave，CW）干扰信号，其功率谱密度为

$$S_{zz}(f) = J_{av}\delta(f) \tag{12-2-28}$$

而判决变量 D=CM$_1$–CM$_m$ 所对应的方差为

$$\sigma_m^2 = 2w_m J_{av}|G(0)|^2 = 4w_m \mathcal{E}_c T_c J_{av} \tag{12-2-29}$$

CW 干扰的码字差错概率的上边界为

$$P_e \leqslant \sum_{m=2}^{M} Q\left(\sqrt{\frac{4\mathcal{E}_c}{J_{av}T_c}w_m}\right) \tag{12-2-30}$$

而 $\mathcal{E}_c = R_c\mathcal{E}_b$，且 $T_c \approx 1/W$，$J_{av}/W = 2J_0$。因此式（12-2-30）可表示为

$$P_e \leqslant \sum_{m=2}^{M} Q\left(\sqrt{\frac{2\mathcal{E}_b}{J_0}R_c w_m}\right) \tag{12-2-31}$$

这就是前面宽带干扰所得的结果，该结果表明，CW 干扰和等效宽带干扰对性能的影响是相同的。这种等效性将在下面进一步讨论。

例 12-2-2　当发送信号脉冲 $g(t)$为图 12-2-5 所示的半个周期正弦波时，在存在平均功率为 J_{av} 的 CW 干扰情况下，求 DS 扩频系统的性能。半个周期正弦波信号脉冲为

$$g(t) = \sqrt{\frac{4\mathcal{E}_c}{T_c}}\sin\frac{\pi t}{T_c}, \qquad 0 \leqslant t \leqslant T_c \tag{12-2-32}$$

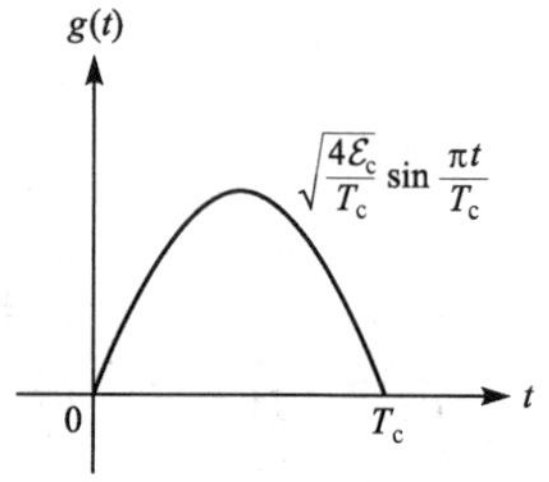

图 12-2-5　正弦信号脉冲

这个脉冲干扰的方差为

$$\sigma_m^2 = 2w_m J_{av}|G(0)|^2 = \frac{32}{\pi^2}\mathcal{E}_c T_c J_{av} w_m \tag{12-2-33}$$

因此，码字差错概率的上边界为

$$P_e \leqslant \sum_{m=2}^{M} Q\left(\sqrt{\frac{\pi^2\mathcal{E}_b}{2J_{av}T_c}R_c w_m}\right) \tag{12-2-34}$$

可以看出，用这个脉冲获得的性能要比矩形脉冲得到的性能好 0.9 dB。我们记得，当该脉冲形状在用于偏移 QPSK 时将导致 MSK 信号，MSK 调制常用于 DS 扩频系统中。

1. 处理增益和干扰容限

通过用平均功率来表示信号比特能量$\mathcal{E}_b$，可以得到关于 DS 扩频信号性能特征的有趣解释，即$\mathcal{E}_b = P_{av}T_b$，其中 P_{av} 是信号平均功率，T_b 是比特间隔。我们来研究在 CW 干扰下，例 12-2-1 中所述矩形脉冲所获得的性能。将$\mathcal{E}_b$和 J_0 代入式（12-2-31），可得到

$$P_e \leqslant \sum_{m=2}^{M} Q\left(\sqrt{\frac{4P_{av}}{J_{av}}\frac{T_b}{T_c}R_c w_m}\right) = \sum_{m=2}^{M} Q\left(\sqrt{\frac{4P_{av}}{J_{av}}L_c R_c w_m}\right) \tag{12-2-35}$$

式中，L_c 是每信息比特的码片数，而 P_{av}/J_{av} 是信号与干扰的功率比。

该结果与在宽带干扰情况下的结果是相同的，其性能由式（12-2-23）给出。信号比特能量为

$$\mathcal{E}_b = P_{av}T_b = \frac{P_{av}}{R} \tag{12-2-36}$$

式中，R 是信息速率（比特/秒）。干扰的功率谱密度可表示为

$$2J_0 = \frac{J_{av}}{W}$$

利用式（12-2-36）和上式中的关系，比值$\mathcal{E}_b/J_0$可表示为

$$\frac{\mathcal{E}_b}{J_0} = \frac{P_{av}/R}{J_{av}/2W} = \frac{2W/R}{J_{av}/P_{av}} \tag{12-2-37}$$

比值 J_{av}/P_{av} 是干扰与信号功率之比，该比值通常大于 1。比值 $W/R=T_b/T_c=B_e=L_c$，是带宽扩展因子，或等价为每信息比特的码片数，该比值通常称为 DS 扩频系统的处理增益（Processing Gain），它表示由于扩展了发送信号带宽所获得的抗干扰增益。如果把$\mathcal{E}_b/J_0$看成达到指定的差错概率性能所需的信噪比，而把 W/R 看成可获得的带宽扩展因子，则比值 J_{av}/P_{av} 称为 DS 扩频系统的干扰容限。换句话说，干扰容限是满足指定的差错概率要求下，J_{av}/P_{av} 所能选取的最大值。

线性二进制(n, k)分组码软判决译码器的性能，可用处理增益和干扰容限表示为

$$P_e \leqslant \sum_{m=2}^{M} Q\left(\sqrt{\frac{4W/R}{J_{av}/P_{av}}R_c w_m}\right) \leqslant (M-1)Q\left(\sqrt{\frac{4W/R}{J_{av}/P_{av}}R_c d_{min}}\right) \tag{12-2-38}$$

可见，除了处理增益 W/R 和 J_{av}/P_{av}，性能还取决于第三个因子 $R_c w_m$，这个因子称为编码增益（Coding Gain），其下边界为 $R_c d_{min}$。因此，DS 扩频信号所能达到的干扰容限取决于处理增益和编码增益。

我们可以把这些量的关系式以 dB 为单位写为

$$(\text{SNR})_{dB} = \left(\frac{2W}{R}\right)_{dB} + (R_c d_{min})_{dB} - \left(\frac{J_{av}}{P_{av}}\right)_{dB} \tag{12-2-39}$$

式中，$(\text{SNR})_{dB}$ 表示接收机要达到某个给定的性能所需的信噪比。

2．未编码的 DS 扩频信号

上述利用线性二进制(n, k)分组码生成的 DS 扩频信号给出的性能结果，可针对一种普通码型，即二进制重复码，来加以具体说明。在这种情况下，$k = 1$ 非 0 码字的重量为 $w = n$，于是 $R_c w=1$，因而，二进制信号传输系统的性能简化为

$$P_2 = Q\left(\sqrt{\frac{2\mathcal{E}_b}{J_0}}\right) = Q\left(\sqrt{\frac{4W/R}{J_{av}/P_{av}}}\right) \tag{12-2-40}$$

注意，普通（重复）码没有编码增益，但可获得处理增益 W/R。

例 12-2-3 假设要求用未编码的 DS 扩频系统达到 10^{-6} 或更低的比特差错概率，可用的带宽扩展因子是 $W/R = 1000$。试求干扰容限。

未编码的二进制 PSK 达到 10^{-6} 比特差错概率所需要的$\mathcal{E}_b/J_0$ 为10.5 dB，处理增益是 10lg 1000=30 dB。因此，干扰与信号功率比的最大允许值，即干扰容限为

$$10\lg\frac{J_{av}}{P_{av}} = 33 - 10.5 = 22.5\,\text{dB}$$

由于该干扰容限是用未编码的 DS 扩频系统获得的，因此还可利用信息序列编码来增大此干扰容限。

对于未编码（重复码）的 DS 扩频系统，其调制和解调过程还以采用其他的方法。例如，在调制器中，用矩形脉冲的重复码产生的信号波形，这和脉宽为 T_b 的单位幅度矩形脉冲 s(t) 或其负脉冲是一样的，此脉冲的正或负分别取决于信息比特是 1 还是 0。从式（12-2-7）可以看出，其中单个信息比特内的编码码片$\{c_i\}$为全 1 或全 0。PN 序列乘以 $s(t)$或$-s(t)$，当信息比特为 1 时，由 PN 发生器产生的 L_c个 PN 码片通过相同极性发送；当信息比特为 0 时，L_c 个 PN 码片乘以$-s(t)$，故极性相反。

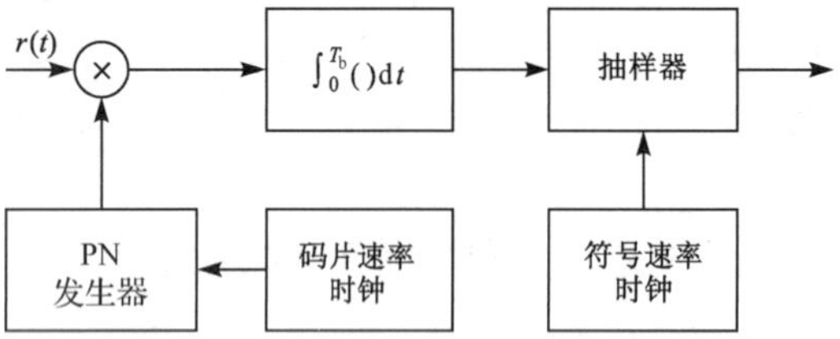

图 12-2-6　重复码的相关型解调器

图 12-2-6 所示为重复码的相关型解调器，由此可见，积分器的积分区间就是比特间隔 T_b，因此重复码的译码器可省去，其功能已包括在解调器中。

现在定性地评估这个解调过程对干扰 $z(t)$ 的影响。干扰 $z(t)$与 PN 发生器的输出

$$w(t) = \sum_i (2b_i - 1)p(t - iT_c)$$

相乘，可得

$$v(t) = w(t)z(t)$$

波形 $w(t)$和 $z(t)$是统计独立的随机过程，其均值都为 0，自相关函数分别为 $R_{ww}(\tau)$和 $R_{zz}(\tau)$。乘积 $v(t)$也是一个随机过程，其自相关函数等于 $R_{ww}(\tau)$和 $R_{zz}(\tau)$的乘积。因此，随机过程 $v(t)$的功率谱密度等于 $w(t)$的功率谱密度与 $z(t)$的功率谱密度的卷积。

两个功率密度谱卷积的结果扩展了功率的带宽。由于 $w(t)$的带宽占据了可用信道带宽 W，因此两个功率密度谱卷积的结果在宽度为 W 的频带上扩展了 $z(t)$的功率谱密度。若 $z(t)$为一窄带过程，即它的功率谱密度的带宽远小于 W，则过程 $v(t)$的功率谱密度将占据至少为 W 的带宽。

图 12-2-6 中互相关运算所用的积分器的带宽近似等于 $1/T_b$，因为 $1/T_b \ll W$，故总干扰功率中只有一小部分出现在相关器输出端。因此，这一部分近似等于带宽 $1/T_b$ 和 W 的比值，即

$$\frac{1/T_b}{W} = \frac{1}{WT_b} = \frac{T_c}{T_b} = \frac{1}{L_c}$$

换句话说，来自 PN 发生器的信号与干扰相乘把干扰扩展到了信号带宽 W 上，而相乘之后窄带积分仅输出总干扰的 $1/L_c$。因此，未编码 DS 扩频系统的性能增强了 L_c 倍（L_c 为处理增益）。

3. 线性码和重复码的级联

如上所述，二进制重复码提供了一个抗干扰信号的容限，但没有得到编码增益。为了改善性能，可使用线性(n_1,k)分组码或卷积码，其中 $n_1 \leqslant n = kL_c$。一种可能是选择 $n_1 < n$ 并将每个码比特重复 n_2 次，于是 $n = n_1 n_2$。因此我们可通过(n_1, k)码和二进制$(n_2, 1)$重复码的级联来构造一个线性(n_1, k)码。这可看成一种普通形式的级联码，其中外码是(n_1, k)码，而内码是重复码。

由于重复码得不到编码增益，因此组合码的编码增益就可简化为(n_1, k)外码的编码增益，事实也证明确实如此。整个组合码的编码增益为

$$R_c w_m = \frac{k}{n} w_m, \qquad m = 2, 3, \cdots, 2^k$$

而组合码的重量$\{w_m\}$可表示为

$$w_m = n_2 w_m^{\mathrm{o}}$$

式中，$\{w_m^{\mathrm{o}}\}$是外码的重量。因此，组合码的编码增益为

$$R_c w_m = \frac{k}{n_1 n_2} n_2 w_m^{\mathrm{o}} = \frac{k}{n_1} w_m^{\mathrm{o}} = R_c^{\mathrm{o}} w_m^{\mathrm{o}} \tag{12-2-41}$$

它正是外码获得的编码增益。

如果(n_1, k)外码采用硬判决译码，也能获得编码增益。$(n_2, 1)$重复码的比特差错概率（基于软判决译码的）为

$$p = Q\left(\sqrt{\frac{2n_2\mathcal{E}_c}{J_0}}\right) = Q\left(\sqrt{2\frac{\mathcal{E}_b}{J_0}R_c^{\mathrm{o}}}\right) = Q\left(\sqrt{\frac{4W/R}{J_{av}/P_{av}}R_c^{\mathrm{o}}}\right) \tag{12-2-42}$$

则线性(n_1, k)分组码的码字差错概率上边界为

$$P_e \leqslant \sum_{m=t+1}^{n_1} \binom{n_1}{m} p^m (1-p)^{n_1-m} \tag{12-2-43}$$

式中，$t = \lfloor (d_{\min} - 1)/2 \rfloor$。或者为

$$P_e \leqslant \sum_{m=2}^{M} [4p(1-p)]^{w_m^{\mathrm{o}}/2} \tag{12-2-44}$$

式（12-2-44）称为契尔诺夫边界。对于一个二进制(n_1,k)卷积码，比特差错概率上边界为

$$P_b \leqslant \sum_{d=d_{free}}^{\infty} \beta_d P_2(d) \tag{12-2-45}$$

式中，若 d 为奇数，$P(d)$由式（8-2-16）定义；若 d 为偶数，$P(d)$由式（8-2-17）定义。

4. 用于 DS 扩频系统的级联码

从上面讨论容易看出，用更强有力的码代替重复码，除了可获得处理增益，还能得到编码增益，因而使系统的性能得到改善。从本质上来看，DS 扩频系统的目标是构造具有较大最小距离的低速率长码。应用级联码可以很好地做到这一点。当二进制 PSK 与 DS 扩频结合使用时，级联码码字的码元必须用二进制形式表示。

当内码和外码都采用软判决译码时，能得到最好的性能。然而，为了减少译码复杂性，通常采用的方法是，内码用软判决译码，外码用硬判决译码。这些译码方式的差错概率性能的表达式，部分取决于内码和外码所选用的码型（是分组码还是卷积码）。例如，两个分组码的级联整体上可看成一个长的二进制(n,k)分组码，其性能由式（12-2-38）给出，其他码型的组合码性能也不难推导出来。为简单起见，我们将不考虑这些组合码情况。

12.2.2 DS 扩频信号的一些应用

本节将简要讨论编码的 DS 扩频信号的两种专门用途：第一种应用是关于以很低的功率发送信号，将通信信号隐藏在背景噪声之中；第二种应用是在同一信道上同时传输若干个信号，即 CDMA。

1. 低功率可检测信号的传输

在这种应用场合中，相对于信道背景噪声和接收机前端产生的热噪声，信号有意地以很低的功率发送。若 DS 扩频信号占用的带宽为 W，加性噪声的谱密度为 N_0 W/Hz，则在带宽 W 内平均噪声功率是 $N_{av}=WN_0$。

在指定接收机中，接收信号的平均功率为 P_{av}。如果希望使指定接收机附近的接收机无法觉察信号的存在，信号可用很低的功率发送，因此 $P_{av}/N_{av} \ll 1$。例如，假设传输的信号是二进制 PSK，则对于指定接收机的差错概率为

$$P_e < MQ\left(\sqrt{\frac{2\mathcal{E}_b}{N_0}R_c d_{\min}}\right) < MQ\left(\sqrt{4\left(\frac{W}{R}\right)\left(\frac{P_{av}}{N_{av}}\right)R_c d_{\min}}\right)$$

由这个表达式我们可以看到，尽管 $P_{av}/N_{av} \ll 1$，指定接收机能够借助于处理增益和编码增益恢复携带信息的信号。但对于其他接收机，因为没有 PN 序列的先验知识，将不具有处理增益和编码增益所带来的那些优点，因此这些接收机很难检测出携带信息的信号。这种信号被截获的概率很低，称它为低截获概率（LPI）信号。

12.2.1 节所给出的差错概率结果也适用于指定接收机中 LPI 信号的解调和译码。

2. 码分多址

由于处理增益和编码增益提高了 DS 扩频信号的性能，利用该特性可使许多 DS 扩频信号占据同一信道带宽，只要每个信号拥有自己特有的 PN 序列即可。因此，多用户在同一信道带宽上同时传输消息是可能的。每个用户（一对发送机/接收机）以其特有的 PN 码，在共同的信道带宽内传输信息，这称为码分多址（Code Division Multiple Access，CDMA）。

每个 PN 码在解调时，来自信道中其他同时通信用户的信号表现为加性干扰，干扰电平

的变化取决于任意给定时间上的用户数。CDMA 的主要优点在于：如果每个用户发送信息的时间周期较短，就能够容纳大量的用户。在这种多址系统中，比较容易增加新的用户或减少用户数而不破坏系统的正常工作。

下面，让我们来确定 CDMA 系统中能够支持同时传输的信号数目①。为了简单起见，假定所有信号的平均功率都相同，因此如果有 N_u 个用户同时通信，则在指定接收机中期望的信噪干扰功率比为

$$\frac{P_{av}}{J_{av}}=\frac{P_{av}}{(N_u-1)P_{av}}=\frac{1}{N_u-1} \tag{12-2-46}$$

因此，指定接收机的软判决译码性能上边界为

$$P_e\leqslant\sum_{m=2}^{M}Q\left(\sqrt{\frac{4W/R}{N_u-1}R_c w_m}\right)\leqslant(M-1)Q\left(\sqrt{\frac{4W/R}{N_u-1}R_c d_{\min}}\right) \tag{12-2-47}$$

在这种情况中，我们已假定来自其他用户的干扰是高斯的。

举一个例子，假设在

$$\frac{4W/R}{N_u-1}R_c d_{\min}=40$$

时可达到期望的性能等级（差错概率为 10^{-6}），那么 CDMA 系统所能支持的最大用户数为

$$N_u=\frac{W/R}{10}R_c d_{\min}+1 \tag{12-2-48}$$

若 W/R=100 且 $R_c d_{\min}$=4［采用(24,12)高莱码（Golay Code）所得到的结果］，则最大用户数 N_u＝41；若 W/R = 1000 且 $R_c d_{\min}$=4，最大用户数变为 N_u＝401。

在求信道中同时存在的最大用户数时，我们已隐含地假设 PN 码序列是相互正交的，而来自其他用户的干扰只在功率上相加。然而，许多 PN 码序列之间正交性是不易做到的，特别是当所需的 PN 码序列数目很大时。事实上，对于 CDMA 系统，选择一组好的 PN 码序列是一个很重要的课题，这一点在技术文献中已经受到相当的重视。我们将在 12.2.5 节简要讨论这个问题。

3．基于 DS 扩频的数字蜂窝 CDMA 系统

北美地区采用直接序列 CDMA 作为数字蜂窝系统的多址方式，这种数字蜂窝通信系统是由高通（Qualcomm）公司首先提出的，并由电信工业协会（TIA）标准化并命名为 IS-95，使用频段为 800 MHz 和 1900 MHz。

从基站到移动接收机方向（前向链路）传输的标称带宽为 1.25 MHz，从移动接收机到基站方向（反向链路）传输的标称带宽为 1.25 MHz，两者互不相交。在前向链路和反向链路上传输的信号都是 DS 扩频信号，其码片速率为 1.2288×10^6 码片/秒（chip/s）。

4．前向链路

图 12-2-7 所示为 IS-95 前向链路的方框图。语音编码器为码激励线性预测（CELP）编码器，以 9600 b/s、4800 b/s、2400 b/s 和 1200 b/s 可变速率产生数据，数据速率随用户的语音激

① 在本节中，来自其他用户的干扰作为随机过程来处理。如果用户之间没有协同工作，就是这种情况。在第 16 章，我们将研究 CDMA 传输，其中来自其他用户的干扰是已知的且可被接收机抑制。

活度而变化，帧长为 20 ms。语音编码器的输出由码率为 1/2、约束长度 K=9 的卷积码编码。对于低的语音激活度，为了保持 9600 b/s 的恒比特率，卷积码编码器的输出符号可以重复，即 4800 b/s、2400 b/s 和 1200 b/s 的信号可以分别重复 2、4 和 8 次。对于低的语音激活度，发射机功率可以减少 3 dB、6 dB 或 9 dB，这样每比特发射功率可以保持不变。也就是说，低的语音激活度导致低发射机功率，故对其他用户的干扰较少。

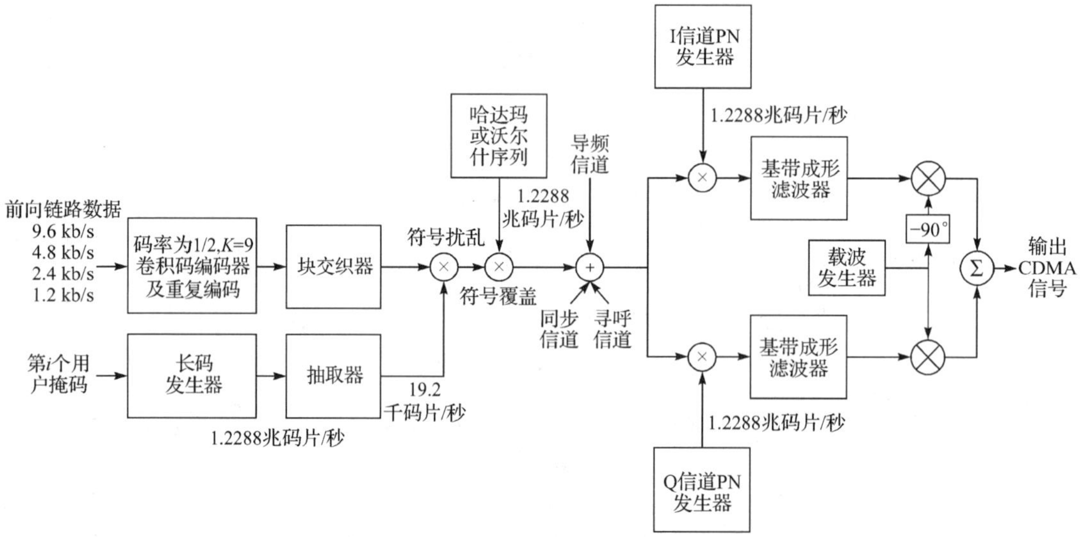

图 12-2-7　IS-95 前向链路的方框图

每帧的编码比特还要经过块交织器，用以克服在信道传输中可能的突发型差错。块交织器的输出速率为 19.2 kb/s，之后是符号扰乱长码（周期为 $N=2^{42}-1$）发生器产生的 1.2288 兆码片/秒长码信号经过 64 倍的抽取形成 19.2 千码片/秒的信号，该信号与块交织器的输出信号相乘来进行符号扰乱。长码可以在前向链路和反向链路唯一地区别移动台。

信道的每一个用户都分配一个长 64 的哈达玛（Hadamard）或沃尔什（Walsh）序列。每个基站共有 64 个正交的哈达玛序列，所以共有 64 个可用信道。其中一个哈达玛序列（全 0 序列）用来发送导频信号，用来测量信道特性，包括信号强度和载波相位偏差，这些参数都是接收机在进行相位相干解调时必不可少的；一个哈达玛序列用来实现定时同步；还有一个信道（如果必要可有多个）用于寻呼。由此可见，可分配给用户的信道最多 61 个。

每个用户的数据序列都与分配给它的哈达玛序列相乘。也就是说，每个编码比特都乘以 64 位哈达玛序列。产生的二进制序列乘以长度为 $N = 2^{15}$ 的两个 PN 序列，用以形成同相和正交分量。这样，二进制信号就被转化为四相信号，I 和 Q 分量都要经过基带成形滤波器。不同的基站就可用这些 PN 序列偏差的同步来识别。64 个信道的信号可同时发送，这样，若没有信道的多径失真，移动接收机的其他用户的信号不会产生干扰，这是由于哈达玛序列相互正交的缘故。

在接收机上，我们使用 RAKE 解调器来分辨信号的主要多径分量，随后利用导频信号估计出来的相位和信号强度对多径分量进行相位校准和强度加权处理，然后把这些处理后的多径分量合并起来，再传递给维特比（Viterbi）软判决译码器。RAKE 解调器的原理将在第 13 章中详细讲解。

5. 反向链路

反向链路是指从移动发射机到基站，其调制器与前向链路有所不同。图 12-2-8 所示为 IS-95 反向链路的方框图。设计调制器的时候必须首先考虑到信号来自不同的移动发射机，它们达到基站时是异步的，故用户之间存在相当程度的干扰。其次，移动发射机是靠电池工作的，因此发射功率是有限的。为了弥补这些不足，我们在反向链路采用一个码率为 1/3、K=9 的卷积码，目的是获取较高的编码增益以克服信道的衰落。信道衰落是数字蜂窝通信的重要特征，我们将在第 13 章中详细论述。正如前向链路一样，当语音活跃度较低时，卷积码编码器输出信号可以重复 2、4 或 8 次，因此编码比特率为 28.8 kbit/s。

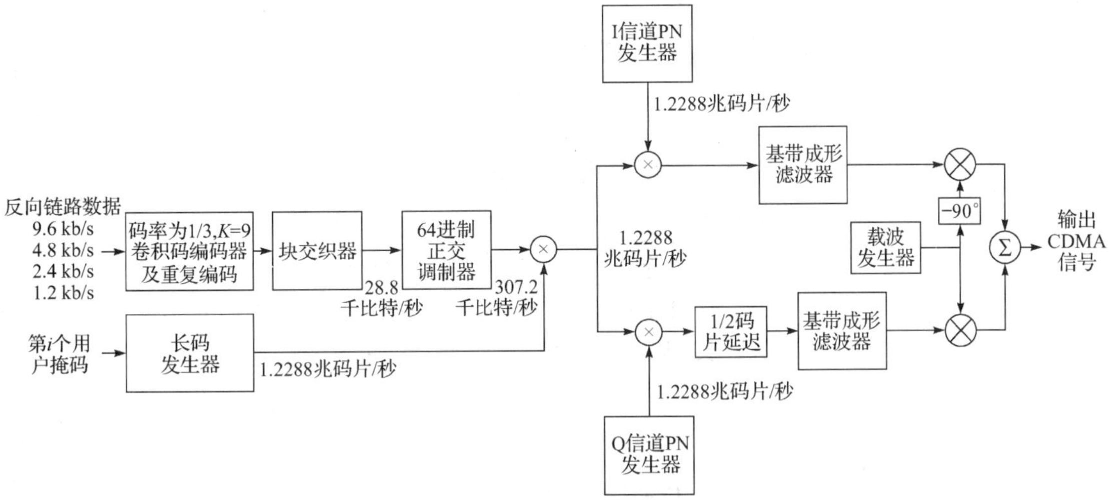

图 12-2-8　IS-95 反向链路的方框图

对于一个 20 ms 的帧，576 个编码比特首先进行块交织再传给调制器。数据用 $M = 64$ 的哈达玛序列正交信号集，即 6 比特的数据组映射到一个长度为 64 的哈达玛序列。调制器的输出比特（或码片）率是 307.2 千比特/秒来调制，该信号集采用长度为 64 的哈达玛序列。我们注意到，64 进制的正交调制达到 10^{-6} 的差错概率所需的比特 SNR 要比双极性二进制信号小 3.5 dB。

为了进一步降低对其他用户的干扰，码符号的重复时间应该随机化，这样当语音激活度很低时，连续的突发不会等时间地均匀出现。随机化处理之后，信号由 PN 发生器的扩频，速率变为 1.2288 兆码片/秒。故每一个来自调制器的哈达玛序列比特只对应了 4 个 PN 码片，这样，反向链路的处理增益非常小。乘法器输出的 1.2288 兆码片/秒的二进制序列进一步乘以长度为 $N=2^{15}$ 的 PN 序列，其速率也是 1.2288 兆码片/秒，目的是产生 I 和 Q 信道信号（QPSK 信号）。它们经基带成形滤波器后再传输到正交混合器。在进入基带成形滤波器之前，Q 信道信号相对于 I 信道信号已在时间上延迟了 1/2 码片。实际上，两个基带成形滤波器的输出信号是偏移 QPSK。

尽管码片是按偏移 QPSK 传输的，但是解调器对于 M=64 的哈达玛序列正交波形采用非相干解调，以恢复编码数据比特。为了降低解调过程的计算复杂度，我们采用快速哈达玛变换。解调器输出传给维特比检测器，其输出用来合成语音信号。

12.2.3 脉冲干扰对 DS 扩频系统的影响

至此，我们已经研究了连续干扰或人为干扰对 DS 扩频信号的影响。我们看到，处理增益和编码增益提供了一种克服这种干扰的手段。然而，有一种人为干扰对 DS 扩频系统性能有严重的影响，这种人为干扰信号由脉冲组成，其频谱如噪声那样平坦，且覆盖整个信号带宽 W，该干扰通常称为脉冲干扰（Pulsed Interference）。

假设在信号带宽 W 内，干扰源的平均功率为 J_{av}，从而 $2J_0 = J_{av}/W$。干扰源不是连续发送的，而是在α%时间内以功率 J_{av}/α发送脉冲，即在给定的瞬间干扰源发送的概率是α。为简单起见，假定干扰脉冲覆盖整数个信号传输间隔，因此它将影响整数个信号比特。当干扰源不发送时，假定发送的比特被无差错接收；而当干扰源正在发送时，未编码的 DS 扩频系统的差错概率是 $Q(\sqrt{2\alpha\mathcal{E}_b/J_0})$，所以平均比特差错概率为

$$P_2(\alpha) = \alpha Q\left(\sqrt{2\alpha\mathcal{E}_b/J_0}\right) \tag{12-2-49}$$

该干扰源选择占空率（Duty Cycle）α以使差错概率最大。将式（12-2-49）对α微分，可知当

$$\alpha^* = \begin{cases} \dfrac{0.71}{\mathcal{E}_b/J_0}, & \mathcal{E}_b/J_0 \geqslant 0.71 \\ 1, & \mathcal{E}_b/J_0 < 0.71 \end{cases} \tag{12-2-50}$$

时，发生最坏情况的脉冲干扰，其相应的差错概率为

$$P_2 = \begin{cases} \dfrac{0.083}{\mathcal{E}_b/J_0}, & \mathcal{E}_b/J_0 > 0.71 \\ Q\left(\sqrt{\dfrac{2\mathcal{E}_b}{J_0}}\right), & \mathcal{E}_b/J_0 < 0.71 \end{cases} \tag{12-2-51}$$

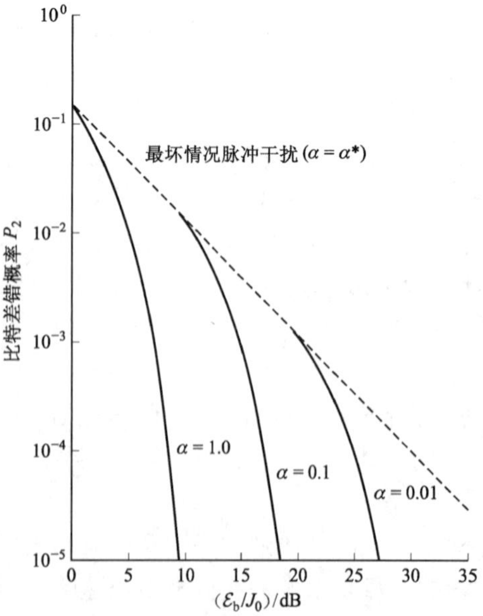

图 12-2-9　具有脉冲干扰的 DS 扩频系统二进制 PSK 的性能

图 12-2-9 画出了式（12-2-49）中α= 1.0、0.1 和 0.01 时的差错概率性能以及基于α^*的最坏情况的性能。通过连续高斯噪声干扰和最坏情况脉冲干扰的差错概率的比较，可以看出两者性能差别较大，在差错概率为 10^{-6} 时性能约差 40 dB。

应该指出，上述分析适用于干扰源脉冲持续时间等于或大于比特持续时间的情形。此外，还应当指出，实际的考虑因素会禁止干扰源达到高的峰值功率（小的α值）。不过，由式（12-2-51）给出的差错概率可作为最坏脉冲干扰情况下未编码二进制 PSK 性能的上边界。显然，在这样的干扰情况下，DS 扩频系统的性能是极差的。

如果把编码简单地加到 DS 扩频系统中，那么相对于未编码系统的性能改善量就是编码

增益。于是，编码增益使$\mathcal{E}_b/J_0$减少了，其限度在大多数情况下小于 10 dB。性能差的原因是：当干扰信号开启时，干扰脉冲信号持续时间会影响到许多个连续的编码比特，因此，由于干扰源的突发特性，码字差错概率是很高的。

为了改善性能，应该在信道传输之前将编码比特进行交织。如 7.12 节所述，交织的作用是使那些被干扰源所影响的编码比特统计独立。

图 12-2-10 示出了包括交织器/解交织器在内的数字通信系统的方框图，图中还示出了接收机知道干扰源状态的可能性，即知道干扰源何时开启或关闭。干扰状态的信息（称为边信息，Side Information）有时候可从对邻近频带信道噪声功率电平进行测量来获得。在我们的讨论中，研究两种极端情况，即不知道干扰源状态或完全知道干扰源状态。在任何情况下，表示干扰源状态的随机变量ζ由如下概率来表征，即

$$P(\zeta=1)=\alpha, \qquad P(\zeta=0)=1-\alpha \tag{12-2-52}$$

当干扰源开启时，信道可建模为功率谱密度$N_0=J_0/\alpha=J_{av}/\alpha$的 AWGN 信道；而当干扰源关闭时，信道中不存在噪声。知道干扰源状态意味着，译码器知道何时$\zeta=1$以及何时$\zeta=0$，并在相关度量计算中利用这个信息。例如，译码器利用该间隔内的噪声功率电平的倒数，对每个编码比特的解调器输出进行加权。否则，译码器可对受干扰的比特给出零权值（删除）。

首先，我们研究无干扰源状态知识下的干扰影响。假设一对交织/解交织器导致对编码比特的冲突是统计独立的。作为编码改善性能的一个例子，我们引用马丁和麦克亚当（Martin & McAdam，1980）论文的结果，该论文评价了在最坏情况脉冲干扰下二进制卷积码的性能，对硬判决和软判决维特比译码都进行了研究。通过将解调器输出量化为 8 个电平，从而得到软判决译码。为此，采用均匀量化器，其中对脉冲干扰源噪声电平进行了阈值间隔最佳化。当脉冲干扰源开启时，均匀量化器在限制解调器输出大小上起着重要作用。该限制作用保证了对编码比特的任何冲突并不会使相应的路径度量发生严重偏离。

在编码系统中，脉冲干扰源的最佳占空率一般与 SNR 成反比，但其值不同于式（12-2-50）给出的未编码系统的值。图 12-2-11 示出了码率为 1/2 的卷积码在硬判决译码和软判决译码两种情况下的干扰源最佳占空率。图 12-2-12 和图 12-2-13 示出了对于约束长度为$3\leqslant K\leqslant 9$、码率为 1/2 的卷积码，在最坏情况脉冲干扰源下相应的差错概率结果。例如，注意当$P_b=10^{-6}$时，带有软判决维特比译码的$K=7$卷积码要求$\mathcal{E}_b/J_0=7.6$ dB，硬判决维特比译码要求$\mathcal{E}_b/J_0=11.7$ dB。SNR 相差 4.1 dB 是相当大的。在连续高斯噪声时，差错概率为10^{-6}所对应的 SNR，在软判决维特比译码时为 5 dB，而在硬判决维特比译码时为 7 dB。因此，最坏情况脉冲干扰源对性能的损伤，在软判决维特比译码时为 2.6 dB，在硬判决维特比译码时为 4.7 dB。损伤程度随着卷积码约束长度的减小而增大。然而，重要之处在于因人为干扰引起的信噪比损失减少了，从未编码系统的 40 dB 损失减少到$K=7$和码率为 1/2 卷积码编码系统的不到 5 dB 损失。

评价编码 AJ（抗干扰）通信系统性能的比较简单的方法是使用由 Omura & Levitt（1982）提出的截止率（Cutoff Rate）参数R_0。例如，采用二进制编码调制，截止率可表示为

$$R_0=1-\log(1+\Delta_\alpha) \tag{12-2-53}$$

式中，因子Δ_α取决于信道噪声特征和译码处理方式。对于 AWGN 信道上的二进制 PSK 和软判决译码，有

$$\Delta_\alpha=\mathrm{e}^{-\mathcal{E}_c/N_0} \tag{12-2-54}$$

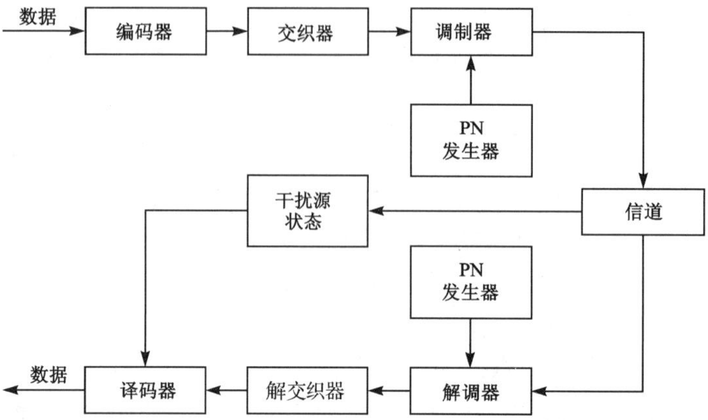

图 12-2-10　AJ（抗干扰）数字通信系统的方框图

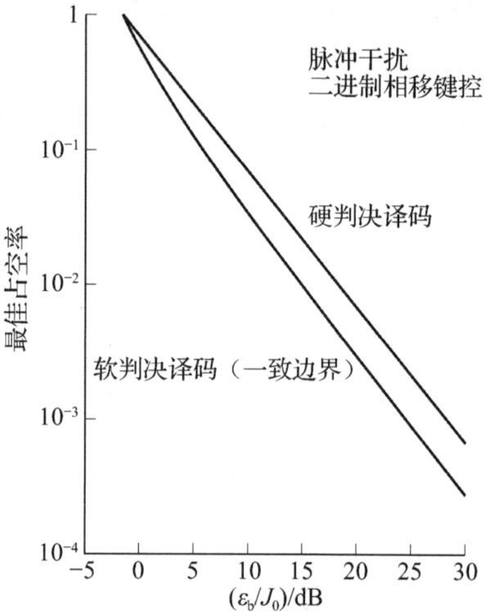

图 12-2-11　脉冲干扰源的最佳占空率

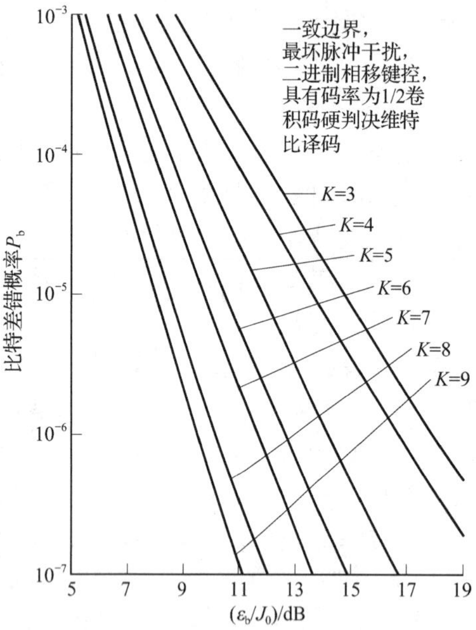

图 12-2-12　在最坏情况脉冲干扰时，采用码率为 1/2 卷积码且用硬判决维特比译码的二进制 PSK 性能［摘自 Martin&McAdam（1980）© 1980，IEEE］

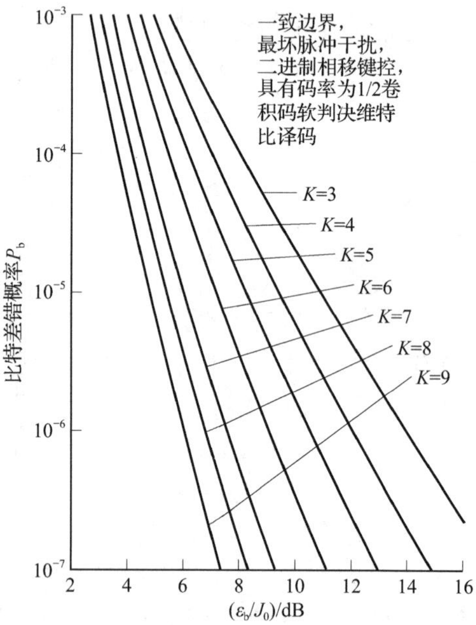

图 12-2-13　在最坏情况脉冲干扰时，采用码率为 1/2 卷积码且用软判决维特比译码的二进制 PSK 性能［摘自 Martin&McAdam（1980）© 1980，IEEE］

式（12-2-54）中，$\mathcal{E}_c$ 是编码比特能量。而对于硬判决译码，则有

$$\Delta_\alpha = \sqrt{4p(1-p)} \tag{12-2-55}$$

式中，p 是编码的比特差错概率。从而，我们有 $N_0 \equiv J_0$。

对于编码二进制 PSK，在脉冲干扰时，Omura & Levitt（1982）已经证明了如下结果：

对具有干扰源状态知识的软判决译码为

$$\Delta_\alpha = \alpha \mathrm{e}^{-\alpha \mathcal{E}_c / N_0} \tag{12-2-56}$$

对没有干扰源状态知识的软判决译码为

$$\Delta_\alpha = \min_{\lambda \geqslant 0} \left\{ \left[\alpha \exp\left(\lambda^2 \mathcal{E}_c / N_0 / \alpha \right) + 1 - \alpha \right] \exp(-2\lambda \mathcal{E}_c) \right\} \tag{12-2-57}$$

对具有干扰源状态知识的硬判决译码为

$$\Delta_\alpha = \alpha \sqrt{4p(1-p)} \tag{12-2-58}$$

对没有干扰源状态知识的硬判决译码为

$$\Delta_\alpha = \sqrt{4\alpha p(1-\alpha p)} \tag{12-2-59}$$

式中，二进制 PSK 硬判决译码的差错概率为

$$p = Q\left(\sqrt{\frac{2\alpha \mathcal{E}_c}{N_0}} \right)$$

图 12-2-14 示出了上述情况中作为$\mathcal{E}_c/N_0$函数的 R_0 曲线。注意，这些曲线表示$\alpha=\alpha^*$最坏值（该值对$\mathcal{E}_c/N_0$的每个值使Δ_α为最大或使 R_0 最小）时的截止率情况。还应注意，在软判决译码和没有干扰源状态知识的情况下，$R_0 = 0$，这种情况是由于解调器输出没有被量化造成的。

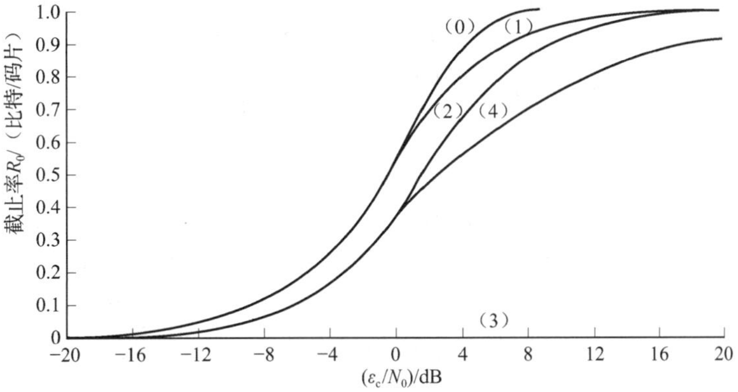

图 12-2-14　编码 DS 二进制 PSK 调制的截止率 R_0 的曲线

图 12-2-14 中的曲线也可用来评估编码系统的性能。为了说明评估过程，假设我们希望确定在最坏情况脉冲干扰下，SNR 可以使编码二进制 PSK 的差错概率为 10^{-6} 时。作为特例，假设采用码率为 1/2 和 K=7 的卷积码。下面开始计算 AWGN 信道中采用软判决译码、码率为 1/2 且 K=7 的卷积码的性能。图 8-6-1 中，当 $P_b=10^{-6}$ 时所要求的 SNR 为

$$\frac{\mathcal{E}_c}{N_0} = 5\ \text{dB}$$

因为该码的码率为 1/2，故有

$$\frac{\mathcal{E}_c}{N_0} = 2\ \text{dB}$$

我们现在回到图 12-2-14 中的曲线，而且从图中找到关于 AWGN 的曲线（参考系统），当

$\mathcal{E}_c/N_0$=2 dB 时，相应的截止率为

$$R_0 = 0.74 \text{ 比特/符号}$$

如果我们有另一种信道具有不同噪声特征（最坏情况脉冲干扰噪声信道），但具有相同的截止率 R_0，那么比特差错概率的上边界是相同的，即在这种情况中为 10^{-6}。因此，我们能够利用这个截止率来确定最坏情况脉冲干扰噪声信道所要求的 SNR。从图 12-2-14 中的曲线可得

$$\frac{\mathcal{E}_c}{N_0} = \begin{cases} 10 \text{ dB}, & \text{对于没有干扰源状态知识的硬判决译码} \\ 5 \text{ dB}, & \text{对于具有干扰源状态知识的硬判决译码} \\ 3 \text{ dB}, & \text{对于具有干扰源状态知识的软判决译码} \end{cases}$$

因此，对于码率为 1/2、K=7 的卷积码，相应的$\mathcal{E}_c/N_0$值分别是 13 dB、8 dB 和 6 dB。

通过使用 AWGN 信道相应的差错概率曲线，就可用这种一般方法来生成最坏情况脉冲干扰信道的编码二进制信号的差错概率曲线。上面描述的方法可以很容易地推广到 Omura & Levitt（1982）所指出的 M 元编码信号中。

通过比较图 12-2-14 所示的截止率可见，在截止率低于 0.7 的情况下，与 AWGN 信道（α=1）的性能相比，具有软判决译码和干扰源状态知识的系统并没有 SNR 的损失。当 R_0=0.7 时，在 AWGN 信道与没有干扰源状态知识的硬判决译码之间，存在 6 dB 的 SNR 性能差异；当 R_0< 0.4 时，如果干扰源状态知识是未知的，那么硬判决译码没有 SNR 损失。然而，在 AWGN 信道中，硬判决译码比软判决译码预期损失 2 dB。

12.2.4 DS 扩频系统中窄带干扰的删除

我们已经论述了 DS 扩频信号可用来降低信道中其他用户干扰和恶意人为干扰的影响。如果干扰是窄带的，那么我们把接收信号与 PN 码的复本（Replica）互相关起来，在 PN 信号的频带对干扰进行扩频，从而降低了干扰的电平。这样，干扰被转变为具有相对平坦的谱的低电平噪声。同时，通过互相关运算，所需要的信号也返回扩频之前的信息信号频段，所以窄带干扰功率的下降量恰恰等于处理增益。

我们还可以在信号解扩之前对信号进行滤波（白化），目的是进一步改善 DS 扩频通信系统的抗干扰性能，降低干扰电平。付出的代价是所需信号也会有一定失真。滤波的机理在于利用 DS 信号的宽带谱特性及干扰的窄带特性，后面将进行详述。

具体地，我们研究图 12-2-15 中的解调器。接收信号经过一个与码片脉冲 $g(t)$匹配的滤波器，该滤波器的输出以间隔 T_c 同步抽样，得到

$$r_j = 2\mathcal{E}_c(2b_j - 1)(2c_{ij} - 1) + \nu_j, \qquad j = 1, 2\cdots \tag{12-2-60}$$

式中，$\mathcal{E}_c$是码片脉冲的能量，$\{b_j\}$是二进制 PN 序列，而 ν_j 为加性噪声和干扰项。加性噪声 ν_j 由两部分组成：一部分是宽带噪声（通常是热噪声），另一部分是窄带干扰。故我们可以把 r_j 写成

$$r_j = s_j + i_j + n_j \tag{12-2-61}$$

式中，s_j 表示信号分量，i_j 是窄带干扰，n_j 是宽带噪声。

抽样器输出端的接收信号序列 $\{r_j\}$ 馈送给一个离散时间滤波器，对窄带干扰序列 $\{i_j\}$ 进行估计，然后从 $\{r_j\}$ 减去估计值 $\hat{i}_j$。此滤波器可以是线性的，也可以是非线性的。生成的序列

$\{r_j - \hat{i}_j\}$ 送至 PN 相关器，其输出再传给译码器。

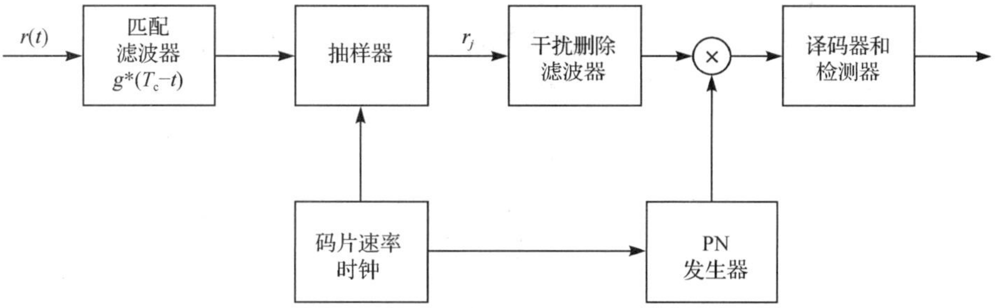

图 12-2-15　受窄带干扰恶化的 PN 扩频信号解调器

1. 基于线性预测的干扰的估计和抑制

将接收信号通过一个线性横向滤波器，可以估计其中的干扰分量（窄带干扰）i_j。基于线性预测的高效计算的算法可用来估计该干扰，在这种方法中，窄带干扰基本上可建模为用白噪声激励一个全极点滤波器所产生的结果，从而使该滤波器的输出为一个自回归（Autoregressive，AR）过程。线性预测可用来估计全极点模型的系数，而且所估计出的系数可确定一个用于抑制窄带干扰的适当的噪声白化全 0 点（横向）滤波器（简称为白化滤波器——译者注）。

现在假设序列 $\{i_j\}$ 的统计量是已知的，并且 $\{i_j\}$ 是平稳的随机序列。因为 $\{i_j\}$ 是窄带的，所以我们可以从 $r_{j-1}, r_{j-2},\cdots, r_{j-\mathrm{m}}$ 中预测 i_j，也就是说

$$\hat{i}_j = \sum_{l=1}^{m} a_{ml} r_{j-l} \qquad (12\text{-}2\text{-}62)$$

式中，$\{a_{ml}\}$ 是 m 阶线性预测器的系数。必须强调的是，式（12-2-62）预测的是干扰而非信号分量 s_j，这是因为 PN 序列是不相关的，故 s_j 与 r_{j-l} 是不相关的（$l=1,2,\cdots,m$），其中 m 小于 PN 序列的长度。

我们可以通过求 r_j 和 $\hat{i}_j$ 之间的最小均方差来确定式（12-2-62）的系数，这就导出了一个线性方程组，称为尤里-沃克（Yule-Walker）方程，即

$$\sum_{l=1}^{m} a_{ml} R(k-l) = R(k), \qquad k = 1,2,\cdots,m \qquad (12\text{-}2\text{-}63)$$

式中，$R(k)=E(r_j r_{j+k})$，是接收信号 $\{r_j\}$ 的自相关函数。

必须知道自相关函数 $R(k)$ 才能解式（12-2-63）的方程，从而得到线性预测器的系数。实际上，$\{i_j\}$ 的自相关函数是未知的，所以 $\{r_j\}$ 的自相关函数通常也是未知的，而且还是慢时变的（干扰是非平稳的）。在这种情况下，自适应算法可以用来估计干扰，尤其是最小二乘算法，如伯格（Burg）算法，对估计线性预测器的系数格外有效，参见 Kelchum 和 Proakis（1982）。

例 12-2-4　设有一个干扰，占据的带宽是 PN 扩频信号谱宽的 20%。干扰的平均功率比信号的平均功率高 20 dB。如图 12-2-16 所示，干扰均匀地分布于 4 个干扰频带，我们使用了

16 抽头和 29 抽头的 FIR 滤波器。很明显，29 抽头的滤波器具有较好的特性。一般说来，滤波器抽头的个数应该是干扰频带数的 4 倍时才能较好地抑制干扰。显然，干扰抑制滤波器实际上是陷波滤波器（Notch Filter），它试图将噪声与干扰之和白化，即使它们的总的谱特性趋于平坦。在抑制干扰的同时，滤波器也使信号产生了失真，即在时间上扩展了信号。

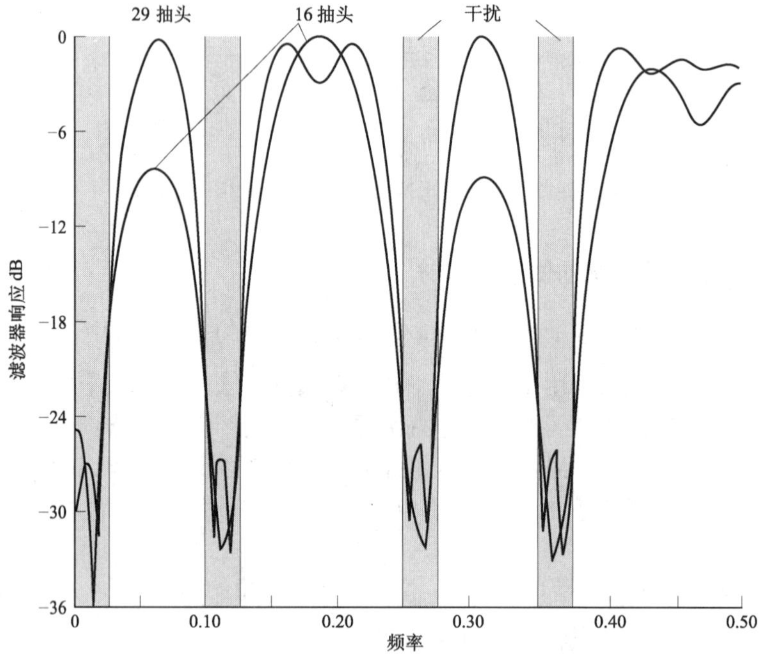

图 12-2-16　4 个干扰频带、16 抽头和 29 抽头 FIR 滤波器的频率响应特性

2. 干扰抑制性能的改善

因为噪声加干扰经过干扰抑制滤波器后已经变得谱平坦了，所以对于失真了的信号不能再进行匹配滤波或互相关滤波，取而代之的是匹配于干扰抑制滤波器的离散时间滤波器，即它的离散时间冲激响应为 $\{-a_{m,m},-a_{m,m-1}\cdots-a_{m,1},1\}$，后接一个 PN 相关器。实际上我们可以将干扰抑制滤波器及其匹配滤波器合为一体，从而变为具有以下冲激响应的滤波器。

$$
\begin{aligned}
h_0 &= -a_{m,m} \\
h_k &= -a_{m,m-k} + \sum_{l=0}^{k-1} a_{m,m-l}a_{m,k-l}, \qquad 1 \leqslant k \leqslant m-1 \\
h_m &= 1 + \sum_{l=1}^{m} a_{m,l}^2 \\
h_{m+k} &= h_{m-k}, \qquad 0 \leqslant k \leqslant m
\end{aligned}
\tag{12-2-64}
$$

这个组合滤波器是一个带有 $N=2m+1$ 个抽头的线性相位（对称）横向滤波器，该滤波器冲激响应的每一项都除以 h_m 以归一化，即中央抽头归一化为 1。为了证明干扰抑制滤波器的有效性，我们对 DS 扩频系统的性能在有干扰抑制和无干扰抑制条件下进行比较。为了方便，我们选择输出的 SNR 作为性能指标。由于 PN 相关器的输出可以表征为高斯过程，所以 SNR 与差错概率之间存在一一对应的关系。

如果没有干扰抑制滤波器，PN 相关器的输出（记作 U_1）的均值为 $2\mathcal{E}_c L_c$、方差为 $L_c[2\mathcal{E}_c L_c + R_{ii}(k)]$，其中 $R_{ii}(k)$ 是序列 $\{i_j\}$ 的自相关函数，L_c 是每比特或每符号的码片数。输出的 SNR 定义为均值的平方与 2 倍的方差之比，所以无干扰抑制滤波器输出的 SNR 为

$$\text{SNR}_{\text{no}} = \frac{\mathcal{E}_c L_c}{N_0 + R_{ii}(0)/2\mathcal{E}_c} \tag{12-2-65}$$

如果有干扰抑制滤波器，且其对称冲激响应如式（12-2-64）所示且已经归一化为中央抽头为 1，则相关器的输出均值仍然为 $2\mathcal{E}_c L_c$，而输出的方差现在由三项组成：第一项对应于加性宽带噪声，第二项对应于残余的窄带干扰，第三项来源于干扰抑制滤波器时间弥散效应产生的信号自噪声。方差表达式可以证明为（参看 Kelchum & Proakis，1982）

$$\text{VAR}[U_1] = 2L_c\mathcal{E}_c N_0 \sum_{k=0}^{K} h_k^2 + L_c \sum_{k=0}^{K}\sum_{l=0}^{K} h(l)h(k)R_{ii}(k-l) + 4L_c\mathcal{E}_c^2 \sum_{k=0}^{K/2-1}\left(2-\frac{k}{L_c}\right)h_k^2 \tag{12-2-66}$$

输出的 SNR 为均值的平方与 2 倍的方差之比，这样，有和无干扰滤波器的 SNR 之比为

$$\eta_0 = \frac{N_0 + R_{ii}(0)/2\mathcal{E}_c}{N_0 \sum\limits_{k=0}^{K} h_k^2 + \dfrac{1}{2\mathcal{E}_c}\sum\limits_{k=0}^{K}\sum\limits_{l=0}^{K} h(k)h(l)R_{ii}(k-l) + 2\mathcal{E}_c \sum\limits_{k=0}^{K/2-1}(2-k/L_c)h_k^2} \tag{12-2-67}$$

这个比值称为干扰抑制的改善因子。我们可以绘出其相对于归一化码片 SNR 的曲线图，其定义为

$$\frac{\text{SNR}_{\text{no}}}{L_c} = \frac{\mathcal{E}_c}{N_0 + R_{ii}(0)/2\mathcal{E}_c} \tag{12-2-68}$$

η_0 相对于 $\text{SNR}_{\text{no}}/L_c$ 的曲线图是通用的，它适用于任何一个 PN 扩频系统，不论其处理增益如何，只要给定 $\mathcal{E}_c$、N_0 和 $R_{ii}(0)$ 即可。

图 12-2-17 所示是以 $\text{SNR}_{\text{no}}/L_c$ 为横坐标的改善因子（以分贝为单位）曲线，例子中的干扰是由单频段、等振幅、相位随机的正弦波组成的，占据的频带为 DS 扩频信号的 20%。抗干扰滤波器由 9 抽头滤波器组成，对应着 4 阶预测器。数值结果表明，在 PN 相关和译码之前的陷波滤波器对于抑制干扰非常有效，结果使系统的干扰容限得到大大提升。

在文献中，有很多作者研究了如何利用线性自适应 FIR 滤波器，目的是在 DS 扩频系统中抑制窄带干扰。感兴趣的读者请看 12.6 节中给出的文献。从宽带信号中消除窄带干扰可以实现窄带数字蜂窝系统与宽带 CDMA 系统共存。

3．基于非线性滤波的干扰估计和抑制

窄带干扰的模型是高斯自回归（AR）随机过程，我们可以用线性 FIR 滤波器对它进行预测；当信号 $\{s_k\}$ 和宽带噪声 $\{n_k\}$ 是高斯随机过程时，这个滤波器是最小均方差最优滤波器。然而，DS 扩频信号序列 $\{s_k\}$ 一般并非高斯随机过程，这就意味着线性估计滤波器是次优的，在这种情况下，它并不是抑制窄带干扰的最优估计滤波器。窄带干扰的最优估计滤波器是非线性的。

如果定义状态矢量 $\boldsymbol{x}_k$ 为

$$\boldsymbol{x}_k = [i_k \quad i_{k-1} \quad \cdots \quad i_{k-m+1}]^{\text{t}} \tag{12-2-69}$$

式中，m 是 AR 模型的阶数，则有可能将状态矢量和观察序列表示为如下状态空间形式：

$$\boldsymbol{x}_k = \boldsymbol{\Phi x}_{k-1} + \boldsymbol{w}_k, \qquad \boldsymbol{r}_k = \boldsymbol{Hx}_k + (n_k + s_k) \tag{12-2-70}$$

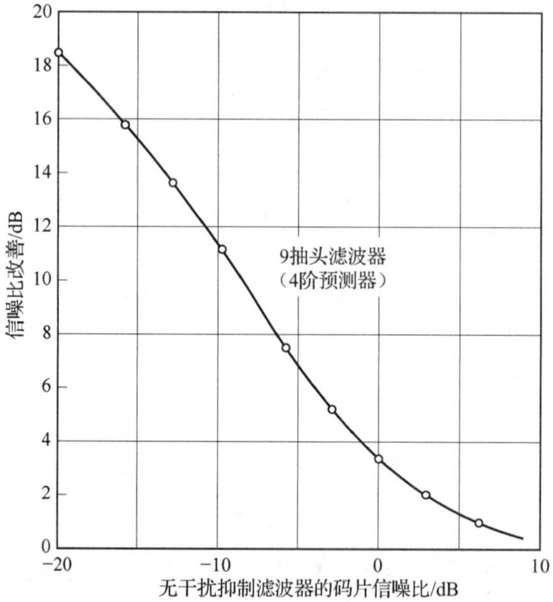

图 12-2-17　与匹配滤波器级联的干扰抑制滤波器的改善因子

式中，$\boldsymbol{\Phi}$ 是状态转移矩阵，它依赖于 AR 模型的参数；$\boldsymbol{w}_k$ 是驱动 AR 模型的高斯过程；$\boldsymbol{H}=[100\cdots1]$。我们知道，已知观察矢量 $\boldsymbol{r}_{k-1} \equiv [r_{k-1}, r_{k-2}, \cdots, r_0]$，则在时间 k 处，状态的最小均方差估计器为条件均值 $E(x_k \mid \boldsymbol{r}_{k-1})$。当信号序列 $\{s_k\}$ 和宽带噪声序列 $\{n_k\}$ 是高斯随机过程时，状态 $\boldsymbol{x}_k$ 的最优估计器所对应的条件均值是线性预测器，它可以用卡尔曼（Kalman）滤波得到。因为 $\{s_k\}$ 是非高斯的，所以条件均值是观察矢量的非线性函数，而且该函数往往非常复杂。但是，对于此条件均值估计我们有时可以采取降低复杂度来近似，该方法在 Vijayan & Poor（1990）、Garth & Poor（1992）、Rusch & Poor（1994）及 Poor & Rusch（1994）等论文里有详细描述。图 12-2-18 所示为近似条件均值非线性滤波器的一般形式。非线性函数 tanh(·)代表软判决型的反馈信号。在上面给出的论文中有对于该类非线性滤波器的性能的分析和仿真。

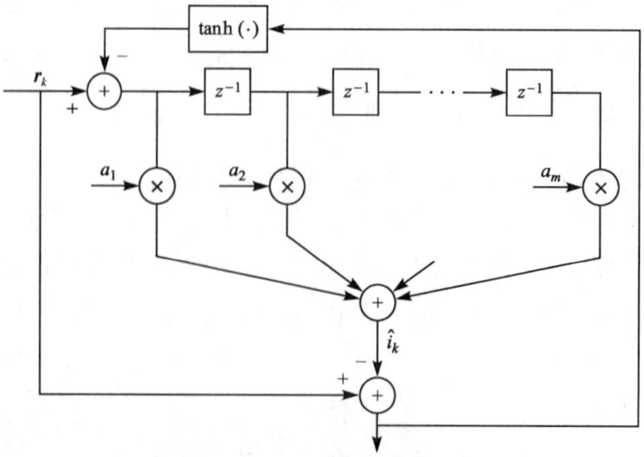

图 12-2-18　近似条件均值非线性滤波器的一般形式

12.2.5　PN 序列的生成

在扩频应用中，PN 序列的生成是相关技术文献中颇受重视的一个课题。本节将简要讨论某些 PN 序列的构成，以及这些序列的自相关和互相关函数的一些重要性质。关于这个课题更全面的论述，感兴趣的读者可参考 Golomb（1967）。

至今，最广为人知的二进制 PN 序列是最大长度移位寄存器序列，它已在 7.9.5 节一个编码应用中介绍过。最大长度移位寄存器序列，或简称为 m 序列，其长度为 $n = 2^m-1$ 比特，它由 m 级线性反馈移位寄存器生成，如图 12-2-19 所示。该序列是周期序列，其周期为 n。每个周期包含 2^{m-1} 个 1 和 $2^{m-1}-1$ 个 0。

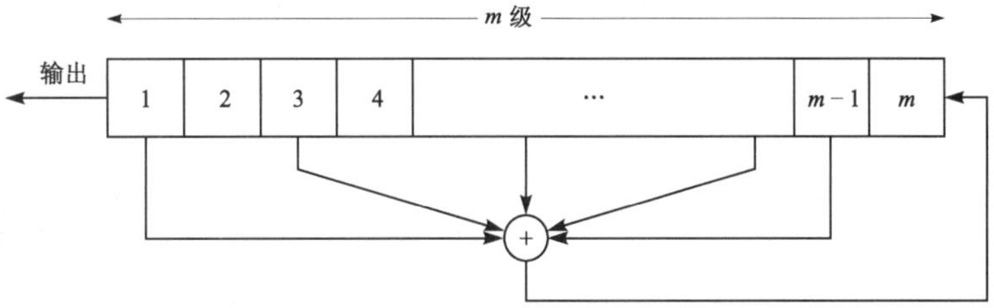

图 12-2-19　m 级线性反馈移位寄存器

在 DS 扩频应用中，具有元素{0,1}的二进制序列可按关系式

$$p_i(t) = (2b_i - 1)p(t - iT)$$

映射为相应的正、负脉冲序列，式中 $p_i(t)$是和{0,1}元素序列中 b_i 元素对应的脉冲。这等于说，具有元素{0,1}的二进制序列映射为具有元素{–1,1}的二进制序列。我们将把具有元素{–1,1}的等效序列称为双极性序列，因为它导致了正、负幅度的脉冲。

周期性 PN 序列的一个重要特征是其自相关函数也是周期性的，该函数通常可用双极性序列定义为

$$R(j) = \sum_{i=1}^{n}(2b_i - 1)(2b_{i+j} - 1), \qquad 0 \leqslant j \leqslant n - 1 \tag{12-2-71}$$

式中，n 是周期。显然，当 r 为任一整数值时有 $R(j+rn) = R(j)$。

在理想情况下，一个伪随机序列的自相关函数应该具有如下特性：$\phi(0)=n$ 且当 $1 \leqslant j \leqslant n-1$ 时 $R(j)=0$。在 m 序列情况中，其周期自相关函数为

$$R(j) = \begin{cases} n, & j = 0 \\ -1, & 1 \leqslant j \leqslant n-1 \end{cases} \tag{12-2-72}$$

当 n 很大时，即对于长 m 序列，$R(j)$的非峰值与峰值之比 $R(j)/R(0)=-1/n$ 是很小的，而且根据实用观点，它是无关紧要的。因此，从自相关函数来看，m 序列几乎是理想的。

在 PN 扩频信号抗干扰应用中，PN 序列的周期必须足够大，以防止干扰者知道 PN 发生器的反馈连接方式。然而，这个要求在多数情况下是不现实的，因为干扰者只要通过观察 PN 序列的 $2m$ 个码片即可确定反馈连接方式。PN 序列的这个弱点是由于该发生器的线性特性导致的。为了克服 PN 序列抗干扰方面的这个弱点，可以将移位寄存器的几级输出序列或几个不同 m 序列的输出以非线性方式组合在一起，以便产生一个使干扰者很难知晓的非线性序列。更进一步克服上述弱点的办法是，按发送机和指定接收机事先约定的方案，频繁地改变移位

寄存器的反馈连接方式和/或级数。

在某些应用中，PN 序列的互相关特性和自相关特性同样重要。例如，在 CDMA 系统中，每个用户分配一个特定的 PN 序列。在理想情况下，各用户的 PN 序列应是相互正交的，这样，任一用户受到的来自其他用户传输的干扰电平是根据功率来相加的。然而，实际应用的 PN 序列却呈现某种相关性。

具体地，我们来研究 m 序列类型。现在已得知（Sarwate & Pursley，1980）任何一对周期相同的 m 序列之间，其周期互相关函数具有比较大的峰值。表 12-2-1 列出了当 $3 \leqslant m \leqslant 12$ 时各对 m 序列之间周期互相关函数的峰值幅度 $R_{\max}$，该表也列出了在 $3 \leqslant m \leqslant 12$ 范围内长度为 $n = 2^m - 1$ 的 m 序列的数目。由表可知，长度为 n 的 m 序列的数目随 m 的增加而迅速增加；还可看出，对于大多数序列，互相关函数峰值 $R_{\max}$ 与自相关函数峰值之比是一个比较大的百分数。

表 12-2-1　m 序列和戈尔德（Gold）序列的互相关函数峰值

m	$n=2^m-1$	m序列数	互相关函数峰值 $R_{\max}$	$R_{\max}/R(0)$	$t(m)$	$t(m)/R(0)$
3	7	2	5	0.71	5	0.71
4	15	2	9	0.60	9	0.60
5	31	6	11	0.35	9	0.29
6	63	6	23	0.36	17	0.27
7	127	18	41	0.32	17	0.13
8	255	16	95	0.37	33	0.13
9	511	48	113	0.22	33	0.06
10	1023	60	383	0.37	65	0.06
11	2047	176	287	0.14	65	0.03
12	4095	144	1407	0.34	129	0.03

如此之大的峰值互相关值是 CDMA 中所不希望的。尽管有可能选择 m 序列的一个小的子集使其具有相对较小的互相关函数峰值，但该子集中序列的数目太小而不能应用于 CDMA。

比 m 序列具有更好周期互相关特性的 PN 序列已由 Gold（1967，1968）和 Kasami（1966）提出，该序列是从 m 序列导出的，现说明如下。

Gold 和 Kasami 证明了，确有某些长度为 n 的 m 序列对呈现出三值互相关函数，其值为 $\{-1,-t(m),t(m)-2\}$，其中

$$t(m)=\begin{cases}2^{(m+1)/2}+1, & m\text{ 为奇数}\\ 2^{(m+2)/2}+1, & m\text{ 为偶数}\end{cases} \tag{12-2-73}$$

例如，若 m=10，则 $t(10)=2^6+1=65$，且周期互相关函数的三个可能值为$\{-1,-65,63\}$。因此，这一对 m 序列的最大互相关值是 65。但是，具有不同反馈连接方式的 10 级移位寄存器生成的一组 60 种可能序列，其互相关函数峰值 $R_{\max}$ =383，两者相差约 6 倍。这两个长度为 n 的 m 序列，其周期互相关函数取三个可能值$\{-1,-t(m),t(m)-2\}$，这种 m 序列称为优选序列（Preferred Sequences）。

对于一对优选序列：$\boldsymbol{a}=[a_1\, a_2\, \ldots\, a_n]$和 $\boldsymbol{b}=[b_1\, b_2 \cdots b_n]$，通过 $\boldsymbol{a}$ 与 $\boldsymbol{b}$ 的 n 次循环移位形式（反之亦然）进行模 2 加，我们可构成一组长度为 n 的序列，于是可得到 n 个新的周期性序列①，

① 生成 n 个新序列的等效方法是，采用长度为 $2m$ 的具有反馈连接的移位寄存器，该反馈连接由多项式 $h(p)=g_1(p)g_2(p)$确定，其中 $g_1(p)$和 $g_2(p)$是规定 m 级移位寄存器反馈连接的多项式，该移位寄存器生成 m 序列 $\boldsymbol{a}$ 和 $\boldsymbol{b}$。

其周期为 $n=2^m-1$。我们也可将原来的序列 $\boldsymbol{a}$ 和 $\boldsymbol{b}$ 包括在内，总共有 $n+2$ 个序列。按这种方法构造的 $n+2$ 个序列称为戈尔德（Gold）序列。

例 12-2-5 我们来研究长度为 $n=31=2^5-1$ 的 Gold 序列的生成。如上所示，当 $m=5$ 时，峰值互相关为

$$t(5)=2^3+1=9$$

Peterson & Weldon（1972）导出的两个优选序列可由以下两个多项式来描述。

$$h_1(X)=X^5+X^3+1, \qquad h_2(X)=X^5+X^4+X^3+X+1$$

用来生成两个 m 序列和相应的 Gold 序列的移位寄存器如图 12-2-20 所示。在这种情况下，存在 33 个不同的序列，相应于这两个 m 序列的 33 个相对相位。其中，31 个序列是非最大长度序列。

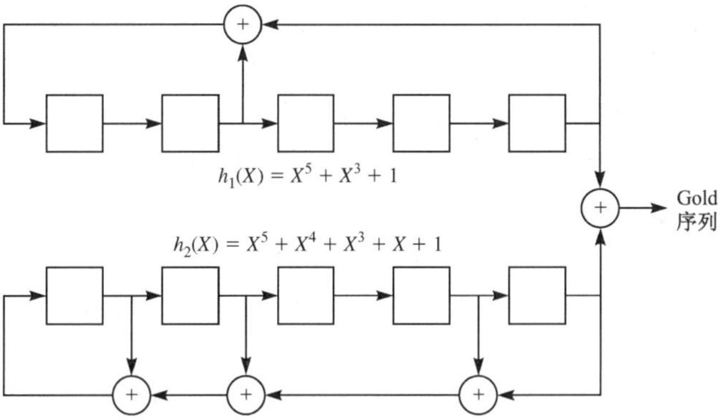

图 12-2-20 长度为 31 的 Gold 序列生成

除了 $\boldsymbol{a}$ 和 $\boldsymbol{b}$ 序列外，Gold 序列集并不包含长度为 n 的最大长度移位寄存器序列。因此，其自相关函数不是二值的。Gold（1968）已证明，从 $n+2$ 个 Gold 序列的集合中任何一对序列的互相关函数都是三值的，其可能的值为$\{-1,-t(m),t(m)-2\}$，其中 $t(m)$由式（12-2-73）给出。与此类似，Gold 序列的自相关函数非峰值也取值于集合$\{-1,-t(m),t(m)-2\}$。因此，自相关函数的非峰值的上边界为 $t(m)$。

表 12-2-1 列出了 Gold 序列自相关函数非峰值和互相关函数峰值，即 $t(m)$。表中还列出以 $R(0)$归一化后的 $t(m)$值。

Gold 序列的三种可能值的出现频率令系统设计者感兴趣，表 12-2-2 中我们列出了三种可能值的出现频率，其中 m 是奇数。

表 12-2-2 长度为 $n=2^m-1$，m 为奇数的 Gold 序列互相关函数峰值发生频率

互相关函数峰值	发生频率
-1	$2^{n-1}-1$
$-[2^{(m+1)/2}+1]$	$2^{n-2}-2^{(n-3)/2}$
$2^{(m+1)/2}-1$	$2^{n-2}+2^{(n-3)/2}$

有趣的是，在 m 序列集合中任意一对周期为 n 的二进制序列之间，将 Gold 序列的互相关函数峰值与已知的互相关下边界进行比较。Welch（1974）导出的 $R_{\max}$ 的下边界为

$$R_{\max} \geqslant n\sqrt{\frac{M-1}{Mn-1}} \qquad (12\text{-}2\text{-}74)$$

当 n 和 M 值都很大时，式（12-2-74）可近似为 $R_{\max}\approx\sqrt{n}$。而对于 Gold 序列，$M=2^m+1$、$n=2^m-1$，并且该下边界为 $R_{\max}\approx2^{m/2}$。相对 Gold 序列的 $R_{\max}=t(m)$，当 m 为奇数时这个下边界为 $R_{\max}(1/\sqrt{2})$，而当 m 为偶数时则为 $R_{\max}/2$，所以 Gold 序列不能达到下界限。

用生成Gold序列相似的步骤，可生成一个较小的 $M=2^{m/2}$ 二进制序列集，其周期为 $n=2^m-1$，其中 m 为偶数。生成的步骤如下：从 m 序列 $\boldsymbol{a}$ 出发，从 $\boldsymbol{a}$ 的每 $2^{m/2}+1$ 个比特提取 1 个比特来组成二进制序列 $\boldsymbol{b}$。因此，序列 $\boldsymbol{b}$ 是由序列 $\boldsymbol{a}$ 中每 $2^{m/2}+1$ 个比特抽取 1 个比特所组成的。可以证明，这样产生的序列 $\boldsymbol{b}$ 也是周期序列，其周期为 $2^{m/2}-1$。例如，若 $m=10$，则 $\boldsymbol{a}$ 的周期为 $n=1023$，而 $\boldsymbol{b}$ 的周期是 31。因此，如果观察序列 $\boldsymbol{b}$ 的 1023 个比特，我们将看到 31 个比特的序列重复了 33 次。现若取序列 $\boldsymbol{a}$ 和 $\boldsymbol{b}$ 的 $n=2^m-1$ 个比特，并且将序列 $\boldsymbol{a}$ 中的比特与序列 $\boldsymbol{b}$ 及其所有 $2^{m/2}-2$ 次循环移位的比特进行模 2 加，结果将形成一个新的序列集。若将序列 $\boldsymbol{a}$ 包括在该序列集内，则得到一个长度为 $n=2^m-1$ 的 $2^{m/2}$ 个二进制序列集。这些序列称为 Kasami 序列。这些序列的自相关函数和互相关函数取值于集合 $\{-1,-(2^{m/2}+1),2^{m/2}-1\}$。因此，该序列集内任意一对序列的最大互相关函数峰值为

$$R_{\max}=2^{m/2}+1 \qquad (12\text{-}2\text{-}75)$$

$R_{\max}$ 的值满足长度为 $n=2^{m/2}-1$ 的 $2^{m/2}$ 个序列集的韦尔奇（Welch）下边界，因此 Kasami 序列是最优的。

除了熟知的 Gold 序列和 Kasami 序列，还有其他二进制序列也适用于 CDMA，感兴趣的读者可参考 Scholtz（1979）、Olsen（1977）以及 Sarwate & Pursley（1980）。

最后要指出，虽然我们已经讨论了一对周期序列之间的周期互相关函数，但在许多实用 CDMA 系统中，信息比特持续时间仅仅包含一个周期序列的一小部分。在这种情况下，两个周期序列之间的部分周期互相关就很重要。已有许多论文论述了这个问题，包括 Lindholm（1968）、Wainberg & Wolf（1970）、Fredricsson（1975）、Bekir 等（1978）和 Pursky（1979）。

12.3 跳频扩频信号

在跳频（Frequency Hopped，FH）扩频通信系统中，把可用的信道带宽再分割成大量相邻的频率间隙（简称频隙），在任一信号传输间隔内，发送信号占据一个或多个可用的频隙。在每个信号传输间隔内，按照 PN 发生器的输出，伪随机地选择一个或数个频隙。图 12-3-1 示出了在时-频平面上的一个特定的跳频图样。

图 12-3-2 表示跳频扩频系统的方框图。调制通常采用二进制或 M 元 FSK。例如，若采用二进制 FSK，相应于传输 1 或 0，调制器选择两个频率中的一个。得到的 FSK 信号在频率上搬移一个量，该频率搬移量是由 PN 发生器的输出序列所确定的，即由 PN 发生器输出序列依次选择频率合成器合成的某一频率。这个频率与调制器的输出混频后再将频率搬移后的信号发送到信道上去。例如，PN 发生器输出的 m 个比特可用来规定 2^m-1 种可能的频率搬移。

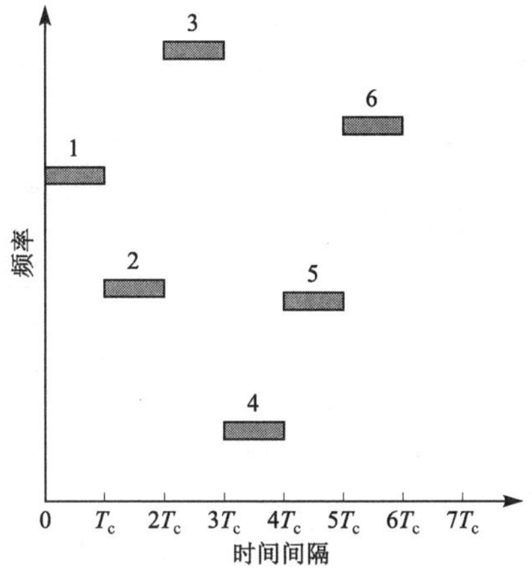

图 12-3-1　跳频（FH）图样的一个例子

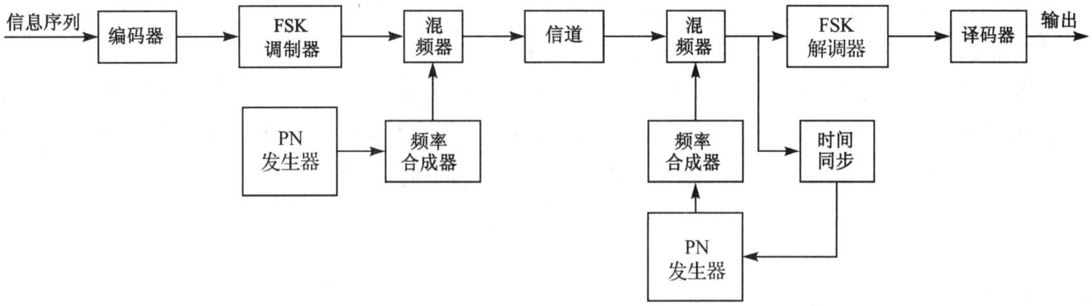

图 12-3-2　跳频扩频系统的方框图

在接收机中，有一个与发送机相同的 PN 发生器，它与接收信号同步，并用来控制频率合成器的输出。因此，在接收机中通过频率合成器的输出与接收信号混频，即可将发送机所引入的伪随机频率搬移除去，再用 FSK 解调器对所得到的信号进行解调，便可恢复原信号。用来维持 PN 发生器与频率搬移接收信号同步的信号，通常是从接收信号中提取的。

虽然在 AWGN 信道中，PSK 调制能提供比 FSK 更好的性能，但在跳频图样所用的频率合成中很难保持相位相干；同时，当信号在信道中传播时，信号在一个很宽的带宽上从一个频率跳到另一频率，要保持相位相干也是很困难的。因此，非相干检测 FSK 常用于 FH 扩频信号中。

在图 12-3-2 所示的跳频系统中，载波频率在每个信号传输间隔内是伪随机跳变的。M 个载有信息的单频是频率相隔 $1/T_c$ 的相邻频率，这里 T_c 是信号传输间隔。这种跳频方式称为分组跳频（Block Hopping）。

另一种跳频方式是独立的单频跳变，它较少受到某些人为干扰的损伤。在这种跳频方式中，调制器输出的 M 个可能的单频分配给十分分散的频隙。图 12-3-3 示出了实现该方式的一种方法，图中将 PN 发生器输出的 m 个比特和 k 个信息比特用来确定发送信号的频隙。

通常选择跳频速率等于或大于（编码或未编码的）符号速率。若每个符号进行多次跳频，就是快跳频信号；若跳频按符号速率进行，就是慢跳频信号。

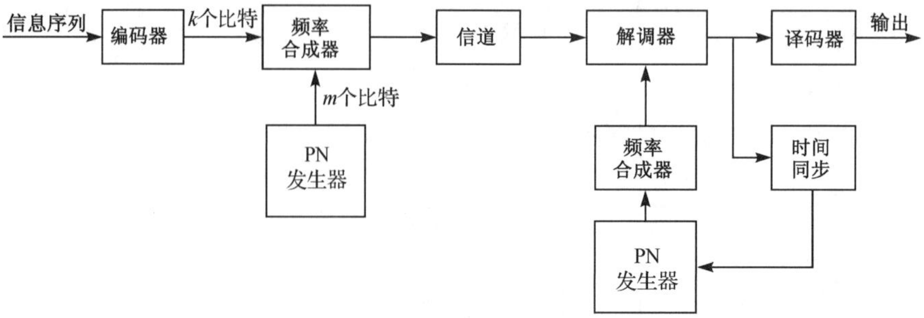

图 12-3-3　独立的单频跳频扩频系统的方框图

快跳频用于 AJ（抗人为干扰）应用场合，能防止所谓的跟随器式干扰源（Follower Jammer），它有足够的时间截获频率，并将该频率连同若干邻近频率一起重发出去，以便产生干扰信号分量。然而，把一个信号分成若干个跳频单元也会带来不良后果，这是因为各分散单元的能量是以非相干方式合并的，因此，解调器遭受到非相干合并损失形式的损伤，如 11.1 节所描述的那样。

FH 扩频信号主要用在需要 AJ（抗人为干扰）设计方案的数字通信系统和 CDMA 中，在这些应用中许多用户共享带宽。大多数情况下，FH 扩频信号优于 DS 扩频信号，这是因为 DS 扩频信号对同步要求严格。特别是，DS 扩频系统的定时和同步必须在码片间隔 $T_c=1/W$ 的几分之一的时间内建立起来。另外，在 FH 扩频系统中，码片间隔是在一个带宽为 $B \ll W$ 的特定频隙内发送一个信号所用的时间，而该间隔约为 $1/B$，它远大于 $1/W$。因此，FH 扩频系统的定时要求不像 DS 扩频系统那么严格。

12.3.2 节和 12.3.3 节将集中讨论 FH 扩频信号在 AJ（抗人为干扰）和 CDMA 系统中的应用。首先研究在宽带 AWGN 干扰下编码和未编码 FH 扩频信号的差错概率性能；然后研究在 AJ 和 CDMA 应用中出现的一种更严重干扰形式——部分频带干扰，从而确定采用编码来对抗这种形式的干扰所获得的好处；最后在 12.3.3 节中，以 FH CDMA 系统的一个例子来结束讨论，该系统可用于卫星信道的移动用户。

12.3.1　AWGN 信道中的 FH 扩频信号的性能

本节将研究在宽带干扰下的 FH 扩频信号的性能，该干扰可统计表征为 AWGN 且功率谱密度为 J_0。对于非相干检测的二进制正交 FSK 和慢跳频（1 跳/比特），其差错概率已在 4.5.3 节给出，即

$$P_2 = \mathrm{e}^{-\gamma_b/2}/2 \tag{12-3-1}$$

式中，$\gamma_b = \mathcal{E}_b/J_0$。另外，如果比特间隔再分成 L 个子间隔，且跳频二进制 FSK 在每个子间隔上传输，则可得到快跳频信号。对 L 个子间隔相应的匹配滤波器输出信号进行平方律合并，根据 11.1 节的结果，可得该 FH 扩频信号的差错概率性能为

$$P_2(L) = \frac{1}{2^{2L-1}}\mathrm{e}^{-\gamma_b/2}\sum_{i=0}^{L-1} K_i \left(\tfrac{1}{2}\gamma_b\right)^i \tag{12-3-2}$$

式中，比特 SNR 是 $\gamma_b = \mathcal{E}_b/J_0 = L\gamma_c$，$\gamma_c$ 是 L 个码片符号中的码片 SNR，而

$$K_i = \frac{1}{i!}\sum_{r=0}^{L-1-i}\binom{2L-1}{r} \tag{12-3-3}$$

我们记得，对给定的比特 SNR γ_b，式（12-3-2）的差错概率大于式（12-3-1）的差错概率。对于给定的差错概率和 L，SNR 的这种差别称为非相干合并损失，在 11.1 节中已对此进行了阐述并给出了曲线图。

编码改善了 FH 扩频系统的性能，其改善量通常称为编码增益，编码增益取决于编码参数。假设我们用线性二进制(n,k)分组码和二进制 FSK 调制，以每编码比特跳频一次来发送比特。平方律解调后的 FSK 信号再用软判决译码，码字差错概率的上边界为

$$P_e \leqslant \sum_{m=2}^{M} P_2(m) \tag{12-3-4}$$

式中，$P_2(m)$是发送全 0 码字时，在第 m 个码字和全 0 码字之间判决的差错概率。$P_2(m)$的表达式已在 7.4 节中导出，且其形式与式（12-3-2）及式（12-3-3）一样，只是其中的 L 用 w_m 代替，γ_b 用 $\gamma_b R_c w_m$ 代替，这里 w_m 是第 m 个码字的重量，R_c 是码率。乘积 $R_c w_m$ 表示编码增益，它不小于 $R_c d_{\min}$。于是，我们可求得在宽带干扰下慢跳频的分组码 FH 系统的性能。

通过重新解释式（12-3-4）中的二进制事件概率 $P_2(m)$，即可求得快跳频（n_2 跳/编码比特）系统的差错概率。n_2 跳/编码比特，可以解释为一个重复码，它和一个重量分布为$\{w_m\}$的特殊(n_1,k)二进制线性码组合时，可得到重量分布为$\{n_2 w_m\}$的二进制$(n_1 n_2,k)$线性码。因此，$P_2(m)$的形式和式（12-3-2）相同，只是其中的 L 用 $n_2 w_m$ 代替，γ_b 用 $\gamma_b R_c n_2 w_m$ 代替，这里 $R_c = k/n_1 n_2$。注意，$\gamma_b R_c n_2 w_m = \gamma_b w_m k/n_1$，它刚好就是由特殊的$(n_1, k)$码得到的编码增益。因此，使用重复码导致非相干合并损失有所增加。

使用硬判决译码和慢跳频时，非相干检测解调器输出端的编码比特差错概率为

$$p = \frac{1}{2}e^{-\gamma_b R_c/2} \tag{12-3-5}$$

利用契尔诺夫边界（Chernov Bound），容易求出码字差错概率的上边界为

$$P_e \leqslant \sum_{m=2}^{M}[4p(1-p)]^{w_m/2} \tag{12-3-6}$$

然而，如果使用 n_2 跳/编码比特的快跳频，并且像软判决译码那样，将相应于 n_2 次跳频的匹配滤波器平方律检测输出相加，以形成该编码比特的两个判决变量，那么，编码比特差错概率 p 也由式（12-3-2）确定，只是其中的 L 用 n_2 代替，γ_b 用 $\gamma_b R_c n_2$ 代替。因此，在宽带干扰下，快跳频系统的性能比慢跳频系统的性能要差，其差值等于 n_2 次跳频接收信号的非相干合并损失。

我们已看到，在快跳频系统中无论对于硬判决译码还是软判决译码，使用重复码都不产生编码增益。编码增益仅来自(n_1,k)分组码。因此，在用非相干组合的快跳频系统中，重复码并不产生效率。一种更有效的编码方法是，采用单独的低速率二进制码或者级联码，把非二进制码与 M 元 FSK 结合使用，可以得到性能的附加改善。这种情况的差错概率边界可从 11.1 节给出的结果中获得。

虽然在上面我们只评估了线性分组码的性能，但也可比较容易地导出二进制卷积码相应的性能。宽带干扰下跳频信号软判决维特比译码和硬判决维特比译码时的差错概率推导，留给读者作为练习。

最后，我们看到，比特能量$\mathcal{E}_b$ 可以表示为$\mathcal{E}_b = P_{av}/R$，其中 R 是信息速率（比特/秒），且

$J_0=J_{av}/W$。因此，γ_b 也可表示为

$$\gamma_b=\frac{\mathcal{E}_b}{J_0}=\frac{2W/R}{J_{av}/P_{av}} \tag{12-3-7}$$

在这个表达式中，对于 FH 扩频信号而言，可把 W/R 看成处理增益，而把 J_{av}/P_{av} 看成干扰容限。

12.3.2 部分频带干扰下 FH 扩频信号的性能

本节所研究的部分频带干扰可建模为零均值高斯随机过程，其功率谱密度在总带宽 W 的一部分α上是平坦的，而其他部分为 0。在功率谱密度不为 0 的范围内，其值为 $R_{zz}(f)=2J_0/\alpha$（$0<\alpha\leqslant 1$）。这种干扰模型可应用于人为干扰信号，或者应用于 FH CDMA 系统中来自其他用户的干扰。

假设部分频带干扰来自人为干扰源，该干扰源可选择α使其对通信系统的影响最小。在采用二进制 FSK 调制和非相干检测的未编码伪随机慢跳频系统中，接收信号受到人为干扰的概率为α，而不受人为干扰的概率为 $1-\alpha$。当它受到人为干扰时，其差错概率为 $\exp(-\mathcal{E}_b\alpha/2J_0)/2$，而不受干扰时，解调将无差错。因此，平均差错概率为

$$P_2(\alpha)=\frac{1}{2}\alpha\exp\left(-\frac{\alpha\mathcal{E}_b}{2J_0}\right) \tag{12-3-8}$$

式中，$\mathcal{E}_b/J_0$ 也可表示为$(W/R)/(J_{av}/P_{av})$。

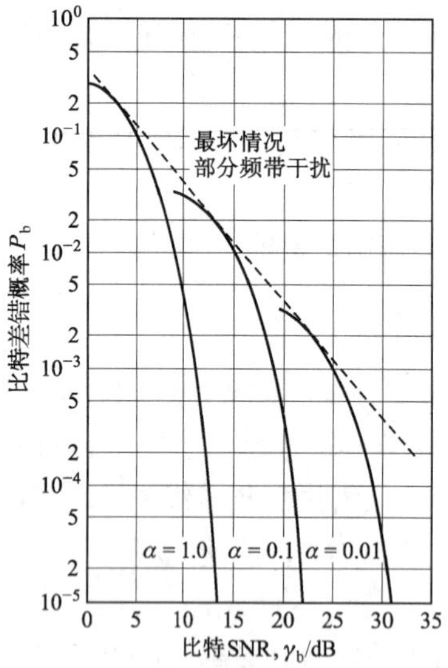

图 12-3-4　具有部分频带干扰的二进制 FSK 性能

图 12-3-4 示出了几种α值时的差错概率，它是$\mathcal{E}_b/J_0$的函数。干扰源的最佳策略是选择α值使差错概率为最大。将 $P_2(\alpha)$微分，并在区间 $0\leqslant\alpha\leqslant 1$ 内求极值，可得

$$\alpha^*=\begin{cases}\dfrac{1}{\mathcal{E}_b/2J_0}, & \mathcal{E}_b/J_0\geqslant 2\\ 1, & \mathcal{E}_b/J_0<2\end{cases} \tag{12-3-9}$$

对最坏情况部分频带人为干扰源，其相应的差错概率为

$$P_2=\frac{e^{-1}}{\mathcal{E}_b/J_0} \tag{12-3-10}$$

尽管全频带人为干扰源的差错概率是按指数递减的，但我们发现，最坏情况部分频带人为干扰的差错概率只与$\mathcal{E}_b/J_0$成反比，这个结果类似于二进制 FSK 在瑞利衰落信道中（见 13.3 节）的差错概率性能，也类似于未编码的 DS 扩频系统受到最坏情况脉冲干扰时（见 12.2.3 节）的差错概率性能。

正如下面将要证明的，通过编码方法获得的信号分集，相对于未编码，系统性能得到了显著的改善。这种信号设计的方法，对衰落信道上信号传输也是同样有效的，我们将在第 13 章中给予证明。

为了说明在有部分频带干扰下的 FH 扩频信号分集的效益，假设在 L 个独立跳频上传输相同的信息符号（采用二进制 FSK）。这可通过把信号传输间隔再划分为 L 个子间隔来实现，

正如前面介绍快跳频时所描述的那样。在除去跳频图样之后，信号通过一对匹配滤波器进行解调，该滤波器的输出用平方律检测，并在每个子间隔末尾抽样。和 L 个跳频相对应的平方律检测信号经加权以及求和后形成一对判决变量（度量），记为 U_1 和 U_2。

当判决变量 U_1 包含信号分量时，U_1 和 U_2 可以表示为

$$U_1 = \sum_{k=1}^{L} \beta_k |2\mathcal{E}_c + N_{1k}|^2, \qquad U_2 = \sum_{k=1}^{L} \beta_k |N_{2k}|^2 \tag{12-3-11}$$

式中，$\{\beta_k\}$表示加权系数；$\mathcal{E}_c$ 表示 L 个码片符号中每个码片的信号能量；$\{N_{jk}\}$表示匹配滤波器输出端的加性高斯噪声项。

如果使发送频率在一次或多次跳频中被成功地命中（Hit），那么加权系数的最佳选择可防止人为干扰源使合并器饱和。理想的 β_k 应等于相应噪声项$\{N_k\}$方差的倒数。因此，每个码片的噪声方差可通过这个加权归一化为 1，而相应的信号也就被标度变换了。这意味着当某一特殊跳频上的信号频率受到人为干扰时，相应的加权系数是很小的；而在给定的跳频上没有人为干扰时，相应的加权系数是比较大的。实际上，对于部分频带干扰，加权系数是通过利用具有增益的 AGC 来完成的，AGC 的增益是根据发送单频相邻的频带中噪声功率测量值来设置的，这等效于解码器具有边信息（即人为干扰源状态的信息）。

假设宽带高斯噪声的功率谱密度为 N_0，且在αW 频带上存在部分频带干扰，该干扰也是高斯的，其功率谱密度为J_0/α。在部分频带干扰的情况下，噪声项 N_{1k}和 N_{2k}的二阶矩为

$$\sigma_k^2 = \frac{1}{2}E\left(|N_{1k}|^2\right) = \frac{1}{2}E\left(|N_{2k}|^2\right) = 2\mathcal{E}_c\left(N_0 + \frac{J_0}{\alpha}\right) \tag{12-3-12}$$

在这种情况下，选取 $\beta_k = 1/\sigma_k^2 = [2\mathcal{E}_c(N_0 + J_0/\alpha)]^{-1}$。在无部分频带干扰时，$\sigma_k^2 = 2\mathcal{E}_c N_0$，故 $\beta_k = (2\mathcal{E}_c N_0)^{-1}$。注意 β_k 是一个随机变量。

如果 $U_2>U_1$，则解调就会产生差错。虽然能够求出准确的差错概率，但借助契尔诺夫边界，可得出一个更容易评价和解释的结果。具体来说，差错概率的契尔诺夫上边界为

$$\begin{aligned} P_2 &= P(U_2 - U_1 > 0) \leqslant E\{\exp[\nu(U_2 - U_1)]\} \\ &= E\left\{\exp\left[-\nu\sum_{k=1}^{L}\left(|2\sqrt{\beta_k}\mathcal{E}_c + N'_{1k}|^2 - |N'_{2k}|^2\right)\right]\right\} \end{aligned} \tag{12-3-13}$$

式中，ν 是一个变量，它的最佳值可得到可能的最紧密边界。

将式（12-3-13）对噪声分量的统计量和加权系数$\{\beta_k\}$的统计量求平均，其中干扰的统计特性使得$\{\beta_k\}$是随机的。首先保持$\{\beta_k\}$固定不变，对噪声统计量求平均，可得

$$\begin{aligned} P_2(\beta) &\leqslant E\left[\exp\left(-\nu\sum_{k=1}^{L}|2\sqrt{\beta_k}\mathcal{E}_c + N'_{1k}|^2 + \nu\sum_{k=1}^{L}|N'_{2k}|^2\right)\right] \\ &= \prod_{k=1}^{L} E\left[\exp\left(-\nu|2\sqrt{\beta_k}\mathcal{E}_c + N'_{1k}|^2\right)\right]E\left[\exp\left(\nu|N'_{2k}|^2\right)\right] \\ &= \prod_{k=1}^{L}\frac{1}{1-4\nu^2}\exp\left(\frac{-4\mathcal{E}_c^2\beta_k\nu}{1+2\nu}\right) \end{aligned} \tag{12-3-14}$$

因为 FSK 单频受人为干扰的概率为α，所以$\beta_k = [2\mathcal{E}_c(N_0 + J_0/\alpha)]^{-1}$ 的概率也为α，而 $\beta_k = (2\mathcal{E}_c N_0)^{-1}$ 的概率为 $1-\alpha$。于是，契尔诺夫上边界为

$$P_2 \leqslant \prod_{k=1}^{L}\left\{\frac{\alpha}{1-4\nu^2}\exp\left[\frac{-2\mathcal{E}_c\nu}{(N_0+J_0/\alpha)(1+2\nu)}\right]+\frac{1-\alpha}{1-4\nu^2}\exp\left[\frac{-2\mathcal{E}_c\nu}{N_0(1+2\nu)}\right]\right\}$$
$$=\left\{\frac{\alpha}{1-4\nu^2}\exp\left[\frac{-2\mathcal{E}_c\nu}{(N_0+J_0/\alpha)(1+2\nu)}+\frac{1-\alpha}{1-4\nu^2}\exp\left[\frac{-2\mathcal{E}_c\nu}{N_0(1+2\nu)}\right]\right]\right\}^L \qquad (12\text{-}3\text{-}15)$$

接着将式（12-3-15）的边界对变量ν进行最佳化。然而，目前形式的边界表达式很难处理。如果假设$J_0/\alpha \gg N_0$，这使得式（12-3-15）中的第二项与第一项比较起来，可以忽略，这样就可大大简化计算。换言之，令$N_0=0$，则P_2的契尔诺夫上边界可简化为

$$P_2 \leqslant \left\{\frac{\alpha}{1-4\nu^2}\exp\left[\frac{-2\alpha\nu\mathcal{E}_c}{J_0(1+2\nu)}\right]\right\}^L \qquad (12\text{-}3\text{-}16)$$

容易证明，该边界相对于ν的最小值和相对于α（最坏情况部分频带干扰）的最大值，分别发生在$\alpha=3J_0/\mathcal{E}_c\leqslant 1$和$\nu=1/4$处。应用这些参数值，式（12-3-16）可简化为

$$P_2 \leqslant P_2(L)=\left(\frac{4}{e\gamma_c}\right)^L=\left(\frac{1.47}{\gamma_c}\right)^L,\qquad \gamma_c=\frac{\mathcal{E}_c}{J_0}=\frac{\mathcal{E}_b}{LJ_0}\geqslant 3 \qquad (12\text{-}3\text{-}17)$$

式中，γ_c是L个码片符号中的码片 SNR。

式（12-3-17）的结果是由维特比和雅各布斯（Viterbi 和 Jacobs，1975）首次导出的。

可以看到，最坏情况部分频带干扰的差错概率随码片 SNR（即γ_c）的增大而成指数减小。这一结果与瑞利衰落信道分集技术的性能特征很相似（见 13.3 节）。式（12-3-17）的右边可表示为

$$P_2(L)=\exp[-\gamma_b h(\gamma_c)] \qquad (12\text{-}3\text{-}18)$$

式中，$h(\gamma_c)$函数定义为

$$h(\gamma_c)=-\frac{1}{\gamma_c}\left[\ln\left(\frac{4}{\gamma_c}\right)-1\right] \qquad (12\text{-}3\text{-}19)$$

$h(\gamma_c)$的曲线如图 12-3-5 所示。我们看到，该函数在$\gamma_c=4$处有一个最大值 1/4。因此，最佳码片 SNR 为$10\log\gamma_c=6$ dB。在最佳 SNR 处，差错概率的上边界为

$$P_2 \leqslant P_2(L_{\text{opt}})=e^{-\gamma_b/4} \qquad (12\text{-}3\text{-}20)$$

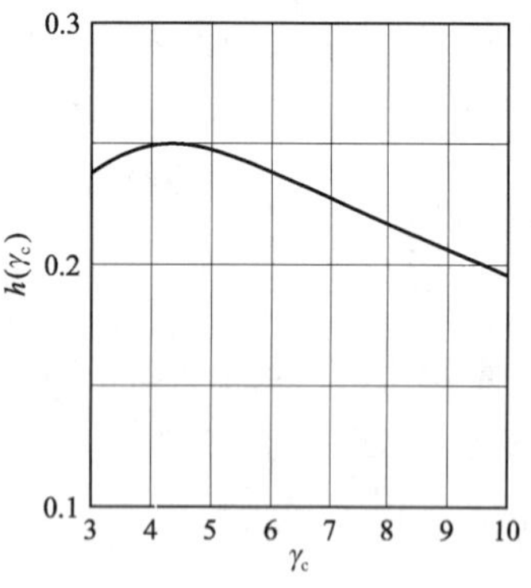

图 12-3-5　$h(\gamma_c)$的曲线

当式（12-3-20）的差错概率上边界与式（12-3-1）给出的二进制 FSK 在平坦噪声谱中的差错概率比较时，可以看出，最坏情况部分频带干扰和L个码片平方律合并中的非相干合并损失的综合影响是 3 dB。但要强调指出，对于某一给定的$\mathcal{E}_b/J_0$，当分集的阶数不是最佳选择时，该损失要大些。

受部分频带干扰影响的跳频系统，可用编码来改善其性能。特别地，如果采用具有$M=2^k$码字，以及每个码字具有L阶分集的分组正交码，那么码字差错概率的上边界为

$$P_e \leqslant (2^k-1)P_2(L)=(2^k-1)\left(\frac{1.47}{\gamma_c}\right)^L=(2^k-1)\left(\frac{1.47}{k\gamma_b/L}\right)^L \qquad (12\text{-}3\text{-}21)$$

而等效比特差错概率的上边界为

$$P_b \leqslant 2^{k-1}\left(\frac{1.47}{k\gamma_b/L}\right)^L \qquad (12\text{-}3\text{-}22)$$

图 12-3-6 表示L=1、2、4、8 和k=1、3 时的比特差错概率。当分集是最佳选择时，该上

边界可表示为

$$P_b \leqslant 2^{k-1}\exp(-\frac{1}{4}k\gamma_b) = \frac{1}{2}\exp[-k(\frac{1}{4}\gamma_b - \ln 2)] \tag{12-3-23}$$

因此，我们得到性能的改善量为 10log[$k(1-2.77/\gamma_b)$]。例如，如果 γ_b=10 且 k=3（即采用八进制调制）时，其改善量为 3.4 dB；而当 k=5 时，改善量则为 5.6 dB。

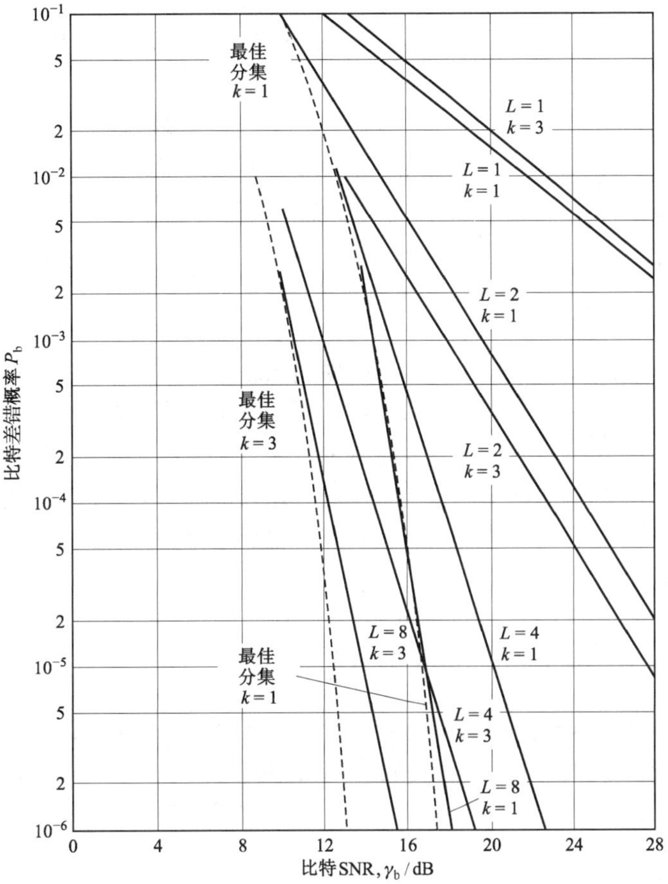

图 12-3-6　最坏情况部分频带干扰信道中具有 L 阶分集的二进制和八进制 FSK 性能

将级联码和软判决译码相结合使用，还可进一步获益。在下面例子中，在具有部分频带干扰的信道上，我们采用双 k 卷积码作为外码，哈达玛（Hadamard）码作为内码。

例 12-3-1　假设对于每个码比特，我们采用带有开-关键控（OOK）调制的哈达玛 $H(n, k)$ 恒重码。该码的最小距离是 $d_{\min}=n/2$，因此，用 OOK 调制得到的有效分集阶数是 $d_{\min}/2=n/4$，每个码字发送 $n/2$ 个跳频的单频。因此，当这个码被单独使用时，有

$$\gamma_c = \frac{k}{n/2}\gamma_b = 2R_c\gamma_b \tag{12-3-24}$$

对于部分频带干扰信道，这些码在使用软判决译码时的比特差错概率的上边界为

$$P_b \leqslant 2^{k-1}P_2(d_{\min}/2) = 2^{k-1}\left(\frac{1.47}{2R_c\gamma_b}\right)^{n/4} \tag{12-3-25}$$

于是，如果哈达玛(n, k)码作为内码，而码率为 1/2 的双 k 卷积码作为外码（见 8.7 节），那么在最坏情况部分频带干扰下的比特差错概率性能为［见式（8-7-5）］

$$P_b \leqslant \frac{2^{k-1}}{2^k-1}\sum_{m=4}^{\infty}\beta_m P_2(\frac{1}{2}md_{\min}) = \frac{2^{k-1}}{2^k-1}\sum_{m=4}^{\infty}\beta_m P_2(\frac{1}{2}mn) \tag{12-3-26}$$

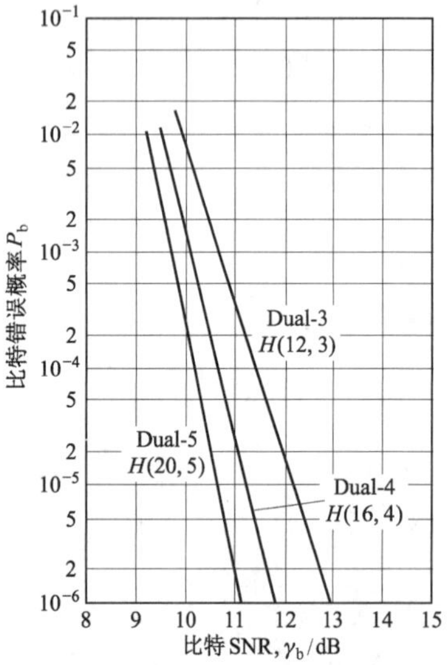

图 12-3-7　最坏情况部分频带干扰信道中，与哈达玛码级联的双 k 码性能

式中，$P_2(L)$由式（12-3-17）给出，其中

$$\gamma_c = \frac{k}{n}\gamma_b = R_c\gamma_b \tag{12-3-27}$$

图 12-3-7 示出了双 k 码(k=5, 4, 3)分别与哈达玛码 $H(20, 5)$、$H(16, 4)$、$H(12, 3)$级联时的性能。

在上面的讨论中，我们集中于软判决译码。另外，硬判决译码得到的性能要比软判决译码得到的性能差很多（几个分贝）。然而，在级联编码方案中，把内码的软判决译码和外码的硬判决译码混合在一起，这是在译码复杂性与性能之间一个合理的折中方案。

最后要指出的是，FH 扩频系统中另一个严重威胁是部分频带多频干扰。这种形式的干扰类似于部分频带平坦噪声干扰。通过编码获得的分集是改善 FH 系统性能的一种有效手段。通过对解调器输出进行适当加权，可抑制干扰源的影响，还可获得附加的性能改善。

12.3.3　基于 FH 扩频信号的 CDMA 系统

在 12.2.2 节中，我们研究了基于 DS 扩频信号的 CDMA 系统。正如早先所指出的，采用基于 FH 扩频信号的 CDMA 系统也是可能的。在这样的系统中，每一对发送机-接收机拥有它自己的伪随机跳频图样。除了这一点区别，所有用户的发送机和接收机都相同，即有相同的编码器、译码器、调制器和解调器。

基于 FH 扩频信号的 CDMA 系统，由于其定时要求不像 PN 扩频信号那么严格，因此对移动用户（陆地、空中、海上）特别有吸引力。另外，频率合成技术及有关硬件的发展，使跳频系统的可能带宽远大于现有 DS 扩频系统目前所能达到的带宽。因此使用跳频有可能获得更大的处理增益。使用 FH 扩频信号的 CDMA 系统的容量也较大。Viterbi（1978）已证明，采用双 k 编码和 M 元 FSK 调制，有可能最多容纳高达 $\frac{3}{8}W/R$ 的用户同时通信，这些用户在带宽为 W 的信道上以信息速率为 R 比特/秒来传输信息。

最早建造的 CDMA 系统之一就是基于 FH 编码扩频信号的，它是用来为小型移动（陆地、空中、海上）终端提供多址战术卫星通信的，每个终端在信道上间歇地发送短消息。该系统称为战术传输系统（TATS），Drouihet & Bernstein（1969）介绍了该系统。

TATS 系统使用一种八进制的里德-所罗门（Reed-Solomon）(7, 2)码。在该系统中，编码器输入的两个 3 比特信息符号生成一个 7 符号的码字。每一个 3 比特编码符号用八进制 FSK 调制发送。8 个可能的频率相互间隔为 $1/T_c$ 赫，其中 T_c 是单个频率传输的（码片）持续时间。一个码字除了有 7 个符号，还包括第 8 个符号，该符号及其相应的频率是固定的，并在每个码字开始时发送，用于提供接收机的定时和频率同步①。因此，每个码字发送时间为 $8T_c$。

TATS 系统被设计成传输信息的速率为 75 和 2400 b/s，因此 T_c 分别为 10 ms 和 312.5 μs。对应于编码符号的每一个单频是频率跳变的，所以当信息速率为 75 b/s 时跳频速率是 100 hop/s，而信息速率为 2400 b/s 时跳频速率是 3200 hop/s。

在里德-所罗门(7, 2)码中，有 $M=2^6=64$ 个码字，且最小码距为 $d_{min}=6$，这意味着这种码的有效分集阶数等于 6。

在接收机中，接收信号首先被解跳频，然后通过由并行的 8 个匹配滤波器组成的一个滤波器组解调，每个滤波器调谐到 8 个可能频率之一上。每个滤波器输出经包络检测后，被量化成 4 bit（16 种电平之一），并馈送给译码器。译码器取出 56 个滤波器输出值，它们相应于每个 7 符号码字的接收，用适当的包络检测输出线性组合的办法，将它们形成 64 个判决变量，这些变量与(7, 2)码中的 64 个可能码字相对应，按照最大判决变量对码字进行判决。

通过限制匹配滤波器输出为 16 个电平，信道中其他用户的干扰（串音）只会引起较小的性能损失（如一个码片上有强干扰时性能损失为 0.75 dB，7 个码片中 2 个码片上有强干扰时性能损失为 1.5 dB)。TATS 系统中的 AGC 时间常数大于码片间隔 T_c，以致于没有必要采用 12.3.2 节所述的解调器输出最佳加权方式。

在 AWGN 及最坏情况部分频带干扰下 TATS 信号差错概率的推导，留给读者作为练习（见习题 12-23 和 12-24)。

12.4　其他类型的扩频信号

DS 和 FH 是实际中最常用的扩频信号形式。然而，还有其他方法可在扩频信号中引入伪随机性。一种类似于 FH 的方法是跳时（Time Hopping，TH）。在 TH 中，时间间隔远大于信息速率的倒数，该时间间隔被划分为大量的时隙。编码信息符号以一个或多个码字组成一个码块，在一个伪随机选择的时隙中来发送。PSK 调制可用来发送编码比特。

举例来说，假设时间间隔 T 被划分为 1000 个时隙，每个时隙的宽度为 $T/1000$。当信息比特率为 R 比特/秒时，在 T 秒内所发送的比特数就是 RT。编码将该数目增加到 RT/R_c 比特，其中 R_c 为码率，因此，在一个 $T/1000$ 秒的时间间隔内，必须发送 RT/R_c 个比特。如果采用二进制 PSK 调制方法，那么比特率就是 $1000R/R_c$，而所需要的带宽 $W\approx 1000R/R_c$。

TH 扩频系统的方框图如图 12-4-1 所示。由于发送信号的突发特性，在 TH 系统的发送机中必须有缓存器。在接收机中，亦要使用一个缓存器，以便向用户提供均匀的数据流。

正如部分频带干扰会使未编码的 FH 扩频系统性能损伤那样，部分时间（脉冲式）干扰对 TH 扩频系统也有类似的影响。编码和交织是对抗这种类型干扰的有效手段，这正如我们已经在 FH 和 DS 系统中所证明的那样。TH 扩频系统的主要缺点是对定时要求严格，不仅比

① 因为涉及移动用户，故存在与传输有关的多普勒频率偏移，在信号解调中必须跟踪和补偿这个频率偏移，使用同步符号可解决这个问题。

FH 扩频系统要求严，而且比 DS 扩频系统要求严。

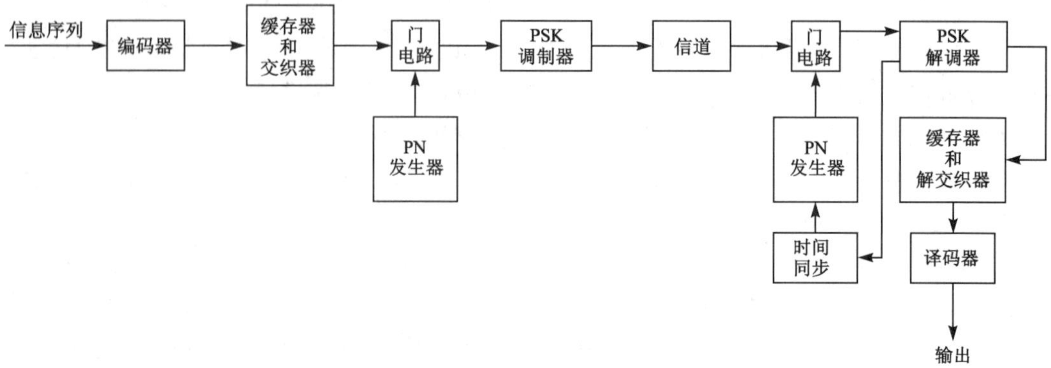

图 12-4-1　跳时（TH）扩频系统的方框图

其他类型的扩频信号可以通过 DS、FH 和 TH 的组合来得到。例如，我们可以得到一个混合 DS/FH，它就是 PN 序列与跳频的结合。单个跳频中发送的信号是由相干解调的 DS 扩频信号组成的。然而，来自不同跳频的接收信号是以非相干方式合并的（包络或平方律合并），因为在一跳内进行相干检测，所以优于纯 FH 扩频系统。然而，性能上增益的代价是增加了系统复杂性、提高了成本费用以及对定时的更严格要求。

另一个可能的混合扩频信号是 DS/TH，它似乎不像 DS/FH 那样实用，主要是因为系统复杂性增加了，以及对定时的要求更严格了。

12.5　扩频系统的同步

接收机对所接收的扩频信号的同步可分为两个阶段：初始捕捉阶段和信号被初始捕捉后的跟踪阶段。

1．捕捉阶段

在直接序列扩频系统中，PN 码必须在码片间隔 $T_c \approx 1/W$ 的一个小范围内达到同步。初始同步问题，可看成试图使接收机时钟与发送机时钟在时间上同步的问题。通常，在扩频系统中使用一个极准确且稳定的时钟，因此，准确时钟可使接收机与发送机之间的时间不确定性降低。然而，由于发送机与接收机之间距离的不确定性，所以总有初始定时不确定性。当两个移动用户之间进行通信时，这是一个很特殊的问题。在任何情况下，建立初始同步的常规过程都是发送机发送一个已知的伪随机数据序列给接收机，接收机以一种搜索模式连续地寻找该序列以便建立初始同步。

假设初始定时不确定性为 T_u，而码片持续时间为 T_c。如果在加性噪声和其他干扰下初始同步发生，为了在每一时刻测试同步，有必要驻留 $T_d=NT_c$ 的时间。如果在时间节拍（粗略的）为 $T_c/2$ 的时间不确定间隔上进行搜索，那么建立初始同步所需时间为

$$T_{\text{init sync}} = \frac{T_u}{T_c/2} NT_c = 2NT_u \tag{12-5-1}$$

显然，发送给接收机的同步序列必须至少和 $2NT_c$ 一样长，以便接收机有足够的时间以串行的方式进行必要的搜索。

从原理上讲，匹配滤波器或互相关是建立初始同步的最佳方法。匹配滤波器（它与已知的伪随机序列产生的数据波形相匹配）连续地搜索预定阈值超过量，当搜索成功时，初始同步就建立起来了，并且解调器进入数据接收模式（状态）。

另外，我们可以采用图 12-5-1 所示的滑动相关器。该相关器通常以离散时间间隔为 $T_c/2$，通过时间不确定性进行循环，并且使接收信号与已知的同步序列进行相关运算。在时间间隔 NT_c（N 个码片）上进行互相关运算，而且将该相关器输出与阈值相比较，以确定是否存在已知的信号序列。如果未超过该阈值，那么已知的参考序列在时间上提前 $T_c/2$，而且重复该相关过程，这些操作一直进行到检测出信号或者在定时不确定性 T_u 上搜索完成为止，在后一种情况下，搜索过程将被重复。

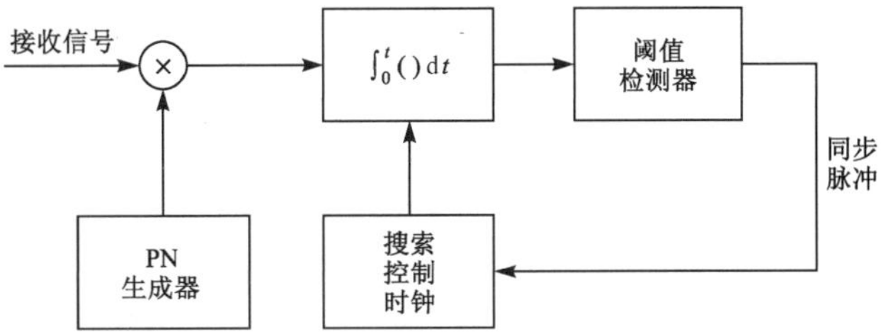

图 12-5-1　用于捕捉 DS 信号的滑动相关器

类似的过程也可以用于 FH 扩频信号。在这种情况下，问题的关键是使 PN 码同步以便控制跳频图样。为了完成这个初始同步，可以向接收机发送一个已知的跳频（FH）信号。接收机中的初始捕捉系统（Initial Acquisition System）搜索这个已知的 FH 信号图样。例如，采用一组匹配滤波器，调谐到已知图样的发送频率上，其输出必然是适当延时、包络或平方律检测、加权（如果必要的话），以及相加的（非相干积分），以便产生输出信号并与阈值比较，当超过阈值时，表明信号出现。搜索过程通常在时间上连续进行直到超过阈值为止。FH 信号捕捉系统如图 12-5-2 所示，作为一种替代方案，可采用单一的一对匹配滤波器-包络检测器，前置一个跳频图样发生器，并且后置一个检测积分器和一个阈值检测器。图 12-5-3 示出了一种基于串行搜索的结构，它与 DS 扩频信号的滑动相关器相似。

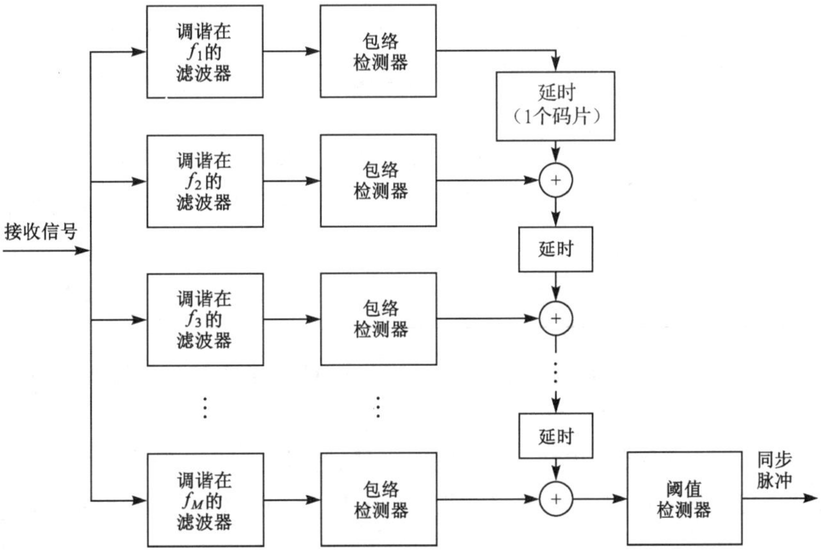

图 12-5-2　FH 信号捕捉系统

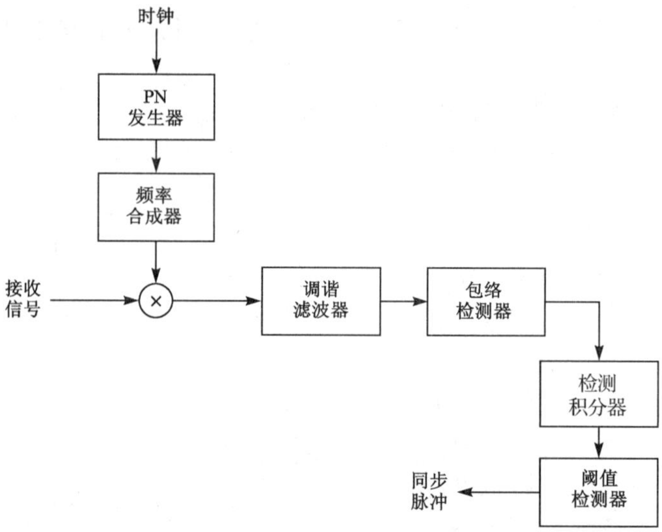

图 12-5-3　另一种 FH 信号捕捉系统（基于串行搜索结构）

DS 信号的滑动相关器或 FH 信号的相对应的系统如图 12-5-3 所示，本质上是进行一种串行搜索，这一般是比较耗费时间的。作为另一种方案，人们可以引入某种程度的并行机制，这是通过两个或多个相关器并行操作并在非重叠时隙上搜索来实现的。在这种情况下，搜索时间减少，其代价是系统实现更加复杂，费用更高。

在搜索模式期间，可能存在误告警，它以系统设定的误告警率发生。为了处理偶发的误告警，需要附加的检验方法或电路，以证实相关器输出的接收信号保持在阈值之上。用这样的检测策略，引起误告警的大噪声脉冲将只引起暂时的阈值超过量。另一方面，当信号出现时，在发送信号的持续时间之内相关器或匹配滤波器输出将一直停留在阈值之上。因此，如果证实失败，搜索将重新开始。

另外一个初始搜索策略称为序贯搜索（Sequential Search），它是由 Ward（1965）和 Ward & Yiu（1977）研究并提出的。在这个方法中，把搜索过程中每级延时上的驻留时间设置成可变的，其方法是采用具有可变积分周期的相关器并将其（有偏）输出与两个阈值进行比较，因此，存在如下三种可能的判决：

（1）若相关器输出超过上阈值，则表明初始同步已建立；

（2）若相关器输出低于下阈值，则表明在该级延时上信号不存在，而且搜索过程在不同级的延时上重新开始；

（3）若相关器输出落在两个阈值之间，则将积分时间增加 1 个码片时间，产生的输出再一次与两个阈值进行比较。

因此，对每个码片间隔都重复步骤（1）、（2）、（3），直至相关器输出超过上阈值或低于下阈值。

序贯搜索方法属于 Ward（1947）提出的序贯估计方法类型，从平均搜索时间最小化的意义上讲，该方法是更有效的搜索方法。因此，序贯搜索的搜索时间小于固定驻留时间积分器的搜索时间。

在上述讨论中，我们只研究了建立初始同步中的时间不确定性。然而，初始同步的另一方面是频率不确定性。如果发送机和/或接收机为移动台，则它们之间的相对运动速度将导致接收信号中的多普勒频移（相对于发送信号）。因为接收机通常不可能先验地知道其相对运动速度，所以多普勒频移是未知的，而且必须利用频率搜索方法来确定。这样的搜索通常是在适当的量化频率不确定性间隔上并行地完成，以及在时间不确定性间隔上串行地完成的。图 12-5-4 给出了这种方案的方框图，我们也能够设计出适用于 FH 扩频信号的多普勒频率搜索方法。

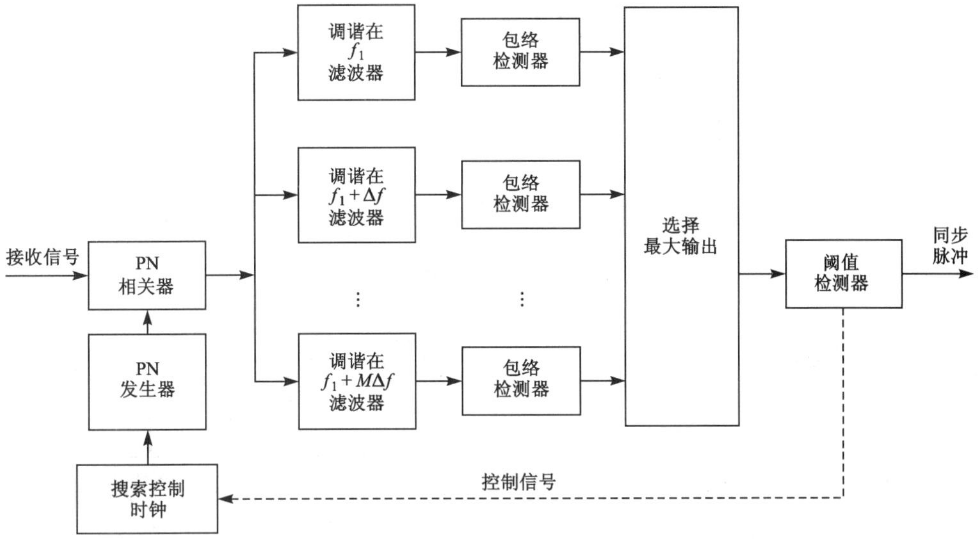

图 12-5-4　DS 扩频系统中多普勒频移的初始搜索

2．跟踪阶段

一旦信号被捕捉，初始搜索过程即告停止，并开始精确的同步与跟踪。跟踪用来维持接收机中 PN 发生器与接收信号的同步。跟踪包括精确的码片同步和相干解调中载波相位跟踪。

DS 扩频信号中通常使用的跟踪环是如图 12-5-5 所示的延时锁定环（Delay Locked Loop，DLL，简称锁时环）。在这个跟踪环中，接收信号加到两个乘法器上，并与本地 PN 发生器的两个输出相乘，这两个输出相互延时量为 $2\delta \leqslant T_c$。因此，两个乘积信号是接收信号与两个不同延时值的 PN 序列的互相关。其结果经由带通滤波、包络（或平方律）检测和减法运算，产生的差值信号加到环路滤波器上，以驱动压控时钟（VCC），该 VCC 作为 PN 发生器的时钟。

如果同步不准确，那么一个相关器的滤波输出将超过另一个，VCC 将适当超前或滞后。在平衡点处，两个相关器的滤波输出将等量地偏离其峰值，而且 PN 发生器输出将准确地与馈送到解调器的接收信号同步。我们看到，用来跟踪 DS 扩频信号的 DLL 的实现，等效于前面 5.3.2 节所讨论的、图 5-3-5 所示的早-迟门比特跟踪同步器。

用于 DS 扩频信号时间跟踪的另一种方法是使用所谓τ抖动环（Tau Dither Loop，TDL），其方框图如图 12-5-6 所示，TDL 采用“单臂”结构代替了图 12-5-5 中的“双臂”结构。通过提供合适的门控波形（Gating Waveform），有可能使“单臂”实现看起来等效于“双臂”实现。在这种情况中，将码时钟步进或步退一个时间量 δ，然后有规律地在两个延时值处对互相关函数进行抽样。在 $\pm\delta$ 处抽样的互相关包络具有幅度调制，其相对于τ抖动调制器的相位确定了跟踪误差的正负号。

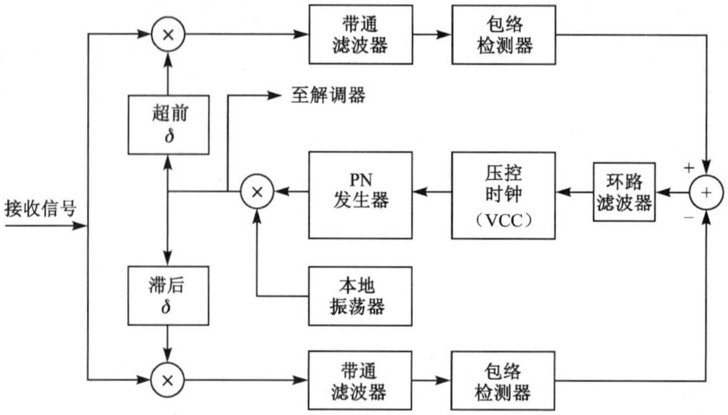

图 12-5-5　PN 码跟踪锁时环（DLL）

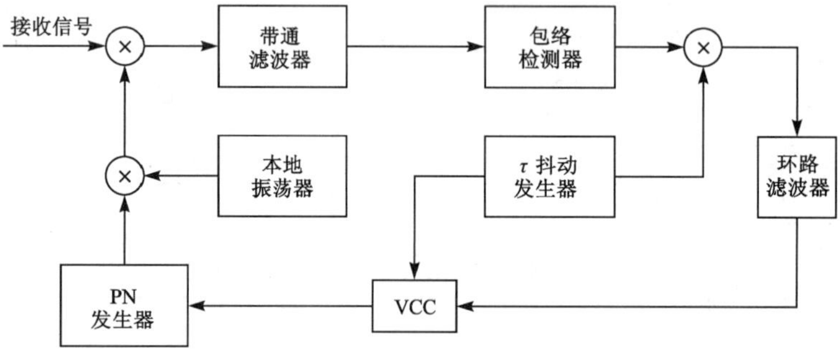

图 12-5-6　T 抖动环（TDL）方框图

TDL 的主要优点是实现成本低，因为它消除了常规 DLL 所采用的两个臂中的一个臂。第二个隐含的优点是：TDL 不像 DLL 那样存在两个臂幅度增益不平衡时所固有的性能损伤。

通过在偏离峰值的 $\pm\delta$ 处对信号相关函数的抽样，如图 12-5-7（a）所示，DLL（及其等效的 TDL）将产生一个误差信号，如图 12-5-7（b）所示。DLL 性能分析与 5.2 节中所介绍的锁相环（PLL）性能分析相似。如果这种分析不是对 DLL 两个臂中的包络检测器进行的，那么该环将类似于一个科斯塔斯（Costas）环。一般来讲，DLL 中时间估计误差的方差与环路的 SNR 成反比，它取决于环路的输入 SNR 和环路的带宽。如同平方 PLL 那样，由于包络检测器中所固有的非线性，其性能稍有损伤，但这种损伤比较小。

FH 扩频信号的典型跟踪技术如图 12-5-8（a）所示。该方法基于如下前提条件：虽然已获得初始捕捉，但在接收信号与接收机时钟之间仍存在小的定时误差。首先，带通滤波器调谐到某一中频上，其带宽为 $1/T_c$ 数量级，其中 T_c 为码片间隔。带通滤波器的输出经包络检测器，然后与时钟信号相乘，从而产生一个驱动环路滤波器的三电平信号，如图 12-5-8（b）所示。注意，当码片转换（来自本机产生的正弦波）与进来的信号转换并不同时发生时，环路滤波器的输出可能是负的或正的，这取决于 VCC 相对于输入信号的定时是滞后还是超前。该环路滤波器输出的误差信号作为调整 VCC 定时信号的控制信号，以便驱动频率合成器的脉冲式正弦波达到与接收信号适当的同步。

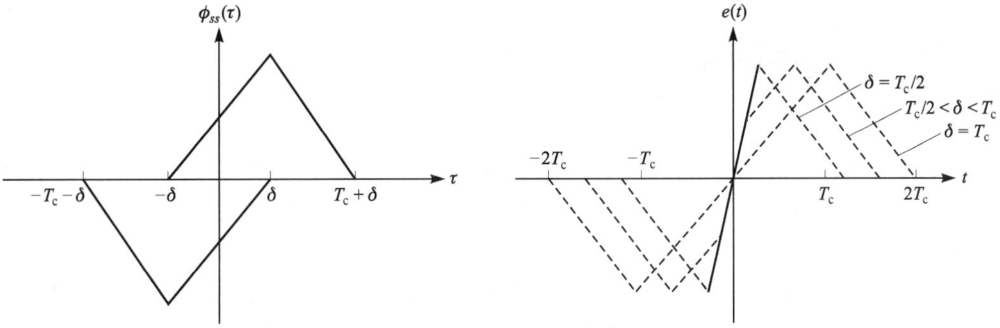

（a）自相关函数　　（b）跟踪误差信号

图 12-5-7　DLL 中自相关函数和误差信号跟踪

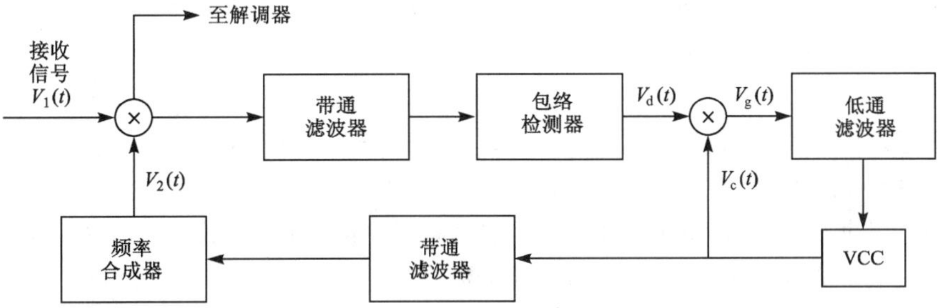

（a）FH信号的跟踪环

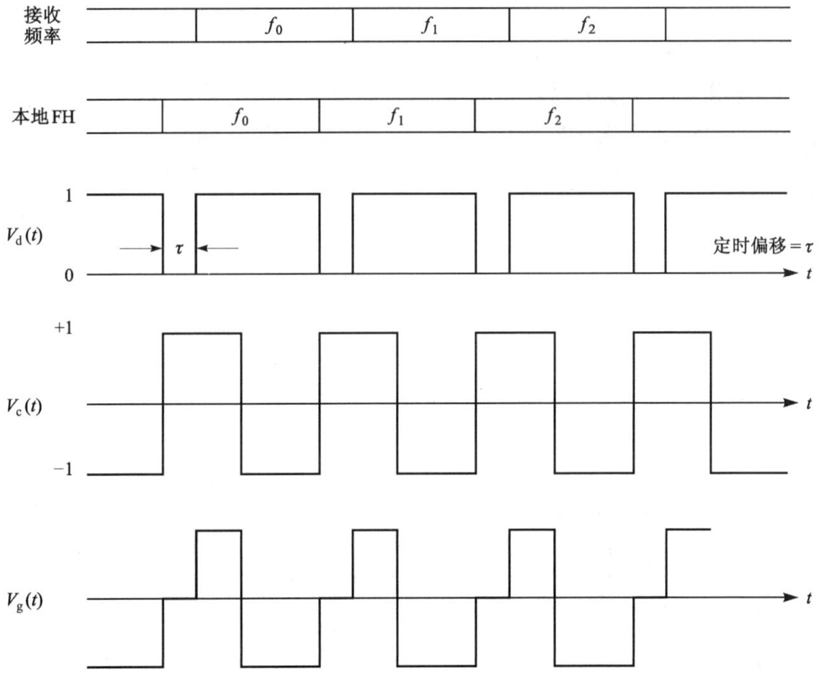

（b）跟踪FH信号的波阵面

图 12-5-8　FH 扩频信号的跟踪方法

12.6 文献注释与参考资料

本章是扩频信号及其性能必不可少的引导性概述。关于扩频信号与系统的信号捕捉技术、码跟踪方法、混合扩频系统，以及其他一般性课题的细节和更专门化的论述，可以参考有关该课题的大量现有技术文献。

从历史上看，早期的扩频系统是为军用保密（AJ）数字通信系统的应用而研发的。实际上，在 1970 年之前，大多数关于扩频通信系统的设计和开发工作都是保密的。此后，这个趋势发生了逆转，现已公开的文献包含了关于扩频信号分析与设计的所有方面的大量出版物，而且，最近我们已见到了论及扩频信号传输技术应用于商用通信的许多出版物，诸如 *Interoffice Radio Communications*（Pahlavan，1985）、*Mobile Radio Communications*（Yue，1983）、*Digital Cellular Communications*（Viterbi，1995）。

肖尔茨（Scholtz，1982）的论文论述了 1920—1960 年期间扩频通信系统的发展历史。基本概念的综述则可从肖尔茨（Scholtz，1977）和皮克霍尔茨等（Pickholtz 等，1982）的论文中找到。这些论文也包括了大量以前工作的参考文献。此外，维特比的两篇论文（Viterbi，1979，1985）提供了 DS 和 FH 扩频信号传输技术的性能特性的评论。

关于扩频信号与系统分析和设计各方面的综合论述，包括同步技术，现在可以在西蒙等（Simon，1985）、齐尔默和彼得森（Ziemer & Peterson，1985）以及霍姆斯（Holmes，1982）的教科书中找到。除了这些教科书，在几期 *IEEE Transactions on Communcations*（1977 年 8 月、1982 年 5 月）和 *IEEE Transactions on Selected Areas in Communications*（1985 年 9 月、1989 年 5 月、1990 年 5 月、1993 年 6 月），在这些期刊中发表了大量有关扩频通信各种课题的论文，包括多址技术、同步技术以及各种类型干扰下的性能分析。发表在 IEEE 期刊上的大量重要论文还以著作的形式由 IEEE 出版，如 Dixon（1976）、Cook 等（1983）。最后，我们建议将戈隆布（Golomb，1967）的著作作为移位寄存器的基本参考书，推荐给那些想更深入研究这个课题的读者。

习题

12-1 按照例 12-2-2 概括的过程，当信号脉冲为

$$g(t)=\sqrt{\frac{16\mathcal{E}_c}{3T_c}}\cos^2\left[\frac{\pi}{T_c}(t-\frac{1}{2}T_c)\right],\quad 0\leqslant t\leqslant T_c$$

时，试求 DS 扩频系统在 CW 干扰下的差错概率性能。

12-2 图 P12-2 表示在未编码（平凡重复码，Trivial Repetition Code）数字通信系统中 PN 扩频信号和窄带干扰的功率谱密度。参考图 12-2-6 所示的该信号的解调器，试画

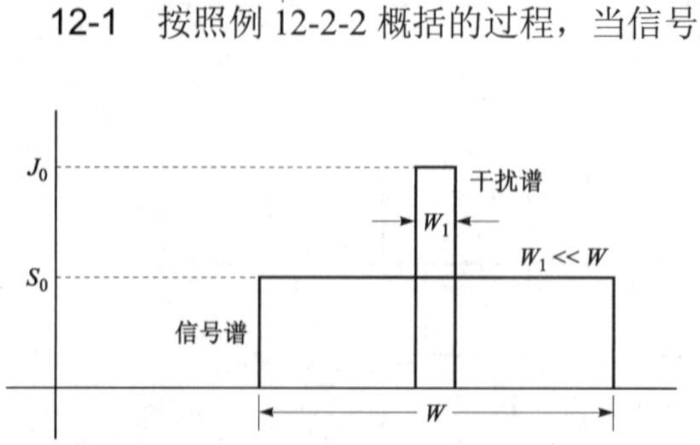

图 P12-2

出在 $r(t)$与 PN 发生器输出相乘之后，该信号和干扰的（近似）谱特性草图。当每比特 PN 码片数为 L_c 时，试求出现在相关器输出的那部分总干扰。

12-3 研究 DS 扩频系统中里德-所罗门(31, 3)码（q=32 元符号表）作为外码与二进制哈达玛(16, 5)码作为内码的级联。假定对两种码进行软判决译码，试求基于级联码最小距离的比特差错概率的上（一致）边界。

12-4 哈达玛码$(n, k)=(2^m, m+1)$是一种具有 $d_{\min}=2^{n-1}$ 的低速率码。对于具有二进制 PSK 调制和软判决译码或硬判决译码的 DS 扩频信号，试求这类码的性能。

12-5 具有 $d_{\text{free}}=10$、码率为 1/2 的卷积码可用来对以 1000 b/s 速率发生的数据序列进行编码，调制是二进制 PSK，DS 扩频序列具有 10 MHz 的码片速率。

（a）试求编码增益。

（b）试求处理增益。

（c）假设$\mathcal{E}_b/J_0$=10 dB 时，试求干扰容限。

12-6 总数为 30 的等功率用户共享 CDMA 相同的通信信道，每个用户以 10 kb/s 的速率通过 DS 扩频和二进制 PSK 发送信息。试求比特差错概率为 10^{-5} 时的最小码片速率。接收机的加性噪声在本题的计算中可以忽略不计。

12-7 设计一个具有处理增益为 1000 和二进制 PSK 调制的 CDMA 系统。如果每个用户具有等功率和差错概率为 10^{-6} 的期望量级的性能，试求系统可容纳的用户数。若处理增益变为 500，重新进行以上计算。

12-8 某一 DS 扩频系统在单频干扰下以速率 1000 b/s 发送信息，干扰功率比期望信号大 20 dB，且获得满意性能所需要的$\mathcal{E}_b/J_0$为 10 dB。

（a）试求满足技术要求所需要的扩展带宽。

（b）若干扰源为脉冲干扰源，试求导致最坏情况干扰的脉冲占空率和相应的差错概率。

12-9 某 CDMA 系统由 15 个等功率用户所组成，每个用户以速率 10000 b/s 发送信息，每个用户采用一个码片速率为 1 MHz 的 DS 扩频信号，调制为二进制 PSK。

（a）试求$\mathcal{E}_b/J_0$，其中 J_0 是组合干扰的谱密度。

（b）试求处理增益。

（c）处理增益应该增加多少才能允许双倍用户而不会影响输出 SNR？

12-10 某 DS 扩频二进制 PSK 信号具有 500 的处理增益，如果期望的差错概率为 10^{-5}，试求对连续单频干扰源的干扰容限。

12-11 如果干扰源是占空率为 1%的脉冲式噪声干扰源，重做习题 12-10。

12-12 研究一个 DS 扩频信号：

$$c(t)=\sum_{n=-\infty}^{\infty} c_n p(t-nT_c)$$

式中，c_n 是周期 $N=127$ 的周期性 m 序列，$p(t)$是持续时间 $T_c=1$ μs 的矩形脉冲。试求信号 $c(t)$ 的功率谱密度。

12-13 假设$\{c_{1i}\}$和$\{c_{2i}\}$分别是周期为 N_1 和 N_2 的两个二进制(0,1)周期序列。试求由$\{c_{1i}\}$与$\{c_{2i}\}$模 2 和所形成的序列的周期。

12-14 在 DS 扩频系统中，使用一个最大长度 m=10 的移位寄存器来产生伪随机序列。

码片持续时间 $T_c=1\ \mu s$，比特持续时间 $T_b=NT_c$，其中 N 是 m 序列的长度（周期）。

（a）试求系统的处理增益（dB）。

（b）当所需要的$\mathcal{E}_b/J_0=10$ 且干扰源是平均功率为 J_{av} 的单频干扰源时，试求干扰容限。

12-15 某 FH 二进制正交 FSK 扩频系统采用一个用来产生 ML 序列的 $m=15$ 级线性反馈移位寄存器，该移位寄存器的每一个状态选择跳频图样中的一个非重叠频带（共 2 个），比特传输速率为 100 b/s，而跳频速率是每比特一跳，解调器采用非相干检测。试求：

（a）该信道的跳频带宽。

（b）处理增益。

（c）AWGN 信道的差错概率。

12-16 考虑习题 12-15 中所述 FH 二进制正交 FSK 扩频系统，假设跳频速率增加到 2 hop/bit（跳/比特），接收机采用平方律合并，以在 2 次跳频上合并信号。试求：

（a）该信道的跳频带宽。

（b）处理增益。

（c）AWGN 信道的差错概率。

12-17 在快跳频系统中，信息通过 FSK 发送，采用非相干检测。假设 $N=3$ hop/bit（跳/比特），在每一跳中信号采用硬判决译码。

（a）在功率谱密度为 $1/2N_0$ 的 AWGN 信道中，且 SNR=13 dB（在 3 次跳频上的总 SNR），试求该系统的差错概率。

（b）将（a）题中的结果与每比特一次跳频的 FH 扩频系统的差错概率进行比较。

12-18 一个具有非相干检测的慢跳频二进制 FSK 系统，运行在$\mathcal{E}_b/J_0=10$、跳频带宽为 2 GHz 以及比特率为 10 kb/s 的环境下。试求：

（a）该系统的处理增益。

（b）当干扰源为部分频带干扰源时，试求最坏情况干扰所占的带宽。

（c）最坏情况部分频带干扰源下的差错概率。

12-19 试求二进制卷积码与二进制 FSK 组合的 FH 扩频信号的差错概率。信道是 AWGN，FSK 解调器输出经平方律检测后送至译码器，该译码器进行如第 8 章所述的最佳软判决维特比译码。假定跳频速率为每编码比特一跳。

12-20 采用硬判决维特比译码，重做习题 12-19。

12-21 当以每编码比特 L 跳的速率进行快跳频时，重做习题 12-19。

12-22 当以每编码比特 L 跳的速率进行快跳频且译码器为硬判决维特比译码时，重做习题 12-19。在硬判决维特比译码之前，先进行每编码比特 L 个码片的平方律检测和合并。

12-23 式（12-3-3）中所给出的 TATS 信号由并行的 8 个匹配滤波器组（八进制 FSK）解调，且每个滤波器的输出被平方律检测。7 个信号间隔中的每一个获得的 8 个输出（56 个总输出）用来组成 64 个可能的、相应于里德-所罗门(7,2)码的判决变量。采用 AWGN 信道和软判决译码时，试求码字差错概率的上（一致）边界。

12-24 对于最坏情况部分频带干扰的信道，重做习题 12-23。

12-25 试从式（12-2-49）导出式（12-2-50）和式（12-2-51）中的结果。

12-26 证明式（12-3-14）可由式（12-3-13）得出。

12-27　试从式（12-3-16）导出式（12-3-17）。

12-28　用来构造长度 $n=7$ 的戈尔德（Gold）序列的生成多项式为

$$h_1(X)=X^3+X+1, \qquad h_2(X)=X^3+X^2+1,$$

试生成长度为 7 的所有 Gold 序列，并求一个序列与每一个其他序列的互相关。

12-29　在 12.2.3 节，我们利用截止率参数 R_0 证明了脉冲干扰下具有交织的编码系统的差错概率的评估技术。利用图 P12-29 给出的码率为 1/2 和 1/3 卷积码及其软判决维特比译码的差错概率曲线，试求脉冲干扰下编码系统相应的差错概率，并对 K=3，5，7 进行该计算。

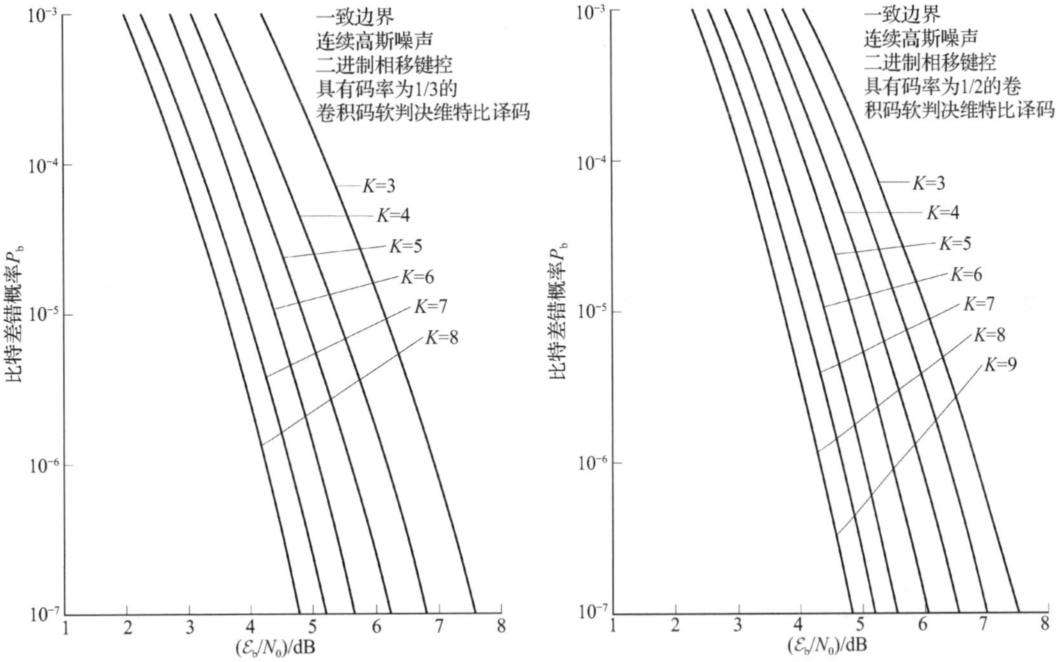

图 P12-29

12-30　在具有脉冲干扰和软判决译码的编码和交织 DS 扩频二进制 PSK 调制中，截止率

$$R_0 = 1 - \log_2(1 + \alpha e^{-\alpha \mathcal{E}_c/N_0})$$

式中，α为系统受干扰的部分时间，$\mathcal{E}_c=\mathcal{E}_b R$，$R$ 为比特率，且 $N_0 \equiv J_0$。

（a）证明比特 SNR，即$\mathcal{E}_b/N_0$可表示为

$$\frac{\mathcal{E}_b}{N_0} = \frac{1}{\alpha R} \ln \frac{\alpha}{2^{1-R_0} - 1}$$

（b）试求使所需的$\mathcal{E}_b/N_0$最大的α值（最坏情况脉冲干扰），并求$\mathcal{E}_b/N_0$的最大值。

（c）在最坏情况脉冲干扰下并在 AWGN（$\alpha=1$）条件下画出 $10\log(\mathcal{E}_b/rN_0)$与 R_0 的关系曲线，其中 $r=R_0/R$。由此能得出有关最坏情况脉冲干扰影响的什么结论？

12-31　在具有部分频带干扰和软判决译码相干解调的编码和交织的跳频 q 元 FSK 调制中，截止率为

$$R_0 = \log_2 \left[\frac{q}{1 + (q-1)\alpha e^{-\alpha \mathcal{E}_c/2N_0}} \right]$$

式中，α为系统受干扰的部分频带，$\mathcal{E}_c$为码片（或单频）能量，且 $N_0 \equiv J_0$。

（a）证明比特 SNR 可表示为

$$\frac{\mathcal{E}_b}{N_0}=\frac{2}{\alpha R}\ln\frac{(q-1)\alpha}{q2^{-R_0}-1}$$

（b）试求使所需的$\mathcal{E}_b/N_0$最大的α值（最坏情况部分频带干扰），并求$\mathcal{E}_b/N_0$的最大值。

（c）在（b）题中的$\mathcal{E}_b/N_0$结果中定义 $r=R_0/R$，并画出 $10\log(\mathcal{E}_b/rN_0)$与归一化截止率 $R_0/\log_2 q$（q=2,4,8,16,32）的关系曲线。将该图与习题 12-30（c）的结果进行比较。由此能得出有关最坏情况部分频带干扰影响的什么结论？增加符号表数目 q 的影响是什么？在习题 12-30（c）与 $q\to\infty$时 q 元 FSK 两者结果之间 SNR 的代价是多少？

第 13 章

衰落信道 I：信道特征与信号传输

前几章介绍了在传统 AWGN 信道或 AWGN 线性滤波器信道上传输信息的数字通信系统的设计及性能。为了获得良好的性能，线性滤波器信道的固有失真要求特殊的信号设计技术和相当复杂的自适应均衡算法。

本章针对更复杂的信道，即随机时变冲激响应（Randomly Time Variant Impulse Response）信道，研究信号设计、接收机结构和接收机性能等问题，这些特征可用来对许多无线信道上的信号传输进行建模，包括 3～30 MHz 频段（HF）上的短波电离层无线通信、300～3000 MHz 频段（UHF）和 3000～30000 MHz 频段（SHF）上的对流层散射超视距无线通信，以及 30～300 MHz 频段（VHF）上的电离层前向散射通信。这些信道的时变冲激响应是媒质物理特征不断变化的结果，例如，在 HF 频段，反射发送信号的电离层中的电离子总处在运动之中。在信道的用户看来，离子的运动是随机的，如果在 HF 频段中以两个相距较大的时间间隔发送同一信号，则收到的两个信号是不同的，因此，所产生的时变响应应以统计的术语来论述。

本章将首先研究信道统计特性，讨论多径衰落信道上数字信号传输；然后评估在这样的信道上通信所涉及的几种基本数字信号传输技术的性能，该性能结果将证实接收信号衰落特性所引起的信噪比严重损失，还将证明利用高效率的调制/编码和解调/译码技术可大大减少信噪比的损失。

13.1 多径衰落信道的特征

如果在时变多径信道上传输极窄的脉冲（理想情况下为一冲激脉冲），接收信号将表现为一串脉冲，如图 13-1-1 所示。因此，多径媒介（Multipath Medium）的一个特征是在该信道上传输的信号中引入了时间扩展。

多径媒介的第二个特征是由媒介结构的时变所引起的。时变导致多径特性随时间而变，也可以说，如果一次又一次地重复探测脉冲（Pulse-Sounding）试验，将会看到接收脉冲串的变化，包括各个脉冲大小和脉冲间相对延时的变化，还包括脉冲数量的变化，如图 13-1-1 所示。由于时间变化对信道上的用户而言是不可预测的，因此，统计表征时变多径信道是合理的。

为此，考察信道对发送信号的影响。发送信号一般可表示为

$$s(t) = \mathrm{Re}\left[s_1(t)\mathrm{e}^{\mathrm{j}2\pi f_c t}\right] \tag{13-1-1}$$

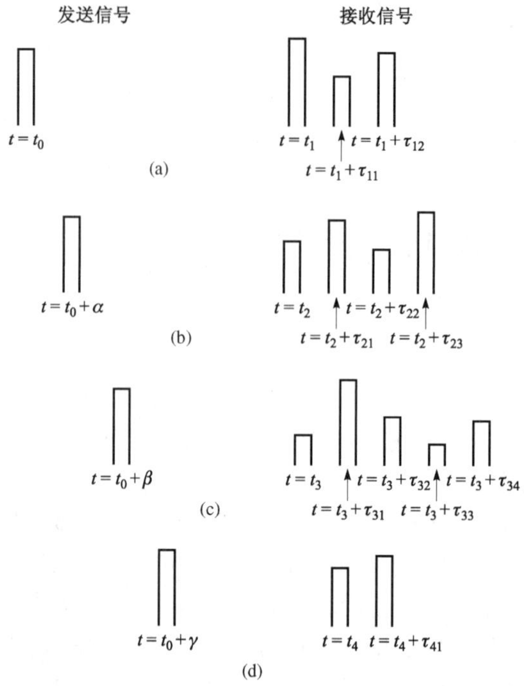

图 13-1-1　时变多径信道对很窄脉冲响应的例子

假设存在多条传播路径，且与每条路径有关的是传播延时和衰减因子。传播延时和衰减因子都因媒介结构的变化而随时间变化。于是，接收到的带通信号可表示为

$$x(t)=\sum_{n}\alpha_n(t)s[t-\tau_n(t)] \tag{13-1-2}$$

式中，$\alpha_n(t)$ 是第 n 条传播路径上接收信号的衰减因子，而 $\tau_n(t)$ 为第 n 条传播路径的传播延时。将式（13-1-1）的 $s(t)$ 代入式（13-1-2），可得

$$x(t)=\mathrm{Re}\left(\left\{\sum_{n}\alpha_n(t)\mathrm{e}^{-\mathrm{j}2\pi f_c\tau_n(t)}s_1[t-\tau_n(t)]\right\}\mathrm{e}^{\mathrm{j}2\pi f_c t}\right) \tag{13-1-3}$$

从式（13-1-3）可明显看出，等效低通接收信号为

$$r_1(t)=\sum_{n}\alpha_n(t)\mathrm{e}^{-\mathrm{j}2\pi f_c\tau_n(t)}s_1[t-\tau_n(t)] \tag{13-1-4}$$

因为 $r_1(t)$ 是等效低通信道对等效低通信号 $s_1(t)$ 的响应，因此，等效低通信道可用如下时变脉冲响应来描述

$$c(\tau;t)=\sum_{n}\alpha_n(t)\mathrm{e}^{-\mathrm{j}2\pi f_c\tau_n(t)}\delta[\tau-\tau_n(t)] \tag{13-1-5}$$

对于某些信道，例如对流层散射信道，把接收信号看成由连续多径分量组成将更合适。在这种情况下，接收信号可表示为积分形式，即

$$x(t)=\int_{-\infty}^{\infty}\alpha(\tau;t)s(t-\tau)\mathrm{d}\tau \tag{13-1-6}$$

式中，$\alpha(\tau;t)$ 表示在延时 τ 和在 t 时刻信号分量的衰减。把式（13-1-1)的 $s(t)$ 代入式（13-1-6)，可得

$$x(t)=\mathrm{Re}\left\{\left[\int_{-\infty}^{\infty}\alpha(\tau;t)\mathrm{e}^{-\mathrm{j}2\pi f_c\tau}s_1(t-\tau)\,\mathrm{d}\tau\right]\mathrm{e}^{\mathrm{j}2\pi f_c t}\right\} \tag{13-1-7}$$

因为式（13-1-7）的积分表示 $s_1(t)$ 与等效低通时变冲激响应 $\alpha(\tau;t)$ 的卷积，故有

$$c(\tau;t)=\alpha(\tau;t)\mathrm{e}^{-\mathrm{j}2\pi f_c\tau} \tag{13-1-8}$$

式中，$c(\tau;t)$ 表示 $t-\tau$ 时刻施加的冲激在 t 时刻的信道响应。于是，式（13-1-8）是等效低通冲激响应的合适定义，该定义适用于连续多径信道结果，而式（13-1-5）适用于含有离散多径分量的信道。

下面研究在频率 f_c 处的未调载波的传输问题。对于所有的 t, $s_1(t)=1$。由式（13-1-4）给出的离散多径情况下的接收信号简化为

$$r_1(t)=\sum_n \alpha_n(t)\mathrm{e}^{-\mathrm{j}2\pi f_c\tau_n(t)}=\sum_n \alpha_n(t)\mathrm{e}^{\mathrm{j}\theta_n(t)} \tag{13-1-9}$$

式中，$\theta_n(t)=-2\pi f_c\tau_n(t)$。因此，接收信号由若干具有幅度 $\alpha_n(t)$ 和相位 $\theta_n(t)$ 的时变向量（相位复向量）之和组成。注意，媒介大的动态变化将使 $\alpha_n(t)$ 变化足够大，从而引起接收信号的大的变化。另一方面，每当 $\tau_n(t)$ 变化 $1/f_c$ 时，$\theta_n(t)$ 将变化 2π。$1/f_c$ 很小，因此当发生比较小的媒介变化时，$\theta_n(t)$ 就能变化 2π。与不同信号路径相关联的延时 $\tau_n(t)$ 以不同的速率，而且以不可预测的（随机）方式变化。这意味着，式（13-1-9）中的接收信号 $r_1(t)$ 可以看成随机过程。当存在大量路径时，可应用中心极限定理，也就是说，$r_1(t)$ 可建模为复高斯随机过程。这表明，时变冲激响应 $c(\tau;t)$ 是一个以 t 为变量的复高斯随机过程。

式（13-1-9）给出接收信号 $r_1(t)$ 中体现了信道多径传播模型引起信号的衰落。衰落现象主要是相位 $\{\theta_n(t)\}$ 时变的结果，也就是说，和向量 $\{\alpha_n\mathrm{e}^{\mathrm{j}\theta_n}\}$ 关联的随机时变相位 $\{\theta_n(t)\}$ 时常引起该向量的破坏性（Destructively）相加，这个现象的结果是接收信号很小或实际上为 0。另外，向量 $\{\alpha_n\mathrm{e}^{\mathrm{j}\theta_n}\}$ 构造性（Constructively）相加的结果将使接收信号比较大。因此，接收信号的幅度变化称为信号衰落，它是由于信道的时变多径特征引起的。

当冲激响应 $c(\tau;t)$ 建模为零均值复高斯过程时，任何时刻 t 的包络 $|c(\tau;t)|$ 都是服从瑞利（Rayleigh）分布的。在这种情况下，该信道称为瑞利衰落信道。在媒介中除了随机运动散射分量，还存在固定散射或信号反射分量，$c(\tau;t)$ 不再是零均值的。包络 $|c(\tau;t)|$ 服从赖斯（Rice）分布，相应的信道称为赖斯衰落信道。另外，一种用于对衰落信号包络建模的概率分布函数是 Nakagami-m 分布，这些衰落信道模型将在 13.1.2 节中介绍。

13.1.1　信道相关函数和功率谱

本节研究一些有用的相关函数和功率谱密度函数，这些函数定义了多径衰落信道的特征。首先介绍等效低通冲激响应 $c(\tau;t)$，它可表征为以 t 为变量的复随机过程。假设 $c(\tau;t)$ 是广义平稳的，则 $c(\tau;t)$ 的自相关函数定义为

$$R_c(\tau_2,\tau_1;\Delta t)=E\left[c^*(\tau_1;t)c(\tau_2;t+\Delta t)\right] \tag{13-1-10}$$

在大多数无线传输媒介中，与路径延时 τ_1 相关的信道衰减和相移，以及与路径延时 τ_2 相关的信道衰减和相移，这二者是不相关的，这通常称为非相关散射（Uncorrelated Scattering）。假设两个不同延时的散射是不相关的，并把它们并入式（13-1-10），可得

$$E\left[c^*(\tau_1;t)c(\tau_2;t+\Delta t)\right]=R_c(\tau_1;\Delta t)\delta(\tau_2-\tau_1) \tag{13-1-11}$$

如果令 $\Delta t=0$，那么产生的自相关函数 $R_c(\tau;0)\equiv R_c(\tau)$ 就是信道平均功率输出，它是延时 τ 的函数。由于这个原因，通常把 $R_c(\tau)$ 称为信道的多径强度分布（Multipath Intensity Profile）或延时功率谱（Delay Power Spectrum）。一般地，$R_c(\tau;\Delta t)$ 给出的平均功率输出是延时 τ 和观

测时间差 Δt 的函数。

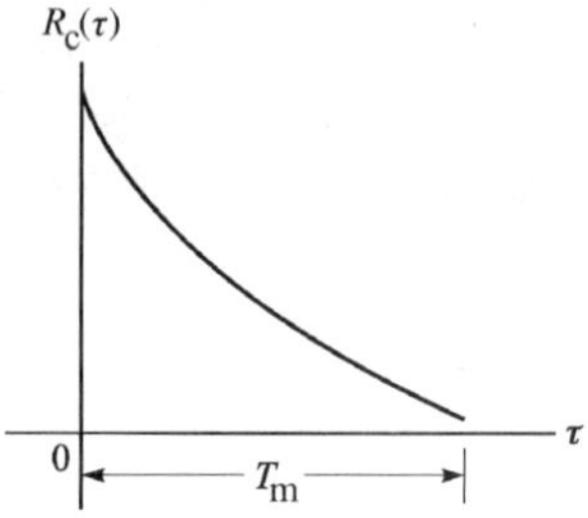

图 13-1-2　多径强度分布

实际上，函数 $R_c(\tau;\Delta t)$ 可通过发送很窄的脉冲（或者等效地发送某一宽带信号），并使接收信号与其延时信号互相关来测量。通常，测量函数 $R_c(\tau)$ 可用图 13-1-2 所示的函数表示。使 $R_c(\tau)$ 为 0 的 τ 的范围称为信道多径扩展，记为 T_m。

与上述时变多径信道特征完全类似的特征也出现在频域。通过对 $c(\tau;t)$ 进行傅里叶变换，可得到时变转移函数 $C(f;t)$，其中 f 是频率变量。因此，

$$C(f;t)=\int_{-\infty}^{\infty}c(\tau;t)\mathrm{e}^{-\mathrm{j}2\pi f\tau}\,\mathrm{d}\tau \tag{13-1-12}$$

如果 $c(\tau;t)$ 建模为以 t 为变量的零均值复高斯随机过程，那么 $C(f;t)$ 也具有相同的统计特性。在假设信道为广义平稳的条件下，定义自相关函数

$$R_c(f_2,f_1;\Delta t)=E\left[C^*(f_1;t)C(f_2;t+\Delta t)\right] \tag{13-1-13}$$

因为 $C(f;t)$ 是 $c(\tau;t)$ 的傅里叶变换，所以通过傅里叶变换找出 $R_c(f_2,f_1;\Delta t)$ 与 $R_c(\tau;\Delta t)$ 的关系是很容易的。这个关系很容易通过将式（13-1-12）代入式（13-1-13）建立，因此，

$$\begin{aligned}R_c(f_2,f_1;\Delta t)&=\int_{-\infty}^{\infty}\int_{-\infty}^{\infty}E\left[c^*(\tau_1;t)c(\tau_2;t+\Delta t)\right]\mathrm{e}^{\mathrm{j}2\pi(f_1\tau_1-f_2\tau_2)}\mathrm{d}\tau_1 d\tau_2\\&=\int_{-\infty}^{\infty}\int_{-\infty}^{\infty}R_c(\tau_1;\Delta t)\delta(\tau_2-\tau_1)\mathrm{e}^{\mathrm{j}2\pi(f_1\tau_1-f_2\tau_2)}\mathrm{d}\tau_1 d\tau_2\\&=\int_{-\infty}^{\infty}R_c(\tau_1;\Delta t)\mathrm{e}^{\mathrm{j}2\pi(f_1-f_2)\tau_1}\mathrm{d}\tau_1\\&=\int_{-\infty}^{\infty}R_c(\tau_1;\Delta t)\mathrm{e}^{-\mathrm{j}2\pi\Delta f\tau_1}\mathrm{d}\tau_1\equiv R_c(\Delta f;\Delta t)\end{aligned} \tag{13-1-14}$$

式中，$\Delta f=f_2-f_1$。由式（13-1-14）可看出，$R_c(f_2,f_1;\Delta t)$ 是多径强度分布的傅里叶变换。非相关散射的假设意味着 $C(f;t)$ 的频域自相关函数仅仅是频率差 $\Delta f=f_2-f_1$ 的函数，因此，把 $R_c(f_2,f_1;\Delta t)$ 看成信道的频率间隔、时间间隔的相关函数是恰当的。在实际中，通过发送一对间隔为 Δf 的正弦波，并使两个相对延时 Δt 的接收信号互相关，即可测量该函数。

在式（13-1-14）中，令 $\Delta t=0$，利用 $R_c(\Delta f;0)\equiv R_c(\Delta f)$ 以及 $R_c(\tau;0)\equiv R_c(\tau)$，该变换关系就是

$$R_c(\Delta f)=\int_{-\infty}^{\infty}R_c(\tau)\mathrm{e}^{-\mathrm{j}2\pi\Delta f\tau}\mathrm{d}\tau \tag{13-1-15}$$

该关系如图 13-1-3 所示。$R_c(\Delta f)$ 是以频率为变量的自相关函数，提供了信道频率相干性的一种度量。作为 $R_c(\Delta f)$ 与 $R_c(\tau)$ 之间傅里叶变换关系的一个结果，多径扩展的倒数是信道相干带宽的度量，即

$$(\Delta f)_c\approx\frac{1}{T_m} \tag{13-1-16}$$

式中，$(\Delta f)_c$ 表示信道相干带宽。因此，频率间隔大于 $(\Delta f)_c$ 的两个正弦波受到信道的影响不同。当携带信息的信号通过信道传输时，如果 $(\Delta f)_c$ 比发送信号带宽小，那么该信道称为频率选择性（Frequency-Selective）信道。在这种情况下，信道使信号产生严重失真。如果 $(\Delta f)_c$ 比发送信号带宽大，那么该信道称为频率非选择性信道。

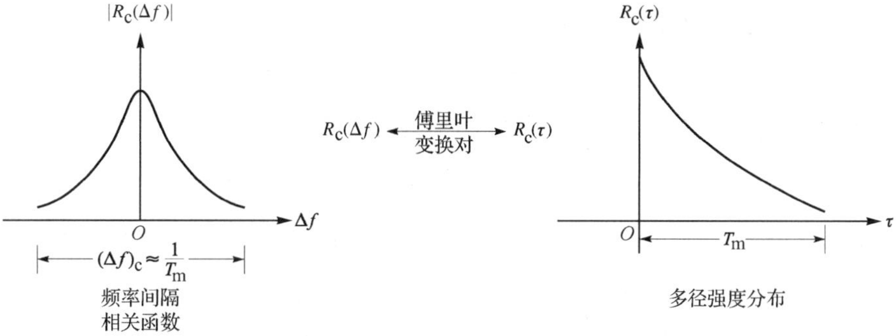

图 13-1-3　$R_c(\Delta f)$ 与 $R_c(\tau)$ 之间的关系

现在我们来看看 $R_c(\Delta f\,;\Delta t)$ 中参数 Δt 表示的信道时间变量。信道的时间变化表现为多普勒扩展（Doppler Broadening），也表现为谱线的多普勒位移（Doppler Shift）。为了建立多普勒效应与信道时间变化的关系，定义 $R_c(\Delta f;\Delta t)$ 对变量 Δt 的傅里叶变换为函数 $S_c(\Delta f;\lambda)$，即

$$S_c(\Delta f;\lambda)=\int_{-\infty}^{\infty}R_c(\Delta f;\,\Delta t)\mathrm{e}^{-\mathrm{j}2\pi\lambda\,\Delta t}\mathrm{d}\,\Delta t \tag{13-1-17}$$

令 $\Delta f=0$，并利用 $S_c(0\,;\lambda)\equiv S_c(\lambda)$，则式（13-1-17）变为

$$S_c(\lambda)=\int_{-\infty}^{\infty}R_c(0;\,\Delta t)\mathrm{e}^{-\mathrm{j}2\pi\lambda\,\Delta t}\mathrm{d}\,\Delta t \tag{13-1-18}$$

函数 $S_c(\lambda)$是一个功率谱，它表示信号强度与多普勒频率 λ 之间的关系，因此，$S_c(\lambda)$也称为信道多普勒功率谱。

由式（13-1-18）可见，如果信道是时不变的，则 $R_c(\Delta t)=1$ 且 $S_c(\lambda)$为$\delta(\lambda)$。因此，当信道中没有时间变化时，在纯单频传输中观测不到频谱展宽。

$S_c(\lambda)$为非 0 的 λ 值的范围称为信道多普勒扩展 B_d。由于 $S_c(\lambda)$通过傅里叶变换和 $R_c(\Delta t)$有关，因此 B_d 的倒数为信道相干时间的度量，即

$$(\Delta t)_c\approx\frac{1}{B_d} \tag{13-1-19}$$

式中，$(\Delta t)_c$ 表示相干时间。显然，一个慢变化信道具有大的相干时间，或等效为小的多普勒扩展。图 13-1-4 说明了 $R_c(\Delta t)$ 与 $S_c(\lambda)$之间的关系。

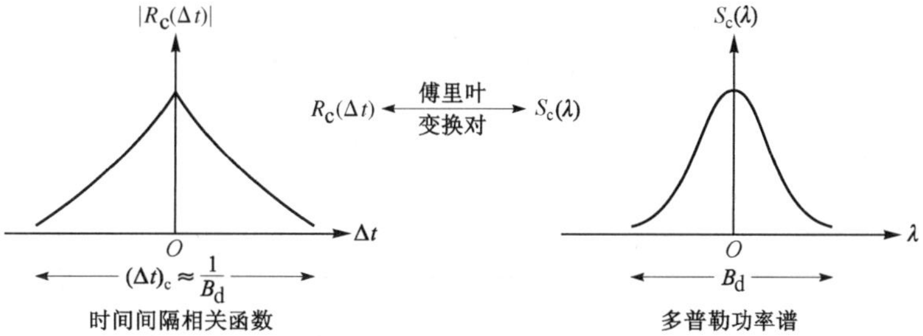

图 13-1-4　$R_c(\Delta t)$ 与 $S_c(\lambda)$之间的关系

现在已建立了涉及变量$(\tau,\Delta f)$的 $R_c(\Delta f\,;\Delta t)$ 与 $R_c(\tau\,;\Delta t)$ 之间的傅里叶变换关系，以及涉及变量$(\Delta t,\lambda)$的 $R_c(\Delta f\,;\Delta t)$ 与 $S_c(\Delta f\,;\lambda)$ 之间的傅里叶变换关系。此外，还有两种傅里叶变换关系用来表示 $R_c(\tau\,;\Delta t)$ 与 $S_c(\Delta f\,;\lambda)$ 的关系，从而组成为闭环。定义一个新的函数 $S(\tau;\lambda)$ 表示

以 Δt 为变量的 $R_c(\tau;\Delta t)$ 的傅里叶变换，得到期望的关系为

$$S(\tau;\lambda)=\int_{-\infty}^{\infty}R_c(\tau;\ \Delta t)e^{-j2\pi\lambda\,\Delta t}d\,\Delta t \tag{13-1-20}$$

由此可得出，$S(\tau;\lambda)$ 和 $S_c(\Delta f;\lambda)$ 为傅里叶变换对，即

$$S(\tau;\lambda)=\int_{-\infty}^{\infty}S_c(\Delta f;\lambda)e^{j2\pi\tau\,\Delta f}d\Delta f \tag{13-1-21}$$

再则，$S(\tau;\lambda)$ 和 $R_c(\Delta f;\Delta t)$ 是相关的，其关系可表示为如下双重傅里叶变换形式。

$$S(\tau;\lambda)=\int_{-\infty}^{\infty}\int_{-\infty}^{\infty}R_c(\Delta f;\ \Delta t)e^{-j2\pi\lambda\,\Delta t}e^{j2\pi\tau\,\Delta f}\,d\,\Delta t\,d\,\Delta f \tag{13-1-22}$$

这个新的函数 $S(\tau;\lambda)$ 称为信道散射函数，它提供了信道平均功率输出的度量，是延时 τ 及多普勒频率 λ 的函数。

函数 $R_c(\Delta f;\Delta t)$、$R_c(\tau;\Delta t)$、$S_c(\Delta f;\lambda)$、$S(\tau;\lambda)$ 之间的关系如图 13-1-5 所示。

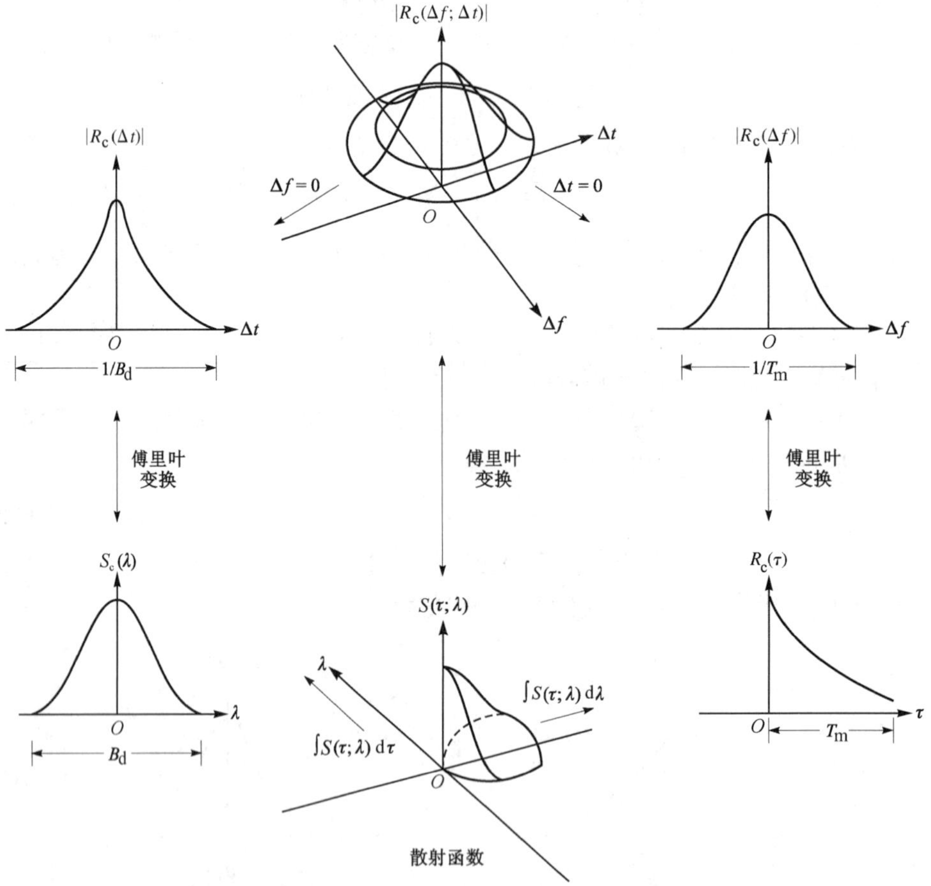

图 13-1-5　信道相关函数与功率谱之间的关系

例 13-1-1　对流层散射信道的散射函数。

在 150 英里对流层散射链路上测量的散射函数如图 13-1-6 所示，用来探测信道的信号具有 0.1 μs 的时间分辨率，因此，延时轴以增量 0.1 μs 量化。从这个图可以看出，多径扩展 T_m=0.7 μs。另一方面，多普勒扩展（可定义为每一信号路径功率谱的 3 dB 带宽）随每个信

号路径而变化。例如，在一个路径内小于 1 Hz，而在其他路径内为几赫。为此，取各种路径的 3 dB 带宽的最大者，称其为多普勒扩展。

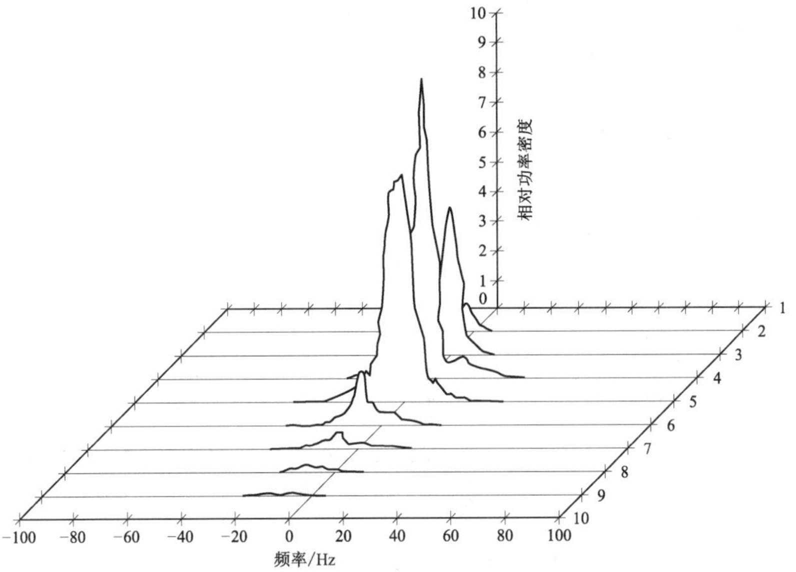

图 13-1-6　中等距离（150 英里）对流层散射信道的散射函数（抽头延迟增量为 0.1 μs）

例 13-1-2　移动无线信道的多径强度（也称为延时功率谱）轮廓图。

移动无线信道的多径强度轮廓图主要取决于地形的类型。在世界各地的不同情况下，人们做了许多测量。在城市市区和郊区，多径扩展的典型值在 1～10 μs 之间变化；在乡村多山地区，多径扩展要大得多，其典型值在 10～30 μs 之间变化。图 13-1-7 示出了在这两种典型地形条件下广泛用来评估系统性能的两种模型的多径强度轮廓图。

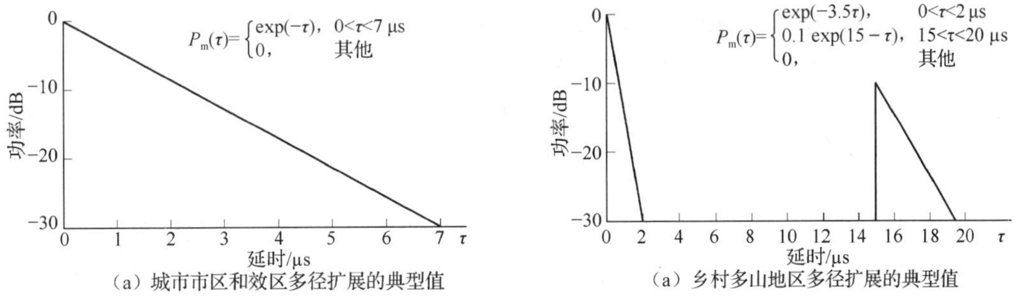

图 13-1-7　多径强度轮廓图［摘自 Cost 207 Document 207 TD（86）51 rev3］

例 13-1-3　移动无线信道的多普勒功率谱。

一个广泛采用的移动无线信道多普勒功率谱模型就是所谓的 Jakes 模型（Jakes，1974）。在该模型中，时变传递函数 $C(f;t)$的自相关函数为

$$R_c(\Delta t) = E[C^*(f;t)C(f;t+\Delta t)] = J_0(2\pi f_m \Delta t)$$

式中，中 $J_0(\cdot)$ 是第一类零阶贝塞尔函数，$f_m = vf_0/c$ 为最大多普勒频率，u 是以米/秒（m/s）为单位的车速，f_0 为载波频率，c 为光速（3×10^8 m/s）。将自相关函数进行傅里叶变换可得到

多普勒功率谱，即

$$S_c(\lambda)=\int_{-\infty}^{\infty}R_c(\Delta t)\mathrm{e}^{-\mathrm{j}2\pi\lambda\Delta t}\,\mathrm{d}\Delta t$$
$$=\int_{-\infty}^{\infty}J_0(2\pi f_m\Delta t)\mathrm{e}^{-\mathrm{j}2\pi\lambda\Delta t}\,\mathrm{d}\Delta t$$
$$=\begin{cases}\dfrac{1}{\pi f_m}\dfrac{1}{\sqrt{1-(f/f_m)^2}}, & |f|\leqslant f_m\\ 0, & |f|>f_m\end{cases}$$

13.1.2 衰落信道的统计模型

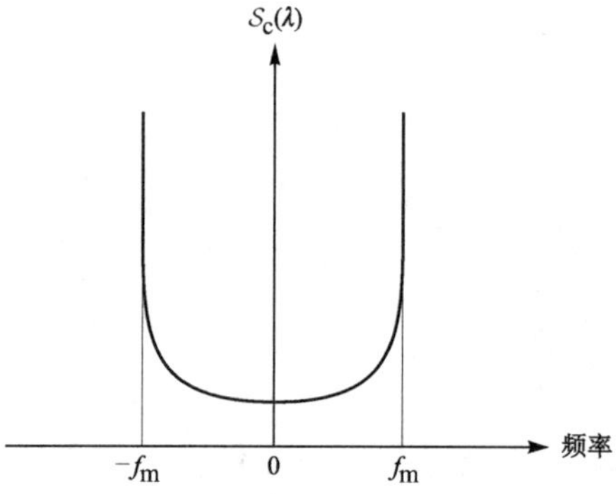

图 13-1-8 $S_c(\lambda)$ 的图形

有几种概率分布可用于衰落信道的统计模型。当信道中传输到接收机的信号的散射分量数目很大时，如电离层和对流层中的信号传播，应用中心极限定理可得到信道冲激响应的高斯过程模型。如果该过程是零均值的，那么任何时刻信道响应的包络都服从瑞利分布，而相位在（0,2π）区间内服从均匀分布，即

$$p_R(r)=\frac{2r}{\Omega}\mathrm{e}^{-r^2/\Omega},\qquad r\geqslant 0 \tag{13-1-23}$$

式中，

$$\Omega=E(R^2) \tag{13-1-24}$$

可见，瑞利分布可用单一参数 $E(R^2)$ 表征。

信道响应包络的另一种统计模型是由式（2-3-67）给出的 Nakagami-*m* 分布。与瑞利分布可以用单一参数来匹配衰落信道统计数据相比较，Nakagami-*m* 分布包含两个参数，即参数 *m* 和二阶矩 $\Omega=E(R^2)$。因此，在对观测信号统计数据匹配时，Nakagami-*m* 分布更灵活、精确。Nakagami-*m* 分布能用来对比瑞利分布条件更苛刻的衰落信道进行建模，瑞利分布是它的一种特殊情况（*m*=1）。例如，Turin 等（1972）和 Suzuki（1977）已经证明了 Nakagami-*m* 分布最适合于郊区无线多径信道上接收的数据信号。

赖斯分布也是具有两个参数的分布，可用式（2-3-56）给出的 PDF 来表示，这两个参数为 s 和σ^2。在等效的χ^2 分布中，s^2 称为非中心参数，该参数表示接收信号的非衰落信号分量（有时也称为镜像分量）的功率。

许多遭到衰落的无线信道基本上是具有多径分量的视距（LOS）通信链路，这些多径分量来自周围地形的二次反射（或信号路径）。在这些信道中，多径分量的数目小，因此信道可用稍简单的形式建模。下面介绍两个信道模型。

第一个例子我们研究飞机到地面的通信链路，包括直接路径，以及相对直接路径的延时为 t_0 的单一多径分量。这样信道的冲激响应可建模为

$$c(\tau;t)=\alpha\delta(\tau)+\beta(t)\delta[\tau-\tau_0(t)] \tag{13-1-25}$$

式中，α 是直接路径的衰减因子，$\beta(t)$表示由地面反射造成的时变多径分量。通常，$\beta(t)$可表征为零均值高斯随机过程。该信道模型的转移函数为

$$C(f;t)=\alpha+\beta(t)\mathrm{e}^{-\mathrm{j}2\pi f\tau_0(t)} \tag{13-1-26}$$

该信道符合前面定义的赖斯衰落模型。具有衰减 α 的直接路径表示镜像分量，$\beta(t)$表示瑞

利衰落分量。

还有一个类似的模型，适用于遍布世界各地的电话公司进行长距离语音和视频传输的微波 LOS 无线信道。对这样的信道，Rummler（1979）开发出一种基于信道测量的三径模型，该测量是在 6 GHz 频带典型的 LOS 无线信道上进行的。两个多径分量的延时差较小，因此鲁姆勒（Rummler）开发的模型的信道转移函数为

$$C(f)=\alpha[1-\beta e^{-j2\pi(f-f_0)\tau_0}] \tag{13-1-27}$$

式中，α为总衰减参数，β是由多径分量引起的形状参数，f_0为衰落最小的频率，τ_0是直接路径和多径分量之间的相对延时。这种简化的模型可用来拟合由信道测量得到的数据。

鲁姆勒发现，参数α和β可表征为随机变量，在实际应用中，它们近似于统计独立。根据信道测量，他发现β的分布具有$(1-\beta)^{2.3}$的形式。α的分布可用对数正态分布（即$-\log\alpha$为高斯分布）来建模。对于$\beta>0.5$，求出的均值$-20\log\alpha$为 25 dB，标准偏差为 5 dB；对于较小的β值，均值减为 15 dB。由测量确定的延时参数$\tau_0=6.3$ ns。$C(f)$的幅度平方响应为

$$|C(f)|^2=\alpha^2[1+\beta^2-2\beta\cos 2\pi(f-f_0)\tau_0] \tag{13-1-28}$$

图 13-1-9 画出了当$\tau_0=6.3$ ns 时$|C(f)|$的曲线，它是频率$f-f_0$的函数。注意，多径分量的影响是在$f-f_0$和$1/\tau_0\approx 159$ MHz 多重倍数处产生深度衰减。通过比较，典型的信道带宽是 30 MHz。Lundgren & Rummler（1979）利用该模型确定了数字无线系统的差错概率性能。

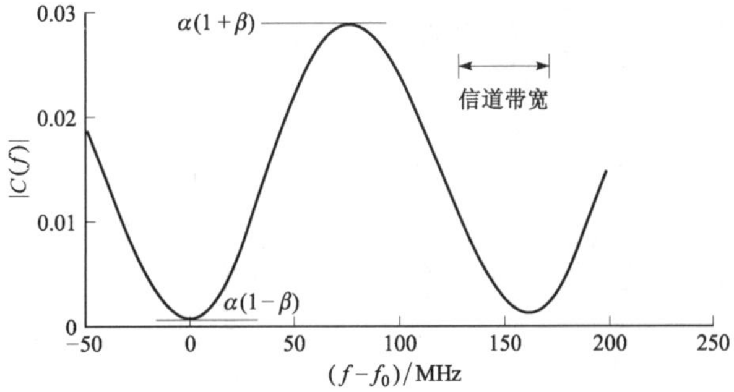

图 13-1-9 $\tau_0=6.3$ ns 时的 $C(f)$曲线

移动无线信道的传播模型

在 4.10.2 节所述的链路预算计算中，我们已经描述了无线电波沿自由空间传播的路径损耗与 d^2（d 为发射机和接收机之间的距离）之间的反比关系。然而，在移动无线信道中，信号通常不沿自由空间或者视线方向传播。移动无线信道中平均路径损耗可表征为与 d^p 成反比（$2\leqslant p\leqslant 4$）且 d^4 为最坏情况的模型。因此，路径损耗通常比自由空间的损耗更加严重。

在移动无线通信中，有许多因素会影响路径损耗，这些因素包括基站天线高度、移动天线高度、工作频率、大气条件以及有无建筑物和树等。结合这些因素，可以建立不同的平均路径损耗模型。例如，一个大城市市区的模型是一个 Hata 模型，其平均路径损耗（dB）为

$$\begin{aligned}\text{平均路径损耗(dB)}=&\ 69.55+26.16\lg f-13.82\lg h_t-a(h_r)\\&+(44.9-6.55\lg h_t)\lg d\end{aligned} \tag{13-1-29}$$

式中，f 是以 MHz 为单位的工作频率（$150<f<1500$），h_t 是以 m 为单位的发射机天线高度

（$30<h_t<200$），h_r 是以 m 为单位的接收机天线高度（$1<h_r<10$），d 是以 km 为单位的发射机和接收机之间的距离（$1<d<20$），且有

$$a(h_r)=3.2(\lg 11.75h_r)^2-4.97,\qquad f\geqslant 400\,\text{MHz} \tag{13-1-30}$$

移动无线传播的另一个问题是发射机和接收机之间大建筑物、树木和高地等大阻碍物所造成的信号阴影效应。阴影通常可建模为一个乘性的且通常是随时间缓变的随机过程，即接收信号在数学上可表示为

$$r(t)=A_0g(t)s(t) \tag{13-1-31}$$

式中，A_0 表示平均路径损耗，$s(t)$ 表示发射信号，$g(t)$为表示阴影效应的随机过程。在任意时刻，阴影过程的统计模型服从正态对数分布，其概率密度函数为

$$p(g)=\begin{cases}\dfrac{1}{\sqrt{2\pi\sigma^2}\,g}\mathrm{e}^{-(\ln g-\mu)^2/2\sigma^2}, & g\geqslant 0\\ 0, & g<0\end{cases} \tag{13-1-32}$$

若定义一个新的随机变量 $X=\ln g$，则有

$$p(x)=\frac{1}{\sqrt{2\pi\sigma^2}}\mathrm{e}^{-(x-\mu)^2/2\sigma^2},\qquad -\infty<x<\infty \tag{13-1-33}$$

随机变量 X 表示以 dB 为单位测得的路径损耗；μ 是以 dB 为单位的平均路径损耗；σ 是以 dB 为单位的路径损耗标准偏差，对典型的蜂窝和微波环境，σ 的变化范围是 5～12 dB。

13.2 信号特征对信道模型选择的影响

根据 13.1 节关于时变多径信道的自相关函数统计特性的讨论，下面研究信号特征对选择信道模型的影响，该模型适合于特定信号。假设 $s_l(t)$是信道上传输的等效低通信号，且 $S_l(f)$为其频谱，那么等效低通接收信号（不含加性噪声）可按照时域变量 $c(\tau;t)$ 和 $s_l(t)$表示为

$$r_l(t)=\int_{-\infty}^{\infty}c(\tau;t)s_l(t-\tau)\,\mathrm{d}\tau \tag{13-2-1}$$

或用频域函数 $C(f;t)$和 $S_l(f)$表示为

$$r_l(t)=\int_{-\infty}^{\infty}C(f;t)S_l(f)\mathrm{e}^{\mathrm{j}2\pi ft}\,\mathrm{d}f \tag{13-2-2}$$

假设通过调制（幅度调制或相位调制，或两种调制组合），速率为 $1/T$（T 为信号传输间隔）的基本脉冲 $S_l(t)$在信道上发送数字信息。从式（13-2-2）可明显看出，由转移函数 $C(f;t)$ 表征的时变信道使信号 $S_l(f)$失真。如果 $S_l(f)$的带宽 W 大于信道相干带宽$(\Delta f)_c$，则 $S_l(f)$在该带宽各处受到不同的增益和相移。在这种情况下，把该信道称为频率选择性信道。$C(f;t)$的时间变化引起附加失真，该失真表现为接收信号强度的变化，称为衰落。应该强调，频率选择性和衰落被视为两种不同形式的失真，前者取决于多径扩展或等价地取决于相对发送信号带宽 W 的信道相干带宽；后者取决于信道的时间变化，大体上由相干时间$(\Delta t)_c$ 表征或等效地由多普勒扩展 B_d 表征。

信道对发送信号 $s_l(t)$的影响是我们选择的信号带宽和信号持续时间的一个函数。例如，如果选择信号传输间隔 T 满足条件 $T\gg T_m$，则该信道引入的符号间干扰量可忽略不计。如果信号脉冲 $s_l(t)$的带宽 $W\approx 1/T$，则条件 $T\gg T_m$ 意味着

$$W\ll 1/T_m\approx(\Delta f)_c \tag{13-2-3}$$

即信号带宽 W 远小于信道相干带宽，因此该信道是频率非选择性的。换句话说，$S_l(f)$中的所有频率分量在通过信道传输时经受相同的衰减和相移，这意味着在由 $S_l(f)$占据的带宽内，信道的时变转移函数 $C(f;t)$是以频率为变量的复常数。因为 $S_l(f)$的频率含量集中在 $f=0$ 附近，所以 $C(f;t)=C(0;t)$，因此式（13-2-2）可以简化为

$$r_l(t) = C(0;t)\int_{-\infty}^{\infty} S_l(f)\mathrm{e}^{\mathrm{j}2\pi ft}\,\mathrm{d}f = C(0;t)s_l(t) \tag{13-2-4}$$

因此，当信号带宽 W 远小于信道相干带宽$(\Delta f)_c$时，接收信号就是发送信号乘以复随机过程 $C(0;t)$，该随机过程表示信道的时变特征。在这种情况下，由于 $W<<(\Delta f)_c$，因此所接收的多径分量是不可分辨的。

频率非选择信道的转移函数 $C(0;t)$可表示为

$$C(0;t) = \alpha(t)\mathrm{e}^{\mathrm{j}\phi(t)} \tag{13-2-5}$$

式中，$\alpha(t)$和$\phi(t)$分别表示等效低通信道的包络和相位。当 $C(0;t)$建模为零均值复高斯随机过程时，对于固定的 t 值，包络$\alpha(t)$服从瑞利分布，$\phi(t)$在$(-\pi,\pi)$区间上相位服从均匀分布。频率非选择性信道的快衰落可由相关函数 $R_c(\Delta t)$确定，或者由多普勒功率谱 $S_c(\lambda)$确定。另一种方法是用信道参数$(\Delta t)_c$或 B_d 来表征衰落的快速性。

例如，假设有可能选择信号带宽 W，使之满足条件 $W\ll(\Delta f)_c$，以及信号传输间隔 T 满足条件 $T\ll(\Delta t)_c$。因为 T 小于信道的相干时间，所以信道衰减和相移至少在一个信号传输间隔内是基本固定不变的。满足该条件的信道称为慢衰落信道。当 $W\approx 1/T$ 时，信道为频率非选择性和慢衰落信道，意味着 T_m 和 B_d 的乘积必须满足条件 $T_mB_d<1$。

乘积 T_mB_d 称为信道的扩展因子。若 $T_mB_d<1$，称信道是欠扩展的，否则则称信道是过扩展的。几种时变多径信道的多径扩展、多普勒扩展和扩展因子列在表 13-2-1 中，由表可见，若干无线信道，包括用于无源反射器的月球信道，都是欠扩展的。因此，有可能选择信号 $S_l(f)$使得这些信道是频率非选择性的且是慢衰落的。慢衰落特性意味着信道特征变化缓慢，使得人们能够测量信道。

表 13-2-1　几种时变多径信道的多径扩展、多普勒扩展和扩展因子

信道类型	多径持续时间/s	多普勒扩展/Hz	扩展因子
短波电离层传播（HF）	$10^{-3}\sim10^{-2}$	$10^{-1}\sim1$	$10^{-4}1\sim10^{-2}$
极光干扰下的电离层传播（HF）	$10^{-3}\sim10^{-2}$	$10\sim100$	$10^{-2}\sim1$
电离层正向散射（VHF）	10^{-4}	10	10^{-3}
对流层散射（SHF）	10^{-6}	10	10^{-5}
轨道散射（X 频带）	10^{-4}	10^{3}	10^{-1}
最大月球天平动（f_0=0.4 kmc）	10^{-2}	10	10^{-1}

注：kmc 为千兆周，1 兆周＝1 MHz。

13.3 节将确定在频率非选择性慢衰落信道上二进制信号传输的差错概率性能，该信道模型分析起来是最简单的，更重要的是它使得我们能够深入了解衰落信道上数字信号传输的性能特征。该模型还能提供有效的信号波形类型，以便克服信道引起的衰落。

由于当信号带宽 W 小于信道相干带宽$(\Delta f)_c$时，接收信号中的多径分量是不可分辨的，

所以此时的接收信号通过单一衰落路径到达接收机。另外，可以选择 $W \gg (\Delta f)_c$，使得信道变为频率选择性信道。后面将讨论，在此条件下接收信号中的多径分量是可分辨的，其分辨率为延时 $1/W$。本章还将说明，频率选择性信道可建模为具有时变抽头系数的抽头延时线（横向）滤波器，还将导出在频率选择性信道模型上二进制信号传输的性能。

13.3 频率非选择性慢衰落信道

本节将推导二进制PSK和二进制FSK信号在频率非选择性慢衰落信道上传输时的差错概率性能。正如13.2节所述，频率非选择性信道将导致发送信号 $s_l(t)$ 的乘性失真（Multiplicative Distortion）。信道慢衰落条件意味着至少在一个信号传输间隔内，乘法过程可看成一个常数。因此，若发送信号为 $s_l(t)$，在一个信号传输间隔内的等效低通接收信号为

$$r_l(t) = \alpha e^{j\phi} s_l(t) + z(t), \qquad 0 \leqslant t \leqslant T \tag{13-3-1}$$

式中，$z(t)$表示恶化信号的复高斯白噪声过程。

假设信道衰落足够慢，以致相移 ϕ 能够从接收信号中无误差地估计出来。在这种情况下，能够实现接收信号的理想相干检测。因此，接收信号可用一个匹配滤波器（对于二进制 PSK 情况）或一对匹配滤波器（对于二进制 FSK 情况）来处理。用于确定二进制通信系统性能的一种方法是计算判决变量，并根据它确定差错概率。本书已对固定（时不变）信道进行了上述操作，即对于某一固定衰减 α，已导出了二进制 PSK 和二进制 FSK 的差错概率。根据式（4-3-13），作为接收 SNR，即 γ_b 函数的二进制 PSK 差错概率为

$$P_b(\gamma_b) = Q\left(\sqrt{2\gamma_b}\right) \tag{13-3-2}$$

式中，$\gamma_b = \alpha^2 \mathcal{E}_b / N_0$。由式（4-2-32）确定的二进制 FSK 相干检测差错概率的表达式为

$$P_b(\gamma_b) = Q\left(\sqrt{\gamma_b}\right) \tag{13-3-3}$$

式（13-3-2）和式（13-3-3）可看成条件差错概率，其中条件是 α 固定不变。为了得到 α 随机变化时的差错概率，必须将式（13-3-2）和式（13-3-3）中的 $P_b(\gamma_b)$ 对 γ_b 的概率密度函数求平均，即必须计算如下积分

$$P_b = \int_0^{\infty} P_b(\gamma_b) p(\gamma_b) \, d\gamma_b \tag{13-3-4}$$

式中，$p(\gamma_b)$ 是 α 为随机变量时 γ_b 的概率密度函数。

1. 瑞利衰落（Rayleigh Fading）

因为 α 服从瑞利分布，故 α^2 服从具有两个自由度的 χ^2 分布，因此，γ_b 也是服从 χ^2 分布的。容易证明

$$p(\gamma_b) = \frac{1}{\bar{\gamma}_b} e^{-\gamma_b/\bar{\gamma}_b}, \qquad \gamma_b \geqslant 0 \tag{13-3-5}$$

式中，$\bar{\gamma}_b$ 是平均信噪比，其定义为

$$\bar{\gamma}_b = \frac{\mathcal{E}_b}{N_0} E(\alpha^2) \tag{13-3-6}$$

式中，$E(\alpha^2)$是 α^2 的平均值。

把式（13-3-5）代入式（13-3-4），并分别对式（13-3-2）和式（13-3-3）确定的$P_b(\gamma_b)$进行积分，对于二进制PSK，积分结果为（见习题4-44和习题4-50）

$$P_b = \frac{1}{2}\left(1 - \sqrt{\frac{\overline{\gamma}_b}{1+\overline{\gamma}_b}}\right) \tag{13-3-7}$$

如果对式（13-3-3）确定的$P_b(\gamma_b)$积分，得到二进制FSK相干检测的差错概概为

$$P_b = \frac{1}{2}\left(1 - \sqrt{\frac{\overline{\gamma}_b}{2+\overline{\gamma}_b}}\right) \tag{13-3-8}$$

在推导差错概率表达式，即式（13-3-7）和式（13-3-8）的过程中，假定在慢衰落时得到的相移估值是无噪的（这样一个理想条件实际上是不成立的）。在这种情况下，式（13-3-7）和式（13-3-8）应该看成在瑞利衰落时可能得到的最好性能。附录C将研究噪声中的相位估计问题，还将评估二进制和多相PSK的差错概率性能。

在衰落足够快的信道上，不大可能通过在许多信号传输间隔上对接收信号的相位平均来得到稳定的相位参考估计，而DPSK是另一种可供选择的信号传输方法。由于DPSK只要求相继的两个信号传输间隔内的相位稳定，因此这种调制技术在信号衰落中十分稳健。在推导衰落信道二进制DPSK性能的过程中，再次从无衰落信道的差错概率出发，即

$$P_b(\gamma_b) = \frac{1}{2}e^{-\gamma_b} \tag{13-3-9}$$

将式（13-3-9）以及式（13-3-5）中的$p(\gamma_b)$代入式（13-3-4）中的积分，由积分结果得出二进制DPSK的差错概率为

$$P_b = \frac{1}{2(1+\overline{\gamma}_b)} \tag{13-3-10}$$

如果根本不选择信道相移的估计，而采用二进制正交FSK信号的非相干（包络或平方律）检测器，则无衰落信道的差错概率为

$$P_b(\gamma_b) = \frac{1}{2}e^{-\gamma_b/2} \tag{13-3-11}$$

将$P_b(\gamma_b)$对瑞利衰落信道衰减求平均，得到的差错概率为

$$P_b = \frac{1}{2+\overline{\gamma}_b} \tag{13-3-12}$$

图13-3-1说明了式（13-3-7）、式（13-3-8）、式（13-3-10）和式（13-3-12）的差错概率。比较这4种二进制信号传输系统的性能，特别是大SNR（即$\overline{\gamma}_b \gg 1$）时的差错概率，式(13-3-7)、式（13-3-8）、式（13-3-10）和式（13-3-12）的差错概率可简化为

$$P_b \approx \begin{cases} 1/4\overline{\gamma}_b, & \text{对于相干 PSK} \\ 1/2\overline{\gamma}_b, & \text{对于相干、正交 FSK} \\ 1/2\overline{\gamma}_b, & \text{对于 DPSK} \\ 1/\overline{\gamma}_b, & \text{对于非相干、正交FSK} \end{cases} \tag{13-3-13}$$

由式（13-3-13）可见，相干PSK优于DPSK 3 dB，并且优于非相干FSK 6 dB，该差错概率只与SNR成反比下降。与此相比，无衰落信道的差错概率随SNR成指数下降。这意味着，在衰落信道上，发送机必须发送较大功率以便得到低差错概率。在许多情况下，由于技术上和经济上的原因，发送较大功率是不可能的，因此在衰落信道上获得可接受性能的另一个方法是使用冗余度，这可以通过分集技术获得，详见13.4节的讨论。

2. Nakagami 衰落

如果 α 由 Nakagami-m 分布来统计表征，则随机变量 $\gamma_b = \alpha^2 \mathcal{E}_b / N_0$ 的 PDF 为（参见习题 13-14）

$$p(\gamma) = \frac{m^m}{\Gamma(m)\overline{\gamma}^m} \gamma^{m-1} \mathrm{e}^{-m\gamma/\overline{\gamma}} \tag{13-3-14}$$

式中，$\overline{\gamma} = E(\alpha^2)\mathcal{E}/N_0$。

任何调制方法的平均差错概率都可由无衰落信道的适当差错概率在衰落信号统计的特性上平均得到。

作为由 Nakagami-m 衰落统计特性获得性能的例子，图 13-3-2 所示为以 m 为参数的二进制 PSK 系统的平均差错概率，$m=1$ 时对应于瑞利衰落。由图 13-3-2 可见，当 m 在 $m=1$ 之上增加时，性能将得到改善，这说明该衰落不是很严重。另外，当 $m<1$ 时，其性能比瑞利衰落还差。

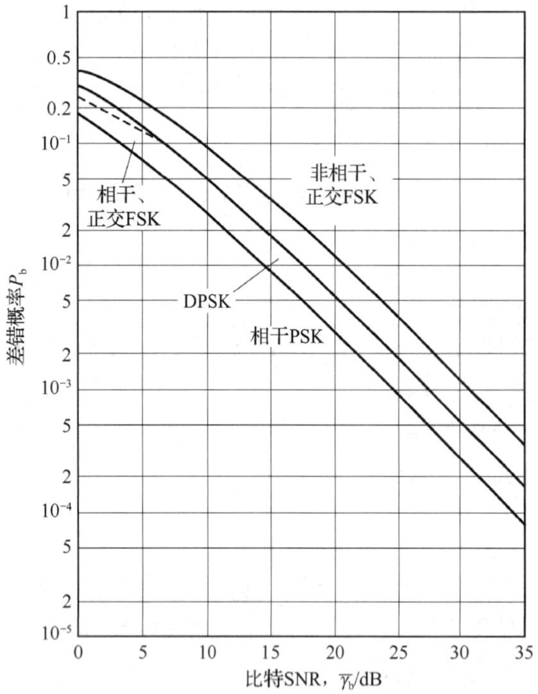

图 13-3-1　瑞利衰落信道上二进制信号传输的性能

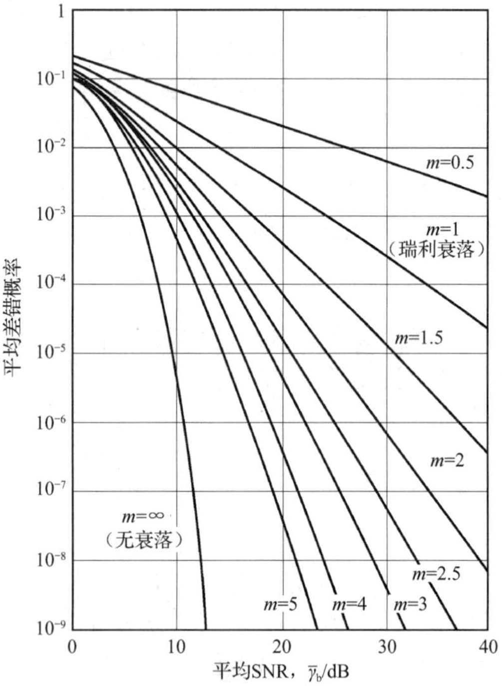

图 13-3-2　在 Nakagami 衰落下二进制 PSK 的平均差错概率

3. 其他衰落信号统计特性

根据上述过程，人们能够确定其他类型的衰落信号统计特性（如赖斯分布）各种调制方法的性能。

赖斯分布衰落统计的差错概率结果可从 Lindsey（1964）中找到。对 Nakagami-m 衰落统计，可参见 Esposito（1967）、Miyagaki 等（1978）、Charash（1979）、Al-Hussaini（1985）和 Beaulieu & Abu-Dayya（1991）。

13.4　多径衰落信道的分集技术

分集技术基于当信道衰减大（如信道处于深度衰落）时接收过程中将发生差错的事实。如果能够把独立衰落信道上发送的几个相同信息信号的复本提供给接收机，那么所有信号分量同时衰落的概率将大大减小。也就是说，如果 p 为任一信号衰落低于某一临界值的概率，则 p^L 是相同信号的所有 L 个独立衰落复本都低于该临界值时的概率。有几种方法可以为接收机提供携带相同信息的信号的 L 个独立衰落复本。

一种方法是采用频率分集，即携带相同信息的信号在 L 个不同载波上发送，相邻载波的间隔等于或超过信道的相干带宽 $(\Delta f)_c$。

第二种方法采用时间分集，即携带相同信息的信号在 L 个不同的时隙上发送，相邻时隙的间隔等于或超过信道的相干时间 $(\Delta t)_c$，以获得携带相同信息的信号的 L 个独立衰落分量。

应当注意，衰落信道与突发差错信道相吻合。可以把以不同频率或不同时隙（或两者）传输相同信息的方式看成重复编码的一种简单形式。以时间 $(\Delta t)_c$ 或以频率 $(\Delta f)_c$ 的分集传输在本质上是重复码中比特分组交织的一种形式，该编码方式试图分解突发差错，以便获得独立的差错。本章将证明，一般情况下，与非平凡编码相比，重复编码是浪费带宽的编码。

另一个获得分集的常用方法是采用多重天线。例如，可以采用单个发射天线和多重接收天线，后者必须分隔得足够远，使得信号中的多径分量在天线上的传播延时有很大的区别。通常要求在两个天线之间至少相隔 10 个波长，以获得独立的衰落信号。

一种更复杂的分集方法是采用带宽远大于信道相干带宽 $(\Delta f)_c$ 的信号。带宽为 W 的信号将分辨多径分量，从而给接收机提供若干独立的衰落信号路径，其时间分辨率为 $1/W$。因此，由于多径扩展为 T_m 秒，所以有 T_mW 个可分辨的信号分量。因为 $T_m \approx 1/(\Delta f)_c$，可分辨信号分量的数目也可表示为 $W/(\Delta f)_c$。于是，宽带信号的使用刚好可看成阶数为 $L=W/(\Delta f)_c$ 的频率分集的另一种方法。处理宽带信号的最佳接收机将在 13.5 节导出，该接收机通常称为 RAKE 相关器或 RAKE 匹配滤波器，是由 Price & Green（1958）发明的。

在实际应用中还有其他的分集技术，例如到达角度分集和极化分集，但这些技术不如上述技术应用得广泛。

13.4.1　二进制信号

下面研究具有分集的二进制数字通信系统的差错概率性能，首先描述具有分集的通信系统的数学模型。假设有 L 条分集信道传输携带相同信息的信号，又假设每条信道为频率非选择性、慢衰落且包络统计特性服从瑞利分布；再假设 L 条分集信道之间的衰落过程是相互统计独立的，每条信道的信号受到零均值加性高斯白噪声过程的恶化；L 条信道的噪声过程是相互统计独立的，且具有相同的自相关函数。于是，L 条信道的等效低通接收信号为

$$r_{lk}(t)=\alpha_k e^{j\phi_k}s_{km}(t)+z_k(t),\qquad k=1,2,\cdots,L,\qquad m=1,2 \tag{13-4-1}$$

式中，$\{\alpha_k e^{j\phi_k}\}$ 表示 L 条信道的衰减因子和相移；$s_{km}(t)$ 表示发送到第 k 条信道的第 m 个信号；$z_k(t)$ 表示第 k 条信道上的加性高斯白噪声。在集合 $\{s_{km}(t)\}$ 内的所有信号具有相同的能量。

第 k 条信道接收信号的最佳解调器由两个匹配滤波器组成，其中一个具有冲激响应

$$b_{k1}(t) = s_{k1}^*(T - t) \tag{13-4-2}$$

而另一个具有冲激响应

$$b_{k2}(t) = s_{k2}^*(T - t) \tag{13-4-3}$$

当然，若采用二进制 PSK 来调制发送信息，则 $s_{k1}(t)=-s_{k2}(t)$。因此，二进制 PSK 只需要一个匹配滤波器。紧接匹配滤波器的是合并器，它形成两个判决变量。获得最佳性能的合并器由每个匹配滤波器输出与相应复值（共轭）信道增益 $\alpha_k e^{-j\phi_k}$ 相乘组成，乘法的作用是补偿信道中的相移，并通过正比于信号强度的因子来对信号进行加权，因此，要对强信号比弱信号进行更大的加权。执行复值加权运算后有两个和值，一个由相应于发送 0 的匹配滤波器的加权输出的实部组成，另一个由相应于发送 1 的匹配滤波器的加权输出的实部组成。Brenna（1959）把这种最佳合并器称为最大比合并器。当然，最佳合并器的实现基于假设信道衰减$\{\alpha_k\}$和相移$\{\phi_k\}$是完全已知的。也就是说，$\{\alpha_k\}$和相移$\{\phi_k\}$的估值中不包含噪声（有噪估计对多相 PSK 差错概率性能的影响将在附录 C 中研究）。

上述具有分集的二进制数字通信系统模型的框图如图 13-4-1 所示。

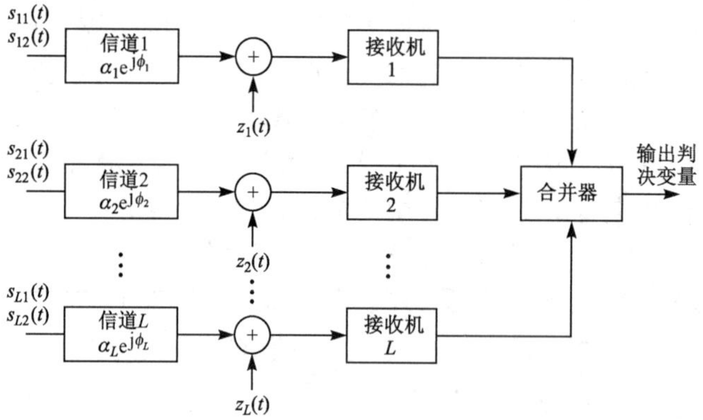

图 13-4-1　具有分集的二进制数字通信模型

首先研究具有 L 阶分集的二进制 PSK 的性能，其最大比合并器的输出可表示为如下形式的单一判决变量。

$$U = \text{Re}\left(2\mathcal{E}\sum_{k=1}^{L}\alpha_k^2 + \sum_{k=1}^{L}\alpha_k N_k\right) = 2\mathcal{E}\sum_{k=1}^{L}\alpha_k^2 + \sum_{k=1}^{L}\alpha_k N_{kr} \tag{13-4-4}$$

式中，N_{kr} 表示复高斯噪声变量的实部。

$$N_k = e^{-j\phi_k}\int_0^T z_k(t)s_k^*(t)\,dt \tag{13-4-5}$$

推导差错概率要遵照 13.3 节所述的方法，即首先得到以固定衰减因子集$\{\alpha_k\}$为条件的差错概率，然后将该条件差错概率对$\{\alpha_k\}$的概率密度函数求平均。

1. 瑞利衰落

对于某一固定集合$\{\alpha_k\}$，判决变量 U 是高斯的，其均值为

$$E(U) = 2\mathcal{E}\sum_{k=1}^{L}\alpha_k^2 \tag{13-4-6}$$

方差为

$$\sigma_U^2 = 2\mathcal{E}N_0\sum_{k=1}^{L}\alpha_k^2 \tag{13-4-7}$$

对于这些均值和方差，U 小于 0 的概率为

$$P_b(\gamma_b) = Q\left(\sqrt{2\gamma_b}\right) \tag{13-4-8}$$

其中，比特 SNR（即 γ_b）为

$$\gamma_b = \frac{\mathcal{E}}{N_0}\sum_{k=1}^{L}\alpha_k^2 = \sum_{k=1}^{L}\gamma_k \tag{13-4-9}$$

式中，$\gamma_k=\mathcal{E}\alpha_k^2/N_0$ 为第 k 条信道的瞬时 SNR。现在必须确定概率密度函数 $p(\gamma_b)$，该函数容易由 γ_b 的特征函数求出。首先，对于 $L=1$，$\gamma_b\equiv\gamma_1$ 具有由式（13-3-5）确定的χ^2 概率密度函数。容易证明，γ_1 的特征函数为

$$\Phi_{\gamma_1}(v) = E(\mathrm{e}^{\mathrm{j}v\gamma_1}) = \frac{1}{1-\mathrm{j}v\overline{\gamma}_c} \tag{13-4-10}$$

式中，$\overline{\gamma}_c$ 为信道的平均 SNR，假设它对所有信道都相同，即

$$\overline{\gamma}_c = \frac{\mathcal{E}}{N_0}E(\alpha_k^2) \tag{13-4-11}$$

与 k 无关，这个假设适用于本节的所有结果。因为在 L 条信道上的衰落是相互统计独立的，因此$\{\gamma_k\}$是统计独立的。总和 γ_b 的特征函数就是式（13-4-10）的 L 次幂，即

$$\Phi_{\gamma_b}(v) = \frac{1}{(1-\mathrm{j}v\overline{\gamma}_c)^L} \tag{13-4-12}$$

这是具有 $2L$ 个自由度的χ^2 分布随机变量的特征函数。从式（2-3-21）得到的概率密度函数 $p(\gamma_b)$为

$$p(\gamma_b) = \frac{1}{(L-1)!\overline{\gamma}_c^L}\gamma_b^{L-1}\mathrm{e}^{-\gamma_b/\overline{\gamma}_c} \tag{13-4-13}$$

以上推导的最后一步是将式（13-4-8）中的条件差错概率在衰落信道统计特性上求平均。于是，计算积分

$$P_b = \int_0^{\infty}P_2(\gamma_b)p(\gamma_b)\,\mathrm{d}\gamma_b \tag{13-4-14}$$

式（13-4-14）有一个闭式解，即

$$P_b= \left[\tfrac{1}{2}(1-\mu)\right]^L\sum_{k=0}^{L-1}\binom{L-1+k}{k}\left[\tfrac{1}{2}(1+\mu)\right]^k \tag{13-4-15}$$

式中，

$$\mu = \sqrt{\frac{\overline{\gamma}_c}{1+\overline{\gamma}_c}} \tag{13-4-16}$$

当信道的平均 SNR($\overline{\gamma}_c$)满足条件 $\overline{\gamma}_c\gg1$ 时，$(1+\mu)/2\approx1$，而$(1-\mu)/2\approx1/4\overline{\gamma}_c$，且

$$\sum_{k=0}^{L-1}\binom{L-1+k}{k} = \binom{2L-1}{L} \tag{13-4-17}$$

因此，当 $\overline{\gamma}_c$ 足够大（大于 10 dB）时，式（13-4-15）给出的差错概率可近似为

$$P_b \approx \left(\frac{1}{4\bar{\gamma}_c}\right)^L \binom{2L-1}{L} \tag{13-4-18}$$

由式（13-4-18）可见，差错概率随 $1/\bar{\gamma}_c$ 的 L 次幂而变化。因此，对于分集，差错概率与 SNR 的 L 次幂成反比减小。

得到带有分集的二进制 PSK 性能之后，接着考虑相干检测的二进制正交 FSK。在这种情况下，最大比合并器输出的两个判决变量为

$$U_1 = \mathrm{Re}\left(2\mathcal{E}\sum_{k=1}^{L}\alpha_k^2 + \sum_{k=1}^{L}\alpha_k N_{k1}\right), \quad U_2 = \mathrm{Re}\left(\sum_{k=1}^{L}\alpha_k N_{k2}\right) \tag{13-4-19}$$

式中，假设发送信号为 $s_{k1}(t)$，且 $\{N_{k1}\}$ 和 $\{N_{k2}\}$ 是匹配滤波器输出的两组噪声分量，其差错概率就是 $U_2>U_1$ 的概率。除了此处有双倍的噪声功率，以上的计算类似于 PSK 的计算。因此，当 $\{\alpha_k\}$ 固定时，条件差错概率为

$$P_b(\gamma_b) = Q\left(\sqrt{\gamma_b}\right) \tag{13-4-20}$$

利用式（13-4-13）将 $P_b(\gamma_b)$ 对衰落求平均可知，只要用 $\bar{\gamma}_c/2$ 代替 $\bar{\gamma}_c$，由式（13-4-15）得出的结果仍然适用。也就是说，式（13-4-15）是相干检测二进制正交 FSK 的差错概率表达式，其中参数 μ 为

$$\mu = \sqrt{\frac{\bar{\gamma}_c}{2+\bar{\gamma}_c}} \tag{13-4-21}$$

对于大的 $\bar{\gamma}_c$ 值，性能 P_b 可近似为

$$P_b \approx \left(\frac{1}{2\bar{\gamma}_c}\right)^L \binom{2L-1}{L} \tag{13-4-22}$$

比较式（13-4-22）和式（13-4-18）可知，相干检测二进制 PSK 和正交 FSK 之间有 3 dB 的性能差异，不仅存在于非衰落、非弥散信道中，也存在于衰落信道。

在上述关于相干检测二进制 PSK 和 FSK 的讨论中，假设接收机中使用了复值信道参数 $\{\alpha_k e^{j\varphi_k}\}$ 的无噪声估值。因为信道是时变的，所以参数 $\{\alpha_k e^{j\varphi_k}\}$ 不能被准确地估计。事实上，在某些信道上的时间变化可能相当快，以致妨碍了相干检测的实现。在这种情况下，应该考虑应用 DPSK 或非相干检测 FSK。

首先研究 DPSK，为了使 DPSK 成为可行的数字信号传输方法，信道变化必须足够慢，以致在两个相继的信号传输间隔上信道相移 $\{\phi_k\}$ 不会发生明显的变化。在此假设两个相继信号传输间隔内的信道参数 $\{\alpha_k e^{j\varphi_k}\}$ 保持不变，二进制 DPSK 合并器将产生一个输出判决变量。

$$U = \mathrm{Re}\left[\sum_{k=1}^{L}\left(2\mathcal{E}\alpha_k e^{j\phi_k} + N_{k2}\right)\left(2\mathcal{E}\alpha_k e^{-j\phi_k} + N_{k1}\right)\right] \tag{13-4-23}$$

式中，$\{N_{k1}\}$ 和 $\{N_{k2}\}$ 表示两个相继信号传输间隔内匹配滤波器输出端的接收噪声分量，差错概率就是 $U<0$ 的概率。因为 U 是附录 B 中复高斯随机变量一般二次型的特例，所以差错概率可直接从附录 B 中得到。另一种方法是利用式（11-1-3）给出的差错概率（该式适用于在 L 个时不变信道上传输的二进制 DPSK），并对瑞利衰落信道统计特性求平均，可得条件差错概率为

$$P_b(\gamma_b) = \left(\frac{1}{2}\right)^{2L-1} e^{-\gamma_b}\sum_{k=0}^{L-1} b_k \gamma_b^k \tag{13-4-24}$$

式中，γ_b 由式（13-4-9）确定。

$$b_k = \frac{1}{k!}\sum_{n=0}^{L-1-k}\binom{2L-1}{n} \tag{13-4-25}$$

容易证明，$P_b(\gamma_b)$ 在由式（13-4-13）中 $p(\gamma_b)$给出的衰落信道统计特性上求平均，可得

$$P_b = \frac{1}{2^{2L-1}(L-1)!(1+\bar{\gamma}_c)^L}\sum_{k=0}^{L-1} b_k(L-1+k)!\left(\frac{\bar{\gamma}_c}{1+\bar{\gamma}_c}\right)^k \tag{13-4-26}$$

这表明，式（13-4-26）的结果可处理成式（13-4-15）的形式，也适用于相干 PSK 和 FSK。对于二进制 DPSK，式（13-4-15）中的参数 μ 为（见附录 C）

$$\mu = \frac{\bar{\gamma}_c}{1+\bar{\gamma}_c} \tag{13-4-27}$$

当 $\bar{\gamma}_c \gg 1$ 时，式（13-4-26）给出的差错概率可近似为

$$P_b \approx \left(\frac{1}{2\bar{\gamma}_c}\right)^L \binom{2L-1}{L} \tag{13-4-28}$$

非相干检测正交 FSK 是本节研究的最后一种信号传输技术，它既适合于慢衰落，也适合于快衰落。下面介绍的性能分析基于如下假设：衰落足够慢，以致信道参数$\{\alpha_k e^{j\varphi_k}\}$在信号传输间隔的持续时间内保持不变。多信道信号的合并器是一种平方律合并器，其输出由下列两个判决变量组成

$$U_1 = \sum_{k=1}^{L}|2\mathcal{E}\alpha_k e^{j\phi_k} + N_{k1}|^2, \qquad U_2 = \sum_{k=1}^{L}|N_{k2}|^2 \tag{13-4-29}$$

式中，假设 U_1 包含信号，因此差错概率为 $U_2 > U_1$ 的概率。

正如在 DPSK 中那样，在推导平方律合并 FSK 性能时，可选择两种方法之一。11.1 节中已述，平方律合并 FSK 差错概率的表达式与用 $\gamma_b/2$ 代替 γ_b 时 DPSK 的差错概率表达式相同，即 FSK 系统需要 3 dB 的附加信噪比，以达到时不变信道的同样性能。因此，当用 $\gamma_b/2$ 代替 γ_b 时，式（13-4-24）给出的 DPSK 条件差错概率适用于平方律合并 FSK，对衰落求式（13-4-24）平均所得结果[由式（13-4-26）确定]，也一定适用于由 $\bar{\gamma}_c/2$ 代替 $\bar{\gamma}_c$ 的 FSK。式（13-4-26）和式（13-4-15）是等效的，因此，式（13-4-15）给出的差错概率也适用于带参数 μ 的平方律合并 FSK，该参数为

$$\mu = \frac{\bar{\gamma}_c}{2+\bar{\gamma}_c} \tag{13-4-30}$$

Pierce（1958）提出的求判决变量 $U_2 > U_1$ 概率的另一种推导方法如上述方法一样方便，它从概率密度函数 $p(U_1)$和 $p(U_2)$出发，因为复随机变量$\{\alpha_k e^{j\varphi_k}\}$、$\{N_{k1}\}$、$\{N_{k2}\}$都是服从零均值高斯分布的，故判定变量 U_1 和 U_2 服从具有 $2L$ 个自由度的 χ^2 概率分布，即

$$p(u_1) = \frac{1}{(2\sigma_1^2)^L(L-1)!}u_1^{(L-1)}\exp\left(-\frac{u_1}{2\sigma_1^2}\right) \tag{13-4-31}$$

式中

$$\sigma_1^2 = \frac{1}{2}E\left(|2\mathcal{E}\alpha_k e^{-j\phi_k} + N_{k1}|^2\right) = 2\mathcal{E}N_0(1+\bar{\gamma}_c)$$

类似地

$$p(u_2) = \frac{1}{(2\sigma_2^2)^L(L-1)!}u_2^{(L-1)}\exp\left(-\frac{u_2}{2\sigma_2^2}\right) \tag{13-4-32}$$

式中

$$\sigma_2^2 = 2\mathcal{E}N_0$$

差错概率正是 $U_2 > U_1$ 的概率，这个概率可由式（13-4-15）得到，其中 μ 由式（13-4-30）定义，其证明留作练习。

当 $\bar{\gamma}_c \gg 1$ 时，平方律检测 FSK 的性能可进一步简化，如其他二进制多信道系统那样。在这种情况下，差错概率的近似表达式为

$$P_b \approx \left(\frac{1}{\bar{\gamma}_c}\right)^L \binom{2L-1}{L} \tag{13-4-33}$$

图 13-4-2 示出了 L=1、2、4 时的 PSK、DPSK，以及平方律检测正交 FSK 的差错概率性能。该性能曲线是平均比特 SNR（$\bar{\gamma}_b$）的函数，$\bar{\gamma}_b$ 与平均信道 SNR（$\bar{\gamma}_c$）相关，即

$$\bar{\gamma}_b = L\bar{\gamma}_c \tag{13-4-34}$$

图 13-4-2 的结果清楚地说明了分集的优点，它是克服由衰落引起的 SNR 严重损失的一个有效手段。

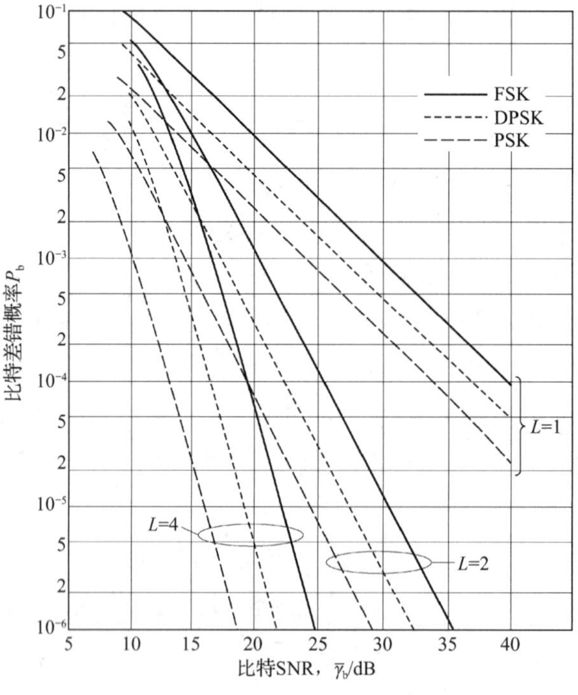

图 13-4-2　具有分集的二进制信号性能

2. Nakagami 衰落

把本节介绍的内容推广到其他衰落信道是一件很简单的事情。我们将简要研究 Nakagami 信道，为此，将单信道 SNR 参数 $\gamma_b = \alpha^2\mathcal{E}_b/N_0$ 情况下由式（13-3-14）给出 Nakagami 的 PDF

$$p(\gamma_b)=\frac{1}{\Gamma(m)(\overline{\gamma}_b/m)^m}\gamma_b^{m-1}e^{-\gamma_b/(\overline{\gamma}_b/m)} \tag{13-4-35}$$

与式（13-3-13）给出的瑞利（Rayleigh）衰落 L 信道 SNR 情况下得到的 PDF

$$p(\gamma_b)=\frac{1}{(L-1)!\overline{\gamma}_c^L}\gamma_b^{(L-1)}e^{-\gamma_b/\overline{\gamma}_c} \tag{13-4-36}$$

进行比较。注意到，在 L 阶分集系统情况下，$\overline{\gamma}_c=\overline{\gamma}_b/L$。因此很清楚，当 $L=m$ 且为整数时，两种情况下的 PDF 结果完全相同；当 $L=m=1$ 时，这两种 PDF 对应于单信道的瑞利衰落信道。对于 Nakagami 衰落在 $m=2$ 的情况，单信道系统的性能与双分集（$L=2$）瑞利衰落信道的性能相同。更一般地，具有 m 为整数的 Nakagami 衰落的单信道系统等效于瑞利衰落信道中 L 信道分集系统。由于这个等效，Nakagami-m 随机变量的特征函数必须是如下形式。

$$\Phi_{\gamma_b}(v)=\frac{1}{(1-jv\overline{\gamma}_b/m)^m} \tag{13-4-37}$$

式（13-4-37）给出的结果与用来表示瑞利衰落信道上 L 阶分集系统中合并信号特征函数的式（13-4-12）给出的结果一致。因此可得出如下结论：独立衰落的 Nakagami 衰落信道中 K 信道系统发送等效于瑞利衰落信道中 $L=Km$ 的信道分集。

13.4.2　多相信号

瑞利衰落信道上多相信号传输在附录 C 中有详细介绍。本节将引用 M 元 PSK 和 DPSK 系统中符号差错概率，以及四相 PSK 和 DPSK 比特差错概率的一般结果。

M 元 PSK 和 DPSK 系统中符号差错概率的一般结果为

$$P_e=\frac{(-1)^{(L-1)}(1-\mu^2)^L}{\pi(L-1)!}\left\{\frac{\partial^{(L-1)}}{\partial b^{(L-1)}}\left\{\frac{1}{b-\mu^2}\left[\frac{\pi}{M}(M-1)-\right.\right.\right.$$
$$\left.\left.\left.\frac{\mu\sin(\pi/M)}{\sqrt{b-\mu^2\cos^2(\pi/M)}}\ \mathrm{arccot}\frac{-\mu\cos(\pi/M)}{\sqrt{b-\mu^2\cos^2(\pi/M)}}\right]\right\}\right\}_{b=1} \tag{13-4-38}$$

式中，对于 PSK，有

$$\mu=\sqrt{\frac{\overline{\gamma}_c}{1+\overline{\gamma}_c}} \tag{13-4-39}$$

对于 DPSK，有

$$\mu=\frac{\overline{\gamma}_c}{1+\overline{\gamma}_c} \tag{13-4-40}$$

式中，$\overline{\gamma}_c$ 仍是平均信道接收 SNR，比特 SNR 为 $\overline{\gamma}_b=L\overline{\gamma}_c/k$，其中 $k=\log_2 M$。

四相 PSK 和 DPSK 比特差错概率的推导基础是一对信息比特按照格雷（Gray）码映射为 4 个相位，附录 C 中导出的比特差错概率为

$$P_b=\frac{1}{2}\left[1-\frac{\mu}{\sqrt{2-\mu^2}}\sum_{k=0}^{L-1}\binom{2k}{k}\left(\frac{1-\mu^2}{4-2\mu^2}\right)^k\right] \tag{13-4-41}$$

式中，对于 PSK 和 DPSK，μ 分别由式（13-4-39）和式（13-4-40）给出。

图 13-4-3 所示为 M=2、4、8 和 L=1 时 DPSK 和相干 PSK 的符号差错概率。注意，DPSK 和相干 PSK 之间的性能差异对 M 的 3 个值都约为 3 dB。事实上，当 $\overline{\gamma}_b\gg1$ 和 L=1 时，对于 DPSK，式（13-4-38）可近似为

$$P_e \approx \frac{M-1}{(M\log_2 M)[\sin^2(\pi/M)]\overline{\gamma}_b} \tag{13-4-42}$$

对于相干 PSK，式（13-4-38）可近似为

$$P_e \approx \frac{M-1}{(M\log_2 M)[\sin^2(\pi/M)]2\overline{\gamma}_b} \tag{13-4-43}$$

因此，当 SNR 较高时，在瑞利衰落信道上的相干 PSK 比 DPSK 好 3 dB。当 L 增加时，这个差别将仍然保持。

图 13-4-4 所示为 $L=1$、2、4 时，二相、四相和八相 DPSK 信号传输的比特差错概率。带有格雷（Gray）编码的八相 DPSK 的比特差错概率表达式没有在这里给出，可在 Proakis（1968）的论文中找到。在这种情况下，二相和四相 DPSK 的性能（近似）相同，而八相 DPSK 较差，约为 3 dB。虽然这里没有列出相干 PSK 的比特差错概率，但可证明二相和四相相干 PSK 可得到相同的性能。

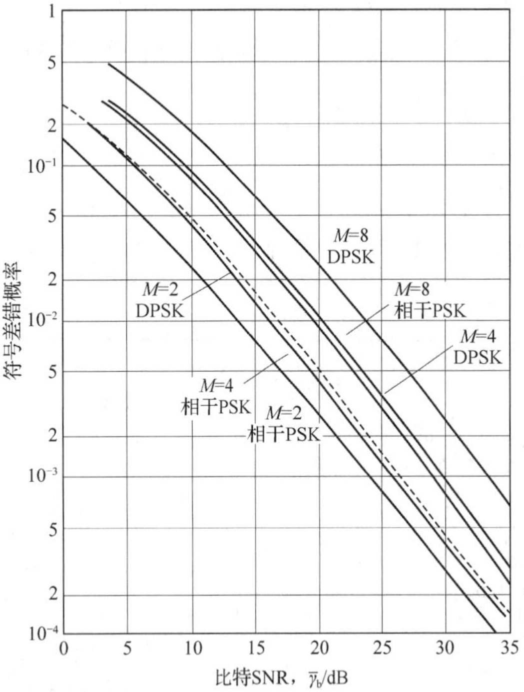

图 13-4-3　瑞利衰落中相干 PSK 和 DPSK 的符号差错概率

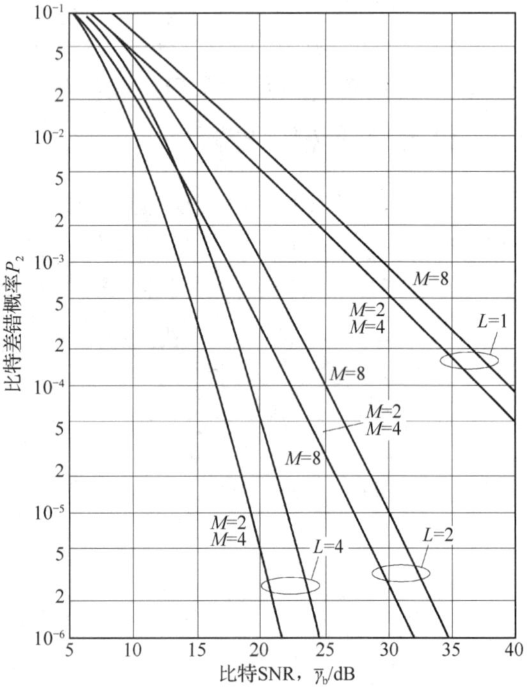

图 13-4-4　瑞利衰落中具有分集的 DPSK 的比特差错概率

13.4.3　*M* 元正交信号

本节将确定 M 元正交信号在瑞利衰落信道上传输的性能，并且评估高阶信号符号集相对于二进制符号集的优点。正交信号可看成具有最小频率间隔的 M 元 FSK，该最小频率间隔是 $1/T$ 的整数倍，T 为信号传输间隔。携带相同信息的信号沿 L 条分集信道传输，假定每条分集信道是频率非选择性的和慢衰落的，且假定 L 条信道的衰落过程是相互统计独立的。加性高斯白噪声过程恶化了每条分集信道上的信号，并假定加性噪声过程也是相互统计独立的。

虽然用公式描述 M 元通信系统的结构，以及分析分集信道的最大比合并器的性能比较容易，但人们更喜欢在一个实际系统中采用非相干检测。因此，本节主要讨论分集信号的平方律合并。包含信号的合并器输出为

$$U_1 = \sum_{k=1}^{L} |2\mathcal{E}\alpha_k \mathrm{e}^{\mathrm{j}\phi_k} + N_{k1}|^2 \tag{13-4-44}$$

而其余 $M-1$ 个合并器的输出为

$$U_m = \sum_{k=1}^{L} |N_{km}|^2, \qquad m = 2, 3, 4, \cdots, M \tag{13-4-45}$$

当 $m=2,3,\cdots,M$ 时，差错概率就是 1 减去 $U_1> U_m$ 的概率。因为信号是正交的，且加性噪声过程相互统计独立，所以随机变量 $U_1,U_2,\cdots,U_M$ 也是相互统计独立的。U_1 的概率密度函数由式（13-4-31）确定。另外，$U_2,\cdots,U_M$ 是同分布的，并由式（13-4-32）给出的边缘概率密度函数描述。由于 U_1 固定，联合概率 $P(U_2<U_1,U_3<U_1,\cdots,U_m<U_1)$ 等于 $P(U_2<U_1)$ 的 $M-1$ 次幂，于是

$$\begin{aligned} P(U_2 < U_1 \mid U_1 = u_1) &= \int_0^{u_1} p(u_2)\,\mathrm{d}u_2 \\ &= 1 - \exp\left(-\frac{u_1}{2\sigma_2^2}\right)\sum_{k=0}^{L-1}\frac{1}{k!}\left(\frac{u_1}{2\sigma_2^2}\right)^k \end{aligned} \tag{13-4-46}$$

式中，$\sigma_2^2=2\mathcal{E}N_0$。为了得到正确判决的概率，将该概率的 $M-1$ 次幂对 U_1 的概率密度函数求平均。若用 1 减去这个结果，即可得到 Hahn（1962）提出的差错概率，即

$$\begin{aligned} P_\mathrm{e} &= 1 - \int_0^\infty \frac{1}{\left(2\sigma_1^2\right)^L (L-1)!} u_1^{(L-1)} \exp\left(-\frac{u_1}{2\sigma_1^2}\right) \times \left[1 - \exp\left(-\frac{u_1}{2\sigma_2^2}\right)\sum_{k=0}^{L-1}\frac{1}{k!}\left(\frac{u_1}{2\sigma_2^2}\right)^k\right]^{(M-1)} \mathrm{d}u_1 \\ &= 1 - \int_0^\infty \frac{1}{(1+\overline{\gamma}_\mathrm{c})^L (L-1)!} u_1^{(L-1)} \exp\left(-\frac{u_1}{1+\overline{\gamma}_\mathrm{c}}\right) \times \left(1 - \mathrm{e}^{-u_1}\sum_{k=0}^{L-1}\frac{u_1^k}{k!}\right)^{(M-1)} \mathrm{d}u_1 \end{aligned} \tag{13-4-47}$$

式中，$\overline{\gamma}_\mathrm{c}$ 是平均分集信道 SNR，平均比特 SNR 为 $\overline{\gamma}_\mathrm{b}=L\,\overline{\gamma}_\mathrm{c}/\log_2 M=L\,\overline{\gamma}_\mathrm{c}/k$。

式（13-4-47）的积分可用闭式表示为双求和的形式。这很容易由下列结果得到，如果有下列展开式：

$$\left(\sum_{k=0}^{L-1}\frac{u_1^k}{k!}\right)^m = \sum_{k=0}^{m(L-1)} \beta_{km} u_1^k \tag{13-4-48}$$

其中，β_{km} 为上述展开式的系数集。那么，式（13-4-47）可以简化为

$$P_\mathrm{e} = \frac{1}{(L-1)!}\sum_{m=1}^{M-1}\frac{(-1)^{m+1}\binom{M-1}{m}}{(1+m+m\overline{\gamma}_\mathrm{c})^L} \times \sum_{k=0}^{m(L-1)} \beta_{km}(L-1+k)!\left(\frac{1+\overline{\gamma}_\mathrm{c}}{1+m+m\overline{\gamma}_\mathrm{c}}\right)^k \tag{13-4-49}$$

当不存在分集（$L=1$）时，式（13-4-49）的差错概率可简化为

$$P_\mathrm{e} = \sum_{m=1}^{M-1}\frac{(-1)^{m+1}\binom{M-1}{m}}{1+m+m\overline{\gamma}_\mathrm{c}} \tag{13-4-50}$$

符号差错概率 P_e 可转换为等效的比特差错概率，只要用 $2^{k-1}/(2^k-1)$乘以 P_e 即可。

虽然式（13-4-49）给出的 P_e 表达式是闭式的，但当 M 和 L 值很大时计算相当麻烦。一个替代的方法是根据式(13-4-47)用数值积分来计算 P_e。下列图中示出的结果是由式(13-4-47)产生的。

首先考察平方律合并 M 元正交信号传输的差错概率性能，它是分集阶次函数。图 13-4-5 和图 13-4-6 表示总接收 SNR（定义为 $\bar{\gamma}_t=L\bar{\gamma}_c$）保持不变时，在 $M=2$ 和 $M=4$ 两种情况下，P_e 作为 L 函数的特性。这些结果表明，对于每个 $\bar{\gamma}_t$，存在一个最佳分集阶次。也就是说，对于任一 $\bar{\gamma}_t$，存在一个使 P_e 最小的 L 值。仔细观察这些图还可看出，当 $\bar{\gamma}_c=\bar{\gamma}_t/L\approx 3$ 时，可得到 P_e 的最小值。这个结果与符号集的大小 M 无关。

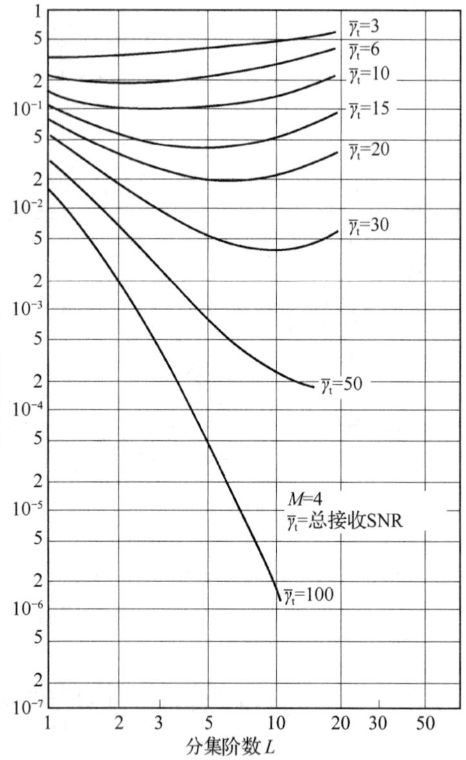

图 13-4-5　平方律合并 M=2 正交信号的性能

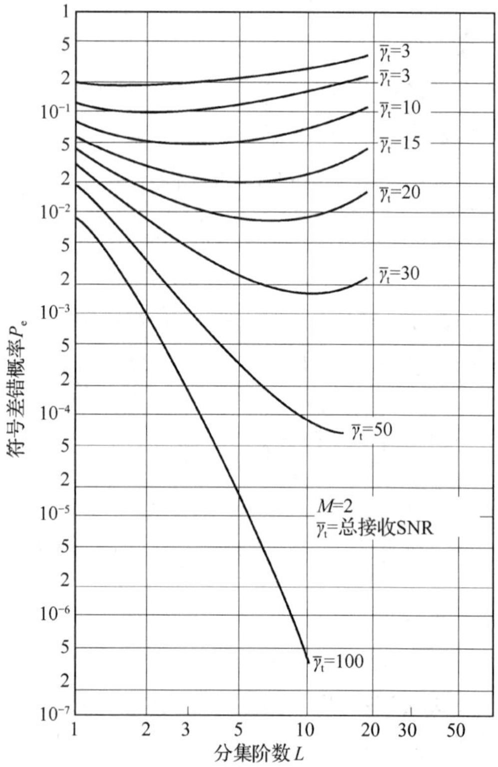

图 13-4-6　平方律合并 M=4 正交信号的性能

再考察差错概率 P_e 作为平均比特 SNR（定义为 $\bar{\gamma}_b=L\bar{\gamma}_c/k$）的函数的情况（如果把 M 元正交 FSK 看成编码的一种形式，把分集阶次看成重复编码中符号被重复的次数，则 $\bar{\gamma}_b=\bar{\gamma}_c/R_c$，其中 $R_c=k/L$ 是码率。当 $M=2$、4、8、16、32 及 $L=1$、2、4 时，P_e 与 $\bar{\gamma}_b$ 的关系曲线如图 13-4-7 所示，这些结果表明 M 和 L 增加时的性能增益。注意，L 的增加将获得大的性能增益，并且当 L 较小时，由 M 的增加所获得的性能增益也比较小。然而，当 L 增加时，通过增加 M 所获得的增益也增大，因为这两个参数的增加都导致带宽扩展，即

$$B_e=\frac{LM}{\log_2 M} \tag{13-4-51}$$

图 13-4-7 所示的结果表明增加 L 比增加 M 更有效。正如在第 14 章将要看到的，编码是在衰落信道传输信号中获得分集的一种带宽效应的工具。

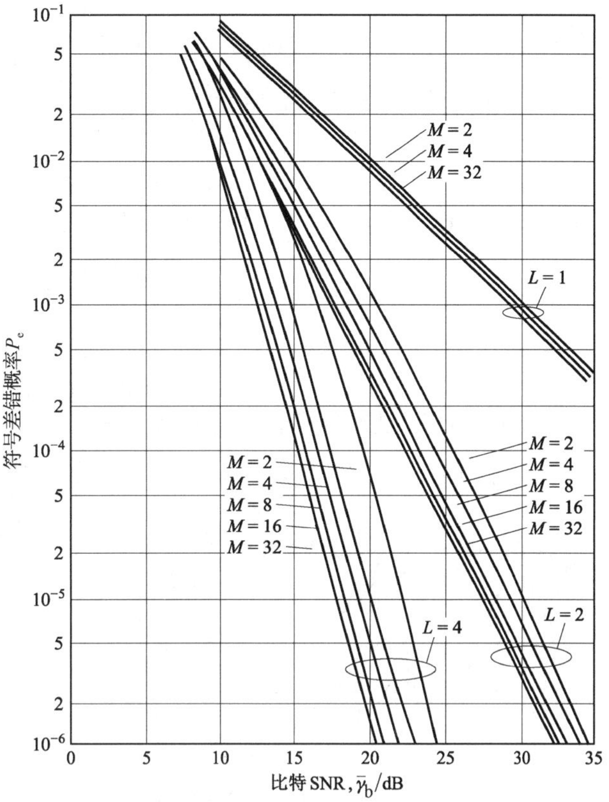

图 13-4-7 以 M 和 L 为参数的正交信号传输的性能

契尔诺夫（Chernoff）边界

在结束本节之前，还将研究具有 L 阶分集的二进制正交信号传输差错概率的契尔诺夫上边界，它在第 14 章讨论衰落信道的编码时很有用。首先研究式（13-4-29）给出的两个判决变量 U_1 和 U_2，其中 U_1 由平方律合并的信号加噪声项组成，而 U_2 由平方律合并的噪声项组成。二进制差错概率 $P_b(L)$ 为

$$P_b(L) = P(U_2 - U_1 > 0) = P(X > 0) = \int_0^{\infty} p(x)\,\mathrm{d}x \tag{13-4-52}$$

其中，随机变量 X 定义为

$$X = U_2 - U_1 = \sum_{k=1}^{L} \left(|N_{k2}|^2 - |2\mathcal{E}\alpha_k + N_{k1}|^2\right) \tag{13-4-53}$$

U_1 中的相位项 $\{\phi_k\}$ 已被舍弃，因为它不影响平方律检测器的性能。

利用契尔诺夫边界，式（13-4-52）的差错概率为

$$P_b(L) \leqslant E(\mathrm{e}^{\zeta X}) \tag{13-4-54}$$

式中，参数 $\zeta > 0$ 被优化，以便得到一个紧密边界。由式（13-4-53）对随机变量 X 进行替换，注意到和式中的随机变量是相互统计独立的，可得

$$P_b(L) \leqslant \prod_{k=1}^{L} E\left(\mathrm{e}^{\zeta |N_{k2}|^2}\right) E\left(\mathrm{e}^{-\zeta |2\mathcal{E}\alpha_k + N_{k1}|^2}\right) \tag{13-4-55}$$

但

$$E\left(\mathrm{e}^{\zeta |N_{k2}|^2}\right) = \frac{1}{1 - 2\zeta\sigma_2^2}, \qquad \zeta < \frac{1}{2\sigma_2^2} \tag{13-4-56}$$

且

$$E\left(\mathrm{e}^{-\zeta |2\mathcal{E}\alpha_k + N_{k1}|^2}\right) = \frac{1}{1 + 2\zeta\sigma_1^2}, \qquad \zeta > \frac{-1}{2\sigma_1^2} \tag{13-4-57}$$

式中，$\sigma_2^2 = 2\mathcal{E}N_0$，$\sigma_1^2 = 2\mathcal{E}N_0(1+\bar{\gamma}_c)$，而 $\bar{\gamma}_c$ 是平均分集信道 SNR。注意，σ_2^2 和 σ_1^2 与 k 无关，即 L 个分集信道上的加性噪声项及衰落统计量是同分布的。因此，式（13-4-55）可简化为

$$P_b(L) \leqslant \left[\frac{1}{(1-2\zeta\sigma_2^2)(1+2\zeta\sigma_1^2)}\right]^L, \qquad 0 \leqslant \zeta \leqslant \frac{1}{2\sigma_2^2} \tag{13-4-58}$$

式（13-4-58）的右边对ζ微分，当

$$\zeta = \frac{\sigma_1^2 - \sigma_2^2}{4\sigma_1^2\sigma_2^2} \tag{13-4-59}$$

时，上边界被最小化。将式（13-4-59）中的ζ代入式（13-4-58），得到的契尔诺夫上边界为

$$P_b(L) \leqslant \left[\frac{4(1+\bar{\gamma}_c)}{(2+\bar{\gamma}_c)^2}\right]^L \tag{13-4-60}$$

式（13-4-60）也可表示为

$$P_b(L) \leqslant [4p(1-p)]^L \tag{13-4-61}$$

式中，$p=1/(2+\bar{\gamma}_c)$是无分集衰落信道上二进制正交信号传输的差错概率。

把式（13-4-60）的契尔诺夫上边界与下式给出的二进制正交信号传输及L个分集信号平方律合并的精确差错概率

$$P_b(L) = \left(\frac{1}{2+\bar{\gamma}_c}\right)^L \sum_{k=0}^{L-1} \binom{L-1+k}{k} \left(\frac{1+\bar{\gamma}_c}{2+\bar{\gamma}_c}\right)^k = p^L \sum_{k=0}^{L-1} \binom{L-1+k}{k} (1-p)^k \tag{13-4-62}$$

进行比较，可得到该边界的紧密性。图 13-4-8 示出了这个比较，当L=1 时契尔诺夫上边界距离精确差错概率约为 6 dB，但随着L增加，它更紧密。例如，当L=4 时，该边界与精确差错概率之差约为 2.5 dB。

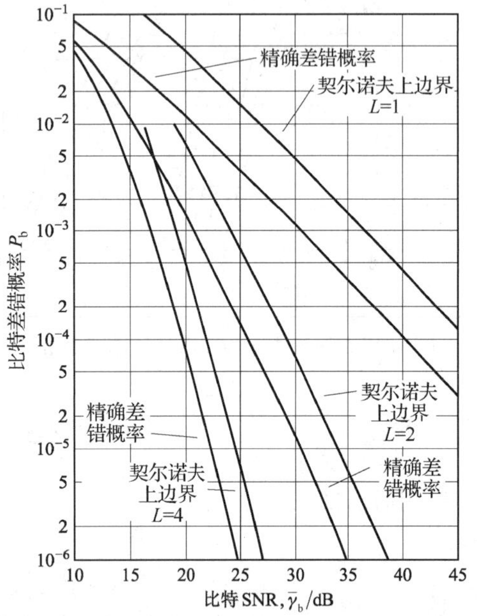

图 13-4-8　切尔诺夫上边界与精确差错概率的比较

具有分集的M元正交信号传输的差错概率上边界可借助于一致边界

$$P_e \leqslant (M-1)P_b(L) \tag{13-4-63}$$

来确定。式中$P_b(L)$可用式（13-4-62）的精确表示或式（13-4-60）的契尔诺夫上边界来表示。

13.5　频率选择性慢衰落信道中的信号传输：RAKE 解调器

当信道的扩展因子满足条件 $T_m B_d \ll 1$ 时，有可能选择带宽为 $W \ll (\Delta f)_c$ 且持续时间为 $T \ll (\Delta t)_c$ 的信号，该信道是频率非选择性的和慢衰落的。在这样的信道中，分集技术可用来克服衰落的严重影响。

当带宽 $W \gg (\Delta f)_c$ 且对用户可用时，可把该信道划分成大量频分复用（FDM）子信道，这些子信道在中心频率处相互间距至少为$(\Delta f)_c$，那么相同信号可在 FDM 子信道上传输，由此可获得频率分集。本节将讨论另一种分集方法。

13.5.1　抽头延迟线信道模型

本节将证明，获得基本上相同结果的一种更直接的方法是采用带宽为 W 的宽带信号。由于假设 $T \ll (\Delta t)_c$，因此信道仍然是慢衰落的。假设 W 是实带通信号占用的带宽，则等效低通信号 $s_l(t)$ 的频带占用为 $|f| \leqslant W/2$。因为 $s_l(t)$ 带限于 $|f| \leqslant W/2$，所以利用抽样定理得到该信号为

$$s_l(t) = \sum_{n=-\infty}^{\infty} s_l\left(\frac{n}{W}\right) \frac{\sin[\pi W(t - n/W)]}{\pi W(t - n/W)} \tag{13-5-1}$$

$s_l(t)$ 的傅里叶变换为

$$S_l(f) = \begin{cases} \dfrac{1}{W} \displaystyle\sum_{n=-\infty}^{\infty} s_l(n/W) \mathrm{e}^{-\mathrm{j}2\pi fn/W}, & |f| \leqslant W/2 \\ 0, & |f| > W/2 \end{cases} \tag{13-5-2}$$

频率选择性信道的无噪接收信号为

$$r_l(t) = \int_{-\infty}^{\infty} C(f;t) S_l(f) \mathrm{e}^{\mathrm{j}2\pi ft} \mathrm{d}f \tag{13-5-3}$$

式中，$C(f;t)$ 是时变转移函数。用式（13-5-2）代替式（13-5-3）中的 $S_l(f)$，可得

$$\begin{aligned} r_l(t) &= \frac{1}{W} \sum_{n=-\infty}^{\infty} s_l(n/W) \int_{-\infty}^{\infty} C(f;t) \mathrm{e}^{\mathrm{j}2\pi f(t-n/W)} \mathrm{d}f \\ &= \frac{1}{W} \sum_{n=-\infty}^{\infty} s_l(n/W) c(t - n/W; t) \end{aligned} \tag{13-5-4}$$

式中，$c(\tau;t)$ 是时变冲激响应。式（13-5-4）具有卷积和的形式，因此能表示为另一形式

$$r_l(t) = \frac{1}{W} \sum_{n=-\infty}^{\infty} s_l(t - n/W) c(n/W; t) \tag{13-5-5}$$

为方便计，定义一组时变信道系数

$$c_n(t) = \frac{1}{W} c\left(\frac{n}{W}; t\right) \tag{13-5-6}$$

那么，用这些信道系数表示的式（13-5-5）为

$$r_l(t) = \sum_{n=-\infty}^{\infty} c_n(t) s_l(t - n/W) \tag{13-5-7}$$

式（13-5-7）中接收信号的形式意味着时变频率选择性信道可建模或表示为具有抽头间隔 $1/W$ 和抽头加权系数 $\{c_n(t)\}$ 的抽头延时线。事实上，根据式（13-5-7）可以推出该信道的低通冲激响应为

$$c(\tau; t) = \sum_{n=-\infty}^{\infty} c_n(t) \delta(\tau - n/W) \tag{13-5-8}$$

而相应的时变转移函数为

$$C(f; t) = \sum_{n=-\infty}^{\infty} c_n(t) \mathrm{e}^{-\mathrm{j}2\pi fn/W} \tag{13-5-9}$$

于是，利用带宽为 $W/2$［其中 $W \gg (\Delta f)_c$］的等效低通信号，可在多径延时分布内获得 $1/W$ 的分辨率。由于总的多径扩展为 T_m，因此对于所有的实际用途，信道的抽头延时线模型可截短为 $L = \lfloor T_m W \rfloor + 1$ 个抽头，无噪接收信号为

$$r_1(t)=\sum_{n=1}^{L}c_n(t)s_1\left(t-\frac{n}{W}\right) \tag{13-5-10}$$

截短的抽头延时线模型如图 13-5-1 所示。根据 13.1 节介绍的信道统计特性，时变抽头权值$\{c_n(t)\}$是一复平稳随机过程。在瑞利衰落的特殊情况下，幅度$|c_n(t)|\equiv\alpha_n(t)$是服从瑞利分布的，而相位$\phi_n(t)$是均匀分布的。由于$\{c_n(t)\}$表示相应于 L 个不同延时$\tau=n/W$的抽头权值（n=1,2,…,L），因此 13.1 节的不相关散射的假设意味着$\{c_n(t)\}$是互不相关的。当$\{c_n(t)\}$是高斯随机过程时，它们是统计独立的。

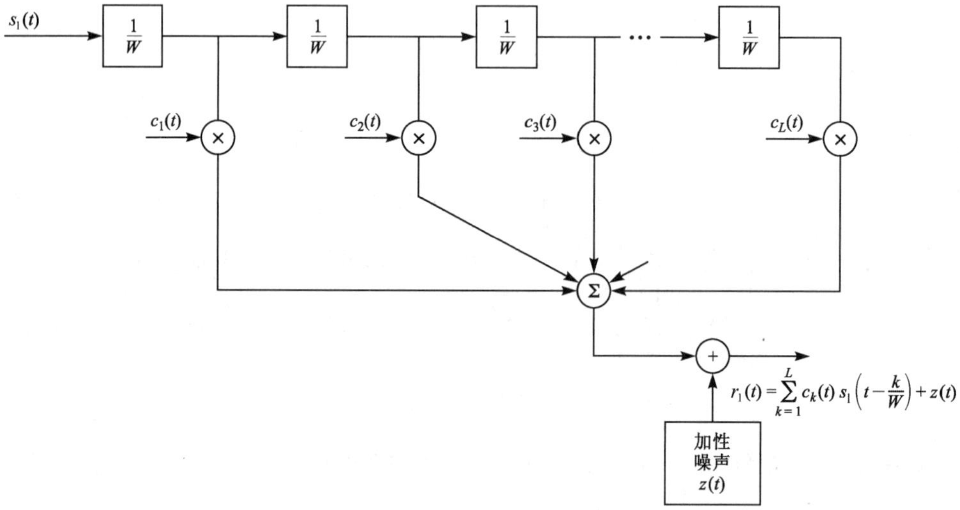

图 13-5-1　频率选择性信道截短的抽头延时线模型

13.5.2　RAKE 解调器

下面研究在频率选择性信道上的数字信号传输问题，该信道可用具有统计独立时变抽头权值$\{c_n(t)\}$的抽头延时线来建模。具有统计独立抽头权值的抽头延时线模型在接收机中提供了相同发送信号的 L 个复本，因此，以最佳方法处理接收信号的接收机将获得等效 L 阶分集通信系统的性能。

下面研究在该信道上的二进制信号传输。设有两个等能量的信号 $s_{11}(t)$和 $s_{12}(t)$，它们是双极性的或正交的，其持续时间 T 满足条件 $T\gg T_m$。于是，可以忽略由多径引起的任何符号间干扰。因为信号的带宽超过信道的相干带宽，所以接收信号为

$$r_1(t)=\sum_{k=1}^{L}c_k(t)s_{1i}(t-k/W)+z(t)\ =v_i(t)+z(t),\qquad 0\leqslant t\leqslant T;\ i=1,2 \tag{13-5-11}$$

式中，$z(t)$是零均值复高斯白噪声过程。此时假设信道抽头权值已知，则最佳解调器由与 $v_1(t)$和 $v_2(t)$匹配的两个滤波器组成。解调器输出用符号速率抽样，并且样值通过一个判决电路，该判决电路用来选择最大的输出信号。一种等效最佳解调器是采用互相关代替匹配滤波器。在这两种情况下，二进制信号相干检测的判决变量都可表示为

$$U_m = \mathrm{Re}\left[\int_0^T r_1(t)v_m^*(t)\,\mathrm{d}t\right] = \mathrm{Re}\left[\sum_{k=1}^{L}\int_0^T r_1(t)c_k^*(t)s_m^*(t-k/W)\,\mathrm{d}t\right], \qquad m=1,2 \tag{13-5-12}$$

图 13-5-2 所示为宽带二进制信号的最佳解调器，示出了判决变量计算所涉及的操作。在最佳解调器的实现中，两种参考信号被延时并与接收信号 $r_1(t)$进行相关运算。

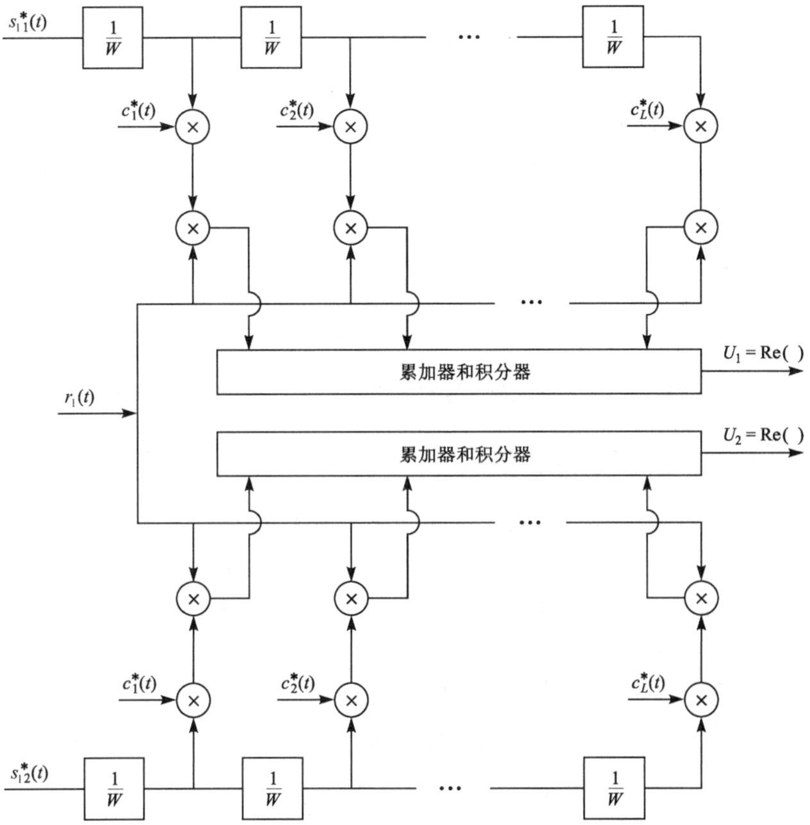

图 13-5-2 宽带二进制信号的最佳解调器（延时参考配置）

最佳解调器的另一种实现采用单一的延时线，接收信号 $r_1(t)$通过该延时线，每一抽头的信号与 $c_k^*(t)s_{1m}^*(t)$ 相关（k=1,2,⋯,L 且 m=1,2），该接收机结构如图 13-5-3 所示。实际上，抽头延时线解调器试图收集来自所有接收信号路径的信号能量，这些接收信号路径都在延时线覆盖的范围内，而且携带相同信息，其结构类似于普通花园的草耙（Rake），因此，Price & Green（1958）提出了“RAKE 解调器”这个名称，用来形象地表示该解调器的结构。RAKE 解调器上的抽头常称为“RAKE 手指（分支）”。

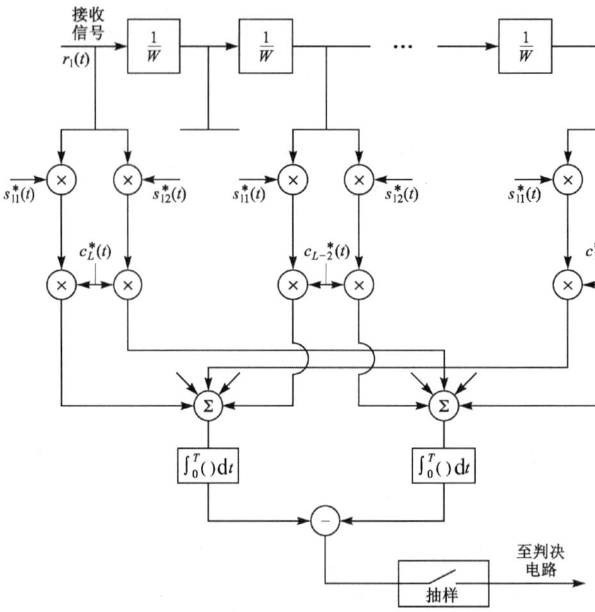

图 13-5-3　宽带二进制信号的最佳解调器（延时接收信号配置）

13.5.3　RAKE 解调器的性能

本节将评估 RAKE 解调器的性能，该评估是在衰落足够慢，以致能够准确地（没有噪声）估计 $c_k(t)$的条件下进行的。另外，在任何一个信号传输间隔内，把 $c_k(t)$看成常数，并记为 c_k。于是，式（13-5-12）中的判决变量为

$$U_m = \mathrm{Re}\left[\sum_{k=1}^{L} c_k^* \int_0^T r(t)s_{lm}^*(t-k/W)\,\mathrm{d}t\right], \qquad m=1,2 \tag{13-5-13}$$

假设发送的信号为 $s_{11}(t)$，则接收信号为

$$r_1(t) = \sum_{n=1}^{L} c_n s_{11}(t-n/W) + z(t), \qquad 0 \leqslant t \leqslant T \tag{13-5-14}$$

把式（13-5-14）代入式（13-5-13），可得

$$\begin{aligned} U_m = \mathrm{Re}&\left[\sum_{k=1}^{L} c_k^* \sum_{n=1}^{L} c_n \int_0^T s_{11}(t-n/W)s_{lm}^*(t-k/W)\,\mathrm{d}t\right]+ \\ \mathrm{Re}&\left[\sum_{k=1}^{L} c_k^* \int_0^T z(t)s_{lm}^*(t-k/W)\,\mathrm{d}t\right], \qquad m=1,2 \end{aligned} \tag{13-5-15}$$

通常，宽带信号 $s_{11}(t)$和 $s_{12}(t)$是由伪随机序列产生的，因此该信号具有如下特性

$$\int_0^T s_{li}(t-n/W)s_{li}^*(t-k/W)\,\mathrm{d}t \approx 0, \qquad k \neq n;\ i=1,2 \tag{13-5-16}$$

如果设计二进制信号满足这个特性，那么式（13-5-15）可简化为①

① 虽然式（13-5-16）所规定的正交特性可通过适当地选择伪随机序列而得到满足，但 $s_{li}(t-n/W)$ 和 $s_{li}^*(t-n/W)$ 的互相关引起了信号的相关自噪声，它最终限制了性能。为了简单起见，在以下计算中不考虑相关自噪声项。因此，下面介绍的性能结果应该看成下边界（理想 RAKE）。通过把相关自噪声看成噪声功率为其方差的附加高斯噪声分量，可获得近似的 RAKE 接收机性能。

$$U_m = \mathrm{Re}\left[\sum_{k=1}^{L}|c_k|^2\int_0^T s_{l1}(t-k/W)s_{lm}^*(t-k/W)\,\mathrm{d}t\right]+ \\ \mathrm{Re}\left[\sum_{k=1}^{L}c_k^*\int_0^T z(t)s_{lm}^*(t-k/W)\,\mathrm{d}t\right],\qquad m=1,2 \tag{13-5-17}$$

当二进制信号是双极性时，一个判决变量就足够了。在这种情况下，式（13-5-17）可简化为

$$U_1 = \mathrm{Re}\left(2\mathcal{E}\sum_{k=1}^{L}\alpha_k^2+\sum_{k=1}^{L}\alpha_k N_k\right) \tag{13-5-18}$$

式中，$\alpha_k = |c_k|$ 且

$$N_k = \mathrm{e}^{-\mathrm{j}\phi_k}\int_0^T z(t)s_1^*(t-k/W)\,\mathrm{d}t \tag{13-5-19}$$

但式（13-5-18）与式（13-4-4）给出的判决变量相同，后者相应于 L 阶分集系统中的最大比合并器。因此，具有理想（无噪）信道抽头权值估计的 RAKE 解调器等效于 L 阶分集系统中的最大比合并器。于是，当所有抽头权值具有相同均方值，即对所有 k，$E(\alpha_k^2)$都相同时，RAKE 解调器的差错概率性能可由式（13-4-15）和式（13-4-16）确定。另外，当对所有 k，其均方值 $E(\alpha_k^2)$不同时，必须重新推导差错概率性能，因为此时式（13-4-15）不再适用。

下面将在$\{\alpha_k\}$的均方值不同的条件下，推导二进制双极性和正交信号的差错概率。从条件差错概率

$$P_\mathrm{b}(\gamma_\mathrm{b}) = Q\left(\sqrt{\gamma_\mathrm{b}(1-\rho_\mathrm{r})}\right) \tag{13-5-20}$$

出发开始讨论。式中，双极性信号的 $\rho_\mathrm{r}=-1$，正交信号的 $\rho_\mathrm{r}=0$，且

$$\gamma_\mathrm{b} = \frac{\varepsilon}{N_0}\sum_{k=1}^{L}\alpha_k^2 = \sum_{k=1}^{L}\gamma_k \tag{13-5-21}$$

$\{\gamma_k\}$中的每一项均服从具有两个自由度的 χ^2 分布，即

$$p(\gamma_k) = \frac{1}{\overline{\gamma}_k}\mathrm{e}^{-\gamma_k/\overline{\gamma}_k} \tag{13-5-22}$$

式中，$\overline{\gamma}_k$ 是第 k 条路径的平均 SNR，定义为

$$\overline{\gamma}_k = \frac{\mathcal{E}}{N_0}E\left(\alpha_k^2\right) \tag{13-5-23}$$

由式（13-4-10)可知，γ_k 的特征函数为

$$\Phi_{\gamma_k}(v) = \frac{1}{1-\mathrm{j}v\overline{\gamma}_k} \tag{13-5-24}$$

因为 γ_b 是 L 个统计独立分量$\{\gamma_k\}$之和，故 γ_b 的特征函数为

$$\Phi_{\gamma_\mathrm{b}}(v) = \prod_{k=1}^{L}\frac{1}{1-\mathrm{j}v\overline{\gamma}_k} \tag{13-5-25}$$

对式（13-5-25）中特征函数进行傅里叶逆变换，可得 γ_b 的概率密度函数，即

$$p(\gamma_\mathrm{b}) = \sum_{k=1}^{L}\frac{\pi_k}{\overline{\gamma}_k}\mathrm{e}^{-\gamma_\mathrm{b}/\overline{\gamma}_k},\qquad \gamma_\mathrm{b}\geqslant 0 \tag{13-5-26}$$

式中，π_k 定义为

$$\pi_k = \prod_{\substack{i=1 \\ i \neq k}}^{L} \frac{\overline{\gamma}_k}{\overline{\gamma}_k - \overline{\gamma}_i} \tag{13-5-27}$$

当式（13-5-20）的条件差错概率对式（13-5-26）的概率密度函数求平均时，其结果为

$$P_{\mathrm{b}} = \frac{1}{2}\sum_{k=1}^{L} \pi_k \left[1 - \sqrt{\frac{\overline{\gamma}_k(1-\rho_{\mathrm{r}})}{2+\overline{\gamma}_k(1-\rho_{\mathrm{r}})}}\right] \tag{13-5-28}$$

这个差错概率可近似为（$\overline{\gamma}_k \gg 1$）

$$P_{\mathrm{b}} \approx \binom{2L-1}{L} \prod_{k=1}^{L} \frac{1}{2\overline{\gamma}_k(1-\rho_{\mathrm{r}})} \tag{13-5-29}$$

通过比较 $\rho_{\mathrm{r}} = -1$ 时的式（13-5-29）和式（13-4-18）可以看出，在每条路径 SNR 不等和相等的两种情况下，可得到相同形式的渐近特性。

在推导 RAKE 解调器差错概率性能的过程中，假设对信道抽头权值的估计是理想的。实际上，只要信道衰落足够慢，例如 $(\Delta t)_{\mathrm{c}}/T \geqslant 100$（$T$ 为信号传输间隔），就能得到比较好的估计。图 13-5-4 所示为二进制信号传输波形正交时估计抽头权值的一种方法，该估值为每一抽头处低通滤波器的输出。在任一时刻，进来的信号是 $s_{11}(t)$或 $s_{12}(t)$，因此用来估计 $c_k(t)$ 的低通滤波器的输入包含来自一个相关器的信号加噪声以及来自其他相关器的噪声。这个信号估计方法不适合于双极性信号，因为此时两个相关器输出的相加将导致信号相消，而单一相关器可用于双极性信号。在携带信息的信号被除去后，其输出馈送到低通滤波器的输入端。为了完成这个工作，必须把一个信号传输间隔的延时引入信道估计过程中，如图 13-5-5 所示，即首先接收机必须对接收信号中的信息是+1 还是−1 做出判决，然后在馈送该信号进入低通滤波器之前使用该判决，以从相关器输出中除去该信息。

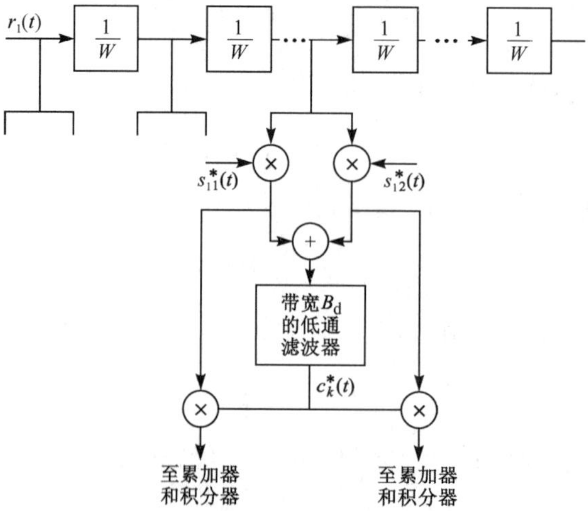

图 13-5-4　二进制正交信号的信道抽头权值估计

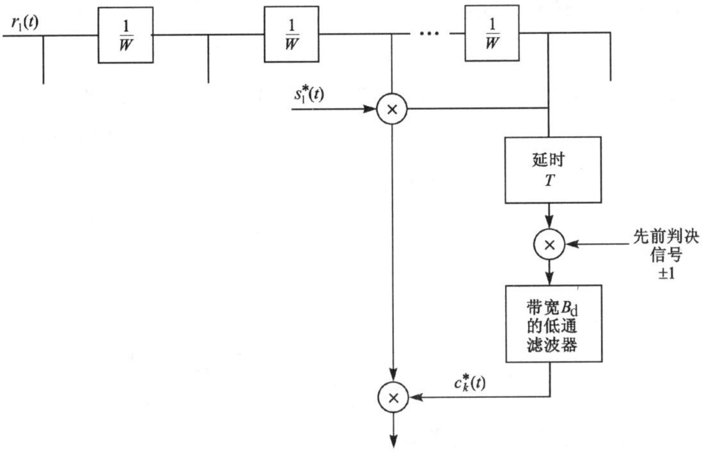

图 13-5-5　二进制双极性信号的信道抽头权值估计

如果不估计频率选择性信道的抽头权值，则可使用 DPSK 信号传输方式或非相干检测正交信号传输方式。DPSK 信号的 RAKE 解调器结构如图 13-5-6 所示。显然，当传输的信号波形 $s_1(t)$满足式（13-5-16）的正交特性时，其判决变量和式（13-4-23）给出的 L 阶分集系统的判决变量是相同的。因此，当所有的信号路径具有相同的 SNR $\bar{\gamma}_c$时，二进制 DPSK 系统中 RAKE 解调器的差错概率性能与式（13-4-15）给出的具有 $\mu=\bar{\gamma}_c/(1+\bar{\gamma}_c)$的结果相同。另外，当信噪比$\{\bar{\gamma}_k\}$不同时，该差错概率可通过将式（13-4-24）表示的时不变信道条件下的差错概率对式（13-5-26）的γ_b概率密度函数求平均得到。这个积分结果为

$$P_b=\left(\frac{1}{2}\right)^{(2L-1)}\sum_{m=0}^{L-1}m!b_m\sum_{k=1}^{L}\frac{\pi_k}{\bar{\gamma}_k}\left(\frac{\bar{\gamma}_k}{1+\bar{\gamma}_k}\right)^{m+1} \tag{13-5-30}$$

式中，π_k由式（13-5-27）定义，而 b_m 由式（13-4-25）定义。

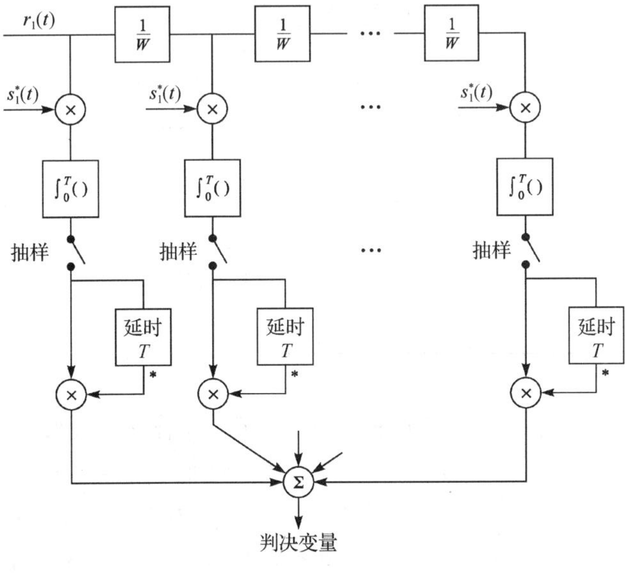

图 13-5-6　DPSK 信号的 RAKE 解调器

最后，我们研究频率选择性信道上的二进制信号传输问题，在接收机中采用平方律检测。这种形式的信号适合于信道衰落足够快、难以有好的信道抽头权值估计的情况或信道估计器的费用很高的情况。具有每一抽头信号平方律合并的 RAKE 解调器如图 13-5-7 所示，在其性能计算中，再一次假定式（13-5-16）给出的正交特性成立，那么 RAKE 输出的判决变量为

$$U_1 = \sum_{k=1}^{L} |2\mathcal{E}c_k + N_{k1}|^2$$
$$U_2 = \sum_{k=1}^{L} |N_{k2}|^2 \tag{13-5-31}$$

式中，假定 $s_{11}(t)$是发送信号。该判决变量与式（13-4-29）给出的判决变量是相同的，它们适用于 L 阶分集的正交信号。因此，当所有信号路径都具有相同 SNR 时，平方律合并正交信号的 RAKE 解调器的性能由式（13-4-15）确定，其中 $\mu=\bar{\gamma}_c/(2+\bar{\gamma}_c)$。如果各信号路径的 SNR 不同，可用 $\gamma_b/2$ 代替 γ_b 后的式（13-4-24）中的条件差错概率对式（13-5-26）的概率密度函数 $p(\gamma_b)$ 求平均，其结果由式（13-5-30）确定，其中 γ_k 用 $\gamma_k/2$ 代替。

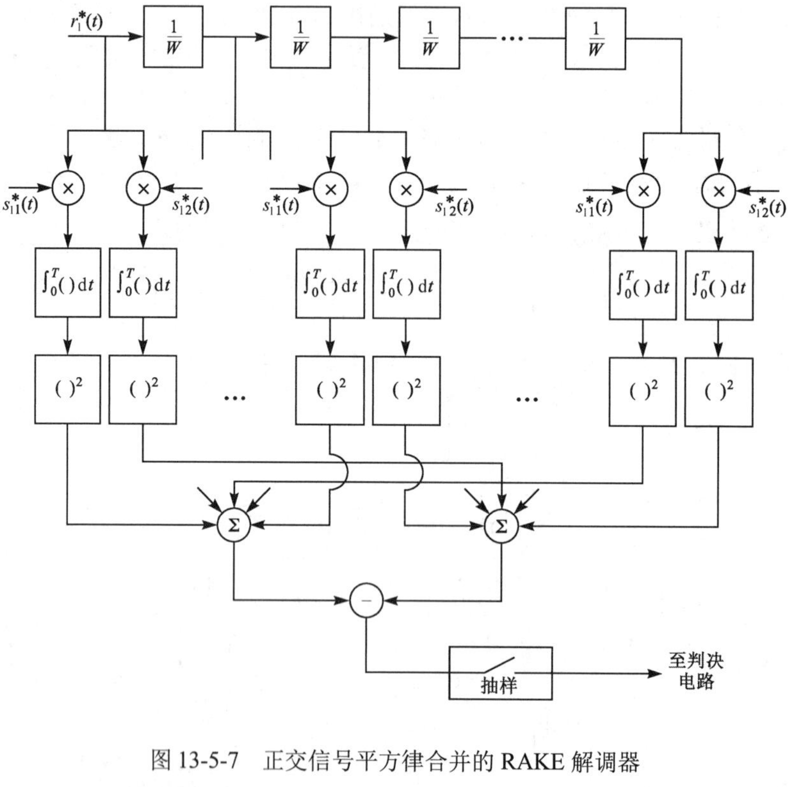

图 13-5-7　正交信号平方律合并的 RAKE 解调器

在上面分析中，假设图 13-5-7 所示正交信号的平方律合并的 RAKE 解调器在每一级延时上包含一个信号分量。否则，其性能将恶化，因为某些抽头相关器只贡献噪声。在这些条件下，抽头相关器的低电平、只有噪声的贡献应从合并器中排除，正如 Chyi 等（1988）证明的。

本节介绍的 RAKE 解调器配置可以很容易推广到多电平信号传输的情况。事实上，如果选择 M 元 PSK 或 DPSK，RAKE 结构将保持不变，只是跟随 RAKE 相关器的 PSK 和 DPSK

检测器不同。

广义 RAKE 解调器

上述 RAKE 解调器在噪声为加性高斯白噪声时是最佳解调器，但在有些通信场景中来，自信道其他用户的加性干扰导致有色加性噪声，例如使用 CDMA 作为多址方法的蜂窝通信系统的下行链路就是这种情况。在这种情况下，由基站发射给移动接收机的扩频信号在同步发射的正交扩频码上携带信息。然而，在频率选择性信道上传输时，信道多径引起的时间弥散破坏了码序列的正交性，因此任一移动接收机的 RAKE 解调器必须在附加的加性干扰中解调其期望的信号。附加的加性干扰是由该移动用户的扩频码序列与受多径恶化的其他用户码序列互相关产生的，通常将该附加干扰表征为有色高斯噪声，如 Bottomley（1993）和 Klein（1997）所述。

CDMA 蜂窝通信系统的下行链路传输模型如图 13-5-8 所示，基站向 K 个移动终端发射组合信号

$$s(t)=\sum_{k=1}^{K}s_k(t) \tag{13-5-32}$$

式中，$s_k(t)$是第 k 个用户的扩频信号，第 k 个用户相应的扩频码与其他 K–1 个用户扩频码相互正交。假设该组合信号通过基带等效低通信道传播，信道时不变冲激响应为

$$c_k(\tau)=\sum_{i=1}^{L_k}c_{ki}\,\delta(\tau-\tau_{ki}),\qquad k=1,2,\cdots,K \tag{13-5-33}$$

式中，L_k 是可分辨多径分量的数目，$\{c_{ki}\}$是复系数，$\{\tau_{ki}\}$是相应的延时。为简化表示，重点对第一个用户（$k=1$ 且略去指数 k）接收机进行处理。在 CDMA 蜂窝通信系统中，未调制的扩频信号 $s_0(t)$与携带信息的信号一起发射，并作为每一个移动接收机的导频信号来估计信道系数$\{c_i\}$和延时$\{\tau_i\}$。

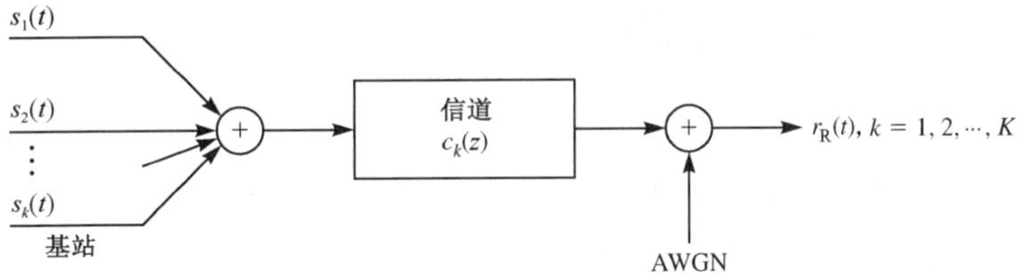

图 13-5-8　CDMA 蜂窝通信系统的下行链路传输模型

常规 RAKE 解调器由 L 个“手指”组成，其每个“手指”相应于 L 个信道延时之一，L 个“手指”的权值$\{c_i^*\}$为相应信道系数的复共轭。比较起来，广义 RAKE 解调器由 $L_g>L$ 个“手指”组成，L_g 个“手指”的权值为$\{w_i\}$，不同于$\{c_i^*\}$。对相位相干调制（如 PSK 或 QAM）的广义 RAKE 解调器结构如图 13-5-9 所示，检测器的判决变量 U 为

$$U=\boldsymbol{w}^{\mathrm{H}}\boldsymbol{y} \tag{13-5-34}$$

互相关器输出的接收矢量为

$$\boldsymbol{y}=\boldsymbol{g}b+\boldsymbol{z} \tag{13-5-35}$$

式中，$\boldsymbol{g}$ 是复元素矢量，其元素由期望接收信号［如 $s_1(t)c_1(t)$］与相应的延时 L_g 扩频序列互相关得到；b 是要检测的期望符号；$\boldsymbol{z}$ 表示加性高斯噪声加干扰的矢量，干扰来自扩频序列与其

他用户接收信号的互相关，以及信道多径引起的符号间干扰。当用户和信道多径分量的数目足够大时，z可表征为复高斯的，其均值为 0 且协方差矩阵 $\boldsymbol{R}_z = E[\boldsymbol{z}\boldsymbol{z}^{\mathrm{H}}]$。基于$z$的统计特性，对于最大似然检测 RAKE 解调器“手指”权值矢量为

$$\boldsymbol{w} = \boldsymbol{R}_z^{-1}\boldsymbol{g} \tag{13-5-36}$$

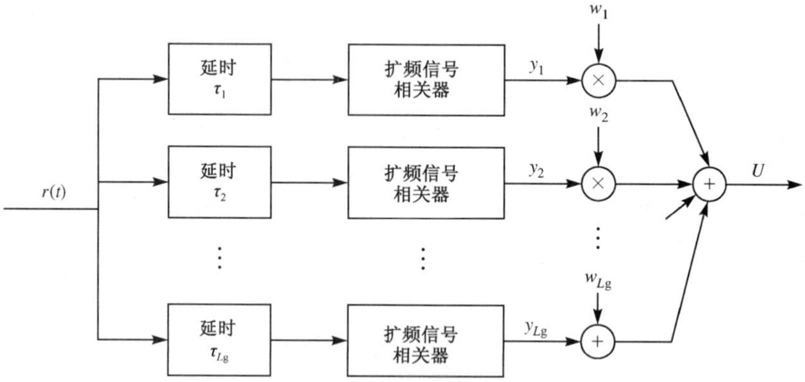

图 13-5-9　广义 RAKE 解调器的结构

在给定信道冲激响应情况下，实现最大似然检测器要求估计协方差矩阵 $\boldsymbol{R}_z$和期望信号向量 $\boldsymbol{g}$。这些参数的估计过程在 Bottomley 等（2000）中有论及，该论文还研究了如何选择 RAKE“手指”的数目，以及如何选择不同信道特征的相应延时。

在上述广义 RAKE 解调器中，假定信道是时不变的。在随机时变信道情况下，RAKE 解调器“手指”和权值$\{w_i\}$必须按照信道冲激响应的特征而变化。由基站向移动接收机发射的导频信号用来估计信道冲激响应的特性，从而自适应地确定“手指”的位置和权值$\{w_i\}$。读者可参考 Bottomley 等(2000)，该论文详细描述了广义 RAKE 解调器对一些信道模型的性能。

13.5.4　符号间干扰信道的接收机结构

如上所述，通过多径信道发送的宽带信号波形以时间分辨率 $1/W$（W 为信号带宽）区分多径分量。通常，将这种宽带信号作为直接扩频信号，其中 PN 扩频序列为线性反馈移位寄存器（如最大长度线性反馈移位寄存器）的输出。加到该序列上的调制是二进制 PSK、QPSK、DPSK 或二进制正交调制。要求的比特率确定了比特间隔或符号间隔。

上述的 RAKE 解调器是基于比特间隔 $T_b \gg T_m$ 条件（即存在可忽略不计的 ISI）的最佳解调器。当这个条件不满足时，RAKE 解调器的输出将受到 ISI 的损害。在这种情况下，需要一个均衡器来抑制 ISI。

特别地，假设使用二进制 PSK 调制并用 PN 序列进行扩频，发送信号的带宽足够宽以便分辨两个或多个多径分量。在接收机，当信号解调为基带后，可利用信道响应匹配滤波器并跟随一个抑制 ISI 的均衡器的 RAKE 解调器进行处理。RAKE 解调器输出以比特率抽样并将这些抽样值送到均衡器。在这种情况下，合适的均衡器将是用维特比算法实现的最大似然序列估计器（MLSE）或判决反馈均衡器。该接收机结构如图 13-5-10 所示。

其他接收机结构也是这样的。若 PN 序列的周期等于比特间隔，即 $LT_c=T_b$，其中 T_c为码片间隔，L 为每比特码片数，则可用一个与扩频序列匹配的固定滤波器来处理接收信号，且

其后跟随一个自适应均衡器，如分数间隔 DFE，如图 13-5-11 所示。在这种情况下，匹配滤波器输出以多倍码片速率（如两倍码片速率）进行抽样，并把结果发送给分数间隔 DFE。DFE 中反馈滤波器以比特间隔隔开抽头，多径信道结构自适应的 DFE 需要一个训练序列来调整其系数。

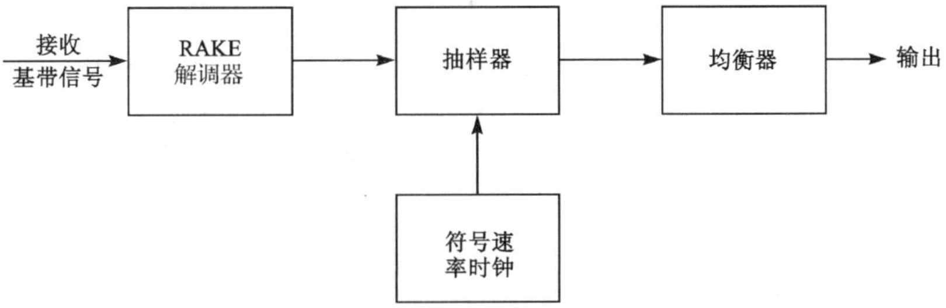

图 13-5-10　处理被 ISI 恶化的宽带信号的接收机结构

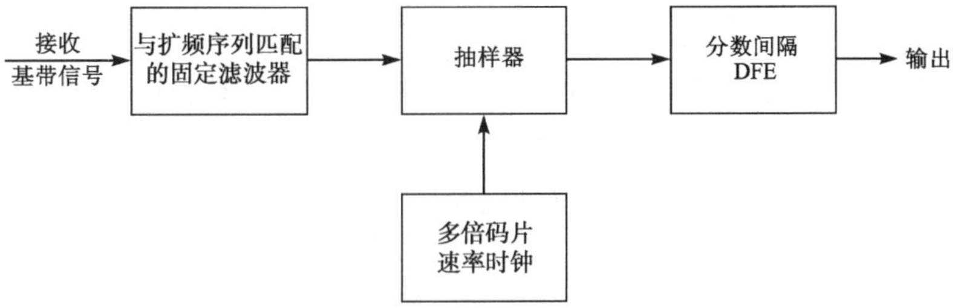

图 13-5-11　处理被 ISI 恶化的宽带信号的另一接收机结构

同样简单的接收机结构，是用其带宽与发送信号带宽匹配的低通滤波器代替与扩频序列匹配的滤波器。这种滤波器的输出可用码片速率的整数倍速率来抽样，且抽样值再通过一个自适应分数间隔 DFE。在这种情况下，借助训练序列，DFE 中反馈滤波器的系数与扩频序列和多径信道的组合相适应。Abdulrahman 等（1994）研究了在 CDMA 系统中使用 DFE 抑制 ISI，该系统的每个用户使用一个宽带直接序列扩频信号。

Taylor 等（1998）对均衡技术及其在无线信道中的性能进行了广泛的评述。

13.6　多载波调制（OFDM）

11.2 节介绍了多载波调制，深入研究了多载波传输的一种特殊形式，即正交频分复用（OFDM）。本节将研究应用 OFDM 在多径衰落信道上进行数字传输。

从前文的讨论可以看出，对于时间弥散信道，OFDM 是一种比单载波调制更有吸引力的调制方式。通过选择使 OFDM 系统符号持续时间远大于信道弥散时间，符号间干扰可忽略不计，并且利用时间保护段或等效地利用嵌入 OFDM 信号中的循环前缀可以完全消除符号间干扰。不用复杂的均衡器就可消除多径弥散引起的 ISI，这是 OFDM 应用于多径衰落信道上数字通信的基本动因。然而，OFDM 信号特别容易受到信道时变冲激响应引起的多普勒扩展的损害，正如在移动通信系统中那样。多普勒扩展破坏了 OFDM 子载波的正交性，导致载波间干扰（ICI），严重损伤了 OFDM 系统的性能。下面将评估多普勒扩展对 OFDM 系统性能的影响。

13.6.1 多普勒扩展引起的 OFDM 系统性能的减损

考虑一个具有 N 个子载波 $\{e^{j2\pi f_k t}\}$ 的 OFDM 系统，其中每个子载波采用 M 元 QAM 或 PSK 调制，子载波在符号持续时间上是正交的，即在 $f_k = k/T$ 时（k=1,2,⋯,N），有

$$\frac{1}{T}\int_0^T e^{j2\pi f_i t}\ e^{-j2\pi f_k t}\ dt = \begin{cases} 1, & k = i \\ 0, & k \neq i \end{cases} \qquad (13\text{-}6\text{-}1)$$

信道建模为频率选择性随机时变信道，其冲激响应为 $c(\tau; t)$。在每个子载波频段内，信道建模为频率非选择性瑞利衰落信道，其冲激响应为

$$c_k(\tau; t) = \alpha_k(t)\delta(t), \qquad k = 0, 1, \cdots, N-1 \qquad (13\text{-}6\text{-}2)$$

假设过程$\{\alpha_k(t), k = 0,1,\cdots, N-1\}$是复值联合平稳、联合高斯的，其均值为 0，相关函数为

$$R_{\alpha_k\alpha_i}(\tau) = E[\alpha_k(t+\tau)\alpha_t^*(t)], \qquad k, i = 0, 1, \cdots, N-1 \qquad (13\text{-}6\text{-}3)$$

对每一个固定的 k，假定过程 $\alpha_k(t)$的实部和虚部是独立的，具有相同的协方差函数，并假定该协方差函数 $R_{\alpha_k\alpha_i}(\tau)$ 可分解为

$$R_{\alpha_k\alpha_i}(\tau) = R_1(\tau)R_2(k-i) \qquad (13\text{-}6\text{-}4)$$

式（13-6-4）足以表示信道的频率选择性和时变效应。$R_1(\tau)$表示过程 $\alpha_k(t)$的时间相关性，$R_2(k)$表示子载波之间的频率相关性。

为了得到数值结果，假定相应于 $R_1(\tau)$的功率谱密度建模为 Jakes（1974）中的模型（见图 13-1-8），即

$$S(f) = \begin{cases} \dfrac{1}{\pi f_m\sqrt{1-(f/f_m)^2}}, & |f| \leqslant f_m \\ 0, & \text{其他} \end{cases} \qquad (13\text{-}6\text{-}5)$$

式中，f_m 是最大多普勒频率，注意

$$R_1(\tau) = J_0(2\pi f_m \tau) \qquad (13\text{-}6\text{-}6)$$

式中，$J_0(\cdot)$是第一类零阶贝塞尔函数。为了说明子载波之间的频率相关性，将多径强度轮廓建模为指数形式，即

$$R_c(\tau) = \beta e^{-\beta\tau}, \qquad \tau > 0,\ \beta > 0 \qquad (13\text{-}6\text{-}7)$$

式中，β 是控制信道相干带宽的参数。$R_c(\tau)$的傅里叶变换为

$$R_c(f) = \frac{\beta}{\beta + j2\pi f} \qquad (13\text{-}6\text{-}8)$$

它提供了子载波之间相关性的一种度量，多径强度轮廓图和频率相关函数如图 13-6-1 所示。因此，$R_2(k) = R_c(k/T)$是两个相邻子载波之间的频率间隔，$R_c(f)$的 3 dB 带宽可定义为信道的相干带宽，易证明是$\sqrt{3}\beta/2\pi$。

上述信道模型适用于移动无线系统（如蜂窝通信系统和无线广播系统）中 OFDM 信号传输建模。因为通常选择符号持续时间 T 远大于信道多径扩展，因此将信号在每个子载波上的衰落建模为平坦的，这是合理的。然而，与整个 OFDM 系统的带宽 W 相比，信道相干带宽通

常比较小，因此信道在整个 OFDM 系统带宽上是频率选择性的。

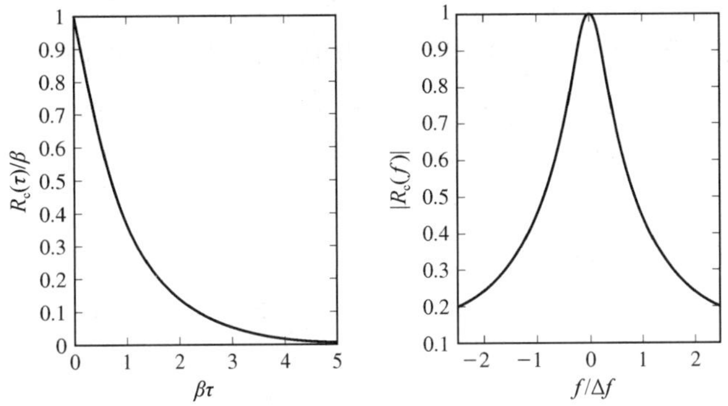

图 13-6-1　多径强度轮廓图和频率相关函数

现在对信道在一个 OFDM 符号间隔内的时变进行建模。在实际的移动无线信道中，信道相干时间远大于 T。对这样的慢衰落信道，可以采用两项泰勒（Taylor）级数展开式［是由 Bello（1963）首次引入的］将时变信道的变化 $\alpha_k(t)$表示为

$$\alpha_k(t) = \alpha_k(t_0) + \alpha_k'(t_0)(t - t_0), \qquad t_0 = T/2;\ 0 \leqslant t \leqslant T \tag{13-6-9}$$

因此，第 k 个子信道在一个符号间隔内的冲激响应为

$$c_k(\tau; t) = \alpha_k(t_0)\delta(\tau) + (t - t_0)\alpha_k'(t_0)\delta(\tau) \tag{13-6-10}$$

因为式（13-6-6）确定的 $R_1(\tau)$是无限可微的，所有均方导数都存在，因此 $\alpha_k(t)$的微分是可行的。

下面基于上述信道模型求检测器的 ICI 项并计算其功率。在信道上发送的基带信号为

$$s(t) = \frac{1}{\sqrt{T}}\sum_{k=0}^{N-1} s_k\,\mathrm{e}^{\mathrm{j}2\pi f_k t}, \qquad 0 \leqslant t \leqslant T \tag{13-6-11}$$

式中，$f_k = k/T$ 和 s_k（$k = 0,1,\cdots, N-1$）表示复信号星座点。假设

$$E\left[|s_k|^2\right] = 2\mathcal{E}_{\rm avg} \tag{13-6-12}$$

式中，$2\mathcal{E}_{\rm avg}$为每个 s_k 的平均符号能量。

接收的基带信号为

$$r(t) = \frac{1}{\sqrt{T}}\sum_{k=0}^{N-1} \alpha_k(t) s_k\,\mathrm{e}^{\mathrm{j}2\pi f_k t} + n(t) \tag{13-6-13}$$

式中，$n(t)$为加性噪声，可建模为零均值复高斯过程，其谱在信号带宽内是平坦的，谱密度为 $2N_0$ W/Hz。利用$\alpha_k(t)$的两项泰勒级数展开式，$r(t)$可表示为

$$r(t) = \frac{1}{\sqrt{T}}\sum_{k=0}^{N-1} \alpha_k(t_0) s_k \mathrm{e}^{\mathrm{j}2\pi f_k t} + \frac{1}{\sqrt{T}}\sum_{k=0}^{N-1} (t - t_0)\alpha_k'(t_0) s_k\,\mathrm{e}^{\mathrm{j}2\pi f_k t} + n(t) \tag{13-6-14}$$

在一个符号间隔内的接收信号通过 N 个相关器的并行组，其中每个相关器调谐到相应的子载波频率上。第 i 个相关器抽样时刻的输出为

$$\hat{s}_i = \frac{1}{\sqrt{T}}\int_0^T r(t)\,\mathrm{e}^{-\mathrm{j}2\pi f_i t}\,\mathrm{d}t = \alpha_i(t_0)s_i + \frac{T}{2\pi\mathrm{j}}\sum_{\substack{k=0\\k\neq i}}^{N-1}\frac{\alpha_k'(t_0)s_k}{k-i} + n_i \tag{13-6-15}$$

式（13-6-15）的第一项表示期望信号，第二项表示 ICI，第三项为加性噪声分量。

期望信号分量的均方值为

$$S=E\left[|\alpha_i(t_0)s_i|^2\right]=E\left[|\alpha_i(t_0)|^2\right]E\left[|s_i|^2\right]=2\mathcal{E}_{\text{avg}} \tag{13-6-16}$$

式中，将平均信道增益归一化为 1。ICI 项的均方值计算如下。因为 $R_{\alpha_s\alpha_k}(\tau)=R_1(\tau)$ 是无限可微的，过程 $\alpha_k(t)$（$-\infty< t <\infty$）的所有（均方）导数都存在，特别是 $\alpha_k(t)$的一阶导数是具有自相关函数的零均值复高斯过程。

$$E\left[\alpha_k'(t+\tau)(\alpha_k'(t)^*)\right]=-R_1''(\tau) \tag{13-6-17}$$

相应的谱密度为$(2\pi f)^2S(f)$，因此

$$E\left[|\alpha_k'(t)|^2\right]=\int_{-f_{\text{m}}}^{f_{\text{m}}}(2\pi f)^2S(f)\,\mathrm{d}f=2\pi^2f_{\text{m}}^2 \tag{13-6-18}$$

ICI 项的功率为

$$I=E\left[\left|\frac{T}{2\pi\,\mathrm{j}}\sum_{\substack{k=0\\k\neq i}}^{N-1}\frac{a_k'(t_0)s_k}{k-i}\right|^2\right]=\left(\frac{T}{2\pi}\right)^2\sum_{\substack{k=0\\k\neq i}}^{N-1}\sum_{\substack{l=0\\l\neq i}}^{N-1}\frac{1}{(k-i)(l-i)}E\left\{\alpha_k'(t_0)s_k\left[\alpha_l'(t_0)s_l\right]^*\right\}+\left(\frac{T}{2\pi}\right)^2\sum_{\substack{k=0\\k\neq i}}^{N-1}\frac{1}{(k-i)^2}E\left[|\alpha_k'(t_0)s_k|^2\right] \tag{13-6-19}$$

注意，$\alpha_k'(t_0),\alpha_l'(t_0)$ 统计独立于(s_k,s_l)。$\{s_k\}$是零均值 IID（独立同分布）的，因此式（13-6-19）右边第一项为 0。在式（13-6-19）中利用式（13-6-18）的结果，ICI 分量的功率为

$$I=\frac{(Tf_{\text{m}})^2}{2}\sum_{\substack{k=0\\k\neq i}}^{N-1}\frac{2\mathcal{E}_{\text{s}}}{(k-i)^2} \tag{13-6-20}$$

所以，信号功率与 ICI 分量功率比 S/I 为

$$\frac{S}{I}=\frac{1}{\dfrac{(Tf_{\text{m}})^2}{2}\displaystyle\sum_{\substack{k=0\\k\neq 1}}^{N-1}\frac{1}{(k-i)^2}} \tag{13-6-21}$$

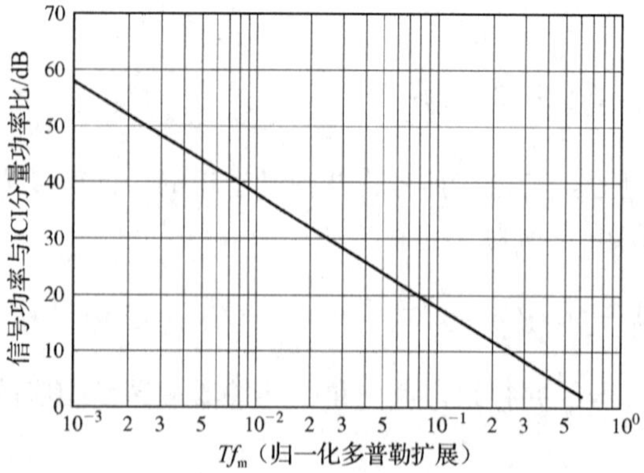

图 13-6-2 S/I 与 Tf_{m} 的关系曲线

图 13-6-2 所示为 S/I 与 Tf_{m} 的关系曲线，其中有 $N=256$ 个子载波，$i=N/2$，在中间子载波上存在干扰。

ICI 对 OFDM 系统差错概率性能影响的计算，要求知道 ICI 的 PDF，一般它是高斯 PDF 的混合特性。然而，当子载波数比较大时，ICI 的分布近似为高斯分布，从而差错概率性能的计算比较简单。

图 13-6-3 所示为 OFDM 系统的符号差错概率，该系统具有 N=256 个子载波，采用 16-QAM，差错概率的计算是基于 ICI 的高斯模型并用蒙特-卡罗模拟的。可以看出，ICI 严重损害了 OFDM 系统的性能。13.6.2 节将描述

抑制 ICI 的方法，从而改善 OFDM 系统的性能。

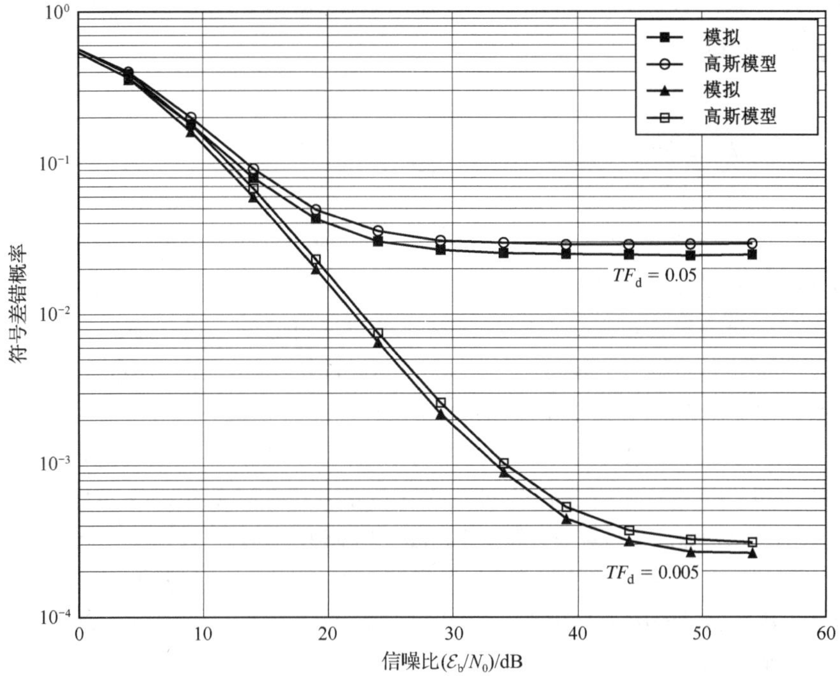

图 13-6-3　具有 N=256 个子载波的 16-QAM OFDM 系统的符号差错概率

13.6.2　OFDM 系统中 ICI 的抑制

OFDM 系统中 ICI 引起的失真类似于单载波系统中 ISI 引起的失真。基于最小均方误差（MMSE）准则的线性时域均衡器是抑制 ISI 的一种有效的方法。以相似的方式，可以在频域应用 MMSE 准则抑制 ICI。首先，在离散傅里叶变换（DFT）处理器输出取 N 个频率抽样值，以矢量 $\boldsymbol{R}(m)$表示为第 m 帧。符号 $s_k(m)$的估计值为

$$\hat{s}_k(m) = \boldsymbol{b}_k^{\mathrm{H}}(m)\boldsymbol{R}(m), \qquad k = 0, 1, \cdots, N-1 \tag{13-6-22}$$

式中，$\boldsymbol{b}_k(m)$是 $N\times 1$ 的系数矢量，选择该矢量使 MSE

$$E\left[|s_k(m) - \hat{s}_k(m)|^2\right] = E\left[|s_k(m) - \boldsymbol{b}_k^{\mathrm{H}}(m)\boldsymbol{R}(m)|^2\right] \tag{13-6-23}$$

最小。式中，对信号和噪声统计量取数学期望。应用正交性原理，得到的最佳系数矢量为

$$\boldsymbol{b}_k(m) = \left[\boldsymbol{G}(m)\boldsymbol{G}^{\mathrm{H}}(m) + \sigma^2\boldsymbol{I}_N\right]^{-1}\boldsymbol{g}_k(m), \qquad k = 0, 1, \cdots, N-1 \tag{13-6-24}$$

式中，

$$E\left[\boldsymbol{R}(m)\boldsymbol{R}^{\mathrm{H}}(m)\right] = \boldsymbol{G}(m)\boldsymbol{G}^{\mathrm{H}}(m) + \sigma^2\boldsymbol{I}_N, \qquad E\left[\boldsymbol{R}(m)s_k^{\mathrm{H}}(m)\right] = \boldsymbol{g}_k(m) \tag{13-6-25}$$

$\boldsymbol{G}(m)$通过 DFT 关系与信道冲激响应矩阵 $\boldsymbol{H}(m)$有关（见习题 13-16）：

$$\boldsymbol{G}(m) = \boldsymbol{W}^{\mathrm{H}}\boldsymbol{H}(m)\boldsymbol{W} \tag{13-6-26}$$

式中，$\boldsymbol{W}$ 为标准正交（IDFT）变换矩阵。矢量 $\boldsymbol{g}_k(m)$是矩阵 $\boldsymbol{G}(m)$的第 k 列矢量，σ^2 是加性噪声分量的方差。容易证明，第 k 个子载波上信号的最小 MSE 为

$$E\left[|s_k(m) - \hat{s}_k(m)|^2\right] = 1 - \boldsymbol{g}_k^{\mathrm{H}}(m)\left[\boldsymbol{G}(m)\boldsymbol{G}^{\mathrm{H}}(m) + \sigma^2\boldsymbol{I}_N\right]^{-1}\boldsymbol{g}_k(m) \tag{13-6-27}$$

可见，最佳权值矢量 $\boldsymbol{b}_k(m)$要求信道冲激响应的知识。实际上，可以通过在每个子载波上

周期地发送导频信号并且在 N 个子载波上发送数据时使用面向判决的方法来估计信道响应。在慢衰落信道情况下，系数矢量 $\boldsymbol{b}_k(m)$也可以使用 LMS 型或 RLS 型算法来递推调整，如前面关于抑制 ISI 均衡所述。

13.7 文献注释与参考资料

本章研究了有关多径衰落信道上数字通信的一些课题。本章从信道的统计特性出发，首先介绍了信道特征在数字信号设计以及性能上的各种结果。可以看出，利用分集传输和接收可增强通信系统的可靠性。接着本章论述了数字信息通过时间弥散信道的传输以及 RAKE 解调器，它是信道的匹配滤波器。最后，本章讨论了 OFDM 在移动通信中的应用以及 OFDM 系统的性能，分析了多普勒扩展对 ICI 所造成的影响。

Price（1954，1956）对多径衰落信道特征，以及在这样的信道上实现可靠数字通信所必需的信号和接收机设计进行了开拓性的研究，其他学术论文在此基础上也做出了许多有意义的贡献，如 Price & Green（1958，1960）、Kailath（1960，1961）以及 Green（1962）。各种信道条件下的分集传输和分集合并技术在 Pierce（1958）、Brennan（1959）、Turin（1961，1962）、Pierce & Stein（1960）、Barrow（1963）、Bello & Nelin（1962a,b，1963）、Price（1962a,b）以及 Lindsey（1964）中述及。

有关衰落信道上数字通信的论述主要集中于瑞利衰落信道模型，这主要是由于该模型已被普遍用来描述衰落对无线信道的影响，同时其数学处理也比较容易。虽然其他统计模型，如赖斯（Rice）衰落模型或 Nakagami 衰落模型可能更适合表征某些实际信道上的衰落，但本章介绍的可靠通信设计中的一般方法还是采用瑞利衰落信道模型。Alouini & Goldsmith（1998）、Simon & Alouini（1988，2000）以及 Annamalai 等（1998，1999）提出了各种衰落信道模型的数字通信系统差错概率性能评估的统一方法。OFDM 中 ICI 对移动通信的影响在许多文献中都有论述，如 Robertson & Kaiser（1999）、Li & Kavehrad（1999）、Ciavaccini & Vitetta（2000）、Li & Cimini（2001）、Stamoulis 等（2002）以及 Wang 等（2006）。无线通信的更一般论述由 Rappaport（1996）和 Stuber（2000）给出。

习题

13-1 多径衰落信道散射函数 $S(\tau,\lambda)$在 $0\leqslant\tau\leqslant1$ ms 和 -0.1 Hz$\leqslant\lambda\leqslant0.1$ Hz 的取值范围内是非 0 的。假设散射函数按这两个变量近似是均匀的。

（a）给出如下参数的值。

- 信道的多径扩展；
- 信道的多普勒扩展；
- 信道的相干时间；
- 信道的相干带宽；
- 信道的扩展因子。

（b）参考（a）题中的答案说明如下结论：

- 信道是频率非选择性的；
- 信道是慢衰落的；
- 信道是频率选择性的。

（c）假设有 10 kHz（带宽）的频率用于分配，而且希望该这条信道的传输速率为 100 b/s。试设计一个具有分集的二进制通信系统。说明：

- 调制类型；
- 子信道数；
- 相邻载波间的频率间隔；
- 用在设计中的信号传输间隔。

并证明你的参数选择。

13-2　研究在一个衰落信道上发送二进制序列的二进制通信系统。调制为三阶频率分集（L=3）的正交 FSK，解调器由匹配滤波器和跟随其后的平方律检测器组成。假设 FSK 载波按照瑞利包络分布独立且具有相同的衰落。在分集信号上的加性噪声是零均值高斯的，其自相关函数为 $E[z_k^*(t)z_k(t+\tau)]=2N_0\delta(\tau)$，噪声过程是相互统计独立的。

（a）发送信号可看成由如下重复码产生的具有平方律检测的二进制 FSK：

$$1\rightarrow c_1=[1\quad 1\quad 1],\quad 0\rightarrow c_0=[0\quad 0\quad 0]$$

试求平方律检测信号之后硬判决译码的差错概率性能 P_{bh}。

（b）计算 $\bar{\gamma}_c=100$ 和 1000 时的 P_{bh}。

（c）当采用软判决译码时，计算 $\bar{\gamma}_c=100$ 和 1000 时的差错概率 P_{bs}。

（d）考虑（a）题中结果的推广，若采用分组长度为 L（L 为奇数）的重复码，试求硬判决译码的差错概率 P_{bh}，并与软判决译码的差错概率 P_{bs} 比较（假设 $\bar{\gamma}_c\gg1$）。

13-3　假设二进制信号 $\pm s_1(t)$ 在衰落信道上传输且接收信号为

$$r_1(t)=\pm as_1(t)+z(t),\qquad 0\leqslant t\leqslant T$$

式中，$z(t)$ 是零均值高斯白噪声，其自相关函数为

$$R_{zz}(\tau)=2N_0\delta(\tau)$$

发送信号的能量 $\mathcal{E}=\dfrac{1}{2}\int_0^T|s_1(t)|^2\,\mathrm{d}t$。信道增益 a 由如下功率密度函数确定：

$$p(a)=0.1\delta(a)+0.9\delta(a-2)$$

（a）试求当解调器采用与 $s_1(t)$ 匹配的滤波器时的平均差错概率 P_b。

（b）试问当 $\mathcal{E}/N_0$ 趋于无穷大时 P_b 趋近何值。

（c）假设相同信号在两个增益为 a_1 和 a_2 的统计独立衰落的信道上传输，其中

$$p(a_k)=0.1\delta(a_k)+0.9\delta(a_k-2),\qquad k=1,2$$

两个信道中的噪声是统计独立且同分布的。解调器对每个信道采用一个匹配滤波器，且两个滤波器的输出简单相加后形成判决变量。试求平均差错概率 P_b。

（d）对于（c）题中的情况，当 $\mathcal{E}/N_0$ 趋近无穷大时 P_b 趋近何值？

13-4　某一多径衰落信道具有多径扩展 T_m=1 s，以及多普勒扩展 B_d=0.01 Hz。信号传输可用的带通上的总信道带宽 W＝5 Hz。为了减小符号间干扰影响，信号设计者选择脉冲持续

时间 $T=10$ s。

（a）试求相干带宽和相干时间。

（b）信道是频率选择性的吗？请解释。

（c）信道是慢衰落还是快衰落？请解释。

（d）假设在频率分集模型中，二进制数据通过（双极性）相干检测 PSK，以频率分集模式在信道上传输。试说明如何利用可用信道带宽获得频率分集，以及可得到多大分集。

（e）对于（d）题中的情况，为了达到差错概率 10^{-6}，试问每个分集所需的分集 SNR 大约是多少。

（f）假设宽带信号用于传输且 RAKE 解调器用于解调。试问在 RAKE 解调器中需要多少抽头。

（g）说明 RAKE 解调器是否可实现具有最大比合并器的相干接收机。

（h）如果二进制正交信号用于 RAKE 解调器中具有平方律后检测合并的宽带信号，为了达到差错概率 10^{-6}，试问所需的近似 SNR 为多少（假设所有的抽头具有相同的 SNR）。

13-5 在图 P13-5 所示的二进制通信系统中，$z_1(t)$和 $z_2(t)$是具有零均值和相同自相关函数 $R_{zz}(\tau)=2N_0\delta(\tau)$ 的统计独立高斯白噪声过程。抽样值 U_1 和 U_2 表示匹配滤波器输出的实部。如果发送 $s_1(t)$，则有

$$U_1=2\mathcal{E}+N_1, \qquad U_2=N_1+N_2$$

式中，$\mathcal{E}$是发送信号的能量且

$$N_k=\mathrm{Re}\left[\int_0^T s_1^*(t)z_k(t)\,\mathrm{d}t\right], \quad k=1,2$$

显然，U_1 和 U_2 是相关的高斯变量，而 N_1 和 N_2 是独立高斯变量。因此

$$p(n_1)=\frac{1}{\sqrt{2\pi}\sigma}\exp\left(-\frac{n_1^2}{2\sigma^2}\right), \qquad p(n_2)=\frac{1}{\sqrt{2\pi}\sigma}\exp\left(-\frac{n_2^2}{2\sigma^2}\right)$$

式中，N_k 的方差是 $\sigma^2=2\mathcal{E}N_0$。

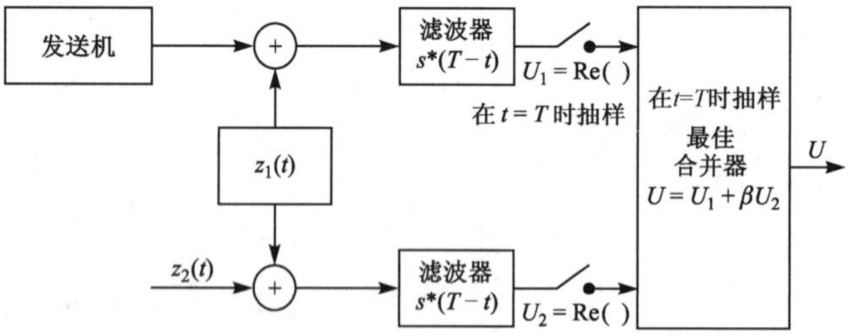

图 P13-5

（a）证明当发送 $s_1(t)$时，U_1 和 U_2 的联合概率密度函数为

$$p(u_1,u_2)=\frac{1}{2\pi\sigma^2}\exp\left\{-\frac{1}{\sigma^2}\left[(u_2-2\mathcal{E})^2-u_2(u_1-2\mathcal{E})+\frac{1}{2}u_2^2\right]\right\}$$

而当$-s_1(t)$被发送时，U_1 和 U_2 的联合概率密度函数为

$$p(u_1,u_2)=\frac{1}{2\pi\sigma^2}\exp\left\{-\frac{1}{\sigma^2}\left[(u_1+2\mathcal{E})^2-u_2(u_1+2\mathcal{E})+\frac{1}{2}u_2^2\right]\right\}$$

（b）根据最大似然比，证明 U_1 和 U_2 的最佳合并导致判决变量：

$$U=U_1+\beta U_2$$

式中，β 是常数。试问 β 的最佳值是多少。

（c）假设发送 $s_1(t)$，试求 U 的概率密度函数。

（d）假设发送 $s_1(t)$，试求差错概率，并将其表示为 SNR（$\mathcal{E}/N_0$）的函数。

（e）如果仅 $U=U_1$ 为判决变量，试问性能损失多少。

13-6 考虑图 P13-6 所示的具有分集的二进制通信系统模型，信道具有固定的衰减和相移，$\{z_k(t)\}$是均值为 0 且自相关函数为

$$R_{zz}(t)=E[z_k^*(t)z_k(t+\tau)]=2N_0\delta(\tau)$$

的复高斯白噪声过程（注意，谱密度$\{N_{0k}\}$都不相同），噪声过程$\{z_k(t)\}$是相互统计独立的，$\{\beta_k\}$是待确定的复值加权因子，合并器的判决变量为

$$U=\text{Re}\left(\sum_{k=1}^{L}\beta_k U_k\right)\underset{-1}{\overset{1}{\gtrless}}0$$

（a）试求当发送＋1 时的概率密度函数 $p(u)$。

（b）试求作为权值$\{\beta_k\}$函数的差错概率 P_{b}。

（c）试求使 P_{b} 最小的$\{\beta_k\}$值。

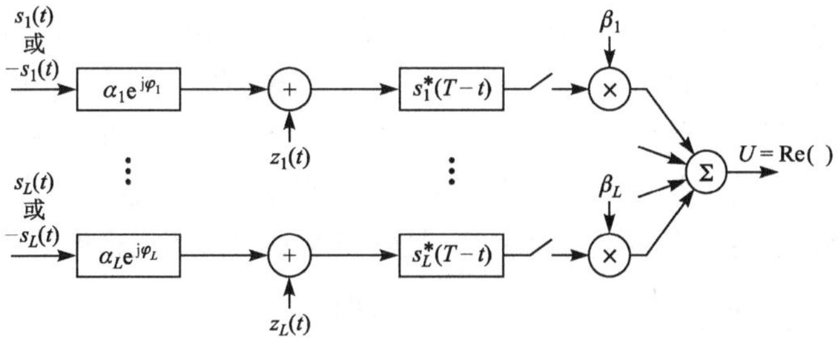

图 P13-6

13-7 试求在瑞利衰落信道上具有 L 阶分集的二进制正交信号传输的差错概率。两个判决变量的 PDF 由式（13-4-31）和式（13-4-32）确定。

13-8 在具有 L 阶分集的瑞利衰落信道上通过二进制双极性信号传输二进制序列。当发送 $s_1(t)$时，等效低通接收信号为

$$r_k(t)=\alpha_k \text{e}^{\text{j}\phi_k}s_1(t)+z_k(t), \qquad k=1,2,\cdots,L$$

L 个子信道中的衰落是统计独立的。加性噪声项$\{z_k(t)\}$是零均值、统计独立且同分布的高斯白噪声过程，其自相关函数为 $R_{zz}(\tau)=2N_0\delta(\tau)$。$L$ 个信号中的每一个信号通过一个与 $s_1(t)$匹配的滤波器，其输出经相移校正后为

$$U_k=\text{Re}\left[\text{e}^{-\text{j}\phi_k}\int_0^T r_k(t)s_1^*(t)\,\text{d}t\right], \qquad k=1,2,\cdots,L$$

$\{U_k\}$经线性合并器后形成判决变量

$$U = \sum_{k=1}^{L} U_k$$

（a）试求以$\{\alpha_k\}$的固定值为条件的 U 的 PDF。

（b）当$\{\alpha_k\}$是统计独立且同分布的瑞利随机变量时，试求差错概率的表达式。

13-9 在瑞利衰落中具有 L 阶分集的二进制 FSK 的差错概率的契尔诺夫上边界已被证明为

$$P_2(L) < [4p(1-p)]^L = \left[4\frac{1+\overline{\gamma}_c}{(2+\overline{\gamma}_c)^2}\right]^L < 2^{-\overline{\gamma}_b g(\overline{\gamma}_c)}$$

式中

$$g(\overline{\gamma}_c) = \frac{1}{\overline{\gamma}_c}\log_2\left[\frac{(2+\overline{\gamma}_c)^2}{4(1+\overline{\gamma}_c)}\right]$$

（a）画出$g(\overline{\gamma}_c)$并求它的近似最大值以及该最大值发生时 $\overline{\gamma}_c$ 的值。

（b）对于给定的 $\overline{\gamma}_b$，试求最佳分集阶数。

（c）在最大化 $g(\overline{\gamma}_c)$（最佳分集）的条件下，试将 $P_2(L)$与无衰落 AWGN 信道中二进制 FSK 的差错概率进行比较，后者为

$$P_2 = \frac{1}{2}e^{-\gamma_b/2}$$

试求由于衰落和非相干（平方律）合并所造成的 SNR 损失。

13-10 某一 DS 扩频系统用于分辨二径无线信号传播情况下的多径信号分量。若次要路径长度比直接路径长度长 300 m，试求分辨多径信号分量所需要的最小码片速率。

13-11 一个基带数字通信系统采用如图 P13-11(a)所示的信号来传输两个等概率的信息。假设这里所研究的通信问题是一个“一次突发（One Shot）”通信问题，即上述信息只发送一次且此后不再发送。信道没有衰减（$\alpha=1$）且噪声是具有功率谱密度 $N_0/2$ 的 AWGN。

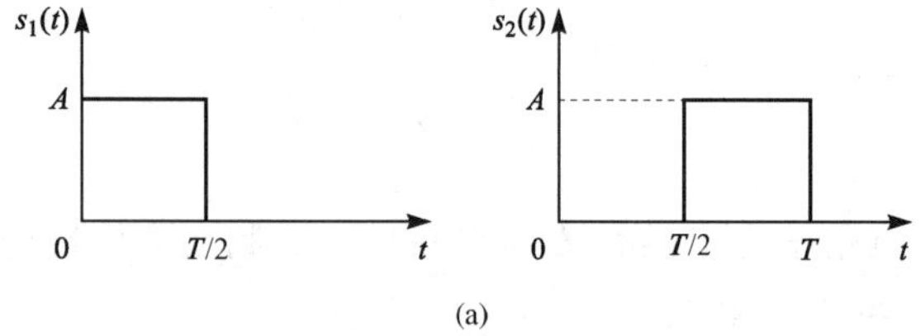

(a)

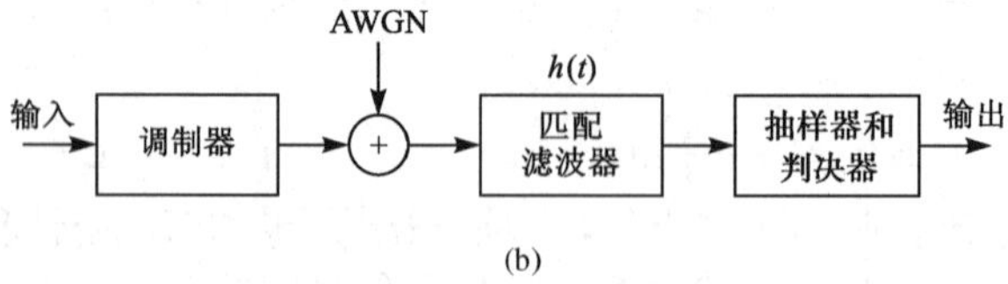

(b)

图 P13-11

（a）试求表示该信号的合适的标准正交基。

（b）在图 P13-11（b）中，对采用匹配滤波器的最佳接收机进行准确的说明，并标记在该图中。

（c）试求最佳接收机的差错概率。

（d）证明该最佳接收机可利用一个滤波器［见图 P13-11（b）］实现。匹配滤波器、抽样器和判决器的特征是什么？

（e）假设信道非理想且具有 $c(t)=\delta(t)+\frac{1}{2}\delta(t-\frac{1}{2}T)$ 的冲激响应。运用与（d）题中相同的匹配滤波器，设计一个最佳接收机。

（f）假设信道冲激响应为 $c(t)=\delta(t)+a\delta(t-\frac{1}{2}T)$，其中 a 是一个在[0,1]上均匀分布的随机变量。运用与（d）题中相同的匹配滤波器，设计一个最佳接收机。

13-12　通信系统采用双天线分集和二进制正交 FSK 调制，在这两个天线上的接收信号为

$$r_1(t)=\alpha_1 s(t)+n_1(t),\qquad r_2(t)=\alpha_2 s(t)+n_2(t)$$

式中，α_1 和 α_2 是统计独立同分布（IID）的瑞利随机变量；$n_1(t)$和 $n_2(t)$是统计独立的零均值白高斯随机过程，其功率谱密度为 $N_0/2$。这两个信号被解调、平方，然后在检测之前被合并（求和）。

（a）草拟整个接收机的功能框图，包括解调器、合并器和检测器。

（b）画出检测器的差错概率曲线，并与没有分集的情况进行比较。

13-13　P13-13 所示的两个等效低通信号用来发送一个二进制序列。信道的等效低通冲激响应为 $h(t)=4\delta(t)-2\delta(t-T)$。为避免连续传输间的脉冲重叠，选择传输速率为 $R=T/2$ b/s。发送信号是等概率的，而且受到零均值加性高斯白噪声的恶化。该噪声的等效低通 $z(t)$的自相关函数为

$$R_{zz}(\tau)=E[z^*(t)z(t+\tau)]=2N_0\delta(\tau)$$

（a）草拟两种可能的无噪声等效低通接收波形。

（b）详细说明最佳接收机，并画出用于最佳接收机的所有滤波器的等效低通冲激响应的草图（假设信号采用相干检测）。

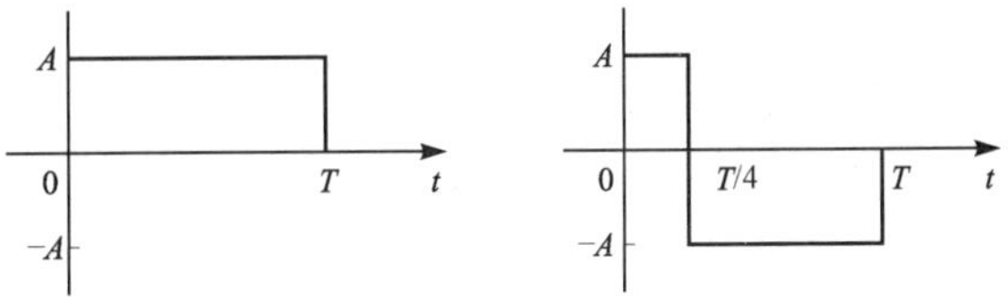

图 P13-13

13-14　通过在 Nakagami-m 分布中改变变量 $\gamma_b=\alpha^2\mathcal{E}_b/N_0$，试证明式（13-3-14）。

13-15　考虑使用两个发射天线和一个接收天线的数字通信系统。两个发射天线充分隔开，以便在信号传输时提供双重空间分集。传输方案如下：s_1、s_2 表示用两个发射天线发射出去的一维或者二维信号星座图中的一对符号，而且在两个信号间隔内来自第一个天线发射的信号为(s_1,s_2^*)，而来自第二个天线发射的信号为$(s_2,-s_1^*)$。单个接收天线在两个符号间隔接收到的信号为

$$r_1=h_1s_1+h_2s_2+n_1,\qquad r_2=h_1s_2^*-h_2s_1^*+n_2$$

式中，h_1 和 h_2 表示复值信道路径增益，并假设其均值为 0、方差为 1 且是统计独立复高斯的。信道路径增益 h_1 和 h_2 在两个信号间隔内假设为常数，而且对接收机来说是已知的。n_1 和 n_2 表

示加性高斯白噪声，其均值为 0、方差为σ^2，并且不相关。

（a）证明如何从(r_1,r_2)恢复发射符号(s_1,s_2)并获得双重分集接收。

（b）当(s_1,s_2)的能量为$(\mathcal{E}_{s_1},\mathcal{E}_{s_2})$且调制方式为二进制 PSK 时，求差错概率。

（c）当调制方式为 QPSK 时，重复（b）题。

13-16　在 DFDM 系统的 ICI 抑制中，第 m 帧接收信号矢量为

$$\boldsymbol{r}(m)=\boldsymbol{H}(m)\boldsymbol{W}\boldsymbol{s}(m)+\boldsymbol{n}(m)$$

式中，$\boldsymbol{W}$ 是 $N\times N$ 的 IDFT 变换矩阵；$\boldsymbol{s}(m)$是 $N\times 1$ 的信号矢量；$\boldsymbol{n}(m)$是零均值、具有 IID 分量的高斯噪声矢量；$\boldsymbol{H}(m)$是 $N\times N$ 的信道冲激响应矩阵，定义为

$$\boldsymbol{H}(m)=[\boldsymbol{h}^{\mathrm{H}}(0,m)\,\boldsymbol{h}^{\mathrm{H}}(1,m)\cdots\boldsymbol{h}^{\mathrm{H}}(N-1,m)]^{\mathrm{H}}$$

式中，$\boldsymbol{h}(n,m)$是右循环移$(n+1)$位补 0 的 $N\times 1$ 维信道冲激响应矢量。

用 $\boldsymbol{R}(m)$表示 $\boldsymbol{r}(m)$的 DFT，试推导式（13-6-24）、式（13-6-25）和式（13-6-27），其中 $\boldsymbol{G}(m)$由式（13-6-26）定义。

13-17　证明式（13-6-17）。

13-18　证明式（13-6-18）。

第 14 章

衰落信道 II：容量与编码

本章研究衰落信道的容量与编码。第 13 章讨论了通信中衰落现象的物理原因，并给出了不同的衰落信道模型。尤其是证明了，衰落的影响可以用信道的多径扩展 T_m 和多普勒扩展 B_d 来表示，它们分别等效于信道的相干带宽 $(\Delta f)_c$ 和相干时间 $(\Delta t)_c$。如果两个窄脉冲的间隔小于信道的相干时间，那么它们将经历相同的衰落影响；如果两个频率单音（Frequency Tone）的间隔小于信道的相干频率，那么它们将受到相同的衰落影响。若信号的带宽远大于信道的相干带宽，即 $W \gg (\Delta f)_c$，则信道为频率选择性模型；若 $W \ll (\Delta f)_c$，则信道模型是频率非选择性的或频率平坦的，在这种情况下，输入信号的所有频率分量都经历相同的衰落影响。类似地，若信号的持续时间远大于信道的相干时间，即 $T \gg (\Delta t)_c$，则信号受到不同的衰落影响，信道为快衰落信道；若 $T \ll (\Delta t)_c$，则为慢衰落信道或时间平坦信道。因为信号的带宽和持续时间具有近似关系 $W \approx 1/T$，所以可以断定：如果信道的 $T_m B_d \ll 1$，即信道是欠扩展的，那么可以选择信号带宽 W 使得信道对该信号在时间和频率上都是平坦的①。

在讨论衰落信道的容量和编码时，需要研究一个分组发送信号波形在信道上传输期间的信道变化。有两种不同的可能情况。一种情况是，信道变化相对于一个分组信号传输持续时间足够快，以致单个分组信息经历了信道所有可能的实现。在这种情况下，在单个分组信号传输期间的时间平均等于在所有可能信道实现上的统计（集）平均。另一种可能情况是，分组持续时间短且每一个分组只经历信道特征的一个截面（Cross Section）。在这种模型中，在一个分组传输期间，信道保持相对恒定不变，从而可以认为，每一个分组经历一种信道状态，而后续的各分组经历不同的信道状态。在这两种情况中，信道容量的概念区别很大。在第一种信道模型中，因为在一个分组持续时间中经历了所有的信道实现，所以遍历信道模型是适当的，遍历容量（Ergodic Capacity）可以定义为信道容量在所有可能信道实现上的集平均。在第二种信道模型中，每个分组经历不同的信道实现，对于每个分组，信道容量都是不同的，因此，信道容量最好建模为随机变量。在这种情况下，另一种容量更为合适，称为中断容量（Outage Capacity）。

另一个影响衰落信道容量的因素是，发送机和（或）接收机是否获得信道的状态信息。通过在信道上发送不同频率单音，接收机可测量出信道状态信息，接收机利用信道状态信息可以提高信道的容量，因为信道状态可以看成辅助信道输出。发送机利用状态信息就有可能通过某些类型的预编码设计使发送信号匹配信道的状态。在这种情况下，发送机可以按照信

① 扩频系统除外，其中 $W \approx 1/T_c$，T_c 为码片间隔。

道状态来改变发送功率，这样，在信道处于深度衰落时能够维持有效的功率传输并且保存下来以便在信道对发送信号没有深度衰减时进行传输。

衰落信道的编码引入了不同于标准加性高斯白噪声信道的新挑战和机遇。本章将看到，衰落信道编码方案性能的度量不同于加性高斯白噪声信道用来比较不同编码方案性能的标准度量。另外，因为编码技术通过发送校验码引入了冗余度，额外的发送为分集提供了保证，从而改进了衰落信道上编码系统的性能。

本章将从信息与编码理论的观点研究单天线系统。多天线系统的容量和编码，以及空时码的分析和设计将在第 15 章论述。

14.1 衰落信道的容量

信道容量定义为在该信道上可能的可靠通信速率的上边界。如果存在一个通信速率为 R 的码序列，随着码的分组长度增加平均差错概率趋于 0 时，则可靠通信是可能的。换言之，对于低于信道容量的任何通信速率，都可以找到一个码，其差错概率小于任何指定的 $\varepsilon > 0$。第 6 章给出了离散无记忆信道容量的一般表达式为

$$C = \max_{p(x)} I(X;Y) \tag{14-1-1}$$

式中，最大值是在所有信道概率密度函数上取得的。对于功率受限的离散时间 AWGN 信道，容量可以表示为

$$C = \frac{1}{2}\log\left(1+\frac{P}{N}\right) \tag{14-1-2}$$

式中，P 为信号功率；N 为噪声功率；C 为容量，单位为每传输比特（Bit per Transmission）或每（实）维比特［Bit per(real) Dimension］。对于复输入复输出信道，其环复高斯噪声①的方差为 N_0 或噪声实部和虚部分量的方差为 $N_0/2$，信道容量为

$$C = \log\left(1+\frac{P}{N_0}\right) \tag{14-1-3}$$

单位为每复维比特（Bit per Complex Dimension）。

理想的带限（Band-Limited）、功限（Power-Limited）加性白高斯波形信道的容量为

$$C = W\log\left(1+\frac{P}{N_0 W}\right) \tag{14-1-4}$$

式中，W 表示带宽；P 表示信号功率；$N_0/2$ 为噪声功率谱密度。在这种情况下，容量的单位为比特/秒（b/s）。当无限带宽信道信噪比 $P/(N_0 W)$ 趋于 0 时，其容量由式（6-5-44）确定

$$C = \frac{1}{\ln 2}\frac{P}{N_0} \approx 1.44\frac{P}{N_0} \tag{14-1-5}$$

容量（b/s/Hz 或 Bit per Complex Dimension）确定了最高可达到的谱比特率，为

$$C = \log(1+\text{SNR}) \tag{14-1-6}$$

式中，SNR 表示信噪比，其定义为

① 我们用符号 $\mathcal{CN}(0,\sigma^2)$ 表示具有实部和虚部的方差为 $\sigma^2/2$ 的环复随机变量。

$$\mathrm{SNR}=\frac{P}{N_0W} \tag{14-1-7}$$

注意，因为$W\sim 1/T_s$，其中 T_s 为符号持续时间，上述 SNR 表达式可以写为$\mathrm{SNR}=\frac{PT_s}{N_0}=\frac{\mathcal{E}_s}{N_0}$，式中$\mathcal{E}_s$表示符号能量。在 AWGN 信道中，容量可以通过高斯输入概率密度函数求得。在低 SNR 时，有

$$C\approx\frac{1}{\ln 2}\,\mathrm{SNR}\approx 1.44\,\mathrm{SNR} \tag{14-1-8}$$

带限加性高斯白噪声信道容量的概念可以扩展到非理想信道,其信道的频率响应为$C(f)$。在这种情况下，信道由输入-输出关系式描述：

$$y(t)=x(t)*c(t)+n(t) \tag{14-1-9}$$

式中，$c(t)$表示信道冲激响应，$C(f)=\mathscr{F}[c(t)]$为信道频率响应。噪声是高斯的且功率谱密度为$S_n(f)$。第 11 章已证明该信道的容量为

$$C=\frac{1}{2}\int_{-\infty}^{\infty}\log\left(1+\frac{P(f)|C(f)|^2}{S_n(f)}\right)\mathrm{d}f \tag{14-1-10}$$

式中，选择输入功率谱密度$P(f)$为

$$P(f)=\left[K-\frac{S_n(f)}{|C(f)|^2}\right]^+ \tag{14-1-11}$$

式中，x^+的定义为

$$x^+=\max\{0,x\} \tag{14-1-12}$$

选择K使得

$$\int_{-\infty}^{\infty}P(f)\,\mathrm{d}f=P \tag{14-1-13}$$

对该结果的注水（Water-Filling）解释表明，输入功率应当以这样一种方式来分配给不同频率：在信道高信噪比的频率处分配较多的功率，而在低信噪比的频率处分配较少的功率。信道容量注水过程的图形解释如图 14-1-1 所示。

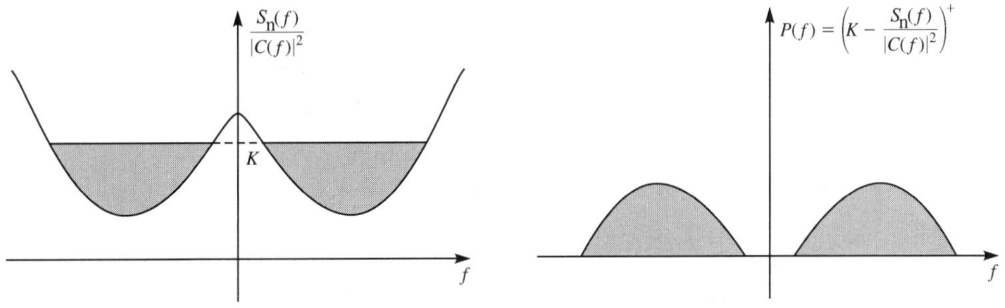

图 14-1-1　信道容量注水过程的图形解释

注水理论也可以应用到并行信道的通信中。如果N个并行离散时间 AWGN 信道的噪声功率为N_i（$1\leqslant i\leqslant N$）且总功率限制为P，那么并行信道的总容量为

$$C=\frac{1}{2}\sum_{i=1}^{N}\log\left(1+\frac{P_i}{N_i}\right) \tag{14-1-14}$$

式中，P_i为

$$P_i = (K - N_i)^+ \tag{14-1-15}$$

并服从

$$\sum_{i=1}^{N} P_i = P \tag{14-1-16}$$

除了频率选择性可以通过注水理论来处理，衰落信道也可以表征为时变特性，即时间选择性。因为容量在极限意义上定义为码的分组长度趋于无穷，我们总可以认为即使在慢衰落信道中也可以选择分组长度足够大，以致在任何分组中信道可以经历所有可能的状态。然而，从实际的观点看，这将引入一个大的延时，这在许多应用场合中是不可接受的，例如蜂窝电话系统中的语音通信。因此对于慢衰落信道上的延时受限系统，遍历假设是无效的。

打破衰落信道固有记忆的通常做法是使用长交织器将码序列扩展到长时间周期上，从而使得各个符号经历独立的衰落。这些观察使得衰落信道研究中比较难以理解的容量的概念变得清晰起来。不同的信道模型和不同的信道容量概念是必须考虑的，这取决于信道的相干时间和所研究应用可接受的最大延时。因为衰落信道可建模为状态变化的信道，下面首先研究这些信道的容量。

有限状态信道的容量

有限状态信道是通信环境随时间变化的信道模型。假设每一个传输间隔中的信道状态是从信道状态空间中服从某种概率分布的可能状态集合中独立选择的。图 14-1-2 所示为有限状态信道的模型。

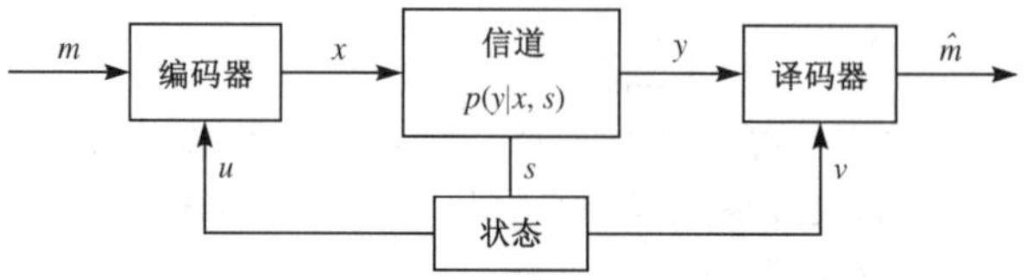

图 14-1-2　有限状态信道的模型

在该模型中，每一次传输的输出$y\in Y$通过条件 PDF $p(y|x,s)$取决于输入$x\in X$和信道$s\in S$。集合 X、Y和 S 分别表示输入、输出和状态的字符集且假定是离散集。信道状态按照

$$p(s) = \prod_{i=1}^{n} p(s_i) \tag{14-1-17}$$

产生而与信道输入无关，且信道是无记忆的，即

$$p(y|x,s) = \prod_{i=1}^{n} p(y_i|x_i, s_i) \tag{14-1-18}$$

编码器和译码器分别接入有噪形式的状态 $u\in U$ 和 $v\in V$。根据 Shannon（1958）的原始概念，Salehi（1992）、Caire & Shamai（1999）证明了该信道的容量为

$$C = \max_{p(t)} I(T; Y|V) \tag{14-1-19}$$

在该表达式中，最大值是在$p(t)$上取得的，$p(t)$为 T 上所有概率质量函数的集合，其中 T 表示长度为$|U|$的所有矢量的集合，其分量来自 X。集合 T 的基数为$|X|^{|u|}$，集合 T 称为输入策略集。

在衰落信道的研究中，该信道模型的某些情况特别有趣。$U=S$ 且 V 是退化随机变量的特殊情况，相当于接收机可获得完备的信道状态信息（Channel State Information，CSI）而发送机没有信道状态信息的情况。在这种情况下，信道容量可简化为

$$C = \max_{p(x)} I(X; Y|S) \tag{14-1-20}$$

式中，

$$p(s, x, y) = p(s)p(x)p(y|x, s) \tag{14-1-21}$$

注意，因为

$$I(X; Y|S) = \sum_{s} p(s)I(X; Y|S = s) \tag{14-1-22}$$

容量可以解释为在所有信道状态上互信息平均值的全部输入分布上的最大值。第二个有趣的情况出现在发送机和接收机两者都获得信道状态信息时，在这种情况下，

$$C = \max_{p(x|s)} I(X; Y|S) = \sum_{s} p(s) \max_{p(x|s)} I(X; Y|S = s) \tag{14-1-23}$$

式中，最大值是基于所有联合概率上的，即

$$p(s, x, y) = p(s)p(x|s)p(y|x, s) \tag{14-1-24}$$

显然，在这种情况下发送机可获得整体信息，编码器可选择基于状态信息的输入分布。因为对于每一个信道状态，选择输入分布使该状态中的互信息最大化，信道容量就是容量的期望值。第三个有趣的情况出现在接收机可获得完备的信道状态信息但接收机仅发送其确定函数给发送机时，这时 $v = s$ 及 $u = g(s)$，式中 $g(\cdot)$表示确定函数。在这种情况下，信道容量为[参见 Caire & Shamai（1999）]

$$C = \sum_{u} p(u) \max_{p(x|u)} I(X; Y|S, U = u) \tag{14-1-25}$$

这种情况相当于接收机能估计信道状态，但由于反馈信道通信的限制只能发送量化形式的状态信息给发送机。

这些情况下的无记忆的基本假设使得这些模型适合全交织的衰落信道。

14.2 遍历与中断容量

为了研究遍历与中断容量之间的差别，考虑图 14-2-1 所示的两状态信道。该图示出了两条二进制对称信道，一条具有跨越概率（Crossover Probability）$p = 0$ 且另一条具有跨越概率 $p=1/2$。下面研究基于该图的两种不同信道模型。

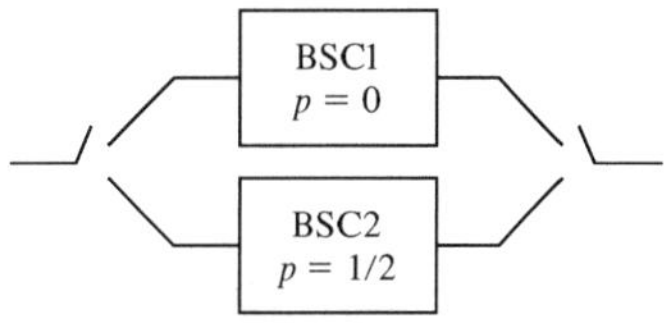

图 14-2-1　两状态信道

（1）在信道模型 1 中，输入和输出切换选择上信道（BSC1，概率为 δ）和下信道（BSC2，概率为 $1-\delta$），这种切换选择对每次传输是独立进行的。在信道模型中，每个符号的发送与先前符号无关，信道状态的选择也与每个符号无关。

（2）在信道模型 2 中，在传输开始时分别以概率 δ 和 $1-\delta$ 选择上信道和下信道，一旦信道被选择，它在整个传输周期内不会改变。

由第 6 章可知，上/下信道的容量分别为 $C_1 = 1$ 和 $C_2 =0$ 每传输比特（Bit per Transmission）

为了求第一个信道模型的容量，注意因为在这种情况下，当每个符号在传输时信道在一个长分组上是独立选择的，信道将按照相应的概率经历两个 BSC 分量。在这种情况下，时间平均与集平均可以互换，适用遍历容量（记为 $\overline{C}$）的概念，可以利用 14.1 节的结果。该信道模型的容量取决于可用的信道状态信息。第一种信道模型分为三种情况：

情况 1：发送机和接收机都无信道状态信息。在这种情况下，容易证明平均信道容量是具有跨越概率为 $(1-\delta)/2$ 的二进制对称信道的容量，因此遍历容量为

$$\overline{C} = 1 - H_{\rm b}\left(\frac{1-\delta}{2}\right) \tag{14-2-1}$$

情况 2：接收机具有信道状态信息。利用式（14-1-22）可以看到，在这种情况下，以固定输入分布使互信息最大化。但不管信道状态如何均匀输入分布使互信息最大化，信道的遍历容量都是两个容量的平均值，即

$$\overline{C} = \delta C_1 + (1-\delta)C_2 \tag{14-2-2}$$

情况 3：发送机和接收机都具有信道状态信息。这里可利用式（14-1-23）求信道容量。在这种情况下，可以分别对每一状态最大化互信息，信道容量是式（14-2-2）确定的容量的平均值。

图 14-2-2 所示为信道模型 1 的遍历容量。注意，在这个特定信道中因为获得两个信道状态输入分布的容量是相同的，情况 2 和情况 3 的结果是相同的。一般这些情况下的容量是不同的，如习题 14-7 所证明。

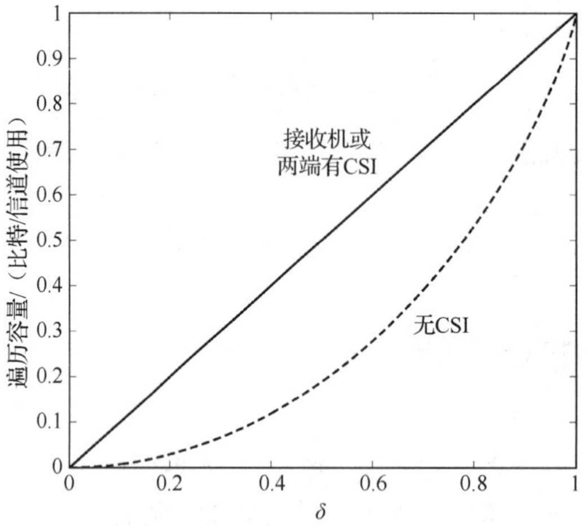

图 14-2-2　信道模型 1 的遍历容量

在第二种信道模型中，两个信道 BSC1 或 BSC2 选择仅一次，然后用于整个通信周期，在香农意义上容量为 0。事实上，在该信道模型上以任何速率 $R>0$ 的可靠通信都是不可能的。其原因是，如果以速率 $R>0$ 发送且信道 BSC2 被选择，差错概率不可能为任意小，因为以概率 $1-\delta>0$ 选择信道 BSC2，以任意速率 $R>0$ 的可靠通信是不可能的。事实上，在这种情况下信道容量是二进制随机变量，其分别以概率 δ 和 $1-\delta$ 取值 1 和 0。对这种情况遍历容量是不适用的，这种情况适合使用中断容量［见 Ozarow 等（1994）］。

注意，在这种情况下信道容量是随机变量，如果以速率 $R>0$ 发送，那么速率会以某种概率超过容量并且信道中断，该事件的概率称之为中断概率，为

$$P_{\text{out}}(R) = P[C < R] = F_{\text{c}}(R^-) \tag{14-2-3}$$

式中，$F_{\text{c}}(c)$表示随机变量 C 的 CDF，$F_{\text{c}}(R^-)$是 $F_{\text{c}}(c)$在 $c = R$ 点的左极限。

对于任何 $0 \leqslant \mathcal{E} < 1$，可定义 C_ε 为信道的 ε 中断容量，作为保持中断概率低于 ε 的最高传输速率，即

$$C_\varepsilon = \max\{R : P_{\text{out}}(R) \leqslant \varepsilon\} \tag{14-2-4}$$

在信道模型 2 中，信道 ε 中断容量为

$$C_\varepsilon = \begin{cases} 0, & 0 \leqslant \varepsilon < 1 - \delta \\ 1, & 1 - \delta \leqslant \varepsilon < 1 \end{cases} \tag{14-2-5}$$

14.2.1 瑞利衰落信道的遍历容量

本节将研究瑞利衰落信道的遍历容量。假设信道相干时间和信道的时延限制导致完美的交织是可能的，信道的等效离散时间模型为具有独立瑞利信道系数的无记忆 AWGN 信道，其等效低通离散时间模型的输入与输出的关系式为

$$y_i = R_i x_i + n_i \tag{14-2-6}$$

式中，x_i 和 y_i是信道的复输入和输出；R_i是 IID 复随机变量，其幅度服从瑞利分布且相位服从均匀分布；n_i 是服从 $\text{CN}(0, N_0)$分布的 IID 随机变量。R_i幅度 PDF 为

$$p(r) = \begin{cases} \frac{1}{\sigma^2}\,\mathrm{e}^{-\frac{r^2}{2\sigma^2}}, & r > 0 \\ 0, & r \leqslant 0 \end{cases} \tag{14-2-7}$$

由式（2-3-45）和式（2-3-27）可知，R^2 是指数随机变量，其均值 $E[R^2] = 2\sigma^2$。因此，如果 $\rho = |R_i|^2$，那么由式（2-3-27）可得到

$$p(\rho) = \begin{cases} \frac{1}{2\sigma^2}\,\mathrm{e}^{-\frac{\rho}{2\sigma^2}} & \rho > 0 \\ 0 & \rho \leqslant 0 \end{cases} \tag{14-2-8}$$

因为接收功率与 ρ 成正比，则有

$$P_{\text{r}} = 2\sigma^2 P_{\text{t}} \tag{14-2-9}$$

式中，P_{t} 和 P_{r} 分别表示发送功率和接收功率。在以下的讨论中假设 $2\sigma^2 = 1$，则 $P_{\text{t}} = P_{\text{r}} = P$。将该结果推广到一般情况是直截了当的。

按照发送机和接收机的信道状态信息的状况，研究以下三种情况下信道的遍历容量。

1．无信道状态信息

在这种情况下，接收机对衰落系数 R_i 的幅度和相位一无所知，因此没有信息在输入信号的相位上发送，该信道的输入与输出关系式为

$$y = Rx + n \tag{14-2-10}$$

式中，R 和 n 为独立环复高斯随机变量，分别服从 $\text{CN}(0, 2\sigma^2)$和 $\text{CN}(0, N_0)$分布。

为了求这种情况下的信道容量，需推导 $p(y|x)$表达式，即

$$p(y|x) = \frac{1}{2\pi}\int_0^{2\pi}\int_0^{\infty} p(y|x, r, \theta)p(r)\,\mathrm{d}r\,\mathrm{d}\theta \tag{14-2-11}$$

式中，$p(r)$由式（14-2-7）确定，及

$$p(y|x, r, \theta) = \frac{1}{\pi N_0}\,\mathrm{e}^{\frac{|y - r\mathrm{e}^{\mathrm{j}\theta}x|^2}{N_0}} \tag{14-2-12}$$

可以证明（见习题 14-8），式（14-2-11）可以简化为

$$p(y|x) = \frac{1}{\pi\left(N_0 + |x|^2\right)}\mathrm{e}^{-\frac{|y|^2}{N_0+|x|^2}} \tag{14-2-13}$$

该关系式表明所有相位信息被丢失。

Abou-Faycal 等（2001）已证明，当输入功率受限时获得这种情况输入分布的容量具有分离的 IID 幅度和不相干相位。然而，这种情况下没有容量的闭式，而且在同样的研究中已证明，对于比较低的平均信噪比，当 P/N_0 小于 8 dB 时，只有两信号电平（其中之一为 0）足以获得容量，即，在这种情况下通断（On-off）信号传输方式是最佳的。当信噪比减少时，最佳通断信号传输中非 0 输入幅度增加，当 $P/N_0 \to 0$ 时由极限可得

$$\overline{C} = \frac{1}{\ln 2}\frac{P}{N_0} \approx 1.44\frac{P}{N_0} \tag{14-2-14}$$

将该结果与式（14-1-8）比较可见，在低信噪比时该容量等于 AWGN 信道的容量，而在高信噪比时该容量远低于 AWGN 信道的容量。

虽然该容量没有闭式，Taricco & Elia（1997）一文推导了该容量的参数表达式，其参数形式为

$$\begin{aligned} P &= \mu\mathrm{e}^{-\gamma-\Psi(\mu)} - 1 \\ \overline{C} &= \frac{\mu-\gamma-\mu\Psi(\mu)-1}{\ln 2} + \log_2 \Gamma(\mu) \end{aligned} \tag{14-2-15}$$

式中，$\psi(\cdot)$为双伽马（Digamma）函数，定义为

$$\Psi(z) = \frac{\Gamma'(z)}{\Gamma(z)} \tag{14-2-16}$$

且 $\gamma = -\psi(1) \approx 0.5772156$ 为欧拉（Euler）常数。

图 14-2-3 所示为无 CSI 瑞利衰落信道的遍历容量，同时也给出了 AWGN 信道的容量作为参考。显然可见，在高信噪比时缺乏信道状态信息是特别有害的。

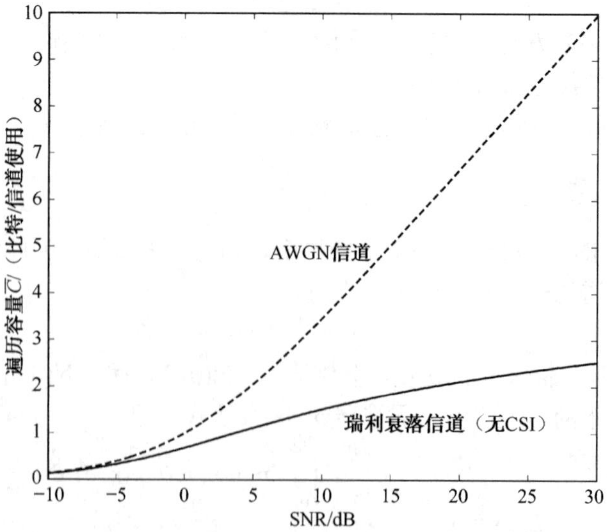

图 14-2-3　无 CSI 瑞利衰落信道的遍历容量

2. 接收机已知信道状态信息

因为在这种情况下接收机可获得衰落过程的相位，从而可补偿该相位，因此不失一般性地假定用具有瑞利分布的乘性实系数 R 对衰落建模，其对功率的影响是具有指数 PDF 的乘性系数 ρ。利用式（14-1-22），我们必须在所有可能状态上求互信息的期望值，这相当于求下式的期望值

$$C = \log\left(1 + \rho\frac{P}{N_0}\right) \tag{14-2-17}$$

其中，ρ 具有式（14-2-8）确定的指数 PDF。因为 log 是凹函数，可以利用杰森（Jensen）不等式（参见习题 6-29）证明

$$\overline{C} = E\left[\log\left(1 + \rho\frac{P}{N_0}\right)\right] \leqslant \log\left(1 + E[\rho]\frac{P}{N_0}\right) = \log\left(1 + \frac{P}{N_0}\right) \tag{14-2-18}$$

这表明在这种情况下该容量是 AWGN 信道容量的上边界，其信噪比等于瑞利衰落信道的平均信噪比。

为了求这种情况下的容量表达式，注意

$$\overline{C} = \int_0^{\infty} \log\left(1 + \rho\frac{P}{N_0}\right) \mathrm{e}^{-\rho}\,\mathrm{d}\rho = \frac{1}{\ln 2}\mathrm{e}^{\frac{N_0}{P}}\,\Gamma\left(0, \frac{N_0}{P}\right) = \frac{1}{\ln 2}\mathrm{e}^{\frac{1}{\mathrm{SNR}}}\,\Gamma\left(0, \frac{1}{\mathrm{SNR}}\right) \tag{14-2-19}$$

式中，$\Gamma(a, z)$表示互补伽马（Gamma）函数，定义为

$$\Gamma(a, z) = \int_z^{\infty} t^{a-1}\mathrm{e}^{-t}\,\mathrm{d}t \tag{14-2-20}$$

注意，$\Gamma(a,0)=\Gamma(a)$。

在低 SNR 值时，可利用近似式

$$\log\left(1 + \rho\frac{P}{N_0}\right) \approx \frac{1}{\ln 2}\frac{P}{N_0}\rho \tag{14-2-21}$$

因此，在低信噪比（SNR）时容量为

$$\overline{C} \approx \frac{P}{N_0 \ln 2}\int_0^{\infty} \rho\mathrm{e}^{-\rho}\,\mathrm{d}\rho \approx 1.44\,\mathrm{SNR} \tag{14-2-22}$$

其等于 AWGN 信道低信噪比时的容量。在高信噪比时，有

$$\log\left(1 + \rho\frac{P}{N_0}\right) \approx \log\left(\rho\frac{P}{N_0}\right) \tag{14-2-23}$$

容量变为

$$\overline{C} \approx \frac{1}{\ln 2}\int_0^{\infty} \log\left(\rho\frac{P}{N_0}\right)\mathrm{e}^{-\rho}\,\mathrm{d}\rho = \log\mathrm{SNR} + \frac{1}{\ln 2}\int_0^{\infty}(\ln\rho)\mathrm{e}^{-\rho}\,\mathrm{d}\rho = \log\mathrm{SNR} - 0.8327 \tag{14-2-24}$$

注意，AWGN 信道在高信噪比时的容量近似为 logSNR，因此在高信噪比时接收机具有信道状态信息的瑞利衰落信道遍历容量比 AWGN 信道每复维差了 0.83 比特。

图 14-2-4 所示为具有 CSI 的瑞利衰落信道的信道容量。不像无 CSI 的情况，在这种情况下两条曲线在高信噪比时相差大约 2.5 dB。这非常有助于对瑞利衰落和 AWGN 信道上不同信号传输方式的性能差别进行比较。回顾式（13-3-13），同样的信号传输方式在衰落信道

的差错概率与信噪比成反比，而在高斯信道上差错的概率是指数下降函数。例如，采用 BPSK 达到差错概率 10^{-5}，AWGN 信道要求 γ_b 为 9.6 dB，瑞利衰落信道则要求 44 dB，这是巨大的性能差异。在容量之间低得多的性能差别是非常有希望在衰落信道中通过编码来提供可观的增益的。在衰落信道上码字要求的长度取决于衰落过程的动态特性和信道的相干时间，而在 AWGN 信道中，AWGN 信道的影响在一个码字上被平均。在衰落信道中，除了噪声影响，衰落的影响必须在码字长度上被平均掉。如果信道相干时间长，这就要求很大的码字长度并带来不可接受的延时。交织常常用来减少大码字的要求，但它并不能减少衰落信道的延时。另一种可选择的方法是将发送的码字分量在频域进行扩展以便从分集中受益，14.7 节将研究这种方法。

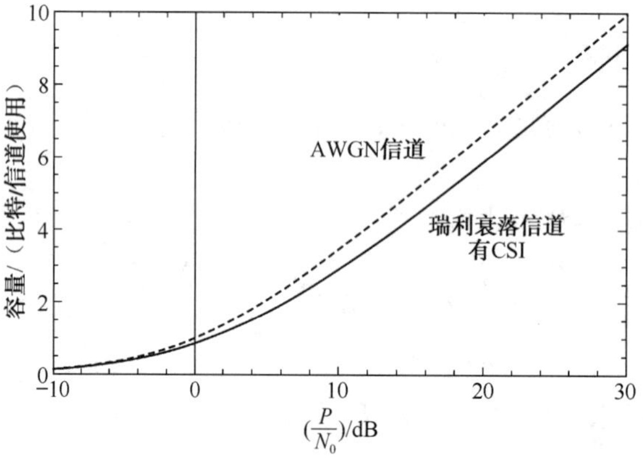

图 14-2-4　具有 CSI 的瑞利衰落信道的信道容量

3. 接收机和发送机都可获得信道状态信息

如果发送机和接收机两者都可获得信道状态信息，那么可以利用式（14-1-23）。在这种情况下，发送机可调整其发送功率以适应衰落，这类似于频域的注水方法。可使用时域的注水方法来分配最佳发送功率，它是信道状态信息的函数。这里 ρ（信道状态）在标准的注水理论中扮演类似频率的角色，容量为

$$\overline{C} = \int_0^\infty \log\left[1 + \rho\,\frac{P(\rho)}{N_0}\right]\,\mathrm{e}^{-\rho}\,\mathrm{d}\rho \tag{14-2-25}$$

式中，$P(\rho)$表示最佳功率分配，它是衰落参数 ρ 的函数。通过时域注水可得到最佳功率分配，即

$$\frac{P(\rho)}{N_0} = \left(\frac{1}{\rho_0} - \frac{1}{\rho}\right)^+ \tag{14-2-26}$$

式中，如前一样$(x)^+ = \max\{x, 0\}$，选择 ρ_0 使得

$$\int_0^\infty \left(\frac{1}{\rho_0} - \frac{1}{\rho}\right)^+ \mathrm{e}^{-\rho}\,\mathrm{d}\rho = \frac{P}{N_0} \tag{14-2-27}$$

注意，由上述

$$P(\rho) = \begin{cases} N_0\left(\frac{1}{\rho_0} - \frac{1}{\rho}\right), & \rho > \rho_0 \\ 0, & \rho < \rho_0 \end{cases} \tag{14-2-28}$$

因此，式（14-2-27）可变为

$$\int_{\rho_0}^{\infty}\left(\frac{1}{\rho_0}-\frac{1}{\rho}\right)\mathrm{e}^{-\rho}\,\mathrm{d}\rho=\frac{P}{N_0} \tag{14-2-29}$$

该式可简化为

$$\frac{\mathrm{e}^{-\rho_0}}{\rho_0}-\Gamma(0,\rho_0)=\frac{P}{N_0} \tag{14-2-30}$$

式中，$\Gamma(a,z)$由式（14-2-20）确定。在容量表达式中代入 $P(\rho)$，得到

$$\begin{aligned}\overline{C}&=\int_{\rho_0}^{\infty}\log\left[1+\rho\left(\frac{1}{\rho_0}-\frac{1}{\rho}\right)\right]\mathrm{e}^{-\rho}\,\mathrm{d}\rho\\&=\int_{\rho_0}^{\infty}\mathrm{e}^{-\rho}\log\frac{\rho}{\rho_0}\,\mathrm{d}\rho\quad=\frac{1}{\ln 2}\Gamma(0,\rho_0)\end{aligned} \tag{14-2-31}$$

式（14-2-30）和式（14-2-31）提供了该信道模型的一种参数描述。

有趣的是，将该信道的容量与 AWGN 信道在低频和高频处进行比较。对于很低的信噪比，研究 SNR = 0.1（相当于−10 dB）的情况。将该值代入式（14-2-30）可得到 ρ_0 =1.166，将该值代入式(14-2-31)可得到 $\overline{C}=0.241$。计算 AWGN 在 SNR=−10 dB 时的容量，可得 $C=0.137$。在这种情况下，低信噪比时衰落信道容量超过可比较的 AWGN 信道容量。然而，高信噪比时该容量小于 AWGN 信道容量，非常接近于仅接收机具有信道状态信息的衰落信道容量。

图 14-2-5 所示为该信道容量与信噪比的关系曲线，同时也绘出了 AWGN 信道容量以便于比较。

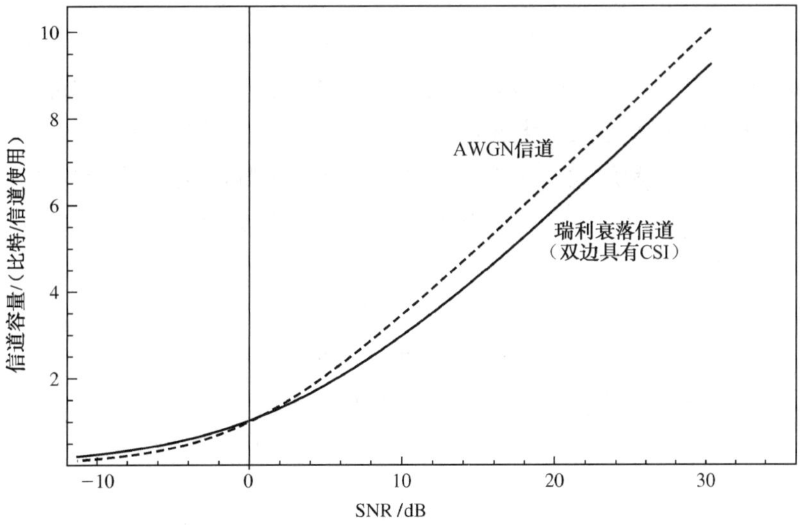

图 14-2-5　AWGN 信道与双边具有 CSI 的瑞利衰落信道的信道容量

图 14-2-6 将不同状态信息可获得情况下瑞利衰落信道容量与 AWGN 信道容量进行了比较。

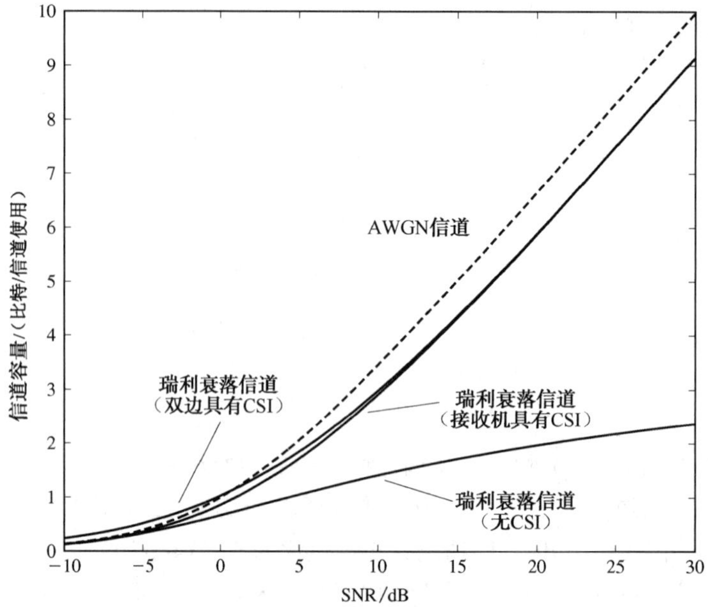

图 14-2-6　AWGN 信道与具有不同 CSI 的瑞利衰落信道的信道容量

14.2.2　瑞利衰落信道的中断容量

当由于严格的延时限制导致无法实现理想的交织时，信道容量不能表示为所有可能实现的平均值（如遍历容量情况下所做的那样），此时要考虑中断容量。在这种情况下，容量是随机变量［Ozarow 等（1994）］。假定以低于信道容量的速率使用理想编码实现有效的无差错传输。按此假设，只有在速率超过信道容量（即信道中断）时才发生差错。

对于瑞利衰落信道，利用式（14-2-3）和式（14-2-4）导出ε中断容量为

$$C_\varepsilon = \max\{R : P_{\text{out}}(R) \leqslant \varepsilon\} = \max\{R : F_{\text{c}}(R^-) = \varepsilon\} = F_{\text{c}}^{-1}(\varepsilon) \qquad (14\text{-}2\text{-}32)$$

式中，$F_{\text{c}}(\cdot)$为表示信道容量随机变量的 CDF。

对于具有归一化信道增益的瑞利衰落信道，有

$$C = \log(1 + \rho\,\text{SNR}) \qquad (14\text{-}2\text{-}33)$$

式中，ρ 为指数随机变量，其期望值等于 1。这种情况下的中断概率为

$$P_{\text{out}}(R) = P[C < R] \qquad (14\text{-}2\text{-}34)$$

可简化为

$$P_{\text{out}}(R) = P\left[\rho < \frac{2^R - 1}{\text{SNR}}\right] = 1 - \text{e}^{-\frac{2^R-1}{\text{SNR}}} \qquad (14\text{-}2\text{-}35)$$

注意，当高信噪比（即低中断概率）时，该式可近似为

$$P_{\text{out}}(R) \approx \frac{2^R - 1}{\text{SNR}} \qquad (14\text{-}2\text{-}36)$$

由式（14-2-36）求 R，可得到

$$R = \log[1 - \text{SNR}\ \ln(1 - P_{\text{out}})] \qquad (14\text{-}2\text{-}37)$$

由此，

$$C_\varepsilon = \log[1 - \text{SNR}\ \ln(1-\varepsilon)] \tag{14-2-38}$$

下面分别研究低和高信噪比（SNR）的情况。对于低 SNR，有

$$C_\varepsilon \approx \frac{\text{SNR}}{\ln 2}\ \ln\frac{1}{1-\varepsilon} \tag{14-2-39}$$

因为在低 SNR 时，AWGN 信道容量为 $\frac{1}{\ln 2}\text{SNR}$，可断定中断容量是 AWGN 信道容量的一小部分。事实上，AWGN 信道容量用因子 $\ln\frac{1}{1-\varepsilon}$ 标度，例如，当 $\varepsilon = 0.1$ 时，该（因子）值等于 0.105，瑞利衰落信道的中断容量只是具有同样功率的 AWGN 信道容量的十分之一。当 ε 很小时该因子趋于 ε，则有

$$C_\varepsilon \approx \varepsilon C_{\text{AWGN}} \tag{14-2-40}$$

对于高 SNR，该容量近似为

$$C_\varepsilon \approx \log\left[\text{SNR}\ \ln\frac{1}{1-\varepsilon}\right] = \log\text{SNR} + \log\left(\ln\frac{1}{1-\varepsilon}\right) \tag{14-2-41}$$

在高 SNR 时，AWGN 信道容量为 logSNR，因此瑞利衰落信道中断容量比 AWGN 信道容量小 $\log\ln\frac{1}{1-\varepsilon}$ 每复维比特，当 $\varepsilon = 0.1$ 时它等于 3.25 每复维比特。当 ε 很小时 $\ln\frac{1}{1-\varepsilon} \approx \varepsilon$，容量之间的差别为 $\log_2\varepsilon$。

图 14-2-7 所示为 $\varepsilon = 0.1$ 和 $\varepsilon = 0.01$ 时瑞利衰落信道的中断容量以及 AWGN 信道容量。

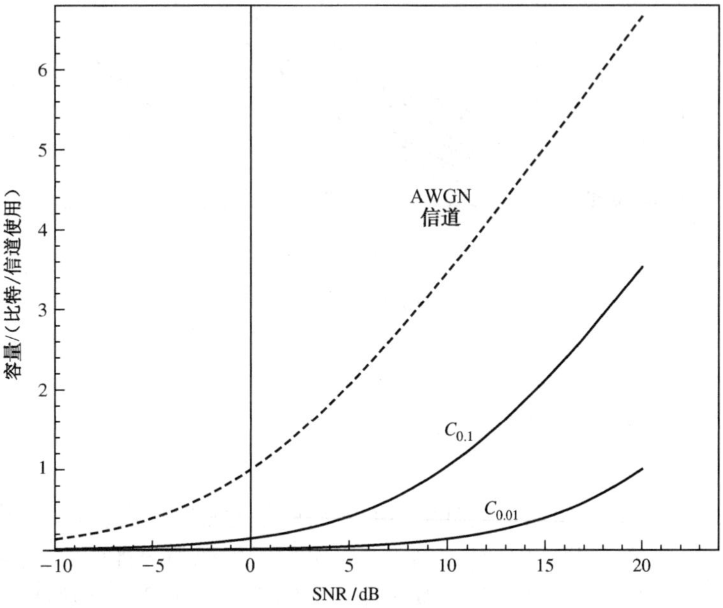

图 14-2-7　$\varepsilon = 0.1$ 和 $\varepsilon = 0.01$ 时瑞利衰落信道的中断容量以及 AWGN 信道容量

分集对中断容量的影响

如果在瑞利衰落信道上通信系统使用 L 阶分集，那么随机变量 $\rho = |R|^2$ 服从具有 $2L$ 个自由

度的 χ^2 分布。在 L=1 的特殊情况下，为具有 2 个自由度的 χ^2 随机变量，它是迄今为止研究的指数随机变量。对于 L 阶分集，利用式（2-3-24）确定的 χ^2 随机变量，可得到

$$P_{\text{out}}(R)=P\left[\rho<\frac{2^R-1}{\text{SNR}}\right]=1-\mathrm{e}^{-\frac{2^R-1}{\text{SNR}}}\sum_{k=0}^{L-1}\frac{1}{k!}\left(\frac{2^R-1}{\text{SNR}}\right)^k \tag{14-2-42}$$

令 $P_{\text{out}}(R)$等于 ε 并求解 R 给出 L 阶分集信道的 ε 中断容量 C_ε，通过求解下列方程就可得到 C_ε。

$$\mathrm{e}^{-\frac{2^{C_\varepsilon}-1}{\text{SNR}}}\sum_{k=0}^{L-1}\frac{1}{k!}\left(\frac{2^{C_\varepsilon}-1}{\text{SNR}}\right)^k=1-\varepsilon \tag{14-2-43}$$

或等效为

$$\mathrm{e}^{-\frac{2^{C_\varepsilon}-1}{\text{SNR}}}\sum_{k=L}^{\infty}\frac{1}{k!}\left(\frac{2^{C_\varepsilon}-1}{\text{SNR}}\right)^k=\varepsilon \tag{14-2-44}$$

对于任意 L，不存在 C_ε 的闭式解。图 14-2-8 所示为不同分集阶数的 $C_{0.01}$ 以及 AWGN 信道容量曲线，此图表明分集带来了显著的性能改善。

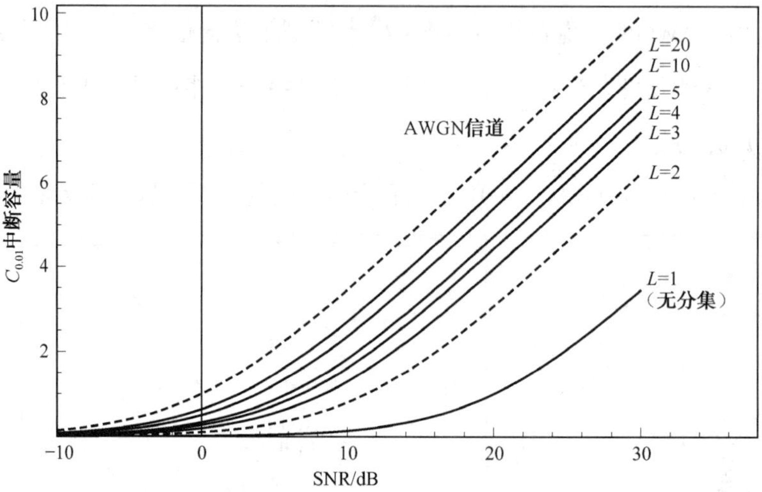

图 14-2-8　具有不同分集阶数的衰落信道的中断容量以及 AWGN 信道容量

14.3　衰落信道的编码

第 13 章已经证明，在克服由信道时变弥散特性引起的衰落不利影响中，分集技术很有效。时间和/或频率分集技术可以看成信息序列重复（分组）编码的一种形式。根据这个观点，第 13 章所述的合并技术表示该重复码的软判决译码。因为重复码是一种常见的编码方式，考虑从更有效的码型获得附加效益，特别地，编码为获得衰落信道分集提供了一种有效的手段，由一种码提供的分集量直接与其最小距离有关。

正如 13.4 节所述，时间分集是通过在多个时间间隔内发送携带相同信息的信号分量获得的，这些时间间隔由等于或超过信道相干时间$(\Delta t)_c$ 的一个量来相互分隔。类似地，频率分集

通过在多个频率间隙内发送携带相同信息的信号分量获得，该频率间隙由至少等于信道相干带宽$(\Delta f)_c$的一个量来相互分隔。因此，这些携带相同信息的信号分量经受统计独立的衰落。

为了将这些要点推广到编码的信息序列，只要求相应于某一特殊码或码符号的信号波形的衰落与相应于任何其他码比特或码符号的波形无关。这个要求可能使可用时频空间利用率降低，即在该二维信号传输空间内存在很大的未用部分。为了减少这种低效性，大量码字按时间或按频率或同时按时间和按频率进行交织，在交织过程中，相应于某一给定码比特或符号的波形独立地衰落。因此，假设时频信号传输空间被分成许多互不重叠的时频单元，对应的一个码比特或码符号的信号波形在此单元内发送。

除了假设给定码字的信号分量统计独立衰落，还假设使接收信号恶化的加性噪声分量是统计独立且在时频信号传输空间的各单元之间均匀分布的高斯白噪声，又假设邻近单元间有足够的间隔，使得单元间的干扰可以忽略不计。

一个重要的问题是用于发送编码信息序列的调制技术。如果信道衰落得足够慢而且能够建立起相位参考，那么可采用 PSK 或 DPSK。在接收机可获得信道状态信息（CSI）的情况下，相位信息使得相干检测成为可能。如果不可能，在接收机中采用非相干检测的 FSK 调制是合适的。

用来评估差错概率性能的数字通信系统模型如图 14-3-1 所示。编码器可以是二进制的或非二进制的或者非二进制编码器与二进制编码器的级联，编码器生成的码可以是分组码、卷积码或者在级联情况下分组码和卷积码的一种混合。

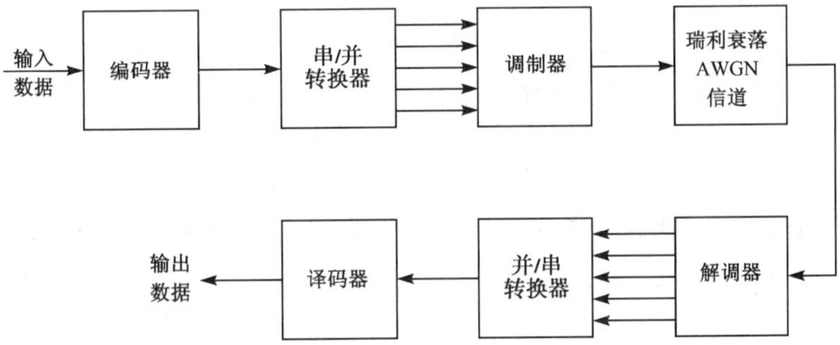

图 14-3-1　具有调制/解调和编码/译码功能的通信系统模型

为了阐明调制、解调以及译码，研究一种线性二进制分组码，其中 k 个信息比特编码为 n 个比特分组。为了简化且不失一般性，假设一个码字的所有 n 个比特在多个时频单元信道上同时发送。一个有$\{c_{ij}\}$比特的码字 $\mathbf{c}_i$ 映射为信号波形并在时间和/或频率上交织后再发送。例如，如果采用 FSK 调制，每一个发送符号是二维空间上的一个点，因此编码/调制信号的维度是 $2n$。因为每个码字传输 k 个信息比特，所以 FSK 的带宽扩展因子 $B_e=2n/k$。

解调器解调在独立衰落时频单元内发送的信号分量，提供充分的统计量给译码器，对每一个码字适当合并各分量，形成 $M=2^k$ 个判决变量，选择相应于最大判决变量的码字。如果采用硬判决译码，则最佳最大似然译码器的选择对应于接收码字具有最小汉明距离。

虽然上述讨论假设使用的是分组码，但卷积码编码器也很容易用于图 14-3-1 所示的框图中。对这种情况，卷积码的最大似然软判决译码准则可利用维特比（Viterbi）算法来高效地实现。另外，如果采用硬判决译码，维特比算法是利用汉明距离作为度量来实现的。

14.4 衰落信道中编码系统的性能

在 14.2 节研究的衰落信道容量中，我们注意到衰落信道容量的概念更多地涉及标准无记忆信道容量的概念。衰落信道容量取决于衰落过程的动态特性、信道的相干时间与码长如何比较，以及发送机和接收机的信道状态信息可获得性。本节研究编码系统在衰落信道上的性能并观察同样因素对编码系统性能的影响。

假定对衰落信道上数据传输采用编码方案后跟随调制，或编码调制方案。在这点上我们的处理是相当一般化的，包括分组码和卷积码以及级联码方案跟随一般的信号传输（调制）方案，这种处理也包括分组或网格编码调制方案。

假设采用 M 信号空间编码序列$\{\boldsymbol{x}_1, \boldsymbol{x}_2,\cdots, \boldsymbol{x}_M\}$发送等概率消息 $\boldsymbol{x}_m$（$1\leqslant m\leqslant M$），每一个码字 $\boldsymbol{x}_i$ 是一个 n 个符号的序列，其形式为

$$\boldsymbol{x}_i=(x_{i1}, x_{i2}, \cdots, x_{in}) \tag{14-4-1}$$

式中，每个 x_{ij} 是信号星座图中的一个点。假定信号星座图是二维的，则 x_{ij} 是复数。

取决于衰落的动态特性和信道状态信息的可获得性，我们可研究衰落的影响以及推导所述编码方案的性能边界。

全交织信道模型的编码

在该模型中假定采用一个很长的交织器，码字分量在一个长间隔上扩散，该间隔比信道相干时间长得多。因此可假定发送码字的各分量经历独立的衰落。当发送 $\boldsymbol{x}_i$ 时，该模型的信道输出为

$$y_j=R_j x_{ij}+n_j, \qquad 1\leqslant j\leqslant n \tag{14-4-2}$$

式中，R_j 表示信道衰落的影响；n_j 为噪声。在该模型中，因交织 R_j 是独立的，n_j 是服从 CN(0, N_0)分布的 IDD 样值。该信道的输入-输出矢量关系为

$$\boldsymbol{y}=\boldsymbol{R}\boldsymbol{x}+\boldsymbol{n} \tag{14-4-3}$$

式中，$\boldsymbol{R}$ 为 $n\times n$ 的对角矩阵；$\boldsymbol{n}$ 是矢量，其中分量 n_j 是独立的；R_j 一般是复数，表示衰落过程的幅度和相位。

$$\boldsymbol{R}=\mathrm{diag}(R_1, R_2, \cdots, R_n)=\begin{bmatrix} R_1 & 0 & 0 & \cdots & 0 \\ 0 & R_2 & 0 & \cdots & 0 \\ 0 & 0 & R_3 & \cdots & 0 \\ \vdots & \vdots & \vdots & \ddots & 0 \\ 0 & 0 & 0 & \cdots & R_n \end{bmatrix} \tag{14-4-4}$$

具有接收信号 $\boldsymbol{y}$ 的最大似然译码器使用准则

$$\hat{m}=\arg\max_{1\leqslant m\leqslant M} p(\boldsymbol{y}|\boldsymbol{x}_m) \tag{14-4-5}$$

来检测发送消息 $\boldsymbol{x}_m$。由于衰落和噪声分量的独立性，有

$$p(\boldsymbol{y}|\boldsymbol{x}_m)=\prod_{i=1}^{n} p(y_j|x_{mj}) \tag{14-4-6}$$

式中，$p(y_j|x_{mj})$的值取决于接收机信道状态信息的可获得性。

（1）接收机可获得 CSI。在这种情况下，信道的输出包括输出矢量 $\boldsymbol{y}$ 和信道状态序列(r_1, r_2,⋯, r_n)，该序列是随机变量 R_1, R_2,⋯, R_n 的实现，或等效为矩阵 $\boldsymbol{R}$ 的实现。最大似然准则 P[observed|input]变为

$$\prod_{i=1}^{n} p(y_j, r_j | x_{mj}) = \prod_{i=1}^{n} p(r_j) p(y_j | x_{mj}, r_j) \tag{14-4-7}$$

将式（14-4-7）代入式（14-4-5）并丢弃正的公因子 $\prod_{i=1}^{n} p(r_j)$ 可得到

$$\hat{m} = \arg\max_{1 \leqslant m \leqslant M} \prod_{i=1}^{n} p(y_j | x_{mj}, r_j) \tag{14-4-8}$$

（2）接收机无 CSI。在这种情况下，ML 准则为

$$\hat{m} = \arg\max_{1 \leqslant m \leqslant M} \prod_{i=1}^{n} p(y_j | x_{mj}) \tag{14-4-9}$$

式中，

$$p(y_j | x_{mj}) = \int p(r_i) p(y_j | x_{mj}, r_j) \, \mathrm{d} r_i \tag{14-4-10}$$

1. 接收机具有 CSI 的全交织衰落信道性能

通过采用类似于 6.8.1 节的方法可得到差错概率的边界。利用式（6-8-2），有

$$P_{\mathrm{e}|m} \leqslant \sum_{\substack{m'=1 \\ m' \neq m}}^{M} P[\boldsymbol{y} \in D_{mm'} | \boldsymbol{x}_m \text{ sent}] = \sum_{\substack{m'=1 \\ m' \neq m}}^{M} P_{m \to m'} \tag{14-4-11}$$

式中，$P_{m \to m'}$ 是成对差错概率（PEP），即由两个信号 $\boldsymbol{x}_m$ 和 $\boldsymbol{x}_{m'}$ 组成的二进制特性系统在发送 $\boldsymbol{x}_m$ 时的差错概率。这里，采用契尔诺夫（Chernov）边界技术推导成对差错概率的边界，其他研究成对差错概率的方法，读者可参考 Biglieri 等（1995，1996，1998a）。

（1）成对差错概率边界。为了计算 PEP 的边界，注意由于在这种情况下接收机可获得 CSI，根据式（14-4-8），信道条件概率为 $p(y_j | x_{mj}, r_j)$，因此

$$P_{m \to m'} = \int P[\boldsymbol{x}_m \to \boldsymbol{x}_{m'} | \boldsymbol{R} = \boldsymbol{r}] p(\boldsymbol{r}) \, \mathrm{d} \boldsymbol{r} \tag{14-4-12}$$

式中，

$$P[\boldsymbol{x}_m \to \boldsymbol{x}_{m'} | \boldsymbol{R} = \boldsymbol{r}] = P\left[\ln \frac{p(\boldsymbol{y} | \boldsymbol{x}_{m'}, \boldsymbol{r})}{p(\boldsymbol{y} | \boldsymbol{x}_m, \boldsymbol{r})} > 0\right] = P[Z_{mm'}(\boldsymbol{r}) > 0] \tag{14-4-13}$$

似然比 $Z_{mm'}(\boldsymbol{r})$ 为

$$Z_{mm'}(\boldsymbol{r}) = \ln \frac{p(\boldsymbol{y} | \boldsymbol{x}_{m'}, \boldsymbol{r})}{p(\boldsymbol{y} | \boldsymbol{x}_m, \boldsymbol{r})} = \frac{1}{N_0} \left(\| \boldsymbol{y} - \boldsymbol{r} \boldsymbol{x}_m \|^2 - \| \boldsymbol{y} - \boldsymbol{r} \boldsymbol{x}_{m'} \|^2 \right) = \frac{1}{N_0} \sum_{j=1}^{n} Z_{mm'j}(r_j) \tag{14-4-14}$$

式中，

$$\begin{aligned} Z_{mm'j}(r_j) &= |y_j - r_j x_{mj}|^2 - |y_j - r_j x_{m'j}|^2 \\ &= |r_j|^2 \left(|x_{mj}|^2 - |x_{m'j}|^2 \right) + 2\mathrm{Re}\left[y_j^* r_j (x_{m'j} - x_{mj}) \right] \end{aligned} \tag{14-4-15}$$

因为假定发送 $\boldsymbol{x}_m$，有 $y_j = r_j x_{mj} + n_j$，代入式（14-4-15）并简化可得到

$$Z_{mm'j}(r_j) = -|r_j|^2 |x_{mj} - x_{m'j}|^2 - 2\mathrm{Re}\left[r_j n_j^* (x_{mj} - x_{m'j}) \right] = -|r_j|^2 d_{mm'j}^2 - N_j \tag{14-4-16}$$

式中，N_j 是均值为 0、方差为 $2|r_j|^2 d_{mm'j}^2 N_0$ 的实高斯随机变量；$d_{mm'j}$ 为表示 $\boldsymbol{x}_m$ 和 $\boldsymbol{x}_{m'}$ 第 j 个

分量的星座点之间的欧氏距离。

将式（14-4-16）代入式（14-4-13），可得

$$Z_{mm'}(\boldsymbol{r})=\frac{1}{N_0}\sum_{j=1}^{n}\left(-|r_j|^2 d_{mm'j}^2-N_j\right) \tag{14-4-17}$$

利用该结果，式（14-4-13）为

$$P[\boldsymbol{x}_m\to\boldsymbol{x}_{m'}|\boldsymbol{R}=\boldsymbol{r}]=P\left[\sum_{j=1}^{n}\left(|R_j|^2 d_{mm'j}^2+N_j\right)<0\middle|\boldsymbol{R}=\boldsymbol{r}\right] \tag{14-4-18}$$

应用 2.4 节的契尔诺夫（Chernov）边界技术，可得到

$$\begin{aligned}P\left[\sum_{j=1}^{n}\left(|R_j|^2 d_{mm'j}^2+N_j\right)<0\middle|\boldsymbol{R}=\boldsymbol{r}\right]&=E\left[\mathrm{e}^{\nu\sum\limits_{j=1}^{n}\left(|R_j|^2 d_{mm'j}^2+N_j\right)<0}\middle|\boldsymbol{R}=\boldsymbol{r}\right]\\&\leqslant\min_{\nu<0}\prod_{j=1}^{n}E\left[\mathrm{e}^{\nu\left(|R_j|^2 d_{mm'j}^2+N_j\right)}\middle|R_j=r_j\right]\end{aligned} \tag{14-4-19}$$

式中，$|R_j|$表示衰落过程的包络。将此结果代入式（14-4-12），可得到

$$P_{m\to m'}\leqslant\min_{\nu<0}\prod_{j=1}^{n}\int E\left[\mathrm{e}^{\nu\left(|R_j|^2 d_{mm'j}^2+N_j\right)}\middle|R_j=r_j\right]p(r_j)\,\mathrm{d}r_j \tag{14-4-20}$$

（2）赖斯（Rice）衰落。这里假定衰落过程包络$|R_j|$具有式（2-3-56）确定的赖斯 PDF。可直接利用例 2-4-2，尤其是式（2-4-25），得

$$P_{m\to m'}\leqslant\prod_{j=1}^{n}\frac{1}{1+\frac{d_{mm'j}^2}{2N_0}\sigma^2}\exp\left[-\frac{\frac{d_{mm'j}^2}{4N_0}s^2}{1+\frac{d_{mm'j}^2}{2N_0}\sigma^2}\right] \tag{14-4-21}$$

由式（14-4-11）可得

$$P_{\mathrm{e}}\leqslant\frac{1}{M}\sum_{m=1}^{M}\sum_{\substack{m'=1\\m'\neq m}}^{M}\prod_{j=1}^{n}\frac{1}{1+\frac{d_{mm'j}^2}{2N_0}\sigma^2}\exp\left[-\frac{\frac{d_{mm'j}^2}{4N_0}s^2}{1+\frac{d_{mm'j}^2}{2N_0}\sigma^2}\right] \tag{14-4-22}$$

在式（14-4-21）和式（14-4-22）中，σ^2和 s 确定衰落过程包络的赖斯随机变量。成对差错概率也可以用赖斯（Rice）因子 K［参见式（2-4-26）］表示为

$$P_{m\to m'}\leqslant\prod_{j=1}^{n}\frac{K+1}{K+1+\frac{Ad_{mm'j}^2}{4N_0}}\exp\left[-\frac{\frac{AKd_{mm'j}^2}{4N_0}}{K+1+\frac{Ad_{mm'j}^2}{4N_0}}\right] \tag{14-4-23}$$

式中，$A=E[|R_j|]^2=s^2+2\sigma^2$为衰落增益；$K=\dfrac{s^2}{2\sigma^2}$为赖斯因子。由式（14-4-21）和式（14-4-23）可见，如果对于一个特定的码字分量j有$x_{mj}=x_{m'j}$，则$d_{mm'j}=0$，乘积中相应的项等于 1。因此，只考虑乘积中$x_{mj}\neq x_{m'j}$的项就足够了。用$\mathcal{J}_{mm'}$表示$x_{mj}\neq x_{m'j}$的分量j，即

$$\mathcal{J}_{mm'}=\{1\leqslant j\leqslant n: x_{mj}\neq x_{m'j}\} \tag{14-4-24}$$

那么，

$$P_{m\to m'} \leqslant \prod_{j\in\mathcal{J}_{mm'}} \frac{1}{1+\frac{d_{mm'j}^2}{2N_0}\sigma^2}\exp\left[-\frac{\frac{d_{mm'j}^2}{4N_0}s^2}{1+\frac{d_{mm'j}^2}{2N_0}\sigma^2}\right] \tag{14-4-25}$$

再以赖斯因子表示，有

$$P_{m\to m'} \leqslant \prod_{j\in\mathcal{J}_{mm'}} \frac{K+1}{K+1+\frac{Ad_{mm'j}^2}{4N_0}}\exp\left[-\frac{\frac{AKd_{mm'j}^2}{4N_0}}{K+1+\frac{Ad_{mm'j}^2}{4N_0}}\right] \tag{14-4-26}$$

对并不改变发送能量的归一化衰落信道，有 $E[|R|^2]=A=1$，成对差错概率的边界为

$$P_{m\to m'} \leqslant \prod_{j\in\mathcal{J}_{mm'}} \frac{K+1}{K+1+\frac{d_{mm'j}^2}{4N_0}}\exp\left[-\frac{\frac{Kd_{mm'j}^2}{4N_0}}{K+1+\frac{d_{mm'j}^2}{4N_0}}\right] \tag{14-4-27}$$

（3）瑞利（Rayleigh）衰落和高斯信道。对瑞利衰落的特殊情况，即 $s=K=0$ 的极端情况，有

$$P_{m\to m'} \leqslant \prod_{j\in\mathcal{J}_{mm'}} \frac{1}{1+\frac{d_{mm'j}^2}{2N_0}\sigma^2} \tag{14-4-28}$$

对于归一化瑞利衰落信道，其 $2\sigma^2=1$，其中接收功率等于发送功率［参见式（14-2-9)］，可得

$$P_{m\to m'} \leqslant \prod_{j\in\mathcal{J}_{mm'}} \frac{1}{1+\frac{d_{mm'j}^2}{4N_0}} \tag{14-4-29}$$

赖斯信道的其他极端情况发生在 $K\to\infty$ 时，在这种情况下，赖斯信道变为高斯信道。对于此情况，式（14-4-27）可简化为

$$P_{m\to m'} \leqslant \prod_{j\in\mathcal{J}_{mm'}} \mathrm{e}^{-\frac{d_{mm'j}^2}{4N_0}} \tag{14-4-30}$$

或

$$P_{m\to m'} \leqslant \mathrm{e}^{-\frac{d_{mm'}^2}{4N_0}} \tag{14-4-31}$$

这也是式（4-2-72）中用的高斯信道的标准结果。

（4）高信噪比近似。在高信噪比时，当 $\frac{Ad_{mm'j}^2}{4N_0} \gg K+1$ 时，式（14-4-26）的边界可以近似为

$$P_{m\to m'} \leqslant \prod_{j\in\mathcal{J}_{mm'}} \frac{(K+1)\mathrm{e}^{-K}}{\frac{A^2d_{mm'j}^2}{4N_0}} \tag{14-4-32}$$

定义 $\boldsymbol{x}_m$ 和 $\boldsymbol{x}_{m'}$ 之间的汉明距离为集合 $\mathcal{J}_{mm'}$ 的基数，即 $\boldsymbol{x}_m$ 与 $\boldsymbol{x}_{m'}$ 不同的分量的数目。

$$d_{\mathrm{H}}(\boldsymbol{x}_m,\boldsymbol{x}_{m'}) = |\mathcal{J}_{mm'}| = \left|\{1\leqslant j\leqslant n: x_{mj}\neq x_{m'j}\}\right| \tag{14-4-33}$$

码的乘积距离定义为

$$\delta^2(\boldsymbol{x}_m,\boldsymbol{x}_{m'}) = \frac{1}{(\overline{\mathcal{E}}_{\mathrm{s}})^{d_{\mathrm{H}}(\boldsymbol{x}_m,\boldsymbol{x}_{m'})}} \prod_{j\in\mathcal{J}_{mm'}} d_{mm'j}^2 \tag{14-4-34}$$

式中，$\overline{\mathcal{E}}_{\mathrm{s}}$ 为平均码字能量，为

$$\overline{\mathcal{E}}_{\mathrm{s}} = \frac{1}{M}\sum_{m=1}^{M}\|\boldsymbol{x}_m\|^2 \tag{14-4-35}$$

注意，按此定义，信号能量的影响被因子分解，并定义了归一化码的乘积距离，它类似于原码，但平均能量等于 1。由此定义，式（14-4-32）可写为

$$P_{m\to m'}\leqslant\frac{\left[(1+K)\mathrm{e}^{-K}\right]^{d_{\mathrm{H}}(\boldsymbol{x}_m,\boldsymbol{x}_{m'})}}{\left(\frac{\bar{\mathcal{E}}_{\mathrm{s}}}{4N_0}\right)^{d_{\mathrm{H}}(\boldsymbol{x}_m,\boldsymbol{x}_{m'})}\delta^2(\boldsymbol{x}_m,\boldsymbol{x}_{m'})}\tag{14-4-36}$$

或

$$P_{m\to m'}\leqslant\left[\frac{(1+K)\mathrm{e}^{-K}}{\Gamma_{mm'}\frac{\bar{\mathcal{E}}_{\mathrm{s}}}{4N_0}}\right]^{d_{\mathrm{H}}(\boldsymbol{x}_m,\boldsymbol{x}_{m'})}\tag{14-4-37}$$

式中，

$$\Gamma_{mm'}=\left[\delta^2(\boldsymbol{x}_m,\boldsymbol{x}_{m'})\right]^{\frac{1}{d_{\mathrm{H}}(\boldsymbol{x}_m,\boldsymbol{x}_{m'})}}\tag{14-4-38}$$

是 $\boldsymbol{x}_m$ 与 $\boldsymbol{x}_{m'}$ 不相等的分量欧氏距离的几何均值。注意，信噪比乘以 $\Gamma_{mm'}$，由于与高斯情况相似，我们称其为序列 $\boldsymbol{x}_m$ 与 $\boldsymbol{x}_{m'}$ 的编码增益。

在式（14-4-22）中利用式（14-4-37），可得到下列近似边界：

$$P_{\mathrm{e}}\leqslant\frac{1}{M}\sum_{m=1}^{M}\sum_{\substack{m'=1\\m'\neq m}}^{M}\left[\frac{(1+K)\mathrm{e}^{-K}}{\Gamma_{mm'}\frac{\bar{\mathcal{E}}_{\mathrm{s}}}{4N_0}}\right]^{d_{\mathrm{H}}(\boldsymbol{x}_m,\boldsymbol{x}_{m'})}\tag{14-4-39}$$

对于相当高的信噪比，式（14-4-39）中的主要项是相应于具有最小汉明距离的项，在这种情况下，有

$$P_{\mathrm{e}}\leqslant(M-1)\left[\frac{(1+K)\mathrm{e}^{-K}}{\Gamma_{\min}\frac{\bar{\mathcal{E}}_{\mathrm{s}}}{4N_0}}\right]^{d_{\min}}\tag{14-4-40}$$

式中，$d_{\min}$ 为该码的最小汉明距离，且

$$\Gamma_{\min}=\left(\delta_{\min}^2\right)^{\frac{1}{d_{\min}}}\tag{14-4-41}$$

式中，$\delta_{\min}^2$ 表示具有最小汉明距离码字对的乘积距离最小值。

瑞利衰落信道在高信噪比时 $K=0$，式（14-4-36）、式（14-4-37）、式（14-4-39）和式（14-4-40）可简化为

$$P_{m\to m'}\leqslant\frac{1}{\left(\frac{\bar{\mathcal{E}}_{\mathrm{s}}}{4N_0}\right)^{d_{\mathrm{H}}(\boldsymbol{x}_m,\boldsymbol{x}_{m'})}\delta^2(\boldsymbol{x}_m,\boldsymbol{x}_{m'})}\tag{14-4-42}$$

$$P_{m\to m'}\leqslant\left[\frac{1}{\Gamma_{mm'}\frac{\bar{\mathcal{E}}_{\mathrm{s}}}{4N_0}}\right]^{d_{\mathrm{H}}(\boldsymbol{x}_m,\boldsymbol{x}_{m'})}\tag{14-4-43}$$

$$P_{\mathrm{e}}\leqslant\frac{1}{M}\sum_{m=1}^{M}\sum_{\substack{m'=1\\m'\neq m}}^{M}\left[\frac{1}{\Gamma_{mm'}\frac{\bar{\mathcal{E}}_{\mathrm{s}}}{4N_0}}\right]^{d_{\mathrm{H}}(\boldsymbol{x}_m,\boldsymbol{x}_{m'})}\tag{14-4-44}$$

$$P_{\mathrm{e}}\leqslant(M-1)\left[\frac{1}{\Gamma_{\min}\frac{\bar{\mathcal{E}}_{\mathrm{s}}}{4N_0}}\right]^{d_{\min}}\tag{14-4-45}$$

注意，在式（14-4-40）和式（14-4-45）中我们使用因子 M–1 相当保守。这是基于这样的假设：所有的码字都与发送码字有最小汉明距离，这就导致了差错概率的上界。如果 M–1 由在

距离 $d_{\min}$ 上的码字的（平均）数目（即码的重数，记为 $N_{\min}$）来取代，可得到更真实的边界。

（5）通过编码分集。因为乘积距离是针对单位能量星座图定义的，其影响与信噪比无关，它对编码系统的性能的影响是提高信噪比，或将性能曲线平移 $\Gamma_{\min}$（编码增益）。该码的最小汉明距离扮演一个非常重要的角色，将式（14-4-42）至式（14-4-45）与第 13 章中的分集系统的性能进行比较，可以看出编码系统的差错概率与 $(\mathrm{SNR})^{-d_{\min}}$ 成正比，L 阶分集系统的性能与 $(\mathrm{SNR})^{-L}$ 成正比。由此断定，对编码系统的影响类似于 L 阶分集（$L=d_{\min}$）的影响。换言之，具有最小汉明距离 $d_{\min}$ 的码提供了 $d_{\min}$ 阶分集。这是显而易见的，因为 L 阶分集系统等价于将信号发送 L 次，这类似于使用一个长度为 L 的重复码，其 $d_{\min}=L$。然而，编码在选择分集阶数上可以提供更大的灵活性，还能提供编码增益。在衰落信道的编码中，码的参数 $d_{\min}$ 通常称为分集阶数（Diversity Order）或码的有效长度（Effective Length）。

由上述讨论可知，编码系统在瑞利衰落信道上性能的影响因素与高斯信道上性能的影响因素有很大不同。在高斯信道上，编码系统的性能主要由码的最小欧氏距离确定。换言之，只要两个码字之间的欧氏距离比较大，该距离在码的各分量之间如何分布是无关紧要的。在瑞利衰落信道中，码的两个参数都对其性能有影响。码的最小距离确定编码系统的分集阶数，从而确定编码系统差错概率曲线的斜率。这对确定码性能特别是在高信噪比时是最重要的因素。影响性能的第二个因素是码的乘积距离，它是通过编码增益 $\Gamma_{\min}$ 对编码系统性能产生影响的。该影响对性能曲线是加性的，将导致性能曲线的平移。因为 $\Gamma_{\min}$ 是码字各分量的欧氏距离在不等分量上的几何平均值，总和不变的各个正数在相等时其几何平均值最大。因此可以断定在瑞利衰落信道上性能良好的码必须能提供最大分集的所有不同分量，而且该码的总欧氏距离必须在码字各分量之间等分布以获得最大可能的编码增益。

（6）信号空间分集。为了描述在瑞利衰落信道中编码系统分集阶数的影响，并比较瑞利衰落信道与高斯信道之间的性能差别，下面研究图 14-4-1 确定的两个信号集，图 14-4-1（a）是标准的 QPSK 星座图，图 14-4-1（b）是其旋转的形式。如果编码只影响该发送信号的正交分量，则该星座图将在垂直方向收缩。在这种条件下，星座点就移至空心圆的位置。如果衰落相当深，具有同样实部的两个星座点就有可能压缩到同一点，从而引起相当大的差错概率。显然，在这种条件下图 14-4-1（b）所示的星座图的性能要优于 14-4-1（a）所示的星座图。注意，两个星座图的信号点之间具有相同的欧氏距离，因此它们在高斯信道上的性能是相似的。图 14-4-1（b）所示的星座图性能较好的原因是，它具有更大的汉明距离，从而提供更高的分集。图 14-4-1（a）所示的星座图的分集阶数为 1，而图 14-4-1（b）所示的星座图的分集阶数为 2。这种在信号空间选择信号点直接得到的分集称之为信号空间分集（Signal Space Diversity）。注意，在图 14-4-1（a）所示的星座图变为图 14-4-1（b）所示的星座图的过程中没有引入冗余，因此通信系统的谱效率并没有受到损害，通过星座图的简单旋转使信号空间分集获得了较好的性能。Boutros & Viterbo（1998）已证明，这种简单的旋转可以使 QPSK 信号传输方式在瑞利衰落信道上的差错概率为 10^{-3} 时性能改善 8 dB。

通过高斯星座图旋转的信号空间分集可以应用于由格图（Lattice）形成的信号星座图。利用这种技术，可以在不牺牲带宽或功率的情况下改善系统在衰落信道上的性能。与不旋转的格图相比，这种系统的唯一缺点是增加了检测的复杂性。信号空间分集的详细内容可以参考论文 Boutros 等（1996）以及 Boutros & Viterbo（1998）。

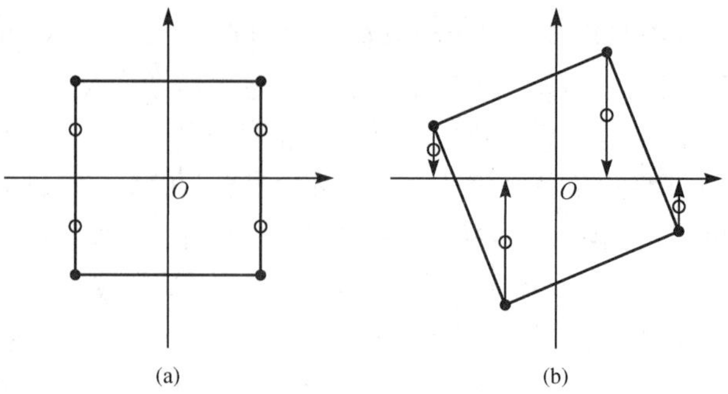

图 14-4-1　标准 QPSK 星座图及其旋转形式

2．无 CSI 全交织衰落信道的性能

这里更多涉及在无 CSI 全交织衰落信道情况下的成对差错概率的推导。对 MPSK 星座图的推导过程可参考 Divsalar & Simon（1988a）和 Jamali & Le-Ngoc（1994）。对赖斯衰落的结果为

$$P_{m\to m'}\leqslant\min_{\nu>0}\prod_{j\in\mathcal{J}_{mm'}}\mathrm{e}^{\frac{\nu^2}{N_0}|x_{mj}-x_{m'j}|^2}\frac{\mathrm{e}^{-K}}{\pi}\int_0^{\pi}\left\{1-2\sqrt{\pi}\lambda(\theta)Q\left[\sqrt{2}\lambda(\theta)\right]\mathrm{e}^{\lambda^2(\theta)}\right\}\mathrm{d}\theta \tag{14-4-46}$$

式中，

$$\lambda(\theta)=\frac{\frac{\nu}{2N_0}|x_{mj}-x_{m'j}|^2}{\sqrt{K+1}}-\sqrt{K}\cos\theta \tag{14-4-47}$$

当高信噪比且对低 K 值适度时，该表达式可进一步简化为如下形式：

$$P_{m\to m'}\leqslant\left[(K+1)\mathrm{e}^{-K}\frac{\frac{2\mathrm{e}}{d_{\mathrm{H}}}}{\Gamma_{mm'}\,\mathrm{SNR}}\cdot\frac{\sum_{j\in\mathcal{J}_{mm'}}|\tilde{\boldsymbol{x}}_m-\tilde{\boldsymbol{x}}_{m'}|^2}{\Gamma_{mm'}}\right]^{d_{\mathrm{H}}} \tag{14-4-48}$$

式中，$d_{\mathrm{H}}=d_{\mathrm{H}}(\boldsymbol{x}_m,\boldsymbol{x}_{m'})$，表示 $\boldsymbol{x}_m$ 和 $\boldsymbol{x}_{m'}$ 之间的汉明距离，$\tilde{\boldsymbol{x}}_m=\frac{1}{\sqrt{\bar{\mathcal{E}}_s}}x_m$，$\tilde{\boldsymbol{x}}_{m'}=\frac{1}{\sqrt{\bar{\mathcal{E}}_s}}x_{m'}$。信噪比定义$\mathrm{SNR}=\bar{\mathcal{E}}_s/N_0$。在瑞利衰落的特殊情况下 $K=0$，该边界变为

$$P_{m\to m'}\leqslant\left[\frac{\frac{2\mathrm{e}}{d_{\mathrm{H}}}}{\Gamma_{mm'}\,\mathrm{SNR}}\cdot\frac{\sum_{j\in\mathcal{J}_{mm'}}|\tilde{\boldsymbol{x}}_m-\tilde{\boldsymbol{x}}_{m'}|^2}{\Gamma_{mm'}}\right]^{d_{\mathrm{H}}} \tag{14-4-49}$$

14.5　衰落信道的网格编码调制

14.4 节的讨论表明，对于衰落信道，好码的参数设计是至关重要的，它不同于高斯信道的码的参数设计。在高斯信道的码设计中，当采用软判决译码时，码的性能由两个参数确定，这两个参数是：

① 码的最小欧氏距离。这是确定码性能的最重要的因素，特别是在高信噪比时。

② 码的重数（Multiplicity），即对给定码字具有小欧氏距离（特别是最小欧氏距离）的码字数目，该参数在低信噪比时尤为重要。Turbo 码就是具有低重数码的例子，低重数为该码在低 SNR 时提供了优秀的性能。

对于衰落信道，对码性能影响最大的码参数是：

① 码分集阶数或有效长度，该参数由码的最小汉明距离确定，它决定了差错概率曲线的斜率，尤其是在高信噪比时是决定性因素。

② 式（14-4-34）定义的乘积距离，它决定式（14-4-38）和式（14-4-41）定义的编码增益。该参数导致差错概率曲线平移，而且对所有信噪比具有相同的影响。有趣的是，在低分集阶数时增加乘积距离对编码增益的影响更为显著，这是因为式（14-4-41）中指数$1/d_{\min}$的影响。例如，在分集阶数为 2 的码中，2 倍乘积距离提高编码增益 1.5 dB；而在分集阶数为 4 的码中，2 倍的乘积距离提高编码增益为 0.75 dB。

③ 码重数 $N_{\min}$，即最小分集阶数码字和乘积距离的总数，该因素影响低信噪比时的码性能。

14.5.1 衰落信道的 TCM 系统

网格编码调制曾在 8.12 节介绍过，它作为带宽受限信道上获得编码增益的一种手段，希望在此信道上以比特率/带宽，即 R/W>1 发送信号。在对这样的信道设计数字通信系统时，通常使用带宽效率高的多电平或多相调制（PAM、PSK、DPSK 或 QAM），它使得 R/W>1。当编码用于带宽受限信道信号设计时，人们期望获得编码增益而无须扩展信号带宽，如 8.12 节所述。这可用以下两种方法实现：一是增加相应非编码系统星座中的信号点数，以补偿由编码引入的冗余度；二是设计网格码，使得发送符号序列的欧氏距离大于非编码系统中每个符号的欧氏距离，该发送符号序列相应于汇合在网格中任一节点的路径。比较起来，上述编码方案与 FSK 或 PSK 调制结合在一起，扩展了用来获得信号分集的已调制信号带宽。

当设计衰落信道的网格编码信号波形时，可以采用与设计常规编码方案相同的原理。特别地，衰落信道中任何编码信号设计的最重要目标是达到尽可能大的分集阶数。

如上所述，达到高带宽效率的候选调制方法是 M 元 PSK、DPSK、QAM 和 PAM，这个选择在很大程度上取决于信道特征。如果接收信号的幅度快速变化，则 QAM 和 PAM 可能特别脆弱，因为必须用宽范围自动增益控制（AGC）来补偿信道变化。在这种情况下，PSK 或 DPSK 将更适合，因为信息是由信号相位而不是信号幅度传输的。DPSK 有其他的优点，即只要求在两个连续的符号上载波相位相干。然而，相对于 PSK，DPSK 的 SNR 有损失。

本节的讨论和设计准则表明，对于高斯信道而言，一个好的 TCM（网格）码对于衰落信道却不一定是好码。网格码的欧氏距离大但有效码长（或乘积距离）小是完全可能的。特别是，翁格伯克（Ungerboeck）设计的高斯信道的一些好码（Ungerboeck，1983）在其网格中具有并行分支。如第 8 章所述，TCM 码中的并行分支是由未编码比特引起的。显然，网格中在所有分支上相似的，但在一个并行分支上相应于不同分支的两条路径具有最小距离 1 且提供的分集阶数为 1。在衰落信道上并不希望传输这样的码，这是由于其分集阶数低的缘故，应当避免采用。然而，这对高斯信道并不是一个问题，事实上许多在高斯信道上工作出色的、好的 TCM 方式在其网格图中都具有并行分支。

为了设计具有高阶分集的 TCM 方式，必须确保网格中相应于不同码序列的路径具有长进程的不同分支，这些分支可用码星座图上的不同符号来标志。为了使两个码序列具有分集阶数 L，码网格中相应的路径在分离至少 L 个分支后必须重新汇合，在这些 L 个分支上的两条路径必须具有不同的标志。这明确地表示，必须排除 L>1 的并行转移。

研究图 8-1-1 所示的(n, k, K)卷积码，该码的记忆元素数目为 Kk，表示该码的网格图中的

状态数为 $2^{k(K-1)}$，以及 2^k 个分支进入和离开网格的每一个状态。不失一般性，研究一条全 0 路径，以及与其分离的一条路径。与全 0 路径分离的路径相应于输入 k 个比特中至少包含一个 1。因为该码的记忆元素数目为 Kk，它取 K 个 k 比特序列，全部等于 0，从 Kk 个记忆元素中除去 1（或多个 1），从而将该码带回到全 0 状态，将该路径与全 0 路径重新汇合。这表明，从一个状态出现的两条路径在至少 K 个分支之后重新汇合，因此该码具有提供 K 阶分集的潜力。所以，卷积码可提供的分集阶数等于 K，这也是卷积码的约束长度。为了使用这种潜在的分集阶数，信号星座图上必须有足够的点，以便将不同的信号点分配给网格图中不同的分支。

下面分析 Wilson & Leung（1987）曾研究过的一种网格码。图 14-5-1 所示为该 TCM 方式的网格图和星座图，图中，相应于该码的网格是全连接网格，网格上没有并行分支，即该网格的每一个分支都对应于星座图上的一个点。该网格的分集阶数为 2，所以差错概率与信噪比的平方成反比，该码的乘积距离为 1.172。容易证明：该码的自由欧氏距离的平方 $d_{\text{free}}^2 = 2.586$，所以图 14-5-1 的 TCM 方式的编码增益为 1.1 dB，当用于 AWGN 信道传输时编码增益为 1.9 dB，低于 8.12 节中具有类似复杂性 Ungerboeck 码的编码增益。

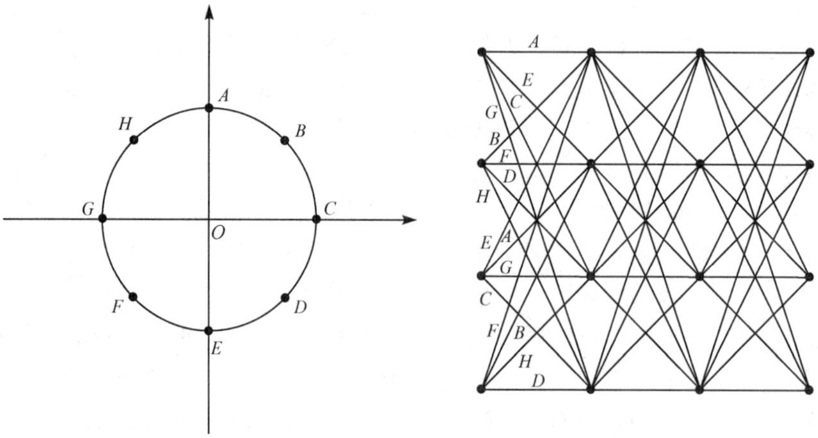

图 14-5-1　衰落信道的一种 TCM 方式的星座图和网格图

Schlegel & Costello（1989）给出了一类不同约束长度的 8-PSK 码率为 2/3 的 TCM 码，对好码的搜索是在所有这样设计的码中进行的：系统卷积码后跟随 8-PSK 信号星座图映射。结果表明，该设计方法的优点在约束长度较大时更为显著。特别是，当约束长度较小时，该设计方法导致与 Ungerboeck（1983）得到同样的码；在约束长度较大时，这些码能提供比 Ungerboeck 设计的码更高的分集阶数和更大的乘积距离。例如，具有 1024 个状态的网格码能够提供的分集阶数为 5，以及（归一化）乘积距离为 128。比较起来，具有同样复杂性的 Ungerboeck 码提供的分集阶数为 4，乘积距离为 32。

Du 和 Vucetic（1990）在卷积码的输出对信号星座图映射中使用了格雷（Gray）码。对 8-PSK TCM 方式进行穷尽搜索（Exhaustive Search）的结果表明，特别是在较小的约束长度时，这些码比 Schlegel & Costello（1989）设计的那些码具有更好的性能；当状态数增加时，Schlegel & Costello（1989）设计的码性能较好。例如，一个具有 32 个状态的网格码，Du & Vucetic（1990）的方法导致分集阶数为 3，（归一化）乘积距离为 32；而 Schlegel & Costello（1989）设计的码相应的数字分别为 3 和 16。

Jamali & Le-Ngoc（1991）不仅论述了好的 4 状态 8-PSK 网格码的设计问题，也论述了对瑞利衰落信道的一般设计规则。这些设计原理可以看成 Ungerboeck（1983）提出的对高斯信道设计规则的推广，应用这些规则可以改善性能。例如，图 14-5-2 所示为应用这些规则得到的信号星座图和网格图。

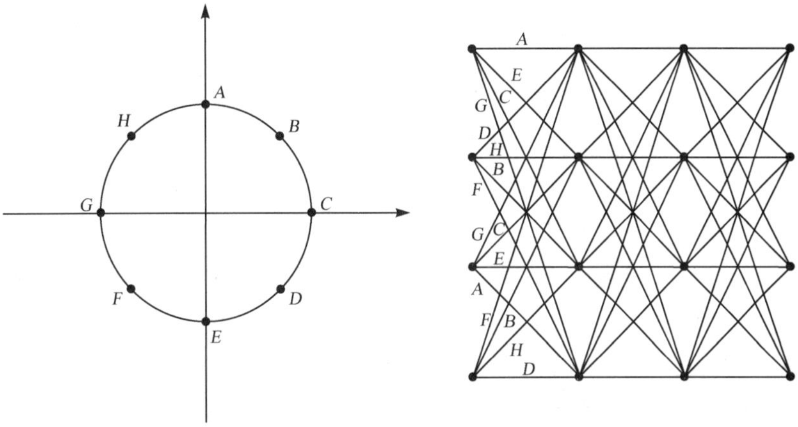

图 14-5-2　改进的 TCM 方式的星座图和网格图

容易证明，这种码在 AWGN 信道上的编码增益（用自由欧氏距离表示）为 2 dB，比图 14-5-1 中 Wilson & Leung（1987）设计的码好 0.9 dB，与具有类似复杂性的 Ungerboeck 码仅差 1 dB。不难看出，该码的乘积距离（Product Distance）是图 14-5-1 所示码的乘积距离的 2 倍，所以该码在衰落信道上的性能优于 Wilson & Leung（1987）设计的码性能。因为该码的平方乘积距离（Squared Product Distance）是图 14-5-1 中码的平方乘积距离的 2 倍，与 Wilson & Leung（1987）设计的码相比，该码在衰落信道上渐进性能改善量为 $10\log\sqrt{2}=1.5\text{ dB}$。该码的编码器可以用卷积码编码器后跟随 8-PSK 信号集的自然映射来实现。

14.5.2　多重网格编码调制（MTCM）

我们已经看到，网格编码调制方式在衰落信道上的性能主要是由其分集阶数和乘积距离来确定的。特别是，应当避免具有并行分支的网格，因为其分集阶数低。在带宽严重受限条件下进行高比特率传输时，信号星座图包含许多信号点，在这种情况下，为了在码的网格中避免并行路径，网格状态数应当很大，这将导致很复杂的译码方式。

一种避免并行分支并同时避免很大状态数的方法是，使用多重网格编码调制（Multiple Trellis Coded Modulation，MTCM），它是由 Divsalar & Simon（1988c）首先提出的。图 14-5-3 所示为多重网格编码调制的方框图。

在图 14-5-3 所示的多重网格编码调制中，每一时刻有 $K=km$ 个信息比特进入网格编码器并映射为 $N=nm$ 个比特，它相应于信号点总数为 2^n 的信号星座图中的 m 个信号，这 m 个信号被发送到信道上。重要的是，不像标准的 TCM，这里网格的每一分支以星座图中的 m 个信号来标志，而不是一个信号。由于多个信号对应于每个网格分支，这就导致较高的分集阶数，从而可改善衰落信道的性能。事实上，MTCM 具有相对少的状态数，同时避免了分集阶数的减少，该系统的吞吐率（或谱比特率，定义为比特率与带宽之比）为 k，其等价于未编码（相对于常规 TCM）系统。在 MTCM 的许多实现中，将 n 值选为 $k+1$。注意在这种选择中，$m=1$ 的情况等价于常规 TCM。MTCM 码率为 $R=K/N=k/n$。

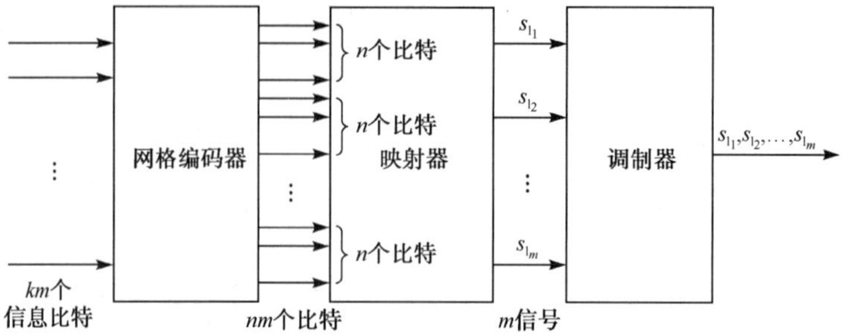

图 14-5-3　多重网格编码调制的方框图

下面通过一个例子对特定的 TCM 方式在衰落环境下的性能进行分析。该例的信号星座图和网格图如图 14-5-4 所示。假定该码 $m=2$、$k=2$ 和 $n=3$，所以码率为 2/3，该码选择的网格为两状态网格。当 $K=km=4$ 时刻，信息比特进入网格编码器。这意味着有 $2^K=16$ 个分支离开网格的每一状态。由于网格结构的对称性，存在 8 个并行分支连接到任意两个网格状态。然而，与常规网格编码调制的区别是，这里在信号空间中对网格的每一个分支分配两个信号。实际上，对应于 $K=4$ 个信息比特进入网格编码器，$N=nm=6$ 个二进制符号离开网格编码器。这 6 个二进制符号用来从图 14-5-4 所示的 8-PSK 星座图中选择 2 个信号（每一个信号需要 3 个二进制符号）。图 14-5-4 也示出了分支到二进制符号的映射。仔细观察该图中的映射可看出，虽然该码的网格存在并行分支，但该码提供的分集阶数等于 2。

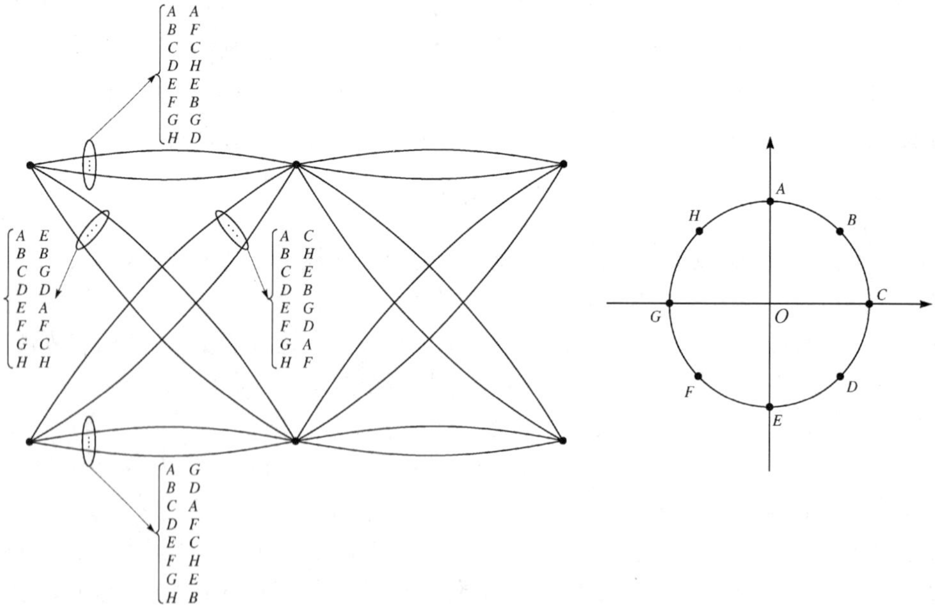

图 14-5-4　多重网格编码调制的例子

由上例可见，多重网格编码调制能够获得良好的分集，而不要求有大量状态的复杂的网格。也可以证明［参见 Divsalar & Simon（1988c）］，这种技术同样可提供采用非对称信号集

（Asymmetric Signal Set）的所有好处［如 Divsalar 等（1987）所述］，而不会遭遇时间抖动和大变动网格码的问题。Divsalar & Simon（1988b）［也可参见 Biglieri 等（1991）］论述了多重网格编码调制的最佳集合划分规则。应当注意，如果该码用于 AWGN 信道的话，图 14-5-4 所示的信号集对网格分支的分配并不是可能的最好分配。实际上，相对于图 14-5-4 所示的信号集分配，图 14-5-5 所示的信号集分配在 AWGN 信道上性能提高了 1.315 dB。然而，与图 14-5-4 所示的信号集分配提供分集阶数 2 相反，显然图 14-5-5 所示的信号集分配提供的分集阶数为 1。这意味着，在衰落信道上图 14-5-4 所示的码的性能优于图 14-5-5 所示的码的性能。

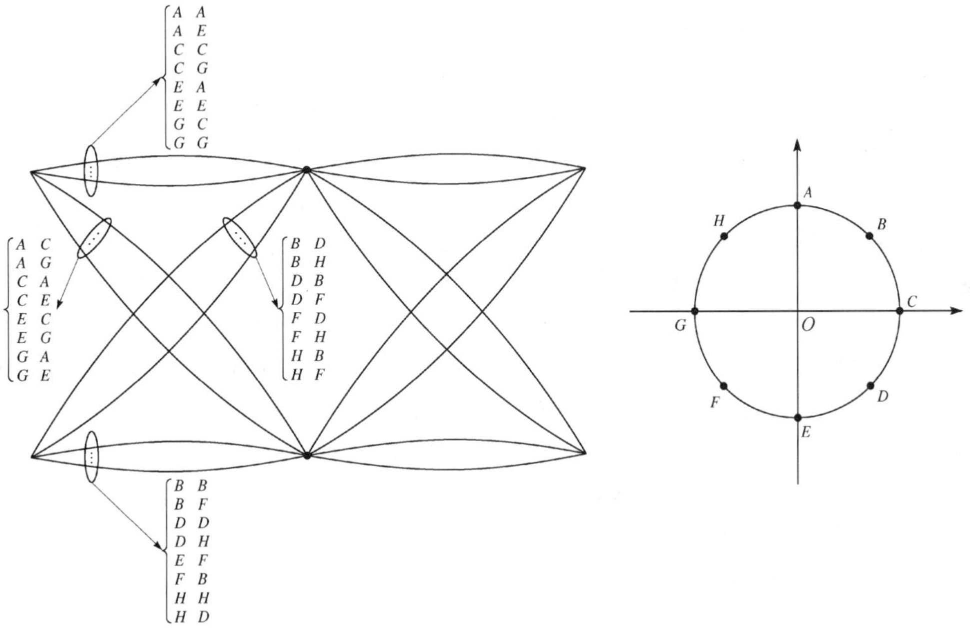

图 14-5-5　适于 AWGN 信道传输的 MTCM 方式的信号集分配

14.6　比特交织编码调制

由 8.12 节已知，由编码与调制联合设计为单一实体的编码调制系统，在高斯信道上无须扩展带宽就能提供良好的编码增益。这些码使用的标志方法是对码网格分集而不是普通的标志技术，如格雷（Gray）标志，通过提供网格路径（相应于不同的编码序列）之间大的欧氏距离而获得高斯信道上的良好性能。另一方面，如果一个码能提供高分集阶数，在衰落信道上就具有良好的性能，这取决于该码的最小汉明距离，如 14.4.1 节所述。在两种信道模型下都具有良好性能的码，必须提供大的欧氏距离和大的最小汉明距离。前面第 7 章已述及，对于 BPSK 和 BFSK 调制方式，欧氏距离与最小汉明距离的关系是一种简单的关系，分别由式（7-2-15）和式（7-2-17）确定，这些公式表明这些调制方式的欧氏距离和最小汉明距离可同时最佳化。

在采用扩展信号集的编码调制中，欧氏距离与最小汉明距离之间的关系不像 BPSK 和

BFSK 的那么简单。实际上，在许多编码调制方式中，通过采用 Ungerboeck 规则［Ungerboeck（1983）］的集合划分来标志网格分支使性能最佳化，最佳欧氏距离以及在 AWGN 信道模型上的最佳性能是以 TCM 方式获得的，该方式具有并行分支以及较小的最小汉明距离，从而分集阶数等于 1。显然，这些码在衰落信道上的性能并不好。14.5 节给出了衰落信道编码调制方式的例子，可以在这些信道上获得良好的分集增益。设计这些码的基本假设类似于 Ungerboeck 的编码调制方法，调制与编码必须看成单个实体，符号必须用符号交织器交织，交织的深度通常是信道相干时间的许多倍以保证最大的分集。采用符号交织器导致该码的分集阶数等于码字之间不同符号的最小数目，正如 14.5.1 节所述，这可以通过消除并行转移和增加码的约束长度来实现。然而，这并不能保证采用该方法的码在 AWGN 信道模型上的传输性能良好。本节引入一种编码调制方式，称为比特交织编码调制（Bit Interleaved Coded Modulation，BICM），可以在衰落和 AWGN 两种信道模型下获得鲁棒的性能。

比特交织编码调制是由 Zehavi（1992）首次提出的，他在信道编码器输出与调制器之前引入比特交织器。引入比特交织器的思想是，使码的分集阶数等于不同比特（而不是信道符号）的最小数目，由此可区分两条网格路径。采用这种方式导致一种新的最佳译码的软判决译码度量，它不同于标准编码调制所用的度量。这样，编码和调制可以分开处理，从而导致这样一个系统：该系统在获得最大的最小欧氏距离意义上不是最佳的，从而该码用于 AWGN 信道时不是最佳的。然而，这些码提供的分集阶数通常高于采用集合划分标志得到的码分集阶数，因此改善了衰落信道上的性能。图 14-6-1 所示为标准 TCM 系统和比特交织编码调制系统的方框图。在两种系统中采用了码率为 2/3 的卷积码以及 8-PSK 星座图。在 TCM 系统中，编码器的符号输出被交织，用 8-PSK 星座调制后在衰落信道上传输，其中 ρ 和 n 表示衰落和噪声过程。在 BICM 系统中，采用 3 个独立的比特交织器取代符号交织器，它们分别对 3 个比特流进行交织。在两种系统中，在接收机中使用解交织器（分别为符号级和比特级）去除交织的影响。注意，两种系统的接收机可获得衰落过程（CSI）。

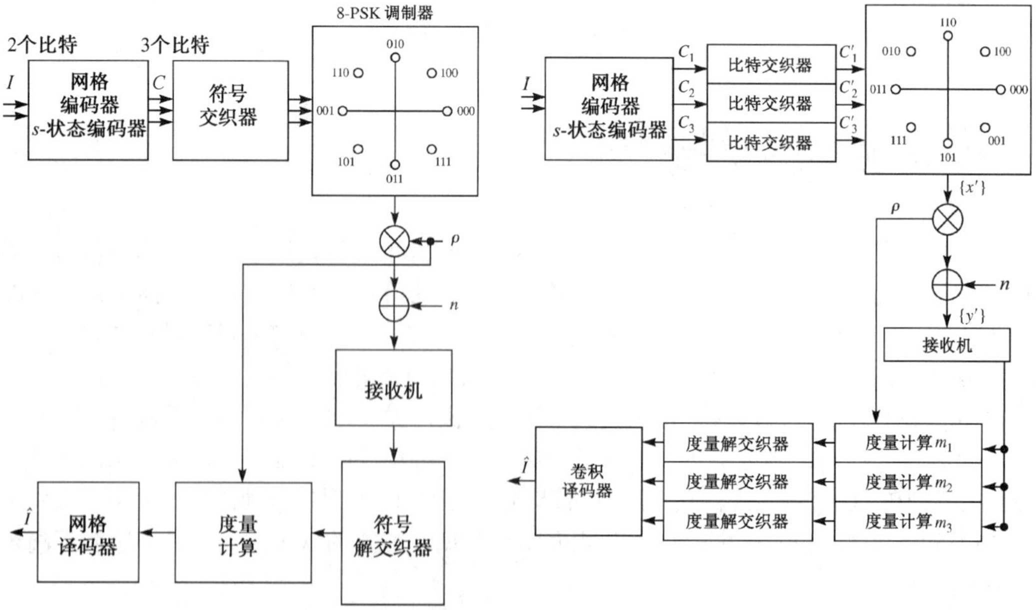

图 14-6-1　TCM 系统（左）和 BICM 系统（右）

Caire 等（1998）对比特交织编码调制进行了扩展性的研究。这一综合性的研究将 Zehavi（1992）提出的系统一般化，其在编码器输出使用多重比特交织器，以取代对整个编码器输出进行操作的单个比特交织器。图 14-6-2 所示为 Caire 等（1998）所研究的系统方框图。

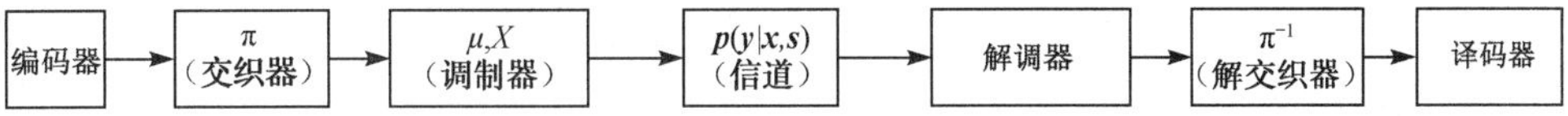

图 14-6-2　Caire 等（1998）所研究的 BICM 系统

编码器输出加至交织器 π。交织器输出由调制器调制，调制器包括标志映射 μ 以及其后跟随的信号集 X。信道模型是具有状态 $\boldsymbol{s}$ 的状态信道，假定其是平稳、有限记忆矢量信道，其输入和输出符号 $\boldsymbol{x}$ 和 $\boldsymbol{y}$ 是 N 元组复数。状态 $\boldsymbol{s}$ 独立于信道输入 $\boldsymbol{x}$，在 $\boldsymbol{s}$ 条件下信道是无记忆的，即

$$p(\boldsymbol{y}|\boldsymbol{x},\boldsymbol{s})=\prod_{i=1}^{N}p(y_i|x_i,s_i) \tag{14-6-1}$$

假定状态序列 S 是平稳有限记忆的随机过程，即存在某个整数 $v\geqslant 0$，对于所有整数 r 和 s，以及所有整数 $v<k_1<k_2<\cdots<k_r$ 和 $j_1<j_2<\cdots<j_s\leqslant 0$，序列 $(s_{k_1},\cdots,s_{k_r})$ 和 $(s_{j_1},\cdots,s_{j_s})$ 是独立的。整数 v 表示状态过程的最大记忆长度。信道输出进入解调器计算分支度量，在解交织器之后加至译码器进行最终判决。

编码调制和 BICM 两种系统可以描述为图 14-6-2 所示方框图的特殊情况。当编码器定义在标志字母 A 上，A 和 $X\subset\mathbb{C}^N$ 具有同样的基数，即当 $|A|=|X|=M$ 时构成编码调制系统。标志映射 $\mu{:}A\to X$ 独立地作用在符号交织的编码器输出。对于 Ungerboeck 码，编码器是码率为 k/n 的卷积码，A 是长度为 n 的二进制序列集合。通过将集合划分规则应用于 X，可得到标志函数 μ。

在 BICM 中采用二进制码，其输出被比特交织。在交织后，比特序列被拆分成长度为 n 的子序列，每一子序列映射到星座 $X\subset\mathbb{C}^N$，星座的大小为 $|X|=M=2^n$，采用的映射为 $\mu:\{0,1\}^n\to X$。

令 $\boldsymbol{x}\in X$ 且令 $\ell^i(\boldsymbol{x})$ 表示标志 $\boldsymbol{x}$ 的第 i 个比特，显然 $\ell^i(\boldsymbol{x})\in\{0,1\}$。定义

$$X_b^i=\{\boldsymbol{x}\in X{:}\ \ell^i(\boldsymbol{x})=b\} \tag{14-6-2}$$

式中，X_b^i 表示星座图上所有点的集合，其在位置 i 处的标志等于 $b\in\{0,1\}$。容易看出，如果 $P[b=0]=P[b=1]=1/2$，则

$$p[\boldsymbol{y}|\ell^i(\boldsymbol{x})=b,\boldsymbol{s}]=2^{-(m-1)}\sum_{\boldsymbol{x}\in X_b^i}p(\boldsymbol{y}|\boldsymbol{x},\boldsymbol{s}) \tag{14-6-3}$$

解调器中比特度量的计算取决于信道状态信息（CSI）的可获得性。如果接收机可获得 CSI，那么在 k 时刻，符号的第 i 个比特的比特度量由对数似然函数确定：

$$\lambda^i(\boldsymbol{y}_k,b)=\log\sum_{\boldsymbol{x}\in X_b^i}p(\boldsymbol{y}_k|\boldsymbol{x},\boldsymbol{s}) \tag{14-6-4}$$

在无 CSI 的情况下，有

$$\lambda^i(\boldsymbol{y}_k,b)=\log\sum_{\boldsymbol{x}\in X_b^i}p(\boldsymbol{y}_k|\boldsymbol{x}) \tag{14-6-5}$$

式中，$b\in\{0,1\}$ 和 $1\leqslant i\leqslant n$。在无 CSI 的比特度量计算中，有

$$p(\boldsymbol{y}_k|\boldsymbol{x}) = \int p(\boldsymbol{y}_k|\boldsymbol{x}, s)p(s)\,\mathrm{d}s \tag{14-6-6}$$

最后，译码器采用 ML 比特度量对码字 $\boldsymbol{c}\in\mathcal{C}$按照下式进行译码：

$$\hat{\boldsymbol{c}} = \arg\max_{\boldsymbol{c}\in\mathcal{C}} \sum_{i=1}^{N} \lambda^i(\boldsymbol{y}_k, c_k) \tag{14-6-7}$$

该式可以采用维特比（Viterbi）算法来实现。

比特度量的较简单的形式可以利用以下近似式求得：

$$\log\sum_i a_i \approx \max_i \log a_i \tag{14-6-8}$$

该式类似于式（8-8-33）。借助该近似式可得到近似的比特度量为

$$\tilde{\lambda}^i(\boldsymbol{y}_k, b) = \begin{cases} \max\limits_{\boldsymbol{x}\in X_b^i} \log p(\boldsymbol{y}_k|\boldsymbol{x}, \boldsymbol{s}), & \text{有CSI} \\ \max\limits_{\boldsymbol{x}\in X_b^i} \log p(\boldsymbol{y}_k|\boldsymbol{x}), & \text{无CSI} \end{cases} \tag{14-6-9}$$

当采用与集合划分规则引入的标志相反的格雷标志（Gray Labeling）时，BICM 的性能较好。图 14-6-3 所示为 16-QAM 星座图的格雷和集合划分标志。某些星座图无法使用格雷标志，如 32-QAM 星座图，在这样的情况下，准格雷标志（Quasi-Gray Labeling）可获得良好的性能。

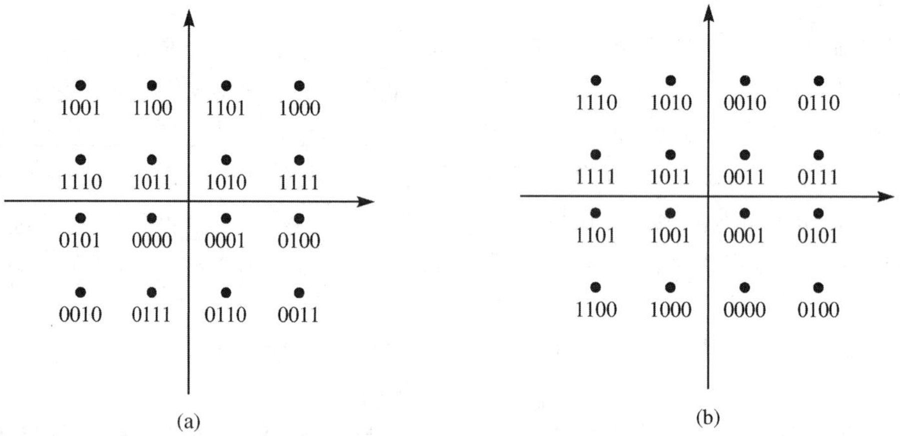

图 14-6-3　16-QAM 信号的集合划分标志（a）与格雷标志（b）

当采用理想交织时，BICM 的信道模型是一组 n 个独立的无记忆并行信道，其二进制输入通过随机开关连接到编码器输出。每一个信道对应于总数为 n 个比特中的特定比特位。Caire 等（1998）计算了在接收机全 CSI 和无 CSI 假设条件下该信道模型的容量和截止速率。图 14-6-4 示出了在 AWGN 和瑞利衰落信道上不同的 QAM 信号传输方式的 BICM 系统的截止速率。

这些图的比较表明，AWGN 信道的编码调制系统性能在所有信噪比上都优于 BICM 的性能。对于较大星座和较低速率的码，性能差异特别大。对于瑞利衰落信道，BICM 在超过 1 比特/维的所有速率上性能优于编码调制。对较大的星座和较高的速率，性能差异特别大。对于正交信号和非相干检测也可得到类似的结果。

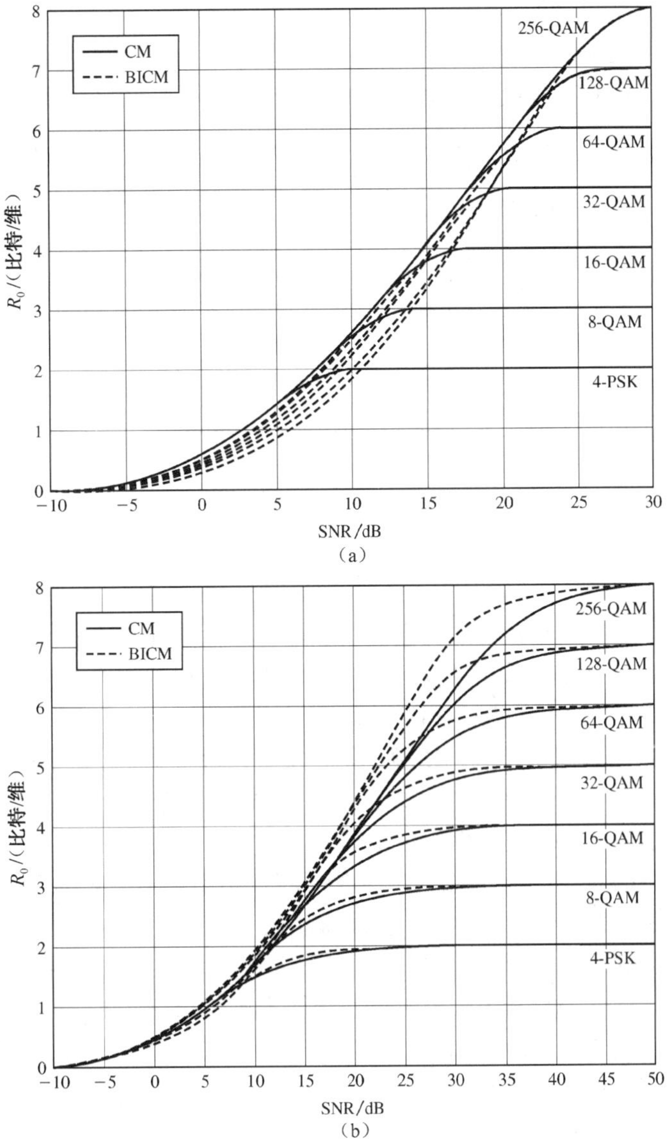

图 14-6-4 在 AWGN 信道（a）和瑞利衰落信道（b）上格雷（或准格雷）标志的编码调制（CM）和 BICM 的截止速率曲线

表 14-6-1 总结了具有类似复杂性的 TCM 和 BICM 方式的性能参数。由表可见，采用 BICM 一般可改善汉明距离并导致较高的分集阶数，同时 BICM 在一定程度上减少了欧氏距离，导致 AWGN 信道上的性能恶化。这表明，对于信道模型中可变信道，BICM 是一种好的编码方式，例如，具有可变赖斯因子的赖斯衰落信道运行在瑞利衰落信道与高斯信道之间某处。对于这些信道，BICM 是有吸引力的编码方式，对信道特征的变化具有鲁棒性。

关于 BICM 更详细的内容，有兴趣的读者可参考 Caire 等（1998）、Ormeci 等（2001）、Martinez 等（2006）、Li & Ritcey（1997, 1998, 1999）。

表 14-6-1　16-QAM 信号传输的 TCM 和 BICM 的最小欧氏距离和分集阶数的上边界（平均能量归一化为 1 且传输速率为 3 比特/维）

encoder memory	BICM		TCM	
	d_E^2	$d_{2(C)}$	d_E^2	$d_{M(C)}$
2	1.2	3	2	1
3	1.6	4	2.4	2
4	1.6	4	2.8	2
5	2.4	6	3.2	2
6	2.4	6	3.6	3
7	3.2	8	3.6	3
8	3.2	8	4	3

14.7　频率域编码

为了提高编码系统的分集阶数并改善在衰落信道上的性能，我们不采用时域的比特位或符号位交织方式，通过在频域扩展发送信号分量也可以得到类似的分集阶数。这种情况的一种候选方式是 FSK，当无法跟踪信道相位时可采用非相干解调。

图 14-3-1 示出了该通信方式的模型，其中每个比特$\{c_{ij}\}$映射到 FSK 信号波形，其映射方式如下：如果 $c_{ij}=0$，发送单频f_{0j}；如果 $c_{ij}=1$，发送单频f_{1j}。这意味着 $2n$ 单频或单元可用于发送 n 个比特的码字，但任何信号传输间隔内只发送 n 个单频。

接收信号的解调器将信号分成 $2n$ 个对应于发送机中可用单频频率的谱分量。于是，解调器可以用 $2n$ 个滤波器实现，其中每个滤波器匹配于可能发送的单频之一。$2n$ 个滤波器的输出被非相干检测。由于在 $2n$ 个频率单元中，瑞利衰落和加性高斯白噪声是相互统计独立同分布的随机过程，因此，最佳最大似然软判决译码准则要求这些滤波器响应为平方律检测，并对每个码字进行适当合并，形成 $M=2^k$ 个判决变量，选择最大判决变量对应的码字。如果采用硬判决译码，则最佳最大似然译码器选择接收码字具有最小汉明距离对应的码字。在该系统中可以采用分组码或卷积码作为基本码型。

14.7.1　线性二进制分组码软判决译码的差错概率

下面研究上述瑞利衰落信道上传输的线性二进制(n, k)码的译码问题。基于最大似然准则的最佳软判决译码器形成如下 $M=2^k$ 个判决变量：

$$\begin{aligned} U_i &= \sum_{j=1}^{n}\left[(1-c_{ij})|y_{0j}|^2 + c_{ij}|y_{1j}|^2\right] \\ &= \sum_{j=1}^{n}\left[|y_{0j}|^2 + c_{ij}\left(|y_{1j}|^2 - |y_{0j}|^2\right)\right], \qquad i=1,2,\cdots,2^k \end{aligned} \tag{14-7-1}$$

式中，$|y_{rj}|^2$ 表示 $2n$ 滤波器输出的平方包络（$j=1, 2,\cdots, n$，且 $r=0, 1$），这些滤波器被调谐到 $2n$ 个可能发送的单频上，按照对应于集合$\{U_i\}$中的最大判决变量对码字做出判决。

本节将确定软判决译码器的差错概率性能。为此，假定发送全 0 码字 $\boldsymbol{c}_1$，平均单频或单

元接收信噪比记为 $\overline{\gamma}_c$，n 个单频的总接收 SNR 为 $n\overline{\gamma}_c$，因此平均比特 SNR 为

$$\overline{\gamma}_b = \frac{n}{k}\overline{\gamma}_c = \frac{\overline{\gamma}_c}{R_c} \tag{14-7-2}$$

式中，R_c 为码率。

对应于码字 $\boldsymbol{c}_1$ 的判决变量 U_1 由式（14-7-1）确定，其中 $c_{ij}=0$（对于所有 j）。判为第 m 个码字的概率是

$$\begin{aligned}P_2(m) &= P(U_m > U_1) = P(U_1 - U_m < 0)\\ &= P\left[\sum_{j=1}^{n}(c_{1j}-c_{mj})\left(|y_{1j}|^2-|y_{0j}|^2\right)<0\right] = P\left[\sum_{j=1}^{w_m}\left(|y_{0j}|^2-|y_{1j}|^2\right)<0\right]\end{aligned} \tag{14-7-3}$$

式中，w_m 为第 m 个码字的重量。式（14-7-3）的概率正是 w_m 阶分集二进制正交 FSK 的平方律合并的差错概率，即

$$P_2(m) = p^{w_m}\sum_{k=0}^{w_m-1}\binom{w_m-1+k}{k}(1-p)^k \tag{14-7-4}$$

$$\leqslant p^{w_m}\sum_{k=0}^{w_m-1}\binom{w_m-1+k}{k} = \binom{2w_m-1}{w_m}p^{w_m} \tag{14-7-5}$$

式中，

$$p = \frac{1}{2+\overline{\gamma}_c} = \frac{1}{2+R_c\overline{\gamma}_b} \tag{14-7-6}$$

另一种方法是利用 13.4 节导出的契尔诺夫（Chernov）上边界，该上边界为

$$P_2(m) \leqslant [4p(1-p)]^{w_m} \tag{14-7-7}$$

$M-1$ 个非 0 重量码字的二进制差错事件的总和给出差错概率的上边界，因此

$$P_e \leqslant \sum_{m=2}^{M}P_2(m) \tag{14-7-8}$$

因为线性码的最小距离等于最小重量，因此

$$(2+R_c\overline{\gamma}_b)^{-w_m} \leqslant (2+R_c\overline{\gamma}_b)^{-d_{\min}}$$

利用这个关系式，连同式（14-7-5）和式（14-7-8）可得出一个简单的（比较稀疏）上边界，即

$$P_e < \frac{\sum_{m=2}^{M}\binom{2w_m-1}{w_m}}{(2+R_c\overline{\gamma}_b)^{d_{\min}}} \tag{14-7-9}$$

该边界表明，这种码提供的有效分集阶数等于 $d_{\min}$。一种更简单的边界是一致边界，即

$$P_e < (M-1)[4p(1-p)]^{d_{\min}} \tag{14-7-10}$$

上式是由式（14-7-7）定义的契尔诺夫（Chernov）上边界得出的。

作为说明瑞利衰落信道编码效益的一个例子，图 14-7-1 中画出了用(24,12)扩展高莱（Golay）码

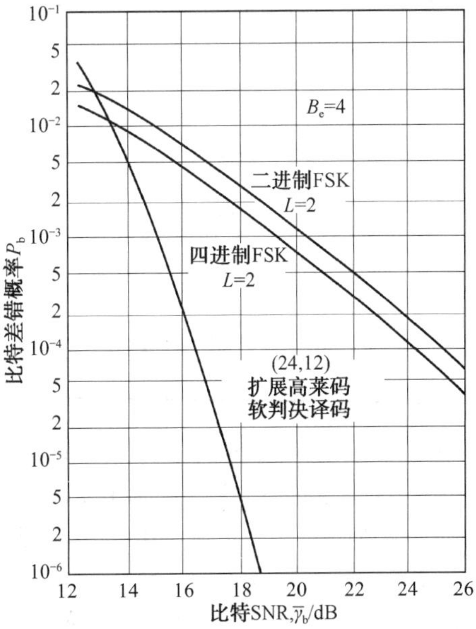

图 14-7-1　B_e =4 时常规分集与编码的性能实例

得到的性能以及二进制 FSK 和四进制 FSK（每个具有双分集）的性能。因为扩展高莱码要求总数为 48 个单元和 $k=12$，因此带宽扩展因子为 $B_e=4$，这也是 $L=2$ 的二进制 FSK 和四进制 FSK 的带宽扩展因子。于是，3 种形式的波形以相同的带宽扩展因子为基础进行比较。注意，在 $P_b=10^{-4}$ 处，高莱码的性能优于四进制 FSK 6 dB 多，而在 $P_b=10^{-5}$ 处，这个差异约为 10 dB。

高莱码性能优越的原因是它具有大的最小距离（$d_{\min}=8$），它可转换为等效的八阶（$L=8$）分集，而二进制 FSK 和四进制 FSK 信号只有二阶分集。因而这种码能够更有效地利用可用的信道带宽，该码的优越性能必须付出的代价是增加译码复杂性。

14.7.2 线性分组码硬判决译码的差错概率

线性二进制(n, k)码的硬判决译码获得的性能边界如 7.5.2 节所述，这些边界可应用于一般二进制输入、二进制输出的无记忆（二进制对称）信道，因此可不加修改地应用于码字中符号统计独立衰落的瑞利衰落 AWGN 信道。当非相干检测二进制 FSK 用于调制和解调技术时，评估这些边界所需要的比特差错概率由式（14-7-6）定义。

当硬判决译码差错概率应用契尔诺夫（Chernov）上边界时，将获得特别有趣的结果，即

$$P_2(m) \leqslant [4p(1-p)]^{w_m/2} \qquad (14\text{-}7\text{-}11)$$

且 P_e 的上边界由式（14-7-8）确定。比较起来，当采用软判决译码时，$P_2(m)$的契尔诺夫上边界由式（14-7-7）确定。可以看出，硬判决译码的影响是使任意两个码字之间距离减小一半。当一个码字的最小距离比较小时，在衰落信道中最小距离减小一半比在无衰落信道中更应值得注意。

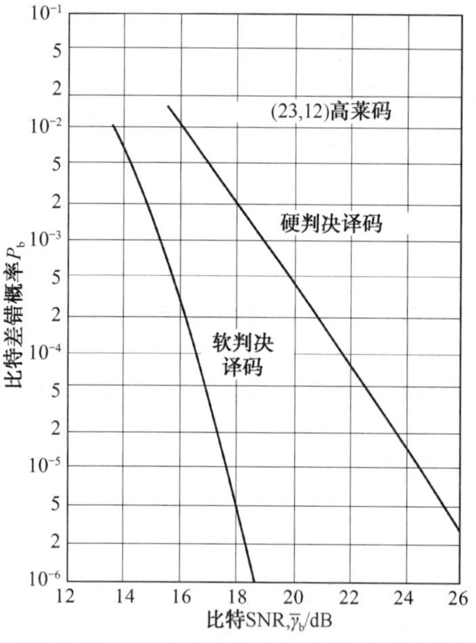

图 14-7-2 硬判决译码与软判决译码的性能比较

为了便于说明，在图 14-7-2 中画出了采用硬判决和软判决译码时(23,12)高莱码的性能。在 $P_b=10^{-5}$ 处，性能差别约为 6 dB。与无衰落 AWGN 信道中软判决译码和硬判决译码之间 2 dB 的性能差别相比，这是一个相当大的性能差异。注意，性能差异随着 P_b 的减小而增加。简言之，这些结果表明在瑞利衰落信道上软判决译码的性能超过硬判决译码。

14.7.3 用于瑞利衰落信道的卷积码性能的上边界

本节将推导瑞利衰落 AWGN 信道中二进制卷积码的性能。编码器每次接收 k 个二进制数字，发出 n 个二进制数字，因此码率 $R_c=k/n$。编码器输出的二进制数字利用二进制 FSK 在瑞利衰落信道上传输，在接收机中采用平方律检测。软判决译码或硬判决译码的译码器进行最大似然序列估计，这是借助维特比算法高效实现的。

首先研究软判决译码。在这种情况下，维特比算法所计算的度量就是解调器平方律检测输出的总和。假设发送全 0 序列，按照 8.2.2 节所述的步骤容易证明，全 0 序列的相应度量与首次汇合于全 0 状态的另一序列相应度量之间两两比较的差错概率为

$$P_2(d) = p^d \sum_{k=0}^{d-1} \binom{d-1+k}{k} (1-p)^k \tag{14-7-12}$$

式中，d 是两个序列不同的比特位置数；p 由式（14-7-6）确定，即 $P_2(d)$正好是平方律检测和 d 阶分集的二进制 FSK 的差错概率。另外，对于 $P_2(d)$，利用式（14-7-7）所示的契尔诺夫上边界，在任何情况下比特差错概率均有上边界，如 8.2.2 节所述，其表达式为

$$p_{\mathrm{b}} < \frac{1}{k} \sum_{d=d_{\mathrm{free}}}^{\infty} \beta_d P_2(d) \tag{14-7-13}$$

式中，求和式中的加权因子$\{\beta_d\}$可由式（8-2-12）的转移函数 $T(Y,Z)$的一阶导数展开式获得。

当在接收机中进行硬判决译码时，8.2.2 节导出的二进制卷积码的差错概率性能仍然适用，即 P_{b} 的上边界仍是式（14-7-13）的结果。当 d 为奇数时，$P_2(d)$由式（8-2-16）定义；当 d 为偶数时，$P_2(d)$由式（8-2-17）定义，或者由式（8-2-15）定义其契尔诺夫上边界表示，p 由式（14-7-6）定义。

正如分组编码情况，当硬判决译码和软判决译码的 $P_2(d)$使用各自的契尔诺夫上边界时，注意硬判决译码的影响是相对于软判决译码的最小距离（分集）减半。

下列数值结果说明了带软判决维特比译码的二进制、码率为 $1/n$、最大自由距离卷积码在 n=2、3、4 时的差错概率性能。首先，图 14-7-3 表示码率为 1/2 的卷积码在约束长度为 3、4、5 时的性能。二进制 FSK 调制的带宽扩展因子 $B_{\mathrm{e}}=2n$。因为约束长度的增加将引起译码复杂性的增加，以及最小自由距离的相应增加，所以系统设计者在选择码的时候要权衡这两个因素。

增加距离而不增加码约束长度的另一种方法是将每个输出比特重复 m 次，这等效于码率减小为 $1/m$ 或者带宽扩展 m 倍，其结果是卷积码的最小自由距离为 md_{free}，d_{free} 为没有重复的原始码的最小自由距离。根据最小距离的观点，这种码与码率为 $1/mn$ 的最大自由距离码的性能几乎一样好。有重复的码的差错概率性能的上边界为

$$P_{\mathrm{b}} < \frac{1}{k} \sum_{d_{\mathrm{free}}}^{\infty} \beta_d P_2(md) \tag{14-7-14}$$

式中，$P_2(md)$由式（14-7-12）定义。图 14-7-4 示出了约束长度为 5，有重复（m=1、2、3、4）的码率为 1/2 的码的性能。

14.7.4 衰落信道中恒重码和级联码的应用

以上对瑞利衰落信道编码的论述都是基于二进制 FSK 调制技术的，该技术是用来发送码字中每个二进制数字的。对于这个调制技术，(n, k)码中所有 2^k 个码字具有相同的发送能量，而且在 n 个发送单频上的衰落为统计独立和同分布的条件下，$M=2^k$ 个可能码字的平均接收信号的能量也相同。因此，在软判决译码器中，可按最大判决变量判决码字。

接收码字具有相同平均 SNR 的条件是接收机实现的一个重要因素。如果接收码字不具有相同的平均 SNR，接收机必须对每个接收码字提供偏差补偿使它们等能量。一般来说，确定合适的偏差项是很困难的，因为要求估计平均接收信号功率。因此，接收码字的等能量条件大大简化了接收机。

当码字恒重，即当每个码字具有相同数目的 1 时，存在另外一种产生码字等能量波形的调制方法。注意，这样的码是非线性的。不过，可假设把单频或单元分配给 2^k 个码字的每个比特位置，因此，一个二进制(n, k)分组码具有 n 个分配的单频。如果对应于码字中某一特定

位（比特）为 1，则发送一个单频信号来构造波形；否则在该时间间隔内不发送此单频信号。这样用来发送编码比特的调制技术称为启闭键控（OOK）技术。因为该码是恒重码（如 w），所以每个编码的波形由 w 个发送单频组成，这些单频取决于每个码字中 1 的位置。

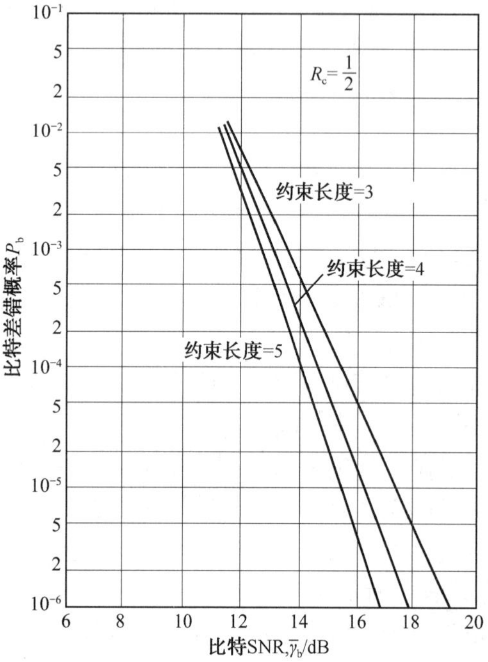

图 14-7-3 码率为 1/2 的二进制卷积码的软判决译码的性能

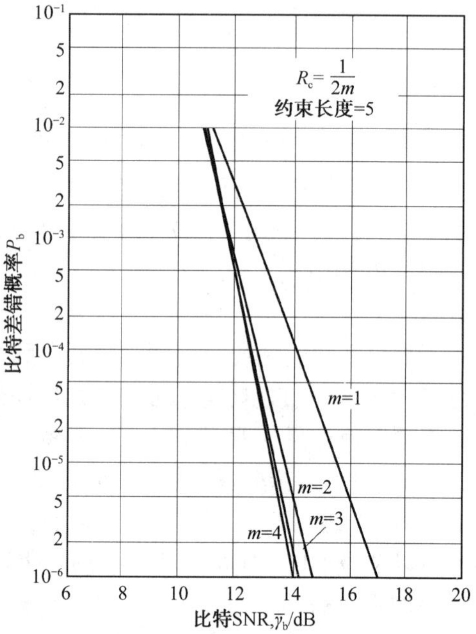

图 14-7-4 码率为 1/2m、约束长度为 5 的二进制卷积码软判决译码的性能

如同 FSK 一样，假定在信道传输的 OOK 信号中的所有单频在频带各处和前后各码字时间上的衰落都是独立的。每个单频的接收信号包络由瑞利分布统计描述，假设每个频率单元的噪声是统计独立的加性高斯白噪声。

接收机采用最大似然（软判决）译码，把接收波形映射为 M 个可能发送的码字之一。为此，采用 n 个匹配滤波器，每个滤波器匹配 n 个单频之一。由于假设 n 个频率单元的信号衰落和加性高斯白噪声是统计独立的，从而匹配滤波器输出包络平方及合并可生成如下判决变量。

$$U_i=\sum_{j=1}^{n}c_{ij}|y_j|^2,\qquad i=1,2,\cdots,2^k \tag{14-7-15}$$

式中，$|y_j|^2$ 为对应于第 j 个频率的滤波器包络平方（j=1,2,⋯,n）。

恒重条件似乎严重制约了对码的选择，但情况并非如此。为了说明这一点，下面将简要介绍构造恒重码的方法。

方法 1：线性码的非线性变换

一般地，如果在任意二进制码的每个码字中用一个二进制序列替代每个 0，以另一个序列替代每个 1，则当这两个替代序列是等重量且等长度时，将得到恒重二进制分组码。如果该序列的长度为 v 且原始码是一个(n, k)码，那么所产生的恒重码将是一个(vn, k)码，其重量是

替代序列重量的 n 倍，其最小距离是原始码最小距离乘以两个替代序列之间的距离。于是，当 v 为偶数时，使用互补序列将导致最小距离为 $vd_{\min}$ 且重量为 $vn/2$ 的码字。

这个方法最简单形式是当 $v=2$ 时，其中每个 0 被 01 对替代，每个 1 被互补序列 10 替代，反之亦然。作为一个例子，取(24, 12)扩展高莱码作为初始码，原始码和所产生的恒重码参数列在表 14-7-1 中。

表 14-7-1　方法 1 生成的恒重码的例子

码　参　数	原始高莱码	恒　重　码
n	24	48
k	12	12
M	4096	4096
$d_{\min}$	8	16
w	可变	24

注意，这个替代过程可看成一个单独的编码。该辅助编码不改变码字的信息内容，只改变其发送形式。因为新的码字是由“开启（On）”和“关闭（Off）”的比特对组成的，使用该码字 OOK 传输产生的波形与基本线性码的二进制 FSK 调制获得的波形相同。

方法 2：删信（Expurgation）

在这个方法中，从一个任意二进制分组码中挑选一个子集，该子集由某一重量的所有码字组成。通过改变重量 w 的选择，可由一个初始码获得几种不同的恒重码。由于产生的删信码的码字可看成该集合中任何一个码字所有可能排列的一个子集，因此 Gaarder（1971）用术语“二进制删信排列调制（Binary Expurgated Permutation Modulation，BEXPERM）”来描述这种码。事实上，用其他方法构造的恒重二进制分组码也可看成 BEXPERM 码。在某种意义上，这种产生恒重码的方法与第一种方法相反，其中码字长度保持不变而码的大小 M 发生变化。显然，恒重子集的最小距离不小于原始码的最小距离。作为一个例子，考虑(24,12)高莱码，生成两种不同的恒重码如表 14-7-2 所示。

表 14-7-2　由删信生成的恒重码的例子

码　参　数	原　始　码	恒重码 1	恒重码 2
N	24	24	24
K	12	9	11
M	4096	759	2576
$d_{\min}$	8	$\geqslant 8$	$\geqslant 8$
w	可变	8	12

方法 3：哈达玛（Hadamard）矩阵

这种方法似乎直接形成了一个恒重二进制分组码，但实际上它是删信方法的一种特殊情况。在这种方法中，采用 7.3.5 节所述的方法形成一个哈达玛矩阵，通过选择该矩阵的行（码字）产生恒重码。哈达玛矩阵是由 0 和 1 元素组成的一个 $n \times n$ 阶矩阵（n 为偶整数），该矩阵具有任一行 $n/2$ 位置上的元素不同于其他行的特性，并且有一行元素通常为全 0。

在其余各行中，一半元素为 0，另一半元素为 1。通过选择这 $n-1$ 行及其补码，可得到 $2(n-1)$ 个码字的哈达玛码。选择这些码字中的 $M=2^k \leqslant 2(n-1)$ 个码字，我们可得到一个哈达玛码，记为 $H(n,\ k)$，其中每个码字传输 k 个信息比特，产生的码具有恒定重量为 $n/2$ 和最小距离 $d_{\min}=n/2$。

由于 n 个频率单元用来发送 k 个信息比特，因此，$H(n,\ k)$哈达玛码的带宽扩展因子定义为

$$B_{\mathrm{e}}=\frac{n}{k}\ \text{单元/信息比特}$$

它是码率的倒数。此外，平均比特 SNR（即 $\bar{\gamma}_{\mathrm{b}}$）与平均单元 SNR（即 $\bar{\gamma}_{\mathrm{c}}$）有关，其关系式为

$$\bar{\gamma}_{\mathrm{c}}=\frac{k}{n/2}\bar{\gamma}_{\mathrm{b}}=2\frac{k}{n}\bar{\gamma}_{\mathrm{b}}=2R_{\mathrm{c}}\bar{\gamma}_{\mathrm{b}}=\frac{2\bar{\gamma}_{\mathrm{b}}}{B_{\mathrm{e}}} \tag{14-7-16}$$

下面在固定带宽约束条件下，比较恒重哈达玛码与常规 M 元正交波形集（其中每个波形具有分集 L）的性能。M 个具有分集的正交波形等效于分组长度为 $n=LM$ 及 $k=\log_2 M$ 的分组正交码。例如，若 $M=4$ 和 $L=2$，分组正交码的码字为

$$\boldsymbol{c}_1=[1\quad 1\quad 0\quad 0\quad 0\quad 0\quad 0\quad 0]$$
$$\boldsymbol{c}_2=[0\quad 0\quad 1\quad 1\quad 0\quad 0\quad 0\quad 0]$$
$$\boldsymbol{c}_3=[0\quad 0\quad 0\quad 0\quad 1\quad 1\quad 0\quad 0]$$
$$\boldsymbol{c}_4=[0\quad 0\quad 0\quad 0\quad 0\quad 0\quad 1\quad 1]$$

采用 OOK 调制发送这些码字，要求 $n=8$ 个单元，由于每个码字传输 $k=2$ 个比特信息，因此带宽扩展因子 $B_{\mathrm{e}}=4$。一般地，分组正交码记为 $O(n,k)$，带宽扩展因子为

$$B_{\mathrm{e}}=\frac{n}{k}=\frac{LM}{k} \tag{14-7-17}$$

此外，平均比特 SNR 与平均单元 SNR 有关，其关系式为

$$\bar{\gamma}_{\mathrm{c}}=\frac{k}{L}\bar{\gamma}_{\mathrm{b}}=M\left(\frac{k}{n}\right)\bar{\gamma}_{\mathrm{b}}=M\frac{\bar{\gamma}_{\mathrm{b}}}{B_{\mathrm{e}}} \tag{14-7-18}$$

现在讨论这些码的性能特征。首先，13.4 节已经给出了在分集瑞利衰落信道上 M 元正交信号传输的精确的码字（符号）差错概率的闭式。如前所述，该表达式的计算相当困难，特别是当 L 或 M 或二者都很大时，也就是说，对于 M 个正交波形集，符号差错概率的上边界为

$$P_{\mathrm{e}}\leqslant(M-1)P_2(L)=(2^k-1)P_2(L)<2^k P_2(L) \tag{14-7-19}$$

式中，$P_2(L)$为两个正交波形的差错概率，每个波形都具有分集 L，该差错概率由（14-7-12）给出，其中 $p=1/(2+\bar{\gamma}_{\mathrm{c}})$。如前所述，比特差错概率由 P_{e} 与 $2^{k-1}/(2^k-1)$ 相乘得出。

只要注意到发送码字和任何其他码字之间的判决差错概率以 $P_2(d_{\min}/2)$为边界（由上面可知），即可得到哈达玛 $H(n,k)$码的码字差错概率简单的上（一致）边界，其中 $d_{\min}$ 是码的最小距离，因此 P_{e} 的上边界为

$$P_{\mathrm{e}}\leqslant(M-1)P_2(d_{\min}/2)<2^k P_2(d_{\min}/2) \tag{14-7-20}$$

于是，用于 OOK 调制的码的有效分集阶数为 $d_{\min}/2$。比特差错概率可近似为 $P_{\mathrm{e}}/2$，或在

稍有越界的情况下近似为 P_e 乘以因子 $2^{k-1}/(2^k-1)$，该因子在上面曾用于正交码。选择后者用于下面的差错概率计算。

图 14-7-5 表示几种不同的带宽扩展因子下所选的几种哈达玛码的差错概率性能。从这些曲线可明显地观察到，由符号集大小 M（或 k，$k=\log_2 M$）和带宽扩展因子的增加带来的益处。例如，重复两次的 $H(20, 5)$码将导致一个记为 ${}_2H(20, 5)$的码且带宽扩展因子为 $B_e=8$。图 14-7-6 所示为哈达玛码和分组正交码的性能比较，该比较是以等带宽扩展因子为基础的。由此可见，哈达玛码的差错概率曲线比分组正交码的相应曲线更陡峭，这个特征是由于对于相同的带宽扩展因子，哈达玛码比分组正交码提供更多的分集。换句话说，哈达玛码可比分组正交码提供更好的带宽效率。然而，当低信噪比时，低分集码优于高分集码，因为在瑞利衰落信道上，分集信号中存在一个总接收 SNR 的最佳分布。因此，在低 SNR（高差错概率）范围内，分组正交码的曲线将跨越哈达玛码的曲线。

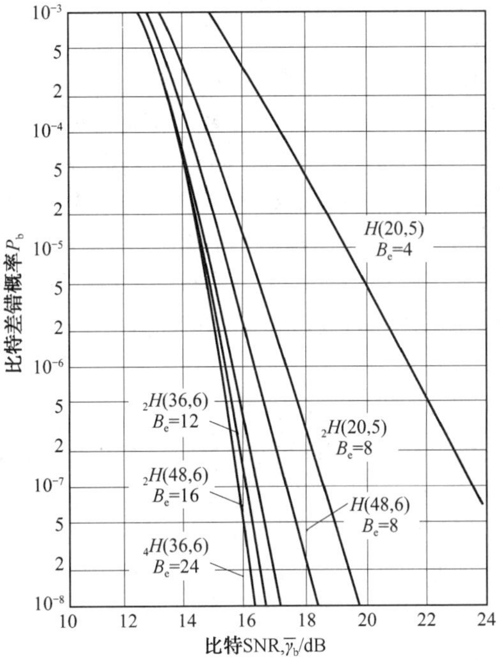

图 14-7-5　哈达玛码的性能

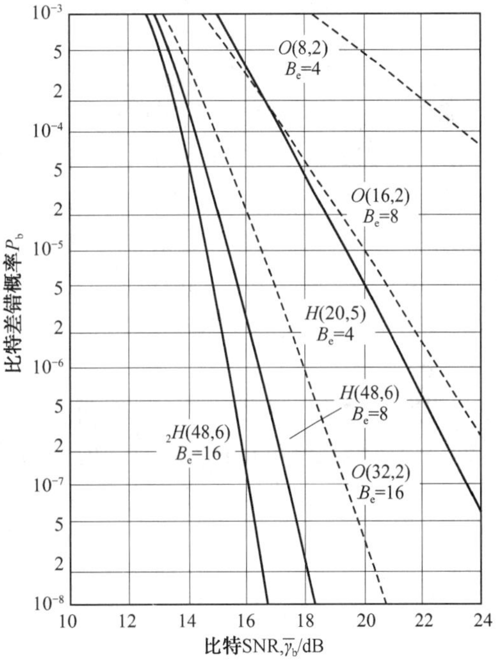

图 14-7-6　哈达玛码与分组正交码的性能比较

方法 4：级联

在这个方法中，首先研究两个码，一个是二进制码，另一个是非二进制码。二进制码作为内码，且为(n,k)恒重（非线性）分组码；非二进制码（它可能是线性的）作为外码，为了与内码相别，用大写字母表示外码，如(N, K)码，其中 N 和 K 按 q 元符号集的符号来度量。符号集的大小 q（在该符号集定义了外码）不能超过内码中的码字数。按照二进制内码字而不是按 q 元符号定义的外码是新的码。

当 $q=2^k$ 且内码大小为 2^k 是一种重要的特殊情况，其码字数为 $M=2^{kK}$，而且其级联结构是一个(nN, kK)码。该级联码的带宽扩展因子是内码和外码带宽扩展因子的乘积。

下面证明在瑞利衰落信道上利用级联码获得的优越性能。特别地，构造一种级联码，其外码是一个双 k（非二进制）卷积码，而其内码为哈达玛码或分组正交码，即把用于调制的 M 元（$M=2^k$ ）正交信号的双 k 码看成级联码。假设在考虑的所有情况中采用软判决解调和维特比译码。

双 k 卷积码的差错概率性能可由式（8-7-2）给出的转移函数求导得到。对于一个码率为 1/2、无重复的双 k 码，其比特差错概率的上边界为

$$P_b < \frac{2^{k-1}}{2^k - 1}\sum_{m=4}^{\infty}\beta_m P_2(m) \tag{14-7-21}$$

式中，$P_2(m)$由（14-7-12）给出。式（14-7-21）适合于双 k 编码器的每个 k 比特输出符号映射为 $M=2^k$ 个正交码字之一的情况。

例如，一个码率为 1/2 的双 2 码可采用 4 元正交码 $O(4,2)$作为内码。当然，产生的级联码带宽扩展因子是内码和外码带宽扩展因子的乘积。在这个例子中，内码和外码的码率均为 1/2，因此 $B_e=(4/2)\times(2)=4$。

注意，若双 k 码的每个符号重复 r 次，则等效于使用一个具有 $L=r$ 阶分集的正交码。例如，在上述例子中选取 $r=2$，则产生的正交码记为 $O(8, 2)$，码率为 1/2 的双 2 码的带宽扩展因子 $B_e=8$。因此，当正交码具有 L（阶）分集时，式（14-7-21）中的 $P_2(m)$项必须由 $P_2(mL)$代替。因为哈达玛码具有有效分集为 $d_{min}/2$，故当哈达玛码用于具有双 k 外码的内码时，如果 $P_2(m)$由 $P_2(md_{min}/2)$代替，那么式（14-7-21）给出的级联码比特差错概率的上边界仍然适用。由于这些修改，将哈达玛码或分组正交码作为内码的、码率为 1/2 的双 k 卷积码，就可以评估出式（14-7-21）确定的级联码比特差错概率的上边界。产生的级联码带宽扩展因子是内码带宽扩展因子的两倍。

首先考虑码级联所产生的性能增益。图 14-7-7 所示为当带宽扩展因子 $B_e=4$、8、16、32 时分组正交码以及与具有分组正交内码的双 k 码的性能比较。由级联所产生的性能增益是显著的，例如，在差错概率10^{-6}和 $B_e=8$ 时，双 k 码优于正交分组码 7.5 dB。简言之，该增益可归结为由码级联所获得的分集增加（最小距离增加）。类似地，图 14-7-8 所示为当 $B_e = 8$ 和 12 时具有哈达玛内码的双 k 码的性能与哈达玛码的性能比较。由此可见，码级联所产生的性能增益仍然显著，但显然不如图 14-7-8 所示，其原因是单独哈达玛码产生了大分集，以致码级联所引起的分集增加未导致图 14-7-8 所涵盖差错概率范围内那样大的性能增益。

数值结果表明，在瑞利衰落信道上采用具有良好距离特性且采用软判决译码的码有优越的性能，这可作为具有分集的常规 M 元正交信号传输的一种替代方案。另外，该结果说明在此信道上码级联的增益，其中将双 k 卷积码作为外码，将哈达玛码或分组正交码作为内码。虽然将双 k 卷积码作为外码，但其结果类似于用里德-所罗门（Reed-Solomon）码作为外码的结果，内码的选择有更大的余地。

外码和内码选择中的重要参数是为获得特定等级的性能所需的级联码最小距离，由于许多码都能满足性能要求，因此最终的选择是根据译码复杂性和带宽要求做出的。

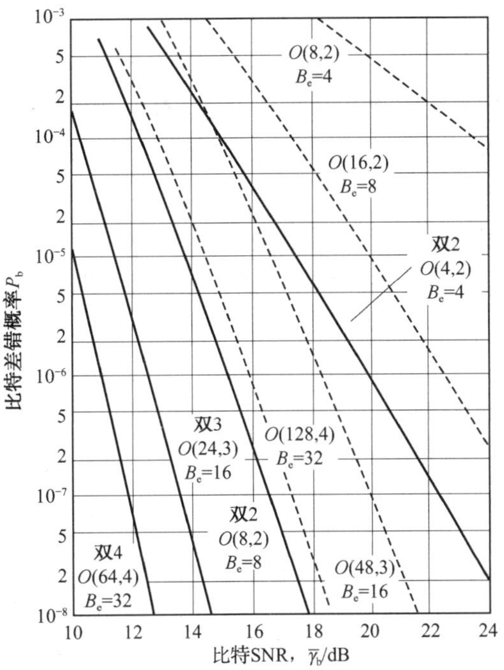

图 14-7-7　分组正交码以及具有分组正交内码的双 k 码的性能比较

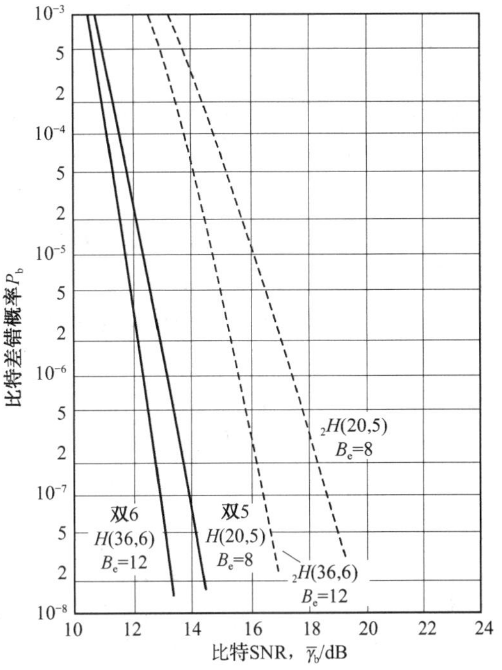

图 14-7-8　哈达玛码与具有哈达玛内码的双 k 码的性能比较

14.8　衰落信道的信道截止速率

6.8 节研究了一般类型无记忆信道的信道截止速率的概念和意义，还得出了 BSC 信道和二进制输入、连续输出高斯信道的特殊情况的信道截止速率表达式。本节将这些结果扩展到接收机具有 CSI 情况下的全交织的赖斯衰落信道和瑞利衰落信道的情况。

由 6.8 节可看出，一般无记忆信道的信道截止速率可用式（6-8-20）表示为

$$R_0 = \max_{p(x)} \sup_{\lambda>0} \ R_0(p,\lambda) \ = \max_{p(x)} \sup_{\lambda>0} \ -\log_2\left\{E\left[\Delta_{X_1\to X_2}^{(\lambda)}\right]\right\} \tag{14-8-1}$$

式中，对于对称信道模型，当 λ=1/2 时得到最大值，即用 Bhattacharyya 边界替代契尔诺夫（Chernov）边界，或用 Δ_{x_1,x_2} 替代 $\Delta_{x_1\to x_2}^{(\lambda)}$。由式（6-8-10）确定的 $\Delta_{x_1\to x_2}^{(\lambda)}$ 和 Δ_{x_1,x_2} 的值为

$$\Delta_{x_1\to x_2}^{(\lambda)} = \sum_{y\in Y} p^{\lambda}(y|x_2)p^{1-\lambda}(y|x_1)\ , \qquad \Delta_{x_1,x_2} = \sum_{y\in Y}\sqrt{p(y|x_1)p(y|x_2)} \tag{14-8-2}$$

式中，y 的总和对应于离散输出信道，对于连续输出信道应当用在输出空间上的积分替代。式（14-8-1）在所有独立分布上的期望值为

$$E\left[\Delta_{X_1\to X_2}^{(\lambda)}\right] = \left[\sum_{x_1\in X}\sum_{x_2\in X} p(x_1)p(x_2)\Delta_{x_1\to x_2}^{(\lambda)}\right] \tag{14-8-3}$$

式中，对连续输入信道，总和可由积分替代。

接收机具有 CSI 的全交织衰落信道的信道截止速率

对这个信道模型，理想交织使得该信道模型变为无记忆的。接收机中 CSI 的可获得性可以解释为将信道输出展开为常规信道输出 y 和衰落信息两部分。信道被描述为无记忆模型，其中

$$y_i = r_i x_i + n_i \tag{14-8-4}$$

式中，r_i 表示独立同分布（IID）衰落过程，n_i 为 IID 噪声过程，假定其服从 $CN(0, N_0)$分布且与衰落过程无关。假定信道的输入为复星座图上的点。对瑞利衰落信道，r_i 是 IID 的且服从 $CN(0, 2\sigma^2)$。因为译码器可获得信道状态信息，可将(y,r_i)看成信道输出，因此该信道模型 P [输出|输入]可写为

$$p(r, y|x) = p(r)p(y|r, x) \tag{14-8-5}$$

由于信道模型是对称的，采用 Bhattacharyya 边界，由式（14-8-2）可得到

$$\begin{aligned}\Delta_{x_1,x_2} &= \int_0^{\infty}\left[\int_{-\infty}^{\infty}\sqrt{p(y|x_1,r)p(y|x_2,r)}\,\mathrm{d}y\right]p(r)\,\mathrm{d}r \\ &= E\left[\int_{-\infty}^{\infty}\sqrt{p(y|x_1)p(y|x_1,r)}\,\mathrm{d}y\right]\end{aligned} \tag{14-8-6}$$

式中，对随机变量 R 求数学期望。对于式（14-8-4）所示的信道模型，有

$$p(y|x,r) = \frac{1}{\pi N_0}\mathrm{e}^{-\frac{|y-rx|^2}{N_0}} \tag{14-8-7}$$

在完成指数中平方以及一些运算处理后，利用式（14-8-7）可得到

$$\int_{-\infty}^{\infty}\sqrt{p(y|x_1)p(y|x_1,r)}\,\mathrm{d}y = \mathrm{e}^{-\frac{|r|^2}{4N_0}|x_1-x_2|^2} \tag{14-8-8}$$

或

$$\Delta_{x_1,x_2} = E\left[\mathrm{e}^{-\frac{|r|^2 d_{12}^2}{4N_0}}\right] \tag{14-8-9}$$

式中，$d_{12} = |x_1 - x_2|$。定义

$$\alpha_{12} = \frac{d_{12}^2}{4N_0} \tag{14-8-10}$$

得到

$$\Delta_{x_1,x_2} = E\left[\mathrm{e}^{-\alpha_{12}|r|^2}\right] \tag{14-8-11}$$

换言之，当用$-\alpha_{12}$替代 t 时，Δ_{x_1,x_2} 等于 $\Theta_{|R|^2}(t)$，即随机变量$|R|^2$（衰落过程包络的平方）的矩生成函数（Moment Generating Function）。

对于赖斯衰落信道，$|R|$服从赖斯分布，$|R|^2$ 具有两个自由度、参数为 s 和 σ^2 的非中心 χ^2 概率密度函数。由表 2-3-3 可得到$|R|^2$ 的特征函数，从而得到

$$\Delta_{x_1,x_2} = \frac{1}{1+2\alpha_{12}\sigma^2}\,\mathrm{e}^{-\frac{\alpha_{12}s^2}{1+2\alpha_{12}\sigma^2}} \tag{14-8-12}$$

在式（14-8-12）中代入 $A = s^2 + 2\sigma^2$ 和 $K = s^2 2\sigma^2$，可得

$$\Delta_{x_1,x_2} = \frac{K+1}{K+1+A\alpha_{12}}\,\mathrm{e}^{-\frac{AK\alpha_{12}}{K+1+A\alpha_{12}}} \tag{14-8-13}$$

注意，$A = E[|R|^2]$表示信道的平均功率增益。如果假定 $A = 1$，则发送功率与接收功率相等。对这种情况，

$$\Delta_{x_1,x_2} = \frac{K+1}{K+1+\alpha_{12}} \mathrm{e}^{-\frac{K\alpha_{12}}{K+1+\alpha_{12}}} \tag{14-8-14}$$

对于瑞利衰落信道，有 $s = K = 0$ 则

$$\Delta_{x_1,x_2} = \frac{1}{1+\alpha_{12}} \tag{14-8-15}$$

注意，在上述所有情况中，如果 $x_1 = x_2$，则 $\alpha_{12} = 0$ 及 $\Delta_{12} = 1$。

对于 BPSK 调制系统，达到 R_0 的最佳 $p(x)$是均匀分布的。为了计算 R_0，需要求 $E[\Delta_{X_1,X_2}]$。对于在输入$\pm\sqrt{\mathcal{E}_s}$上均匀分布，$X_1 = X_2$ 的概率为 1/2，且 $X_1 \neq X_2$ 的概率也为 1/2。对于后者 $d_{12}^2 = 4\mathcal{E}_s$，由式（14-8-10）可得到 $\alpha_{12} = \mathcal{E}_s/N_0 = \mathrm{SNR}$，因此

$$E\left[\Delta_{X_1,X_2}\right] = \frac{1}{2} + \frac{1}{2}\Delta = \frac{\Delta+1}{2} \tag{14-8-16}$$

式中，

$$\Delta = \frac{K+1}{K+1+\mathrm{SNR}} \mathrm{e}^{-\frac{K\,\mathrm{SNR}}{K+1+\mathrm{SNR}}} \tag{14-8-17}$$

最后，

$$\begin{aligned} R_0 &= -\log_2 \frac{\Delta+1}{2} \\ &= 1 - \log_2\left(1 + \frac{K+1}{K+1+\mathrm{SNR}} \mathrm{e}^{-\frac{K\,\mathrm{SNR}}{K+1+\mathrm{SNR}}}\right) \end{aligned} \tag{14-8-18}$$

对于瑞利衰落信道情况，该关系式可简化为

$$R_0 = 1 - \log_2\left(1 + \frac{1}{1+\mathrm{SNR}}\right) \tag{14-8-19}$$

对于 QPSK 信号传输，最佳输入概率分布为均匀分布。在这种情况下，$d_{12}^2 = 0$、$2\mathcal{E}_s$ 和 $4\mathcal{E}_s$时的相应概率分别为 1/4、1/2 和 1/4，相应的 α_{12} 值分别为 0、SNR/2 和 SNR。将这些值代入式（14-8-14），可得到

$$E[\Delta] = \frac{1}{4} + \frac{1}{2}g\left(\frac{\mathrm{SNR}}{2}\right) + \frac{1}{4}g(\mathrm{SNR}) \tag{14-8-20}$$

式中，

$$g(\alpha) = \frac{K+1}{K+1+\alpha} \mathrm{e}^{-K\alpha/(K+1+\alpha)} \tag{14-8-21}$$

在式（14-8-21）中令 K=0，得到瑞利衰落的情况。结果为

$$E[\Delta] = \frac{(\mathrm{SNR})^2 + 8\mathrm{SNR} + 8}{4(\mathrm{SNR}+2)(\mathrm{SNR}+1)} \tag{14-8-22}$$

最后，R_0 为

$$R_0 = -\log_2 E[\Delta] \tag{14-8-23}$$

式中，$E[\Delta]$由式（14-8-20）和式（14-8-22）得到。图 14-8-1 所示为 BPSK 和 QPSK 在瑞利衰落信道情况下的 R_0 与 SNR $=\mathcal{E}_s/N_0$ 关系曲线。

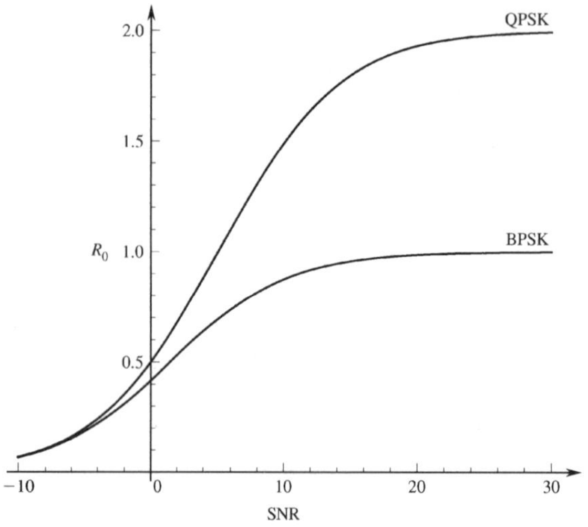

图 14-8-1 BPSK 和 QPSK 在瑞利衰落信道上的截止速率与 SNR 的关系曲线

14.9 文献注释与参考资料

Beglieri 等（1998b）对衰落信道的信道建模、信号传输、容量等问题以及编码技术进行了全面论述，该论文总结并统一了直到 1998 年在信道建模、容量和编码方面的主要研究成果，并包含许多参考文献。有关在信道状态信息可获得性不同假设情况下有限状态信道的信道容量的论述，可参考以下论文：Shannon（1958）、Wolfowitz（1978）、Salehi（1992）、Cover & Chiang（2002）、Goldsmith & Varariya（1996，1997）、Abou-Faycal 等（2001）以及 Ozarow（1994）。

关于衰落信道网格编码调制的全面论述的参考文献有：Beglieri 等（1991）、Jamali & Le-Ngoc（1994）、Divsalar Simon（1988a,b,c）、Sundberg & Seshadri（1993）以及 Salehi & Proakis（1995）。衰落信道的编码也是 Beglieri（2005）著作的一个论题，其中论述了不同条件下编码和容量问题。一些学者的著作论及了无线信道的容量和编码问题，重点是多天线系统。

Zehavi（1992）提出了比特交织调制，Caire 等（1998）对此进行了扩展研究，Ormeci 等（2001）、Martinez 等（2006）以及 Li & Ritcey（1997,1998,1999）研究了该技术的不同方面，包括差错性能、迭代译码以及在迭代译码下的最佳标记。

Viterbi & Jacobs（1975）以及 Odenwalder（1976）提出了使用具有 M 元正交 FSK 的双 k 码。Chase（1976）在论文中强调了在衰落信道数字通信中编码的重要性。Pieper 等（1978）证明了具有软判决译码的级联编码获得的效益。Proakis & Rahman（1979）研究了将分组正交码或哈达玛（Hadamard）码作为内码的双 k 码的性能。Rahman（1981）评估了最大自由距离二进制卷积码的差错概率性能。

习题

14-1　信道 1 和信道 2 都是连续时间加性高斯噪声信道，分别由 $Y_1(t) = X_1(t) + Z_1(t)$和 $Y_2(t) = X_2(t) + Z_2(t)$来描述，$Z_1(t)$和 $Z_2(t)$是信道的噪声过程，假定 $Z_1(t)$和 $Z_2(t)$是功率谱密度为 $N_1(f)$和 $N_2(f)$ W/Hz 的零均值独立高斯过程，如图 P14-1 所示。假定每个信道的输入功率限制为 10 mW。

（a）试求这两个信道的容量（b/s）。

（b）如果二进制无记忆信源以 $P(U = 0) = 1- P(U = 1) = 0.4$ 的概率每秒生成 7500 个符号并经由信道 1 和信道 2 传输，试求每一种情况下可达的绝对最小差错概率。

（c）现研究图 P14-1 所示的两个信道的配置。第一种配置就是两个原始信道的级联，第二种配置（级联）允许在两个信道之间有一个具有任意复杂度的处理器。当（b）题的二进制信源在给定的信道配置上传输时，试求每一种情况下可达的绝对最小差错概率。

（d）如果输入功率限制由 10 mW 增加到 100 mW，试求信道 1 的容量。

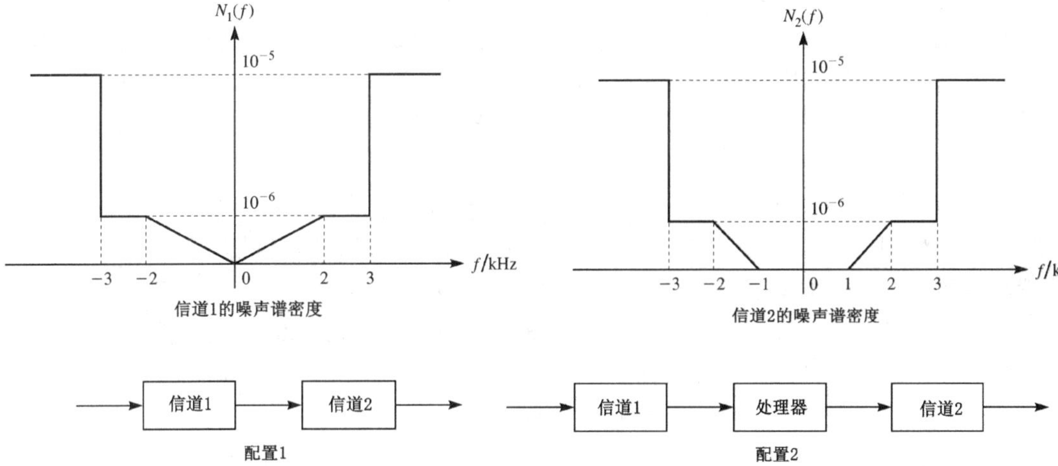

图 P14-1

14-2　研究图 14-2-1 所示的信道模型，假定两个信道部分是具有跨越概率 $p = 1/2$ 的 BSC 信道。

（a）试求该信道的遍历容量。

（b）假设发送机可控制信道的状态，接收机可利用信道状态信息。试求由此产生的信道容量。

14-3　利用式（14-1-19），试求有限状态信道的容量，其中只有接收机可获得信道状态信息。

14-4　利用式（14-1-19），试求有限状态信道的容量，其中在发送机和接收机都可获得同样的信道状态信息。

14-5　有一个三状态 BSC 信道，当状态 $S = 0$ 时，信道输出总为 0 而与信道输入无关；

当状态 $S=1$ 时，信道输出总为 1 也与信道输入无关；当状态 $S=2$ 时，信道无噪声，即输出总等于输入。假定 $P(S=0)=P(S=1)=p/2$。

（a）假定发送机或接收机都无信道状态信息可用，试求该信道的容量。

（b）假定在发送机和接收机都可获得信道状态信息，试求该信道的容量。

14-6 在习题 14-5 中假定在发送机和接收机都能获得同样有噪信道状态信息，即获得 $Z=U=V$，其中 Z 为二进制随机变量且

$$P[Z=0|S=0]=P[Z=1|S=1]=1$$

$$P[Z=0|S=2]=P[Z=1|S=2]=1/2$$

试求该信道的容量。

14-7 研究图 14-2-1 所示的信道模型。假定上部信道是无噪信道，其跨越概率为 0；下部信道是二进制输入二进制输出 Z 信道且有 $P\left[Y=1\mid X=1\right]=1$ 和 $P\left[Y=0\mid X=0\right]=1/2$。对于每次传输，该信道在两种状态之间独立切换，且两个状态等概率。

（a）当没有信道状态信息可用时，试求该信道的遍历容量。

（b）当发送机和接收机可获得完备的信道状态信息时，试求该信道的遍历容量。

（c）当接收机可获得完备的状态信息时，试求该信道的遍历容量。

14-8 试证明式（14-2-11）可以简化为式（14-2-13）。

14-9 在图 14-4-1 中，试求编码使增益最大的最佳旋转，并问结果的编码增益是多少。

14-10 时间和频率均为平坦的衰落信道模型可以建模为 $\boldsymbol{y}=R\boldsymbol{x}+\boldsymbol{n}$，其中衰落因子 R 在码字的整个传输持续时间内保持不变。在接收机有信道状态信息时和无信道状态信息时，试针对赖斯衰落求该信道的最佳判决规则。

14-11 分集合并器的中断概率定义为，指定分集分支数的合并器输出瞬时 SNR 低于某个规定量的时间百分比。有一通信系统使用多重接收机天线以获得瑞利衰落信道的分集，假设以 N_r 副接收机天线选择性分集。如果平均 SNR 为 20 dB，试求：

当（a）$N_r=1$，（b）$N_r=2$，（c）$N_r=4$ 时，瞬时 SNR 下降低于 10 dB 的概率。

14-12 时变信道的高斯-马尔可夫模型为

$$h(m+1)=\sqrt{1-\alpha}h(m)+\alpha w(m+1)$$

式中，$\{w(m)\}$是与 $h(0)\sim CN(0,1)$无关的 IID 且服从 $CN(0,1)$分布的随机变量序列；抽样时间为 T_s；该信道的相干时间由参数 α 来控制。

（a）计算序列$\{h(m)\}$的自相关函数 $R_h(m)$。

（b）定义相干时间为对应于 $R_h(m)=0.5$ 的时间。试求以 T_s 和相干时间 T_c 表示的 α 值。

（c）假设由接收机将$\{h(m)\}$发送给发送机，延时为 T_s。发送机由过去的样值 $h(m-n)$和 $h(m-n-1)$预测 $h(m)$为 $\hat{h}(m)$，因此，

$$\hat{h}(m)=b_1h(m-n)+b_2h(m-n-1)$$

式中，预测系数 b_1 和 b_2 由下列 MSE 最小化来确定：

$$E[|e|]^2=E[|h(m)-\hat{h}(m)|^2]$$

试求：使 MSE 最小的 b_1 和 b_2。

14-13 具有式（8-1-21）确定的转移函数、码率为 1/3、$K=3$ 的二进制卷积码通过 PSK 调制在瑞利衰落信道上传输数据。

（a）假定对应于编码比特的发送波形衰落是独立的，试求硬判决译码的差错概率并画出其曲线。

（b）假定对应于编码比特的发送波形衰落是独立的，试求软判决译码的差错概率并画出其曲线。

14-14　试证明：全交织、衰落过程为 R_i 的瑞利衰落信道的成对差错概率的边界为

$$P_{\boldsymbol{x}\to\hat{\boldsymbol{x}}} \leqslant \prod_{i=1}^{n} E\left[\mathrm{e}^{-\frac{R_i^2|x_i-\hat{x}_i|^2}{4N_0}}\right]$$

式中，对 R_i 求数学期望。由上式推出下面的成对差错概率的边界：

$$P_{\boldsymbol{x}\to\hat{\boldsymbol{x}}} \leqslant \prod_{i=1}^{n} \frac{1}{1+|x_i-\hat{x}_i|^2/4N_0}$$

14-15　试求图 14-5-1 所示的编码调制方式的乘积距离和自由欧氏距离。

14-16　试求图 14-5-2 所示的编码调制方式的乘积距离和自由欧氏距离。

14-17　试证明：在 AWGN 信道上，图 14-5-5 所示的信号集分配的性能优于图 14-5-4 所示的信号集分配的性能 1.315 dB。

14-18　试求图 14-6-3 中当 $b=0$、1 且 $1\leqslant i\leqslant 4$ 时，集合划分标志和格雷标志两种情况的 X_b^i。

第 15 章

多天线系统

在通信系统接收机中使用多天线，是一种空间分集抗衰落的标准方法，而无须扩展发射信号的带宽。空间分集也可以在发射机中使用多天线来实现。例如，本章将证明，利用两个发射天线和一个接收天线就可以实现双重分集。还将证明，利用多发射天线可以构建多条空间信道，从而提高无线通信系统的数据速率，该方法称为空间复用。

15.1 多天线系统的信道模型

采用 N_T 个发射天线和 N_R 个接收天线的通信系统一般称为多入多出（MIMO）系统，并且，这种系统中相应的空间信道称为 MIMO 信道。特殊情况（$N_T=N_R=1$）为单入单出（SISO）系统，相应的信道称为 SISO 信道；$N_T=1$ 和 $N_R\geqslant 2$ 是另一种特殊情况，形成的系统称为单入多出（SIMO）系统，相应的信道称为 SIMO 信道；$N_T\geqslant 2$ 和 $N_R=1$ 是第三种特殊情况，相应的系统称为多入单出（MISO）系统，相应的信道称为 MISO 信道。

在具有 N_T 个发射天线和 N_R 个接收天线的 MIMO 系统，我们把第 j 个发射天线和第 i 个接收天线之间的等效低通信道冲激响应表示为 $h_{ij}(\tau;t)$，其中 τ 是时效或延时变量，t 是时间变量[①]，这样，随机时变信道可表示为 $N_R\times N_T$ 的矩阵 $\boldsymbol{H}(\tau;t)$，定义为

$$\boldsymbol{H}(\tau;t)=\begin{bmatrix} h_{11}(\tau;t) & h_{12}(\tau;t) & \cdots & h_{1N_T}(\tau;t) \\ h_{21}(\tau;t) & h_{22}(\tau;t) & \cdots & h_{2N_T}(\tau;t) \\ \vdots & \vdots & & \vdots \\ h_{N_R1}(\tau;t) & h_{N_R2}(\tau;t) & \cdots & h_{N_RN_T}(\tau;t) \end{bmatrix} \tag{15-1-1}$$

假设第 j 个发射天线的发射信号为 $s_j(t)$, $j=1,2,\cdots,N_T$，那么，在没有噪声的情况下，第 i 个接收天线的接收信号可以表示为

$$r_i(t)=\sum_{j=1}^{N_T}\int_{-\infty}^{\infty}h_{ij}(\tau;t)s_j(t-\tau)\,\mathrm{d}\tau=\sum_{j=1}^{N_T}h_{ij}(\tau;t)*s_j(\tau),\qquad i=1,2,\cdots,N_R \tag{15-1-2}$$

式中，*表示卷积。用矩阵表示，式（15-1-2）可表示为

$$\boldsymbol{r}(t)=\boldsymbol{H}(\tau;t)*\boldsymbol{s}(\tau) \tag{15-1-3}$$

式中，$\boldsymbol{s}(t)$是 $N_T\times 1$ 维矢量，$\boldsymbol{r}(t)$是 $N_R\times 1$ 维矢量。

对于频率非选择性信道，信道矩阵 $\boldsymbol{H}$ 可表示为

① 为了方便起见，本章省略等效低通信号的下标。

$$\boldsymbol{H}(t)=\begin{bmatrix} h_{11}(t) & h_{12}(t) & \cdots & h_{1N_\mathrm{T}}(t) \\ h_{21}(t) & h_{22}(t) & \cdots & h_{2N_\mathrm{T}}(t) \\ \vdots & \vdots & & \vdots \\ h_{N_\mathrm{R}1}(t) & h_{N_\mathrm{R}2}(t) & \cdots & h_{N_\mathrm{R}N_\mathrm{T}}(t) \end{bmatrix} \tag{15-1-4}$$

在这种情况下，第 i 个天线接收信号可简化为

$$r_i(t)=\sum_{j=1}^{N_\mathrm{T}} h_{ij}(t)s_j(t), \qquad i=1,2,\cdots,N_\mathrm{R} \tag{15-1-5}$$

用矩阵形式，接收信号矢量 $\boldsymbol{r}(t)$ 可表示为

$$\boldsymbol{r}(t)=\boldsymbol{H}(t)\boldsymbol{s}(t) \tag{15-1-6}$$

更进一步，如果在时间区间 $0\leqslant t\leqslant T$，T 可能是符号间隔或者某个通用的时间间隔，信道冲激响应的时间变化很缓慢，则式（15-1-6）可以简化为

$$\boldsymbol{r}(t)=\boldsymbol{H}\boldsymbol{s}(t), \qquad 0\leqslant t\leqslant T \tag{15-1-7}$$

式中，$\boldsymbol{H}$ 在时间区间 $0\leqslant t\leqslant T$ 内为常量。

式（15-1-7）表示的慢时变频率非选择性信道模型是 MIMO 信道信号传输的最简单模型。下面两节将利用该模型说明 MIMO 系统的性能特点，并假设传输的数据是未经编码的，MIMO 信道的编码将在 15.4 节讨论。

15.1.1 慢衰落频率非选择性 MIMO 信道中的信号传输

考虑具有多个发射天线和接收天线的无线通信系统，如图 15-1-1 所示。假定有 N_T 个发射天线和 N_R 个接收天线，由图 15-1-1 可见，N_T 个符号经过串/并转换后，每个符号发送到 N_T 个相同调制器之一，每个调制器都连接到一个空间分开的天线，这样，N_T 个符号并行传输并且由 N_R 个在空间上分开的接收天线接收。

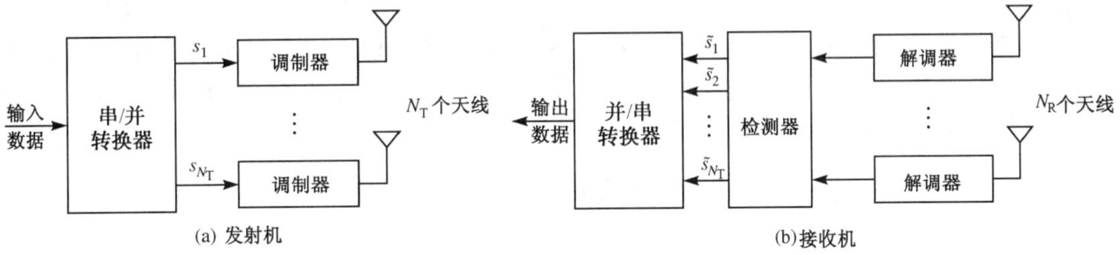

图 15-1-1 具有多个发射和接收天线的通信系统

本节假定从一个发射天线到一个接收天线的每个信号经历频率非选择性瑞利衰落，还假设从 N_T 个发射天线到 N_R 个接收天线的信号传播时间差相对于符号宽度 T 是很小的，对于实际应用而言，从 N_T 个发射天线到任意一个接收天线的信号是同步的。因此，我们可以把一个信号区间接收天线上的等效低通接收信号表示成

$$r_m(t)=\sum_{n=1}^{N_\mathrm{T}} s_n h_{mn} g(t)+z_m(t), \qquad 0\leqslant t\leqslant T;\ m=1,2,\cdots,N_\mathrm{R} \tag{15-1-8}$$

式中，$g(t)$是调制滤波器的脉冲形状（冲激响应）；h_{mn} 是第 n 个发射天线和第 m 个接收天线之间的复值、循环零均值高斯信道增益；s_n 是第 n 个天线上发射的符号；$z_m(t)$是 AWGN 过程的样本函数。信道增益$\{h_{mn}\}$从信道到信道是同分布且统计独立的；高斯样本函数$\{z_m(t)\}$是同分

布且相互统计独立的，每个样本具有零均值和双边功率谱密度 $2N_0$；信息符号$\{s_n\}$从二进制或 M 进制 PSK 或 QAM 星座中提取。

N_R 个接收天线中每一个天线上的信号解调器由脉冲 $g(t)$的匹配滤波器构成，其输出在每个符号末端被采样。第 m 个接收天线的相应解调器输出可表示为

$$y_m = \sum_{n=1}^{N_T} s_n h_{mn} + \eta_m, \qquad m = 1, 2, \cdots, N_R \tag{15-1-9}$$

式中，信号脉冲 $g(t)$的能量被归一化为单位能量，η_m 是加性高斯噪声分量。来自解调器的 N_R 个软输出送入信号检测器。为数学上的方便，式（15-1-9）可表示成矩阵形式

$$\boldsymbol{y} = \boldsymbol{H}\boldsymbol{s} + \boldsymbol{\eta} \tag{15-1-10}$$

式中，$\boldsymbol{y}=[y_1\ y_2 \cdots y_{N_R}]^t$，$\boldsymbol{s}=[s_1\ s_2 \cdots s_{N_T}]^t$，$\boldsymbol{\eta}=[\eta_1\ \eta_2 \cdots \eta_{N_R}]^t$，$\boldsymbol{H}$ 是 $N_R \times N_T$ 的信道增益矩阵。图 15-1-2 表示每个信号传输区间多发射机和接收机的离散时间模型。

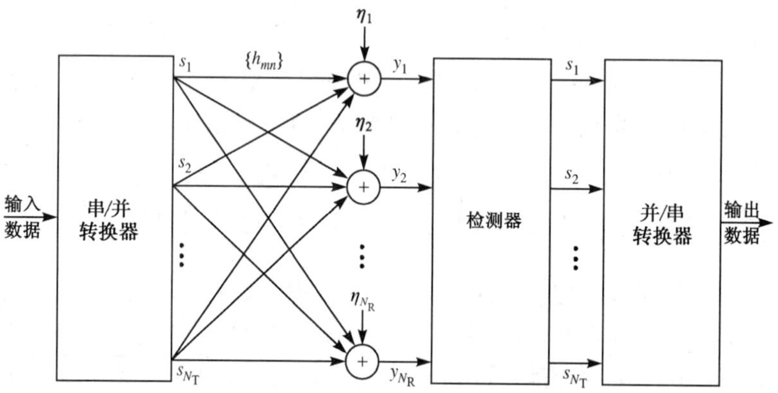

图 15-1-2　频率非选择性慢衰落信道中多发射机和接收机的离散时间模型

在以上描述的 MIMO 系统形式中，我们注意到 N_T 个发射天线上发射的符号在时间和频率上是全部重叠的，因此，从空间信道接收的信号$\{y_m, 1 \leqslant m \leqslant N_R\}$存在信道间干扰。在下一节，我们将考虑恢复 MIMO 系统中传输的数据符号的三个不同的检测器。

15.1.2　MIMO 系统中数据符号检测

基于 15.1.1 节描述的频率非选择性 MIMO 信道模型，本节将研究恢复发送数据符号的三个不同检测器，并且评估其在瑞利衰落和加性高斯白噪声下的性能。在导出过程中，假定检测器完全知道信道矩阵 $\boldsymbol{H}$ 的元素，实际上，$\boldsymbol{H}$ 的元素可利用信道探测信号估计得到。

1．最大似然检测器（Maximum-Likelihood Detector，MLD）

MLD 在差错概率最小化的意义上是最佳检测器，因为 N_R 个接收天线上的加性噪声项是独立同分布的（IID），并且是零均值高斯分布的，所以联合条件概率密度函数 $p(\boldsymbol{y}|\boldsymbol{s})$ 是高斯的。因此，MLD 选择符号矢量 $\hat{\boldsymbol{s}}$ 使如下欧氏距离度量最小化。

$$\mu(\boldsymbol{s}) = \sum_{m=1}^{N_R} \left| y_m - \sum_{n=1}^{N_T} h_{mn} s_n \right|^2 \tag{15-1-11}$$

2．最小均方误差（Minimum Mean Square Error，MMSE）检测器

MMSE 检测器对接收信号$\{y_m, 1 \leqslant m \leqslant N_R\}$进行线性组合，以形成发射符号$\{s_n, 1 \leqslant n \leqslant N_T\}$的估计值。线性组合可按照矩阵形式表示为

$$\hat{\boldsymbol{s}} = \boldsymbol{W}^{\mathrm{H}}\boldsymbol{y} \tag{15-1-12}$$

式中，$\boldsymbol{W}$ 是 $N_R \times N_T$ 的加权矩阵，选择 $\boldsymbol{W}$ 使得如下均方误差最小化，即

$$J(\boldsymbol{W}) = E[\|\boldsymbol{e}\|^2] = E[\|\boldsymbol{s} - \boldsymbol{W}^{\mathrm{H}}\boldsymbol{y}\|^2] \tag{15-1-13}$$

$J(\boldsymbol{W})$的最小化导出最佳加权矢量解 $W_1, W_2,\cdots, W_{N_T}$，由下式表示

$$\boldsymbol{w}_n = \boldsymbol{R}_{yy}^{-1}\boldsymbol{r}_{s_n y}, \qquad n = 1, 2, \cdots, N_{\mathrm{T}} \tag{15-1-14}$$

式中，$\boldsymbol{R}_{yy} = E[\boldsymbol{y}\boldsymbol{y}^{\mathrm{H}}] = \boldsymbol{H}\boldsymbol{R}_{ss}\boldsymbol{H}^{\mathrm{H}} + N_0\boldsymbol{I}$ 是接收信号矢量 $\boldsymbol{y}$ 的（$N_R \times N_R$）自相关矩阵，$\boldsymbol{R}_{ss} = E[\boldsymbol{s}\boldsymbol{s}^{\mathrm{H}}]$，$\boldsymbol{r}_{s_n y} = E[s_n^* \boldsymbol{y}]$，以及 $E[\boldsymbol{\eta}\boldsymbol{\eta}^{\mathrm{H}}] = N_0\boldsymbol{I}$。当信号矢量的分量不相关，且均值为 0 时，则 $\boldsymbol{R}_{ss}$ 是对角矩阵。估值 $\hat{\boldsymbol{s}}$ 的每个分量量化到最接近的发送符号值。

3．逆信道检测器（Inverse Channel Detector，ICD）

ICD 也是通过对接收信号$\{y_m, 1 \leqslant m \leqslant N_R\}$线性组合以形成 $\boldsymbol{s}$ 的估值的，在这种情况下，如果设 $N_T = N_R$，则选择加权矩阵 $\boldsymbol{W}$ 使信道间干扰完全消除，即 $\boldsymbol{W}^{\mathrm{H}} = \boldsymbol{H}^{-1}$，因此

$$\hat{\boldsymbol{s}} = \boldsymbol{H}^{-1}\boldsymbol{y} = \boldsymbol{s} + \boldsymbol{H}^{-1}\boldsymbol{\eta} \tag{15-1-15}$$

估值 $\hat{\boldsymbol{s}}$ 的每个分量量化到最接近的发送符号值。我们注意到，ICD 估值 $\hat{\boldsymbol{s}}$ 没有被信道间干扰破坏，然而，正如我们下面将要看到的，这也意味着 ICD 没有利用接收信号固有的信号分集功能。

当 $N_R > N_T$，加权矩阵 $\boldsymbol{W}$ 可以选为信道矩阵的伪逆，即

$$\boldsymbol{W}^{\mathrm{H}} = (\boldsymbol{H}^{\mathrm{H}}\boldsymbol{H})^{-1}\boldsymbol{H}^{\mathrm{H}}$$

4．检测器的差错概率性能

三个检测器在瑞利衰落信道下的差错概率性能很容易采用 MIMO 系统的计算机模拟来评估。图 15-1-3 和图 15-1-4 分别表示了$(N_T, N_R) = (2,\ 2)$和$(N_T, N_R) = (2,\ 3)$二进制 PSK 调制的二进制差错概率（BER），在两种情况下，信道增益的方差是相同的，并且它们的和是归一化的，即

$$\sum_{n,m} E\left[|h_{mn}|^2\right] = 1 \tag{15-1-16}$$

图中二进制 PSK 调制的 BER 是平均比特信噪比的函数，因为信道增益$\{h_{mn}\}$的方差根据式（15-1-16）归一化，所以平均接收能量就是每符号发送信号能量。

图 15-1-3 和图 15-1-4 中的性能结果表明：MLD 利用了接收信号中的 N_R 阶全分集，从而其性能可以和没有信道间干扰相媲美，即$(N_T, N_R) = (1, N_R)$时 N_R 个接收信号的最大比合并（MRC）性能。两种线性检测器（MMSE 检测器和 ICD）的差错概率在 $N_T = 2$ 时与 SNR 的 $N_R - 1$ 次方成反比下降，因此，当 $N_R = 2$，两种线性检测器没有获得分集增益，而当 $N_R = 3$ 时，它们获得双分集。我们还注意到，尽管两者获得的分集阶数相同，但 MMSE 检测器性能优于 ICD。一般来说，在空间复用情况下（N_T 个天线发射独立的数据流），MLD 达到 N_R 阶分集，线性

检测器达到 $N_R - N_T + 1$ 阶分集（$N_R \geqslant N_T$）。实际上，在 N_T 个天线发射独立的数据流并具有 N_R 个接收天线时，线性检测器具有 N_R 个自由度，在检测任意一个数据流时，存在来自其他发射天线的 $N_T - 1$ 个干扰信号，线性检测器利用 $N_T - 1$ 个自由度来消除 $N_T - 1$ 个干扰信号，因此，线性检测器的有效分集阶数为 $N_R - (N_T - 1) = N_R - N_T + 1$。

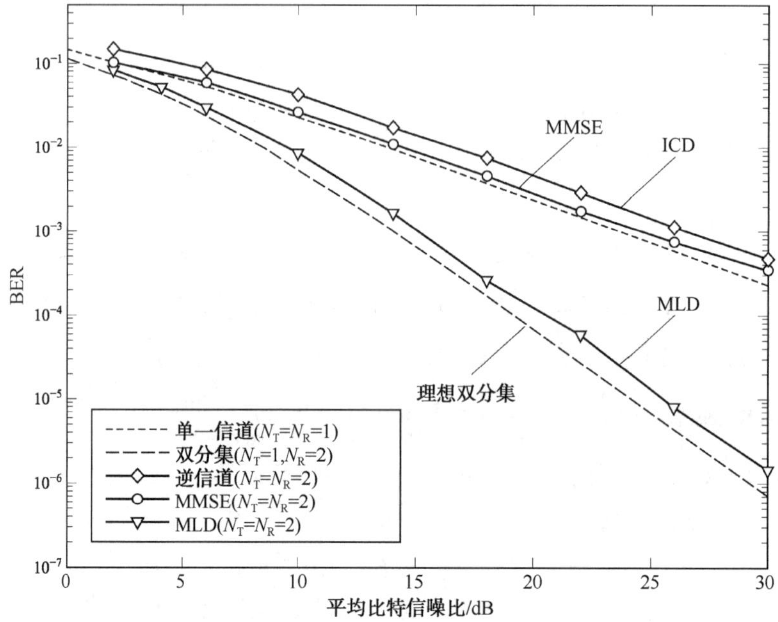

图 15-1-3　接收天线数 N_R=2 时 MLD、MMSE 检测器和 ICD 的性能

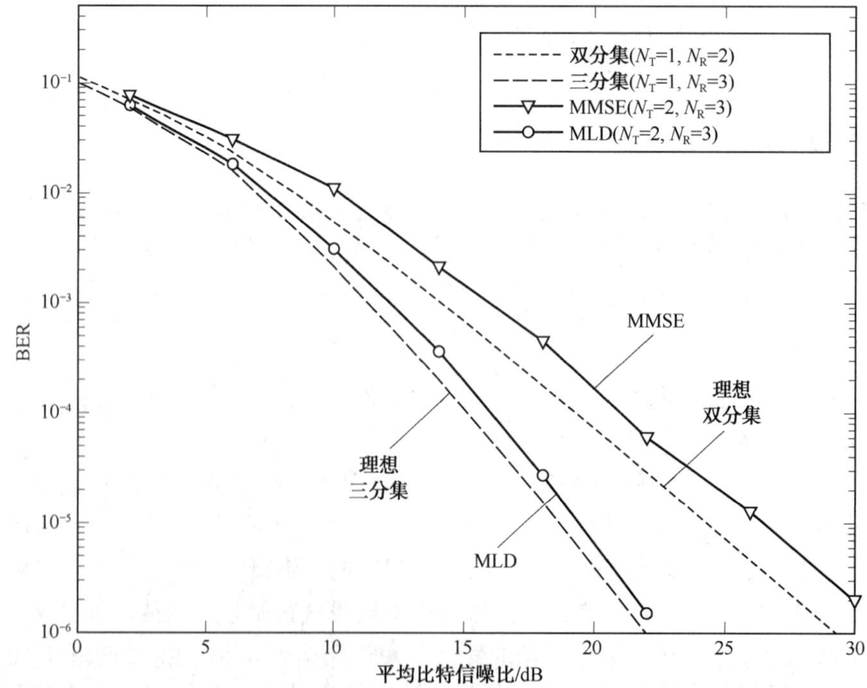

图 15-1-4　接收天线数 N_R=3 时 MLD 和 MMSE 检测器的性能

现在让我们比较三种检测器的计算复杂度，我们注意到 MLD 的复杂度以 M^{N_T} 成指数增长，其中 M 为信号星座点数，而线性检测器的复杂度与 N_T 和 N_R 成线性增长关系，因此当 M 和 N_T 较大时，MLD 的计算复杂度比较大，然而当发射天线数和信号点数较小时，如 $N_T \leqslant 4$ 和 M=4，MLD 的计算复杂度是可以接受的。

5．其他检测器结构和算法

正如所见，MLD 是最佳检测器，因此它使符号差错概率最小化。ICD 和 MMSE 检测器这两种线性检测器的性能是次最佳的，但其计算复杂度低。另一类检测器是非线性检测器，其性能一般优于线性检测器，但计算复杂度较高。

非线性检测器的一个例子是：一旦符号被检测，对接收信号进行连续的符号抵消。完成符号抵消的一种方法是首先将接收数据经过 ICD 或 MMSE 检测器，从线性检测器得到的符号中选择具有最高 SNR 的，亦即最可靠的符号，该符号与信道矩阵 $\boldsymbol{H}$ 的相应行相乘，再从接收信号中减去相乘结果，余下的接收信号包含 N_T-1 个符号。因此，需要利用 N_T 次迭代以检测 N_T 个发送符号，这种应用于 MIMO 系统的连续抵消技术本质上是第 16 章要进一步讨论的多用户检测方法。

这只是可用来检测数据的非线性检测算法的一个例子，这种方案比线性检测器具有更高的计算复杂度，但性能一般更好。

比 MLD 实现简单的另一种次最佳检测方法是球体检测（也称为球体解码），在球体检测中，对最可能的发射信号矢量 $\boldsymbol{s}$ 的搜索局限于半径固定、中心在接收信号矢量 $\boldsymbol{y}$ 的 N_R 维超球面上的点集 $\boldsymbol{Hs}$。因此，与 MLD（最可能的信号矢量 $\boldsymbol{s}$ 的搜索包含所有可能的点 $\boldsymbol{Hs}$）相比，球体检测包含接收信号点的有限集上的搜索，因此，计算复杂度下降，其代价是差错概率增加。很明显，当球体半径增加时，球体检测的性能接近 MLD 的性能。球体检测（确定位于给定半径、中心在接收信号矢量 $\boldsymbol{y}$ 的球体的信号点 $\boldsymbol{Hs}$）的计算有效算法已经由 Fincke 和 Pohst（1985）、Viterbo & Boutros（1999）、Damen 等（2000）、deJong & Willink（2002）以及 Hochwald & ten Brink（2003）给出。

利用接收信号中固有的空间分集并提供近似于 MLD 性能的另一种非线性方法基于网格减少（Lattice Redaction）。例如，如果从正方形 QAM 信号星座中取出 n 维信号矢量 $\boldsymbol{s}$ 的元素，信号矢量集可看成 n 维网格的子集，因此，无噪接收信号矢量 $\boldsymbol{Hs}$ 是经信道矩阵 $\boldsymbol{H}$ 变换（失真）的网格的子集，变换后的网格的基矢量是矩阵 $\boldsymbol{H}$ 的列，一般来说是非正交的，然而，变换后的网格的基矢量可以正交化，并且可以减少维数大小，导致新的生成矩阵 $\boldsymbol{B}$ 与 $\boldsymbol{H}$ 的关系为 $\boldsymbol{B}=\boldsymbol{HF}$，其中 $\boldsymbol{B}$ 的列是正交的，$\boldsymbol{F}$ 是幺模矩阵（Unimodular Matrix），其元素的实部和虚部为整数，因此，$\boldsymbol{F}$ 满足条件 $\det(\boldsymbol{F})=\pm1$ 或$\pm$j，这种矩阵的逆 $\boldsymbol{F}^{-1}$ 总是存在的。

我们可以利用这个基变换把接收信号矢量 $\boldsymbol{y}$ 表示为

$$\boldsymbol{y}=\boldsymbol{Hs}+\boldsymbol{\eta}=(\boldsymbol{BF}^{-1})\boldsymbol{s}+\boldsymbol{\eta}$$

定义矢量 $\boldsymbol{w}=\boldsymbol{F}^{-1}\boldsymbol{s}$，因此 $\boldsymbol{y}$ 可以表达为

$$\boldsymbol{y}=\boldsymbol{Bw}+\boldsymbol{\eta}=(\boldsymbol{HF})\boldsymbol{w}+\boldsymbol{\eta}$$

现在，ICD 可以用来检测变换信号矢量 $\boldsymbol{w}$，对 $\boldsymbol{B}$ 求逆并对矢量 $\boldsymbol{B}^{-1}\boldsymbol{y}$ 的元素进行硬判决译码以产生矢量 $\hat{\boldsymbol{w}}$，信号矢量 $\boldsymbol{s}$ 的估值可通过线性变换 $\hat{\boldsymbol{s}}=\boldsymbol{F}\hat{\boldsymbol{w}}$ 获得。有文献显示，这种检测方法产生的分集阶数比得上 MLD［请见 Yao & Wornell（2002）］。关于网格减少的进一步讨论

将在 16.4.4 节给出，其背景为 MIMO 广播信道。

6．发射机和接收机均知道信道矩阵时的信号检测

MLD、MMSE 检测器和 ICD 是基于接收机知道信道矩阵 $\boldsymbol{H}$ 的，当发射机和接收机均知道信道矩阵 $\boldsymbol{H}$ 时可以设计另一种线性处理技术。在这种方法里，秩为 r 的信道矩阵 $\boldsymbol{H}$ 的奇异值分解（Singular Value Decomposition，SVD）可以表示为

$$\boldsymbol{H}=\boldsymbol{U}\boldsymbol{\Sigma}\boldsymbol{V}^{\mathrm{H}} \tag{15-1-17}$$

式中，$\boldsymbol{U}$ 是 $N_{\mathrm{R}}\times r$ 矩阵；$\boldsymbol{V}$ 是 $N_{\mathrm{T}}\times r$ 矩阵；$\boldsymbol{\Sigma}$ 是 $r\times r$ 对角阵，对角元素为信道的奇异值 $\sigma_1,\sigma_2,\cdots,\sigma_r$。矩阵 $\boldsymbol{U}$ 和 $\boldsymbol{V}$ 的列矢量是标准正交的，因此，$\boldsymbol{U}^{\mathrm{H}}\boldsymbol{U}=\boldsymbol{I}_r$ 以及 $\boldsymbol{V}^{\mathrm{H}}\boldsymbol{V}=\boldsymbol{I}_r$，其中 $\boldsymbol{I}_r$ 是 $r\times r$ 的单位阵。如果在发射机用如下线性变换处理 $r\times 1$ 信号矢量 $\boldsymbol{s}$：

$$\boldsymbol{s}_v=\boldsymbol{V}\boldsymbol{s} \tag{15-1-18}$$

则接收信号矢量 $\boldsymbol{y}$ 为

$$\boldsymbol{y}=\boldsymbol{H}\boldsymbol{s}_v+\boldsymbol{\eta}=\boldsymbol{H}\boldsymbol{V}\boldsymbol{s}+\boldsymbol{\eta} \tag{15-1-19}$$

在接收机用线性变换 $\boldsymbol{U}^{\mathrm{H}}$ 处理接收信号矢量 $\boldsymbol{y}$，从而有

$$\hat{\boldsymbol{s}}=\boldsymbol{U}^{\mathrm{H}}\boldsymbol{y}=\boldsymbol{U}^{\mathrm{H}}\boldsymbol{H}\boldsymbol{V}\boldsymbol{s}+\boldsymbol{U}^{\mathrm{H}}\boldsymbol{\eta}=\boldsymbol{U}^{\mathrm{H}}\boldsymbol{U}\boldsymbol{\Sigma}\boldsymbol{V}^{\mathrm{H}}\boldsymbol{V}\boldsymbol{s}+\boldsymbol{U}^{\mathrm{H}}\boldsymbol{\eta}=\boldsymbol{\Sigma}\boldsymbol{s}+\boldsymbol{U}^{\mathrm{H}}\boldsymbol{\eta} \tag{15-1-20}$$

所以，接收信号元素间的耦合被解除，可以单独检测。奇异值$\{\sigma_i\}$对发射符号的标度影响可以在发射机利用线性变换 $\boldsymbol{V}\boldsymbol{\Sigma}^{-1}$ 取代 $\boldsymbol{V}$ 或在接收机利用线性变换 $\boldsymbol{\Sigma}^{-1}\boldsymbol{U}^{\mathrm{H}}$ 予以补偿。MIMO 通信系统的方框图如图 15-1-5 所示。

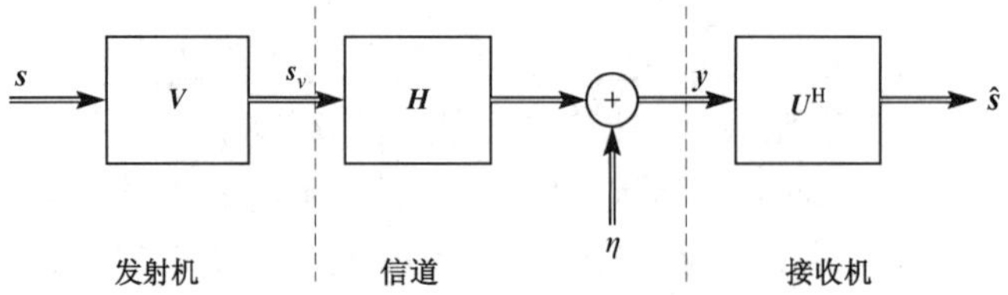

图 15-1-5　当发射机和接收机知道信道矩阵时 MIMO 通信系统方框图

从信号矢量 $\boldsymbol{s}$ 的估值表达式（15-1-20）可观察到，SVD 法并不利用信道提供的信号分集，这是借助于 SVD 对接收信号矢量 $\boldsymbol{y}$ 去耦合的主要缺点。

15.1.3　通过慢衰落频率选择性 MIMO 信道的信号传输

本节研究通过慢衰落频率选择性 MIMO 信道的信号传输问题，其中冲激响应 $\{h_{ij}(\tau;t)\}$ 与符号速率 $1/T$ 相比随时间变化很慢。根据式（15-1-2）和式（15-1-3），经过频率选择性 MIMO 信道的接收信号可以表示成

$$r_i(t)=\sum_{j=1}^{N_{\mathrm{T}}}\int_{-\infty}^{\infty}h_{ij}(\tau;t)s_j(t-\tau)\,\mathrm{d}\tau+z_i(t),\qquad i=1,2,\cdots,N_{\mathrm{R}} \tag{15-1-21}$$

式中，$z_i(t)$ 表示第 i 个接收天线上的加性噪声。设第 n 个信号间隔的发射信号为 $s_j(t)=s_j(n)g(t-nT)$，其中 $g(t)$是调制滤波器的冲激响应，$\{s_j(n)\}$ 是 N_{T} 个信息符号的集合。在代入式（15-1-21）中的 $s_j(t)$ 后，可得到

$$r_i(t)=\sum_n\sum_{j=1}^{N_\mathrm{T}} s_j(n)\int_{-\infty}^{\infty} h_{ij}(\tau;t)g(t-nT-\tau)\,\mathrm{d}\tau+z_i(t),\qquad i=1,2,\cdots,N_\mathrm{R} \tag{15-1-22}$$

可以方便地以抽样的形式处理接收信号，因此，可以以某个合适的抽样速率 $F_\mathrm{s}=J/T$ 对接收信号 $r_i(t)$进行抽样，其中 J 是正整数。例如，可以选择 J=2，这样，每个符号有两个抽样值，当调制滤波器的冲激响应 $g(t)$的频带限于$|f|\leqslant 1/T$ 时，这样的抽样速率是合适的。

在每一个天线上，接收信号通过一组有限冲激响应（FIR）滤波器，其中每个滤波器覆盖 K 个样值，在时刻 n 的滤波器系数表示为$\{a_{i,j}(k;n),k=0,1,\cdots,K\}$，一般来说为复数。假定这些 FIR 滤波器的功能为线性均衡器，则来自 N_R 个接收天线的 FIR 滤波器输出可以用来形成发送的信息符号的估值，因此，在时刻 n 发射的第 j 个信息符号的估值可以表示为

$$\hat{s}_j(n)=\sum_{i=1}^{N_\mathrm{R}}\left[\sum_{k=0}^{K-1} a_{ij}(k;n)r_i(n-k)\right],\qquad j=1,2,\cdots,N_\mathrm{T} \tag{15-1-23}$$

式中，$\hat{s}_j(n)$表示$s_j(n)$的估值。

由（15-1-23）式给出的估值能够表示成更紧凑的矩阵形式，即

$$\hat{\boldsymbol{s}}(n)=\boldsymbol{A}^\mathrm{H}(n)\boldsymbol{r}(n) \tag{15-1-24}$$

式中，矩阵 $\boldsymbol{A}(n)$和矢量 $\boldsymbol{r}(n)$定义为

$$\boldsymbol{A}(n)=\begin{bmatrix}\boldsymbol{a}_{11}^*(n) & \boldsymbol{a}_{12}^*(n) & \cdots & \boldsymbol{a}_{1N_\mathrm{T}}^*(n)\\ \boldsymbol{a}_{21}^*(n) & \boldsymbol{a}_{22}^*(n) & \cdots & \boldsymbol{a}_{2N_\mathrm{T}}^*(n)\\ \vdots & \vdots & & \\ \boldsymbol{a}_{N_\mathrm{R}1}^*(n) & \boldsymbol{a}_{N_\mathrm{R}2}^*(n) & \cdots & \boldsymbol{a}_{N_\mathrm{R}N_\mathrm{T}}^*(n)\end{bmatrix}$$

$$\boldsymbol{r}(n)=\begin{bmatrix}\boldsymbol{r}_1(n)\\ \boldsymbol{r}_2(n)\\ \vdots\\ \boldsymbol{r}_{N_\mathrm{R}}(n)\end{bmatrix} \tag{15-1-25}$$

式中，$\{\boldsymbol{a}_{ij}(n)\}$和$\{\boldsymbol{r}_j(n)\}$是 K 维列矢量，$\boldsymbol{A}^\mathrm{H}(n)=[\boldsymbol{A}(n)]^\mathrm{H}=[\boldsymbol{a}_{ij}^*(n)]^\mathrm{H}=[\boldsymbol{a}_{ji}^\mathrm{t}(n)]$。图 15-1-6 表示了 N_T=2 个发射天线和 N_R=3 个接收天线时的解调器结构。

把估值 $\hat{\boldsymbol{s}}(n)$ 送到检测器，对 $\hat{\boldsymbol{s}}(n)$ 的元素与可能的发送符号进行比较，选择以欧氏距离最接近 $\hat{s}_j(n)$ 的 $s_j(n)$。

当信道冲激响应$\{h_{ij}(\tau;t)\}$随时间缓慢变化时，FIR 均衡器的系数能够自适应地调整，使得期望的数据符号$\{s_j(n),j=1,2,\cdots,N_\mathrm{T}\}$与估值$\{\hat{s}_j(n),j=1,2,\cdots,N_\mathrm{T}\}$间的均方误差（MSE）最小。系数$\{\boldsymbol{a}_{ij}(n)\}$的初始调整可通过从 N_T 个发射天线发射有限长的训练符号矢量序列来完成，在训练模式，误差信号为

$$\boldsymbol{e}(n)=\boldsymbol{s}(n)-\hat{\boldsymbol{s}}(n)=\boldsymbol{s}(n)-\boldsymbol{A}^\mathrm{H}(n)\boldsymbol{r}(n) \tag{15-1-26}$$

或等效为

$$e_j(n)=s_j(n)-\hat{s}_j(n),\qquad j=1,2,\cdots,N_\mathrm{T} \tag{15-1-27}$$

调整均衡器的系数使得下式最小化。

$$\mathrm{MSE}_j=E\left[|e_j(n)|^2\right],\qquad j=1,2,\cdots,N_\mathrm{T} \tag{15-1-28}$$

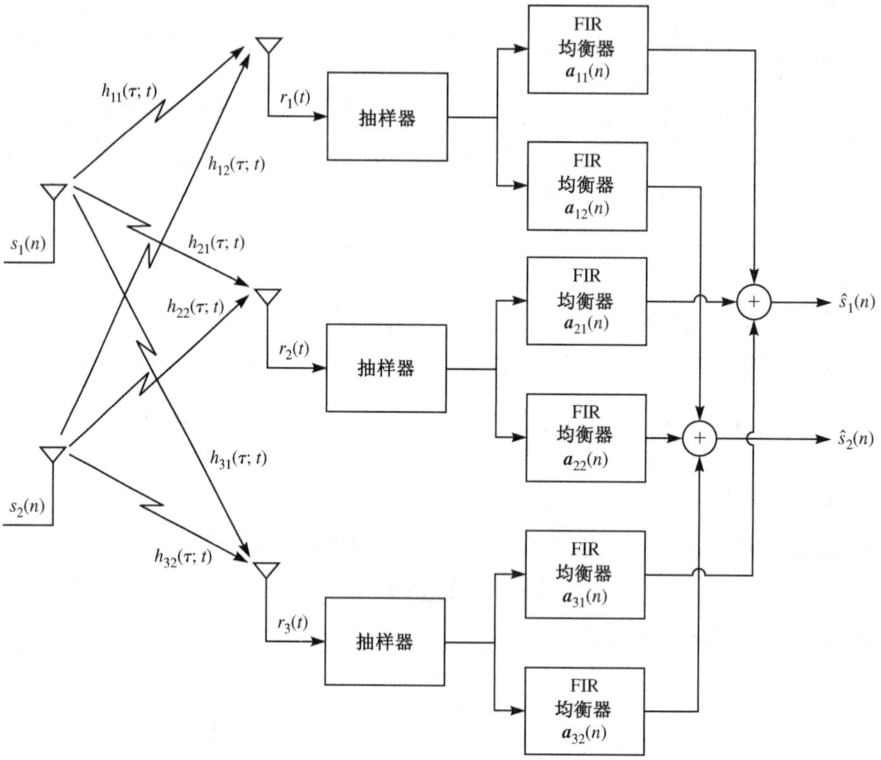

图 15-1-6　频率选择性信道采用线性均衡器的信号解调

10.1 节和 10.4 节描述的 LMS 算法或者 RLS 算法都可以用来调整均衡器的系数。均衡器后紧跟训练符号，在数据传输模式，检测器的输出可以代替训练符号来形成误差信号，即

$$e_j(n)=\tilde{s}_j(n)-\hat{s}_j(n),\qquad j=1,2,\cdots,N_{\mathrm{T}} \tag{15-1-29}$$

式中，$\tilde{s}_j(n)$ 是在时间 n 第 j 个符号的检测器输出，是在距离上最接近估值 $\hat{s}_j(n)$ 的符号。

例 15-1-1　考虑一个 MIMO 系统，其信道冲激响应为

$$h_{ij}(\tau;t)=h_{ij}^{(1)}\delta(\tau)+h_{ij}^{(2)}\delta(\tau-T),\qquad i=1,2,\cdots,N_{\mathrm{R}};\ j=1,2,\cdots,N_{\mathrm{T}}$$

式中，T 是符号间隔。在这种情况下，信道是时间色散的，符号间干扰发生在两个相继的符号上，假定信道系数$\{h_{ij}^{(1)}\}$和$\{h_{ij}^{(2)}\}$在 2000 个符号时间间隔上是固定的，并且是具有零均值的复值高斯随机变量，其方差为

$$\sigma_{ij}^2(k)=E\left[\left|h_{ij}^{(k)}\right|^2\right],\qquad k=1,2$$

所有这些方差的和被归一化，即

$$\sum_{k=1}^{2}\sum_{j=1}^{N_{\mathrm{T}}}\sum_{i=1}^{N_{\mathrm{R}}}\sigma_{ij}^2(k)=1$$

这种情况下的线性均衡器性能的蒙特-卡罗模拟如图 15-1-7 所示，其中两径分量方差相等，调制方式为二进制 PSK，$(N_{\mathrm{T}}, N_{\mathrm{R}})$=(1, 1)、(2, 2)和(2, 3)。线性均衡器用 LMS 算法初始训练 1000 个符号，在 1000 个不同的信道实现下完成模拟。可达到的最大分集是 $2N_{\mathrm{R}}$，其中因子 2 是由于多径引起的。

我们观察到，ISI 对 MIMO 系统的性能影响很严重，(2,2)和(2,3)MIMO 系统由于 ISI 造成的性能损失很明显，这种影响是由衰落多径信道下线性均衡器抑制 ISI 的基本限制引起的。

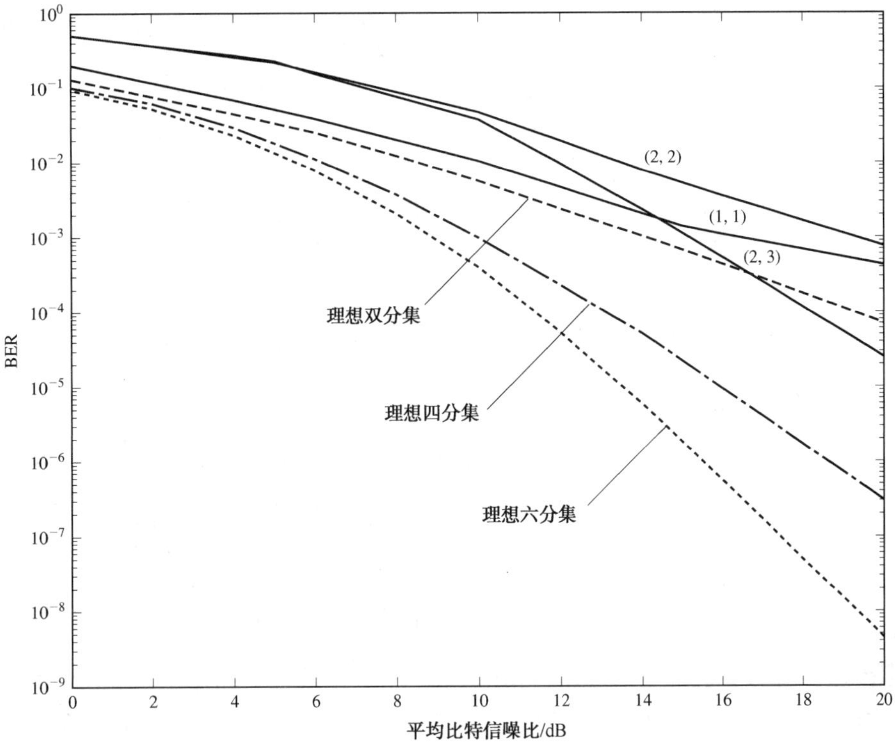

图 15-1-7　两径信道下(N_T, N_R)个空间复用天线的线性均衡器性能的蒙特-卡罗模拟

其他均衡器结构

以上描述的 MIMO 信道线性自适应均衡器，从计算复杂度观点来看是最简单的均衡技术，为了获得更好的性能，可以采用更加有效的均衡器，如判决反馈均衡器（DFE）或者最大似然序列检测器（MLSD）。

图 15-1-8 显示了具有 N_T=N_R=2 个天线的 MIMO 信道的 DFE 结构，每个接收天线上的两个前馈滤波器在结构上与线性均衡器结构中的 FIR 滤波器相同。通常，这些滤波器具有分数间隔抽头。两个连接到每个检测器的反馈滤波器是符号间隔的 FIR 滤波器，它们的功能是抑制先前检测的符号中固有的 ISI（所谓的后标，Postcursor），因此，在时刻 n 发射的第 j 个信息符号的估值可以表示为

$$\hat{s}_j(n) = \sum_{i=1}^{N_R} \left\{ \sum_{k=-K_1}^{0} a_{ij}(k;n) r_i(n-k) - \sum_{k=1}^{K_2} b_{ij}(k;n) \tilde{s}_i(n-k) \right\} \qquad (15\text{-}1\text{-}30)$$

式中，每个前馈滤波器中的抽头系数个数是 K_1+1，每个反馈滤波器中的抽头系数$\{b_{ij}(k;n)\}$的个数是 K_2。

正如 MIMO 信道中的线性均衡器，可以利用 MSE 准则来调整前馈滤波器和反馈滤波器的系数。通常需要训练符号进行均衡器系数的初始调整，当数据以帧的形式传输时，可以把

训练符号插入每一帧以进行 DFE 系数的初始调整。在信息符号传输期间，检测器输出的符号可以用于系数调整。我们注意到，DFE 的计算复杂度和线性 MIMO 均衡器差不多。

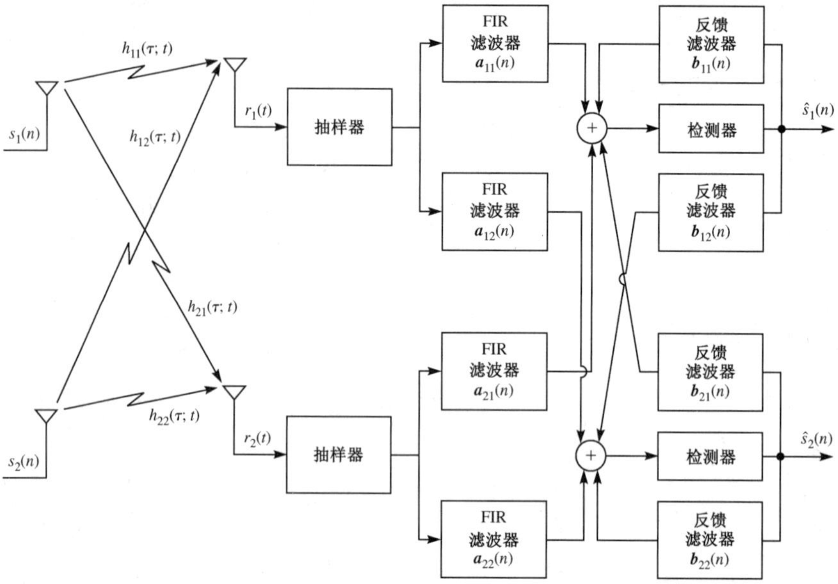

图 15-1-8　频率选择性信道采用判决反馈均衡器的信号解调

例 15-1-2　考虑例 15-1-1 中描述的 MIMO 系统，其中线性均衡器由判决反馈均衡器代替，由蒙特-卡罗模拟获得的采用 DFE 的 MIMO 系统差错概率（BER）性能如图 15-1-9 所示。在比较采用 DFE 和线性均衡器的 MIMO 系统性能时，我们观察到 DFE 一般具有更好的性能，然而，由于 ISI，仍然有明显的性能损失。

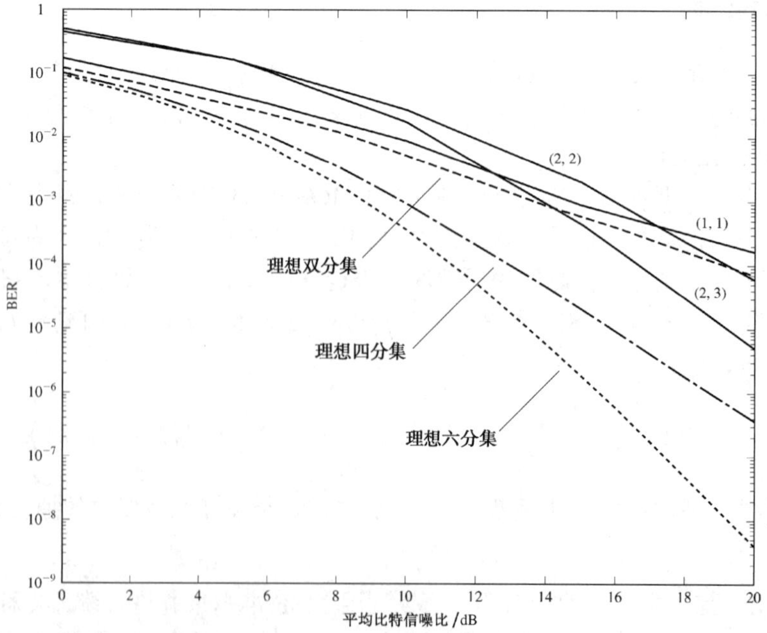

图 15-1-9　具有(N_T, N_R)个天线空间复用两径信道的 DFE 性能

在存在 ISI 的情况下，当均衡算法基于 MLSD 准则时可以获得最好的性能。多信道情况下，在实现具有 ISI 的 MIMO 信道 MLSD 时维特比算法是计算有效的，实现维特比算法的主要障碍是其计算复杂度，它以 M^L 指数增长，其中 M 是符号星座大小，L 是以横跨的信息符号数，表示的信道多径色散的长度。因此，除了相对小的多径扩展（如 L=2 或 3），以及小的信号星座（如 M=2 或 4），MIMO 系统维特比算法的实现复杂度与 DFE 相比是很高的。

15.2 MIMO 信道的容量

本节将估算 MIMO 信道模型的容量。为方便起见，仅讨论频率非选择性信道，并假定接收机是知道信道矩阵的。因此，信道用 $N_R \times N_T$ 信道矩阵 $\boldsymbol{H}$ 表示，其元素为$\{h_{ij}\}$，在任一信号间隔，元素$\{h_{ij}\}$是复值随机变量。在瑞利衰落信道这个特殊情形下，$\{h_{ij}\}$是零均值复值高斯随机变量，其实部和虚部（是循环对称的）是不相关的。当$\{h_{ij}\}$在统计上是独立同分布的复值高斯随机变量时，MIMO 信道是空间白色的。

15.2.1 数学准备知识

利用奇异值分解（SVD），秩为 r 的信道矩阵 $\boldsymbol{H}$ 可以表示为

$$\boldsymbol{H} = \boldsymbol{U}\boldsymbol{\Sigma}\boldsymbol{V}^{\mathrm{H}} \tag{15-2-1}$$

式中，$\boldsymbol{U}$ 是 $N_R \times r$ 矩阵；$\boldsymbol{V}$ 是 $N_T \times r$ 矩阵；$\boldsymbol{\Sigma}$ 是 $r \times r$ 对角阵，对角元素是信道的奇异值 $\sigma_1, \sigma_2, \cdots, \sigma_r$。奇异值 $\{\sigma_i\}$ 是严格为正的，并以降序排列，即 $\sigma_i \geqslant \sigma_{i+1}$。$\boldsymbol{U}$ 和 $\boldsymbol{V}$ 的列向量是正交的，因此，$\boldsymbol{U}^{\mathrm{H}}\boldsymbol{U} = \boldsymbol{I}_r$ 以及 $\boldsymbol{V}^{\mathrm{H}}\boldsymbol{V} = \boldsymbol{I}_r$，其中 $\boldsymbol{I}_r$ 是 $r \times r$ 的单位阵。因此，信道矩阵的 SVD 可表示为

$$\boldsymbol{H} = \sum_{i=1}^{r} \sigma_i \boldsymbol{u}_i \boldsymbol{v}_i^{\mathrm{H}} \tag{15-2-2}$$

式中，$\{\boldsymbol{u}_i\}$ 是 $\boldsymbol{U}$ 的列向量，称为 $\boldsymbol{H}$ 的左奇异矢量；$\{\boldsymbol{v}_i\}$ 是 $\boldsymbol{V}$ 的列向量，称为 $\boldsymbol{H}$ 的右奇异矢量。

我们也考虑 $N_R \times N_R$ 方阵 $\boldsymbol{H}\boldsymbol{H}^{\mathrm{H}}$ 的分解，该矩阵可分解为

$$\boldsymbol{H}\boldsymbol{H}^{\mathrm{H}} = \boldsymbol{Q}\boldsymbol{\Lambda}\boldsymbol{Q}^{\mathrm{H}} \tag{15-2-3}$$

式中，$\boldsymbol{Q}$ 是 $N_R \times N_R$ 模态阵（Modal Matrix），具有标准正交列矢量（特征矢量），即 $\boldsymbol{Q}^{\mathrm{H}}\boldsymbol{Q} = \boldsymbol{I}_{N_R}$；$\boldsymbol{\Lambda}$ 是 $N_R \times N_R$ 对角阵。对角元素$\{\lambda_i, i = 1,2,\cdots,N_R\}$是 $\boldsymbol{H}\boldsymbol{H}^{\mathrm{H}}$ 的特征值，将特征值按降序编号（$\lambda_i \geqslant \lambda_{i+1}$），很容易得出 $\boldsymbol{H}\boldsymbol{H}^{\mathrm{H}}$ 的特征值与 $\boldsymbol{H}$ 的 SVD 中的奇异值有如下关系：

$$\lambda_i = \begin{cases} \sigma_i^2, & i = 1, 2, \cdots, r \\ 0, & i = r+1, \cdots, N_R \end{cases} \tag{15-2-4}$$

$\boldsymbol{H}$ 的 Frobenius 范数是一个有用的度量，它定义为

$$\|\boldsymbol{H}\|_{\mathrm{F}} = \sqrt{\sum_{i=1}^{N_R}\sum_{j=1}^{N_T} |h_{ij}|^2} = \sqrt{\operatorname{trace}(\boldsymbol{H}\boldsymbol{H}^{\mathrm{H}})} = \sqrt{\sum_{i=1}^{N_R} \lambda_i} \tag{15-2-5}$$

我们将在下面看到 Frobenius 范数的平方 $\|\boldsymbol{H}\|_{\mathrm{F}}^2$ 是决定 MIMO 通信系统性能的参数，对各种衰落信道条件，能够决定 $\|\boldsymbol{H}\|_{\mathrm{F}}^2$ 的统计特性。例如，在瑞利衰落情况下，$|h_{ij}|^2$ 是具有两个自

由度的 χ^2 随机变量。当$\{h_{ij}\}$为 IID（空间白色 MIMO 信道），且具有单位方差时，则$\|\boldsymbol{H}\|_{\mathrm{F}}^2$的概率密度函数是自由度为 $2N_{\mathrm{R}}N_{\mathrm{T}}$ 的 χ^2 分布，即，如果 $X=\|\boldsymbol{H}\|_{\mathrm{F}}^2$，则

$$p(x)=\frac{x^{n-1}}{(n-1)!}\mathrm{e}^{-x},\qquad x\geqslant 0 \tag{15-2-6}$$

式中，$n=N_{\mathrm{R}}N_{\mathrm{T}}$。

15.2.2 频率非选择性确定性 MIMO 信道的容量

我们考虑由矩阵 $\boldsymbol{H}$ 表示的频率非选择性 AWGN MIMO 信道。设 $\boldsymbol{s}$ 表示 $N_{\mathrm{T}}\times 1$ 发射信号矢量，它是统计平稳的，均值为 0，自协方差矩阵为 $\boldsymbol{R}_{\mathrm{ss}}$。在有 AWGN 情况下，$N_{\mathrm{R}}\times 1$ 接收信号矢量 $\boldsymbol{y}$ 可表示为

$$\boldsymbol{y}=\boldsymbol{H}\boldsymbol{s}+\boldsymbol{\eta} \tag{15-2-7}$$

式中，$\boldsymbol{\eta}$ 是 $N_{\mathrm{R}}\times 1$ 维零均值高斯噪声矢量，其协方差矩阵 $\boldsymbol{R}_{\mathrm{nn}}=N_0\boldsymbol{I}_{N_{\mathrm{R}}}$。尽管 $\boldsymbol{H}$ 是随机矩阵的一个实现，本节认为 $\boldsymbol{H}$ 是确定的并对接收机来说是已知的。

为了确定 MIMO 信道容量，我们首先计算发射信号矢量 $\boldsymbol{s}$ 和接收矢量 $\boldsymbol{y}$ 之间的互信息，用 $I(\boldsymbol{s};\boldsymbol{y})$表示，然后确定信号矢量 $\boldsymbol{s}$ 的概率分布以使 $I(\boldsymbol{s};\boldsymbol{y})$最大化，因此

$$C=\max_{p(\boldsymbol{s})} I(\boldsymbol{s};\boldsymbol{y}) \tag{15-2-8}$$

式中，C 是信道容量，单位是每赫每秒比特（bps/Hz）。可以证明［见 Telatar（1999）以及 Neeser 和 Massey（1993）］，当 $\boldsymbol{s}$ 是零均值、循环对称的复高斯矢量时，$I(\boldsymbol{s};\boldsymbol{y})$最大。因此，$C$ 仅取决于信号矢量的协方差。MIMO 信道的容量为

$$C=\max_{\mathrm{tr}(\boldsymbol{R}_{\mathrm{ss}})=\mathcal{E}_{\mathrm{s}}}\log_2\det\left(\boldsymbol{I}_{N_{\mathrm{R}}}+\frac{1}{N_0}\boldsymbol{H}\boldsymbol{R}_{\mathrm{ss}}\boldsymbol{H}^{\mathrm{H}}\right)\qquad \text{bps/Hz} \tag{15-2-9}$$

式中，$\mathrm{tr}(\boldsymbol{R}_{\mathrm{ss}})$表示信号协方差 $\boldsymbol{R}_{\mathrm{ss}}$ 的迹。对于信道矩阵 $\boldsymbol{H}$ 的任意一个给定的实现，这是在 MIMO 信道上能可靠（无错误）传输的每赫兹最大速率。

在 N_{T} 个发射机上的信号是统计独立的符号（每个符号的能量等于$\mathcal{E}_{\mathrm{s}}/N_{\mathrm{T}}$）这个重要的实际情况下，信号协方差矩阵是对角的，即

$$\boldsymbol{R}_{\mathrm{ss}}=\frac{\mathcal{E}_{\mathrm{s}}}{N_{\mathrm{T}}}\boldsymbol{I}_{N_{\mathrm{T}}} \tag{15-2-10}$$

并且 $\mathrm{tr}\,(\boldsymbol{R}_{\mathrm{ss}})=\mathcal{E}_{\mathrm{s}}$。在这种情况下 MIMO 信道的容量表达式可简化为

$$C=\log_2\det\left(\boldsymbol{I}_{N_{\mathrm{R}}}+\frac{\mathcal{E}_{\mathrm{s}}}{N_{\mathrm{T}}N_0}\boldsymbol{H}\boldsymbol{H}^{\mathrm{H}}\right)\qquad \text{bps/Hz} \tag{15-2-11}$$

利用分解 $\boldsymbol{H}\boldsymbol{H}^{\mathrm{H}}=\boldsymbol{Q}\boldsymbol{\Lambda}\boldsymbol{Q}^{\mathrm{H}}$，式（15-2-11）表示的容量公式也可由 $\boldsymbol{H}\boldsymbol{H}^{\mathrm{H}}$ 的特征值表示，因此

$$\begin{aligned}C&=\log_2\det\left(\boldsymbol{I}_{N_{\mathrm{R}}}+\frac{\mathcal{E}_{\mathrm{s}}}{N_{\mathrm{T}}N_0}\boldsymbol{Q}\boldsymbol{\Lambda}\boldsymbol{Q}^{\mathrm{H}}\right)=\log_2\det\left(\boldsymbol{I}_{N_{\mathrm{R}}}+\frac{\mathcal{E}_{\mathrm{s}}}{N_{\mathrm{T}}N_0}\boldsymbol{Q}^{\mathrm{H}}\boldsymbol{Q}\boldsymbol{\Lambda}\right)\\&=\log_2\det\left(\boldsymbol{I}_{N_{\mathrm{R}}}+\frac{\mathcal{E}_{\mathrm{s}}}{N_{\mathrm{T}}N_0}\boldsymbol{\Lambda}\right)=\sum_{i=1}^{r}\log_2\left(1+\frac{\mathcal{E}_{\mathrm{s}}}{N_{\mathrm{T}}N_0}\lambda_i\right)\end{aligned} \tag{15-2-12}$$

式中，r 是信道矩阵 $\boldsymbol{H}$ 的秩。

有趣的是，对于 SISO 信道，$\lambda_1=|h_{11}|^2$，所以

$$C_{\mathrm{SISO}} = \log_2\left(1+\frac{\mathcal{E}_{\mathrm{s}}}{N_0}|h_{11}|^2\right) \qquad \mathrm{bps/Hz} \tag{15-2-13}$$

可以看出，MIMO 信道的容量刚好等于 r 个 SISO 信道容量之和。每个 SISO 信道的发射能量是$\mathcal{E}_{\mathrm{s}}/N_{\mathrm{T}}$，相应的信道增益等于特征值 λ_i。

1．SIMO 信道的容量

SIMO 信道（$N_{\mathrm{T}}=1$，$N_{\mathrm{R}}\geqslant 2$）可由矢量 $\boldsymbol{h}=[h_{11}\ h_{21}\cdots h_{N_{\mathrm{R}}1}]^{\mathrm{T}}$ 表示，这种情况下，信道矩阵的秩为 1，特征值 λ_1 由下式给出

$$\lambda_1 = \|\boldsymbol{h}\|_{\mathrm{F}}^2 = \sum_{i=1}^{N_{\mathrm{R}}}|h_{i1}|^2 \tag{15-2-14}$$

所以，当信道矢量的 N_{R} 个元素 $\{h_{i1}\}$ 是确定的并且为接收机所知，SIMO 信道的容量为

$$C_{\mathrm{SIMO}} = \log_2\left(1+\frac{\mathcal{E}_{\mathrm{s}}}{N_0}\|\boldsymbol{h}\|_{\mathrm{F}}^2\right) = \log_2\left(1+\frac{\mathcal{E}_{\mathrm{s}}}{N_0}\sum_{i=1}^{N_{\mathrm{R}}}|h_{i1}|^2\right) \qquad \mathrm{bps/Hz} \tag{15-2-15}$$

2．MISO 信道的容量

MISO 信道（$N_{\mathrm{T}}\geqslant 2$，$N_{\mathrm{R}}=1$）可由矢量 $\boldsymbol{h}=[h_{11}\ h_{12}\cdots h_{1N_{\mathrm{T}}}]^{\mathrm{T}}$ 表示，这种情况下，信道矩阵的秩也为 1，特征值 λ_1 由下式给出

$$\lambda_1 = \|\boldsymbol{h}\|_{\mathrm{F}}^2 = \sum_{j=1}^{N_{\mathrm{T}}}|h_{1j}|^2 \tag{15-2-16}$$

由此得出，当信道矢量的 N_{T} 个元素 $\{h_{1j}\}$ 是确定的并且为接收机所知，MISO 信道的容量为

$$C_{\mathrm{MISO}} = \log_2\left(1+\frac{\mathcal{E}_{\mathrm{s}}}{N_{\mathrm{T}}N_0}\|\boldsymbol{h}\|_{\mathrm{F}}^2\right) = \log_2\left(1+\frac{\mathcal{E}_{\mathrm{s}}}{N_{\mathrm{T}}N_0}\sum_{j=1}^{N_{\mathrm{T}}}|h_{1j}|^2\right) \qquad \mathrm{bps/Hz} \tag{15-2-17}$$

有趣的是，对于相同的$\|h\|_{\mathrm{F}}^2$，当信道仅为接收机所知，SIMO 信道的容量大于 MISO 信道的容量。其原因是，假定两个系统总的发射能量相同，MISO 系统中的能量$\mathcal{E}_{\mathrm{s}}$在 N_{T}个发射天线上均匀分配；而在 SIMO 系统中，发射机能量$\mathcal{E}_{\mathrm{s}}$被一个天线单独使用。还可注意到，在 SIMO 和 MISO 信道，容量随函数$\|h\|_{\mathrm{F}}^2$按对数增长。

15.2.3 频率非选择性遍历随机 MIMO 信道的容量

15.2.2 节导出的确定性 MIMO 信道容量表达式可以看成随机选择的信道矩阵的一个具体实现。为了确定遍历容量，我们只需对确定性信道下的容量表达式在信道矩阵的统计量上进行平均，因此，对于 SIMO 信道，遍历容量（如第 14 章定义）为

$$\bar{C}_{\mathrm{SIMO}} = E\left[\log_2\left(1+\frac{\mathcal{E}_{\mathrm{s}}}{N_0}\sum_{i=1}^{N_{\mathrm{R}}}|h_{i1}|^2\right)\right] = \int_0^{\infty}\log_2\left(1+\frac{\mathcal{E}_{\mathrm{s}}}{N_0}x\right)p(x)\,\mathrm{d}x \qquad \mathrm{bps/Hz} \tag{15-2-18}$$

式中，$X=\sum_{i=1}^{N_{\mathrm{R}}}|h_{i1}|^2$；$p(x)$是随机变量 X 的概率密度函数。

图 15-2-1 表示了 $\bar{C}_{\text{SIMO}}$ 相对于平均 SNR，即$\mathcal{E}_s E(|h_{i1}|^2)/N_0$的曲线，其中 N_R=2、4 或 8，信道参数$\{h_{i1}\}$是 IID 复值、零均值、循环对称具有单位方差的高斯变量。因此，随机变量 X 服从自由度为 $2N_R$ 的 χ^2 分布，其 PDF 由式（15-2-6）给出。为了比较，图中也显示了遍历容量 $\bar{C}_{\text{SISO}}$。

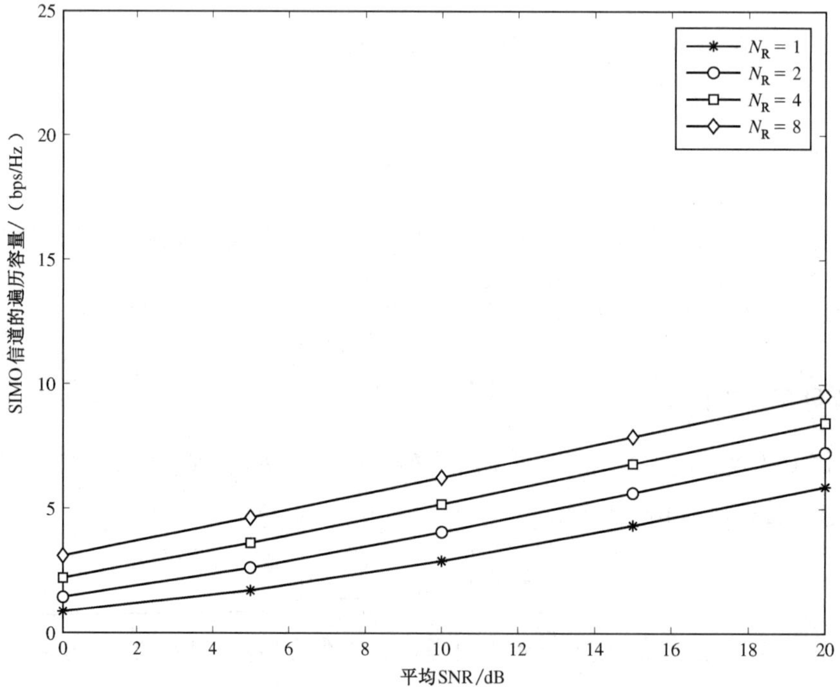

图 15-2-1　SIMO 信道的遍历容量

类似地，MISO 信道的遍历信道容量是

$$\bar{C}_{\text{MISO}} = E\left[\log_2\left(1+\frac{\mathcal{E}_s}{N_T N_0}\sum_{j=1}^{N_T}|h_{1j}|^2\right)\right] = \int_0^{\infty}\log_2\left(1+\frac{\mathcal{E}_s}{N_T N_0}x\right)p(x)\,\mathrm{d}x \text{ bps/Hz} \quad (15\text{-}2\text{-}19)$$

图 15-2-2 表示了 $\bar{C}_{\text{MISO}}$ 相对于如上定义的平均 SNR 的曲线，其中 N_T=2、4 或 8，信道参数$\{h_{1j}\}$是 IID 零均值、复值、循环对称具有单位方差的高斯变量。正如 SIMO 信道情况，随机变量 X 服从自由度为 $2N_T$ 的 χ^2 分布。为了比较，SISO 信道的遍历容量也包含在图 15-2-2 中。比较图 15-2-1 和图 15-2-2 中的曲线，可以发现 $\bar{C}_{\text{SIMO}} > \bar{C}_{\text{MISO}}$。

为了确定 MIMO 信道的遍历容量，对式（15-2-12）给出的 C 的表达式在特征值$\{\lambda_i\}$的联合概率密度函数上进行平均，因此，

$$\begin{aligned}\bar{C}_{\text{MIMO}} &= E\left\{\sum_{i=1}^{r}\log_2\left(1+\frac{\mathcal{E}_s}{N_T N_0}\lambda_i\right)\right\} \\ &= \int_0^{\infty}\cdots\int_0^{\infty}\left[\sum_{i=1}^{r}\log_2\left(1+\frac{\mathcal{E}_s}{N_T N_0}\lambda_i\right)\right]p(\lambda_1,\cdots,\lambda_r)\,\mathrm{d}\lambda_1\cdots\mathrm{d}\lambda_r\end{aligned} \quad (15\text{-}2\text{-}20)$$

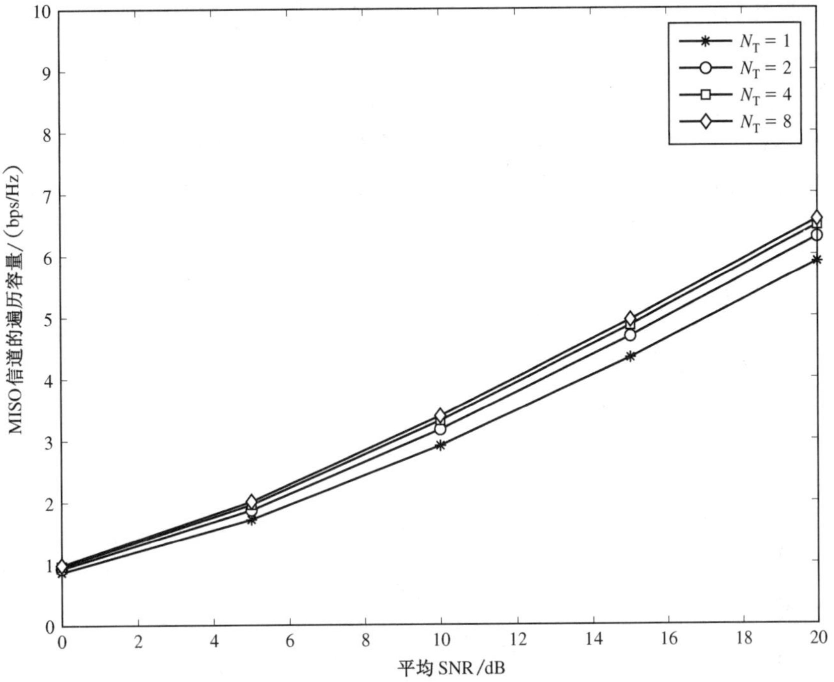

图 15-2-2 MISO 信道的遍历容量

如果信道矩阵 $\boldsymbol{H}$ 的元素为复值、零均值、单位方差的高斯变量，并且是空间白色的，$N_R=N_T=N$，则 $\{\lambda_i\}$ 的联合 PDF 由 Edelman（1989）得出，即

$$p(\lambda_1, \lambda_2, \cdots, \lambda_N) = \frac{(\pi/2)^{N(N-1)}}{[\Gamma_N(N)]^2} \exp\left[-\left(\sum_{i=1}^{N} \lambda_i\right)\right] \prod_{\substack{i,j \\ i<j}} (2\lambda_i - 2\lambda_j)^2 \prod_{i=1}^{N} u(\lambda_i) \quad (15\text{-}2\text{-}21)$$

式中，$\Gamma_N(N)$ 是多变量伽马函数，定义为

$$\Gamma_N(N) = \pi^{N(N-1)/2} \prod_{i=1}^{N} (N-i)! \quad (15\text{-}2\text{-}22)$$

图 15-2-3 表示了 $\bar{C}_{\text{MIMO}}$ 相对于平均 SNR 的曲线，$N_T=N_R=2$ 以及 $N_T=N_R=4$。SISO 信道的遍历容量也包含在图 15-2-3 以进行比较，我们可以看到，在高 SNR 时，$(N_T, N_R)=(4, 4)$的 MIMO 系统的容量近似为(1,1)系统容量的 4 倍。因此，在高 SNR 时，如果信道是空间白色的，容量随天线对的数量线性增长。

15.2.4 中断容量

正如所见，随机衰落信道的容量是随机变量，对于遍历信道，其平均值 $\bar{C}$ 是遍历容量。对于非遍历信道，一个有用的性能度量是在指定百分比的信道实现下容量低于某个值的概率，这个性能度量就是 14.2.2 节定义的中断容量。

具体来说，我们考虑一个信道，它仅对接收机是已知的，我们假定 MIMO 信道矩阵 $\boldsymbol{H}$ 是根据每个信道随机选择的，并在每次使用信道的过程中保持不变。换句话说，我们假定信道

在一帧数据的持续时间内是准静态的，但帧与帧之间的信道矩阵可能改变。那么，对于任意一个给定的帧，概率

$$P(C \leqslant C_p) = P_{\text{out}} \tag{15-2-23}$$

称为中断概率，相应的容量 C_p 称为$100P_{\text{out}}$%中断容量，其中下标 p 表示 P_{out}。因此，对于$100(1-P_{\text{out}})$%的 MIMO 信道实现，可达信息速率将超过 C_p，等效地，如果我们发射大量的帧，帧传输的失败（包含错误）概率为 P_{out}。

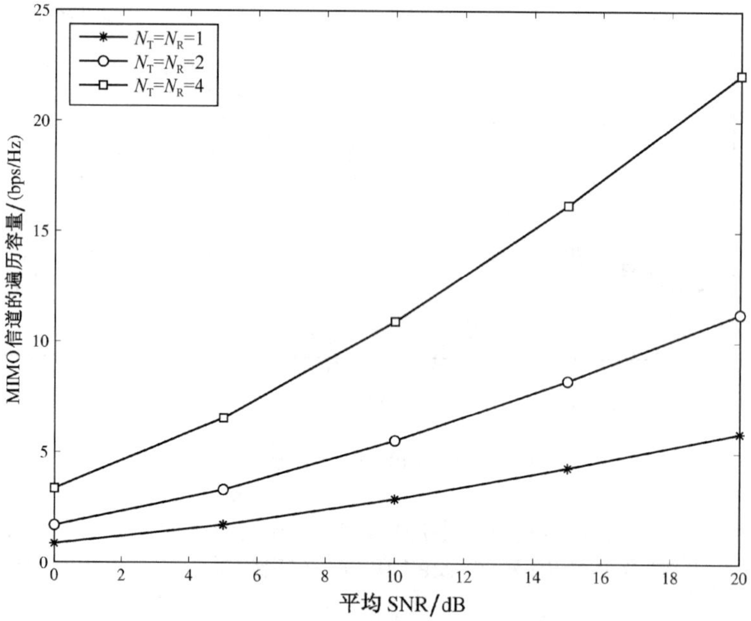

图 15-2-3　MIMO 信道的遍历容量

为了估算 MIMO 信道的中断容量，让我们考虑一个信道矩阵 $\boldsymbol{H}$，其元素是 IID、复值、循环对称、零均值、单位方差的高斯变量。因此，对于 $\boldsymbol{H}$ 的每个实现，如 $\boldsymbol{H}_k$，在任意的 SNR，即$\mathcal{E}_s/N_0$下，相应的容量 C_k 由式（15-2-11）给出。对于给定的 SNR，如果我们考虑所有可能信道实现的集合，C_k 的 PDF 可能如图 15-2-4 所示。

累计分布函数（CDF）为

$$F(C) = P(C_k \leqslant C)$$

图 15-2-5 表示了 $N_T = N_R = 2$ 和 $N_T = N_R = 4$ 的 MIMO 信道和 SISO 信道在 SNR 为 10 dB 时的 CDF。对于任意给定的 SNR，在某个指定的中断概率下的中断容量可从 $F(C)$容易地确定。

图 15-2-6 表示了 $N_T = N_R = 2$ 和 $N_T = N_R = 4$ 的 MIMO 信道和 SISO 信道下，作为 SNR 的函数的10%中断容量。我们注意到，正如遍历容量的情况，中断容量随 SNR 增加和天线数量 $N_R = N_T$ 的增加而增加。

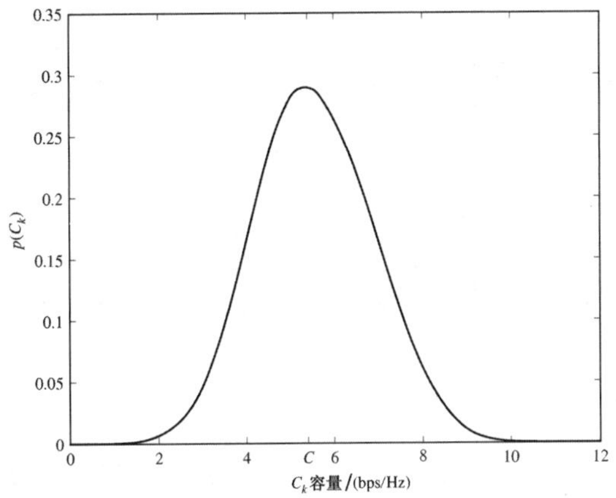

图 15-2-4　SNR=10 dB 时，$N_T = N_R = 2$ 的 MIMO 信道的信道容量的 PDF

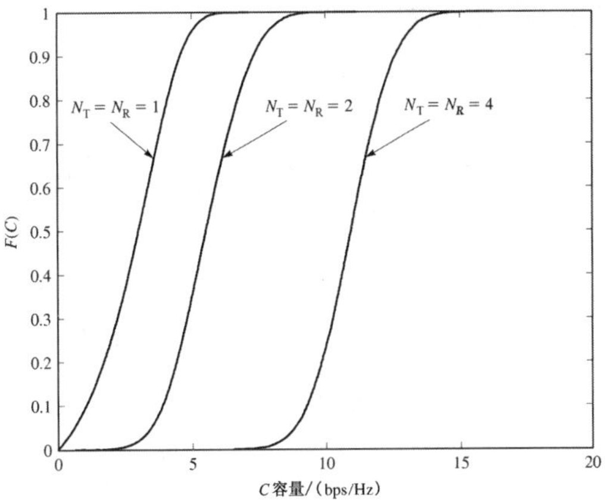

图 15-2-5　SNR=10 dB 时 MIMO 信道容量的 CDF

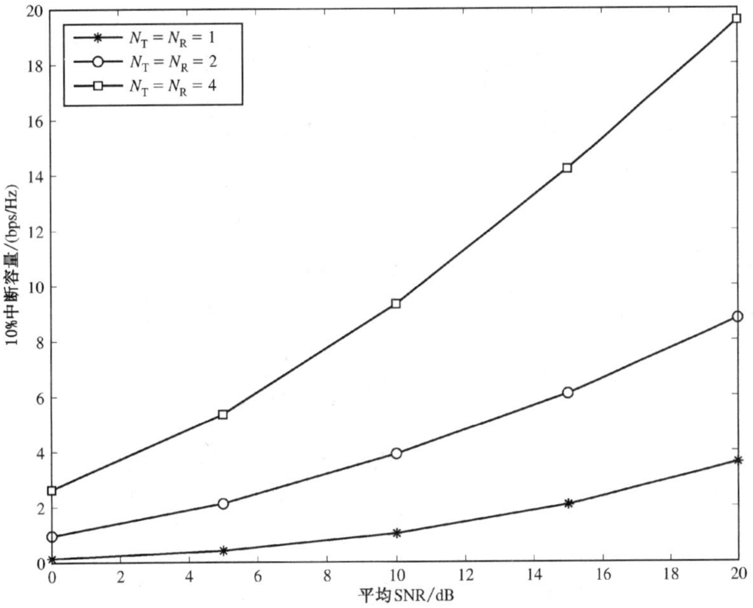

图 15-2-6　MIMO 信道的 10%中断容量

15.2.5　发射机知道信道矩阵时 MIMO 信道的容量

我们已经注意到，当信道矩阵 $\boldsymbol{H}$ 只被接收机所知时，发射机将功率均匀分配给多个发射天线上的发射信号。另外，如果发射机和接收机均知道信道矩阵，发射机能够更有效地分配发射功率，从而获得更高的容量。

让我们考虑频率非选择性信道下具有 N_T 个发射天线和 N_R 个接收天线的 MIMO 系统，假定信道矩阵 $\boldsymbol{H}$ 的秩为 r，因此，利用 SVD，$\boldsymbol{H}$ 可表示成 $\boldsymbol{H} = \boldsymbol{U}\boldsymbol{\Sigma}\boldsymbol{V}^{\mathrm{H}}$。因为发射机和接收机知道 $\boldsymbol{H}$，所以，正如前面 15.1.2 节和图 15-1-5 中描述的那样，维数为 $r \times 1$ 的发射信号矢量左乘矩阵 $\boldsymbol{V}$，接收信号左乘矩阵 $\boldsymbol{U}^{\mathrm{H}}$。发射信号矢量 $\boldsymbol{s}$ 具有零均值、复值高斯元素，$\boldsymbol{s}$ 的元素的方

差之和约束为N_{T}，即

$$E(\boldsymbol{s}^{\mathrm{H}}\boldsymbol{s})=\sum_{k=1}^{r}E\left[|s_k|^2\right]=\sum_{k=1}^{r}\sigma_{ks}^2=N_{\mathrm{T}} \tag{15-2-24}$$

因此，N_{T}个天线上发射的信号是$\sqrt{\mathcal{E}_{\mathrm{s}}/N_{\mathrm{T}}}\boldsymbol{V}\boldsymbol{s}$。

接收信号矢量是

$$\boldsymbol{y}=\sqrt{\frac{\mathcal{E}_{\mathrm{s}}}{N_{\mathrm{T}}}}\boldsymbol{H}\boldsymbol{V}\boldsymbol{s}+\boldsymbol{\eta}\boldsymbol{y}=\sqrt{\frac{\mathcal{E}_{\mathrm{s}}}{N_{\mathrm{T}}}}\boldsymbol{U}\boldsymbol{\Sigma}\boldsymbol{s}+\boldsymbol{\eta} \tag{15-2-25}$$

在用$\boldsymbol{U}^{\mathrm{H}}$左乘$\boldsymbol{y}$后，我们可得到变换以后的$r\times 1$矢量，即

$$\boldsymbol{y}'=\boldsymbol{U}^{\mathrm{H}}\boldsymbol{y}=\sqrt{\frac{\mathcal{E}_{\mathrm{s}}}{N_{\mathrm{T}}}}\boldsymbol{\Sigma}\boldsymbol{s}+\boldsymbol{\eta}' \tag{15-2-26}$$

式中，$\boldsymbol{\eta}'=\boldsymbol{U}^{\mathrm{H}}\boldsymbol{\eta}$。

我们注意到，由$N_{\mathrm{R}}\times N_{\mathrm{T}}$信道矩阵表示的信道可等效成$r$个去耦合的SISO信道，其输出是

$$y_k'=\sqrt{\frac{\mathcal{E}_{\mathrm{s}}\lambda_k}{N_{\mathrm{T}}}}s_k+\eta_k',\qquad k=1,2,\cdots,r \tag{15-2-27}$$

因此，对于发射机中特定的功率分配，MIMO信道的容量为

$$C\left(\{\sigma_{ks}^2\}\right)=\sum_{k=1}^{r}\log_2\left(1+\frac{\mathcal{E}_{\mathrm{s}}\lambda_k}{N_{\mathrm{T}}N_0}\sigma_{ks}^2\right) \tag{15-2-28}$$

注意，在第k个子信道上每个符号的发射能量为$\mathcal{E}_{\mathrm{s}}\sigma_{ks}^2/N_{\mathrm{T}}$，发射机在$N_{\mathrm{T}}$个天线上分配其总的发射功率以使$C(\{\sigma_{ks}^2\})$最大，因此，最优功率分配下MIMO信道的容量是

$$C=\max_{\{\sigma_{ks}^2\}}\sum_{k=1}^{r}\log_2\left(1+\frac{\mathcal{E}_{\mathrm{s}}\lambda_k}{N_{\mathrm{T}}N_0}\sigma_{ks}^2\right) \tag{15-2-29}$$

式中，对$\{\sigma_{ks}^2\}$的约束由式（15-2-24）给出。式（15-2-29）的最大化可由数值方法来完成，基本上，其解满足“注水原理”，即根据比值N_0/λ_k，将较多功率分配给具有低噪声功率的子信道，将较少功率分配给具有高噪声功率的子信道。

对于遍历信道，平均（遍历）容量可通过对给定$\boldsymbol{H}$由式（15-2-29）给出的容量在信道统计特性上［即在$\{\lambda_k\}$的联合PDF上］求平均得到，因此，

$$\bar{C}=E\left\{\max_{\{\sigma_{ks}^2\}}\sum_{k=1}^{r}\log_2\left(1+\frac{\mathcal{E}_{\mathrm{s}}\lambda_k}{N_{\mathrm{T}}N_0}\sigma_{ks}^2\right)\right\} \tag{15-2-30}$$

当知道特征值$\{\lambda_k\}$的联合PDF时，该计算可通过数值方法完成。

15.3 扩频信号与多码传输

15.1说明了在频率非选择性衰落信道上传输的MIMO系统能利用相同的窄带信号进行数据传输，假定来自N_{T}个发射天线的信号通过$N_{\mathrm{T}}N_{\mathrm{R}}$个独立衰落传播路径到达$N_{\mathrm{R}}$个接收天线，通过知道信道矩阵$\boldsymbol{H}$，接收机能够在每一个信号传输间隔分离和检测$N_{\mathrm{T}}$个发射符号，因此，

相对于单天线系统，当采用最大似然检测器时，使用窄带信号可以提供相对于单天线系统的 N_T 倍的数据速率（空间复用增益），以及阶数为 N_R 的信号分集，这里 $N_R \geqslant N_T$。

本节考虑类似的 MIMO 系统，不同的是 N_T 个发射天线上的发射信号是宽带的，即扩频信号。

15.3.1 正交扩频序列

我们考虑的 MIMO 系统如图 15-3-1（a）所示，数据符号 $\{s_j, 1 \leqslant j \leqslant N_T\}$ 与二进制序列 $\{c_{jk}, 1 \leqslant k \leqslant L_c, 1 \leqslant j \leqslant N_T\}$（由 L_c 个比特组成，每个比特取值为+1 或−1）相乘（即扩频）。假定这些二进制序列是正交的，即

$$\sum_{k=1}^{L_c} c_{jk}c_{ik} = 0, \qquad j \neq i \tag{15-3-1}$$

例如，正交序列可由 N_T 个块长为 L_c 的哈达玛（Hadamard）码码字生成，哈达玛码码字中的 0 映射成−1，1 映射成+1，生成的正交序列通常称为沃什-哈达玛（Walsh-Hadamard）序列。

第 j 个发射天线的发射信号可表示为

$$s_j(t) = s_j\sqrt{\frac{\mathcal{E}_s}{N_T}}\sum_{k=1}^{L_c} c_{jk}g(t-kT_c), \qquad 0 \leqslant t \leqslant T; j = 1, 2, \cdots, N_T \tag{15-3-2}$$

式中，$\mathcal{E}_s/N_T$ 是每个发射信号的能量；T 是信号持续时间；$T_c = T/L_c$；$g(t)$ 是持续时间为 T_c、能量为 $1/L_c$ 的信号脉冲，脉冲 $g(t)$ 通常称为码片；L_c 是每个信息符号的码片数。因此，信息符号的带宽（近似为 $1/T$）被扩展了一个因子 L_c，每个天线上的发射信号占据的带宽近似为 $1/T_c$。

假设 MIMO 信道为频率非选择性的，由信道矩阵 $\boldsymbol{H}$ 表示，并为接收机所知。在每个接收天线，接收信号通过一个码片匹配滤波器并匹配于码片脉冲 $g(t)$，其抽样输出馈入 N_T 个相关器，在每一个信号传输间隔的结束时刻对相关器输出进行抽样，如图 15-3-1（b）所示。因为扩频序列是正交的，第 m 个接收天线的 N_T 个相关器输出可简单表示为

$$y_{mj} = s_j\sqrt{\frac{\mathcal{E}_s}{N_T}}h_{mj} + \eta_{mj}, \qquad m = 1, 2, \cdots, N_R; \ j = 1, 2, \cdots, N_T \tag{15-3-3}$$

式中，$\{\eta_{mj}\}$ 表示加性噪声分量，并假设为零均值、复值循环对称高斯 IID 变量，方差为 $E[|\eta_{mj}|^2] = \sigma^2$。

可以方便地把对应于相同发射信号 s_j 的 N_R 个相关器输出表示成矢量形式

$$\boldsymbol{y}_j = \sqrt{\frac{\mathcal{E}_s}{N_T}}s_j\boldsymbol{h}_j + \boldsymbol{\eta}_j \tag{15-3-4}$$

式中，$\boldsymbol{y}_j = [y_{1j}\ y_{2j} \cdots y_{N_R j}]^T$，$\boldsymbol{h}_j = [h_{1j}\ h_{2j}\ \cdots h_{N_R j}]^T$，$\boldsymbol{\eta}_j = [\eta_{1j}\ \eta_{2j} \ldots \eta_{N_R j}]^T$。对于 $\{s_j\}$ 中的每一个发射信号，最佳合并器是最大比合并器（MRC），因此，第 j 个信号的 MRC 输出是

$$\mu_j = \boldsymbol{h}_j^H\boldsymbol{y}j = \sqrt{\frac{\mathcal{E}_s}{N_T}}s_j\|\boldsymbol{h}_j\|_F^2 + \boldsymbol{h}_j^H\boldsymbol{\eta}_j, \qquad j = 1, 2, \cdots, N_T \tag{15-3-5}$$

判决度量 $\{\mu_j\}$ 是检测器的输入，检测器对发射信号集 $\{s_j\}$ 中每一个信号进行独立判决。

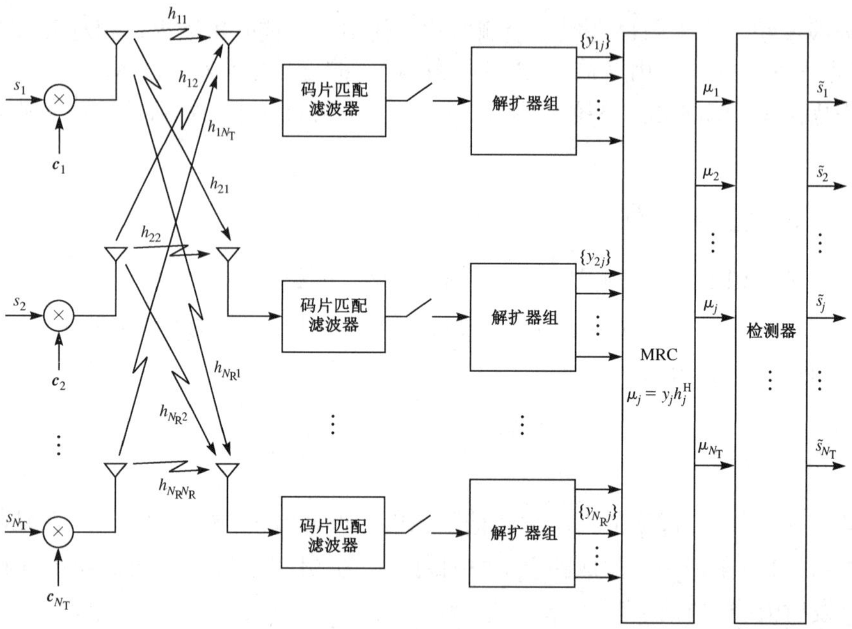

（a）

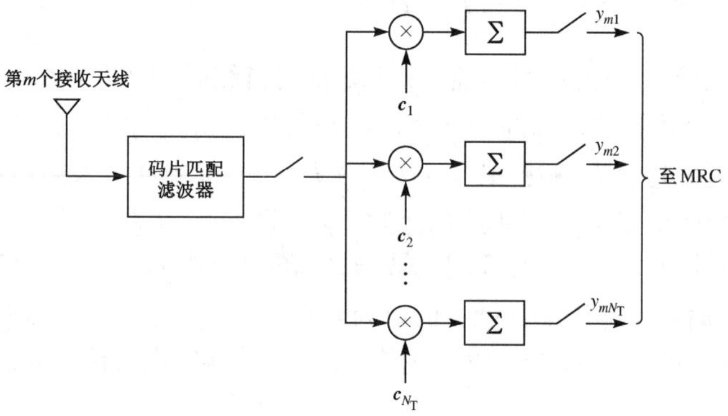

（b）

图 15-3-1　含扩频信号的 MIMO 系统

我们观察到，在频率非选择性信道上传输的 MIMO 系统中采用正交扩频序列大大简化了检测器，在空间白色信道下，对于 $\{s_j\}$ 中每一个发射信号产生 N_R 阶分集。对于标准信号星座（例如 PSK 和 QAM）的检测器差错概率性能估算是相对直接的。

频率选择性信道

如果信道是频率选择性的，接收机中扩频序列的正交性将不再保持，即信道多径导致时间上偏移的多重接收信号分量，因此，每个天线上的相关器输出包含想要的信号加上其他 N_T-1 个发射信号，它们的大小与相应的序列对之间的互相关有关。由于符号间干扰的存在，MRC 不再是最佳方法，对于 N_T 个发射信号 N_R 个接收天线，最佳检测器是联合最大似然检测器。

一般来说，频率选择性信道中最佳检测器的实现复杂度是非常高的，在这种信道下，可以采用次最佳接收机。在 MIMO 频率选择性信道下容易实现的一个接收机机构，是在扩频信号解扩前的 N_R 个接收机中采用自适应均衡器。图 15-3-2 所示为接收机结构。每个接收天线的接收信号以码片速率的倍数抽样，并反馈到 N_T 个分数间隔线性均衡器，其输出以码片速率抽样。在合并各自的 N_R 个均衡器输出后，N_T 个信号被解扩并馈入检测器，如图 15-3-2 所示。另外，也可利用 DFE，使反馈滤波器工作在符号速率下。

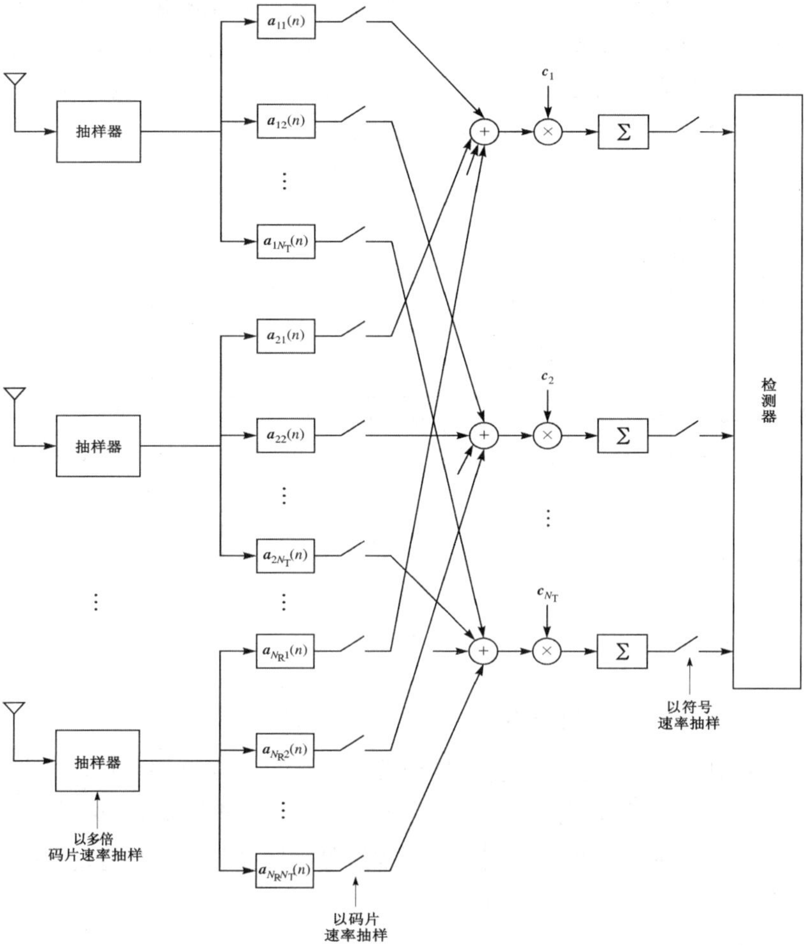

图 15-3-2 频率选择性信道中 MIMO 接收机结构

通过在每个发射天线上发射导频信号，可以给接收机的均衡器提供训练信号，这些导频信号可以是与携带信息的信号同时发射的扩频信号。利用导频信号，通过采用 LMS 或 RLS 类型的算法可以递归地调整均衡器的系数。

15.3.2 复用增益与分集增益

正如我们前面讨论看到的，利用正交扩频序列发射多个信号使得接收机有可能通过把接收信号与每个扩频序列进行相关处理来分离信号。例如，考虑如图 15-3-3 所示的 MISO 系统，有 N_T 个发射天线和 1 个接收天线。由图可见，N_T 个不同发射信号在 N_T 个发射天线上同时发射，接收机采用 N_T 个并行的相关器。由此，第 j 个相关器的输出是

$$y_j = \sqrt{\frac{\mathcal{E}_s}{N_T}} s_j h_j + \eta_j, \qquad j = 1, 2, \cdots, N_T \tag{15-3-6}$$

式中，h_j 是与第 j 个发射信号的传播有关的复值信道参数。因此，检测器计算判决变量 $\{y_j h_j^*,\ j=1,2,\cdots,N_T\}$ 并对每个发射信号进行独立判决。在这一结构中，MISO 系统获得的复用增益（数据速率的增加）为 N_T，但没有分集增益。也可以这样理解，如果两个或更多个发射天线发射具有相同的信息的信号，接收机能够利用最大比合并器来合并携带相同信息的接收信号，从而获得阶数为 2 或者更多的分集增益，其代价为减少了复用增益。如果所有的 N_T 个发射天线用来发射具有相同的信息的信号，接收机能获得 N_T 阶分集增益，但没有复用增益。因此，我们注意到在复用增益和分集增益间存在折中。

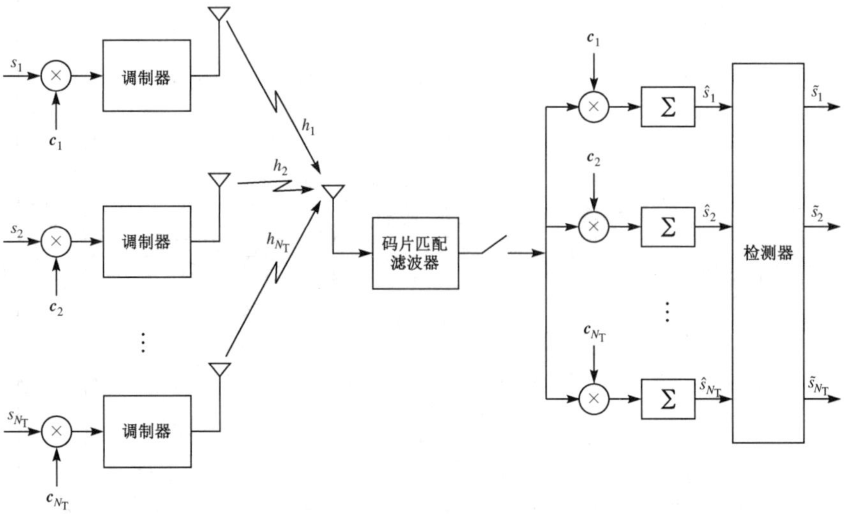

图 15-3-3　含扩频信号的 MISO 系统

更一般地，在具有 N_T 个发射天线和 N_R 个接收天线的 MIMO 系统中，复用增益能从 1 到 N_T 变化，分集增益能从 $N_R N_T$ 到 N_R 变化。因此，分集增益的增加以复用增益的减少为代价，反之亦然。尽管我们是在正交扩频序列背景下描述复用增益和分集增益之间的折中的，但这种折中在窄带信号背景下也是适合的。

15.3.3　多码 MIMO 系统

在 15.3.1 节和 15.3.2 节，我们考虑的扩频 MIMO 系统在每个发射天线采用单个序列对单个信息的信号进行扩频，然而，有可能在每个发射天线采用多个正交序列，以发射多个信息的信号，从而增加数据速率。

图 15-3-4 所示的两发两收天线（$N_R = N_T = 2$）说明了这一概念。在每个发射机，有 K 个正交扩频序列用来扩展 K 个信息的信号的频谱，在所有的发射机中采用相同的 K 个扩频序列。因此，如果有 N_T 个发射天线，就有 KN_T 个信息的信号同时发射。在每一个发射机，K 个扩频信号之和与伪随机序列 $\boldsymbol{p}_j$ 相乘，该序列称为加扰序列（Scrambling Sequence），它由统计独立、以正交序列 $\{\boldsymbol{c}_k\}$ 的码片速率等概出现的+1 和–1 构成。假定 N_T 个不同发射机所用的加扰序列是统计独立的，这些加扰序列用来分离（正交化）N_T 个发射天线上的信号，长度为 L_s，它可能等于或者大于正交序列长度 L_c，L_c 是每个信息符号的码片个数。每个天线上的加扰正交信号可以表示成

$$s_j(t)=\sqrt{\frac{\mathcal{E}_s}{KN_T}}\sum_{k=1}^{K}s_{jk}\sum_{i=1}^{L_c}c_{ki}p_{ji}g(t-iT_c),\qquad j=1,2,\cdots,N_T;0\leqslant t\leqslant T \quad (15\text{-}3\text{-}7)$$

式中，$\boldsymbol{p}_j$ 是第 j 个发射机的加扰序列；$\boldsymbol{s}_j=[s_{j1}\,s_{j2}\cdots s_{jK}]^t$ 是第 j 个天线发射的信息的信号矢量；$\boldsymbol{c}_k=[c_{k1}\,c_{k2}\cdots c_{kL_c}]$ 是第 k 个正交扩频序列；$g(t)$ 是持续时间为 T_c、能量为 $1/L_c$ 的码片信号脉冲；$\mathcal{E}_s/KN_T$ 是每个天线发射的每个信息符号的平均能量。

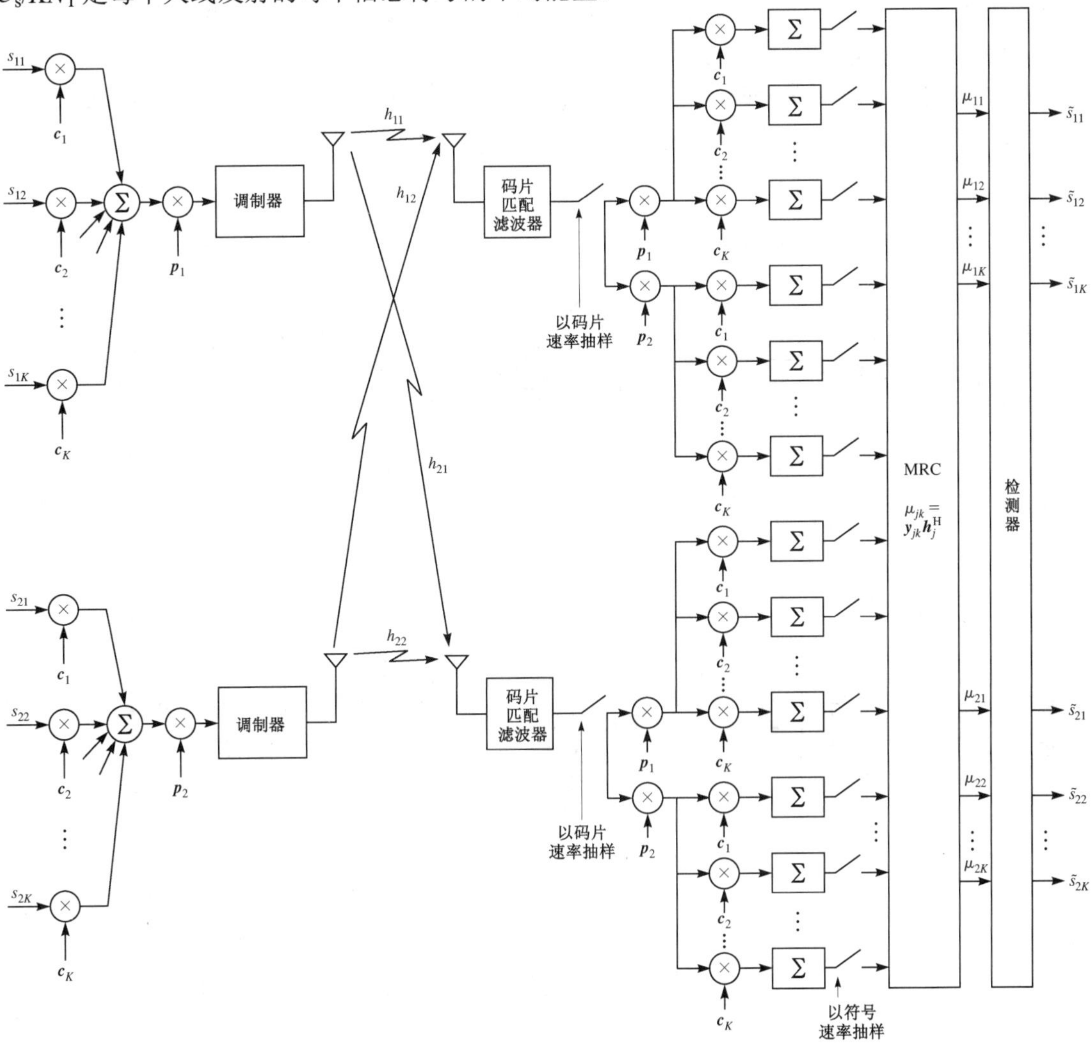

图 15-3-4　多码 MIMO 系统中的调制器和解调器

在每个接收天线，接收信号通过码片匹配滤波器并以码片速率抽样。对码片匹配滤波器的输出样值进行解扰并与 K 个正交序列中的每一个序列进行互相关操作，相关器输出以符号速率抽样。假定加扰序列是正交的，则这些样值可表示为

$$\boldsymbol{y}_{jk}=\sqrt{\frac{\mathcal{E}_s}{KN_T}}s_{jk}\boldsymbol{h}_j+\boldsymbol{\eta}_{jk},\qquad j=1,2,\cdots,N_T;k=1,2,\cdots,K \quad (15\text{-}3\text{-}8)$$

式中，$\boldsymbol{y}_{jk}=[y_{1jk}\,y_{2jk}\cdots y_{N_Rjk}]^t$；$\boldsymbol{h}_j=[h_{1j}\,h_{2j}\ldots h_{N_Rj}]^t$；$\boldsymbol{\eta}_{jk}=[\eta_{1jk}\,\eta_{2jk}\ldots\eta_{N_Rjk}]^t$ 是加性高斯噪声矢量。因此，通过使用正交的加扰序列和扩频序列，发射的信号实现了去耦合。把这些样值馈

入最大比合并器，并计算如下度量

$$\begin{aligned}\mu_{jk} &= \boldsymbol{h}_j^{\mathrm{H}} \boldsymbol{y}_{jk} \\ &= \sqrt{\frac{\mathcal{E}_{\mathrm{s}}}{K N_{\mathrm{T}}}} s_{jk} \|\boldsymbol{h}_j\|_{\mathrm{F}}^2 + \boldsymbol{h}_j^{\mathrm{H}} \boldsymbol{\eta}_{jk}, \qquad j=1,2,\cdots,N_{\mathrm{T}};\ k=1,2,\cdots,K\end{aligned} \tag{15-3-9}$$

把这些度量送到检测器，基于欧氏距离准则对每个发射的信息信号进行判决。我们应当注意到，如果加扰序列不正交，N_{T} 个天线上发射的符号间就会有符号间干扰，在这种情况下，可以采用多符号（或多用户）检测器。

在频率选择性信道，多码间的正交性受到破坏，在这种信道下，一种实用的接收机实现方法是采用自适应均衡器来恢复码的正交性，从而抑制码片和符号间干扰，图 15-3-5 所示为这种接

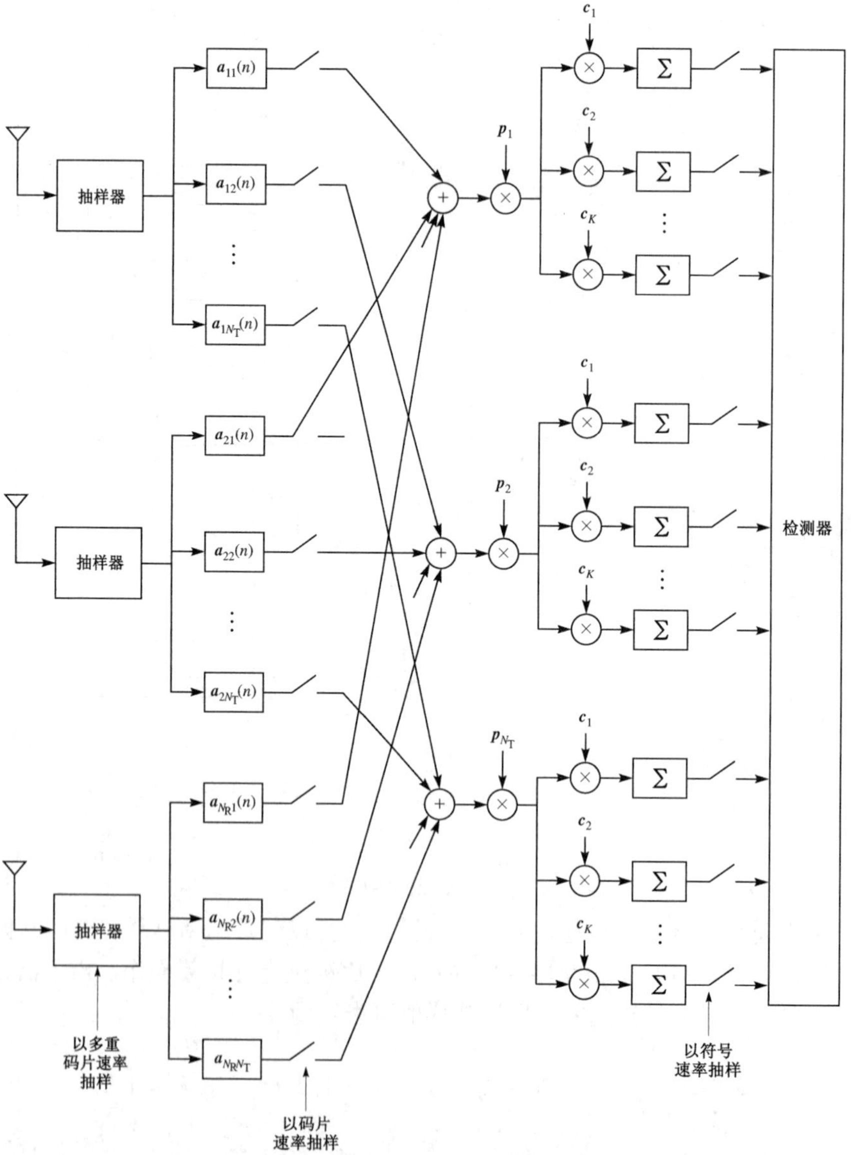

图 15-3-5　频率选择性 MIMO 信道中 MIMO 多码系统的接收机结构

收机的结构。通常由每个发射天线发射导频信号来向接收机的均衡器提供训练信号，这些导频信号可以是与携带信息的信号同时发射的扩频信号。例如，在每个发射天线，可以采用扩频码 $\boldsymbol{c}_1$ 发射导频信号。利用导频信号，均衡器系数可以采用 LMS 或 RLS 类型的算法递归地调整。

15.4 MIMO 信道的编码

本节将介绍 MIMO 信道编码设计的两种不同方法，并在频率非选择性瑞利衰落信道下估算它们的性能。第一种方法基于传统的分组码或卷积码，并含有交织以获得信号分集。第二种方法基于专门用于多天线系统的编码设计，产生的码称为**空时码**（Space-Time Code）。我们先简要介绍编码 SISO 系统在瑞利衰落信道下的差错概率性能。

15.4.1 瑞利衰落信道中时间编码 SISO 系统的性能

考虑如图 15-4-1 所示的时间编码 SISO 系统，其中衰落信道是频率非选择性的，衰落过程服从瑞利分布。编码器生成(n,k)线性二进制分组码或(n,k)二进制卷积码，假定交织器足够长，因此传输编码比特的发射信号独立衰落。调制方式是二进制 PSK、DPSK 或者 FSK。

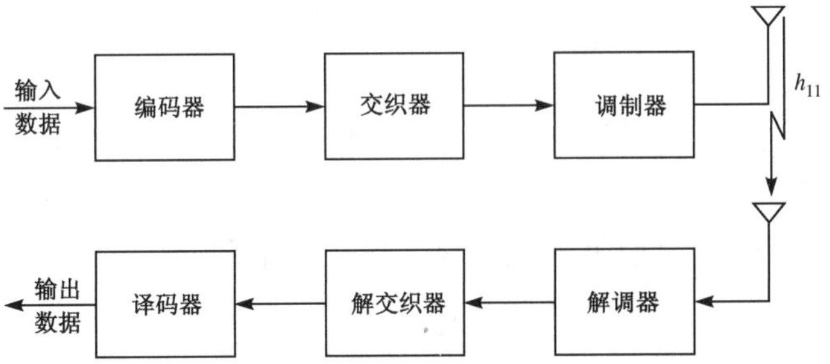

图 15-4-1 时间编码 SISO 系统

具有瑞利衰落的编码 SISO 信道差错概率由 14.4 节和 14.7 节给出。我们首先考虑线性分组码，根据 7.2.4 节，软判决译码码字差错概率的联合界为

$$P_{\mathrm{e}} < \sum_{m=2}^{M} P_2(w_m) < (M-1)P_2(d_{\min}) < 2^k P_2(d_{\min}) \qquad (15\text{-}4\text{-}1)$$

式中，$P_2(w_m)$ 是成对差错概率，由下式给出（见 14.7.1 节）

$$P_2(w_m) = \left(\frac{1-\psi}{2}\right)^{w_m} \sum_{k=0}^{w_{m-1}} \binom{w_m-1+k}{k} \left(\frac{1+\psi}{2}\right)^k \qquad (15\text{-}4\text{-}2)$$

以及

$$\psi = \begin{cases} \sqrt{\dfrac{\bar{\gamma}_{\mathrm{b}} R_{\mathrm{c}}}{1+\bar{\gamma}_{\mathrm{b}} R_{\mathrm{c}}}}, & \text{BPSK} \\ \bar{\gamma}_{\mathrm{b}} R_{\mathrm{c}}/(1+\bar{\gamma}_{\mathrm{b}} R_{\mathrm{c}}), & \text{DPSK} \\ \bar{\gamma}_{\mathrm{b}} R_{\mathrm{c}}/(2+\bar{\gamma}_{\mathrm{b}} R_{\mathrm{c}}), & \text{FSK 非相干检测} \end{cases} \qquad (15\text{-}4\text{-}3)$$

为了简单起见，假定表达式 $P_2(d_{\min})$ 中 $\bar{\gamma}_b \gg 1$，我们将使用更简单（更松）的上边界，因此可得到

$$P_e < 2^k P_2(d_{\min}) < 2^k \binom{2d_{\min}-1}{d_{\min}} \left(\frac{1}{qR_c\bar{\gamma}_b}\right)^{d_{\min}} \tag{15-4-4}$$

式中

$$q = \begin{cases} 4, & \text{BPSK} \\ 2, & \text{DPSK} \\ 1, & \text{FSK 非相干检测} \end{cases} \tag{15-4-5}$$

我们注意到，对于软判决译码，差错概率随 $1/\bar{\gamma}_b R_c$ 成指数衰减，指数等于分组码的最小汉明距离 $d_{\min}$。

对于硬判决译码，采用 14.4 节给出的契尔诺夫上边界，可以表示成

$$P_e < 2^k[4p(1-p)]^{d_{\min}/2} \tag{15-4-6}$$

其中每个编码比特的差错概率为

$$p = \frac{1-\psi}{2} \tag{15-4-7}$$

式中，ψ 由式（15-4-3）定义。对于 $\bar{\gamma}_b \gg 1$，契尔诺夫上边界可简化为

$$P_e < 2^k \left(\frac{4}{qR_c\bar{\gamma}_b}\right)^{d_{\min}/2} \tag{15-4-8}$$

式中，q 由式（15-4-5）定义。正如软判决译码的情形，差错概率随 $1/\bar{\gamma}_b R_c$ 成指数衰减，但硬判决译码的指数是 $d_{\min}/2$。因此，软判决译码提供的信号分集是硬判决译码的 2 倍。

对于采用软判决译码的卷积码，利用 14.3 节导出的联合界，即

$$P_b < \sum_{d=d_{\text{free}}}^{\infty} \beta_d P_2(d) \tag{15-4-9}$$

式中，$P_2(d)$ 由式（15-4-2）给出。如果 $\bar{\gamma}_b \gg 1$，则得到的成对差错概率的更简单形式，即

$$P_2(d) \approx \binom{2d-1}{d} \left(\frac{1}{qR_c\bar{\gamma}_b}\right)^{d} \tag{15-4-10}$$

式中，q 由式（15-4-5）定义。我们注意到式（15-4-10）中的主导项具有指数 $d = d_{\text{free}}$，因此，对于软判决译码，差错概率中的主导项随 $1/\bar{\gamma}_b R_c$ 成指数衰减，其中指数是 d_{free}，即卷积码的自由距离。

对于硬判决译码，我们再次利用成对差错概率的契尔诺夫界

$$P_2(d) < [4p(1-p)]^{d/2} \tag{15-4-11}$$

式中，p 由式（15-4-7）定义。因此，当 $\bar{\gamma}_b \gg 1$，$P_2(d)$可以简化为

$$P_2(d) < \left(\frac{4}{qR_c\bar{\gamma}_b}\right)^{d/2} \tag{15-4-12}$$

比特差错概率的上边界由下式表示

$$P_b < \sum_{d=d_{\text{free}}}^{\infty} \beta_d \left(\frac{4}{q R_c \bar{\gamma}_b} \right)^{d/2} \tag{15-4-13}$$

正如分组码情形，我们注意到，如果采用硬判决译码，编码获得的信号分集相对于软判决译码的减少因子为 2。

有了关于编码 SISO 系统性能的背景，下面将研究编码 MIMO 系统的性能。

15.4.2 MIMO 信道的比特交织时间编码

图 15-4-2 所示的 MIMO 系统，它有 N_T 个发射天线，N_R 个接收天线（$N_R \geqslant N_T$），编码器可以产生二进制分组码或卷积码，交织器选择得足够长，可使得分组码的一组里或者卷积码的几个约束长度里的编码比特独立衰落。假定 MIMO 信道是频率非选择性的，具有零均值、复值、循环对称高斯分布的系数 $\{h_{ij}\}$，它们是同分布的并且相互统计独立，假定信道矩阵 $\boldsymbol{H}$ 是满秩的。

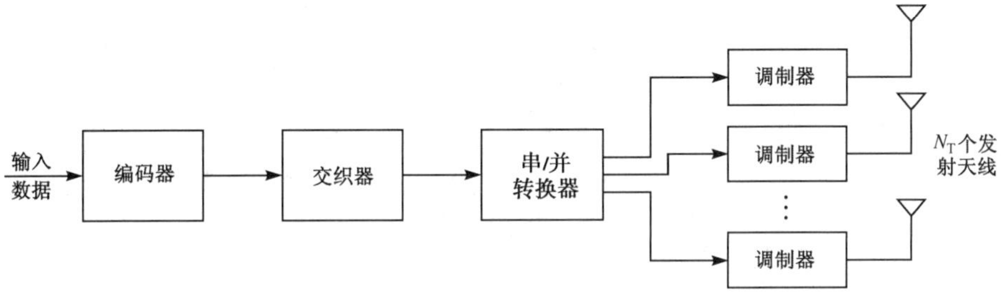

(a) 发射机

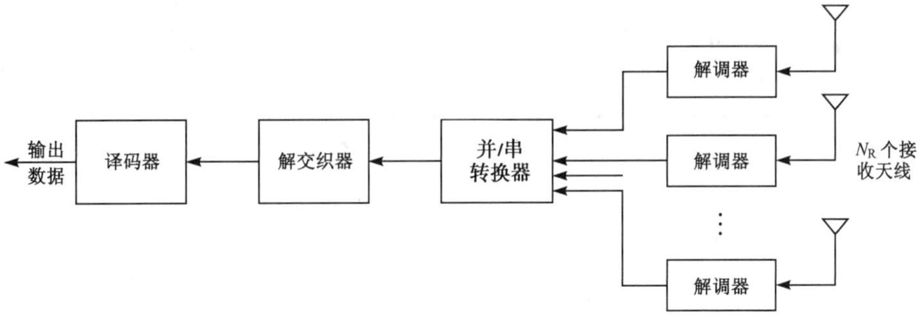

(b) 接收机

图 15-4-2 比特交织时间编码 MIMO 系统

每一个信号间隔的解调器输出是式（15-1-10）给出的矢量 $\boldsymbol{y}$，对于硬判决译码，矢量 $\boldsymbol{y}$ 被馈入检测器，它可以采用 15.1.2 节描述的三种检测算法（MLD、MMSE、ICD）中的任意一种来对发射信号进行硬判决译码。对于软判决译码，矢量 $\boldsymbol{y}$ 在解交织后被送到译码器。类似地，对于硬判决译码，来自检测器输出的比特被解交织并送往译码器。

让我们考虑利用 N_T 个发射天线空间复用的 MIMO 系统获得的信号分集量。回顾 15.1.2 节可知道，采用无编码系统中的硬判决译码，在线性检测情况下可以获得 $N_R - N_T + 1$ 阶信号分集，在利用最佳的最大似然检测器（MLD）情况下可以获得 N_R 阶信号分集。从 15.4.1 节的讨论中我们注意到，编码提供的分集阶数为 $d_{\min}/2$ 或 $d_{\text{free}}/2$，因此，在编码 MIMO 系统中，采用线性检测器和硬判决译码时可获得的总的信号分集阶数是 $(N_R - N_T + 1)d_{min}/2$ 或者 $(N_R - N_T + 1)d_{free}/2$。另外，如果采用软判决译码，总的分集阶数为 $N_R d_{min}$ 或 $N_R d_{free}$。

通过对图 15-4-2 所示的 MIMO 系统在码率 $R_c = 1/2$ 且 $d_{free} = 5$ 的卷积码和 BPSK 调制条件下进行计算机模拟，本节给出了采用编码和比特交织获得的附加分集。图 15-4-3 和图 15-4-4 所示为采用二进制 PSK、硬判决译码和软判决译码，以及 $(N_T, N_R) = (2,2)$ 和 $(N_T, N_R) = (2,3)$ 时

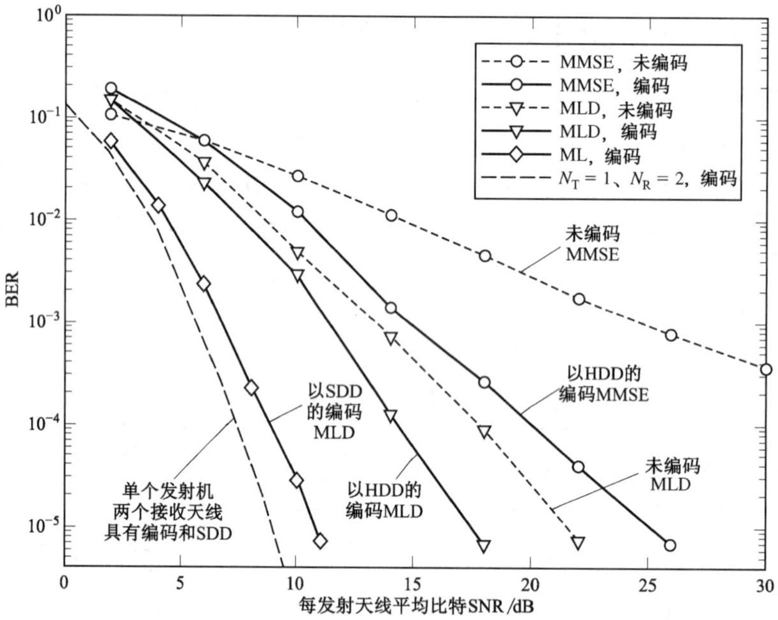

图 15-4-3　$N_T = N_R = 2$ 时编码（$R_c = 1/2$、$d_{free} = 5$）系统的性能

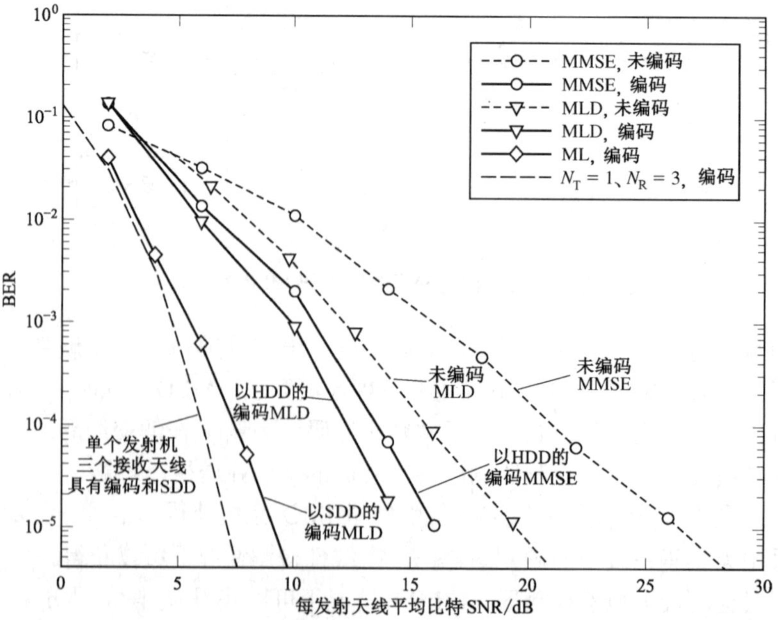

图 15-4-4　$N_T = 2$、$N_R = 3$ 时编码（$R_c = 1/2$、$d_{free} = 5$）系统的性能

MIMO 系统的性能。可以看到，相对于无编码系统性能，含有交织的编码改善了 MIMO 系统的性能，其代价是数据吞吐率（为编码速率的倒数）的降低。对于 $(N_{\text{T}},N_{\text{R}})=(2,3)$ 以及硬判决译码，具有编码的 MMSE 检测器性能几乎与具有编码的 MLD 一样好，在这种情况下，卷积码提供的信号分集对 MMSE 检测器性能增强程度高于 MLD。我们还看到，最大似然、软判决译码明显好于硬判决译码的 MLD。例如，在 $P_{\text{b}}=10^{-5}$ 时，对于 $(N_{\text{T}},N_{\text{R}})=(2,3)$，性能差异超过 5 dB，这一性能优势归功于两种类型译码器获得的分集阶数存在因子 2 的差异。

码率为 1/2、$d_{\text{free}}=5$ 的编码 SIMO，如 $(N_{\text{T}},N_{\text{R}})=(1,2)$ 和 $(N_{\text{T}},N_{\text{R}})=(1,3)$ 系统的理想性能也在图 15-4-3 和图 15-4-4 中画出了。这两个系统采用软判决译码获得的信号分集阶数分别是 10 和 15。我们注意到，在 $P_{\text{b}}=10^{-5}$ 时，与相应的 SIMO 系统理想性能相比，软判决译码(2,2)和(2,3)MIMO 系统存在大约 2 dB 的性能下降，这一性能下降是由使用多个发射天线导致的干扰引起的。

图 15-4-3 和图 15-4-4 中的模拟结果证实了我们关于 MIMO 系统中含有交织的编码提供信号分集的分析结果。在这些模拟结果中，最大似然软判决译码与硬判决译码相比，其性能优势非常明显。

本节采用单个编码器和单个交织器来生成编码符号并在 N_{T} 个天线上发射，在接收机采用单个解交织器和译码器。相关文献中给出的另外一种方法是对馈入每个发射天线的分路数据流采用分离的但相同的编码和交织，这种方法需要发射机有 N_{T} 个并行的编码器和交织器，接收机有 N_{T} 个并行的译码器和解交织器，它尤其适用于来自不同用户的多个数据流要在多个发射天线上并行发射的场景。

15.4.3　MIMO 信道的空时分组码

我们现在考虑图 15-4-5 所示的 MIMO 系统。在发射机，信息比特序列（即输入数据）输入空时分组编码器，把一组比特映射成从信号星座（如 PAM、PSK 或 QAM）中选出的信号点，星座由 $M=2^b$ 个信号点构成。空时分组编码器生成的信号点输入由相同调制器组成的调制器组，把信号点映射成相应的波形，同时在 N_{T} 个发射天线上发射。

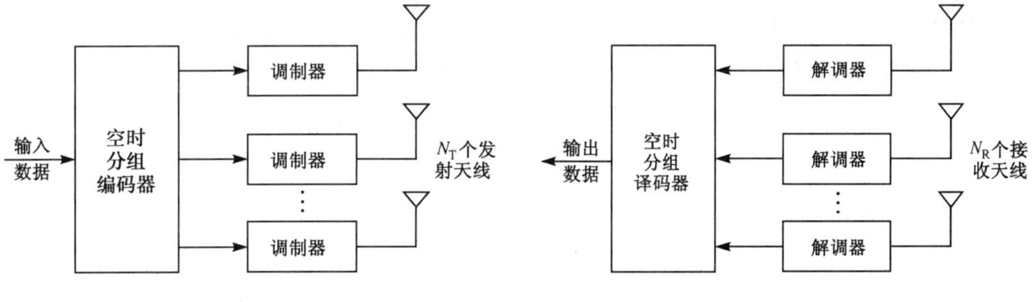

图 15-4-5　空时分组编码 MIMO 系统

空时分组码（Space-Time Block Code，STBC）由 N 行 N_{T} 列生成矩阵 $\boldsymbol{G}$ 定义，具有如下形式

$$\boldsymbol{G}=\begin{bmatrix} g_{11} & g_{12} & \cdots & g_{1N_{\text{T}}} \\ g_{21} & g_{22} & \cdots & g_{2N_{\text{T}}} \\ \vdots & \vdots & & \vdots \\ g_{N1} & g_{N2} & \cdots & g_{NN_{\text{T}}} \end{bmatrix} \tag{15-4-14}$$

式中，元素 $\{g_{ij}\}$ 是由信息比特向二进制或 M 进制信号星座中相应的信号点映射产生的信号点。通过使用 N_T 个发射天线，由 N_T 个信号点（符号）构成的 $\boldsymbol{G}$ 的行在一个时隙内在 N_T 个天线上发射。从而，在第 1 个时隙，第 1 行 N_T 个符号在 N_T 个天线上发射；在第 2 个时隙，第 2 行 N_T 个符号在 N_T 个天线上发射；在第 N 个时隙，第 N 行 N_T 个符号在 N_T 个天线上发射。所以，可用 N 个时隙来发射生成矩阵 $\boldsymbol{G}$ 的 N 行符号。

在设计 STBC 的生成矩阵时，需要重点考虑三个主要目标：获得最高的可能分集 $N_T N_R$、获得最高的可能空间速率、译码器复杂度的最小化。下面将讨论这三个目标。

1．Alamouti STBC

Alamouti（1998）设计了 $N_T = 2$ 个发射天线、$N_R = 1$ 个接收天线的 STBC，Alamouti 码的生成矩阵为

$$\boldsymbol{G} = \begin{bmatrix} s_1 & s_2 \\ -s_2^* & s_1^* \end{bmatrix} \tag{15-4-15}$$

式中，s_1 和 s_2 是从具有 $M = 2^b$ 个信号点的 M 进制 PAM、PSK 或 QAM 信号星座中选出的两个信号点。因此，$2b$ 个数据比特映射成 M 进制信号星座中的两个信号点（符号），即 s_1 和 s_2。在第 1 个时隙，符号 s_1 和 s_2 在两个天线上发射，在第 2 个时隙，符号 $-s_2^*$ 和 s_1^* 在两个天线上发射，因此，两个符号 s_1 和 s_2 在两个时隙中发射。所以，对于 Alamouti 码，空间码率 $R_s = 1$，这是（正交的）STBC 最高的可能码率。

基于频率非选择性模型，对于 $N_T = 2$、$N_R = 1$ 的信道，MISO 信道矩阵是

$$\boldsymbol{H} = [h_{11}\ h_{12}] \tag{15-4-16}$$

在 STBC 译码时，假定 $\boldsymbol{H}$ 在两个时隙上是恒定的，因此在两个时隙上接收机的匹配滤波器解调器输出信号是

$$y_1 = h_{11}s_1 + h_{12}s_2 + \eta_1, \qquad y_2 = -h_{11}s_2^* + h_{12}s_1^* + \eta_2 \tag{15-4-17}$$

式中，η_1 和 η_2 是零均值、循环对称复值不相关高斯随机变量，方差均为 σ_η^2。

考虑式（15-4-17）中符号的 ML 译码，其目标是获得 STBC 的全分集。因为 η_1 和 η_2 是不相关的零均值等方差高斯随机变量，y_1 和 y_2 的联合条件 PDF 是

$$\begin{aligned} p(y_1, y_2|h_{11}, h_{12}, s_1, s_2) = \frac{1}{2\pi\sigma_\eta^2} \exp\{-[|y_1 - h_{11}s_1 - h_{12}s_2|^2 \\ + |y_2 + h_{11}s_2^* - h_{12}s_1^*|^2]\}/2\sigma_\eta^2 \end{aligned} \tag{15-4-18}$$

所以，ML 译码的欧氏距离度量是

$$\mu(s_1, s_2) = |y_1 - h_{11}s_1 - h_{12}s_2|^2 + |y_2 + h_{11}s_2^* - h_{12}s_1^*|^2 \tag{15-4-19}$$

对每一个可能的符号对，最佳ML译码器计算欧氏度量 $\mu(s_1, s_2)$ 并选择导致最小度量的符号对。

ML 译码过程的计算复杂度与符号对的个数成指数关系，即在以上的度量计算中有 $M^2 = 2^{2b}$ 个符号对。然而，如果我们展开式（15-4-19）的右边并舍弃与判决不相关的 $|y_1|^2 + |y_2|^2$ 项，则计算复杂度能够降低，因此，可得到

$$\begin{aligned} \mu(s_1, s_2) &= |s_1|^2 \left[|h_{11}|^2 + |h_{12}|^2\right] - 2\,\mathrm{Re}\left[y_1^* h_{11} s_1 + y_2 h_{12}^* s_1\right] \\ &\quad + |s_2|^2 \left[|h_{11}|^2 + |h_{12}|^2\right] - 2\,\mathrm{Re}\left[y_1^* h_{12} s_2 - y_2 h_{11}^* s_2\right] \\ &= \mu(s_1) + \mu(s_2) \end{aligned} \tag{15-4-20}$$

可见，度量 $\mu(s_1)$ 和 $\mu(s_2)$ 是可以分开计算的，即选择符号 s_1 可使得 $\mu(s_1)$ 最小化，选择符号 s_2 可使得 $\mu(s_2)$ 最小化。因此，计算复杂度大大降低了，从计算 M^2 个度量降低到了 $2M$ 个度量。

正如 PSK 星座，当星座中的信号点能量相同时，译码可进一步简化。这种情况下，偏置能量项 $|s_1|^2[|h_{11}|^2+|h_{12}|^2]$ 和 $|s_2|^2[|h_{11}|^2+|h_{12}|^2]$ 可以忽略，而且度量 $\mu(s_1)$ 和 $\mu(s_2)$ 可重新安排成相关度量，定义成

$$\mu_c(s_1)=\mathrm{Re}\left[y_1^*h_{11}s_1+y_2h_{12}^*s_1\right],\qquad \mu_c(s_2)=\mathrm{Re}\left[y_1^*h_{12}s_2-y_2h_{11}^*s_2\right] \tag{15-4-21}$$

即，我们将 y_1^* 与 s_1 的所有可能值相关再乘以 h_{11}，将 y_2 与 s_1 的所有可能值相关再乘以 h_{12}^*，并选择导致最大相关度量 $\mu_c(s_1)$ 的 s_1。可以进行类似的计算以寻找产生最大相关度量 $\mu_c(s_2)$ 的 s_2。

对于 PAM 和 QAM 信号星座，相关度量包含式（15-4-20）中的偏置能量项，因此相关度量可以表示成

$$\begin{aligned}\mu_c(s_1)&=2\,\mathrm{Re}\left[y_1^*h_{11}s_1+y_2h_{12}^*s_1\right]-|s_1|^2[|h_{11}|^2+|h_{12}|^2]\\ \mu_c(s_2)&=2\,\mathrm{Re}\left[y_1^*h_{12}s_2-y_2h_{11}^*s_2\right]-|s_2|^2[|h_{11}|^2+|h_{12}|^2]\end{aligned} \tag{15-4-22}$$

有趣的是，对于包含在 y_1 和 y_2 中的特定符号 s_1，度量 $\mu_c(s_1)$ 中的信号分量是最大可能的，且

$$E[\mu_c(s_1)]=|s_1|^2\left[|h_{11}|^2+|h_{12}|^2\right] \tag{15-4-23}$$

式中，期望是针对加性高斯噪声求的。类似地，有

$$E[\mu_c(s_2)]=|s_2|^2\left[|h_{11}|^2+|h_{12}|^2\right] \tag{15-4-24}$$

因为每个信号项都包含 $[|h_{11}|^2+|h_{12}|^2]$ 项，所以 ML 译码器可获得阶数为 2 的分集，它是 $N_T=2$ 和 $N_R=1$ 个天线时最大可能的分集阶数。

不用计算式（15-4-22）定义的相关度量，一种等效的检测器（见习题 15-15）可按如下方式计算符号 s_1 和 s_2 的估计：

$$\hat{s}_1=y_1h_{11}^*+y_2^*h_{12},\qquad \hat{s}_2=y_1h_{12}^*-y_2^*h_{11} \tag{15-4-25}$$

并选择以欧氏距离最接近于 $\hat{s}_1$ 和 $\hat{s}_2$ 的符号 $\tilde{s}_1$ 和 $\tilde{s}_2$。

我们对 Alamouti STBC 进行以下观察。首先，注意到这种码获得了最大可能的分集；其次，通过式（15-4-22）给出的检测器度量的分离，或者等效地，式（15-4-25）给出的估计 $\hat{s}_1$ 和 $\hat{s}_2$，最大似然检测器具有低复杂度。这两个期望的特性是由 Alamouti 码的生成矩阵 $\boldsymbol{G}$ 的正交性来保证的，可以表示为

$$\boldsymbol{G}=\begin{bmatrix}g_1 & g_2\\ -g_2^* & g_1^*\end{bmatrix} \tag{15-4-26}$$

可见，列矢量 $\boldsymbol{v}_1=(g_1,-g_2^*)^{\mathrm{t}}$ 和 $\boldsymbol{v}_2=(g_2,-g_1^*)^{\mathrm{t}}$ 是正交的，即 $\boldsymbol{v}_1\cdot\boldsymbol{v}_2^{\mathrm{H}}=0$，因此

$$\boldsymbol{G}^{\mathrm{H}}\boldsymbol{G}=\left[|g_1|^2+|g_2|^2\right]\boldsymbol{I}_2 \tag{15-4-27}$$

式中，$\boldsymbol{I}_2$ 是 2×2 的单位矩阵。正是因为这一特性，我们可以把式（15-4-17）给出的接收信号表示成

$$\begin{bmatrix}y_1\\ y_2^*\end{bmatrix}=\begin{bmatrix}h_{11} & h_{12}\\ h_{12}^* & -h_{11}^*\end{bmatrix}\begin{bmatrix}s_1\\ s_2\end{bmatrix}+\begin{bmatrix}\eta_1\\ \eta_2^*\end{bmatrix}$$

$$\boldsymbol{y}=\boldsymbol{H}_{21}\boldsymbol{s}+\boldsymbol{\eta} \tag{15-4-28}$$

并形成式（15-4-25）确定的估计 $\hat{s}_1$ 和 $\hat{s}_2$，其中 $\boldsymbol{y}$ 是由式（15-4-28）给出的，可得到

$$\begin{bmatrix}\hat{s}_1\\ \hat{s}_2\end{bmatrix}=\begin{bmatrix}h_{11}^* & h_{12}\\ h_{12}^* & -h_{11}\end{bmatrix}\begin{bmatrix}y_1\\ y_2^*\end{bmatrix}=\boldsymbol{H}_{21}^{\mathrm{H}}\boldsymbol{H}_{21}\boldsymbol{s}+\boldsymbol{H}_{21}^{\mathrm{H}}\boldsymbol{\eta}=\left[|h_{11}|^2+|h_{12}|^2\right]\boldsymbol{s}+\boldsymbol{H}_{21}^{\mathrm{H}}\boldsymbol{\eta}\quad(15\text{-}4\text{-}29)$$

所以，

$$\boldsymbol{H}_{21}^{\mathrm{H}}\boldsymbol{H}_{21}=\left[|h_{11}|^2+|h_{12}|^2\right]\boldsymbol{I}_2\quad(15\text{-}4\text{-}30)$$

由于式（15-4-27）给出的 $\boldsymbol{G}$ 具有正交性，因此可以获得全分集和低的译码复杂度。

2. 多个接收天线的 Alamouti 码

现在说明当接收天线数增加到 N_{R} 时，Alamouti 码获得的最大可能分集为 $N_{\mathrm{T}}N_{\mathrm{R}}=2N_{\mathrm{R}}$。这种情况下，$N_{\mathrm{R}}\times 2$ 信道矩阵是

$$\boldsymbol{H}=[\boldsymbol{h}_1\,\boldsymbol{h}_2]=\begin{bmatrix}h_{11} & h_{12}\\ h_{21} & h_{22}\\ \vdots & \vdots\\ h_{N_{\mathrm{R}}1} & h_{N_{\mathrm{R}}2}\end{bmatrix}\quad(15\text{-}4\text{-}31)$$

在第一次传输时，接收信号是

$$\boldsymbol{y}_1=\boldsymbol{H}\begin{bmatrix}s_1\\ s_2\end{bmatrix}+\boldsymbol{\eta}_1\quad(15\text{-}4\text{-}32)$$

在第二次传输时，接收信号是

$$\boldsymbol{y}_2=\boldsymbol{H}\begin{bmatrix}-s_2^*\\ s_1^*\end{bmatrix}+\boldsymbol{\eta}_2\quad(15\text{-}4\text{-}33)$$

正如在 MISO 信道中，如 $N_{\mathrm{T}}=2$、$N_{\mathrm{R}}=1$ 的系统，可以把式（15-4-32）与式（15-4-33）结合成

$$\begin{bmatrix}\boldsymbol{y}_1\\ \boldsymbol{y}_2^*\end{bmatrix}=\boldsymbol{H}_{2N_{\mathrm{R}}}\begin{bmatrix}s_1\\ s_2\end{bmatrix}+\begin{bmatrix}\boldsymbol{\eta}_1\\ \boldsymbol{\eta}_2^*\end{bmatrix}\quad(15\text{-}4\text{-}34)$$

式中，$\boldsymbol{H}_{2N_{\mathrm{R}}}$ 的定义为

$$\boldsymbol{H}_{2N_{\mathrm{R}}}=\begin{bmatrix}\boldsymbol{h}_1 & \boldsymbol{h}_2\\ \boldsymbol{h}_2^* & -\boldsymbol{h}_1^*\end{bmatrix}\quad(15\text{-}4\text{-}35)$$

式中，$\boldsymbol{h}_1$ 和 $\boldsymbol{h}_2$ 是式（15-4-31）给出的信道矩阵的列向量。

假定我们以下式形成估值 $\hat{s}_1$ 和 $\hat{s}_2$，即

$$\begin{bmatrix}\hat{s}_1\\ \hat{s}_2\end{bmatrix}=\boldsymbol{H}_{2N_{\mathrm{R}}}^{\mathrm{H}}\begin{bmatrix}\boldsymbol{y}_1\\ \boldsymbol{y}_2^*\end{bmatrix}=\boldsymbol{H}_{2N_{\mathrm{R}}}^{\mathrm{H}}\boldsymbol{H}_{2N_{\mathrm{R}}}\begin{bmatrix}s_1\\ s_2\end{bmatrix}+\boldsymbol{H}_{2N_{\mathrm{R}}}^{\mathrm{H}}\begin{bmatrix}\boldsymbol{\eta}_1\\ \boldsymbol{\eta}_2^*\end{bmatrix}\quad(15\text{-}4\text{-}36)$$

很容易证明

$$\boldsymbol{H}_{2N_{\mathrm{R}}}^{\mathrm{H}}\boldsymbol{H}_{2N_{\mathrm{R}}}=\left[\sum_{i=1}^{N_{\mathrm{R}}}|h_{i1}|^2+|h_{i2}|^2)\right]\boldsymbol{I}_2=\|\boldsymbol{H}\|_{\mathrm{F}}^2\,\boldsymbol{I}_2\quad(15\text{-}4\text{-}37)$$

因此，式（15-4-36）可简化为

$$\begin{bmatrix}\hat{s}_1\\ \hat{s}_2\end{bmatrix}=\|\boldsymbol{H}\|_{\mathrm{F}}^2\begin{bmatrix}s_1\\ s_2\end{bmatrix}+\boldsymbol{H}_{2N_{\mathrm{R}}}^{\mathrm{H}}\begin{bmatrix}\boldsymbol{\eta}_1\\ \boldsymbol{\eta}_2^*\end{bmatrix}\quad(15\text{-}4\text{-}38)$$

可得出结论：对于 $N_{\mathrm{T}}=2$ 个发射天线和 N_{R} 个接收天线，Alamouti 码获得 MIMO 系统的全分集阶数为 $2N_{\mathrm{R}}$。更进一步，最大似然译码器的判决基于式（15-4-36）获得的去耦合的估

值 $\hat{s}_1$ 和 $\hat{s}_2$ 进行，其形式为

$$\hat{s}_1 = \boldsymbol{h}_1^{\mathrm{H}} \boldsymbol{y}_1 + \boldsymbol{y}_2^{\mathrm{H}} \boldsymbol{h}_2, \quad \hat{s}_2 = \boldsymbol{h}_2^{\mathrm{H}} \boldsymbol{y}_1 - \boldsymbol{y}_2^{\mathrm{H}} \boldsymbol{h}_1 \tag{15-4-39}$$

因此，检测器的实现复杂度得到了最小化。

3．$N_{\mathrm{T}} > 2$ 个发射天线的正交码设计

大于 $N_{\mathrm{T}} = 2$ 个发射天线的正交生成矩阵（Orthogonal Generator Matrix）的设计已得到广泛研究，基于 Hurwitz & Radon（1922）在正交矩阵设计方面的早期工作，Jafarkhani（2005）对其构造进行了详细研究。一个 $N \times N$ 实矩阵 $\boldsymbol{G}$（其项为 $g_1, -g_1, g_2, -g_2, \cdots, g_N, -g_N$），如果满足下式，则称为正交矩阵。

$$\boldsymbol{G}^{\mathrm{t}} \boldsymbol{G} = \left(\sum_{i=1}^{N} g_i^2 \right) \boldsymbol{I}_N \tag{15-4-40}$$

式中，$\boldsymbol{I}_N$ 是 $N \times N$ 单位阵。可以证明［Jafarkhani（2005）］，只有当 $N = 2$、4、8 时，才存在码率 $R_{\mathrm{s}} = 1$ 的实正交矩阵设计。例如，$N_{\mathrm{T}} = 4$ 个发射天线的实正交矩阵为

$$\boldsymbol{G} = \begin{bmatrix} g_1 & g_2 & g_3 & g_4 \\ -g_2 & g_1 & -g_4 & g_3 \\ -g_3 & g_4 & g_1 & -g_2 \\ -g_4 & -g_3 & g_2 & g_1 \end{bmatrix} \tag{15-4-41}$$

式中，$\{g_i\}$ 等于 $\{s_i\}$。这种码在 4 个连续的时隙中发射 4 个信号，因此，该码的 $R_{\mathrm{s}} = 1$。

实正交矩阵适合于发射 PAM 信号星座，以及可以分解为两路 PAM 信号星座的正方形 QAM 信号星座。实正交矩阵设计提供的分集阶数为 $N_{\mathrm{T}} N_{\mathrm{R}}$，并通过对每个发射信号判决的解耦，简化了最大似然译码。

对于 $N > 8$，可以获得低复杂度最大似然译码的正交性，其代价为较低的空间码率。这种空时分组码称为广义正交码（Generalized Orthogonal Code），并由 $K \times N$ 的生成矩阵 $\boldsymbol{G}$ 定义，它含有实数项 $g_1, -g_1, g_2, -g_2, \cdots, g_K, -g_K$，且满足性质

$$\boldsymbol{G}^{\mathrm{t}} \boldsymbol{G} = b \left(\sum_{i=1}^{K} g_i^2 \right) \boldsymbol{I}_N$$

式中，b 是常数。空间速率 $R_{\mathrm{s}} = K / N$。

Alamouti 码是 $N_{\mathrm{T}} = 2$ 时复正交矩阵设计的一个例子，文献［见 Jafarkhani（2005）和 Tarokh 等（1999a）］已经指出，对于 $N_{\mathrm{T}} > 2$ 个发射天线，不存在 $R_{\mathrm{s}} = 1$ 的复正交矩阵设计。然而，通过降低码率，有可能进行二维信号星座的复正交矩阵设计。例如，在 $N_{\mathrm{T}} = 4$ 个发射天线上发射 4 个复值（PSK 或 QAM）信号的 STBC 的正交生成矩阵是

$$\boldsymbol{G} = \begin{bmatrix} s_1 & s_2 & s_3 & s_4 \\ -s_2 & s_1 & -s_4 & s_3 \\ -s_3 & s_4 & s_1 & -s_2 \\ -s_4 & -s_3 & s_2 & s_1 \\ s_1^* & s_2^* & s_3^* & s_4^* \\ -s_2^* & s_1^* & -s_4^* & s_3^* \\ -s_3^* & s_4^* & s_1^* & -s_2^* \\ -s_4^* & -s_3^* & s_2^* & s_1^* \end{bmatrix} \tag{15-4-42}$$

对于这个编码生成器，4 个复值信号在 8 个连续的时隙发射，因此该码的空间码率 $R_s = 1/2$。还可看到

$$G^H G = \sum_{i=1}^{4} \left[|s_i|^2\right] I_4 \tag{15-4-43}$$

因此，这种码在一个接收天线时提供四阶分集，有 N_R 个接收天线时提供 $4N_R$ 阶分集。

对于任意个数的发射天线，存在码率 $R_s \leqslant 1/2$ 的复正交矩阵，然而，Wang & Xia（2003）证明不存在码率 $R_s > 3/4$ 的复正交矩阵，而码率 $R_s = 3/4$ 复正交矩阵确实存在。下面的 $R_s = 3/4$ 复正交矩阵由 Tarokh 等（1999a）给出（$N_T = 3$ 和 $N_T = 4$ 个发射天线）。

$$G = \begin{bmatrix} s_1 & s_2 & s_3/\sqrt{2} \\ -s_2^* & s_1^* & s_3/\sqrt{2} \\ s_3^*/\sqrt{2} & s_3^*/\sqrt{2} & (-s_1 - s_1^* + s_2 - s_2^*)/2 \\ s_3^*/\sqrt{2} & -s_3^*/\sqrt{2} & (s_2 + s_2^* + s_1 - s_1^*)/2 \end{bmatrix} \tag{15-4-44}$$

$$G = \begin{bmatrix} s_1 & s_2 & s_3/\sqrt{2} & s_3/\sqrt{2} \\ -s_2^* & s_1^* & s_3/\sqrt{2} & -s_3/\sqrt{2} \\ s_3^*/\sqrt{2} & s_3^*/\sqrt{2} & (-s_1 - s_1^* + s_2 - s_2^*)/2 & (-s_2 - s_2^* + s_1 - s_1^*)/2 \\ s_3^*/\sqrt{2} & -s_3^*/\sqrt{2} & (s_2 + s_2^* + s_1 - s_1^*)/2 & -(s_1 + s_1^* + s_2 - s_2^*)/2 \end{bmatrix} \tag{15-4-45}$$

最后应当指出，正交生成矩阵的设计不是唯一的，为了说明这一点，设 U 表示酉矩阵（Unitary Matrix），即 $U^H U = I$，G 是复正交矩阵，定义 $G_u = UG$，则

$$G_u^H G_u = (UG)^H UG = G^H U^H UG = G^H G \tag{15-4-46}$$

因此，采用生成矩阵 G_u 的系统与采用 G 的系统具有相同的性质。

4．准正交空时分组码

正如所见，正交 STBC 具有人们想要的特性，最大似然（ML）检测器可退化为独立检测每个符号的检测器。更进一步，对于 N=2、4 和 8，实正交 STBC 可获得全分集。类似地，对于 N=2，具有复元素的 Alamouti 码可获得全分集。还可看到，通过减少编码速率，有可能设计具有实或者复元素的（广义的）正交码。因此，独立符号检测的低复杂度能够得到保证，其代价是码率和分集阶数的降低。

另外，可以放松导致独立 ML 检测的正交条件，试图设计空间码率 $R_s = 1$ 及全分集的 STBC。这种设计的最简单的检测器是允许成对 ML 符号检测的检测器，这种码称为准正交的，例如，码率 $R_s = 1$ 的复准正交 STBC 由下面的生成矩阵确定。

$$G = \begin{bmatrix} s_1 & s_2 & s_3 & s_4 \\ -s_2^* & s_1^* & -s_4^* & s_3^* \\ -s_3^* & -s_4^* & s_1^* & s_2^* \\ s_4 & -s_3 & -s_2 & s_1 \end{bmatrix}$$

这种码的发射符号可通过成对 ML 符号检测器最佳检测，并且可获得全分集（见习题 15-23）。

5．差分空时分组码

正如所见，在 Alamouti 码的应用中，我们假定信道路径系数 $\{h_{ij}\}$ 在 2 个连续时间间隔上

不变。对于 $N_T > 2$ 个发射天线，在信道路径系数假定为常数时的时间间隔更多。例如，式（15-4-41）、式（15-4-44）和式（15-4-45）中给出的 STBC 是基于信道路径系数在 4 个时间间隔上不变这一假设而构造的。在衰落信道，这一假设通常并不能严格满足。实际上，在不同的时间间隔，信道路径系数在一定程度上是不同的。因此，由于不同时间间隔上的信道变化，相干检测器的性能可能被恶化。相干检测器性能的进一步恶化是由信道路径系数$\{h_{ij}\}$的含噪估计造成的，通常，在实际系统，发射机发射导频信号，接收机利用它获得信道路径系数的估计值，然后用于 STBC 的解调和检测。一般来说，这些估计值是含噪的并引起系统性能的某种下降。信道的时变性及含噪信道估计对 STBC 性能的影响在技术文献中得到了广泛关注，例如，Tarokh 等（1999b）、Buehrer & Kumar（2002）、Gu & Leung（2003）以及 Jootar 等（2005）。

在快衰落信道，信道时变性排除了采用相干 STBC，人们还可以利用差分空时调制，它类似差分 PSK（DPSK）。差分 STBC 在接收机不需要知道信道路径系数，因此，检测器进行差分相干检测。其结果是，在瑞利衰落信道下，差分 STBC 获得的性能比相干检测 STBC 的性能近似差 3 dB。Tarokh & Jafarkhani（2000）、Hughes（2000）、Hochwald & Sweldens（2000）、Tao & Cheng（2001）、Jafarkhani & Tarokh（2001）、Jafarkhani（2003）以及 Chen 等（2003）描述了差分 STBC。

15.4.4 空时码的成对差错概率

本节将导出频率非选择性瑞利衰落信道下空时编码 MIMO 系统的成对差错概率。假定 MIMO 系统采用 N_T 个发射天线的 STBC，空间码率 $R_s = N_T / N$，其中 N 是分组长度（可用于发射分组码的时隙数）。

把每个时隙发射的信号元素表示成矢量 $\boldsymbol{s}(l)=[s_1(l)\ s_2(l)\ \cdots\ s_{N_T}(l)]^t$（$1 \leqslant l \leqslant N$），把空时码字表示成 $N_T \times N$ 矩阵 $\boldsymbol{S}=[\boldsymbol{s}(1)\ \boldsymbol{s}(2) \cdots \boldsymbol{s}(N)]$，因此，发射信号可以表示成如下矩阵形式：

$$\boldsymbol{X} = \sqrt{\frac{\mathcal{E}_s}{N_T}}\boldsymbol{S} \tag{15-4-47}$$

接收信号可以表示成

$$\boldsymbol{Y} = \sqrt{\frac{\mathcal{E}_s}{N_T}}\boldsymbol{H}\boldsymbol{S} + \boldsymbol{N} \tag{15-4-48}$$

式中，$\boldsymbol{H}$ 是 $N_R \times N_T$ 信道矩阵，具有路径系数$\{h_{ij}\}$，它们在整个码字上是常量；$\boldsymbol{Y}=[\boldsymbol{y}(1)\ \ \boldsymbol{y}(2) \cdots \boldsymbol{y}(N)]$，其中

$$\boldsymbol{y}(l) = \sqrt{\frac{\mathcal{E}_s}{N_T}}\boldsymbol{H}\boldsymbol{s}(l) + \boldsymbol{\eta}(l), \qquad 1 \leqslant l \leqslant N \tag{15-4-49}$$

以及 $\boldsymbol{N}=[\boldsymbol{\eta}(1)\ \ \boldsymbol{\eta}(2)\ \cdots\ \boldsymbol{\eta}(N)]$ 表示加性噪声，假定噪声分量是统计独立、同分布、零均值、复值高斯的，其方差为 N_0。

假定接收机采用知道信道矩阵 $\boldsymbol{H}$ 的最大似然（ML）译码器，因为加性噪声分量是 IID，译码器搜索欧氏距离上最靠近接收码字的有效码字，因此，译码器输出是

$$\tilde{\boldsymbol{S}} = \arg\min_{\underline{S}} \|\boldsymbol{Y} - \boldsymbol{H}\boldsymbol{S}\|_F^2 \tag{15-4-50}$$

假定发射码字 $\boldsymbol{S}^{(k)}$，对于任意一个给定的信道矩阵实现，当发射 $\boldsymbol{S}^{(k)}$ 而选择 $\boldsymbol{S}^{(j)}$ 的成对差错概率（PEP）是

$$P(\boldsymbol{S}^{(k)} \to \boldsymbol{S}^{(j)}|\boldsymbol{H}) = Q\left(\sqrt{\frac{\mathcal{E}_{\mathrm{s}}}{2N_0N_{\mathrm{T}}}\|\boldsymbol{H}(\boldsymbol{S}^{(k)}-\boldsymbol{S}^{(j)})\|_{\mathrm{F}}^2}\right) \tag{15-4-51}$$

可以方便地把 $N_{\mathrm{T}} \times N$ 的误差矩阵定义为 $\boldsymbol{E}_{kj} = \boldsymbol{S}^{(k)} - \boldsymbol{S}^{(j)}$，可由以下的契尔诺夫边界近似PEP，即

$$P(\boldsymbol{S}^{(k)} \to \boldsymbol{S}^{(j)}|\boldsymbol{H}) \leqslant \exp\left\{\frac{-\mathcal{E}_{\mathrm{s}}}{4N_0N_{\mathrm{T}}}\|\boldsymbol{H}\boldsymbol{E}_{kj}\|_{\mathrm{F}}^2\right\} \tag{15-4-52}$$

现在将这个条件 PEP 在信道矩阵的统计量上求平均。假定信道路径系数 $\{h_{ij}\}$ 是 IID、复值零均值高斯的（空间白色信道），对式（15-4-52）中的 PEP 在信道路径系数统计上求平均，产生的平均 PEP 的上边界为

$$P(\boldsymbol{S}^{(k)} \to \boldsymbol{S}^{(j)}) \leqslant \frac{1}{\left[\det\left(\boldsymbol{I}_{N_{\mathrm{T}}} + \dfrac{\mathcal{E}_{\mathrm{s}}}{4N_0N_{\mathrm{T}}}\boldsymbol{E}_{kj}\boldsymbol{E}_{kj}^{\mathrm{H}}\right)\right]^{N_{\mathrm{R}}}} \leqslant \left(\prod_{n=1}^{r}\frac{1}{1+\dfrac{\mathcal{E}_{\mathrm{s}}\lambda_n}{4N_0N_{\mathrm{T}}}}\right)^{N_{\mathrm{R}}} \tag{15-4-53}$$

式中，r 是 $N_{\mathrm{T}} \times N_{\mathrm{T}}$ 矩阵 $\boldsymbol{A}_{kj} = \boldsymbol{E}_{kj}\boldsymbol{E}_{kj}^{\mathrm{H}}$ 的秩，$\{\lambda_n\}$ 是 $\boldsymbol{A}_{kj}$ 的非零特征值。

在高 SNR 条件下，其中 $\mathcal{E}_{\mathrm{s}}/4N_0N_{\mathrm{T}} >> 1$，PEP 的上边界可以表示为

$$P(\boldsymbol{S}^{(k)} \to \boldsymbol{S}^{(j)}) \leqslant \left(\prod_{n=1}^{r}\lambda_n\right)^{-N_{\mathrm{R}}} (\mathcal{E}_{\mathrm{s}}/4N_0N_{\mathrm{T}})^{-rN_{\mathrm{R}}} \tag{15-4-54}$$

从 PEP 的表达式可以得出下面两个设计空时码的准则，即在 Tarokh 等（1998）中描述的秩准则和行列式准则。在应用秩准则时，其目标是达到最大可能分集阶数 $N_{\mathrm{T}}N_{\mathrm{R}}$。如果对于任意一对有效码字，矩阵 $\boldsymbol{A}_{kj}$ 满秩（$r = N_{\mathrm{T}}$），则可以获得这一分集；如果对于一对码字，$\boldsymbol{A}_{kj}$ 具有最小秩 r，则分集阶数为 rN_{R}。在应用行列式准则时，目标是使所有码字对 (k, j) 上的矩阵 $\boldsymbol{A}_{kj}$ 的行列式的最小值最大化。PEP 中包含 $\boldsymbol{A}_{kj}$ 的非零特征值乘积的项称为空时码的编码增益，所以行列式准则具有空时码编码增益最大化的目标。

15.4.5 MIMO 信道的空时网格码

由 8.12 节可见，网格编码调制（TCM）是网格码和适当选择的信号星座的结合，旨在获得编码增益。空时网格编码也把网格编码和经过适当选择的信号星座相结合，其主要目标是以最高的编码速率获得最大可能的空间分集阶数。为了达到这一目标，码结构可以基于 15.4.4 节描述的秩准则和行列式准则。

在应用秩准则时，优化从空时码获得的空间分集，或者等效地，在所有的码字对 (i, j) 上最大化矩阵 $\boldsymbol{A}_{ij} = (\boldsymbol{S}^{(i)} - \boldsymbol{S}^{(j)})(\boldsymbol{S}^{(i)} - \boldsymbol{S}^{(j)})^{\mathrm{H}}$ 的秩，其目标是获得满秩 N_{T}。文献［见 Jafarkhani（2005）］已经证明，对于 b bps/Hz 的比特速率和分集阶数 r，空时网格码（STTC）必须至少具有 $2^{b(r-1)}$ 个状态，因此，为了获得全分集，STTC 必须至少具有 $2^{b(N_{\mathrm{T}}-1)}$ 个状态。

遵循一些简单规则，可以人工或者借助于计算机来设计空时网格码，这些规则在性质上类似于 Ungerboek（1982）为设计 TCM 用的网格码而形成的规则。Tarokh 等（1998）确定了

两个设计规则来保证两个发射天线的 MIMO 系统的全分集。

设计规则 1：从相同状态出发的转移在第 2 个符号（在第 2 个天线上发射的符号）上应当不同。

设计规则 2：到达相同状态的转移在第 1 个符号（在第 1 个天线上发射的符号）上应当不同。

作为 STTC 的一个例子，考虑如图 15-4-6 所示的 4 状态空时网格码，它设计用于 2 个发射天线和 QPSK 调制。状态表示为 S_t=0、1、2、3，编码器输入是比特对(00,01,10,11)，分别映射成编号为(0,1,2,3)的相应相位，索引号 0、1、2、3 对应于 4 个相位，称为符号。最初，编码器处于状态 S_t=0，然后，对于每一对输入比特，映射成一个对应的符号，编码器生成一对符号，第 1 个符号在第 1 个天线上发射，第 2 个符号在第 2 个天线上同时发射。例如，当编码器处于状态 S_t=0，输入比特为 11，符号为 3，STTC 输出符号对(0,3)，对应的相位是 0 和 $3\pi/2$，零相位信号在第 1 个天线上发射，$3\pi/2$ 相位信号在第 2 个天线上发射，此时编码器进入状态 S_t=3。如果后面两个输入比特是 01，编码器输出符号(3,1)，在 2 个天线上发射，然后，编码器进入状态 S_t=1。这种过程一直继续。在输入比特块（如一帧数据）结束时，数据流中插入 0 使编码器回到状态 S_t=0。因此，STTC 是以比特速率为 2 bps/Hz 发射信号的。我们注意到，它能满足上面给出的两个设计准则并可获得满秩 $N_T=2$。

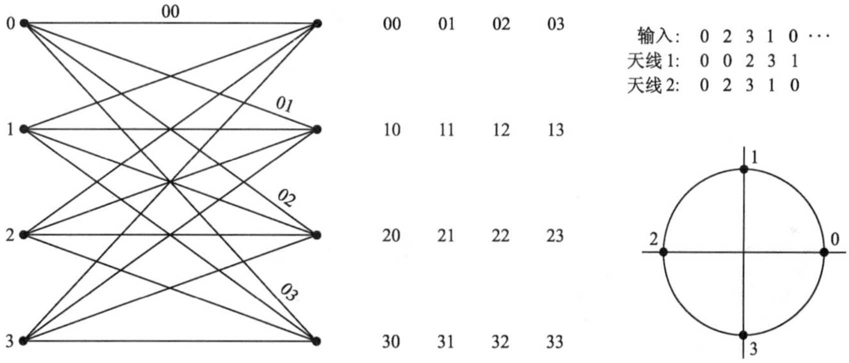

图 15-4-6　QPSK、4 状态空时网格码

如果增加网格中的状态数使其超过 2^b，则允许设计者通过增加成对差错概率表达式中特征值（行列式）的乘积来增加编码增益。例如，由 Tarokh 等（1998）给出的 8 状态 STTC 如图 15-4-7 所示，它以比特速率 2 bps/Hz 发射信号，采用 QPSK 调制，该码提供与如图 15-4-6 所示的 4 状态 STTC 相同的分集阶数（$2N_R$），并获得了更大的编码增益。

Tarokh 等（1998）还描述了 2 个发射天线的更高速率码。例如，图 15-4-8 表示了一个 8 状态 STTC，用于 8-PSK 调制，以获得 3 bps/Hz 的比特速率和 $N_T=2$ 的全分集。采用 QAM 的大星座的 STTC 由 Tarokh 等（1998）和其他文献给出。

在进行 STTC 译码时，最大似然序列检测（MLSD）准则提供最佳性能，MLSD 可以由维特比算法有效实现。对于 2 个发射天线，分支度量可表示成

$$\mu_b(s_1, s_2) = \sum_{j=1}^{N_R} |y_j - h_{1j}s_1 - h_{2j}s_2|^2 \tag{15-4-55}$$

式中，$\{y_j,\ 1\leqslant j\leqslant N_{\mathrm{R}}\}$ 是 N_{R} 个接收天线上的匹配滤波器的输出；$\{h_{1j},\ 1\leqslant j\leqslant N_{\mathrm{R}}\}$ 和 $\{h_{2j},\ 1\leqslant j\leqslant N_{\mathrm{R}}\}$ 是频率非选择性信道中的信道系数；(s_1,s_2) 表示两个天线上发射的符号。通过利用维特比算法中的这些支路度量，形成通过网格的有效路径的路径度量，我们可以找到使得总的度量最小化的路径，从而确定相应于具有最小路径度量的路径的发射符号序列。

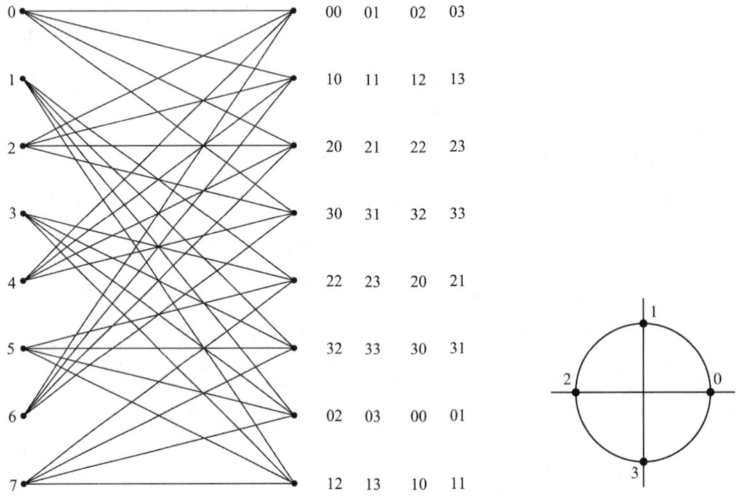

图 15-4-7　QPSK、8 状态空时网格码

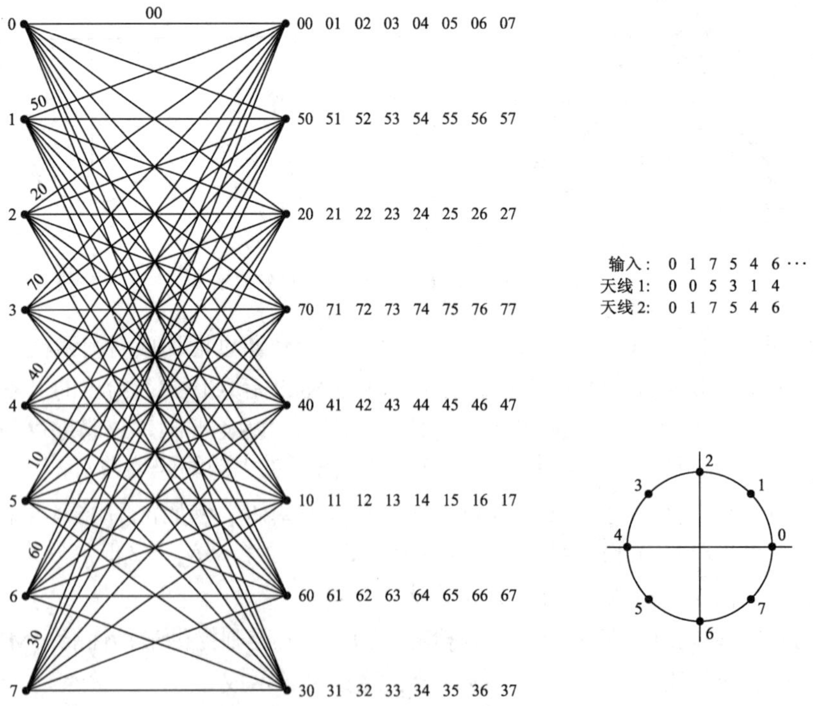

图 15-4-8　8-PSK、8 状态空时网格码

15.4.6 级联空时码和 Turbo 码

在 15.4.2 节我们注意到，带交织的时间编码提供了在 MIMO 系统中获得分集的一种手段，我们也可将带交织的时间编码与空时码相结合构造级联码。在图 15-4-9 所示的系统中，输入数据流由分组码或者卷积码进行时间编码，然后对数据进行比特交织并送到空时编码器（可以是 STBC 或者 STTC）。

在接收机，空时码首先译码，然后进行解交织并送到外译码器，外译码器输出构成了重建数据流。如果需要，通过对接收数据信号形成多个通路，在内码和外码译码器之间可以进行迭代译码。这种迭代译码可带来系统性能的改善，但在实现（计算）复杂度上要付出巨大的代价。

Turbo 码（被交织器分开的并行级联卷积编码器）也可以作为级联编码方案中的外码，如图 15-4-9 所示，在这种情况下，接收机中的外译码器是 Turbo 码（迭代）译码器。迭代译码也可以在 Turbo 码译码器和空时译码器之间实现，然而，在空时译码器和 Turbo 码译码器之间进行迭代译码将大大增加接收机的计算复杂度。

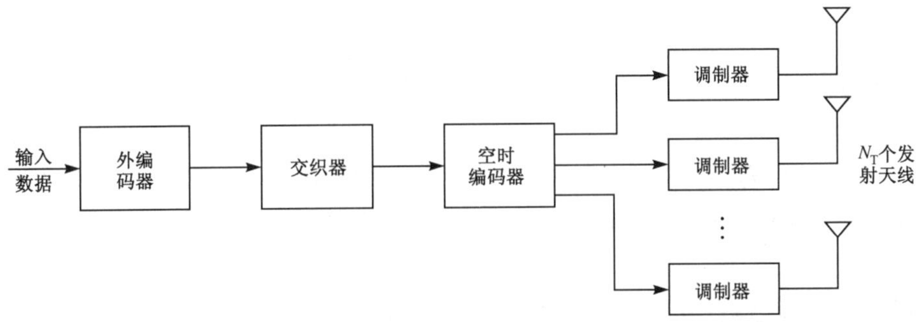

(a) 发射机

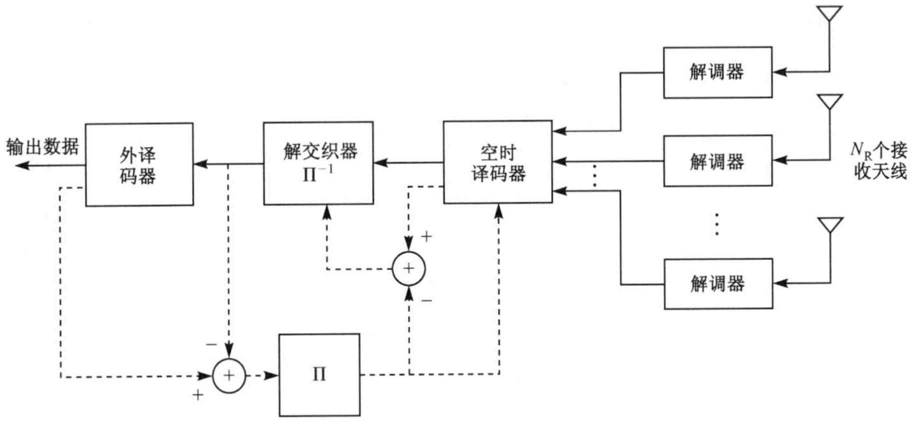

(b) 接收机

图 15-4-9 由时间外码和空时内码构成的级联编码 MIMO 系统（接收机中的虚线表示迭代译码）

15.5 文献注释与参考资料

在通信系统的接收机中采用多个天线已经是众所周知的获得空间分集、抵抗衰落而不增加发射信号带宽的方法。在发射机采用多天线获得空间分集不太常见，Wittneben（1993）和 Seshadri & Winters（1994）是关于这个话题的两篇早期文献。

主要的突破发生在 Foschini（1996）及 Foschini & Gans（1998）中，这些文献表明，无线通信系统中发射机和接收机的多个天线可以用来建立多个并行信道，在同一频带同时传输多个数据流（空间复用），因此，导致了极高的带宽效率。此后，在 MIMO 无线通信系统性能特征分析和它们在实际系统中的实现方面发表了大量的论文。MIMO 系统的基础知识可以在 Goldsmith（2005）、Haykin & Moher（2005）以及 Tse & Viswanath（2005 年）的教科书中找到。

MIMO 信道空时编码的开创性工作由 Tarokh 等（1998，1999a）完成，Jafarkhani（2005）详细地讨论了空时分组码和网格码。

习题

15-1 考虑一个$(N_T, N_R)=(2,1)$的 MIMO 系统，应用 Alamouti 编码方式，采用 BPSK 调制方式传输一个二进制序列。该信道符合瑞利衰落，信道矢量为

$$\boldsymbol{h}=[h_{11}\ h_{12}]^{\mathrm{t}}$$

式中，$E|h_{11}|^2=E|h_{12}|^2=1$，加性噪声是零均值高斯分布的。试确定系统的平均差错概率。

15-2 考虑一个有 N_R 个接收天线的 SIMO AWGN 信道。有别于最大比合并，该接收机选取接收天线上接收信号最强的一支，例如，信道矢量$\boldsymbol{h}=[h_1, h_2, \cdots, h_{N_R}]$，接收端选取的天线信道系数

$$|h_{\max}|=\max|h_i|, \qquad i=1,2,\cdots,N_R$$

这种方法称为选择分集（Selection Diversity）。试确定应用选择分集的 MIMO 系统容量。

15-3 试证明$\boldsymbol{H}\boldsymbol{H}^{\mathrm{H}}$的特征值及信道矩阵$\boldsymbol{H}$的奇异值之间的关系，即式（15-2-4）。

15-4 考虑 AWGN 情况下天线数为$N_R=N_T=N$的 MIMO 系统，此 MIMO 系统的遍历容量是

$$\overline{C}=E\left[\sum_{i=1}^{N}\log_2\left(1+\frac{\mathcal{E}_s}{NN_0}\lambda_i\right)\right]$$

请证明，对于大的 N 值，其容量可近似为

$$C\approx\frac{\mathcal{E}_s}{N_0\ln 2}\lambda_{\mathrm{av}}$$

式中，λ_{av}是$\boldsymbol{H}\boldsymbol{H}^{\mathrm{H}}$的奇异值的均值。

15-5 考虑一个 AWGN 下的确定性 SIMO 信道，信道矢量 $\boldsymbol{h}$ 的分量符合条件

$|h_i|^2 = 1(i = 1, 2, \cdots, N_R)$。

（a）试确定接收机已知 CSI 情况下 SIMO 信道容量。

（b）假设接收机与发射机都已知 CSI，问这个额外信息是否能够增加信道容量？试解释之。

15-6　考虑一个 AWGN 下的确定性 MISO 信道，信道矢量 $\boldsymbol{h}$ 的分量符合条件 $|h_i|^2 = 1(i = 1, 2, \cdots, N_T)$。

（a）试确定接收机已知 CSI 情况下 MISO 信道容量。

（b）试将（a）题中的容量与 SIMO 及 SISO 信道容量进行比较。

15-7　考虑 AWGN 情况下天线数为 $N_R = N_T = N$ 的 MIMO 系统，信道矩阵 $\boldsymbol{H}$ 的秩为 N。

（a）证明

$$C = \sum_{i=1}^{N} \log_2\left(1 + \frac{\mathcal{E}_s}{NN_0}\lambda_i\right)$$

λ_i 满足约束条件

$$\sum_{i=1}^{N} \lambda_i = \beta = 常数$$

且当 $\lambda_i = \beta/N$ 时容量最大化（$i = 1, 2, \cdots, N$），此时容量为

$$C = N\log_2\left(1 + \frac{\beta\mathcal{E}_s}{N^2 N_0}\right)$$

（b）如果 $\lambda_i = \beta/N$（$i = 1, 2, \cdots, N$），试证明 $\boldsymbol{H}$ 是一个正交矩阵且满足

$$\boldsymbol{H}\boldsymbol{H}^{\mathrm{H}} = \boldsymbol{H}^{\mathrm{H}}\boldsymbol{H} = \frac{\beta}{N}\boldsymbol{I}_N$$

（c）请证明，$\boldsymbol{H}$ 的所有元素均为 1，即 $|H_{ij}| = 1$，$\|\boldsymbol{H}\|_{\mathrm{F}}^2 = N^2$　且

$$C = N\log_2\left(1 + \frac{\mathcal{E}_s}{N_0}\right)$$

因此，在这些条件下，正交 MIMO 信道容量是 SISO 的 N 倍。

15-8　有一个频率非选择性 AWGN MIMO 信道，其发射天线和接收天线数分别为 N_T、N_R。通过该信道的接收信号矢量为

$$\boldsymbol{y} = \boldsymbol{H}\boldsymbol{s} + \boldsymbol{\eta}$$

（a）用 SVD 将接收信号矢量变形为

$$\boldsymbol{y}' = \boldsymbol{\Sigma}\boldsymbol{s} + \boldsymbol{\eta}'$$

其中，$\boldsymbol{\Sigma}$ 为 r 阶对角阵，其中的非 0 对角元素等于信道矩阵 $\boldsymbol{H}$ 的奇异值。

（b）试证明，当 $\boldsymbol{\eta}$ 的元素是 IID、零均值，复高斯随机变量时，$\boldsymbol{\eta}'$ 的元素也是 IID、零均值、复高斯随机变量。

（c）试证明，AWGN MIMO 信道的容量可以表示成

$$C = \sum_{k=1}^{r} \log_2\left(1 + \frac{P_k\sigma_k^2}{N_0}\right) \qquad \text{bps/Hz}$$

式中，基于注水方法所得到的分配功率 $P_1, P_2, \cdots, P_r$ 满足总功率约束条件

$$\sum_{k=1}^{r} P_k = P$$

15-9　当接收机已知 CSI 时，AWGN 情况下 MISO 信道容量可以表示为

$$C = \log_2\left(1 + \frac{\gamma}{N_T}\sum_{i=1}^{N_T}|h_i|^2\right)$$

式中，γ 是 SNR；$\boldsymbol{h}=[h_1\ h_2\ \cdots\ h_{N_T}]^{t}$ 是信道系数矢量。假设信道系数是 IID、零均值、复高斯分布的，且 $E|h_i|^2=1(i=1,2,\cdots,N_T)$。

（a）试确定随机变量

$$X = \sum_{i=1}^{N_T}|h_i|^2$$

的 PDF。

（b）假设 C 是 X 的单调函数。证明 MISO 系统的中断概率可以表示为

$$P_{\text{out}} = P\left[X \leqslant N_T\frac{2^C - 1}{\gamma}\right]$$

（c）当 C=2 bps/Hz，N_T=1、2、4、8 时，估计并画出关于 γ 的 P_{out}。

（d）当 γ=10 dB 时，估计并画出关于 C 的互补累积分布函数（CCDF）

$$1 - P_{\text{out}} = P\left[X \geqslant N_T\frac{2^C - 1}{\gamma}\right]$$

式中，N_T=1、2、4、8。这是中断容量的 CCDF。当 γ=20 dB 时重复上面的计算。

（e）令 $P_{\text{out}}=0.1$（对应于 10%的中断容量），画出关于 γ 的 C，其中 N_T=1、2、4、8。

15-10　考虑一个 AWGN 下的确定性 MISO，如$(N_T,1)$信道且信道矢量为 $\boldsymbol{h}$，则在任意信号间隔内的接收信号可以表示为

$$y = \boldsymbol{h}\boldsymbol{s} + \eta$$

式中，y 和 η 是标量。

（a）如果在发射机已知信道矢量 $\boldsymbol{h}$，证明当信息沿着信道矢量 $\boldsymbol{h}$ 的方向发射时接收到的 SNR 最大，即 $\boldsymbol{s}$ 选择为

$$\boldsymbol{s} = \frac{\boldsymbol{h}^*}{\|\boldsymbol{h}\|}s'$$

发射信号沿着信道矢量 $\boldsymbol{h}$ 方向的这种安排称为发射波束成形（Transmit Beamforming）。

（b）当发射机已知信道矢量 $\boldsymbol{h}$ 时，MISO 信道的容量是多少？

（c）当信道矩阵相同时，比较（b）题中获得的容量和 SIMO 信道的容量。

15-11　当信噪比 γ=20 dB，中断容量 C_{out}=2 bps/Hz 时，确定$(N_T,N_R)=(4,1)$的 MIMO 系统的中断概率。

15-12　在 AWGN 下的 SIMO 信道的容量可以表示为

$$C = \log_2\left(1 + \gamma\sum_{i=1}^{N_R}|h_i|^2\right)$$

式中，γ 是 SNR；$\boldsymbol{h}=[h_1\ h_2\ \cdots\ h_{N_T}]^{t}$ 是信道系数矢量，信道系数是复值、零均值、高斯独立同

分布的，且 $E|h_i|^2=1(i=1,2,\cdots,N_R)$。

（a）试确定随机变量

$$X=\sum_{i=1}^{N_R}|h_i|^2$$

的 PDF。

（b）假设 C 是 X 的单调函数，证明 SIMO 系统的中断概率可以表示为

$$P_{out}=P\left[X\leqslant\frac{2^C-1}{\gamma}\right]$$

（c）当 C=2 bps/Hz，N_R=1、2、4、8 时，估计并画出关于 γ 的 P_{out}。

（d）当 γ=10 dB 时，估计并画出关于 C 的互补累积分布函数（CCDF）

$$1-P_{out}=P\left[X\geqslant\frac{2^C-1}{\gamma}\right]$$

式中，N_R=1、2、4、8。这是中断容量的 CCDF。当 γ=20 dB 时重复上面的计算。

（e）令 $P_{out}=0.1$（对应于 10%的中断容量），画出关于 γ 的 C，其中 N_R=1、2、4、8。

15-13　考虑一个 $(N_T,N_R)=(2,N_R)$ 的 MIMO 系统，它采用 QPSK 调制的 Alamouti 编码方式。如果输入数据流为 01101001110010，试确定每个信号间隔内来自每个天线上的发射符号。

15-14　试证明根据式（15-4-25）计算估值 $\hat{s}_1$ 和 $\hat{s}_2$ 的检测器等价于由式（15-4-22）计算相关度量的检测器。

15-15　试确定如下给出的速率为 3/4 的分组编码中的符号的独立 ML 译码的判决变量。

$$\boldsymbol{C}=\begin{bmatrix} s_1 & s_2 & s_3 \\ -s_2^* & s_1^* & 0 \\ s_3^* & 0 & -s_1^* \\ 0 & s_3^* & -s_2^* \end{bmatrix}$$

15-16　试确定由式（15-4-42）给出的码率为 1/2 的正交 STBC 中的符号的独立 ML 译码的判决变量。

15-17　对于 BPSK 调制的瑞利衰落信道，输入度量由式（15-3-5）给定，假定 h_j 的分量是 IID、零均值、复高斯随机变量，试确定检测器的差错概率。

15-18　对于 BPSK 调制的瑞利衰落信道，试确定应用 Alamouti 编码的 MISO(2,1)系统和 SIMO(2,1)系统的性能，假定两个系统的传输功率相等。

15-19　考虑一个联合应用 Alamouti 编码和多码扩频的 MISO(2,1)系统。具体来说，假定符号 s_1 由 $\boldsymbol{c}_1$ 码扩频，符号 $-s_2^*$ 由 $\boldsymbol{c}_2$ 扩频，这两个扩频信号相加后在天线 1 上传输。同样地，符号 s_2 由 $\boldsymbol{c}_1$ 码扩频，符号 s_1^* 由 $\boldsymbol{c}_2$ 扩频，这两个扩频信号相加后在天线 2 上传输。接收机已知信道系数 h_1 和 h_2。

（a）画出发射机和接收机的框图结构，并描述调制和解调过程。

（b）假定扩频码 c_1 和 c_2 正交，试确定判决变量 $\hat{s}_1$ 和 $\hat{s}_2$ 表达式。

（c）试说明多码 MISO(2,1)系统相对于传统的 Alamouti 编码（不采用多码扩频）的 MISO(2,1)系统的优缺点。

15-20 一个发射天线个数 N_T 等于接收天线个数 N_R 、未编码的 MIMO 系统，在频率非选择性信道上传输信号，其信道矩阵 $\boldsymbol{H}$ 具有 IID、复值、零均值高斯分布的元素。接收信号矢量为

$$\boldsymbol{y} = \boldsymbol{H}\boldsymbol{s} + \boldsymbol{\eta}$$

式中，$\boldsymbol{\eta}$ 的元素是 IID 复值零均值高斯的。接收机的检测器采用由 15.1.2 节描述的逆信道检测器（ICD）。

（a）求检测器输出端的噪声协方差矩阵。

（b）如果检测器对每个发射符号做出相互独立的判决，这种检测器是否最优的（在最小差错概率意义上）？

（c）如果使用 BPSK 调制，（b）题中所描述的检测器的差错概率是多少？

（d）现在，假定接收天线数 N_R 大于发射天线数 N_T ，检测器做出的判决基于信号估值 $\hat{s} = \boldsymbol{W}^H\boldsymbol{y}$ ，其中 $\boldsymbol{W}^H = (\boldsymbol{H}^H\boldsymbol{H})^{-1}\boldsymbol{H}^H$ ，重复（a）题和（b）题。

15-21 在 AWGN 下，一个 $N_T = N_R = 2$ 的 MIMO 系统的信道矩阵是

$$\boldsymbol{H} = \begin{bmatrix} 0.4 & 0.5 \\ 0.7 & 0.3 \end{bmatrix}$$

（a）求 $\boldsymbol{H}$ 的奇异值分解。

（b）基于 $\boldsymbol{H}$ 的奇异值分解，确定一个具有 2 个独立信道的等价 MIMO 系统，在发射机和接收机都已知 $\boldsymbol{H}$ 时，求出最佳功率分配和信道容量。

（c）当仅接收机知道 $\boldsymbol{H}$ 的情况下，求其信道容量。

15-22 在 AWGN 下，考虑两个 MISO(2,1)系统，系统 1 在仅接收机已知 CSI 的情况下采用 Alamouti 编码获得发射分集，系统 2 也获得发射分集，但是发射机已知 CSI。求解并比较两个系统的中断概率。在相同的 SNR 情况下，哪个 MISO 系统具有较低的中断概率？

15-23 一个码率 R_s=1 的 STBC 的生成矩阵如下：

$$\boldsymbol{G} = \begin{bmatrix} s_1 & s_2 & s_3 & s_4 \\ -s_2^* & s_1^* & -s_4^* & s_3^* \\ -s_3^* & -s_4^* & s_1^* & s_2^* \\ s_4 & -s_3 & -s_2 & s_1 \end{bmatrix}$$

（a）确定矩阵 $\boldsymbol{G}^H\boldsymbol{G}$ ，并证明此码是非正交码。

（b）证明 ML 检测器可以实现成对 ML 检测。

（c）此码能够达到的分集阶数是多少？

第 16 章

多用户通信

由第 15 章论述的 MIMO 通信系统可知，从多天线发射机到多天线接收机可以同时传输多个数据流。这种类型的 MIMO 系统一般可看成单用户点到点的通信系统，其主要目的是通过空间复用提高数据速率，同时通过增加信号分集来抗衰落，从而改善差错概率性能。本章的研究重点将转向多用户和多条通信链路情况，将探讨多用户接入一条共用信道传输信息的各种方式。本章介绍的多址方式是构成现有和未来有线/无线通信网络的基础，如卫星网络、蜂窝移动通信网络以及水声网络。

16.1 多址技术

区分多种类型的多用户通信系统是很有益处的。第一种类型多用户通信系统是如图 16-1-1 所示的多址系统，在该系统中大量用户共用通信信道以便传输信息到接收机。这个共用信道可以是卫星通信系统的上行链路，也可以是与接入中心计算机的一组终端连接的电缆。例如，在蜂窝移动通信系统中，用户就是该系统中任一特定小区的移动发射机，而接收机则放在该特定小区的基站之中。

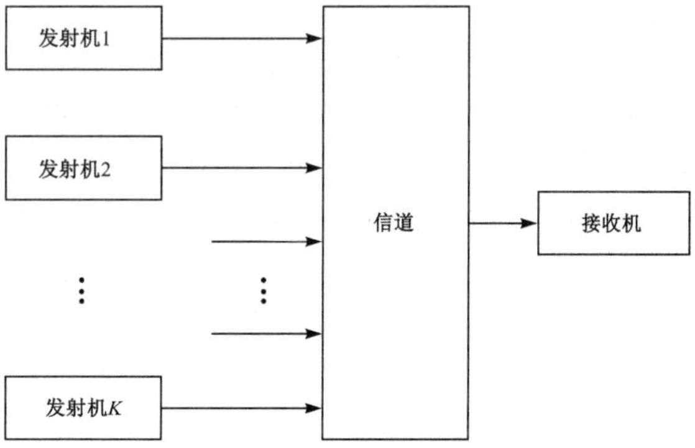

图 16-1-1　多址系统

第二种类型的多用户通信系统是广播网络，在该网络中，一部发射机发送（发射）信息到多个接收机，如图 16-1-2 所示。广播网络的例子包括普通无线电和 TV 广播系统，以及卫星系统的下行链路。

多址系统和广播网络或许是最常用的多用户通信系统。第三种类型的多用户系统是（具有卫星转发器的）存储和转发通信网络，如图 16-1-3 所示。第四种类型是图 16-1-4 所示的双向通信系统。

本章将集中研究用于多用户通信的多址和广播方法。一般来说，存在着几种不同的方式使多个用户能通过通信信道把信息发送到接收机。一种简单的方法是把可用信道带宽划分为多个（如 K 个）频率互不重叠的子信道，如图 16-1-5 所示，并按用户请求把子信道分配给每个用户。这种方法一般称为频分多址（Frequency Division Multiple Access，FDMA），它通常用于有线信道中，以容纳多个用户的语音和数据传输。

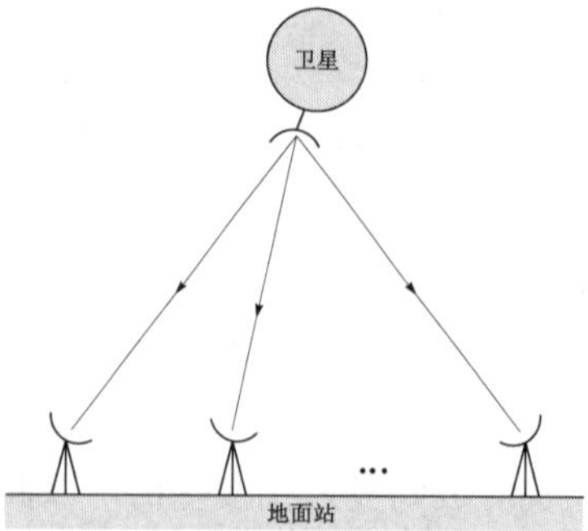

图 16-1-2　广播网络

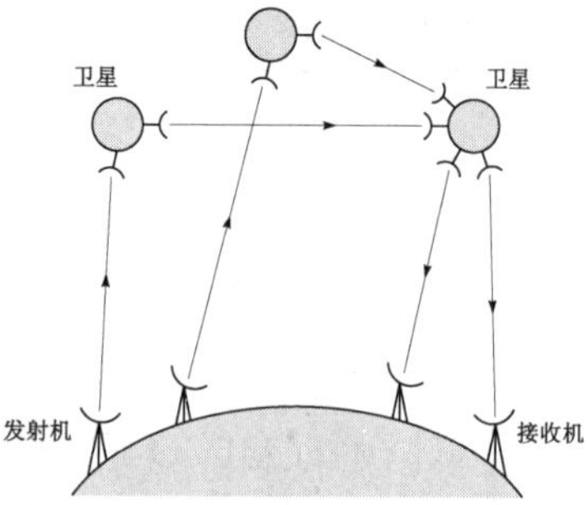

图 16-1-3　具有卫星转发器的存储和转发通信网络

在多址系统中，用来产生多个子信道的另一种方法是把持续时间 T_f（称为帧持续时间）划分为 K 个互不重叠的子间隔，每个间隔的持续时间为T_f/K。然后为每个要发送信息的用户分配一帧中的一个特定的时隙。这个多址方式称为时分多址(Time Division Multiple Access，TDMA)，它常用于数据和数字化语音的传输。

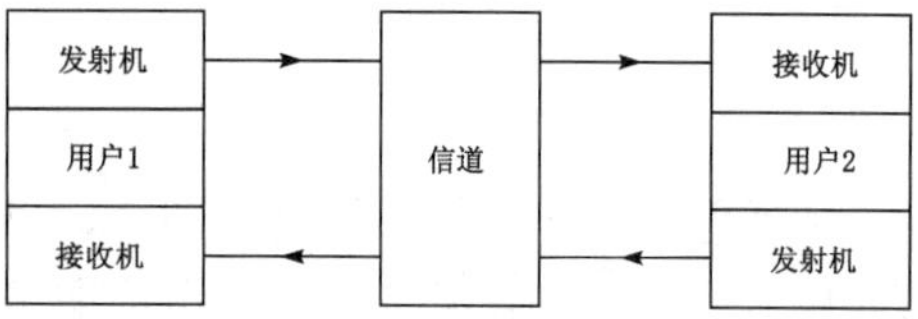

图 16-1-4　双向通信系统

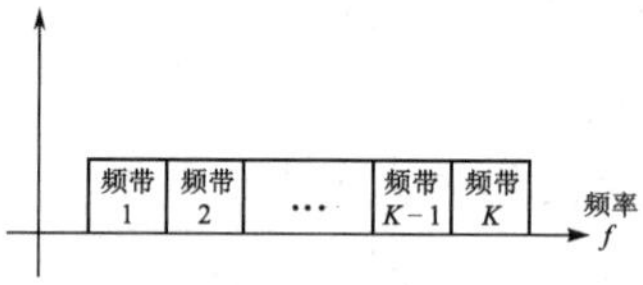

图 16-1-5　将带宽信道划分成多个不重叠的频带（子信道）

我们看到，在 FDMA 和 TDMA 中，信道基本上被分割为独立的单用户子信道。从这个意义上说，前面所介绍的单用户通信系统的设计方法可直接应用于多用户通信，除了增加一项给用户分配可用信道的任务，在多址环境下不会遇到其他新问题。

当用户接入网络的数据具有突发特性时，将发生有趣的问题。换句话说，来自单用户的信息传输将时而夹杂着没有信息传输的静默期，且静默期可能大于传输期。例如，在计算机通信网络中，各种终端的用户常会发生这种情况。某种程度上，这也是承载数字化语音的蜂窝移动通信系统中常发生的情况，因为典型的语音信号包含长的间歇。

在各个用户的传输是突发的和低占空率的环境下，由于分配给用户的一定百分比可用频隙或时隙并不传输信息，因此 FDMA 和 TDMA 的效率不高。低效设计的多址系统最终将使信道中同时接入的用户数受到限制。

FDMA 和 TDMA 的一个替代方法，是应用直接序列扩频来达到多个用户共享一个信道或子信道。在这个方法中，每个用户分配一个唯一的码序列或特征序列（Signature Sequence），该序列允许用户将信息信号扩展到所分配的整个频带上。在接收机，通过求接收信号与每一个可能用户特征序列的互相关，就能够分离出各用户信号。通过设计具有较小互相关的码序列，还可使来自多个发射机的接收信号解调过程所固有的串音最小化。这种多址方式称为码分多址（Code Division Multiple Access，CDMA）。

在 CDMA 中，用户以随机的方式接入信道，因此多用户之间的信号传输在时间和频率上完全重叠。通过伪随机码序列，使得每个信号的频谱得到扩展，从而在接收机中解调和分离这些信号变得容易了。因此，CDMA 有时也称为扩频多址（Spread Spectrum Multiple Access，SSMA）。

CDMA 的一种替代方法是非扩频随机接入。在这种情况下，当两个用户试图同时利用共用信道时，它们的传输将相互冲突和干扰，这时将丢失信息，因此必须重传该信息。为了处理冲突，人们必须建立具有冲突消息重传功能的协议。下面将介绍冲突消息重传调度的协议。

16.2 多址方式的容量

令人感兴趣的是，以各种多址方式在带宽为 W 的理想 AWGN 信道上所获得的信息速率为标准来比较 FDMA、TDMA 和 CDMA。首先比较 K 个用户的容量，其中每个用户具有平均功率 $P_i=P$（$1\leqslant i\leqslant K$）。我们知道，在带宽为 W 的理想带限 AWGN 信道中，单用户的容量为

$$C = W\log_2\left(1+\frac{P}{WN_0}\right) \tag{16-2-1}$$

式中，$N_0/2$ 为加性噪声的功率谱密度。

在 FDMA 中，每个用户分配的带宽为 W/K，因此每个用户的容量为

$$C_K = \frac{W}{K}\log_2\left[1+\frac{P}{(W/K)N_0}\right] \tag{16-2-2}$$

且 K 个用户的总容量为

$$KC_K = W\log_2\left(1+\frac{KP}{WN_0}\right) \tag{16-2-3}$$

于是，总容量等效于具有平均功率 $P_{\mathrm{av}}=KP$，即单个用户的容量 K 倍。

可见，对于一个固定的带宽 W，随着用户数 K 线性增加，总容量趋于无限。另外，随着 K 的增加，每个用户分配得到较小的带宽（W/K），所以每个用户容量减小。图 16-2-1 示出了用信道带宽 W 归一化的每个用户容量 C_K，它是$\mathcal{E}_b/N_0$的函数，其中 K 为参数。该表达式为

$$\frac{C_K}{W} = \frac{1}{K}\log_2\left[1+K\frac{C_K}{W}\left(\frac{\mathcal{E}_b}{N_0}\right)\right] \tag{16-2-4}$$

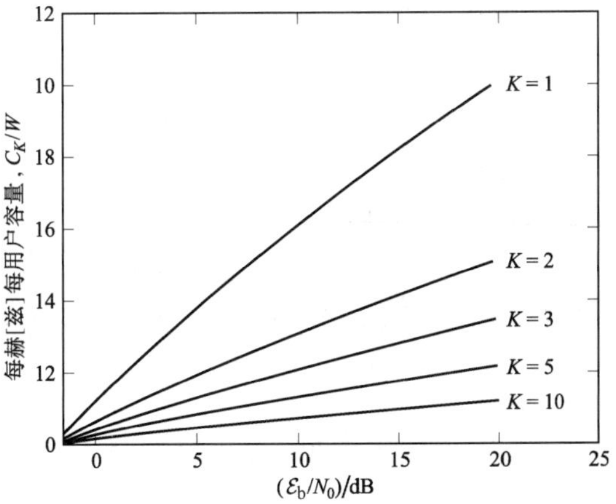

图 16-2-1 FDMA 的归一化容量与 $\mathcal{E}_b/N_0$ 的函数关系

式（16-2-4）更紧凑的形式可通过定义归一化总容量 $C_n = KC_K / W$ 获得，该容量为每单位带宽上所有 K 个用户的总比特率。因此，式（16-2-4）可表示为

$$C_n = \log_2\left(1 + C_n \frac{\mathcal{E}_b}{N_0}\right) \tag{16-2-5}$$

或等效为

$$\frac{\mathcal{E}_b}{N_0} = \frac{2^{C_n} - 1}{C_n} \tag{16-2-6}$$

C_n 相对于 $\mathcal{E}_b / N_0$ 的变化如图 16-2-2 所示，由图可见，当 $\mathcal{E}_b / N_0$ 在最小值 ln2 之上增加时，C_n 也随之而增加。

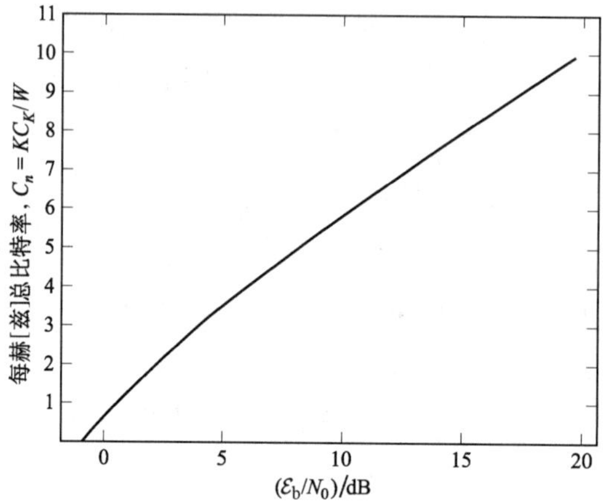

图 16-2-2　FDMA 的每赫[兹]总容量与 $\mathcal{E}_b / N_0$ 的函数关系

在 TDMA 系统中，每个用户在 $1/K$ 时间内通过带宽为 W 的信道以平均功率为 KP 来发送信号。因此，每个用户的容量为

$$C_K = \left(\frac{1}{K}\right) W \log_2\left(1 + \frac{KP}{WN_0}\right) \tag{16-2-7}$$

它与 FDMA 系统的容量相同。然而，从实用的观点，应该强调指出，在 TDMA 中，当 K 很大时，对发射机来说，保持发射机功率为 KP 是不可能的。因此，存在一个实际的限制，当超过此限制时，发射机功率不能随着 K 的增加而增加。

在 CDMA 系统中，每个用户发送一个带宽为 W、平均功率为 P 的伪随机信号。系统容量取决于 K 个用户协同工作的程度。其极端情况是非协同 CDMA，在这种情况下，每个用户信号的接收机并不知道其他用户的扩频波形，或者在解调过程中忽略它们。因此，在每个用户接收机中都把其他用户信号看成干扰。这时，多用户接收机由一组 K 个单用户匹配滤波器组成，这种方法称为单用户检测（Single-User Detection）。如果假设每个用户的伪随机信号波形是高斯的，则每个用户信号将受到功率为$(K-1)P$ 的高斯干扰以及功率为 WN_0 的加性高斯噪声的恶化。因此，每个用户的容量为

$$C_K = W \log_2\left[1 + \frac{P}{WN_0 + (K-1)P}\right] \tag{16-2-8}$$

或者等效为

$$\frac{C_K}{W}=\log_2\left[1+\frac{C_K}{W}\frac{\mathcal{E}_b/N_0}{1+(K-1)(C_K/W)(\mathcal{E}_b/N_0)}\right] \tag{16-2-9}$$

图 16-2-3 示出了 C_K/W 随 $\mathcal{E}_b/N_0$ 的变化，其中 K 为参数。

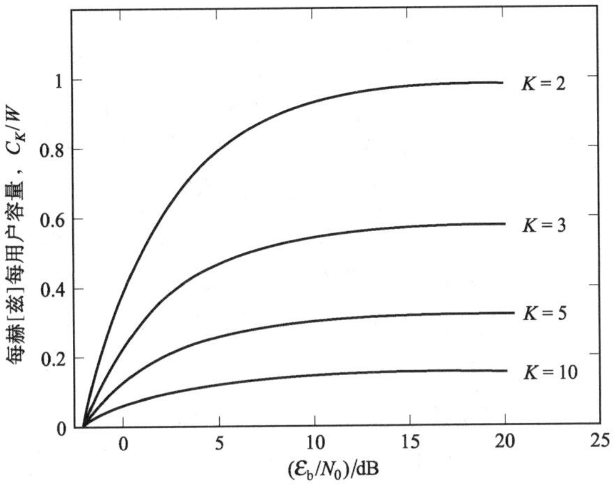

图 16-2-3　非协同 CDMA 的归一化容量与 $\mathcal{E}_b/N_0$ 的函数关系

对于大量用户的情况，可以使用近似式 $\ln(1+x)\leqslant x$。从而有

$$\frac{C_K}{W}\leqslant\frac{C_K}{W}\frac{\mathcal{E}_b/N_0}{1+K(C_K/W)(\mathcal{E}_b/N_0)}\log_2 e \tag{16-2-10}$$

或等效地，归一化总容量 $C_n=KC_K/W$ 表示为

$$C_n\leqslant\log_2 e-\frac{1}{\mathcal{E}_b/N_0}\leqslant\frac{1}{\ln 2}-\frac{1}{\mathcal{E}_b/N_0}<\frac{1}{\ln 2} \tag{16-2-11}$$

在这种情况下，我们看到，总容量并不像 TDMA 和 FDMA 那样随着 K 增加而增加。

另外，假设 K 个用户同步发送信号，多用户接收机对所有用户信号进行联合解调和译码，这种方法称为多用户检测和译码。于是，每个用户分配到一个速率 R_i（$1\leqslant i\leqslant K$），以及包含功率为 P 的一组 2^{nR_i} 个码字的码本。在每一信号间隔内，每个用户从其码本中选择任意一个码字，如 $\boldsymbol{X}_i$，且所有用户同时发送它们的码字，于是接收机的译码器观测到

$$\boldsymbol{Y}=\sum_{i=1}^{K}\boldsymbol{X}_i+\boldsymbol{Z} \tag{16-2-12}$$

式中，$\boldsymbol{Z}$ 是加性噪声向量。最佳译码器选择 K 个分别来自各码本的码字，使相应的向量之和在欧氏距离上最接近于接收向量 $\boldsymbol{Y}$。

对于 AWGN 信道中 K 个用户，在假设每个用户等功率的情况下，可获得的 K 维速率区域由下列方程给出：

$$R_i<W\log_2\left(1+\frac{P}{WN_0}\right),\qquad 1\leqslant i\leqslant K \tag{16-2-13}$$

$$R_i+R_j<W\log_2\left(1+\frac{2P}{WN_0}\right),\qquad 1\leqslant i,j\leqslant K \tag{16-2-14}$$

$$R_{\mathrm{SUM}}^{\mathrm{MU}}=\sum_{i=1}^{K}R_i<W\log_2\left(1+\frac{KP}{WN_0}\right) \tag{16-2-15}$$

式中，R_{SUM}^{MU}是采用多用户检测时 K 个用户可获得的总速率。在所有速率都相等的特殊情况下，不等式（16-2-15）比其他 K—1 个不等式占优势。由此可得出如下结论：如果选择 K 个协同同步用户的速率在上面不等式规定的容量区域内，则随着码组长度 n 趋于无限，K 个用户的差错概率将趋于 0。

根据上述讨论可以推断，K 个用户的速率之和 R_{SUM}^{MU} 随着 K 的增大将趋于无限。因此，由于编码同步传输和联合检测与译码，CDMA 的容量具有类似于 FDMA 和 TDMA 的形式。注意，如果选择 CDMA 系统的所有速率都相同且等于 R，则式（16-2-15）简化为

$$R < \frac{W}{K}\log_2\left(1+\frac{KP}{WN_0}\right) \tag{16-2-16}$$

它是可能的最高速率，与 FDMA 和 TDMA 中的速率限制相同。在这种情况下，CDMA 没有获得比 TDMA 和 FDMA 更高的速率。然而，如果选择 K 个用户的速率不等，以使得不等式（16-2-13）～式（16-2-15）成立，则在可获取的速率区域内有可能找到一些点（速率组合），使得 CDMA 中 K 个用户的速率之和超过 FDMA 和 TDMA 的容量。

例 16-2-1 研究采用上述编码信号的 CDMA 系统中有两个用户的情况。两个用户的速率必须满足如下不等式：

$$R_1 < W\log_2\left(1+\frac{P}{WN_0}\right) \tag{16-2-17}$$

$$R_2 < W\log_2\left(1+\frac{P}{WN_0}\right) \tag{16-2-18}$$

$$R_1+R_2 < W\log_2\left(1+\frac{2P}{WN_0}\right) \tag{16-2-19}$$

式中，P 为每个用户的平均发送功率，W 为信号带宽。试求两个用户 CDMA 系统的容量区域。

图 16-2-4 给出了具有编码信号波形的两个用户 CDMA 系统容量区域的表示形式，其中

$$C_i = W\log_2\left(1+\frac{P_i}{WN_0}\right), \qquad i=1,2$$

是相应于功率为 $P_1=P_2=P$ 的两个用户的容量。注意到，如果用户 1 以容量 C_1 发送，则用户 2 发送能够达到的最大速率为

$$R_{2M} = W\log_2\left(1+\frac{2P}{WN_0}\right)-C_1 = W\log_2\left(1+\frac{P}{P+WN_0}\right) \tag{16-2-20}$$

如图 16-2-4 中的 A 点所示。这个结果有个有趣的解释：首先我们注意到，速率 R_{2M} 是在检测用户 2 信号时把用户 1 信号看成等效加性噪声的情况下得到的；另外，用户 1 可以以容量 C_1 发送，由于接收机知道用户 2 发送的信号，因此在检测用户 1 信号时可消除用户 2 对它的影响。

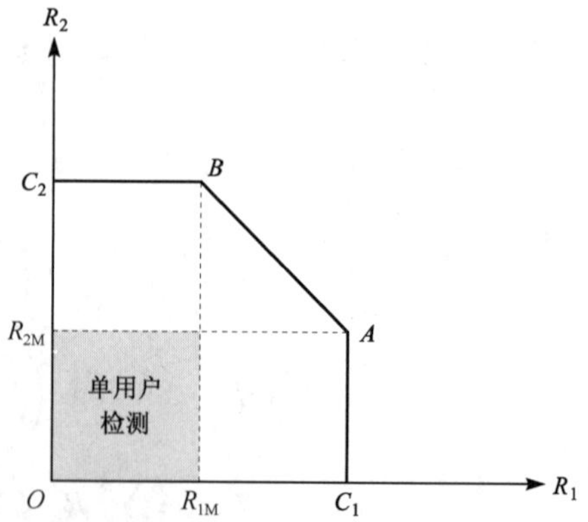

图 16-2-4　两个用户 CDMA 多址高斯信道的容量区域

由于对称性，如果用户 2 以容量 C_2 进行发送，也存在同样的情况。那么，用户 1 能够发送的最大速率 $R_{1M}=R_{2M}$，如图 16-2-4 中的 B 点所示。在这种情况下，把用户 1 和

用户 2 的角色互换，我们仍可得到与上述类似的解释。

将 A 点和 B 点用一条直线相连，由式（16-2-19）的定义，容易看出，这条直线是可获得速率区域的边界，因为该直线上的任意一点都相应于最大速率 $W\log_2(1+2P/WN_0)$，该速率可通过两个用户简单地时分复用该信道而获得。

16.3 节将考虑多用户 CDMA 系统信号检测问题，并且评估几种接收机结构的性能和计算复杂度的问题。

16.3 CDMA 系统的多用户检测

正如已经看到的，在 TDMA 和 FDMA 这两种多址方式中，把信道分成许多独立的单用户子信道，即互不重叠的时隙或频带。在 CDMA 中，分配给每个用户的是不同的特征序列（或波形），用户用它对携带的信息信号进行调制和扩频。特征序列也允许接收机对信道中多个用户所传输的消息进行解调，这些消息同时发送，而且一般来说是异步的。

本节将研究多用户 CDMA 信号的解调和检测问题。我们将看到，最佳的最大似然检测器的计算复杂度随用户数增加而成指数增加，这样高的复杂度就成为设计具有较低计算复杂度的次最佳检测器的动因。本节还将研究各种检测器的性能特性。

16.3.1 CDMA 信号与信道模型

研究一个同时被 K 个用户共享的信道。每个用户分配到一个持续时间为 T 的特征波形 $g_k(t)$，T 为符号间隔，其特征波形可表示为

$$g_k(t)=\sum_{n=0}^{L-1}a_k(n)p(t-nT_c),\qquad 0\leqslant t\leqslant T \tag{16-3-1}$$

式中，$\{a_k(n),\ 0\leqslant n\leqslant L-1\}$是一个由取值为±1 的 L 个码片组成的伪噪声（PN）码序列；$p(t)$ 是脉宽为 T_c 的脉冲，T_c 为码片间隔。因此，每个符号有 L 个码片且 $T=LT_c$。在不失一般性的情况下，假设所有的 K 个特征波形具有单位能量，即

$$\int_0^T g_k^2(t)\,\mathrm{d}t=1 \tag{16-3-2}$$

两个特征波形之间的互相关特性在信号检测器的度量及其性能中起着重要的作用。定义如下互相关（$0\leqslant\tau\leqslant T$，$i<j$）：

$$\rho_{ij}(\tau)=\int_\tau^T g_i(t)g_j(t-\tau)\,\mathrm{d}t \tag{16-3-3}$$

$$\rho_{ji}(\tau)=\int_0^\tau g_i(t)g_j(t+T+\tau)\,\mathrm{d}t \tag{16-3-4}$$

式（16-3-3）和式（16-3-4）中的互相关适用于 K 个用户异步传输，对于同步传输，只需要 $\rho_{ij}(0)$。

为简单起见，假设采用二进制双极性信号来发送每个用户的信息。令$\{b_k(m)\}$表示第 k 个用户信息序列，其中每个信息比特的值可为±1。为方便计，考虑传输的是具有任意长度（如 N）的一个比特块。那么，第 k 个用户的数据块为

$$\boldsymbol{b}_k=[b_k(1)\ \ \cdots\ \ b_k(N)]^{\mathrm{t}} \tag{16-3-5}$$

而相应的等效低通发送波形可表示为

$$s_k(t)=\sqrt{\mathcal{E}_k}\sum_{i=1}^{N}b_k(i)g_k(t-iT) \tag{16-3-6}$$

式中，$\mathcal{E}_k$为比特信号能量。K个用户合成的发送信号可表示为

$$s(t)=\sum_{k=1}^{K}s_k(t-\tau_k)=\sum_{k=1}^{K}\sqrt{\mathcal{E}_k}\sum_{i=1}^{N}b_k(i)g_k(t-iT-\tau_k) \tag{16-3-7}$$

式中，$\{\tau_k\}$为传输延时，它满足条件$0\leqslant\tau_k<T$（k=1, 2,⋯, K）。不失一般性，假设$0\leqslant\tau_1\leqslant\tau_2\leqslant\cdots\leqslant\tau_k<T$，这是多用户在异步模式下的发送信号模型。在同步传输的特殊情况下，$\tau_k=0$（$1\leqslant k\leqslant K$）。

假设发送信号受到 AWGN 的恶化，则接收信号可表示为

$$r(t)=s(t)+n(t) \tag{16-3-8}$$

式中，$s(t)$由式（16-3-7）给出；$n(t)$是功率谱密度为$N_0/2$的噪声。

16.3.2 最佳多用户接收机

最佳接收机定义为：接收机在时间间隔$0\leqslant t\leqslant NT+2T$上观测接收信号，对于给定的接收信号$r(t)$，它能选出最可能的比特序列$\{b_k(n), 1\leqslant n\leqslant N, 1\leqslant k\leqslant K\}$。首先研究同步传输的情况，然后研究异步传输的情况。

1．同步传输

在同步传输中，每个干扰源都会完整地产生干扰期望信号的符号。在加性高斯白噪声中，只需要考虑一个信号间隔内（$0\leqslant t\leqslant T$）接收的信号并确定最佳接收机就足够了。因此，$r(t)$可以表示为

$$r(t)=\sum_{k=1}^{K}\sqrt{\mathcal{E}_k}b_k(1)g_k(t)+n(t),\qquad 0\leqslant t\leqslant T \tag{16-3-9}$$

最佳的最大似然接收机需要首先计算对数似然函数，即

$$\Lambda(\boldsymbol{b})=\int_0^T\left[r(t)-\sum_{k=1}^{K}\sqrt{\mathcal{E}_k}b_k(1)g_k(t)\right]^2\mathrm{d}t \tag{16-3-10}$$

然后选择使$\Lambda(\boldsymbol{b})$最小化的信息序列$\{b_k(1), 1\leqslant k\leqslant K\}$。若将式（16-3-10）中的积分展开，则可得

$$\begin{aligned}\Lambda(\boldsymbol{b})=&\int_0^T r^2(t)\,\mathrm{d}t-2\sum_{k=1}^{K}\sqrt{\mathcal{E}_k}b_k(1)\int_0^T r(t)g_k(t)\,\mathrm{d}t\\&+\sum_{j=1}^{K}\sum_{k=1}^{K}\sqrt{\mathcal{E}_j\mathcal{E}_k}b_k(1)b_j(1)\int_0^T g_k(t)g_j(t)\,\mathrm{d}t\end{aligned} \tag{16-3-11}$$

可见，涉及$r^2(t)$的积分对所有可能的序列$\{b_k(1)\}$是共同的，且与确定发送哪个序列无关，因此可以略去。下列项

$$r_k=\int_0^T r(t)g_k(t)\,\mathrm{d}t,\qquad 1\leqslant k\leqslant K \tag{16-3-12}$$

表示接收信号与K个特征序列中的每一个都互相关，可用匹配滤波器代替互相关器。最后，

关于 $g_k(t)$和 $g_j(t)$的积分可简单表示为

$$\rho_{jk}(0)=\int_0^T g_j(t)g_k(t)\,\mathrm{d}t \tag{16-3-13}$$

因此，式（16-3-11）可用相关度量的形式表示为

$$C(\boldsymbol{r}_K,\boldsymbol{b}_K)=2\sum_{k=1}^{K}\sqrt{\mathcal{E}_k}b_k(1)r_k-\sum_{j=1}^{K}\sum_{k=1}^{K}\sqrt{\mathcal{E}_j\mathcal{E}_k}b_k(1)b_j(1)\rho_{jk}(0) \tag{16-3-14}$$

这些相关量度也可用向量内积的形式表示为

$$C(\boldsymbol{r}_K,\boldsymbol{b}_K)=2\boldsymbol{b}_K^{\mathrm{t}}\boldsymbol{r}_K-\boldsymbol{b}_K^{\mathrm{t}}\boldsymbol{R}_{\mathrm{s}}\boldsymbol{b}_K \tag{16-3-15}$$

式中，$\boldsymbol{r}_K=[r_1\ r_2\cdots r_K]^{\mathrm{t}}$；$\boldsymbol{b}_K=[\sqrt{\mathcal{E}_1}b_1(1)\ \cdots\ \sqrt{\mathcal{E}_K}b_K(1)]^{\mathrm{t}}$；$\boldsymbol{R}_{\mathrm{s}}$是相关矩阵，其元素为$\rho_{jk}(0)$。由此可见，最佳检测器必须知道接收信号的能量才能计算其相关度量。图 16-3-1 所示为最佳多用户接收机。

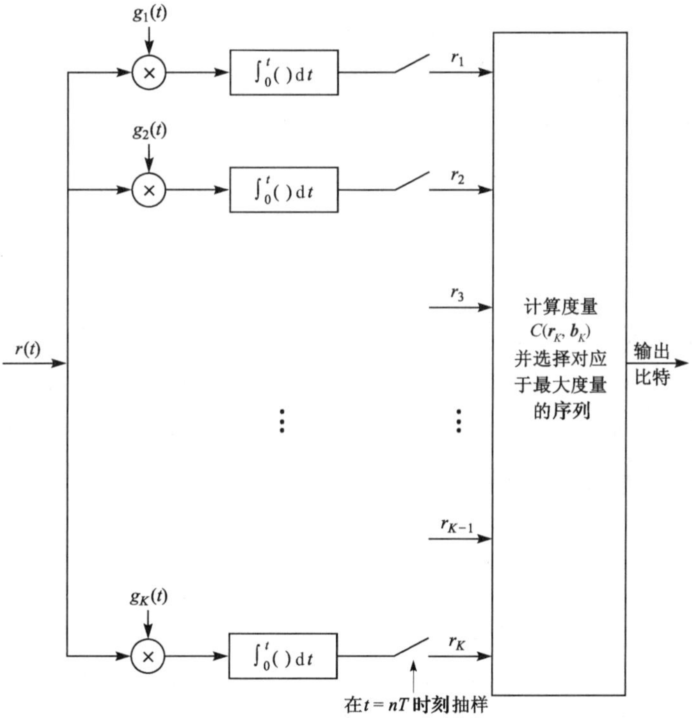

图 16-3-1　同步传输的最佳多用户接收机

在 K 个用户的信息序列中，有 2^K 种可能的比特选择。最佳检测器计算每个序列的相关度量并选择能产生最大相关度量的序列。由此可见，最佳检测器的复杂性随用户数 K 成指数增加。

总之，符号同步传输的最佳接收器由一组 K 个相关器或匹配滤波器紧接一个检测器组成，该检测器计算由式（16-3-15）给出的对应于 2^K 种可能发送信息序列的 2^K 个相关度量，然后选择对应于最大相关度量的序列。

2．异步传输

在这种情况下，每个干扰源形成完整的两个连续符号并叠加到期望信号上。假设接收机

已知 K 个用户的接收信号能量$\{\mathcal{E}_k\}$和传输延时$\{\tau_k\}$。显然，这些参数必须在接收机中被测出或由用户通过某个控制信道提供给接收机作为边信息。

最佳的最大似然接收机计算对数似然函数

$$\begin{aligned}\Lambda(\boldsymbol{b}) &= \int_0^{NT+2T}\left[r(t)-\sum_{k=1}^{K}\sqrt{\mathcal{E}_k}\sum_{i=1}^{N}b_k(i)g_k(t-iT-\tau_k)\right]^2\mathrm{d}t \\ &= \int_0^{NT+2T} r^2(t)\,\mathrm{d}t - 2\sum_{k=1}^{K}\sqrt{\mathcal{E}_k}\sum_{i=1}^{N}b_k(i)\int_0^{NT+2T} r(t)g_k(t-iT-\tau_k)\,\mathrm{d}t \\ &\quad + \sum_{k=1}^{K}\sum_{l=1}^{K}\sqrt{\mathcal{E}_k\mathcal{E}_l}\sum_{i=1}^{N}\sum_{j=1}^{N}b_k(i)b_l(j)\int_0^{NT+2T} g_k(t-iT-\tau_k)g_l(t-jT-\tau_l)\,\mathrm{d}t\end{aligned} \tag{16-3-16}$$

式中，$\boldsymbol{b}$ 表示来自 K 个用户的数据序列。涉及 $r^2(t)$的积分可以略去，因为它对所有可能的信息序列是共同的。积分

$$r_k(i) \equiv \int_{iT+\tau_k}^{(i+1)T+\tau_k} r(t)g_k(t-iT-\tau_k)\,\mathrm{d}t, \qquad 1\leqslant i\leqslant N \tag{16-3-17}$$

表示每个信号间隔内第 k 个用户相关器或匹配滤波器的输出。最后，积分

$$\begin{aligned}&\int_0^{NT+2T} g_k(t-iT-\tau_k)g_l(t-jT-\tau_l)\,\mathrm{d}t = \\ &\int_{-iT-\tau_k}^{NT+2T-iT-\tau_k} g_k(t)g_l(t+iT-jT+\tau_k-\tau_1)\,\mathrm{d}t\end{aligned} \tag{16-3-18}$$

可容易地分解为涉及互相关 $\rho_{kl}(\tau)=\rho_{kl}(\tau_l-\tau_k)$（$k\leqslant l$ 时）和 $\rho_{ik}(\tau)$（$k>l$ 时）的两项。我们看到，对数似然函数可用相关度量来表示，该量度涉及 K 个相关器或匹配滤波器的输出$\{r_k(i),1\leqslant k\leqslant K, \leqslant i\leqslant N\}$，它们与 K 个特征序列一一对应。利用向量可以证明 NK 个相关器或匹配滤波器输出$\{r_k(i)\}$可表示为

$$\boldsymbol{r}=\boldsymbol{R}_N\boldsymbol{b}+\boldsymbol{n} \tag{16-3-19}$$

式中，根据定义

$$\begin{aligned}\boldsymbol{r}&=[\boldsymbol{r}^{\mathrm{t}}(1)\quad \boldsymbol{r}^{\mathrm{t}}(2)\quad \cdots\quad \boldsymbol{r}^{\mathrm{t}}(N)]^{\mathrm{t}} \\ \boldsymbol{r}(i)&=[r_1(i)\quad r_2(i)\quad \cdots\quad r_K(i)]^{\mathrm{t}}\end{aligned} \tag{16-3-20}$$

$$\begin{aligned}\boldsymbol{b}&=[\boldsymbol{b}^{\mathrm{t}}(1)\quad \boldsymbol{b}^{\mathrm{t}}(2)\quad \cdots\quad \boldsymbol{b}^{\mathrm{t}}(N)]^{\mathrm{t}} \\ \boldsymbol{b}(i)&=[\sqrt{\mathcal{E}_1}b_1(i)\quad \sqrt{\mathcal{E}_2}b_2(i)\quad \cdots\quad \sqrt{\mathcal{E}_K}b_K(i)]^{\mathrm{t}}\end{aligned} \tag{16-3-21}$$

$$\begin{aligned}\boldsymbol{n}&=[\boldsymbol{n}^{\mathrm{t}}(1)\quad \boldsymbol{n}^{\mathrm{t}}(2)\quad \cdots\quad \boldsymbol{n}^{\mathrm{t}}(N)]^{\mathrm{t}} \\ \boldsymbol{n}(i)&=[n_1(i)\quad n_2(i)\quad \cdots\quad n_K(i)]^{\mathrm{t}}\end{aligned} \tag{16-3-22}$$

$$\boldsymbol{R}_N=\begin{bmatrix}\boldsymbol{R}_a(0) & \boldsymbol{R}_a^{\mathrm{t}}(1) & \boldsymbol{0} & \cdots & \cdots & \boldsymbol{0} \\ \boldsymbol{R}_a(1) & \boldsymbol{R}_a(0) & \boldsymbol{R}_a^{\mathrm{t}}(1) & \boldsymbol{0} & \cdots & \boldsymbol{0} \\ \vdots & \vdots & \vdots & \vdots & \vdots & \vdots \\ \boldsymbol{0} & \boldsymbol{0} & \boldsymbol{0} & \boldsymbol{R}_a(1) & \boldsymbol{R}_a(0) & \boldsymbol{R}_a^{\mathrm{t}}(1) \\ \boldsymbol{0} & \boldsymbol{0} & \boldsymbol{0} & \boldsymbol{0} & \boldsymbol{R}_a(1) & \boldsymbol{R}_a(0)\end{bmatrix} \tag{16-3-23}$$

而 $\boldsymbol{R}_a(m)$是一个 $K\times K$ 矩阵，其元素为

$$R_{kl}(m)=\int_{-\infty}^{\infty}g_k(t-\tau_k)g_l(t+mT-\tau_l)\,\mathrm{d}t \tag{16-3-24}$$

高斯噪声向量 $\boldsymbol{n}(i)$的均值为 0 且自相关矩阵为

$$E[\boldsymbol{n}(k)\boldsymbol{n}^{\mathrm{t}}(j)]=\tfrac{1}{2}N_0\boldsymbol{R}_a(k-j) \tag{16-3-25}$$

注意，在式（16-3-19）中给出的向量 $\boldsymbol{r}$ 构成一组用来估计发送比特 $b_k(i)$的充分统计量。

如果采用分组处理方法，则最佳 ML 检测器必须计算 2^{NK} 个相关度量并选择长度为 N、对应于最大相关度量的 K 个序列。显然，在实际中，这种方法由于计算太复杂而无法实现，特别是在 N 和 K 较大时。一种替代方法是采用维特比算法的 ML 序列估计。为了构造一个序贯型检测器，利用如下事实：每个发送符号最多重叠 $2K-2$ 个符号。因此，相对于分组大小参数为 N 的计算复杂度将大大降低，但计算量与 K 的指数相关，并不能降低。

很明显，采用维特比算法的最佳 ML 接收机涉及如此高的计算复杂度，以致它在实际应用中只能限于用户数极少（如 $K<10$）的通信系统。对于大的 K 值，人们应该考虑采用类似于第 8 章的序贯译码或堆栈算法的序贯型检测器。下面，将研究几种次最佳检测器，其复杂度仅随 K 成线性增长。

16.3.3 次最佳检测器

由上面的讨论可见，K 个 CDMA 用户的最佳检测器的计算量随 K 成指数增长，其计算量是以每个调制符号算术运算的次数（加法和乘法/除法）来衡量的。本节将研究计算量随用户数 K 成线性增长的次最佳检测器，将从最简单的、称为常规单用户检测器的次最佳检测器入手来进行讨论。

1. 常规单用户检测器

在常规单用户检测器中，每个用户接收机由解调器组成，该解调器将接收信号与用户特征序列进行相关运算（匹配滤波）并把相关器的输出传递到检测器，此检测器根据单一相关器输出进行判决。这样，常规检测器忽略了信道中其他用户的存在，或等效地，假设噪声和干扰的总和是白高斯的。

首先研究同步传输的情况。此时，对于间隔 $0\leqslant t\leqslant T$ 内的信号，第 k 个用户相关器的输出为

$$r_k=\int_0^T r(t)g_k(t)\,\mathrm{d}t \tag{16-3-26}$$

$$=\sqrt{\mathcal{E}_k}b_k(1)+\sum_{\substack{j=1\\j\neq k}}^{K}\sqrt{\mathcal{E}_j}b_j(1)\rho_{jk}(0)+n_k(1) \tag{16-3-27}$$

式中，噪声分量 $n_k(1)$为

$$n_k(1)=\int_0^T n(t)g_k(t)\,\mathrm{d}t \tag{16-3-28}$$

因为 $n(t)$是功率谱密度为 $N_0/2$ 的高斯白噪声，所以 $n_k(1)$的方差为

$$E\left[n_k^2(1)\right] = \frac{1}{2}N_0 \int_0^T g_k^2(t)\,\mathrm{d}t = \frac{1}{2}N_0 \tag{16-3-29}$$

显然，如果特征序列是正交的，则由式（16-3-27）中间项给出的其他用户的干扰将消失，此时常规单用户检测器是最优的。另外，如果有一个或多个其他特征序列与该用户特征序列不正交，则当一个或多个其他用户信号功率（或接收信号能量）远大于第 k 个用户功率时，来自其他用户的干扰将过大。这种情况在多用户通信中一般称为远-近问题，它使得我们有必要在常规检测中采用某种形式的功率控制。

在异步传输中，常规检测器更易受到其他用户干扰的影响。这是因为不可能设计出对所有两两用户对以及所有时间偏差（Offset）都能保持正交的特征序列。因此，在采用常规单用户检测的异步传输中，来自其他用户的干扰是不可避免的。在这种情况下，由于各用户发送信号功率不等所引起的远-近干扰将特别严重。实际解决办法一般使用一种由接收机控制的功率调整方法，接收机的控制是通过一个单独的通信信道来实现的，而所有用户连续地检测该信道。另一种选择是采用下面介绍的任何一种多用户检测器。

2. 解相关检测器

我们看到，常规检测器的复杂度随用户数成线性增长，但由于它对远-近干扰的脆弱性，要求某种形式的功率控制。我们现在设计另外一种形式的检测器，该检测器的复杂度也随用户数成线性增长，但并不受其他用户的干扰。

首先研究同步传输的情况。在这种情况下，表示 K 个匹配滤波器输出的接收信号向量为

$$\boldsymbol{r}_K = \boldsymbol{R}_\mathrm{s}\boldsymbol{b}_K + \boldsymbol{n}_K \tag{16-3-30}$$

式中，$\boldsymbol{b}_K = [\,\sqrt{\mathcal{E}_1}b_1(1)\ \sqrt{\mathcal{E}_2}b_2(1)\cdots\ \sqrt{\mathcal{E}_K}b_K(1)\,]$；噪声向量 $\boldsymbol{n}_K = [n_1(1)\quad n_2(1)\quad \cdots\quad n_K(1)]^\mathrm{t}$ 的协方差为

$$E\left(\boldsymbol{n}_K\boldsymbol{n}_K^\mathrm{t}\right) = \frac{N_0}{2}\boldsymbol{R}_\mathrm{s} \tag{16-3-31}$$

因噪声是高斯的，故 $\boldsymbol{r}_K$ 由均值为 $\boldsymbol{R}_\mathrm{s}\boldsymbol{b}_K$、协方差为 $\boldsymbol{R}_\mathrm{s}$ 的 K 维高斯 PDF 来描述，即

$$p(\boldsymbol{r}_K|\boldsymbol{b}_K) = \frac{1}{\sqrt{(N_0\pi)^K\ \det\boldsymbol{R}_\mathrm{s}}}\exp\left[-\frac{1}{N_0}(\boldsymbol{r}_K-\boldsymbol{R}_\mathrm{s}\boldsymbol{b}_K)^\mathrm{t}\boldsymbol{R}_\mathrm{s}^{-1}(\boldsymbol{r}_K-\boldsymbol{R}_\mathrm{s}\boldsymbol{b}_K)\right] \tag{16-3-32}$$

$\boldsymbol{b}_K$ 的最佳线性估计值是使如下似然函数

$$\Lambda(\boldsymbol{b}_K) = (\boldsymbol{r}_K-\boldsymbol{R}_\mathrm{s}\boldsymbol{b}_K)^\mathrm{t}\boldsymbol{R}_\mathrm{s}^{-1}(\boldsymbol{r}_K-\boldsymbol{R}_\mathrm{s}\boldsymbol{b}_K) \tag{16-3-33}$$

最小化时 $\boldsymbol{b}_K$ 的值。该最小化结果是

$$\boldsymbol{b}_k^0 = \boldsymbol{R}_\mathrm{s}^{-1}\boldsymbol{r}_K \tag{16-3-34}$$

然后，取 $\boldsymbol{b}_K^0$ 每个元素的符号即可获得检测符号，即

$$\hat{\boldsymbol{b}}_K = \mathrm{sgn}(\boldsymbol{b}_K^0) \tag{16-3-35}$$

图 16-3-2 示出了该接收机的结构。因为估值 $\boldsymbol{b}_K^0$ 是通过对相关器输出矢量进行线性变换来获得的，所以其计算复杂度与 K 的关系是线性的。

读者将会看到，由式（16-3-34）给出的 $\boldsymbol{b}_K$ 的最佳（最大似然）线性估计不同于最佳非线性 ML 序列检测器，后者求取使似然函数为最大的最佳离散值{±1}序列。同时也高兴地看到，估值 $\boldsymbol{b}_K^0$ 是使式（16-3-15）给出的相关度量为最大的最佳线性估值。

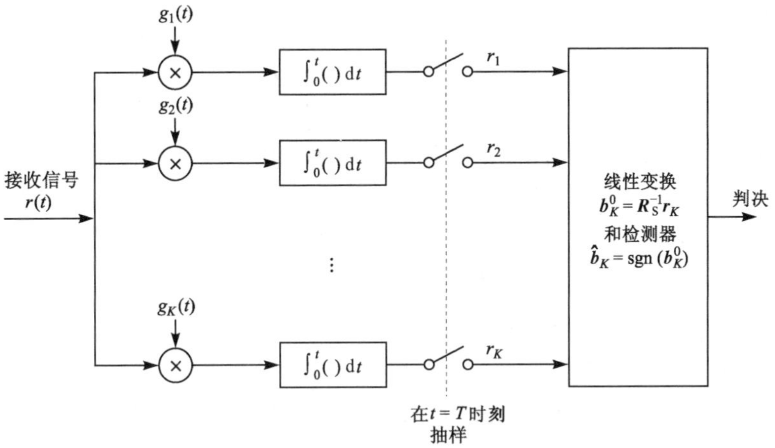

图 16-3-2　解相关接收机的结构

通过研究 $K=2$ 个用户的情况，可以得到关于该检测器的有趣解释。该检测器按式（16-3-34）来计算 $\boldsymbol{b}_K^0$，并根据式（16-3-35）进行判决。在这种情况下，

$$\boldsymbol{R}_s=\begin{bmatrix}1 & \rho\\ \rho & 1\end{bmatrix} \tag{16-3-36}$$

$$\boldsymbol{R}_s^{-1}=\frac{1}{1-\rho^2}\begin{bmatrix}1 & -\rho\\ -\rho & 1\end{bmatrix} \tag{16-3-37}$$

式中

$$\rho=\int_0^T g_1(t)g_2(t)\,\mathrm{d}t \tag{16-3-38}$$

因此，如果把接收信号

$$r(t)=\sqrt{\mathcal{E}}_1 b_1 g_1(t)+\sqrt{\mathcal{E}}_2 b_2 g_2(t)+n(t) \tag{16-3-39}$$

与 $g_1(t)$和 $g_2(t)$进行相关运算，则可得

$$\boldsymbol{r}_2=\begin{bmatrix}\sqrt{\mathcal{E}}_1 b_1+\rho\sqrt{\mathcal{E}_2}b_2+n_1\\ \rho\sqrt{\mathcal{E}_1}b_1+\sqrt{\mathcal{E}_2}b_2+n_2\end{bmatrix} \tag{16-3-40}$$

式中，n_1 和 n_2 是相关器输出的噪声分量，因此

$$\boldsymbol{b}_2^0=\boldsymbol{R}_s^{-1}\boldsymbol{r}_2=\begin{bmatrix}\sqrt{\mathcal{E}_1}b_1+(n_1-\rho n_2)/(1-\rho^2)\\ \sqrt{\mathcal{E}_2}b_2+(n_2-\rho n_1)/(1-\rho^2)\end{bmatrix} \tag{16-3-41}$$

这是一个非常有趣的结果，因为变换 $\boldsymbol{R}_s^{-1}$ 消除了两个用户之间的干扰分量，因而消除了远-近干扰，也就不需要功率控制了。

有趣的是，如果用下面两个修正的特征波形

$$g_1'(t)=g_1(t)-\rho g_2(t) \tag{16-3-42}$$

$$g_2'(t)=g_2(t)-\rho g_1(t) \tag{16-3-43}$$

与式（16-3-39）中给出的 $r(t)$进行相关运算，则可得到与式（16-3-41）相似的结果。这就意味着，通过求接收信号与修正的特征波形的相关，可去掉或解相关多用户干扰。因此，基于式（16-3-34）的检测器称为解相关检测器（Decorrelating Detector）。

在异步传输中，相关器输出的接收信号由式（16-3-19）给出，因此对数似然函数为

$$\Lambda(\boldsymbol{b})=(\boldsymbol{r}-\boldsymbol{R}_N\boldsymbol{b})^{\mathrm{t}}\boldsymbol{R}_N^{-1}(\boldsymbol{r}-\boldsymbol{R}_N\boldsymbol{b}) \tag{16-3-44}$$

式中，$\boldsymbol{R}_N$ 由式（16-3-23）定义；$\boldsymbol{b}$ 由式（16-3-21）定义。容易证明，使 $\Lambda(\boldsymbol{b})$ 最小化的向量 $\boldsymbol{b}$ 为

$$\boldsymbol{b}^0 = \boldsymbol{R}_N^{-1}\boldsymbol{r} \tag{16-3-45}$$

这是 $\boldsymbol{b}$ 的 ML 估值，它是由一组匹配滤波器或相关器输出的线性变换得到的。

因为 $\boldsymbol{r} = \boldsymbol{R}_N\boldsymbol{b}+\boldsymbol{n}$，故由式（16-3-45）可得出

$$\boldsymbol{b}^0 = \boldsymbol{b} + \boldsymbol{R}_N^{-1}\boldsymbol{n} \tag{16-3-46}$$

所以，$\boldsymbol{b}^0$ 是 $\boldsymbol{b}$ 的无偏估值。这意味着多用户干扰已被消除，正如同步传输的情况那样。因此，这个用于异步传输的检测器也称为解相关检测器。

获得式（16-3-45）给出的解答的一种有效的计算方法是采用附录 D 所描述的平方根分解法。当然，还存在许多对矩阵 $\boldsymbol{R}_N$ 求逆的方法，同时已经研究出信号解相关的迭代方法。

3. 最小均方误差检测器

前文已证明，通过使式（16-3-44）的两次对数似然函数最小化，可得到 $\boldsymbol{b}$ 的线性 ML 估值。于是，得到式（16-3-45）给出的结果，它是一组相关器或匹配滤波器输出进行线性变换后导出的估值。

还可获得稍为不同的另一种结果，只要选择线性变换 $\boldsymbol{b}^0=\boldsymbol{A}\boldsymbol{r}$，并确定其中的矩阵 $\boldsymbol{A}$ 使得均方误差（MSE）

$$J(\boldsymbol{b}) = E[(\boldsymbol{b}-\boldsymbol{b}^0)^{\mathrm{t}}(\boldsymbol{b}-\boldsymbol{b}^0)] = E[(\boldsymbol{b}-\boldsymbol{A}\boldsymbol{r})^{\mathrm{t}}(\boldsymbol{b}-\boldsymbol{A}\boldsymbol{r})] \tag{16-3-47}$$

最小化。其中，数学期望是相对 $\boldsymbol{b}$ 和加性噪声 $\boldsymbol{n}$ 的。最佳矩阵 $\boldsymbol{A}$ 可通过使误差 $(\boldsymbol{b}-\boldsymbol{A}\boldsymbol{r})$ 正交于数据矢量 $\boldsymbol{r}$ 而获得。因此，

$$E[(\boldsymbol{b}-\boldsymbol{A}\boldsymbol{r})\boldsymbol{r}^{\mathrm{t}}] = \boldsymbol{0}\,, \qquad E(\boldsymbol{b}\boldsymbol{r}') - \boldsymbol{A}E(\boldsymbol{r}\boldsymbol{r}') = \boldsymbol{0} \tag{16-3-48}$$

考虑同步传输情况，有

$$E\left(\boldsymbol{b}_K\boldsymbol{r}_K^{\mathrm{t}}\right) = E\left(\boldsymbol{b}_K\boldsymbol{b}_K^{\mathrm{t}}\right)\boldsymbol{R}_{\mathrm{s}}^{\mathrm{t}} = \boldsymbol{D}\boldsymbol{R}_{\mathrm{s}}^{\mathrm{t}} \tag{16-3-49}$$

以及

$$E\left(\boldsymbol{r}_K\boldsymbol{r}_K^{\mathrm{t}}\right) = E[(\boldsymbol{R}_{\mathrm{s}}\boldsymbol{b}_K+\boldsymbol{n}_K)(\boldsymbol{R}_{\mathrm{s}}\boldsymbol{b}_K+\boldsymbol{n}_K)^{\mathrm{t}}] = \boldsymbol{R}_{\mathrm{s}}\boldsymbol{D}\boldsymbol{R}_{\mathrm{s}}^{\mathrm{t}} + \frac{N_0}{2}\boldsymbol{R}_{\mathrm{s}}^{\mathrm{t}} \tag{16-3-50}$$

式中，$\boldsymbol{D}$ 是对角矩阵，对角元素 $\{\mathcal{E}_k, 1\leqslant k\leqslant K\}$。把式（16-3-49）和式（16-3-50）代入式（16-3-48）并求解 $\boldsymbol{A}$，可得到

$$\boldsymbol{A}^0 = \left(\boldsymbol{R}_{\mathrm{s}} + \frac{N_0}{2}\boldsymbol{D}^{-1}\right)^{-1} \tag{16-3-51}$$

从而

$$\boldsymbol{b}_K^0 = \boldsymbol{A}^0\boldsymbol{r}_K \tag{16-3-52}$$

以及

$$\hat{\boldsymbol{b}}_K = \mathrm{sgn}\left(\boldsymbol{b}_K^0\right) \tag{16-3-53}$$

类似地，对于异步传输，使 $J(\boldsymbol{b})$ 最小化的最佳的 $\boldsymbol{A}$ 为

$$\boldsymbol{A}^0 = \left(\boldsymbol{R}_N + \tfrac{1}{2}N_0\boldsymbol{I}\right)^{-1} \tag{16-3-54}$$

从而

$$\boldsymbol{b}^0 = \left(\boldsymbol{R}_N + \tfrac{1}{2}N_0\boldsymbol{I}\right)^{-1}\boldsymbol{r} \tag{16-3-55}$$

检测器的输出为 $\hat{\boldsymbol{b}} = \text{sgn}(\boldsymbol{b}^0)$。

式（16-3-52）或式（16-3-55）给出的估值称为 $\boldsymbol{b}$ 的最小 MSE（MMSE）估计。注意，当 $N_0/2$ 与 $\boldsymbol{R}_N$ 的对角线元素相比较小时，MMSE 的解接近于由式（16-3-45）给出的 ML 解。另外，当噪声电平与 $\boldsymbol{R}_N$ 的对角线元素中的信号电平相比较大时，$\boldsymbol{A}^0$ 接近于单位矩阵乘以 $N_0/2$。在这种低 SNR 情况下，该检测器基本上忽略了来自其他用户的干扰，因为加性噪声是支配项。也应该注意到，MMSE 准则产生 $\boldsymbol{b}$ 的有偏估计，因此存在某种残留的多用户干扰。

为了进行求取 $\boldsymbol{b}$ 值的计算，我们求解线性方程组

$$\left(\boldsymbol{R}_N + N_0\boldsymbol{I}/2\right)\boldsymbol{b} = \boldsymbol{r} \tag{16-3-56}$$

如前所述，其解可利用矩阵 $\boldsymbol{R}_N+N_0\boldsymbol{I}/2$ 的平方根分解来进行高效计算，因此，检测 NK 个比特要求 $3NK^2$ 次乘法，其计算复杂度是每比特 $3K$ 次乘法，与分组长度 N 无关，而与 K 成线性关系。

可见，无论解相关检测器，还是 MMSE 检测器都呈现出期望的抗远-近效应特性。事实上，在解相关检测器中，完全消除了来自其他用户的干扰。

还看到，上述解相关检测器和 MMSE 检测器都是涉及对来自 K 个相关器或者匹配滤波器的数据块进行线性变换。这些线性变换类似于第 9 章所述符号间干扰（ISI）的线性均衡。事实上，解相关检测器类似于迫零线性均衡器，而 MMSE 检测器类似于线性 MMSE 均衡器。因此，这些异步传输多用户检测器可利用每个用户带有可调节系数的抽头延迟线滤波器来实现，并且对于每个用户信号，可以选择滤波器系数来消除用户间的干扰或者使 MSE 最小化。因此，可以对接收到的信息比特使用有限延迟进行连续估计，而不是块状估计。

判决反馈型滤波器可用来代替线性滤波器实现多用户检测器，以便连续处理数据。特别地，Xie 等（1990b）证明了，可以采用带有有限延迟的判决反馈均衡器从接收信号中连续恢复发送比特，因此，单个用户通信系统中被 ISI 恶化了的信号的检测与异步传输多用户系统中信号的检测具有某种相似性。

16.3.4 连续干扰抵消

另一种多用户检测技术称为连续干扰抵消（Succesive Interference Cancellation，SIC）。这种技术在检测到干扰信号波形时，一次一个地将它们从接收信号中除去。一种方法就是按照接收功率递减的顺序解调用户，因此具有最强接收信号的用户第一个被解调。在一个信号被解调和检测之后，检测到的信息被用来从接收信号中减去特定用户的信号。

在对第 k 个用户的发送信息进行判决时，假设对 $k+1,\cdots,K$ 个用户的判决是正确的，并且忽略了 $1,\cdots,k-1$ 个用户的存在。因此，对于同步传输，第 k 个用户信息比特的判决为

$$\hat{b}_k = \text{sgn}\left[r_k - \sum_{j=k+1}^{K}\sqrt{\mathcal{E}_j}\rho_{jk}(0)\hat{b}_j\right] \tag{16-3-57}$$

式中，r_k 为对应于第 k 个用户特征序列的相关器或者匹配滤波器的输出。

这种基于接收功率递减顺序解调用户信号的方法不考虑用户之间的互相关函数。另一种解调用户信号的方法是根据互相关器或匹配滤波器输出端的功率，即根据相关度量

$$E\left\{\left[\int_0^T g_k(t)r(t)\,\mathrm{d}t\right]^2\right\}=\mathcal{E}_k+\sum_{j\neq k}\mathcal{E}_j\rho_{jk}^2(0)+\frac{N_0}{2} \tag{16-3-58}$$

它适用于同步传输的情况。

对于多用户干扰的 SIC，考察如下情况。首先，为了消除干扰，SIC 要求估计用户所接收到的信号功率，估计误差会产生剩余多用户干扰，从而导致性能下降；其次，对于比检测到的用户信号更弱的那些用户信号的干扰，可将其看成附加干扰；第三，用户信息比特解调中的计算复杂度与用户数成线性关系；最后，解调最弱用户的延时随用户数成线性增长。

SIC 很容易推广到异步信号传输。在这种情况下，需要对用户信号强度和延时进行估计。

我们需要注意的是，式（16-3-57）给出的 SIC 多用户检测器也是次最佳检测器，因为微弱的用户信号被看成附加干扰。用于同步传输的联合最佳干扰抵消器可定义为按下式计算判决 $\hat{b}_k$ 的检测器：

$$\hat{b}_k=\operatorname{sgn}\left[r_k-\sum_{j\neq k}\sqrt{\mathcal{E}_j}\rho_{jk}(0)\hat{b}_j\right] \tag{16-3-59}$$

多级干扰抵消（Multistage Interference Cancellation，MIC）

基于 MIC 的多用户检测是一种在检测用户比特和抵消干扰时采用多次迭代的技术。下面通过一个例子描述该方法。

例 16-3-1 两个用户和同步传输。对于检测器的第一级，可利用 SIC 或者任何次最佳检测器。例如，假设在第一级采用解相关器。

第一级（解相关器）：

$$\hat{b}_1=\operatorname{sgn}(r_1-\rho r_2),\qquad \hat{b}_2=\operatorname{sgn}(r_2-\rho r_1)$$

第二级：

$$\hat{\hat{b}}_1=\operatorname{sgn}\left(r_1-\sqrt{\mathcal{E}_2}\hat{b}_2\rho\right),\qquad \hat{\hat{b}}_2=\operatorname{sgn}\left(r_2-\sqrt{\mathcal{E}_1}\hat{b}_1\rho\right)$$

第三级：

$$\hat{\hat{\hat{b}}}_1=\operatorname{sgn}\left(r_1-\sqrt{\mathcal{E}_2}\hat{\hat{b}}_2\rho\right),\qquad \hat{\hat{\hat{b}}}_2=\operatorname{sgn}\left(r_2-\sqrt{\mathcal{E}_1}\hat{\hat{b}}_1\rho\right)$$

当连续两次迭代判决没有变化时，可以终止计算。

连续干扰抵消及多级干扰抵消是两类多址干扰抵消技术，它们受到许多研究人员的广泛关注，可以参考 Varanasi & Aazhang（1990）、Patel & Holtzman（1994）、Buehrer 等（1996,1999）及 Divsalar 等（1998）。

需要说明的是，MIC 是一种次最佳检测器，它并不能收敛于上面定义的联合最佳多用户检测器。

16.3.5　其他类型的多用户检测器

由于人们对开发商用 CDMA 通信系统的广泛兴趣，多用户检测算法的设计仍然是一个十分活跃的研究领域。本章所讨论的内容主要针对最佳 MLSE 算法、次最佳线性（MMSE 和解相关检测）算法，以及基于硬判决的非线性连续干扰消除算法。

除了前面相对简单的算法，许多文献中还介绍了大量更为复杂的算法，这些算法适合于 ISI 的时间色散信道。此外，还可以假设其他用户的特征波形知识不能用于某一用户接收机的情况，从而用户接收机既面对 ISI，也面对多址干扰（Multiple Access Interference，MAI），对于这种情况，可以设计自适应干扰抑制算法，它类似于第 10 章所述的均衡算法。

多用户 CDMA 系统中抑制 ISI 和 MAI 的自适应算法在 Abdulrahman 等（1994）、Honig（1998）、Miller（1995,1996）、Rapajic & Vucetic（1994）以及 Mitra & Poor（1995）中做了详细介绍。在某些情况中，自适应算法被设计成无须使用任何训练符号也能收敛。这些算法称为盲多用户检测算法，这些算法的例子可参考 Honig 等（1995）、Madhow（1998）、Wang & Poor（1998a,b）、Bensley & Aazhang（1996）以及 Wang & Poor（2004）。

在 CDMA 系统中使用多个发射天线和/或接收天线，除了为每个用户提供采用时间滤波的机会，还可为它们提供了采用空间滤波的机会，以便降低 ISI 和 MAI 并抵抗信号衰落。Wang & Poor（1999）讨论了多天线系统盲多用户检测算法。

一般地，CDMA 通信系统中各个用户发送的信号要经过单级编码或者级联编码。一种更好的策略不是根据调制器来分离译码器中的信号处理，而是根据译码器使用软信息度量来增强对解调器中 MAI 和 ISI 的抑制。于是，人们能够设计出抑制 MAI 和 ISI 的 Turbo 型迭代解调-译码算法。编码 CDMA 系统的这类算法可参阅 Reed 等（1998）、Moher（1998）、Alexander 等（1999）以及 Wang & Poor（1999）。

16.3.6 检测器的性能特征

一般来说，比特差错概率是多用户通信系统的期望性能度量。在评估多用户干扰对单个用户检测器性能的影响时，可把在信道中没有其他用户时的单用户接收机的比特差错概率作为基准，差错概率为

$$P_k(\gamma_k) = Q(\sqrt{2\gamma_k}) \tag{16-3-60}$$

式中，$\gamma_k = \mathcal{E}_k/N_0$，$\mathcal{E}_k$ 为比特信号能量，$N_0/2$ 是 AWGN 的功率谱密度。

在同步传输或异步传输最佳检测器的情况下，计算差错概率是极端困难和乏味的。在这种情况下，可用式（16-3-60）作为它的下边界而将次最佳检测器的性能作为其上边界。

首先研究次最佳常规单用户检测器。对于同步传输而言，第 k 个用户相关器的输出由式（16-3-27）给出。因此，在来自其他用户的比特序列 $\boldsymbol{b}_i$ 的条件下，第 k 个用户的差错概率为

$$P_k(\boldsymbol{b}_i) = Q\left\{\sqrt{2\left[\sqrt{\mathcal{E}_k} + \sum_{\substack{j=1\\ j\neq k}}^{K} \sqrt{\mathcal{E}_j}\, b_j(1)\rho_{jk}(0)\right]^2 \Big/ N_0}\right\} \tag{16-3-61}$$

那么，平均差错概率就是

$$P_k = \left(\frac{1}{2}\right)^{K-1} \sum_{i=1}^{2^{K-1}} P_k(\boldsymbol{b}_i) \tag{16-3-62}$$

式中，差错概率由 Q 函数中具有最小自变量的项决定。该最小自变量将导致如下的 SNR。

$$(\text{SNR})_{\min} = \frac{1}{N_0}\left[\sqrt{\mathcal{E}_k} - \sum_{\substack{j=1\\ j\neq k}}^{K} \sqrt{\mathcal{E}_j}\,|\rho_{jk}(0)|\right]^2 \tag{16-3-63}$$

因此，

$$\left(\frac{1}{2}\right)^{K-1} Q[\sqrt{2(\mathrm{SNR})_{\min}}] < P_k < Q[\sqrt{2(\mathrm{SNR})_{\min}}] \tag{16-3-64}$$

类似的研究可用于获得异步传输的性能边界。

在解相关检测器的情况下，其他用户干扰完全消除，因此差错概率可表示为

$$P_k = Q\left(\sqrt{\mathcal{E}_k/\sigma_k^2}\right) \tag{16-3-65}$$

式中，σ_k^2 为估值 $\boldsymbol{b}^0$ 的第 k 个元素中噪声的方差。

例 16-3-2 研究两个用户同步传输的情况，其中 $\boldsymbol{b}_2^0$ 由式（16-3-41）给出。试求差错概率。

式（16-3-41）中第一项的信号分量为$\sqrt{\mathcal{E}_1}$，噪声分量为

$$n = \frac{n_1 - \rho n_2}{1 - \rho^2}$$

式中，ρ 是两个特征信号之间的相关系数。该噪声的方差为

$$\sigma_1^2 = \frac{E[(n_1 - \rho n_2)]^2}{(1-\rho^2)^2} = \frac{1}{1-\rho^2}\frac{N_0}{2} \tag{16-3-66}$$

且

$$P_1 = Q\left[\sqrt{\frac{2\mathcal{E}_1}{N_0}(1-\rho^2)}\right] \tag{16-3-67}$$

对于第 2 个用户的性能，也能够得到类似的结果，因此噪声方差增加了 $1/(1-\rho^2)$倍。解相关检测器对多用户干扰的消除是以噪声的增加为代价的。

MMSE 检测器的差错概率性能类似于低噪声电平时的解相关检测器的性能。例如，由式（16-3-55）可见，当 N_0 相对于信号相关矩阵 $\boldsymbol{R}_N$ 的对角元素很小时，有

$$\boldsymbol{b}^0 \approx \boldsymbol{R}_N^{-1}\boldsymbol{r} \tag{16-3-68}$$

它就是解相关检测器的解。当多用户干扰很低时，MMSE 检测器导致的噪声增加比解相关检测器要小，但存在由其他用户引起的某些残余偏差，因此，MMSE 检测器试图在残余干扰和噪声增加之间做出平衡。

作为表征多用户通信系统性能因数的差错概率，可用有或无干扰时的 SNR 比值来替代它。在式（16-3-60）中特别给出了没有其他用户干扰时第 k 个用户的差错概率，在这种情况下 SNR 是 $\gamma_k = \varepsilon_k / N_0$。当存在多用户干扰时，发送一个能量为$\mathcal{E}_k$信号的用户将具有超过 $P_k(\gamma_k)$的差错概率 P_k。有效 SNR，即 γ_{ke} 定义为在达到差错概率

$$P_k = P_k(\gamma_{ke}) = Q(\sqrt{2\gamma_{ke}}) \tag{16-3-69}$$

时所需的 SNR。效率定义为比值 γ_{ke}/γ_k，它表示由多用户干扰所引起的性能损失。期望的性能因数（Figure of Merit）就是渐近效率（Asymptotic Efficiency），它定义为

$$\eta_k = \lim_{N_0 \to 0}\frac{\gamma_{ke}}{\gamma_k} \tag{16-3-70}$$

计算这个性能因数通常比计算差错概率简单。

例 16-3-3 研究具有信号能量$\mathcal{E}_1$和$\mathcal{E}_2$的两个同步用户的情况，试求常规检测器的渐近效率。

在这种情况下，很容易由式（16-3-61）和式（16-3-62）得到差错概率，即

$$P_1 = \frac{1}{2}Q\left(\sqrt{2(\sqrt{\mathcal{E}_1}+\rho\sqrt{\mathcal{E}_2})^2/N_0}\right)+\frac{1}{2}Q\left(\sqrt{2(\sqrt{\mathcal{E}_1}-\rho\sqrt{\mathcal{E}_2})^2/N_0}\right)$$

然而，渐近效率更容易计算。由式（16-3-70）和式（16-3-61）可得

$$\eta_1 = \left[\max\left(0, 1-\sqrt{\frac{\mathcal{E}_2}{\mathcal{E}_1}}|\rho|\right)\right]^2$$

也可得到η_2的类似表达式。

上面介绍的最佳和次最佳检测器的渐近效率是由 Verdu（1986c）、Lupas & Verdu（1989）以及 Xie 等（1990b）计算给出的。图 16-3-3 示出了当 K=2 个用户同步发送时这些检测器的渐近效率。由图可见，当干扰很小（$\mathcal{E}_2\rightarrow 0$）时，这些检测器的渐近效率相当大（接近 1），而且相差不大。但随着$\mathcal{E}_2$的增加，常规检测器的渐近效率迅速恶化，而其他线性检测器的性能与最佳检测器相比也是比较好的。通过计算差错概率也可获得类似的结论，但这些计算往往非常冗长。

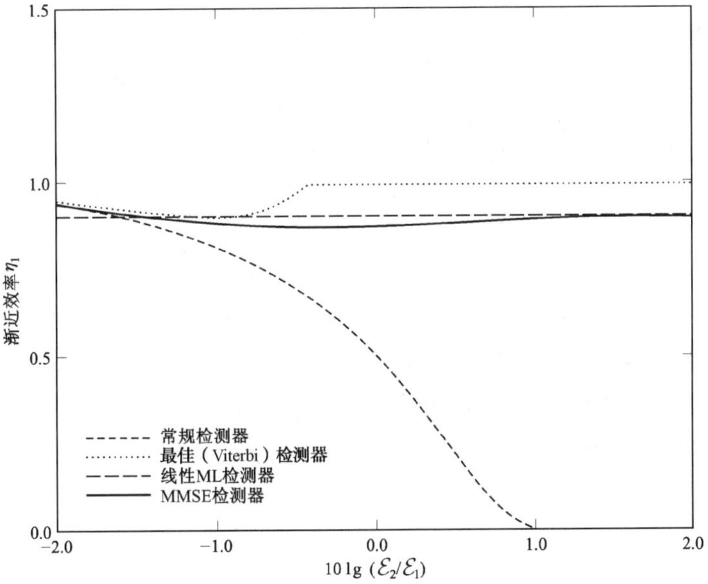

图 16-3-3　两用户同步 DS/SSMA 系统中最佳（Viterbi）检测器、常规检测器、MMSE 检测器和线性 ML 检测器的渐近效率

16.4 广播信道的多用户 MIMO 系统

16.3 节讨论了多个用户同时发射到公共接收机的信号的检测问题，这种情景适用于蜂窝移动通信系统的上行链路。我们注意到，基站可以选择一种多用户检测方法来分开和恢复每个用户发射的信号。

本节考虑广播场景，信号同时由公共的发射机发送到多个用户。假定发射机采用 N_T 个发射天线将信号发射到 K 个在地理上分散的接收机，其中 $N_T \geq K$。假定每个用户具有一个接

收机，配备一个或者多个接收天线。这种情景适用于无线局域网（LAN）或者蜂窝移动通信系统的下行链路（广播模式），信道为MIMO信道。这种MIMO广播系统的显著特征是接收机在地理上是分布式的（点对多点传输），在处理接收信号时没有协作。而第15章讨论的点对点MIMO系统在检测数据时利用了所有天线上的信号。

对于本节考虑的MIMO广播场景，有两种可能的方法处理由多用户同时传输引起的多址干扰（MAI），一种方法是每个接收机在恢复需要的信号时采用干扰抑制，在大多数情况下，因为用户缺少处理能力，并且受到使用电池能源的限制，这种方法是不切实际的。另一种方法是在基站采用干扰抑制技术，基站具有强得多的处理能力和能源，因此我们采用这种比较实际的方法进行MIMO广播信道的干扰抑制。

在基站进行MAI抑制要求发射机知道信道特性，一般来说是信道冲激响应，借助接收到的基站发射的导频信号，信道状态信息（CSI）可以通过在每个接收机进行信道测量获得，然后CSI必须发射到基站用于MAI抑制。在一些系统里，上行链路和下行链路是相同的，例如，上行链路和下行链路采用相同的频段，利用不同的时隙进行传输，这种传输模式称为时分双工（Time Division Duplex，TDD）。在TDD传输模式下，可以由每个用户在上行链路发射用于信道测量的导频信号。无论是哪一种情况，都假定信道的时变相对较慢，以便基站可以得到信道特性的可靠估计。在本节的讨论中，假定发射机的CSI是理想的。

借助发射机处理的MAI抑制通常称为信号预编码（Signal Precoding），尽管在讨论MAI抑制时不包括编码信号传输，但附加信道编码将获得接近信道容量的速率是基本的。在Costa（1983）的论文 *Writing on Dirty Paper* 中已经证实：被发射机已知的加性干扰所破坏的加性高斯噪声信道容量与没有加性干扰的加性高斯噪声信道容量相同。与在脏纸上写字的类似之处在于：如果写字的人（发射机）知道纸上的污垢在哪里，就能够以一种读者（接收机）在不知道污垢位置的条件下以能恢复消息的方式书写。为了详细说明，假定发射机首先选择要发射到接收机1的码字 $\boldsymbol{x}_1$，然后发射机在知道要被发送到接收机1的码字 $\boldsymbol{x}_1$ 的前提下选择要发射到接收机2的码字 $\boldsymbol{x}_2$，在这种情况下，发射机能够先从 $\boldsymbol{x}_2$ 中减去 $\boldsymbol{x}_1$，这样，接收机2将无干扰地接收到 $\boldsymbol{x}_2$。在发射机完成信号处理以抑制MAI有时称为脏纸预编码（Dirty Paper Precoding）。

发射机中的信号处理可以采取的形式取决于完成预编码的准则和方法，最简单的预编码方法是线性的、基于迫零（ZF）准则或者均方误差（MSE）准则；或者，可采用非线性信号预编码方法，以获得更好的系统性能。下面以线性预编码的讨论开始，然后介绍非线性预编码方法。

16.4.1 发射信号的线性预编码

为了方便和数学上的简单性，假定每个用户有一个天线，接收机（用户）的数量 $K \leqslant N_{\mathrm{T}}$，还假定信道是非色散的。通信系统结构如图16-4-1所示，其中线性预编码矩阵用 $\boldsymbol{A}_{\mathrm{T}}$ 表示，因此，接收信号矢量是

$$\boldsymbol{y} = \boldsymbol{H}\boldsymbol{A}_{\mathrm{T}}\boldsymbol{s} + \boldsymbol{\eta} \tag{16-4-1}$$

式中，$\boldsymbol{H}$ 是 $K \times N_{\mathrm{T}}$ 矩阵；$\boldsymbol{A}_{\mathrm{T}}$ 是 $N_{\mathrm{T}} \times K$ 矩阵；$\boldsymbol{s}$ 是 $K \times 1$ 矢量；$\boldsymbol{\eta}$ 是 $K \times 1$ 高斯噪声矢量。消除接收机中MAI的矩阵一般由Moore-Penrose伪逆给出（见附录A），即

$$H^{+} = H^{H}(HH^{H})^{-1} \tag{16-4-2}$$

因此，线性预编码矩阵是

$$A_T = \alpha H^{+} \tag{16-4-3}$$

式中，α 是标度因子，其作用是使总的发射功率分配满足 $\|A_T s\|^2 = P$。因此，式（16-4-3）中的线性预编码矩阵允许每个用户恢复它们的期望符号，而没有发射到其他用户的信号的干扰。还可以观察到，在特殊情况下，$K = N_T$、$A_T = \alpha H^{-1}$。更进一步可注意到，当发射到 K 个用户的信号从同一星座中选出时，则所有的用户在接收机都有相同的 SNR，相应的数据速率也是一样的。

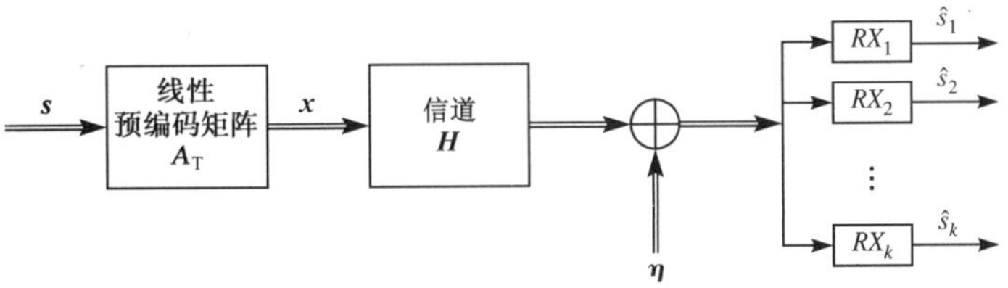

图 16-4-1　采用线性预编码的 MIMO 广播系统模型

Hochwald & Vishwanath（2005）以及 Peel 等（2005）研究了采用信道求逆预编码器的 MIMO 广播系统的容量和，这些参考文献显示，当 $K = N_T \to \infty$，采用信道求逆的遍历容量和接近一个常数，与 K 和 N_T 无关。这一结果与 MIMO 系统的可达容量和［正如已经看到的，与(N_T, K)中的最小值成线性增长关系］形成对比。由信道求逆引起的差的性能归因于$(HH^H)^{-1}$的最小特征值和最大特征值间大的差异。

信道矩阵 H 的病态效应（Effect of Ill-Conditioning）也可以在采用信道求逆抑制 MAI 的 MIMO 广播系统差错概率性能上看到，病态效应要求增加发射功率以获得可接受的性能。差错概率性能在下例中说明。

例 16-4-1　由式（16-4-1）和式（16-4-3）建模的广播系统可以在计算机上模拟，信道矩阵元素是复值 IID 零均值单位方差的高斯随机变量，由 Monte Carlo 模拟得到的迫零线性预编码器的差错概率性能如图 16-4-2 所示，其中 $K = N_T = 4$、6 和 10，调制方式为 QPSK。我们看到，差错概率随用户数增加而增加，该性能恶化归因于信道矩阵 H 的病态效应。

正如我们所看到的，迫零解决方法的主要缺点是当信道矩阵病态时（一些发射机-接收机链路增益较低或者衰减较高），由于矩阵求逆，系统性能将下降。如果放松在所有接收机中 MAI 为 0 这一条件，能够减少性能的下降，在设计线性预编码矩阵 A_T 时利用线性 MSE 准则，可以实现这一目标。因此，选择 A_T 使代价函数

$$J(A_T, \alpha) = \arg\min_{\alpha, A_T} E\left\|\frac{1}{\alpha}(HA_T s + \eta) - s\right\|^2 \tag{16-4-4}$$

最小化，约束条件为发射功率分配 $\|A_T s\|^2 = P$，式（16-4-4）中的期望运算是对噪声统计量和信号统计量进行的。MMSE 准则的解是线性预编码矩阵

$$A_{\mathrm{T}} = \alpha \boldsymbol{H}^{\mathrm{H}}(\boldsymbol{H}\boldsymbol{H}^{\mathrm{H}} + \beta \boldsymbol{I})^{-1} \tag{16-4-5}$$

式中，α是标度因子，用以满足功率分配；β为负荷因子，当选择$\beta = K/P$时，将使得接收机中信号-干扰加噪声比（SINR）最大化［见 Peel 等（2005）］。

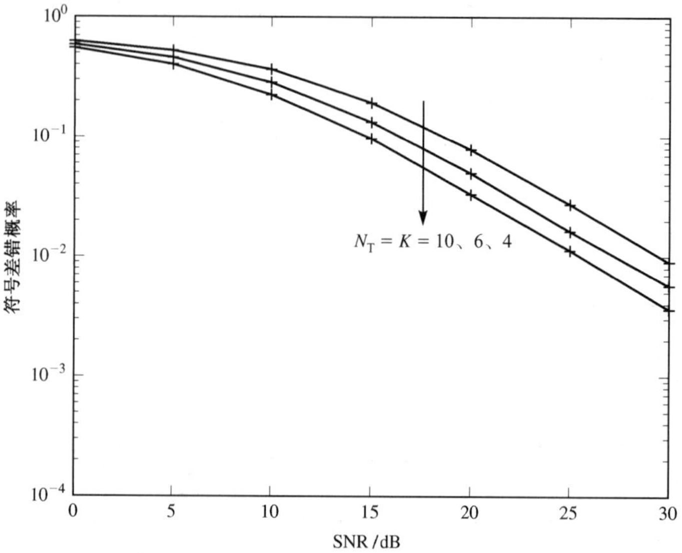

图 16-4-2　迫零线性预编码的性能，$K = N_{\mathrm{T}} = 4$、6、10，当 K 减少，性能改善

图 16-4-3［选自 Peel 等（2005）］所示为基于迫零和 MMSE 准则的两种线性预编码器的容量和比较，图中还表示了当发射机知道信道特性时，MIMO 信道的遍历容量和（理论极限），我们观察到，基于 MMSE 准则设计的线性预编码器的容量和随 K 成线性增长，但其斜率比理论极限小。

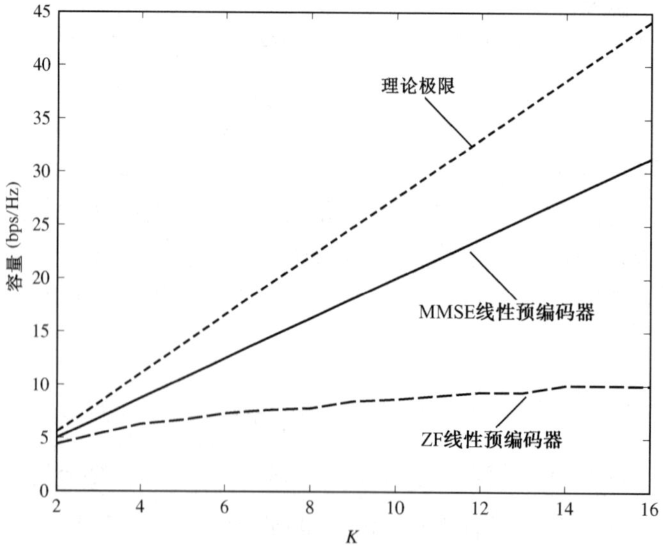

图 16-4-3　线性预编码器的容量和比较，它是用户数 K（K=N_{T}）的函数，SNR=10 dB

在频率非选择性瑞利衰落信道下，由 Monte Carlo 模拟得到的 MMSE 线性预编码器的

差错概率性能如图 16-4-4 所示，$K=N_T=4$、6 和 10。我们观察到，差错概率性能随用户数 K 的增加有轻微的改善。

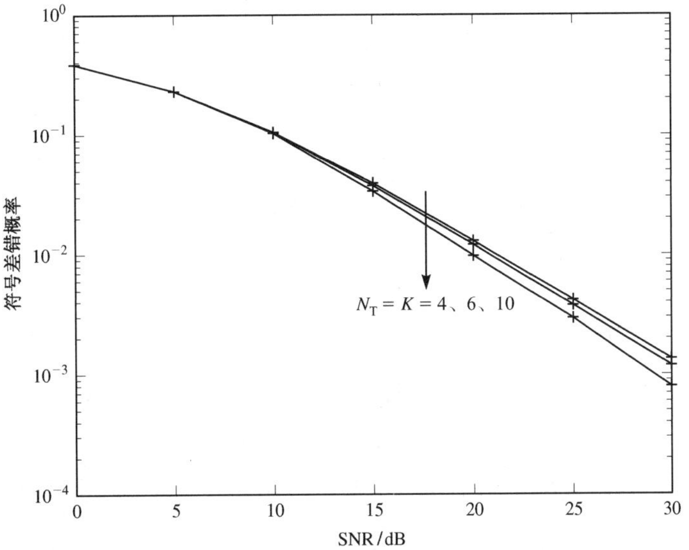

图 16-4-4 MMSE 线性预编码的性能，$K=N_T=4$、6、10，性能随 K 增加而略有改善

16.4.2 发射信号的非线性预编码——QR 分解

当发射机知道由于信号发射至任意一个特定用户而对其他用户造成干扰时，发射机能够为每一个其他用户设计信号以消除 MAI。这种方法的主要问题是如何在不增加发射功率的条件下进行干扰消除。在讨论基于判决反馈均衡的信道均衡时，遇到了这一相同问题。在那里，均衡器的反馈部分在发射机中实现（见 9.5.4 节）。回想一下，当期望符号与 ISI 的差的范围超出期望发射信号的范围时通过减去 $2M$ 的整数倍可以降低差值（对于 M 进制 PAM），其中$[-M, M]$是期望发射信号的范围。相同的非线性预编码方法（称为 Tomlinson-Harashima 预编码）可以用于在 MIMO 广播系统中消除 MAI。

图 16-4-5 所示为 MIMO 多用户系统中的预编码运算。对于频率选择性信道，第 i 个发射天线与第 k 个用户的接收天线之间的信道脉冲响应可建模为

$$h_{ki}(t) = \sum_{l=0}^{L-1} h_{ki}^{(l)} \delta(t - lT) \qquad (16\text{-}4\text{-}6)$$

式中，L 是信道响应中多径分量数；T 是符号持续时间；$h_{ki}^{(l)}$ 是第 l 径的复值信道系数。信道系数$\{h_{ki}^{(l)}\}$在发射机已知，并且是 IID 零均值、循环对称复高斯随机变量，其方差为

$$E\left[|h_{ki}^{(l)}|^2\right] = \frac{1}{L}, \qquad \forall k、i 和\ l \qquad (16\text{-}4\text{-}7)$$

可以很方便地把第 l 径的这些信道系数排列成 $K \times N_T$ 矩阵 $\boldsymbol{H}^{(l)}$，其中 $[\boldsymbol{H}^{(l)}]_{ki} = h_{ki}^{(l)}$，$i = 1, 2, \cdots, N_T$，$k = 1, 2, \cdots, K$。

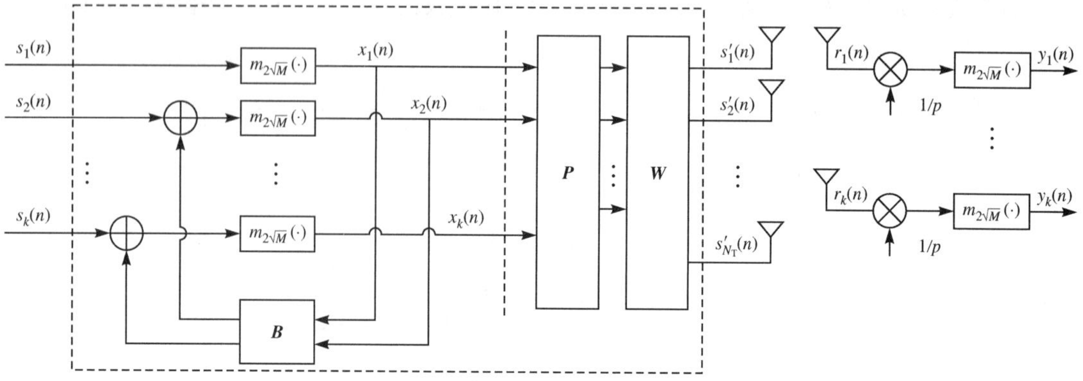

图 16-4-5　MIMO 多用户系统中的 Tomlinson-Harashima 预编码运算

利用信道矩阵 $\boldsymbol{H}^{(0)}$ 的 QR 分解可以帮助消除 MAI，因此，把 $[\boldsymbol{H}^{(0)}]^{\mathrm{H}}$ 表示成

$$[\boldsymbol{H}^{(0)}]^{\mathrm{H}} = \boldsymbol{QR} \tag{16-4-8}$$

式中，$\boldsymbol{Q}$ 是 $N_{\mathrm{T}} \times K$ 矩阵，$\boldsymbol{QQ}^{\mathrm{H}} = \boldsymbol{I}$；$\boldsymbol{R}$ 是 $K \times K$ 的三角矩阵，其对角元素为 $\{r_{ii}\}$。基于 $[\boldsymbol{H}^{(0)}]^{\mathrm{H}}$ 的这一分解，要发射的信号由以下的矩阵变换进行预编码。

$$\boldsymbol{W} = \boldsymbol{QA} \tag{16-4-9}$$

式中，$\boldsymbol{A}$ 是 $K \times K$ 的对角矩阵，对角元素为 $\{1/r_{ii}\}$，i=1, 2,⋯, K，$\{r_{ii}\}$ 为正实数[见 Tulino & Verdu (2004)]。矩阵 $\boldsymbol{P} = p\boldsymbol{I}$，是 $K \times K$ 的对角矩阵，只是用于标定发射信号功率，使所有用户具有相等的 SNR，因此具有如下有效的信道矩阵形式。

$$\boldsymbol{H}^{(0)}\boldsymbol{WP} = [\boldsymbol{QR}]^{\mathrm{H}}\boldsymbol{QAP} = p\boldsymbol{R}^{\mathrm{H}}\boldsymbol{A} \tag{16-4-10}$$

注意到 $\boldsymbol{R}^{\mathrm{H}}\boldsymbol{A}$ 是 $K \times K$ 的下三角矩阵，具有单位对角元素，因此用户 k 受到用户 1, 2 ,⋯, k−1 的多址干扰。还注意到，假定 $N_{\mathrm{T}} \geqslant K$，有效信道矩阵 $\boldsymbol{H}^{(0)}\boldsymbol{W} = \boldsymbol{R}^{\mathrm{H}}\boldsymbol{A}$ 具有满秩 K。

通过把信道矩阵变换为下三角矩阵，现在能够在发射机中减去每个用户将会在其接收机中观察到的干扰。因此，当信道把相同的干扰加到发射信号时，每个接收机中的接收信号将不会有干扰。通过利用下三角矩阵结构，可以进行连续干扰消除，反馈滤波器由如下矩阵定义。

$$\boldsymbol{B} = [\boldsymbol{I} - \boldsymbol{H}^{(0)}\boldsymbol{W}, -\boldsymbol{H}^{(1)}\boldsymbol{W}, -\boldsymbol{H}^{(2)}\boldsymbol{W}, \cdots, -\boldsymbol{H}^{(L-1)}\boldsymbol{W}] \tag{16-4-11}$$

式中，矩阵 $\boldsymbol{I} - \boldsymbol{H}^{(0)}\boldsymbol{W}$ 用于消除当前符号间隔其他用户的干扰，项 $-\boldsymbol{H}^{(1)}\boldsymbol{W}$，$-\boldsymbol{H}^{(2)}\boldsymbol{W}$，⋯，$-\boldsymbol{H}^{(L-1)}\boldsymbol{W}$ 用于消除前面符号的干扰。

为了确保减去干扰项不会引起发射功率的增加，正如 Tomlinson-Harashima 预编码，可利用模运算把信号范围限制在信号星座边界。因此，如图 16-4-5 所示，第 n 个信号矢量的模运算输出是（对于矩形 QAM 星座）

$$\boldsymbol{x}(n) = \mathrm{mod}2\sqrt{M}[\boldsymbol{s}(n) + \boldsymbol{B}\hat{\boldsymbol{x}}(n)] = \boldsymbol{s}(n) + \boldsymbol{B}\hat{\boldsymbol{x}}(n) - 2\sqrt{M}\boldsymbol{z}_x(n) \tag{16-4-12}$$

式中，模运算针对矢量 $\boldsymbol{s}(n) + \boldsymbol{B}\hat{\boldsymbol{x}}(n)$ 的每个实部和虚部进行，$\boldsymbol{x}(n)$是模运算输出的 $K \times 1$ 矢量，$\boldsymbol{s}(n)$是 $K \times 1$ 信号矢量，$\hat{\boldsymbol{x}}(n)$ 定义成

$$\hat{\boldsymbol{x}}(n) = \{\boldsymbol{x}(n)^{\mathrm{t}}, \boldsymbol{x}(n-1)^{\mathrm{t}}, \boldsymbol{x}(n-2)^{\mathrm{t}}, \cdots, \boldsymbol{x}[n-(L-1)]^{\mathrm{t}}\}^{\mathrm{t}} \tag{16-4-13}$$

$z_x(n)$ 是 $K \times 1$ 矢量，具有取整数值的复值分量，它由 $\boldsymbol{x}(n)$的实部和虚部落在 $[-\sqrt{M}, \sqrt{M})$ 这个

范围约束确定。因此，发射信号矢量表示成

$$s'(n) = \boldsymbol{WPx}(n) = p\boldsymbol{Wx}(n) \tag{16-4-14}$$

接收信号矢量为

$$\boldsymbol{r}(n) = p\sum_{i=0}^{L-1}\boldsymbol{H}^{(i)}\boldsymbol{Wx}(n-i) + \boldsymbol{\eta}(n) \tag{16-4-15}$$

因此，

$$\boldsymbol{P}^{-1}\boldsymbol{r}(n) = \boldsymbol{x}(n) + (\boldsymbol{H}^{(0)}\boldsymbol{W} - \boldsymbol{I})\boldsymbol{x}(n) + \sum_{i=1}^{L-1}\boldsymbol{H}^{(i)}\boldsymbol{WX}(n-i) + \boldsymbol{\eta}'(n) \tag{16-4-16}$$

代替式（16-4-16）中的 $\boldsymbol{x}(n)$，可得到

$$\boldsymbol{P}^{-1}\boldsymbol{r}(n) = \boldsymbol{s}(n) + \boldsymbol{\eta}'(n) - 2\sqrt{M}\boldsymbol{z}_x(n) \tag{16-4-17}$$

结果是，MAI 和 ISI 完全消除，导致第 n 个信号矢量的检验统计量为

$$\boldsymbol{y}(n) = \mathrm{mod}2\sqrt{M}\left[\frac{1}{p}\boldsymbol{r}(n)\right] \tag{16-4-18}$$

分散接收机的最佳排序

K 个分散接收机的排序影响 $K \times N_T$ 信道矩阵 $\boldsymbol{H}^{(0)}$ 的构造，$[\boldsymbol{H}^{(0)}]^H$ 的列置换有 $K!$ 种可能，因此，每一种置换都有一种 QR 分解。反过来，存在 $K!$ 个变换矩阵 $\boldsymbol{W}=\boldsymbol{QA}$，每一个需要不同的发射功率。为了使总的发射功率最小化，有必要在 $[\boldsymbol{H}^{(0)}]^H$ 的所有列置换中搜索进行。除非用户数少，这种贪婪搜索过程是计算耗时的。Foschini 等（1999）已经描述了简化最佳排序搜索的方法。

以上描述的 QR 分解方法的差错概率性能已经由 Amihood 等（2006,2007）进行了计算。图 16-4-6 画出了符号差错概率相对于 SNR（所有天线总的发射信号功率除以 N_0）的曲线，采用 QPSK 调制，L=1、2 以及 $N_T = K = 2$。图中还给出了 Monte Carlo 模拟结果，模拟结果是通过发射 1000 个数据符号获得的，信道为 10000 个信道实现中的一个。

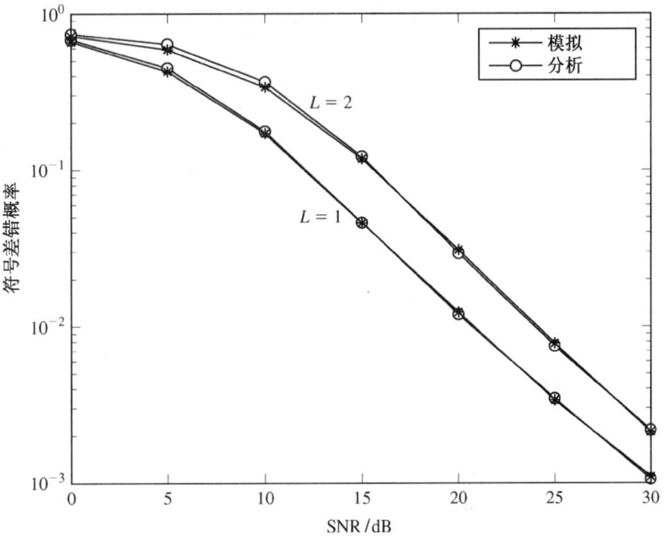

图 16-4-6　最佳 QR 分解的性能，$N_T = K = 2$ 以及 L=1、2

图 16-4-7 表示了 L=1（平衰落），K=2，以及 N_T=2、3、4 时采用 QPSK 的符号差错概率性能。我们观察到，系统性能随着发射天线数的增加而改善，它反映了空间分集的益处。

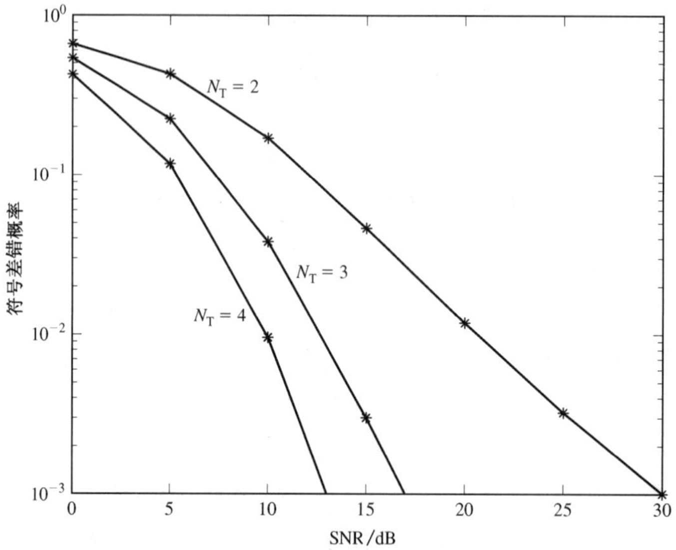

图 16-4-7　最佳排序 QR 分解的性能，K=2，L=1 及 N_T=2、3、4

图 16-4-8 显示了 ZF 和 MMSE 线性预编码方法与 QR 分解方法的差错概率性能比较，采用 QPSK 调制，L=1 及 K=N_T=4。图 16-4-9 显示了类似的比较，K=N_T=6。可观察到，在高 SNR 时，QR 分解法的性能优于线性预编码器，但在低 SNR 时性能较差。然而，QR 分解法在高 SNR 时的性能改善是以比线性 MMSE 预编码器高得多的计算复杂度为代价的。

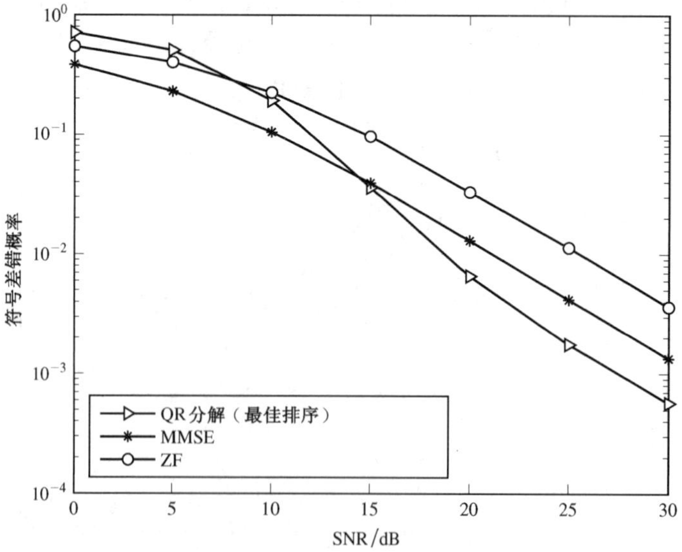

图 16-4-8　QR 分解和线性预编码器的比较，N_T=K=4

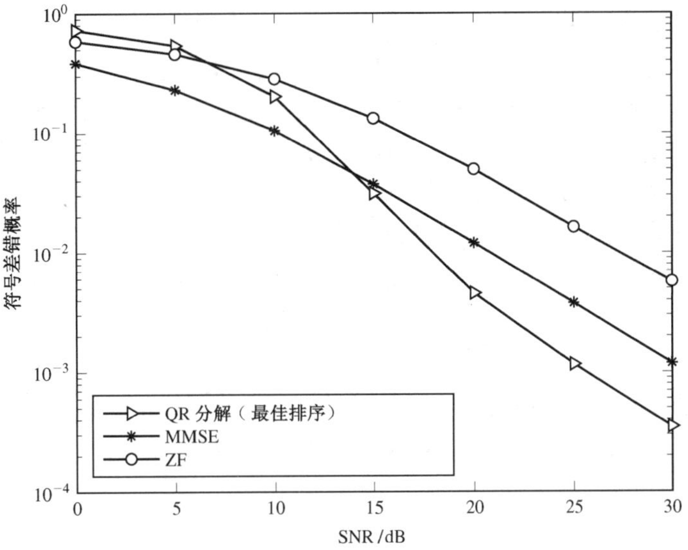

图 16-4-9 QR 分解和线性预编码器的比较，$N_T=K=6$

16.4.3 非线性矢量预编码

16.4.2 节描述的 QR 分解方法是文献中描述的抑制 MIMO 广播系统 MAI 的几种非线性预编码技术之一，这些方法一般可以描述成矢量预编码技术。

Hochwald 等（2005）已经提出并估算了矢量预编码技术的性能过附加整数元素的预编码矢量，修改了待发射到 K 个用户的信号矢量。尤其是，考虑一种修正的线性迫零预编码器，其中信号矢量 $\boldsymbol{s}$ 的每个元素附加某个经过审慎选择的整数偏移量，如图 16-4-10 所示。因此，偏移信号矢量变成

$$\boldsymbol{s}' = \boldsymbol{s} + \tau\hat{\boldsymbol{p}} \tag{16-4-19}$$

式中，τ 是正实数；$\hat{\boldsymbol{p}}$ 是具有复值元素的 K 维矢量，其实部和虚部是整数。因此，对于 $N_T = K$，发射信号矢量是

$$\boldsymbol{x} = \boldsymbol{A}_T(\boldsymbol{s} + \tau\hat{\boldsymbol{p}}) = \alpha\boldsymbol{H}^{-1}(\boldsymbol{s} + \tau\hat{\boldsymbol{p}}) \tag{16-4-20}$$

选择偏移矢量 $\hat{\boldsymbol{p}}$ 使发射信号功率最小化，即

$$\hat{\boldsymbol{p}} = \arg\min_{\boldsymbol{p}} \|\alpha\boldsymbol{H}^{-1}(\boldsymbol{s} + \tau\boldsymbol{p})\|^2 \tag{16-4-21}$$

因此，矢量扰动方法联合优化发射到所有接收机的信号的扰动矢量，求解这个最小平方 K 维整数格问题的算法由 Hochwald 等（2005）给出。

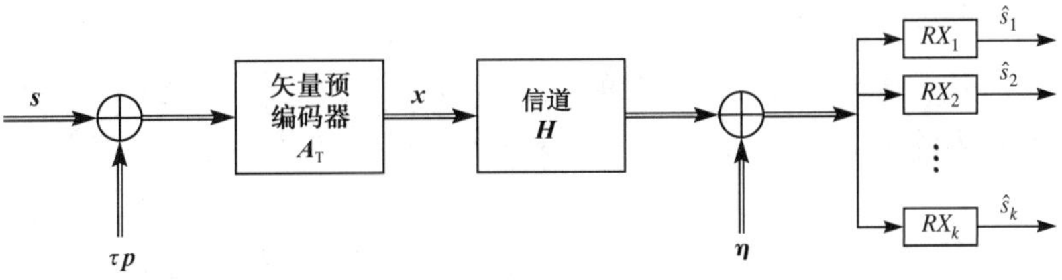

图 16-4-10 采用矢量预编码器的 MIMO 广播系统模型

Hochwald 等（2005）指出，扰动矢量 $\boldsymbol{p}$ 的优化导出偏移数据矢量 $\boldsymbol{s}$，平均起来，该矢量朝向 $(\boldsymbol{HH}^{\mathrm{H}})^{-1}$ 每个特征值，与特征值成反比。矢量预编码方法通常产生比 16.4.2 节描述的采用标量 Tomlinson-Harashima 预编码的 QR 分解法有更好的差错概率性能。

接收机不知道扰动矢量 $\hat{\boldsymbol{p}}$，但是，通过把 $\hat{\boldsymbol{p}}$ 的元素约束成整数，接收机可以利用模运算恢复信号分量，正如 Tomlinson-Harashima 预编码。标量 τ 选得足够大，使得每个接收机把模运算应用于接收矢量 $\boldsymbol{y}=\boldsymbol{Hx}+\boldsymbol{\eta}$ 的每个元素的实部和虚部，以恢复信号矢量 $\boldsymbol{s}$ 的相应分量。需要选择 τ 以便在每个信号星座符号的实部和虚部周围产生对称的译码区域，实现这一目标的 τ 应选择为

$$\tau=2|s_k|_{\max}+\Delta \tag{16-4-22}$$

式中，$|s_k|_{\max}$ 是最大的信号星座符号，Δ 是相邻星座符号间的距离。

矢量扰动技术也可以应用于基于 MMSE 准则的线性预编码器，这种情况下，发射信号矢量为

$$\boldsymbol{x}=\boldsymbol{A}_{\mathrm{T}}(s+\tau\hat{\boldsymbol{p}})=\alpha\boldsymbol{H}^{\mathrm{H}}(\boldsymbol{H}\boldsymbol{H}^{\mathrm{H}}+\beta\boldsymbol{I})^{-1}(s+\tau\hat{\boldsymbol{p}}) \tag{16-4-23}$$

式中，$\hat{\boldsymbol{p}}$ 的选择使发射信号功率最小化，即，

$$\hat{\boldsymbol{p}}=\arg\min_{\boldsymbol{p}}\|\alpha\boldsymbol{H}^{\mathrm{H}}(\boldsymbol{H}\boldsymbol{H}^{\mathrm{H}}+\beta\boldsymbol{I})^{-1}(\boldsymbol{s}+\tau\boldsymbol{p})\|^2 \tag{16-4-24}$$

式中，α的选择必须满足发射功率分配约束，选择 β 使信号-干扰加噪声比最大，τ 的选择如前所述，以便在每个信号星座符号的实部和虚部周围产生对称的译码区域。因此，接收信号矢量是

$$\boldsymbol{r}=\alpha\boldsymbol{H}\boldsymbol{H}^{\mathrm{H}}(\boldsymbol{H}\boldsymbol{H}^{\mathrm{H}}+\beta\boldsymbol{I})^{-1}(s+\tau\hat{\boldsymbol{p}})+\boldsymbol{\eta} \tag{16-4-25}$$

假定第 m 个用户的接收信号具有如下形式：

$$r_m=\alpha(s_m+\tau p_m)+\eta'_m \tag{16-4-26}$$

式中，η'_m 包括加性信道噪声以及来自其他用户的由于非零标定因子 β 引起的 MAI。因为每个用户知道 α 和 τ，第 m 个用户对 r_m 完成模运算以去除 p_m，并把结果送到译码器。Hochwald 等（2005）指出，这种矢量扰动方案的性能比 16.4.1 节描述的线性 MMSE 预编码器好得多。

16.4.4　预编码的格压缩技术

在设计通信系统信号集时，基于格的星座非常普遍。已经在 4.7 节研究了格和基于格的星座的主要性质。格预编码是一种类似于 Tomlinson-Harashima 预编码的技术，可用于发射机知道干扰的信道。

考虑这样的 MIMO 广播信道模型，基站具有 N_{T} 个发射天线，K个接收机中每个均有一个天线。我们还假设 $K\leqslant N_{\mathrm{T}}$。信道的输入-输出关系写成

$$\boldsymbol{y}=\boldsymbol{Hx}+\boldsymbol{\eta} \tag{16-4-27}$$

式中，$\boldsymbol{x}$ 和 $\boldsymbol{y}$ 是发射和接收信号矢量，分别具有 N_{T} 和 K 个分量；$\boldsymbol{\eta}$是 IID 随机变量矢量，每个变量服从 $\mathrm{CN}(0,N_0)$分布；$\boldsymbol{H}$ 是 $K\times N_{\mathrm{T}}$ 复信道系数矩阵，如前所述，假定发射机完全知道矩阵 $\boldsymbol{H}$。

原始的格压缩技术（也称为格缩小技术）是为实数格开发的，为了利用这些技术，可以方便地引入要研究的通信系统的实等效。式（16-4-27）等效于下列形式，其中所有的量都是实数值。

$$\begin{bmatrix}\mathrm{Re}(\boldsymbol{y})\\ \mathrm{Im}(\boldsymbol{y})\end{bmatrix} \begin{bmatrix}\mathrm{Re}(\boldsymbol{H}) & -\mathrm{Im}(\boldsymbol{H})\\ \mathrm{Im}(\boldsymbol{H}) & \mathrm{Re}(\boldsymbol{H})\end{bmatrix} \begin{bmatrix}\mathrm{Re}(\boldsymbol{x})\\ \mathrm{Im}(\boldsymbol{x})\end{bmatrix} + \begin{bmatrix}\mathrm{Re}(\boldsymbol{\eta})\\ \mathrm{Im}(\boldsymbol{\eta})\end{bmatrix} \tag{16-4-28}$$

该方程可以写成

$$\boldsymbol{y}_{\mathrm{r}} = \boldsymbol{H}_{\mathrm{r}}\boldsymbol{x}_{\mathrm{r}} + \boldsymbol{\eta}_{\mathrm{r}} \tag{16-4-29}$$

打算发射到 K 个接收机的数据符号矢量用 $\boldsymbol{s}$ 表示，它是 K 维矢量，其元素是 M 进制 QAM 星座，该星座定义成具有给定边界的格点集。

我们已经在前面几节看到不同类型的预编码，作为线性预编码的例子，形式为 $\boldsymbol{A}_{\mathrm{Tr}} = \alpha\boldsymbol{H}_{\mathrm{r}}^{+} = \alpha\boldsymbol{H}_{\mathrm{r}}^{\mathrm{H}}(\boldsymbol{H}_{\mathrm{r}}\boldsymbol{H}_{\mathrm{r}}^{\mathrm{H}})^{-1}$ 的迫零预编码矩阵导出

$$\boldsymbol{x}_{\mathrm{r}} = \boldsymbol{A}_{\mathrm{Tr}}\boldsymbol{s}_{\mathrm{r}} = \alpha\boldsymbol{H}_{\mathrm{r}}^{\mathrm{H}}\left(\boldsymbol{H}_{\mathrm{r}}\boldsymbol{H}_{\mathrm{r}}^{\mathrm{H}}\right)^{-1}\boldsymbol{s}_{\mathrm{r}} \tag{16-4-30}$$

形式为 $\boldsymbol{A}_{\mathrm{Tr}} = \alpha\boldsymbol{H}_{\mathrm{r}}^{\mathrm{H}}(\boldsymbol{H}_{\mathrm{r}}\boldsymbol{H}_{\mathrm{r}}^{\mathrm{H}} + \beta\boldsymbol{I})^{-1}$ 的 MMSE 预编码矩阵导出

$$\boldsymbol{x}_{\mathrm{r}} = \boldsymbol{A}_{\mathrm{Tr}}\boldsymbol{s}_{\mathrm{r}} = \alpha\boldsymbol{H}_{\mathrm{r}}^{\mathrm{H}}\left(\boldsymbol{H}_{\mathrm{r}}\boldsymbol{H}_{\mathrm{r}}^{\mathrm{H}} + \beta\boldsymbol{I}\right)^{-1}\boldsymbol{s}_{\mathrm{r}} \tag{16-4-31}$$

Tomlinson-Harashima 预编码在发射机利用模算术，并要求在接收机中在量化到 M 进制星座前进行模运算。这种非线性预编码技术是基于 $\boldsymbol{H}_{\mathrm{r}}$ 的 QR 分解及连续抵消，其性能可通过利用 Foschini 等（1999）描述的算法进行子信道最佳排序来改善。

16.4.3 节的矢量扰动法也可以根据式（16-4-29）的实等效矩阵形式表示成

$$\boldsymbol{x}_{\mathrm{r}} = \boldsymbol{A}_{\mathrm{Tr}}(\boldsymbol{s}_{\mathrm{r}} + \hat{\boldsymbol{p}}), \qquad \hat{\boldsymbol{p}} = \arg\min_{\boldsymbol{p}'\in\alpha\mathbb{Z}^{2K}} \|\boldsymbol{A}_{\mathrm{Tr}}(\boldsymbol{s}_{\mathrm{r}} + \boldsymbol{p}')\|^2 \tag{16-4-32}$$

式中，Z^{2K} 是 $2K$ 维格整数；α 是 Tomlinson-Harashima 预编码模运算中的标量（$2\sqrt{M}$）。式（16-4-32）中 $\boldsymbol{p}$ 的优化可以解释成在格 $\alpha\boldsymbol{A}_{\mathrm{Tr}}Z^{2K}$ 中寻找最接近 $-\boldsymbol{A}_{\mathrm{Tr}}\boldsymbol{s}_{\mathrm{r}}$ 的点，能够利用格的 Voronoi 区域来完成。

正如 4.7 节研究的，格（Lattice）能够根据生成矩阵 $\boldsymbol{G}$ 来表示，其行表示格的基，即所有格的点可以写成具有整数系数的 $\boldsymbol{G}$ 的行的线性组合。任何格 $\boldsymbol{\Lambda}$ 可以有许多生成矩阵及许多表示格点的基，尤其是，如果 $\boldsymbol{F}$ 是具有整数项的方阵，因此，$\det\boldsymbol{F} = \pm 1$，$\boldsymbol{F}^{-1}$ 存在，并且全是整数项。从而，$\boldsymbol{G}' = \boldsymbol{F}\boldsymbol{G}$ 是格 $\boldsymbol{\Lambda}$ 的生成器。新的生成矩阵 $\boldsymbol{G}'$ 定义了格 $\boldsymbol{\Lambda}$ 的新的基。修改的格基的期望特性是它是正交的或者接近正交的基，具有最低基矢量范数。为格寻找这种基的过程称为格压缩（Lattice Reduction）。尽管高维格压缩是 NP-hard 问题，然而，由 Lenstra 以及 Lovasz 提出的多项式-时间次最优格压缩方法（称为格压缩的 LLL 算法）在大多数情况下给出了很好的结果，见 Lenstra 等（1982）。

因为在格 $\alpha\boldsymbol{A}_{\mathrm{Tr}}Z^{2K}$ 中寻找最接近 $-\boldsymbol{A}_{\mathrm{Tr}}\boldsymbol{s}_{\mathrm{r}}$ 的 $\boldsymbol{p}$，我们能够应用 LLL 算法并写成

$$\boldsymbol{A}_{\mathrm{Tr}} = \boldsymbol{W}_{\mathrm{r}}\boldsymbol{F}_{\mathrm{r}} \tag{16-4-33}$$

式中，$\boldsymbol{W}_{\mathrm{r}}$ 是实值 $2N_{\mathrm{T}} \times 2K$ 矩阵，表示经过变换的接近正交的基；$\boldsymbol{F}_{\mathrm{r}}$ 是表示变换的整数值矩阵，$\det\boldsymbol{F}_{\mathrm{r}} = \pm 1$。具有低的基矢量范数、接近正交的基的好处是：当把线性干扰抑制技术应用于这些基时，噪声增强效应较低。

在图 16-4-11 中，左图表示相应于 $\alpha\boldsymbol{A}_{\mathrm{Tr}}Z^2$ 的格型，其 Voronoi 区域表示式（16-4-32）的最小距离解。这个格的原来的基用虚箭头表示，把 LLL 算法应用于这个格导出压缩的基，由实箭头表示，与原来基相比，它更接近正交基。如果利用原来的基来进行线性均衡，可得到中间的图，其中虚箭头是标准正交的。然而，用虚边界表示的整数格与修改的 Voronoi 区域不匹配。事实上，大的白色区域相应于两个区域的失配，表示了这种方法的低效率。最右边的

图显示了把线性均衡应用于压缩基的结果。正如在这里看见的，在修改的 Voronoi 区域和整数格之间有很好的重叠，表示了这种方法的有效性。

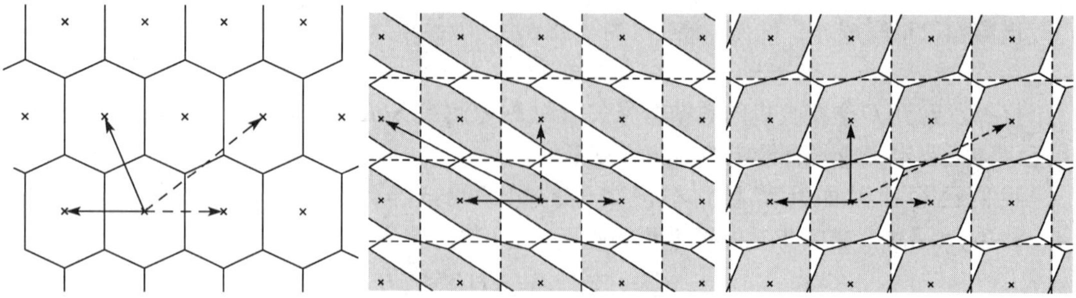

图 16-4-11　左边：格 $\alpha A_{\mathrm{Tr}} Z^2$ 及其 Voronoi 区域，原来的基（虚线）和修改的基（实线）。中间：应用于原来基的线性均衡。右边：应用于修改基的线性均衡

利用 Gan & Mow（2005）描述了 LLL 算法的复数形式，格压缩方法已经直接应用于复数维格。这种情况下，格由 n 个长度为 n 的线性独立复数行向量 $\boldsymbol{g}_1,\boldsymbol{g}_2,\cdots,\boldsymbol{g}_n$ 构成的格基来描述。所有的格点都能够写成

$$\boldsymbol{x}=\sum_{i=1}^{n} c_i \boldsymbol{g}_i \tag{16-4-34}$$

式中，c_i 是具有整数实部和虚部的复数，矩阵 $\boldsymbol{G}$ 是格生成器，其行是 $\boldsymbol{g}_i$。类似于实数格，如果 $\boldsymbol{G}'=\boldsymbol{GF}$，$\boldsymbol{F}$ 具有整数实部和虚部构成的复数项，所以，$\det \boldsymbol{F}=\pm 1$ 或者 $\det \boldsymbol{F}=\pm \mathrm{j}$，$\boldsymbol{G}'$ 也是由 $\boldsymbol{G}$ 生成的格基。复数 LLL 压缩具有形式 $\boldsymbol{A}_{\mathrm{T}}=\boldsymbol{WF}$，其中 $\boldsymbol{W}$ 表示接近正交的压缩基。

取决于所选择的方法，$\boldsymbol{A}_{\mathrm{T}}$ 可以有不同形式。对于迫零法，$\boldsymbol{A}_{\mathrm{T}}=\alpha \boldsymbol{H}^{+}=\alpha \boldsymbol{H}^{\mathrm{H}}(\boldsymbol{HH}^{\mathrm{H}})^{-1}$，对于 MMSE 法，$\boldsymbol{A}_{\mathrm{T}}=\alpha \boldsymbol{H}^{\mathrm{H}}(\boldsymbol{HH}^{\mathrm{H}}+\beta \boldsymbol{I})^{-1}$。对于采用 Voronoi 区域寻找最近格点的扰动法，近似偏移矢量由下式给出。

$$\boldsymbol{p}_{\mathrm{approx}}=-\boldsymbol{F}^{-1}Q(\boldsymbol{Fs}) \tag{16-4-35}$$

式中，$Q(\cdot)$ 表示把 K 维矢量逐个元素地舍入到标定的复数整数格。

Windpassinger 等（2004）研究的格压缩技术表明了这种方法在通过增加分集增益改善性能方面的有效性。事实上，由格压缩技术获得的信号分集阶数比得上由最大似然检测获得的信号分集阶数，但通过格压缩技术获得这一信号分集复杂度低得多。有兴趣的读者可以参考 Yao & Wornell（2002）、Fischer & Windpassinger（2003）以及 Windpassinger 等（2004）以求了解进一步的细节。

16.5　随机接入方式

本节将研究以分组形式在共用信道上发送信息的多用户系统。与 16.3 节描述的 CDMA 方式相对比，本方案中用户信息信号在频率上并不扩展。因此，如果不采用由多个接收天线获得的空间滤波，同步传输的多用户信号将不能在接收机中分离。因为分组是按照某种统计模型产生的，所以下面叙述的接入方式基本上是随机的。当有一个或多个分组需发送时，用户

接入信道。当多于一个的用户试图同时发送分组时，分组在时间上重叠，即它们将产生冲突，因此必须通过设计分组重传的某种信道协议来解决冲突问题。下面介绍几种随机接入信道协议来解决分组传输中的冲突问题。

16.5.1 ALOHA 系统和协议

假设采用随机接入方案，在该方案中，每个用户一有分组就马上发送。当某一用户发送一个分组且该时间间隔内没有其他用户发送分组时，则认为该分组发送成功。然而，如果一个或多个其他用户发送一个分组，且在时间上与第一个用户的分组重叠，则发生冲突且发送不成功。图 16-5-1 说明了这种情形。如果用户知道何时它们的分组被成功发送以及何时它们与其他分组冲突，就可能设计出一种重传冲突分组的方案，这种方案称为信道接入协议。

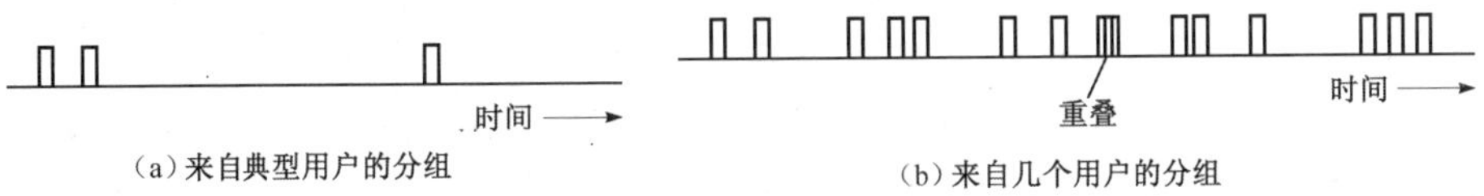

图 16-5-1　随机接入分组传输

把有关分组发送成功或不成功的信息反馈给用户是必要的，反馈的方式有多种。在无线广播系统中，如采用图 16-5-2 中卫星转发器，下行链路将分组广播到所有的用户，所有发射机都能监测它们的传输，因此可获得以下的三种信息：不发送分组、成功发送分组或发生冲突。这种反馈给发射机的信息一般记为（0,1,c）反馈。在使用有线或光纤信道的系统中，接收机可在某一单独信道上发送反馈信号。

由美国夏威夷大学 Abramson（1970, 1977）及其他人发明的 ALOHA 系统采用一个卫星转发器，它以广播方式转发其接收到的、来自接入该卫星的各用户的分组。在这种情况下，所有用户都能够监测卫星传输，因此可确定它们的分组是否已被成功发送。

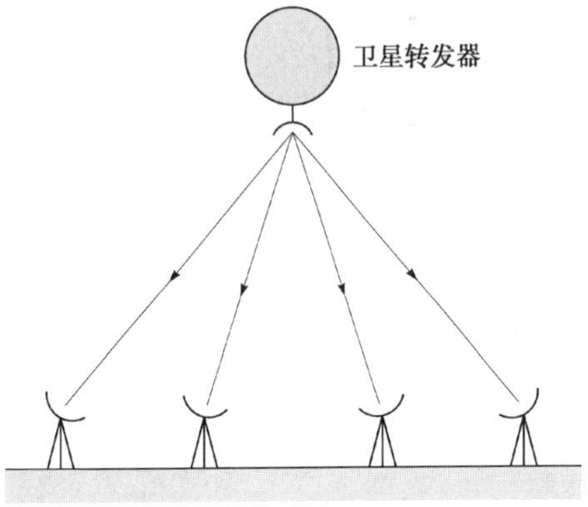

图 16-5-2　无线广播系统

有两种典型形式的 ALOHA 系统：同步或时隙 ALOHA 系统与不同步或非时隙 ALOHA 系统。在非时隙 ALOHA 系统中，用户可在任意时刻开始发送一个分组；在时隙 ALOHA 系统中，用户需在具有特定开始和结束时刻的时隙内发送该分组。

若假设分组发送的起始时间是泊松点过程，其平均速率为 λ 个分组/秒。令 T_p 表示一个分组的持续时间，则归一化信道业务量 G（也称为流入信道业务量）定义为

$$G = \lambda T_p \tag{16-5-1}$$

有许多可用于处理冲突的信道接入协议，本节考虑由 Abramson（1973）提出的协议。在 Abramson 提出的协议中，冲突的分组以延时 τ 重发，并根据如下 PDF 选择延时 τ。

$$p(\tau) = \alpha e^{-\alpha\tau} \tag{16-5-2}$$

式中，α 为设计参数。随机延时 τ 被加到初始发送的时间上，分组在新的时间重发。如果再次发生冲突，则随机选择一个新的 τ 值，分组根据第二次发送时间加上新的延时后再重发。该过程持续到分组发送成功为止。设计参数α确定了重传之间的平均延时，α值越小，重传之间的延时就越大。

令 $\lambda'(\lambda' < \lambda)$ 是分组成功发送的速率，则归一化的信道吞吐量为

$$S = \lambda' T_{\mathrm{p}} \tag{16-5-3}$$

可利用假设的起始时间分布求信道吞吐量 S 与流入信道业务量 G 之间的关系。一个分组和某一给定分组不重叠的概率是该分组发送起始时间的前、后 T_{p} 秒内没有分组开始发送的概率。因为所有分组起始时间服从泊松分布，故分组不重叠的概率为 $\exp(-2\lambda T_{\mathrm{p}})=\exp(-2G)$，因此

$$S = Ge^{-2G} \tag{16-5-4}$$

图 16-5-3 所示为 ALOHA 系统的吞吐量，可以看出，最大吞吐量为 $S_{\max}=1/2e\approx0.184$ 个分组/时隙，它发生在 $G=1/2$ 处。当 $G>1/2$ 时，吞吐量 S 下降。上式研究结果说明，非同步或非时隙 ALOHA 的吞吐量相当小，而且效率很低。

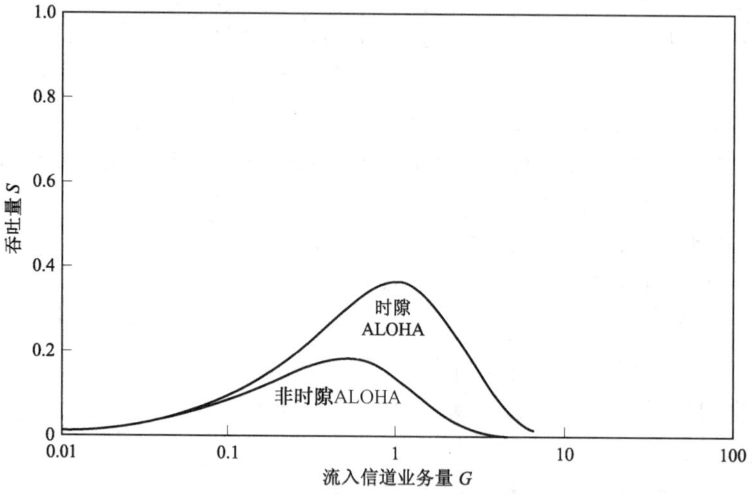

图 16-5-3　ALOHA 系统的吞吐量

时隙 ALOHA 的吞吐量

为了确定时隙 ALOHA 系统的吞吐量，令 G_i 为第 i 个用户在某个时隙发送一个分组的概率。如果所有 K 个用户独立运行，而且用户分组在当前时隙内发送及其在先前时隙内的发送是统计无关的，则总（归一化）的流入信道业务量为

$$G = \sum_{i=1}^{K} G_i \tag{16-5-5}$$

注意，在这种情况下，G 可大于 1。

现在，设某一时隙发送的一个分组被无冲突地接收的概率为 $S_i \leqslant G_i$，那么，归一化信道吞吐量为

$$S = \sum_{i=1}^{K} S_i \tag{16-5-6}$$

第 i 个用户分组与另一个分组不发生冲突的概率是

$$Q_i = \prod_{\substack{j=1 \\ j \neq i}}^{K} (1 - G_j) \tag{16-5-7}$$

因此，

$$S_i = G_i Q_i \tag{16-5-8}$$

通过考虑 K 个相同用户，可得到信道吞吐量的简单表达式，即

$$S_i = \frac{S}{K}, \qquad G_i = \frac{G}{K}$$

以及

$$S = G\left(1 - \frac{G}{K}\right)^{K-1} \tag{16-5-9}$$

如果令 $K \to \infty$，则得到的吞吐量为

$$S = G\mathrm{e}^{-G} \tag{16-5-10}$$

在图 16-5-3 中也画出了该结果的曲线。我们看到，在 $G=1$ 处，S 达到最大吞吐量 $S_{\max}=1/\mathrm{e}\approx 0.368$ 个分组/时隙，它是非时隙 ALOHA 系统吞吐量的 2 倍。

上面给出的时隙 ALOHA 系统的性能建立在处理冲突的 Abramson 协议的基础之上，通过设计更好的协议，有可能获得更高的吞吐量。

Abramson 协议的主要弱点在于，它没有考虑信道业务量的信息，该信息可通过对所发生冲突的观测得到。利用 Capetanakis（1979）设计的树形协议，可获得时隙 ALOHA 系统吞吐量的进一步改善。在该算法中，所有前面的冲突解决之前，不允许用户发送新的分组。只有当前面冲突的所有分组均被成功发送后，用户才能够在新分组产生后立刻在随后的时隙中发送它。如果信道正在清除前面的冲突时又产生一个新的分组，则该分组将被存储在缓冲器中。当一个新的分组与其他分组冲突时，则每个用户把它们各自的分组等概率地分配给两个单元之一（如 A 或 B）。如果一个分组放在单元 A 中，则用户在下一时隙发送该分组。若它再次发生冲突，用户将再一次随机分配这个分组给两单元之一且重复该发送过程。这个过程持续到单元 A 中所含的全部分组发送成功为止，然后按照相同的过程发送单元 B 中的所有分组。所有用户都监测信道的状态，从而它们知道什么时候所有冲突已被解决。

当信道可用于传输新的分组时，最早产生的分组将被首先发送。为了确立一个队列，时间标度被分成足够短的子间隔，在一个子间隔内，一个用户平均产生约一个分组。于是，每个分组具有一个时标（Time Tag），该时标与它产生时的子间隔相关联。然后，属于第一个子间隔的新分组在第一个可用时隙内被发送。如果不存在冲突，则发送第二个子间隔的分组，以此类推。当新的分组产生时，只要存在分组积压，这个过程就继续下去。Capetanakis 已经证明，这个信道接入协议的最大吞吐量为 0.43 个分组/时隙。

除了吞吐量，随机接入系统的另一个重要的性能度量是发送一个分组的平均传输延时。在 ALOHA 系统中，每个分组平均发送次数为 G/S。可把传输之间的平均等待时间加入该平均次数上，从而获得成功传输的平均延时。根据上述讨论我们回忆起，在 Abramson 协议中，

设计参数α确定了重新传输之间的平均延时。如果我们选择小的α，则在峰值负载时可获得所期望的对信道负载的平滑效应，而其负面影响是较长的重传延时。式（16-5-2）中α的选择是一种折中。另外，Capetanakis 协议已被证明具有较小的分组传输延时。因此，无论是在平均延时还是吞吐量方面，Capetanakis 协议都优于 Abramson 协议。

随机接入协议的设计中的另一个重要问题是协议的稳定性。在上述 ALOHA 信道接入协议讨论中，都隐含着一个假设，即对于一个给定的输入负载，在进入信道的平均分组数等于成功发送的平均分组数时，系统将达到平衡点。事实上，可以证明，确立重传策略时不考虑前面不成功传输（分组）次数的任何信道接入协议（如 Abramson 协议）一定是不稳定的。另外，Capetanakis 算法在这方面不同于 Abramson 协议，并且已被证明是稳定的。随机接入协议的稳定性问题的详尽讨论可参考 Massey（1988）。

16.5.2 载波侦听系统和协议

正如所见，ALOHA（时隙或非时隙的）随机接入协议的吞吐量较低，而且时隙 ALOHA 系统要求用户以同步时隙发送信息。在传输延时较小的信道中，有可能设计具有较高吞吐量的随机接入协议。这种协议的一个例子是具有冲突检测的载波侦听，它在局域网中被用于标准的以太网协议。该协议一般称为带冲突检测的载波侦听多址接入（CSMA/CD）。

CSMA/CD 协议比较简单，所有用户侦听信道上的传输情况，当检测到信道空闲时，想要发送分组的用户就抢占该信道。当两个或多个用户同时检测出一个空闲信道并开始传输时，就会发生冲突。当同时发送的多个用户检测到冲突发生时，它们发送一个称为阻塞信号（Jam Signal）的特殊信号，用来通知所有冲突用户中断传输。当冲突发生时，载波侦听特性和中断传输功能都可使信道中断时间（Down-Time）最小化，从而获得较高吞吐量。

为了提高 CSMA/CD 的效率，下面研究具有总线结构的局域网，如图 16-5-4 所示。考虑总线两端（即最大间隔）的两个用户 U_1 和 U_2，并令τ_d是穿越总线长度时信号的传播延时，则检测一个空闲信道所需要的最大时间为τ_d。假设 U_1 发送一个持续时间为 T_p 的分组。τ_d秒以后，用户 U_2 可利用载波侦听捕捉信道并开始发送信息。然而，在 U_2 开始传输后的τ_d秒内，用户 U_1 并不知道这个传输。因此，我们可定义时间间隔 $2\tau_d$ 作为检测冲突的最大时间间隔。如果假设忽略发送阻塞信号所需要的时间，则当$2\tau_d \ll T_p$时 CAMA/CD 协议可获得高吞吐量。

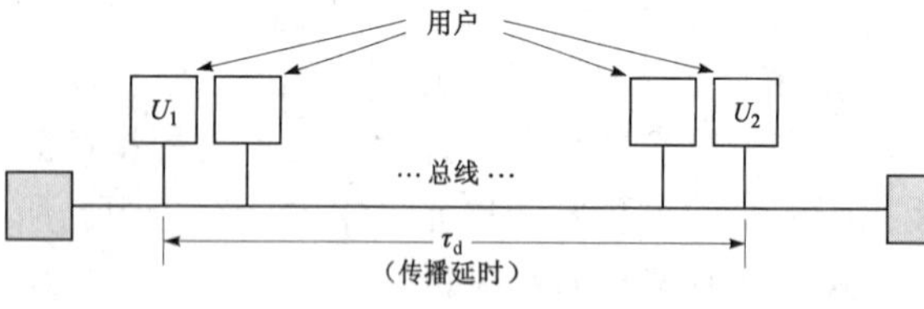

图 16-5-4　具有总线结构的局域网

有几种可用于冲突发生时重新安排传输的协议。一种协议称为非坚持 CSMA，第二种称为 1-坚持 CSMA，还有一种是 1-坚持 CSMA 的推广，称为 p-坚持 CSMA。

1. 非坚持 CSMA

在这个协议中，要发送一个分组的某一用户侦听信道并按照如下规则操作：

（1）若信道空闲，该用户发送一个分组。

（2）若侦听到信道忙，该用户则按照某种延时分布在稍后时间安排传输。在该延时间隔结束时，该用户再次侦听信道并重复步骤（1）和（2）。

2．1-坚持 CSMA

本协议设计的理念是一旦有用户有分组要发送，不让信道空闲，以此来获得高吞吐量。因此，用户根据如下规则检测信道并运行。

（1）如果信道是空闲的，则用户以"1"的概率发送分组。

（2）如果信道是忙的，则用户等待直到信道变为空闲时以"1"的概率发送分组。值得注意的是，在这个协议中，冲突总是发生在有多个用户发送分组时。

3．*p*-坚持 CSMA

为了降低 1-坚持 CSMA 中的冲突率并增加吞吐量，应该使分组传输的起始时间随机化。特别是当侦听到信道空闲时，想发送一个分组的用户以概率 p 发送该分组，而且以概率 $1-p$ 对这个分组延时 τ 。可用如下方法选择概率 p：使冲突的概率减小，而相继（不重叠）传输之间的空闲周期也要保持得很小。其实现的方法是，把时间轴划分成持续时间为 τ 的微时隙并在某一微时隙开始时选择分组传输。总之，在 p-坚持 CSMA 中，发送一个分组的某一用户执行如下过程。

（1）如果信道是空闲的，则该分组以概率 p 发送，并以概率 $1-p$ 延时 τ 秒后发送。

（2）如果在 $t=\tau$ 处，信道仍然是空闲的，则重复步骤（1）；如果冲突发生，用户根据某些预先选择好的传输延时分布安排分组的重传。

（3）如果在 $t=\tau$ 处，信道是忙的，则用户等待直到信道变为空闲时再进行上述（1）和（2）的操作。

我们也能够构建上述协议的时隙型版本。

非坚持 CSMA 和 p-坚持 CSMA 的吞吐量分析已由 Kleinrock 和 Tobagi（1975）完成，它基于如下假设：

（1）平均重传延时比分组持续时间 T_p 大。

（2）由所有分组（包括重传分组）的起始时间定义的点过程的到达间隔时间是独立的且服从指数分布。

对于非坚持 CSMA，其吞吐量为

$$S=\frac{G\mathrm{e}^{-aG}}{G(1+2a)+\mathrm{e}^{-aG}} \tag{16-5-11}$$

式中，参数 $a=\tau_d/T_p$。注意，当 $a\to 0$ 时，$S\to G/(1+G)$。图 16-5-5 示出了吞吐量与流入（信道）业务量 G 的关系曲线，它以 a 为参数，当 $a=0$ 时，随着 $G\to\infty$，$S\to 1$；当 $a>0$ 时，$S_{\max}$ 减小。

对于 1-坚持 CSMA，由 Kleinrock & Tobagi（1975）求得的吞吐量为

$$S=\frac{G[1+G+aG(1+G+\frac{1}{2}aG)]\mathrm{e}^{-G(1+2a)}}{G(1+2a)-(1-\mathrm{e}^{-aG})+(1+aG)\mathrm{e}^{-G(1+a)}} \tag{16-5-12}$$

在这种情况下，

$$\lim_{a\to 0} S=\frac{G(1+G)\mathrm{e}^{-G}}{G+\mathrm{e}^{-G}} \tag{16-5-13}$$

它比非坚持 CSMA 具有更小的峰值。

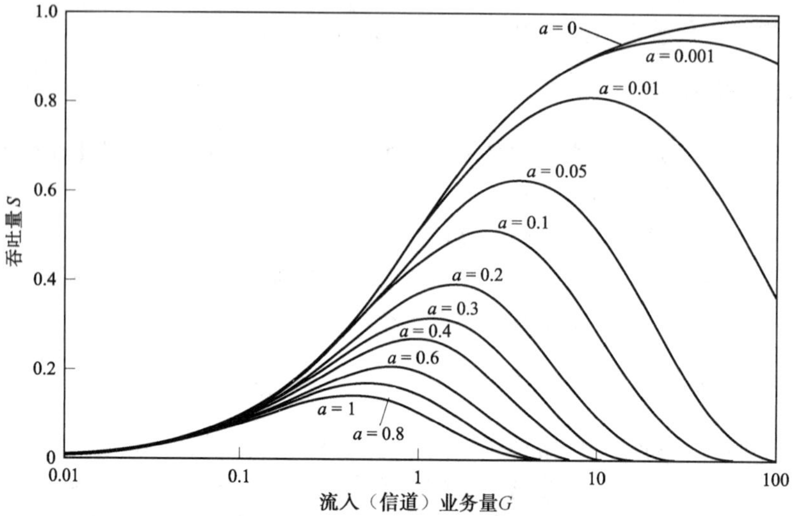

图 16-5-5　非坚持 CSMA 的吞吐量

采用 p-坚持 CSMA，有可能增加相对于 1-坚持 CSMA 的吞吐量。例如，图 16-5-6 示出了吞吐量与流入（信道）业务量的关系曲线，其中 $a = \tau_d / T_p$ 为固定值且 p 作为参数。由此可见，当 p 增大趋于 1 时，最大吞吐量减小。

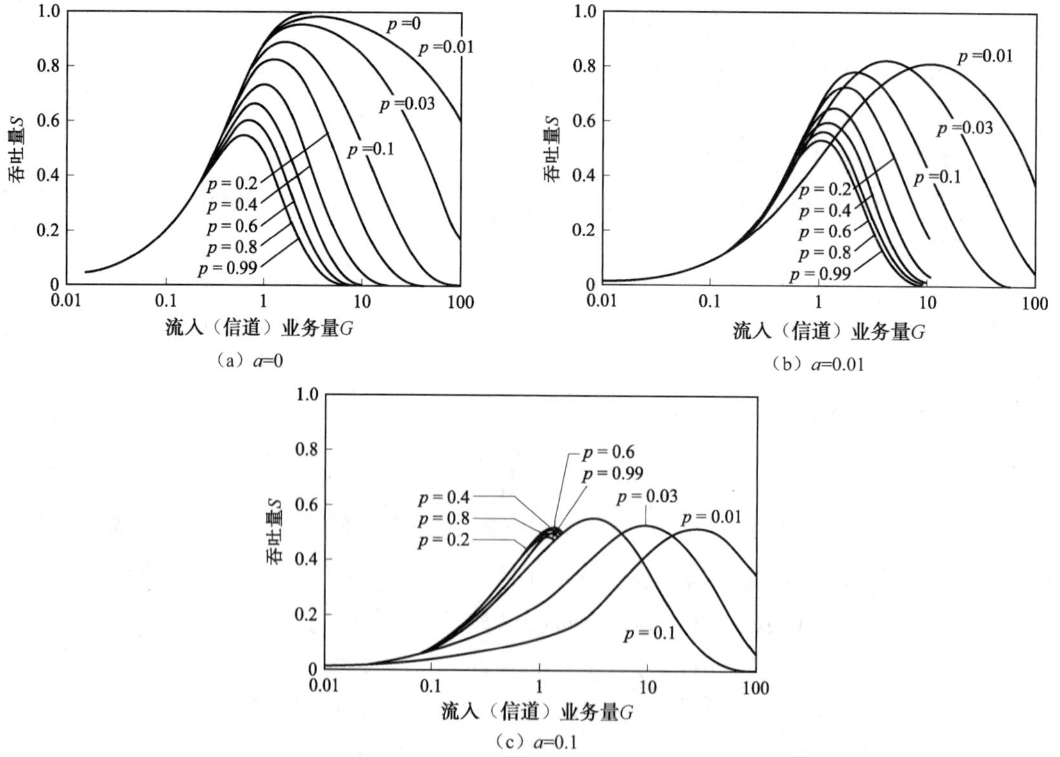

图 16-5-6　p-坚持 CSMA 的信道吞吐量

Kleinrock & Tobagi（1975）也计算出了传输延时。图 16-5-7 示出了时隙非坚持 CSMA 和

p-坚持 CSMA 协议两种情况下的延时（用 T_p 归一化后）与吞吐量 S 的关系曲线。为了比较，图中也示出时隙 ALOHA 和非时隙 ALOHA 的时延与吞吐量特性的关系曲线。在这个模拟中，只有新产生的分组独立地由泊松分布导出。对冲突和均匀分布随机重传的处理没有更多的假设。这些模拟结果说明了 p-坚持 CSMA 和非坚持 CSMA 相对于 ALOHA 的优越性能。注意，标记为“最佳 p-坚持 CSMA”的曲线是通过对吞吐量的每个值求 p 的最佳值得到的。由图看出，对于小的吞吐量值，1-坚持 CSMA（p=1）协议是最佳的。

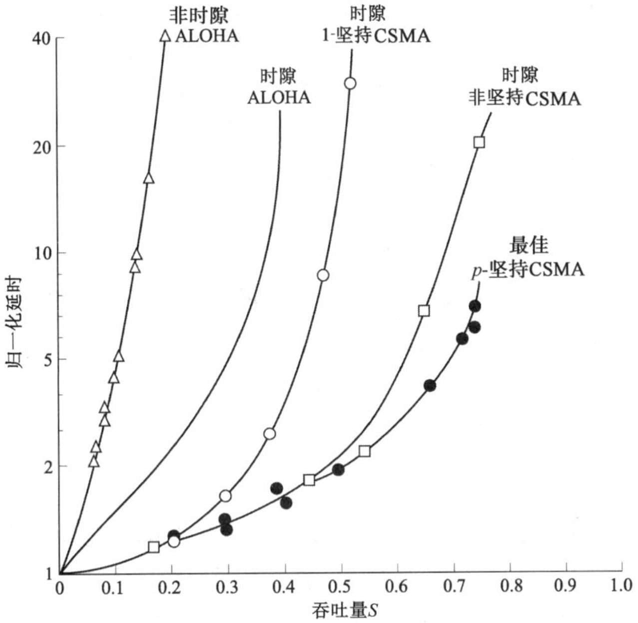

图 16-5-7　由模拟（a=0.01）得出的吞吐量与时延的关系曲线

16.6　文献注释和参考资料

FDMA 曾经是过去几十年中用于传输模拟语音的电话通信系统中占统治地位的多址方案。随着采用 PCM、DPCM 和其他语音编码方法的数字语音传输的出现，TDMA 已经代替 FDMA 成为电信中占支配地位的多址方案。在过去的三十年中，已经研究出 CDMA 和随机多址方法，它们主要用于无线信号传输和有线局域网。

多用户信息论涉及多信源编码、多址信道编码和调制中基本的信息论极限。大量文献与这些课题有关。在所述多址方法的范围内，读者可以参考 Cover（1972）、El Gamal & Cover（1980）、Bergmans & Cover（1974）、Hui（1984）、Cover（1998）以及 Cover & Thomas（2006）撰写的书籍。蜂窝 CDMA 系统的容量已由 Gilhousen 等（1991）所讨论。

多用户通信中信号解调和检测在最近几年备受关注。读者可参考 Verdu（1986a,b,c, 1989）、Lupas & Verdu（1990）、Xie 等（1990a,b）、Poor & Verdu（1988）、Zhang & Brady（1993）、Madhow & Honig（1994）、Zvonar & Brady（1995）、Viterbi（1990）、Varanani（1999）以及 Verdu（1998）、Viterbi（1995）、Garg 等（1997）的书籍。关于多用户通信信号设计和解调的

早期研究成果可参考 Van Etten（1975, 1976）、Horwood & Gagliardi（1975）以及 Kaye & George（1970）。

Yu &Cioffi（2002）、Caire & Shamai（2003）、Viswanath & Tse（2003）、Vishwanath 等（2003）、Weingarten 等（2004）的论文，以及 Tse & Viswanath（2005）撰写的书籍已经评估了高斯广播信道中采用多天线的点对多点传输的可达吞吐量（容量）。MIMO 广播信道的各种预编码方案已经在一些文献中考虑，如 Yu & Cioffi（2001）、Fisher 等（2002）、Ginis & Cioffi（2002）、Windpassinger 等（2003, 2004a, 2004b）、Peel 等（2005）、Hochwald 等（2005）以及 Amihood 等（2006，2007）。Fischer（2002）撰写的书籍讨论了多信道数字传输的预编码和信号成形。

作为最早的随机接入系统之一的 ALOHA 系统是由 Abramson（1970，1977）和 Roberts（1975）提出并阐述的。这些论文包含非时隙和时隙 ALOHA 系统的吞吐量分析。最近，Abramson（1994）考虑了采用扩频信号并提供 CDMA 系统连接的 ALOHA 系统。有关 ALOHA 系统的稳定性问题可参考 Carleial & Hellman（1975）、Ghez 等（1988）以及 Massey（1988）。随机接入信道中基于树形算法的稳定的协议由 Capetanakis（1979）首先给出。介绍的载波侦听多址接入协议（CSMA）是由 Kleinrock & Tobagi（1975）给出的。最后，还应该提到由 Abramson（1993）编辑、IEEE 出版的多址通信论文选。

习题

16-1 在 16.3.1 节所述 CDMA 信号和信道模型的公式中，假设接收信号是实信号。对于 $K>1$，这个假设意味着所有发射机相位同步，这在实际系统中不是很现实。为了适应载波相位不同步的情况，可简单地将式（16-3-1）给出的 K 个用户特征波形变为复值形式，即

$$g_k(t)=\mathrm{e}^{\mathrm{j}\theta_k}\sum_{n=0}^{L-1}a_k(n)p(t-nT_{\mathrm{c}}),\qquad 1\leqslant k\leqslant K$$

式中，θ_k 表示第 k 个发射机的常数相位偏移，正如常用接收机所见到的。

（a）已知特征波形复值形式，试求最佳 ML 接收机形式，该接收机计算相关度量类似于式（16-3-15）。

（b）重新推导类似于式（16-3-19）异步传输的最佳 ML 检测器。

16-2 考虑一个与用户数无关且限制每个用户发送功率为 P 的 TDMA 系统。试求每个用户的容量 C_K 及总容量 KC_K，作为 $\mathcal{E}_b/N_0$ 的函数，画出 C_K 和 KC_K，并与 $K\to\infty$ 的结果进行说明。

16-3 研究 AWGN 信道中具有 $K=2$ 个用户的某 FDMA 系统，其中分配给用户 1 的带宽 $W_1=\alpha W$，而分配给用户 2 的带宽 $W_2=(1-\alpha)W$，其中 $0\leqslant\alpha\leqslant1$。$P_1$ 和 P_2 是两个用户的平均功率。

（a）试求两个用户的容量 C_1 和 C_2，以及它们的总和 $C=C_1+C_2$ 与 α 的函数关系。在速率 R_2 随 R_1 变化的二维图上，画出点(C_2,C_1)随 α 在 $0\leqslant\alpha\leqslant1$ 范围内的变化图。

（b）我们记得，两个用户速率必须满足的条件为

$$R_1<W_1\log_2\left(1+\frac{P_1}{W_1N_0}\right),\quad R_2<W_2\log_2\left(1+\frac{P_2}{W_2N_0}\right),\quad R_1+R_2<W\log_2\left(1+\frac{P_1+P_2}{WN_0}\right)$$

试求当 $P_1/\alpha=P_2/(1-\alpha)=P_1+P_2$ 时的总容量 C，从而证明当 $\alpha/(1-\alpha)=P_1/P_2=W_1/W_2$ 时

可获得最大速率。

16-4 研究 AWGN 信道中具有 $K=2$ 个用户的某 TDMA 系统。假设两个发射机峰值功率限制于 P_1 和 P_2，同时令用户 1 在 100α%的可用时间内发送信息，而用户 2 在 $100(1-\alpha)$%的可用时间发送信息。可用带宽为 W。

（a）试求容量 C_1、C_2 以及 $C=C_1+C_2$，并作为 α 的函数。

（b）画出点 (C_2,C_1) 随 α 在 $0\leqslant\alpha\leqslant 1$ 范围内的变化图。

16-5 研究 AWGN 信道中具有 $K=2$ 个用户的某 TDMA 系统。假设两个发射机的平均功率受限制，具有功率 P_1 和 P_2。用户 1 发送 100α%可用时间，而用户 2 发送 $100(1-\alpha)$%可用时间，可用带宽为 W。

（a）试求容量 C_1 和 C_2，以及 $C=C_1+C_2$，作为 α 的函数。

（b）画出点 (C_2,C_1) 随 α 在 $0\leqslant\alpha\leqslant 1$ 范围内的变化图。

（c）本题的解与习题 16-3 的 FDMA 系统之间有何相似性？

16-6 具有两个用户同步 CDMA 传输系统，其接收信号为

$$r(t)=\sqrt{\mathcal{E}_1}b_1g_1(t)+\sqrt{\mathcal{E}_2}b_2g_2(t)+n(t),\qquad 0\leqslant t\leqslant T$$

且 $(b_1,b_2)=(\pm1,\pm1)$。噪声过程 $n(t)$ 是零均值高斯白噪声，功率谱密度为 $N_0/2$。$r(t)$ 的解调器如图 P16-6 所示。

（a）试证明 $t=T$ 时刻相关器的输出 r_1 和 r_2 可以表示为

$$r_1=\sqrt{\mathcal{E}_1}b_1+\sqrt{\mathcal{E}_2}\rho b_2+n_1,\qquad r_2=\sqrt{\mathcal{E}_1}b_1\rho+\sqrt{\mathcal{E}_2}b_2+n_2$$

（b）试求 n_1 和 n_2 的方差，以及 n_1 与 n_2 的协方差。

（c）试求联合 PDF $p(r_1,r_2\,|\,b_1,b_2)$。

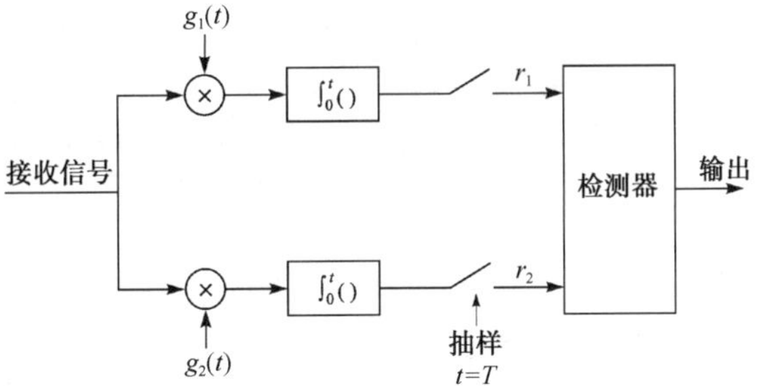

图 P16-6

16-7 研究习题 16-6 所述的两个用户同步 CDMA 传输系统。对信息比特 b_1 和 b_2 的传统的单用户检测器输出为

$$b_1=\text{sgn}(r_1),\qquad b_2=\text{sgn}(r_2)$$

假设 $P(b_1=1)=P(b_2=1)=1/2$，且 b_1 和 b_2 相互统计独立，试求该检测器的差错概率。

16-8 研究习题 16-6 所述的两个用户同步 CDMA 传输系统。$P(b_1=1)=P(b_2=1)=1/2$，且 $P(b_1,b_2)=P(b_1)P(b_2)$。联合最佳检测器根据最大后验概率（MAP）准则进行判决，即检测器计算

$$\max_{b_1,b_2}P[b_1,b_2|r(t),0\leqslant t\leqslant T]$$

（a）当信息比特 (b_1,b_2) 等概时，试证明 MAP 准则等价于最大似然（ML）准则

$$\max_{b_1,b_2} p[r(t), 0 \leqslant t \leqslant T | b_1, b_2]$$

（b）试证明（a）题中的 ML 准则导致联合最佳检测器按照下列规则对 b_1 和 b_2 进行判决：

$$\max_{b_1,b_2}\left(\sqrt{\mathcal{E}}_1 b_1 r_1 + \sqrt{\mathcal{E}}_2 b_2 r_2 - \sqrt{\mathcal{E}_1\mathcal{E}_2}\rho b_1 b_2\right)$$

16-9 研究习题 16-6 所述的两个用户同步 CDMA 传输系统。$P(b_1 = 1) = P(b_2 = 1) = 1/2$，且 $P(b_1, b_2) = P(b_1)P(b_2)$。最佳检测器根据 MAP 准则各自做出判决，即该检测器计算后验概率：

$$P[b_1 | r(t), 0 \leqslant t \leqslant T] = P[b_1, b_2 = 1 | r(t),\ 0 \leqslant t \leqslant T] + P[b_1, b_2 = -1 | r(t),\ 0 \leqslant t \leqslant T]$$

和

$$P[b_2 | r(t), 0 \leqslant t \leqslant T] = P[b_1 = 1, b_2 | r(t),\ 0 \leqslant t \leqslant T] + P[b_1 = -1, b_2 | r(t),\ 0 \leqslant t \leqslant T]$$

（a）试证明：对信息比特 b_1 的单独的最佳 MAP 检测器的等效检验统计量为

$$\max_{b_1}\left\{\frac{\sqrt{\mathcal{E}}_1 r_1}{N_0} b_1 + \ln\cosh\left(\frac{\sqrt{\mathcal{E}_2} r_2 - \sqrt{\mathcal{E}_1\mathcal{E}_2}\rho b_1}{N_0}\right)\right\}$$

（b）将 $b_1 = 1$ 和 $b_1 = -1$ 代入（a）题的表达式中，试证明（a）题中的检验统计量等价于按照下列关系式来选择 b_1。

$$\hat{b}_1 = \operatorname{sgn}\left[r_1 - \frac{N_0}{2\sqrt{\mathcal{E}_1}} \ln\frac{\cosh\left(\left(\sqrt{\mathcal{E}_2} r_2 + \sqrt{\mathcal{E}_1\mathcal{E}_2}\rho\right)/N_0\right)}{\cosh\left(\left(\sqrt{\mathcal{E}_2} r_2 - \sqrt{\mathcal{E}_1\mathcal{E}_2}\rho\right)/N_0\right)}\right]$$

16-10 CDMA 系统中 K 个用户同步发送时，试证明其传统的单用户检测器的渐近效率是

$$\eta_k = \left[\max\left\{0, 1 - \sum_{j\neq k}\sqrt{\frac{\mathcal{E}_j}{\mathcal{E}_k}}|\rho_{jk}(0)|\right\}\right]^2$$

16-11 研究习题 16-8 所定义的两个用户同步 CDMA 系统的联合最佳检测器。

试证明该检测器（符号）差错概率的上边界为

$$P_e < Q\left(\sqrt{\frac{2\mathcal{E}_1}{N_0}}\right) + \frac{1}{2} Q\left(\sqrt{\frac{\mathcal{E}_1 + \mathcal{E}_2 - 2\sqrt{\mathcal{E}_1\mathcal{E}_2}|\rho|}{N_0/2}}\right)$$

16-12 研究习题 16-8 所定义的两个用户同步 CDMA 系统的联合最佳检测器。

（a）试证明该检测器对用户 1 的渐近效率是

$$\eta_1 = \min\left\{1, 1 + \frac{\mathcal{E}_2}{\mathcal{E}_1} - 2\sqrt{\frac{\mathcal{E}_2}{\mathcal{E}_1}}|\rho|\right\}$$

（b）当 $\rho = 0.1$ 和 $\rho = 0.2$ 时，试画出并比较联合最佳检测器与传统的单用户检测器的渐近效率。

16-13 研究习题 16-6 中的两个用户同步 CDMA 系统。当 $\mathcal{E}_1 \neq \mathcal{E}_2$ 时，每个用户使用一个解相关检测器，试求每个用户的差错概率。

16-14 有一个两用户同步 CDMA 系统，其接收信号由习题 16-6 给出。每个用户使用式（16-3-51）至式（16-3-53）所规定的最小 MSE 检测器。

（a）试求这两个用户的线性变换矩阵 $\boldsymbol{A}^0$。

（b）当 $N_0 \to 0$ 时，试证明 MMSE 检测器趋于解相关检测器。

（c）当 $N_0 \to \infty$ 时，试证明 MMSE 检测器趋于传统的单用户检测器。

16-15　研究图 P16-15 所示的异步通信系统。两个接收机不在同一地点，而且白噪声过程 $n^{(1)}(t)$和 $n^{(2)}(t)$可认为是独立的。两个噪声过程是同分布的，具有功率谱密度 σ^2 和零均值。因为两个接收机的位置不同，故用户间的相对延时不同。设接收机 i 中用户 k 的相对延时记为 $\tau_k^{(i)}$。接收机的所有其他信号参数相同，且接收机 i 中接收信号为

$$r^{(i)}(t)=\sum_{k=1}^{2}\sum_{l=-\infty}^{\infty}b_k(l)s_k\left(t-lT-\tau_k^{(i)}\right)+n^{(i)}(t)$$

式中，s_k 的持续时间是[0,T]。可以假设接收机 i 完全知道波形、能量和相对延时。尽管接收机 i 最终仅对来自发射机 i 的数据感兴趣，但注意到在一个接收机的抽样器和其他接收机的后处理器之间存在一个自由通信链路。在每个后处理器之后，由门限检测获得判决。在这个问题中，如何考虑后处理器和通信链路的选择以便改进性能。

（a）不采用通信链路和不进行后处理的一对接收机，用户 1 和用户 2 的比特差错概率是多少？请利用如下记号

$$y_k(l)=\int s_k\left(t-lT-\tau_k^{(k)}\right)r^{(k)}(t)\,\mathrm{d}t$$

$$\rho_{12}^{(i)}=\int s_1\left(t-\tau_1^{(i)}\right)s_2\left(t-\tau_2^{(i)}\right)\mathrm{d}t$$

$$\rho_{21}^{(i)}=\int s_1\left(t-\tau_1^{(i)}\right)s_2\left(t+T-\tau_2^{(i)}\right)\mathrm{d}t$$

$$w_k=\int s_k^2\left(t-\tau_k^{(1)}\right)\mathrm{d}t=\int s_k^2\left(t-\tau_k^{(2)}\right)\mathrm{d}t$$

（b）考虑从通信链路接收 $y_2(l-1)$和 $y_2(l)$的接收机 1 的后处理，且实现对 $y_1(l)$进行如下后处理：

$$z_l(l)=y_1(l)-\rho_{21}^{(1)}\mathrm{sgn}[y_2(l-1)]-\rho_{12}^{(1)}\mathrm{sgn}[y_2(l)]$$

试求用户 1 比特差错概率的准确表达式。

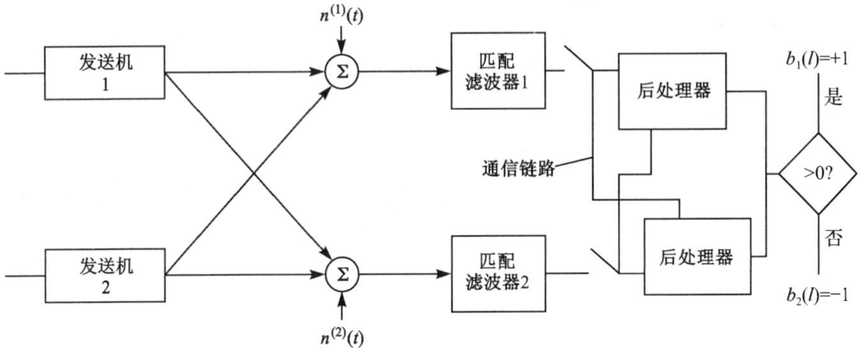

图 P16-15

（c）试求（b）题中提出的接收机的渐近多用户效率，并与（a）题中的进行比较。这个接收机总是运行得比（a）题中的好吗？

16-16　在纯 ALOHA（非时隙 ALOHA）系统中，信道比特速率为 2400 b/s。假设每个终端平均每分钟发送 100 bit 的消息。

（a）试求能够使用该信道的最大终端数。

（b）若采用时隙 ALOHA，重做（a）题。

16-17 纯 ALOHA 系统的吞吐量也可以由关系式 $G = S + A$ 推导而得，其中 A 为平均（归一化）重传率。试证明 $A = G(1 - e^{-2G})$，并求解 S。

16-18 对于泊松过程，在时间间隔 T 内 k 次到达的概率为

$$P(k) = \frac{e^{-\lambda T}(\lambda T)^k}{k!}, \qquad k = 0, 1, 2\cdots$$

（a）试求时间间隔 T 内平均到达次数。

（b）试求时间间隔 T 内到达次数的方差 σ^2。

（c）在时间间隔 T 内至少一次到达的概率是多少？

（d）在时间间隔 T 内正好有一次到达的概率是多少？

16-19 参见习题 16-18。平均到达率 $\lambda = 10$ packet/s（分组/秒）。试求：

（a）两次到达之间的平均时间。

（b）在 1 s、100 ms 内其他分组到达的概率。

16-20 考虑一个非时隙 ALOHA 系统。该系统运行的吞吐量 $S=0.1$，并以泊松过程到达率 λ 产生分组。

（a）试求 G 的值。

（b）试求为发送一个分组进行试传的平均次数。

16-21 考虑一个总线传输速率为 10 Mb/s 的 CSMA/CD 系统，总线长度为 2 km，传播延时是 5 μs/km，分组长度为 1000 bit。试求

（a）端到端延时 τ_d。

（b）分组持续时间 T_p。

（c）比值 τ_d / T_p。

（d）该总线的最大利用率和最大比特速率。

16-22 考虑 K=2 个用户、AWGN 信道下的 MA 通信系统，接收机通过完成 SIC 来译码两个信号，接收机中两个两用户的信号功率为 P_1 和 P_2。

（a）假定接收机对用户 2 的信号译码并从接收信号中减去信号 2，接收机对没有干扰的用户 1 信号译码。试求用户 1 和用户 2 可以达到的最大速率。

（b）现在假定 $P_1 = 10P_2$ 并且用户 2 的信号首先译码，试求两个用户系统的和容量。

（c）如果用户 1 首先译码，重做（b）题，并比较（b）题和（c）题的容量和。

附录 A

矩阵

矩阵是由实数或复数作为元素构成的矩形阵列。一个$n\times m$矩阵有 n 行和 m 列，如果$m=n$，该矩阵称为方阵。一个n维矢量可以看成$n\times 1$矩阵，一个$n\times m$矩阵可以看成n个 m维行矢量或m个n维列矢量。

矩阵 $\boldsymbol{A}$ 的复共轭和转置分别记为$\boldsymbol{A}^*$和$\boldsymbol{A}^{\mathrm{t}}$，复元素矩阵的共轭转置记为$\boldsymbol{A}^{\mathrm{H}}$，即$\boldsymbol{A}^{\mathrm{H}}=[\boldsymbol{A}^*]^{\mathrm{t}}=[\boldsymbol{A}^{\mathrm{t}}]^*$。

若$\boldsymbol{A}^{\mathrm{t}}=\boldsymbol{A}$，则方阵$\boldsymbol{A}$是对称的。对于复元素方阵$\boldsymbol{A}$，若$\boldsymbol{A}^{\mathrm{H}}=\boldsymbol{A}$，则称为厄米特（Hermitian）矩阵。若$\boldsymbol{A}$是方阵，则$\boldsymbol{A}^{-1}$称为$\boldsymbol{A}$逆矩阵（如果存在的话），具有以下性质：

$$\boldsymbol{A}^{-1}\boldsymbol{A}=\boldsymbol{A}\boldsymbol{A}^{-1}=\boldsymbol{I}_n \tag{A-1}$$

式中，$\boldsymbol{I}_n$为$n\times n$单位矩阵，即方阵的对角元素为 1 而其他元素为 0。如果$\boldsymbol{A}$没有逆矩阵，则称为奇异矩阵。

方阵$\boldsymbol{A}$的迹记为$\mathrm{tr}(\boldsymbol{A})$，定义为对角元素的总和，即

$$\mathrm{tr}(\boldsymbol{A})=\sum_{i=1}^{n}a_{ii} \tag{A-2}$$

$n\times m$矩阵$\boldsymbol{A}$的秩是该矩阵中线性无关的列或行的最大数目（取行或列没有差别）。若矩阵的秩等于行数或列数（无论哪个较小），则称为满秩矩阵。

下面给出一些附加的矩阵性质（小写字母表示矢量）：

$$\begin{aligned} &(\boldsymbol{A}\boldsymbol{v})^{\mathrm{t}}=\boldsymbol{v}^{\mathrm{t}}\boldsymbol{A}^{\mathrm{t}}, \qquad (\boldsymbol{A}\boldsymbol{B})^{-1}=\boldsymbol{B}^{-1}\boldsymbol{A}^{-1}\\ &(\boldsymbol{A}\boldsymbol{B})^{\mathrm{t}}=\boldsymbol{B}^{\mathrm{t}}\boldsymbol{A}^{\mathrm{t}}, \qquad (\boldsymbol{A}^{\mathrm{t}})^{-1}=(\boldsymbol{A}^{-1})^{\mathrm{t}} \end{aligned} \tag{A-3}$$

A.1 矩阵的特征值和特征矢量

令$\boldsymbol{A}$为$n\times n$方阵。如果

$$\boldsymbol{A}\boldsymbol{v}=\lambda\boldsymbol{v} \tag{A-4}$$

则非零矢量$\boldsymbol{v}$称为$\boldsymbol{A}$的特征矢量且λ为特征值。

如果$\boldsymbol{A}$是$n\times n$厄米特矩阵，则存在n个相互正交的特征矢量$\boldsymbol{v}_i$（$i=1,2,\cdots,n$）。通常，将每个特征矢量归一化为单位长度，则有

$$\boldsymbol{v}_i^{\mathrm{H}}\boldsymbol{v}_j=\begin{cases}1, & i=j\\ 0, & i\neq j\end{cases} \tag{A-5}$$

在这种情况下，特征矢量是标准正交的。

定义一个 $n\times n$ 矩阵 $\boldsymbol{Q}$，其中第 i 列是特征矢量 $\boldsymbol{v}_i$，则

$$\boldsymbol{Q}^{\mathrm{H}}\boldsymbol{Q}=\boldsymbol{Q}\boldsymbol{Q}^{\mathrm{H}}=\boldsymbol{I}_n \tag{A-6}$$

而且，$\boldsymbol{A}$ 可以表示（分解）为

$$\boldsymbol{A}=\boldsymbol{Q}\boldsymbol{\Lambda}\boldsymbol{Q}^{\mathrm{H}} \tag{A-7}$$

式中，$\boldsymbol{\Lambda}$ 是 $n\times n$ 对角矩阵，其元素等于 $\boldsymbol{A}$ 的特征值。这种分解称为厄米特矩阵的谱分解。

如果 $\boldsymbol{u}$ 是 $n\times 1$ 非零矢量且 $\boldsymbol{A}\boldsymbol{u}=\boldsymbol{0}$，则 $\boldsymbol{u}$ 称为 $\boldsymbol{A}$ 的零矢量。当 $\boldsymbol{A}$ 为厄米特矩阵且对某些矢量 $\boldsymbol{u}$ 有 $\boldsymbol{A}\boldsymbol{u}=\boldsymbol{0}$，则 $\boldsymbol{A}$ 是奇异的。一个奇异的厄米特矩阵至少有一个非零特征值。

现在，考虑厄米特矩阵 $\boldsymbol{A}$ 的标量二次型 $\boldsymbol{u}^{\mathrm{H}}\boldsymbol{A}\boldsymbol{u}$。如果 $\boldsymbol{u}^{\mathrm{H}}\boldsymbol{A}\boldsymbol{u}>0$，则称矩阵 $\boldsymbol{A}$ 是正定的，在这种情况下，所有 $\boldsymbol{A}$ 的特征值都是正的；如果 $\boldsymbol{u}^{\mathrm{H}}\boldsymbol{A}\boldsymbol{u}\geqslant 0$，则称矩阵 $\boldsymbol{A}$ 是半正定的，在这种情况下，所有 $\boldsymbol{A}$ 的特征值是非负的。

任一 $n\times n$ 矩阵 $\boldsymbol{A}=(a_{ij})_n$ 特征值的下列性质成立：

$$\sum_{i=1}^{n}\lambda_i=\sum_{i=1}^{n}a_{ii}=\mathrm{tr}(\boldsymbol{A}) \tag{A-8}$$

$$\prod_{i=1}^{n}\lambda_i=\det(\boldsymbol{A}) \tag{A-9}$$

$$\sum_{i=1}^{n}\lambda_i^k=\mathrm{tr}(\boldsymbol{A}^k) \tag{A-10}$$

$$\mathrm{tr}(\boldsymbol{A}^{\mathrm{t}}\boldsymbol{A})=\sum_{i=1}^{n}\sum_{j=1}^{n}a_{ij}^2\geqslant\sum_{i=1}^{n}\lambda_i^2,\qquad \boldsymbol{A}\text{为实矩阵} \tag{A-11}$$

A.2 奇异值分解

奇异值分解（Singular Value Decomposition，SVD）是矩阵的另一种正交分解。假定 $\boldsymbol{A}$ 是秩为 r 的 $n\times m$ 矩阵，那么存在一个 $n\times r$ 矩阵 $\boldsymbol{U}$、一个 $m\times r$ 矩阵 $\boldsymbol{V}$ 和一个 $r\times r$ 矩阵 $\boldsymbol{\Sigma}$，使 $\boldsymbol{U}^{\mathrm{H}}\boldsymbol{U}=\boldsymbol{V}^{\mathrm{H}}\boldsymbol{V}=\boldsymbol{I}_{\mathrm{r}}$ 且

$$\boldsymbol{A}=\boldsymbol{U}\boldsymbol{\Sigma}\boldsymbol{V}^{\mathrm{H}} \tag{A-12}$$

式中，$\boldsymbol{\Sigma}=\mathrm{diag}(\sigma_1,\sigma_2,\cdots,\sigma_r)$。$\boldsymbol{\Sigma}$ 的 r 个对角元素必是正的且称为矩阵 $\boldsymbol{A}$ 的奇异值。为方便计，假定 $\sigma_1\geqslant\sigma_2\geqslant\cdots\geqslant\sigma_r$。

矩阵 $\boldsymbol{A}$ 的 SVD 可以表示为

$$\boldsymbol{A}=\sum_{i=1}^{r}\sigma_i\boldsymbol{u}_i\boldsymbol{v}_i^{\mathrm{H}} \tag{A-13}$$

式中，$\boldsymbol{u}_i$ 是 $\boldsymbol{U}$ 的列矢量，称为 $\boldsymbol{A}$ 的左奇异矢量；$\boldsymbol{v}_i$ 是 $\boldsymbol{V}$ 的列矢量，称为 $\boldsymbol{A}$ 的右奇异矢量。

奇异值 $\{\sigma_i\}$ 是矩阵 $\boldsymbol{A}^{\mathrm{H}}\boldsymbol{A}$ 特征值的非负平方根。为证明这点，用 $\boldsymbol{V}$ 右乘式（A-12），得到

$$\boldsymbol{A}\boldsymbol{V}=\boldsymbol{U}\boldsymbol{\Sigma} \tag{A-14}$$

或等价为

$$\boldsymbol{A}\boldsymbol{v}_i=\sigma_i\boldsymbol{u}_i,\qquad i=1,2,\cdots,r \tag{A-15}$$

类似地，用 $\boldsymbol{V}$ 右乘 $\boldsymbol{A}^{\mathrm{H}}=\boldsymbol{V\Sigma U}^{\mathrm{H}}$，则得到

$$\boldsymbol{A}^{\mathrm{H}}\boldsymbol{U}=\boldsymbol{V}\boldsymbol{\Sigma} \tag{A-16}$$

或等价为

$$\boldsymbol{A}^{\mathrm{H}}\boldsymbol{u}_i=\sigma\boldsymbol{v}_i,\qquad i=1,2,\cdots,r \tag{A-17}$$

然后，用 $\boldsymbol{A}^{\mathrm{H}}$ 左乘式（A-15）的两边并利用式（A-17），可得到

$$\boldsymbol{A}^{\mathrm{H}}\boldsymbol{A}\boldsymbol{v}_i=\sigma_i^2\boldsymbol{v}_i,\qquad i=1,2,\cdots,r \tag{A-18}$$

这就证明了，$\boldsymbol{A}^{\mathrm{H}}\boldsymbol{A}$ 的 r 个非零特征值是 $\boldsymbol{A}$ 的奇异值的平方，且相应的 r 个特征矢量 $\boldsymbol{v}_i$ 是 $\boldsymbol{A}$ 的右奇异矢量。$\boldsymbol{A}^{\mathrm{H}}\boldsymbol{A}$ 剩余的 $m-r$ 个特征值为 0。另外，如果用 $\boldsymbol{A}$ 左乘式（A-17）的两边并利用式（A-15），可得到

$$\boldsymbol{A}\boldsymbol{A}^{\mathrm{H}}\boldsymbol{u}_i=\sigma_i^2\boldsymbol{u}_i,\qquad i=1,2,\cdots,r \tag{A-19}$$

这就证明了，$\boldsymbol{A}\boldsymbol{A}^{\mathrm{H}}$ 的 r 个非零特征值是 $\boldsymbol{A}$ 的奇异值的平方，且相应的 r 个特征矢量 $\boldsymbol{u}_i$ 是 $\boldsymbol{A}$ 的左奇异矢量。$\boldsymbol{A}\boldsymbol{A}^{\mathrm{H}}$ 剩余的 $n-r$ 个特征值为 0。因此，$\boldsymbol{A}\boldsymbol{A}^{\mathrm{H}}$ 和 $\boldsymbol{A}^{\mathrm{H}}\boldsymbol{A}$ 有相同的非零特征值集。

A.3 矩阵的范数和条件数

矢量 $\boldsymbol{v}$ 的欧几里得范数（L_2 范数）记作 $\|\boldsymbol{v}\|$，其定义为

$$\|\boldsymbol{v}\|=(\boldsymbol{v}^{\mathrm{H}}\boldsymbol{v})^{1/2} \tag{A-20}$$

对任何矢量 $\boldsymbol{v}$，矩阵 $\boldsymbol{A}$ 的欧几里得范数，记作 $\|\boldsymbol{A}\|$，定义为

$$\|\boldsymbol{A}\|=\max\frac{\|\boldsymbol{A}\boldsymbol{v}\|}{\|\boldsymbol{v}\|} \tag{A-21}$$

容易证明，厄米特矩阵的欧几里得范数等于最大的特征值。

另一个有用的与矩阵 $\boldsymbol{A}$ 关联的量是 $\|\boldsymbol{A}\boldsymbol{v}\|/\|\boldsymbol{v}\|$ 的非零最小值。当 $\boldsymbol{A}$ 为非奇异厄米特矩阵时，该最小值等于最小特征值。

$n\times m$ 矩阵 $\boldsymbol{A}$ 的 Frobenius 范数的平方定义为

$$\|\boldsymbol{A}\|_{\mathrm{F}}^2=\mathrm{tr}(\boldsymbol{A}\boldsymbol{A}^{\mathrm{H}})=\sum_{i=1}^{n}\sum_{j=1}^{n}|a_{ij}|^2 \tag{A-22}$$

由矩阵 $\boldsymbol{A}$ 的 SVD 可得到

$$\|\boldsymbol{A}\|_{\mathrm{F}}^2=\sum_{i=1}^{n}\lambda_i \tag{A-23}$$

式中，$\{\lambda_i\}$ 是 $\boldsymbol{A}\boldsymbol{A}^{\mathrm{H}}$ 的特征值。

矩阵范数的边界如下：

$$\|\boldsymbol{A}\|>0,\ \boldsymbol{A}\neq\boldsymbol{0},\qquad \|\boldsymbol{A}+\boldsymbol{B}\|\leqslant\|\boldsymbol{A}\|+\|\boldsymbol{B}\|,\qquad \|\boldsymbol{A}\boldsymbol{B}\|\leqslant\|\boldsymbol{A}\|\|\boldsymbol{B}\| \tag{A-24}$$

矩阵 $\boldsymbol{A}$ 的条件数定义为 $\|\boldsymbol{A}\boldsymbol{v}\|/\|\boldsymbol{v}\|$ 的最大值与最小值之比。当 $\boldsymbol{A}$ 为厄米特矩阵时，条件数是 $\lambda_{\max}/\lambda_{\min}$，其中 $\lambda_{\max}$ 为最大的特征值，而 $\lambda_{\min}$ 为最小的特征值。

A.4 Moore-Penrose 伪逆

设矩形 $n\times m$ 矩阵 $\boldsymbol{A}$ 的秩为 r，其 SVD 为 $\boldsymbol{A}=\boldsymbol{U\Sigma V}^{\mathrm{H}}$。Moore-Penrose 伪逆记为 $\boldsymbol{A}^{+}$，是一个 $n\times m$ 矩阵，其定义为

$$\boldsymbol{A}^{+}=\boldsymbol{V}\boldsymbol{\Sigma}^{-1}\boldsymbol{U}^{\mathrm{H}} \tag{A-25}$$

式中，$\boldsymbol{\Sigma}^{-1}$ 是一个 $r\times r$ 对角矩阵，其元素为 $1/\sigma_i(i=1,2,\cdots,r)$。$\boldsymbol{A}^{+}$也可以表示为

$$\boldsymbol{A}^{+}=\sum_{i=1}^{r}\frac{1}{\sigma_i}\boldsymbol{v}_i\boldsymbol{u}_i^{\mathrm{H}} \tag{A-26}$$

可以看出，$\boldsymbol{A}^{+}$的秩等于 $\boldsymbol{A}$ 的秩。

当秩 $r=m$ 或 $r=n$ 时，伪逆 $\boldsymbol{A}^{+}$可以表示为

$$\begin{aligned}
\boldsymbol{A}^{+}&=\boldsymbol{A}^{\mathrm{H}}(\boldsymbol{A}\boldsymbol{A}^{\mathrm{H}})^{-1}, & r&=n\\
\boldsymbol{A}^{+}&=(\boldsymbol{A}^{\mathrm{H}}\boldsymbol{A})^{-1}\boldsymbol{A}^{\mathrm{H}}, & r&=m\\
\boldsymbol{A}^{+}&=\boldsymbol{A}^{-1}, & r&=m=n
\end{aligned} \tag{A-27}$$

这些关系式等价于 $\boldsymbol{A}\boldsymbol{A}^{+}=\boldsymbol{I}_n$ 和 $\boldsymbol{A}^{+}\boldsymbol{A}=\boldsymbol{I}_m$。

附录 B

多信道二进制信号的差错概率

在 AWGN 信道上采用二进制信号来传输信息的多信道通信系统中，检测器的判决变量可用复高斯随机变量表示为一般二次型的特殊情况：

$$D=\sum_{k=1}^{L}\left(A|X_k|^2+B|Y_k|^2+CX_kY_k^*+C^*X_k^*Y_k\right) \tag{B-1}$$

式中，A、B 和 C 是常数；X_k 和 Y_k 是一对相关的复高斯随机变量。对于所考虑的信道，L 对变量$\{X_k, Y_k\}$是相互统计独立且同分布的。

差错概率就是 $D<0$ 的概率，该概率计算如下。

从一般二次型的特征函数［记作 $\psi_D(\mathrm{j}v)$］开始。$D<0$ 的概率（记为差错概率 P_b）为

$$P_\mathrm{b}=P(D<0)=\int_{-\infty}^{0}p(D)\,\mathrm{d}D \tag{B-2}$$

式中，$p(D)$与$\psi_D(\mathrm{j}v)$有关（D 的概率密度函数），其关系可用如下傅里叶变换来表示

$$p(D)=\frac{1}{2\pi}\int_{-\infty}^{\infty}\psi_D(\mathrm{j}v)\mathrm{e}^{-\mathrm{j}vD}\mathrm{d}v$$

因此，

$$P_\mathrm{b}=\int_{-\infty}^{0}\mathrm{d}D\frac{1}{2\pi}\int_{-\infty}^{\infty}\psi_D(\mathrm{j}v)\mathrm{e}^{-\mathrm{j}vD}\mathrm{d}v \tag{B-3}$$

交换上式中的积分次序，而且首先对 D 积分，其结果为

$$P_\mathrm{b}=-\frac{1}{2\pi\mathrm{j}}\int_{-\infty+\mathrm{j}\varepsilon}^{\infty+\mathrm{j}\varepsilon}\frac{\psi_D(\mathrm{j}v)}{v}\mathrm{d}v \tag{B-4}$$

式中，插入了一个小的正数 ε，以便将积分路径从 $v=0$ 处的奇异性移开，ε 必须为正数以便允许交换积分的次序。

因为 D 是统计独立的随机变量之和，所以 D 的特征函数可分解为 L 个特征函数的乘积，每个函数对应于各随机变量 d_k，其中

$$d_k=A|X_k|^2+B|Y_k|^2+CX_kY_k^*+C^*X_k^*Y_k$$

d_k 的特征函数为

$$\psi_{d_k}(\mathrm{j}v)=\frac{v_1v_2}{(v+\mathrm{j}v_1)(v-\mathrm{j}v_2)}\exp\left[\frac{v_1v_2(-v^2\alpha_{1k}+\mathrm{j}v\alpha_{2k})}{(v+\mathrm{j}v_1)(v-\mathrm{j}v_2)}\right] \tag{B-5}$$

式中，参数 v_1、v_2、α_{1k} 和 α_{2k} 与复高斯随机变量 X_k、Y_k 的均值 $\overline{X}_k$ 和 $\overline{Y}_k$ 及二阶（中心）矩 μ_{xx}、

μ_{xy}、μ_{yy} 有关，其关系可表示为（$|C|^2-AB>0$）：

$$
\begin{aligned}
v_1 &= \sqrt{w^2+\frac{1}{4(\mu_{xx}\mu_{yy}-|\mu_{xy}|^2)(|C|^2-AB)}}-w \\
v_2 &= \sqrt{w^2+\frac{1}{4(\mu_{xx}\mu_{yy}-|\mu_{xy}|^2)(|C|^2-AB)}}+w \\
w &= \frac{A\mu_{xx}+B\mu_{yy}+C\mu_{xy}^*+C^*\mu_{xy}}{4(\mu_{xx}\mu_{yy}-|\mu_{xy}|^2)(|C|^2-AB)} \\
\alpha_{1k} &= 2(|C|^2-AB)(|\overline{X}_k|^2\mu_{yy}+|\overline{Y}_k|^2\mu_{xx}-\overline{X}_k^*\overline{Y}_k\mu_{xy}-\overline{X}_k\overline{Y}_k^*\mu_{xy}^*) \\
\alpha_{2k} &= A|\overline{X}_k|^2+B|\overline{Y}_k|^2+C\overline{X}_k^*\overline{Y}_k+C^*\overline{X}_k\overline{Y}_k^* \\
\mu_{xy} &= \tfrac{1}{2}E[(X_k-\overline{X}_k)(Y_k-\overline{Y}_k)^*]
\end{aligned}
\tag{B-6}
$$

由于随机变量 d_k 独立，D 的特征函数为

$$
\begin{aligned}
\psi_D(\mathrm{j}v) &= \prod_{k=1}^{L}\psi_{d_k}(\mathrm{j}v) \\
\psi_D(\mathrm{j}v) &= \frac{(v_1v_2)^L}{(v+\mathrm{j}v_1)^L(v-\mathrm{j}v_2)^L}\exp\left[\frac{v_1v_2(\mathrm{j}v\alpha_2-v^2\alpha_1)}{(v+\mathrm{j}v_1)(v-\mathrm{j}v_1)}\right]
\end{aligned}
\tag{B-7}
$$

式中

$$
\alpha_1=\sum_{k=1}^{L}\alpha_{1k},\qquad \alpha_2=\sum_{k=1}^{L}\alpha_{2k}
\tag{B-8}
$$

用式（B-7）代替式（B-4）中的 $\psi_D(\mathrm{j}v)$，可得到

$$
P_\mathrm{b}=-\frac{(v_1v_2)^L}{2\pi\mathrm{j}}\int_{-\infty+\mathrm{j}\varepsilon}^{\infty+\mathrm{j}\varepsilon}\frac{\mathrm{d}v}{v(v+\mathrm{j}v_1)^L(v-\mathrm{j}v_2)^L}\exp\left[\frac{v_1v_2(\mathrm{j}v\alpha_2-v^2\alpha_1)}{(v+\mathrm{j}v_1)(v-\mathrm{j}v_2)}\right]
\tag{B-9}
$$

该积分计算步骤如下。

第一步，把指数函数表示为如下形式

$$
\exp\left(-A_1+\frac{\mathrm{j}A_2}{v+\mathrm{j}v_1}-\frac{\mathrm{j}A_3}{v-\mathrm{j}v_2}\right)
$$

这里，很容易证明，常数 A_1、A_2、A_3 分别为

$$
A_1=\alpha_1v_1v_2\,,\quad A_2=\frac{v_1^2v_2}{v_1+v_2}(\alpha_1v_1+\alpha_2)\,,\quad A_3=\frac{v_1v_2^2}{v_1+v_2}(\alpha_1v_2-\alpha_2)
\tag{B-10}
$$

第二步，通过如下变量替换进行从 v 平面到 p 平面的共形变换（Conformal Transformation）：

$$
p=-\frac{v_1}{v_2}\frac{v-\mathrm{j}v_2}{v+\mathrm{j}v_1}
\tag{B-11}
$$

在 p 平面中，式（B-9）的积分为

$$
P_\mathrm{b}=\frac{\exp\left[v_1v_2(-2\alpha_1v_1v_2+\alpha_2v_1-\alpha_2v_2)/(v_1+v_2)^2\right]}{(1+v_2/v_1)^{2L-1}}\frac{1}{2\pi\mathrm{j}}\int_\Gamma f(p)\,\mathrm{d}p
\tag{B-12}
$$

式中

$$f(p)=\frac{[1+(v_2/v_1)p]^{2L-1}}{p^L(1-p)}\exp\left[\frac{A_2(v_2/v_1)}{v_1+v_2}p+\frac{A_3(v_1/v_2)}{v_1+v_2}\frac{1}{p}\right] \tag{B-13}$$

式中，Γ是包围原点的且半径小于 1 的圆形围线。

第三步，计算如下积分

$$\begin{aligned}\frac{1}{2\pi\,\mathrm{j}}\int_\Gamma f(p)\,\mathrm{d}p=&\frac{1}{2\pi\,\mathrm{j}}\int_\Gamma\frac{[1+(v_2/v_1)p]^{2L-1}}{p^L(1-p)}\\&\times\exp\left[\frac{A_2(v_2/v_1)}{v_1+v_2}p+\frac{A_3(v_1/v_2)}{v_1+v_2}\frac{1}{p}\right]\mathrm{d}p\end{aligned} \tag{B-14}$$

为了便于后续处理，引入常数 $a\geqslant0$ 和 $b\geqslant0$，且定义

$$\frac{1}{2}a^2=\frac{A_3(v_1/v_2)}{v_1+v_2},\qquad \frac{1}{2}b^2=\frac{A_2(v_2/v_1)}{v_1+v_2} \tag{B-15}$$

把函数$[1+(v_2/v_1)p]^{2L-1}$展成二项式级数，得到

$$\begin{aligned}\frac{1}{2\pi\,\mathrm{j}}\int_\Gamma f(p)\,\mathrm{d}p=&\sum_{k=0}^{2L-1}\binom{2L-1}{k}\left(\frac{v_2}{v_1}\right)^k\\&\times\frac{1}{2\pi\,\mathrm{j}}\int_\Gamma\frac{p^k}{p^L(1-p)}\exp\left(\frac{a^2/2}{p}+\frac{1}{2}b^2p\right)\mathrm{d}p\end{aligned} \tag{B-16}$$

式（B-16）中的围线积分（Contour Integral，也称为等高线积分）是贝塞尔函数的一种表示，可利用如下关系式求解。

$$I_n(ab)=\begin{cases}\dfrac{1}{2\pi\,\mathrm{j}}\left(\dfrac{a}{b}\right)^n\displaystyle\int_\Gamma\frac{1}{p^{n+1}}\exp\left(\frac{a^2/2}{p}+\frac{1}{2}b^2p\right)\mathrm{d}p\\[2ex]\dfrac{1}{2\pi\,\mathrm{j}}\left(\dfrac{b}{a}\right)^n\displaystyle\int_\Gamma p^{n-1}\exp\left(\frac{a^2/2}{p}+\frac{1}{2}b^2p\right)\mathrm{d}p\end{cases}$$

式中，$I_n(x)$是第一类 n 阶修正贝塞尔函数，而以贝塞尔函数表示的马库姆（Marcum）Q 函数的级数表达式为

$$Q_1(a,b)=\exp\left[-\frac{1}{2}(a^2+b^2)\right]+\sum_{n=0}^{\infty}\left(\frac{a}{b}\right)^n I_n(ab)$$

首先，考虑式（B-16）中 $0\leqslant k\leqslant L-2$ 的情况。此时，其围线积分可写成①

$$\frac{1}{2\pi\,\mathrm{j}}\int_\Gamma\frac{1}{p^{L-K}(1-p)}\exp\left(\frac{a^2/2}{p}+\frac{1}{2}b^2p\right)\mathrm{d}p=Q_1(a,b)\exp\left[\frac{1}{2}(a^2+b^2)\right]+\sum_{n=1}^{L-1-k}\left(\frac{b}{a}\right)^n I_n(ab) \tag{B-17}$$

其次，考虑 $k=L-1$ 的项，其围线积分可用 Q 函数表示为

---

① 这个围线积分与广义马库姆 Q 函数有关，按如下方式

$$Q_m(a,b)=\int_b^\infty x(x/a)^{m-1}\exp\left[-\frac{1}{2}(x^2+a^2)\right]I_{m-1}(ax)\,\mathrm{d}x,\qquad m\geqslant1$$

定义为

$$Q_m(a,b)\exp\left[\frac{1}{2}(a^2+b^2)\right]=\frac{1}{2\pi\mathrm{j}}\int_\Gamma\frac{1}{p^m(1-p)}\exp\left(\frac{\frac{1}{2}a^2}{p}+\frac{1}{2}b^2p\right)\mathrm{d}p$$

$$\frac{1}{2\pi \mathrm{j}}\int_{\Gamma}\frac{1}{p(1-p)}\exp\left(\frac{a^2/2}{p}+\frac{1}{2}b^2 p\right)\mathrm{d}p = Q_1(a,b)\exp[\tfrac{1}{2}(a^2+b^2)] \tag{B-18}$$

最后，考虑 $L \leqslant k \leqslant 2L-1$ 的情况：

$$\begin{aligned}&\frac{1}{2\pi \mathrm{j}}\int_{\Gamma}\frac{p^{k-L}}{1-p}\exp\left(\frac{a^2/2}{p}+\frac{1}{2}b^2 p\right)\mathrm{d}p \\ &= \sum_{n=0}^{\infty}\frac{1}{2\pi \mathrm{j}}\int_{\Gamma}p^{k-L+n}\exp\left(\frac{a^2/2}{p}+\frac{1}{2}b^2 p\right)\mathrm{d}p \\ &= \sum_{n=k+1-L}^{\infty}\left(\frac{a}{b}\right)^n I_n(ab) = Q_1(a,b)\exp\left[\frac{1}{2}(a^2+b^2)\right]-\sum_{n=0}^{k-L}\left(\frac{a}{b}\right)^n I_n(ab)\end{aligned} \tag{B-19}$$

汇集式（B-16）右边的各项，并利用式（B-17）到式（B-19）的结果，则在某些代数运算后，得到如下围线积分表达式。

$$\begin{aligned}\frac{1}{2\pi \mathrm{j}}\int_{\Gamma}f(p)\mathrm{d}p = &\left(1+\frac{v_2}{v_1}\right)^{2L-1}\left\{\exp\left[\frac{1}{2}(a^2+b^2)\right]Q_1(a,b)-I_0(ab)\right\} \\ &+I_0(ab)\sum_{k=0}^{L-1}\binom{2L-1}{k}\left(\frac{v_2}{v_1}\right)^k \\ &+\sum_{n=1}^{L-1}I_n(ab)\sum_{k=0}^{L-1-n}\binom{2L-1}{k}\left[\left(\frac{b}{a}\right)^n\left(\frac{v_2}{v_1}\right)^k-\left(\frac{a}{b}\right)^n\left(\frac{v_2}{v_1}\right)^{2L-1-k}\right]\end{aligned} \tag{B-20}$$

式（B-20）连同式（B-12）确定了差错概率。利用如下易证明的恒等式：

$$\exp\left[\frac{v_1 v_2}{(v_1+v_2)^2}(-2\alpha_1 v_1 v_2+\alpha_2 v_1-\alpha_2 v_2)\right] = \exp[-\tfrac{1}{2}(a^2+b^2)]$$

还可得到进一步简化的结果。因此，

$$\begin{aligned}P_{\mathrm{b}} = &\ Q_1(a,b)-I_0(ab)\exp[-\tfrac{1}{2}(a^2+b^2)] \\ &+\frac{I_0(ab)\exp[-\frac{1}{2}(a^2+b^2)]}{(1+v_2/v_1)^{2L-1}}\sum_{k=0}^{L-1}\binom{2L-1}{k}\left(\frac{v_2}{v_1}\right)^k+\frac{\exp[-\frac{1}{2}(a^2+b^2)]}{(1+v_2/v_1)^{2L-1}} \\ &\times\sum_{n=1}^{L-1}I_n(ab)\sum_{k=0}^{L-1-n}\binom{2L-1}{k}\times\left[\left(\frac{b}{a}\right)^n\left(\frac{v_2}{v_1}\right)^k-\left(\frac{a}{b}\right)^n\left(\frac{v_2}{v_1}\right)^{2L-1-k}\right], \qquad L>1 \\ P_{\mathrm{b}} = &\ Q_1(a,b)-\frac{v_2/v_1}{1+v_2/v_1}I_0(ab)\exp[-\tfrac{1}{2}(a^2+b^2)], \qquad L=1\end{aligned} \tag{B-21}$$

这就是所期望的差错概率表达式。从而可以很容易建立起参数 a、b 与变量对 $\{X_k, Y_k\}$ 的矩之间关系。把式（B-10）中的 A_2 和 A_3 代入式（B-15），可得到

$$a=\left[\frac{2v_1^2 v_2(\alpha_1 v_2-\alpha_2)}{(v_1+v_2)^2}\right]^{1/2}, \qquad b=\left[\frac{2v_1 v_2^2(\alpha_1 v_1+\alpha_2)}{(v_1+v_2)^2}\right]^{1/2} \tag{B-22}$$

因为 v_1、v_2、α_1 和 α_2 已在式（B-6）和式（B-8）中直接以变量对 X_k 和 Y_k 的矩给出了，所以我们的任务至此完成。

附录 C

M 相信号自适应接收的差错概率

本附录将推导 L 分集分支的时不变加性高斯噪声信道上两相和四相信号传输的差错概率，以及推导 L 分集分支的瑞利衰落加性高斯噪声信道上 M 相信号传输的差错概率。由于这两种信道对发送信号引入了加性高斯白噪声和未知或随机的乘性增益及相移，从而恶化了在信道上传输的信号波形。接收机的处理由互相关和相加两种操作组成，前者是利用有噪参考信号与每个分集分支上接收的信号加噪声进行互相关，该有噪参考信号来自先前接收的携带信息信号或接收的导频信号；而后者是将所有 L 个分集分支的输出相加来形成判决变量的。

C.1　M 相信号通信系统的数学模型

在 M 相信号传输的一般情况下，发送机的信号传输波形为①

$$s_n(t) = \mathrm{Re}\left[s_{ln}(t)\mathrm{e}^{\mathrm{j}2\pi f_c t}\right]$$

式中

$$s_{ln}(t) = g(t)\exp\left[\mathrm{j}\frac{2\pi}{M}(n-1)\right], \qquad n = 1, 2, \cdots, M; 0 \leqslant t \leqslant T \tag{C-1}$$

T 是信号传输间隔的持续时间。

研究在信号传输间隔的持续时间内，在 L 条信道上发送 M 个波形之一的情况。假设每个信道通过引入乘性增益和相移（分别用复数 g_k 和加性噪声 $z_k(t)$ 表示）来恶化经由它传输的信号波形。因此，当发送波形是 $s_{ln}(t)$时，第 k 条道接收的波形为

$$r_{lk}(t) = g_k s_{ln}(t) + z_k(t), \qquad 0 \leqslant t \leqslant T; k = 1, 2, \cdots, L \tag{C-2}$$

假设噪声 $\{z_k(t)\}$ 是均值为 0、自相关函数 $\phi_z(\tau) = N_0\delta(\tau)$ 的平稳白高斯随机过程的样本函数，其中 N_0 是谱密度值，并假设这些样本函数是相互统计独立的。

在解调器中，$r_{ln}(t)$首先通过一个冲激响应与波形 $g(t)$匹配的滤波器，该滤波器在 $t=T$ 时刻的抽样输出为

$$X_k = 2\mathcal{E} g_k \exp\left[\mathrm{j}\frac{2\pi}{M}(n-1)\right] + N_k \tag{C-3}$$

式中，$\mathcal{E}$是每个信道发送信号的能量；N_k 是第 k 个滤波器的输出噪声样值。解调器试图通过消除在每条信道中引入的相移，判决在信号传输间隔 $0 \leqslant t \leqslant T$ 内 M 个相位中哪一个相位被发

① 实信号的复数表示贯穿以下描述，复数共轭用星号表示。

送。在实际中，这是通过匹配滤波器的输出 X_k 乘以信道增益估值 $\hat{g}_k$ 的复共轭和相移来完成的。其结果是第 k 个滤波器的加权和移相后的抽样输出，该输出与其他 $L-1$ 个信道滤波器的加权及移相后的抽样输出相加。

假设第 k 个信道的增益估值 $\hat{g}_k$ 和相移可从导频信号的传输，或者通过对先前信号传输间隔内接收的携带信息信号的解调来导出。作为前者的一个例子，假设某一标记为 $s_{pk}(t)$ 的导频信号沿第 k 条信道发送（$0\leqslant t\leqslant T$），以便测量信道增益和相移。接收波形为

$$g_k s_{\mathrm{p}k}(t) + z_{\mathrm{p}k}(t), \qquad 0 \leqslant t \leqslant T$$

式中，$z_{pk}(t)$是均值为 0 且自相关函数 $\phi_{\mathrm{p}}(\tau) = N_0\delta(\tau)$ 的平稳白高斯随机过程的样本函数。该信号加噪声通过一个与 $s_{pk}(t)$匹配的滤波器。滤波器输出在 $t=T$ 时刻抽样而得到随机变量 $X_{pk}=2\mathcal{E}_{\mathrm{p}}g_k+N_{pk}$，其中$\mathcal{E}_{\mathrm{p}}$ 是导频信号的能量（假设它在所有信道内都相同），N_{pk} 是加性噪声样值，通过对 X_{pk} 的适当归一化可得到 g_k 的估值，即 $\hat{g}_k=g_k+N_{pk}/2\mathcal{E}_{\mathrm{p}}$。

另外，g_k 的估值亦可由携带信息信号得出，说明如下。如果知道包含在匹配滤波器输出中的信息分量，则 g_k 的估值可由适当归一化该输出得出。例如，由式（C-3）确定的滤波器输出中，信息分量为 $2\mathcal{E}g_k\exp[\mathrm{j}(2\pi/M)(n-1)]$，从而该估值为

$$\hat{g}_k = \frac{X_k}{2\mathcal{E}} \exp\left[-\mathrm{j}\frac{2\pi}{M}(n-1)\right] = g_k + \frac{N_k'}{2\mathcal{E}}$$

式中，$N_k' = N_k \exp[-\mathrm{j}(2\pi/M)(n-1)]$ 且 N_k' 的 PDF 与 N_k 的 PDF 相同。以这种方式由携带信息信号得到的估值称为透视估计（Clairvoyant Estimate）。尽管物理可实现的接收机不具备这样的透视估计，但它可通过采用一个信号传输间隔的延时并反馈先前信号传输间隔内发送相位的估值来逼近透视估计。

无论 g_k 的估值是由导频信号还是由携带信息的信号获得的，都可通过扩展时间间隔来改进估计，方法正如 Price（1962a, b）提出的那样，把形成估值的时间间隔延长到包含先前的几个信号传输间隔。作为扩展测量间隔的一个结果，g_k 估值的信噪比增加了。当形成估值的时间间隔为无限长的情况下，归一化导频信号估计是

$$\hat{g}_k = g_k + \sum_{i=1}^{\infty} c_i N_{\mathrm{p}ki} \Big/ 2\mathcal{E}_{\mathrm{p}} \sum_{i=1}^{\infty} c_i \tag{C-4}$$

式中，c_i 是在先前第 i 个信号间隔导出来的 g_k 子估值的加权系数，而 N_{pki} 为先前第 i 个信号传输间隔内与 $s_{pk}(t)$匹配的滤波器输出中的加性高斯噪声样值。类似地，通过消除过去无限长（间隔上）的调制，从携带信息的信号获得的透视估计为

$$\hat{g}_k = g_k + \sum_{i=1}^{\infty} c_i N_{ki} \Big/ 2\mathcal{E} \sum_{i=1}^{\infty} c_i \tag{C-5}$$

正如以上表示，解调器形成 g_k^* 和 X_k 之间的乘积，并把此积与其他 $L-1$ 个信道的乘积相加。结果的随机变量为

$$z = \sum_{k=1}^{L} X_k \hat{g}_k^* = \sum_{k=1}^{L} X_k Y_k^* = z_{\mathrm{r}} + \mathrm{j}z_{\mathrm{i}} \tag{C-6}$$

式中，由定义可知，$Y_k = \hat{g}_k$、$z_{\mathrm{r}}=\mathrm{Re}(z)$、$z_{\mathrm{i}}=\mathrm{Im}(z)$。$z$ 的相位是判决变量，即

$$\theta=\arctan\left(\frac{z_{\mathrm{i}}}{z_{\mathrm{r}}}\right)=\arctan\left[\mathrm{Im}\left(\sum_{k=1}^{L}X_kY_k^*\right)\Big/\mathrm{Re}\left(\sum_{k=1}^{L}X_kY_k^*\right)\right] \tag{C-7}$$

C.2　相位θ的特征函数和概率密度函数

以下推导基于假设发送信号相位为0，即n=1。如果需要，以任何其他发送信号相位为条件的θ的PDF可通过对$p(\theta)$变换$2\pi(n-1)/M$角度获得。还假设表征L个信道的复数$\{g_k\}$是相互统计独立且同分布的零均值高斯随机变量，这适合于瑞利慢衰落信道。因此，(X_k,Y_k)是均值为0的相关复高斯随机变量，并且与任何其他变量对(X_i, Y_i)都是统计独立且同分布的。

在一般分集接收情况下，用来计算概率密度函数$p(\theta)$的方法如下：首先获得z_{r}和z_{i}的联合概率密度函数的特征函数，其中z_{r}和z_{i}是组成判决变量θ的两个分量；其次进行特征函数的双重傅里叶变换并得到密度$p(z_{\mathrm{r}}, z_{\mathrm{i}})$，则可通过变换

$$r=\sqrt{z_{\mathrm{r}}^2+z_{\mathrm{i}}^2},\qquad \theta=\arctan\left(\frac{z_{\mathrm{i}}}{z_{\mathrm{r}}}\right) \tag{C-8}$$

得出包络r和相位θ的联合PDF；最后将这个联合PDF对随机变量r积分，就可得到θ的PDF。

随机变量z_{r}和z_{i}的联合特征函数可表示为

$$\psi(\mathrm{j}v_1,\ \mathrm{j}v_2)=\frac{\dfrac{4}{m_{xx}m_{yy}(1-|\mu|^2)}}{\left(v_1-\mathrm{j}\dfrac{2|\mu|\cos\varepsilon}{\sqrt{m_{xx}m_{yy}}(1-|\mu|^2)}\right)^2+\left(v_2-\mathrm{j}\dfrac{2|\mu|\sin\varepsilon}{\sqrt{m_{xx}m_{yy}}(1-|\mu|^2)}\right)^2+\dfrac{4}{m_{xx}m_{yy}(1-|\mu|^2)^2}} \tag{C-9}$$

式中，定义

$$\begin{aligned}m_{xx}&=E\left(|X_k|^2\right), &&\text{对所有的}k\text{均相同}\\ m_{yy}&=E\left(|Y_k|^2\right), &&\text{对所有的}k\text{均相同}\\ m_{xy}&=E\left(X_kY_k^*\right), &&\text{对所有的}k\text{均相同}\\ \mu&=\frac{m_{xy}}{\sqrt{m_{xx}m_{yy}}}=|\mu|\mathrm{e}^{-\mathrm{j}\varepsilon}\end{aligned} \tag{C-10}$$

函数$\psi(\mathrm{j}v_1,\mathrm{j}v_2)$关于变量$v_1$和$v_2$的傅里叶变换为

$$\begin{aligned}p(z_{\mathrm{r}},z_{\mathrm{i}})=&\frac{(1-|\mu|^2)^L}{(L-1)!\pi 2^L}\left(\sqrt{z_{\mathrm{r}}^2+z_{\mathrm{i}}^2}\right)^{L-1}\\&\times\exp[|\mu|(z_{\mathrm{r}}\cos\varepsilon+z_{\mathrm{i}}\sin\varepsilon)]K_{L-1}\left(\sqrt{z_{\mathrm{r}}^2+z_{\mathrm{i}}^2}\right)\end{aligned} \tag{C-11}$$

式中，$K_n(x)$是n阶修正的汉克尔（Hankel）函数。随机变量的变换［见式（C-8）］得到如下形式的包络r和相位θ的联合PDF

$$p(r,\theta)=\frac{(1-|\mu|^2)^L}{(L-1)!\pi 2^L}r^L\exp[|\mu|r\cos(\theta-\varepsilon)]K_{L-1}(r) \tag{C-12}$$

现在，对变量 r 进行积分，得到相位 θ 的边缘 PDF。计算该积分，可得到如下形式的 $p(\theta)$。

$$p(\theta)=\frac{(-1)^{L-1}(1-|\mu|^2)^L}{2\pi(L-1)!}\left\{\frac{\partial^{L-1}}{\partial b^{L-1}}\left[\frac{1}{b-|\mu|^2\cos^2(\theta-\varepsilon)}\right.\right.$$

$$\left.\left.+\frac{|\mu|\cos(\theta-\varepsilon)}{[b-|\mu|^2\cos^2(\theta-\varepsilon)]^{3/2}}\cos^{-1}\left(-\frac{|\mu|\cos(\theta-\varepsilon)}{b^{1/2}}\right)\right]\right\}\Bigg|_{b=1} \tag{C-13}$$

在该方程中，

$$\left.\frac{\partial^L}{\partial b^L}f(b,\mu)\right|_{b=1}$$

表示在 b=1 处计算的函数 $f(b,\mu)$的 L 阶偏导数。

C.3 瑞利慢衰落信道的差错概率

本节将推导 M 相信号传输的符号差错概率和二进制数字差错概率，这些概率可通过 θ 的概率密度函数和概率分布函数得出。

1. 相位的概率分布函数

为了计算差错概率，需要计算定积分

$$P(\theta_1\leqslant\theta\leqslant\theta_2)=\int_{\theta_1}^{\theta_2}p(\theta)\,\mathrm{d}\theta$$

式中，θ_1 和 θ_2 是积分限；$p(\theta)$ 由式（C-13）给出。所有的计算都针对实互相关系数 μ 进行。实值 μ 意味着信号具有对称谱，这是经常会碰到的情况。因为复值 μ 导致 θ 的 PDF 位移 ε，ε 仅是一个偏移项，所以能够以普通方法改变 μ 为实值时的结果来替代 μ 为复值时的更一般情况。

在 $p(\theta)$ 的积分中，只考虑 $0\leqslant\theta\leqslant\pi$ 范围，因为 $p(\theta)$ 是一个偶函数。被积函数及其导数的连续性，以及积分限 θ_1 和 θ_2 与 b 无关，允许交换积分和微分的次序。这样做使得积分计算变得很容易，表示如下：

$$\begin{aligned}\int_{\theta_1}^{\theta_2}p(\theta)\,\mathrm{d}\theta=&\frac{(-1)^{L-1}(1-\mu^2)^L}{2\pi(L-1)!}\\&\times\frac{\partial^{L-1}}{\partial b^{L-1}}\left\{\frac{1}{b-\mu^2}\left[\frac{\mu\sqrt{1-(b/\mu^2-1)x^2}}{b^{1/2}}\quad\operatorname{arccot}x\right.\right.\\&\left.\left.-\operatorname{arccot}\left(\frac{xb^{1/2}/\mu}{\sqrt{1-(b/\mu^2-1)x^2}}\right)\right]\right\}_{x_1}^{x_2}\Bigg|_{b=1}\end{aligned} \tag{C-14}$$

式中，定义

$$x_i=\frac{-\mu\cos\theta_i}{\sqrt{b-\mu^2(\cos\theta_i)^2}},\qquad i=1,2 \tag{C-15}$$

2. 符号差错概率

任意 M 相信号传输系统的符号差错概率为

$$P_e = 2\int_{\pi/M}^{\pi} p(\theta)\,d\theta$$

当式（C-14）在这两个积分限下计算时，其结果为

$$P_e = \frac{(-1)^{L-1}(1-\mu^2)^L}{\pi(L-1)!}\frac{\partial^{L-1}}{\partial b^{L-1}}\left\{\frac{1}{b-\mu^2}\left[\frac{\pi}{M}(M-1) - \frac{\mu\sin(\pi/M)}{\sqrt{b-\mu^2\cos^2(\pi/M)}}\operatorname{arccot}\left(\frac{-\mu\cos(\pi/M)}{\sqrt{b-\mu^2\cos^2(\pi/M)}}\right)\right]\right\}\Bigg|_{b=1} \tag{C-16}$$

3. 二进制数字差错概率

首先，研究二相信号传输情况。在这种情况下，二进制数字的差错概率可通过 PDF $p(\theta)$ 在 $\pi/2<\theta<3\pi$ 范围内积分获得。因为 $p(\theta)$ 为偶函数且信号是先验等概的，故该差错概率为

$$P_2 = 2\int_{\pi/2}^{\pi} p(\theta)\,d\theta$$

容易证明，$\theta_1=\pi/2$ 隐含着 x_1=0，而 $\theta_2=\pi$ 隐含着 $x_2=\mu/\sqrt{b-\mu^2}$ 。因此，

$$P_2 = \frac{(-1)^{L-1}(1-\mu^2)^L}{2(L-1)!}\frac{\partial^{L-1}}{\partial b^{L-1}}\left[\frac{1}{b-\mu^2} - \frac{\mu}{b^{1/2}(b-\mu^2)}\right]\Bigg|_{b=1} \tag{C-17}$$

在完成式（C-17）中的微分运算，并在 b=1 处计算结果后，可得到如下形式的二进制数字差错概率。

$$P_2 = \frac{1}{2}\left[1-\mu\sum_{k=0}^{L-1}\binom{2k}{k}\left(\frac{1-\mu^2}{4}\right)^k\right] \tag{C-18}$$

其次，研究四相信号传输的情况，其中应用格雷（Gray）码把一对比特映射为相位。假设发送信号为 $s_{11}(t)$，显然，当接收相位为 $\pi/4<\theta<3\pi/4$ 时，产生单比特差错，而当接收相位为 $3\pi/4<\theta<\pi$ 时，传输双比特差错。也就是说，二进制数字的差错概率为

$$P_{4b} = \int_{\pi/4}^{3\pi/4} p(\theta)\,d\theta + 2\int_{3\pi/4}^{\pi} p(\theta)\,d\theta \tag{C-19}$$

根据式（C-14）和式（C-19）容易导出

$$P_{4b} = \frac{(-1)^{L-1}(1-\mu^2)^L}{2(L-1)!}\frac{\partial^{L-1}}{\partial b^{L-1}}\left[\frac{1}{b-\mu^2} - \frac{\mu}{(b-\mu^2)(2b-\mu^2)^{1/2}}\right]\Bigg|_{b=1}$$

因此，四相信号传输的二进制数字差错概率为

$$P_{4b} = \frac{1}{2}\left[1-\frac{\mu}{\sqrt{2-\mu^2}}\sum_{k=0}^{L-1}\binom{2k}{k}\left(\frac{1+\mu^2}{4-2\mu^2}\right)^k\right] \tag{C-20}$$

注意，如果定义 $\rho=\mu/\sqrt{2-\mu^2}$ ，则以 ρ 表示的 P_{4b} 表达式为

$$P_{4b}=\frac{1}{2}\left[1-\rho\sum_{k=0}^{L-1}\binom{2k}{k}\left(\frac{1-\rho^2}{4}\right)^k\right] \tag{C-21}$$

换句话说，P_{4b}与式（C-18）给出的P_2具有相同的形式。注意ρ可以像μ一样可解释为互相关系数，因为ρ的取值范围为$0\leqslant\rho\leqslant1$（当$0\leqslant\mu\leqslant1$）。这个简单的事实将被用在附录C.4中。

上述用来处理具有格雷码的M相信号的符号差错概率的过程也可用于$M=8$、16等情况，Proakis（1968）论著中已述及。

4. 互相关系数的计算

上面给出的差错概率的表达式取决于单一参数，即互相关系数μ。透视估计由式（C-5）定义，当发送信号波形为$s_{11}(t)$时，匹配滤波器输出为$X_k=2\mathcal{E}g_k+N_k$。因此，互相关系数为

$$\mu=\frac{\sqrt{v}}{\sqrt{\left(\bar{\gamma}_c^{-1}+1\right)\left(\bar{\gamma}_c^{-1}+v\right)}} \tag{C-22}$$

式中，定义

$$v=\left|\sum_{i=1}^{\infty}c_i\right|^2\Big/\sum_{i=1}^{\infty}|c_i|^2$$

$$\bar{\gamma}_c=\frac{\mathcal{E}}{N_0}E\left(|g_k|^2\right),\qquad k=1,2,\cdots,L \tag{C-23}$$

参数v表示形成估值的有效信号传输间隔数，而$\bar{\gamma}_c$是平均信道SNR。

在差分相位信号传输的情况下，加权系数是$c_1=1$、$c_i=0$（当$i\neq1$时），因此$v=1$且$\mu=\bar{\gamma}_c/(1+\bar{\gamma}_c)$。

当$v=\infty$时，该估值是理想的且

$$\lim_{v\to\infty}\mu=\sqrt{\frac{\bar{\gamma}_c}{\bar{\gamma}_c+1}}$$

最后，在式（C-4）给出的导频信号估计情况下，互相关系数为

$$\mu=\left[\left(1+\frac{r+1}{r\bar{\gamma}_t}\right)\left(1+\frac{r+1}{v\bar{\gamma}_t}\right)\right]^{-1/2} \tag{C-24}$$

式中，定义

$$\bar{\gamma}_t=\frac{\mathcal{E}_t}{N_0}E(|g_k|^2),\qquad \mathcal{E}_t=\mathcal{E}+\mathcal{E}_p,\qquad r=\mathcal{E}/\mathcal{E}_p$$

确定的μ值如表C-1所示。

表C-1 瑞利衰落信道

估计类型	互相关系数μ
透视估计	$\dfrac{\sqrt{v}}{\sqrt{\left(\bar{\gamma}_c^{-1}+1\right)\left(\hat{\gamma}_c^{-1}+v\right)}}$
导频信号估计	$\dfrac{\sqrt{rv}}{(r+1)\sqrt{\left(\frac{1}{\bar{\gamma}_t}+\frac{r}{r+1}\right)\left(\frac{1}{\bar{\gamma}_t}+\frac{v}{r+1}\right)}}$

续表

估计类型	互相关系数 μ
差分相位信号传输	$\dfrac{\bar{\gamma}_c}{\bar{\gamma}_c+1}$
理想估计	$\sqrt{\dfrac{\bar{\gamma}_c}{\bar{\gamma}_c+1}}$

C.4　时不变与赖斯衰落信道的差错概率

在附录 C.2 中，复值信道增益 $\{g_k\}$ 表征为零均值高斯随机变量，它适合于瑞利衰落信道。本部分假设信道增益是非零均值的高斯随机变量，信道增益的估值由解调器完成并按附录 C.1 所述的那样使用。同时，判决变量 θ 仍由式（C-7）定义。在这种情况下，第 k 条信道的匹配滤波器输出和估值分别为高斯随机变量 X_k 和 Y_k，它们的非零均值表示为 $\bar{X}_k$ 和 $\bar{Y}_k$，且其二阶矩为

$$m_{xx}=E(|X_k-\bar{X}_k|^2)\qquad \text{所有信道相同}$$

$$m_{yy}=E(|Y_k-\bar{Y}_k|^2)\qquad \text{所有信道相同}$$

$$m_{xy}=E[(X_k-\bar{X}_k)(Y_k^*-\bar{Y}_k^*)]\qquad \text{所有信道相同}$$

而归一化的协方差定义为

$$\mu=\frac{m_{xy}}{\sqrt{m_{xx}m_{yy}}}$$

下面只研究具有该信道模型的二相和四相信号传输的差错概率，只对每个信道增益的波动分量为 0 的特殊情况感兴趣，在这种情况下信道是时不变的。除了时不变特性，如果估值和匹配滤波器输出之间的噪声是互不相关的，那么μ=0。

一般情况下，以上述方式表征的 L 条统计独立的信道上二相信号传输的差错概率可根据附录 B 得到。根据它的通用表示形式，二进制数字差错概率为

$$\begin{aligned}P_b=&Q_1(a,b)-I_0(ab)\exp\left[-\frac{1}{2}(a^2+b^2)\right]\\&+\frac{I_0(ab)\exp\left[-\frac{1}{2}(a^2+b^2)\right]}{[2/(1-\mu)]^{2L-1}}\sum_{k=0}^{L-1}\binom{2L-1}{k}\left(\frac{1+\mu}{1-\mu}\right)^k+\frac{\exp\left[-\frac{1}{2}(a^2+b^2)\right]}{[2/(1-\mu)]^{2L-1}}\\&\times\sum_{n=1}^{L-1}I_n(ab)\sum_{k=0}^{L-1-n}\binom{2L-1}{k}\times\left[\left(\frac{b}{a}\right)^n\left(\frac{1+\mu}{1-\mu}\right)^k-\left(\frac{a}{b}\right)^n\left(\frac{1+\mu}{1-\mu}\right)^{2L-1-k}\right],\quad L\geqslant 2\\P_2=&Q_1(a,b)-\tfrac{1}{2}(1+\mu)I_0(ab)\exp[-\tfrac{1}{2}(a^2+b^2)],\qquad L=1\end{aligned}\qquad(\text{C-25})$$

式中，定义

$$a=\left(\frac{1}{2}\sum_{k=1}^{L}\left|\frac{\bar{X}_k}{\sqrt{m_{xx}}}-\frac{\bar{Y}_k}{\sqrt{m_{yy}}}\right|^2\right)^{1/2}$$

$$b=\left(\frac{1}{2}\sum_{k=1}^{L}\left|\frac{\bar{X}_k}{\sqrt{m_{xx}}}+\frac{\bar{Y}_k}{\sqrt{m_{yy}}}\right|^2\right)^{1/2} \tag{C-26}$$

$$Q_1(a,b)=\int_b^{\infty}x\exp[-\tfrac{1}{2}(a^2+x^2)]I_0(ax)\,\mathrm{d}x$$

式中，$I_n(x)$为第一类 n 阶修正贝塞尔函数。

当信道为时不变信道（μ=0）且信道增益和相位估值由附录 C.1 定义时，计算常数 a 和 b。我们记得，当信号 $s_1(t)$被发送时，匹配滤波器输出为 $X_k=2\mathcal{E}g_k+N_k$，透视估计由式（C-5）确定。因此，对于该估计，矩值为 $\bar{X}_k=2\mathcal{E}g_k$，$\bar{Y}_k=g_k$，$m_{xx}=4\mathcal{E}N_0$，$m_{xy}=N_0/\mathcal{E}v$, 其中$\mathcal{E}$是信号能量，$N_0$ 是噪声谱密度值，而 v 由式（C-23）定义。把这些矩值代入式（C-26），可得到如下 a 和 b 的表达式。

$$a=\sqrt{\tfrac{1}{2}\gamma_{\mathrm{b}}}|\sqrt{v}-1|,\qquad b=\sqrt{\tfrac{1}{2}\gamma_{\mathrm{b}}}|\sqrt{v}+1|,\qquad \gamma_{\mathrm{b}}=\frac{\mathcal{E}}{N_0}\sum_{k=1}^{L}|g_k|^2 \tag{C-27}$$

这个结果最初是由 Price（1962）导出的。

在式（C-27）中，令 v=1，就可获得差分相位信号传输的差错概率。

其次，研究导频信号的估值。在这种情况下，估值由式（C-4）定义，并且匹配滤波器输出仍为 $X_k=2\mathcal{E}g_k+N_k$。把计算出的矩值代入式（C-26）后，可得到如下 a 和 b 的表达式。

$$a=\sqrt{\frac{\gamma_{\mathrm{t}}}{2}}\left|\sqrt{\frac{v}{r+1}}-\sqrt{\frac{r}{r+1}}\right|,\quad b=\sqrt{\frac{\gamma_{\mathrm{t}}}{2}}\left(\sqrt{\frac{v}{r+1}}+\sqrt{\frac{r}{r+1}}\right) \tag{C-28}$$

式中

$$\gamma_{\mathrm{t}}=\frac{\mathcal{E}_{\mathrm{t}}}{N_0}\sum_{k=1}^{L}|g_k|^2,\qquad \mathcal{E}_{\mathrm{t}}=\mathcal{E}+\mathcal{E}_{\mathrm{p}},\qquad r=\mathcal{E}/\mathcal{E}_{\mathrm{p}}$$

最后，研究在时不变信道（μ=0）上四相信号传输时的二进制数字差错概率。导出差错概率的一个方法是首先确定 θ 的 PDF，然后在θ值的合适范围对该函数积分。但这种方法在数学上已被证明难于实现，取而代之的是一种间接但实用的方法，在这种方法中使用了拉普拉斯变换。简言之，式（14-4-14）的积分将 AWGN 信道的差错概率 $P_2(\gamma_{\mathrm{b}})$ 与瑞利衰落信道的差错概率 P_2 联系起来，该积分是一个拉普拉斯变换。因为分别由式（C-18）和式（C-21）给出的瑞利衰落信道的比特差错概率 P_2 和 $P_{4\mathrm{b}}$ 具有相同的形式，不同的只是相关系数，因此时不变信道中比特差错概率也具有相同的形式，即 μ=0 时式（C-25）就是四相信号传输系统的比特差错概率，其中可通过改变参数 a 和 b 来反映不同的相关系数。详细的推导可在 Proakis（1968）中找到。参数 a 和 b 的表达式列于表 C-2。

表 C-2　时不变信道

估值类型	a	b
二相信号传输		
透视估计	$\sqrt{\tfrac{1}{2}\gamma_{\mathrm{b}}}\lvert\sqrt{v}-1\rvert$	$\sqrt{\tfrac{1}{2}\gamma_{\mathrm{b}}}(\sqrt{v}+1)$

续表

估值类型	a	b
差分相位信号传输	0	$\sqrt{2\gamma_b}$
导频信号估值	$\sqrt{\frac{\gamma_t}{2}}\left\|\sqrt{\frac{\nu}{r+1}}-\sqrt{\frac{r}{r+1}}\right\|$	$\sqrt{\frac{\gamma_t}{2}}\left(\sqrt{\frac{\nu}{r+1}}+\sqrt{\frac{r}{r+1}}\right)$
四相信号传输		
透视估计	$\sqrt{\frac{1}{2}\gamma_b}\left\|\sqrt{\nu+1+\sqrt{\nu^2+1}}-\sqrt{\nu+1-\sqrt{\nu^2+1}}\right\|$	$\sqrt{\frac{1}{2}\gamma_b}\left(\sqrt{\nu+1+\sqrt{\nu^2+1}}+\sqrt{\nu+1-\sqrt{\nu^2+1}}\right)$
差分相位信号传输	$\sqrt{\frac{1}{2}\gamma_b}\left(\sqrt{2+\sqrt{2}}-\sqrt{2-\sqrt{2}}\right)$	$\sqrt{\frac{1}{2}\gamma_b}\left(\sqrt{2+\sqrt{2}}-\sqrt{2-\sqrt{2}}\right)$
导频信号估值	$\sqrt{\frac{\gamma_t}{4(r+1)}}\left\|\sqrt{\nu+r+\sqrt{\nu^2+r^2}}-\sqrt{\nu+r-\sqrt{\nu^2+r^2}}\right\|$	$\sqrt{\frac{\gamma_t}{4(r+1)}}\left\|\sqrt{\nu+r+\sqrt{\nu^2+r^2}}-\sqrt{\nu+r-\sqrt{\nu^2+r^2}}\right\|$

附录 D

平方根分解

研究线性方程组

$$\boldsymbol{R}_N\boldsymbol{C}_N = \boldsymbol{U}_N \tag{D-1}$$

的解，其中 $\boldsymbol{R}_N$ 是 $N\times N$ 阶正定对称矩阵；$\boldsymbol{C}_N$ 为 N 维待定系数向量；$\boldsymbol{U}_N$ 是一个任意的 N 维向量。式（D-1）可被高效求解，只要把 $\boldsymbol{R}_N$ 表示为如下分解形式即可。

$$\boldsymbol{R}_N = \boldsymbol{S}_N\boldsymbol{D}_N\boldsymbol{S}_N^{\mathrm{t}} \tag{D-2}$$

式中，$\boldsymbol{S}_N$ 为下三角矩阵，其元素为$\{s_{ik}\}$；$\boldsymbol{D}_N$ 为对角矩阵，其对角元素为$\{d_k\}$。令 $\boldsymbol{S}_N$ 的对角元素为 1，即 $s_{ii}=1$，则有

$$\begin{aligned} r_{ij} &= d\sum_{k=1}^{j} s_{ik}d_k s_{jk}, \qquad 1\leqslant j\leqslant i-1; i\geqslant 2 \\ r_{11} &= d_1 \end{aligned} \tag{D-3}$$

式中，$\{r_{ij}\}$是 $\boldsymbol{R}_N$ 的元素。因此，元素$\{s_{ik}\}$和$\{d_k\}$可由式（D-3）按下列方程确定。

$$\begin{aligned} d_1 &= r_{11} \\ s_{ij}d_j &= r_{ij} - \sum_{k=1}^{j-1} s_{ik}d_k s_{jk}, \qquad 1\leqslant j\leqslant i-1; 2\leqslant i\leqslant N \\ d_i &= r_{ii} - \sum_{k=1}^{i-1} s_{ik}^2 d_k, \qquad 2\leqslant i\leqslant N \end{aligned} \tag{D-4}$$

因此，式（D-4）以 $\boldsymbol{R}_N$ 的元素定义了 $\boldsymbol{S}_N$ 和 $\boldsymbol{D}_N$。

式（D-1）的解分两步完成。将式（D-2）代入式（D-1），有

$$\boldsymbol{S}_N\boldsymbol{D}_N\boldsymbol{S}_N^{\mathrm{t}}\boldsymbol{C}_N = \boldsymbol{U}_N$$

令

$$\boldsymbol{Y}_N = \boldsymbol{D}_N\boldsymbol{S}_N^{\mathrm{t}}\boldsymbol{C}_N \tag{D-5}$$

则

$$\boldsymbol{S}_N\boldsymbol{Y}_N = \boldsymbol{U}_N \tag{D-6}$$

首先，求解式（D-6）中的 $\boldsymbol{Y}_N$。因为 $\boldsymbol{S}_N$ 为三角形式，所以有

$$y_1 = u_1, \qquad y_i = u_i - \sum_{j=1}^{i-1} s_{ij}y_j, \qquad 2\leqslant i\leqslant N \tag{D-7}$$

得到 $\boldsymbol{Y}_N$ 后，第二步是计算 $\boldsymbol{C}_N$，即

$$\boldsymbol{D}_N\boldsymbol{S}_N^{\mathrm{t}}\boldsymbol{C}_N = \boldsymbol{Y}_N, \qquad \boldsymbol{S}_N^{\mathrm{t}}\boldsymbol{C}_N = \boldsymbol{D}_N^{-1}\boldsymbol{Y}_N$$

从式

$$c_N = y_N / d_N \tag{D-8}$$

出发，$\boldsymbol{C}_N$的剩余系数可用递归方法获得，即

$$c_i = \frac{y_i}{d_i} - \sum_{j=i+1}^{N} s_{ji} c_j, \qquad 1 \leqslant i \leqslant N-1 \tag{D-9}$$

进行$\boldsymbol{R}_N$分解需要的乘法和除法次数与N^3成正比。一旦$\boldsymbol{S}_N$确定，计算$\boldsymbol{C}_N$需要的乘法和除法次数正比于N^2。与此相对比，当$\boldsymbol{R}_N$是托伯利兹（Toeplitz）矩阵时，应该用列文森-杜宾算法来确定式（D-1）的解，因此其乘法和除法次数与N^2成正比。另外，在递归最小二乘（RLS）公式中，$\boldsymbol{S}_N$和$\boldsymbol{D}_N$不能用式（D-3）的方法计算，但它们可以递归地更新，该更新可用N^2次运算（乘法和除法）完成。那么，向量$\boldsymbol{C}_N$的求解可按照式（D-5）到式（D-9）的步骤进行。因此，递归最小二乘公式的计算量与N^2成正比。

参考文献与资料

Abdulrahman, A., Falconer, D. D., and Sheikh, A. U. (1994). "Decision Feedback Equalization for CDMA in Indoor Wireless Communications," *IEEE J. Select. Areas Commun.*, vol. 12, pp. 698–706, May.

Abend, K., and Fritchman, B. D. (1970). "Statistical Detection for Communication Channels with Intersymbol Interference," *Proc. IEEE*, pp. 779–785, May.

Abou-Faycal, I., Trott, M., and Shamai, S. (2001). "The Capacity of Discrete-Time Memoryless Rayleigh-Fading Channels," *IEEE Trans. Inform. Theory*, vol. 47, pp. 1290–1301.

Abramson, N. (1963). *Information Theory and Coding*, McGraw-Hill, New York.

Abramson, N. (1970). "The ALOHA System—Another Alternative for Computer Communications," *1970 Fall Joint Comput. Conf., AFIDS Conf. Proc.*, vol. 37, pp. 281–285, AFIPS Press, Montvale, N.J.

Abramson, N. (1977). "The Throughput of Packet Broadcasting Channels," *IEEE Trans. Commun*, vol. COM-25, pp. 117–128, January.

Abramson, N. (1993). *Multiple Access Communications*, IEEE Press, New York.

Abramson, N. (1994). "Multiple Access in Wireless Digital Networks," *Proc. IEEE*, vol. 82, pp. 1360–1369, September.

Alamouti, A. (1998). "A Simple Transmitter Diversity Scheme for Wireless Communications," *IEEE J. Selected Areas Commun.*, vol. JSAC-16, pp. 1451–1458, October.

Alexander, P. D., Reed, M. C., Asenstorfer, J. A., and Schlegel, C. B. (1999). "Iterative Multiuser Interference Reduction: Turbo CDMA," *IEEE Trans. Commun.*, vol. 47, pp. 1008–1014, July.

Al-Hussaini, E., and Al-Bassiouni, A. A. M. (1985). "Performance of MRC Diversity Systems for the Detection of Signals with Nakagami Fading," *IEEE Trans. Commun*, vol. COM-33, pp. 1315–1319, December.

Alouini, M., and Goldsmith, A. (1998). "A Unified Approach for Calculating Error Rates of Linearly Modulated Signals over Generalized Fading Channels," *Proc. IEEE ICC'98*, pp. 459–464, Atlanta, GA.

Altekar, S. A., and Beaulieu, N. C. (1993). "Upper Bounds on the Error Probability of Decision Feedback Equalization," *IEEE Trans. Inform. Theory*, vol. IT-39, pp. 145–156, January.

Amihood, P., Milstein, L. B., and Proakis, J. G. (2006). "Analysis of a MISO Pre-BLAST-DFE Technique for Decentralized Receivers," *Proc. Asilomar Conf.*, Pacific Grove, CA, November.

Amihood, P., Masry, E., Milstein, L. B., and Proakis, J. G. (2007). "Performance Analysis of a Pre-BLAST-DFE Technique for MISO Channels with Decentralized Receivers," *IEEE Trans. Commun.,* vol. 55, pp. 1385–1396, July.

Anderson, J. B., Aulin, T., and Sundberg, C. W. (1986). *Digital Phase Modulation*, Plenum, New York.

Anderson, R. R., and Salz, J. (1965). "Spectra of Digital FM," *Bell Syst. Tech. J.,* vol. 44, pp. 1165–1189, July–August.

Annamalai, A., Tellambura, C., and Bhargara, V. K. (1999). "A Unified Approach to Performance Evaluation of Diversity Systems on Fading Channels," in *Wireless Multimedia Network Technologies*, chap. 17, R. Ganesh ed., Kluwer Academic Publishers, Boston, MA.

Annamalai, A., Tellambura, C., and Bhargara, V. K. (1998). "A Unified Analysis of MPSK and MDPSK with Diversity Reception in Different Fading Environments," *IEEE Electr. Lett.*, vol. 34, pp. 1564–1565, August.

Ash, R. B. (1965). *Information Theory*, Interscience, New York.

Aulin, T. (1980). "Viterbi Detection of Continuous Phase Modulated Signals," *Nat Telecommun. Conf. Record*, pp. 14.2.1–14.2.7, Houston, TX, November.

Aulin, T., Rydbeck, N., and Sundberg, C. W. (1981). "'Continuous Phase Modulation—Part II: Partial Response Signaling," *IEEE Trans. Commun.*, vol. COM-29, pp. 210–225, March.

Aulin, T., Sundberg, C. W., and Svensson, A. (1981). "Viterbi Detectors with Reduced Complexity for Partial Response Continuous Phase Modulation," *Conf. Record NTC'81*, pp. A7.61–A7.6.7, New Orleans, LA.

Aulin, T., and Sundberg, C. W. (1981). "Continuous Phase Modulation—Part I: Full Response Signaling," *IEEE Trans. Commun*, vol. COM-29, pp. 196–209, March.

Aulin, T., and Sundberg, C. W. (1982a). "On the Minimum Euclidean Distance for a Class of Signal Space Codes," *IEEE Trans. Inform. Theory*, vol. IT-28, pp. 43–55, January.

Aulin, T., and Sundberg, C. W. (1982b). "Minimum Euclidean Distance and Power Spectrum for a Class of Smoothed Phase Modulation Codes with Constant Envelope," *IEEE Trans. Commun.*, vol. COM-30, pp. 1721–1729, July.

Aulin, T., and Sundberg, C. W. (1984). "CPM—An Efficient Constant Amplitude Modulation Scheme," *Int. J. Satellite Commun*, vol. 2, pp. 161–186.

Austin, M. E. (1967). "Decision-Feedback Equalization for Digital Communication Over Dispersive Channels," MIT Lincoln Laboratory, Lexington, MA. Tech. Report No. 437, August.

Bahl, L. R., Cocke, J., Jelinek, F., and Raviv, J. (1974). "Optimal Decoding of Linear Codes for Minimizing Symbol Error Rate" *IEEE Trans. Inform. Theory*, vol. IT-20, pp. 284–287, March.

Barrow, B. (1963). "Diversity Combining of Fading Signals with Unequal Mean Strengths," *IEEE Trans. Commun. Syst.*, vol. CS-11, pp. 73–78, March.

Bauch, G., and Franz, V. (1998). "Iterative Equalization and Decoding for the GSM System," *Proc. VTC '98*, pp. 2262–2266, April.

Bauch, G., Khorram, H., and Hagenauer, J. (1997). "Iterative Equalization and Decoding in Mobile Communications Systems," *Proc. European Personal Mobile Commun. Conf. (EPMCC'77)*, pp. 307–312, September.

Beare, C. T. (1978). "The Choice of the Desired Impulse Response in Combined Linear-Viterbi Algorithm Equalizers," *IEEE Trans. Commun.*, vol. 26, pp. 1301–1307, August.

Beaulieu, N. C. (1990). "An Infinite Series for the Computation of the Complementary Probability Distribution Function of a Sum of Independent Random Variables and Its Application to the Sum of Rayleigh Random Variables," *IEEE Trans. Commun.*, vol. COM-38, pp. 1463–1474, September.

Beaulieu, N. C. (1994). "Bounds on Recovery Times of Decision Feedback Equalizers," *IEEE Trans. Commun*, vol. 42, pp. 2786–2794, October.

Beaulieu, N. C., and Abu-Dayya, A. A. (1991). "Analysis of Equal Gain Diversity on Nakagami Fading Channels," *IEEE Trans. Commun*, vol. COM-39, pp. 225–234, February.

Bégin, G., and Haccoun, D. (1989). "High-Rate Punctured Convolutional Codes: Structure, Properties and Construction Technique," *IEEE Trans. Commun.*, vol. 37, pp. 1381–1385, December.

Bégin, G., Haccoun, D., and Paguin, C. (1990). "Further Results on High-Rate Punctured Convolutional Codes for Viterbi and Sequential Decoding," *IEEE Trans. Commun.*, vol. 38, pp. 1922–1928, November.

Bekir, N. E., Scholtz, R. A., and Welch, L. R. (1978). "Partial-Period Correlation Properties of PN Sequences," *1978 Nat. Telecommun. Conf. Record*, pp. 35.1.1–25.1.4, Birmingham, Alabama, November.

Belfiore, C. A., and Park, J. H., Jr. (1979). "Decision-Feedback Equalization," *Proc. IEEE*, vol. 67, pp. 1143–1156, August.

Bellini, J. (1986). "Bussgang Techniques for Blind Equalization," *Proc. GLOBECOM'86*, pp. 46.1.1–46.1.7, Houston, TX, December.

Bello, P. (1963). "Characterization of Randomly Time-Variant Linear Channels," *IEEE Trans. Commun.,* vol. 11, pp. 360–393, December.

Bello, P. A., and Nelin, B. D. (1962a). "Predetection Diversity Combining with Selectivity Fading Channels," *IRE Trans. Commun Syst.*, vol. CS-10, pp. 32–42, March.

Bello, P. A., and Nelin, B. D. (1962b). "The Influence of Fading Spectrum on the Binary Error Probabilities of Incoherent and Differentially Coherent Matched Filter Receivers," *IRE Trans. Commun. Syst.*, vol. CS-10, pp. 160–168, June.

Bello, P. A., and Nelin, B. D. (1963). "The Effect of Frequency Selective Fading on the Binary Error Probabilities of Incoherent and Differentially Coherent Matched Filter Receivers," *IEEE Trans. Commun. Syst.*, vol. CS-11, pp. 170–186, June.

Benedetto, S., Ajmone Marsan, M., Albertengo, G., and Giachin, E. (1988). "Combined Coding and Modulation: Theory and Applications," *IEEE Trans. Inform. Theory*, vol. 34, pp. 223–236, March.

Benedetto, S., Divsalar, D., Montorsi, G., and Pollara, F. (1998). "Serial Concatenation of Interleaved Codes: Performance Analysis, Design and Iterative Decoding," *IEEE Trans. Inform. Theory*, vol. 44, pp. 909–926, May.

Benedetto, S., Mondin, M., and Montorsi, G. (1994). "Performance Evaluation of Trellis-Coded Modulation Schemes," *Proc. IEEE*, vol. 82, pp. 833–855, June.

Benedetto, S., and Montorsi, G. (1996). "Unveiling Turbo Codes: Some Results on Parallel Concatenated Coding Schemes," *IEEE Trans. Inform. Theory*, vol. 42, pp. 409–428, March.

Bennett, W. R., and Davey, J. R. (1965). *Data Transmission*, McGraw-Hill, New York.

Bennett, W. R., and Rice, S. O. (1963). "Spectral Density and Autocorrelation Functions Associated with Binary Frequency-Shift Keying," *Bell Syst. Tech. J.,* vol. 42, pp. 2355–2385, September.

Bensley, S. E., and Aazhang, B. (1996). "Subspace-Based Channel Estimation for Code-Division Multiple Access Communication Systems," *IEEE Trans. Commun.*, vol. 44, pp. 1009–1020, August.

Benveniste, A., and Goursat, M. (1984). "Blind Equalizers," *IEEE Trans. Commun.*, vol. COM-32, pp. 871–883, August.

Berger, T. (1971). *Rate Distortion Theory*, Prentice-Hall, Englewood Cliffs, NJ.

Berger, T., and Gibson, J. D. (1998). "Lossy Source Coding," *IEEE Trans. Inform. Theory*, vol. 44, pp. 2693–2723, October.

Berger, T., and Tufts, D. W. (1967). "Optimum Pulse Amplitude Modulation, Part I: Transmitter-Receiver Design and Bounds from Information Theory," *IEEE Trans. Inform. Theory*, vol. IT-13, pp. 196–208.

Bergmans, J. W. M. (1995). "Efficiency of Data-Aided Timing Recovery Techniques," *IEEE Trans. Inform. Theory*, vol. 41, pp. 1397–1408, September.

Bergmans, J. W. M., Rajput, S. A., and Van DeLaar, F. A. M. (1987). "On the Use of Decision Feedback for Simplifying the Viterbi Detector," *Philips J. Research*, vol. 42, no. 4, pp. 399–428.

Bergmans, P. P., and Cover, T. M. (1974). "Cooperative Broadcasting," *IEEE Trans. Inform. Theory*, vol. IT-20, pp. 317–324, May.

Berlekamp, E. R. (1968). *Algebraic Coding Theory*, McGraw-Hill, New York.

Berlekamp, E. R. (1973). "Goppa Codes," *IEEE Trans. Inform. Theory*, vol. IT-19, pp. 590–592.

Berlekamp, E. R. (1974). *Key Papers in the Development of Coding Theory*, IEEE Press, New York.

Berrou, C., and Glavieux, A. (1996). "Near Optimum Error-Correcting Coding and Decoding: Turbo Codes," *IEEE Trans. Commun.*, vol. 44, pp. 1261–1271.

Berrou, C., Glavieux, A., and Thitimajshima, P. (1993). "Near Shannon Limit Error-Correcting Coding and Decoding: Turbo Codes," *Proc. IEEE Int. Conf. Commun.*, pp. 1064–1070, May, Geneva, Switzerland.

Bierman, G. J. (1977). *Factorization Methods for Discrete Sequential Estimation*, Academic, New York.

Biglieri, E. (2005). *Coding for Wireless Channels*, Springer, New York.

Biglieri, E., Caire, G., and Taricco, G. (1995). "Approximating the Pairwise Error Probability for Fading Channels," *Electronics Lett.*, vol. 31, pp. 1625–1627.

Biglieri, E., Caire, G., and Taricco, G. (1998a). "Computing Error Probabilities over Fading Channels: A Unified Approach," *European Trans. Telecomm.*, vol. 9, pp. 15–25.

Biglieri, E., Caire, G., Taricco, G., and Ventura-Traveset, J. (1996). "Simple Method for Evaluating Error Probabilities," *Electronics Lett.*, vol. 32, pp. 191–192.

Biglieri, E., Divsalar, D., McLane, P. J., and Simon, M. K. (1991). *Introduction to Trellis-Coded Modulation with Applications*, Macmillan, New York.

Biglieri, E., Proakis, J. G., and Shamai, S. (1998). "Fading Channels: Information-Theoretic and Communications Aspects," *IEEE Trans. Inform. Theory*, vol. 44, pp. 2619–2692, October.

Bingham, J. A. C. (1990). "Multicarrier Modulation for Data Transmission: An Idea Whose Time Has Come," *IEEE Commun. Mag.,* vol. 28, pp. 5–14, May.

Bingham J. A. C. (2000). *ADSL, VDSL, and Multicarrier Modulation*, Wiley, New york.

Bjerke, B. A., and Proakis, J. G. (1999). "Multiple Antenna Diversity Techniques for Transmission over Fading Channels," *Proc. WCNC'99*, September, New Orleans, LA.

Blahut, R. E. (1983). *Theory and Practice of Error Control Codes*, Addison-Wesley, Reading, MA.

Blahut, R. E. (1987). *Principles and Practice of Information Theory*, Addison-Wesley, Reading, MA.

Blahut, R. E. (1990). *Digital Transmission of Information*, Addison-Wesley, Reading, MA.

Blahut, R. E. (2003). *Algebraic Codes for Data Transmission*, Cambridge University Press, Cambridge, U.K.

Bose, R. C., and Ray-Chaudhuri, D. K. (1960a). "On a Class of Error Correcting Binary Group Codes," *Inform, Control*, vol. 3, pp. 68–79, March.

Bose, R. C., and Ray-Chaudhuri, D. K. (1960b). "Further Results in Error Correcting Binary Group Codes,' "*Inform. Control*, vol. 3, pp. 279–290, September.

Bottomley, G. E. (1993). "Optimizing the RAKE Receiver for the CDMA Downlink," *Proc. IEEE Veh. Technol. Conf.*, pp. 742–745, Secaucus, N.J.

Bottomley, G. E. Ottosson, T., and Wang, Y. P. E. (2000). "A Generalized RAKE Receiver for Interference Suppression," *IEEE J. Selected Areas Commun.*, vol. 18, pp. 1536–1545, August.

Boutros, J., and Viterbo, E. (1998). "Signal Space Diversity: A Power- and Bandwidth-Efficient Diversity Technique for the Rayleigh Fading Channel," *IEEE Trans. Inform. Theory*, vol. 44, pp. 1453–1467.

Boutros, J., Viterbo, E., Rastello, C., and Belfiore, J.-C. (1996). "Good Lattice Constellations for Both Rayleigh Fading and Gaussian Channels," *IEEE Trans. Inform. Theory*, vol. 42, pp. 502–518.

Boyd, S. (1986). "Multitone Signals with Low Crest Factor," *IEEE Trans. Circuits and Systems*, vol. CAS-33, pp. 1018–1022.

Brennan, D. G. (1959). "Linear Diversity Combining Techniques," *Proc. IRE.*, vol. 47, pp. 1075–1102.

Bucher, E. A. (1980). "Coding Options for Efficient Communications on Non-Stationary Channels," *Rec. IEEE Int. Conf. Commun.*, pp. 4.1.1–4.1.7.

Buehrer, R. M., and Kumar, N. A. (2002) "The Impact of Channel Estimation Error on Space-Time Block Codes," *Proc. IEEE VTC Fall 2002*, pp. 1921–1925, September.

Buehrer, R. M., Nicoloso, S. P., and Gollamudi, S. (1999). "Linear versus Nonlinear Interference Cancellation," *J. Commun. and Networks*, vol. 1, pp. 118–133, June.

Buehrer, R. M., and Woerner, B. D. (1996). "Analysis of Multistage Interference Cancellation for CDMA Using an Improved Gaussian Approximation," *IEEE Trans. Commun.*, vol. 44, pp. 1308–1316, October.

Burton, H. O. (1969). "A Class of Asymptotically Optimal Burst Correcting Block Codes," *Proc. ICCC*, Boulder, CO, June.

Bussgang, J. J. (1952). "Crosscorrelation Functions of Amplitude-Distorted Gaussian Signals," MIT RLE Tech. Report 216.

Cahn, C. R. (1960). "Combined Digital Phase and Amplitude Modulation Communication Systems," *IRE Trans. Common. Syst.*, vol. CS-8, pp. 150–155, September.

Cain, J. B., Clark, G. C., and Geist, J. M. (1979). "Punctured Convolutional Codes of Rate $(n-1)/n$ and Simplified Maximum Likelihood Decoding," *IEEE Trans. Inform. Theory*, vol. IT-25, pp. 97–100, January.

Caire, G., and Shamai, S. (1999). "On the Capacity of Some Channels with Channel State Information," *IEEE Trans. Inform. Theory*, vol. 45, pp. 2007–2019.

Caire, G., and Shamai, S. (2003). "On the Achievable Throughput of a Multiantenna Gaussian Broadcast Channel," *IEEE Trans. Inform. Theory,* vol. 43, pp.1691–1706, July.

Caire, G., Taricco, G., and Biglieri, E. (1998). "Bit-Interleaved Coded Modulation," *IEEE Trans. Inform. Theory*, vol. 44, pp. 927–946, May.

Calderbank, A. R. (1998). "The Art of Signalling: Fifty Years of Coding Theory," *IEEE Trans. Inform. Theory*, vol. 44, pp. 2561–2595, October.

Calderbank, A. R., and Sloane, N. J. A. (1987). "New Trellis Codes Based on Lattices and Cosets," *IEEE Trans. Inform. Theory*, vol. IT-33, pp. 177–195. March.

Campanella, S. J., and Robinson, G. S. (1971). "A Comparison of Orthogonal Transformations for Digital Speech Processing," *IEEE Trans. Commun.*, vol. COM-19, pp. 1045–1049, December.

Campopiano, C. N., and Glazer, B. G. (1962). "A Coherent Digital Amplitude and Phase Modulation Scheme," *IRE Trans. Commun. Syst.*, vol. CS-10, pp. 90–95, June.

Capetanakis, J. I. (1979). "Tree Algorithms for Packet Broadcast Channels," *IEEE Trans. Inform. Theory*, vol. IT-25, pp. 505–515, September.

Caraiscos, C., and Liu, B. (1984). "A Roundoff Error Analysis of the LMS Adaptive Algorithm," *IEEE Trans. Acoust., Speech, Signal Processing*, vol. ASSP-32, pp. 34–41, January.

Carayannis, G., Manolakis, D. G., and Kalouptsidis, N. (1983). "A Fast Sequential Algorithm for Least-Squares Filtering and Prediction," *IEEE Trans. Acoust., Speech, Signal Processing*, vol. ASSP-31, pp. 1394–1402, December.

Carayannis, G., Manolakis, D. G., and Kalouptsidis, N. (1986). " A Unified View of Parametric Processing Algorithms for Prewindowed Signals," *Signal Processing*, vol. 10, pp. 335–368, June.

Carleial, A. B., and Hellman, M. E. (1975). "Bistable Behavior of ALOHA-Type Systems," *IEEE Trans. Commun.*, vol. COM-23, pp. 401–410, April 1975.

Carlson, A. B. (1975). *Communication Systems*, McGraw-Hill, New York.

Castagnoli, G., Brauer, S., and Herrmann, M. (1993). "Optimization of Cyclic Redundancy-Check Codes with 24 and 32 Parity Bits," *IEEE Trans. Commun.*, vol. 41, pp. 883–892.

Castagnoli, G., Ganz, J., and Graber, P. (1990). "Optimum Cycle Redundancy-Check Codes with 16-Bit Redundancy," *IEEE Trans. Commun.*, vol. 38, pp. 111–114.

Chang, D. Y., Gersho, A., Ramamurthi, B., and Shohan, Y. (1984). "Fast Search Algorithms for Vector Quantization and Pattern Matching," *Proc. IEEE Int. Conf. Acoust., Speech, Signal Processing*, paper 9.11, San Diego, CA, March.

Chang, R. W. (1966). "Synthesis of Band-Limited Orthogonal Signals for Multichannel Data Transmission," *Bell Syst. Tech. J.,* vol. 45, pp. 1775–1796, December.

Chang, R. W. (1971). "A New Equalizer Structure for Fast Start-up Digital Communication," *Bell Syst. Tech. J.*, vol. 50, pp. 1969–2001.

Charash, U. (1979). "Reception Through Nakagami Fading Multipath Channels with Random Delays," *IEEE Trans. Commun.*, vol. COM-27, pp. 657–670, April.

Chase, D. (1972). "A Class of Algorithms for Decoding Block Codes with Channel Measurement Information," *IEEE Trans. Inform. Theory*, vol. IT-18, pp. 170–182, January.

Chase, D. (1976). "Digital Signal Design Concepts for a Time-Varying Ricean Channel," *IEEE Trans. Commun.*, vol. COM-24, pp. 164–172, February.

Chen, Z., Zhu, G., and Liu, Y. (2003). "Differential Space-Time Block Codes from Amicable Orthogonal Designs," *Proc. IEEE Wireless Commun. and Networking Conf. (WCNC)*, vol. 2, pp. 768–772, March.

Cherubini, G., Eleftheriou, E., and Olcer, J. (2000). "Filter Bank Modulation Techniques for Very High-Speed Digital Subscriber Lines," *IEEE Commun. Mag.*, pp. 98–104, May.

Cherubini, G., Eleftheriou, E., and Olcer, S. (2002). "Filtered Multitone Modulation for Very High-Speed Digital Subscriber Lines," *IEEE J. Selected Areas Commun.*, vol. 20, pp. 1016–1028, June.

Chevillat, P. R., and Eleftheriou, E. (1989). "Decoding of Trellis-Encoded Signals in the Presence of Intersymbol Interference and Noise," *IEEE Trans. Commun.*, vol. 37, pp. 669–676, July.

Chevillat, P. R., and Eleftheriou, E. (1988). "Decoding of Trellis-Coded Signals in the Presence of Intersymbol Interference and Noise," *Conf. Rec. ICC'88*, pp. 23.1.1–23.1.6, June, Philadelphia, PA.

Chien, R. T. (1964). "Cyclic Decoding Procedures for BCH Codes," *IEEE Trans. Inform. Theory*, vol. IT-10, pp. 357–363, October.

Chow, J. S., Tu, J. C., and Cioffi, J. M. (1991). "A Discrete Multitone Transceiver System for HDSL Applications," *IEEE J. Selected Areas Commun.*, vol. SAC-9, pp. 895–908, August.

Chow, J. S., Cioffi, J. M., and Bingham, J. A. C. (1995). "A Practical Discrete Multitone Transceiver Loading Algorithm for Data Transmission over Spectrally Shaped Channels," *IEEE Trans. Commun.*, vol. 43, pp. 773–775, February/March/April.

Chung, S.-Y., Forney, G. D. Jr., Richardson, T., and Urbanke, R. (2001). "On the Design of Low-Density Parity-Check Codes within 0.0045 dB of the Shannon Limit," *IEEE Commun. Lett.*, vol. 5, pp. 58–60.

Chyi, G. T., Proakis, J. G., and Keller, C. M. (1988). "Diversity Selection/Combining Schemes with Excess Noise-Only Diversity Reception Over a Rayleigh-Fading Multipath Channel." *Proc. Conf. Inform. Sci. Syst.*, Princeton University, Princeton, N.J., March.

Ciavaccini, E., and Vitetta, G. M. (2000). "Error Performance of OFDM Signaling over Doubly-Selective Rayleigh Fading Channels," *IEEE Commun., Lett.*, vol. 4 pp. 328–330, November.

Cioffi, J. M., and Kailath, T. (1984a). "Fast Recursive-Least Squares Transversal Filters for Adaptive Filtering," *IEEE Trans. Acoust., Speech, Signal Processing*, vol. ASSP-32, pp. 304–337, April.

Cioffi, J. M., and Kailath, T. (1984b). "An Efficient Exact-Least-Squares Fractionally Spaced Equalizer Using Intersymbol Interpolation," *IEEE J. Selected Areas Commun.*, vol. 2, pp. 743–756, September.

Clark, A. P., Abdullah, S. N., Jayasinghe, S. J., and Sun, K. H. (1985). "Pseudobinary and Pseudoquaternary Detection Processes for Linearly Distorted Multilevel QAM Signals," *IEEE Trans. Commun.*, vol. COM-33, pp. 639–645, July.

Clark, A. P., and Clayden, M. (1984). "Pseudobinary Viterbi Detector," *Proc. IEE*, vol. 131, part F, pp. 280–218, April.

Cook, C. E., Ellersick, F. W., Milstien, L. B., and Schilling, D. L. (1983). *Spread Spectrum Communications*, IEEE Press, New York.

Costa, M. (1983). "Writing on Dirty Paper," *IEEE Trans. Inform. Theory*, vol. IT-29, pp. 439–441, May.

Costas, J. P. (1956). "Synchronous Communications," *Proc. IRE*, vol. 44, pp. 1713–1718, December.

Costello, D. J., Jr., Hagenauer, J., Imai, H., and Wicker, S. B. (1998). "Applications of Error-Control Coding," *IEEE Trans. Inform. Theory*, vol. 44, pp. 2531–2560, October.

Cover, T. M. (1972). "Broadcast Channels," *IEEE Trans. Inform. Theory*, vol. IT-18, pp. 2–14, January.

Cover, T. M. (1998). "Comments on Broadcast Channels," *IEEE Trans. Inform. Theory*, vol. 44, pp. 2524–2530, October.

Cover, T., and Chiang, M. (2002). "Duality between Channel Capacity and Rate Distortion with Two-Sided State Information," *IEEE Trans. Inform. Theory*, vol. 48, pp. 1629–1638.

Cover, T. M., and Thomas, J. (2006). *Elements of Information Theory*, 2d ed., Wiley, New York.

Cramér, H. (1946). *Mathematical Methods of Statistics*, Princeton University Press, Princeton, NJ.

Damen, O., Chkeif, A., and Belfiore, J. (2000). "Lattice Code Decoder for Space-Time Codes," *IEEE Comm. Lett.*, vol. 4, pp. 161–163, May.

Daneshgaran, F., and Mondin, M. (1999). "Design of Interleavers for turbo codes: Iterative Interleaver Growth Algorithms of Polynomial Complexity," *IEEE Trans. Inform. Theory*, vol. 45, pp. 1845–1859, September.

Daut, D. G., Modestino, J. W., and Wismer, L. D. (1982). "'New Short Constraint Length Convolutional Code Construction for Selected Rational Rates," *IEEE Trans. Inform. Theory*, vol. IT-28, pp. 793–799, September.

Davenport, W. B., Jr. (1970). *Probability and Random Processes*, McGraw-Hill, New York.

Davenport, W. B., Jr., and Root, W. L. (1958). *Random Signals and Noise*, McGraw-Hill, New York.

Davisson, L. D. (1973). "Universal Noiseless Coding," *IEEE Trans. Inform. Theory*, vol. IT-19, pp. 783–795.

Davisson, L. D., McEliece, R. J., Pursley, M. B., and Wallace, M. S. (1981). "Efficient Universal Noiseless Source codes," *IEEE Trans. Inform. Theory*, vol. IT-27, pp. 269–279.

deBuda, R. (1972). "Coherent Demodulation of Frequency Shift Keying with Low Deviation Ratio," *IEEE Trans. Commun.*, vol. COM-20, pp. 429–435, June.

deJong, Y. L. C., and Willink, T. J. (2002). "Iterative Tree Search Detection for MIMO Wireless Systems," *Proc. VTC 2002,* vol. 2, pp. 1041–1045, Vancouver, B. C., Canada, Sept. 24–28.

Deller, J. P., Proakis, J. G., and Hansen, H. L. (2000). *Discrete-Time Processing of Speech Signals*, IEEE Press, New York.

Ding, Z. (1990). *Application Aspects of Blind Adaptive Equalizers in QAM Data Communications*, Ph.D. Thesis, Department of Electrical Engineering, Cornell University.

Ding, Z., Kennedy, R. A., Anderson, B. D. O., and Johnson, C. R. (1989). "Existence and Avoidance of Ill-Convergence of Godard Blind Equalizers in Data Communication Systems," *Proc. 23rd Conf. on Inform. Sci. Systems.*, Baltimore, MD.

Divsalar, D., and Simon, M. (1988a). "The Design of Trellis Coded MPSK for Fading Channels: Performance Criteria," *IEEE Trans. Commun.*, vol. 36, pp. 1004–1012.

Divsalar, D., and Simon, M. (1988b). "The Design of Trellis Coded MPSK for Fading Channels: Set Partitioning for Optimum Code Design," *IEEE Trans. Commun.*, vol. 36, pp. 1013–1021.

Divsalar, D., and Simon, M. K. (1988c). "Multiple Trellis Coded Modulation (MTCM)," *IEEE Trans. Commun.*, vol. COM-36, pp. 410–419.

Divsalar, D., Simon, M. K., and Raphelli, D. (1998). "Improved Parallel Interference Cancellation," *IEEE Trans. Commun.*, vol. 46, pp. 258–268, February.

Divsalar, D., Simon, M. K., and Yuen, J. H. (1987). "Trellis Coding with Asymmetric Modulation," *IEEE Trans. Commun.*, vol. COM-35, pp. 130–141, February.

Divsalar, D., and Yuen, J. H. (1984). "Asymmetric MPSK for Trellis Codes," *Proc. GLOBECOM'84*, pp. 20.6.1–20.6.8, Atlanta, GA, November.

Dixon, R. C. (1976). *Spread Spectrum Techniques*, IEEE Press, New York.

Dobrushin, R. L., and Lupanova, O. B. (1963). *Papers in Information Theory and Cybernetics* (in Russian), Edited by Dobrushin and Lupanova, Izd. Inostr. Lit., Moscow.

Doelz, M. L., Heald, E. T., and Martin, D. L. (1957). "Binary Data Transmission Techniques for Linear Systems," *Proc. IRE*, vol. 45, pp. 656–661, May.

Douillard, C., Jézéquel, M., Berrou, C., Picart, A., Didier, P., and Glavieux, A. (1995). "Iterative Correction of Intersymbol Interference: Turbo-equalization," *ETT European Trans. Telecommun.* vol. 6, pp. 507–511, September/October.

Drouilhet, P. R., Jr., and Bernstein, S. L. (1969). "TATS—A Bandspread Modulation-Demodulation System for Multiple Access Tactical Satellite Communication," *1969 IEEE Electronics and Aerospace Systems (EASCON) Conv. Record*, Washington, DC, pp. 126–132, October 27–29.

Du, J., and Vucetic, B. (1990). "New MPSK Trellis Codes for Fading Channels," *Electronics Lett.*, vol. 26, pp. 1267–1269.

Duel-Hallen, A., and Heegard, C. (1989). "Delayed Decision-Feedback Sequence Estimation," *IEEE Trans. Commun.*, vol. 37, pp. 428–436, May.

Duffy, F. P., and Tratcher, T. W. (1971). "Analog Transmission Performance on the Switched Telecommunications Network," *Bell Syst. Tech. J.*, vol. 50, pp. 1311–1347, April.

Duman, T. M., and Salehi, M. (1997). "New Performance Bounds for Turbo Codes," *Proc. GLOBECOM'97*, pp. 634–638, November, Phoenix, AZ.

Duman, T., and Salehi, M. (1999). "The Union Bound for Turbo-Coded Modulation Systems over Fading Channels," *IEEE Trans. Commun.*, vol. 47, pp. 1495–1502.

Durbin, J. (1959). "Efficient Estimation of Parameters in Moving-Average Models," *Biometrika*, vol. 46, parts 1 and 2, pp. 306–316.

Duttweiler, D. L., Mazo, J. E., and Messerschmitt, D. G. (1974). "Error Propagation in Decision-Feedback Equalizers," *IEEE Trans. Inform. Theory*, vol. IT-20, pp. 490–497, July.

Edelman, A. (1989). "Eigenvalue and Condition Numbers of Random Matrices," Ph.D. dissertation, M.I.T., May.

Eleftheriou, E., and Falconer, D. D. (1987). "Adapative Equalization Techniques for HF Channels," *IEEE J. Selected Areas Commun.*, vol. SAC-5, pp. 238–247, February.

El Gamal, A., and Cover, T. M. (1980). "Multiple User Information Theory," *Proc. IEEE*, vol. 68, pp. 1466–1483, December.
Elias, P. (1954). "Error-Free Coding," *IRE Trans. Inform. Theory*, vol. IT-4, pp. 29–37, September.
Elias, P. (1955). "Coding for Noisy Channels," *IRE Convention Record*, vol. 3, part 4, pp. 37–46.
Eriksson, J., and Koivunen, V. (2006). "Complex Random Vectors and ICA Models: Identifiability, Uniqueness, and Separability," *IEEE Trans. Inform. Theory*, vol. 52, pp. 1017–1029.
Esposito, R. (1967). "Error Probabilities for the Nakagami Channel," *IEEE Trans. Inform. Theory*, vol. IT-13, pp. 145–148, January.
Eyuboglu, M. V. (1988). "Detection of Coded Modulation Signals on Linear, Severely Distorted Channels Using Decision-Feedback Noise Prediction with Interleaving," *IEEE Trans. Commun.*, vol. COM-36, pp. 401–409, April.
Eyuboglu, M. V., and Qureshi, S. U. H. (1989). "Reduced-State Sequence Estimation for Coded Modulation on Intersymbol Interference Channels," *IEEE J. Selected Areas Commun.*, vol. 7, pp. 989–955, August.
Eyuboglu, M. V., Qureshi, S. U., and Chen, M. P. (1988). "Reduced-State Sequence Estimation for Trellis-Coded Modulation on Intersymbol Interference Channels," *Proc. GLOBEROM '88*, pp., November, Hollywood, FL.
Eyuboglu, M. V., and Qureshi, S. U. (1988). "Reduced-State Sequence Estimation with Set Partitioning and Decision Feedback," *IEEE Trans. Commun.* vol. 36, pp. 13–20, January.
Falconer, D. D. (1976). "Jointly Adaptive Equalization and Carrier Recovery in Two-Dimensional Digital Communication Systems," *Bell Syst. Tech. J.*, vol. 55, pp. 317–334, March.
Falconer, D. D., and Ljung, L. (1978). "Application of Fast Kalman Estimation to Adaptive Equalization," *IEEE Trans. Commun.*, vol. COM-26, pp. 1439–1446, October.
Falconer, D. D., and Magee, F. R. (1973). "Adaptive Channel Memory Truncation for Maximum Likelihood Sequence Estimation," *Bell Syst. Tech. J.*, vol. 52, pp. 1541–1562, November.
Falconer, D. D., and Salz, J. (1977). "Optimal Reception of Digital Data Over the Gaussian Channel with Unknown Delay and Phase Jitter," *IEEE Trans. Inform. Theory*, vol. IT-23, pp. 117–126, January.
Fano, R. M. (1961). *Transmission of Information*, MIT Press, Cambridge, MA.
Fano, R. M. (1963). " A Heuristic Discussion of Probabilistic Decoding," *IEEE Trans. Inform. Theory*, vol. IT-9, pp. 64–74, April.
Feinstein, A. (1958). *Foundations of Information Theory*, McGraw-Hill, New York.
Fincke, U., and Pohst, M. (1985). "Improved Methods for Calculating Vectors of Short Length in a Lattice, Including a Complexity Analysis," *Math. Comput.*, vol. 44, pp. 463–471, April.
Fire, P. (1959). "A Class of Multiple-Error-Correcting Binary Codes for Non-Independent Errors," Sylvania Report No. RSL-E-32, Sylvania Electronic Defense Laboratory, Mountain view, CA, March.
Fischer, R. F. H. (2002). *Precoding and Signal Shaping for Digital Transmission*, Wiley, New York.
Fischer, R. F. H., and Huber, J. B. (1996). "A New Loading Algorithm for Discrete Multitone Transmission," *Proc. IEEE GLOBECOM'96*, pp. 724–728, November, London.
Fischer, R. F. H., Windpassinger, C., Lampe, A., and Huber, J. B. (2002). "Space-Time Transmission Using Tomlinson-Harashima Precoding," *Proc. 4th Int. ITG Conf. on Source and Channel Coding*, pp. 139–147, Berlin, January.
Forney, G. D., Jr. (1965). "On Decoding BCH Codes," *IEEE Trans. Inform. Theory*, vol. IT-11, pp. 549–557, October.
Forney, G. D., Jr. (1966a). *Concatenated Codes*, MIT Press, Cambridge, MA.

Forney, G. D., Jr. (1966b). "Generalized Minimum Distance Decoding," *IEEE Trans. Inform. Theory*, vol. IT-12, pp. 125–131, April.
Forney, G. D., Jr. (1968). "Exponential Error Bounds for Erasure, List, and Decision-Feedback Schemes," *IEEE Trans. Inform. Theory*, vol. IT-14, pp. 206–220, March.
Forney, G. D., Jr. (1970). "Coding and Its Application in Space Communications," *IEEE Spectrum*, vol. 7, pp. 47–58.
Forney, G. D., Jr. (1970a). "Coding and Its Application in Space Communications," *IEEE Spectrum*, vol. 7, pp. 47–58, June.
Forney, G. D., Jr. (1970b). "Convolutional Codes I: Algebraic Structure," *IEEE Trans. Inform. Theory*, vol. IT-16, pp. 720–738, November.
Forney, G. D., Jr. (1971). "Burst Correcting Codes for the Classic Bursty Channel," *IEEE Trans. Common. Tech.*, vol. COM-19, pp. 772–781. October.
Forney, G. D., Jr. (1972). "Maximum-Likelihood Sequence Estimation of Digital Sequences in the Presence of Intersymbol Interference." *IEEE Trans. Inform. Theory*, vol. IT-18, pp. 363–378, May.
Forney, G. D., Jr. (1974). "Convolutional Codes III: Sequential Decoding," *Inform. Control*, vol. 25, pp. 267–297, July.
Forney, G. D., Jr. (1988). "Coset Codes I: Introduction and Geometrical Classification," *IEEE Trans. Inform. Theory*, vol. IT-34, pp. 671–680, September.
Forney, G. D., Jr. (2000). "Codes on Graphs: Normal Realizations," in *Information Theory, 2000. Proc. IEEE Int. Symp.*, p. 9.
Forney, G. D., Jr. (2001). "Codes on Graphs: Normal Realizations," *IEEE Trans. Inform. Theory*, vol. 47, pp. 520–548.
Forney, G. D., Jr., Gallager, R. G., Lang, G. R., Longstaff, F. M., and Qureshi, S. U. (1984). "Efficient Modulation for Band-Limited Channels," *IEEE J. Selected Areas Commun.*, vol. SAC-2, pp. 632–647, September.
Forney, G. D., Jr., and Ungerboeck, G. (1998). "Modulation and Coding for Linear Gaussian Channels," *IEEE Trans. Inform. Theory*, vol. 44, pp. 2384–2415, October.
Foschini, G. J. (1977). "A Reduced State Variant of Maximum Likelihood Sequence Detection Attaining Optimum Performance for High Signal-to-Noise Ratios," *IEEE Trans. Inform. Theory*, vol. 23, pp. 605–609.
Foschini, G. J. (1984). "Contrasting Performance of Faster-Binary Signaling with QAM," *Bell Syst. Tech. J.*, vol. 63, pp. 1419–1445, October.
Foschini, G. J. (1985). "Equalizing Without Altering or Detecting Data, *Bell Syst. Tech. J.*, vol. 64, pp. 1885–1911, October.
Foschini, G. J. (1996). "Layered Space-Time Architecture for Wireless-Communication in a Fading Environment When Using Multi-element Antennas," *Bell Labs Tech. J.*, pp. 41–59, Autumn.
Foschini, G. J., and Gans, M. J. (1998). "On Limits of Wireless Communications in a Fading Environment When Using Multiple Antennas," *Wireless Personal Commun.* pp. 311–335, June.
Foschini, G. J., Gitlin, R. D., and Weinstein, S. B. (1974). " Optimization of Two-Dimensional Signal Constellations in the Presence of Gaussian Noise," *IEEE Trans. Commun.*, vol. COM-22, pp. 28–38, January.
Foschini, G. J., Golden, G. D., Valenzuela, R. A., and Wolniansky, P. W. (1999). "Simplified Processing for High Spectral Efficiency Wireless Communication Employing Multi-element Arrays," *IEEE J. Selected Areas Commun.*, vol. 17, pp. 1841–1852, November.
Franks, L. E. (1969). *Signal Theory*, Prentice-Hall, Englewood Cliffs, NJ.
Franks, L. E. (1983). "'Carrier and Bit Synchronization in Data Communication—A Tutorial Review," *IEEE Trans. Commun.*, vol. COM-28, pp. 1107–1121, August.

Franks, L. E. (1981). "Synchronization Subsystems: Analysis and Design," in *Digital Communications, Satellite/Earth Station Engineering*, K. Feher (ed.), Prentice-Hall, Englewood Cliffs, NJ.

Franks, L. E. (1980). "Carrier and Bit Synchronization in Data Communication—A Tutorial Review," *IEEE Trans. Commun.*, vol. COM-28, pp. 1107–1120, August.

Fredricsson, S. (1974). "Optimum Transmitting Filter in Digital PAM Systems with a Viterbi Detector," *IEEE Trans. Inform. Theory*, vol. 20, pp. 479–489.

Fredricsson, S. (1975). "Pseudo-Randomness Properties of Binary Shift Register Sequences," *IEEE Trans. Inform. Theory*, vol. IT-21, pp. 115–120, January.

Freiman, C. E., and Wyner, A. D. (1964). "Optimum Block Codes for Noiseless Input Restricted Channels," *Inform. Control*, vol. 7, pp. 398–415.

Frenger, P., Orten, P., Ottosson, T., and Svensson, A. (1998). "Multirate Convolutional Codes:, Tech. Report No. 21, Communication Systems Group, Department of Signals and Systems, Chalmers University of Technology, Goteborg, Sweden, April.

Friese, M. (1997). "OFDM Signals with Low Crest Factor," *IEEE Trans. Commun.*, vol. 45, pp. 1338–1344, October.

Gaarder, N. T. (1971). "Signal Design for Fast-Fading Gaussian Channels," *IEEE Trans. Inform. Theory*, vol. IT-17, pp. 247–256, May.

Gabor, A. (1967). "'Adaptive Coding for Self Clocking Recording," *IEEE Trans. Electronic Comp.* vol. EC-16, p. 866.

Gallager, R. G. (1960). "Low-Density Parity-Check Codes," Ph.D. thesis, M.I.T., Cambridge, MA.

Gallager, R. G. (1963). *Low-Density Parity-Check Codes*, The M.I.T. Press, Cambridge, MA.

Gallager, R. G. (1965). "Simple Derivation of the Coding Theorem and Some Applications," *IEEE Trans. Inform. Theory*, vol. IT-11, pp. 3–18, January.

Gallager, R. G. (1968). *Information Theory and Reliable Communication*, Wiley, New York.

Gan, Y. H., and Mow, W. H. (2005). "Accelerated Complex Lattice Reduction Algorithms Applied to MIMO Detection," *Proc. 2005 IEEE Global Telecommunications Conf. (GLOBECOM)*, pp. 2953–2957, St. Louis, MO, Nov. 28–Dec. 2.

Gardner, F. M. (1979). *Phaselock Techniques*, Wiley, New York.

Gardner, W. A. (1984). "Learning Characteristics of Stochastic-Gradient Descent Algorithms: A General Study, Analysis, and Critique", *Signal Processing*, vol. 6, pp. 113–133, April.

Garg, V. K., Smolik, K., and Wilkes, J. E. (1997). *Applications of CDMA in Wireless/Personal Communications*, Prentice-Hall, Upper Saddle River, NJ.

Garth, L. M., and Poor, H. V. (1992). "Narrowband Interference Suppression in Impulsive Channels," *IEEE Trans. Aerospace and Electronic Sys.*, vol. 28, pp. 81–89, January.

George, D. A., Bowen, R. R., and Storey, J. R. (1971). "An Adaptive Decision-Feedback Equalizer," *IEEE Trans. Commun. Tech.*, vol. COM-19, pp. 281–293, June.

Gersho, A. (1982). "On the Structure of Vector Quantizers," *IEEE Trans. Inform. Theory*, vol. IT-28, pp. 157–166, March.

Gersho, A., and Gray, R. M. (1992). *Vector Quantization and Signal Compression*, Kluwer Academic Publishers, Boston.

Gersho, A., and Lawrence, V. B. (1984). "Multidimensional Signal Constellations for Voiceband Data Transmission," *IEEE J. Selected Areas Commun*, vol. SAC-2, pp. 687–702, September.

Gerst, I., and Diamond, J. (1961). "The Elimination of Intersymbol Interference by Input Pulse Shaping," *Proc. IRE*, vol. 53, July.

Ghez, S., Verdu, S., and Schwartz, S. C. (1988). "Stability Properties of Slotted Aloha with Multipacket Reception Capability," *IEEE Trans. Autom. Control*, vol. 33, pp. 640–649, July.

Ghosh, M., and Weber, C. L. (1991). "Maximum Likelihood Blind Equalization," *Proc. 1991 SPIE Conf.*, San Diego, CA, July.

Giannakis, G. B. (1987). "Cumulants: A Powerful Tool in Signal Processing," *Proc. IEEE*, vol. 75, pp. 1333–1334, September.

Giannakis, G. B., and Mendel, J. M. (1989). "Identification of Nonminimum Phase Systems Using Higher-Order Statistics," *IEEE Trans. Acoust., Speech and Signal Processing*, vol. 37, pp. 360–377, March.

Gibson, J. D., Berger, T., Lookabaugh, T., Lindbergh, D., and Baker, R. L. (1998). *Digital Compression for Multimedia: Principles and Standards*, Morgan Kaufmann, San Francisco, CA.

Gilbert, E. N. (1952). "A Comparison of Signaling Alphabets," *Bell Syst. Tech. J.*, vol. 31, pp. 504–522, May.

Gilhousen, K. S., Jacobs, I. M., Podovani, R., Viterbi, A. J., Weaver, L. A., and Wheatley, G. E. III (1991). "On the Capacity of a Cellular CDMA System," *IEEE Trans. Vehicular Tech*, vol. 40, pp. 303–312, May.

Ginis, G., and Cioffi, J. (2002). "Vectored Transmission for Digital Subscriber Line Systems," *IEEE J. Selected Areas Commun.*, vol. 20, pp. 1085–1104, June.

Gitlin, R. D., Meadors, H. C., and Weinstein, S. B. (1982). "The Tap Leakage Algorithm: An Algorithm for the Stable Operation of a Digitally Implemented Fractionally Spaced, Adaptive Equalizer," *Bell Syst. Tech. J.*, vol. 61, pp. 1817–1839, October.

Gitlin, R. D., and Weinstein, S. B. (1979). "On the Required Tap-Weight Precision for Digitally Implemented Mean-Squared Equalizers," *Bell Syst. Tech. J.*, vol. 58, pp. 301–321, February.

Gitlin, R. D., and Weinstein, S. B. (1981). "Fractionally-Spaced Equalization: An Improved Digital Transversal Equalizer," *Bell Syst. Tech. J.*, vol. 60, pp. 275–296, February.

Glave, F. E. (1972). "An Upper Bound on the Probability of Error due to Intersymbol Interference for Correlated Digital Signals," *IEEE Trans. Inform. Theory*, vol. IT-18, pp. 356–362, May.

Goblick, T. J., Jr., and Holsinger, J. L. (1967). "Analog Source Digitization: A Comparison of Theory and Practice," *IEEE Trans. Inform. Theory*, vol. IT-13, pp. 323–326, April.

Godard, D. N. (1974). "Channel Equalization Using a Kalman Filter for Fast Data Transmission," *IBM J. Res. Dev.*, vol. 18, pp. 267–273, May.

Godard, D. N. (1980). "Self-Recovering Equalization and Carrier Tracking in Two-Dimensional Data Communications Systems," *IEEE Trans. Commun.*, vol. COM-28, pp. 1867–2875, November.

Golay, M. J. E. (1949). "Note on Digital Coding," *Proc. IRE*, vol. 37, p. 657, June.

Gold, R. (1967). "Optimal Binary Sequences for Spread Spectrum Multiplexing," *IEEE Trans. Inform. Theory*, vol. IT-13, pp. 619–621, October.

Gold, R. (1968). "Maximal Recursive Sequences with 3-Valued Recursive Cross Correlation Functions," *IEEE Trans. Inform. Theory*, vol. IT-14, pp. 154–156, January.

Goldsmith, A. (2005). *Wireless Communications*, Cambridge University Press, Cambridge, U.K.

Goldsmith, A., and Varaiya, P. (1997). "Capacity of Fading Channels with Channel Side Information," *IEEE Trans. Inform. Theory*, vol. 43, pp. 1986–1992.

Goldsmith, A. J., and Varaiya, P. P. (1996). "Capacity, Mutual Information, and Coding for Finite-State Markov Channels," *IEEE Trans. Inform. Theory*, vol. 42, pp. 868–886.

Golomb, S. W. (1967). *Shift Register Sequences*, Holden-Day, San Francisco, CA.

Goppa, V. D. (1970). "New Class of Linear Correcting Codes," *Probl. Peredach. Inform.*, vol. 6, pp. 24–30.

Goppa, V. D. (1971). "Rational Presentation of Codes and (L, g)-codes," *Probl. Peredach. Inform.*, vol. 7, pp. 41–49.

Gray, R. M. (1975). "Sliding Block Source Coding," *IEEE Trans. Inform. Theory*, vol. IT-21, pp. 357–368, July.

Gray, R. M. (1990). *Source Coding Theory*, Kluwer Academic Publishers, Boston.

Gray, R. M., and Neuhoff, D. L. (1998). "Quantization," *IEEE Trans. Inform. Theory*, vol. 44, pp. 2325–2383, October.

Green, P. E., Jr. (1962). "Radar Astronomy Measurement Techniques," MIT Lincoln Laboratory, Lexington, MA, Tech. Report No. 282, December.

Gronemeyer, S. A., and McBride, A. L. (1976). "MSK and Offset QPSK Modulation," *IEEE Trans. Commun*, vol. COM-24, pp. 809–820, August.

Gu, D., and Leung, (2003). "Performance Analysis of Transmit Diversity Schemes with Imperfect Channnel Estimation," *Electronic Lett.*, vol. 39, pp. 402–403, February.

Gupta, S. C. (1975). "Phase-Locked Loops," *Proc. IEEE*, vol. 63, pp. 291–306, February.

Haccoun, D., and Bégin, G. (1989). "High-Rate Punctured Convolutional Codes for Viterbi and Sequential Decoding," *IEEE Trans. Commun.*, vol. 37, pp. 1113–1125, November.

Hagenauer, J. (1988). "Rate Compatible Punctured Convolutional Codes and Their Applications," *IEEE Trans. Commun.*, vol. 36, pp. 389–400, April.

Hagenauer, J., and Hoeher, P. (1989). "A Viterbi Algorithm with Soft-Decision Outputs and its Applications," *Proc. IEEE GLOBECOM Conf.*, pp. 1680–1686, November, Dallas, TX.

Hagenauer, J., Offer, E., Méasson, C., and Mörz, M. (1999). "Decoding and Equalization with Analog Non-Linear Networks," *European Trans. Telecommun.*, vol. 10, pp. 659–680, November/December.

Hagenauer, J., Offer, E., and Papke, L. (1996). "Iterative Decoding of Binary Block and Convolutional Codes," *IEEE Trans. Inform. Theory*, vol. IT-42, pp. 429–445, March.

Hagenauer, J., Seshadri, N., and Sundberg, C.-E. (1990). "The Performance of Rate-Compatible Punctured Convolutional Codes for Digital Mobile Radio," *IEEE Trans. Commun.*, vol. 38, pp. 966–980, July.

Hahn, P. M. (1962). "Theoretical Diversity Improvement in Multiple Frequency Shift Keying," *IRE Trans. Commun. Syst.*, vol. CS-10, pp. 177–184, June.

Hamming, R. W. (1950). "'Error Detecting and Error Correcting Codes," *Bell Syst. Tech. J.*, vol. 29, pp. 147–160, April.

Hamming, R. W. (1986). *Coding and Information Theory*, Prentice-Hall, Englewood Cliffs, NJ.

Hancock, J. C., and Lucky, R. W. (1960). "Performance of Combined Amplitude and Phase-Modulated Communication Systems," *IRE Trans. Commun. syst.*, vol. CS-8, pp. 232–237, December.

Harashima, H., and Miyakawa, H. (1972). "Matched-Transmission Technique for Channels with Intersymbol Interference," *IEEE Trans. Commun.*, vol. COM-20, pp. 774–780.

Hartley, R. V. (1928). "Transmission of Information," *Bell Syst. Tech. J.*, vol. 7, p. 535.

Hatzinakos, D., and Nikias, C. L. (1991). "Blind Equalization Using a Tricepstrum-Based Algorithm," *IEEE Trans. Commun*, vol. COM-39, pp. 669–682, May.

Haykin, S. (1996). *Adaptive Filter Theory*, 3rd ed., Prentice-Hall: Upper Saddle River, NJ.

Haykin, S., and Moher, M. (2005). *Modem Wireless Communications*, Prentice-Hall, Upper Saddle River, NJ.

Hecht, M., and Guida, A. (1969). "Delay Modulation," *Proc. IEEE*, vol. 57, pp. 1314–1316, July.

Heegard, C., and Wicker, S. B. (1999). *Turbo Coding*, Kluwer Academic Publishers, Boston, MA.

Heller, J. A. (1968). "Short Constraint Length Convolutional Codes," Jet Propulsion Laboratory, California Institute of Technology, Pasadena, CA *Space Program Summary* 37–54, vol. 3, pp. 171–174, December.

Heller, J. A. (1975). "Feedback Decoding of Convolutional Codes," in *Advances in Communication Systems*, vol. 4, A. J. Viterbi (ed.), Academic, New York.

Heller, J. A., and Jacobs, I. M. (1971). "Viterbi Decoding for Satellite and Space Communication," *IEEE Trans. Commun. Tech.*, vol. COM-19, pp. 835–848, October.

Helstrom, C. W. (1955). "The Resolution of Signals in White Gaussian Noise," *Proc. IRE*, vol. 43, pp. 1111–11187, September.

Helstrom, C. W. (1968). *Statistical Theory of Signal Detection*, Pergamon, London.

Helstrom, C. W. (1991). *Probability and Stochastic Processes for Engineers*, Macmillan, New York.

Hildebrand, F. B. (1961). *Methods of Applied Mathematics*, Prentice-Hall, Englewood Cliffs, NJ.

Hirosaki, B. (1981). "An Orthogonality Multiplexed QAM System Using the Discrete Fourier Transform," *IEEE Trans. Commun.*, vol. COM-29, pp. 982–989, July.

Hirosaki, B., Hasegawa, S., and Sabato, A. (1986). "Advanced Group-Band Modem Using Orthogonally Multiplexed QAM Techniques," *IEEE Trans. Commun.*, vol. COM-34, pp. 587–592, June.

Ho, E. Y., and Yeh, Y. S. (1970). "A New Approach for Evaluating the Error Probability in the Presence of Intersymbol Interference and Additive Gaussian Noise," *Bell Syst. Tech. J.*, vol. 49, pp. 2249–2265, November.

Hochwald, B. M., and Sweldens, W. (2000). "Differential Unitary Space-Time Modulation," *IEEE Trans. Commun.*, vol. 48, pp. 2041–2052, December.

Hochwald, B. M., and Vishwanath, S. (2002). "Space-time Multiple Access: Linear Growth in the Sum Rate," *Proc. 40th Allerton Conf. Comput., Commun., Control*, Monticello, IL, pp. 387–396, October.

Hochwald, B. M., and ten Brink, S. (2003). "Achieving Near-Capacity on a Multiple-Antenna Channel," *IEEE Trans. Commun.*, vol. 51, pp. 389–399, March.

Hochwald, B. M., Peel, C. B., and Swindlehurst, A. L. (2005). "A Vector-Perturbation Technique for Near-Capacity Multiantenna Multiuser Communication—Part II: Perturbation," *IEEE Trans. Commun.*, vol. 53, pp. 537–544, March.

Hocquenghem, A. (1959). "'Codes Correcteurs d'Erreurs," *Chiffres*, vol. 2, pp. 147–156.

Hole, K. J. (1988). "New Short Constraint Length Rate $(n = 1)/n$ Punctured Convolutional Codes for Soft-Decision Viterbi Decoding," *IEEE Trans. Inform. Theory*, vol. 34, pp. 1079–1081, September.

Holmes, J. K. (1982). *Coherent Spread Spectrum Systems*, Wiley-Interscience, New York.

Holsinger, J. L. (1964). "Digital Communication over Fixed Time-Continuous Channels with Memory, with Special Application to Telephone Channels," MIT Research Lab. of Electronics, Tech. Rep. 430.

Honig, M. L. (1998). "Adaptive Linear Interference Suppression for Packet DS-CDMA," *European Trans. Telecommun. (ETT)*, vol. 9, pp. 173–181, March–April.

Honig, M. L., Madhow, U., and Verdu, S. (1995). "Blind Adaptive Multiuser Detection," *IEEE Trans. Inform. Theory*, vol. 41, pp. 944–960, July.

Horwood, D., and Gagliardi, R. (1975). "Signal Design for Digital Multiple Access Communications," *IEEE Trans. Commun.*, vol. COM-23, pp. 378–383, March.

Hsu, F. M. (1982). "Square-Root Kalman Filtering for High-Speed Data Received over Fading Dispersive HF Channels," *IEEE Trans. Inform. Theory*, vol. IT-28, pp. 753–763, September.

Huffman, D. A. (1952). "A Method for the Construction of Minimum Redundancy Codes," *Proc. IRE*, vol. 40, pp. 1098–1101, September.

Hughes, B. L. (2000). "Differential Space-Time Modulation," *IEEE Trans. Inform. Theory*, vol. 46, pp 2567–2578, November.

Hui, J. Y. N. (1984). "Throughput Analysis for Code Division Multiple Accessing of the Spread Spectrum Channel," *IEEE J. Selected Areas Commun.*, vol. SAC-2, pp. 482–486, July.

Im, G. H., and Un, C. K. (1987). "A Reduced Structure of the Passband Fractionally-Spaced Equalizer," *Proc. IEEE*, vol. 75, pp. 847–849, June.

Itakura, F. (1975). "Minimum Prediction Residual Principle Applied to Speech Recognition," *IEEE Trans. Acoust., Speech, Signal Processing*, vol. ASSP-23, pp. 67–72, February.

Itakura, F., and Saito, S. (1968). "Analysis Synthesis Telephony Based on the Maximum-Likelihood Methods," *Proc. 6th Int. Congr. Acoust.*, Tokyo, Japan, pp. C17–C20.

Jacobs, I. M. (1974). "Practical Applications of Coding," *IEEE Trans. Inform. Theory*, vol. IT-20, pp. 305–310, May.

Jafarkhani, H. (2003). "A Noncoherent Detection Scheme for Space-Time Block Codes," in *Communication, Information, and Network Security*, V. Bhargava et al: (eds.), Kluwer Academic Publishers, Boston.

Jafarkhani, H. (2005). *Space-Time Coding*, Cambridge Univeristy Press, Cambridge, U.K.

Jafarkhani, H., and Tarokh, V. (2001). "Multiple Transmit Antenna Differential Detection from Generalized Orthogonal Designs," *IEEE Trans. Inform Theory*, vol. 47, pp. 2626–2631, September.

Jakes, W. C. (1974). *Microwave Mobile Communications*, Wiley, New York.

Jamali, S. H., and Le-Ngoc, T. (1991). "A New 4-State 8 PSK TCM Scheme for Fast Fading, Shadowed Mobile Radio Channels," *IEEE Trans. Veh. Technol.*, pp. 216–222.

Jamali, S. H., and Le-Ngoc, T. (1994). *Coded Modulation Techniques for Fading Channels*, Kluwer Academic Publishers, Boston.

Jelinek, F. (1968). *Probabilistic Information Theory*, McGraw-Hill, New York.

Jelinek, F. (1969). "Fast Sequential Decoding Algorithm Using a Stack," *IBM J. Res. Dev.*, vol. 13, pp. 675–685, November.

Johannesson, R., and Zigangirov, K. S. (1999). *Fundamentals of Convolutional Coding*, IEEE Press, New York.

Johnson, C. R. (1991). "Admissibility in Blind Adaptive Channel Equalization," *IEEE Control Syst. Mag.*, pp. 3–15, January.

Jones, A. E., Wilkinson, T. A., and Barton, S. K. (1994). "Block Coding Scheme for Reduction of Peak-to-Mean Envelope Power Ratio of Multicarrier Transmission Schemes," *Electr. Lett.*, vol. 30, pp. 2098–2099, December.

Jones, S. K., Cavin, R. K., and Reed, W. M. (1982). "Analysis of Error-Gradient Adaptive Linear Equalizers for a Class of Stationary-Dependent Process," *IEEE Trans. Inform. Theory*, vol. IT-28, pp. 318–329, March.

Jootar, J., Zeidler, J. R., and Proakis, J. G. (2005). "Performance of Alamouti Space-Time Code in Time-Varying Channel with Noisy Channel Estimates," *Proc. IEEE Wireless Commun. and Networking Conf. (WCNC)*, vol. 1, pp. 498–503, New Orleans, LA, March 13–17.

Jordan, K. L., Jr. (1966). "'The Performance of Sequential Decoding in Conjunction with Efficient Modulation," *IEEE Trans. Commun. Syst.*, vol. CS-14, pp. 283–287, June.

Justesen, J. (1972). "'A Class of Constructive Asymptotically Good Algebraic Codes," *IEEE Trans. Inform. Theory*, vol. IT-18, pp. 652–656, September.

Kailath, T. (1960). "Correlation Detection of Signals Perturbed by a Random Channel," *IRE Trans. Inform. Theory*, vol. IT-6, pp. 361–366, June.

Kailath, T. (1961). "Channel Characterization: Time-Variant Dispersive Channels, in *Lectures on Communication System Theory*, chap. 6, E. Baghdady (ed.), McGraw-Hill, New York.

Kalet, I. (1989). "The Multitone Channel," *IEEE Trans. Commun.*, vol. COM-37, pp. 119–124, February.

Kasami, T. (1966). "Weight Distribution Formula for Some Class of Cyclic Codes," Coordinated Science Laboratory, University of Illinois, Urbana, IL, Tech. Report No. R-285, April.

Kawas Kalet, G. (1989). "Simple Coherent Receivers for Partial Response Continuous Phase Modulation," *IEEE J. Selected Areas Commun.*, vol. 7, pp. 1427–1436, December.

Kaye, A. R., and George, D. A. (1970). "Transmission of Multiplexed PAM Signals over Multiple Channel and Diversity Systems," *IEEE Trans. Commun.*, vol. COM-18, pp. 520–525, October.

Kelly, E. J., Reed, I. S., and Root, W. L. (1960). "The Detection of Radar Echoes in Noise, Pt. I." *J. SIAM*, vol. 8, pp. 309–341, September.

Ketchum, J., and Proakis, J. G. (1982). "Adaptive Algorithms for Estimating and Suppressing Narrowband Interference in PN Spread Spectrum Systems," *IEEE Trans. Commun.*, vol. COM-30, pp. 913–924, May.

Klein, A. (1997). "Data Detection Algorithms Specially Designed for Downlink of CDMA Mobile Radio Systems," *Proc. IEEE Veh. Technol. Conf.*, pp. 203–207.

Kleinrock, L., and Tobagi, F. A. (1975). "Packet Switching in Radio Channels: Part I—Carrier Sense Multiple-Access Modes and Their Throughput-Delay Characteristics," *IEEE Trans. Commun.*, vol. COM-23, pp. 1400–1416, December.

Klovsky, D., and Nikolaev, B. (1978) *Sequential Transmission of Digital Information in the Presence of Intersymbol Interference*, Mir Publishers, Moscow.

Kobayashi, H. (1971). "Simultaneous Adaptive Estimation and Decision Algorithm for Carrier Modulated Data Transmission Systems," *IEEE Trans. Commun. Tech.*, vol. COM-19, pp. 268–280, June.

Kolmogorov, A. N. (1939). "Sur l'interpolation et extrapolation des suites stationaires," *Comptes Rendus de l'Académie des Sciences*, vol. 208, p. 2043.

Kotelnikov, V. A. (1947). "The Theory of Optimum Noise Immunity," Ph.D. Dissertation, Molotov Energy Institute, Moscow. [Translated by R. A. Silverman, McGraw-Hill, New York.]

Kretzmer, E. R. (1966). "Generalization of a Technique for Binary Data Communication," *IEEE Trans. Commun. Tech.*, vol. COM-14, pp. 67–68, February.

Larsen, K. J. (1973). "Short Convolutional Codes with Maximal Free Distance for Rates 1/2, 1/3, and 1/4," *IEEE Trans. Inform. Theory*, vol. IT-19, pp. 371–372, May.

Laurent, P. A. (1986). "Exact and Approximate Construction of Digital Phase Modulations by Superposition of Amplitude Modulated Pulses," *IEEE Trans. Commun.*, vol. COM-34, pp. 150–160, February.

Lee, P. J. (1988). "Construction of Rate $(n-1)/n$ Punctured Convolutional Codes with Minimum Required *SNR* Criterion," *IEEE Trans. Commun.*, vol. 36, pp. 1171–1174, October.

Lee, W. U., and Hill, F. S. (1977). "A Maximum-Likelihood Sequence Estimator with Decision-Feedback Equalizer," *IEEE Trans. Commun.*, vol. 25, pp. 971–979, September.

LeGoff, S., Glavieux, A., and Berrou, C. (1994). "Turbo-codes and High Spectral Efficiency Modulation," *Proc. Int. Conf. Commun.* (*ICC '94*), pp. 645–649, May, New Orleans, LA.

Lender, A. (1963). "The Duobinary Technique for High Speed Data Transmission," *AIEE Trans. Commun. Electronics*, vol. 82, pp. 214–218.

Leon-Garcia, A. (1994). *Probability and Random Processes for Electrical Engineering*, Addison-Wesley, Reading, MA.

Levinson, N. (1947). "The Wiener RMS (Root Mean Square) Error Criterion in Filter Design and Prediction," *J. Math. and Phys.*, vol. 25, pp. 261–278.

Li, J., and Kavehrad, M. (1999). "Effects of Time Selective Multipath Fading on OFDM Systems for Broadband Mobile Applications," *IEEE Commun. Lett.*, vol. 3, pp. 332–334, December.

Li, X., and Cimini, L. (1997). "Effects of Clipping and Filtering on the Performance of OFDM," *Proc. IEEE Vel. Technol. Conf.* (VTC '97), pp. 1634–1638, Phoenix, AZ, May.

Li, X., and Ritcey, J. (1999). "Bit-Interleaved Coded Modulation with Iterative Decoding," in *Commun. 1999, ICC '99 1999 IEEE Int. Conf.*, vol. 2, pp. 858–863.

Li, X., and Ritcey, J. A. (1997). "Bit-Interleaved Coded Modulation with Iterative Decoding," *IEEE Commun. Lett.*, vol. 1, pp. 169–171.

Li, X., and Ritcey, J. A. (1998). "Bit-Interleaved Coded Modulation with Iterative Decoding Using Soft Feedback," *Electronics Lett.*, vol. 34, pp. 942–943.

Li, Y., and Cimini, L. J. (2001). "Bounds on the Interchannel Interference of OFDM in Time-Varying Impairments," *IEEE Trans. Commun.*, vol. 49, pp. 401–404, March.

Lin, S., and Costello, D. J. J. (2004). *Error Control Coding*, 2d ed., Prentice-Hall, Upper Saddle River, NJ.

Linde, Y., Buzo, A., and Gray, R. M. (1980). "An Algorithm for Vector Quantizer Design." *IEEE Trans. Commun.*, vol. COM-28, pp. 84–95, January.

Lindell, G. (1985). "On Coded Continuous Phase Modulation," Ph.D. Dissertation, Telecommunication Theory, University of Lund, Lund, Sweden, May.

Lindholm, J. H. (1968). "An Analysis of the Pseudo-Randomness Properties of Subsequences of Long *m*-Sequencies," *IEEE Trans. Inform. Theory*, vol. IT-14, pp. 569–576, July.

Lindsey, W. C. (1964). "Error Probabilities for Ricean Fading Multichannel Reception of Binary and *N*-Ary Signals," *IEEE Trans. Inform. Theory*, vol. IT-10, pp. 339–350, October.

Lindsey, W. C. (1972). *Synchronization Systems in Communications*, Prentice-Hall, Englewood Cliffs, NJ.

Lindsey, W. C., and Chie, C. M. (1981). "A Survey of Digital Phase-Locked Loops," *Proc. IEEE*, vol. 69, pp. 410–432.

Lindsey, W. C., and Simon, M. K. (1973). *Telecommunication Systems Engineering*, Prentice-Hall, Englewood Cliffs, NJ.

Ling, F., (1988). "Convergence Characteristics of LMS and LS Adaptive Algorithms for Signals with Rank-Deficient Correlation Matrices," *Proc. Int. Conf. Acoust., Speech, Signal Processing*, New York, 25.D.4.7, April.

Ling, F., (1989). "On Training Fractionally-Spaced Equalizers Using Intersymbol Interpolation," *IEEE Trans. Commun.*, vol. 37, pp. 1096–1099, October.

Ling, F., Manolakis, D. G., and Proakis, J. G. (1986a). "Finite, Word-Length Effects in Recursive Least Squares Algorithms with Application to Adaptive Equalization," *Annales des Telecommunications*, vol. 41, pp. 1–9, May/June.

Ling, F., Manolakis, D. G., and Proakis, J. G. (1986b). "Numerically Robust Least-Squares Lattice-Ladder Algorithms with Direct Updating of the Reflection Coefficients," *IEEE Trans. Acoust., Speech, Signal Processing*, vol. ASSP-34, pp. 837–845, August.

Ling, F., and Proakis, J. G. (1982). Generalized Least Squares Lattice and Its Applications to DFE," *Proc. 1982, IEEE Int. Conf. on Acoust. Speech, Signal Processing*, Paris, France, May.

Ling, F., and Proakis, J. G. (1984a), "Numerical Accuracy and Stability: Two Problems of Adaptive Estimation Algorithms Caused by Round-Off Error," *Proc. Int. Conf. Acoust., Speech, Signal Processing*, pp. 30.3.1–30.3.4, San Diego, CA. March.

Ling, F., and Proakis, J. G. (1984b). "Nonstationary Learning Characteristics of Least Squares Adaptive Estimation Algorithms," *Proc. Int. Conf. Acoust, Speech, Signal Processing*, pp. 3.7.1–3.7.4, San Diego, CA, March.

Ling, F., and Proakis, J. G. (1984c). "A Generalized Multichannel Least-Squares Lattice Algorithm with Sequential Processing Stages," *IEEE Trans. Acoust., Speech, Signal Processing*, vol. ASSP-32, pp. 381–389, April.

Ling, F., and Proakis, J. G. (1985). "Adaptive Lattice Decision-Feedback Equalizers—Their Performance and Application to Time-Variant Multipath Channels," *IEEE Trans. Commun*, vol. COM-33, pp. 348–356, April.

Ling, F., and Proakis, J. G. (1986). "A Recursive Modified Gram–Schmidt Algorithm," *IEEE Trans. Acoust., Speech, Signal Processing*, vol. ASSP-34, pp. 829–836, August.

Ling, F., and Qureshi, S. U. H. (1986). "Lattice Predictive Decision-Feedback Equalizer for Digital Communication Over Fading Multipath Channels," *Proc. GLOBECOM '86*, Houston, TX, December.

Ling, F., and Qureshi, S. U. H. (1990). "Convergence and Steady State Behavior of a Phase-Splitting Fractionally Spaced Equalizer," *IEEE Trans. Commun.* vol. 38, pp. 418–425, April.

Ljung, S., and Ljung, L. (1985). "Error Propagation Properties of Recursive Least-Squares Adaptation Algorithms," *Automatica*, vol. 21, pp. 159–167.

Lloyd, S. P. (1982). "Least Squares Quantization in PCM," *IEEE Trans. Inform. Theory*, vol. IT-28, pp. 129–137, March.

Loeliger, H. A. (2004). "An Introduction to Factor Graphs," *IEEE Signal Processing Mag.*, vol. 21, pp. 28–41.

Loève, M. (1955). *Probability Theory*, Van Nostrand, Princeton, NJ.

Long, G., Ling, F., and Proakis, J. G. (1987). "Adaptive Transversal Filters with Delayed Coefficient Adaptation," *Proc. Int. Conf. Acoust., Speech, Signal Processing*, Dallas, TX, March.

Long, G., Ling, F., and Proakis, J. G. (1988a). "Fractionally-Spaced Equalizers Based on Singular-Value Decomposition," *Proc. Int. Conf. Acoust., Speech, Signal Processing*, New York, 25.D.4.10, April.

Long, G., Ling, F., and Proakis, J. G. (1988b). "Applications of Fractionally-Spaced Decision-Feedback Equalizers to HF Fading Channels," *Proc. MILCOM*, San Diego, CA, October.

Long, G., Ling, F., and Proakis, J. G. (1989). "The LMS Algorithm with Delayed Coefficient Adaptation," *IEEE Trans. Acoust., Speech, Signal Processing*, vol. ASSP-37, October.

Lu, J., Letaief, K. B., Chuang, J. C., and Liou, M. L. (1999). "M-PSK and M-QAM BER Computation Using Signal-Space Concepts," *IEEE Trans. Commun.*, vol. 47, pp. 181–184, February.

Lucky, R. W. (1965). "Automatic Equalization for Digital Communications, *Bell Syst. Tech. J.*, vol. 44, pp. 547–588, April.

Lucky, R. W. (1966). "Techniques for Adaptive Equalization of Digital Communication," *Bell Syst. Tech. J.*, vol. 45, pp. 255–286.

Lucky, R. W., and Hancock, J. C. (1962). "On the Optimum Performance of N-ary Systems Having Two Degrees of Freedom," *IRE Trans. Commun. Syst.*, vol. CS-10, pp. 185–192, June.

Lucky, R. W., Salz, J., and Weldon, E. J., Jr. (1968). *Principles of Data Communication*, McGraw-Hill, New York.

Lugannani, R. (1969). "Intersymbol Interference and Probability of Error in Digital Systems," *IEEE Trans. Inform. Theory*, vol. IT-15, pp. 682–688, November.

Lundgren, C. W., and Rummler, W. D. (1979). "Digital Radio Outage Due to Selective Fading—Observation vs. Prediction from Laboratory Simulation," *Bell Syst. Tech. J.*, vol. 58, pp. 1074–1100, May/June.

Lupas, R., and Verdu, S. (1989). "Linear Multiuser Detectors for Synchronous Code-Division Multiple-Access Channels," *IEEE Trans. Inform. Theory*, vol. IT-35, pp. 123–136, January.

Lupas, R., and Verdu, S. (1990). "Near-Far Resistance of Multiuser Detectors in Asynchronous Channels," *IEEE Trans. Commun.*, vol. COM-38, pp. 496–508, April.

MacKay, D. (1999). "Good Error-Correcting Codes Based on Very Sparse Matrices," *IEEE Trans. Inform. Theory*, vol. 45, pp. 399–431.

MacKay, D. J. C., and Neal, R. M. (1996). "Near Shannon Limit Performance of Low Density Parity Check Codes," *Electronics Lett.*, vol. 32, pp. 1645–1646.

MacKenchnie, L. R. (1973). "Maximum Likelihood Receivers for Channels Having Memory," Ph.D. Dissertation, Department of Electrical Engineering, University of Notre Dame, Notre Dame, IN, January.

MacWilliams, F. J., and Sloane, J. J. (1977). *The Theory of Error Correcting Coa*
Holland, New York.

Madhow, U., (1998). "Blind Adaptive Interference Suppression for Direct Sequence CL
Proc. IEEE, vol. 86, pp. 2049–2069, October.

Madhow, U., and Honig, M. L. (1994). "MMSE Interference Suppression for Dir
Sequence Spread-Spectrum CDMA," *IEEE Trans. Commun.*, vol. 42, pp. 3178–318
December.

Magee, F. R., and Proakis, J. G. (1973). "Adaptive Maximum-Likelihood Sequence Estimation for Digital Signaling in the Presence of Intersymbol Interference," *IEEE Trans. Inform. Theory*, vol. IT-19, pp. 120–124, January.

Martin, D. R., and McAdam, P. L. (1980). "Convolutional Code Performance with Optimal Jamming," *Conf. Rec. Int. Conf. Commun.*, pp. 4.3.1–4.3.7, May.

Martinez, A., Guillen I Fabregas, A., and Caire, G. (2006). "Error Probability Analysis of Bit-Interleaved Coded Modulation," *IEEE Trans. Inform. Theory*, vol. 52, pp. 262–271.

Massey, J. (1969). "Shift-Register Synthesis and BCH Decoding," *IEEE Trans. Inform. Theory*, vol. 15, pp. 122–127.

Massey, J. L. (1963). *Threshold Decoding*, MIT Press Cambridge, MA.

Massey, J. L. (1965). "Step-by-Step Decoding of the BCH Codes," *IEEE Trans. Inform. Theory*, vol. IT-11, pp. 580–585, October.

Massey, J. L. (1988). "Some New Approaches to Random Access Communications," *Performance '87*, pp. 551–569. [Reprinted 1993 in *Multiple Access Communications*, N. Abramson (ed.), IEEE Press, New York.]

Massey, J. L., and Sain, M. (1968). "Inverses of Linear Sequential Circuits," *IEEE Trans. Comput.*, vol. C-17, pp. 330–337, April.

Matis, K. R., and Modestino, J. W. (1982). "Reduced-State Soft-Decision Trellis Decoding of Linear Block Codes," *IEEE Trans. Inform. Theory*, vol. IT-28, pp. 61–68, January.

Mazo, J. E. (1975). "Faster-Than-Nyquist Signaling," *Bell Syst. Tech. J.*, vol. 54, pp. 1451–1462, October.

Mazo, J. E. (1979). "On the Independence Theory of Equalizer Convergence," *Bell Syst. Tech. J.*, vol. 58, pp. 963–993, May.

McEliece, R., Rodemich, E., Rumsey, H., and Welch, L. (1977). "New Upper Bounds on the Rate of a Code via the Delsarte-MacWilliams Inequalities," *IEEE Trans. Inform. Theory*, vol. 23, pp. 157–166.

McMahon, M. A. (1984). *The Making of a Profession—A Century of Electrical Engineering in America*, IEEE Press, New York.

Meggitt, J. (1961). "Error Correcting Codes and Their Implementation for Data Transmission Systems," *IEEE Trans. Inform. Theory*, vol. 7, pp. 234–244.

Mengali, U. (1977). "Joint Phase and Timing Acquisition in Data Transmission," *IEEE Trans. Commun.*, vol. COM-25, pp. 1174–1185, October.

Mengali, U., and D'Andrea, A. N. (1997). *Synchronization Techniques for Digital Receivers*, Plenum Press, New York.

Mengali, U., and Morelli, M. (1995). "Decomposition of M-ary CPM Signals into PAM Waveforms," *IEEE Trans. Inform. Theory*, vol. 41, pp. 1265–1275, September.

Meyers, M. H., and Franks, L. E. (1980). "Joint Carrier Phase and Symbol Timing for PAM Systems," *IEEE Trans. Commun.*, vol. COM-28, pp. 1121–1129, August.

Meyr, H., and Ascheid, G. (1990). *Synchronization in Digital Communications*, Wiley Interscience, New York.

Meyr, H., Moenclaey, M., and Fechtel, S. A. (1998). *Digital Commun. Receivers*, Wiley, New York.

Miller, K. S. (1964). *Multidimensional Gaussian Distributions*, Wiley, New York.

Miller, S. L. (1996). "Training Analysis of Adaptive Interference Suppression for Direct-Sequence CDMA Systems," *IEEE Trans. Commun.*, vol. 44, pp. 488–495, April.

Miller, S. L. (1995). "An Adaptive Direct-Sequence Code-Division Multiple Access Receiver for Multiuser Interference Rejection," *IEEE Trans. Commun.*, vol. 43, pp. 1746–1755, Feb./March/April.

Millman, S. (ed.) (1984). *A History of Engineering and Science in the Bell System—Communication Sciences (1925–1980)*, AT&T Bell Laboratories.

Milstein, L. B. (1988). "Interference Rejection in Spread Spectrum Communications," *Proc. IEEE*, vol. 76, pp. 657–671, June.

Mitra, U., and Poor, H. V. (1995). "Adaptive Receiver Algorithm for Near-Far Resistant CDMA," *IEEE Trans. Commun.*, vol. 43, pp. 1713–1724, April.

Miyagaki, Y., Morinaga, N., and Namekawa, T. (1978). "Error Probability Characteristics for CPSK Signal Through *m*-Distributed Fading Channel," *IEEE Trans. Commun.*, vol. COM-26, pp. 88–100, January.

Moher, M. (1998). "An Iterative Multiuser Decoder for Near-Capacity Communications," *IEEE Trans. Commun.*, vol. 46, pp. 870–880, July.

Moon, J., and Carley, L. R. (1988). "Partial Response Signaling in a Magnetic Recording Channel," vol. MAG-24, pp. 2973–2975, November.

Monsen, P. (1971). "Feedback Equalization for Fading Dispersive Channels," *IEEE Trans. Inform. Theory*, vol. IT-17, pp. 56–64, January.

Morf, M. (1977). "Ladder Forms in Estimation and System Identification," *Proc. 11th Annual Asilomar Conf. on Circuits, Systems and Computers*, Monterey, CA, Nov. 7–9.

Morf, M., Dickinson, B., Kailath, T., and Vieira, A. (1977a). "Efficient Solution of Covariance Equations for Linear Prediction," *IEEE Trans. Acoust., Speech, Signal Processing*, vol. ASSP-25, pp. 429–433, October.

Morf, M., and Lee, D. (1978). "Recursive Least Squares Ladder Forms for Fast Parameter Tracking," *Proc. 1978 IEEE Conf. on Decision and Control*, San Diego, CA, pp. 1362–1367, January 12.

Morf, M., Lee, D., Nickolls, J., and Vieira, A. (1977b). "A Classification of Algorithms for ARMA Models and Ladder Realizations," *Proc. 1977 IEEE Int. Conf on Acoustics, Speech, Signal Processing*, Hartford, CT, pp. 13–19, May.

Morf, M., Vieira, A., and Lee, D. (1977c). "Ladder Forms for Identification and Speech Processing," *Proc. 1977 IEEE Conf. on Decision and Control*, New Orleans, LA, pp. 1074–1078, December.

Mueller, K. H., and Muller, M. S. (1976). "Timing Recovery in Digital Synchronous Data Receivers," *IEEE Trans. Commun*, vol. COM-24, pp. 516–531, May.

Mueller, K. H., and Spaulding, D. A. (1975). "Cyclic Equalization—A New Rapidly Converging Equalization Technique for Synchronous Data Communications," *Bell Sys. Tech. J.*, vol. 54, pp. 369–406, February.

Mueller, K. H., and Werner, J. J. (1982). "A Hardware Efficient Passband Equalizer Structure for Data Transmission," *IEEE Trans. Commun.*, vol. COM-30, pp. 438–541, March.

Muller, D. E. (1954). "Application of Boolean Algebra to Switching Circuit Design and to Error Detection," *IRE Trans. Comput.*, vol. EC-3, pp. 6–12, September.

Müller, S., Bäuml, R., Fischer, R., and Huber, J. (1997). "OFDM with Reduced Peak-to-Average Power Ratio by Multiple Signal Representation," *Ann. Telecommun.*, vol. 52, pp. 58–67, February.

Mulligan, M. G. (1988). "Multi-Amplitude Continuous Phase Modulation with Convolutional Coding," Ph.D. Dissertation, Department of Electrical and Computer Engineering, Northeastern University, June.

Nakagami, M. (1960). "The m-Distribution—A General Formula of Intensity Distribution of Rapid Fading," in *Statistical Methods of Radio Wave Propagation*, W. C. Hoffman (ed.), pp. 3–36, Pergamon Press, New York.

Natali, F. D., and Walbesser, W. J. (1969). "Phase-Locked Loop Detection of Binary PSK Signals Utilizing Decision Feedback," *IEEE Trans. Aerospace Electronic Syst.*, vol. AES-5, pp. 83–90, January.

Neeser, F., and Massey, J. (1993). "Proper Complex Random Processes with Applications to Information Theory," *IEEE Trans. Inform. Theory*, vol. 39 pp. 1293–1302, July.

Neyman, J., and Pearson, E. S. (1933). "On the Problem of the Most Efficient Tests of Statistical Hypotheses," *Phil. Trans. Roy. Soc. London, Series A*, vol. 231, pp. 289–337.

Nichols, H., Giordano, A., and Proakis, J. G. (1977). "MLD and MSE Algorithms for Adaptive Detection of Digital Signals in the Presence of Interchannel Interference," *IEEE Trans. Inform. Theory*, vol. IT-23, pp. 563–575, September.

North, D. O. (1943). "An Analysis of the Factors Which Determine Signal/Noise Discrimination in Pulse-Carrier Systems," RCA Tech. Report No. 6 PTR-6C.

Nyquist, H. (1924). "Certain Factors Affecting Telegraph Speed," *Bell Syst. Tech. J.*, vol. 3, p. 324.

Nyquist, H. (1928). "Certain Topics in Telegraph Transmission Theory," *AIEE Trans.*, vol. 47, pp. 617–644.

Odenwalder, J. P. (1970). "Optimal Decoding of Convolutional Codes," Ph.D. Dissertation, Department of Systems Sciences, School of Engineering and Applied Sciences, University of California, Los Angeles.

Odenwalder, J. P. (1976). "Dual-*k* Convolutional Codes for Noncoherently Demodulated Channels," *Proc. Int. Telemetering Conf.*, vol. 12, pp. 165–174, September.

Olsen, J. D. (1977). "Nonlinear Binary Sequences with Asymptotically Optimum Periodic Cross Correlation," Ph.D. Dissertation, University of Southern California, December.

Omura, J. (1971). "Optimal Receiver Design for Convolutional Codes and Channels with Memory Via Control Theoretical Concepts," *Inform. Sci.*, vol, 3, pp. 243–266.

Omura, J. K., and Levitt, B. K. (1982). "Code Error Probability Evaluation for Antijam Communication Systems," *IEEE Trans. Commun.*, vol. COM-30, pp. 896–903, May.

Ormeci, P., Liu, X., Goeckel, D., and Wesel, R. (2001). "Adaptive Bit-Interleaved Coded Modulation," *IEEE Trans. Commun.*, vol. 49, pp. 1572–1581.

Osborne, W. P., and Luntz, M. B. (1974). "Coherent and Noncoherent Detection of CPSK," *IEEE Trans. Commun.*, vol. COM-22, pp. 1023–1036, August.

Ozarow, L., Shamai, S., and Wyner, A. (1994). "Information Theoretic Considerations for Cellular Mobile Radio," *IEEE Trans. Veh. Technol.*, vol. 43, pp. 359–378.

Paaske, E. (1974). "Short Binary Convolutional Codes with Maximal Free Distance for Rates 2/3 and 3/4," *IEEE Trans. Inform. Theory*, vol. IT-20, pp. 683–689, September.

Paez, M. D., and Glisson, T. H. (1972). "Minimum Mean Squared Error Quantization in Speech PCM and DPCM Systems," *IEEE Trans. Commun.*, vol. COM-20, pp. 225–230, April.

Pahlavan, K. (1985). "Wireless Communications for Office Information Networks," *IEEE Commun. Mag.*, vol. 23, pp. 18–27, June.

Palenius, T. (1991). "On Reduced Complexity Noncoherent Detectors for Continuous Phase Modulation," Ph.D. Dissertation, Telecommunication Theory, University of Lund, Lund, Sweden.

Palenius, T., and Svensson, A. (1993). "Reduced Complexity Detectors for Continuous Phase Modulation Based on Signal Space Approach," *European Trans. Telecommun.*, vol. 4, pp. 51–63, May/June.

Papoulis, A. (1984). *Probability, Random Variables, and Stochastic Processes*, McGraw-Hill, New York.

Papoulis, A., and Pillai, S. (2002). *Probability, Random Variables, and Stochastic Processes*, 4th ed., McGraw-Hill, New York.

Patel, P., and Holtzman, J. (1994). "Analysis of a Simple Successive Interference Cancellation Scheme in a DS/CDMA System," *IEEE J. Select. Areas Commun.*, vol. 12, pp. 796–807, 1994.

Paul, D. B. (1983). "An 800 bps Adaptive Vector Quantization Vocoder Using a Perceptual Distance Measure," *Proc. IEEE Int. Conf. Acoust., Speech, Signal Processing*, Boston, MA, pp. 73–76, April.

Pearson, K. (1965). *Tables of the Incomplete* Γ*-Function*, Cambridge University Press, London.

Peebles, P. Z. (1987). *Probability, Random Variables, and Random Signal Principles*, McGraw-Hill, New York.

Peel, C. B., Hochwald, B. M., and Swindlehurst, A. L. (2005). "A Vector-Perturbation Technique for Near Capacity Multiantenna Multiuser Communication—Part I: Channel Inversion and Regularization," *IEEE Trans. Commun.*, vol. 53, pp. 195–202, January.

Peterson, K., and Tarokh, V. (2000). "On the Existence and Construction of Good Codes with Low Peak-to-Average Power Ratios," *IEEE Trans. Inform. Theory*, vol. 46, pp. 1974–1986, September.

Peterson, R. L., Ziemer, R. E., and Borth, D. E. (1995). *Introduction to Spread Spectrum Communications*, Prentice-Hall, Upper Saddle River, NJ.

Peterson, W. W. (1960). "Encoding and Error-Correction Procedures for Bose–Chaudhuri Codes," *IRE Trans. Inform. Theory*, vol. IT-6, pp. 459–470, September.

Peterson, W. W., and Weldon, E. J., Jr. (1972). *Error-Correcting Codes*, 2nd ed., MIT Press, Cambridge, MA.

Picchi, G., and Prati, G. (1987). "Blind Equalization and Carrier Recovery Using a Stop-and-Go Decision Directed Algorithm," *IEEE Trans. Commun.*, vol. COM-35, pp. 877–887, September.

Picinbono, B. (1978). "Adaptive Signal Processing for Detection and Communication," in *Communication Systems and Random Process Theory*, J. K. Skwirzynski (ed.), Sijthoff & Nordhoff, Alphen aan den Rijn, The Netherlands.

Pickholtz, R. L., Schilling, D. L., and Milstein, L. B. (1982). "Theory of Spread Spectrum Communications—A Tutorial," *IEEE Trans. Commun.*, vol. COM-30, pp. 855–884, May.

Pieper, J. F., Proakis, J. G., Reed, R. R., and Wolf, J. K. (1978). "Design of Efficient Coding and Modulation for a Rayleigh Fading Channel," *IEEE Trans. Inform. Theory*, vol. IT-24, pp. 457–468, July.

Pierce, J. N. (1958). "Theoretical Diversity Improvement in Frequency-Shift Keying," *Proc. IRE*, vol. 46, pp. 903–910, May.

Pierce, J. N., and Stein, S. (1960). " Multiple Diversity with Non-Independent Fading," *Proc. IRE*, vol. 48, pp. 89–104, January.

Plotkin, M. (1960). "Binary Codes with Specified Minimum Distance," *IRE Trans. Inform. Theory*, vol. IT-6, pp. 445–450, September.

Poor, H. V., and Rusch, L. A. (1994). "Narrowband Interference Suppression in Spread Spectrum CDMA," *IEEE Personal Commun.*, vol. 1, pp. 14–27, Third Quarter.

Poor, H. V., and Verdu, S. (1988). "Single-User Detectors for Multiuser Channels," *IEEE Trans. Commun.*, vol. 36, pp. 50–60, January.

Popovic, B. M. (1991). "Synthesis of Power Efficient Multitone Signals with Flat Amplitude Spectrum," *IEEE Trans. Commun.*, vol. 39, pp. 1031–1033, July.

Prange, E. (1957). "Cyclic Error Correcting Codes in Two Symbols," Tech. Rep. TN-57-103, Air Force Cambridge Research Center, Cambridge, MA.

Price, R. (1954). "The Detection of Signals Perturbed by Scatter and Noise," *IRE Trans. Inform. Theory*, vol. PGIT-4, pp. 163–170, September.

Price, R. (1956). "Optimum Detection of Random Signals in Noise, with Application to Scatter-Multipath Communication," *IRE Trans. Inform. Theory*, vol. IT-2, pp. 125–135, December.

Price, R. (1962a). "Error Probabilities for Adaptive Multichannel Reception of Binary Signals," MIT Lincoln Laboratory, Lexington, MA, Techn. Report No. 258, July.

Price, R. (1962b). "Error Probabilities for Adaptive Multichannel Reception of Binary Signals," *IRE Trans. Inform. Theory*, vol. IT-8, pp. 305–316, September.

Price, R. (1972). "Nonlinearly Feedback-Equalized PAM vs. Capacity," *Proc. 1972 IEEE Int. Conf. on Commun*. Philadelphia, PA, pp. 22.12–22.17, June.

Price, R., and Green, P. E., Jr. (1958). "A Communication Technique for Multipath Channels," *Proc. IRE*, vol. 46, pp. 555–570, March.

Price, R., and Green, P. E., Jr. (1960). "Signal Processing in Radar Astronomy—Communication via Fluctuating Multipath Media," MIT Lincoln Laboratory, Lexington, MA, Tech. Report No. 234, October.

Proakis, J. G. (1968). "Probabilities of Error for Adaptive Reception of M-Phase Signals," *IEEE Trans. Commun. Tech.*, vol. COM-16, pp. 71–81, February.

Proakis, J. G. (1970). "Adaptive Digital Filters for Equalization of Telephone Channels," *IEEE Trans. Audio and Electroacoustics*, vol. AU-18, pp. 195–200, June.

Proakis, J. G. (1975). "Advances in Equalization for Intersymbol Interference," in *Advances in Communication Systems*, vol. 4, A. J. Viterbi (ed.), Academic, New York.

Proakis, J. G. (1998). "Equalization Techniques for High-Density Magnetic Recording," *IEEE Signal Processing Mag.*, vol. 15, pp. 73–82, July.

Proakis, J. G., Drouilhet, P. R., Jr., and Price, R. (1964). "Performance of Coherent Detection Systems Using Decision-Directed Channel Measurement," *IEEE Trans. Commun. Syst.*, vol. CS-12, pp. 54–63, March.

Proakis, J. G., and Ling, F. (1984). "'Recursive Least Squares Algorithms for Adaptive Equalization of Time-Variant Multipath Channels," *Proc. Int. Conf. Commun.* Amsterdam, The Netherlands, May.

Proakis, J. G., and Manolakis, D. G. (2006). *Introduction to Digital Processing*, Prentice-Hall, Upper Saddle River, NJ, 2nd Ed.

Proakis, J. G., and Miller, J. H. (1969). "Adaptive Receiver for Digital Signaling through Channels with Intersymbol Interference," *IEEE Trans. Inform. Theory*, vol. IT-15, pp. 484–497, July.

Proakis, J. G., and Rahman, I. (1979). "Performance of Concatenated Dual-k Codes on a Rayleigh Fading Channel with a Bandwidth Constraint," *IEEE Trans. Commun.*, vol. COM-27, pp. 801–806, May.

Pursley, M. B. (1979). "On the Mean-Square Partial Correlation of Periodic Sequences," *Proc. 1979 Conf. Inform. Science and Systems*, Johns Hopkins University, Baltimore, MD., pp. 377–379, March.

Qureshi, S. U. H. (1976). "Timing Recovery for Equalized Partial Response Systems," *IEEE Trans. Commun.*, vol. COM-24, pp. 1326–1331, December.

Qureshi, S. U. H. (1977). "Fast Start-up Equalization with Periodic Training Sequences," *IEEE Trans. Inform. Theory*, vol. IT-23, pp. 553–563, September.

Qureshi, S. U. H. (1985). "Adaptive Equalization," *Proc. IEEE*, vol. 53, pp. 1349–1387, September.

Qureshi, S. U. H., and Forney, G. D., Jr. (1977). "Performance and Properties of a $T/2$ Equalizer," *Natl. Telecom. Conf. Record*, pp. 11.1.1–11.1.14, Los Angeles, CA. December.

Rabiner, L. R., and Schafer, R. W. (1978). *Digital Processing of Speech Signals*, Prentice-Hall, Englewood Cliffs, NJ.

Radon, J. (1922) "Lineare Scharen Orthogonaler Matrizen," *Abhandlungen aus dem Mathimatischen Seminar der Hamburgishen Universitat*, pp. 1–14.

Raheli, R., Polydoros, A., and Tzou, C. K. (1995). "Per-Survivor Processing: A General Approach to MLSE in Uncertain Environment," *IEEE Trans. Commun.*, vol. 43, pp. 354–364, Feb./March/April.

Rahman, I. (1981). "Bandwidth Constrained Signal Design for Digital Communication over Rayleigh Fading Channels and Partial Band Interference Channels," Ph.D. Dissertation, Department of Electrical Engineering, Northeastern University, Boston, MA.

Ramsey, J. L. (1970). "Realization of Optimum Interleavers," *IEEE Trans. Inform. Theory*, vol. IT-16, pp. 338–345.

Rapajic, P. B., and Vucetic, B. S. (1994). "Adaptive Receiver Structures for Asynchronous CDMA Systems," *IEEE J. Select. Areas Commun*, vol. 12, pp. 685–697, May.

Raphaeli, D., and Zarai, Y. (1998). "Combined Turbo Equalization and Turbo Decoding," *IEEE Commun. Letters*, vol. 2, pp. 107–109, April.

Rappaport, T. S. (1996). *Wireless Commun.*, Prentice-Hall, Upper Saddle River, NJ.

Reed, I. S. (1954). "A Class of Multiple-Error Correcting Codes and the Decoding Scheme," *IRE Trans. Inform.*, vol. IT-4, pp. 38–49, September.

Reed, I. S., and Solomon, G. (1960). "Polynomial Codes Over Certain Finite Fields," *SIAM J.*, vol. 8, pp. 300–304, June.

Reed, M. C., Schlegel, C. B., Alexander, P. D., and Asenstorfer, J. A. (1998). "Iterative Multiuser Detection for CDMA with FEC: Near Single User Performance," *IEEE Trans. Commun.*, vol. 46, pp. 1693–1699, December.

Rimoldi, B. E. (1989). "Design of Coded CPFSK Modulation Systems for Bandwidth and Energy Efficiency," *IEEE Trans. Commun.*, vol. 37, pp. 897–905, September.

Rimoldi, B. E. (1988). "A Decomposition Approach to CPM," *IEEE Trans. Inform. Theory*, vol. 34, pp. 260–270, March.

Rizos, A. D., Proakis, J. G., and Nguyen, T. Q. (1994). "Comparison of DFT and Cosine Modulated Filter Banks in Multicarrier Modulation," *Proc. Globecom'94*, pp. 687–691, San Francisco, CA, November.

Roberts, L. G. (1975). "Aloha Packet System with and without Slots and Capture," *Comp. Commun. Rev.*, vol. 5, pp. 28–42, April.

Robertson, P., and Hoeher, P. (1997). "Optimal and Sub-Optimal Maximum a Posteriori Algorithms Suitable for Turbo Decoding," *European Trans. Telecommun.*, vol. 8, pp. 119–125.

Robertson, P., and Kaiser, S. (1999). "Analysis of the Loss of Orthogonality through Doppler Spread in OFDM Systems," *Proc. IEEE Globecom*, pp. 701–706, December.

Robertson, P., Villebrun, E., and Hoeher, P. (1995). "A Comparison of Optimal and Sub-Optimal MAP Decoding Algorithms Operating in the Log Domain," in *Proc. IEEE Int. Conf. Communic. (ICC)*, pp. 1009–1013, IEEE, Seattle, BC, Canada.

Robertson, P., and Wörz, T. (1998). "Bandwidth-Efficient Turbo Trellis-Coded Modulation Using Punctured Component Codes," *IEEE J. Selected Areas, Commun.*, vol. 16, pp. 206–218, February.

Rowe, H. E., and Prabhu, V. K. (1975). "Power Spectrum of a Digital Frequency Modulation Signal," *Bell Syst. Tech. J.*, vol. 54, pp. 1095–1125, July/August.

Rummler, W. D. (1979). "A New Selective Fading Model: Application to Propagation Data," *Bell Syst. Tech. J.*, vol. 58, pp. 1037–1071, May/June.

Rusch, L. A., and Poor, H. V. (1994). "Narrowband Interference Suppression in CDMA Spread Spectrum Communications," *IEEE Trans. Commun.*, vol. 42, pp. 1969–1979, April.

Ryan, W. E. (2003). "Concatenated Convolutional Codes and Iterative Decoding," in *Wiley Encyclopedia of Telecommunications*, J. G. Proakis (ed.), Wiley, New York.

Ryder, J. D., and Fink, D. G. (1984). *Engineers and Electronics*, IEEE Press, New York.

Salehi, M. (1992). "Capacity and Coding for Memories with Real-Time Noisy Defect Information at Encoder and Decoder," *IEEE Proc. Commun., Speech and Vision*, vol. 139, pp. 113–117.

Salehi, M., and Proakis, J. G. (1995). "Coded Modulation Techniques for Cellular Mobile Systems," in *Worldwide Wireless Communications*, F. S. Barnes (ed.), pp. 215–238, International Engineering Consortium, Chicago, IL.

Saltzberg, B. R. (1967). "Performance of an Efficient Parallel Data Transmission System," *IEEE Trans. Commun.*, vol. COM-15, pp. 805–811, December.

Saltzberg, B. R. (1968). "Intersymbol Interference Error Bounds with Application to Ideal Bandlimited Signaling," *IEEE Trans. Inform. Theory*, vol. IT-14, pp. 563–568, July.

Salz, J. (1973). "Optimum Mean-Square Decision Feedback Equalization," *Bell Syst. Tech. J.*, vol. 52, pp. 1341–1373, October.

Salz, J., Sheehan, J. R., and Paris, D. J. (1971). "Data Transmission by Combined AM and PM," *Bell Syst. Tech. J.*, vol. 50, pp. 2399–2419, September.

Sarwate, D. V., and Pursley, M. B. (1980). "Crosscorrelation Properties of Pseudorandom and Related Sequences," *Proc. IEEE*, vol. 68, pp. 593–619, May.

Sason, I., and Shamai, S. (2000). "Improved Upper Bounds on the ML Decoding Error Probability of Parallel and Serial Concatenated Turbo Codes via Their Ensemble Distance Spectrum," *IEEE Trans. Inform. Theory*, vol. 46, pp. 24–47.

Sason, I., and Shamai, S. (2001a). "On Gallager-Type Bounds for the Mismatched Decoding Regime with Applications to Turbo Codes," in *Proc. 2001 IEEE Int. Symp. Inform. Theory*, p. 134.

Sason, I., and Shamai, S. (2001b). "On Improved Bounds on the Decoding Error Probability of Block Codes over Interleaved Fading Channels, with Applications to Turbo-like Codes," *IEEE Trans. Inform. Theory*, vol. 47, pp. 2275–2299.

Sato, Y. (1975). "A Method of Self-Recovering Equalization for Multilevel Amplitude-Modulation Systems," *IEEE Trans. Commun*, vol. COM-23, pp. 679–682, June.

Sato, Y. et al. (1986). "Blind Suppression of Time Dependency and Its Extension to Multi-Dimensional Equalization," *Proc. ICC'86*, pp. 46.4.1–46.4.5.

Sato, Y. (1994). "Blind Equalization and Blind Sequence Estimation," *IEICE Trans. Commun.*, vol. E77-b, pp. 545–556, May.

Satorius, E. H., and Alexander, S. T. (1979). "Channel Equalization Using Adaptive Lattice Algorithms," *IEEE Trans. Commun.*, vol. COM-27, pp. 899–905, June.

Satorius, E. H., and Pack, J. D. (1981). "Application of Least Squares Lattice Algorithms to Adaptive Equalization," *IEEE Trans. Commun.*, vol. COM-29, pp. 136–142, February.

Savage, J. E. (1966). "Sequential Decoding—The Computation Problem," *Bell Syst. Tech. J.*, vol. 45, pp. 149–176, January.

Schlegel, C. (1997). *Trellis Coding*, IEEE Press, New York.

Schlegel, C., and Costello, D. J. J. (1989). "Bandwidth Efficient Coding for Fading Channels: Code Construction and Performance Analysis," *IEEE J. Selected Areas Commun.*, vol. SAC-7, pp. 1356–1368.

Scholtz, R. A. (1977). "The Spread Spectrum Concept," *IEEE Trans. Commun.*, vol. COM-25, pp. 748–755, August.

Scholtz, R. A. (1979). "Optimal CDMA Codes, *1979 Nat. Telecommun. Conf. Rec.*, Washington, DC, pp. 54.2.1–54.2.4, November.

Scholtz, R. A. (1982). "The Origins of Spread Spectrum," *IEEE Trans. Commun.*, vol. COM-30, pp. 822–854, May.

Schonhoff, T. A. (1976). "Symbol Error Probabilities for M-ary CPFSK: Coherent and Noncoherent Detection," *IEEE Trans. Commun.*, vol. COM-24, pp. 644–652, June.

Seshadri, N. (1994). "Joint Data and Channel Estimation Using Fast Blind Trellis Search Techniques," *IEEE Trans. Commun.*, vol. COM-42, pp. 1000–1011, March.

Seshadri, N., and Winters, J. H. (1994). "Two Schemes for Improving the Performance of Frequency Division Duplex (FDD) Transmission Systems Using Transmitter Antenna Diversity," *Intern. J. Wireless Inform. Networks*, vol. 1, pp. 49–60, January.

Shalvi, O., and Weinstein, E. (1990). "New Criteria for Blind Equalization of Nonminimum Phase Systems Channels," *IEEE Trans. Inform. Theory*, vol. IT-36, pp. 312–321, March.

Shannon, C. E. (1948a). "A Mathematical Theory of Communication," *Bell Syst. Tech. J.*, vol. 27, pp. 379–423, July.

Shannon, C. E. (1948b). "A Mathematical Theory of Communication," *Bell Syst. Tech. J.*, vol. 27, pp. 623–656, October.

Shannon, C. E. (1949). "Communication in the Presence of Noise," *Proc. IRE*, vol. 37, pp. 10–21, January.

Shannon, C. E. (1958). "Channels with Side Information at the Transmitter," *IBM J. Res. and Deve.*, vol. 2, pp. 289–293.

Shannon, C. E. (1959a). "Coding Theorems for a Discrete Source with a Fidelity Criterion," *IRE Nat. Conv. Rec.*, pt. 4, pp. 142–163, March.

Shannon, C. E. (1959b). "Probability of Error for Optimal Codes in a Gaussian Channel," *Bell Syst. Tech. J.*, vol. 38, pp. 611–656, May.

Shannon, C. E., Gallager, R. G., and Berlekamp, E. R. (1967). "Lower Bounds to Error Probability for Coding on Discrete Memoryless Channels, I and II," *Inform. Control.*, vol. 10, pp. 65–103, January; pp. 527–552, May.

Shimbo, O., and Celebiler, M. (1971). "The Probability of Error due to Intersymbol Interference and Gaussian Noise in Digital Communication Systems," *IEEE Trans. Commun. Tech.*, vol. COM-19, pp. 113–119, April.

Siegel, P. H., and Wolf, J. K. (1991). "Modulation and Coding for Information Storage," *IEEE Commun. Mag.* vol. 30, pp. 68–86, December.

Simmons, S. J., and Wittke, P. H. (1983). "Low Complexity Decoders for Constant Envelope Digital Modulation," *IEEE Trans. Commun.*, vol. 31, pp. 1273–1280, December.

Simon, M., and Alouini, M. (1998). "A Unified Approach to Performance Analysis of Digital Communication over Generalized Fading Channels," *Proc. IEEE*, vol. 48, pp. 1860–1877, September.

Simon, M. K., and Alouini, M. S. (2000). *Digital Communication over Fading Channels: A Unified Approach to Performance Analysis*, Wiley, New York.

Simon, M. K., and Divsalar, D. (1985). "Combined Trellis Coding with Asymmetric MPSK Modulation," *JPL Publ. 85–24*, Pasadena, CA, May.

Simon, M. K., Hinedi, S., and Lindsey, W. C. (1995). *Digital Commun. Techniques*, Prentice-Hall: Upper Saddle River, NJ.

Simon, M. K., Omura, J. K., Scholtz, R. A., and Levitt, B. K. (1985). *Spread Spectrum Communications Vol. I, II, III,* Computer Science Press, Rockville, MD.

Simon, M. K., Omura, J. K., Scholtz, R. A., and Levitt, B. K. (1994). *Spread Spectrum Communications Handbook*, New York: McGraw-Hill.

Simon, M. K., and Smith, J. G. (1973). "Hexagonal Multiple Phase-and-Amplitude-Shift Keyed Signal Sets," *IEEE Trans. Commun.*, vol. COM-21, pp. 1108–1115, October.

Slepian, D. (1956). "A Class of Binary Signaling Alphabets," *Bell Syst. Tech. J.*, vol. 35, pp. 203–234, January.

Slepian, D. (1974). *Key Papers in the Development of Information Theory*, IEEE Press, New York.

Slepian, D., and Wolf, J. K. (1973). "A Coding Theorem for Multiple Access Channels with Correlated Sources," *Bell Syst. Tech. J.*, vol. 52, pp. 1037–1076.

Sloane, N. J. A., and Wyner, A. D. (1993). *The Collected Papers of Shannon*, IEEE Press, New York.

Slock, D. T. M., and Kailath, T. (1991). "Numerically Stable Fast Transversal Filters for Recursive Least-Squares Adaptive Filtering" *IEEE Trans. Signal Processing*, SP-39, pp. 92–114, January.

Smith, J. W. (1965). "The Joint Optimization of Transmitted Signal and Receiving Filter for Data Transmission Systems," *Bell Syst. Tech. J.*, vol. 44, pp. 1921–1942, December.

Stamoulis, A., Diggavi, S. N., and Al-Dhahir, N. (2002). "Intercarrier Interference in MIMO OFDM," *IEEE Trans. Signal Proc.*, vol. 50, pp. 2451–2464, October.

Stark, H., and Woods, J. W. (2002). *Probability, Random Processes and Estimation Theory for Engineers*, 3rd ed., Prentice-Hall, Upper Saddle River, NJ.

Starr, T., Cioffi, J. M., and Silverman, P. J. (1999). *Digital Subscriber Line Technology*, Prentice-Hall, Upper Saddle River, NJ.

Stenbit, J. P. (1964). Table of Generators for BCH Codes," *IEEE Trans. Inform. Theory*, vol. IT-10, pp. 390–391, October.

Stiffler, J. J. (1971). *Theory of Synchronous Communications*, Prentice-Hall, Englewood Cliffs, NJ.

Stuber, G. L. (1996). *Principles of Mobile Communications*, Kluwer Academic Publishers, Boston.

Sundberg, C. E. (1986). "Continuous Phase Modulation," *IEEE Commun. Mag.*, vol. 24, pp. 25–38, April.

Sundberg, C.-E. W., and Seshadri, N. (1993). "Coded Modulation for Fading Channels: An Overview," *European Trans. Telecommun.*, vol. 4, pp. 309–324.

Suzuki, H. (1977). "A Statistical Model for Urban Multipath Channels with Random Delay," *IEEE Trans. Commun*, vol. COM-25, pp. 673–680, July.

Svensson, A. (1984). "Receivers for CPM", Ph.D. Dissertation, Telecommunication Theory, University of Lund, Lund, Sweden.

Svensson, A., and Sundberg C.W. (1983). "Optimized Reduced-Complexity Viterbi Detectors for CPM," *Proc. GLOBECOM'83*, pp. 22.1.1–22.1.8, San Diego, CA.

Svensson, A., Sundberg, C.W., and Aulin, T. (1984). "A Class of Reduced Complexity Viterbi Detectors for Partial Response Continuous Phase Modulation," *IEEE Trans. Commun.*, vol. 32, pp. 1079–1087, October.

Tang, D. L., and Bahl, L. R. (1970). "Block Codes for a Class of Constrained Noiseless Channels," *Inform. Control*, vol. 17, pp. 436–461.

Tanner, R. (1981). "A Recursive Approach to Low Complexity Codes," *IEEE Trans. Inform. Theory*, vol. 27, pp. 533–547.

Tao, M., and Cheng, R. S. (2001). "Differential Space-Time Block Codes," *Proc. IEEE Globecom.*, vol. 2, pp. 1098–1102, November.

Taricco, G., and Elia, M. (1997). "Capacity of Fading Channel with No Side Information," in *Electronics Lett.*, vol. 33, pp. 1368–1370.

Tarokh, V., and Jafarkhani, H., (2000). "A Differential Detection Scheme for Transmit Diversity," *IEEE J. Selected Areas Commun.*, vol. 18, pp. 1169–1174, July.

Tarokh, V., and Jafarkhani, H. (2000). "On the Computation and Reduction of the Peak-to-Average Power Ratio in Multicarrier Communications," *IEEE Trans. Commun.*, vol. 48, pp. 37–44, January.

Tarokh, V., Seshadri, N., and Calderbank, A. R. (1998). "Space-Time Codes for High Data Rate Wireless Communication: Performance Analysis and Code Construction," *IEEE Trans. Inform. Theory*, vol. IT-44, pp. 744–765, March.

Tarokh, V., Jafarkhani, H., and Calderbank, A. R. (1999a). "Space-Time Block Codes from Orthogonal Designs," *IEEE Trans. Inform. Theory*, vol. IT-45, pp. 1456–1467, July.

Tarokh, V., Naguib, A., Seshadri, N., and Calderbank, A. R. (1999b). "Space-Time Codes for High Data Rate Wireless Communication: Performance Criteria in the Presence of Channel Estimation Errors, Mobility and Multiple Paths," *IEEE Trans. Commun.*, vol. COM-47, pp. 199–207, February.

Tarokh, V., Jafarkhani, H., and Calderbank, A. R. (1999c). "Space-Time Block Coding for Wireless Communications: Performance Results," *IEEE J. Selected Areas on Commun.*, vol. JSAC-17, pp. 451–460, March.

Tausworth, R. C., and Welch, L. R. (1961). "Power Spectra of Signals Modulated by Random and Pseudorandom Sequences," *JPL Tech. Rep. 32–140*, October 10.

Taylor, D. P., Vitetta, G. M., Hart, B. D., and Mammala, A. (1998). "Wireless Channel Equalization," *European Trans. Telecommun. (ETT)*, vol. 9, pp. 117–143, March/April.

Telatar, I. E. (1999). "Capacity of Multi-Antenna Gaussian Channels," *European Trans. Telecomm.*, vol. 10, pp. 585–595, November/December.

Tellado, J., and Cioffi, J. M. (1998). "Efficient Algorithms for Reducing PAR in Multicarrier Systems," *Proc. 1998 IEEE Int. Symp. Inform. Theory*, p. 191, August 16–21, Cambridge, MA. Also in *Proc. 1998 GLOBECOM*, Nov. 8–12, Sydney, Australia.

ten Brink, S. (2001). "Convergence Behavior of Iteratively Decoded Parallel Concatenated Codes," *IEEE Trans. Commun.*, vol. 49, pp. 1727–1737.

Tietäväinen, A. (1973). "On the Nonexistence of Perfect Codes over Finite Fields," *SIAM J. Applied Math.*, vol. 24, pp. 88–96.

Thomas, C. M., Weidner, M. Y., and Durrani, S. H. (1974). "Digital Amplitude-Phase-Keying with M-ary Alphabets," *IEEE Trans. Commun.*, vol. COM-22, pp. 168–180, February.

Tomlinson, M. (1971). "A New Automatic Equalizer Employing Modulo Arithmetic," *Electr. Lett.*, vol. 7, pp. 138–139.

Tong, L., Xu, G., Hassibi, B., and Kailath, T. (1995). "Blind Channel Identification Based on Second-Order Statistics: A Frequency-Domain Approach," *IEEE Trans. Inform. Theory*, vol. IT-41, pp. 329–334, January.

Tong, L., Xu, G., and Kailath, T. (1994). "Blind Identification and Equalization Based on Second-Order Statistics," *IEEE Trans. Inform. Theory*, vol. IT-40, pp. 340–349, March.

Tse, D., and Viswanath, P. (2005). *Fundamentals of Wireless Communication*, Cambridge University Press, Cambridge, U.K.

Tufts, D. W. (1965). "Nyquist's Problem—The Joint Optimization of Transmitter and Receiver in Pulse Amplitude Modulation," *Proc. IEEE*, vol. 53, pp. 248–259, March.

Tulino, A. M., and Verdu, S. (2004). *Ramdom Matrix Theory and Wireless Communications*, New Publishers, Inc., June 28.

Turin, G. L. (1961). "On Optimal Diversity Reception," *IRE Trans. Inform. Theory*, vol. IT-7, pp. 154–166, July.

Turin, G. L. (1962). "On Optimal Diversity Reception II," *IRE Trans. Commun. Syst.*, vol. CS-12, pp. 22–31, March.

Turin, G. L. et al. (1972). "Simulation of Urban Vehicle Monitoring Systems," *IEEE Trans. Vehicular Tech.*, pp. 9–16, February.

Tyner, D. J., and Proakis, J. G. (1993). "Partial Response Equalizer Performance in Digital Magnetic Recording Channels," *IEEE Trans. Magnetics*, vol. 29, pp. 4194–4208, November.

Tzannes, M. A., Tzannes, M. C., Proakis, J. G., and Heller, P. N. (1994). "DMT Systems, DWMT Systems and Digital Filter Banks," *Proc. Int. Conf. Commun.*, pp. 31–315, New Orleans, LA, May 1–5.

Ungerboeck, G. (1972). "Theory on the Speed of Convergence in Adaptive Equalizers for Digital Communication," *IBM J. Res. Dev.*, vol. 16, pp. 546–555, November.

Ungerboeck, G. (1974). "Adaptive Maximum-Likelihood Receiver for Carrier-Modulated Data-Transmission Systems," *IEEE Trans. Commun.*, vol. COM-22, pp. 624–636, May.

Ungerboeck, G. (1976). "Fractional Tap-Spacing Equalizer and Consequences for Clock Recovery in Data Modems," *IEEE Trans. Commun.*, vol. COM-24, pp. 856–864, August.

Ungerboeck, G. (1982). "Channel Coding with Multilevel/Phase Signals," *IEEE Trans. Inform. Theory*, vol. IT-28, pp. 55–67, January.

Ungerboeck, G. (1987). "Trellis-Coded Modulation with Redundant Signal Sets, Parts I and II," *IEEE Commun. Mag.*, vol. 25, pp. 5–21, February.

Ungerboeck, G., and Csajka, I. (1976). "On Improving Data-Link Performance by Increasing the Channel Alphabet and Introducing Sequence Coding," *1976 Int. Conf. Inform. Theory, Ronneby, Sweden*, June.

Vaidyanathan, P. P. (1993). *Multirate Systems and Filter Banks*, Prentice-Hall, Englewood Cliffs, NJ.

Van Etten, W. (1975). "An Optimum Linear Receiver for Multiple Channel Digital Transmission Systems," *IEEE Trans. Commun.*, vol. COM-23, pp. 828–834, August.

Van Etten, W. (1976). "Maximum Likelihood Receiver for Multiple Channel Transmission Systems," *IEEE Trans. Commun.*, vol. COM-24, pp. 276–283, February.

Van Trees, H. L. (1968). *Detection, Estimation, and Modulation Theory,* vol. I, Wiley, New York.

Varanasi, M. K. (1999). "Decision Feedback Multiuser Detection: A Systematic Approach," *IEEE Trans. Inform. Theory*, vol. 45, pp. 219–240, January.

Varanasi, M. K., and Aazhang, B. (1990). "Multistage Detection in Asynchronous Code-Division Multiple Access Communications," *IEEE Trans. Commun.*, vol. 38, pp. 509–519, April.

Varsharmov, R. R. (1957). "Estimate of the Number of Signals in Error Correcting Codes," *Doklady Akad. Nauk, S.S.S.R.*, vol. 117, pp. 739–741.

Verdu, S. (1986a). "Minimum Probability of Error for Asynchronous Gaussian Multiple-Access Channels," *IEEE Trans. Inform. Theory*, vol. IT-32, pp. 85–96, January.

Verdu, S. (1986b). "Multiple-Access Channels with Point-Process Observation: Optimum Demodulation," *IEEE Trans. Inform. Theory*, vol. IT-32, pp. 642–651, September.

Verdu, S. (1986c). "Optimum Multiuser Asymptotic Efficiency," *IEEE Trans. Commun.*, vol. COM-34, pp. 890–897, September.

Verdu, S. (1989). "'Recent Progress in Multiuser Detection," *Advances in Communications and Signal Processing*, Springer-Verlag, Berlin. [Reprinted in *Multiple Access Communications*, N. Abramson (ed.), IEEE Press, New York.]

Verdu, S. (1998). *Multiuser Detection*, Cambridge University Press, New York.

Verdu, S. (1998). "Fifty Years of Information Theory," *IEEE Trans. Inform. Theory*, vol. 44, pp. 2057–2078, October.

Verdu, S., and Han, T., (1994). "A General Formula for Channel Capacity," IEEE Transactions on Information Theory, vol. IT-40, No. 4, pp. 1147–1157, July.

Verhoeff, T. (1987). "An Updated Table of Minimum-Distance Bounds for Binary Linear Codes," *IEEE Trans. Inform. Theory*, vol. 33, pp. 665–680.

Vermeulen, F. L., and Hellman, M. E. (1974). "Reduced-State Viterbi Decoders for Channels with Intersymbol Interference," *Conf. Rec. ICC '74*, pp. 37B.1–37B.4, June, Minneapolis, MN.

Vijayan, R., and Poor, H. V. (1990). "Nonlinear Techniques for Interference Suppression in Spread Spectrum Systems," *IEEE Trans. Commun*, vol. 38, pp. 1060–1065, July.

Vishwanath, S., Jindal, N., and Goldsmith, A. (2003). "Duality, Achievable Rates, and Sum Capacity of Gaussian MIMO Broadcast Channels," *IEEE Trans. Inform. Theory,* vol. 49, pp. 2658–2668, August.

Viswanath, P., and Tse, D. (2003). "Sum Capacity of the Vector Gaussian Broadcast Channel and Uplink-Downlink Duality," *IEEE Trans. Inform. Theory*, vol. 49, pp. 1912–1921, August.

Viterbi, A. J. (1966). *Principles of Coherent Communication*, McGraw-Hill, New York.

Viterbi, A. J. (1967). "Error Bounds for Convolutional Codes and an Asymptotically Optimum Decoding Algorithm," *IEEE Trans. Inform. Theory*, vol. IT-13, pp. 260–269, April.

Viterbi, A. J. (1969). "Error Bounds for White Gaussian and Other Very Noisy Memoryless Channels with Generalized Decision Regions," *IEEE Trans. Inform. Theory*, vol., IT-15, pp. 279–287, March.
Viterbi, A. J. (1971). "Convolutional Codes and Their Performance in Communication Systems," *IEEE Trans. Commun. Tech.*, vol. COM-19, pp. 751–772, October.
Viterbi, A. J. (1978). "A Processing Satellite Transponder for Multiple Access by Low-Rate Mobile Users," *Proc. Fourth Int. Conf. on Digital Satellite Communications*, Montreal, Canada, pp. 166–174, October.
Viterbi, A. J. (1979). "Spread Spectrum Communication—Myths and Realities," *IEEE Commun. Mag.*, vol. 17, pp. 11–18, May.
Viterbi, A. J. (1985). "When Not to Spread Spectrum—A Sequel," *IEEE Commun. Mag.*, vol. 23, pp. 12–17, April.
Viterbi, A. J. (1995). *CDMA: Principles of Spread Spectrum Communications*, Addison-Wesley, Reading, MA.
Viterbi, A. J. (1990). "Very Low Rate Convolutional Codes for Maximum Theoretical Performance of Spread-Spectrum Multiple-Access Channels," *IEEE J. Selected Areas Commun.*, vol. 8, pp. 641–649, May.
Viterbi, A. J., and Jacobs, I. M. (1975). "Advances in Coding and Modulation for Noncoherent Channels Affected by Fading, Partial Band, and Multiple-Access Interference," in *Advances in Communication Systems*, vol. 4, A. J. Viterbi (ed.), Academic, New York.
Viterbi, A. J., and Omura, J. K. (1979). *Principles of Digital Communication and Coding*, McGraw-Hill, New York.
Viterbi, A. J., Wolf, J. K., Zehavi, E., and Padovani, R. (1989). "A Pragmatic Approach to Trellis-Coded Modulation," *IEEE Commun. Mag.*, vol. 27, pp. 11–19, July.
Viterbo, E., and Boutros, J. (1999). "A Universal Lattice Code Decoder for Fading Channels," *IEEE Trans. Inform. Theory*, vol. 45, pp. 1639–1642, July.
Wainberg, S., and Wolf, J. K. (1970). "Subsequences of Pseudo-Random Sequences," *IEEE Trans. Commun. Tech.*, vol. COM-18, pp. 606–612, October.
Wainberg, S., and Wolf, J. K. (1973). "Algebraic Decoding of Block Codes Over a q-ary Input, Q-ary Output Channel, $Q > q$," *Inform. Control*, vol. 22, pp. 232–247, April.
Wald, A. (1947). *Sequential Analysis*, Wiley, New York.
Wang, H., and Xia, X. G. (2003). "Upper Bounds of Rates of Space-Time Block Codes from Complex Orthogonal Designs," *IEEE Trans. Inform. Theory*, vol. 49, pp. 2788–2796, October.
Wang, T., Proakis, J. G., Masry, E., and Zeidler, J. R. (2006). "Performance Degradation of OFDM Systems due to Doppler Spreading," *IEEE Trans. Wireless Commun.*, vol. 5, pp. 1422–1432, June.
Wang, X., and Poor, H. V. (1998a). "Blind Equalization and Multiuser Detection for CDMA Communications in Dispersive Channels," *IEEE Trans. Commun.*, vol. 46, pp. 91–103, January.
Wang, X., and Poor, H. V. (1998b). "Blind Multiuser Detection: A Subspace Approach," *IEEE Trans. Inform. Theory*, vol. 44, pp. 91–103, January.
Wang, X., and Poor, H. V. (1999). "Iterative (Turbo) Soft Interference Cancellation and Decoding for Coded CDMA," *IEEE Trans. Commun.*, vol. 47, pp. 1046–1061, July.
Wang, X., and Poor, H. V. (2004). *Wireless Communication Systems*, Prentice-Hall, Upper Saddle River, NJ.
Wang, X., and Wicker, S. B. (1996). "A Soft-Output Decoding Algorithm for Concatenated Systems," *IEEE Trans. Inform. Theory*, vol. 42, pp. 543–553, March.
Ward, R. B. (1965). "Acquisition of Pseudonoise Signals by Sequential Estimation," *IEEE Trans. Commun. Tech.*, vol. COM-13, pp. 474–483, December.
Ward, R. B., and Yiu, K. P. (1977). "Acquisition of Pseudonoise Signals by Recursion-Aided Sequential Estimation," *IEEE Trans. Commun.*, vol. COM-25, pp. 784–794, August.

Weber, W. J., III, Stanton, P. H., and Sumida, J. T. (1978). "A Bandwidth Compressive Modulation System Using Multi-Amplitude Minimum-Shift Keying (MAMSK)," *IEEE Trans. Commun.*, vol. COM-26, pp. 543–551, May.

Wei, L. F. (1984a). "Rotationally Invariant Convolutional Channel Coding with Expanded Signal Space, Part I: 180°," *IEEE J. Selected Areas Commun.*, vol. SAC-2, pp. 659–671, September.

Wei, L. F. (1984b). "Rotationally Invariant Convolutional Channel Coding with Expanded Signal Space, Part II: Nonlinear Codes," *IEEE J. Selected Areas Commun.*, vol. SAC-2, pp. 672–686, September.

Wei, L. F. (1987). "Trellis-Coded Modulation with Multi-Dimensional Constellations," *IEEE Trans. Inform. Theory*, vol. IT-33, pp. 483–501, July.

Weingarten, H., Steinberg, Y., and Shamai, S. (2004). "The Capacity Region of the Gaussian MIMO Broadcast Channel," *Proc. Conf. Inform. Sci. Syst. (CISS)*, pp. 7–12, Princeton, NJ, March.

Weinstein, S. B., and Ebert, P. M. (1971). "Data Transmission by Frequency-Division Multiplexing Using the Discrete Fourier Transform," *IEEE Trans. Commun.*, vol. COM-19, pp. 628–634, October.

Welch, L. R. (1974). "Lower Bounds on the Maximum Cross Correlation of Signals," *IEEE Trans. Inform. Theory*, vol. IT-20, pp. 397–399, May.

Weldon, E. J., Jr. (1971). "'Decoding Binary Block Codes on *Q*-ary Output Channels," *IEEE Trans. Inform. Theory*, vol. IT-17, pp. 713–718, November.

Werner, J. J. (1991). "The HDSL Environment," *IEEE Journal on Selected Areas in Communications*, vol. 9, pp. 785–800, August.

Wesolowski, K. (1987a). "An Efficient DFE and ML Suboptimum Receiver for Data Transmission over Dispersive Channels Using Two-Dimensional Signal Constellations," *IEEE Trans. Commun.*, vol. COM-35, pp. 336–339, March.

Wesolowski, K. (1987b). "Efficient Digital Receiver Structure for Trellis-Coded Signals Transmitted Through Channels with Intersymbol Interference," *Electronics Lett.*, pp. 1265–1267, November.

Wiberg, N. (1996). "Codes and Decoding on General Graphs," Ph.D. Thesis, Linköping University, S-581 83 Linköping, Sweden.

Wiberg, N., Loeliger, H. A., and Kötter, R. (1995). "Codes and Iterative Decoding on General Graphs," *European Trans. Telecomm.*, vol. 6, pp. 513–525.

Wicker, S. B. (1995). *Error Control Systems for Digital Communication and Storage*, Prentice-Hall, Upper Saddle River, NJ.

Wicker, S. B., and Bhargava, V. K. (1994). *Reed Solomon Codes and their Applications*, IEEE Press, New York.

Widrow, B. (1966). "Adaptive Filters, I: Fundamentals," Stanford Electronics Laboratory, Stanford University, Stanford, CA, Tech Report No. 6764-6, December.

Widrow, B. (1970). "Adaptive Filters," in *Aspects of Network and System Theory*, R. E. Kalman and N. DeClaris (eds.), Holt, Rinehart and Winston, New York.

Wiener, N. (1949). *The Extrapolation, Interpolation, and Smoothing of Stationary Time Series with Engineering Applications*, Wiley, New York. (Reprint of original work published as an MIT Radiation Laboratory Report in 1942.)

Wilkinson, T. A., and Jones, A. E. (1995). "Minimization of the Peak-to-Mean Envelope Power Ratio of Multicarrier Transmission Schemes by Block Coding," *Proc. IEEE Vehicular Tech. Conf.*, pp. 825–829, July.

Wilson, S. G., and Leung, Y. S. (1987). "Trellis Coded Phase Modulation on Rayleigh Channels," in *Proce. IEEE Int. Conf. Commun. (ICC)*.

Wilson, S. G., and Hall, E. K. (1998). "Design and Analysis of Turbo Codes on Rayleigh Fading Channels," *IEEE J. Selected Areas Commun.*, vol. 16, pp. 160–174, February.

Windpassinger, C., Fischer, R. F. H., and Huber, J. B. (2004b) "Lattice-Reduction-aided Broadcast Precoding," *IEEE Trans. Commun.*, vol. 52, pp. 2057–2060, December.

Windpassinger, C., Fischer, R. F. H., Vencel, T., and Huber, J. B. (2004a) "Precoding in Multi-antenna and Multi-user Communications," *IEEE Trans. Wireless Commun.*, vol. 3, pp. 1305–1366, July.

Windpassinger, C., Vencel, T., and Fischer, R. F. H. (2003). "Precoding and Loading for BLAST-like Systems," *Proc. IEEE Int. Conf. Commun. (ICC)*, vol. 5, pp. 3061–3065, Anchorage, AK, May.

Winters, J. H., Salz, J., and Gitlin, R. D. (1994). "The Impact of Antenna Diversity on the Capacity of Wireless Communication Systems," *IEEE Trans. Commun.*, vol. COM-42, pp. 1740–1751, Feb./March/April.

Wintz, P. A. (1972). "Transform Picture Coding," *Proc. IEEE*, vol. 60, pp. 880–920, July.

Wittneben, A. (1993). "A New Bandwidth Efficient Antenna Modulation Diversity Scheme for Linear Digital Modulation," *Proc. IEEE Int. Conf. Commun. (ICC)*, vol. 3, pp. 1630–1634.

Wolf, J. K. (1978). "Efficient Maximum Likelihood Decoding of Linear Block Codes Using a Trellis," *IEEE Trans. Inform. Theory*, vol. IT-24, pp. 76–81, January.

Wolfowitz, J. (1978). *Coding Theorems of Information Theory*, 3d ed., Springer-Verlag, New York.

Wozencraft, J. M. (1957). "Sequential Decoding for Reliable Communication," *IRE Nat. Conv. Rec.*, vol. 5, pt. 2, pp. 11–25.

Wozencraft, J. M., and Jacobs, I. M. (1965). *Principles of Communication Engineering*, Wiley, New York.

Wozencraft, J. M., and Kennedy, R. S. (1966). "Modulation and Demodulation for Probabilistic Decoding," *IEEE Trans. Inform. Theory*, vol. IT-12, pp. 291–297, July.

Wozencraft, J. M., and Reiffen, B. (1961). *Sequential Decoding*, MIT Press, Cambridge, MA.

Wulich, D. (1996). "Reduction of Peak-to-Mean Ratio of Multicarrier Modulation Using Cyclic Coding," *Electr. Lett.*, vol. 32, pp. 432–433, February.

Wulich, D., and Goldfeld, L. (1999). "Reduction of Peak Factor in Orthogonal Multicarrier Modulation by Amplitude Limiting and Coding," *IEEE Trans. Commun.*, vol. 47, pp. 18–21, January.

Wunder, G., and Boche, H. (2003). "Upper Bounds on the Statistical Distrubution of the Crest-Factor in OFDM Transmission," *IEEE Trans. Inform. Theory*, vol. 49, pp. 488–494, February.

Wyner, A. D. (1965). "Capacity of the Band-Limited Gaussian Channel," *Bell. Syst. Tech. J.*, vol. 45, pp. 359–371, March.

Xie, Z., Rushforth, C. K., and Short, R. T. (1990a). "Multiuser Signal Detection Using Sequential Decoding," *IEEE Trans. Commun.*, vol. COM-38, pp. 578–583, May.

Xie, Z., Short, R. T., and Rushforth, C. K. (1990b). "A Family of Suboptimum Detectors for Coherent Multiuser Communications," *IEEE J. Selected Areas Commun.*, vol. SAC-8, pp. 683–690, May.

Yao, H., and Wornell, G. W. (2002). "Lattice-reduction-aided Detectors for MIMO Communication Systems," *Proc. 2002 IEEE Global Telecommunications Conf. (GLOBECOM)*, vol. 1, pp. 424–428, November.

Yao, K. (1972). "On Minimum Average Probability of Error Expression for Binary Pulse-Communication System with Intersymbol Interference," *IEEE Trans. Inform. Theory*, vol. IT-18, pp. 528–531, July.

Yao, K., and Tobin, R. M. (1976). "Moment Space Upper and Lower Error Bounds for Digital Systems with Intersymbol Interference," *IEEE Trans. Inform. Theory*, vol. IT-22, pp. 65–74, January.

Yasuda, Y., Kashiki, K., and Hirata, Y. (1984). "High-Rate Punctured Convolutional Codes for Soft-Decision Viterbi Decoding," *IEEE Trans. Commun.*, vol. COM-32, pp. 315–319, March.

Yu, W., and Cioffi, J. (2002). "Trellis Precoding for the Broadcast Channel," *Proc. GLOBECOM Conf.*, pp. 1344–1348. October.

Yu, W., and Cioffi, J. (2001). "Sum Capacity of a Gaussian Vector Broadcast Channel," *Proc. IEEE Int. Symp. Inform. Theory*, p. 498, July.

Yue, O. (1983). "Spread Spectrum Mobile Radio 1977–1982," *IEEE Trans. Vehicular Tech.*, vol. VT-32, pp. 98–105, February.

Zehavi, E. (1992). "8-PSK Trellis Codes for a Rayleigh Channel," *IEEE Trans. Commun.*, vol. 40, pp. 873–884, May.

Zelinski, P., and Noll, P. (1977). "Adaptive Transform Coding of Speech Signals," *IEEE Trans. Acoustics, Speech, Signal Processing*, vol. ASSP-25, pp. 299–309, August.

Zervas, E., Proakis, J. G., and Eyuboglu, V. (1991). "A Quantized Channel Approach to Blind Equalization," *Proc. ICC'91*, Chicago, IL, June.

Zhang, J-K., Kavcic, A., and Wong, K. M. (2005). "Equal-Diagonal QR Decomposition and Its Application to Precoder Design for Successive-Cancellation-Detection," *IEEE Trans. Inform. Theory*, vol. 51, pp. 154–172, January.

Zhang, X., and Brady, D. (1993). "Soft-Decision Multistage Detection of Asynchronous AWGN Channels," *Proc. 31st Allerton Conf. on Commun., Contr., Comp.* Allerton, IL, October.

Zhou, K., and Proakis, J. G. (1988). "Coded Reduced-Bandwidth QAM with Decision-Feedback Equalization," *Conf. Rec. IEEE Int. Conf. Commun.*, Philadelphia, PA, pp. 12.6.1–12.6.5, June.

Zhou, K., Proakis, J. G., and Ling, F. (1990). "Decision-Feedback Equalization of Time-Dispersive Channels with Coded Modulation," *IEEE Trans. Commun.*, vol. COM-38, pp. 18–24 January.

Zhu, X., and Murch, R. D. (2002). "Performance Analysis of Maximum Likelihood Detection in a MIMO Antenna System," *IEEE Trans. Commun.*, vol. 50, pp. 187–191, February.

Zigangirov, K. S. (1966). "Some Sequential Decoding Procedures," *Probl. Peredach. Inform.*, vol. 2, pp. 13–25.

Ziv, J. (1985). "Universal Quantization," *IEEE Trans. Inform. Theory*, vol. 31, pp. 344–347.

Ziv, J., and Lempel, A. (1977). "A Universal Algorithm for Sequential Data Compression," *IEEE Trans. Inform. Theory*, vol. IT-23, pp. 337–343.

Ziv, J., and Lempel, A. (1978). "Compression of Individual Sequences via Variable-Rate Coding," *IEEE Trans. Inform. Theory*, vol. IT-24, pp. 530–536.

Zvonar, Z., and Brady, D. (1995). "Differentially Coherent Multiuser Detection in Asynchronous CDMA Flat Rayleigh Fading Channels," *IEEE Trans. Commun.*, vol. COM-43, pp. 1252–1255, February/March/April.